Decker · Maschinenelemente

Das Fachwissen der Technik

Carl Hanser Verlag München Wien

Maschinenelemente

Gestaltung und Berechnung

von Karl-Heinz Decker (†)
überarbeitet von Karlheinz Kabus

mit 785 Bildern, 175 Tabellen, 166 Berechnungsbeispielen
und einem Tabellenband mit 263 Tabellen

14., erweiterte Auflage

mit Berechnungssoftware auf CD-ROM
erstellt von
Bernd Kretschmer, Dr. Peter Möhler,
Bettina Baumgart und Gert Hensel

Carl Hanser Verlag München Wien

Studiendirektor i. R. Karl-Heinz Decker (†) war Fachbereichsleiter an der Staatlichen Technikerschule Berlin
Studiendirektor i. R. Dipl.-Ing. Karlheinz Kabus war Abteilungsleiter an der Staatlichen Technikerschule Berlin

Autoren der Berechnungssoftware:
Dipl.-Ing. Bernd Kretschmer ist Studiendirektor,
Dr.-Ing. Peter Möhler ist Dozent,
Dipl.-Ing. Bettina Baumgart ist Studienrätin,
Dipl.-Ing. Gerd Hensel ist Oberstudienrat
an der Staatlichen Technikerschule Berlin

Die Deutsche Bibliothek – CIP-Einheitsaufnahme

Maschinenelemente / von Karl-Heinz Decker. Überarb. von
Karlheinz Kabus. – München ; Wien : Hanser
(Das Fachwissen der Technik)
Aufgaben verf. von Karl-Heinz Decker und Karlheinz Kabus

Gestaltung und Berechnung
[Hauptbd.]. Mit 175 Tabellen, 166 Berechnungsbeispielen. – 14.,
erw. Aufl. – 1998
ISBN 3-446-19382-0

Gestaltung und Berechnung
CD-ROM [zur 14. Aufl.]. Mit Berechnungssoftware auf CD-
ROM / erstellt von Bernd Kretschmer . . . – 1998
ISBN 3-446-19382-0

Gestaltung und Berechnung
Tab.-Bd. Mit 263 Tabellen. – 14., erw. Aufl. – 1998
ISBN 3-446-19382-0

© 1998 Carl Hanser Verlag München Wien
http://www.hanser.de
Satz und Druck: Druckhaus „Thomas Müntzer" GmbH, Bad Langensalza
Umschlaggestaltung: S. Kraus

Printed in Germany

Vorwort zur 12. Auflage

Das vorliegende Buch wurde für den Unterrichtsgebrauch an Fachhochschulen und Fachschulen Technik geschrieben. Die wichtigsten Maschinenelemente sind in einer knappen und übersichtlichen Form dargestellt. Dabei ist jede Maschinenelementgruppe in sich geschlossen behandelt, damit der Lehrstoff wahlweise und von anderen Elementen unabhängig durchgearbeitet werden kann.

Das Fachgebiet „Maschinenelemente" ist sehr umfangreich und erweitert sich durch neue Erkenntnisse und Forschungsergebnisse ständig. Davon können im Rahmen der Ausbildung zum Ingenieur oder Techniker in einer den Ausbildungszielen entsprechenden Auswahl nur die wesentlichen Hauptgebiete behandelt werden. Der weitere Ausbau dieser Kenntnisse von Teilgebieten muß sich dann durch die Beschäftigung mit Konstruktionsproblemen der Praxis ergeben.

Die in den letzten Jahren erfolgte Herausgabe neuer Normen machte eine Überarbeitung bzw. Neubearbeitung einiger Kapitel erforderlich, und zwar „Maße, Toleranzen und Passungen", „Gestaltabweichungen der Oberflächen", „Schmelzschweißverbindungen", „Preßverbände", „Befestigungsschrauben", „Welle-Nabe-Verbindungen", „Federn", „Wälzlager" und „Synchron- oder Zahnriementriebe". Aufgrund von Anregungen mehrerer Benutzer dieses Lehrbuches wurden die Kapitel „Rohrleitungen" und „Armaturen" neu aufgenommen und darin die Grundlagen der Führungselemente für Flüssigkeiten und Gase erläutert, die in verschiedenen Fachrichtungen der technischen Lehranstalten benötigt werden. Eine Vergrößerung des bisherigen Buchumfangs ließ sich dadurch nicht vermeiden.

In den anderen Kapiteln wurden Verbesserungen vorgenommen und neue Normbezeichnungen eingeführt. Außerdem sind bei den Bildern die Änderungen der Zeichnungsnormen berücksichtigt worden, wobei auch die inzwischen international übliche senkrechte Normschrift angewendet wurde. Wegen der durch die Übernahme von ISO- und EN-Normen sich ständig ändernden DIN-Normen ist es praktisch nicht möglich, den jeweils aktuellen Stand der Normung auf dem umfangreichen Gebiet der Maschinenelemente wiederzugeben.

Durch die seit der 8. Auflage erfolgte zweifarbige Gestaltung eines großen Teils der Bilder wird optisch das Wesentliche hervorgehoben und die Übersichtlichkeit erhöht. Zur Vertiefung des Verständnisses sind insgesamt 166 Berechnungsbeispiele jeweils im Anschluß an den behandelten Stoff eingefügt. Zur Unterscheidung vom übrigen Lehrstoff sind sie farbig unterlegt. Auch die Herleitung von Berechnungsgleichungen trägt zum besseren Verständnis bei. Sie sind in einem kleineren Schriftgrad gedruckt, da sie für die Berechnungen nicht benötigt werden.

Durch viele Tabellen werden dem Lernenden und dem in der Praxis stehenden Konstrukteur alle Unterlagen gegeben, die er zum Berechnen der Maschinenelemente benötigt. Die meisten Tabellen befinden sich in dem herausnehmbaren Anhang. Besonderer Wert wurde darauf gelegt, daß die zulässigen Spannungen, Pressungen oder Belastungen ohne Schwierigkeiten ermittelt werden können. In der Regel befinden sich die Tabellen, die Abmessungen von Maschinenelementen oder zulässige Werte enthalten, im Anhang, diejenigen mit Beiwerten oder Einflußfaktoren zwischen dem Buchtext. Aus Platzgründen ließ sich diese Einteilung jedoch nicht immer einhalten. So konnten auch die Tabellen der neuen Kapitel nicht im Anhang untergebracht werden. Sinnvoll wäre es, alle Diagramme und Tabellen in einem Anhang zusammenzufassen. In diesem Falle wäre der Anhang zu einem weiteren Buch und recht unhandlich geworden.

Wir danken allen Koleginnen und Kollegen von Fach- und Hochschulen und aus der Industrie, die durch Kritik und Anregungen zur Verbesserung und Erweiterung des Buches beigetragen haben, besonders auch den Fachkollegen in Österreich. Unser Dank gilt weiterhin den vielen Firmen, die uns zur Bearbeitung zahlreiche Unterlagen zur Verfügung stellten.

Dem Carl Hanser Verlag sind wir für die großzügige, hervorragende Ausstattung des Buches zu Dank verpflichtet, besonders auch Herrn *Bernd Gensel*, dem wir für die ausgezeichnete Zusammenarbeit bei der Herstellung des Buches danken.

Wir hoffen, daß das Buch wie bisher den in der Ausbildung befindlichen Ingenieuren und Technikern des Maschinenbaues ein nützlicher Helfer sein wird, insbesondere im Zusammenwirken mit dem gleichzeitig in 9. Auflage erschienenen Band „Maschinenelemente-Aufgaben", der eine große Zahl vom Leser zu lösender Aufgaben enthält. Er ist bereits auf diese 12. Auflage der „Maschinenelemente" abgestimmt.

Mölln/Berlin, September 1994

Karl-Heinz Decker
Karlheinz Kabus

Vorwort zur 13. Auflage

Die sehr rege Nachfrage nach dem vorliegenden Buch erforderte bereits nach kurzer Zeit eine Neuauflage. Es wurden einige Bildverbesserungen und Fehlerberichtigungen durchgeführt sowie Normenänderungen berücksichtigt. Die Berichtigungen und Normenänderungen sind auf Seite 679 nach dem Sachwortverzeichnis übersichtlich zusammengestellt. Der Buchtext und die Berechnungsgleichungen blieben unverändert.

Auf vielfachen Wunsch sind nun auch die im Lehrbuch enthaltenen Tabellen im beigefügten Tabellenband abgedruckt, jedoch ohne den Vorsatz A vor der Tabellennummer, damit der Zusammenhang mit den Beispielen im Buch und den „Maschinenelemente-Aufgaben", 9. Auflage, gewahrt bleibt. Der Tabellenband kann jetzt auch unabhängig vom Lehrbuch benutzt werden.

Allen Kolleginnen und Kollegen ebenso den aufmerksamen Benutzern dieses Buches, die mich auf Druckfehler und andere Unstimmigkeiten hinwiesen, sage ich meinen besten Dank. Es ist mir ein besonderes Bedürfnis, das von meinem leider zu früh verstorbenen verehrten ehemaligen Lehrer und langjährigen Kollegen *Karl-Heinz Decker* begründete Werk fortzuführen und weiterzuentwickeln.

Berlin, im April 1997

Karlheinz Kabus

Vorwort zur 14. Auflage

Diese Auflage wurde gegenüber der vorangegangenen um Berechnungssoftware erweitert. Auf der beigefügten CD-ROM befinden sich insgesamt 31 Excel-Arbeitsblätter zur Berechnung von Maschinenelementen, mit denen die Berechnungsarbeit während des Studiums und in der Praxis wesentlich erleichtert wird.

Mit den übersichtlich gestalteten Arbeitsblättern können viele Beispiele aus diesem Buch mit den vorgegebenen Werten, aber auch mit geänderten Eingabewerten in kurzer Zeit durchgerechnet werden. Außerdem kann man eine Vielzahl von Aufgaben aus dem im gleichen Verlag erschienenen Buch Decker/Kabus „Maschinenelemente-Aufgaben", 9. Auflage, vollständig oder teilweise lösen.

Mein besonderer Dank gilt Herrn Dipl.-Ing. *Bernd Kretschmer*, Herrn Dr.-Ing. *Peter Möhler*, Frau Dipl.-Ing. *Bettina Baumgart* und Herrn Dipl.-Ing. *Gerd Hensel* für die Ausarbeitung der Software sowie Herrn Dipl.-Phys. *Jochen Horn* vom Carl Hanser Verlag für die gute Zusammenarbeit.

Berlin, im März 1998

Karlheinz Kabus

Hinweise zur Benutzung des Buches

Dieses Buch setzt nur die Kenntnisse der niederen Mathematik voraus. Auf eine Anwendung der Differential- und Integralrechnung wurde mit Rücksicht auf die Technikerausbildung verzichtet. Anstelle von Differentialen dx wurden sehr kleine Teile mit Δx bezeichnet und dementsprechend für Integrale das Summenzeichen Σ gesetzt. Hierbei steht x für die betr. Größen.

Bei der Berechnung von Maschinenelementen werden zahlreiche Gesetze und Rechenverfahren der technischen Mechanik und Festigkeitslehre angewendet. Deshalb werden Grundkenntnisse auf diesem Fachgebiet vorausgesetzt. Hierzu empfehlen wir das Buch „Mechanik und Festigkeitslehre" von Karlheinz Kabus, Carl Hanser Verlag München Wien 1992. Beide Bücher sind aufeinander abgestimmt!

Die Bilder, Tabellen und Formeln sind kapitelweise numeriert. Tabellen, deren Nummern ein A vorangestellt ist, befinden sich ausschließlich im zugehörigen Tabellenband, z. B.:

> Tab. A 17.15 ist Tabelle Nr. 15 im 17. Kapitel und befindet sich nur im Tabellenband,
> Tab. 17.14 ist Tabelle Nr. 14 im 17. Kapitel und befindet sich im Buchtext und
> im Tabellenband.

Für die Formelbuchstaben wurden die derzeitig gültigen DIN-Normen berücksichtigt. Nur in wenigen Fällen mußte zur Vermeidung von Doppelbezeichnungen und Irrtümern davon abgewichen werden.

Wegen der zur Zeit auf vielen Gebieten der Technik stattfindenden Übernahme internationaler und europäischer Normen (ISO- und EN-Normen) in das deutsche Normenwerk als DIN ISO- und DIN EN-Normen ist es sehr schwierig, den gerade aktuellen Stand zu erfassen. Das Arbeiten nach dem Lehrbuch in der Praxis erfolgt auf eigene Verantwortung, eine Gewähr kann nicht übernommen werden. Es sind stets die letzten Ausgaben der Normen und technischen Regeln sowie von Firmenschriften zu berücksichtigen.

Der Inhalt von DIN-Normen wird mit Genehmigung des DIN Deutsches Institut für Normung e. V. wiedergegeben. Maßgebend für das Anwenden einer Norm ist deren Fassung mit dem neuesten Ausgabedatum, die bei der Beuth Verlag GmbH, 10772 Berlin, erhältlich ist.

Ein Teil (früher Blatt genannt) einer DIN-Norm wird mit der Abkürzung „T" angegeben, z. B. DIN 1623 Teil 2 als DIN 1623 T2.

Überwiegend sind die Festigkeits- und Tragfähigkeitsberechnungen so aufgebaut, daß Bauteile mit vorgegebenen Abmessungen und Werkstoffen nachgerechnet werden, wie dies auch in der Konstruktionspraxis üblich ist. Den Berechnungsgleichungen ist jeweils ihre Bedeutung vorangestellt. Am rechten Satzspiegelrand oder rechts neben einer wichtigen Gleichung ist deren Nummer in Klammern angegeben, z. B.

$$\textit{Schraubenanziehmoment} \quad M_A \approx F_M \, (0{,}16P + 0{,}5\mu_G \cdot d_2 + \mu_K \cdot r_m) \tag{10.3}$$

M_A in Nm   erforderliches Anziehmoment (1 kNmm = 1 Nm),
F_M in kN   Montagevorspannkraft nach Gl. 10.2,
P in mm   Steigung des Gewindes (Tab. A 10.1),
μ_G Reibzahl im Gewinde (Tab. 10.6),
d_2 in mm   Flankendurchmesser des Gewindes (Tab. A 10.1),
μ_K Reibzahl an der Kopf- bzw. Mutternauflagefläche (Tab. 10.6),
r_m in mm   mittlerer Auflageradius = $0{,}25(D_K + D_1)$ nach Bild 10.26.

Wie ersichtlich, folgt der Formel eine ausführliche Legende mit den zu bevorzugenden SI-Einheiten oder abgeleiteten SI-Einheiten (kg, m, mm, s, W, kW, J, K usw.) und der Bedeutung der einzelnen Größen mit entspr. Hinweisen. Fast ausschließlich wurden Größengleichungen verwendet, Zahlenwertgleichungen nur in seltenen Ausnahmefällen.

Auf dem Gebiet der **Normen für Stähle** erfolgt derzeit die Umstellung auf die europäischen EN-Normen. Es wurden u. a. bereits ersetzt:

DIN 17100 Allgemeine Baustähle durch DIN EN 10025 Warmgewalzte Erzeugnisse aus unlegierten Baustählen (hierzu liegt schon ein Änderungsentwurf vor),

DIN 17102 Schweißgeeignete Feinkornbaustähle durch DIN EN 10113 Warmgewalzte Erzeugnisse aus schweißgeeigneten Feinkornstählen,
DIN 17200 Vergütungsstähle durch DIN EN 10083 Vergütungsstähle,
DIN 1623 T1 Kaltgewalztes Band und Blech durch DIN EN 10130 Kaltgewalzte Flacherzeugnisse aus weichen Stählen zum Kaltumformen.

Die Arbeiten am Bezeichnungssystem für Stähle nach EN 10027 waren bei Verabschiedung der vorgenannten DIN EN-Normen noch nicht abgeschlossen. Es ist mit Änderungen der in diesen Normen enthaltenen Stahlbezeichnungen zu rechnen. Um häufige Änderungen in technischen Unterlagen zu vermeiden, wird empfohlen, die bisherigen Kurznamen aus den DIN-Normen vorerst weiter anzuwenden oder auf die Werkstoffnummern auszuweichen, die sich nicht ändern sollen. Da wegen fehlender EN-Normen z. B. für Schmiedestücke, DIN 17100 teilweise noch anzuwenden ist und auch sehr viele DIN-Normen noch die alten Stahlbezeichnungen aufweisen, werden sie hier ebenfalls verwendet. Nachfolgende Tabelle zeigt eine Gegenüberstellung der verschiedenen Kurznamen für einige wichtige Stahlsorten.

Stahlart	bisher nach DIN 17100	Werkstoff Nr.	neu nach DIN EN 10025	vorgesehen in EN 10027
Allgemeine Baustähle	St 37-2	1.0037	Fe 360 B	S235JR
	St 44-2	1.0044	Fe 430 B	S275JR
	St 52-3 U	1.0553	Fe 510 C	S355JO
	St 50-2	1.0050	Fe 490-2	E295
	St 60-2	1.0060	Fe 590-2	E335
	St 70-2	1.0070	Fe 690-2	E360
Feinkorn-stähle	DIN 17102		DIN EN 10113	
	StE 285	1.0490	S275N	S275N
	StE 355	1.0545	S355N	S355N
	StE 420	1.8902	S420N	S420N
	StE 460	1.8903	S460N	S460N
Vergütungsstähle	DIN 17200		DIN EN 10083	
	C 25	1.0406	1C 25	C25
	Ck 25	1.1158	2C 25	C25E
	Cm 25	1.1163	3C 25	C25R
	C 40	1.0511	1C 40	C40
	C 50	1.0540	1C 50	C50
	C 60	1.0601	1C 60	C60
	Ck 60	1.1221	2C 60	C60E
	Cm 60	1.1233	3C 60	C60R
Kaltge-walztes Band und Blech	DIN 1623 T1		DIN EN 10130	
	St 12	1.0330	FeP 01	DC01
	USt 13	1.0333	–	DC02G1
	RRSt 13	1.0347	FeP 03	DC02
	St 14	1.0338	FeP 04	DC03

Inhaltsverzeichnis

Grundlagen

1 Methodisches Konstruieren 15
   Literaturhinweise 17

2 Maße, Toleranzen und Passungen 18
   2.1 Normzahlen und Normmaße 18
   2.2 Maße, Abmaße und Toleranzen 20
   2.3 ISO-Toleranzsystem 21
   2.4 Passungsarten und Passungssysteme 24
   2.5 Passungsauswahl 26
   Literaturhinweise 29

3 Gestaltabweichungen der Oberflächen 30
   3.1 Form- und Lagetoleranzen 31
   3.2 Rauheit der Oberflächen 32
   Literaturhinweise 35

Nichtlösbare Verbindungen

4 Schmelzschweißverbindungen 36
   4.1 Verfahren 36
   4.2 Werkstoffe, Schweißzusätze, Schweißpositionen 39
   4.3 Nahtarten und -formen, Gütesicherung 41
   4.4 Gestaltung 47
   4.5 Berechnung der Spannungen in Schweißnähten 49
   4.6 Schweißverbindungen im Maschinen- und Gerätebau 61
   4.7 Schweißverbindungen im Stahlbau 65
   4.8 Schweißverbindungen im Stahlbau mit Hohlprofilen 75
   4.9 Schweißverbindungen im Druckbehälter- und Kesselbau 80
   Literaturhinweise 91

5 Preßschweißverbindungen 92
   5.1 Verfahren, Werkstoffe 92
   5.2 Punktschweißverbindungen 96
   5.3 Buckelschweißverbindungen 100
   5.4 Abbrenn-Stumpfschweißverbindungen 103
   5.5 Schweißen von Kunststoffen 103
   Literaturhinweise 105

6 Lötverbindungen 106
   6.1 Verfahren, Lote 106
   6.2 Gestaltung von Lötverbindungen 111
   6.3 Berechnung von Lötverbindungen 113
   Literaturhinweise 115

7 Klebverbindungen 116
   7.1 Klebstoffe, Verfahren 116
   7.2 Gestaltung und Festigkeit der Klebverbindungen 119
   7.3 Berechnung von Klebverbindungen 122
   Literaturhinweise 127

8 Nietverbindungen 128
   8.1 Nietformen, Werkstoffe, Herstellung der Verbindungen 128
   8.2 Berechnung von Nietverbindungen 130
   8.3 Nietverbindungen im Maschinen- und Gerätebau 134
   8.4 Nietverbindungen im Stahlbau 137
   8.5 Nietverbindungen im Leichtmetallbau 142
   Literaturhinweise 146

9 Preßverbände 147
9.1   Fügevorgang und Gestaltung 147
9.2   Grundlagen der Berechnung zylindrischer Preßverbände 149
9.3   Berechnung bei rein elastischer Beanspruchung 153
9.4   Berechnung bei elastisch-plastischer Beanspruchung 162
9.5   Einpreßkraft und Fügetemperaturen 165
Literaturhinweise 166

Lösbare Verbindungen

10 Befestigungsschrauben 167
10.1   Gewinde 167
10.2   Werkstoffe 169
10.3   Korrosionsschutz 171
10.4   Ausführung von Schrauben und Muttern 172
10.5   Herstellung der Schrauben und Muttern 176
10.6   Unterlegscheiben, Sicherungen 177
10.7   Kraftfluß, Kerbwirkungen, Gestaltung 180
10.8   Anziehverfahren 182
10.9   Schraubenanziehmoment, Schraubenbeanspruchung beim Anziehen, Anziehfaktor 183
10.10 Nachgiebigkeit von Schraube und Bauteilen 188
10.11 Bleibende Verformung durch Setzen 190
10.12 Wirkungen in vorgespannten Schraubenverbindungen durch eine Betriebslängskraft 191
10.13 Haltbarkeit der Schraubenverbindungen 197
10.14 Systematische Berechnung längsbeanspruchter Schraubenverbindungen 198
10.15 Überschlagsberechnung 201
10.16 Gestaltung und Berechnung querbeanspruchter Schraubenverbindungen 202
10.17 Schraubenverbindungen im Stahlbau 205
Literaturhinweise 208

11 Bewegungsschrauben 209
11.1   Bauformen 209
11.2   Gewinde, Werkstoffe 209
11.3   Kräfte, Reibung, Wirkungsgrad, Selbsthemmung 210
11.4   Berechnung der Haltbarkeit und der Stabilität 213
11.5   Kugelgewindetrieb 214
Literaturhinweise 216

12 Welle-Nabe-Verbindungen 217
12.1   Längskeilverbindungen 217
12.2   Paßfederverbindungen 220
12.3   Keilwellenverbindungen 223
12.4   Zahnwellenverbindungen 225
12.5   Polygonwellenverbindungen 226
12.6   Kegelverbindungen 227
12.7   Spannelementverbindungen 230
12.8   Klemmverbindungen 235
12.9   Stirnzahnverbindungen 237
Literaturhinweise 239

13 Stift- und Bolzenverbindungen 240
13.1   Stifte 240
13.2   Bolzen 242
13.3   Festigkeitsberechnung 243
Literaturhinweise 247

Elastische Formelemente

14 Federn 248
14.1   Kennlinien, Federarbeit 248
14.2   Schwingverhalten 249
14.3   Zusammenwirken mehrerer Federn 251

14.4   Werkstoffe, Halbzeuge 252
14.5   Zylindrische Schraubenfedern aus runden Drähten oder Stäben 253
14.6   Tellerfedern als Druckfedern 266
14.7   Gewundene Schenkelfedern als Drehfedern 274
14.8   Stabfedern als Drehfedern 280
14.9   Spiralfedern als Drehfedern 283
14.10 Blattfedern als Biegefedern 285
14.11 Weitere Metallfedern 290
14.12 Gummifedern 293
       Literaturhinweise 298

Drehbewegungselemente

15 Achsen und Wellen 299
15.1   Werkstoffe, Gestaltung 300
15.2   Biegemomente, Längskräfte und Torsionsmomente 302
15.3   Überschlagsberechnung auf Torsion und auf Biegung 305
15.4   Achsen und Wellen gleicher Biegebeanspruchung 307
15.5   Berechnung auf Gestaltfestigkeit (Dauerhaltbarkeit) 308
15.6   Durchbiegung 318
15.7   Verdrehwinkel 324
15.8   Kritische Drehzahlen 325
       Literaturhinweise 328

16 Reibung und Schmierstoffe 329
16.1   Reibung 329
16.2   Schmierstoffe (Übersicht) 330
16.3   Schmieröle 330
16.4   Schmierfette 334
16.5   Festschmierstoffe 336
       Literaturhinweise 336

17 Gleitlager 337
17.1   Hydrostatisch und hydrodynamisch geschmierte Gleitlager, Mehrflächenlager,
       Grenzschichtschmierung 337
17.2   Schmierstoffzufuhr, Schmiersysteme 341
17.3   Abweichungen von der Lagergeometrie 345
17.4   Gleitwerkstoffe 346
17.5   Wärmewirkungen, Kühlung 350
17.6   Gestaltung der Radiallager 352
17.7   Berechnung der Radiallager 357
17.8   Kunststoff-Gleitlager 369
17.9   Verbundlager mit Kunststoff-Laufschicht 375
17.10 Radiallager überwiegend mit Festschmierstoffen 375
17.11 Gestaltung der Axiallager 378
17.12 Berechnung der Axiallager 382
       Literaturhinweise 387

18 Wälzlager 388
18.1   Aufbau, Kennzeichen 388
18.2   Belastungsmöglichkeiten, Einbaurichtlinien 391
18.3   Besondere Ausführungen von Wälzlagern 400
18.4   Tragfähigkeit und Lebensdauer 401
18.5   Belastung von Kegelrollen- und Schrägkugellagern 406
18.6   Besondere Belastungsfälle 409
18.7   Grenzdrehzahl 410
18.8   Schmierung der Wälzlager 411
       Literaturhinweise 414

19 Lager- und Wellendichtungen 415
19.1   Schleifende Dichtungen 415
19.2   Berührungsfreie Dichtungen 420
       Literaturhinweise 421

20 Wellenkupplungen und -bremsen 422
   20.1 Systematische Einteilung der Wellenkupplungen 422
   20.2 Starre Kupplungen 422
   20.3 Formschlüssig nachgiebige, jedoch drehsteife Wellenkupplungen als Ausgleichskupplungen 423
   20.4 Formschlüssig nachgiebige, drehelastische Wellenkupplungen 429
   20.5 Schlupfkupplungen als kraftschlüssig drehnachgiebige Kupplungen 438
   20.6 Formschlüssige Schaltkupplungen 439
   20.7 Reibkupplungen als kraftschlüssige Schaltkupplungen 440
   20.8 Fliehkraftkupplungen als drehzahlbetätigte Kupplungen 451
   20.9 Momentbetätigte Kupplungen als Sicherheitskupplungen 452
   20.10 Richtungsbetätigte Kupplungen als Freilaufkupplungen 453
   20.11 Bremsen 456
   Literaturhinweise 459

Zahnräder

21 Grundlagen für Zahnräder und Getriebe 460
   21.1 Rad- und Getriebearten 460
   21.2 Verzahnungsgesetz 463
   21.3 Zykloidenverzahnung 466
   21.4 Evolventenverzahnung 468

22 Abmessungen und Geometrie der Stirn- und Kegelräder 473
   22.1 Null-Außenverzahnung 473
   22.2 Planverzahnung, Bezugsprofil 475
   22.3 Null-Innenverzahnung 476
   22.4 Null-Schrägverzahnung 477
   22.5 Profilverschiebung 480
   22.6 Geometrische Grenzen 485
   22.7 Profilüberdeckung 488
   22.8 Geradverzahnte Kegelräder 490
   22.9 Schräg- und bogenverzahnte Kegelräder 495
   Literaturhinweise 499

23 Gestaltung und Tragfähigkeit der Stirn- und Kegelräder 500
   23.1 Zahnkräfte an Stirnrädern 500
   23.2 Zahnkräfte an Kegelrädern 502
   23.3 Reibung, Wirkungsgrad, Übersetzungen 506
   23.4 Gestaltung der Räder aus Stahl und aus Gußeisen 508
   23.5 Gestaltung der Räder aus Kunststoffen 513
   23.6 Verzahnpaßsysteme, Verzahnungsqualität 516
   23.7 Schmierung, Schmierstoffe 519
   23.8 Begriffe der Tragfähigkeit 521
   23.9 Allgemeine Einflußfaktoren 523
   23.10 Zahnfußtragfähigkeit der Stirnräder 526
   23.11 Grübchentragfähigkeit der Stirnräder 528
   23.12 Zahnfußtragfähigkeit der Kegelräder 531
   23.13 Grübchentragfähigkeit der Kegelräder 534
   23.14 Berechnung der Räder aus thermoplastischen Kunststoffen auf Tragfähigkeit und Verformung . . 535
   23.15 Laufgeräusche, Ausführung von Getrieben 541
   Literaturhinweise 543

24 Zahnradpaare mit sich kreuzenden Achsen 544
   24.1 Eingriffsverhältnisse von Schraub-Stirnradpaaren 544
   24.2 Zahnkräfte und Wirkungsgrad an Schraub-Stirnradpaaren 545
   24.3 Tragfähigkeit von Schraub-Stirnradpaaren, Schmierung 548
   24.4 Hyperboloid- und Hypoid-Schraubradpaare 549
   24.5 Geometrie der Schneckenradsätze 550
   24.6 Zahnkräfte und Wirkungsgrad an Schneckenradsätzen 555
   24.7 Gestaltung der Schnecken und Schneckenräder 557
   24.8 Schmierung und Verzahnungsqualität von Schneckenradsätzen 559
   24.9 Tragfähigkeit von Schneckenradsätzen 560
   24.10 Ausführung von Schneckengetrieben 561
   Literaturhinweise 562

Hülltriebe

25 Kettentriebe 564
   25.1 Anordnung von Kettentrieben 564
   25.2 Kettenarten, Endverbindung 566
   25.3 Kettenräder 569
   25.4 Spann- und Führungseinrichtungen 572
   25.5 Auswahl von Rollenketten und deren Berechnung 574
   25.6 Schmierung der Kettentriebe 580
   Literaturhinweise 581

26 Flachriementriebe 582
   26.1 Theoretische Grundlage für Riementriebe 582
   26.2 Vorspannmöglichkeiten, Triebarten 584
   26.3 Riemenwerkstoffe, Endverbindung 587
   26.4 Riemenscheiben 589
   26.5 Geometrie der Flachriementriebe 591
   26.6 Übersetzung, Riemengeschwindigkeit, Biegefrequenz 593
   26.7 Berechnung der Antriebe mit Leder- und Geweberiemen 594
   26.8 Berechnung von Antrieben mit Mehrschichtriemen 596
   26.9 Spannrollentrieb 603
   Literaturhinweise 604

27 Keilriementriebe 605
   27.1 Wirkungsweise, Ausführung genormter Keilriemen 605
   27.2 Keilriemenscheiben 607
   27.3 Berechnung der Keilriementriebe 608
   27.4 Weitere Ausführungen von Keilriemen und Keilriementrieben 614
   Literaturhinweise 616

28 Synchron- oder Zahnriementriebe 617
   28.1 Ausführung der Synchron- oder Zahnriemen und -scheiben 618
   28.2 Übersetzung und Geometrie der Synchronriementriebe 620
   28.3 Berechnung von Antrieben mit Synchron- oder Zahnriemen 621
   Literaturhinweise 625

Führungselemente für Flüssigkeiten und Gase

29 Rohrleitungen 626
   29.1 Grundlagen 626
   29.2 Rohrarten 628
   29.3 Rohrformstücke 632
   29.4 Rohrverbindungen 634
   29.5 Dehnungsausgleicher 640
   29.6 Rohrhalterungen 643
   29.7 Darstellung von Rohrleitungen 645
   29.8 Berechnung von Rohrleitungen 646
   Literaturhinweise 656

30 Armaturen 657
   30.1 Allgemeines 657
   30.2 Ventile 658
   30.3 Schieber 660
   30.4 Hähne 662
   30.5 Klappen 662
   30.6 Armaturenantriebe 663
   Literaturhinweise 664

Sachwortverzeichnis 665

Grundlagen

1 Methodisches Konstruieren

Maschinenelemente sind Bauteile an Maschinen und Geräten, die jeweils gleiche Aufgaben erfüllen und deshalb gleiche Merkmale aufweisen. Viele bewährte Maschinenelemente sind genormt, um unabhängig vom Hersteller ihre Austauschbarkeit und Haltbarkeit zu gewährleisten. Für diese Elemente ist keine Konstruktionsarbeit notwendig. Es sind lediglich Berechnungen erforderlich, um die richtige Auswahl zu treffen. Anders verhält es sich bei den Maschinenelementen, die für den jeweiligen Bedarfsfall in Anlehnung an ausgeführte Konstruktionen oder vollkommen neu konstruiert werden müssen.

Unter Konstruieren versteht man das Erarbeiten optimaler Lösungen für die Ausführung von technischen Geräten oder Maschinen. Heute konstruiert man vorzugsweise methodisch und überläßt die Lösungsfindung nicht nur dem Zufall. Trotzdem erfordert auch diese Methode Intuition und eine gehörige Portion gründlicher Fachkenntnisse und Erfahrungen.

Vor Konstruktionsbeginn wird zweckmäßig ein Anforderungsheft angelegt, in das zur Klärung der anzustrebenden Eigenschaften die Hauptmerkmale des zu entwerfenden Produktes eingetragen werden, beispielsweise:

Kräfte: aufzunehmende Kräfte bzw. Lasten und deren Häufigkeit.

Energiebedarf: Leistung, Erwärmung, Kühlung, erstrebenswerter Wirkungsgrad.

Abmessungen: zulässige Höhe, Breite, Länge.

Bewegungsart: Richtung, Geschwindigkeit, Beschleunigung.

Werkstoffe: erforderliche Eigenschaften wie Festigkeit, Elastizität, tropenfest, korrosionsbeständig.

Sicherheit: Schutz vor Bruch bzw. dessen Folgen, Arbeitssicherheit, Umweltschutz, Beleuchtung.

Bedienung: Bedienungsart, Formgestaltung der Bedienteile.

Fertigung: Fertigungsverfahren, Toleranzen, Oberflächengüten.

Kontrolle: Meß- und Prüfmöglichkeiten.

Montage: Zusammenbau, Einbau, Fundamente, Baustellenmontage.

Transport: Hebezeuge, Bahn, Transportwege nach Größe und Gewicht, Versandart.

Instandhaltung: Wartungsfreiheit oder Anzahl und Zeitbedarf der Wartungen, Säuberung.

Gebrauch: Anwendung und Absatzgebiete, Laufgeräusche, Verschleiß.

Kosten: zulässige Herstellkosten, Werkzeugkosten, Investitionen und Amortisationen.

Termine: Zwischen- und Endtermine für Entwicklung, Erprobung und Lieferung.

Die Erfahrung lehrt, daß man bei der Weiterentwicklung einer Konstruktion bis zur ausgereiften Form nur schrittweise vorankommt und versuchen muß, sich dem Optimum zu nähern. Außerdem treibt die Konkurrenz zur Weiterentwicklung eines Produkts. Deshalb sind stets die Konstruktionen der Konkurrenz im Auge zu behalten und diese zu analysieren, um ein besseres Erzeugnis auf den Markt bringen zu können. Oftmals bieten sich mehrere Lösungsmöglichkeiten an, und es ist schwierig, sich für eine der Varianten zu entscheiden. Als Beispiel zeigt Bild 1.1 die Variationstechnik an einer Reibscheibenkupplung.

Die Auswahl wird dann nach einer Bewertung und Gegenüberstellung der einzelnen Lösungsmöglichkeiten vorgenommen. Durch Überschlagsberechnungen hinsichtlich des Aufwandes und des Raumbedarfs ist meistens eine engere Wahl möglich. Für diese Auswahl sind wichtig:

Kritische Punkte: Könnten Schwierigkeiten bei der Fertigung, beim Zusammenbau, bei der Bedienung auftreten?

Hält die Konstruktion den Beanspruchungen stand? Den Kraftfluß überprüfen, gefährdete Querschnitte auf Haltbarkeit nachrechnen.

Bleibt der Verschleiß in erträglichen Grenzen? Die Werkstoffpaarung gleitender Teile, deren Schmierung, Abdichtung und Nachstellmöglichkeiten überprüfen.

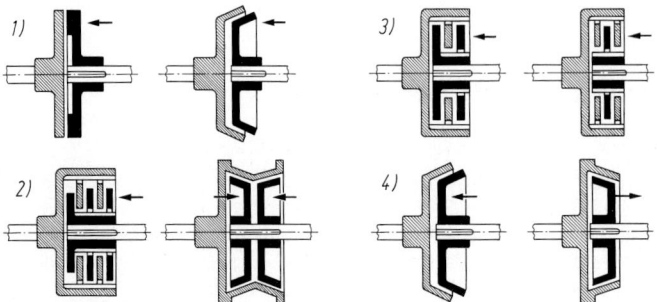

Bild 1.1 Variation einer Reibscheiben-Kupplung (schematisch) als Beispiel für die Variationstechnik (nach Niemann, Maschinenelemente).
1. Variation: Scheiben-, Kegel-Kupplung,   2. Variation: Vervielfachung und Kraftausgleich,
3. Variation: Innen oder außen mehr Scheiben,   4. Variation: Zug- oder Druck-Anordnung

Fertigungsgerechte Gestaltung

bei Gußteilen: modellformgerecht, gießgerecht, bearbeitungsgerecht. Einfache Formen, ungeteilte, kernlose Modelle bevorzugen, Aushebeschrägen vorsehen, keine Hinterschneidungen. Wanddicken in zulässigen Grenzen halten, Teilfugen so anordnen, daß ein gewisser Gußversatz nicht stört. Ausreichende Bearbeitungszugaben und einen entspr. Werkzeugauslauf vorsehen. Spannmöglichkeiten des Gußteiles auf der Bearbeitungsmaschine beachten.

bei Gesenkschmiedeteilen und Preßteilen: werkzeuggerechte, schmiedegerechte, fließgerechte und bearbeitungsgerechte Gestaltung notwendig. Keine Unterschneidungen! Aushebeschrägen erforderlich. Keine zu dünnen Böden, keine zu schlanken Rippen, keine zu kleinen Hohlkehlen oder Löcher. Rotationssymmetrische Teile anstreben.

bei Umformung zu topfartigen Hohlkörpern: Blechdicke im Vergleich zur Tiefe und dem Topfdurchmesser sowie Ziehkantenrundungen beachten. Zylindrische Napfformen sind zweckmäßig. Unterschnittene oder ausgebauchte Ziehteile sind besonders teuer. Bei Biegeumformung unbedingt auf den Biegeradius achten.

bei spanabhebender Bearbeitung (Drehen, Fräsen, Bohren): werkzeug- und spangerecht, einfache Formmeißel anstreben. Auf Werkzeugauslauf achten! Nuten und enge Toleranzen bei Innenbearbeitung möglichst vermeiden, durchgehende Bohrungen anstreben, gerade Bearbeitungsflächen möglichst in gleicher Höhe. Sacklöcher vermeiden oder solche mit Bohrspitze vorsehen. Für Scheibenfräser auslaufende Nuten erforderlich.

bei Schleifbearbeitung: Schleifscheibenauslauf vorsehen, Bundbegrenzungen möglichst vermeiden, gleiche Rundungsradien und Neigungen an einem Werkstück anstreben.

bei Schweißteilen: siehe hierzu Abschnitt 4.3 (Nahtarten und -formen, Gütesicherung) und 4.4 (Gestaltung).

Das Berechnen von Maschinen und deren Teilen (Elementen) setzt Kenntnisse der Mechanik, Festigkeitslehre, Wärmelehre, Fertigungstechnik, Werkstoffkunde u. a. voraus. Die **Abmessungen** werden im allgemeinen nach folgenden Gesichtspunkten festgelegt:

durch Ähnlichkeitsbeziehungen zu bereits ausgeführten, bewährten Bauteilen.

durch Annahme von Abmessungen nach empirischen Formeln oder nach Erfahrungen mit Wanddicken, Niet-, Schrauben- oder Schweißpunktdicken und -abständen.

durch Kontrolle mit Werten für zulässige Beanspruchungen gefährdeter Querschnitte, für zulässige Verformungen, Erwärmungen, Ausdehnungen und für zulässigen Verschleiß.

nach vorgegebenen Gewichts- bzw. Massen- oder Raumgrößen oder nach Einflußgrößen wie Geschwindigkeit, Beschleunigung, Trägheit, Fliehkraft.

durch Überprüfen der Lärmerzeugung (unzulässige Geräusche).

durch Wahl der Werkstoffe nach Korrosionsfestigkeit bzw. Oberflächenschutz.

nach möglichen Einsparungen: Wo läßt sich an Raum, Werkstoff, Feinheit der Passungen und Oberflächengüten sparen?

Grundsätzlich muß beachtet werden, daß aufwendige Berechnungsverfahren wenig nutzen, wenn die angreifenden Kräfte oder Momente nur ungenau bekannt sind und auch über die zulässigen Beanspruchungen wenig Klarheit besteht. Umfangreiche Berechnungen, die auf der Basis sicherer Erkenntnisse zu optimalen Lösungen führen, sind allerdings im Computerzeitalter kein Problem mehr.

Die meisten Fehlentwürfe und Beanstandungen beruhen auf einer ungenügenden Vorklärung der Aufgabe. Der Konstrukteur muß darüber informiert werden, ob die Qualität oder der Preis vorrangig ist. Dazu ist eine Marktanalyse von großer Bedeutung.

Auch die **Datenverarbeitung** hat beim Berechnen und bei der Konstruktion von Maschinenteilen große Bedeutung erlangt. Datenverarbeitungsanlagen (DVA) werden heute in vielen Konstruktionsbüros eingesetzt. Mit den gespeicherten Daten lassen sich nicht nur Berechnungen vornehmen und Konstruktionszeichnungen anfertigen (Rechnerunterstütztes Konstruieren bzw. CAD = Computer Aided Design), sondern auch Arbeitspläne für den Fertigungsablauf erstellen. Eine DVA für die Konstruktion besteht im wesentlichen aus dem Eingabegerät (Tastatur, Lichtstift), dem Rechner mit angeschlossener Datenbank (Speicher für Daten und Programme) und dem Ausgabegerät (Bildschirm, Drucker). Näheres siehe die entspr. Spezialliteratur.

Literaturhinweise

Bauer, C.O.: Kaltformen als modernes Fertigungsverfahren. Z. Konstruktion 15/63.
Beitz, W.: Möglichkeiten methodischer Lösungsfindung bei der Konstruktion. Z. Konstruktion 23/71.
Beitz, W.: Bewertungsmethoden als Entscheidungshilfe zur Auswahl von Lösungsvarianten. Z. Konstruktion 24/72.
Brandenberger, H.: Fertigungsgerechtes Konstruieren. Zürich 1951.
Bronner, W.: Wertanalyse als Grundlage der Erzeugnisplanung. VDI-Z. 36/68.
Clausen, U.: Konstruieren mit Rechnern. Springer Verlag 1971.
Demmer, K.H.: Aufgaben und Praxis der Wertanalyse. Verlag Moderne Industrie 1969.
Eigner, M. und *M. Maier:* Einstieg in CAD. Hanser Verlag München 1985.
Feldmann, H.D.: Konstruktionsrichtlinien für Kaltfließpreßteile. Z. Konstruktion 11/59.
Figel, K.: Optimieren beim Konstruieren. Hanser Verlag München 1988.
Günther, W.: Die Grundlagen der Wertanalyse. VDI-Z. 4/71.
Hänchen, R.: Gegossene Maschinenteile. Hanser Verlag München 1964.
Hansen, F.: Konstruktionswissenschaft, Grundlagen und Methoden. Hanser Verlag München 1974.
Hintzen, H. und *H. Laufenberg:* Konstruieren und Berechnen. Vieweg Verlag Braunschweig 1981.
IFAO Industrie-Consulting: CAD-Ausbildung für die Konstruktionspraxis (4 Teile). Hanser Verlag München 1986/89.
Kienzle, O.: Wechselwirkung zwischen Gestaltung und Fertigung. Z. Konstruktion 2/50.
Knobloch, H.: Der thermoplastische Kunststoff als Konstruktionsmaterial. Z. Konstruktion 12/60.
Leyer, A.: Kraftgerechtes Konstruieren. Z. Konstruktion 16/64.
Niemann, G.: Maschinenelemente Bd. I Springer Verlag 1981.
Oeler, G.: Gestaltung gezogener Blechteile. Springer Verlag 1951.
Pahl, G.: Die Arbeitsschritte beim Konstruieren. Z. Konstruktion 24/72.
Pahl, G. und *W. Beitz:* Konstruktionslehre. Springer Verlag 1977.
Rodenacker, W.G.: Methodisches Konstruieren. Springer Verlag 1970.
Roth, K.: Konstruieren mit Konstruktionskatalogen. Springer Verlag 1982.
Spur, G. und *F.L. Krause:* CAD-Technik. Hanser Verlag München 1984.
Steinwachs, H.O.: Praktische Konstruktionsmethode. Vogel Verlag Würzburg 1976.
Winter, H.: Wertanalyse im Fach Maschinenelemente. VDI-Bericht 163/71.
Zünkler, B.: Gesichtspunkte für das Gestalten von Gesenkschmiedeteilen. Z. Konstruktion 14/62.

VDI-Richtlinie 2211: Datenverarbeitung in der Konstruktion.
                2214: Programmentwicklung.
                2222: Konstruktionsmethodik.
                2225: Technisch-wirtschaftliches Konstruieren.
                2243: Konstruieren recyclinggerechter technischer Produkte.

2 Maße, Toleranzen und Passungen

2.1 Normzahlen und Normmaße

Zur Vermeidung von willkürlichen Abstufungen bei der Typisierung von Maschinen und Geräten in bezug auf deren Baugrößen, Leistungen, Drehmomente, Drehzahlen, Drücke, Durchlauf- oder Fördermengen und auf sonstige physikalische Größen wurden mit DIN 323 Normzahlen festgelegt. Die Größenabstufungen beschränken die Anzahl der Bautypen und führen damit zur Begrenzung der erforderlichen Werkzeuge und Einrichtungen, so daß sie zur Rationalisierung beitragen.

Diese **Normzahlen NZ** sind sinnvoll in einer **geometrischen Reihe** gestuft, bei der das Verhältnis eines Gliedes (einer Zahl) zum vorhergehenden Glied konstant bleibt. Dieses Verhältnis heißt **Stufensprung q.** Oder anders ausgedrückt: jede Normzahl ergibt sich durch Multiplizieren der vorhergehenden mit dem Stufensprung q.

Die Hauptglieder der Reihe bilden die ganzzahligen Zehnerpotenzen ... 10^{-3}, 10^{-2}, 10^{-1}, 10^0, 10^2, 10^3 ..., sie sind weder nach oben noch unten begrenzt. Jeder Dezimalbereich ist in r Stufen unterteilt, beispielsweise zwischen 1 und 10 in $r = 5$ Stufen:

$$
\begin{array}{ccccc}
1 & 1,6 & 2,5 & 4,0 & 6,3 & 10 \\
& 1. & 2. & 3. & 4. & 5.\,\text{Stufe}
\end{array}
$$

Für diese Reihe ist auf 0,1 genau gerundet:

$$10/6{,}3 = 6{,}3/4 = 4/2{,}5 = 2{,}5/1{,}6 = 1{,}6/1 = 1{,}6 = q_5.$$

Es sind **vier Grundreihen** genormt. Sie werden nach dem Erfinder der Normzahlen Renard mit dem Buchstaben **R** und der Stufenzahl r = 5, 10, 20 und 40 je Dezimalbereich gekennzeichnet:

$$\textbf{Reihe R 5}\quad \text{mit } q_5 = \sqrt[5]{10} \approx \textbf{1,6}$$
$$\textbf{Reihe R 10}\ \text{mit } q_{10} = \sqrt{q_5} = \sqrt[10]{10} \approx \textbf{1,25}$$
$$\textbf{Reihe R 20}\ \text{mit } q_{20} = \sqrt{q_{10}} = \sqrt[20]{10} \approx \textbf{1,12}$$
$$\textbf{Reihe R 40}\ \text{mit } q_{40} = \sqrt{q_{20}} = \sqrt[40]{10} \approx \textbf{1,06}$$

Somit enthält jede Reihe die Glieder der vorhergehenden, gröberen Reihen. Gröbere Reihen haben Vorrang, also R 5 vor R 10, R 10 vor R 20, R 20 vor R 40.

Weiterhin gibt es eine **Ausnahmereihe R 80,** die nur in unumgänglichen Sonderfällen herangezogen werden soll.

Rundwertreihen, bei denen die bereits gerundeten Zahlen der vier Reihen noch stärker gerundet sind, beispielsweise 3,55 auf 3,6 oder 6,3 auf 6, sollten nur in zwingenden Fällen angewendet werden. Sie sind mit **R'** und **R''** bezeichnet, wobei die Reihe R'' die gröbste ist. Beide Reihen dienen aber als **Normmaße** in mm. Die Reihe R'' ist jedoch möglichst zu vermeiden!

In Tab. 2.1 sind die Glieder der Grundreihen R und die der Rundwertreihen R' jeweils zwischen 1 und 10 wiedergegeben. Durch Multiplizieren mit den ganzzahligen Zehnerpotenzen lassen sie sich beliebig fortsetzen.

Außerdem darf eine Reihe abgeleitet werden, wenn keine Grundreihe oder Rundwertreihe verwendet werden kann, z.B. wenn ein bestimmter Anfangswert oder Stufensprung vorgegeben ist.

Abgeleitete Reihen werden mit **Rr/p** bezeichnet, enthalten nur jedes p-te Glied einer Grundreihe und den Stufensprung $q_{r/p} = q_r^p$. So hat beispielsweise die abgeleitete Reihe R 10/3 den Stufensprung $q_{10/3} = q_{10}^3 = 1{,}25^3 \approx 2$ und damit die Zahlenfolge 1 2 4 8 16 32 usw. Soll die Reihe nicht mit der Zahl 1 beginnen oder keine bestimmte Zahl der Grundreihe enthalten, ist das besonders anzugeben.

Tab. 2.1 Normzahlen nach DIN 323 (Auszug)
Die Reihen können durch Multiplizieren mit den ganzzahligen Zehnerpotenzen ... 0,01 0,1 1 10 100 1000 ... beliebig nach unten oder oben erweitert werden. Die Reihen R' gelten auch als Normmaße in mm

Grundreihen Hauptwerte				Rundwertreihen Rundwerte			Grundreihen Hauptwerte				Rundwertreihen Rundwerte		
R5	R10	R20	R40	R'10	R'20	R'40	R5	R10	R20	R40	R'10	R'20	R'40
1,0	1,0	1,0	1,0	1,0	1,0	1,0		3,15	3,15	3,15	3,2	3,2	3,2
			1,06			1,05				3,35			3,4
		1,12	1,12		1,1	1,1			3,55	3,55		3,6	3,6
			1,18			1,2				3,75			3,8
	1,25	1,25	1,25	1,25	1,25	1,25	4,0	4,0	4,0	4,0	4,0	4,0	4,0
			1,32			1,3				4,25			4,2
		1,4	1,4		1,4	1,4			4,5	4,5		4,5	4,5
			1,5			1,5				4,75			4,8
1,6	1,6	1,6	1,6	1,6	1,6	1,6		5,0	5,0	5,0	5,0	5,0	5,0
			1,7			1,7				5,3			5,3
		1,8	1,8		1,8	1,8			5,6	5,6		5,6	5,6
			1,9			1,9				6,0			6,0
	2,0	2,0	2,0	2,0	2,0	2,0	6,3	6,3	6,3	6,3	6,3	6,3	6,3
			2,12			2,1				6,7			6,7
		2,24	2,24		2,2	2,2			7,1	7,1		7,1	7,1
			2,36			2,4				7,5			7,5
2,5	2,5	2,5	2,5	2,5	2,5	2,5		8,0	8,0	8,0	8,0	8,0	8,0
			2,65			2,6				8,5			8,5
		2,8	2,8		2,8	2,8			9,0	9,0		9,0	9,0
			3,0			3,0				9,5			9,5
							10,0	10,0	10,0	10,0	10,0	10,0	10,0

Sollen z.B. die Drehmomente T einer Reibscheibenkupplung in einer Normzahlreihe gestuft werden, so sind die Durchmesser der Reibscheiben entspr. dem gewünschten Stufensprung festzulegen. Das Drehmoment errechnet sich näherungsweise zu $T = p \cdot z \cdot \mu \cdot r_m \cdot A$ mit p als Anpreßdruck, z als Anzahl der Reibflächen, μ als Reibzahl, r_m als mittlerem Reibscheibenradius und A als Reibscheibenfläche. Bezeichnet man mit D_a den Reibscheibenaußendurchmesser und mit D_i den Reibscheibeninnendurchmesser, so wird

$$T = p \cdot z \cdot \mu \, \frac{D_a + D_i}{4} \cdot \frac{D_a^2 - D_i^2}{4} \, \pi.$$

Bleibt das Verhältnis $D_i / D_a = c$ konstant, so wird mit $D_i = D_a \cdot c$

$$T = p \cdot z \cdot \mu \, \frac{D_a^3}{16} \, (1 + c - c^2 - c^3) \, \pi = D_a^3 \cdot C.$$

Damit ergibt sich als Stufensprung

$$q = \frac{T_2}{T_1} = \frac{D_{a2}^3}{D_{a1}^3} \text{ usw.,}$$

so daß sich die einzelnen Reibscheibendurchmesser mit dem Stufensprung q und der Normzahlreihe errechnen lassen (siehe Beispiel 2.1).

Beispiel 2.1

Die Nenndrehmomente T einer Baureihe von Reibscheibenkupplungen sollen in der Normzahlreihe R5 von 10 bis 1000 Nm gestuft werden. Der Reibscheibenaußendurchmesser der ersten Baugröße beträgt $D_{a1} = 100$ mm.
Zu ermitteln ist die Stufung der Drehmomente und der Reibscheibenaußendurchmesser.

Lösung:
1. Stufung der Drehmomente T
   Für die Reihe R5 folgt aus Tab.2.1:

$$T = \mathbf{10} \quad \mathbf{16} \quad \mathbf{25} \quad \mathbf{40} \quad \mathbf{63} \quad \mathbf{100} \quad \mathbf{160} \quad \mathbf{250} \quad \mathbf{400} \quad \mathbf{630} \quad \mathbf{1000} \text{ Nm.}$$

2. Stufung der Reibscheibenaußendurchmesser D_a
   Mit $T_1 = 10$ Nm und $T_2 = 16$ Nm beträgt der Stufensprung, da die Drehmomente den dritten Potenzen der Reibscheibenaußendurchmesser proportional sind:

$$q_5 = T_2 / T_1 = 16/10 = D_{a2}^3 / D_{a1}^3 \approx 1{,}6.$$

Damit wird

$$D_{a2}^3 = q_5 \cdot D_{a1}^3 \text{ und } D_{a2} = \sqrt[3]{q_5} \cdot D_{a1} = q \cdot D_{a1}.$$

Somit beträgt der Stufensprung für die Durchmesserreihe

$$q = q_5^{1/3} = 1{,}6^{1/3} \approx 1{,}17.$$

Es handelt sich also um eine abgeleitete Reihe Rr/p = R5/(1/3), in der drei Stufensprünge einem Stufensprung der Reihe R5 entsprechen. Die Durchmesserreihe beträgt gerundet:

$$D_a = \mathbf{100} \quad 115 \quad 135 \quad \mathbf{160} \quad 185 \quad 215 \quad \mathbf{250} \quad 290 \quad 340 \quad \mathbf{400} \quad 470 \text{ mm.}$$

2.2 Maße, Abmaße und Toleranzen

Um die Funktion eines Bauteils zu gewährleisten, sind die funktionsbestimmenden Abstände von Oberflächen (Paßflächen) entsprechend genau herzustellen. Da sich absolut genaue Abmessungen nicht herstellen lassen, müssen mehr oder weniger große Abweichungen zugelassen werden. Das ausgeführte Maß darf zwei Grenzmaße nicht über- oder unterschreiten. Nach diesen und der erforderlichen Oberflächenbeschaffenheit muß sich das Herstellungsverfahren richten.
Die Grundlagen für Abmaße und Toleranzen des ISO-Systems für Grenzmaße und Passungen sind in DIN ISO 286 T1 festgelegt. Teil 1 und 2 dieser Norm ersetzen ganz oder teilweise die bisherigen DIN 7150, 7151, 7152, 7160, 7161, 7172 und 7182. Nachfolgend werden einige wichtige Begriffe erläutert, wozu auch Bild 2.1 dient.
Welle ist die Kurzbezeichnung für alle **Außenmaße** zwischen zwei parallelen ebenen Flächen eines Werkstücks oder parallelen Tangentenebenen an runden Werkstücken.
Bohrung ist sinngemäß die Kurzbezeichnung für alle **Innenmaße.**
Nennmaß N (oder auch D) dient als Bezugsmaß für die Abmaße.
Istmaß I ist das am fertigen Werkstück gemessene Maß, z. B. 24,95 mm. Wegen gewisser Formabweichungen können die Istmaße an verschiedenen Stellen unterschiedlich sein.

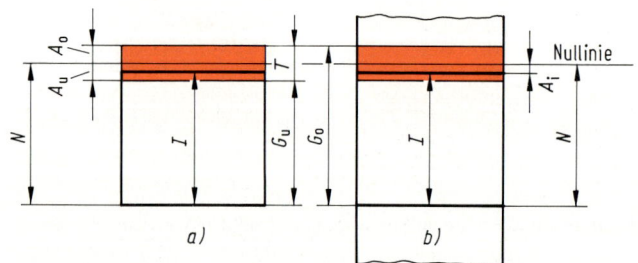

Bild 2.1 Maße und Abmaße
a) an einer Welle,
b) an einer Bohrung

Grenzmaße sind das **Höchstmaß** G_o (früher Größtmaß G) und das **Mindestmaß** G_u (früher Kleinstmaß K), zwischen denen das Istmaß liegen muß, z. B. Höchstmaß $G_o = 25{,}15$ mm, Mindestmaß $G_u = 24{,}90$ mm.
Oberes Abmaß A_o ist die Differenz zwischen Höchstmaß G_o und Nennmaß N, z. B. $A_o = G_o - N$ = 25,15 mm − 25 mm = + 0,15 mm.
Unteres Abmaß A_u ist die Differenz zwischen Mindestmaß G_u und Nennmaß N, z. B. $A_u = G_u - N$ = 24,90 mm − 25 mm = − 0,10 mm.

Istmaß A_i ist die Differenz zwischen Istmaß I und Nennmaß N, z. B. $A_i = I - N$ = 24,95 mm − 25 mm = − 0,05 mm.

Toleriertes Maß (früher Paßmaß) ist ein Nennmaß, an dem die Grenzabmaße angegeben sind, entweder als oberes und unteres Abmaß, z. B. $25^{+0,15}_{-0,10}$ mm, oder durch Toleranzkurzzeichen (siehe nachfolgenden Abschnitt). Die Grenzabmaße können auch ohne Angabe am Nennmaß durch Allgemeintoleranzen festgelegt sein, z. B. nach DIN ISO 2768 T1 (siehe Seite 24).

Nullinie ist die dem Abmaß Null und somit dem Nennmaß entsprechende Bezugslinie für die Abmaße.

Maßtoleranz T (kurz Toleranz) ist die Differenz zwischen dem Höchstmaß G_o und dem Mindestmaß G_u oder die Differenz zwischen dem oberen Abmaß A_o und dem unteren Abmaß A_u (Bild 2.1), z. B. $T = G_o - G_u$ = 25,15 mm − 24,90 mm = 0,25 mm oder $T = A_o - A_u$ = + 0,15 mm − (0,1 mm) = 0,25 mm.

Falls zur Unterscheidung erforderlich, erhalten die sich auf die Welle beziehenden Größen den Index W, die sich auf die Bohrung beziehenden den Index B.

In DIN ISO 286 sind lediglich für Abmaße Formelzeichen vorgesehen, und zwar ES und EI für Bohrungen, es und ei für Wellen. Wegen des besseren Verständnisses und der Anwendung in anderen Sachgebieten werden hier A_o und A_u beibehalten. Somit gilt $ES = A_{oB}$ und $EI = A_{uB}$, $es = A_{oW}$ und $ei = A_{uW}$ (siehe auch Bild 2.2).

2.3 ISO-Toleranzsystem

Die funktionsbedingten Maße von Bauteilen müssen paßgerecht toleriert werden, um die Bauteile ohne Nacharbeit montierbar und austauschbar zu machen. Mit DIN ISO 286 ist ein weltweit gültiges Toleranzsystem genormt, bei dem für eine wirtschaftliche Fertigung sinnvoll an Nennmaßbereiche gebundene Grenzabmaße festgelegt sind, die hinter dem Nennmaß durch Kurzzeichen angegeben werden. Ein ISO-Toleranzkurzzeichen besteht aus Buchstaben und Ziffern, und zwar bei **Wellen** (Außenmaße) aus ein oder zwei **Kleinbuchstaben** und einer Zahl, z. B. 25 f7 oder 25 za6, bei **Bohrungen** (Innenmaße) aus ein oder zwei **Großbuchstaben** und einer Zahl, z. B. 25 F7 oder 25 ZA6. Die Buchstaben kennzeichnen das Grundabmaß zur Nullinie (Bild 2.2), die Zahl den Toleranzgrad (früher Qualität) als Größe (Feinheit) der Toleranz. Beide zusammen ergeben die **Toleranzklasse**, Bezeichnungsbeispiel: Toleranzklasse f7. Sie wird durch das **Toleranzfeld** dargestellt (Bild 2.2).

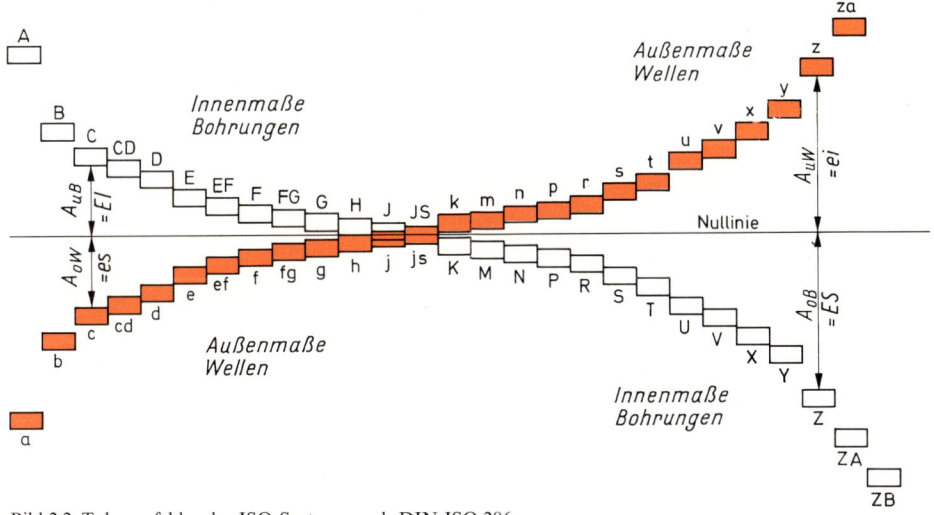

Bild 2.2 Toleranzfelder des ISO-Systems nach DIN ISO 286
A_{oW} und A_{uW} Grundabmaße der Welle
A_{uB} und A_{oB} Grundabmaße der Bohrung

In DIN ISO 286 sind 20 **Grundtoleranzgrade** (früher Qualitäten der Toleranzreihen) festgelegt, und zwar **IT 01, IT 0, IT 1, IT 2 . . . IT 18** (IT = Internationale Toleranz). Die Grundtoleranzgrade IT 01 und IT 0 sind nicht für allgemeine Anwendung vorgesehen und nur im Anhang von DIN ISO 286 T1 enthalten. Vorwiegend verwendet werden die Grundtoleranzgrade IT 1 bis 4 für Lehren Meßgeräte, IT 5 bis 11 in der Feinwerktechnik sowie im Geräte- und Maschinenbau, IT 12 bis 18 für grobe Herstellungsverfahren. Die Buchstaben IT entfallen, wenn ein Toleranzgrad im Zusammenhang mit einem Grundabmaß eine Toleranzklasse bildet, z. B. H6.

Unter einer **Grundtoleranz** T versteht man jede Toleranz, die zum ISO-System für Grenzmaße und Passungen gehört. Die Werte der Grundtoleranzen sind an die Grundtoleranzgrade und an Nennmaßbereiche gebunden. Sie sind Vielfache eines Toleranzfaktors i bzw. I.

Mit $D = \sqrt{D_1 \cdot D_2}$ als geometrischem Mittel aus den **Zahlenwerten** der Grenzwerte D_1 und D_2 des Nennmaßbereichs, d. h. **ohne** ihre Einheit mm, beträgt für Nennmaße bis 500 mm und die Grundtoleranzgrade IT 5 bis IT 18 der

$$\text{Toleranzfaktor} \quad i = 0{,}45 \sqrt[3]{D} + 0{,}001\, D \text{ in } \mu\text{m} \tag{2.1}$$

und für Nennmaße über 500 mm bis 3150 mm:

$$\text{Toleranzfaktor} \quad I = 0{,}004\, D + 2{,}1 \text{ in } \mu\text{m} \tag{2.2}$$

Die sich mit diesen Gleichungen ergebenden Werte sind nach vorgegebenen Regeln zu runden, und zwar die nach Gl. 2.1 bis 100 μm auf 1 μm genau, bis 200 μm genau, bis 500 μm auf 10 μm genau. Beispiel: errechnet $T = 182{,}22$ μm, gerundet auf 185 μm, oder errechnet $T = 324{,}8$ μm, gerundet auf 320 μm.

Verbindliche Werte der Grundtoleranzen für Nennmaße bis 3150 mm sind in DIN ISO 283 T1 angegeben (Auszug siehe Tab. 2.2). Für Nennmaße über 3150 mm gilt weiterhin DIN 7172.

Tab. 2.2 ISO-Grundtoleranzen T in μm (Auszug aus DIN ISO 286 T1)

IT	4	5	6	7	8	9	10	11	12	13	14	15	16	17	18
$T =$	−	$7i$	$10i$	$16i$	$25i$	$40i$	$64i$	$100i$	$160i$	$250i$	$400i$	$640i$	$1000i$	$1600i$	$2500i$
Nennmaßbereich mm						Grundtoleranzgrad IT									
über / bis	**4**	**5**	**6**	**7**	**8**	**9**	**10**	**11**	**12**	**13**	**14**	**15**	**16**	**17**	**18**
− / 3	3	4	6	10	14	25	40	60	100	140	250	400	600	−	−
3 / 6	4	5	8	12	18	30	48	75	120	180	300	480	750	−	−
6 / 10	4	6	9	15	22	36	58	90	150	220	360	580	900	1500	−
10 / 18	5	8	11	18	27	43	70	110	180	270	430	700	1100	1800	2700
18 / 30	6	9	13	21	33	52	84	130	210	330	520	840	1300	2100	3300
30 / 50	7	11	16	25	39	62	100	160	250	390	620	1000	1600	2500	3900
50 / 80	8	13	19	30	46	74	120	190	300	460	740	1200	1900	3000	4600
80 / 120	10	15	22	35	54	87	140	220	350	540	870	1400	2200	3500	5400
120 / 180	12	18	25	40	63	100	160	250	400	630	1000	1600	2500	4000	6300
180 / 250	14	20	29	46	72	115	185	290	460	720	1150	1850	2900	4600	7200
250 / 315	16	23	32	52	81	130	210	320	520	810	1300	2100	3200	5200	8100
315 / 400	18	25	36	57	89	140	230	360	570	890	1400	2300	3600	5700	8900
400 / 500	20	27	40	63	97	155	250	400	630	970	1550	2500	4000	6300	9700

Beispiel 2.2

Für den Nennmaßbereich über 50 bis 80 mm ist die Grundtoleranz des Toleranzgrades 6 zu ermitteln und mit der Angabe in Tab. 2.2 zu vergleichen.

Lösung:

Für $D_1 = 50$ mm und $D_2 = 80$ mm ist der geometrische Mittelwert als Zahlenwert ohne Einheit

$$D = \sqrt{D_1 \cdot D_2} = \sqrt{50 \cdot 80} = 63{,}25.$$

Nach Gl. 2.1 wird damit der Toleranzfaktor

$$i = 0{,}45 \sqrt[3]{D} + 0{,}001\, D = 0{,}34 \sqrt[3]{63{,}25} + 0{,}001 \cdot 63{,}25 = 1{,}856 \ \mu\text{m}.$$

Aus Tab. 2.2 folgt für IT 6 die Grundtoleranz $T = 10\, i = 10 \cdot 1{,}856$ μm $= 18{,}56$ μm ≈ 19 μm. Dieser gerundete Wert ist auch in der Tabelle enthalten.

Auch zur Berechnung der **Grundabmaße** für Wellen und für Bohrungen sind in DIN ISO 286 T1 Formeln angegeben. Im allgemeinen liegen die Grundabmaße für Bohrungen in bezug auf die Nullinie genau symmetrisch zu denen für die Wellen mit gleichem Buchstaben, jedoch umgekehrtem Vorzeichen (Bild 2.2), d. h. es ist $A_{uB} = -A_{oW}$ bzw. $A_{oB} = -A_{uW}$.

Es gibt jedoch Ausnahmen, von denen einige nachfolgend genannt sind, und zwar gilt für Nennmaße über 3 bis 500 mm:

für Toleranzfeldlage N ab Grundtoleranzgrad IT 9: $A_{oB} = -0$
für J, K, M, N bis IT 8, für P ... ZC bis IT 7: $A_{oB} = -A_{uW} + \Delta$
= unteres Abmaß der Welle mit gleichem Buchstaben, jedoch umgekehrtem Vorzeichen, vergrößert um die Differenz Δ zwischen der Grundtoleranz des jeweiligen Toleranzgrades und des nächstfeineren Toleranzgrades.

In den Tab. A 2.3 bis A 2.6 sind die Abmaße A_o bzw. A_u für Wellen und Bohrungen nach DIN ISO 286 T1 angegeben. Das zugehörige zweite Abmaß ergibt sich durch Subtraktion der Grundtoleranz IT (Tab. 2.2) von A_o bzw. Addition zu A_u.

Beispiel 2.3

Für folgende tolerierte Maße sind die Abmaße zu ermitteln:
1. 50 f7 und 50 F7, 2. 60 p6 und 60 P6, 3. 60 M8.

Lösung:
1. Aus den Tab. A 2.3 und A 2.4 ergeben sich $A_{oW} = -25\ \mu m$ und $A_{uB} = +25\ \mu m$. Mit der Grundtoleranz $T = 25\ \mu m$ aus Tab. 2.2 für IT 7 werden

$A_{uW} = A_{oW} - T = -25\ \mu m - 25\ \mu m = -50\ \mu m,$
$A_{oB} = A_{uB} + T = +25\ \mu m + 25\ \mu m = +50\ \mu m.$

Somit: 50 f7 = $50\,^{-0.025}_{-0.050}$ und 50 F7 = $50\,^{+0.050}_{+0.025}$ mm.
2. Aus den Tab. A 2.5 und A 2.6 folgen $A_{uW} = +32\ \mu m$ und $A_{oB} = -32\ \mu m + \Delta = -32\ \mu m + 6\ \mu m = -26\ \mu m$. Mit der Grundtoleranz $T = 19\ \mu m$ aus Tab. 2.2 werden

$A_{oW} = A_{uW} + T = +32\ \mu m + 19\ \mu m = +51\ \mu m,$
$A_{uB} = A_{oB} - T = -26\ \mu m - 19\ \mu m = -45\ \mu m.$

Somit: 60 p6 = $60\,^{+0.051}_{+0.032}$ und 60 P6 = $60\,^{-0.026}_{-0.045}$ mm.
3. Nach Tab. A 2.6 ist $A_{oB} = -11\ \mu m + \Delta = -11\ \mu m + 16\ \mu m = +5\ \mu m$. Mit der Grundtoleranz $T = 46\ \mu m$ nach Tab. 2.2 wird

$A_{uB} = A_{oB} - T = +5\ \mu m - 46\ \mu m = -41\ \mu m,$

also: 60 M8 = $60\,^{+0.005}_{-0.041}$ mm.

Die Berechnung von Abmaßen ist in der Praxis nur selten erforderlich, da für die gebräuchlichen Toleranzklassen Tabellen mit Grenzabmaßen zur Verfügung stehen, z. B. DIN ISO 286 T2, DIN 7157 u. a.

Tab. 2.7 Grenzabmaße in mm der Allgemeintoleranzen nach DIN ISO 2768 T1

Nennmaßbereich mm		Toleranzklasse				Nennmaßbereich mm		Toleranzklasse			
über	bis	f fein	m mittel	c grob	v sehr grob	über	bis	f fein	m mittel	c grob	v sehr grob
Längenmaße						**Rundungshalbmesser und Fasenhöhen**					
ab 0,5	3	±0,05	±0,1	±0,15		ab 0,5	3	±0,2	±0,2	±0,4	±0,4
3	6	±0,05	±0,1	±0,2	±0,5	3	6	±0,5	±0,5	±1	±1
6	30	±0,1	±0,2	±0,5	±1	6		±1	±1	±2	±2
30	120	±0,15	±0,3	±0,8	±1,5	**Winkelmaße***					
120	400	±0,2	±0,5	±1,2	±2,5		10	± 1°	± 1°	±1°30′	± 3°
400	1000	±0,3	±0,8	±2	±4	10	50	± 30′	± 30′	±1°	± 2°
1000	2000	±0,5	±1,2	±3	±6	50	120	± 20′	± 20′	±30′	± 1°
2000	4000	—	±2	±4	±8	120	400	± 10′	± 10′	±15′	±30′
						400		± 5′	± 5′	±10′	±20′

* Die Nennmaße beziehen sich auf die Länge des kürzeren Schenkels

Allgemeintoleranzen (früher Freimaßtoleranzen) dienen der Vereinfachung von technischen Zeichnungen und entsprechen den werkstattüblichen Genauigkeiten. In DIN ISO 2768 T1 (bei Neukonstruktionen Ersatz für DIN 7168) sind Grenzmaße für Längenmaße, Rundungshalbmesser, Fasenhöhen und Winkelmaße in vier Toleranzklassen festgelegt (Tab 2.7). Sie gelten für Maße ohne Toleranzangabe, wenn die Zeichnung einen entspr. Vermerk enthält, z. B. Allgemeintoleranz ISO 2768-m, aber nur bei durch Spanen oder Umformen gefertigten Teilen, sofern nicht für bestimmte Fertigungsverfahren oder Teile besondere Normen bestehen. Sie gelten beispielsweise nicht für Schweißteile oder Freiformschmiedeteile.

2.4   Passungsarten und Passungssysteme

Die Beziehung, die sich aus dem Maßunterschied zweier zu paarender Paßteile (Bohrung und Welle) ergibt, heißt **Passung**, z. B. zwischen Bohrung $25_0^{+0,15}$ mm und Welle $25_{-0,15}^{-0,05}$ mm oder zwischen Bohrung 25 H7 und Welle 25 m6 (kurz 25 H7/m6). Je nach den Toleranzfeldern von Welle und Bohrung (Bild 2.3) kann die Passung bei Ausnutzung des gesamten Toleranzbereiches sein eine

Spielpassung, wenn stets ein Spiel S zwischen den gepaarten Teilen entsteht (Bild 2.3a). Dieses Spiel kann schwanken zwischen einem

$$\textit{Höchstspiel} \quad S_g = A_{oB} - A_{uW} = G_{oB} - G_{uW} \tag{2.3}$$

und einem

$$\textit{Mindestspiel} \quad S_k = A_{uB} - A_{oW} = G_{uB} - G_{oW} \tag{2.4}$$

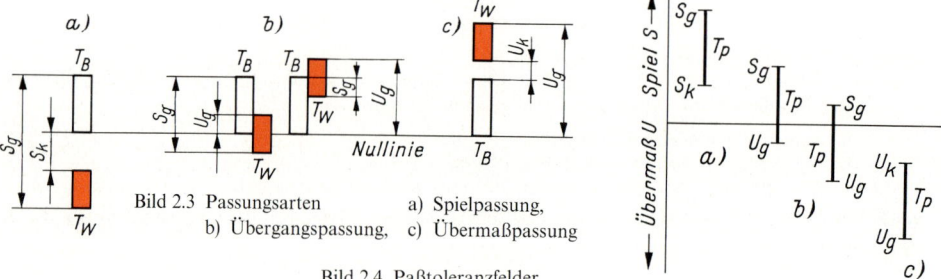

Bild 2.3 Passungsarten   a) Spielpassung,
b) Übergangspassung, c) Übermaßpassung

Bild 2.4 Paßtoleranzfelder
a) Spielpassung, b) Übergangspassungen, c) Übermaßpassung

Übermaßpassung, wenn stets ein Übermaß U vorhanden ist, d. h. die Welle stets größer als die Bohrung ist (Bild 2.3c). Dieses Übermaß kann schwanken zwischen einem

$$\textit{Höchstübermaß} \quad U_g = A_{oW} - A_{uB} = G_{oW} - G_{uB} \tag{2.5}$$

und einem

$$\textit{Mindestübermaß} \quad U_k = A_{uW} - A_{oB} = G_{uW} - G_{oB} \tag{2.6}$$

Übergangspassung, wenn die Istmaße sowohl ein Spiel als auch ein Übermaß zulassen (Bild 2.3b). In diesem Falle ergibt sich das mögliche Höchstspiel mit der Gl. 2.3 und das mögliche Höchstübermaß mit Gl. 2.5.

Das Istspiel S_i bzw. das Istübermaß U_i ist die Differenz zwischen den Istmaßen von Bohrung und Welle bzw. von Welle und Bohrung. Die Begriffe sind mit DIN ISO 286 T1 genormt. Da in dieser Norm keine Formelzeichen für Spiele und Übermaße angegeben sind, werden hier weiterhin S_g und S_k (früher Größt- und Kleinstspiel) sowie U_g und U_k (früher Größt- und Kleinstübermaß) verwendet.

Paßtoleranz T_p ist die Toleranz der Passung, d. h. die mögliche Schwankung des Spieles bzw. Übermaßes. Sie ist aber auch gleich der Summe der Toleranzen von Bohrung und Welle. Somit beträgt die

$$\textit{Paßtoleranz} \quad T_p = S_g - S_k \quad \text{bei Spielpassung} \tag{2.7}$$
$$T_p = S_g + U_g \quad \text{bei Übergangspassung} \tag{2.8}$$
$$T_p = U_g - U_k \quad \text{bei Übermaßpassung} \tag{2.9}$$
$$T_p = T_B + T_W \quad \text{allgemein} \tag{2.10}$$

Paßtoleranzfeld (Bild 2.4) ist bei Spielpassungen das Feld zwischen Höchstspiel und Mindestspiel, bei Übergangspassungen zwischen Höchstspiel und Höchstübermaß, bei Preßpassungen zwischen Mindestübermaß und Höchstübermaß.

Paßfläche ist jede Fläche, an der sich gepaarte Teile berühren, **Paßteile** sind die für eine Paarung bestimmten Werkstücke.

Passungssystem ist eine systematische Reihe von Passungen, die durch Kombinieren bestimmter Toleranzklassen für Wellen und Bohrungen entsteht. Man unterscheidet:

System Einheitsbohrung EB (Bild 2.5a). Bei ihm sind für alle Bohrungen (Innenmaße) die Grundabmaße $A_{uB} = 0$ (Toleranzfeldlage H), während die Toleranzfelder der Wellen und die oberen Abmaße A_{oB} der Bohrungen entsprechend gewählt werden.

System Einheitswelle EW (Bild 2.5b). Bei ihm sind für alle Wellen (Außenmaße) die Grundabmaße $A_{oW} = 0$ (Toleranzfeldlage h), während die Toleranzfelder der Bohrungen und die unteren Abmaße A_{uW} der Wellen entsprechend gewählt werden.

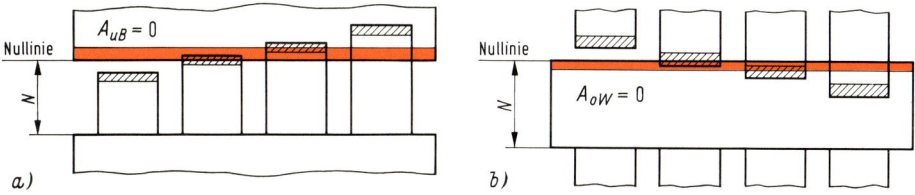

Bild 2.5 Passungssysteme gemäß DIN ISO 286 T1   a) Einheitsbohrung,   b) Einheitswelle

Beispiel 2.4

Es sind das Höchstspiel S_g, das Mindestspiel S_k und die Paßtoleranz T_p der Passung einer Bohrung $25_0^{+0,15}$ mm und einer Welle $25_{-0,15}^{-0,05}$ mm zu ermitteln.

Lösung:
Nach den Abmaßangaben betragen: $A_{oB} = 150\ \mu\text{m}$, $A_{uB} = 0$, $A_{oW} = -50\ \mu\text{m}$ und $A_{uW} = -150\ \mu\text{m}$, ferner $T_B = 150\ \mu\text{m}$ und $T_W = 100\ \mu\text{m}$.
Nach den Gln. 2.3 und 2.4 werden: $S_g = A_{oB} - A_{uW} = 150\ \mu\text{m} - (-150\ \mu\text{m}) = 300\ \mu\text{m}$,
$S_k = A_{uB} - A_{oW} = 0 - (-50\ \mu\text{m}) = 50\ \mu\text{m}$.

Die Gln. 2.7 und 2.10 liefern: $T_p = S_g - S_k = 300\ \mu\text{m} - 50\ \mu\text{m} = 250\ \mu\text{m}$,
$T_p = T_B + T_W = 150\ \mu\text{m} + 100\ \mu\text{m} = 250\ \mu\text{m}$.

Beispiel 2.5

Es sind das Höchstspiel S_g, das Mindestspiel S_k und die Paßtoleranz T_p der Passung 50 H7/e6 zu ermitteln:

Lösung:
Aus den Tab. 2.2 und A 2.3 werden entnommen: $T_B = 25\ \mu\text{m}$, $T_W = 16\ \mu\text{m}$, $A_{uB} = 0$, $A_{oW} = -50\ \mu\text{m}$.
Somit: $A_{oB} = A_{uB} + T_B = 0 + 25\ \mu\text{m} = +25\ \mu\text{m}$,
$A_{uW} = A_{oW} - T_W = -50\ \mu\text{m} - 16\ \mu\text{m} = -66\ \mu\text{m}$.

Nach den Gln. 2.3 und 2.4:
$S_g = A_{oB} - A_{uW} = +25\ \mu\text{m} - (-66\ \mu\text{m}) = 91\ \mu\text{m}$,
$S_k = A_{uB} - A_{oW} = 0 - (-50\ \mu\text{m}) = 50\ \mu\text{m}$.

Nach den Gln. 2.7 und 2.10:
$T_p = S_g - S_k = 91\ \mu\text{m} - 50\ \mu\text{m} = 41\mu\text{m}$,
$T_p = T_B + T_W = 25\ \mu\text{m} + 16\ \mu\text{m} = 41\ \mu\text{m}$.

Beispiel 2.6

Es sind das Höchstspiel S_g, das Mindestübermaß U_g und die Paßtoleranz T_p für die Passung 60 H8/m7 zu ermitteln.

Lösung:
Aus den Tabn. 2.2 und A 2.5 werden entnommen: $T_B = 46\ \mu m$, $T_W = 30\ \mu m$, $A_{uB} = 0$, $A_{uW} = +11\ \mu m$.
Somit: $A_{oB} = A_{uB} + T_B = 0 + 46\ \mu m = 46\ \mu m$,
$\qquad\quad A_{oW} = A_{uW} + T_W = +11\ \mu m + 30\ \mu m = 41\ \mu m$.

Nach den Gln. 2.3 und 2.5:

$$S_g = A_{oB} - A_{uW} = +46\ \mu m - 11\ \mu m = 35\ \mu m,$$
$$U_g = A_{oW} - A_{uB} = +41\ \mu m - 0 = 41\ \mu m.$$

Nach den Gln. 2.8 und 2.10:

$$T_p = S_g + U_g = 35\ \mu m + 41\ \mu m = 76\ \mu m,$$
$$T_p = T_B + T_W = 46\ \mu m + 30\ \mu m = 76\ \mu m.$$

Beispiel 2.7

Es sind das Höchstübermaß U_g, das Mindestübermaß U_k und die Paßtoleranz T_p für die Passung 100 U7/h6 zu ermitteln.

Lösung:
Aus den Tabn. 2.2 und A 2.6 werden entnommen: $T_B = 35\ \mu m$, $T_W = 22\ \mu m$, $A_{oB} = -124\ \mu m + \Delta$ $= -124\ \mu m + 13\ \mu m = -111\ \mu m$, $A_{oW} = 0$. Somit:

$$A_{uB} = A_{oB} - T_B = -111\ \mu m - 35\ \mu m = -146\ \mu m,$$
$$A_{uW} = A_{oW} - T_W = 0 - 22\ \mu m = -22\ \mu m.$$

Nach den Gln. 2.5 und 2.6:

$$U_g = A_{oW} - A_{uB} = 0 - (-146\ \mu m) = 146\ \mu m,$$
$$U_k = A_{uW} - A_{oB} = -22\ \mu m - (-111\ \mu m) = 89\ \mu m.$$

Nach den Gln. 2.9 und 2.10:

$$T_p = U_g - U_k = 146\ \mu m - 89\ \mu m = 57\ \mu m,$$
$$T_p = T_B + T_W = 35\ \mu m + 22\ \mu m = 57\ \mu m.$$

2.5   Passungsauswahl

In der Regel wird das **System Einheitsbohrung bevorzugt,** weil mit diesem weniger Bohrwerkzeuge (teure Reibahlen), Bohrungslehren und Aufspanndorne für die Bearbeitungsmaschinen gegenüber dem System Einheitswelle benötigt werden. Absätze an Wellen sind leichter herzustellen als in Bohrungen. Das System Einheitsbohrung ist im Allgemeinen Maschinenbau, im Werkzeugmaschinenbau, im Eisenbahn- und Kraftfahrzeugbau üblich.
Das **System Einheitswelle wird nur dort angewendet,** wo es unzweifelhaft wirtschaftliche Vorteile bietet, wenn beispielsweise mehrere Teile mit verschiedenen Istmaßen auf eine Welle aus gezogenem Rundstahl montiert werden können, ohne daß es einer spanenden Bearbeitung der Welle bedarf. Das System Einheitswelle ist im Transmissions-, Hebezeug-, Textilmaschinen- und Landmaschinenbau sowie in der Feinwerktechnik gebräuchlich.
Da die Bohrung im allgemeinen schwieriger zu bearbeiten ist als die Welle, ist es vorteilhaft, der Bohrung eine grobere Toleranz als der Welle zu geben, z. B. H7/r6 bzw. R7/h6. Das ist auch der Grund für die Ausnahmeregelung der Bohrungsabmaße (siehe Abschnitt 2.3), damit sich bei beiden Passungssystemen (Einheitsbohrung und Einheitswelle) für gleichartige Passungen wie H7/r6 und R7/h6 gleiche Übermaße ergeben.
Um die Anzahl der Werkzeuge und Lehren weitgehend einzuschränken, sollen nach Möglichkeit die in DIN 7157 empfohlenen Toleranzfelder gewählt werden, die in Tab. 2.8 aufgeführt sind. Für Übermaßpassungen kommt man oftmals mit diesen nicht aus, so daß auch auf die Toleranzfeldlagen z, za, zb, zc bzw. Z, ZA, ZB, ZC zurückgegriffen werden muß.

Tabelle 2.8 Für allgemeine Anwendung empfohlene Toleranzklassen nach DIN 7157
　　　　　Die rot angelegten sind zu bevorzugen. js und JS dürfen durch j und J ersetzt werden.

			d8	e7	f6	g5	h5				js5	k5	m5	n5	p5	r5	s5	t5	
a11	**b11**	**c11**	**d9**	**e8**	**f7**	**g6**	**h6**	**h7**	**h9**	**h11**	**js6**	**k6**	m6	**n6**	**p6**	**r6**	**s6**	t6	
			d10	e9	f8			h8			js7	k7	m7	n7	p7	r7	s7	t7	u7
			D9	E8	F7	G6	H6				JS6	K6	M6	N6	P6	R6	S6	T6	
A11	**B11**	**C11**	**D10**	**E9**	**F8**	**G7**	**H7**	**H8**	**H9**	**H11**	**JS7**	**K7**	M7	**N7**	**P7**	**R7**	**S7**	T7	
			D11	E10	F9				H10		JS8	K8	M8	N8	P8	R8			

Für die **Auswahl der Passungen** sind in der Tab. 2.9 verschiedene Paarungen zusammengestellt und Anwendungsbeispiele angegeben. Aus wirtschaftlichen Gründen sind die Passungen so grob wie möglich zu wählen, also nicht feiner als unbedingt notwendig!

Wenn mehrere Teile neben- oder übereinander geschichtet werden müssen, so addieren sich sämtliche Einzeltoleranzen, und das Gesamtmaß kann unzulässig abweichen. In derartigen Fällen können zusätzliche Ausgleichsscheiben helfen, die so dünn sein müssen, daß sie, entsprechend zusammengestellt, das erforderliche Gesamtmaß ergeben. Eine Toleranzuntersuchung ist dann unerläßlich.

Beispiel 2.8

Bild 2.6 zeigt die in einer Gabel leicht drehbar gelagerte Rolle. In die Rolle ist eine Bronzebuchse gepreßt (Übermaßpassung R7/h6), so daß sich beide gemeinsam auf dem Bolzen drehen können. Der Bolzen besteht aus blankem Rundstahl DIN 671 − 16 h9, womit das System Einheitswelle in Betracht kommt. Für die Buchsenbohrung wurde die Toleranzklasse E9 (weiter Laufsitz) gewählt. Zwischen den Stirnflächen der Buchse und der Gabelaugen darf sehr großes Bewegungsspiel auftreten. Deshalb wurde die Passung A11/h11 vorgesehen. Da die Graugußgabel außen nicht bearbeitet wird, müssen Abmaße ± 2 mm in Kauf genommen werden. Der Abstand der Sicherungsringe ist mit 60 mm als nicht toleriertes Maß angegeben, so daß zwischen den Sicherungsringen und den Gabelaußenflächen ein großes Spiel auftreten kann. Dieses Spiel schadet nicht, da die Sicherungsringe lediglich ein Herausfallen des Bolzens verhindern sollen. Damit der Bolzen möglichst nicht in Längsrichtung hin- und herpendelt, wurde in den Gabelaugen die Übergangspassung K9/h9 gewählt.

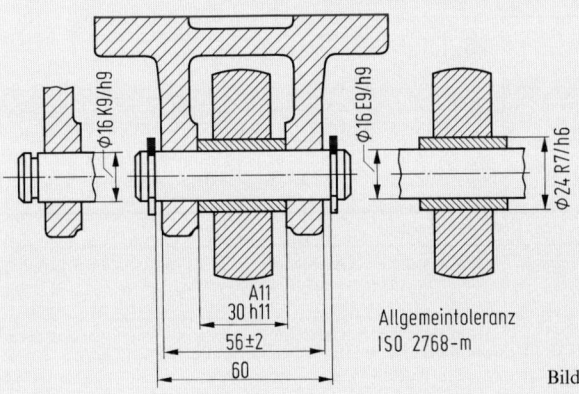

Es sind zu ermitteln: die Grenzmaße für das Nennmaß 60 und die sich daraus ergebenden Spiele S_k und S_g zwischen den Sicherungsringen und den Gabelaußenflächen sowie die Spiele und Übermaße für alle angebenden Passungen.

Bild 2.6 Passungen an einer Rollenlagerung

Lösung:
1. Höchst- und Mindestspiel zwischen den Sicherungsringen und den Gabelaugen
　　Nach Tab. 2.7 betragen für das Nennmaß $N_B = 60$ (Innenmaß) in der Toleranzklasse m (mittel) die Grenzabmaße ± 0,3 mm. Das ergibt ein Höchstmaß $G_{oB} = 59,7$ mm und ein Mindestmaß $G_{oB} = 60,3$ mm. Für das Nennmaß $N_W = 56$ (Außenmaß) sind $G_{uW} = 54$ mm und $G_{oW} = 58$ mm. Somit nach den Gln. 2.3 und 2.4:

$$S_g = G_{oB} - G_{uW} = 60,3 \text{ mm} - 54 \text{ mm} = 6,3 \text{ mm}$$
$$S_k = G_{uB} - G_{oW} = 59,7 \text{ mm} - 58 \text{ mm} = 1,7 \text{ mm}.$$

2. Höchst- und Mindestspiele bzw. -übermaße der angegebenen Passungen
Mit Hilfe der Tabn. 2.1 und A 2.3 bis A 2.6 werden die Abmaße wie im Beispiel 2.3 ermittelt und damit die Spiele und Übermaße mit den Gln. 2.3 bis 2.6 errechnet. Es ergeben sich für

$$16\ E9/h9: \quad S_g = 118\ \mu m, \quad S_k = 32\ \mu m,$$
$$16\ K9/h9: \quad S_g = 42\ \mu m, \quad U_g = 44\ \mu m,$$
$$24\ R7/h6: \quad U_g = 41\ \mu m, \quad U_k = 7\ \mu m,$$
$$30\ A11/h11: \quad S_g = 560\ \mu m, \quad S_k = 300\ \mu m.$$

Tab. 2.9 Zu empfehlende Passungen für allgemeine Anwendung

Passung		Merkmal	Anwendungsbeispiele
Spielpassungen			
H11/a11	A11/h11	**Besonders großes Bewegungsspiel**	Reglerwellen, Bremswellenlager, Federgehänge, Kuppelbolzen.
H11/c11	C11/h11	**Großes Bewegungsspiel**	Lager in Haushalts- und Landmaschinen, Drehschalter, Raststifte für Hebel, Gabelbolzen.
H11/d9	**C11/h9**	**Sicheres Bewegungsspiel**	Abnehmbare Hebel und Kurbeln, Hebel- und Gabelbolzen, Lager für Rollen und Führungen.
H9/d9	**D10/h9**	**Sehr reichliches Spiel**	Lager von Landmaschinen und langen Kranwellen, Leerlaufscheiben, grobe Zentrierungen, Spindeln von Textilmaschinen.
H8/d9	**E9/h9**	Reichliches Spiel. **Weiter Laufsitz**	Seilrollen, Achsbuchsen an Fahrzeugen, Lager von Gewindespindeln und Transmissionswellen.
H8/e8	**F8/h9**	Merkliches Spiel. **Schlichtlaufsitz**	Mehrfach gelagerte Wellen, Vorgelegewellen, Achsbuchsen an Kraftfahrzeugen.
H8/f7	F8/h7	Merkliches Spiel. **Leichter Laufsitz**	Hauptlager von Kurbelwellen, Pleuelstangen, Kreisel- und Zahnradpumpen, Gebläsewellen, Kolben, Kupplungsmuffen.
H7/f7	**F8/h6**	Merkliches Spiel. **Laufsitz**	Lager für Werkzeugmaschinen, Getriebewellen, Kurbel- und Nockenwellen, Regler, Führungssteine.
H7/g6	G7/h6	Wenig Spiel. **Enger Laufsitz**	Ziehkeilräder, Schubkupplungen, Schieberäderblöcke, Stellstifte in Führungsbuchsen, Pleuelstangenlager.
H11/h9 H11/h11	H11/h9 H11/h11	Geringes Spiel. **Weiter Gleitsitz**	Teile an Landmaschinen, die auf Wellen verstiftet, festgeschraubt oder festgeklemmt werden, Distanzbuchsen, Scharnierbolzen, Hebelschalter.
H8/h9	**H8/h9**	Kraftlos verschiebbar. **Schlichtgleitsitz**	Stellringe für Transmissionen, Handkurbeln, Zahnräder, Kupplungen, Riemenscheiben, die über Wellen geschoben werden müssen.
H7/h6	**H7/h6**	Von Hand noch verschiebbar. **Gleitsitz**	Wechselräder auf Wellen, lose Buchsen für Kolbenbolzen, Zentrierflansche für Kupplungen, Stellringe, Säulenführungen.
Übergangspassungen			
H7/j6	J7/h6	Mit Holzhammer oder von Hand fügbar. **Schiebesitz**	Öfter auszubauende oder schwierig einzubauende Riemenscheiben, Zahnräder, Handräder und Zentrierungen.
H7/k6	K7/h6	Mit Handhammer fügbar. **Haftsitz**	Riemenscheiben, Kupplungen, Zahnräder auf Wellen, Schwungräder mit Tangentkeilen, feste Handräder und -hebel, Paßstifte.
H7/n6	N7/h6	Mit Presse fügbar. **Festsitz**	Zahnkränze auf Radkörpern, Bunde auf Wellen, Lagerbuchsen in Getriebekästen und in Naben, Stirn- und Schneckenräder, Anker auf Motorwellen.
Übermaßpassungen			
H7/r6 H7/s6	R7/h6 S7/h6	**Mittlerer Preßsitz**	Kupplungsnaben, Bronzekränze auf Graugußnaben, Lagerbuchsen in Gehäusen, Rädern und Schubstangen.
H7/x6 **H8/u7**	X7/h6 U8/h7	**Starker Preßsitz**	Naben von Zahnrädern, Laufrädern und Schwungrädern, Wellenflansche.

Beispiel 2.9

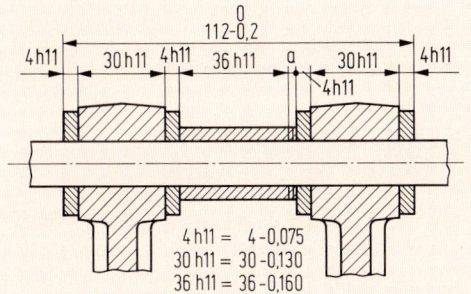

Bild 2.7 zeigt zwei mit vier Scheiben und einem Abstandsrohr auf einer Achse nebeneinander sitzende Hebelnaben. Durch Beilegen von Ausgleichsscheiben a soll ein Gesamtmaß $112_{-0,2}^{\ 0}$ mm eingehalten werden. Ohne diese Ausgleichsscheiben müßten die Einzelteile sehr fein toleriert werden, was die Fertigung außerordentlich verteuern würde. Es ist eine Toleranzuntersuchung vorzunehmen.

Bild 2.7 Aneinandergereihte Paßmaße

Lösung:
Für alle Einzelteile ist das obere Abmaß $A_o = 0$, und für diesen Grenzfall ist keine Ausgleichsscheibe a erforderlich. Addiert man alle Einzeltoleranzen, so erhält man die Gesamttoleranz

$$T = (75 + 130 + 75 + 160 + 75 + 130 + 75)\ \mu m = 720\ \mu m.$$

Es genügt, $s = 0,2$ mm dicke Ausgleichsscheiben bereitzuhalten. Für den Grenzfall des Mindestmaßes $G_u = G_o - T = 112$ mm $- 0,72$ mm $- 111,28$ mm müßten drei Ausgleichsscheiben beigelegt werden, so daß sich ein Istmaß $I = G_u + 3s = 111,28$ mm $+ 3 \cdot 0,2$ mm $= 111,88$ mm ergäbe und das untere Abmaß von $-0,2$ mm nicht überschritten ist. Je nach Istmaß sind also bis zu 3 Ausgleichsscheiben beizulegen.

Literaturhinweise

Ballas, F.: Erfahrungen bei der Anwendung von Normzahlen. DIN-Mitt. 42/63.
Berg, S.: Die Normzahl, Wesen und Anwendung. VDI-Z. 92/50.
Berg, S.: Feinere Normzahlreihen. VDI-Z. 102/60.
Hase, R.: Toleranzrechnungen. Z. Konstruktion 13/61.
Klein, M.: Einführung in die DIN-Normen. Teubner-Berlag Stuttgart 1993.
Rochusch, F.: ISA-Toleranzen, Oberflächengüte und Bearbeitungsverfahren. Z. Konstruktion 9/57.
Reuthe, W.: Größenstufung und Ähnlichkeitsmechanik bei Maschinenelementen. Z. Konstruktion 10/58.
Simon, H. und *M. Thoma:* Angewandte Oberflächentechnik für metallische Werkstoffe. Hanser Verlag München 1989.

DIN	7154	ISO-Passungen für Einheitsbohrung
	7155	ISO-Passungen für Einheitswelle
	7157	Passungsauswahl
	7172	Toleranzen und Grenzabmaße für Längenmaße über 3150 bis 10000 mm
	ISO 286	ISO-System für Grenzmaße und Passungen
		Teil 1 Grundlagen für Toleranzen, Abmaße und Passungen
		Teil 2 Tabellen der Grundtoleranzgrade und Grenzabmaße
	ISO 2768	Allgemeintoleranzen

3 Gestaltabweichungen der Oberflächen

Alle Oberflächen an Bauteilen weichen mehr oder weniger von der geometrisch idealen Gestalt ab. Je nach der Funktion der Oberflächen müssen die Gestaltabweichungen in bestimmten Grenzen bleiben. Beispielsweise kann ein Gleitlager nicht einwandfrei laufen, wenn Unrundheit, Welligkeit oder Schiefstellung von Laufzapfen und Lagerbohrung das erforderliche Spiel zu stark verändern oder die Rauheit der Oberflächen die Reibung erhöht, die Tragfähigkeit senkt und den Verschleiß begünstigt. Nach DIN 4760 gilt:

Die **Istoberfläche** ist das meßtechnisch erfaßte, angenäherte Abbild der wirklichen Oberfläche eines Formelements.

Die **geometrische Oberfläche** ist eine ideale Oberfläche, deren Nennform durch die Zeichnung und/oder andere technische Unterlagen definiert wird.

Gestaltabweichungen sind die Gesamtheit aller Abweichungen der Istoberfläche von der geometrischen Oberfläche. Die Gestaltabweichungen werden in sechs Ordnungen unterteilt (Tab. 3.1).

Tab. 3.1 Ordnungssystem für Gestaltabweichungen nach DIN 4760

Gestaltabweichung (als Profilschnitt überhöht dargestellt)	Beispiele für die Art der Abweichung	Beispiele für die Entstehungsursache
1. Ordnung: Formabweichungen	Geradheits-, Ebenheits-, Rundheits-Abweichung, u. a.	Fehler in den Führungen der Werkzeugmaschine, Durchbiegung der Maschine oder des Werkstückes, falsche Einspannung des Werkstückes, Härteverzug, Verschleiß
2. Ordnung: Welligkeit	Wellen (siehe DIN 4761)	außermittige Einspannung, Form- oder Laufabweichungen eines Fräsers, Schwingungen der Werkzeugmaschine oder des Werkzeuges
3. Ordnung: Rauheit	Rillen (siehe DIN 4761)	Form der Werkzeugschneide, Vorschub oder Zustellung des Werkzeuges
4. Ordnung: Rauheit	Riefen Schuppen Kuppen (siehe DIN 4761)	Vorgang der Spanbildung (Reißspan, Scherspan, Aufbauschneide), Werkstoffverformung beim Strahlen, Knospenbildung bei galvanischer Behandlung
5. Ordnung: Rauheit Anmerkung: nicht mehr in einfacher Weise bildlich darstellbar	Gefügestruktur	Kristallisationsvorgänge, Veränderung der Oberfläche durch chemische Einwirkung (z. B. Beizen), Korrosionsvorgänge
6. Ordnung: Anmerkung: nicht mehr in einfacher Weise bildlich darstellbar	Gitteraufbau des Werkstoffes	

Die dargestellten Gestaltabweichungen 1. bis 4. Ordnung überlagern sich in der Regel zu der Istoberfläche.
  Beispiel:

3.1 Form- und Lagetoleranzen

Wenn für die Funktion eines Bauteils erforderlich, müssen die Form und die Lage von Oberflächen toleriert werden. Dazu sind in DIN ISO 1101 (Ersatz für DIN 7184) Symbole für die Eintragung in Zeichnungen vorgesehen (Tab. 3.2). Es werden im wesentlichen verwendet:

Toleranzrahmen mit Bezugspfeil auf das tolerierte Element (Bilder 3.1a bis h).

Bezugsdreieck mit Rahmen für den Bezugsbuchstaben zur Kennzeichnung des Bezugselements (Bilder 3.1c, d, e, g und h).

Rechteckige Rahmen zur Kennzeichnung von theoretisch genauen Maßen, die die Lage bzw. das Profil oder den Winkel eines tolerierten Elements bestimmen (Bild 3.1f).

Zur Form- und Lagetolerierung siehe auch DIN ISO 5459, die eine Ergänzung zu DIN ISO 1101 ist. Allgemeintoleranzen für Form und Lage sind in DIN ISO 2768 T2 festgelegt.

Tab. 3.2 Symbole für tolerierte Eigenschaften

Art der Toleranz	Tolerierte Eigenschaft	Symbol	Art der Toleranz	Tolerierte Eigenschaft	Symbol
Formtoleranzen	Geradheit	—	Richtungstoleranzen	Neigung	∠
	Ebenheit	▱	Ortstoleranzen	Position	⊕
	Rundheit (Kreisform)	○		Konzentrizität und Koaxialität	◎
	Zylinderform	⌭		Symmetrie	⚌
	Profil einer beliebigen Linie	⌒	Lauftoleranzen	Lauf	↗
	Profil einer beliebigen Fläche	⌓		Gesamtlauf	⫻
Richtungstoleranzen	Parallelität	//			
	Rechtwinkligkeit	⊥			

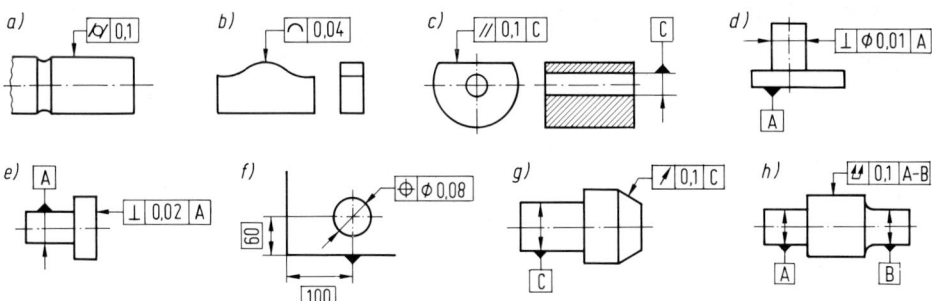

Bild 3.1 Beispiele für Form und Lagetoleranzen nach DIN ISO 1101

Erläuterungen zu Bild 3.1:

a) Die tolerierte Zylindermantelfläche muß zwischen zwei koaxialen Zylindern liegen, die einen Abstand von 0,1 mm haben.
b) In jeder Schnittebene parallel zur Zeichenebene muß das tolerierte Profil zwischen Hüll-Linien an Kreise vom Druchmesser 0,04 mm liegen, deren Mittelpunkte sich auf der geometrisch idealen Linie befinden.
c) Die tolerierte Fläche muß zwischen zwei zur Bezugsachse C des Loches parallelen Ebenen vom Abstand 0,1 mm liegen.
d) Die tolerierte Achse des Zylinders muß innerhalb eines zur Bezugsfläche A senkrechten Zylinders vom Durchmesser 0,01 mm liegen.
e) Die tolerierte Planfläche muß zwischen zwei parallelen und zur Bezugsachse A senkrechten Ebenen vom Abstand 0,02 mm liegen.
f) Die tolerierte Achse der Bohrung muß innerhalb eines Zylinders vom Durchmesser 0,08 mm liegen, dessen Achse sich am geometrisch idealen Ort befindet.
g) Bei Drehung um die Bezugsachse C darf die Laufabweichung in jedem Meßkegel 0,1 mm nicht überschreiten.
h) Bei mehrmaliger Drehung um die Bezugsachse A−B und bei axialer Verschiebung zwischen Werkstück und Meßgerät müssen alle Oberflächenpunkte des tolerierten Elements innerhalb der Gesamt-Rundlauftoleranz von 0,1 mm liegen.

3.2   Rauhheit der Oberflächen

Der Charakter technischer Oberflächen ist in DIN 4761 dargestellt und erläutert. In DIN 4762[1] sind die Begriffe der Oberflächenrauheit definiert und die Kenngrößen zur Oberflächenbestimmung erläutert. Für die Angabe der Oberflächenbeschaffenheit von Werkstücken in Zeichnungen nach DIN ISO 1302 sind folgende **Rauheitsmeßgrößen** nach DIN 4768 maßgebend:

Arithmetischer Mittenrauhwert R_a (kurz Mittenrauhwert) als arithmetisches Mittel der absoluten Beträge der Profilabweichungen y von der Mittellinie innerhalb der Gesamtmeßstrecke l_m (Bild 3.2a). Er ist gleichbedeutend mit der Höhe eines Rechtecks von der Länge l_m, das flächengleich ist mit der Summe der zwischen Rauheitsprofil und Mittellinie eingeschlossenen Fläche.

Gemittelte Rauhtiefe R_z als arithmetisches Mittel aus den Einzelrauhtiefen Z_i fünf aneinandergrenzender Einzelmeßstrecken l_e (Bild 3.2b). Somit gilt $R_z = (Z_1 + Z_2 + Z_3 + Z_4 + Z_5)/5$. Die so gemittelte Rauhtiefe vermeidet einmalige Außreißer als Meßwert.

Maximale Rauhtiefe R_{max} als die größte auf der Gesamtmeßstrecke l_m vorkommenden Einzelrauhtiefen Z_i; z. B. $R_{max} = Z_3$ im Bild 3.2b. Die früher übliche Kenngröße Rauhtiefe R_t soll nicht mehr angewendet werden.

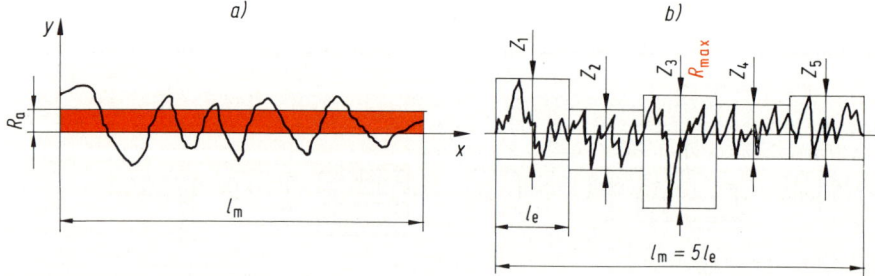

Bild 3.2 Rauheitskenngrößen
a) Arithmetischer Mittenrauhwert R_a, b) Bilden der gemittelten Rauhtiefe R_z

---

[1] Die Ausgabe 01. 89 dieser Norm als deutsche Übersetzung der internationalen Norm ISO 4287/1 unterscheidet sich wesentlich von der zurückgezogenen Ausgabe 08. 60.

Mit modernen elektrischen Tastschnittgeräten lassen sich R_a, R_z und R_{max} schnell messen. Zwischen den einzelnen Rauheitsmeßgrößen besteht keine konstante mathematische Beziehung, da die Oberflächenbeschaffenheit sehr unterschiedlich sein kann und vom Herstellverfahren abhängt. In der Regel kann man mit grober Näherung von $\boldsymbol{R_a \approx 0{,}1R_z}$ und $\boldsymbol{R_z \approx R_{max}}$ ausgehen.

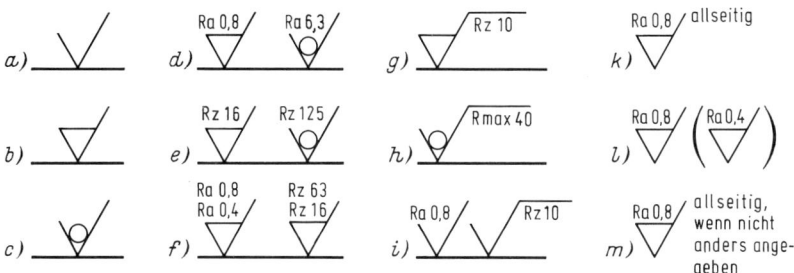

Bild 3.3 Symbole und Rauheitswertangaben für Oberflächen nach DIN ISO 1302

Die geforderte Oberflächenbeschaffenheit wird in den **Zeichnungen** nach DIN ISO 1302 durch Symbole und an diese gesetzte weitere Angaben gekennzeichnet:

Das **Grundsymbol** besteht aus zwei Linien ungleicher Länge, die um etwa 60° zur Oberflächenlinie geneigt sind (Bild 3.3a). Wenn eine materialabtrennende (spanende) Bearbeitung verlangt wird, ist dem Grundsymbol eine Querlinie hinzuzufügen (Bild 3.3b), wenn eine derartige Bearbeitung nicht zugelassen ist, ein Kreis (Bild 3.3c). Das letzte Zeichen kann auch bedeuten, daß keine weitere materialabtrennende Bearbeitung erfolgen darf, wenn eine solche in der vorhergehenden Fertigungsstufe vorgenommen wurde.

Der **zulässige Mittenrauhwert R_a**, der nicht überschritten werden darf, ist über dem Symbol in μm anzugeben (Bild 3.3d). Anstelle R_a (vorzugsweise angeben) kann hier auch die gemittelte Rauhtiefe R_z eingetragen werden (Bild 3.3e). Falls die Rauheit nur zwischen einer oberen und unteren Grenze schwanken darf, sind beide Grenzen anzugeben (Bild 3.3f).

Das Eintragen von R_z ist auch unter einer zusätzlichen Linie am Symbol möglich (Bild 3.3g), wo alternativ die maximale Rauhtiefe R_{max} ebenfalls angegeben werden kann (Bild 3.3h).

Ist das Fertigungsverfahren freigestellt, so ist nur das Grundsymbol zu zeichnen und die Rauheitsangabe zu machen (Bild 3.3i).

Wenn gleiche Angaben für alle Oberflächen eines Bauteils gelten, ist das Symbol in die Nähe des dargestellten Teiles oder hinter seine Positionsnummer zu setzen und mit „allseitig" zu versehen (Bild 3.3k). Falls am betr. Teil Ausnahmen vorkommen, ist nach den Bildern 3.3l oder m zu verfahren.

Das Symbol darf noch mit weiteren Angaben versehen werden, wie Herstellungsverfahren, Bezugsstrecke (Länge der Strecke, für die das Symbol gilt), Oberflächenbehandlung oder Überzug, die Rillenrichtung und die Bearbeitungszugabe (Bild 3.4).

Für Oberflächen, an die keinerlei Anforderungen gestellt werden, entfallen Symbole und Angaben.

In Tabelle 3.3 sind Richtlinien für die gemittelte Rauhtiefe R_z in Abhängigkeit vom Herstellungsverfahren nach DIN 4766 angegeben. Diese Norm enthält auch die entspr. Angaben für den Mittenrauhwert R_a.

Tab. 3.4 zeigt für Zeichnungsumstellungen einen Vergleich der Rauheitsangaben mit der früheren Norm DIN 3141, die nicht mehr angewendet werden soll. Aus dieser geht die Oberflächenbeschaffenheit in Abhängigkeit von der Rauhtiefe hervor. Im Maschinenbau wurde allgemein die Reihe 3 bevorzugt. Das Herstellverfahren ist freigestellt, falls es nicht durch Zusatzangaben vorgeschrieben wird.

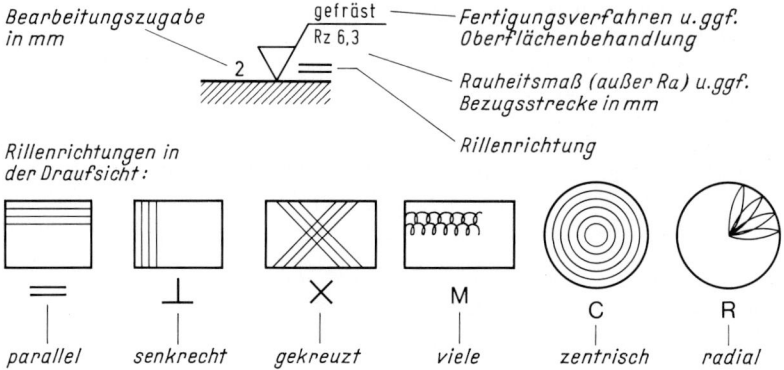

Bild 3.4 Weitere Angaben am Oberflächensymbol nach DIN ISO 1302

Tab. 3.3 Erreichbare Rauhtiefen R_z je nach Fertigungsverfahren (Auszug aus DIN 4766)

Fertigungsverfahren		Erreichbare gemittelte Rauhtiefe R_z in µm
Haupt-Gruppe	Benennung	0,04 / 0,06 / 0,1 / 0,16 / 0,25 / 0,4 / 0,63 / 1 / 1,6 / 2,5 / 4,0 / 6,3 / 10 / 16 / 25 / 40 / 63 / 100 / 160 / 250 / 400 / 630 / 1000
Umformen	Gesenkschmieden	
	Glattwalzen	
	Tiefziehen von Blechen	
	Fließpressen, Strangpressen	
	Prägen	
	Walzen von Formteilen	
Trennen	Schneiden	
	Längsdrehen	
	Plandrehen	
	Einstechdrehen	
	Hobeln	
	Stoßen	
	Schaben	
	Bohren	
	Aufbohren	
	Senken	
	Reiben	
	Umfangfräsen	
	Stirnfräsen	
	Räumen	
	Feilen	
	Rund-Längsschleifen	
	Rund-Planschleifen	
	Rund-Einstechschleifen	
	Flach-Umfangsschleifen	
	Flach-Stirnschleifen	
	Polierschleifen	
	Langhubhonen	
	Kurzhubhonen	
	Rundläppen	
	Flachläppen	
	Schwingläppen	
	Polierläppen	

Tab. 3.4 Vergleich der Symbole und Rauheitsangaben zwischen DIN ISO 1302 und der zurückgezogenen Norm DIN 3141 (nach *Dubbel*)

Oberflächenzeichen nach DIN 3141	Oberflächenangaben R_a in µm (maximale Rauhtiefe R_{max} in µm) nach DIN ISO 1302				
	Zuordnung nach DIN 3141				
	Reihe 1	Reihe 2	Reihe 3	Reihe 4	
Oberfläche ohne Zeichen ⌐‿‿⌐	⌐▭⌐				Oberflächen, an die keine bestimmten Anforderungen gestellt werden
⌐‿‿⌐		glatt ∇			Oberflächen, an die nur die Forderungen größerer Gleichmäßigkeit und besseren Aussehens gestellt werden
		⌀			Oberfläche, welche **nicht spanend** bearbeitet werden darf
		Ra 6,3 ∇ oder R_{max}40 ∇			Saubere rohe Oberfläche mit Rauheitsanforderungen, die mit jedem Fertigungsverfahren hergestellt werden kann
▽	Ra 25 ∇ (R_{max}=160)	Ra 12,5 ∇ (R_{max}=100)	Ra 6,3 ∇ (R_{max}=63)	Ra 3,2 ∇ (R_{max}=25)	Oberfläche, die **spanend** hergestellt werden soll und den angegebenen höchstzulässigen Mittenrauhwert nicht überschreiten darf
▽▽	Ra 6,3 ∇ (R_{max}=40)	Ra 3,2 ∇ (R_{max}=25)	Ra 1,6 ∇ (R_{max}=16)	Ra 0,8 ∇ (R_{max}=10)	
▽▽▽	Ra 1,6 ∇ (R_{max}=16)	Ra 0,8 ∇ (R_{max}=6,3)	Ra 0,4 ∇ (R_{max}=4)	Ra 0,2 ∇ (R_{max}=2,5)	
▽▽▽▽		Ra 0,1 ∇ (R_{max}=1)	Ra 0,1 ∇ (R_{max}=1)	Ra 0,025 ∇ (R_{max}=0,4)	

Aus wirtschaftlichen Gründen gilt auch hier sinngemäß zu den Toleranzen: **Oberflächenrauheit so grob wie möglich,** also nicht feiner als unbedingt notwendig!

Literaturhinweise

Beitz, W. und *K.-H. Küttner: Dubbel,* Taschenbuch für den Maschinenbau. Springer-Verlag 1990.

Flimm, J.: Spanlose Formgebung. Hanser Verlag 1987.

Gary, M.: Die Messung der Rauheit. VDI-Z. 103/61.

Kolhage, E.: Der Einfluß von Bezugssystem, Oberflächenmeßgerät und Fertigungsstreuung auf die Genauigkeit der Rauheitsmessung. VDI-Z. 105/63.

Masing, W.: Handbuch der Qualitätssicherung. Hanser Verlag München 1988.

Spur, G. und *Th. Stöferle:* Handbuch der Fertigungstechnik (5 Bände). Hanser Verlag München 1981/86.

DIN 4768 Ermittlung der Rauheitsmeßgrößen R_a, R_z R_{max} mit elektrischen Tastschnittgeräten.

Nichtlösbare Verbindungen

4 Schmelzschweißverbindungen

Schmelzschweißen von Metallen ist das Vereinigen von artgleichen Werkstoffen unter Anwendung von Wärme in einem örtlich begrenzten Bereich, der Schweißzone, im flüssigen (angeschmolzenen) Zustand **mit oder ohne Schweißzusatz,** stets aber **ohne Anwendung von Druck.** Der Schweißzusatz wird in Form von Stäben oder Drähten artgleichen Werkstoffs zugeführt und in der Schweißzone abgeschmolzen. Mit dem Schweißzusatz werden Nähte gezogen, auch in mehreren Lagen übereinander. Die zum Schweißen notwendige Energie wird von außen zugeführt.

Das Schweißen ist zu einem der wichtigsten Verbindungsverfahren geworden, da es außer der Ersparnis an Modell- oder Werkzeugkosten den Vorteil des geringeren Werkstoffaufwandes gegenüber Guß- und Schmiedeteilen bietet. Ein Schweißteil kann bei geschickter Gestaltung ohne Einbuße an Festigkeit und Steifigkeit bis zu 50% leichter werden. Wegen der einfachen Formgebung sind Schweißverbindungen meistens auch den Nietverbindungen überlegen. Als Nachteil muß jedoch in Betracht gezogen werden, daß sich nur artgleiche Werkstoffe verbinden lassen, sich infolge der örtlichen Erwärmung die Schweißteile mehr oder weniger verziehen und schädigende Gefügeumwandlungen möglich sind. Eine Kontrolle in bezug auf die Haltbarkeit der Schweißstellen ist durch Augenschein allein nicht möglich.

4.1 Verfahren

Die Schweißverfahren werden nach DIN 1910 eingeteilt nach der Art des von außen wirkenden Energieträgers (z. B. Gas, Strahl, elektrischer Strom), nach der Art des Grundwerkstoffs (Metall, Kunststoff), nach dem Zweck des Schweißens (Verbindungsschweißen, Auftragsschweißen), nach dem Grad der Mechanisierung (z. B. Handschweißen, teil- oder vollmechanisches Schweißen).

Verbindungsschweißen ist das Fügen (Verbinden) mehrerer Werkstücke (Einzelteile) zu einem **Schweißteil.** Der Werkstoff eines Werkstücks heißt **Grundwerkstoff.**

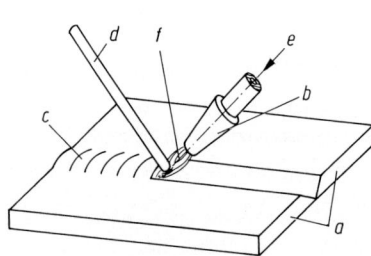 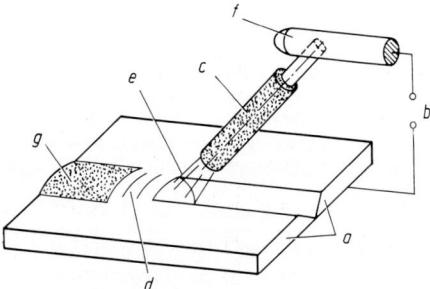

Bild 4.1 Gasschmelzschweißen (Gasschweißen)
 nach DIN 1910
 a Werkstück
 b Schweißbrenner
 c Schweißnaht
 d Schweißzusatz
 e Brenngas und Sauerstoff oder Luft
 f Gasflamme

Bild 4.2 Lichtbogenhandschweißen nach
 DIN 1910
 a Werkstück
 b Stromquelle
 c Stabelektrode
 d Schweißnaht
 e Lichtbogen
 f Elektrodenhalter
 g Schlacke

Die wichtigsten Schmelzschweißverfahren nach DIN 1910 sind:

1. Gasschweißen G
Das Schweißbad entsteht durch unmittelbares Einwirken einer Brenngas-Luft-Flamme. Wärme und Schweißzusatz werden in der Regel getrennt zugeführt (Bild 4.1).

Gas-Pulver-Schweißen ist eine Variante des Gasschmelzschweißens, bei der pulverförmiger Schweißzusatz durch die Flamme zugeführt wird.

2. Lichtbogenschweißen E
Das Schweißbad entsteht durch Einwirken eines Lichtbogens oder mehrerer Lichtbögen. Der Lichtbogen brennt zwischen einer Elektrode und dem Werkstück, zwischen zwei Elektroden und/oder zwischen den Werkstücken (Bild 4.2). Bei Verwendung einer abschmelzenden Elektrode ist diese gleichzeitig Schweißzusatz.

Schmelzschweißen mit magnetisch bewegtem Lichtbogen ist eine Variante des Lichtbogenschmelzschweißens, bei der der Lichtbogen durch ein ablenkendes Magnetfeld entlang dem Schweißstoß geführt wird.

Beim Lichtbogenschweißen werden unterschieden:

2.1 Metalllichtbogenschweißen: Der Lichtbogen brennt zwischen einer abschmelzenden Elektrode und dem Werkstück. Lichtbogen und Schweißbad werden vor dem Zutritt der Atmosphäre nur durch Gase und/oder Schlacken abgeschirmt, die von der Elektrode stammen. Varianten sind z. B.: Lichtbogenhandschweißen, Schwerkraftlichtbogenschweißen, Federkraftlichtbogenschweißen, Metalllichtbogenschweißen mit Fülldrahtelektrode, Unterschieneschweißen (die umhüllte Stabelektrode wird unter einer die Naht formenden Schiene durch einen unsichtbar brennenden Lichtbogen abgeschmolzen).

2.2 Kohlelichtbogenschweißen: Der Lichtbogen brennt sichtbar zwischen einer nicht abschmelzenden Kohleelektrode (Dauerelektrode) und dem Werkstück oder zwischen zwei Kohleelektroden. Es wird mit oder ohne Schweißzusatz geschweißt. Etwaiger Schweißzusatz wird im allgemeinen stromlos zugeführt.

2.3 Unterpulverschweißen: Der Lichtbogen brennt unsichtbar zwischen einer abschmelzenden Elektrode und dem Werkstück oder zwischen zwei abschmelzenden Elektroden. Lichtbogen und Schweißzone werden durch eine Pulverschicht abgedeckt. Das Schweißbad wird vor dem Zutritt der Atmosphäre durch die aus dem Pulver gebildete Schlacke geschützt.

3. Schutzgasschweißen SG
Das Schweißbad entsteht durch Einwirken eines Lichtbogens. Der Lichtbogen brennt sichtbar zwischen einer Elektrode und dem Werkstück oder zwischen zwei Elektroden. Elektrode, Lichtbogen und Schweißbad werden gegen die Atmosphäre durch ein eigens zugeführtes inertes (reaktionsunfähiges) oder aktives Schutzgas abgeschirmt. Geschweißt werden kann auch mit magnetisch bewegtem Lichtbogen. Unterteilt in:

3.1 Metall-Schutzgasschweißen MSG: Der Lichtbogen brennt zwischen einer abschmelzenden Elektrode, die gleichzeitig Schweißzusatz ist, und dem Werkstück. Das Schutzgas ist inert oder aktiv.

Schutzgas-Engspaltschweißen MSGE ist eine Variante des Metall-Schutzgasschweißens, bei der eine Naht von großem Verhältnis der Dicke zur Breite erzielt wird.

Elektrogasschweißen MSGG ist eine Variante des Metall-Schutzgasschweißens in Schweißposition s (Steigposition, siehe Abschnitt 4.2), bei der das Schutzgas über nahtformende Backen zugeführt wird.

Plasma-Metall-Schutzgasschweißen MSGP ist eine Kombination von Metall-Schutzgas- und Plasmaschweißen.

Das Metall-Schutzgasschweißen ist unterteilt in:

Metall-Inertgasschweißen MIG. Das Schutzgas ist inert wie Argon, Helium oder deren Gemische.

Metall-Aktivgasschweißen MAG. Das Schutzgas ist aktiv. Es besteht z. B. beim CO_2-Schwei-
ßen MAGC aus Kohlendioxid oder beim Mischgasschweißen MAGM aus einem Gasge-
misch.
3.2 **Wolfram-Schutzgasschweißen WSG:** Der Lichtbogen brennt frei oder eingeschnürt zwischen
    einer nichtabschmelzenden Elektrode (Dauerelektrode), im allgemeinen aus Wolfram, und
    dem Werkstück oder der Innenwand einer Düse oder zwischen zwei nichtabschmelzenden
    Elektroden. Etwaiger Schweißzusatz wird vorwiegend stromlos zugeführt. Das Schutzgas ist
    inert oder aktiv. Das Wolfram-Schutzgasschweißen ist unterteilt in:
Wolfram-Inertgasschweißen WIG. Der Lichtbogen brennt frei zwischen Wolframelektrode
und Werkstück. Das Schutzgas ist inert wie Argon, Helium oder deren Gemische.
Wolfram-Plasmaschweißen WP. Der Lichtbogen ist eingeschnürt. Er brennt beim Plasma-
strahlschweißen WPS zwischen Wolframelektrode und Innenwand der Plasmadüse (nicht
übertragener Lichtbogen) oder beim Plasmalichtbogenschweißen WPL zwischen Wolframelektrode und Werkstück (übertragener Lichtbogen). Das Schutzgas ist inert (wie Argon oder
Helium) oder aktiv (wie Wasserstoff) oder ein Gemisch aus inerten und/oder aktiven Gasen.
Plasmastrahl-Plasmalichtbogenschweißen WPSL ist eine Variante des Plasmaschweißens, bei
der mit nicht übertragenem und übertragenem Lichtbogen gearbeitet wird.
Wolfram-Wasserstoffschweißen WHG. Der Lichtbogen brennt frei zwischen zwei Wolfram-
elektroden. Das Schutzgas ist Wasserstoff.

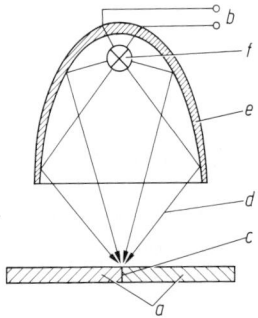

Bild 4.3 Lichtstrahlschweißen nach DIN 1910
         a Werkstück   d Lichtstrahl
         b Stromquelle   e elliptischer Spiegel
         c Schweißnaht   f Lichtquelle (im Brennpunkt)

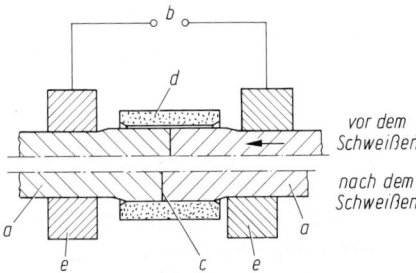

Bild 4.4 Kammerschweißen nach DIN 1910
          a Werkstück
          b Stromquelle
          c Schweißnaht
          d Keramikrohr
          e Spannbacken

4. Strahlschweißen

Die Wärme entsteht durch Umwandlung gebündelter energiereicher Strahlung bei ihrem Auftref-
fen auf bzw. Eindringen in das Werkstück. Geschweißt wird im Vakuum, unter Schutzgas oder an
freier Atmosphäre vorzugsweise ohne Schweißzusatz. Unterteilt in:
4.1 **Lichtstrahlschweißen:** Die Energie eines nicht kohärenten Strahls eines Frequenzbandes wird
    in Wärme umgewandelt (Bild 4.3).
4.2 **Laserstrahlschweißen:** Die Energie eines kohärenten Strahls angenähert einer Frequenz wird
    in Wärme umgewandelt.
4.3 **Elektronenstrahlschweißen:** Die Energie eines Elektronenstrahls wird in Wärme umgewan-
    delt, d. h. die Wärme entsteht durch das Auftreffen von Elektronen eines im Hochvakuum er-
    zeugten gebündelten Elektronenstrahls auf das Werkstück. Es ist zum Schweißen reaktions-
    freudiger Nichteisenmetalle, wie sie im Reaktorbau vorkommen (Zirkon- und Berylliumle-
    gierungen) oder sehr dünner Bleche unter 0,2 mm Dicke gebräuchlich. Der Elektronenstrahl
    ist eine Energiequelle, die an Dichte, Beweglichkeit und Präzision alle anderen übertrifft. Er
    wird punktförmig auf die Schweißstelle gerichtet. Die Schmelzzone ist sehr schmal, die Ein-
    dringtiefe dagegen relativ groß. Der Aufwand an Einrichtungen ist jedoch beträchtlich.

5. Widerstandsschmelzschweißen

Durch Widerstandserwärmen werden die Stoßflächen aufgeschmolzen, und etwaiger Schweißzusatz wird verflüssigt. Unterteilt in:

5.1 Elektroschlackeschweißen RES: Die Werkstücke werden an den Stoßflächen durch flüssige, elektrisch leitende Schlacke erwärmt. Der Schweißstoß ist eingeformt, z. B. durch Gleitschuhe. Der stromführende Schweißzusatz schmilzt in der Schlacke stetig ab. Er kann dem Schweißbad auch in einer abschmelzenden umhüllten oder nicht umhüllten Führung zugegeben werden.

5.2 Kammerschweißen RK: Die Werkstücke werden durch gegenüberliegende Öffnungen in ein keramisches Rohr – die Kammer – bis zum Berühren eingeführt und an den Stoßflächen nach Erwärmen bis zum Schmelzen unter stetigem Nachschieben geschweißt (Bild 4.4).

4.2 Werkstoffe, Schweißzusätze, Schweißpositionen

Mit DIN 8528 ist der Begriff der Schweißbarkeit metallischer Werkstoffe erläutert. In dieser Norm heißt es u. a.: Die Schweißbarkeit eines Bauteils aus metallischem Werkstoff ist vorhanden, wenn der Stoffschluß durch Schweißen mit einem gegebenen Schweißverfahren bei Beachtung eines geeigneten Fertigungsablaufes erreicht werden kann. Dabei müssen die Schweißungen hinsichtlich ihrer örtlichen Eigenschaften und ihres Einflusses auf die Konstruktion, deren Teil sie sind, die gestellten Anforderungen erfüllen. Die Schweißbarkeit hängt von den drei Einflußgrößen Werkstoff, Konstruktion und Fertigung ab, die im wesentlichen gleiche Bedeutung für die Schweißbarkeit haben.

Zwischen den Einflußgrößen und der Schweißbarkeit stehen die Eigenschaften

Schweißeignung des Werkstoffs,
Schweißsicherheit der Konstruktion,
Schweißmöglichkeit der Fertigung.

Jede dieser Eigenschaften hängt – wie die Schweißbarkeit – von Werkstoff, Konstruktion und Fertigung ab.

Die wichtigsten **schmelzschweißbaren Metalle** sind:

1. Stähle

bis etwa 0,3% Kohlenstoffgehalt, darüber hinaus nur unter bestimmten Bedingungen. Silicium, Mangan, Schwefel und Phosphor sind schweißungünstig, Kupfer, Nickel, Chrom, Molybdän und Vanadium schaden nicht. Im einzelnen:

Allgemeine Baustähle DIN 17100[1]. Es sind gut geeignet St 37-3, St 46-3, St 52-3, RSt 34-2, RSt 37-2. RSt 46-2, USt 37-2. Eignung, jedoch mit Einschränkungen, auch vorhanden bei St 33-2, St 34-1, St 37-1, St 42-2, St 42-3 (Vorwärmen, ggf. Spannungsfrei- oder Normalglühen[2] nach dem Schweißen, Wanddicken möglichst unter 20 mm). Sehr sorgfältige Vorbereitungen und Nachbehandlungen sind erforderlich bei St 60-1, St 60-2, St 70-2. Beruhigte Stähle sind unberuhigten zu bevorzugen, besonders wenn beim Schweißen Seigerungszonen angeschnitten werden können (infolge Entmischungserscheinungen beim Erstarren des Stahls entstandenes uneinheitliches Gefüge, das vorwiegend an den Hohlketten warmgewalzter Profilstähle auftritt).

Vergütungsstähle DIN 17200[1]. Für die Schmelzschweißung sind im allgemeinen geeignet C 25, Ck 25, Cm 25, 28 Mn 6, 28 Cr 4, 25 CrMo 4. Eine uneingeschränkte Schweißeignung wird nicht zugesagt. Vorwärmen erforderlich, nach dem Schweißen durch Wärmebehandlung vergüten.

---

[1] Norm wurde zurückgezogen, siehe Hinweise zur Benutzung des Buches.
[2] Spannungsfreiglühen: Glühbehandlung, mit der Spannungen beseitigt werden, ohne die Gefügeausbildungsform zu ändern. Normalglühen: Glühbehandlung, durch die unerwünschte Gefügeausbildung beseitigt werden (Überhitzungsgefüge durch das Schweißen).

Einsatzstähle DIN 17210 sind im nichteingesetzten Zustand sämtlich für die Schmelzschweißung geeignet, jedoch ist bei den legierten Stählen Vorwärmen erforderlich, und zwar bei 17 Cr 3, 16 MnCr 5, 20 MnCr 5, 20 MoCr 4, 15 CrNi 6, 17 CrNiMo 6.

Feinkornbaustähle DIN 17102[1] sind sämtlich schweißgeeignet, vorwiegend für Bleche, Bänder Form- und Stabstähle. Sorten: StE, WStE, TStE, EStE 255, 285, 315, 355, 380, 420, 460, 500. Die Zahl gibt die obere Streckgrenze in N/mm^2 für Dicken bis 16 mm an.

Warmfeste Stähle DIN 17155 sind sämtlich schmelzschweißbar. Sie werden vorwiegend für Kessel- und Druckbehälterbleche verwendet.

Nichtrostende Stähle DIN 17440 sind meistens schmelzschweißbar, mit Ausnahme der kohlenstoffreichen X 38 Cr 13, X 46 Cr 13, X 45 CrMoV 15 und der schwefelreichen Stähle wie X 4 CrMoS 18 und X 10 CrNiS 5 189.

Stahlguß DIN 1681. Schweißbar sind im allgemeinen GS-38 und GS-45, alle übrigen nur unter besonderen Vorsichtsmaßnahmen. Eine uneingeschränkte Schweißeignung wird nicht zugesagt.

2. Gußeisen

mit Lamellengraphit (Grauguß) GG DIN 1691, mit Kugelgraphit GGG DIN 1693 und Temperguß GTW DIN 1692 lassen sich mehr oder weniger gut schweißen.

3. Leichtmetalle

Aluminium DIN 1712, Aluminiumlegierungen DIN 1725 und Magnesiumlegierungen DIN 1729 sind schwieriger schweißbar als Stahl, weil sie schnell oxidieren und schnell in den flüssigen Zustand übergehen. Vorwiegend kommen das WIG- und MIG-Verfahren in Betracht. AlMn läßt sich besser als AlMg schweißen. AlCu ist sehr gut schweißbar.

4. Schwermetalle

Kupfer DIN 1708 und 1787, Kupfer-Zinklegierung CuZn (Messing) DIN 17660, Kupfer-Zinnlegierung CuSn (Zinnbronze) DIN 17662 lassen sich sehr gut schweißen. Messing läßt sich um so besser schweißen, je niedriger der Zinkgehalt ist; das MIG-Verfahren ist ungeeignet. Bei Nickel DIN 1701 und 17740, Nickel-Knetlegierung niedriglegiert NiFe und NiMn DIN 17741, mit Chrom NiCr DIN 17742, mit Kupfer NiCu DIN 17743, mit Molybdän und Chrom NiMoCr DIN 17744 und mit Eisen NiFe DIN 17745 ist sorgfältiges Arbeiten erforderlich. Ein geringer Titangehalt im Schweißzusatz verbessert die Eigenschaften der Schweißnaht.

Die **Schweißzusätze** werden in zwei Gruppen eingeteilt: nichtstromführend abschmelzende heißen **Schweißdrähte** oder **Schweißstäbe** (z.B. beim Gasschweißen oder Wolfram-Schutzgasschweißen), stromführend abschmelzende sind **Drahtelektroden** oder **Stabelektroden** (z.B. beim Metall-Lichtbogenschweißen oder Unterpulverschweißen). Vorwiegend werden verwendet:

1. Beim Gasschweißen von Stählen

Schweißstäbe und Schweißdrähte DIN 8554 unlegiert und legiert mit niedrigem C-, Si- und Mn-Gehalt. Wird eine höhere Zähigkeit der Naht verlangt, so sind die legierten Schweißstäbe oder -drähte zu bevorzugen. Alle Schweißstäbe oder -drähte dieser Norm sind für die unlegierten und niedriglegierten Stähle DIN 17100, 17155, 1626, 1629 und 17175 geeignet.

2. Beim Lichtbogenschweißen von Stählen

Massivdrahtelektroden, Massivdrähte und Massivstäbe DIN 8559 zum Schutzgasschweißen von unlegierten und niedriglegierten Stählen DIN 17100[1], 17102[1] 17155, 17175, 17177, 1626, 1628, 1629 und 1630, jedoch nicht für Mo- und CrMo-legierte. Massivdrahtelektroden lassen sich nur bei Gleichstrom einsetzen, vorzugsweise für St 37 und St 42. Für das Schweißen von nichtrostenden und hitzebeständigen Stählen DIN 17440 und 17445 sind Elektroden und Drähte mit DIN 8556 genormt, von warmfesten Stählen DIN 17155, 17175 und 17245 mit DIN 8575. Zum Unterpulverschweißen sind Drahtelektroden und Schweißdrähte mit DIN 8557 genormt; geeignet sind hierzu die unlegierten und niedriglegierten Stähle nach DIN 17100[1] 17155, 17172, und 17175 Bei hohen Anforderungen an die Dichte des Nahtgefüges und der Dehnbarkeit der Naht genügen Massivdrahtelektroden nicht mehr.

Fülldrahtelektroden DIN 8559 für das Schutzgasschweißen der oben unter DIN 8559 genannten Stähle. Diese Elektroden enthalten eine nichtmetallische Füllung aus Rutil (Titandioxid) oder basischem Kalk. Derartige Füllungen wirken lichtbogenstabilisierend, schlackenbildend und/oder fließfördernd. In der Regel wird mit ihnen eine höhere Festigkeit und Dehnbarkeit der Nähte erzielt.

---

[1] Norm wurde zurückgezogen, siehe Hinweise zur Benutzung des Buches.

Umhüllte Stabelektroden DIN 1913 für das Verbindungsschweißen von unlegierten und niedriglegierten Stählen: Baustähle DIN 17100, Rohrstähle DIN 1626 und 1629, Rohrstähle DIN 1628 und 1630, Stähle nach DIN 17155, 17175 und 17177, Rohrstähle DIN 17172, Feinkornbaustähle DIN 17102 und Schiffbaustähle. Diese Elektroden sind mit nichtmetallischen Stoffen sauer-, basisch, rutil- oder zelluloseumhüllt oder in Kombination dieser Stoffe (dünne, mitteldicke und dicke Umhüllungen). Sie haben denselben Zweck wie die Füllungen der Drahtelektroden. Ihre Auswahl richtet sich vorwiegend nach der Schweißposition (der Lage der Schweißnähte gemäß Bild 4.5) und den mechanischen Anforderungen an die Nähte. Umhüllte Stabelektroden und Schweißstäbe für das Schweißen von nichtrostenden und hitzebeständigen Stählen DIN 17440 und 17445 sind mit DIN 8556 genormt, von warmfesten Stählen DIN 17155, 17175 und 17245 mit DIN 8575.

3. Beim Gas- und Lichtbogenschweißen von Leicht- und Schwermetallen
Stabelektroden und Schweißstäbe DIN 1732 für Aluminium, DIN 1733 für Kupfer und Kupferlegierungen, DIN 1736 für Nickel und Nickellegierungen.

Die **Schweißpositionen** (Bild 4.5), von denen die Wahl des Schweißverfahrens und des Schweißzusatzes abhängt, sind nach DIN 1912 T2 (Ersatz durch DIN ISO 6947 vorgesehen):

w Wannenposition: waagerechtes Arbeiten, Nahtmittellinie senkrecht, Decklage oben,
h Horizontalposition: horizontales Arbeiten, Decklage nach oben,
s Steigposition: steigendes Arbeiten,
f Fallposition: fallendes Arbeiten,
q Querposition: waagerechtes Arbeiten, Nahtmittellinie horizontal,
ü Überkopfposition: waagerechtes Arbeiten, überkopf, Nahtmittellinie senkrecht, Decklage unten,
hü Horizontal-Überkopfposition: horizontales Arbeiten, überkopf, Decklage nach unten.

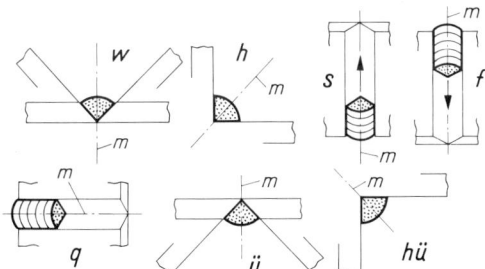

Bild 4.5 Schweißpositionen gemäß DIN 1912
(m = Nahtmittellinie)

w Wannenposition,
h Horizontalposition,
s Steigposition,
f Fallposition,
q Querposition,
ü Überkopfposition,
hü Horizontal-Überkopfposition

4.3 Nahtarten und -formen, Gütesicherung

Nach DIN 1912 ist der Schweißstoß der Bereich, in dem die Teile durch Schweißen miteinander vereinigt werden. Die Stoßart wird durch die konstruktive Anordnung der Teile zueinander bestimmt (Tab. 4.1). Die Schweißnaht vereinigt die Teile am Schweißstoß.

Man unterscheidet folgende Nahtarten:
1. Stumpfnähte
Die Teile liegen in einer Ebene und bilden eine Fuge, in der die Naht gezogen wird (Bilder 4.6 a und b).
2. Kehlnähte
Die Teile liegen in zwei Ebenen rechtwinklig zueinander und bilden eine Kehlfuge, in der die Naht gezogen wird. Man unterscheidet zwischen Kehlnaht (Bild 4.6 c) und Doppelkehlnaht (Bild 4.6 d).
3. Sonstige Nähte
Nähte, die weder der Stumpfnaht noch der Kehlnaht zugeordnet werden können oder Kombinationen aus beiden sind, werden als sonstige Nähte bezeichnet (Bilder 4.6 e und f).

Tab. 4.1 Stoßarten nach DIN 1912

Stoßart	Lage der Teile	Beschreibung	Stoßart	Lage der Teile	Beschreibung
Stumpfstoß		Die Teile liegen in einer Ebene und stoßen stumpf gegeneinander.	**Schrägstoß**		Ein Teil stößt schräg **gegen** ein anderes.
Parallelstoß		Die Teile liegen parallel aufeinander.	**Eckstoß**		Zwei Teile stoßen unter beliebigem Winkel **an**einander (Ecke).
Überlappstoß		Die Teile liegen parallel aufeinander und überlappen sich.			
T-Stoß		Die Teile stoßen rechtwinklig (T-förmig) **auf**einander.	**Mehrfach-stoß**		Drei oder mehr Teile stoßen unter beliebigem Winkel **an**einander.
Doppel-T-Stoß		Zwei in einer Ebene liegende Teile stoßen rechtwinklig (doppel-T-förmig) **auf** ein dazwischen-liegendes drittes.	**Kreuzungs-stoß**		Zwei Teile liegen kreuzend **über**einander.

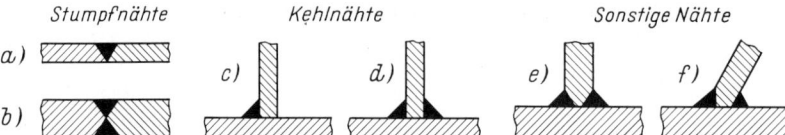

Bild 4.6 Nahtarten
   a) V-Naht,   b) Doppel-V-Naht (X-Naht),   c) Kehlnaht,   d) Doppelkehlnaht,   e) Doppel-HY-Naht
   mit Doppelkehlnaht (K-Stegnaht mit Doppelkehlnaht),   f) HY-Naht mit Kehlnähten am Schrägstoß

Die **Nahtdicke** a ist bei durchgeschweißten Stumpfnähten (Bild 4.7a) gleich der Dicke der zu verbindenden Teile, wobei im Stoß verschieden dicker Teile die kleinere Dicke maßgebend ist. Bei Kehlnähten (Bilder 4.7b bis d) ist sie gleich der Höhe des größten gleichschenkligen Dreiecks, das in den Nahtquerschnitt eingetragen werden kann. Bei den sonstigen Nähten ist die Nahtdicke sinngemäß festzulegen.

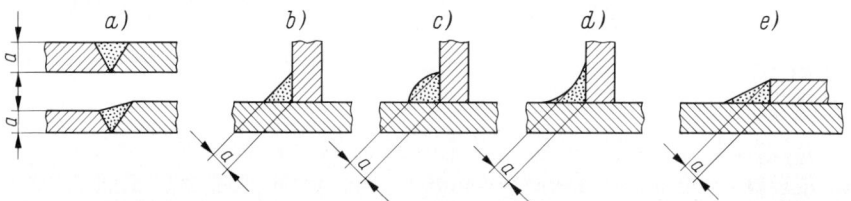

Bild 4.7 Nahtdicke a
   a) Stumpfnähte,   b) Flachkehlnaht,   c) Wölbkehlnaht,   d) Hohlkehlnaht,   e) ungleichschenklige
   Flachkehlnaht

Die Nahtform richtet sich nach der Dicke der zu verbindenden Teile und nach der erforderlichen Festigkeit der Schweißverbindung. Die wichtigsten Nahtformen sind in Tab. 4.2 zusammenge-stellt und deren Symbole angegeben, mit denen die Nähte in den Zeichnungen gekennzeichnet werden. Die farbig angelegten sind **Grundsymbole,** alle anderen **zusammengesetzte Symbole.** Zu diesen gibt es noch **Zusatzsymbole** und **Ergänzungssymbole** (Tab. 4.3). Die Anwendung der Symbole ist an einigen Beispielen in Bild 4.8 gezeigt.
Die symbolische Nahtdarstellung enthält außer dem Symbol eine Pfeillinie, die unter einem Winkel von 60° mit der Pfeilspitze auf den Stoß zeigt, und eine Bezugslinie aus zwei parallelen Linien, einer Vollinie und einer Strichlinie. Letztere entfällt jedoch bei symmetrischen Nähten.

Die Pfeillinie weist auf die Pfeilseite des Stoßes hin. Als Gegenseite wird die andere Stoßseite bezeichnet. Wird das Symbol auf die Seite der Bezugsstrichlinie gesetzt, so befindet sich die Naht auf der Gegenseite des Stoßes (siehe Bild 4.8). Das Kehlnahtsymbol zeigt stets mit seiner Spitze nach rechts.

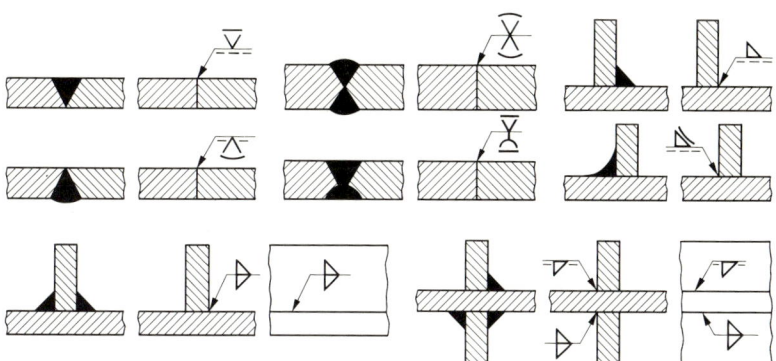

Bild 4.8 Beispiele für die Anwendung der Schweißnahtsymbole zur symbolischen Darstellung

Tab. 4.2 Nahtformen beim Schmelzschweißen nach DIN 1912 T5 (Auszug, Ersatz durch DIN EN 22 553 vorgesehen) Vorsatzbuchstaben: H Halb, D Doppel. Die farbig angelegten Symbole sind Grundsymbole

Benennung	Symbol	Fugenform	Nahtform	Benennung	Symbol	Fugenform	Nahtform
Stumpfnähte							
Bördelnaht				DV-Naht (X-Naht)			
I-Naht							
V-Naht				DHV-Naht (K-Naht)			
HV-Naht				DY-Naht			
Y-Naht							
HY-Naht				DHY-Naht (K-Stegnaht)			
U-Naht				DU-Naht			
HU-Naht (Jot-Naht)				DHU-Naht (Doppel-Jot-Naht)			
Steilflanken-naht							
Halb-Steil-flankennaht				VU-Naht			
Stirnflachnaht				V-Naht mit Gegennaht			
Kehlnähte							
Kehlnaht				Doppel-Kehlnaht			
Sonstige Nähte							
HV-Naht mit Kehlnaht				DHY-Naht mit Doppelkehl-naht			

Tab. 4.3 Zusatz- und Ergänzungssymbole nach DIN 1912 T5 (Auszug)

Oberflächenform und Nahtausführung	Zusatzsymbol	Verlauf und Art der Naht	Ergänzungssymbol
hohl (konkav)	⌣	ringsum-verlaufende Naht	⟟
flach (eben)	—		
gewölbt (konvex)	⌢	Baustellennaht	⟟
Wurzel ausgearbeitet und Gegenlage ausgeführt	⌣		

Die **Fuge** ist die Stelle, an der die Teile am Schweißstoß durch Schweißen vereinigt werden sollen. Sie kann sich ohne Bearbeitung ergeben, z. B. I- oder Kehlfuge, oder kann bearbeitet sein, z. B. V-, U- oder Y-Fuge. Der **Spalt** ist der Bereich zwischen zwei parallelen Flächen oder Kanten. Je nach Fugenform wird der Spalt durch Stirnflächenabstand und Werkstückdicke oder durch Stegabstand, Kantenabstand, Stirnseitenabstand und Steghöhe bestimmt (siehe DIN 1912).

Über die Fugenformen und -abmessungen für das Gas- und Lichtbogenschweißen von Stahl in Abhängigkeit von der Werkstückdicke gibt DIN 8551, für Stumpfstöße an Stahlrohren DIN 2559 und für das Gas- und Lichtbogenschweißen von Leicht- und Schwermetallen DIN 8552 Auskunft. Die Tabn. A 4.4 a und b geben einen Überblick über die je nach Blechdicke möglichen Fugenformen und Schweißverfahren für Stahlwerkstoffe.

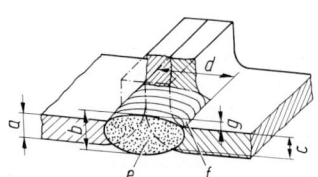

Bild 4.9 Bördelnaht nach DIN 1912
a Werkstückdicke
b Nahthöhe
c Nahtdicke
d Nahtbreite
e Bördel niedergeschmolzen
f Schuppung
g Nahtüberhöhung

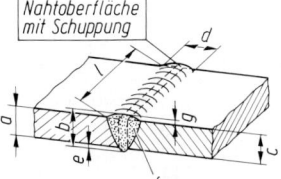

Bild 4.10 I-Naht einseitig, nach DIN 1912
a Werkstückdicke
b Nahthöhe
c Nahtdicke
d Nahtbreite
e Wurzelüberhöhung (durchgeschweißt)
f Flankeneinbrand
g Nahtüberhöhung
l Nahtlänge

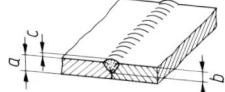

Bild 4.11 Y-Naht (nicht durchgeschweißt) nach DIN 1912
a Werkstückdicke
b Nahtdicke
c Nahtüberhöhung

Bild 4.9 zeigt die Entstehung einer Bördelnaht, bei der die Bördel niedergeschmolzen werden, Bild 4.10 eine einseitige I-Naht, die mit einer Lage geschweißt wird, Bild 4.11 eine nicht durchgeschweißte Y-Naht, Bild 4.12 eine mehrlagige V-Naht, Bild 4.13 eine mehrlagige Y-Naht mit Gegenlage, Bild 4.14 eine mehrlagige Kehlnaht und Bild 4.15 eine mehrlagige Doppel-HY-Naht mit Doppelkehlnaht.

Ein schlechter Einbrand (Bild 4.16) verursacht an der Nahtwurzel hohe Kerbwirkungen (Spannungsspitzen), die bei Schwingbeanspruchung zur Dauerbruchentwicklung führen können. Derartig beanspruchte Nähte erhalten am besten eine Gegenlage oder werden als DV-Nähte (X-Nähte) ausgeführt. Ungleichmäßig oder wellig gezogene Nähte wirken ebenfalls wie Kerben. Ein Einebnen oder Nachhämmern vermindert die Kerbwirkungen. An jedem Nahtanfang und -ende bilden sich Einbrandkrater, die ebenfalls Spannungsspitzen hervorrufen. Beim Schweißen können Vorkehrungen getroffen werden, um die Einbrandkrater zu vermeiden (Auslaufbleche vor und hinter der Naht, die mit angeschweißt und nach dem Schweißen abgeschnitten werden), aber auch durch ein Abfräsen dieser Nahtenden lassen sich die Kerbwirkungen mildern.

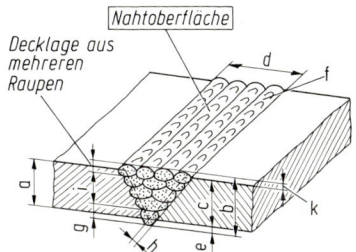

Bild 4.12 V-Naht nach DIN 1912

a Werkstückdicke	f Schuppung
b Nahthöhe	g Wurzellage
c Nahtdicke	h Flankeneinbrand
d Nahtbreite	i Mittellagen
e Wurzelüberhöhung	k Nahtüberhöhung

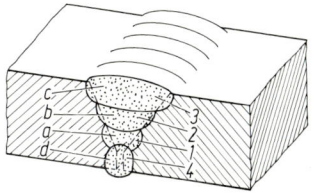

Bild 4.13 Lagenfolge für Y-Naht mit Gegenlage (Beispiel) nach DIN 1912. Die Zahlen geben die Lagenfolge an. Je nach Symbol Gegenlage mit oder ohne Ausarbeiten der Wurzellage geschweißt.

a Wurzellage	c Decklage
b Mittellage	d Gegenlage

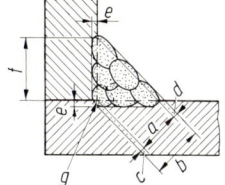

Bild 4.14 Kehlnaht nach DIN 1912
- a Nahtdicke
- b Nahthöhe
- c Wurzeleinbrand
- d Nahtüberhöhung
- e Flankeneinbrand
- f Nahtschenkel
- g Stirn-Längskante

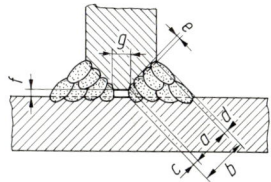

Bild 4.15 Doppel-HY-Naht mit Doppelkehlnaht (K-Stegnaht mit Doppelkehlnaht) nach DIN 1912

- a Nahtdicke
- b Nahthöhe
- c Wurzeleinbrand
- d Nahtüberhöhung
- e Flankeneinbrand
- f Stegabstand
- g Steghöhe

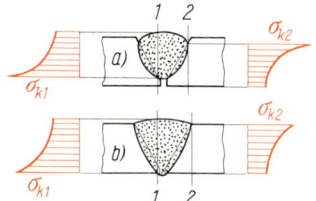
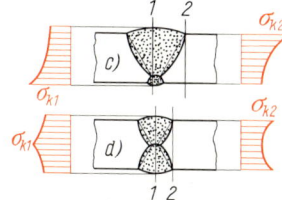

σ_k Kerbspannung

Bild 4.16 Spannungsverteilung in Stumpfstößen
a) V-Naht mit schlechtem Einbrand, b) V-Naht mit gutem Einbrand, c) V-Naht mit Gegenlage, d) DV-Naht (X-Naht)

Beim Schweißen können Fehler auftreten, die die Güte und Haltbarkeit der Schweißverbindungen beeinflussen. Die möglichen Unregelmäßigkeiten sind in DIN EN 26520 benannt und erklärt. Je nach den Anforderungen müssen die Fehler in bestimmten Grenzen bleiben.

Zur Sicherung der Güte von Schweißarbeiten sind in DIN 8563 (hierzu liegen europäische Normentwürfe vor) Richtlinien für Qualitätssicherungssysteme enthalten. Für Lichtbogenschweißverbindungen an Stahl wurden in DIN EN 25817 (Ersatz für DIN 8563 T3) Richtlinien für die Bewertungsgruppen von Unregelmäßigkeiten festgelegt und für Stumpf- und Kehlnähte gleiche Symbole vorgesehen.

Es werden drei **Bewertungsgruppen** unterschieden mit folgenden Symbolen und Bedeutungen:

D = niedrig,   **C** = mittel   und   **B** = hoch.

Die Bewertungsgruppen beziehen sich auf die Fertigungsqualität der Schweißnaht und nicht auf das ganze Bauteil. Sie umfassen die zulässigen Grenzwerte für Risse, Einschlüsse, Einbrandkerben, Nahtüberhöhung, Wurzelüberhöhung, Wurzelkerbe und andere Unregelmäßigkeiten an Schweiß-nähten (siehe Tab. 4.5).

Tab. 4.5 Grenzwerte für Unregelmäßigkeiten nach DIN EN 25 817 (Auszug)

Unregel-mäßigkeit Benennung	Bemerkungen	Grenzwerte für die Unregelmäßigkeiten bei Bewertungsgruppen		
		niedrig D	mittel C	hoch B
Zu große Naht-überhöhung	Weicher Übergang wird verlangt	$h \leq 1\,\text{mm} + 0{,}25b$, max. 10 mm	$h \leq 1\,\text{mm} + 0{,}15b$, max. 7 mm	$h \leq 1\,\text{mm} + 0{,}1b$, max. 5 mm
Nahtdicken-unterschreitung (Kehlnaht)	Sollnahtdicke / tatsächliche Nahtdicke	Lange Unregelmäßigkeiten: Nicht zulässig		Nicht zulässig
		Kurze Unregelmäßigkeiten: $h \leq 0{,}3\,\text{mm} + 0{,}1a$ max. 2 mm	max. 1 mm	
Zu große Wurzel-überhöhung		$h \leq 1\,\text{mm} + 1{,}2b$, max. 5 mm	$h \leq 1\,\text{mm} + 0{,}6b$, max. 4 mm	$h \leq 1\,\text{mm} + 0{,}3b$, max. 3 mm
Kantenversatz		Bleche und Längsschweißnähte		
		$h \leq 0{,}25t$, max. 5 mm	$h \leq 0{,}15t$, max. 4 mm	$h \leq 0{,}1t$, max. 3 mm
Decklagen-unterwölbung Verlaufenes Schweißgut	Weicher Übergang wird verlangt	Lange Unregelmäßigkeiten: Nicht zulässig		
		Kurze Unregelmäßigkeiten:		
		$h \leq 0{,}2t$, max. 2 mm	$h \leq 0{,}1t$, max. 1 mm	$h \leq 0{,}05t$, max. 0,5 mm
Übermäßige Ungleich-schenkligkeit bei Kehlnähten		$h \leq 2\,\text{mm} + 0{,}2a$	$h \leq 2\,\text{mm} + 0{,}15a$	$h \leq 1{,}5\,\text{mm} + 0{,}15a$
Wurzelrückfall Wurzelkerbe	Weicher Übergang wird verlangt	$h \leq 1{,}5\,\text{mm}$	$h \leq 1\,\text{mm}$	$h \leq 0{,}5\,\text{mm}$

Innere, nicht sichtbare Unregelmäßigkeiten, wie Poren, Gaseinschlüsse, Lunker und Bindefehler, lassen sich nur durch eine Ultraschall- oder Durchstrahlungsprüfung erkennen. Von der Oberfläche ausgehende Risse und dgl. können durch eine Magnetpulver- oder Farbeindringprüfung festgestellt werden.

Bei der **Wahl der Bewertungsgruppe** für eine Schweißnaht oder ein Schweißteil sind die konstruktiven Gegebenheiten, z. B. Prüfmöglichkeiten, die Belastungsart (statisch oder dynamisch), die Betriebsbedingungen, die Fehlerfolgen und wirtschaftliche Faktoren zu beachten. Sie kann etwa nach folgenden Gesichtspunkten erfolgen:

Gruppe **D** bei geringer Beanspruchung, wenn ein Bruch der betr. Schweißnaht die Gebrauchsfähigkeit des Bauteils kaum beeinträchtigt, und bei statischer oder geringer dynamischer Belastung, wie z. B. an Vorrichtungen, Gestellen, Kästen, Verkleidungen.

Gruppe **C** bei mittlerer Beanspruchung, wenn ein Bruch der betr. Schweißnaht nicht zum Ausfall der Hauptfunktion führen würde, und bei mittlerer dynamische Belastung, wie z. B. an bestimmten Gehäuseteilen, Stützen, Lagerblöcken.

Gruppe **B** bei hoher Beanspruchung, wenn ein Bruch der betr. Schweißnaht lebensgefährlich wäre oder zum Ausfall der Hauptfunktion führen würde, und bei hoher dynamischer Belastung, wie an Fahrzeugen, Triebwerksteilen, Pressen, Hebeln u. dgl., oder wenn eine Sondergüte verlangt wird, wie z. B. im Kessel- und Druckbehälterbau, im Stahl- und Kranbau.

Falls erforderlich, können nach DIN 1912 T5 in der Schweißzeichnung in einer Gabel an der Bezugslinie folgende Angaben gemacht werden (Bild 4.17): Schweißverfahren (durch eine Kennziffer nach DIN EN 24063), Bewertungsgruppe, Schweißposition, Schweißzusatz. Die einzelnen Angaben sind durch Striche abzutrennen.

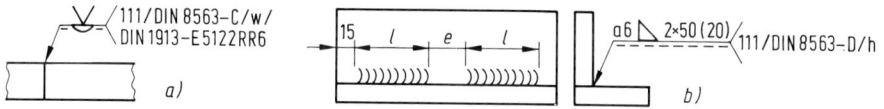

Bild 4.17 Beispiele für die Angaben am Bezugszeichen
a) Durchgeschweißte Stumpfnaht als V-Naht mit Gegenlage, Lichtbogenhandschweißen (111), Bewertungsgruppe C, Wannenposition w, Stabelektroden E5122 RR6.
b) Unterbrochene Flachkehlnaht $a = 6$ mm dick, $n = 2$ Nähte, $l = 50$ mm lang, Zwischenraum $e = 20$ mm, mit Vormaß $v = 15$ mm, Lichtbogenhandschweißen (111), Bewertungsgruppe D, Horizontalposition h.

4.4   Gestaltung

Zur Gestaltung zweckentsprechender Schweißkonstruktionen sind bestimmte, grundsätzliche Richtlinien zu beachten. Jeder Konstrukteur sollte daher seine Entwürfe kritisch und gewissenhaft auf schweißgerechte Gestaltung prüfen. Wichtige Gestaltungsrichtlinien sind:

1. Kraftumlenkungen in der Schweißzone vermeiden!
Von entscheidender Bedeutung für die Nahtfestigkeit ist der Kraftfluß. Seine Ab- oder Umlenkung ruft Spannungsspitzen hervor (Bild 4.18). Bei ruhender Beanspruchung mindern die Kerbwirkungen zwar nicht die Festigkeit, senken aber die plastische Verformungsfähigkeit und bilden dadurch die Gefahr fließloser Trennbrüche. Bei Schwingbeanspruchung wird der Werkstoff schneller zerrüttet, d.h. seine Dauerfestigkeit gesenkt. Wie sich Kraftumlenkungen in Schweißnähten vermeiden lassen, veranschaulicht Bild 4.19. Eine Stumpfnaht besitzt eine höhere Schwingfestigkeit als eine Kehlnaht, weil in ihr der Kraftfluß nicht umgelenkt wird. Von den Kehlnähten (Bild 4.20) besitzt die Hohlkehlnaht die höchste Schwingfestigkeit, weil in ihr der Kraftfluß am sanftesten umgelenkt wird. Im allgemeinen wird jedoch die billigere Flachkehlnaht bevorzugt.

2. Zugbeanspruchung der Nahtwurzel vermeiden!
Die Nahtwurzel ist besonders gegen Zugbeanspruchung empfindlich, sie soll möglichst in die Druckzone gelegt werden (Bild 4.21).

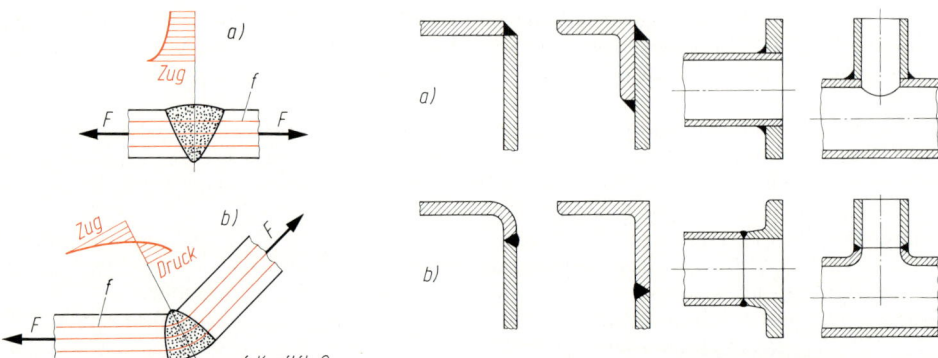

Bild 4.18 Spannungsverteilung in Schweißnähten
   a) in einem Stumpfstoß
   b) in einem Eckstoß mit Kraftflußumlen-
       kung

Bild 4.19 Unzweckmäßige (a) und zweckmäßige (b)
   Gestaltung von Schweißteilen bei
   Schwingbeanspruchung

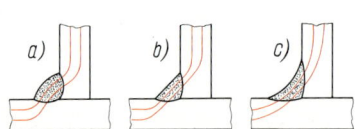

Bild 4.20 Kraftfluß in Kehlnähten
   a) Wölbkehlnaht,   b) Flachkehlnaht,
   c) Hohlkehlnaht

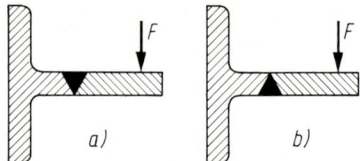

Bild 4.21 Biegebeanspruchte Schweißnähte
   a) Nahtwurzel druckbeansprucht,
   b) Nahtwurzel zugbeansprucht

3. Nahthäufungen vermeiden!

Das örtliche Erwärmen beim Schweißen und das anschließende Erkalten führen zu Schrumpf-
spannungen, die das Schweißteil verziehen. Je mehr Nähte in einem Punkt zusammenlaufen
und je dicker die Nähte sind, um so stärker wird der Verzug. Das Schrumpfen der Nähte
macht sich besonders in ihrer Längsrichtung bemerkbar, und Formänderungen an weniger
steifen Stellen des Schweißteils sind die Folge. Erfahrungsgemäß steigen die Verziehungen in
der Reihenfolge Widerstands-, Lichtbogen-, Gasschweißen. Wie man das Zusammentreffen
mehrerer Nähte umgeht, veranschaulicht Bild 4.22. Querrippen sind mit Kehlnähten von
3 ... 4 mm Dicke anzuschließen. Die Schweißnähte sind nicht dicker und nicht länger auszuführen als erforderlich. Verzogene Schweißteile müssen durch Glühen und Hämmern gerichtet
werden.

4. Geringes Nahtvolumen anstreben!

Die Kosten wachsen etwa proportional mit dem Nahtvolumen. Lange dünne Nähte sind ko-
stengünstiger als kurze dicke mit gleicher tragender Nahtfläche.

5. Halbzeuge bevorzugen!

Ein Schweißteil wird billiger, wenn Halbzeuge verwendet werden. Man bevorzugt Flach- und
Profilstäbe, Rohre, abgekantete oder gebogene Bleche oder brenngeschnittene Bleche. Falls
diese zu kompliziert werden, schweißt man auch Guß-, Schmiede-, Stanz- oder Ziehteile in ein
Schweißteil ein.

6. Teure Vorarbeiten vermeiden!

Zuschnittarbeiten und spanende Bearbeitungen verteuern eine Konstruktion. Deshalb sind
möglichst gedrehte Absätze, schräg oder rund laufende Kanten an Blechen, Profilen u. dgl. zu
vermeiden (Bild 4.23). Die Entscheidung richtet sich nach der Stückzahl, weil im Falle

Bild 4.23 b eine Vorrichtung zum Schweißen erforderlich ist, im Falle Bild 4.23 a jedoch nicht. Durch Abbiegen oder Abkanten der Teile lassen sich oftmals Schweißnähte einsparen (Bild 4.24).

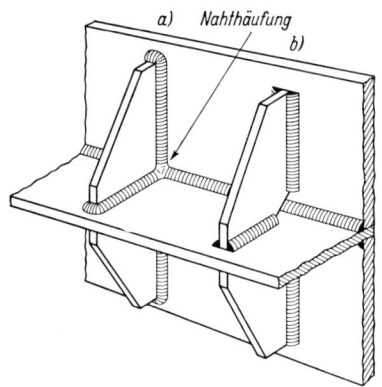

Bild 4.22 Angeschweißte Rippen
a) unzweckmäßig, da Nahthäufung,
b) zweckmäßig

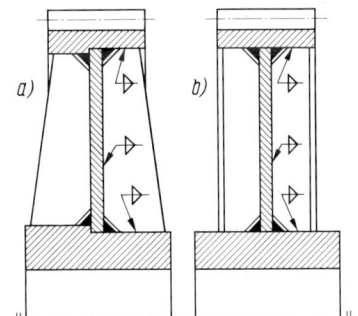

Bild 4.23 Geschweißtes Zahnrad
a) unzweckmäßig, da Dreh-
arbeiten an Nabe und Kranz
sowie Zuschnittarbeiten an
den Rippen,
b) zweckmäßig

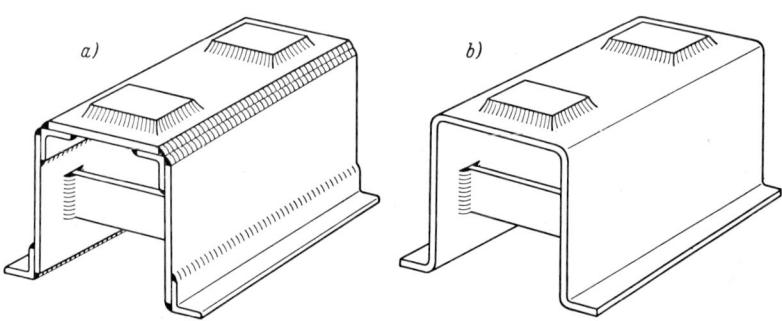

Bild 4.24 Geschweißter Untersatz
a) unzweckmäßig, da viele Einzelteile und viele Schweißnähte,   b) zweckmäßig

7. Auf Zugänglichkeit der Nähte achten!
Die Schweißwerkzeuge müssen an die zu ziehenden Nähte herangebracht werden können.

Die Allgemeintoleranzen (früher Freimaßtoleranzen) für Schweißkonstruktionen nach DIN 8570 sind in der Tab. 4.6 wiedergegeben.

4.5   Berechnung der Spannungen in Schweißnähten

Die Beanspruchungen aller tragenden Nähte müssen errechnet und mit zulässigen Spannungen verglichen werden. In diesem Abschnitt wird nur die Berechnung der Spannungen in Schweiß-nähten behandelt. Über die zulässigen Spannungen geben die folgenden Abschnitte für den Ma-schinenbau, Stahl- und Kranbau sowie Druckbehälter- und Kesselbau Auskunft.

Tab. 4.6 Allgemeintoleranzen in mm für Schweißkonstruktionen nach DIN 8570

Grenzabmaße für Längenmaße

Toleranz-klasse	Nennmaßbereich										
	2 bis 30	über 30 bis 120	über 120 bis 315	über 315 bis 1000	über 1000 bis 2000	über 2000 bis 4000	über 4000 bis 8000	über 8000 bis 12000	über 12000 bis 16000	über 16000 bis 20000	über 20000
A		±1	±1	±2	± 3	± 4	± 5	± 6	± 7	± 8	± 9
B	±1	±2	±2	±3	± 4	± 6	± 8	±10	±12	±14	±16
C		±3	±4	±6	± 8	±11	±14	±18	±21	±24	±27
D		±4	±7	±9	±12	±16	±21	±27	±32	±36	±40

Toleranzen für Geradheit, Ebenheit, Parallelität

E		0,5	1	1,5	2	3	4	5	6	7	8
F		1	1,5	3	4,5	6	8	10	12	14	16
G		1,5	3	5,5	9	11	16	20	22	25	25
H		2,5	5	9	14	18	26	32	36	40	40

Grenzabmaße für Winkelmaße [1]

Toleranz-klasse	Nennmaßbereich Länge des kürzeren Schenkels			Toleranz-klasse	Nennmaßbereich Länge des kürzeren Schenkels		
	bis 400	über 400 bis 1000	über 1000		bis 400	über 400 bis 1000	über 1000
	Werte in Grad und Minuten				Werte in mm/m		
A	± 20′	± 15′	± 10′	A	± 6	± 4,5	± 3
B	± 45′	± 30′	± 20′	B	± 13	± 9	± 6
C	± 1°	± 45′	± 30′	C	± 18	± 13	± 9
D	± 1° 30′	± 1° 15′	± 1°	D	± 26	± 22	± 18

[1] gelten auch für nicht bemaßte Winkel von 90°.

Grundsätzlich geht man wie bei nicht geschweißten Bauteilen vor: An den gefährdeten Stellen denkt man sich einen Schnitt und setzt in der Schnittebene die Kräfte und Momente an, die das Gleichgewicht des betrachteten Teilstücks wieder herstellen. Man nennt das Freischneiden. Schnittgröße ist der Oberbegriff für **Schnittkraft** und **Schnittmoment**. Aus den so ermittelten inneren Kräften und Momenten, die nun wie äußere erscheinen, erkennt man die Beanspruchungsart (Spannungsart). Bei Schweißverbindungen denkt man sich sinngemäß das Schweißteil an seinen Schweißstellen freigeschnitten.

Bei Anschlüssen mit **Stumpfnähten** ist die für die Beanspruchung maßgebende **Schweißnahtfläche** A_w durch $\Sigma(a \cdot l)$ gegeben, wenn a die einzelnen Schweißnahtdicken und l die zugehörigen Schweißnahtlängen darstellen, die sich in der Schnittebene befinden.

Bei Anschlüssen mit Kehlnähten denkt man sich die Nahtdicke a in die Anschlußebene geklappt, so daß wie bei Stumpfnähten eine maßgebende, rechnerische **Schweißnahtfläche** $A_w = \Sigma(a \cdot l)$ entsteht. Mit dieser verfährt man so, als handele es sich um einen Anschluß mit Stumpfnähten. Selbstverständlich ist das keine theoretisch einwandfreie Lösung, bringt aber eine vertretbare Vereinfachung, da die zulässigen Spannungen unter diesen Gesichtspunkten festgelegt worden sind.

In den folgenden Bildern sind die Schnitt- oder Anschlußebenen, die Schnittgrößen und die Spannungen farbig gekennzeichnet. **Die Schnitt- oder Anschlußebene wird jeweils dem abgeschnittenen gedachten Teilstück des Schweißteiles zugeordnet, an dem Belastungskraft oder/und -moment angreifen.** Das betrachtete Teilstück ist jeweils durch einen farbigen Streifen an der Schnitt- oder Anschlußebene gekennzeichnet.

1. Zug- oder Druckbeanspruchung

Wirkt die Schnittkraft senkrecht (normal) auf die Schnitt- oder Anschlußebene, so wird die Schweißnaht auf Zug oder Druck beansprucht (Bilder 4.25 und 4.26).

Aus den Bildern geht hervor, daß mit der jeweiligen Schnittkraft die Summe der Kräfte gleich Null ist. Momente treten nicht auf. Die Richtung der jeweiligen Schnittkraft auf die Schnitt- oder Anschlußebene läßt die Spannungsart erkennen: **Zieht die Schnittkraft an der Schnitt- bzw. Anschlußebene, so wird die Schweißnaht auf Zug beansprucht, drückt sie auf diese, so wird die Schweißnaht auf Druck beansprucht.**

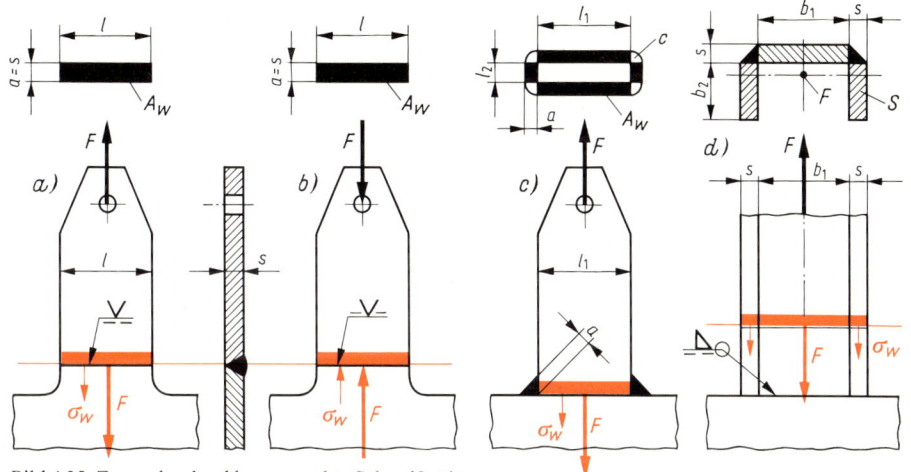

Bild 4.25 Zug- oder druckbeanspruchte Schweißnähte
a) zugbeanspruchte Stumpfnaht, b) druckbeanspruchte Stumpfnaht, c) zugbeanspruchte Kehlnaht, d) zugbeanspruchte Längskehlnaht

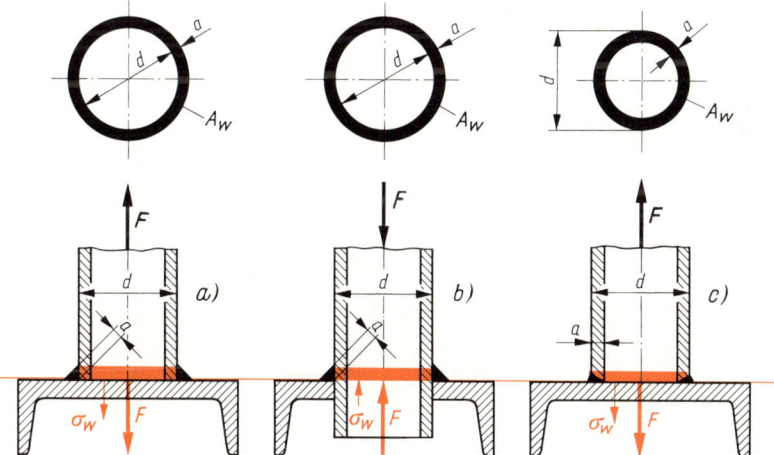

Bild 4.26 Zug- oder druckbeanspruchte Schweißnähte
a) zugbeanspruchte Kehlnaht, b) druckbeanspruchte Kehlnaht, c) zugbeanspruchte HV-Naht

Man geht davon aus, daß sich die Normalspannungen (Zug oder Druck) gleichmäßig über die Schweißnahtfläche verteilen, und es beträgt in der Schweißnaht (Index w für welded = geschweißt) die

Normalspannung $\sigma_w = \dfrac{F}{A_w} = \dfrac{F}{\Sigma(a \cdot l)}$ \hfill (4.1)

σ_w in N/mm² Zug- oder Druckspannung in der Schweißnaht quer zur Nahtrichtung,
F in N   Schnittkraft = Belastungskraft,
A_w in mm²   Schweißnahtfläche = $\Sigma(a \cdot l)$.

Für die einzelnen Anschlüsse beträgt die Schweißnahtfläche

    nach Bild 4.25 a und b: $A_w = a \cdot l,$
    nach Bild 4.25 c: $A_w = 2a(l_1 + l_2),$
    nach Bild 4.26 a und b: $A_w = a(d + a)\pi,$
    nach Bild 4.26 c: $A_w = a(d - a)\pi.$

Die durch das Herumschweißen um die Ecken noch vorhandenen Nahtstücke c (Bild 4.25 c) werden nicht in die Schweißnahtfläche einbezogen. **Maßgebend sind die Längen der Nahtwurzeln!**

Das Bauteil nach Bild 4.25 d besteht aus drei längs mit Kehlnähten (Ecknähten) verbundenen Flachstäben. Die Querschnitte dieser Längskehlnähte gehören dem Bauteilquerschnitt an und werden mit diesem gleichhoch auf Zug (ggf. Druck) beansprucht, d. h. es ist $\sigma_w = \sigma = F/S$ mit $S = s(b_1 + 2b_2)$. Die Nahtquerschnitte werden in derartigen Fällen nicht mit in Rechnung gesetzt.

2. Schubbeanspruchung

Wirkt die Schnittkraft tangential (längs) in der Schnitt- oder Anschlußebene, so wird die Schweißnaht auf Schub beansprucht (Bild 4.27). Hierbei wird angenommen, daß sich die Spannungen gleichmäßig über die Schweißnahtfläche verteilen, und es beträgt die

Schubspannung $\tau_w = \dfrac{F}{A_w} = \dfrac{F}{\Sigma(a \cdot l)}$ \hfill (4.2)

τ_w in N/mm² Schubspannung in der Schweißnaht,
F in N   Schnittkraft = Belastungskraft,
A_w in mm²   Schweißnahtfläche = $\Sigma(a \cdot l)$.

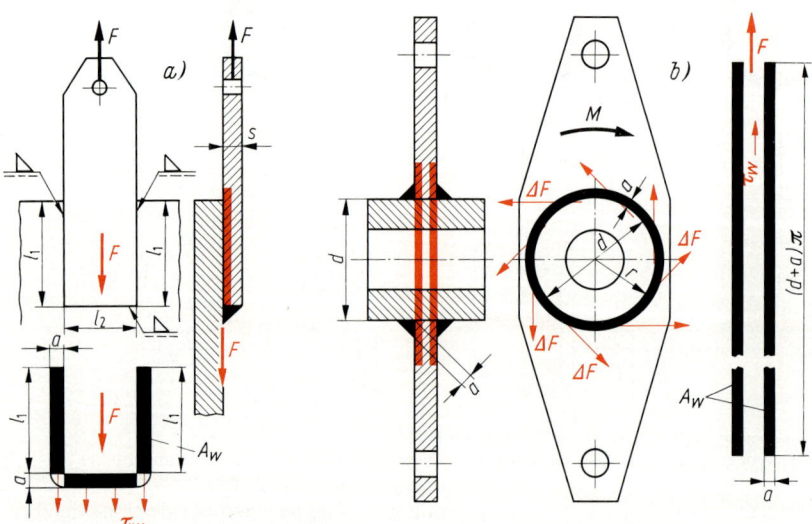

Bild 4.27 Schubbeanspruchte Kehlnähte
    a) an einer aufgeschweißten Lasche, b) an einem aufgeschweißten Hebel

Für den Fall nach Bild 4.27 a ist $A_w = \Sigma(a \cdot l) = a(2l_1 + l_2)$.

Nach Bild 4.27 a bilden Belastungskraft F und Schnittkraft F ein Kräftepaar mit dem Abstand $s/2$, so daß noch ein Kraftmoment $F \cdot s/2$ wirkt. Dieses wird als unbedeutend vernachlässigt.

Die Nähte mit den Längen l_1 heißen **Flankenkehlnähte,** weil sie sich an den Flanken des aufgeschweißten Teiles befinden, die Naht der Länge l_2 **Stirnkehlnaht,** weil sie sich an der Stirn befindet.

In dem Fall nach Bild 4.27 b sind zwei Anschlußebenen vorhanden. Das auf den Hebel wirkende Drehmoment M will den Hebel auf der Nabe rechtsherum drehen. Das verhindern die Schweißnähte. Denkt man sich die Nahtflächen aus vielen kleinen Teilen bestehend, so wirkt jedes Flächenteilchen dem Drehmoment M mit einer linksdrehenden Kraft ΔF an der Nahtwurzel entgegen, also mit einem linksdrehenden kleinen Moment $\Delta F \cdot r$. Die Gesamtheit dieser kleinen Schnittmomente hält dem Belastungsdrehmoment M das Gleichgewicht, und es muß $\Sigma(\Delta F \cdot r) - M = 0$ sein oder $M = \Sigma(\Delta F \cdot r)$. Denkt man sich die Flächen der beiden Nähte aufgeschnitten und gestreckt, so bildet die Summe aller Kraftanteile ΔF die die gesamte Nahtfläche $A_w = \Sigma(a \cdot l) = 2a(d + a)\pi$ beanspruchende Schnittkraft F als am Radius r wirkende Umfangskraft, die sich somit aus $F = M/r$ errechnet. Die Kraftanteile ΔF sind hinsichtlich der Bedingung $\Sigma F = 0$ untereinander im Gleichgewicht, da jeweils die Summe ihrer waagerechten und ihrer senkrechten Komponenten gleich Null ist.

3. Biegebeanspruchung
In Bild 4.28 sind auf Biegung beanspruchte Schweißnähte dargestellt. Schneidet man sie frei, so muß der Belastungskraft F zunächst eine gleichgroße Schnittkraft F_q entgegenwirken. Bei Biegeträgern heißt diese Schnittkraft Querkraft. Sie wirkt tangential in der Schnitt- bzw. Anschlußebene und erzeugt somit Schubspannungen τ_w in der Schweißnaht. Bei Gültigkeit des Hookeschen Gesetzes verteilen sich diese nicht gleichmäßig über die Schweißnahtfläche, sondern sind in der Mitte am größten und nehmen zu den Rändern hin bis auf Null ab (Bild 4.28 a). Bei den Anschlüssen nach den Bildern 4.28 b und c rechnet man der Einfachheit halber mit einer durchschnittlichen Schubspannung τ_w, wobei im Falle Bild 4.28 b nur die Kehlnähte der Länge l als schubbeansprucht gelten. Näheres siehe unter 5. und 7. (Seiten 56 und 58).

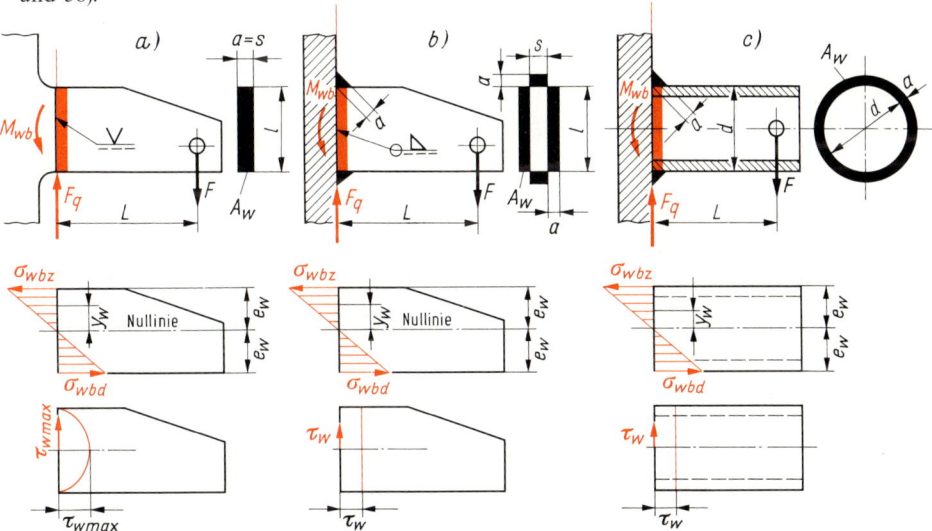

Bild 4.28 Biegebeanspruchte Schweißnähte
    a) Stumpfnaht, b) Kehlnaht am Flachstahl, c) Kehlnaht am Rohr

Die Kräfte F und F_q üben als Kräftepaar ein rechtsdrehendes Moment $F \cdot L$ aus, dem die Schweißnahtfläche ein gleichgroßes linksdrehendes Schnittmoment, das **Biegemoment** M_{wb}, entgegensetzen muß. Dies geschieht durch Zugspannungen im oberen Teil der Schweißnahtfläche und durch Druckspannungen im unteren Teil. **Die Pfeilspitze des angetragenen Schnittmomentes M_{wb} weist stets zur Druckseite hin,** hier also nach unten.
Im Abstand e_w von der Nullinie (Schwerachse der Schweißnahtfläche) beträgt die

$$Biegespannung \quad \sigma_{wb} = \frac{M_{wb}}{I_w}\, e_w \tag{4.3}$$

σ_{wb}	in N/mm²	Biegezug- oder Biegedruckspannung in der Schweißnaht im Abstand e_w von der Schwerachse,
M_{wb}	in Nmm	Biegemoment $= F \cdot L$ auf der Schweißnahtfläche,
I_w	in mm⁴	Flächenmoment 2. Grades (bisher Flächenträgheitsmoment genannt) der Schweißnahtfläche, bezogen auf deren Schwerachse,
e_w	in mm	Randabstand der Schweißnahtfläche von ihrer Schwerachse, bei äußeren Kehlnähten der Abstand der Nahtwurzel von dieser Schwerachse.

Bei Kehlnähten ist die Spannung der Wurzel maßgebend, obwohl der Abstand des Nahtflächenrandes von der Schwerachse größer ist.
Falls eine Spannung im Abstand y_w von der Schwerachse der Schweißnahtfläche (Nullinie) errechnet werden muß, so ist in die Gl. 4.3 anstelle von e_w der Abstand y_w einzusetzen.

Die Flächenmomente 2. Grades betragen für die Anschlüsse

$$\text{nach Bild 4.28 a:} \quad I_w = \frac{a \cdot l^3}{12}, \quad \text{nach Bild 4.28 b:} \quad I_w = 2\,\frac{a \cdot l^3}{12} + 2\,\frac{a \cdot s \cdot l^2}{4},$$

$$\text{nach Bild 4.28 c:} \quad I_w = \pi\,\frac{(d + 2\,a)^4 - d^4}{64}.$$

Nähere Angaben zur Berechnung der Flächenmomente I_w von zusammengesetzten Nahtflächen (wie beispielsweise in Bild 4.28 b) sind unter 7. und in den Beispielen 4.3 und 4.5 zu finden.

4. Biege- mit Zug- oder Druckbeanspruchung

Bild 4.29 zeigt Freiträger, an denen die Belastungskraft F schräg zur Anschlußebene angreift. In diesem Fall wird F in die Komponenten F_x und F_y senkrecht und parallel zur Anschlußebene zerlegt. Die Komponente F_x ruft in der Anschlußebene als Schnittkraft die Längskraft F_l hervor, die die Schweißnaht auf Zug oder Druck beansprucht (Gl. 4.1). Die Komponente F_y ruft die Querkraft F_q hervor, die die Schweißnaht auf Schub beansprucht.

Das die Biegespannungen σ_{wb} (Gl. 4.3) erzeugende Biegemoment M_{wb} ist in den drei Fällen jedoch **verschieden** groß, nämlich

nach Bild 4.29 a: $M_{wb} = F_y \cdot L_y,$
nach Bild 4.29 b: $M_{wb} = F_y \cdot L_y - F_x \cdot L_x,$ nach Bild 4.29 c: $M_{wb} = F_y \cdot L_y + F_x \cdot L_x.$

Biegespannung und Zug- oder Druckspannung sind Normalspannungen und werden daher am höchstbeanspruchten Punkt der Schweißnaht addiert zur

$$resultierenden\ Normalspannung \quad \sigma_{wr} = \sigma_{wb} \pm \sigma_w \tag{4.4}$$

σ_{wb} Biegezugspannung σ_{wbz} bzw. Biegedruckspannung σ_{wbd} (Gl. 4.3) in der Schweißnaht,
σ_w Zugspannung σ_{wz} bzw. Druckspannung σ_{wd} (Gl. 4.1) an demselben Punkt der Schweißnaht.

Das Pluszeichen gilt, wenn σ_{wb} und σ_w beide entweder Zug- oder Druckspannungen sind, das Minuszeichen, wenn eine von beiden eine Zug-, die andere eine Druckspannung ist. Für den Spannungsnachweis ist die größere der beiden resultierenden Normalspannungen σ_{wr} maßgebend.

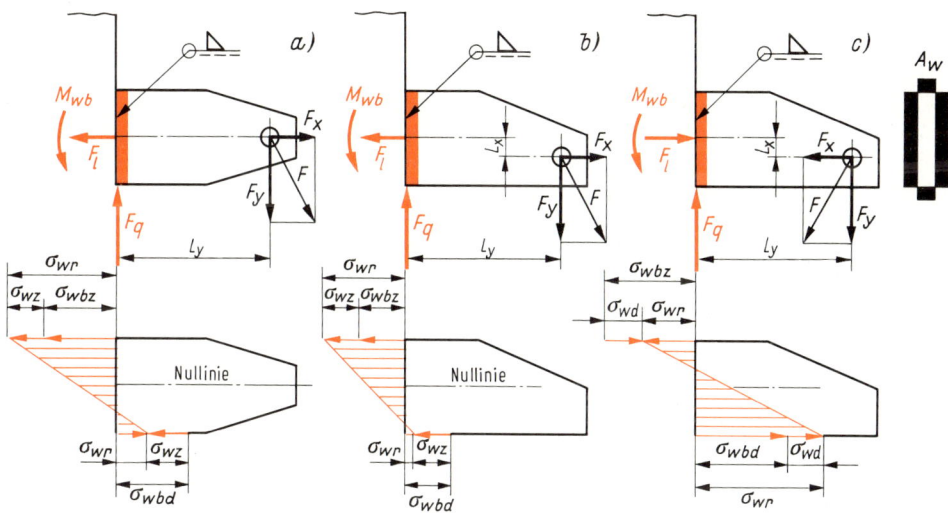

Bild 4.29 Biege- und zug- oder druckbeanspruchte Schweißnähte
   a) mit Zug,   b) mit Zug bei verringerter Biegung,   c) mit Druck bei verstärkter Biegung

5. Normal- mit Schubbeanspruchung

Bild 4.30 zeigt ein mit Kehlnähten auf eine Welle geschweißtes Kettenrad. Durch das angreifende Drehmoment M werden die Nähte mit τ_w auf Schub beansprucht (Gl. 4.2), wobei $F = M/r$ und $A_w = 2\,a\,(d + a)\,\pi$ zu setzen sind (siehe 2.).

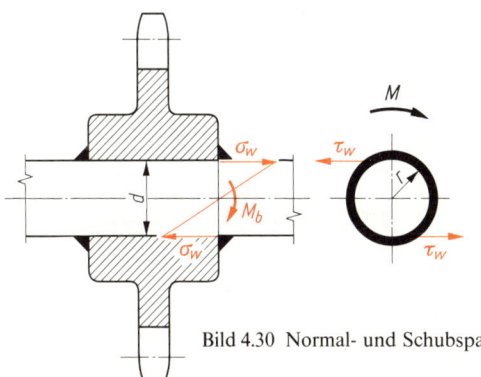

Durch die beiden an den Nahtanschluß-stellen in der Welle wirkenden Biegemomente werden die Nahtwurzeln gleichhoch mit der Welle auf Zug bzw. Druck beansprucht. Maßgebend ist das größere der beiden Biegemomente M_b, das in der betr. Schweißnaht die Normalspannung $\sigma_w = \sigma_b = M_b / W_b$ mit $W_b \approx 0{,}1\,d^3$ bei Vollwellen erzeugt.

Bild 4.30 Normal- und Schubspannungen an einem Nahtpunkt

Wirken eine Normalspannung σ_w quer zur Nahtrichtung und eine Schubspannung τ_w an einem gefährdeten Kehlnahtpunkt (mit σ_w oder τ_w hochbeanspruchten Punkt), so werden sie zu einer Vergleichsspannung σ_{wv} zusammengefaßt. Diese Vergleichsspannung ist als eine allein wirkende Normalspannung aufzufassen, die in bezug auf Festigkeit die beiden gleichzeitig wirkenden Spannungen ersetzt. Aus Versuchen ergab sich, daß man rechnen kann mit der

$$\textit{Vergleichsspannung} \quad \sigma_{wv} = \sqrt{\sigma_w^2 + 1{,}8\,\tau_w^2} \tag{4.5}$$

σ_w Normalspannung an einem Punkt der Kehlnaht,
τ_w Schubspannung an demselben Punkt der Kehlnaht.

Streng genommen gilt diese Gleichung nur für Stirnkehlnahtverbindungen. Es empfiehlt sich jedoch, sie auch in anderen Fällen anzuwenden. Sie entspricht keiner der bekannten Festigkeitshypothesen.

Achtung! In den Fällen, in denen biegebeanspruchte Flach-, Rund- oder Hohlstäbe umlaufend mit Kehlnähten angeschlossen sind, muß mit der Vergleichsspannung gerechnet werden, wobei bei Flachstäben und viereckigen Hohlstäben als schubbeansprucht nur die sog. Stegnähte mit der Länge *l* wie in Bild 4.28 b gelten. Sind Flachstäbe nur mit Kehlnähten der Länge *l* angeschlossen, d. h. ohne die Stirnnähte der Länge *s*, so entfällt die Vergleichsspannung. **Im Stahlbau gilt die Gl. 4.5 nicht!** Siehe hierzu Abschnitt 4.7 Seite 65.

6. Schubbeanspruchung von Flanken- und Stirnkehlnähten durch ein Drehmoment

Bei dem Schweißanschluß nach Bild 4.31 geht man davon aus, daß die Belastungskraft *F* die Lasche auf ihrer Unterlage rechtsherum um den Schwerpunkt S_0 der Schweißnahtfläche drehen will, so daß die Schweißnahtfläche ein linksdrehendes Moment $M_w = F \cdot R$ entgegensetzen muß. In der Nahtfläche werden daher linksdrehende Schubspannungen τ_{wt} hervorgerufen, die jeweils dem Abstand zum Drehpunkt proportional sind. Die größten Schubspannungen τ_{wt} treten daher an den von S_0 am weitesten entfernten Nahtpunkten auf. Dies trifft für die Wurzelpunkte am Radius *r* zu. Unter dieser Voraussetzung muß die Schubspannung τ_{wt} mit dem polaren Flächenmoment 2.Grades I_{wp} der Schweißnahtfläche errechnet werden. Dieses ist gleich der Summe der beiden senkrecht aufeinanderstehenden axialen Flächenmomente I_{wx} und I_{wy}. Für die dargestellten Fälle erhält man (bereits zusammengefaßt und vereinfacht):

$$\text{nach Bild 4.31 b:} \quad I_{wp} = \frac{a \cdot l}{6}\,(3\,b^2 + l^2) \tag{4.6}$$

$$\text{nach Bild 4.31 c:} \quad I_{wp} = \frac{a \cdot l}{6}\left(3\,b^2 + \frac{b^3}{2l} + 4\,l^2\right) - a\,(2\,l + b)\,c^2 \tag{4.7}$$

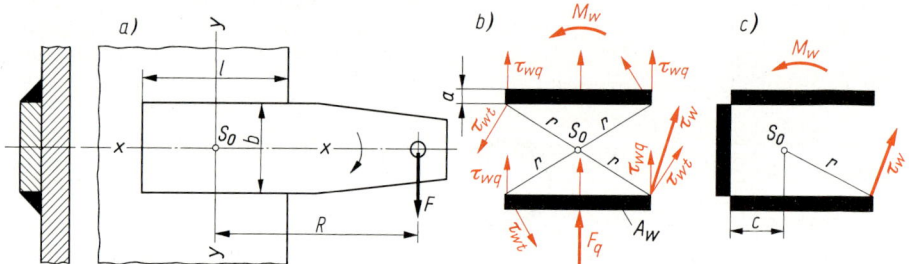

Bild 4.31 Durch ein Drehmoment *M* beanspruchte Flanken- und Stirnkehlnähte
  a) Belastetes Bauteil (ohne symbolische Nahtdarstellung), b) Nahtfläche mit Flankenkehlnähten, c) Nahtfläche mit Stirnkehlnaht und Flankenkehlnähten

Diese Auffassung ist nur für Kehlnähte vertretbar! Für verdrehbeanspruchte Stumpfnähte und für Bauteile ist mit dem Widerstandsmoment W_t gegen Torsion, das auch Drillwiderstandsmoment genannt wird, zu rechnen! Dieses ist nicht gleich dem polaren Widerstandsmoment.

Zur Herstellung des Gleichgewichts muß die Nahtfläche auch die Querkraft $F_q = F$ aufnehmen, so daß noch eine Schubspannung $\tau_{wq} = F_q/A_w$ hinzukommt. τ_{wt} und τ_{wq} müßten geometrisch zu einer resultierenden Schubspannung τ_w addiert werden. Praktisch genügt es, sie arithmetisch zu addieren zur

$$\text{Schubspannung} \quad \tau_w \approx \tau_{wt} + \tau_{wq} = \frac{M_w}{I_{wp}}\,r + \frac{F_q}{A_w} \tag{4.8}$$

τ_w in N/mm²   resultierende Schubspannung in der Schweißnaht,
M_w in Nmm   Drehmoment $= F \cdot R$,
I_{wp} in mm⁴   polares Flächenmoment 2. Grades der Schweißnahtfläche zum Schwerpunkt S_0 (Gl. 4.6 oder 4.7),
r in mm   Abstand des entferntesten Nahtwurzelpunktes vom Schwerpunkt S_0,
F_q in N   Querkraft in der Nahtfläche $= F$,
A_w in mm²   Schweißnahtfläche $= \Sigma (a \cdot l)$.

Greift die Belastungskraft F schräg an, so wird sie in Komponenten F_x und F_y zerlegt. Mit F_y ergeben sich wie mit F in Bild 4.31 die Schubspannungen τ_{wt} und τ_{wq}. Durch F_x kommt in x-Richtung eine Schubspannung $\tau_{wl} = F_x / A_w$ hinzu. Die drei Spannungen müssen dann geometrisch addiert werden!

7. Normal- und Schubbeanspruchung von Kehlnahtanschlüssen an Biegeträgern
Für die Schweißnahtfläche des **biegesteifen Kehlnahtanschlusses** nach Bild 4.32 erfolgt das Freischneiden in der gleichen Weise wie unter 3. Die Schweißnahtfläche muß ein Biegemoment $M_{wb} = F \cdot L$ und eine Querkraft $F_q = F$ aufnehmen.

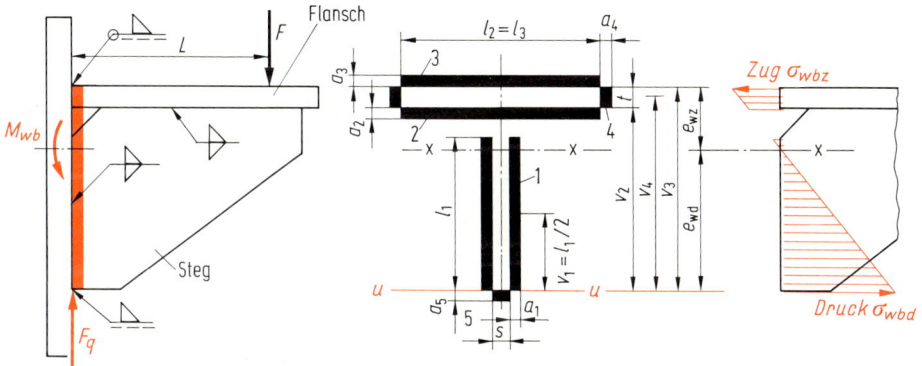

Bild 4.32 Biegesteifer Kehlnahtanschluß

Um die Biegespannungen errechnen zu können, muß zunächst die Lage der Schwerachse (x-Achse) der Schweißnahtfläche ermittelt werden. Dazu geht man zweckmäßig von der unteren u-Achse aus. In Bild 4.32 gehen die Abstände v_2 und v_3 jeweils bis zur Wurzellinie der Nähte, obwohl sie eigentlich bis an die Schwerachsen der einzelnen Flächenstücke 2 und 3 gehen müßten. Diese zulässige Vereinfachung beeinflußt das Ergebnis nur unwesentlich. Für den in Bild 4.32 dargestellten Fall wäre der

$$\text{Schwerachsenabstand} \quad e_{wd} = \frac{\Sigma (A_{wi} \cdot v_i)}{\Sigma A_{wi}} \tag{4.9}$$

Es ist einfacher, zunächst das auf die u-Achse bezogene Flächenmoment 2. Grades zu errechnen. Hierbei vernachlässigt man die unbedeutenden Eigenflächenmomente der Flanschnähte 2 und 3 und der Nahtstücke 4 und 5 und rechnet gemäß dem Steinerschen Satz für diese nur mit ihren Verschiebeanteilen $a_2 \cdot l_2 \cdot v_2^2$, $a_3 \cdot l_3 \cdot v_3^2$ und $2a_4 \cdot t \cdot v_4^2$. Der Abstand v_5 ist gleich Null.

Wenn Rechtecke mit einer Seite auf der Bezugsachse stehen wie die Nähte 1 und 5 auf der u-Achse, dann ist deren Flächenmoment jeweils $I_{wu1} = a_1 \cdot l_1^3 / 3$ bzw. $I_{wu5} = s \cdot a_5^3 / 3$.

Das gesamte Flächenmoment I_{wu} ist gleich der Summe der einzelnen Flächenmomente, also $I_{wu} = \Sigma I_{wui}$. Mit dem Steinerschen Satz erhält man das auf die x-Achse bezogene

$$\text{Flächenmoment 2. Grades} \quad I_w = I_{wu} - A_w \cdot e_{wd}^2 \tag{4.10}$$

Selbstverständlich darf die u-Achse auch an den oberen Rand gelegt werden. In diesem Fall tritt in die Gl. 4.10 statt e_{wd} der Randabstand e_{wz}. Die Abstände v_i sind dann entsprechend von dieser oberen u-Achse zu bilden.

Unter dieser Voraussetzung errechnet man die Biegespannung σ_{wbd} mit $e_w = e_{wd}$ nach Gl. 4.3. Durch die Querkraft F_q wird der Schweißanschluß noch mit τ_w auf Schub beansprucht. Unter 3. wurde erläutert, daß sich die durch die Querkraft hervorgerufenen Schubspannungen τ_w nicht gleichmäßig über die Nahtfläche verteilen, sondern zu den Rändern hin bis auf Null abnehmen. Deshalb sind die Flanschnähte 2 und 3 an der Übertragung der Querkraft nur gering beteiligt, während die Stegnähte 1 den Hauptteil aufzunehmen haben. **Aus diesem Grunde setzt man in die Gl. 4.2 zur Errechnung von τ_w nur die Schweißnahtfläche $A_{w1} = 2\,a_1 \cdot l_1$ der Stegnähte ein!** σ_{wbd} und τ_w sind dann zur Vergleichsspannung σ_{wv} (Gl. 4.5) zusammenzufassen.

Bild 4.33 zeigt einen **zur x-Achse symmetrischen biegesteifen Trägeranschluß, der noch mit einer Längskraft $F_l = F_x$ beansprucht wird,** die eine Zugspannung (ggf. Druckspannung) hervorruft. Somit wirken:

$\qquad$ eine **Biegespannung σ_{wb}** (Gl. 4.3),
$\qquad$ eine **Zugspannung σ_w** $\quad$ (Gl. 4.1),
$\qquad$ eine **Schubspannung τ_w** (Gl. 4.2).

Die Biegespannungen sind in den Flanschnähten groß und in den Stegnähten klein, so daß die Flanschnähte den Hauptteil des Biegemomentes aufnehmen. Die Zugspannung (ggf. Druckspannung) durch die Längskraft F_l verteilt sich gleichmäßig über die gesamte Nahtfläche, so daß diese Kraft von allen Nähten aufgenommen wird. Aus diesen Gründen gilt folgende Regel:

Für die Nähte eines biegesteifen Trägeranschlusses mit den Schnittgrößen Biegemoment, Querkraft und Längskraft darf auf den Nachweis der Vergleichsspannung verzichtet werden, wenn die Aufnahme des größten Biegemomentes M_{wb} durch die Flanschnähte allein, der größten Querkraft F_q durch die Stegnähte allein und der Längskraft F_l durch alle Nähte möglich ist.

In die Gl. 4.3 ist dann nur das Flächenmoment für die Flanschnähte
$I_{wF} = 4\,a_2 \cdot l_2 \cdot y_2^2 + 2\,a_3 \cdot l_3 \cdot y_3^2 + 4\,a_4 \cdot t \cdot y_4^2$,
in die Gl. 4.2 die Fläche der Stegnähte $A_{w1} = 2\,a_1 \cdot l_1$
und in die Gl. 4.1 die gesamte Nahtfläche $A_w = 2\,a_1 \cdot l_1 + 4\,a_2 \cdot l_2 + 2\,a_3 \cdot l_3 + 4\,a_4 \cdot t$ einzusetzen.

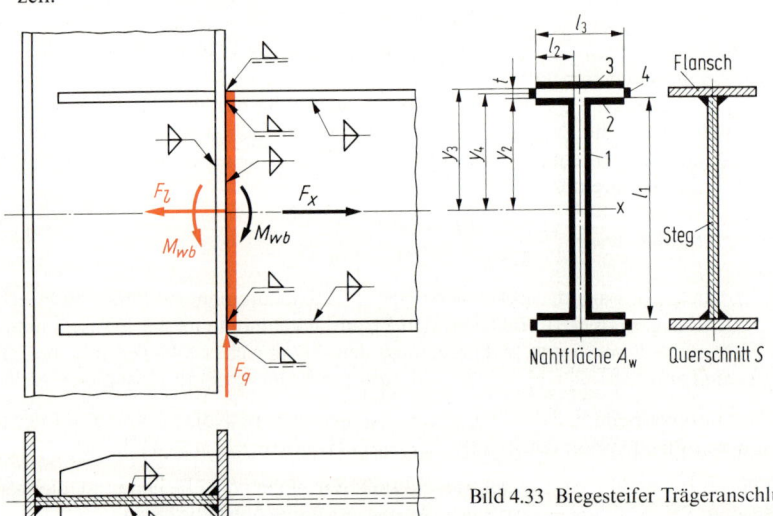

Bild 4.33 Biegesteifer Trägeranschluß mit Kehlnähten

Wenn nicht nach dieser Regel verfahren wird oder verfahren werden kann, so muß mit der gesamten Nahtfläche die resultierende Normalspannung σ_{wr} (Gl. 4.4) in der Wurzel der äußeren Flanschnähte (im Abstand y_3 von der x-Achse) nachgewiesen werden. Außerdem ist die Vergleichsspannung σ_{wv} (Gl. 4.5) am äußeren Punkt der Stegnähte (im Abstand y_2 von der x-Achse) zu errechnen. Auch hierbei dürfen zur Errechnung von τ_w mit Gl. 4.2 nur die Stegnahtflächen eingesetzt werden.

Die Ermittlung des Flächenmomentes 2. Grades erfolgt sinngemäß wie im Falle nach Bild 4.32, wobei jedoch unmittelbar auf die x-Achse bezogen werden kann.

8. Normal- und Schubbeanspruchung von Längsnähten in Biegeträgern.

Die in Bild 4.34 gezeigten Querschnitte der Träger werden auf Biegung beansprucht. Da die Querschnitte der Längsnähte den Trägerquerschnitten angehören, werden sie mit einer Zug- oder Druckspannung σ_w in Nahtlängsrichtung beansprucht, die sich aus dem Spannungsverlauf über den Trägerquerschnitt ergibt. Diese Spannung σ_w braucht nicht errechnet zu werden, da sie die Bauteilspannung an dieser Stelle nicht überschreitet. Das gilt für die in Längsrichtung auf Zug oder Druck mit dem Bauteil gleichhoch beanspruchten Schweißnähte.

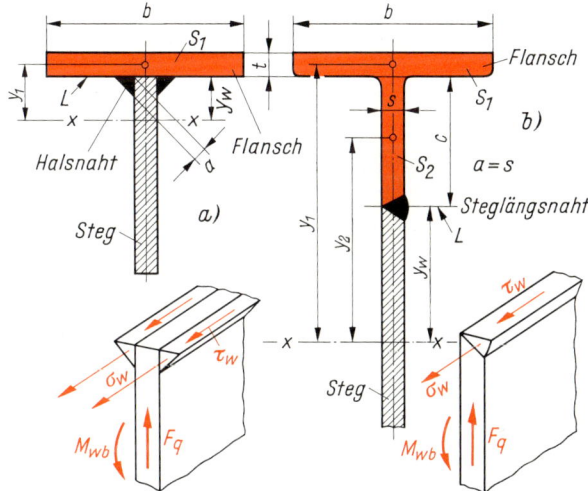

Bild 4.34 Normal- und Schubspannungen in Längsnähten von Biegeträgern
a) in zwei Kehlnähten eines geschweißten T-Trägers,
b) in der Stumpfnaht eines Stegblechträgers (geschweißten Doppel-T-Trägers)

Außerdem werden die Nahtflächen in Längsrichtung auf Schub beansprucht, weil das Biegemoment in dieser Richtung stetig zu- bzw. abnimmt:

$$\text{Schubspannung} \quad \tau_w = \frac{F_q \cdot H}{I \cdot \Sigma a} \tag{4.11}$$

τ_w	in N/mm²	Schubspannung im Längsschnitt der Längsnähte,
F_q	in N	Querkraft im betr. Trägerquerschnitt,
H	in mm³	Flächenmoment 1. Grades des Randflächenstückes (bisher statisches Flächenmoment genannt) zur x-Achse. Siehe untenstehende Erläuterung.
I	in mm⁴	Flächenmoment 2. Grades des gesamten Trägerquerschnitts zur x-Achse,
Σa	in mm	Summe der Nahtdicken der Längsnähte im Schweißanschluß (in der Linie L des Trägerquerschnitts).

Das Flächenmoment 1. Grades H bezieht sich nur auf das Querschnittsstück, das sich zum Rand hin oberhalb der Wurzellinien der jeweils betrachteten Längsnähte befindet (farbig angelegt), und zwar zur x-Achse des Trägerquerschnitts. Somit ergibt sich für den Fall

nach Bild 4.34a: $H = S_1 \cdot y_1$,   nach Bild 4.34b: $H = S_1 \cdot y_1 + S_2 \cdot y_2$, wobei die Abstände y_1 und y_2 von der x-Achse bis zur Schwerlinie der einzelnen Querschnitts-flächenstücke $S_1 = b \cdot t$ und $S_2 = c \cdot s$ reichen. Im Fall nach Bild 4.34a beträgt $\Sigma a = 2a$, im Fall nach Bild 4.34b jedoch nur $\Sigma a = a$.

9. Zusammenfassung

In Bild 4.35 sind die Normal- und Schubspannungen an Kehlnähten, wie sie bisher vorkamen, zusammengestellt. Alle in Längsrichtung der Naht wirkenden Spannungen sind zusätzlich mit dem Index l, alle quer zur Naht wirkenden mit dem Index q gekennzeichnet. Die einzelnen Spannungen können auch in entgegengesetzter Richtung wirken (z.B. Druck- statt Zugspan-nungen). Die dargestellten Fälle treten auf:

a in Bild 4.25a, b, 4.26a, b, c   **e** in Bild 4.28, 4.29, 4.30, 4.32, 4.33
b in Bild 4.25d   **f** in Bild 4.32, 4.33
c in Bild 4.27a, b   **g** in Bild 4.34
d in Bild 4.27a   **h** in Bild 4.31

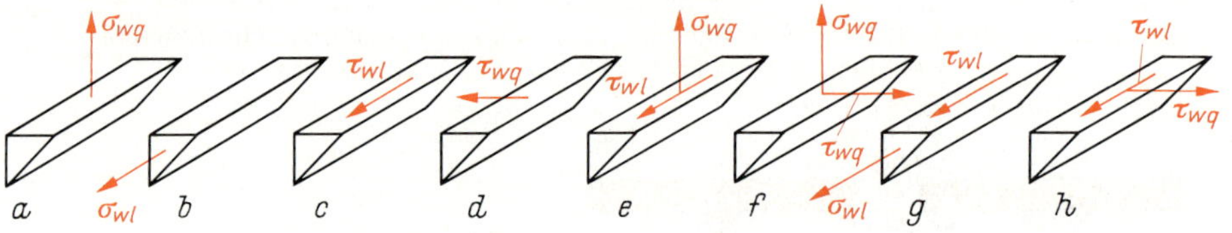

Bild 4.35 Spannungen in Kehlnähten

Für die Fälle e und f ist die Vergleichsspannung σ_{wv} (Gl. 4.5) **zu bilden,** nicht aber für den Fall g! **Im Stahlbau gilt ein Vergleichswert** (s. Gl. 4.16 im Abschn. 4.7 S. 69)

Wirken τ_{wl} **und** τ_{wq} **an einem Nahtpunkt** wie im Fall h, so ist zu rechnen mit der

resultierenden Schubspannung $\tau_w = \sqrt{\tau_{wl}^2 + \tau_{wq}^2}$ (4.12)

τ_{wl} Schubspannung in Nahtlängsrichtung,
τ_{wq} Schubspannung in Nahtquerrichtung an demselben Nahtpunkt.

Beim Zusammenwirken von Stumpf- und Kehlnähten in einem Anschluß (Bild 4.36) kann gerech-net werden
1. entweder mit der Summe der Schweißnahtflächen von Stumpf- und Kehlnähten $A_w = A_{wS} + A_{wK}$. Zulässig sind dann die Spannungen für Kehlnähte.
2. oder nur mit dem Stumpfnahtanteil $A_w = A_{wS}$. Dann sind die Spannungen für diese Stumpf-nähte zulässig.

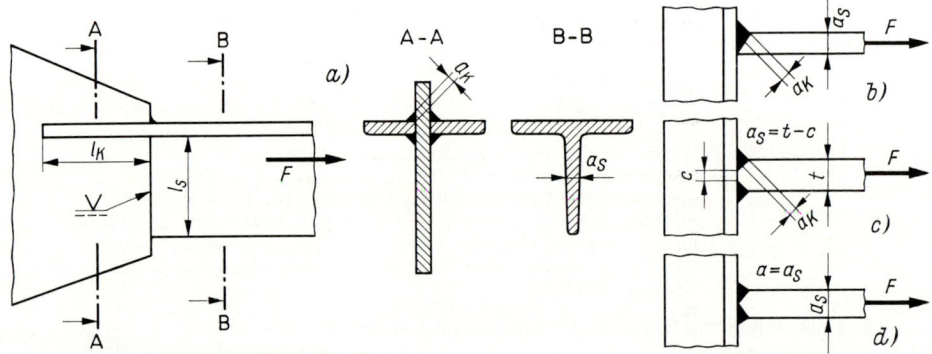

Bild 4.36 Zusammenwirken von Stumpf- und Kehlnähten
a) V-Naht und Kehlnähte,   b) HV-Naht mit Kehlnaht,   c) DHY-Naht mit Doppelkehlnaht,
d) DHV-Naht

Besitzt die Naht wie nach Bild 4.36c einen Steg mit der Höhe c, so ist dieser nicht in die Naht-dicke einzubeziehen. Üblich: $c \leqq 0,2\ t \leqq 3$ mm, wenn t die kleinste Blechdicke am Anschluß ist. Ist die Kehlnaht wie in Bild 4.36d ungleichschenklig, so ist nur der Stumpfnahtanteil in Rechnung zu setzen.

Die jeweils errechneten größten Spannungen σ_w, σ_{wr}, σ_{wv} oder τ_w dürfen die zulässigen Span-nungen $\sigma_{w\,zul}$ oder $\tau_{w\,zul}$ nicht überschreiten! Falls mit der Vergleichsspannung gerechnet wer-den muß, dann ist die Zulässigkeit der zugehörigen Spannungen σ_w und τ_w nicht im einzelnen zu prüfen, sondern nur $\sigma_{wv} \leqq \sigma_{w\,zul}$! Im Stahlbau gilt eine hiervon abweichende Regel (siehe Abschn. 4.7 Seite 69)

4.6 Schweißverbindungen im Maschinen- und Gerätebau

Im Maschinen- und Gerätebau werden beispielsweise Riemenscheiben, Zahnräder, Seilscheiben und -trommeln, Getriebekästen, Lagerkörper und -böcke, Stützfüße und Konsole, Gehäuse, Zug- und Gelenkstangen, Hebel, Vorrichtungen u. dgl. als Schweißteile ausgebildet.

Die Berechnung der Spannungen in den tragenden Schweißnähten ist nach 4.5 vorzunehmen. **Bei Stumpfnähten entfällt der Nachweis einer Vergleichsspannung (Gl. 4.5).**

Bei Kehlnahtanschlüssen sind auch gefährdete Bauteil-Anschlußquerschnitte S (siehe die Bilder 4.37 und 4.38), die sich unmittelbar neben der Kehlnaht befinden, **auf Festigkeit nachzurechnen.** Es ist durchaus möglich, daß die Schweißnaht hält, während das Bauteil wegen der Kerbwirkungen ne-ben der Naht bricht. Man setzt diesen Querschnitt im Abstand a einer Kehlnahtdicke von der Nahtwurzel an.

In Tab. A 4.7 sind Anhaltswerte für zulässige Spannungen in den Schweißnähten und Anschlußquer-schnitten der Bauteile bei ruhender und schwingender Beanspruchung in Abhängigkeit von den Bewertungsgruppen für Schweißnahtgüten (siehe Abschn. 4.3 Seite 46) angegeben. Die Werte für die **Doppelflachkehlnaht** sind nur dann anzuwenden, wenn die zwischen den beiden Kehlnähten befindliche Blechdicke nicht größer als $s \approx 5a$ ist.

Allgemein gültige zulässige Spannungen lassen sich nicht erstellen, da die Festigkeit der Schweißnähte und Bauteile außerordentlich von der Gestaltung der Schweißteile (vom ungestör-ten oder gestörten Kraftfluß) und von der Schweißausführung abhängt. Serienfertigungen ma-chen vorausgehende Dauerversuche unerläßlich.

Beim Festlegen der die Bauteile beanspruchenden Kräfte oder Momente ist besondere Aufmerk-samkeit geboten, denn zu niedrig angesetzte Belastungsgrößen ergeben auch zu niedrige Span-nungen! Besonders bei stoßhaftem Betrieb, bei beschleunigten und verzögerten Bauteilen und, wenn die Kräfte oder Momente nur ungenau bekannt sind, ist es notwendig, deren Nennwerte mit erfahrungsmäßigen Anwendungs- oder Stoßfaktoren (Betriebsfaktoren) zu multiplizieren. Man erhält dann als maximale Belastungsgrößen:

Kraft $\quad F = K_A \cdot F_N$ $\hspace{4cm}$ (4.13a)

Moment $\quad M = K_A \cdot M_N$ $\hspace{3.5cm}$ (4.13b)

F, M $\quad$ für die Festigkeitsberechnung maßgebende Kraft bzw. maßgebendes Moment (Biege- oder Drehmoment),

K_A $\quad$ Anwendungs- oder Stoßfaktor (Betriebsfaktor) nach Tab. 4.8,

F_N, M_N $\quad$ Nennkraft bzw. Nennmoment.

Bei umlaufenden Maschinenteilen ergeben sich Nennkraft und Nennmoment meistens aus der Nennleistung der Maschine und deren Drehzahl.

Tab. 4.8 Anwendungs-, Stoß- oder Betriebsfaktoren für geschweißte Bauteile (nach Bachmann/Lohkamp/Strobl)

Beanspruchung	z. B. Schweißteile in	Stoßfaktor K_A
Leicht stoßhaft (Bauteile mit gleichförmig umlaufenden Bewegungen)	Elektr. Maschinen, Schleifmaschinen, umlaufenden Verdichtern, Dampfturbinen	1 bis 1,1
Mittelstark stoßhaft (Bauteile mit gleichförmigen, hin- und hergehenden Bewegungen)	Brennkraftmaschinen, Kolbenpumpen, Kolbenverdichtern, Hobelmaschinen, Drehmaschinen	1,2 bis 1,5
Stark stoßhaft (Bauteile mit umlaufenden bzw. hin- und hergehenden, stoßüberlagerten Bewegungen)	Spindelpressen, Abkantpressen, Profilstahlscheren, Sägegattern, Richtmaschinen	1,5 bis 2
Sehr stark stoßhaft (Bauteile mit umlaufenden bzw. hin- und hergehenden stoßhaften Bewegungen)	Steinbrechern, mechanischen Hämmern, Walzwerkmaschinen	2 bis 3

Beispiel 4.1

Die Tragöse nach Bild 4.37 aus St 52-3 wird biegesteif angeschlossen und durch eine Belastungskraft von höchstens $F = 30$ kN schwellend beansprucht. Genügen Schweißnaht (Bewertungsgruppe C) und Bauteil den Beanspruchungen, wenn die Kraft F unter verschiedenen Winkeln angreifen kann, und zwar
1. senkrecht zur Anschlußebene ($\alpha = 0°$),
2. schräg zur Anschlußebene ($\alpha = 45°$),
3. parallel zur Anschlußebene ($\alpha = 90°$)?

Hinweis zu den Lösungen:
Es befinden sich eine Stumpfnaht mit der Dicke a_S und eine Doppelkehlnaht mit der Gesamtdicke $2a_K$ an dem Anschluß. Daher kann mit $A_w = A_{wS} + A_{wK}$ oder $A_w = A_{wS}$ gerechnet werden. Da sich im zweiten Fall höhere Spannungen ergeben, wird dieser Fall zugrundegelegt. Die zulässigen Spannungen werden der Tab. A.4.7 für Stumpfnähte mit Gegenlage, der Bewertungsgruppe C, dem Lastfall schwellend und dem Bauteilwerkstoff St 52 entnommen.

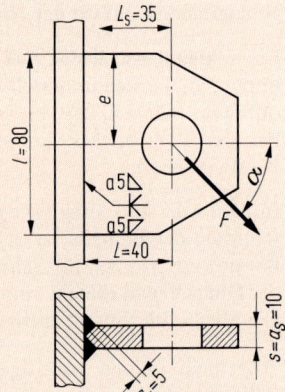

Bild 4.37 Geschweißte Tragöse

1. Kraft F senkrecht zur Anschlußebene
Mit $A_w = a_S \cdot l = 10$ mm $\cdot 80$ mm $= 800$ mm² beträgt die Zugspannung nach Gl. 4.1 in der Schweißnaht

$$\sigma_w = \frac{F}{A_w} = \frac{30\,000\,\text{N}}{800\,\text{mm}^2} = 37{,}5\,\text{N/mm}^2 < \sigma_{w\,zul} = 105\,\text{N/mm}^2$$

2. Kraft F schräg zur Anschlußebene
Die Kraft F wird zerlegt in die waagerechte Komponente $F_x = F \cdot \cos\alpha = 30$ kN $\cdot \cos 45° = 21{,}2$ kN und die senkrechte Komponente $F_y = F \cdot \sin\alpha = 21{,}2$ kN. F_x ruft eine Längskraft F_l hervor, F_y eine Querkraft F_q. Die Längskraft F_l erzeugt Zugbeanspruchung und das Kräftepaar F_q und F_y Biegebeanspruchung. Es betragen:

$$M_{wb} = F_y \cdot L = 21\,200\,\text{N} \cdot 4\,\text{cm} = 84\,800\,\text{Ncm}, \quad I_w = \frac{a_S \cdot l^3}{12} = \frac{1\,\text{cm} \cdot (8\,\text{cm})^3}{12} = 42{,}7\,\text{cm}^4.$$

Damit erhält man mit den Gln. 4.1, 4.3 und 4.4:

$$\sigma_{wz} = \frac{F_l}{A_w} = \frac{21\,200\,\text{N}}{800\,\text{mm}^2} = 26{,}5\,\text{N/mm}^2,$$

$$\sigma_{wbz} = \frac{M_{wb}}{I_w}\,e_{wz} = \frac{84\,800\,\text{Ncm}}{42{,}7\,\text{cm}^4}\,4\,\text{cm} = 7944\,\text{N/cm}^2 \approx 79{,}4\,\text{N/mm}^2,$$

$$\sigma_{wr} = \sigma_{wbz} + \sigma_{wz} = (79{,}4 + 26{,}5)\,\text{N/mm}^2 \approx 106\,\text{N/mm}^2 \approx \sigma_{w\,zul} = 105\,\text{N/mm}^2.$$

3. Kraft F parallel zur Anschlußebene

Die Kraft F ruft Biegebeanspruchung hervor. Mit der Gl. 4.3 und $I_w = 42{,}7$ cm^4 erhält man:

$$M_{wb} = F \cdot L = 30\,000 \text{ N} \cdot 4 \text{ cm} = 120\,000 \text{ Ncm},$$

$$\sigma_{wb} = \frac{M_{wb}}{I_w}\, e_w = \frac{120\,000 \text{ Ncm}}{42{,}7 \text{ cm}^4}\, 4 \text{ cm} = 11\,241 \text{ N/cm}^2 \approx 112{,}4 \text{ N/mm}^2 > \sigma_{wb\,zul} = 105 \text{ N/mm}^2.$$

Schlußfolgerung

Der Schweißanschluß wäre für den 3. Fall nicht ausreichend bemessen. Deshalb wird dieser noch einmal mit $A_w = A_{wS} + A_{wK}$ gerechnet und die Spannung im Bauteilquerschnitt S neben der Kehlnaht auf Zulässigkeit geprüft. Die zulässige Schweißnahtspannung ist dann der Tab. A. 4.7 für die Doppelflachkehlnaht zu entnehmen.

Zweite Lösung zu 3.

Für die Schweißnähte betragen:

$$I_w = \frac{(a_S + 2 \cdot a_K)\, l^3}{12} = \frac{(1 \text{ cm} + 2 \cdot 0{,}5 \text{ cm})(8 \text{ cm})^3}{12} = 85{,}3 \text{ cm}^4,$$

$$\sigma_{wb} = \frac{M_{wb}}{I_w}\, e_w = \frac{120\,000 \text{ Ncm}}{85{,}3 \text{ cm}^4}\, 4 \text{ cm} = 5627 \text{ N/cm}^2 \approx 56{,}3 \text{ N/mm}^2 < \sigma_{w\,zul} = 95 \text{ N/mm}^2.$$

Für den Bauteilquerschnitt S betragen:

$$M_b = F \cdot L_S = 30\,000 \text{ N} \cdot 3{,}5 \text{ cm} = 105\,000 \text{ Ncm}, \quad W_b = \frac{s \cdot l^2}{6} = \frac{1 \text{ cm} \cdot (8 \text{ cm})^2}{6} = 10{,}67 \text{ cm}^3,$$

$$\sigma_b = \frac{M_b}{W_b} = \frac{105\,000 \text{ Ncm}}{10{,}67 \text{ cm}^3} = 9841 \text{ N/cm}^2 = 98{,}4 \text{ N/mm}^2 < \sigma_{b\,zul} = 145 \text{ N/mm}^2,$$

so daß die Abmessungen der Tragöse nicht vergrößert zu werden brauchen.

Beispiel 4.2

Der auf die Welle geschweißte Flansch einer aus Blechscheiben gedrückten Keilriemenscheibe (Bild 4.38) an einem Gebläse (umlaufende Maschine wie ein Verdichter) hat ein ruhendes Nenndrehmoment $M_N = 90$ Nm zu übertragen. Das Nennbiegemoment an der Welle am Schweißanschluß beträgt $M_{bN} = 77$ Nm. Sind die Schweißnähte der Bewertungsgruppe D und die Bauteilschnittfläche A ausreichend bemessen? Die Festigkeitsrechnung des Wellenquerschnitts S ist im 15. Kapitel „Achsen und Wellen" erläutert.

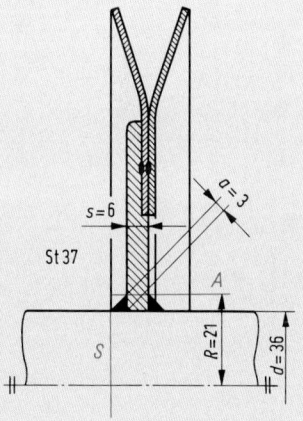

Bild 4.38 Auf eine Welle geschweißte Keilriemenscheibe

Lösung:

Rechnet man gemäß Tab. 4.8 mit einem Stoßfaktor $K_A = 1{,}1$, so werden nach Gl. 4.13b die Momente

$$M = K_A \cdot M_N = 1{,}1 \cdot 90 \text{ Nm} \approx 100 \text{ Nm}, \quad M_b = K_A \cdot M_{bN} = 1{,}1 \cdot 77 \text{ Nm} \approx 85 \text{ Nm}$$

Mit dem Widerstandsmoment des Wellenquerschnitts von $W_b \approx 0{,}1\, d^3 = 0{,}1(36 \text{ mm})^3 = 4666 \text{ mm}^3$ ergibt sich die Normalspannung in der Schweißnaht zu

$$\sigma_w = \frac{M_b}{W_b} = \frac{85\,000 \text{ Nmm}}{4666 \text{ mm}^3} = 18{,}2 \text{ N/mm}^2.$$

Durch das Drehmoment wird die Nahtfläche (Nahtdicken a in die beiden Anschlußebenen geklappt gedacht) auf Schub beansprucht. Die Nahtfläche beträgt $A_w = 2\,a(d + a)\pi = 2 \cdot 3$ mm (36 mm + 3 mm)π $= 735$ mm², die Umfangskraft $F = M/r = 100\,000$ Nmm/18 mm $= 5555$ N. Damit ergibt sich nach Gl. 4.2 eine Schubspannung

$$\tau_w = \frac{F}{A_w} = \frac{5555 \text{ N}}{735 \text{ mm}^2} = 7{,}6 \text{ N/mm}^2.$$

Mit σ_w und τ_w folgt die Vergleichsspannung nach Gl. 4.5 zu

$$\sigma_{wv} = \sqrt{\sigma_w^2 + 1{,}8\,\tau_w^2} = \sqrt{18{,}2^2 + 1{,}8 \cdot 7{,}6^2} \text{ N/mm}^2 = 20{,}9 \text{ N/mm}^2 < \sigma_{wv\,zul} = 35 \text{ N/mm}^2.$$

Aus Tab. A 4.7 wurde die zulässige Spannung bei St 37 und der Bewertungsgruppe D für die Doppelkehlnaht bei wechselnder Beanspruchung abgelesen, weil Biegezug- und Biegedruckspannung am Wellenumfang infolge der Drehbewegung ständig wechseln.

Der Rundschnitt A im Flansch wird auf Schub beansprucht. Es betragen $A = 2\,R \cdot \pi \cdot s$ $= 2 \cdot 21$ mm $\cdot \pi \cdot 6$ mm $= 792$ mm², Umfangskraft $F = M/R = 100\,000$ Nmm/21 mm $= 4762$ N. Daraus folgt die Schubspannung

$$\tau = \frac{F}{A} = \frac{4762 \text{ N}}{792 \text{ mm}^2} = 6 \text{ N/mm}^2 < \tau_{zul} = 85 \text{ N/mm}^2.$$

In der Tab. A 4.7 wurde für ruhende Beanspruchung abgelesen, weil das Drehmoment M ruhend wirkt. Es sei bemerkt, daß die Schubspannung in derartigen Rundschnitten stets klein ist und von vornherein auf einen Spannungsnachweis verzichtet werden kann.

Beispiel 4.3
Der in Bild 4.39 dargestellte Wandlagerbock wird mit einer schwellend wirkenden Kraft $F = 4$ kN belastet. Sind folgende Beanspruchungen zulässig: 1. im Schweißanschluß A_w am Fuß, 2. im Bauteilquerschnitt S am Fuß?

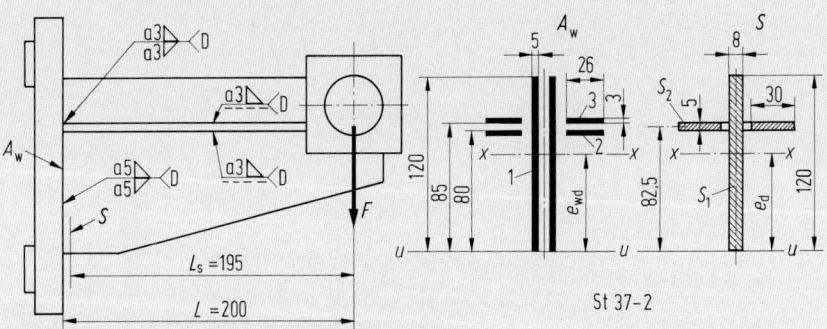

Bild 4.39 Geschweißter Wandlagerbock

Lösung:
1. Schweißanschluß A_w am Fuß
   Der besseren Übersicht wegen werden zunächst die einzelnen Schweißnahtflächen errechnet:

$$A_{w1} = 2a_1 \cdot l_1 = 2 \cdot 0{,}5 \text{ cm} \cdot 12 \text{ cm} = 12 \text{ cm}^2,$$

$$A_{w2} = 2a_2 \cdot l_2 = 2 \cdot 0{,}3 \text{ cm} \cdot 2{,}6 \text{ cm} = 1{,}56 \text{ cm}^2, \quad A_{w3} = A_{w2} = 1{,}56 \text{ cm}^2,$$

$$A_w = A_{w1} + A_{w2} + A_{w3} = (12 + 1{,}56 + 1{,}56) \text{ cm}^2 = 15{,}12 \text{ cm}^2.$$

Nach Gl. 4.9 ist

$$e_{wd} = \frac{\Sigma(A_{wi} \cdot v_i)}{A_w} = \frac{A_{w1} \cdot v_1 + A_{w2} \cdot v_2 + A_{w3} \cdot v_3}{A_w}$$

$$= \frac{12 \cdot 6 + 1{,}56 \cdot 8 + 1{,}56 \cdot 8{,}5}{15{,}12} \text{ cm} = 6{,}46 \text{ cm}.$$

Auf die u-Achse bezogen betragen die Flächenmomente 2. Grades (siehe Seite 57):

$$I_{wu1} = 2 \frac{a_1 \cdot l_1^3}{3} = 2 \frac{0,5 \text{ cm} \cdot (12 \text{ cm})^3}{3} = 576 \text{ cm}^4,$$

$$I_{wu2} = A_{w2} \cdot v_2^2 = 1,56 \text{ cm}^2 (8 \text{ cm})^2 = 99,8 \text{ cm}^4,$$

$$I_{wu3} = A_{w3} \cdot v_3^2 = 1,56 \text{ cm}^2 (8,5 \text{ cm})^2 = 112,7 \text{ cm}^4,$$

$$I_{wu} = \Sigma I_{wui} = (576 + 99,8 + 112,7) \text{ cm}^4 = 788,5 \text{cm}^4.$$

Nach Gl. 4.10 wird

$$I_w = I_{wu} - A_w \cdot e_{wd}^2 = (788,5 - 15,12 \cdot 6,46^2) \text{ cm}^4 = 157,5 \text{ cm}^4.$$

Weiterhin betragen nach den Gln. 4.3, 4.2 und 4.5 und der zulässigen Spannung nach Tab. A 4.7 (Doppelflach-kehlnaht, St 37, Bewertungsgr. D, schwellende Beanspruchung):

$$M_{wb} = F \cdot L = 4000 \text{ N} \cdot 20 \text{ cm} = 80\,000 \text{ Ncm},$$

$$\sigma_{wb} = \frac{M_{wb}}{I_w} e_{wd} = \frac{80\,000 \text{ Ncm}}{157,5 \text{ cm}^4} 6,46 \text{ cm} = 3281 \text{ N/cm}^2 = 32,8 \text{ N/mm}^2 < \sigma_{w\,zul} = 60 \text{ N/mm}^2.$$

2. Bauteilquerschnitt S am Fuß
   Prinzipiell wird wie unter 1. gerechnet.

$$S_1 = 0,8 \text{ cm} \cdot 12 \text{ cm} = 9,6 \text{ cm}^2,$$

$$S_2 = 2 \cdot 0,5 \text{ cm} \cdot 3 \text{ cm} = 3 \text{ cm}^2,$$

$$S = S_1 + S_2 = 9,6 \text{ cm}^2 + 3 \text{ cm}^2 = 12,6 \text{ cm}^2,$$

$$e_d = \frac{9,6 \cdot 6 + 3 \cdot 8,25}{12,6} \text{ cm} = 6,54 \text{ cm},$$

$$I_{u1} = \frac{s_1 \cdot h_1^3}{3} = \frac{0,8 \text{ cm} \cdot (12 \text{ cm})^3}{3} = 460,8 \text{ cm}^4,$$

$$I_{u2} = S_2 \cdot v_2^2 = 3 \text{ cm}^2 (8,25 \text{ cm})^2 = 204,2 \text{ cm}^4,$$

$$I_u = I_{u1} + I_{u2} = (460,8 + 204,2) \text{ cm}^4 = 665 \text{ cm}^4,$$

$$I = I_u - S \cdot e_d^2 = (665 - 12,6 \cdot 6,54^2) \text{ cm}^4 = 126 \text{ cm}^4,$$

$$M_h = F \cdot L_s = 4000 \text{ N} \cdot 19,5 \text{ cm} = 78\,000 \text{ Ncm},$$

$$\sigma_b = \frac{M_b}{I} e_d = \frac{78\,000 \text{ Ncm}}{126 \text{ cm}^4} 6,54 \text{ cm} = 4049 \text{ N/cm}^2 \approx 40,5 \text{ N/mm}^2 < \sigma_{b\,zul} = 110 \text{ N/mm}^2.$$

Schlußfolgerung
Alle Spannungen liegen unter den zulässigen, so daß die Schweißanschlüsse und Bauteile den Belastungen standhalten dürften. Die Verringerung einiger Abmessungen ist zweckmäßig, um den Werkstoff besser aus-zunutzen und um Kosten zu sparen.

4.7 Schweißverbindungen im Stahlbau

Im Hoch-, Kran- und Brückenbau werden Formstähle, Flachstäbe, Rohre und Bleche zu **Trag-werken** in Fachwerk- oder Vollwandkonstruktionen verbunden, z. B. zu Dachbindern, Fabrikhal-lengerüsten, Kranträgern u. dgl. Bild 4.40 a zeigt einen **Fachwerkträger.** Seine äußeren Stäbe hei-ßen *Gurte* (Ober- und Untergurte). Diese werden durch *Füllstäbe* (Vertikal- und Diagonalstäbe) versteift. Es laufen jeweils mehrere Stäbe in einem *Knoten* zusammen. **Vollwandträger** werden als **Stegblechträger** (Bild 4.40 b) oder **Kastenträger** (Bild 4.40 c) ausgebildet. Damit sie nicht ausbeu-len, werden in bestimmten Abständen Aussteifungen eingeschweißt, die beim Kastenträger *Quer-schotte* heißen.
Über die Angaben von Profilen in Stahlbauzeichnungen siehe DIN ISO 5261.

Bild 4.40 Geschweißte Stahltragwerke
a) Fachwerkträger, b) Stegblechträger, c) Kastenträger

a Obergurt, b Untergurt, c Vertikalstab, d Diagonalstab,
e Stegblech, f Stegblechstoß, g Gurtplattenstoß, h Versteifung,
i Wand, k Wandstoß, l Querschotte, n Netzlinien des Tragwerks

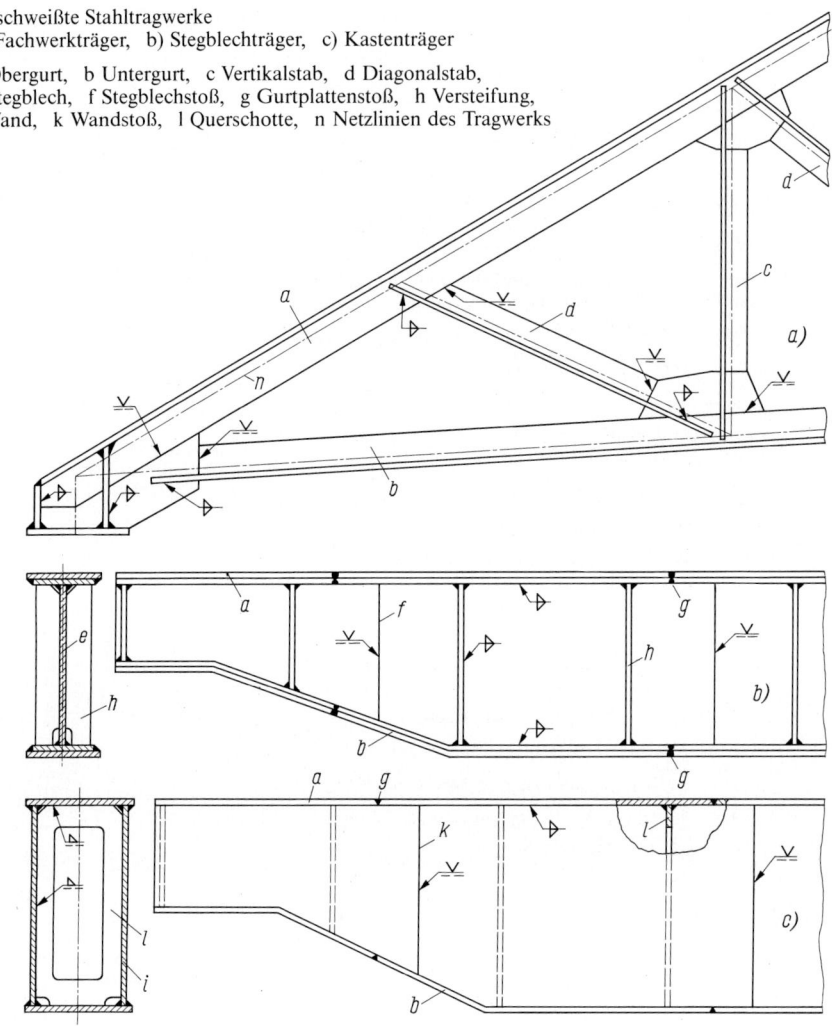

Es dürfen nur Stähle mit gewährleisteter Eignung zum Schmelzschweißen verwendet werden, und zwar Baustahl **St 37-2, St 37-3, St 52-3** nach DIN 17100[1] und der Feinkornstahl **StE 355** nach DIN 17102[1], im Stahlbau auch der Rohrstahl **St 35** nach DIN 1629. Zu beachten sind auch die betreffenden DASt-Richtlinien (DASt = Deutscher Ausschuß für Stahlbau).
Für Stahlbauten gelten die Vorschriften nach DIN 18800, für Stahlhochbauten zusätzlich nach DIN 18801 und für Krantragwerke nach DIN 15018. Diese Normen enthalten für Schweißverbindungen u. a. sinngemäß folgende **Bauregeln:**
1. Die Bauteile müssen schweißgerecht durchgebildet sein. Das Schweißen in Wannenlage ist zu bevorzugen. Anhäufungen von Schweißnähten sollen vermieden werden.
2. Auf Zug oder Biegezug beanspruchte Stumpfstöße in Formstählen sollen möglichst vermieden werden. Müssen solche Stöße ausnahmsweise ausgeführt werden, so sind sie möglichst rechtwinklig zur Längsachse anzuordnen.

[1] Norm wurde zurückgezogen, siehe Hinweise zur Benutzung des Buches.

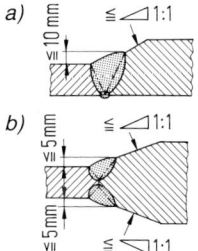

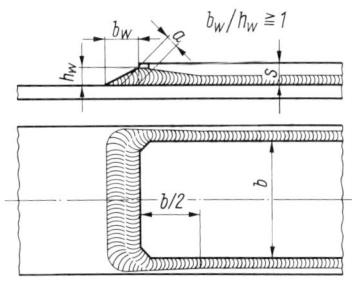

Bild 4.41 Stumpfstöße von Blechen
verschiedener Dicke
a) einseitig bündiger Stoß
b) zentrischer Stoß

Bild 4.42 Übergang einer ungleichschenkligen
Stirnkehlnaht zu einer
gleichschenkligen Flankenkehlnaht

3. Wechselt an Stößen die Dicke von Gurtplatten oder Stegblechen, so sind wegen des besseren Überganges zum dickeren Teil die mehr als 10 mm vorstehenden Kanten im Verhältnis 1 : 1 oder flacher zu brechen (Bild 4.41). Dickenunterschiede kleiner als 10 mm dürfen in der Naht ausgeglichen werden.
4. Die geschweißten Bauteile sollen so durchgebildet sein, daß ein möglichst ungestörter Kraftlinienfluß erreicht wird. Ungünstige Querschnittsübergänge und größere Schlitze oder Löcher in rundum ein- oder anzuschweißenden Blechen sind zu vermeiden.
5. Gurtplatten von mehr als 50 mm Dicke dürfen nur verwendet werden, wenn ihre einwandfreie Verarbeitung durch entsprechende Maßnahmen gesichert ist. Die Enden zusätzlicher Gurtplatten sind rechtwinklig abzuschneiden und durch Schweißnähte entspr. Bild 4.42 anzuschließen. Zusatzgurtplatten mit Dicken über 20 mm dürfen an den Enden abgeschrägt werden, um zu große Stirnkehlnähte zu vermeiden.
Gurtplattenstöße müssen rechtwinklig zur Kraftrichtung liegen.
Werden aufeinanderliegende Gurtplatten an der gleichen Stelle gemeinsam gestoßen, dann sind die Gurtplatten vor dem Schweißen des Stumpfstoßes an der Stirnseite durch Nähte so zu verbinden, daß diese Nähte beim Schweißen des Stoßes erhalten bleiben (Bild 4.43).

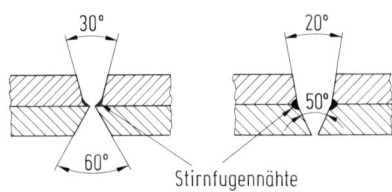

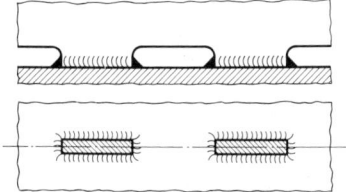

Bild 4.43 Vorbereitung zum gemeinsamen Stumpfstoß aufeinander liegender Gurtplatten

Bild 4.44 Umlaufende geschlossene Kehlnähte

6. Unterbrochene oder nicht durchgeschweißte Stumpfnähte sind unzulässig, wenn eine Beanspruchung quer zur Naht vorliegt.
Unterbrochene Kehlnähte dürfen ausgeführt werden. Dieses gilt auch für gegenüberliegende oder versetzt gegenüberliegende Doppelkehlnähte. In den nicht geschweißten Bereichen ist mit besonderer Sorgfalt ein ausreichender Korrosionsschutz sicherzustellen. An Bauwerken im Freien oder bei besonderer Korrosionsgefahr dürfen unterbrochene Nähte nur als umlaufende geschlossene Kehlnähte ausgeführt werden (Bild 4.44).

7. Die Schwerachsen der Schweißnahtflächen sollen möglichst mit den Schwerachsen der Stäbe zusammenfallen. Gemäß Bild 4.45 müßte dann bei gleicher Nahtdicke $l_1 \cdot e_1 = l_2 \cdot e_2$ ausgeführt werden. Anderenfalls entstehen Exzentrizitäten.

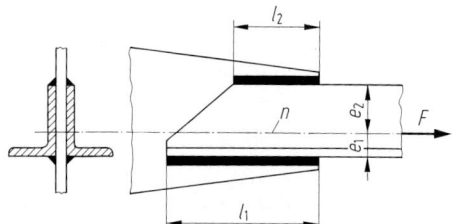

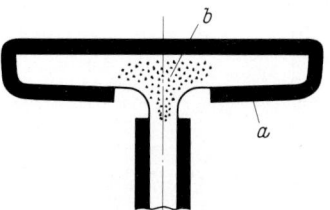

Bild 4.45 Schweißanschluß, dessen Schwerlinie sich mit der des Stabes deckt

Bild 4.46 Kehlnähte an einem warmgewalzten Stahlprofil a Kehlnähte, b Seigerungszone

8. Wegen der Gefahr des Anschneidens von Seigerungszonen bei unberuhigt vergossenen Stählen und wegen der durch den Walz- und Abkühlungsvorgang an dieser Stelle besonders ungünstigen Eigenspannungsverhältnisse ist das Ziehen von Kehlnähten an den Hohlkehlen von Walzstählen unzulässig (Bild 4.46). Ausgenommen hiervon sind Kopf- und Fußplatten. In kaltgeformten Bereichen von Bauteilen (z. B. Abbiegungen) darf nur geschweißt werden, wenn ein bestimmtes Verhältnis von Biegeradius und Blechdicke nicht unterschritten wird oder die Teile vor dem Schweißen normalgeglüht werden.

9. Kehlnähte sollen mindestens $a = 2$ mm dick sein, jedoch ist auszuführen

$$\textit{Kehlnahtdicke } a \geqq \sqrt{1\ \text{mm} \cdot t_{max}} - 0{,}5\ \text{mm}, \tag{4.14}$$

wenn t_{max} die größte Blechdicke am Anschluß ist. Die Nahtdicke soll jedoch $a = 0{,}7\ t_{min}$ nicht übersteigen.

10. Die rechnerische **Nahtlänge** l ist gleich der Gesamtlänge einer Naht. Bei Stumpfnähten ist sie gleich der Breite des zu schweißendes Bauteils, wenn durch die Schweißausführung dafür gesorgt wird, daß die Naht auf der gesamten Länge gleichwertig ist (z. B. mit Auslaufblechen, die nach dem Schweißen abgeschnitten werden). In Stabanschlüssen nach Bild 4.47 (und in entspr. Laschenanschlüssen mit Flachstäben) darf die rechnerische Länge der einzelnen Flankenkehlnähte nicht größer sein als $l = 100\ a$, in solchen nach Bild 4.47 a nicht kleiner als $l = 15\ a$ und nach Bild 4.47 b und c nicht kleiner als $l = 10\ a$. Wird wie im Falle Bild 4.47 c umlaufend geschweißt, so ist als Nahtfläche $A_w = a(l_1 + l_2 + 2\ b)$ zu setzen, für die verdeckte, schräg zur Stabachse laufende Naht als Länge also nur die Stabbreite.

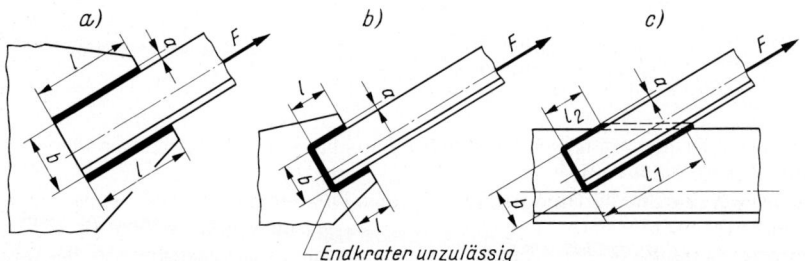

Bild 4.47 Stabanschlüsse
a) mit Flankenkehlnähten, b) mit Stirn- und Flankenkehlnähten, c) mit umlaufender Kehlnaht

In DIN 18 203 T2 sind die Grenzabmaße der Toleranzen im Hochbau für vorgefertigte Teile aus Stahl (z. B. Stützen, Träger, Binder) angegeben (Tab. 4.9). Die Tabelle gilt für Längen, Breiten, Höhen und Diagonalen sowie Querschnittsmaße.

Tab. 4.9 Grenzabmaße in mm für vorgefertigte Stahlteile im Hochbau nach DIN 18 203 T2

Nennmaßbereich in mm					
bis 2000	über 2000 bis 4000	über 4000 bis 8000	über 8000 bis 12000	über 12000 bis 16000	über 16000
±1	±2	±3	±4	±5	±6

Die **Bemessung der Bauteile und Verbindungen** hat im Stahlbau nach DIN 18 800, im Kranbau nach DIN 15 018 zu erfolgen. In der Grundnorm DIN 18 800, Ausgabe 11.90, wurden gegenüber der Ausgabe 03.81 neue Berechnungsverfahren nach der Elastizitäts- und der Plastizitätstheorie eingeführt und international vereinbarte Sicherheitsanforderungen berücksichtigt. Von der bisher üblichen und in den meisten Fachnormen noch angewendeten Methode des Vergleichs der vorhandenen mit der zulässigen Spannung beim Spannungsnachweis ist man abgegangen. Bis zum Erscheinen einer europäischen Norm für den Stahlbau gilt auch DIN 18 800 T1/03.81 weiterhin. Danach muß für Bauteile und für tragende Schweißnähte ein **Allgemeiner Spannungsnachweis** erbracht werden. Die Spannungen in den Bauteilen sind nach den bekannten Formeln der Festigkeitslehre zu errechnen. Wenn an einem hochbeanspruchten Punkt eines Biegeträgers eine Normal- und eine Tangentialspannung (Zug oder Druck und eine Schubspannung) auftreten, so ist die Vergleichsspannung wie folgt zu überprüfen:

$$\textit{Vergleichsspannung } \sigma_v = \sqrt{\sigma^2 + 3\,\tau^2} \leq 1{,}1\,\sigma_{zul} \qquad (4.15)$$

σ in N/mm^2 Normalspannung an einem Punkt des Trägers,
τ in N/mm^2 Schubspannung an demselben Punkt des Trägers.

Diese Gleichung gilt als erfüllt, wenn die einzelnen Spannungsanteile $\sigma \leq 0{,}5\,\sigma_{zul}$ oder $\tau \leq 0{,}5\,\tau_{zul}$ betragen. Anstelle von τ darf in Gl. 4.15 die mittlere Schubspannung τ_m eingesetzt werden.

Bei **Kehlnähten oder HY-Nähten** (K-Stegnähten) ist anstelle einer Vergleichsspannung mit einem **Vergleichswert** zu rechnen. Dieser ist theoretisch nicht begründet und daher nicht als Vergleichsspannung, d. h. nicht als äquivalente Normalspannung aufzufassen.

$$\textit{Vergleichswert } \sigma_{wv} = \sqrt{\sigma_w^2 + \tau_w^2} \leq \sigma_{w\,zul} \qquad (4.16)$$

σ_w in N/mm^2 Normalspannung an einem Punkt der Kehlnaht,
τ_w in N/mm^2 Schubspannung an demselben Punkt der Kehlnaht.

Für die Ausführung **tragender Stumpfnähte** schreibt DIN 18 800 vor:
1. Einwandfreies Durchschweißen der Wurzeln. Damit eine einwandfreie Schweißverbindung sichergestellt ist, soll die Wurzellage in der Regel ausgearbeitet und gegengeschweißt werden. Beim Schweißen nur von einer Seite muß mit geeigneten Mitteln einwandfreies Durchschweißen erreicht sein.
2. Bezüglich der Maßhaltigkeit von Schweißnähten sind zulässig: Überschreitungen bis zu 25% der Nahtdicke für alle Nahtarten, stellenweise Unterschreitung der Nahtdicke von 5%, sofern die geforderte durchschnittliche Nahtdicke erreicht wird.
3. Kraterfreies Ausführen der Nahtenden mit Auslaufblechen oder anderen geeigneten Maßnahmen.
4. Flache Übergänge zwischen Naht und Blech ohne schädigende Einbrandkerben.
5. Freiheit von Rissen, Binde- und Wurzelfehlern sowie Einschlüssen.

Für die **Ausführung tragender Kehlnähte,** DHY-Nähte und HY-Nähte sowie entsprechender Nähte wird vorgeschrieben:
1. Genügender Einbrand. Bei Kehlnähten ist durch konstruktive oder fertigungstechnische Maßnahmen sicherzustellen, daß die notwendige Nahtdicke erreicht wird. Hierbei ist anzustreben, daß der theoretische Wurzelpunkt erfaßt wird.

2. Bezüglich der Maßhaltigkeit von Schweißnähten sind zulässig: Überschreitungen bis zu 25% der Nahtdicke für alle Nahtarten, stellenweise Unterschreitung von 10%, sofern die geforderte durchschnittliche Nahtdicke erreicht wird.
3. Weitgehende Freiheit von Kratern und Kerben.
4. Freiheit von Rissen. Sichtprüfung ist im allgemeinen ausreichend.

Die vorstehende Nahtausführung als **Normalgüte** entspricht etwa der Bewertungsgruppe C (s. Abschn. 4.3 Seite 47). Bei höheren Anforderungen ist die Nahtgüte nachzuweisen z. B. mittels Durchschallung oder Durchstrahlung. Die **Sondergüte** im Kranbau entspricht etwa der Bewertungsgruppe B.

Für den allgemeinen Spannungsnachweis gelten die zulässigen Spannungen nach den Tabn. A 4.10 und A 4.11. Nach DIN 18801 brauchen **nicht berechnet** zu werden:
1. Stumpfnähte in Stößen von Stegblechen.
2. Halsnähte in Biegeträgern, die als DHV-, HV-, DHY- oder HY-Nähte ausgeführt sind.
3. Die unter 1. und 2. genannten Nähte in anderen Trägern, wenn sie auf Druck beansprucht werden oder wenn sie auf Zug beansprucht werden und ihre Nahtgüte nachgewiesen ist. Dies gilt auch für Dreiblechnähte.

Müssen **Stumpfstöße in Formstählen** ausnahmsweise ausgeführt werden, so sind in den Schweißnähten bei Beanspruchung durch Zug oder Biegezug bei den Stählen St 37-2 und USt 37-2 mit Werkstückdicken $\geq$ 16 mm die halben Werte der zulässigen Spannungen nach Tab. A 4.11 einzuhalten, in allen anderen Fällen die Werte der Tab. A 4.11.

Stahlhochbauten, Krantragwerke und Kranbahnen werden beim Allgemeinen Spannungsnachweis für folgende **Lastfälle** (Lastkombinationen) berechnet:
Lastfall H als Summe der Hauptlasten. Zu den **Hauptlasten** gehören z. B.: die ständige Last als Summe der unveränderlichen Lasten (Eigengewicht, Auffüllungen, Fußbodenbeläge u. dgl.), die Verkehrslast als veränderliche, bewegliche Belastung des Tragwerks (Personen, Einrichtungsgegenstände, Lagerstoffe, Hublasten u. dgl.), die Schneelast (im Kranbau Zusatzlast) und Massenkräfte aus Antrieben und Aufprall von Schüttgut sowie Fliehkräfte.
Lastfall HZ als Summe der Haupt- und Zusatzlasten. Zu den **Zusatzlasten** gehören z. B.: Windlasten, Kräfte aus Bremsen und Schräglauf (bei Kranen), Lasten auf Laufstegen, Treppen und Podesten und Wärmewirkungen (betriebliche und atmosphärische).
Lastfall HS als Summe der Haupt- und Sonderlasten. **Sonderlasten** sind z. B.: die Einwirkungen aus möglichen Baugrundbewegungen, die Kippkraft bei Laufkatzen mit Hublastführung, Pufferkräfte und Prüflasten. Für den Lastfall HS sind im Kranbau die 1,1fachen Spannungen des Lastfalles HZ, im Stahlhochbau die 1,3fachen des Lastfalls H zulässig.

Die **Lastannahmen** für Stahlhochbauten sind nach DIN 18801, für Krantragwerke nach DIN 15018 und für Kranbahnen nach DIN 4132 vorzunehmen.

Für die Bemessung der Bauteile und Schweißnähte ist der Lastfall maßgebend, der die größeren Querschnitte erfordert. Wird ein Bauteil außer durch sein Eigengewicht nur durch Zusatzlasten beansprucht, so ist die größte von ihnen zu den Hauptlasten zu rechnen. Wie aus den Tabn. A 4.10 und A 4.11 hervorgeht, sind die zulässigen Spannungen für den Lastfall HZ größer als für den Lastfall H, weil das gleichzeitige Zusammentreffen aller überhaupt möglichen Lasten wenig wahrscheinlich ist. Bei ausmittig angeschlossenen Winkelstäben (einteiligen Winkelstäben) sind wegen der zusätzlichen Biegebeanspruchung nur die 0,8fachen Werte der Spannungen nach Tab. A 4.10 zulässig.

Falls für einen **biegesteifen Trägeranschluß** (Bild 4.33) nicht nach der in 4.5 unter 7. aufgeführten Regel gerechnet wird (Aufnahme des größten Biegemoments durch die Flanschnähte, der größten Querkraft durch die Stegnähte, der Längskraft durch alle Nähte), so ist der **Vergleichswert** nachzuweisen, und zwar:
1. mit der größten Normalspannung σ_w und der zugehörigen Schubspannung τ_w,
2. mit der größten Schubspannung τ_w und der zugehörigen Normalspannung σ_w.

Die unterschiedlichen Spannungen ergeben sich beispielsweise aus den verschiedenen Stellungen der Verkehrslast auf dem Träger.

Druckstäbe unterliegen der Gefahr des Ausknickens. Für diese muß der Stabilitätsnachweis mit dem Omega-Verfahren nach DIN 4114 erbracht werden. Obwohl diese Norm durch DIN 18 800 T2 u. T3 ersetzt wurde, gilt sie weiterhin bis einschlägige EN-Normen erscheinen. Für Druckstäbe mit gleichbleibendem Querschnitt gilt:

$$\text{\textit{Druckspannung }} \boldsymbol{\sigma} \leqq \sigma_{zul}/\omega \tag{4.17}$$

σ in N/mm² Druckspannung im Stab = F/S mit S als Stabquerschnitt,
σ_{zul} in N/mm² zulässige Druckspannung nach Tab. A 4.10 (Zeile für den Stabilitätsnachweis),
ω Knickzahl nach Tab. 4.12.

In der Tab. 4.12 ist die Knickzahl in Abhängigkeit vom Schlankheitsgrad $\lambda = l_K/i$ mit l_K als Knicklänge des Stabes, die gleich der Länge der Netzlinie im Tragwerk gesetzt wird (siehe n in Bild 4.40) und $i = \sqrt{I_{min}/S}$ als kleinstem Bezugsradius (bisher Trägheitsradius genannt) zum Flächenmoment 2. Grades des Stabquerschnittes S, I_{min} ist das kleinstmögliche Flächenmoment 2. Grades. Für Stäbe mit $\lambda < 20$ entfällt die Knickuntersuchung.

Außer auf Knicken können auch Stabilitätsnachweise auf Kippen und Beulen notwendig werden (siehe DIN 4114 bzw. DIN 18 800 T2, T3 u. T4).

Es ist besonders sorgfältig zu untersuchen, ob in Stahltragwerken oder deren Teilen instabile Gleichgewichtszustände auftreten können. Die Stabilität eines Stahltragwerkes muß nicht nur im fertigen Zustand, sondern auch in jedem Bau- und Umbauzustand gesichert sein.

In den Tabn. A 4.13 bis A 4.20 sind die Abmessungen und die für die Berechnungen erforderlichen Daten von Profilstählen und Rohren zusammengestellt. Warmgewalzte Flachstähle sind mit DIN 1017 und 59 200 genormt, Bleche mit DIN EN 10029.

Beispiel 4.4

Bild 4.48 zeigt den Knoten in einem Fachwerkträger des Stahlbaus. An den Obergurt OG sind ein Vertikalstab V und ein Diagonalstab D angeschweißt. Es wurde festgestellt, daß mit dem Lastfall HZ zu rechnen ist. Sind
1. die Spannungen in Bauteil und Schweißnähten des Stabes D bei $F_D = 135$ kN zulässig?
2. die Spannungen in Bauteil und Schweißnähten des Stabes V bei $F_V = 165$ kN zulässig?

Lösung:
1. Diagonalstab D
Nach Tab. A 4.14 beträgt der Stabquerschnitt, da der Stab aus zwei Winkelstählen besteht, $S = 2 \cdot 4{,}29$ cm² = 8,58 cm². Die zulässige Spannung ist der Tab. A 4.10 zu entnehmen. Die Zugspannung beträgt

$$\sigma = \frac{F_D}{S} = \frac{135\,000 \text{ N}}{858 \text{ mm}^2} = 157 \text{ N/mm}^2$$
$$< \sigma_{zul} = 180 \text{ N/mm}^2.$$

Die Schweißnahtfläche beträgt

$$A_w = 2\,a(l_1 + l_2) = 2 \cdot 3 \text{ mm } (130 + 70) \text{ mm}$$
$$= 1200 \text{ mm}^2.$$

Mit Gl. 4.2 und der zulässigen Schubspannung nach Tab. A 4.11 ergibt sich

$$\tau_w = \frac{F_D}{A_w} = \frac{135\,000 \text{ N}}{1200 \text{ mm}^2} = 112{,}5 \text{ N/mm}^2$$
$$< \tau_{w\,zul} = 150 \text{ N/mm}^2.$$

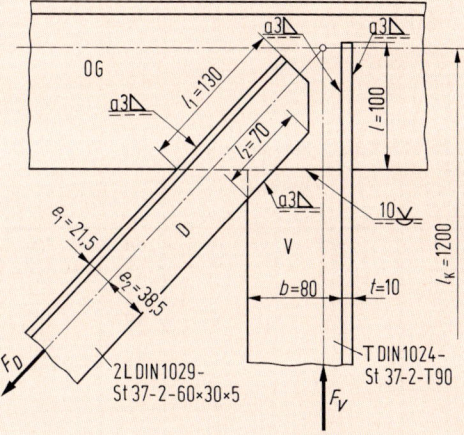

Bild 4.48 Knoten eines Stahltragwerks

Es empfiehlt sich, die Nähte etwas kürzer auszuführen, um die zulässige Schubspannung zu erreichen. Somit:

$$l_1 + l_2 = \frac{F_D}{2\,a \cdot \tau_{w\,zul}} = \frac{135\,000\ \text{N}}{2 \cdot 3\ \text{mm} \cdot 150\ \text{N/mm}^2} = 150\ \text{mm}.$$

Bringt man die Schwerachse des Schweißanschlusses mit der des Stabes zur Deckung, so muß $l_1 \cdot e_1 = l_2 \cdot e_2$ sein (siehe unter 7. Bauregel Seite 68) oder mit $l_1/l_2 = e_2/e_1 = 38{,}5/21{,}5 \approx 1{,}8$

$$l_2 = \frac{l_1 + l_2}{1 + e_2/e_1} = \frac{150\ \text{mm}}{1 + 1{,}8} \approx 54\ \text{mm}, \quad l_1 = 150\ \text{mm} - 54\ \text{mm} = 96\ \text{mm}.$$

Die Mindestlänge von $l = 15\,a = 15 \cdot 3\ \text{mm} = 45\ \text{mm}$ (siehe 10. Bauregel Seite 68) wird nicht unterschritten.

2. Vertikalstab V

Da es sich um einen Druckstab handelt, muß er auf Knickung berechnet werden. Nach Tab. A 4.15 betragen $S = 17{,}1\ \text{cm}^2$ und $I_{\min} = I_y = 58{,}5\ \text{cm}^4$. Damit werden:

$$\text{Bezugsradius } i = \sqrt{\frac{I_{\min}}{S}} = \sqrt{\frac{58{,}5\ \text{cm}^4}{17{,}1\ \text{cm}^2}} = 1{,}85\ \text{cm}, \quad \text{Schlankheitsgrad } \lambda = \frac{l_K}{i} = \frac{120\ \text{cm}}{1{,}85\ \text{cm}} \approx 65.$$

Aus Tab. 4.12 folgt die Knickzahl $\omega = 1{,}35$. Tab. A 4.10 gibt $\sigma_{zul} = 160\ \text{N/mm}^2$ an. Somit wird

$$\sigma = \frac{F_V}{S} = \frac{165\,000\ \text{N}}{17{,}1\ \text{cm}^2} = 9649\ \text{N/cm}^2 \approx 96{,}5\ \text{N/mm}^2$$

$$\frac{\sigma_{zul}}{\omega} = \frac{160\ \text{N/mm}^2}{1{,}35} \approx 119\ \text{N/mm}^2 > 96{,}5\ \text{N/mm}^2 \text{ gemäß Gl. 4.17.}$$

Die Flächen von Stumpf- und Kehlnähten werden addiert:

$$A_w = A_{wS} + A_{wK} = a_S \cdot b + 4a_K \cdot l =$$
$$= 10\ \text{mm} \cdot 80\ \text{mm} + 4 \cdot 3\ \text{mm} \cdot 100\ \text{mm} = (800 + 1200)\ \text{mm}^2 = 2000\ \text{mm}^2.$$

Nach Gl. 4.2 ist dann

$$\tau_w = \frac{F_V}{A_w} = \frac{165\,000\ \text{N}}{2000\ \text{mm}^2} = 82{,}5\ \text{N/mm}^2.$$

Tab. A 4.11 gibt $\tau_{w\,zul} = 150\ \text{N/mm}^2$ an. Da diese bei weitem nicht erreicht wird, ist auch hier eine Kürzung der Kehlnähte zu empfehlen. Es muß dann werden:

$$A_w = \frac{F_V}{\tau_{w\,zul}} = \frac{165\,000\ \text{N}}{150\ \text{N/mm}^2} = 1100\ \text{mm}^2.$$

Zieht man hiervon $A_{wS} = 800\ \text{mm}^2$ ab, so bleiben $A_{wK} = 300\ \text{mm}^2$ übrig. Damit würden Kehlnähte von $l = A_{wK}/4a_K = 300\ \text{mm}^2/(4 \cdot 3\ \text{mm}) = 25\ \text{mm}$ genügen. Da diese nicht kürzer als $l = 15\,a$ sein dürfen (siehe 10. Bauregel Seite 68), kann $l = 15 \cdot 3\ \text{mm} = 45\ \text{mm}$ ausgeführt werden.

Tab. 4.12 Knickzahlen ω nach DIN 4114 (Auszug für Druckstäbe, außer Rundrohre)

λ	Werkstoff St 33, St 37	Werkstoff St 52	λ	Werkstoff St 33, St 37	Werkstoff St 52	λ	Werkstoff St 33, St 37	Werkstoff St 52
20	1,04	1,06	100	1,90	2,53	180	5,47	8,21
25	1,06	1,08	105	2,00	2,79	185	5,78	8,67
30	1,08	1,11	110	2,11	3,06	190	6,10	9,14
35	1,11	1,15	115	2,23	3,35	195	6,42	9,63
40	1,14	1,19	120	2,43	3,65			
45	1,17	1,23	125	2,64	3,96	200	6,75	10,13
			130	2,85	4,28	205	7,10	10,65
50	1,21	1,28	135	3,08	4,62	210	7,45	11,17
55	1,25	1,35	140	3,31	4,96	215	7,81	11,71
60	1,30	1,41	145	3,55	5,33	220	8,17	12,26
65	1,35	1,49				225	8,55	12,82
70	1,41	1,58	150	3,80	5,70	230	8,93	13,40
75	1,48	1,68	155	4,06	6,09	235	9,33	13,99
80	1,55	1,79	160	4,32	6,48	240	9,73	14,59
85	1,62	1,91	165	4,60	6,90	245	10,14	15,20
90	1,71	2,05	170	4,88	7,32			
95	1,80	2,29	175	5,17	7,76	250	10,55	15,83

Beispiel 4.5

In einem Stahltragwerk soll ein biegesteifer Anschluß nach Bild 4.49 ausgeführt werden. Beim maßgebenden Lastfall H ergaben sich für die ungünstigsten Stellungen der Verkehrslast:

$M_{wb} = 8,9 \cdot 10^6$ Ncm, $F_q = 32$ kN, $F_l = 145$ kN, $M_{wb} = 1,4 \cdot 10^6$ Ncm, $F_q = 175$ kN, $F_l = 145$ kN.

Sind Bauteil und Schweißnähte ausreichend bemessen?

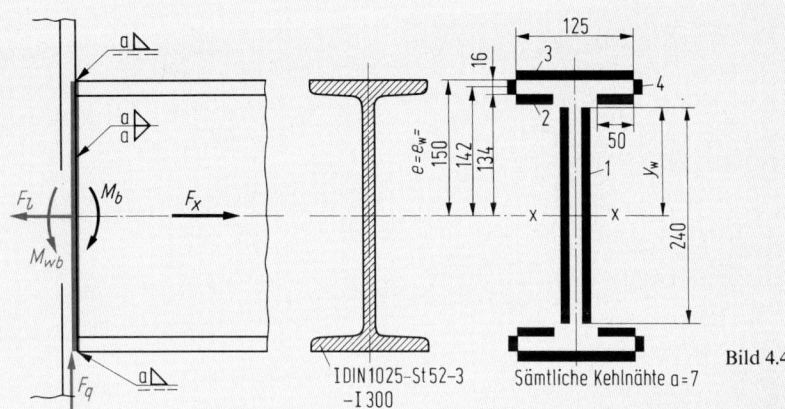

I DIN 1025-St 52-3
-I 300

Sämtliche Kehlnähte a = 7

Bild 4.49 Biegesteifer Trägeranschluß

Lösung:

1. Beanspruchung des Bauteils
   Für das Bauteil sind das größte Biegemoment und die Längskraft F_l maßgebend. Nach der Tab. A 4.17 betragen $S = 69$ cm^2 und $I_x = 9800$ cm^4. Zulässige Spannung $\sigma_{zul} = 240$ N/mm^2 nach Tab. A 4.10.

$$\sigma_b = \frac{M_b}{I_x}\, e = \frac{8,9 \cdot 10^6 \text{ Ncm}}{9,8 \cdot 10^3 \text{ cm}^4}\, 15 \text{ cm} = 13\,622 \text{ N/cm}^2 = 136,2 \text{ N/mm}^2,$$

$$\sigma_z = \frac{F_l}{S} = \frac{145\,000 \text{ N}}{6900 \text{ mm}^2} \approx 21 \text{ N/mm}^2,$$

$$\sigma_r = \sigma_b + \sigma_z = (136,2 + 21) \text{ N/mm}^2 = 157,2 \text{ N/mm}^2 < \sigma_{zul}.$$

2. Beanspruchung der Flanschnähte, wenn diese allein das Biegemoment aufnehmen
   Es wird zunächst untersucht, ob die Flanschnähte allein das größte Biegemoment aufnehmen können (siehe unter 7. im Abschnitt 4.5, Seite 58). Zul. Biegespannung nach Tab. A 4.11.
   Flächenmoment 2. Grades der Flanschnähte:

$$I_{wF} = a(4l_2 \cdot y_2^2 + 2l_3 \cdot y_3^2 + 4l_4 \cdot y_4^2) = 0,7 \text{ cm } (4 \cdot 5 \cdot 13,4^2 + 2 \cdot 12,5 \cdot 15^2 + 4 \cdot 1,6 \cdot 14,2^2) \text{ cm}^3$$
$$= 0,7 \text{ cm } (3591,2 + 5625 + 1290,5) \text{ cm}^3 \approx 7355 \text{ cm}^4.$$

Biegespannung in den äußeren Flanschnähten nach Gl. 4.3:

$$\sigma_{wb} = \frac{M_{wb}}{I_{wF}}\, e_w = \frac{8,9 \cdot 10^6 \text{ Ncm}}{7,355 \cdot 10^3 \text{ cm}^4}\, 15 \text{ cm} = 18\,151 \text{ N/cm}^2 = 181,5 \text{ N/mm}^2 > \sigma_{wb\,zul} = 170 \text{ N/mm}^2.$$

Somit sind die Flanschnähte allein nicht in der Lage, das Biegemoment aufzunehmen. Deshalb muß mit dem Vergleichswert nach Gl. 4.16 gerechnet werden.

3. Größte Beanspruchung der äußeren Flanschnähte
   Das gesamte Flächenmoment 2. Grades beträgt

$$I_w = I_{wF} + 2a \cdot l_1^3/12 = 7355 \text{ cm}^4 + \frac{2 \cdot 0,7 \text{ cm } (24 \text{ cm})^3}{12} = 8968 \text{ cm}^4,$$

und die gesamte Nahtfläche:

$$A_w = a(2\,l_1 + 4\,l_2 + 2\,l_3 + 4\,l_4) = 0,7 \text{ cm } (2 \cdot 24 + 4 \cdot 5 + 2 \cdot 12,5 + 4 \cdot 1,6) \text{ cm} = 69,58 \text{ cm}^2.$$

Mit den Gln. 4.3, 4.1, 4.4 und $\sigma_{w\,zul} = 170$ N/mm^2 ergibt sich für die äußere Flanschnaht:

$$\sigma_{wb} = \frac{M_{wb}}{I_w} \, e_w = \frac{8,9 \cdot 10^6 \text{ Ncm}}{8,968 \cdot 10^3 \text{ cm}^4} \, 15 \text{ cm} = 14886 \text{ N/cm}^2 = 148,9 \text{ N/mm}^2,$$

$$\sigma_w = \frac{F_l}{A_w} = \frac{145\,000 \text{ N}}{6958 \text{ mm}^2} = 20,8 \text{ N/mm}^2,$$

$$\sigma_{wr} = \sigma_{wb} + \sigma_w = (148,9 + 20,8) \text{ N/mm}^2 = 169,7 \text{ N/mm}^2 \approx \sigma_{w\,zul}.$$

4. Vergleichswert beim größten Biegemoment am äußersten Stegnahtpunkt
Mit den Gln. 4.3, 4.4, 4.2, 4.16 und $\sigma_{w\,zul} = 170$ N/mm^2 werden:

$$\sigma_{wb} = \frac{M_{wb}}{I_w} \, y_w = \frac{8,9 \cdot 10^6 \text{ Ncm}}{8,968 \cdot 10^3 \text{ cm}^4} \, 12 \text{ cm} = 11909 \text{ N/cm}^2 \approx 119,1 \text{ N/mm}^2, \; \sigma_w = 20,8 \text{ N/mm}^2 \text{ (wie zuvor)},$$

$$\sigma_{wr} = \sigma_{wb} + \sigma_w = (119,1 + 20,8) \text{ N/mm}^2 = 139,9 \text{ N/mm}^2,$$

$$\tau_w = \frac{F_q}{A_{w1}} = \frac{32\,000 \text{ N}}{2 \cdot 7 \text{ mm} \cdot 240 \text{ mm}} = \frac{32\,000 \text{ N}}{3360 \text{ mm}^2} = 9,5 \text{ N/mm}^2,$$

$$\sigma_{wv} = \sqrt{\sigma_{wr}^2 + \tau_w^2} = \sqrt{139,9^2 + 9,5^2} \text{ N/mm}^2 = 140,2 \text{ N/mm}^2 < \sigma_{wv\,zul} = 170 \text{ N/mm}^2$$

5. Vergleichswert bei der größten Querkraft am äußersten Stegnahtpunkt
Wie unter 4. wird entsprechend:

$$\sigma_{wb} = \frac{M_{wb}}{I_w} \, y_w = \frac{1,4 \cdot 10^6 \text{ Ncm}}{8,968 \cdot 10^3 \text{ cm}^4} \, 12 \text{ cm} = 1873 \text{ N/cm}^2 = 18,7 \text{ N/mm}^2, \quad \sigma_w = 20,8 \text{ N/mm}^2 \text{ (wie zuvor)},$$

$$\sigma_{wr} = \sigma_{wb} + \sigma_w = (18,7 + 20,8) \text{ N/mm}^2 = 39,5 \text{ N/mm}^2, \quad \tau_w = \frac{F_q}{A_{w1}} = \frac{175\,000 \text{ N}}{3360 \text{ mm}^2} = 52 \text{ N/mm}^2,$$

$$\sigma_{wv} = \sqrt{\sigma_{wr}^2 + \tau_w^2} = \sqrt{39,5^2 + 52^2} \text{ N/mm}^2 = 65,3 \text{ N/mm}^2 < \sigma_{wv\,zul} = 170 \text{ N/mm}^2.$$

Schlußbetrachtung
Lediglich beim größten Biegemoment erreicht die resultierende Normalspannung in der äußeren Flanschnaht fast die zulässige Spannung. Der Schweißanschluß genügt rechnerisch allen Anforderungen.

Für Tragwerke, die nicht überwiegend ruhend beansprucht werden, wie Krantragwerke, ist auch noch ein **Betriebsfestigkeitsnachweis** zu erbringen. Die zulässigen Spannungen richten sich dann nach den Beanspruchungsgruppen der Krane (Hubklasse, Häufigkeit der Höchstlast, Dauer der Benutzung), nach dem Verhältnis der kleinsten zur größten auftretenden Spannung (dem Grenzspannungsverhältnis) in einem Schweißanschluß und nach der Gefährlichkeit von Kerben in Schweißanschlüssen. Hierbei werden folgende Kerbfälle unterschieden: K0 geringe, K1 mäßige, K2 mittlere, K3 starke und K4 besonders starke Kerbwirkung. Auf diese Berechnungen kann hier wegen ihres großen Umfangs nicht eingegangen werden.

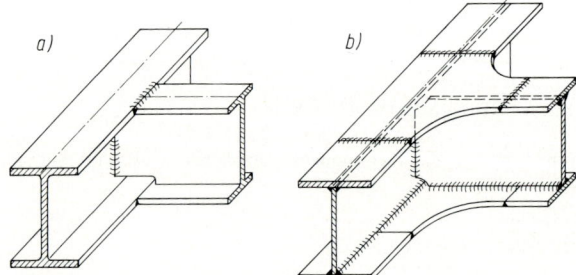

Bild 4.50
Trägeranschluß
a) für statische Beanspruchung
b) für dynamische Beanspruchung

In Bild 4.50 ist dargestellt, auf welche Weise bei schwingender Beanspruchung der Kraftfluß in einem Stahltragwerk besser (sanfter) umgelenkt und damit die Betriebsfestigkeit erhöht werden kann.

4.8 Schweißverbindungen im Stahlbau mit Hohlprofilen

Wegen ihres geringen Gewichts sind Stahlkonstruktionen mit Hohlprofilen als **Leichtbau** von besonderer Bedeutung. Hohlpofilstäbe haben einen geschlossenen kreisförmigen, rechteckigen oder quadratischen Hohlquerschnitt, bei dem die Wanddicke rundum konstant ist, wie nach Bild 4.51: Nahtlose Stahlrohre DIN 2448 nach Tab. A 4.19 und geschweißte Stahlrohre DIN 2458 nach Tab. A 4.20, quadratische und rechteckige Hohlprofile DIN 59 410 warmgefertigt und DIN 59 411 kaltgefertigt und geschweißt. Als Werkstoffe kommen St 37-2, St 37-3 und St 52-3 DIN 17 100 in Betracht. Fachwerke aus Hohlprofilen dienen meistens für überwiegend ruhende Beanspruchung, aber auch für Krane (Bild 4.53) und Kranbahnen in Leichtbauweise.

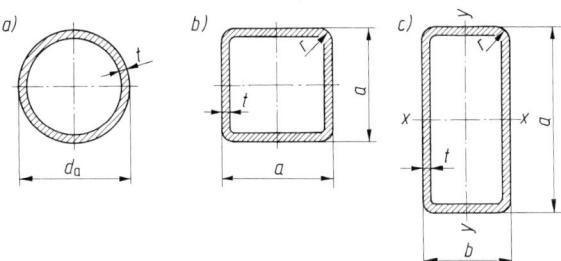

Bild 4.51 Hohlprofile
a) Rundrohr DIN 2448 und 2458,
b) Quadratrohr und
c) Rechteckrohr DIN 59 410 und 59 411

Bild 4.52 zeigt verschiedene rechtwinklige Stabanschlüsse. Die Kraft soll auf einem möglichst weiten Bereich des Rohrumfangs eingeleitet werden, um örtlich hohe Spannungen zu vermeiden. Bei Stabanschlüssen wird durch Aufweiten des Rohrendes nach Bild 4.52c gegenüber den Anschlüssen nach Bild 4.52 a und b ein besserer Übergang geschaffen. Es läßt sich aber nur an dünnwandigen Rohren ausführen. Besser ist die Verbindung nach Bild 4.52 d, jedoch teurer. Billiger sind u-förmig gebogene Sattelbleche nach Bild 4.52 e, die die Rohre weit umspannen. Ungün-

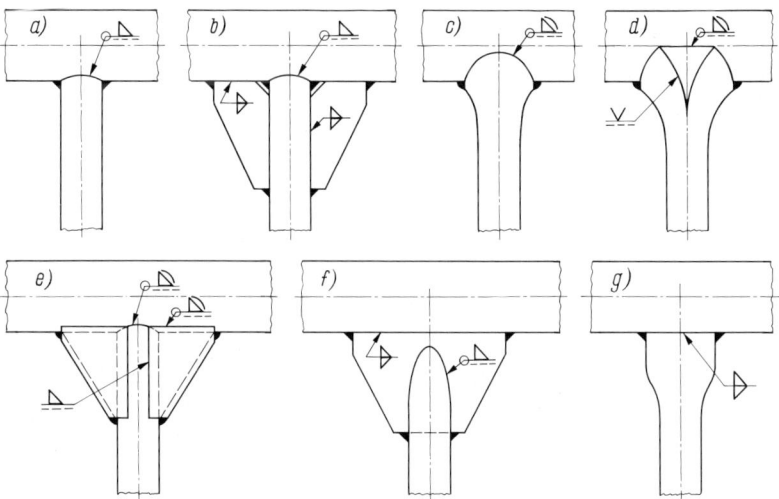

Bild 4.52 Geschweißte Rohrstabanschlüsse
a) ohne Versteifungen, b) mit Eckblechen, c) mit aufgeweitetem Rohrende, d) mit gespaltenem Rohrende und Füllblechen, e) mit Sattelblechen, f) mit gekümpeltem und geschlitztem Rohrende, g) mit flachgedrücktem Rohrende

stig ist der einer Nietverbindung nachgestaltete Anschluß nach Bild 4.52 f, der zudem noch ein Zukümpeln und Schlitzen des Rohrendes erfordert. Für untergeordnete Zwecke ist der Anschluß nach Bild 4.52 g vorteilhaft. Das Rohr wird am Ende flachgedrückt, gerade geschnitten und angeschweißt.

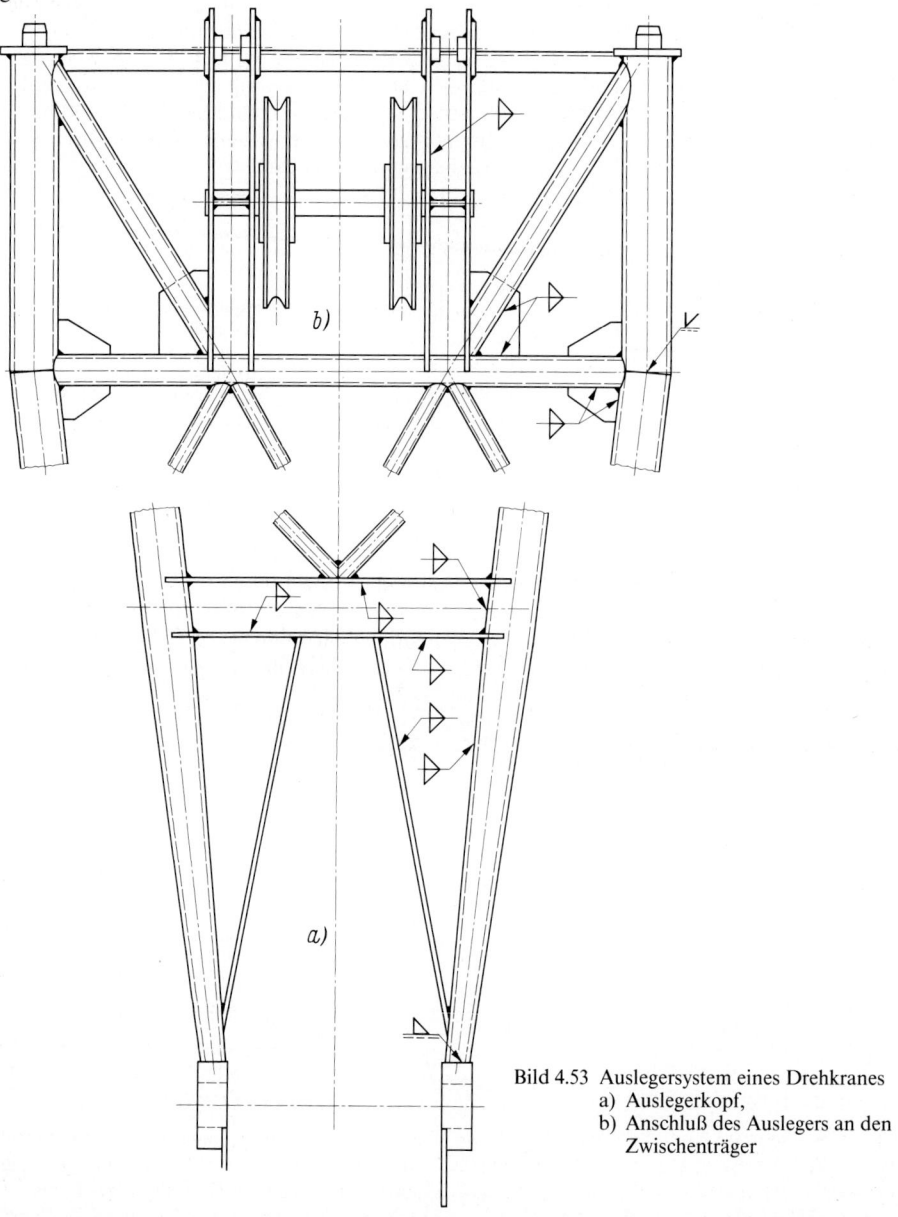

Bild 4.53 Auslegersystem eines Drehkranes
  a) Auslegerkopf,
  b) Anschluß des Auslegers an den
        Zwischenträger

Mit DIN 18808 sind Ausführung und Berechnung von **Tragwerken aus Hohlprofilen** genormt. Bild 4.54 zeigt verschiedene unversteifte Rohrknoten, Bild 4.55 versteifte Knoten aus quadratischen Hohlprofilen. In Bild 4.56 sind Rohreckstöße, in Bild 4.57 Eckstöße mit rechteckigen Hohlprofilen dargestellt.

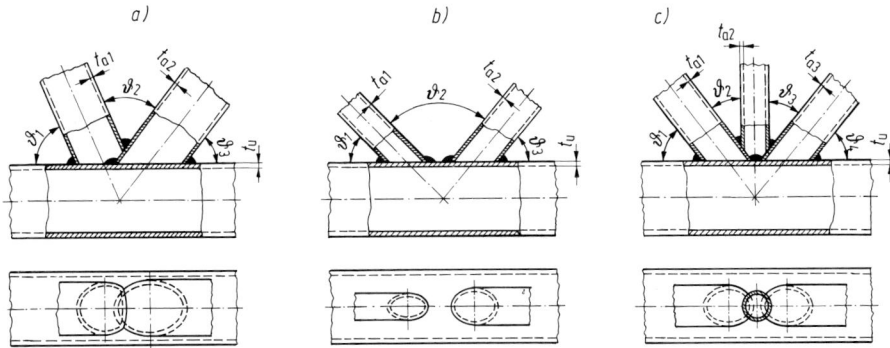

Bild 4.54 Unversteifte Rohrknoten nach DIN 18808
a) überlappte, b) mit Spalt, c) mit Vertikalstab überlappt

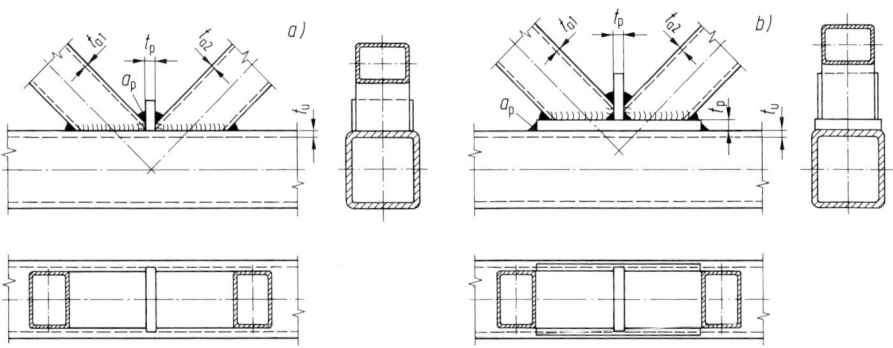

Bild 4.55 Versteifte Knoten aus quadratischem Hohlprofil nach DIN 18808
a) mit Zwischenblech, b) mit Zwischen- und Unterlegblech

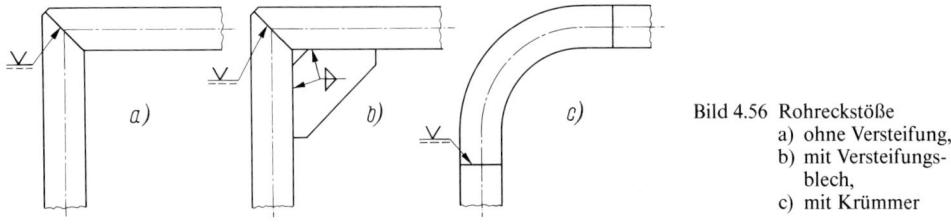

Bild 4.56 Rohreckstöße
a) ohne Versteifung,
b) mit Versteifungs-
blech,
c) mit Krümmer

Die **Profilquerschnitte** sind nach den Regeln des Allgemeinen Spannungsnachweises zu bemessen (s. Abschnitt 4.7 Seite 69), und zwar die **Gurtstäbe** mit den zulässigen Bauteilspannungen nach Tab. A 4.10, die **Füllstäbe** (Stäbe zwischen den Gurtstäben) mit den für Kehlnähte geltenden zulässigen Spannungen nach Tab. A 4.11. Hierzu führt DIN 18808 aus: Die Spannungen für die Füllstäbe wurden auf die zulässigen Schweißnahtspannungen für Kehlnähte begrenzt. Da die Schweißnahtfläche mindestens der Querschnittsfläche des Hohlprofils entsprechen muß und die zulässigen Schweißnahtspannungen einzuhalten sind, kann auf den Nachweis für die Schweißnähte verzichtet werden.

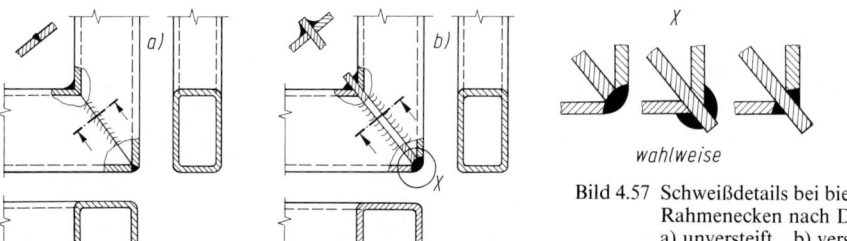

wahlweise

Bild 4.57 Schweißdetails bei biegesteifen
Rahmenecken nach DIN 18 808
a) unversteift, b) versteift

Da im Stahlbau mit Hohlprofilen für die verschiedenen Anschlußfälle bestimmte Verhältnisse zu beachten sind, die wegen ihrer Vielfalt hier nicht behandelt werden können, wie z. B. das Verhältnis der Wanddicken t_u/t_a (um eine ausreichende Tragfähigkeit zu gewährleisten), sind hier lediglich die Wanddicken der Stäbe auf Zug- bzw. Druckbeanspruchung sowie Druckstäbe auf Knickung zu berechnen.

Rechnerische Schweißnahtnachweise (Zulässigkeit der Schweißnahtspannungen) **brauchen außerdem nicht geführt zu werden,** wenn

1. bei aufgesetzten Hohlprofilen mit Wanddicken $t_a \leqq 3$ mm die Schweißnahtdicke mindestens gleich der Wanddicke des aufgesetzten Profiles ist. Bei aufgesetzten Profilen mit Wanddicken $t_a > 3$ mm muß die Schweißnahtdicke mindestens gleich der reduzierten Wanddicke des aufgesetzten Profiles sein, mindestens jedoch $a = 3$ mm. Die reduzierte Wanddicke t_{red} ergibt sich, wenn die Wanddicke gleich der erforderlichen angenommen wird, da die vorhandene Wanddicke meistens größer als die nach den zulässigen Spannungen erforderliche ist.

2. die Schweißnähte bei Anschlußwinkeln $\vartheta < 45°$ als HV-Nähte ausgebildet sind (Bild 4.58a). Bei Rundrohranschlüssen lassen sich jedoch keine Stumpfnähte ziehen.

3. Kehlnähte bei kleinen Eckradien (Bild 4.58 b) oder im spitzen Winkel gezogen sind (Bild 4.58 c).

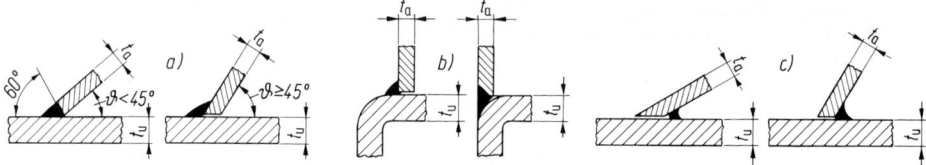

Bild 4.58 Schweißanschlüsse mit Hohlprofilen nach DIN 18 808
a) HV-Naht oder Kehlnaht abhängig vom Stoßwinkel, b) Naht abhängig vom Eckradius, c) Kehlnahtarten abhängig vom Stoßwinkel (Die meisten der hier dargestellten Nähte sind „sonstige Nähte")

Bei **Rahmenecken** (Bild 4.57) sind die Schweißnähte nach DIN 18 800 nachzuweisen. Dabei ist als Schweißnahtfläche die Querschnittsfläche des Hohlprofils einzusetzen. Auf den Nachweis darf verzichtet werden, wenn ein bestimmter Formfaktor eingehalten ist.

Bei **Stumpfstößen** gilt als rechnerische Schweißnahtfläche die Querschnittsfläche des dünneren Profils am Anschluß. Druckbeanspruchte Stumpfnähte brauchen nicht nachgewiesen zu werden, für zugbeanspruchte gelten die zulässigen Spannungen der Tab. A 4.11. Für die **Berechnung auf Knickung** gilt Gl. 4.17 im Abschn. 4.7 S. 71, die Knickzahlen ω für Rundrohre jedoch nach Tab. 4.21, die ersatzweise auch für eckige Hohlprofile angewendet werden können. Zulässige Druckspannungen dazu nach Tab. A 4.10.

Bei schwingender Beanspruchung wie bei Kranen und Kranbahnen ist ein **Betriebsfestigkeitsnachweis** zu erbringen. Hierfür sind DIN 15 018 und 4132 maßgebend.

Tab. 4.21 Knickzahlen ω für einteilige Druckstäbe aus Rundrohren nach DIN 4114

					St 37						
λ	0	1	2	3	4	5	6	7	8	9	λ
20	1,00	1,00	1,00	1,00	1,01	1,01	1,01	1,02	1,02	1,02	20
30	1,03	1,03	1,04	1,04	1,04	1,05	1,05	1,05	1,06	1,06	30
40	1,07	1,07	1,08	1,08	1,09	1,09	1,10	1,10	1,11	1,11	40
50	1,12	1,13	1,13	1,14	1,15	1,15	1,16	1,17	1,17	1,18	50
60	1,19	1,20	1,20	1,21	1,22	1,23	1,24	1,25	1,26	1,27	60
70	1,28	1,29	1,30	1,31	1,32	1,33	1,34	1,35	1,36	1,37	70
80	1,39	1,40	1,41	1,42	1,44	1,46	1,47	1,48	1,50	1,51	80
90	1,53	1,54	1,56	1,58	1,59	1,61	1,63	1,64	1,66	1,68	90
100	1,70	1,73	1,76	1,79	1,83	1,87	1,90	1,94	1,97	2,01	100
110	2,05	2,08	2,12	2,16	2,20	2,23	weiter wie in Tab. 4.12 S. 72				110

					St 52						
λ	0	1	2	3	4	5	6	7	8	9	λ
20	1,02	1,02	1,02	1,03	1,03	1,03	1,04	1,04	1,05	1,05	20
30	1,05	1,06	1,06	1,07	1,07	1,08	1,08	1,09	1,10	1,10	30
40	1,11	1,11	1,12	1,13	1,13	1,14	1,15	1,16	1,16	1,17	40
50	1,18	1,19	1,20	1,21	1,22	1,23	1,24	1,25	1,26	1,27	50
60	1,28	1,30	1,31	1,32	1,33	1,35	1,36	1,38	1,39	1,41	60
70	1,42	1,44	1,46	1,47	1,49	1,51	1,53	1,55	1,57	1,59	70
80	1,62	1,66	1,71	1,75	1,79	1,83	1,88	1,92	1,97	2,01	80
90	2,05	weiter wie in Tab. 4.12 S. 72									90

Beispiel 4.6

Der Endknoten eines Rohrbinders nach Bild 4.59 wird mit $F_O = 15$ kN, $F_D = 18$ kN und $F_V = 24{,}7$ kN beim Lastfall HZ als maßgebendem beansprucht. Sind
1. Rohr und Schweißnaht des Füllstabes D,
2. Rohr und Schweißnaht des Obergurtes O und
3. Rohrstütze V bei $\lambda < 20$ ausreichend bemessen? Die druckbeanspruchte Schweißnaht an der Kopfplatte der Stütze V braucht nicht nachgewiesen zu werden.

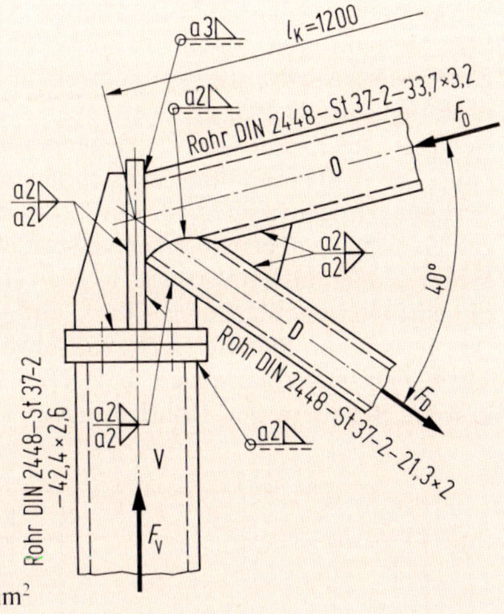

Bild 4.59 Endknoten eines Rohrbinders

Lösung:
1. Rohr und Schweißnaht des Stabes D
Mit $d_a = 21{,}3$ mm und $t = 2$ mm ergibt sich der Rohr-querschnitt zu $S = (d_a - t)\,\pi \cdot t$
$= (21{,}3 - 2)$ mm $\cdot\,\pi \cdot 2$ mm ≈ 121 mm^2. Die zulässige Zugspannung wird der Tab. A 4.11 für Kehlnähte entnommen. Zugspannung

$$\sigma = \frac{F_D}{S} = \frac{18\,000 \text{ N}}{121 \text{ mm}^2} \approx 149 \text{ N/mm}^2 < \sigma_{zul} = 150 \text{ N/mm}^2$$

Da die Kehlnahtdicke gleich der Rohrwanddicke ist, erübrigt sich ein Spannungsnachweis für die Schweiß-naht.

2. Rohr und Schweißnaht des Obergurtes O
Da es sich um einen Druckstab handelt, muß auf Knickbeanspruchung gerechnet werden. Es betragen:

$$S = (d_a - t)\,\pi \cdot t = (33{,}7 - 3{,}2) \text{ mm} \cdot \pi \cdot 3{,}2 \text{ mm} \approx 306 \text{ mm}^2,$$

$$I_{min} = \frac{\pi}{64}\,(d_a^4 - d_i^4) = \frac{\pi}{64}\,(33{,}7^4 - 27{,}3^4) \text{ mm}^4 = 36\,047 \text{ mm}^4,$$

$$i = \sqrt{\frac{I_{\min}}{S}} = \sqrt{\frac{36\,047\;\text{mm}^4}{306\;\text{mm}^2}} = 10{,}85\;\text{mm}, \quad \lambda = \frac{l_K}{i} = \frac{1200}{10{,}85} \approx 111.$$

Daraus folgt $\omega = 2{,}08$ aus Tab. 4.21 Seite 79. Mit $\sigma_{\text{zul}} = 160\;\text{N/mm}^2$ für den Stabilitätsnachweis wird

$$\sigma = \frac{F_O}{S} = \frac{15\,000\;\text{N}}{306\;\text{mm}^2} \approx 49\;\text{N/mm}^2 < \frac{\sigma_{\text{zul}}}{\omega} = \frac{160\;\text{N/mm}^2}{2{,}08} \approx 77\;\text{N/mm}^2.$$

Es wäre somit nur eine Querschnittsfläche

$$S_{\text{red}} = \frac{F_O}{\sigma_{\text{zul}}/\omega} = \frac{15\,000\;\text{N}}{77\;\text{N/mm}^2} \approx 195\;\text{mm}^2$$

erforderlich. Daraus ergibt sich ein Rohrinnendurchmesser

$$d_{i\,\text{red}} = \sqrt{d_a^2 - \frac{4\,S_{\text{red}}}{\pi}} = \sqrt{33{,}7^2 - \frac{4\cdot 195}{\pi}}\;\text{mm} = 29{,}8\;\text{mm}$$

und damit $\; t_{\text{red}} = \dfrac{d_a - d_{i\,\text{red}}}{2} = \dfrac{33{,}7 - 29{,}8}{2}\;\text{mm} \approx 2\;\text{mm}.$

Ausgeführt ist $a > t_{\text{red}}$, jedoch $a_{\min} = 3$ mm eingehalten, also ausreichend.

3. Rohrstütze V
Der Bauteilquerschnitt beträgt $S = (d_a - t)\,\pi \cdot t = (42{,}4 - 2{,}6)\;\text{mm} \cdot \pi \cdot 2{,}6\;\text{mm} = 325\;\text{mm}^2$.
Somit beträgt die Druckspannung

$$\sigma = \frac{F_V}{S} = \frac{24\,700\;\text{N}}{325\;\text{mm}^2} = 76\;\text{N/mm}^2 < \sigma_{\text{zul}} = 180\;\text{N/mm}^2\;\text{aus Tab. A 4.10.}$$

4.9 Schweißverbindungen im Druckbehälter- und Kesselbau

Schweißnähte an Druckbehältern und Kesseln müssen absolut dicht und hochfest sein. Sie erfordern deshalb eine besonders sorgfältige Ausführung. Schweißungen sind nur zulässig, wenn nachgewiesen wird, daß gut schweißbare Werkstoffe verwendet werden und die Nähte rechnerisch den Vorschriften genügen.
Behälter und Kessel sind vorwiegend aus Blechen, Rohren und Guß- oder Schmiedeteilen aufgebaut. Die Aufteilung ihrer Mäntel hängt von den lieferbaren Blechgrößen und den vorhandenen Fertigungsmöglichkeiten ab. Zur Vermeidung von Nahthäufungen sollen die Längsnähte der einzelnen **Schüsse** gegeneinander versetzt sein (Bild 4.60). Größere Öffnungen für Stutzen, Mannlöcher u. dgl. müssen verstärkt werden (Bild 4.61). Nur bei kleineren Ausschnitten oder bei überdimensionierter Blechdicke darf auf die Verstärkungen verzichtet werden. Bild 4.62 zeigt Beispiele für an Behälter- bzw. Kesselwände geschweißte Nocken, Nippel, Flansche und Stutzen sowie Flanschverbindungen nach DIN 8558 (Richtlinien für Schweißverbindungen an Dampfkesseln, Behältern und Rohrleitungen).

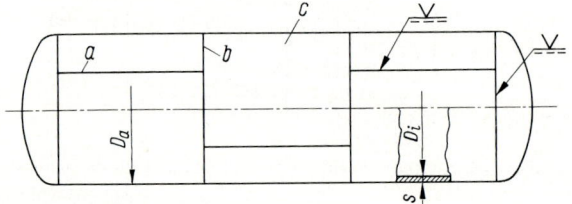

Bild 4.60 Grundsätzlicher Aufbau eines
Druckbehälters
a Längsnaht, b Rundnaht,
c Schuß

In Bild 4.63 ist ein Abhitze-Dampfkessel mit Einzelheiten gezeigt, der aus drei Schüssen und zwei ebenen Böden besteht, ein Röhrensystem enthält, mit einem Mannloch und einer Reihe von Rohranschlußstutzen versehen ist. Als geschweißte Behälter sind u. a. genormt:
Ortsfeste Druckbehälter aus Stahl für Propan, Butan und deren Gemische DIN 4680, Ortsfeste Druckbehälter aus Stahl für Flüssiggas DIN 4681, Druckbehälter aus Stahl für Wasserver-

sorgungsanlagen DIN 4810, Druckbehälter für Drucklufterzeugungsanlagen DIN 43686, DIN 43687 und DIN 43688.

Für die Berechnung und Ausführung von Druckbehältern gelten die Vorschriften der **AD-Merkblätter** (AD = Arbeitsgemeinschaft Druckbehälter), die **Technischen Regeln für Druckbehälter (TRB)** und die **Technischen Regeln für Druckgase (TRG),** alle herausgegeben vom Verband der Technischen Überwachungsvereine e. V. (TÜV), Essen. Für Dampfkessel gelten die **Technischen Regeln für Dampfkessel (TRD),** die mit den AD-Merkblättern bis auf geringfügige Abweichungen übereinstimmen. Sie sind vom Deutschen Dampfkesselausschuß (DDA) aufgestellt und ebenfalls vom Verband der TÜV herausgegeben.

In den technischen Regeln sind auch die **zugelassenen Stahlwerkstoffe** für Wandungen, Rohre, Guß- und Schmiedestücke aufgeführt sowie die Grenzen für Wanddrücke und Temperatur. Eine Übersicht über die wichtigsten zugelassenen Stahlwerkstoffe bietet Tab. 4.22.

Tab. 4.22 Einige Stahlwerkstoffe für Druckbehälter und Kessel (zusammengestellt nach den DIN-Normen)

Halbzeuge	Temp. bis °C
Bleche aus warmfesten Stählen DIN 17155	
UH 1	400
H I, H II	480
17 Mn 4, 19 Mn 6	500
15 Mo 3	530
13 CrMo 4 4	570
10 CrMo 9 10	600
Bleche aus Baustahl DIN 17100 [1]	
USt 37-2, RSt 37-2, St 37-2, St 37-3, St 44-2, St 52-3	300
Bleche aus Feinkornbaustählen DIN 17102 [1]	
WSt 255, 285, 315, 355, 380, 420, 460, 500	400
Geschweißte Rohre aus unleg. Stählen DIN 1626, nahtl. Rohre aus unleg. Stählen DIN 1629	
USt 37.0, St 37.0, St 44.0, St 52.0 (f. besondere Anforderung.)	300
Geschweißte Rohre aus unleg. Stählen DIN 1628, nahtl. Rohre aus unleg. Stählen DIN 1630	
St 37.4, St 44.4, St 52.4 (f. besonders hohe Anforderungen)	300
Nahtlose Rohre aus warmfesten Stählen DIN 17175	
St 35.8, St 45.8, 17 Mn 4, 19 Mn 5	450
15 Mo 3, 13 CrMo 4 4, 10 CrMo 9 10, 14 MoV 6 3	500
X 20 CrMoV 12 1	550
Warmfester Stahlguß DIN 17245	
GS-C 25	450
GS-22 Mo 4	500
GS-17 CrMo 5 5, GS-18 CrMo 9 10, GS-17 CrMoV 5 11, G-X 22 CrMoV 12 1	550
G-X 8 CrNi 12	400
Bleche und Schmiedestücke aus nichtrostenden Stählen DIN 17440	400
Rohre aus nichtrostenden Stählen DIN 17455	400
Nichtrostender Stahlguß DIN 17445	550

In der Regel sind die warmfesten Stähle, die Feinkornbaustähle und die nichtrostenden Stähle uneingeschränkt anwendbar, die Baustähle DIN 17100 [1] und die unlegierten Stähle DIN 1626, 1628, 1629 und 1630 jedoch nur bis $D_i \cdot p = 200$ N/mm, uneingeschränkt jedoch St 52-3, St 52.0 und St 52.4.

---

[1] Norm wurde zurückgezogen, siehe Hinweise zur Benutzung des Buches.

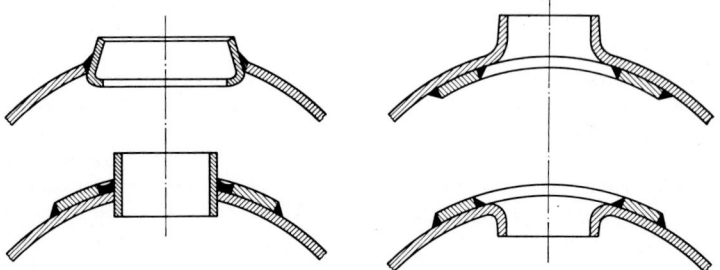

Bild 4.61 Kesselwandverstärkungen an Ausschnitten für Mannlöcher und Stutzen

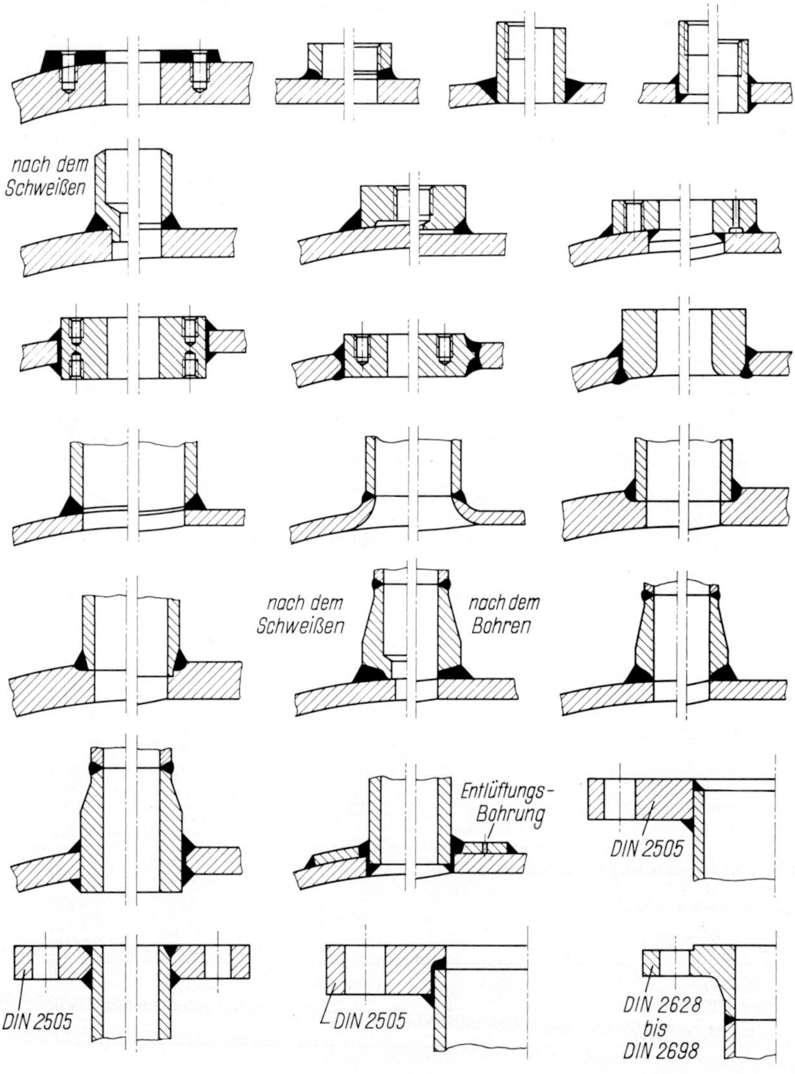

nach dem
Schweißen

nach dem
Schweißen

nach dem
Bohren

Entlüftungs-
Bohrung

DIN 2505

DIN 2505

DIN 2505

DIN 2628
bis
DIN 2698

Bild 4.62 Geschweißte Nocken, Nippel, Blockflansche, Stutzen und Flanschverbindungen nach DIN 8558

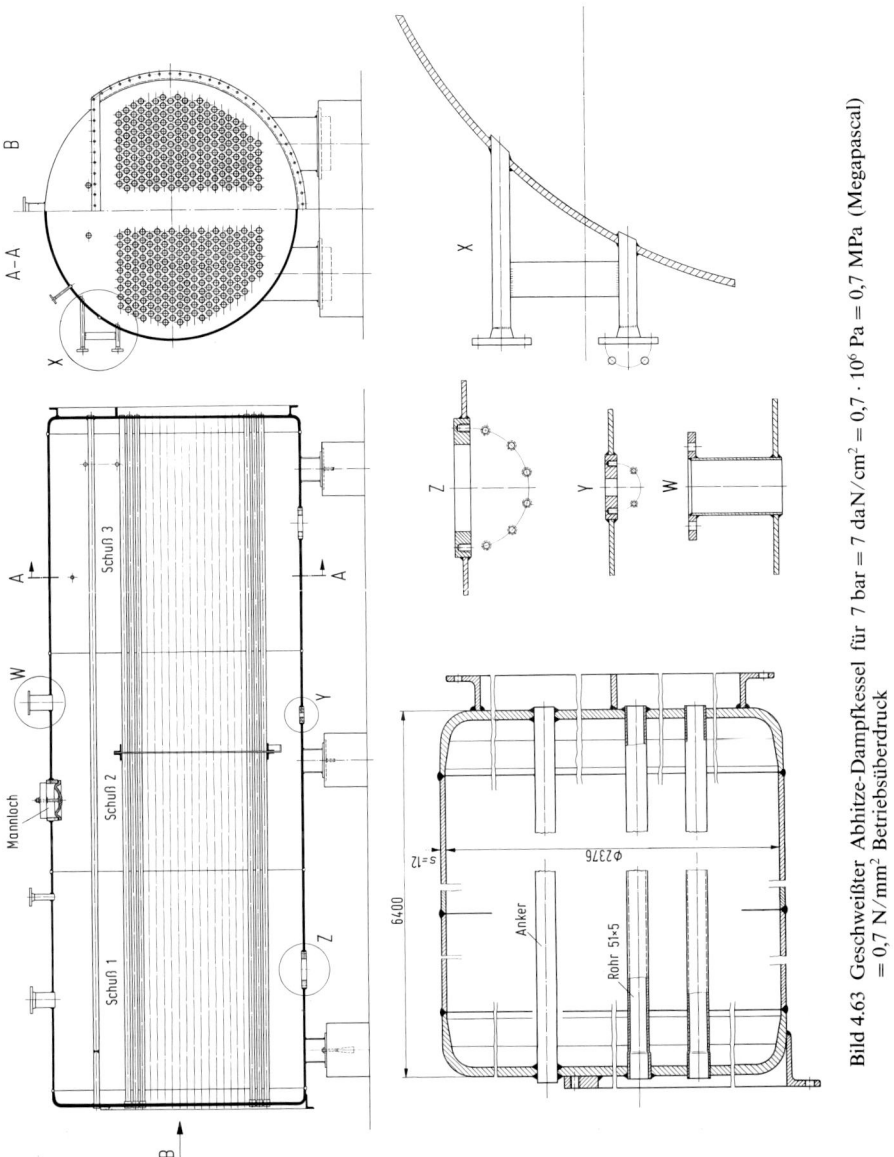

Bild 4.63 Geschweißter Abhitze-Dampfkessel für 7 bar = 7 daN/cm² = 0,7 · 10⁶ Pa = 0,7 MPa (Megapascal) = 0,7 N/mm² Betriebsüberdruck

Der innere Überdruck p, unter dem ein Behälter steht, dehnt dessen Wandung, so daß diese auf Zug beansprucht wird. Bei äußerem Überdruck wird sie gestaucht. Im ersten Fall wirkt der Druck auf die Innenwandfläche, im zweiten auf die Außenwandfläche. Der Druck pflanzt sich als radiale Druckspannung in der Wand bis auf Null abklingend fort. Deshalb nimmt man bei relativ kleinen Wanddicken näherungsweise die mittlere Wandfläche als druckbeaufschlagt an und erhält damit eine Berechnungsgleichung, die bei innerem und bei äußerem Druck gilt.

Bild 4.64a zeigt ein aus einem **zylindrischen Behälter** freigeschnitten gedachtes, sehr kleines Wandteilchen. Auf dieses wirkt die Normalkraft $\Delta F_N \approx p \cdot \Delta u \cdot \Delta l$. Diese Kraft wird von den beiden Schnittkräften F im Gleichgewicht gehalten.

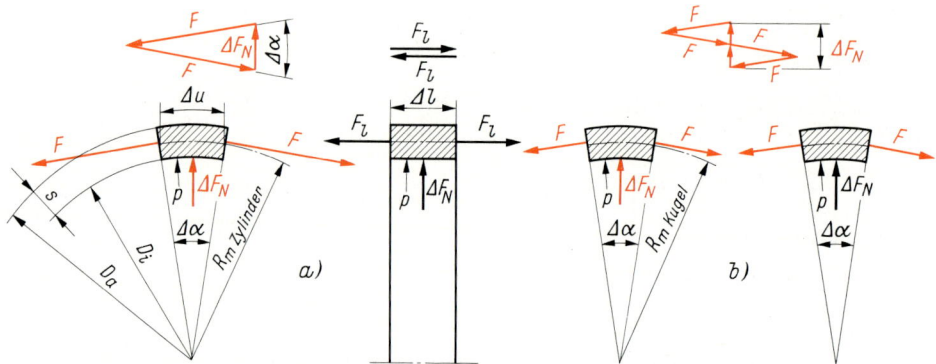

Bild 4.64 Schnittkräfte am Wandteilchen eines Druckbehälters
a) beim zylindrischen Behälter,   b) beim kugeligen Behälter

Durch den Druck p auf die beiden Böden des Behälters wird die zylindrische Wand auch in Längsrichtung gedehnt, so daß in dieser Richtung die Schnittkräfte F_l wirken (Bild 4.64a), die keine radialen Komponenten besitzen und somit zum Gleichgewicht von ΔF_N nicht beitragen. Deshalb muß sich ein Polygon mit den Kräften F und ΔF_N schließen (Bild 4.64a). Da $\Delta\alpha$ sehr klein gedacht ist, darf $\sin\Delta\alpha = \Delta\alpha$ als Winkel im Bogenmaß gesetzt werden. Daraus folgt:

$$F = \frac{\Delta F_N}{\Delta\alpha} = p\,\frac{\Delta u \cdot \Delta l}{\Delta\alpha}$$

$\Delta u/\Delta\alpha$ ist gleich dem mittleren Radius R_m des Mantels, so daß $F = p \cdot R_m \cdot \Delta l$ wird.

Die Kraft F erzeugt in der Wandschnittfläche die tangentiale Zugspannung $\sigma = F/\Delta A$ mit $\Delta A = s \cdot \Delta l$ (bei äußerem Überdruck eine Druckspannung):

$$\sigma = \frac{F}{s \cdot \Delta l} = \frac{p \cdot R_m \cdot \Delta l}{s \cdot \Delta l} = \frac{p \cdot R_m}{s}.$$

Setzt man $R_m = \dfrac{D_a - s}{2}$ oder $R_m = \dfrac{D_i + s}{2}$, so erhält man $\sigma = p\,\dfrac{D_a - s}{2s} = p\,\dfrac{D_i + s}{2s}$.

Theoretisch genau genommen treten bei innerem Überdruck an der Innenwand des Mantels folgende Spannungen auf: tangential $\sigma_t = p \cdot D_i/2s$ (Zug), längs $\sigma_l \approx \sigma_t/2$ (Zug durch F_l) und radial $\sigma_r = -p$ (Druck). Nach der Schubspannungshypothese wäre die maßgebende Vergleichsspannung $\sigma_v = \sigma_{max} - \sigma_{min} = \sigma_t - \sigma_r = p \cdot D_i/2s + p$.
Da das aus einem **Kugelbehälter** herausgeschnitten gedachte Wandteilchen räumlich gekrümmt ist, ruft die Normalkraft ΔF_N vier Schnittkräfte F hervor (Bild 4.64b), die ihr das Gleichgewicht halten. Daraus geht hervor, daß diese vier Kräfte F zusammen so groß sind wie die zwei Kräfte F beim zylindrischen Behälter. Die Zug- oder Druckspannung in der Wand eines Kugelbehälters ist also nur halb so groß wie in der Wand eines zylindrischen Behälters.

Aus der für σ erhaltenen Gleichung läßt sich mit der zulässigen Spannung die erforderliche Wanddicke errechnen. Die zulässige Spannung beträgt $\sigma_{zul} = K/S$, worin K der **Festigkeitskennwert** bei der Berechnungstemperatur ist und S der **Sicherheitsbeiwert.** Ab 200 °C ist in der Regel der Festigkeitskennwert K gleich der 0,2%-Dehngrenze des Werkstoffs. Bis 50 °C gilt die obere Streckgrenze bei 20 °C, zwischen 50 und 200 °C ist der Festigkeitskennwert linear zu interpolieren. In besonderen Fällen, insbesondere bei hochwertigen Kesseln, kann als Festigkeitskennwert auch die 1%-Zeitdehngrenze zwischen 10000 und 100000 h oder die Zeitstandfestigkeit zwischen 10000 und 200000 h in Betracht kommen.

Für die Schweißnaht ist $\sigma_{\text{w zul}} = \sigma_{\text{zul}} \cdot v$, wenn $v \leq 1$ als **Schweißnahtfaktor** die Wertigkeit der Naht gegenüber dem Blech berücksichtigt. Weiterhin müssen zur theoretisch erforderlichen Wanddicke noch Zuschläge für mögliche Dikkenunterschreitungen durch Minustoleranzen der Blechdicke und für Korrosion addiert werden. Um die Gleichung für kugelige Teile auch für gewölbte Böden anwenden zu können, wurde ein von der Bodenform abhängiger **Berechnungsbeiwert** β eingeführt. Unter diesen Voraussetzungen ist erforderlich als

Mindestwanddicke von zylindrischen Mänteln mit $D_a / D_i \leq 1,2$ bei Druckbehältern bzw. 1,7 bei Dampfkesseln sowie von Rohren mit $d_a \leq 200$ mm und $d_a / d_i \leq 1,7$

$$s = \frac{D_a \cdot p}{2\frac{K}{S}v + p} + c = \frac{D_i \cdot p}{2\frac{K}{S}v - p} + c \leq s_e \qquad (4.18)$$

Mindestwanddicke von kugeligen Mänteln oder gewölbten Böden

$$s = \frac{D_a \cdot p \cdot \beta}{4\frac{K}{S}v + p} + c = \frac{D_i \cdot p \cdot \beta}{4\frac{K}{S}v - p} + c \leq s_e \qquad (4.19)$$

s	in mm	erforderliche Mindestwanddicke,
s_e	in mm	ausgeführte Wanddicke,
D_a, D_i	in mm	Außen- bzw. Innendurchmesser des zylindrischen bzw. kugeligen Mantels oder gewölbten Bodens, bei Rohren $= d_a$ bzw. d_i,
p	in N/mm²	Berechnungsdruck = höchstzulässiger Betriebsüberdruck (1 N/mm² = 1 MPa = 10 bar oder 1 bar = 0,1 N/mm²),
β		Berechnungsbeiwert für gewölbte Böden nach Tab. 4.23, für kugelige Mäntel und Halbkugelböden ist $\beta = 1$,
K	in N/mm²	Festigkeitskennwert des Werkstoffs nach den Tabn. A 4.24 und A 4.25,
S		Sicherheitsbeiwert nach Tab. A 4.26,
v		Schweißnahtfaktor, der die Wertigkeit der Schweißnaht gegenüber dem Blech berücksichtigt, in der Regel = 0,8. Höherbewertung bis $v = 1$ nach vorausgegangenen Prüfungen. Bei ungeschweißten Teilen und bei äußerem Überdruck ist $v = 1$,
c	in mm	Wanddickenzuschlag nach Tab. A 4.26.

Bild 4.65 zeigt gewölbte Böden, und zwar

Bild 4.65a: **Klöpperboden** mit $R = D_a$,

$$r = 0,1 D_a, \quad h_1 \geq 3,5 s, \quad h_2 = 0,1935 D_a - 0,455 s_e, \quad \frac{s_e - c}{D_a} = 0,001 \ldots 0,1$$

Bild 4.65b: **Korbbogenboden** mit $R = 0,8 D_a$,

$$r = 0,154 D_a, \quad h_1 \geq 3 s, \quad h_2 = 0,255 D_a - 0,635 s_e, \quad \frac{s_e - c}{D_a} = 0,001 \ldots 0,1$$

Bild 4.65c: **Halbkugelboden** mit $R = D_i / 2$, $\quad D_a / D_i \leq 1,2$, $\quad h_1 = 0$, $\quad h_2 = R$

Die Höhe h_1 des zylindrischen Bordes braucht jedoch die folgenden Maße nicht zu überschreiten:

s_e in mm	h_1 in mm	s_e in mm	h_1 in mm
bis 50	150	bis 120	75
bis 80	120	über 120	50
bis 100	100		

Für **Vollböden** (Böden ohne Ausschnitte) ist die erforderliche Wanddicke s des Kalottenteiles (gewölbter Teil mit dem Radius R) mit $D_i = 2R$ und $\beta = 1$ zu berechnen (bei äußerem Überdruck mit $\beta = 1,1$), die erforderliche Wanddicke der Krempe (mit dem Radius r gerundeter Teil im Übergang von der Kalotte zum zylindrischen Bord) mit β bei $d_i / D_a = 0$, siehe Bild 4.65d. Der zylindrische Bord wird wie der Behältermantel beansprucht. Bei gleichbleibender Wanddicke des gesamten Bodens muß diese Dicke mindestens gleich der erforderlichen Krempendicke sein.

Für **Böden mit Ausschnitten** (Bild 4.65 b) ist die Mindestwanddicke mit β bei d_i / D_a zu errechnen. Die Ausschnitte sind in den Scheitelbereich $0,6 D_a$ zu legen. Die errechnete Dicke s gilt dann für den Kalotten- und Krempenteil.

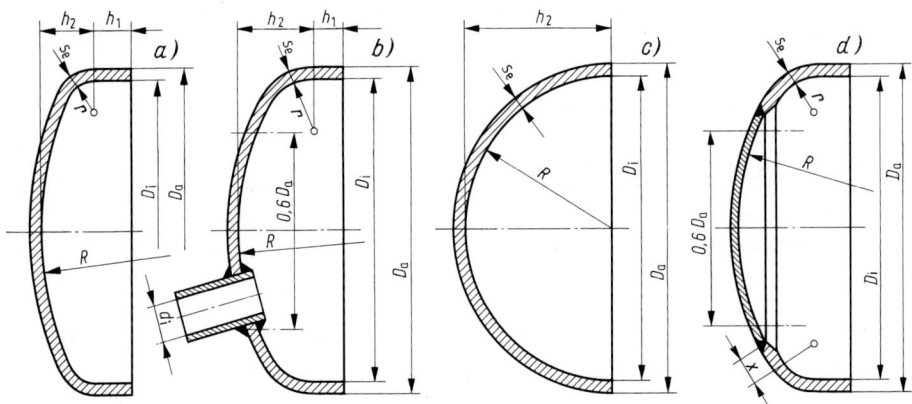

Bild 4.65 Gewölbte Böden
a) Klöpperboden,   b) Korbbogenboden (tiefgewölbter Boden) mit Ausschnitt,
c) Halbkugelboden,   d) Boden mit unterschiedlicher Wanddicke

Die durch eingeschweißte Rohrstutzen verstärkten Ausschnitte im Scheitelbereich $0,6 D_a$ von Klöpper- und Korbbogenböden (Bild 4.65 b) und im gesamten Bereich von Halbkugelböden müssen noch gesondert überprüft und ggf. verstärkt werden, obwohl die Ausschnitte im Beiwert β bei d_i / D_a erfaßt sind.
Wird ein gewölbter Boden aus einem Krempen- und einem Kalottenteil zusammengeschweißt (Bild 4.66), so muß die Verbindungsnaht einen ausreichenden Abstand von der Krempe haben. Als ausreichender Abstand gilt bei unterschiedlichen Wanddicken des Krempen- und Kalottenteiles $x = 0,5 \sqrt{R(s - c)}$ mit s als erforderliche Wanddicke der Krempe (siehe hierzu Bild 4.65 d), bei gleicher Wanddicke des Krempen- und Kalottenteiles bei Klöpperböden $x = 3,5 s$ und bei Korbbogenböden $x = 3 s$, mindestens jedoch 100 mm. Die in Bild 4.66 angegebenen Schweißnahtfaktoren v gelten bei innerem Überdruck, bei äußerem Überdruck sind sie stets = 1.

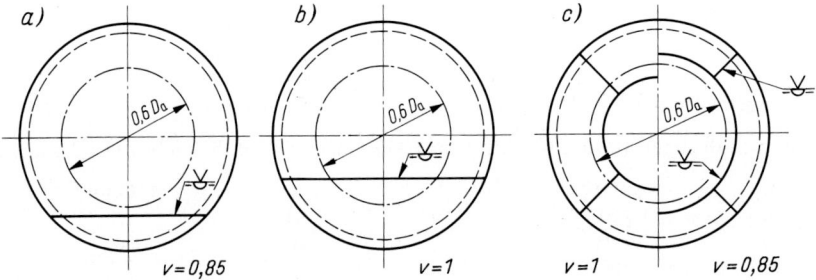

Bild 4.66 Aus Krempen- und Kalottenteilen zusammengeschweißte Böden
a) Schweißnaht außerhalb $0,6 D_a$,   b) innerhalb $0,6 D_a$,   c) aus Ronde und Segmenten zusammengesetzter Boden

An Kesseln und Behältern kommen auch **ebene Böden** vor, die als am Rand eingespannte kreisförmige Platten unter gleichmäßig verteiltem Druck aufzufassen sind. Durch den Druck p werden sie gebogen, so daß Biegebeanspruchung auftritt. Nach der Festigkeitslehre beträgt die Biegespannung $\sigma \approx 0,12p \cdot D^2/s^2$, wenn D den Außendurchmesser und s die Dicke der Platte darstellen. Aus dieser Gleichung läßt sich mit der zulässigen Spannung $\sigma_{zul} = K/S$ die erforderliche Plattendicke s errechnen.

Die beiden ebenen Böden eines Behälters können beispielsweise durch einen zentralen Anker versteift werden. Derartige Anker sind Rohre, die die Böden koaxial miteinander verbinden (Bild 4.67).

Tab. 4.23 Berechnungsbeiwerte β für gewölbte Böden, gültig für den gesamten Kalotten- und Krempenteil, bei $d_i/D_a = 0$ nur für den Krempenteil (zusammengestellt nach AD-Merkblatt B3)

$\dfrac{s_e - c}{D_a}$	Klöpperboden d_i/D_a								Korbbogenboden d_i/D_a								
	0	0,15	0,2	0,25	0,3	0,4	0,5	0,6	0	0,1	0,15	0,2	0,25	0,3	0,4	0,5	0,6
0,001	6	7	8						3,2	4,2	5,6	7,1	9				
0,002	4,6	5,4	6,1	7	8,2				2,7	3,4	4,5	5,5	6,4	7,5			
0,003	3,9	4,6	5,3	6,1	7	9			2,4	3	3,9	4,7	5,6	6,4	8		
0,004	3,6	4,3	4,8	5,6	6,3	7,9			2,3	2,8	3,6	4,3	5	5,7	7,2	8,8	
0,005	3,3	4	4,5	5,2	5,9	7,3	8,7		2,2	2,6	3,4	4	4,6	5,3	6,5	8	
0,01	2,7	3,3	3,7	4,3	4,7	5,7	6,6	7,5	1,9	2,3	2,8	3,2	3,8	4,2	5	6	6,9
0,02	2,6	2,9	3,3	3,5	3,8	4,5	5,2	5,9	1,8	2,3	2,5	2,7	3,1	3,4	4	4,7	5,3
0,03	2,5	2,9	2,9	3,2	3,4	4	4,6	5,3	1,8	2,2	2,5	2,6	2,7	3	3,6	4	4,7
0,04	2,5	2,8	2,8	3	3,3	3,7	4,3	4,7	1,7	2,2	2,4	2,5	2,6	2,8	3,3	3,7	4,3
0,05	2,4	2,8	2,8	2,9	3,2	3,5	3,9	4,4	1,7	2,2	2,4	2,4	2,4	2,6	3,2	3,5	4
0,1	2,4	2,8	2,8	2,9	2,9	3	3,4	3,7	1,7	2,2	2,4	2,4	2,4	2,6	2,7	2,9	3,2

Es ist erforderlich als

Mindestwanddicke unverankerter und zentralverankerter runder ebener Böden und Platten

$$s = C(D_1 - d_1)\,\sqrt{p\,\frac{S}{K}} \leqq s_e \qquad\qquad (4.20)$$

s, s_e, p, S, K siehe Legende zur Gl. 4.19,
C Berechnungsbeiwert nach Tab. 4.27,
D_1, d_1 in mm   Durchmesser nach Bild 4.67.

Ein Wanddickenzuschlag c entfällt.

Tab. 4.27 Berechnungsbeiwerte C für ebene Böden und Platten (nach AD-Merkblatt B5)

Form nach Bild 4.67	Voraussetzungen					C
U 1	$r \geqq 30\,\text{mm}$ bei $D_a \leqq 500\,\text{mm}$ $35\,\text{mm}$ $> 500 \dots 1400\,\text{mm}$ $40\,\text{mm}$ $> 1400 \dots 1600\,\text{mm}$ $45\,\text{mm}$ $> 1600 \dots 1900\,\text{mm}$ $50\,\text{mm}$ $> 1900\,\text{mm}$	$r \geqq 1,3s$ $h \geqq 3,5s$				0,30
U 2	$r \geqq s/3 \geqq 8\,\text{mm}$, $h \geqq s$					0,35
U 3	$s_R \geqq 1,35\,\dfrac{p}{K}(D_1/2 - r) \leqq 0,77s_1 \geqq 5\,\text{mm}$, $D_a > 1,2D_1$					0,40
U 4	$s \leqq 3s_1$ $s > 3s_1$	$C = 0,35$ $C = 0,40$	V 1	$s \leqq 3s_1$ $s > 3s_1$		0,40 0,45
U 5	$s \leqq 3s_1$ $s > 3s_1$	$C = 0,40$ $C = 0,45$	V 2	$s \leqq 3s_1$ $s > 3s_1$		0,30 0,35
U 6	$s \leqq 3s_1$ $s > 3s_1$	$C = 0,45$ $C = 0,50$	V 3 V 4	wie U 1 wie U 1		0,25 0,25

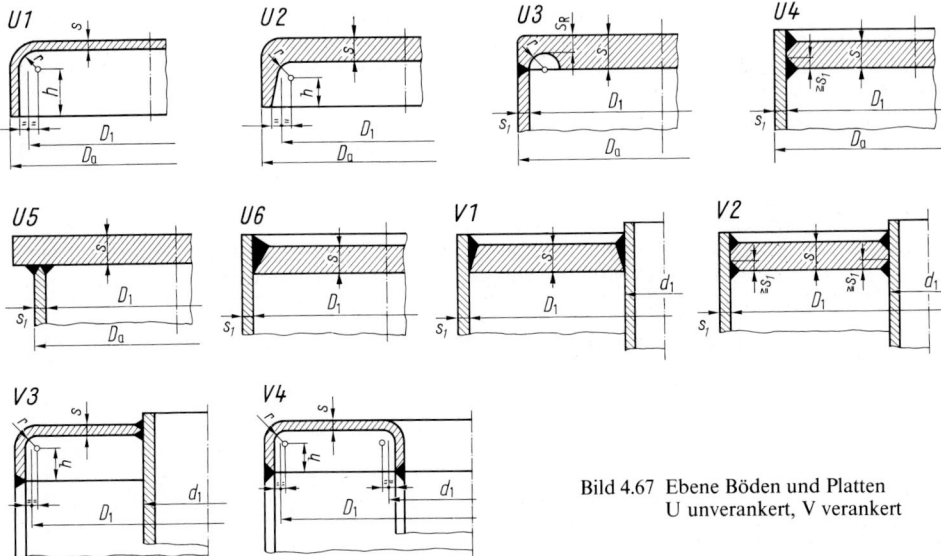

Bild 4.67 Ebene Böden und Platten
U unverankert, V verankert

U1 gekrempter ebener Boden, U2 geschmiedeter oder gepreßter ebener Boden, U3 ebene Platte mit Entlastungsnut, U4 beidseitig eingeschweißte Platte, U5 beidseitig aufgeschweißte Platte, U6 einseitig eingeschweißte Platte, V1 einseitig eingeschweißte Platte mit durchgestecktem Anker, V2 beidseitig eingeschweißte Platte mit durchgestecktem Anker, V3 gekrempter ebener Boden mit durchgestecktem Anker, V4 gekrempter ebener Boden mit Einhalsung

Die kleinste zulässige Wanddicke für Mäntel und Böden ist $s_e = 3$ mm bei ferritischem Stahl, = 2 mm bei Nichteisenmetallen und = 1 mm bei nichtrostendem Stahl. Für Rohre sollen die kleinsten Wanddicken nach DIN 2448 (Tab. A 4.19) nicht unterschritten werden.

In Tab. 4.28 ist der Anwendungsbereich verschiedener **Aufschweißflansche** und der erforderlichen Schweißnahtdicken angegeben.

Tab. 4.28 Anwendungsbereiche und Schweißnahtdicken an Aufschweißflanschen (nach AD-Merkblatt B8)

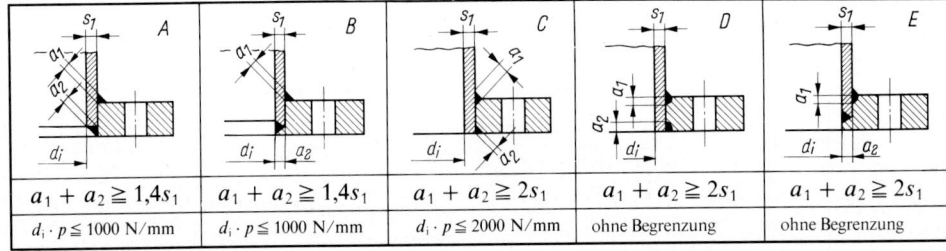

A	B	C	D	E
$a_1 + a_2 \geqq 1{,}4 s_1$	$a_1 + a_2 \geqq 1{,}4 s_1$	$a_1 + a_2 \geqq 2 s_1$	$a_1 + a_2 \geqq 2 s_1$	$a_1 + a_2 \geqq 2 s_1$
$d_i \cdot p \leqq 1000$ N/mm	$d_i \cdot p \leqq 1000$ N/mm	$d_i \cdot p \leqq 2000$ N/mm	ohne Begrenzung	ohne Begrenzung

Der Unterschied zwischen a_1 und a_2 darf nicht mehr als 25% betragen

Druckbehälter und Kessel werden vor ihrer Inbetriebnahme einer **Wasserdruckprüfung** mit dem 1,3fachen Betriebsüberdruck unterzogen. Bei dieser muß die Sicherheit gegen Fließen mindestens

$$S' = 1{,}1 \text{ bei Walz- und Schmiedestählen (Druckbehälter),}$$
$$= 1{,}5 \text{ bei Stahlguß (Druckbehälter)}$$
$$= 1{,}4 \text{ bei Walz- und Schmiedestählen (Dampfkessel)}$$

betragen, und zwar errechnet mit dem Festigkeitskennwert K bei $t = 20\,°C$ und $s = s_e - c$.

Warmgewalztes Blech und dessen Dickentoleranzen sind mit DIN EN 10029 genormt, die Abmessungen von nahtlosen Stahlrohren mit DIN 2448 (Tab. A 4.19), von geschweißten Stahlrohren mit DIN 2458 (Tab. A 4.20).

Die hier dargelegten Berechnungen geben nur einen Teil der erforderlichen wieder. Die zylindrischen Wandungen unter äußerem Überdruck und die gewölbten Böden unter innerem oder äußerem Überdruck müssen noch gegen elastisches Einbeulen berechnet werden. Weiterhin müssen nachgerechnet werden: Ausschnittsverstärkungen, kegelige Schüsse, ebene Wandungen, Verankerungen und Versteifungen, eingeschweißte Rohre, Schrauben u. dgl.

Bei Behältern und Kesseln mit stark schwankendem Betriebsdruck muß auch eine Berechnung auf Betriebsfestigkeit (Schwingfestigkeit) erfolgen.

Beispiel 4.7

Der in Bild 4.68 dargestellte geschweißte Druckluftbehälter für einen höchsten Betriebsüberdruck $p = 3{,}2\ \text{N/mm}^2 = 32$ bar und eine höchste Temperatur des Beschickungsmittels (der Druckluft) $t = 120\,°C$ ist auf seine Werkstoffwahl und seine Dimensionierung zu überprüfen. Die Längs- und Rundnähte sind beidseitig geschweißte V-Nähte. Außer dem Mantel 1 und den gleichen Böden 2 und 3 sind die gleichen Stutzen 4 und 5 rechnerisch zu prüfen. Weiterhin ist zu kontrollieren, ob die Schweißnähte an den Flanschen der Stutzen 4 und 5 genügen und ob die Sicherheit gegen Fließen bei der Wasserdruckprüfung mit 1,3p für den Mantel und die Böden ausreicht.

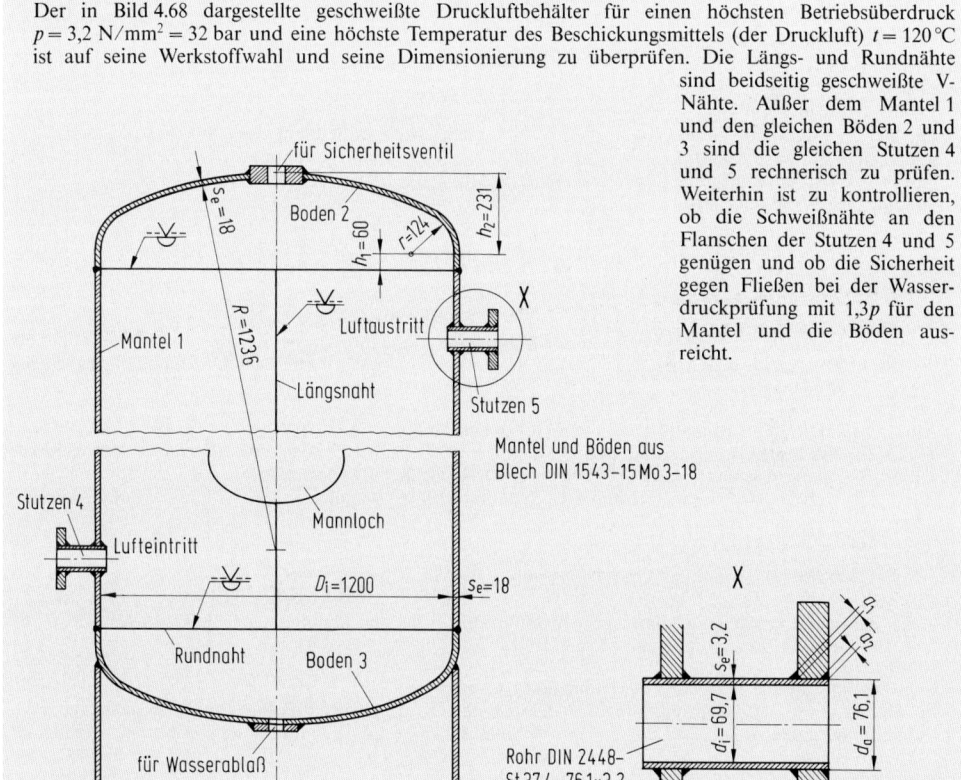

Bild 4.68 Druckluftbehälter

Lösung:

1. Werkstoffe
Der Werkstoff 15 Mo3 DIN 17155 ist nach den AD-Merkblättern ohne Beschränkungen anwendbar. Die weniger festen Baustähle DIN 17100 dürfen nach Tab. 4.22 nur bis $D_i \cdot p = 2000$ N/mm verwendet werden. In diesem Falle ist jedoch

$$D_i \cdot p = 1200 \text{ mm} \cdot 3,2 \text{ N/mm}^2 = 3840 \text{ N/mm} > 2000 \text{ N/mm},$$

so daß sie nicht in Betracht kommen.

Die vorgesehenen nahtlosen Stahlrohre aus St 37.4 DIN 1630 sind geeignet, da $d_i \cdot p = 69,7 \cdot 3,2$ N/mm $= 223$ N/mm < 2000 N/mm ist.

2. Mindestwanddicke s des zylindrischen Mantels 1
Nach Tab. A 4.24 ist $K = 249$ N/mm², nach Tab. A 4.26 ist $S = 1,5$, $c_1 = 0,6$ mm und $c_2 = 1$ mm, also $c = c_1 + c_2 = 1,6$ mm. Da $D_a/D_i = 1236/1200 = 1,03 < 1,2$ ist, ist mit Gl. 4.18 zu rechnen. Mit $v = 0,8$ im Regelfall erhält man

$$s = \frac{D_i \cdot p}{2\dfrac{K}{S} v - p} + c = \frac{1200 \text{ mm} \cdot 3,2 \text{ N/mm}^2}{2\dfrac{249 \text{ N/mm}^2}{1,5} 0,8 - 3,2 \text{ N/mm}^2} + 1,6 \text{ mm} = 14,6 \text{ mm} + 1,6 \text{ mm} = 16,2 \text{ mm} < s_e = 18 \text{ mm}$$

3. Mindestwanddicke s der gewölbten Böden 2 und 3
Es handelt sich um Klöpperböden mit $R = D_a$. Nach Seite 85 gilt für diese:
$r = 0,1D_a = 0,1 \cdot 1236$ mm ≈ 124 mm,
$h_2 = 0,1935D_a - 0,455s_e = 0,1935 \cdot 1236$ mm $- 0,455 \cdot 18$ mm $= 231$ mm,
$\dfrac{s_e - c}{D_a} = \dfrac{18 - 1,6}{1236} = 0,0133$. Dieser Wert liegt im zulässigen Bereich von 0,001 ... 0,1.
Die kleinen Ausschnitte an den Kalottenscheiteln brauchen nicht in Betracht gezogen zu werden, da sie beträchtlich verstärkt sind und $d_i/D_a \approx 0$ ist. Aus Tab. 4.23 wird $\beta \approx 2,7$ entnommen. Der Schweißnahtfaktor ist $v = 1$ zu setzen, da die Böden nicht aus Teilen zusammengeschweißt sind. Nach Gl. 4.19 ist somit in der Krempe eine Wanddicke erforderlich von

$$s = \frac{D_i \cdot p \cdot \beta}{4\dfrac{K}{S} v - p} + c = \frac{1200 \text{ mm} \cdot 3,2 \text{ N/mm}^2 \cdot 2,7}{4\dfrac{249 \text{ N/mm}^2}{1,5} - 3,2 \text{ N/mm}^2} + 1,6 \text{ mm} = 15,7 \text{ mm} + 1,6 \text{ mm} = 17,3 \text{ mm} < s_e = 18 \text{ mm}$$

Damit muß sein $h_1 \geqq 3,5s = 3,5 \cdot 17,3$ mm ≈ 60 mm (wie ausgeführt). Die Kalottenwanddicke wäre mit $\beta = 1$ und $D_i = 2R$ zu errechnen. Da die Dicken von Krempe und Kalotte gleich sind, entfällt der Nachweis.

4. Mindestwanddicke der Rohrstutzen 4 und 5 (Einzelheit X)
Es ist $d_a = 76,1$ mm, $d_i = 69,7$ mm und $d_a/d_i = 76,1/69,7 = 1,09 < 1,7$, so daß Gl. 4.18 zu benutzen ist. In diese sind einzusetzen: $K = 212$ N/mm² (Tab. A 4.25), $S = 1,5$ (Tab. A 4.26), $v = 1$ (nahtlose Rohre), $c = c_1 + c_2 = 0,15 \, s_e + 0 = 0,15 \cdot 3,2$ mm $\approx 0,5$ mm (Tab. A 4.26). Somit:

$$s = \frac{d_a \cdot p}{2\dfrac{K}{S} v + p} + c = \frac{76,1 \text{ mm} \cdot 3,2 \text{ N/mm}^2}{2\dfrac{212 \text{ N/mm}^2}{1,5} + 3,2 \text{ N/mm}^2} + 0,5 \text{ mm} = 0,85 \text{ mm} + 0,5 \text{ mm} = 1,35 \text{ mm} < s_e = 3,2 \text{ mm}$$

Es ist daher zweckmäßig, auf die kleinste Wanddicke $s_e = 2,9$ mm herunterzugehen (Tab. A 4.19), also auf $d_i = 70,3$ mm. Mit diesem d_i ist unter 5. gerechnet.

5. Schweißnähte an den Flanschen der Rohrstutzen 4 und 5
Es beträgt $d_i \cdot p = 70,3$ mm $\cdot 3,2$ N/mm² $= 225$ N/mm. Damit genügt die Ausführung A nach Tab. 4.28. Nach dieser muß $a_1 + a_2 = 3$ mm $+ 3$ mm $= 6$ mm $\geqq 1,4s_1 = 1,4 \cdot 2,9$ mm $= 4$ mm sein. Die Bedingung wird also erfüllt.

6. Sicherheit S' des Mantels 1 bei der Wasserdruckprüfung mit $1,3p$
Nach Tab. A 4.24 ist bei $t = 20\,°C$ bis $50\,°C$ der Festigkeitskennwert $K = 270$ N/mm². Mit der nach S' umgestellten Gl. 4.18 ergibt sich:

$$S' = \frac{2 K \cdot v}{\dfrac{D_i \cdot 1,3p}{s_e - c} + 1,3p} = \frac{2 \cdot 270 \text{ N/mm}^2 \cdot 0,8}{\dfrac{1200 \text{ mm} \cdot 1,3 \cdot 3,2 \text{ N/mm}^2}{(18 - 1,6) \text{ mm}} + 1,3 \cdot 3,2 \text{ N/mm}^2} = 1,4 > S'_{erf} = 1,1$$

7. Sicherheit S' der Böden 2 und 3 bei der Wasserdruckprüfung mit $1,3p$
Mit den Werten wie unter 6., $\beta = 2,7$ und $v = 1$, wird mit der nach S umgestellten Gl. 4.19:

$$S' = \cfrac{4\,K \cdot v}{\cfrac{D_i \cdot 1,3p \cdot \beta}{s_e - c} + 1,3p} = \cfrac{4 \cdot 270\ \text{N/mm}^2 \cdot 1}{\cfrac{1200\ \text{mm} \cdot 1,3 \cdot 3,2\ \text{N/mm}^2 \cdot 2,7}{(18 - 1,6)\ \text{mm}} + 1,3 \cdot 3,2\ \text{N/mm}^2} = 1,32 > S'_{erf} = 1,1$$

8. Schlußbemerkung
Alle Wanddicken und die Schweißnähte sind ausreichend bemessen. Der Mantel braucht nur eine Wanddicke von 16,5 mm, die Böden von 17,5 mm zu haben.

Literaturhinweise

Bachmann, R., F. Lohkamp und *R. Strobl:* Maschinenelemente. Vogel-Verlag Würzburg 1982.
Beitz, W. und *K. H. Hüttner: Dubbel*, Taschenbuch für den Maschinenbau. Springer-Verlag 1990.
Bohlen, C.: Lehrbuch des Schutzgasschweißens. Girardet-Verlag Essen 1976.
Erker, A., H. W. Hermsen und *A. Stoll:* Gestaltung und Berechnung von Schweißkonstruktionen. DVS-Verlag Düsseldorf 1971.
Kahlmeyer, E.: Stahlbau, Träger – Stützen – Verbindungen. DVS-Verlag 1984.
Köhler, G. und *H. Rögnitz:* Maschinenteile. Teubner-Verlag Stuttgart 1981.
Malisius, R.: Schrumpfungen, Spannungen und Risse beim Schweißen. DVS-Verlag Düsseldorf 1977.
Mewes, W.: Kleine Schweißkunde für Maschinenbauer. VDI-Verlag Düsseldorf 1978.
Neumann, A.: Schweißtechnisches Handbuch für Konstrukteure. VEB-Verlag Technik Berlin 1961.
Niemann, G.: Maschinenelemente. Springer-Verlag 1981.
Ott, H. H.: Festigkeitsberechnung für Kehlnähte zwischen ebenen Wänden und runden Stäben oder Rohren. Z. Konstruktion 39/87.
Radaj, D.: Festigkeitsnachweise, Fachbuchreihe Schweißtechnik, DVS-Verlag Düsseldorf 1974.
Roloff/Matek: Maschinenelemente. Vieweg-Verlag Braunschweig 1992.
Ruge, J.: Handbuch der Schweißtechnik. Springer-Verlag 1980.
Sammel, P. und *H. J. Veit:* Grundlagen der Gestaltung geschweißter Konstruktionen. DVS-Verlag Düsseldorf 1976.
Schimpke, P., H. A. Horn und *J. Ruge:* Berechnen und Entwerfen der Schweißkonstruktionen. Springer-Verlag 1959.
Steinhilper, W. und *R. Röper:* Maschinen- und Konstruktionselemente. Springer-Verlag 1986.
Titze, H.: Elemente des Apparatebaues. Springer-Verlag 1967.
Wieczorek, W.: Schweißverbindungen im Kessel-, Behälter- und Rohrleitungsbau. DVS-Verlag Düsseldorf 1966.
Wirtz, H.: Das Verhalten der Stähle beim Schweißen. DVS-Verlag Düsseldorf 1960.

DVS = Deutscher Verlag für Schweißtechnik

5   Preßschweißverbindungen

Unter Preßschweißen versteht man nach DIN 1910 ein Schweißen **mit Anwendung von Kraft** ohne oder mit Schweißzusatz. Ein örtlich begrenztes Erwärmen ggf. bis zum Schmelzen ermöglicht oder erleichtert das Schweißen.

Das Preßschweißen ist in der Technik weit verbreitet, da es im Vergleich zum Schmelzschweißen einen wesentlich geringeren Zeitaufwand erfordert und deshalb besonders für Serienfertigungen geeignet ist. Es kommt aber im wesentlichen nur zum Verbinden von Teilen in Betracht, die wie Bleche flächig aufeinander liegen oder wie Bolzen stirnseitig befestigt werden müssen.

5.1   Verfahren, Werkstoffe

Die zu verbindenden Teile können auf verschiedene Weise erwärmt werden, z.B. durch Heizelemente, durch Umgießen mit einem flüssigen Energieträger, durch ein Brenngas, durch Ofenfeuer, durch Reibung, durch Ultraschall oder durch den elektrischen Strom im Widerstand der Werkstücke. Im Maschinen-, Geräte-, Leichtmetall- und Fahrzeugbau ist das letztgenannte Verfahren von Bedeutung, und zwar das **Widerstandspreßschweißen R mit konduktiv (unmittelbar) über Elektroden zugeführtem Strom** nach DIN 1910:

1. Punktschweißen RP
Strom und Kraft werden durch Punktschweißelektroden übertragen. Die Werkstücke werden an den Stoßflächen nach ausreichendem Erwärmen unter Druck linsenförmig geschweißt. Es kann ein Punkt (Einzelpunktschweißen) oder es können gleichzeitig zwei oder mehr Punkte (Vielpunktschweißen) geschweißt werden. Je nach der Stromzuführung unterscheidet man:

Zweiseitiges Punktschweißen RPZ (Bild 5.1), wenn der Strom durch sich unmittelbar gegenüberstehende Elektroden von beiden Werkstückseiten zugeführt wird.
Einseitiges Punktschweißen RPE (Bild 5.2), wenn der Strom durch nebeneinanderstehende Elektroden von einer Werkstückseite zugeführt wird.

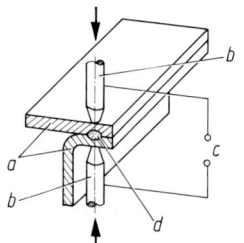
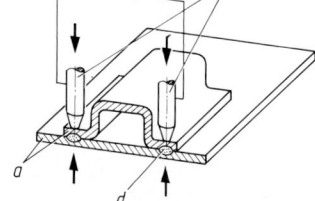

a Werkstück
b Punktschweißelektrode
c Stromquelle
d Schweißpunkt

Bild 5.1 Zweiseitiges Punktschweißen
nach DIN 1910

Bild 5.2 Einseitiges Punktschweißen
nach DIN 1910

2. Buckelschweißen RB
Strom und Kraft werden durch Elektroden übertragen. Die Werkstücke berühren sich am vorgefertigten Buckel und werden an dieser Stelle nach ausreichendem Erwärmen unter Druck geschweißt. Der Buckel wird während des Schweißens ganz oder teilweise eingeebnet. Statt verschiedenartiger Buckelformen können auch Kanten oder entsprechend geformte Beilagen benutzt werden. Es kann ein Buckel (Einzelbuckelschweißen) oder es können gleichzeitig zwei oder mehr Buckel (Vielbuckelschweißen) geschweißt werden. Je nach Art der Stromzuführung unterscheidet man:

Zweiseitiges Buckelschweißen RBZ (Bild 5.3), wenn der Strom durch sich unmittelbar gegenüberstehende Elektroden von beiden Werkstückseiten zugeführt wird.

Einseitiges Buckelschweißen RBE (Bild 5.4), wenn der Strom durch nebeneinanderstehende Elektroden von einer Werkstückseite her zugeführt wird.

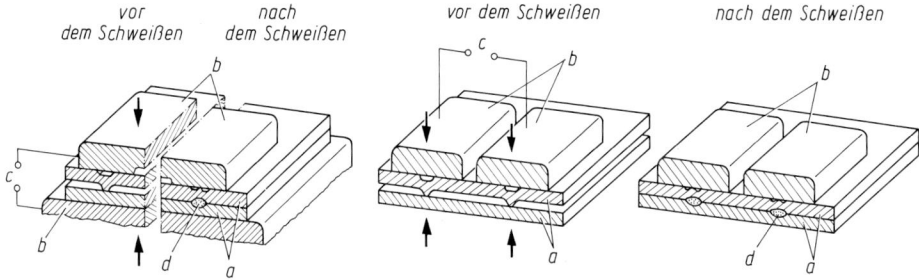

Bild 5.3 Zweiseitiges Buckelschweißen
nach DIN 1910

Bild 5.4 Einseitiges Buckelschweißen
nach DIN 1910

a Werkstück, b Elektrode, c Stromquelle, d Schweißnaht

3. Bolzenschweißen RBO

Es ist eine Sonderform des Buckelschweißens, bei dem bolzenförmige Teile aufgeschweißt werden. Nach Bild 5.5 ist der Bolzen in eine Elektrode eingesetzt. Durch den Strom wird die runde Stoßkante aufgeschmolzen, so daß Berührungsflächen entstehen, die unter Druck verschweißt werden. Bild 5.6 zeigt außerdem aufschweißbare Gewindebolzen und Stifte für **Spitzenzündung,** bei denen die Spitze durch den elektrischen Strom aufgeschmolzen wird. Geschweißt wird ohne Bildung eines Lichtbogens.

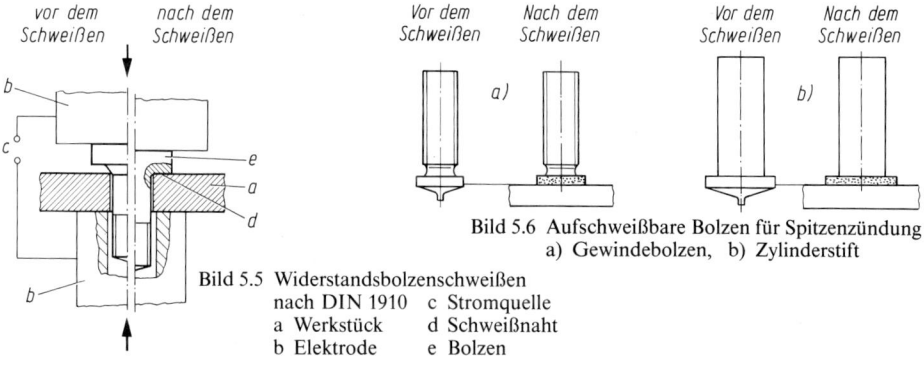

Bild 5.5 Widerstandsbolzenschweißen
nach DIN 1910   c Stromquelle
a Werkstück   d Schweißnaht
b Elektrode   e Bolzen

Bild 5.6 Aufschweißbare Bolzen für Spitzenzündung
a) Gewindebolzen, b) Zylinderstift

Weiterhin gibt es Bolzen für **Hubzündung** (Bild 5.7). Der Bolzen wird in eine Elektrode eingesetzt und mit dem Werkstück in Berührung gebracht. Beim Einschalten des Stromes wird zunächst ein Kurzschluß erzeugt, dann der Bolzen automatisch ein kleines Stück zurückgezogen. Dadurch bildet sich ein Lichtbogen, der die Spitze des Bolzens und die Oberfläche des Werkstücks örtlich aufschmilzt. Danach wird unter Druck verschweißt.

Genormt sind: Gewindebolzen M3 bis M6 für Spitzenzündung DIN 32501, Stifte von 3 bis 6 mm Durchm. für Spitzenzündung DIN 32501, Gewindebolzen für Hubzündung M6 bis M24 DIN 32500, Kopfbolzen für Hubzündung 13 bis 22 mm Durchm. DIN 32500, Zylinderstifte für Hubzündung 6 bis 16 mm Durchm. DIN 32500, T-Stifte für Hubzündung (Stifte mit Kopf) 3 mm Durchm. DIN 32500

Die Gewindebolzen und Stifte für Spitzenzündung sind zum Aufschweißen auf Dünnbleche bis unter 1 mm Dicke geeignet. Werkstoff aller aufgeführten Bolzen meistens Schraubenstahl

4.8, der etwa dem St 37-2 entspricht. Die Gewindebolzen für Hubzündung werden auch im Stahlbau verwendet. Sie ersparen andere, teure Verbindungsmittel.

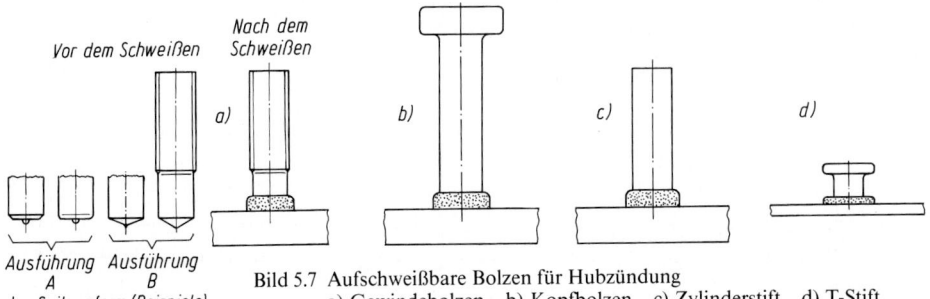

Bild 5.7 Aufschweißbare Bolzen für Hubzündung
a) Gewindebolzen, b) Kopfbolzen, c) Zylinderstift, d) T-Stift

4. Rollennahtschweißen RR

Die Werkstücke werden an den Stoßflächen erwärmt und unter Anwendung von Kraft geschweißt (Bild 5.8). Strom und Kraft werden von beiden Werkstückseiten (zweiseitig) durch ein Rollenelektrodenpaar oder durch eine Rollenelektrode und einen Dorn übertragen. Der Schweißvorgang ist prinzipiell der gleiche wie beim Punktschweißen, jedoch ohne Nahtunterbrechung.

Das Foliennahtschweißen RF ist eine Variante des Rollennahtschweißens, bei der der Schweißstoß ein- oder beidseitig durch bandförmige Kontaktfolie abgedeckt wird. Es können Stumpf- oder Liniennähte (letzte überlappt) geschweißt werden.

5. Abbrennstumpfschweißen RA

Die Werkstücke werden an den Stoßflächen unter leichtem Berühren durch Bildung von Schmorkontakten erwärmt, wobei schmelzflüssiger Werkstoff durch Metalldampfdruck aus dem Stoßflächenbereich herausgeschleudert wird (Abbrennen), und unter Anwendung von Kraft durch schlagartiges Stauchen geschweißt. Dem Abbrennen kann Vorwärmen durch wiederholtes Berühren (Reversieren mit einzelnen Stromstößen) oder durch Fremderwärmung vorangehen. Strom und Kraft werden von Spannbacken übertragen (Bild 5.10).

6. Preßstumpfschweißen RPS

Die Werkstücke werden an den Stoßflächen erwärmt und unter Anwendung stetiger Kraft geschweißt (Bild 5.11). Strom und Kraft werden von Spannbacken übertragen.

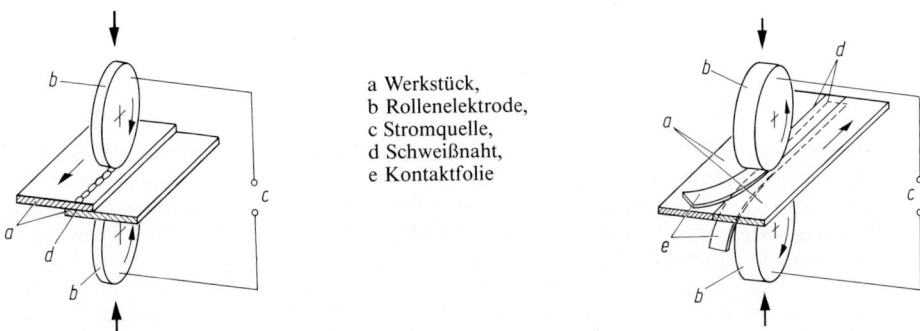

a Werkstück,
b Rollenelektrode,
c Stromquelle,
d Schweißnaht,
e Kontaktfolie

Bild 5.8 Rollennahtschweißen nach DIN 1910   Bild 5.9 Folienstumpfnahtschweißen nach DIN 1910

Außer den genannten Verfahren gibt es noch das Rollentransformatorschweißen RT, das Schleifkontaktschweißen RS und das Induktive Widerstandspreßschweißen RI, auf die hier nicht eingegangen wird.

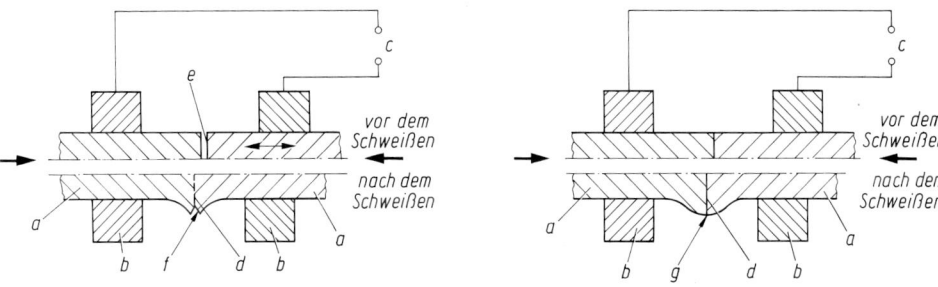

Bild 5.10 Abbrennstumpfschweißen nach DIN 1910   Bild 5.11 Preßstumpfschweißen nach DIN 1910
a Werkstück, b Spannbacken, c Stromquelle, d Schweißnaht, e Abbrennen, f Grat, g Wulst

In Bild 5.12 sind die wichtigsten Schweißsymbole für die vereinfachte Darstellung in Zeichnungen wiedergegeben.

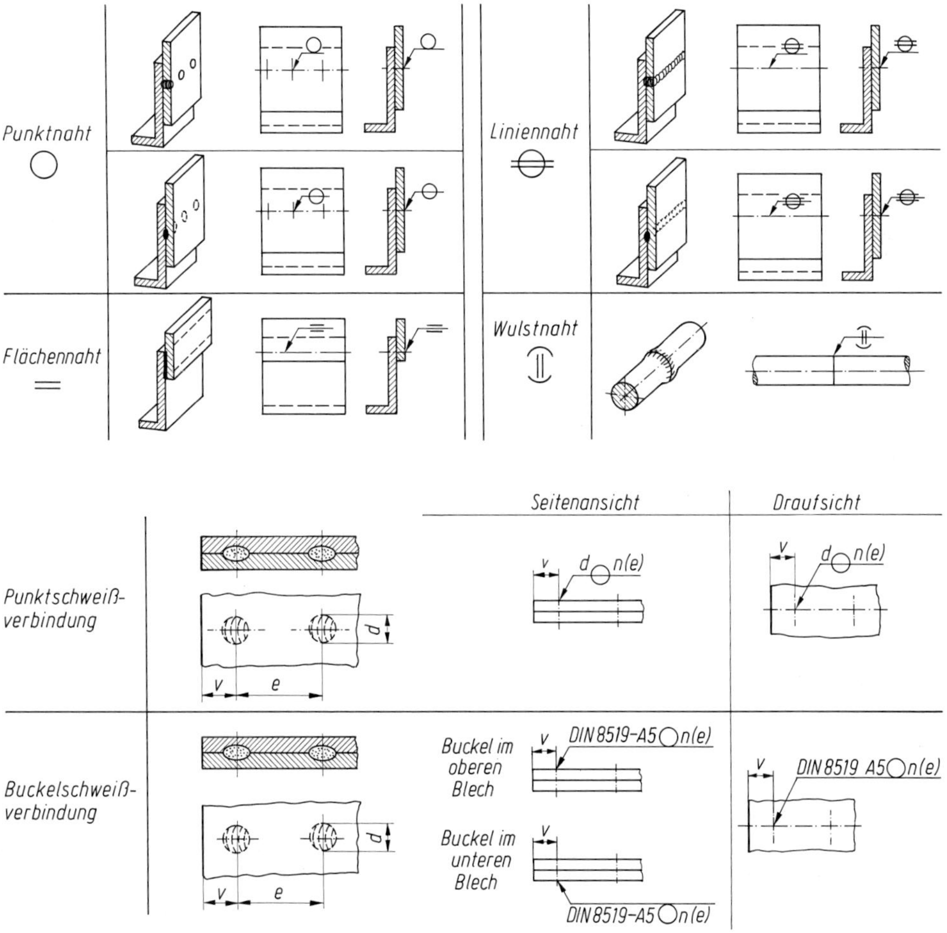

Bild 5.12 Symbole für Preßschweißpunkte bzw. -nähte nach DIN 1912 (Auszug)
d Punktdurchmesser, *e* Punktabstand, *v* Vormaß, *n* Anzahl der Schweißpunkte

Presschweißbare Werkstoffe sind u. a.:

1. Stähle

Allgemeine Baustähle DIN 17100[1] sämtliche, Feinkornbaustähle DIN 17102[1] sämtliche, Vergütungsstähle DIN 17200[1] sämtliche für Abbrennstumpfschweißung, sonst Schweißeignung bis auf C 22 und Ck 22 nicht gewährleistet. Das gilt auch für die Einsatzstähle DIN 17210 bis auf C 10, C 15, Ck 10 und Ck 15. Nichtrostende Stähle DIN 17440 und 17441 mit Ausnahme der kohlenstoff- und schwefelreichen sind geeignet. Besonders für das Punkt- und Buckel-schweißen eignen sich Band und Blech aus weichen unlegierten Stählen DIN 1623 bis 3 mm Dicke und DIN 1624 bis 6 mm Dicke. Bei Stahlguß DIN 1681 Schweißeignung nicht sicher.

Bleche, Bänder und Formteile zum Punkt-, Buckel- oder Rollennahtschweißen müssen mindestens der Oberflächenart 03 entsprechen, d. h. sie müssen zunderfrei sein, kleine Narben und Walzriefen sind jedoch zulässig.

2. Leicht- und Schwermetalle

Aluminium DIN 1712, Aluminiumlegierungen DIN 1725, Magnesiumlegierungen DIN 1729, Nickel DIN 1701 und 17740, Nickel-Knetlegierungen DIN 17441, 17442, 17443, 17444 und 17445, Kupfer DIN 1708 und 1787, Kupfer-Knetlegierungen DIN 17664 und 17666, Messing DIN 17660, Zinnbronze DIN 17662 und Aluminiumbronze DIN 17665 sind gut geeignet.

Es lassen sich auch Werkstoffe mit Überzügen oder Beschichtungen sowie plattierte Metalle und Kombinationen unterschiedlicher Metalle preßschweißen.

5.2   Punktschweißverbindungen

Im Geräte-, Maschinen- und Stahlleichtbau ist das Fügen von Dünnblechen oder blechähnlichen Teilen ein wirtschaftliches Verfahren, besonders in der Fahrzeugindustrie, wo dafür Roboter eingesetzt werden. Durch Setzen von regelmäßig angeordneten Schweißpunkten lassen sich Nähte ziehen, die einreihig (Bild 5.13 a) oder mehrreihig (Bilder 5.13 b und c) sein können. Richtlinien für die Abmessungen der Punkte und ihrer Abstände sind in Tab. A 5.1 angegeben.

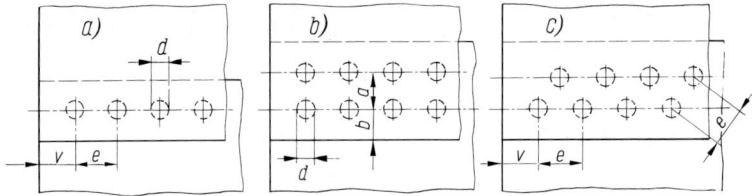

Bild 5.13 Punktschweißnähte
        a) einreihige Punktnaht, b) zweireihige Punktnaht, c) zweireihige Punktnaht versetzt

Richtlinien für die Gestaltung von Punktschweißverbindungen:
1. Bei Kraft- und Heftverbindungen nicht mehr als drei Teile durch Schweißpunkte miteinander verbinden.
2. Die Gesamtdicke der zu verbindenden Teile sollte nicht größer als 15 mm, bei Verbindung von zwei Einzelteilen die Dicke eines Teiles nicht größer als 5 mm sein. Bei drei Einzelteilen sollte keines der außenliegenden Teile dicker als 5 mm sein.

Mit den heute zur Verfügung stehenden Punktschweißmaschinen können zwei Stahlbleche von je 30 mm Dicke verschweißt werden, jedoch geht man in der Regel nicht über 6 mm bei Stahl, je 3 mm bei Aluminium und je 2,5 mm bei Kupfer. Es ist aber kein Problem, beispielsweise ein 100 mm dickes Bauteil mit zwei 1 mm dicken Blechen zu verschweißen oder ein Blechpaket mit 10 Blechen von je 1 mm Dicke oder mit 20 Blechen von je 0,5 mm Dicke. Von diesen Möglichkeiten macht man im Maschinen- und Gerätebau Gebrauch.

---

[1] Norm wurde zurückgezogen, siehe Hinweise zur Benutzung des Buches.

3. Das Dickenverhältnis der zu verschweißenden Teile nicht größer als 1 : 3 wählen.
4. In Kraftrichtung nicht weniger als zwei und nicht mehr als fünf Schweißpunkte hintereinander anordnen (Bild 5.14).
5. Die Verbindung möglichst auf Scherbeanspruchung der Schweißpunkte (Schweißlinsen) konstruieren, da Zugbeanspruchungen (Kopfzugbeanspruchungen) gefährlich sind (Bild 5.15). Einschnittige Verbindungen werden – insbesondere bei Dünnblechen unter 2 mm – auf Biegung und Kopfzug beansprucht (Bilder 5.16a und b). Die Kraftkomponente F_t beansprucht die Schweißlinse auf Schub, die Komponente F_n auf Zug. Durch eine zweireihige Laschenverbindung (Bild 5.16c) werden diese Nachteile behoben.
6. Winkel, Laschen und Profile sind möglichst so anzuschweißen, daß die Schweißlinsen fast nur auf Schub beansprucht werden. Günstige und ungünstige Fälle veranschaulicht Bild 5.17.

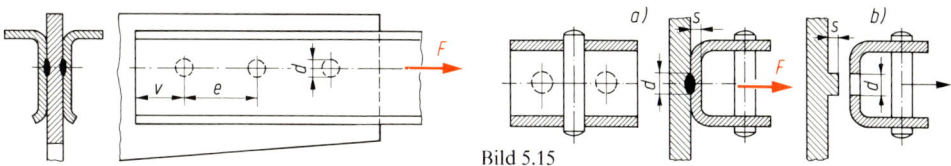

Bild 5.14
Kraftbeanspruchte Punktschweißverbindung
im Stahlleichtbau

Bild 5.15
Ungünstige Punktschweißverbindung im Maschinen-
oder Gerätebau
a) Schweißlinsen zugbeansprucht,   b) bei gewaltsamer
Zerstörung stehengebliebene „Stifte"

Bild 5.16 Punktschweißverbindungen von Blechen oder Bändern
a) einreihige einschnittige Punktschweißung (hoher Kopfzug)
b) zweireihige einschnittige Punktschweißung (niedriger Kopfzug)
c) zweireihige zweischnittige Punktschweißung (kein Kopfzug)

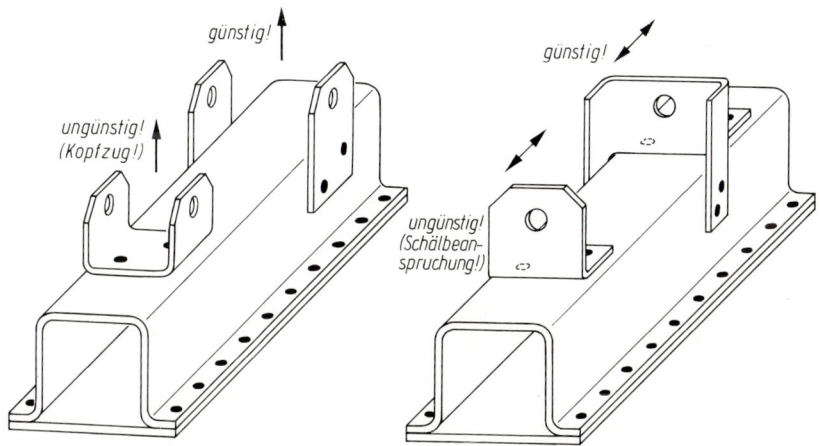

Bild 5.17 Günstige und ungünstige Punktschweißverbindungen (aus Steinhilper/Röper, Maschinen- und Konstruktionselemente)

7. Bei biegebeanspruchten Schweißteilen die Schweißpunkte möglichst in die neutrale Ebene des Biegeträgers legen, um die Beanspruchung der Schweißlinsen gering zu halten.
8. Auf gute Zugänglichkeit der Schweißstellen achten, damit die Elektroden mühelos herangeführt werden können. Bei kastenförmigen Bauteilen aus geprägten Blechen die Schweißnähte immer nach außen legen.

Wenn eine Punktschweißverbindung nach Bild 5.18 durch „Ausknöpfen" gewaltsam zerstört wird, bleibt ein stiftförmiger Pfropfen auf der Schweißlinse haften, sofern das Punktschweißen ordnungsgemäß vollzogen wurde. Deshalb stellt man sich zur Festigkeitsberechnung einen Schweißpunkt als auf Abscheren beanspruchten Stift vor (Bilder 5.19a und b). Wegen der von der Blechdicke abhängenden Dicke des stehenbleibenden Pfropfens darf in die Berechnung nach DIN 18801 nur eingesetzt werden ein

$$\text{\textit{Schweißpunktdurchmesser}} \quad d = \sqrt{25 \text{ mm} \cdot s_{\min}} \,, \tag{5.1}$$

falls der tatsächliche Schweißpunktdurchmesser größer sein sollte.

Jeder „Stift" hat in Kraftrichtung einen der Kraft F entsprechenden Anteil aufzunehmen, wenn die Wirklinie von F durch den Schwerpunkt des Schweißanschlusses geht, bei n Schweißpunkten also F/n. Man unterscheidet **ein-** und **zweischnittige** Verbindungen (Schnittzahl $m = 1$ bzw. 2). Bei zweischnittigen Verbindungen verteilt sich somit der Kraftanteil F/n auf $m = 2$ Schnittflächen. Daraus resultiert für die Beanspruchung auf Abscheren die

$$\text{\textit{Scherspannung}} \quad \tau_{\text{wa}} = \frac{F}{n \cdot m \cdot A_{\text{w}}} \tag{5.2}$$

τ_{wa}	in N/mm²	Scherspannung in der Schweißlinse,
F	in N	Schubkraft = Betriebskraft,
n		Anzahl der Schweißpunkte im Anschluß,
m		Schnittzahl der Verbindung,
A_{w}	in mm²	Querschnittsfläche einer Schweißlinse = $d^2 \cdot \pi/4$, ggf. d nach Gl.5.1.

Das Produkt $n \cdot m$ stellt die Anzahl aller Schweißlinsen (aller Stiftschnittflächen) im Anschluß dar.

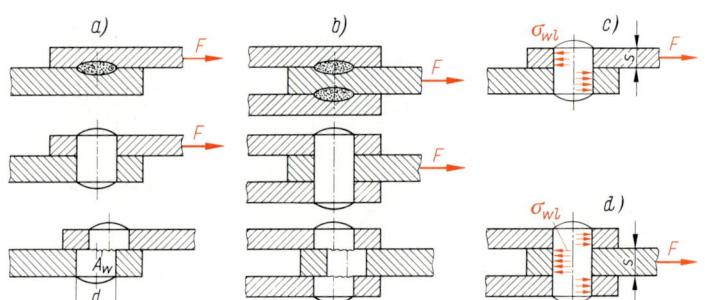

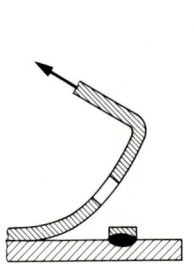

Bild 5.18 Ausknöpfen einer Punktschweißverbindung

Bild 5.19 Scher- und Leibungsbeanspruchung von Punktschweißverbindungen a) Abscheren einer einschnittigen Verbindung, b) Abscheren einer zweischnittigen Verbindung, c) Leibung einer einschnittigen Verbindung, d) Leibung einer zweischnittigen Verbindung

Wegen der Vorstellung der Schweißpunkte als Stifte wird auch eine Berechnung auf **Leibung** vorgenommen. Unter Leibung versteht man die Pressung der Lochwandung (Bild 5.19c). Ihr Betrag ergibt sich, indem man den auf eine Lochwandung entfallenden Kraftanteil F/n durch die in Kraftrichtung projizierte Fläche $d \cdot s$ des Loches dividiert. Bei verschieden dicken Teilen im Anschluß können daher auch unterschiedliche Leibungen auftreten, und die größte darf die zulässige nicht überschreiten.

$$\text{\textit{Leibung}} \quad \sigma_{\text{wl}} = \frac{F}{n \cdot d \cdot s} \tag{5.3}$$

σ_{wl}	in N/mm²	Leibung oder Leibungsdruck am Schweißpunkt,
d	in mm	Schweißpunktdurchmesser, ggf. nach Gl.5.1,
s	in mm	maßgebende Blechdicke (siehe Bild 5.19). Ist die Summe der Dicken der außenliegenden Teile kleiner als die Dicke des mittleren Teiles, so ist diese Summe für s einzusetzen.

Die zulässigen Spannungen für den Stahlleichtbau sind im oberen Teil der Tab. A 5.2 angegeben (Lastfälle H, HZ und ggf. HS siehe Abschnitt 4.7 Seite 70), unverbindliche Anhaltswerte für den Maschinen- und Gerätebau im unteren Teil.

Die einen Punkt beanspruchende Größtkraft in einem Momentenanschluß wird wie bei Nietanschlüssen (siehe die Bilder 8.14 Seite 132 und 8.15 Seite 133) ermittelt.

Wenn die Betriebskraft F nicht oder nur ungenau bekannt ist, wird auch so konstruiert, **daß die Punktschweißverbindung so haltbar wie das maßgebende der verschweißten Bauteile wird.** Um eine Schweißlinse abzuscheren, wäre eine Kraft $A_w \cdot \tau_{wB}$ erforderlich, wenn τ_{wB} die Scherfestigkeit der Schweißlinse darstellt. Bei $n \cdot m$ Schweißlinsen ist dann eine Kraft $F_{wB} = n \cdot m \cdot A_w \cdot \tau_{wB}$ erforderlich. Um das betr. Bauteil zu brechen, muß eine Kraft $F_B = S \cdot R_m$ aufgebracht werden, wenn S dessen zugbeanspruchte Querschnittsfläche und R_m die Zugfestigkeit des Werkstoffs darstellen. In diesem Falle gilt:

$$\text{\textit{Abscherkraft der Schweißverbindung}} \quad F_{wB} = n \cdot m \cdot A_w \cdot \tau_{wB} \approx S \cdot R_m = F_B \quad \text{\textit{Zugbruchkraft des Bauteils}} \tag{5.4}$$

F_{wB}	in N	Scherbruchkraft aller Schweißlinsen,
F_B	in N	Zugbruchkraft des Bauteils,
$n \cdot m$		Anzahl der Schweißlinsen im Anschluß,
A_w	in mm²	Querschnittsfläche $d^2 \cdot \pi/4$ einer Schweißlinse mit d ggf. nach Gl. 5.1,
S	in mm²	zugbeanspruchte Querschnittsfläche des Bauteils,
τ_{wB}	in N/mm²	Scherfestigkeit der Schweißlinsen,
R_m	in N/mm²	Zugfestigkeit des Bauteilwerkstoffs.

Falls die Scherfestigkeit τ_{wB} nicht durch Versuche bekannt sein sollte, kann erfahrungsgemäß $\tau_{wB} \approx 0{,}65\, R_m$ gesetzt werden. Eine Kontrolle von σ_{wl} ist dann nicht mehr erforderlich. Durch Freistellen von n aus der Gl. 5.4 läßt sich die erforderliche Anzahl von Schweißpunkten errechnen.

Bei der Punktschweißverbindung nach Bild 5.15 werden die **Schweißlinsen zugbeansprucht.** Da das Bauteil bei einer gewaltsamen Zerstörung über die „Stifte" hinweggeschoben werden würde, tritt an deren Mantelflächen $d \cdot \pi \cdot s$ eine Schubbeanspruchung auf. Wenn n Schweißpunkte die Betriebskraft F aufnehmen, beträgt die

$$\text{\textit{Schubspannung}} \quad \tau_{ws} = \frac{F}{n \cdot d \cdot \pi \cdot s} \tag{5.5}$$

mit s als kleinster Bauteildicke am Anschluß. Zulässige Schubspannungen siehe Tab. A 5.2. Derartige Anschlüsse sind jedoch möglichst zu vermeiden!

Beispiel 5.1

Bild 5.20 zeigt den Anschluß einer Schiene aus St 37 im Maschinenbau, der mit $F = 5{,}3$ kN schwellend beansprucht wird. Es ist rechnerisch zu untersuchen, ob die Verbindung ausreichend bemessen ist.

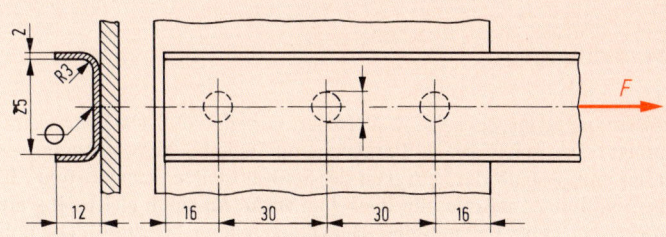

Bild 5.20 Durch Punktschweißen befestigte Schiene

Lösung:
Nach Gl.5.1 darf der Schweißpunktdurchmesser nicht größer als

$$d = \sqrt{25 \text{ mm} \cdot s_{min}} = \sqrt{25 \text{ mm} \cdot 2 \text{ mm}} \approx 7 \text{ mm}$$

in die Berechnung eingesetzt werden. Die Querschnittsfläche einer Schweißlinse beträgt dann
$A_w = (7 \text{ mm})^2 \cdot \pi/4 = 38,5 \text{ mm}^2$. Somit ergibt sich nach Gl.5.2 die Scherspannung

$$\tau_{wa} = \frac{F}{n \cdot m \cdot A_w} = \frac{5300 \text{ N}}{3 \cdot 1 \cdot 38,5 \text{ mm}^2} = 45,9 \text{ N/mm}^2.$$

Nach Tab. A 5.2 ist $\tau_{wa\,zul} \approx 60 \text{ N/mm}^2$ (bei $R_m = 370 \text{ N/mm}^2$).

Nach Gl.5.3 beträgt die Leibung

$$\sigma_{wl} = \frac{F}{n \cdot d \cdot s} = \frac{5300 \text{ N}}{3 \cdot 7 \text{ mm} \cdot 2 \text{ mm}} = 126,2 \text{ N/mm}^2,$$

die $\sigma_{wl\,zul} \approx 160 \text{ N/mm}^2$ (aus Tab. A 5.2) nicht überschreitet. Die Verbindung ist also ausreichend bemessen.

Beispiel 5.2

Wieviele Schweißpunkte müßten für die Verbindung nach Bild 5.20 vorgesehen werden, damit sie die gleiche Bruchkraft besitzt wie das Bauteil?

Lösung:
Die Scherfestigkeit der Schweißpunkte beträgt $\tau_{wB} \approx 0,65 R_m = 0,65 \cdot 370 \text{ N/mm}^2 \approx 240 \text{ N/mm}^2$, der volle Bauteilquerschnitt ist $S = (19 \text{ mm} + 2 \cdot 7 \text{ mm} + 4 \text{ mm} \cdot \pi) \, 2 \text{ mm} = 91,1 \text{ mm}^2$. Gemäß Gl.5.4 errechnet sich die erforderliche Anzahl von Schweißpunkten zu

$$n = \frac{S \cdot R_m}{A_w \cdot \tau_{wB} \cdot m} = \frac{91,1 \text{ mm}^2 \cdot 370 \text{ N/mm}^2}{38,5 \text{ mm}^2 \cdot 240 \text{ N/mm}^2 \cdot 1} = 3,65.$$

In diesem Falle müßten also 4 Schweißpunkte angeordnet werden.

Beispiel 5.3

Eine Punktschweißverbindung nach Bild 5.15 aus St 2 03 LG (LG = leicht nachgewalzt) DIN 1624 mit mindestens $R_m = 270 \text{ N/mm}^2$, $n = 2$ Punkten von $d = 10 \text{ mm}$ und einer Blechdicke $s = 4 \text{ mm}$ soll mit einer wechselnd wirkenden Kraft F beansprucht werden. Wie groß darf die Kraft F höchstens sein?

Lösung:
Nach Gl.5.1 darf der rechnerische Schweißpunktdurchmesser nicht größer als

$$d = \sqrt{25 \text{ mm} \cdot s_{min}} = \sqrt{25 \text{ mm} \cdot 4 \text{ mm}} = 10 \text{ mm}$$

sein. Nach Tab. A 5.2 beträgt die zulässige Schubspannung $\tau_{ws\,zul} \approx 55 \text{ N/min}^2$. Die nach F umgeformte Gl.5.5 ergibt:

$$F_{zul} = n \cdot d \cdot \pi \cdot s \cdot \tau_{ws\,zul} = 2 \cdot 10 \text{ mm} \cdot \pi \cdot 4 \text{ mm} \cdot 55 \text{ N/mm}^2 = 13\,823 \text{ N} \approx 13,8 \text{ kN}.$$

5.3   Buckelschweißverbindungen

Gegenüber dem Punktschweißen bietet das Buckelschweißen den Vorteil, daß Schweißstrom und Elektrodenkraft durch die punkt- oder linienförmige Berührung der Teile bei Schweißbeginn auf die Buckel konzentriert werden und deshalb die Festigkeit der Schweißstellen weniger streut. Im Gegensatz zu Punktschweißverbindungen **müssen alle Buckel an einem Anschluß gleichzeitig niedergeschweißt werden** (Vielbuckelschweißen bei mehreren Buckeln an einem Anschluß). Die übliche Ausbildung von Buckeln zeigt Bild 5.21, die Abmessungen verschiedener Buckel Tab. A 5.3.

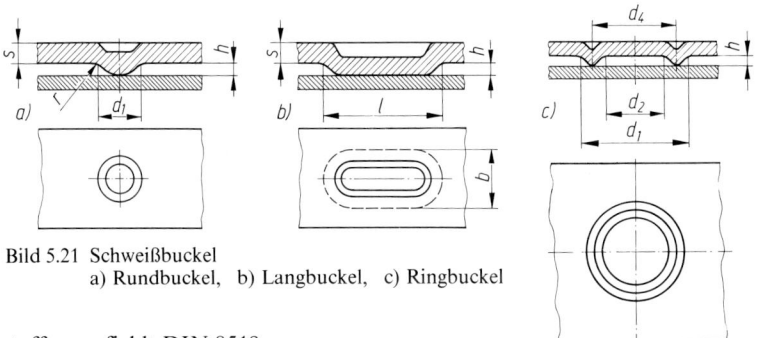

Bild 5.21 Schweißbuckel
a) Rundbuckel, b) Langbuckel, c) Ringbuckel

Als Werkstoffe empfiehlt DIN 8519:

DIN 17100: USt 37-2, RSt 37-2, St 37-3
DIN 17200: C 22, Ck 22
DIN 17210: C 10, C 15, Ck 10, Ck 15

DIN 1623: St 12, USt 13, RRSt 13, St 14
DIN 1624: St 2, St 3, St 4
DIN 1629: St 37.0

Bereits bei der Herstellung der Teile werden die Buckel eingedrückt (Bild 5.22), angeschmiedet oder angegossen. Die Buckelschweißung kann besonders vorteilhaft angewendet werden, wenn ohnehin eine Umformung der Teile vor dem Verschweißen erforderlich ist und bei der Umformung die Buckel ohne zusätzliche Kosten angebracht werden können. Hierzu wird auf die Schweißmuttern DIN 928 und 929 (Bild 10.13) hingewiesen, die an einer Stirnfläche 3 oder 4 Warzen zum Buckelschweißen auf Bleche besitzen. Für Rundbuckel siehe auch DIN EN 28 167 (enthält ISO 8167), die DIN 8519 (neuer Entwurf 09.92) teilweise ersetzt.

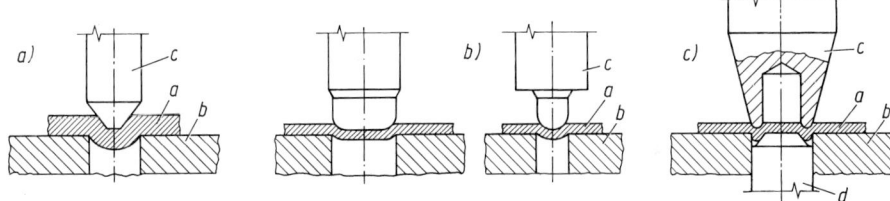

Bild 5.22 Herstellung von Buckeln nach DIN 8519
a) Rundbuckel, b) Langbuckel, c) Ringbuckel
a Blech, b Lochplatte, c Stempel, d eingesetzter Gegenstempel

Handelt es sich um Teile mit stark unterschiedlichem Volumen, so sieht man die Buckel auf dem volumengrößeren Teil vor, sonst im dickeren der beiden Teile. Wenn nur eines der beiden Teile umgeformt wird, dann erhält dieses die Buckel. Ringbuckel nach Bild 5.21 c sind bei dünnen Blechen vorteilhaft, da sie deren Steifigkeit erhöhen. Verbindungsmöglichkeiten von senkrecht zueinander stehenden Teilen zeigt Bild 5.23, von Blechen und Formteilen mit Rohren Bild 5.24.

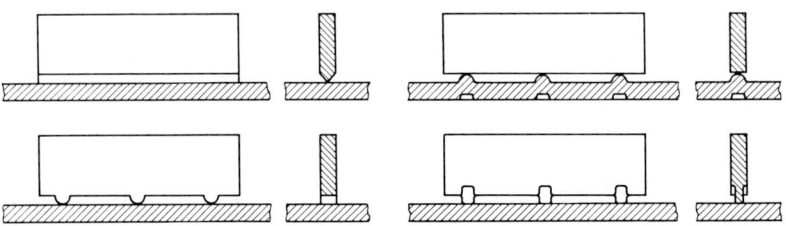

Bild 5.23 Buckel an senkrecht zueinander stehenden Teilen

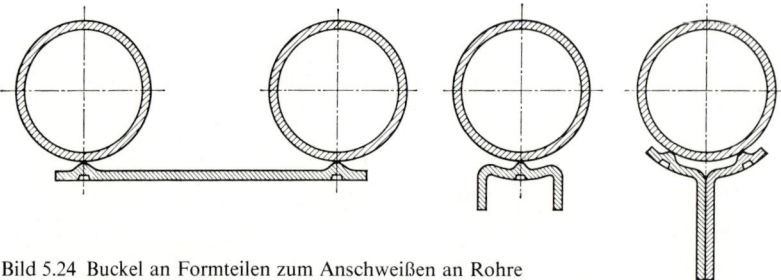

Bild 5.24 Buckel an Formteilen zum Anschweißen an Rohre

Die **Festigkeitsberechnung** ist dieselbe wie bei den Punktschweißverbindungen, d.h. es gelten die Gln. 5.2 bis 5.5 (die Gl. 5.1 ist nicht anzuwenden!), wobei die Schnittzahl $m = 1$ zu setzen ist. Als Querschnittsflächen der Schweißlinsen sind einzusetzen bei

$$\text{Rundbuckeln } A_w = d_1^2 \cdot \pi/4, \qquad \text{Langbuckeln } A_w \approx (l - 0,5\ b)\ b,$$

$$\text{Ringbuckeln } A_w = (d_1^2 - d_2^2)\ \pi/4$$

Die zulässigen Spannungen sind dem unteren Teil der Tab. A 5.2 zu entnehmen.

Beispiel 5.4

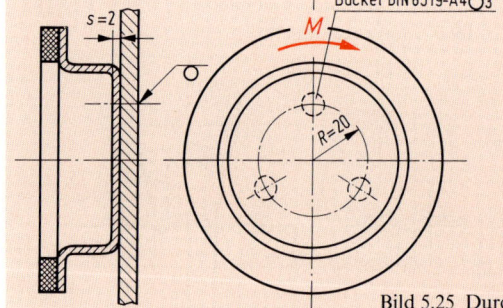

Der in Bild 5.25 gezeigte Topf aus St 12 05 DIN 1623 mit mindestens $R_m = 270$ N/mm² dient zur Aufnahme des Belages einer Reibbremse und soll mit $n = 3$ Buckeln von $d_1 = 4$ mm auf seine Unterlage geschweißt werden. Er hat ein schwellendes Drehmoment $M = 50$ Nm aufzunehmen. Genügt die Verbindung den Anforderungen?

Bild 5.25 Durch Buckelschweißen befestigter Reibbelagträger

Lösung:
Die von den Schweißlinsen aufzunehmende Umfangskraft beträgt

$$F = \frac{M}{R} = \frac{50\,000\ \text{Nmm}}{20\ \text{mm}} = 2500\ \text{N},$$

die Querschnittsfläche einer Schweißlinse $A_w = d_1^2 \cdot \pi/4 = (4\ \text{mm})^2 \cdot \pi/4 = 12,6\ \text{mm}^2$. Nach Gl. 5.2 ist

$$\tau_{wa} = \frac{F}{n \cdot m \cdot A_w} = \frac{2500\ \text{N}}{3 \cdot 1 \cdot 12,6\ \text{mm}^2} = 66\ \text{N/mm}^2,$$

die größer als $\tau_{wa\,zul} \approx 45$ N/mm² (aus Tab. A 5.2) ist. Nach Gl. 5.3 ist

$$\sigma_{wl} = \frac{F}{n \cdot d \cdot s} = \frac{2500\ \text{N}}{3 \cdot 4\ \text{mm} \cdot 2\ \text{mm}} = 104\ \text{N/mm}^2,$$

die $\sigma_{wl\,zul} \approx 120$ N/mm² nicht überschreitet.

Die Verbindung ist also nicht ausreichend bemessen. Es müßten $n = 4$ Punkte (Buckel) oder Buckel A 5 vorgesehen werden.

5.4 Abbrenn-Stumpfschweißverbindungen

Ein besonderer Vorteil der Abbrennstumpfschweißung ist die Festigkeit der Schweißstelle von 90 ... 100% der Bauteilfestigkeit. Man wendet das Verfahren an, wenn sich mit ihm wesentliche Einsparungen an Werkstoff erzielen lassen oder eine einfache, billige Gestaltung gegenüber aus einem Stück hergestellten Teilen möglich ist. Die Querschnitte der zu schweißenden Teile können bis etwa 1000 cm² groß sein.

Das Verfahren wird zum Zusammenschweißen von Rund- und Profilstählen sowie Blechen angewendet. Das Verschweißen von Einzelteilen zu verwickelt geformten Werkstücken wie Kurbelwellen, Hebel, Ziehteile u. dgl. wird oftmals besonders wirtschaftlich. Einige Beispiele zeigen die Bilder 5.26 bis 5.28.

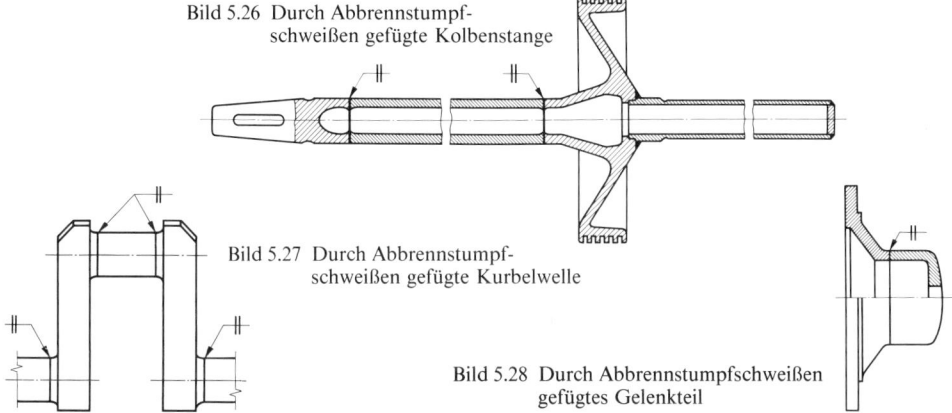

Bild 5.26 Durch Abbrennstumpfschweißen gefügte Kolbenstange

Bild 5.27 Durch Abbrennstumpfschweißen gefügte Kurbelwelle

Bild 5.28 Durch Abbrennstumpfschweißen
gefügtes Gelenkteil

5.5 Schweißen von Kunststoffen

Thermoplastische Kunststoffe (Thermoplaste) lassen sich im teigigen Zustand schweißen. Bei Verflüssigung besteht die Gefahr des Zersetzens. Deshalb muß stets unter Anwendung von Kraft geschweißt werden. Das Schweißen lohnt sich nur, wenn die Stückzahl für gepreßte Formmassen zu gering und damit unwirtschaftlich wäre. Thermoplaste werden wie Metalle in Tafeln, Flach- und Rundstäben sowie Rohren geliefert. Wie beim Metallschweißen können Nähte auch mit Zusatzwerkstoffen in Form von Schweißstäben gezogen werden, sogar in mehreren Lagen übereinander.

Nach DIN 1910 gibt es folgende, hier nicht vollständig aufgeführte Verfahren:

1. Heizelementschweißen
Die Werkstücke werden an den Stoßflächen mit einem Heizelement erwärmt und unter Anwendung von Kraft ohne oder mit Schweißzusatz geschweißt. Die Kraft wird von Hand, mechanisch oder durch Preßsitz bzw. infolge Wärmedehnung der Werkstücke aufgebracht. Je nach der Lage des Heizelementes unterscheidet man zwischen direktem und indirektem Heizelementschweißen:

1.1 Direktes Heizelementschweißen: Erwärmt wird mit dem Heizelement durch Wärmeleitung oder Wärmestrahlung. Das Heizelement ist auf der Stoßflächenseite der Werkstücke angeordnet. Bild 5.29 veranschaulicht das Stumpfschweißen, Bild 5.30 das Nutschweißen, Bild 5.31 das Schwenkbiegeschweißen, Bild 5.32 das Muffenschweißen, Bild 5.33 das Heizkeilschweißen.

1.2 Indirektes Heizelementschweißen: Erwärmt wird durch die Werkstücke hindurch. Das Heizelement ist auf der der Stoßfläche gegenüberliegenden Seite des Werkstücks angeordnet.

Bild 5.34 veranschaulicht das Wärmeimpulsschweißen (das Heizelement ist nur während des Erwärmens beheizt. Die Kraft wirkt auch während des Abkühlens).

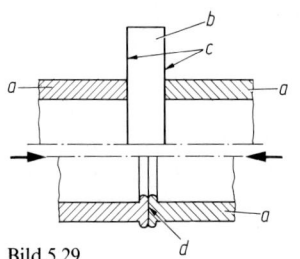

a Werkstück,
b Heizelement,
c Nutzfläche,
d Schweißnaht

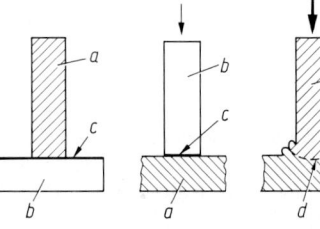

Bild 5.29
Heizelementstumpfschweißen nach DIN 1910

Wärmen   Warmeindrücken   Schweißen
Bild 5.30 Heizelementnutschweißen nach DIN 1910

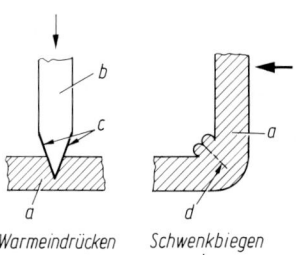

*Warmeindrücken   Schwenkbiegen
                   +
                   Schweißen*
Bild 5.31
Heizelement-Schwenkbiegeschweißen
nach DIN 1910
a Werkstück   c Nutzfläche
b Heizelement   d Schweißnaht

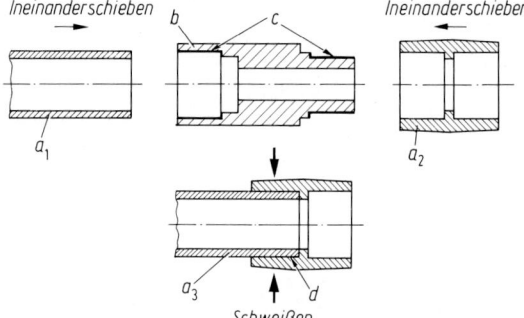

Schweißen
Bild 5.32 Heizelement-Muffenschweißen nach DIN 1910
a₁ Rohr-Werkstück   b Heizelement
a₂ Muffen-Werkstück   c Nutzfläche
a₃ fertiges Schweißteil d Schweißnaht

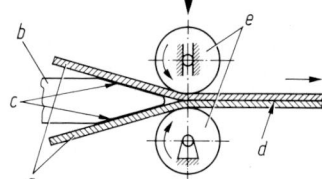

Bild 5.33 Heizkeilschweißen
           nach DIN 1910
           a Werkstück   d Schweißnaht
           b Heizkeil   e Transport- und
           c Nutzfläche   Andrückrollen

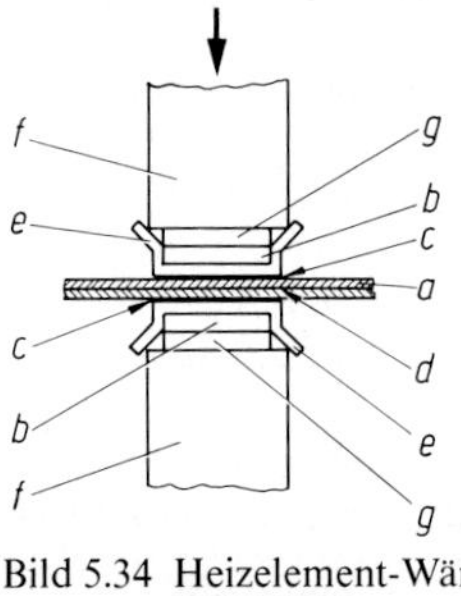

a Werkstück
b Heizelement
c Nutzfläche
d Schweißnaht
e Trennfolie
f Stempel
g elastische Wärme-
  isolierung

Bild 5.34 Heizelement-Wärmeimpulsschweißen nach
           DIN 1910

2. Warmgasschweißen

Die Werkstücke werden an den Stoßflächen mit warmem Gas erwärmt und unter Anwendung von Kraft mit oder ohne Schweißzusatz geschweißt. Die Kraft wird von Hand oder mechanisch aufgebracht. Bild 5.35 veranschaulicht das Fächelschweißen (die Schweißdüse wird fächelnd zwischen den Werkstücken und dem Schweißzusatz geführt, die Kraft über den Schweißzusatz aufgebracht), Bild 5.36 das Ziehschweißen (der Schweißzusatz wird im Schweißgerät geführt und vorgewärmt, die Kraft über das Schweißgerät oder ein Werkzeug aufgebracht), Bild 5.37 das Überlappschweißen (die Schweißdüse wird zwischen den Stoßflächen der sich überlappenden Werkstücke geführt, Schweißzusatz wird nicht verwendet, die Kraft mit der Hand oder über ein Werkzeug aufgebracht).

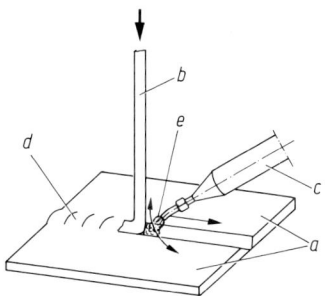 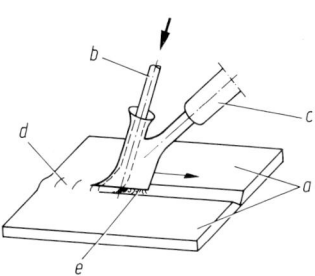

Bild 5.35 Warmgas-Fächelschweißen nach DIN 1910   Bild 5.36 Warmgas-Ziehschweißen nach DIN 1910
a Werkstück, b Schweißzusatz, c Schweißgerät, e Warmgas

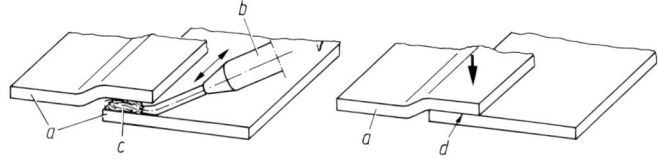

Bild 5.37 Warmgas-Überlappschweißen nach DIN 1910
a Werkstück, b Schweißgerät mit Flachdüse, c Warmgas, d Schweißnaht

3. Lichtstrahlschweißen
Die Werkstücke werden an den Stoßflächen durch gebündelte nicht kohärente Strahlung eines Frequenzbandes erwärmt und unter Anwendung von Kraft mit oder ohne Schweißzusatz geschweißt.
4. Ultraschallschweißen
Die Werkstücke werden an den Stoßflächen vorzugsweise ohne Schweißzusatz durch Einwirkung von Ultraschall erwärmt und unter Anwendung von Kraft geschweißt.
5. Reibschweißen
Die Werkstücke werden an den Stoßflächen durch Reibung erwärmt und unter Anwendung von Kraft vorzugsweise ohne Schweißzusatz geschweißt. Die Wärme kann durch Relativbewegung der Werkstücke zueinander oder von einem Reibelement erzeugt werden.
6. Hochfrequenzschweißen
Die Werkstücke werden an den Stoßflächen zwischen den aufliegenden Elektroden in einem elektrischen Wechselfeld hoher Frequenz erwärmt und unter Anwendung von Kraft ohne oder mit Schweißzusatz geschweißt. Die Kraft wird mechanisch aufgebracht.

Ein wichtiger Kunststoff ist das **Polyvinylchlorid PVC** hart und weich. Die Schweißverfahren für dieses Thermoplast entsprechen denen nach DIN 1910. Eigenschaften von Tafeln aus PVC hart siehe DIN 16927.

Literaturhinweise

Bachmann/Lohkamp/Strobl: Maschinenelemente. Vogel-Verlag Würzburg 1982.
Beitz, W. und *K. H. Hüttner:* Dubbel, Taschenbuch für den Maschinenbau. Springer-Verlag 1990.
Köhler, G. und *H. Rögnitz:* Maschinenteile. Teubner-Verlag Stuttgart 1981.
Niemann, G.: Maschinenelemente. Springer-Verlag 1981.
Radaj, D.: Strukturspannungserhöhung an Punktschweißverbindungen. Z. Konstruktion 38/1986.
Roloff/Matek: Maschinenelemente. Vieweg-Verlag Braunschweig 1992.
Steinhilper, W. und *R. Röper:* Maschinen- und Konstruktionselemente. Springer-Verlag 1986.

6 Lötverbindungen

Löten ist das Vereinigen von metallischen Werkstoffen (den Fügeteilwerkstoffen) durch schmelzende Zulegestoffe (Lote), deren Schmelzpunkt unter dem der Fügeteilwerkstoffe (Bauteilwerkstoffe) liegt. Gelötet werden beispielsweise Stahlrahmen, Kraftfahrzeugkühler, Karosserien, Kleinbehälter, Stahlleichtbauten, Maschinen- und Geräteteile.
Vorteile: Es lassen sich verschiedenartige Metalle miteinander verbinden und auch an Stellen, die für andere Verbindungsverfahren unzugänglich sind. Wegen der relativ niedrigen Arbeitstemperaturen sind Gefügeschädigungen der Fügeteilwerkstoffe oder Zerstörungen metallischer Oberflächenschutzschichten nicht zu befürchten. Die Bauteile werden nicht wie bei den Nietverbindungen durch Löcher geschwächt, die hohe Kerbwirkungen hervorrufen. Nachteile: Große Lötstellen sind unwirtschaftlich, da sie erhebliche Mengen des teuren Lotes erfordern. Besonders bei Aluminiumbauteilen besteht die Gefahr einer elektrolytischen Zerstörung der Lötstellen, weil zwischen dem Fügeteilwerkstoff und den Legierungsbestandteilen des Lotes ein großer Abstand in der Spannungsreihe der Elemente besteht. Flußmittelreste können zu einer chemischen Reaktion und damit zur Korrosion führen. Die Festigkeit von Lötverbindungen ist wesentlich geringer als die von Schweißverbindungen.

6.1 Verfahren, Lote

Es wird zwischen **Weich-** und **Hartlöten** unterschieden. Beim Weichlöten schmilzt das Lot unterhalb von etwa 450 °C, beim Hartlöten oberhalb von etwa 450 °C. Beim Hartlöten mit einer Schmelztemperatur des Lotes über 900 °C spricht man vom **Hochtemperaturlöten**.

Nach DIN 8505 versteht man unter dem **Schmelzbereich** eines Lotes den Temperaturbereich vom Beginn des Schmelzens (Solidustemperatur) bis zur vollständigen Verflüssigung (Liquidustemperatur). Die **Arbeitstemperatur** ist die niedrigste Oberflächentemperatur an der Lötstelle, bei der das Lot benetzt oder sich durch Grenzflächendiffusion eine flüssige Phase bildet. Die **Löttemperatur** ist die an der Lötstelle herrschende Temperatur. Sie liegt oberhalb der Arbeitstemperatur.

Die Erwärmung bewirkt eine Beschleunigung der Atome. Über die Grenzfläche Lot/Fügeteilwerkstoff findet ein Platzwechsel und damit eine Diffusion (ein Anlegieren) statt. Deshalb müssen die Lötflächen möglichst glatt (Rauhtiefe nicht über 20 μm) und gut gereinigt sein. Damit noch vorhandene Oberflächenfilme beseitigt werden und das Lot die Lötfläche gut benetzen kann, werden Flußmittel (DIN 8511) benutzt. Auch Schutzgase werden verwendet, die eine Oxidation der Lötflächen vor dem Erreichen der Arbeitstemperatur verhindern oder reduzieren.

Bemerkungen zum **Weichlöten** nach DIN 8505: Die überwiegende Anzahl der Weichlote ist auf Zinn- und/oder Bleibasis aufgebaut (DIN EN 29453, Ersatz für DIN 1707). Für spezielle Anwendungsfälle gibt es Sonderweichlote, z. B. für das Weichlöten von Leichtmetallen, für das Weichlöten von Bauteilen für niedrige oder höhere Betriebstemperaturen und anderes.
Weichlöten und Beschichten mit Weichloten wird üblicherweise unter Verwendung von Flußmitteln vorgenommen. Bezüglich der Kombinationsmöglichkeiten zwischen Schwermetall und Leichtmetallen bestehen nur wenige Einschränkungen, sofern vor allem die Flußmittel in geeigneter Weise ausgewählt werden (DIN EN 29454, Ersatz für DIN 8511 T2).
Bei Weichlötverbindungen stehen dichtende und/oder elektrisch leitende Eigenschaften im Vordergrund. Wenn Festigkeitsanforderungen wie im Rohrleitungsbau erfüllt werden müssen, sind entspr. konstruktive Maßnahmen zu treffen.

Die niedrigen Arbeitstemperaturen erfordern eine geringe Wärmeeinbringung in die zu lötenden Teile. Die Erwärmungsprozesse sind daher meistens unproblematisch, gut steuerbar und mechanisierbar.

Die wichtigsten **Weichlötverfahren** nach DIN 8505 sind:

1. **Kolbenlöten WL-KO** ist das Erwärmen der Lötstelle und das Abschmelzen des Lotes mit einem von Hand oder maschinell geführten Lötkolben. Unter Zuhilfenahme von Flußmittel werden beide Verbindungspartner mit dem Lot auf Arbeitstemperatur gebracht, bevor der eigentliche Lötvorgang beginnen kann.
2. **Lotbadlöten WL-LO.** Die Verbindungspartner werden in ein Bad aus flüssigem Lot getaucht.
3. **Flammlöten WL-FL.** Die Erwärmung wird durch die Verbrennung eines Brenngases erzielt. Die Flamme darf jedoch nicht direkt auf die mit Flußmittel versehene Lötstelle gerichtet sein, da sonst eine Flußmittelschädigung erfolgt. Das Lot wird eingelegt oder bei Erreichen der Löttemperatur zugeführt (Bild 6.1).

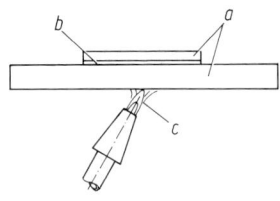

Bild 6.1 Flammlöten
a Werkstück, b Flußmittel und Lot,
c Flamme

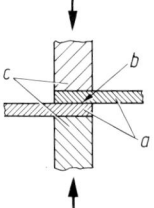

Bild 6.2 Widerstandslöten
a Werkstück, z. B. verzinntes Kupferband,
b Lötnaht, c Elektroden

4. **Warmgaslöten WL-WG.** Angesaugte Luft wird über einer elektrischen Heizung erwärmt und durch ein Düsensystem geblasen. Nach dem Aufbringen des Flußmittels wird das Lot eingelegt oder bei Erreichen der Löttemperatur zugeführt.
5. **Löten im Gasofen WL-GA.** Das Lötteil wird in der gasbeheizten Ofenkammer erwärmt. Lot und Flußmittel werden vorher zugegeben.
6. **Lichtstrahllöten WL-LI.** Im Brennpunkt eines halbelliptischen Spiegels befindet sich eine Strahlungsquelle. Die ausgesandten Strahlen werden in einem zweiten Brennpunkt scharf gebündelt und treffen dort auf das Werkstück. Die meisten metallischen Werkstücke reflektieren einen Teil der einfallenden Strahlen an ihrer Oberfläche, der andere Teil wird in einer Tiefe von einigen Mikrometern in Wärme umgesetzt. Lot und Flußmittel werden vorher zugegeben.
7. **Induktionslöten an Luft WL-IL.** Hierbei wird die Erzeugung von Wärme in einem Lötteil durch einen induzierten Wechselstrom im Bereich der Oberfläche des Lötteils erlangt. Das Lot wird eingelegt oder nach Erreichen der Löttemperatur zugeführt. Das Lötteil ist vorher mit Flußmittel behandelt.
8. **Widerstandslöten WL-WD.** Es wird die durch Kontaktieren (Kontaktgeben) und Anlegen einer Spannung an die Lötstelle die beim Stromdurchgang oder -übergang erzeugte Wärme zum Löten benutzt (Bild 6.2). Für die Erwärmung ist der elektrische Widerstand an den Übergangsstellen und der Elektroden und Werkstücke maßgebend. Typische Elektrodenwerkstoffe sind Kohle, Wolfram, Molybdän und Kupferlegierungen. Lot und Flußmittel werden vorher zugegeben.
9. **Ofenlöten mit Flußmittel WL-OF.** Die zu lötenden Teile werden in einer Ofenkammer von elektrischen Heizelementen durch Wärmeleitung, Strahlung und Konvektion erwärmt. Sie werden vorher mit Lot und Flußmittel bestückt bzw. behandelt. Das Verfahren eignet sich für die Mengenfertigung von kleinen bis mittelgroßen Teilen. Die Teile werden in ihrer Lage fixiert. Es können Lotformteile verwendet werden.

Bemerkungen zum Hartlöten nach DIN 8505:
Die Hartlote nach DIN 8513 für Schwermetalle sind überwiegend kupferhaltige, oft auch edelmetallhaltige Nichteisenmetallegierungen. Außer den Standard-Hartloten für eine breitgefächerte Verwendung gibt es verschiedene Gruppen von Spezial-Hartloten mit speziellen Eigenschaften für gezielte vorgegebene Einsatzgebiete. Für Leichtmetalle stehen Aluminium/Silicium-Hartlote zur Verfügung.

Hartlöten wird üblicherweise unter Verwendung von Flußmitteln (DIN 8511) vorgenommen, wobei die technisch gebräuchlichen Schwermetalle mit sich selbst und nahezu beliebiger Kombination untereinander verbunden werden können. Leichtmetalle werden untereinander hartgelötet. Das flußmittelfreie Hartlöten ist beschränkt auf Kupfer als Grundwerkstoff mit phosphorhaltigen Hartloten.

Die Festigkeit hartgelöteter Verbindungen hängt in erster Linie von der lötgerechten Konstruktion und dem angewandten Verfahren ab. Sie erreicht in vielen Fällen die Festigkeit der Grundwerkstoffe.

Für die Auswahl geeigneter Wärmequellen steht ein breites Energieträger-Angebot zur Verfügung. Flamm- und Induktionserwärmung stehen dabei im Vordergrund. Sie erlauben bevorzugt eine Mechanisierung des Lötvorganges.

Das Ofenlöten ohne Flußmittel bei Löttemperaturen unter 900 °C hat bei Schwermetallen nur eine begrenzte, bei Leichtmetallen dagegen eine erhebliche Bedeutung.

Die wichtigsten **Hartlötverfahren** sind:
1. **Lotbadlöten HL-LO** ist das Erwärmen der zu lötenden Teile durch Eintauchen in ein Bad aus geschmolzenem Lot. Phosphorhaltige Hartlote benötigen keine Flußmittelabdeckung, bei anderen Hartloten ist eine Flußmittelabdeckung des Lotbades erforderlich, auch die zu lötenden Werkstücke müssen dann im allgemeinen vor dem Eintauchen mit Flußmittel versehen werden.

2. **Flammlöten HL-FL.** Als Wärmequelle dient ein gasbetriebener Brenner. Unterteilt in **Spaltlöten** (Bild 6.3) mit oder ohne Flußmittel. Beim mechanisierten bzw. automatisierten Löten (Bild 6.4) wird meistens das zu lötende Werkstück bewegt. Brenngase sind Acetylen, Propan, Wasserstoff oder Erdgas, zusammen mit Sauerstoff, Druckluft oder angesaugter Luft. **Fugenlöten** mit Flußmittel (Bild 6.5) ist eine dem Gasschweißen ähnliche Arbeitsweise. Es wird ein Brenner mit Acetylen/Sauerstoff-Flamme benutzt.

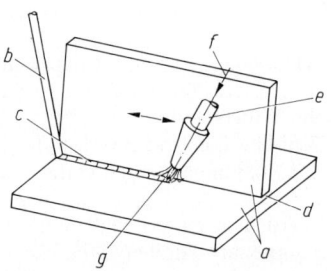

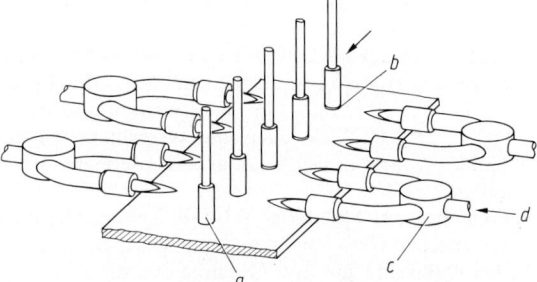

Bild 6.3 Spaltlöten mit Einzelbrenner
(Brenner bewegt, Werkstück fest)
a Werkstück   d Lötspalt
b Lot   e Brenner
c Lötnaht   f Brenngasgemisch

Bild 6.4 Spaltlöten mit Flammfeldbrenner
(Brenner fest, Werkstück bewegt)
a Werkstück   c Flammfeldbrenner
b Lot   d Brenngasgemisch

3. Lichtbogenlöten HL-LB. Die auf Oberflächenbereiche beschränkte rasche Erwärmung auf Löttemperatur zum Fugenlöten oder Beschichten erfolgt durch Einwirken eines Lichtbogens, der zwischen einer nicht abschmelzenden Elektrode und dem Werkstück brennt. Das Lot wird stromlos in geeignetem Abstand hinter oder neben dem Lichtbogen hervorgezogen (Bild 6.6).

4. Lichtstrahllöten HL-LI. Hierbei wird die Erwärmung durch Absorption von Strahlung im sichtbaren Bereich erzeugt. Es kann an Luft mit Flußmittel unter Gasabdeckung im Schutzgas oder Vakuum gelötet werden.

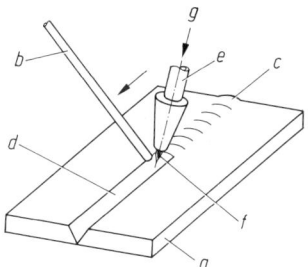

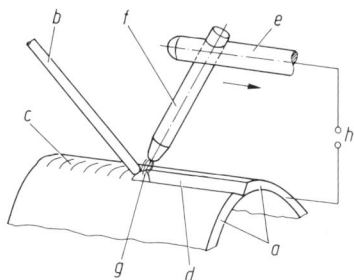

Bild 6.5 Fugenlöten nach DIN 1910
  a Werkstücke   d Lötfuge
  b Lot   e Brenner
  c Lötnaht   f spitze Flamme

Bild 6.6 Fugenlöten mit Kohle-Lichtbogen nach DIN 1910
  a Werkstücke   e Stabelektrodenhalter
  b Hartlot   f Kohleelektrode
  c Lötnaht   g Lichtbogen
  d Lötfuge   h Stromquelle

5. Laserstrahllöten HL-LA. Die Wärme wird durch Absorption energetischer monochromatischer Strahlung erzeugt.

6. Induktionslöten an Luft HL-IL. Die erforderliche Wärme wird durch einen in den zu lötenden Teilen induzierten Wechselstrom erzeugt. Üblicherweise wird an der Luft mit Flußmittel gearbeitet, der Einsatz von schutzgasdurchströmten Abdeckhauben ist möglich.

7. Widerstandslöten HL-WD. Die Wärme wird durch den elektrischen Widerstand in den zu lötenden Teilen an der Lötstelle erzeugt (Joulesche Wärme). Man unterscheidet das indirekte Widerstandslöten nach Bild 6.7 (Strom fließt nicht über die Lötstelle) und das direkte Widerstandslöten nach Bild 6.8 (Strom fließt über die Lötstelle).

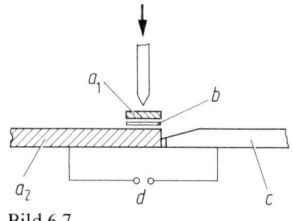

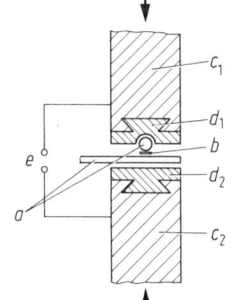

Bild 6.7
Indirektes Widerstandslöten nach DIN 1910
a_1 Werkstück, z. B. Hartmetall
a_2 Werkstück, z. B. Trägerstahl
b Lot und Flußmittel
c Kupferelektrode
d Stromquelle

a Werkstücke
b Lot und Flußmittel
c_1 Elektrode (Träger)
c_2 Gegenelektrode (Träger)
d_1 geformte Elektrodenspitze (Kohle)
d_2 Elektrodenspitze (Kohle, Wolfram)

Bild 6.8 Direktes Widerstandslöten nach DIN 1910

8. Ofenlöten
mit Flußmittel HL-OF: die zu lötenden Teile werden in einer durch elektrische Heizelemente beheizten Ofenkammer vorwiegend durch Wärmestrahlung sowie auch durch Konvektion der heißen Ofengase erwärmt. Die zu lötenden Teile müssen gegenseitig fixiert und neben Flußmittel mit Lot als Draht oder Blechformteil bzw. Lotpulver oder mit einer flußmittelhaltigen Lotpaste versehen werden. Zusätzlich kann ein Schutzgas verwendet werden. Dadurch soll ein Verzundern bzw. Oxidieren der ungeschützten Werkstückoberfläche verhindert werden.
in reduzierendem Schutzgas HL-OR, in inertem Schutzgas HL-OL oder im Vakuum HL-OV. Bei HL-OV wird ohne Flußmittel gelötet.

Bemerkungen zum **Hochtemperaturlöten** nach DIN 8505: Die meistens verwendeten Lote sind Nickel-Basislote, Gold-Nickel- und andere Edelmetallote sowie Kupfer- und Kupferbasislote. Für Sonderwerkstoffe werden u.a. Lote auf Titan-, Zirconium-, Cobalt- und Niobbasis verwendet. Der Anwendungsschwerpunkt liegt beim Fügen von Stählen, Nickel- und Cobaltlegierungen.

Es wird flußmittelfrei im Vakuum oder in einer Schutzgasatmosphäre gelötet. Man erreicht damit hohe Füllgrade mit geringen Poren- und Lunkeranteilen bei guter Benetzung auf sauberen und anlauffarbenfreien Werkstückoberflächen. Die Festigkeit der gelöteten Verbindungen erreicht oftmals die Festigkeit der Grundwerkstoffe.

Die wichtigsten **Hochtemperaturlötverfahren** nach DIN 8505 sind:

1. Laserstrahllöten HTL-LA. Die Lötstelle wird in einer Vakuum- oder Schutzgasatmosphäre durch den Laserstrahl erwärmt. Es können hohe Leistungsdichten bei minimalen Wärmeeinbringflächen erzielt werden, die auch höchstschmelzende Sondermetall-Lote zum Schmelzen bringen.

2. Elektronenstrahllöten HTL-EB: Aufgrund der hohen Energiedichte können an großen Bauteilen begrenzte Lötstellen auf Löttemperatur bei geringer thermischer Beeinflussung der Umgebung erwärmt werden.

3. Induktionslöten
in reduziertem Schutzgas HTL-IR: die Wärme wird durch einen im zu lötenden Teil induzierten Wechselstrom erzeugt. Schutzgas ist üblicherweise Wasserstoff. Die reduzierte Wirkung des Schutzgases muß auf Grundwerkstoff und Lot abgestimmt sein.
in inertem Schutzgas HTL-II: Als Schutzgas kommen Helium oder Argon, z.T. auch Stickstoff in Betracht.
im Vakuum HTL-IV: Es kommen nur Lote und Grundwerkstoffe mit niedrigen Verdampfungsdrücken zum Einsatz.

4. Ofenlöten
in reduziertem Schutzgas HTL-OR, in inertem Schutzgas HTL-OI oder im Vakuum HTL-OV.

Weichlote für Schwermetalle und für Aluminium siehe DIN EN 29453. Bezeichnungsbeispiel für ein Blei-Zinn-Lot, antimonhaltig: S-Pb78Sn20Sb2 (rund 20% Zinn).
Hartlote und deren Arbeitstemperaturen nach DIN 8513 sind in Tab. 6.1 aufgeführt. Sie dienen vorwiegend zum Löten von Eisen-, Kupfer- und Nickelwerkstoffen, aber auch für andere Schwer- und Edelmetalle, die Aluminiumbasislote für Aluminium und dessen Legierungen (Näheres siehe DIN 8513). Die Nickelbasislote sind zum Hochtemperaturlöten vorgesehen. Die Zahl (1 bis 8) gibt nicht den Gewichtsanteil des Nickels an, während bei allen anderen die Zahl hinter dem Elementkennzeichen den Anteil in Gewichtsprozenten des betr. Metalles angibt, z.B. hat das Lot L-Ag34Sn einen Anteil von 34% Silber. Auch nicht genormte Lote befinden sich im Handel, z.B. Palladiumlote zum Löten von Beryllium, Cobalt, Wolfram, Gold u.a.

Über die möglichen Fehler an Lötverbindungen, wie Risse, Hohlräume, Poren, Blasen, Einschlüsse, Bindefehler, Kerben, Kantenversatz, Verzug usw. gibt DIN 8515 Auskunft.

Tab. 6.1 Hartlote nach DIN 8513 (Auswahl)

Lot	Arb.-Temp. °C	Lot	Arb.-Temp. °C	Lot	Arb.-Temp. °C	Lot	Arb.-Temp. °C
Kupferbasislote							
L-Cu	1100	L-CuSn12	990	L-CuZn46	890	L-CuP8	710
L-SFCu	1100	L-CuZn40	900	L-CuZn42	845	L-CuP7	720
L-CuSn6	1040	L-CuZn39Sn	900	L-CuNi10Zn42	910	L-CuP6	730
Silberbasislote							
L-Ag12Cd	800	L-Ag45Cd	620	L-Ag25	780	L-Ag83	830
L-Ag12	830	L-Ag40Cd	610	L-Ag20	810	L-Ag75	770
L-Ag5	860	L-Ag34Cd	640	L-Ag85	960	L-Ag67	730
L-Ag15P	710	L-Ag30Cd	680	L-Ag72	780	L-Ag64	720
L-Ag5P	710	L-Ag20Cd	750	L-Ag56InNi	730	L-Ag60	710
L-Ag2P	710	L-Ag45Sn	670	L-Ag50CdNi	660	L-Ag60Sn	680
L-Ag67Cd	710	L-Ag44	730	L-Ag49	690		
L-Ag50Cd	640	L-Ag34Sn	710	L-Ag27	840		
Aluminiumbasislote							
L-AlSi7,5	610	L-AlSi10	600	L-AlSi12	595		
Nickelbasislote[1] zum Hochtemperaturlöten							
L-Ni1	1040	L-Ni2	1000	L-Ni4	1070	L-Ni7	890
L-Ni1a	1080	L-Ni3	1040	L-Ni5	1135	L-Ni8	1010

[1] Für diese Lote ist die Liquidustemperatur angegeben.

6.2 Gestaltung von Lötverbindungen

Nach der Form der Lötstelle wird, wie bereits beim Flamm-Hartlöten erwähnt, unterschieden in

1. Spaltlöten,
bei dem die zu verbindenden Oberflächen einen kleinen, möglichst gleichbleibenden Abstand (Lötspalt) voneinander haben, der im allgemeinen $h = 0{,}25$ mm nicht überschreitet. Das Lot wird durch Kapillarwirkung in den Lötspalt gesaugt (Bild 6.9).

Bild 6.9 Kapillarwirkung im Lötspalt

2. Fugenlöten,
bei dem die zu verbindenden Oberflächen einen größeren Abstand als $h = 0{,}5$ mm voneinander haben oder die Lötstelle (Lötfuge) V- oder X-förmig ausgebildet ist. Im letzten Fall entstehen wie beim Schmelzschweißen Nähte, so daß man dann auch vom Schweißlöten spricht. Siehe hierzu die Stoßarten nach Tab. 4.1 Seite 42 und die Nahtformen nach Tab. 4.2 Seite 43.

Die Lötspalte müssen so gestaltet sein, daß das Lot gut einfließen kann. Erweiterungen im Lötspalt vermindern die Kapillarwirkung, Verengungen beeinträchtigen den Durchfluß des mit Oxiden angereicherten Flußmittels. Besonders kritisch sind Verengungen, die sich Spalterweiterungen anschließen. Beispiele für falsche und richtige Ausbildung von Lötspalten veranschaulicht Bild 6.10.

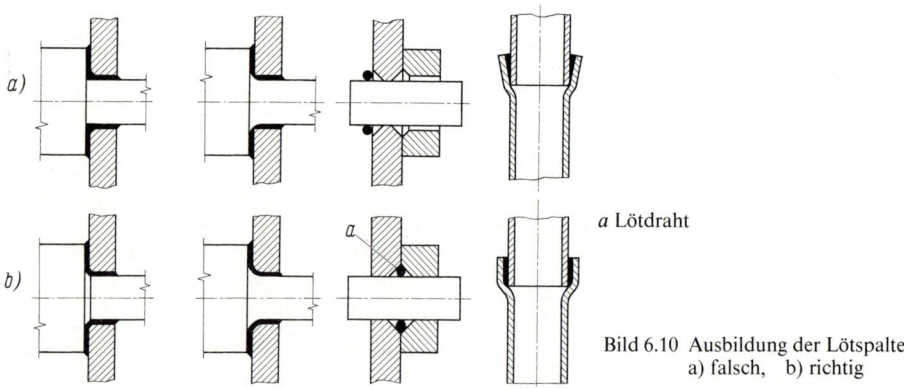

a Lötdraht

Bild 6.10 Ausbildung der Lötspalte
a) falsch, b) richtig

Senkrecht zum Lötfluß laufende Bearbeitungsriefen behindern das Fließen, wenn sie tiefer als
0,05...0,1 mm sind. Riefen in Flußrichtung wirken wie Kanäle und begünstigen das Fließen, so
daß sie mitunter vorgesehen werden (Bild 6.11), wenn z. B. ein genauer zentrischer Sitz der Verbindungspartner verlangt wird.

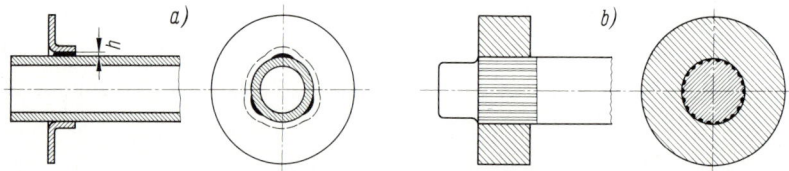

Bild 6.11 Kanalierte Lötspalte
    a) Teile mit Dreipunkt-Preßsitz gefügt,   b) Teile mit Rändelung gefügt

Die Bilder 6.12 bis 6.16 zeigen übliche Lötverbindungen:

1. Bleche
Stumpfstöße sind wegen ihrer zu kleinen Lötfläche ungeeignet. Am besten sind Überlapp- und
Laschenstöße (Bild 6.12). Durch eine Zuschärfung der Bauteile oder Laschen an der Lötstelle
wird der Kraftfluß sanfter umgelenkt und damit die Festigkeit gesteigert. Zweckmäßige Über-
lapplänge $l = 3...4s$ (s = Blechdicke). Am festesten ist die Falznaht (Bild 6.12 g).

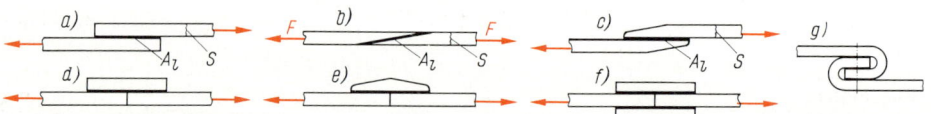

Bild 6.12 Gelötete Blechstöße
    a) Überlappung,   b) Schäftung,   c) zugeschärfte Überlappung,   d) Laschung,
    e) zugeschärfte Laschung,   f) Doppellaschung (zweischnittig),   g) Falznaht

    A_1 Lötfugenfläche, S Bauteilquerschnitt

2. Rohre
Stumpfstöße (Bild 6.13 a) werden zweckmäßig hartgelötet. Die kegelige Ausbildung der Enden
vergrößert die Lötfläche. Rohre unter 2 mm Wanddicke und weichzulötende Rohre werden an
der Verbindungsstelle gemufft (Bild 6.13 b) oder an einem Ende aufgeweitet (Bild 6.13 c).

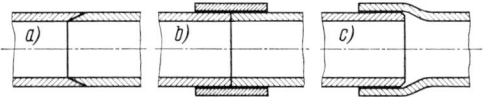

Bild 6.13 Gelötete Rohrstöße
a) kegeliger Stumpfstoß, b) Muffenstoß, c) Überlappstoß

3. Rundstäbe

Das stirnflächige Anlöten von Stabenden (Bild 6.14a) ist nicht zu empfehlen. Besser ist das Einsetzen in eine Bohrung, die Spiel zum Einfließen des Lotes läßt (Bilder 6.14b und c). Die Bilder 6.14e und f veranschaulichen, wie durch eine entsprechende Formgebung von Naben der Kraftfluß sanfter umgelenkt werden kann. Besonders die Verjüngung der Nabe nach Bild 6.14f macht diese an ihrem rechten Ende elastischer (nachgiebiger) und baut deshalb Kerbwirkungen merkbar ab, falls der Rundstab auf Biegung beansprucht wird.

Bild 6.15 zeigt in Blechteile gelötete Stäbe. Durch jeweils zwei Stützpunkte (Lötstellen) sind die Verbindungen besonders steif und fest, insbesondere die Ausführung mit der Tülle nach Bild 6.15b, da sie breite Lötstellen besitzt.

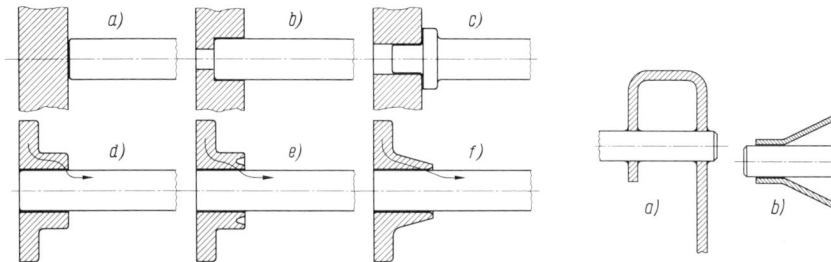

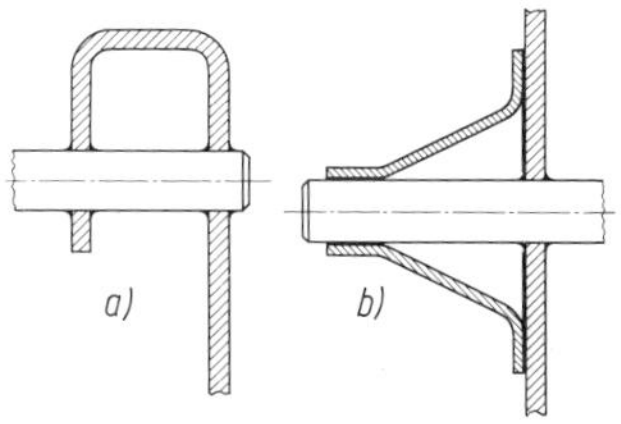

Bild 6.14 An- und eingelötete Stäbe
a) an der Stabstirn,   d) in starre Nabe,
b) am Stabumfang,   e) und f) in elastisch
c) am Zapfenumfang,   gestaltetes Nabenende

Bild 6.15
Doppelte Lagerung von Rundstäben
a) in einem u-förmig gebogenen Hebel,
b) in einer Kegeltülle

4. Behälter

Für Behälterlötungen gilt sinngemäß das für Bleche Gesagte. Eingelötete Behälterböden zeigt Bild 6.16.

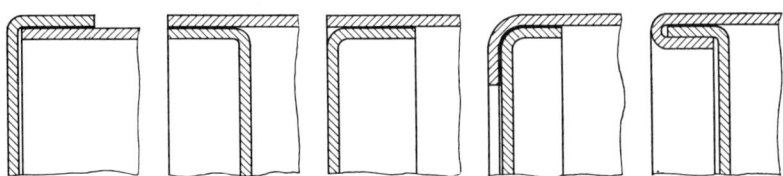

Bild 6.16 Eingelötete Behälterböden

6.3   Berechnung von Lötverbindungen

Lötverbindungen werden zweckmäßig auf Abscheren beansprucht. In der Regel wird der Lötschicht die annähernd gleiche rechnerische Bruchkraft gegeben wie dem zugbeanspruchten Bauteil, d.h. die Lötfuge wird so bemessen, daß die Lötschicht etwa bei der gleichen Kraft brechen würde wie das Bauteil. In diesem Falle gilt:

$$\begin{array}{ccc}
\text{\textit{Abscherkraft}} & F_{\text{lB}} = A_1 \cdot \tau_{\text{lB}} \approx S \cdot R_\text{m} = F_\text{B} & \text{\textit{Zugbruchkraft}} \\
\text{\textit{der Lötschicht}} & & \text{\textit{des Bauteils}}
\end{array} \qquad (6.1)$$

F_{lB}	in N	Abscherkraft = Scherbruchkraft der Lötschicht,
τ_{lB}	in N/mm^2	Zugscherfestigkeit des Hartlotes (Tab. A 6.2),
A_1	in mm^2	Lötfläche,
S	in mm^2	Querschnittsfläche des Bauteils,
R_m	in N/mm^2	Zugfestigkeit des Bauteilwerkstoffs,
F_B	in N	Zugbruchkraft des Bauteils.

Die Scherfestigkeit der Lote (Lötschicht) wird als **Zugscherfestigkeit** bezeichnet, um anzudeuten, daß sie bei Zugbeanspruchung der Fügeteile ermittelt wurde (siehe hierzu Bild 6.12). Sie ist die Scherspannung, bei der das Abscheren (die Zerstörung) erfolgt.
In der Tab. A 6.2 sind die Zugscherfestigkeit τ_{lB} und die Zugfestigkeit σ_{lB} von Hartloten angegeben. Die jeweils kleinen Werte gelten bei Lötspalten von etwa $h = 0,1$ mm, die großen etwa bei $h = 0,25$ mm (Zwischenwerte abschätzen). Die Zugscherfestigkeit der Aluminiumhartlote L-AlSi 10 oder L-AlSi12 nach DIN 8513 erreicht etwa die Zugfestigkeit der Aluminiumbauteile. Bei schwellender oder wechselnder Beanspruchung erreicht die Zugscherfestigkeit der Hartlötverbindungen etwa 80% der Schwell- bzw. Wechselfestigkeit der Fügeteilwerkstoffe, bei Spalten über $h = 0,2$ mm etwa 60%.
Es sei hervorgehoben, daß die Festigkeitswerte außerordentlich streuen, da sie von vielen Einflüssen abhängen. Eine optimale Festigkeit ist nur dann zu erwarten, wenn die Richtlinien hinsichtlich Gestaltung, Spaltbreiten und Rauhtiefen eingehalten wurden und einwandfrei gelötet wurde. Serienfertigungen machen vorausgehende Versuche unerläßlich.
Mit überdimensionierten Bauteilen würde die Lötfläche bei Bemessung nach der Bruchkraft unnötig groß werden. In diesen Fällen rechnet man mit der mittleren

$$\textit{Scherspannung} \quad \tau_1 = \frac{F}{A_1} \qquad (6.2)$$

τ_1	in N/mm^2	Scherspannung in der Lötschicht,
F	in N	Belastungskraft (Betriebskraft),
A_1	in mm^2	Lötfläche.

Falls eine Hartlötverbindung auf Zug beansprucht wird, gilt:

$$\textit{Zugspannung} \quad \sigma_1 = \frac{F}{A_1} \qquad (6.3)$$

σ_1	in N/mm^2	Zugspannung in der Lötschicht,
F, A_1		siehe Legende zur Gl. 6.2.

Anhaltswerte für zulässige Spannungen siehe Tab. A 6.2.

Weichlötverbindungen verlieren sehr schnell an Festigkeit und sind für schwingende Beanspruchung und für Zugbeanspruchung nicht geeignet. Bei ruhender Beanspruchung soll deren Scherspannung $\tau_1 \approx 2...3$ N/mm^2 nicht überschreiten.

Gelötete Behälter sind mit denselben Gleichungen zu berechnen wie die geschweißten (siehe Abschnitt 4.9). Die AD-Merkblätter geben hierzu folgende Richtlinien:

Sicherheit gegen Zugfestigkeit $S = 4$, Wertigkeit der Lötnähte $v = 0,7$ bei überlappt hartgelöteten Nähten als Normalbewertung, höchstzulässige Wanddicke hierbei $s = 5$ mm. $v = ...0,9$ bei überlappt hartgelöteten Nähten, wenn die Überlappungsbreite mindestens das 6fache der Wanddicke beträgt, höchstzulässige Wanddicke hierbei $s = 8$ mm. $v = 0,8$ bei mit durchlaufender Lasche hergestellten Weichlötverbindungen an Kupferblech, wenn die Laschenbreite auf beiden Seiten des Stoßes mindestens das 12fache der Wanddicke beträgt, höchstzulässige Wanddicke hierbei $s = 4$ mm, höchstzulässiger Betriebsüberdruck $p = 0,2$ N/mm^2 = 2 bar. Überlappt weichgelötete Rundnähte können an Kupferblech bei mindestens 10facher Überlappungsbreite bis zu einer

Wanddicke von $s = 6$ mm und bis zu $D_i \cdot p = 250$ N/mm ausgeführt werden. Überlappt weichgelötete Längsnähte sind nicht zulässig. Die Wanddicke hartgelöteter Druckbehälter, mit Ausnahme solcher aus Reinaluminium oder ähnlich weichen Aluminiumlegierungen, darf $s = 2$ mm nicht unterschreiten. Für Druckbehälter aus den letztgenannten Werkstoffen beträgt die Mindestwanddicke $s = 3$ mm.

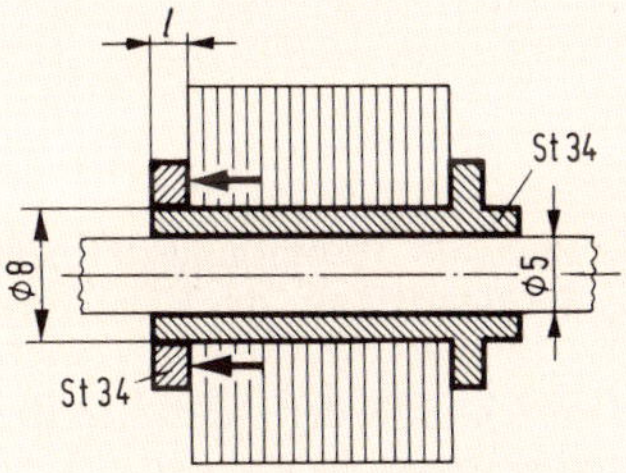

Beispiel 6.1

Auf die Rotornabe eines Kleinmotors soll die Haltescheibe mit Kupferlot L-Cu hart aufgelötet werden (Bild 6.17). Dazu wird das Blechpaket zusammengepreßt und in diesem Zustand die Scheibe gelötet. Nach Fortnahme der Preßkraft drückt das Blech-Lamellenpaket mit einer Axialkraft $F = 2500$ N auf die Scheibe.

Bild 6.17 Rotornabe mit aufgelöteter Scheibe

1. Welche Fugenlänge muß mindestens ausgeführt werden?
2. Es ist zu prüfen, ob die Lötverbindung bei der nach 1. gewählten Länge l annähernd die gleiche Bruchkraft besitzt wie die Nabe.

Lösung:
1. Erforderliche Fugenlänge l
   Kleinstwert der Zugscherfestigkeit der Kupferlote $\tau_{lB} = 150$ N/mm² (Tab. A6.2), zulässige Scherspannung bei ruhender Beanspruchung $\tau_{l\,zul} = 50$ N/mm². Damit ergibt sich gemäß Gl. 6.2 die erforderliche Lötfläche $A_l = F/\tau_{l\,zul}$ und aus $A_l = d \cdot \pi \cdot l$ die erforderliche Fugenlänge

$$l = \frac{F}{\tau_{l\,zul} \cdot d \cdot \pi} = \frac{2500\ \text{N}}{50\ \text{N/mm}^2 \cdot 8\ \text{mm} \cdot \pi} = 2\ \text{mm}.$$

2. Bruchkräfte F_B und F_{lB}
   Entspr. Gl. 6.1 beträgt mit dem Bauteilquerschnitt $S = (8^2 - 5^2)$ mm² $\cdot \pi/4 = 30,6$ mm² und $R_m = 340$ N/mm² die Zugbruchkraft der Nabe

$$F_B = S \cdot R_m = 30,6\ \text{mm}^2 \cdot 340\ \text{N/mm}^2 \approx 10\,400\ \text{N}$$

und die Abscherkraft der Lötschicht

$$F_{lB} = A_l \cdot \tau_{lB} = 8\ \text{mm} \cdot \pi \cdot 2\ \text{mm} \cdot 150\ \text{N/mm}^2 = 7540\ \text{N}.$$

Schlußfolgerung
Da die Lötschicht eine kleinere Bruchkraft als die Nabe hat, wird $l = 3$ mm gewählt.

Literaturhinweise

Cornelius, E. A. und *J. Marlinghaus:* Gestaltung von Hartlötkonstruktionen hoher Festigkeit. Z. Konstruktion 19/67.
Decker, K. H.: Verbindungselemente. Hanser-Verlag München 1963.
Hildebrand, S.: Feinmechanische Bauelemente. Hanser-Verlag München 1978.
Ringhandt, H. und *C. Wirth:* Feinwerkelemente. Hanser-Verlag München 1992.
Rögnitz, H. und *G. Köhler:* Fertigungsgerechtes Gestalten im Maschinen- und Gerätebau. Teubner-Verlag Stuttgart 1968.
Seulen, G. W.: Das Induktionslötverfahren. VDI-Z. 92/50.
Wuich, W.: Löten – kurz und bündig. Vogel-Verlag Würzburg 1972.
Wuich, W.: Die Lötverfahren, Werkstattbücher 517 und 523, Hanser-Verlag München.

7 Klebverbindungen

Unter Kleben versteht man das Verbinden von Körpern (Fügeteilen als Verbindungspartner) durch Oberflächenhaftung mittels Klebstoff. Mit DIN 16920 sind die Begriffe für die Klebstoffe und die Klebstoffverarbeitung genormt.

Klebverbindungen bieten den Vorteil, daß sie wenig Raum und Gewicht erfordern, daß sich die Spannungen an der Verbindungsstelle gleichmäßiger als bei anderen Verbindungen verteilen, daß sie dichthalten, korrosionsbeständig sind und die Werkstoffeigenschaften der Verbindungspartner nicht verändern. Als Nachteil ist die geringe Festigkeit gegenüber anderen Verbindungsarten (Schweißen, Löten, Nieten) zu nennen. Es werden beispielsweise Versteifungen auf Blechwände geklebt, Flugzeugtragflächenholme, Gebläseräder, Lüfterflügel, Mopedrahmen, Brems- und Kupplungsbeläge auf ihre Träger u. dgl.

Hier werden nur die für das Gebiet Maschinenelemente wichtigen Metallklebverbindungen besprochen. Das sind Klebungen von Metallen untereinander oder mit anderen Stoffen. Für Kunststoffklebverbindungen wird auf die VDI-Richtlinie 3821 verwiesen.

7.1 Klebstoffe, Verfahren

Die Klebstoffe binden die Verbindungspartner in der Klebfuge durch eine dünne Kunstharzschicht aneinander. In der VDI-Richtlinie 2229 (Metallkleben) und in DIN 16920 werden die Klebstoffe nach der Art des Abbindens (des Abbindemechanismus) eingeteilt in

1. Physikalisch abbindende Klebstoffe
   Bei ihnen entsteht die Klebschicht durch Ablüften von Lösungsmitteln vor dem Fügen, Erstarren einer Schmelze oder einer Gelierung. Die Klebschichten sind thermoplastisch und neigen daher unter Belastung zum Kriechen. Mit ihnen werden zumeist gut verformbare Klebschichten mit mittlerer Zugscherfestigkeit (über 5 bis 10 N/mm²) erzielt. Sie werden eingeteilt in
   Kontaktklebstoffe, die auf gelösten Kautschuken basieren. Sie werden beidseitig aufgetragen, abgelüftet und unter kurzem starken Druck zusammengefügt.
   Schmelzklebstoffe, die man im geschmolzenen Zustand (meistens 150...190 °C) aufträgt. Vor dem Erstarren werden die Verbindungspartner zusammengefügt.
   Plastisole, die lösungsmittelfrei sind, im teigigen Zustand aufgetragen werden und bei 140...200 °C abbinden. Sie basieren meistens auf einer Dispersion von PVC (feinverteiltem Polyvinilchlorid) in Weichmachern. Sie können Öl und Fett aufnehmen.
2. Chemisch abbindende Klebstoffe (Reaktionsklebstoffe)
   Das sind Klebstoffe, die aus niedermolekularen Verbindungen bestehen und während des Abbindens in der Klebfuge in hochmolekulare Verbindungen (vernetzte Polymere) übergehen, d.h. durch einen Vernetzungsprozeß aushärten, in welchem sich die vielgliedrigen Makromoleküle aufbauen und räumlich zueinander anordnen. Es handelt sich um flüssige bis pastöse oder filmförmige Stoffe. Sie binden durch einen Katalysator (Härter), durch erhöhte Temperatur, durch Luftfeuchtigkeit oder durch Entzug von Sauerstoff ab. Ein Katalysator ist eine geringe Fremdstoffmenge, die die chemische Abbindereaktion einleitet und beschleunigt. Je nach Reaktionstyp unterscheidet man
   Polymerisationsklebstoffe, in denen die Makromoleküle durch den Zusammentritt mehrerer Moleküle entstehen.

Polyadditionsklebstoffe, die durch die Reaktion zweier chemisch unterschiedlicher Stoffe abbinden, die gemischt werden.

Polykondensationsklebstoffe, die durch Abspalten flüchtiger Stoffe reagieren und abbinden. Zu ihrem Abbinden unter 120...230 °C ist ein Preßdruck von 40...100 N/cm² erforderlich.

Bei den Reaktionsklebstoffen wird zwischen **Ein-** und **Zweikomponentenklebern** unterschieden. Die Einkomponentenkleber bestehen aus einem Kunststoff (flüssig bis pastös oder filmförmig) oder aus mehreren, die bereits miteinander gemischt geliefert werden. Die Zweikomponentenkleber bestehen entweder aus zwei Kunststoffen (Komponenten A und B), die vor der Verarbeitung gemischt werden, oder aus einer Komponente A, der eine geringe Menge Härter als zweite Komponente C vor der Verarbeitung zugegeben wird.

Die Klebstoffe binden kalt (bei Raumtemperatur von mindestens 20 °C) oder warm ab. Man spricht daher auch von **Kalt-** und **Warmhärtern.** Eine Reihe von Klebstoffen sind zugleich Kalt- und Warmhärter. Das Kaltaushärten kann Stunden oder sogar Tage dauern, das Warmaushärten mitunter nur wenige Minuten. Für das Abbinden der Warmhärter ist ein wesentlich höherer Investitionsaufwand erforderlich (Trockenöfen, Heizplatten, Vorrichtungen). Es ist jedoch nicht möglich, auf die Warmhärter zu verzichten, da sie eine wesentlich höhere Bindefestigkeit als die Kalthärter erreichen.

Für die Haltbarkeit und Beständigkeit einer Klebverbindung ist die Beschaffenheit der Klebfugenflächen von außerordentlicher Bedeutung. Grenzflächenkräfte (Adhäsionskräfte) werden nur wirksam, wenn der Haftgrund sauber und entfettet ist. Ein Aufrauhen vergrößert durch Bilden von Mikrogebirgen die haftende Oberfläche.

Verunreinigungen auf den Klebeflächen wie Schmutz, Farbreste, Zunder, Rost u.dgl. müssen gründlich entfernt werden. Auch blanke Metalloberflächen können noch mit Öl- oder Fettresten behaftet sein. Deshalb müssen die Oberflächen stets entfettet werden. Dies geschieht mit organischen Lösungsmitteln wie Aceton, Methylenchlorid, Perchloräthylen oder Trichloräthylen oder mit wäßrigen Reinigungsmitteln, das sind alkalische, neutrale oder saure Lösungen. Nach dem Entfetten müssen die Klebflächen mit vollentsalztem oder destilliertem Wasser gespült und sofort getrocknet werden.

Oftmals sind die Metalloberflächen nicht nur verunreinigt, sondern auch von einer Oxidschicht überzogen. In diesen Fällen genügt ein Entfetten nicht, vielmehr ist eine mechanische Oberflächenbehandlung unerläßlich. Die Klebflächen werden dann aufgerauht mit harten Stahlbürsten, durch Schmirgeln oder Schleifen ohne Schmiermittel sowie Sandstrahlen (Korngröße 100...150, bei sehr dünnen Fügeteilen 400...600) mit fettfreiem Strahlgut und fettfreier Preßluft. Die Rauheit darf nicht so fein und tief sein, daß der Klebstoff nicht mehr in die Mikrotäler dringt und dann der gegenteilige Effekt eintritt.

Bei plattierten Fügeteilen besteht die Gefahr, daß beim Strahlen die Plattierschicht durchbrochen wird. Chemische Aufrauhverfahren mit Beizen (z.B. Pickling- oder Chemoxal-Beize) unter erhöhten Temperaturen eignen sich im wesentlichen nur bei Aluminium- und Titanlegierungen.

Art und Umfang der jeweiligen Vorbehandlungen bestimmen maßgeblich die zu erwartende Bindefestigkeit der Klebschicht. In Tab. 7.1 sind die Vorbehandlungen angegeben, die erforderlich sind für eine

1. **niedrige Bindefestigkeit** mit einer Zugscherfestigkeit bis 5 N/mm². Einsatz in geschlossenen Räumen, kein Kontakt mit Wasser. Gebiete: Feinmechanik, Elektrotechnik, Modellbau, Schmuckindustrie, Möbelbau.

2. **mittlere Bindefestigkeit** mit einer Zugscherfestigkeit über 5 bis 10 N/mm². Einsatz in gemäßigtem Klima, auch bei Öl-und Treibstoffzutritt. Gebiete: Maschinen- und Fahrzeugbau.

3. **hohe Bindefestigkeit** mit einer Zugscherfestigkeit über 10 N/mm². Einsatz unter sämtlichen Klimaten, direkte Berührung mit wäßrigen Lösungen, Ölen, Treibstoffen, Lösungsmitteln. Gebiete: Fahrzeug-, Flugzeug-, Schiffs- und Behälterbau.

Auch nach dem Bürsten, Schmirgeln, Schleifen oder Sandstrahlen müssen die Klebflächen gespült werden, um den zurückgebliebenen Abrieb (die Staubpartikel) restlos zu entfernen. Werden
höchste Ansprüche an die Klebverbindung gestellt, so ist eine Vorbehandlung durch Beizen oder
Ätzen zweckmäßig.

Tab. 7.1 Oberflächenbehandlung nach dem Entfetten (Auszug aus VDI-Richtlinie 2229)

Werkstoff[1]	Niedrige Festigkeit	Mittlere Festigkeit	Hohe Festigkeit
Aluminiumlegierungen	Keine Weiterbehandlung	Beiz-Entfetten, Schleifen oder Bürsten	Strahlen oder Beizen
Gußeisen			
Kupfer, Messing		Schmirgeln oder Schleifen	Strahlen
Stahl, auch rostfreier			
Stahl, verzinkt	keine Weiterbehandlung		
Stahl, brüniert	sehr gründlich entfetten		Strahlen
Titan	keine Weiterbehandlung	Bürsten	Beizen
Magnesium		Schmirgeln oder Schleifen	Strahlen oder Beizen
Zink	keine Weiterbehandlung oder schwaches Aufrauhen		

[1] Nicht aufgeführte Metalle: wie Zink. Bei schnell oxidierenden Metallen Klebstoffauftrag unmittelbar nach dem Aufrauhen

Selbst wenn zusammengepreßte Oberflächen, die dichthalten sollen, feinstbearbeitet wurden, tragen (ohne Klebstoff) infolge ihrer Mikrogebirge nur etwa 25...35%. Durch einen flüssigen Klebstoff werden die Mikrotäler restlos ausgefüllt, so daß ein vollkommener Flächenkontakt erreicht
werden kann. Dazu zeigt Bild 7.1 verschiedene Dichtungen, die durch Schraubenkraft aufeinandergepreßt werden. Mit einem Klebstoff wie z. B. Loctite läßt sich eine viel einfachere Konstruktion erreichen. Auch Rohrverbindungen lassen sich mit Klebstoff dichten.

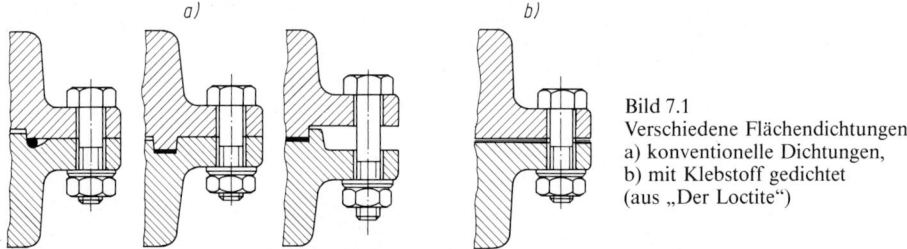

Bild 7.1
Verschiedene Flächendichtungen
a) konventionelle Dichtungen,
b) mit Klebstoff gedichtet
(aus „Der Loctite")

Es gibt eine große Anzahl von Klebstoffen, die je nach Werkstoff der zu klebenden Teile, der verlangten Temperaturbeständigkeit, der Auftragungstechnik und der verlangten Festigkeit der
Klebfuge ausgewählt werden können. Es ist deshalb zweckmäßig, sich vom Klebstoffhersteller
beraten zu lassen.

Die Zweikomponentenklebstoffe werden vor dem Auftragen gemischt. Die Zeit vom Mischen bis
zum Gelieren ist die *Topfzeit,* während der die Mischung verarbeitet werden muß.

Die Klebung ist um so besser, je frühzeitiger der Klebstoff nach der Oberflächenbehandlung aufgebracht wird. Der Klebstoff wird mit einem Pinsel, Spachtel oder Rakel (messerartiges Gerät)
aufgetragen. Die Klebfuge muß vollständig mit Klebstoff ausgefüllt sein. Einkomponentenkleber
in Festform werden auf die Fugenflächen aufgeschmolzen, Klebfolien aufgelegt.

Danach werden die Verbindungspartner zusammengelegt und mit Klammern, Leisten oder Zwingen gegen Verschieben gesichert. Wenn während des Abbindens Druck auf die Klebfläche ausgeübt werden muß, so muß dieser gleichmäßig über die Fugenfläche verteilt sein. Auch für eine gleichmäßige Ofentemperatur in der vorgeschriebenen Höhe muß bei den Warmhärtern gesorgt werden. Zur Vermeidung von Verwerfungen muß langsam abgekühlt werden. Bei Temperaturen unter 18 °C binden die meisten Kleber entweder gar nicht oder nur sehr langsam ab.

7.2 Gestaltung und Festigkeit der Klebverbindungen

Für die Haltbarkeit einer Klebverbindung ist deren Gestaltung von besonderer Bedeutung. Es ist auf die Krafteinleitung in den Fügebereich und die sich daraus ergebende Beanspruchung der Klebschicht zu achten. **Zugbeanspruchungen** (Bild 7.2a) **sollten vermieden werden,** da die Eigenfestigkeit der Klebstoffe gegenüber der der Fügeteile wesentlich geringer ist und damit die Festigkeit der Fügeteile nicht ausgenutzt werden kann. Damit die Klebschicht bei der Kraftüberleitung von einem Fügeteil auf das andere auf Abscheren beansprucht wird, ist die **Klebschicht in Kraftrichtung zu legen** (Bild 7.2b). Gegen Schälbeanspruchung (Bild 7.2c) ist die Klebschicht besonders empfindlich. Derartige Beanspruchungen sind zu vermeiden.

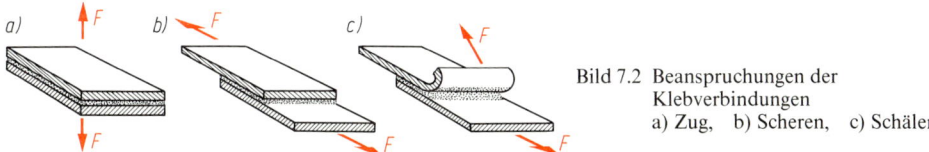

Bild 7.2 Beanspruchungen der
Klebverbindungen
a) Zug,   b) Scheren,   c) Schälen

Für die sonstige Gestaltung gilt das im Abschnitt 6.2 für Lötverbindungen zu den Bildern 6.12 bis 6.14 Gesagte. Da die Zugscherfestigkeit wesentlich unter der von Lötverbindungen liegt, wird eine große Klebfuge benötigt. Als günstige Kleblänge hat sich $l = 10 \ldots 20s$ erwiesen (Bild 7.3). Bild 7.4 veranschaulicht ungünstige und günstige Winkelverbindungen. Als Beispiel zeigt Bild 7.5a die herkömmliche Ausführung eines Luftpressergehäuses in Kokillenguß, Bild 7.5b die billigere Druckgußausführung mit eingeklebtem Boden. In Bild 7.6 ist die Entstehung eines geklebten Tragflächenholmes wiedergegeben. Bild 7.7 zeigt Biegeträger und Platten in Schicht- und Stegbauweise, die trotz des Leichtbaus außerordentlich steif sind.

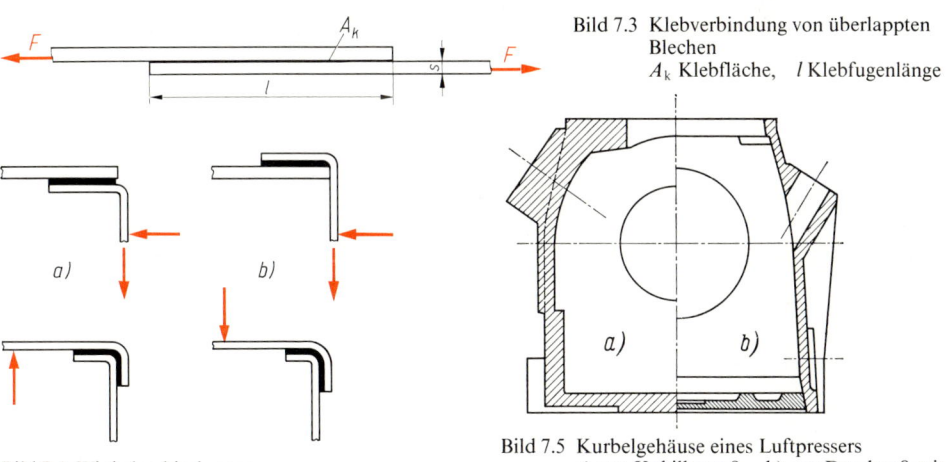

Bild 7.3 Klebverbindung von überlappten
Blechen
A_k Klebfläche, l Klebfugenlänge

Bild 7.4 Winkelverbindungen
a) ungünstig,   b) günstig

Bild 7.5 Kurbelgehäuse eines Luftpressers
a) aus Kokillenguß,   b) aus Druckguß mit
eingeklebtem Boden

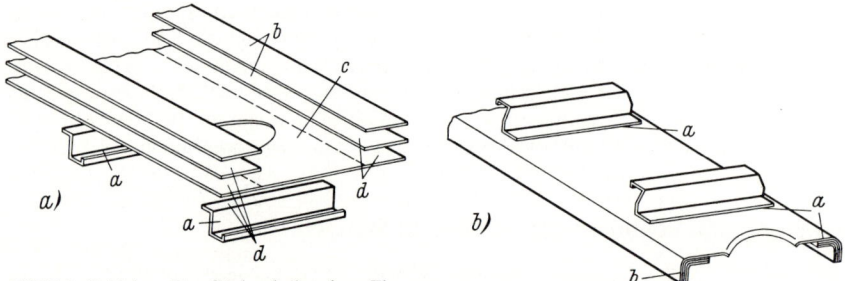

Bild 7.6 Geklebter Tragflächenholm eines Flugzeugs
        a) vor dem Kleben (a Stegversteifungen,   b Gurtplatten,   c Stegblech,   d Klebflächen),
        b) nach dem Kleben (a mit Redux geklebt,   b nach dem Kleben gebogene Gurte)

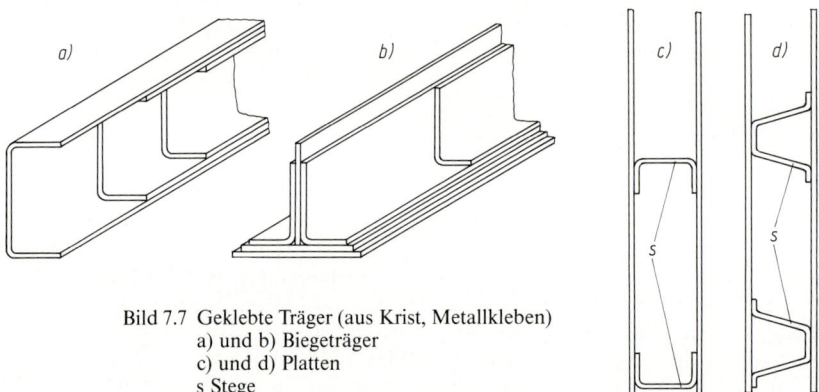

Bild 7.7 Geklebte Träger (aus Krist, Metallkleben)
        a) und b) Biegeträger
        c) und d) Platten
        s Stege

Beim Zusammenfügen von zylindrischen Teilen kommt es häufig vor, daß scharfe Kanten den Klebstoff wegschieben. Durch Fügefasen von 15...35° wird eine gute Benetzung erreicht (Bild 7.8).

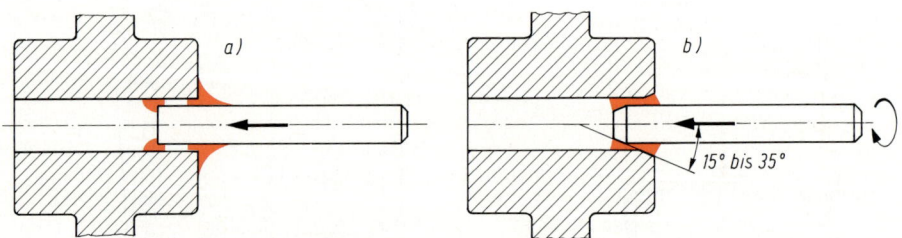

Bild 7.8 Fügen eines Stiftes in ein Bauteil
        (aus „Der Loctite", Loctite Deutschland GmbH München)
        a) schlechte Spaltfüllung, Kanten schieben Klebstoff weg,   b) gute Spaltfüllung. Stift beim Fügen
        möglichst drehen.

Werden Werkstoffe mit sehr unterschiedlichen Wärmeausdehnungskoeffizienten miteinander verklebt, so können bei Temperaturänderungen hohe Spannungen in der Klebstelle entstehen. Ist das Werkstück mit dem größeren Ausdehnungskoeffizienten das Innenteil einer Welle-Nabe-Verbindung, so kann der Klebstoff die Kräfte aufnehmen. Andernfalls muß eine Preßpassung gewählt werden.

Ein Kombinieren von Kleben und Nieten oder Punktschweißen kann sehr vorteilhaft sein. Mit derartigen Kombinationen wird die Tragfähigkeit einer Verbindung außerordentlich gesteigert. Außerdem erreicht man eine bessere Dichtigkeit und eine erhöhte Korrosionsbeständigkeit.

Im Leichtmetallbau werden besonders Kleben und Nieten kombiniert. Dadurch entstehen großflächige Verbindungen mit gleichmäßiger Kraftüberleitung. Die Klebschicht isoliert und verhindert elektrolytische Reaktionen bei Verbindungen unterschiedlicher Metalle. Die Niete werden während oder nach dem Abbinden des Klebstoffs geschlagen.

Beim Kombinieren mit dem Punktschweißen kann nach dem Punktschweißen ein niedrigviskoser Klebstoff eingegossen und anschließend ausgehärtet werden. Dieses Verfahren dient vorwiegend als Korrosionsschutz. Es kann aber auch vor dem Punktschweißen ein pastöser Klebstoff aufgetragen werden. Durch den Elektrodendruck wird der Klebstoff an der Schweißstelle verdrängt. Nach dem Schweißen wird der Klebstoff kalt oder warm ausgehärtet. Außer dem erreichten Korrosionsschutz kann die Tragfähigkeit gegenüber den Punktschweißverbindungen auf das Drei- bis Vierfache gesteigert werden.

Die **Festigkeit** einer Klebverbindung hängt von vielen Einflüssen ab, so daß es nicht möglich ist, allgemein gültige Festigkeitswerte anzugeben.

Die Scherspannungen verteilen sich nicht gleichmäßig über die Klebfläche. In Kraftrichtung sind sie an den beiden Enden infolge der Dehnungen der Fügeteile größer als in der Mitte. Eine Vergrößerung der Fügeteildicke bewirkt in einer Überlappverbindung (Bild 7.3) eine Abnahme der Spannungen an den Enden, weil sich die Bauteile dann durch die Belastungskraft weniger stark dehnen. Es stellt sich ein gleichmäßigerer Spannungszustand ein, der die Tragfähigkeit erhöht. Dafür sinkt die Ausnutzung der Festigkeit der Fügeteile. Auch mit einer Vergrößerung der Klebschichtdicke verteilen sich die Spannungen gleichmäßiger, weil sich die Klebschicht dann den Bauteildehnungen besser anpassen kann. Beim Aushärten entstehen aber infolge eines Volumenschwunds einiger Klebstoffe Eigenspannungen, die mit der Klebschichtdicke wachsen, so daß der Festigkeitsgewinn teilweise wieder abgebaut wird. Andererseits soll die Klebschicht möglichst dünn sein, theoretisch gleich der Moleküldicke, weil die Adhäsionskräfte meistens größer als die Kohäsionskräfte sind. Für Klebstoffe auf Epoxidbasis hat sich eine Klebschichtdicke von etwa 0,1...0,2 mm als optimal herausgestellt. Die Tragfähigkeit nimmt aber proportional mit einer Vergrößerung der Klebschichtbreite zu.

Gering elastische Klebstoffe haben trotz hoher Kohäsionsfestigkeit meistens eine kleinere Zugscherfestigkeit als elastische Klebstoffe mit geringerer Kohäsionsfestigkeit. Das hängt damit zusammen, daß bei den wenig elastischen Klebstoffen die Spannungen am Fugenende wesentlich höher sind als bei elastischen. Die elastischen können sich den Dehnungen der Fügeteile durch die Belastungskraft besser anpassen. Umgekehrt gilt das für die Fügeteilwerkstoffe, d.h. je größer deren Elastizitätsmodul ist, um so gleichmäßiger verteilen sich die Scherspannungen über die Klebfläche, weil sie den Klebstoff weniger dehnen.

Die Festigkeit einer Klebverbindung nimmt nach einem Maximum mit zunehmender Umgebungs- bzw. Betriebstemperatur ab. Die Warmhärter verhalten sich günstiger als die Kalthärter. Bild 7.9 zeigt das Verhalten einiger Klebstoffe in Abhängigkeit von der Temperatur. Spezielle Klebstofftypen besitzen sogar bis 350°C eine relativ hohe Zugscherfestigkeit.

Durch Umwelteinflüsse kann sich die Festigkeit einer Klebverbindung ändern, z.B. durch eindiffundierende Feuchtigkeit, die das Bindemittel plastifiziert und Kohäsion und Adhäsion senkt. Infolge Alterung sinkt die Festigkeit mit der Zeit bis auf etwa 70...80% der Anfangsfestigkeit ab. Die Warmhärter sind beständiger als die Kalthärter. Gegenüber organischen Lösungsmitteln, wie chlorierten Kohlenwasserstoffen, sind viele Klebstoffe nicht beständig.

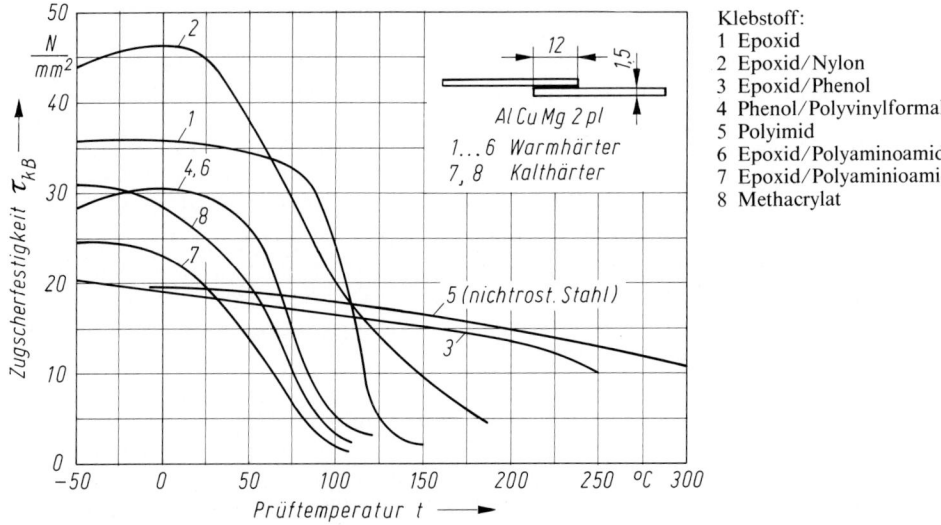

Bild 7.9 Kurzzeit-Bindefestigkeit von Überlappklebungen (aus VDI-Richtlinie 2229)

Eine Auswahl von Klebstoffen ist in den Tabn. A 7.2 (Warmhärter und Klebfilme) und A 7.3 (Kalt- und Kalt-/Warmhärter) aufgeführt. Die meisten kleben nicht nur Metalle, sondern auch Keramik, Marmor, Holz, Reibbeläge, Kunststoffe u. dgl. Die angegebenen Zugscherfestigkeiten beziehen sich auf Überlappklebungen gemäß Bild 7.9. Bei schwellender Beanspruchung sinken die Scherfestigkeiten auf etwa 60%, bei wechselnder Beanspruchung auf etwa 40% ab.

7.3   Berechnung von Klebverbindungen

Der auf Abscheren beanspruchten Klebschicht gibt man etwa die gleiche rechnerische Bruchkraft wie dem maßgebenden zugbeanspruchten Fügeteil (Bauteil), wenn die Klebschicht eine hohe Bindefestigkeit besitzt und zumindest eines der Fügeteile als maßgebendes dünn ist (Blech, Rohr), so daß die Klebfläche nicht unvertretbar groß wird. Bei mindestens einem dünnen Fügeteil gilt dann:

$$\underset{\text{der Klebschicht}}{\textit{Abscherkraft}} \quad F_{kB} = A_k \cdot \tau_{kB} \approx S \cdot R_m = F_B \quad \underset{\textit{des Bauteils}}{\textit{Zugbruchkraft}} \tag{7.1}$$

F_{kB}	in N/mm²	Abscherkraft = Scherbruchkraft der Klebschicht,
A_k	in mm²	Klebfläche,
τ_{kB}	in N/mm²	Zugscherfestigkeit der Klebschicht (Tabn. A 7.2 und A 7.3),
S	in mm²	Querschnittsfläche des Bauteils,
R_m	in N/mm²	Zugfestigkeit des Bauteilwerkstoffs,
F_B	in N	Zugbruchkraft des Bauteils.

In allen anderen Fällen rechnet man mit der mittleren

$$\textit{Scherspannung} \quad \tau_k = \frac{F}{A_k} \tag{7.2}$$

τ_k	in N/mm²	Scherspannung in der Klebschicht,
F	in N	Belastungskraft (Betriebskraft),
A_k	in mm²	Klebfläche.

Als zulässige Spannungen werden etwa gesetzt: $\tau_{k\,zul} \approx 0,2\ldots0,4\,\tau_{kB}$, wobei der kleine Wert bei wechselnder, ein mittlerer bei schwellender und der große bei ruhender Beanspruchung gilt. Hierbei ist mit τ_{kB} der in den Tabn. A 7.2 und A 7.3 aufgeführte Wert für die Zugscherfestigkeit gemeint, wenn die Vorbehandlungen (Tab. 7.1) diese erwarten lassen.

Es sei hervorgehoben, daß die **Festigkeitswerte außerordentlich streuen,** da sie von vielen Einflüssen abhängen. Eine optimale Festigkeit ist nur dann zu erwarten, wenn die Richtlinien hinsichtlich Gestaltung, Vorbehandlung, Verarbeitung der Klebstoffe und Herstellung der Klebverbindung eingehalten wurden. Beispielsweise kann mit einer Vorbehandlung, die einer mittleren Bindefestigkeit entspricht, keine hohe Bindefestigkeit erzielt werden. Bei Serienfertigungen sind Beratungen durch den Klebstoffhersteller und vorausgehende Versuche unerläßlich.

Beispiel 7.1

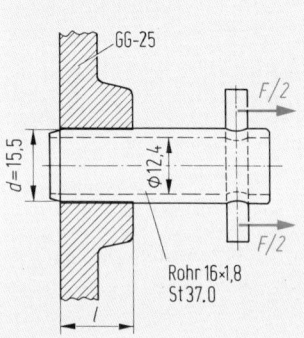

Rohr 16×1,8
St 37.0

Bild 7.10 Eingeklebtes Rohr

Das in Bild 7.10 dargestellte Rohr soll in das Auge eines Graugußgehäuses mit einem Kalthärter eingeklebt werden. Im Betrieb ist mit einer Umgebungstemperatur von 50 °C zu rechnen. Zur Erzielung einer zum Einkleben geeigneten Oberfläche ist das Rohr am Einklebende auf $d = 15,5$ mm abgedreht und geschmirgelt, so daß nach Tab. 7.1 eine mittlere Bindefestigkeit (Zugscherfestigkeit) über 5…10 N/mm² zu erwarten ist. Als Klebstoff wurde Araldit AV 138 (Tab. A 7.3) gewählt, der bei einer Schichtdicke von 0,1 bis 3 mm gute Festigkeitseigenschaften besitzt.

1. Welche Fugenlänge l müßte vorgesehen werden, damit die Abscherkraft der Klebschicht etwa gleich der Zugbruchkraft des Rohres ist? $R_m \approx 370$ N/mm²

2. Welche Fugenlänge l ist erforderlich, wenn eine schwellende Betriebskraft $F = 2000$ N wirkt?

Lösung:

1. Erforderliche Fugenlänge l bei gleicher Bruchkraft
   Die Querschnittsfläche des abgedrehten Rohrendes beträgt $S = (15,5^2 - 12,4^2)$ mm² $\cdot$ $\pi/4 = 68$ mm². Nach Gl. 7.1 ist die Zugbruchkraft des Bauteils

$$F_B = S \cdot R_m = 68 \text{ mm}^2 \cdot 370 \text{ N/mm}^2 = 25\,160 \text{ N} \approx F_{kB}.$$

Die Tab. A 7.3 gibt bei 55 °C eine Zugscherfestigkeit $\tau_{kB} = 18$ N/mm² an, die eine Vorbehandlung für eine hohe Bindefestigkeit erfordert. Da diese aber nur einer mittleren Bindefestigkeit entspricht, kann schätzungsweise mit $\tau_{kB} \approx 9$ N/mm² gerechnet werden. Nach Gl. 7.1 ist dann $A_k = F_{kB}/\tau_{kB}$, und aus $A_k = d \cdot \pi \cdot l$ folgt

$$l = \frac{F_{kB}}{d \cdot \pi \cdot \tau_{kB}} = \frac{25\,160 \text{ N}}{15,5 \text{ mm} \cdot \pi \cdot 9 \text{ N/mm}^2} = 57,4 \text{ mm}.$$

Das Ergebnis zeigt, daß die Fugenlänge l im Vergleich zum Fugendurchmesser d viel zu groß ist.

2. Erforderliche Fugenlänge l bei $F = 2000$ N
   Nach den Angaben unter der Legende zur Gl. 7.2 ist bei schwellender Beanspruchung $\tau_{k\,zul} \approx 0,3\,\tau_{kB}$ $= 0,3 \cdot 9$ N/mm² $= 2,7$ N/mm² anzunehmen. Aus der Gl. 7.2 folgt die erforderliche Fugenlänge

$$l = \frac{F}{d \cdot \pi \cdot \tau_{k\,zul}} = \frac{2000 \text{ N}}{15,5 \text{ mm} \cdot \pi \cdot 2,7 \text{ N/mm}^2} = 15,2 \text{ mm}.$$

Gewählt: $l = 16$ mm.

In dem Buch **Der Loctite** als Sonderpublikation der Firma Loctite Deutschland GmbH München wird die Scherfestigkeit τ_{kB} unter Berücksichtigung der verschiedensten Einflüsse mit Hilfe von Einflußfaktoren $f_1 \ldots f_8$ errechnet:

$$\textit{Zugscherfestigkeit} \quad \tau_{kB} = \tau_N \cdot f_1 \cdot f_2 \cdot f_3 \cdot f_4 \cdot f_5 \cdot f_6 \cdot f_7 \cdot f_8 \tag{7.3}$$

τ_N in N/mm²	nominelle Scherfestigkeit der Klebstelle nach Tab. 7.4.
f_1	Faktor zur Berücksichtigung der Metallart der Werkstücke: $= 0,6$ für Grauguß, $= 0,5$ für Kupfer, $= 0,7$ für Aluminium, $= 0,8$ für hochlegierte Stähle, $= 1$ für Stahl.
f_2	Faktor zur Berücksichtigung der Klebschichtdicke nach Bild 7.11.
f_3	Faktor zur Berücksichtigung der Rauhtiefe der Oberflächen nach Bild 7.12.
f_4	Faktor zur Berücksichtigung des Verhältnisses b/d (Breite zum Durchmesser) bei Welle-Nabe-Verbindungen und bei ebenen Flächen nach Bild 7.13.
f_5	Faktor zur Berücksichtigung der Belastungsrichtung, und zwar nach Bild 7.14 bei Umfangsbelastung (Drehmoment). Hierbei ist die kleinere der beiden Rauhtiefen maßgebend. Bei Axialbelastung ist $f_5 = 1$.
f_6	Faktor zur Berücksichtigung des Lastfalles, und zwar $= 1$ bei statischer Beanspruchung, $= 0,7$ bei schwellender Beanspruchung, $= 0,35$ bei wechselnder Beanspruchung.
f_7	Faktor zur Berücksichtigung der Betriebstemperatur. Da hierzu die 12 Diagramme nicht wiedergegeben werden können, kann durchschnittlich mit $f_7 = 0,75$ bei $-50\,°C$, $= 1$ bei $-10 \ldots +25\,°C$, $= 0,85$ bei $+50\,°C$, $= 0,35$ bei $100\,°C$ und ggf. $= 0,25$ bei $150\,°C$ gerechnet werden. Für genauere Berechnungen ist selbstverständlich „Der Loctite" maßgebend.
f_8	Faktor zur Berücksichtigung der Aushärtung des Klebstoffs $= 1$ bei Raumtemperatur, $= 0,8$ beim Aushärten mit Aktivator, $= 1,2$ beim Aushärten mit $120\,°C$.

Falls die vorhandene Scherspannung τ_k mit der Gl. 7.2 errechnet wird, ist zu prüfen die

$$\textit{Sicherheit gegen Bruch} \quad S_B = \tau_{kB}/\tau_k \tag{7.4}$$

τ_{kB} in N/mm²	Scherfestigkeit nach Gl. 7.3,
τ_k in N/mm²	vorhandene Scherspannung nach Gl. 7.2.

Da in τ_{kB} bereits der Lastfall berücksichtigt ist, genügt durchweg eine Sicherheit $S_B = 2$.

Tab. 7.4 Berechnungskennwerte einiger Loctite-Klebstoffe (aus „Der Loctite" der Loctite Deutschland GmbH München)

Loctite-Produkt Nr.		640	270	638	639	641	648	649	620	661[2]	662[2]	660	326
Kleb-spalt mm	maximal	0,12	0,15	0,15	0,15	0,15	0,15	0,15	0,20	0,15	0,15	0,25	0,25
	günstig	0,05	0,05	0,05	0,05	0,05	0,05	0,05	0,05	0,05	0,05	0,07	0,05
Nominelle Scherfestig-keit τ_N[1] N/mm²		24	16	28	24	12	23	23	28	23	28	21	15
Temperaturbe-ständigkeit °C	von	-55	-55	-55	-55	-55	-55	-55	-55	-55	-55	-55	-55
	bis	$+175$	$+150$	$+150$	$+150$	$+150$	$+175$	$+175$	$+230$	$+175$	$+150$	$+150$	$+120$

[1] Mittelwerte, Streuungen ca. $\pm 30\%$,   [2] Härten bei UV-Bestrahlung in wenigen Sekunden aus

Beispiel 7.2

Die im Beispiel 7.1 (Bild 7.10) berechnete Klebverbindung soll mit dem Produkt Loctite Nr. 638 mit hoher Bindefestigkeit (Scherfestigkeit) $\tau_N = 28$ N/mm² (Tab. 7.4) hergestellt werden. Gegeben sind: Werkstücke aus St 37 (Rohr) und GG-25 (Nabe). Belastungskraft $F = 2000$ N axial schwellend. Breite $b = 16$ mm ($= l$ in Bild 7.10). Durchmesser $d = 15,5$ mm. Klebschichtdicke $= 0,1$ mm, Aushärtung bei $120\,°C$, Rauhtiefe der Rohroberfläche $R_z = 10\,\mu m$, der Bohrungsoberfläche $R_z = 20\,\mu m$, Umgebungstemperatur (Betriebstemperatur) $+50\,°C$. Wie groß ist die Sicherheit gegen Bruch?

Lösung:
Nach der Legende zur Gl. 7.3 sind zu setzen: $f_1 = 0,6$ (für Grauguß), $f_2 = 0,75$ (aus Bild 7.11), $f_3 = 1,1$ (aus Bild 7.12 Kurve A bei $R_z = 10$ μm), $f_4 \approx 1,2$ (aus Bild 7.13 bei $b/d \approx 1$ und $A_k = 1,55 \cdot \pi \cdot 1,6$ cm$^2 \approx 8$ cm^2), $f_5 = 1$ (Axialbelastung), $f_6 = 0,7$, $f_7 = 0,85$, $f_8 = 1,2$. Somit nach Gl. 7.3:

$$\tau_{kB} = \tau_N \cdot f_1 \cdot f_2 \cdot f_3 \cdot f_4 \cdot f_5 \cdot f_6 \cdot f_7 \cdot f_8 = 28 \text{ N/mm}^2 \cdot 0,6 \cdot 0,75 \cdot 1,1 \cdot 1,2 \cdot 1 \cdot 0,7 \cdot 0,85 \cdot 1,2 \approx 11,9 \text{ N/mm}^2.$$

Nach Gl. 7.2 beträgt die vorhandene Scherspannung

$$\tau_k = \frac{F}{A_k} = \frac{2000 \text{ N}}{800 \text{ mm}^2} = 2,5 \text{ N/mm}^2.$$

Nach Gl. 7.4 ist die Sicherheit gegen Bruch

$$S_B = \tau_{kB} / \tau_k = 11,9/2,5 \approx 4,8,$$

die bei weitem ausreicht. Es könnte auf einen weniger festen Klebstoff zurückgegriffen werden.

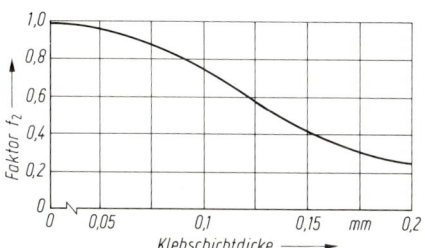

Bild 7.11 Einflußfaktor f_2 in Abhängigkeit von der Klebschichtdicke (aus „Der Loctite")

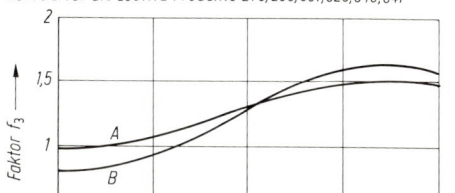

Kurve A für die LOCTITE-Produkte 326, 638, 639, 648, 649, 660, 661, 662
Kurve B für die LOCTITE-Produkte 270, 290, 601, 620, 640, 641

Bild 7.12 Einflußfaktor f_3 in Abhängigkeit von der Rauhtiefe R_z der Klebfläche (aus „Der Loctite")

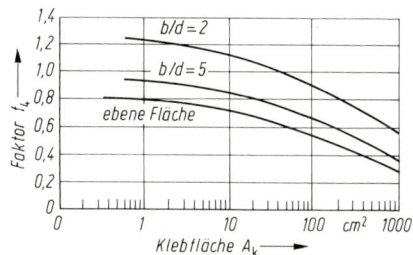

Bild 7.13 Einflußfaktor f_4 in Abhängigkeit von der Klebfläche A_k (aus „Der Loctite")

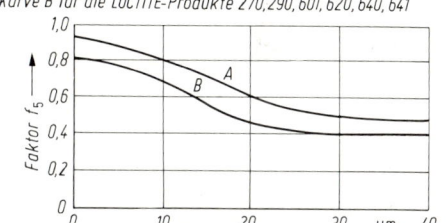

Kurve A für die LOCTITE-Produkte 326, 638, 639, 648, 649, 660, 661, 662
Kurve B für die LOCTITE-Produkte 270, 290, 601, 620, 640, 641

Bild 7.14 Faktor f_5 in Abhängigkeit von der Rauhtiefe R_z der Klebfläche bei Umfangsbelastung (aus „Der Loctite")

Bei mit Niet- oder Punktschweißverbindungen kombinierten Klebverbindungen läßt sich der Anteil der einzelnen Verbindungsarten an der Kraftaufnahme kaum vorherbestimmen. Es empfiehlt sich dann, die Abscherkraft F_{kB} der Klebverbindung und F_{nB} der Nietverbindung bzw. F_{wB} der Punktschweißverbindung zu einer Gesamtbruchkraft F_{gB} zu addieren und mit der Zugbruchkraft F_B des maßgebenden Bauteils zu vergleichen.

Abscherkraft der Nietverbindung $F_{nB} = n \cdot A_n \cdot \tau_{nB}$ (7.5)

Abscherkraft der Punktschweißverbindung $F_{wB} = n \cdot A_w \cdot \tau_{wB}$ (7.6)

n Anzahl der Niete bzw. Schweißpunkte,
A_n in mm^2 Querschnitt eines geschlagenen Niets (siehe A_1 in Tab. A 8.2),
A_w in mm^2 Querschnitt einer Schweißlinse,
τ_{nB} in N/mm^2 Abscherspannung des Niets $\approx 0{,}65\,R_m$,
τ_{wB} in N/mm^2 Abscherspannung der Schweißlinse $\approx 0{,}65\,R_m$,
R_m in N/mm^2 Zugfestigkeit des Niet- bzw. Schweißteilwerkstoffs.

Wenn das maßgebende Bauteil nicht zugbeansprucht oder dessen Festigkeit nicht ausgenutzt wird, läßt sich auch mit der Gl. 7.2 rechnen. Die Scherspannung τ_k darf dann eine für die kombinierte Verbindung zulässige Scherspannung $\tau_{kk\,zul}$ nicht überschreiten. Diese kann wie folgt angenommen werden:

Zulässige Scherspannung der kombinierten Verbindung $\tau_{kk\,zul} \approx \dfrac{F_{gB}}{F_{kB}}\,\tau_{k\,zul}$ (7.7)

$\tau_{kk\,zul}$ in N/mm^2 zulässige Scherspannung für die kombinierte Verbindung, bezogen auf die Klebverbindung,
F_{gB} in N   Gesamtbruchkraft der kombinierten Verbindung = $F_{kB} + F_{nB}$ bzw. $F_{kB} + F_{wB}$,
F_{kB} in N   Abscherkraft der Klebverbindung = $A_k \cdot \tau_{kB}$,
$\tau_{k\,zul}$ in N/mm^2 zulässige Scherspannung für die Klebverbindung (siehe die Angaben auf der Seite 123 oben).

Beispiel 7.3

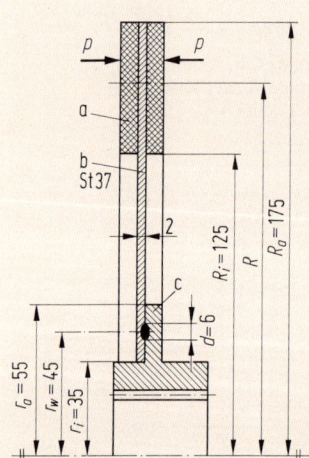

Bild 7.15 zeigt den Reibbelagträger einer Reibkupplung. Die Reibbeläge a sind auf den Träger b geklebt. Der Träger b ist an den Flansch c der Nabe geklebt und punktgeschweißt (6 Punkte am Umfang). Die Klebflächen sind entfettet und sandgestrahlt. Als Kleber wurde Metallon E 2701 (Tab. A 7.2) gewählt. Die Betriebstemperatur kann 50 °C erreichen. Das Reibmoment (Kupplungsdrehmoment) wirkt schwellend. Die Beläge werden von den Reibscheiben mit $p = 40$ N/cm^2 gepreßt, die Reibzahl beträgt $\mu = 0{,}4$.

1. Ist die Scherspannung an den Klebflächen der Reibbeläge zulässig?

2. Ist die Scherspannung an der Klebfläche des Nabenflansches zulässig?

Bild 7.15 Reibbelagträger

Lösung:

1. Klebfläche am Reibbelag
Die Flächenpressungen p denkt man sich zu einer resultierenden Normalkraft $F_N = A \cdot p$ zusammengefaßt, wobei $A = (R_a^2 - R_i^2)\pi$ $= (17{,}5^2 - 12{,}5^2)$ cm$^2 \cdot \pi = 471$ cm^2 eine Reibfläche ist. Also

$$F_N = A \cdot p = 471 \text{ cm}^2 \cdot 40 \text{ N/cm}^2 = 18\,840 \text{ N}.$$

Die Reibkraft als Umfangs- und Belastungskraft ist dann

$$F_t = F_N \cdot \mu = 18\,840 \text{ N} \cdot 0{,}4 = 7536 \text{ N}.$$

Nach Gl. 7.2 ist mit $A = A_k$ und $F_t = F$

$$\tau_k = \frac{F}{A} = \frac{7536 \text{ N}}{47\,100 \text{ mm}^2} = 0{,}16 \text{ N/mm}^2.$$

Diese ist so klein, daß ein Vergleich mit der zulässigen Scherspannung nicht erforderlich ist. Das gilt in der Regel für alle Reibbelagklebungen, so daß für diese kein Spannungsnachweis erforderlich ist.

2. Klebfläche am Nabenflansch

Die beiden Reibkräfte F_t greifen am Wirkradius R an. Das ist der Radius, von dem die Flächenteile nach außen und innen gleich groß sind, d.h. es ist

$$(R_a^2 - R^2)\pi = (R^2 - R_i^2)\pi.$$

Daraus folgt als Wirkradius: $R = \sqrt{\dfrac{R_a^2 + R_i^2}{2}} = \sqrt{\dfrac{17{,}5^2 + 12{,}5^2}{2}}$ cm $= 15{,}2$ cm.

Das zu übertragende Drehmoment ist bei den $i = 2$ Reibbelägen

$$M = i \cdot F_t \cdot R = 2 \cdot 7536 \text{ N} \cdot 15{,}2 \text{ cm} = 229094 \text{ Ncm}.$$

Somit muß am Radius r_w eine Umfangskraft $F = M/r_w = 229094$ Ncm/4,5 cm $= 50910$ N übertragen werden.

Die Querschnittsfläche einer Schweißlinse beträgt $A_w = d^2 \cdot \pi/4 = 6^2$ mm$^2 \cdot \pi/4 = 28{,}3$ mm^2. Dann ist die Klebfläche unter Abzug der Querschnitte der $n = 6$ Schweißpunkte

$$A_k = (r_a^2 - r_i^2)\pi - n \cdot A_w = (55^2 - 35^2) \text{ mm}^2 \cdot \pi - 6 \cdot 28{,}3 \text{ mm}^2 = 5485 \text{ mm}^2.$$

Nach Gl. 7.2 ergibt sich

$$\tau_k = \frac{F}{A_k} = \frac{50910 \text{ N}}{5485 \text{ mm}^2} = 9{,}3 \text{ N/mm}^2.$$

Die Abscherkraft der Punktschweißverbindung beträgt nach Gl. 7.6

$$F_{wB} = n \cdot A_w \cdot \tau_{wB} = 6 \cdot 28{,}3 \text{ mm}^2 \cdot 0{,}65 \cdot 370 \text{ N/mm}^2 = 40837 \text{ N}.$$

Die Abscherkraft der Klebverbindung errechnet sich mit $\tau_{kB} = 30$ N/mm^2 (Tab. A 7.2 bei 55 °C) zu

$$F_{kB} = A_k \cdot \tau_{kB} = 5485 \text{ mm}^2 \cdot 30 \text{ N/mm}^2 = 164550 \text{ N}.$$

Die Gesamtbruchkraft ist dann

$$F_{gB} = F_{kB} + F_{wB} = 164550 \text{ N} + 40837 \text{ N} = 205387 \text{ N}.$$

Bei schwellender Beanspruchung ist $\tau_{k\,zul} \approx 0{,}3\,\tau_{kB} = 0{,}3 \cdot 30$ N/mm$^2 = 9$ N/mm^2. Nach Gl. 7.7 beträgt

$$\tau_{kk\,zul} \approx \frac{F_{gB}}{F_{kB}}\,\tau_{k\,zul} = \frac{205387}{164550}\,9 \text{ N/mm}^2 = 11{,}2 \text{ N/mm}^2.$$

Also ist $\tau_k = 9{,}3$ N/mm$^2 < \tau_{kk\,zul} = 11{,}2$ N/mm^2. Die Verbindung ist ausreichend bemessen.

Literaturhinweise

Brockmann, W.: Grundlagen und Stand der Metallklebtechnik. VDI-Verlag Düsseldorf 1971.

Cornelius, E. A. und *W. Mehl:* Die Spannungsverteilung in Klebverbindungen. Z. Aluminium 39/63.

Decker, K. H.: Verbindungselemente. Hanser-Verlag München 1963.

Degner, H.: Berechnung von Klebverbindungen. Z. Schweißtechnik 25/75.

Genzsch, E. O.: Metallklebstoffe und ihre Verwendung. Z. Maschinenmarkt 68/62.

Krist, T.: Metallkleben. Vogel-Verlag Würzburg 1970.

Der Loctite, Sonderpublikation der Loctite Deutschland GmbH München 1988/89.

Matting, A.: Metallkleben. Springer-Verlag 1969.

Matting, A. und *W. Brockmann:* Stand und Entwicklungstendenzen der Metallklebtechnik. Z. Der Stahlbau 38/69.

Meckelburg, H.: Beanspruchungsarten und Dimensionierungsgrundlagen von Metallklebverbindungen. Z. Industrieanzeiger 86/64.

Mittrop, F.: Metallklebverbindungen und ihr Festigkeitsverhalten bei verschiedenen Beanspruchungen. Z. Schweißen und Schneiden 14/62.

Pohl, A.: Klebverbindungen, Theorie und Anwendung. Z. Technische Rundschau 44/61.

Rögnitz, H. und *G. Köhler:* Fertigungsgerechtes Gestalten im Maschinen- und Gerätebau. Teubner-Verlag Stuttgart 1968.

Schliekelmann, R. J.: Metallkleben. DVS-Verlag Düsseldorf 1971.

Ulmer, K.: Zur Berechnung von Metallklebverbindungen. Z. Das Industrieblatt 63/63.

Witt, W.: Klebverbindungen für hohe Temperaturen. Z. Maschinenmarkt 8/70.

VDI-Bericht Nr. 258: Praxis des Metallklebens. VDI-Verlag, Düsseldorf 1971.

8 Nietverbindungen

Nietverbindungen sind durch Schweißverbindungen immer mehr verdrängt worden, weil das Bohren der Löcher und Schlagen der Niete im allgemeinen einen höheren Arbeitsaufwand erfordert, Schweißteile eine einfachere Gestalt erhalten, leichter sind und nicht durch Löcher geschwächt werden. Vorteilhaft ist aber, daß keine ungünstigen Werkstoffbeeinflussungen wie Gefügeumwandlungen und kein Verziehen durch Wärmewirkungen auftreten. Ferner lassen sich auch ungleichartige Werkstoffe miteinander verbinden. Deshalb greift man oftmals noch auf die als unbedingt sicher geltenden Nietverbindungen zurück, ganz besonders im Leichtmetallbau.

8.1 Nietformen, Werkstoffe, Herstellung der Verbindungen

Ein **Rohniet** (Bild 8.1) besteht aus dem **Schaft** mit dem Durchmesser d und dem angestauchten Kopf, dem **Setzkopf**. Bevorzugt wird der Halbrundkopf, während andere Kopfformen in der Regel nur für Sonderfälle in Betracht kommen. Niete und Bauteile sollen möglichst aus dem gleichen Grundwerkstoff bestehen, weil bei Werkstoffunterschieden Lockerungs- und Korrosionsgefahr besteht. Übliche Nietwerkstoffe sind: Stahl USt 36 und RSt 38 nach DIN 17111, Nichteisenmetalle wie Kupfer, Messing, Aluminium und Aluminiumlegierungen.

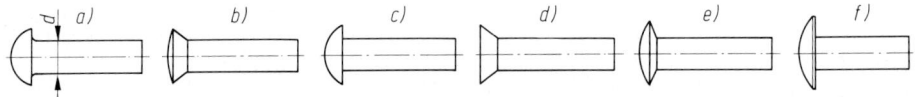

Bild 8.1 Gebräuchliche Stahlniete
a) Halbrundniet DIN 124 für den Stahlbau, b) Senkniet DIN 302 für den Stahlbau, c) Halbrundniet DIN 660, d) Senkniet DIN 661, e) Linsenniet DIN 662, f) Flachrundniet DIN 674

Die Nietlöcher werden gebohrt oder gestanzt, gestanzte zweckmäßig nachgebohrt oder nachgerieben, da Haarrißbildungen durch das Stanzen zu einem Bruch führen können. **Im Stahlbau ist das Stanzen von Löchern untersagt!** Die Lochränder müssen angesenkt werden (Bild 8.2 a), um einen guten Übergang zwischen Schaft und Kopf zu ermöglichen.

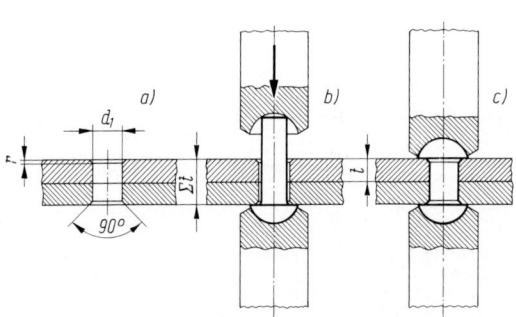

Bild 8.2 Herstellung einer Nietverbindung
a) Ausbildung des Loches, b) vor dem Schließen,
c) nach dem Schließen eines Halbrundkopfes

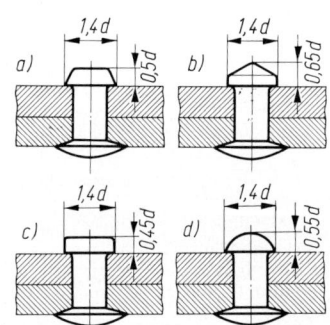

Bild 8.3 Sonderformen von Leichtmetallnieten
(unten Setzkopf des Linsenniets)
a) Pfannenkopf, b) Kegelkopf,
c) Flachkopf, d) Halbrundkopf

Stahlniete bis $d = 8$ mm und alle Nichteisenmetallniete werden kalt geschlossen, Stahlniete ab $d = 10$ mm warm, d.h. nach Erwärmen auf Hellrotglut von rd. 1000 °C. Der Setzkopf wird mit einem Gegenhalter gestützt und der Niet mit einem Kopfmacher (auch Schellhammer oder Döpper genannt) auf einer Nietmaschine unter gleichmäßigem Druck oder mit einem Preßlufthammer unter Schlägen geschlossen, d.h. der **Schießkopf** gebildet (Bilder 8.2b und c). Beim Maschinennieten findet ein ununterbrochenes Prägen statt, das den Niet auf der ganzen Länge staucht und das Loch besser ausfüllt als beim Hammernieten.
Warmniete schrumpfen beim Erkalten und pressen die gefügten Teile aufeinander. Beim Schrumpfen wird der Nietschaft erheblich gespannt und auf Zug beansprucht. Da die Schrumpfspannung der Nietlänge proportional ist, soll die Klemmlänge $\Sigma t \leqq 4d$ sein (Bild 8.2). Zur Bildung eines einwandfreien Schließkopfes muß die Rohnietlänge l um ein bestimmtes Maß größer als die Klemmlänge Σt sein. Hierüber geben die betr. Normen über Niete Auskunft.

Da die **Kaltniete** nicht wie die Warmniete schrumpfen, brauchen die Köpfe den Schaft nur gegen axiales Verschieben zu sichern. Deshalb genügen kleine Schließköpfe. Vorherrschend sind Halbrundniete DIN 660, Senkniete DIN 661, Linsenniete DIN 662 und Flachrundniete DIN 674 (Bilder 8.1c bis f). Bild 8.3 zeigt Sonderformen von Leichtmetallnieten.

Die Abmessungen der wichtigsten Niete sind in den Tabn. A8.1 und A8.2 wiedergegeben.

Teile aus elastischen oder besonders spröden Werkstoffen lassen sich wegen der hohen Schließungskräfte nicht mit Halbrund- oder Senkvollnieten verbinden. Für sie sind Niete in den Formen nach DIN 7338 (Bild 8.4a), Hohlniete DIN 7339 (Bild 8.4b) und Rohrniete DIN 7340 (Bild 8.4b) geeignet.

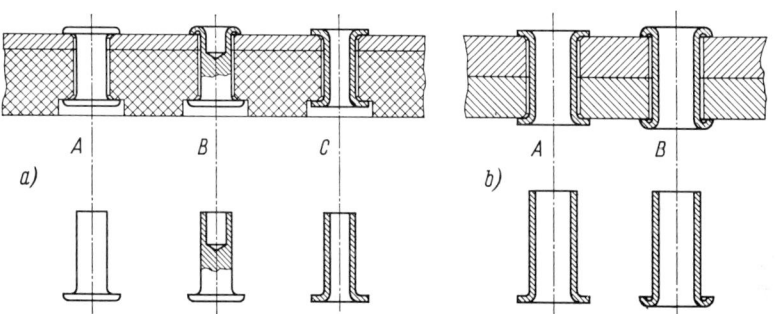

Bild 8.4 Voll-, Halbhohl- und Rohrniete für niedrige Schließungskräfte
a) nach DIN 7338 für Brems- und Kupplungsbeläge, b) nach DIN 7339 und 7340

Blindniete gestatten Vernietungen von nur einseitig zugänglichen Bauteilen, wie z.B. an Halbhohl- und Hohlprofilen (Bilder 8.5 bis 8.7).

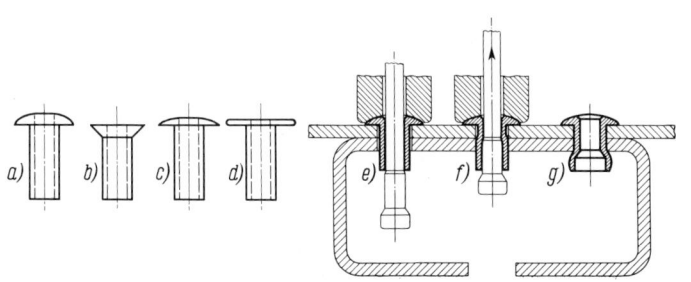

Bild 8.5 Dornniet (Gebr. Titgemeyer, 4500 Osnabrück)
a) mit Rundkopf, b) mit Senkkopf, c) mit Flachrundkopf, d) mit Flachkopf, e) eingesetzter Niet, f) Einziehen des Dorns, g) geschlossener Niet

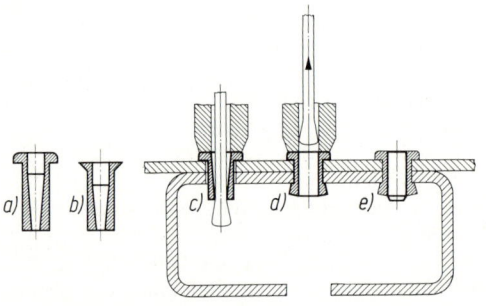

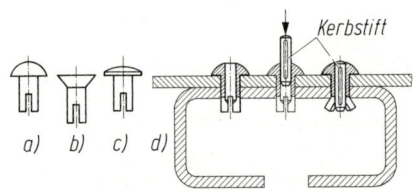

Bild 8.6 Durchziehniet (Gebr. Happich GmbH,
    5600 Wuppertal-Elberfeld)
    a) Flachrundniet, b) Senkniet, c) eingesetzter Niet,
    d) Durchziehen des Kegeldorns, e) mit Füllstift
    verschlossener Niet

Bild 8.7 Blindniet
    (Kerb-Konus-Gesellschaft,
    8454 Schnaittenbach/Oberpfalz)
    a) Halbrundniet, b) Senkniet,
    c) Flachrundniet, d) Schließen
    eines Blindniets

8.2   Berechnung von Nietverbindungen

Wenn die Wirklinie der Belastungskraft F wie in Bild 8.8 durch den Schwerpunkt des Nietanschlusses geht, wird vorausgesetzt, daß jeder Niet gleichhoch an der Kraftübertragung beteiligt
ist. Jeder Niet setzt dann der Belastungskraft F einen Widerstand $F_n = F/n$ entgegen, wenn n die
Anzahl der Niete bedeutet. Anstelle des betr. Bauteils kann man sich um jeden Niet ein Band geschlungen denken, so daß jeder Strang mit der anteiligen Kraft $\Delta F = F/2n$ zieht. Aus Bild 8.8
geht hervor, daß der Bauteilquerschnitt 1 die volle Zugkraft $F = 8\Delta F$ aufzunehmen hat, der Querschnitt 2 nur $6\Delta F$ und der Querschnitt 3 nur $2\Delta F$. Die Bauteile werden demzufolge in der jeweils
ersten Nietreihe am stärksten beansprucht und am stärksten gedehnt. Um die Unterschiede nicht
zu groß werden zu lassen, ordnet man in der Regel nicht mehr als drei bis vier Nietreihen an.

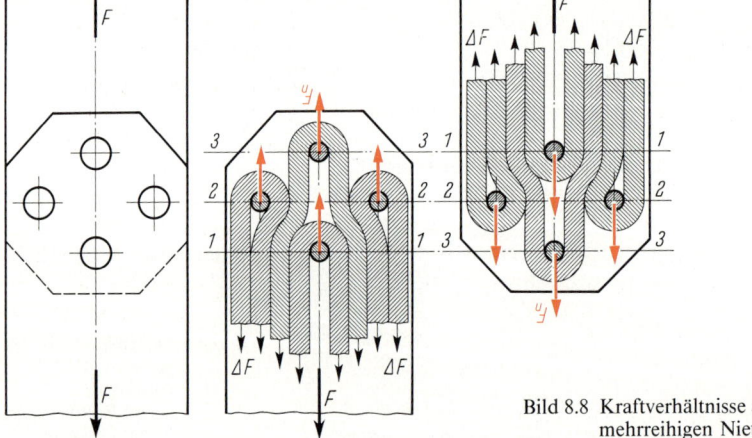

Bild 8.8 Kraftverhältnisse an einer
    mehrreihigen Nietverbindung

Zerstört man eine Nietverbindung gewaltsam (Bild 8.9), so zerschneiden die Bauteile den Nietschaft, falls nicht die Bauteile zuvor brechen. Nach der Anzahl der Schnitte an einem Nietschaft
kennt man ein- und mehrschnittige, allgemein **m-schnittige Nietverbindungen.** Die Bauteile (z. B.
Bleche) wirken auf die Nietschäfte wie die Schneiden von Scheren (Bild 8.10a). Die Nietschäfte
werden daher auf Abscheren beansprucht (das ist auch eine Schubbeanspruchung), wobei die

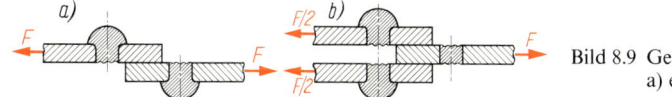

Bild 8.9 Gewaltsam zerstörte Nietverbindung
a) einschnittige,   b) zweischnittige

Belastungskraft F (Betriebskraft) von $n \cdot m$ Scherflächen A_1 (Nietquerschnitten) aufgenommen wird. Obwohl sich diese Schubspannung nicht gleichmäßig über den Nietquerschnitt verteilt, rechnet man gemäß Bild 8.10b mit der mittleren

$$\textit{Scherspannung} \quad \tau_\mathrm{a} = \frac{F}{n \cdot m \cdot A_1} = \frac{F_\mathrm{n}}{m \cdot A_1} \tag{8.1}$$

τ_a	in N/mm²	Scherspannung im Nietquerschnitt,
F	in N	Belastungskraft als Zug- oder Druckkraft in den Bauteilen,
n		Anzahl der Niete in einem Anschluß,
m		Schnittzahl = Anzahl der Schnittflächen an einem Nietschaft,
A_1	in mm²	Querschnitt des geschlagenen Niets (Tabn. A8.1 und A8.2),
F_n	in N	von einem Niet aufzunehmende Kraft.

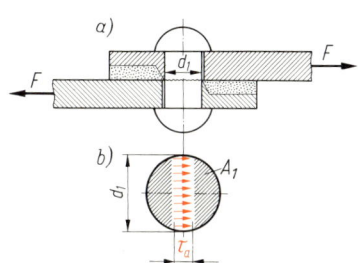

Bild 8.10 Scherbeanspruchung eines Niets
a) gedachte Scherwirkung,
b) mittlere Scherspannung

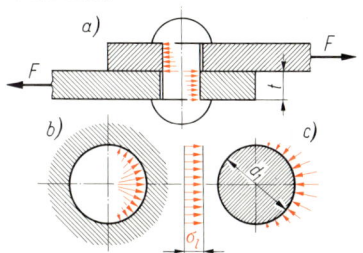

Bild 8.11 Leibungsbeanspruchung einer Nietverbindung
a) Entstehung der Leibung,
b) Pressung des Nietloches,
c) Pressung des Nietschaftes

Mit der von einem Niet aufzunehmenden Kraft F_n wird nur dann gerechnet, wenn sich die Belastungskraft F nicht gleichmäßig auf alle Niete verteilt, d.h. wenn die Wirklinie der Kraft F nicht durch den Schwerpunkt der Nietgruppe geht und ein Moment erzeugt (siehe Bild 8.14).

Da Warmniete durch das Schrumpfen beim Erkalten bis an die Streckgrenze beansprucht werden können, ist es unsicher, ob die Bauteile so stark aufeinandergepreßt werden, daß die Kraftübertragung allein durch Reibung möglich ist. Die Preßkraft kann nämlich durch Nachlassen der Schrumpfspannung stark absinken. Deshalb vernachlässigt man diese und rechnet gemäß Bild 8.10 nur mit der Beanspruchung auf Abscheren (Gl. 8.1).

Die Belastungskraft F preßt den Nietschaft nach Bild 8.11a gegen die Lochwand. Man spricht von **Lochleibung.** Eine zu hohe Pressung erweitert das Loch beträchtlich und quetscht die Ränder hoch. Im gleichen Maße wird der Nietschaft gepreßt (Bild 8.11c). Die an den Lochwänden und Nietschäften auftretende Flächenpressung, der Leibungsdruck, darf daher einen bestimmten Betrag nicht überschreiten. Praktisch rechnet man mit der mittleren Pressung (gedrückte Fläche als ebene Projektion $d_1 \cdot t$ gedacht), der

$$\textit{Leibung} \quad \sigma_\mathrm{l} = \frac{F}{n \cdot d_1 \cdot t} = \frac{F_\mathrm{n}}{d_1 \cdot t} \tag{8.2}$$

σ_l	in N/mm²	Leibungsdruck an Loch und Nietschaft,
d_1	in mm	Nietlochdurchmesser (Tabn. A8.1 und A8.2) = Durchmesser des geschlagenen Niets,
t	in mm	maßgebende Bauteildicke. Bei mehrschnittigen Verbindungen ist die Bauteildicke einzusetzen, die die größte Leibung ergibt.
F, F_n, n		siehe Legende zur Gl. 8.1.

Mitunter läßt sich eine Zugbeanspruchung der Nietschäfte nicht vermeiden. In diesem Falle (Bild 8.12) beträgt die

$$\text{Zugspannung} \quad \sigma_z = \frac{F}{n \cdot A_1} = \frac{F_z}{A_1} \tag{8.3}$$

σ_z in N/mm²   Zugspannung im Nietschaft,
F, F_n, n, A_1 siehe Legende zur Gl. 8.1,
F_z in N   auf einen Niet wirkende Zugkraft.

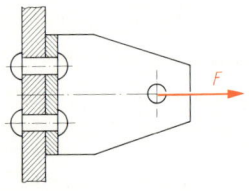

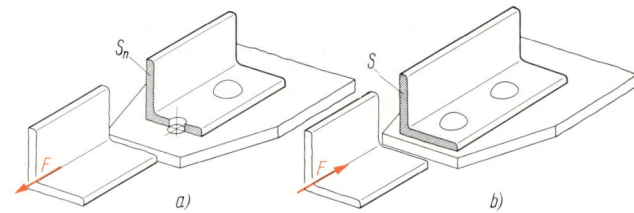

Bild 8.12
Zugbeanspruchte Niete   Bild 8.13 Zug- und Druckstäbe   a) Zugstab,   b) Druckstab

Bauteile wie nach Bild 8.13 werden durch die Belastungskraft F auf Zug oder Druck beansprucht. Bei Zugbeanspruchung wirken die Nietlöcher als Querschnittsschwächung, bei Druckbeanspruchung dagegen tragen die Nietschäfte mit, so daß dann mit dem vollen Bauteilquerschnitt zu rechnen ist. Deshalb gilt:

$$\text{Zugspannung im Bauteilquerschnitt} \quad \sigma = \frac{F}{S_n} \tag{8.4}$$

$$\text{Druckspannung im Bauteilquerschnitt} \quad \sigma = \frac{F}{S} \tag{8.5}$$

σ in N/mm²   Zug- bzw. Druckspannung im Bauteilquerschnitt,
F in N   Belastungskraft (Zug- bzw. Druckkraft),
S_n in mm²   gefährdeter Querschnitt = Nutzquerschnitt des Bauteils als durch die Nietlöcher geschwächter Querschnitt = $S - \Sigma(d_1 \cdot t)$,
S in mm²   Vollquerschnitt des Bauteils.

Die Nietlöcher schwächen nicht nur die Bauteilquerschnitte, sondern rufen auch Kerbwirkungen hervor, die die Dauerfestigkeit und die Verformungsfähigkeit senken, so daß bei Massenwirkungen fließlose Trennbrüche möglich sind. Die Kerbwirkungen sind um so größer, je kleiner die Nietlöcher sind, weil dann der Kraftfluß schärfer umgelenkt wird. Andererseits schwächen kleine Nietlöcher die Bauteile weniger stark.

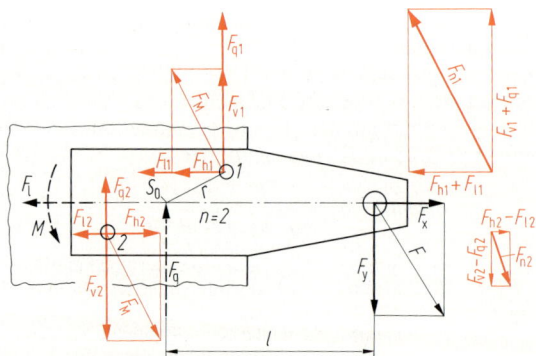

Bild 8.14 Momentenanschluß mit zwei Nieten

Bild 8.14 zeigt einen **Momentenanschluß** mit zwei Nieten. Man stellt sich vor, daß sich die angenietete Lasche durch Wirkung der Kraft F um den Schwerpunkt S_0 der Nietgruppe drehen will.
Die Kraft F denkt man sich in eine Horizontalkomponente F_x und eine Vertikalkomponente F_y
zerlegt. Dem äußeren Moment $M = F_y \cdot l$ setzen die Niete ein inneres Moment $n \cdot F_M \cdot r$ entgegen, wenn $n = 2$ die Anzahl der Niete am Anschluß ist. Die Kräfte F_M zerlegt man zweckmäßig
jeweils in eine Vertikalkomponente F_v und eine Horizontalkomponente F_h. Von der Nietgruppe
müssen noch die Querkraft $F_q = F_y$ und die Längskraft $F_l = F_x$ aufgebracht werden. Bei gleichmäßiger Verteilung auf die Niete muß jeder Niet einen Anteil $F_{qi} = F_q/n$ und $F_{li} = F_l/n$ beitragen. An jedem Niet setzen sich nun die vier Kräfte F_{vi}, F_{hi}, F_{qi} und F_{li} zu einer Resultierenden F_{ni}
zusammen. Mit der größten Resultierenden F_{ni} ist dann der Niet zu berechnen. Aus Bild 8.14
geht hervor, daß bei dieser Anordnung der Niet 1 am höchsten belastet wird, nämlich mit der

$$\textit{Größtkraft} \quad F_{n1} = \sqrt{(F_{v1} + F_{q1})^2 + (F_{h1} + F_{l1})^2} \tag{8.6}$$

F_{v1}	in N	Vertikalkraft am Niet 1,	
F_{q1}	in N	Querkraft am Niet 1,	

F_{h1} in N Horizontalkraft am Niet 1,
F_{l1} in N Längskraft am Niet 1.

Sind mehr als zwei Niete vorhanden und die Radien r, an denen sich die Niete befinden, verschieden groß, z.B. r_1 und r_2, so setzen die äußeren Niete einen entspr. größeren Widerstand entgegen, d.h. es gilt $F_{M1}/F_{M2} = r_1/r_2$. Aus diesem Verhältnis lassen sich F_{M1} und F_{M2} errechnen,
weil $M = F_{M1} \cdot r_1 + F_{M2} \cdot r_2 + \dots$ sein muß. Dann geht man wie zuvor beschrieben weiter vor.

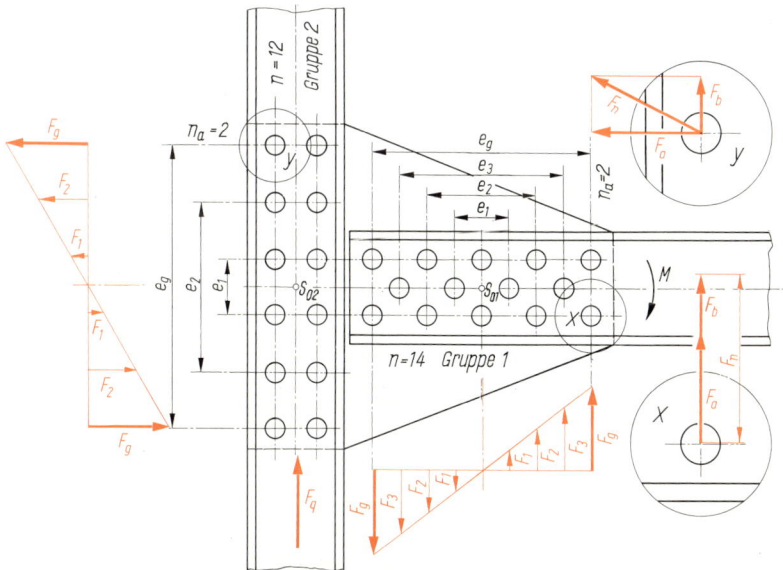

Bild 8.15 Genieteter Momentenanschluß

Einen **Momentenanschluß aus dem Stahlbau** zeigt Bild 8.15. Bei ihm verteilen sich die Reaktionskräfte $F_1 \dots F_g$ der Niete näherungsweise wie Biegespannungen, wenn sich mindestens 5 Niete
wie bei der Nietgruppe 1 in einer der Reihen befinden oder wenn nur eine Nietreihe vorhanden
ist (siehe Bild 8.29, Seite 144). Gemäß Bild 8.15 ist $M \approx F_1 \cdot e_1 + F_2 \cdot e_2 + \dots + F_g \cdot e_g$.
Da $F_1 = F_g \cdot e_1/e_g$, $F_2 = F_g \cdot e_2/e_g$ usw. ist, wird $M \approx \dfrac{F_g}{e_g}(e_1^2 + e_2^2 + \dots + e_g^2)$.

Daraus erhält man die in den äußersten Nieten wirkende

$$\text{Größtkraft} \quad F_g \approx M \frac{e_g}{\Sigma e^2} \tag{8.7}$$

F_g in N   von den äußersten Nieten dem Biegemoment entgegengesetzte Reaktionskraft,
M in Nmm   Moment im Schwerpunkt S_0 der betr. Nietgruppe,
e in mm   Nietabstände symmetrisch zum Schwerpunkt S_0 der Nietgruppe,
e_g in mm   größter Nietabstand in der Nietgruppe.

Auf einen der äußersten Niete entfällt damit der Anteil $F_a = F_g/n_a$, wenn n_a die Anzahl dieser Niete bedeutet (in Bild 8.15 ist $n_a = 2$). Wenn wie in Bild 8.15 jedoch $F_3 > F_g/2 = F_g/n_a$ ist, so ist $F_a = F_3$ zu setzen!
Jede Nietgruppe bringt noch die Querkraft F_q auf, die mit der entspr. Belastungskraft F (nicht gezeigt) ein Kräftepaar bildet. Dieses erzeugt das Moment M. Jeder Niet wird daher mit dem Anteil $F_b = F_q/n$ beansprucht, wobei n die Anzahl der Niete in der betr. Nietgruppe ist.

Die Kräfte F_a und F_b setzen sich zur resultierenden Kraft F_n zusammen, die einen der äußersten Niete beansprucht bzw. die größte, einen Niet beanspruchende Kraft ist. Gemäß Bild 8.15 ist die

$$\text{Größtkraft in Nietgruppe 1:} \quad F_n = F_a + F_b \tag{8.8}$$

$$\text{Nietgruppe 2:} \quad F_n = \sqrt{F_a^2 + F_b^2} \tag{8.9}$$

Mit F_n ist dann auf Abscheren und Lochleibung (Gln. 8.1 und 8.2) zu rechnen. Die gefährdeten Querschnitte in den Bauteilen (jeweils Querschnitt in der ersten Nietreihe jeder Gruppe von M aus gesehen) müssen außerdem noch auf Biegebeanspruchung nachgerechnet werden (Schwächung durch die Nietlöcher beachten!).
Die mit den Gln. 8.1 bis 8.5 errechneten Spannungen dürfen die zulässigen Spannungen nicht überschreiten. Hierzu erfolgen die Angaben in den betr. Abschnitten.

8.3   Nietverbindungen im Maschinen- und Gerätebau

Im Maschinen- und Gerätebau herrschen Verbindungen mit Kaltnieten unter $d = 10$ mm vor (Halbrundniete DIN 660, Senkniete DIN 661 nach Tab. A 8.2). Als Beispiel zeigt Bild 8.16 die mit Halbrundnieten verbundenen Polringe einer elektromagnetischen Kupplung. Die Schließköpfe sind Senkköpfe. Mitunter werden auch Teile stirnseitig an Stäbe oder Achsen genietet (Bild 8.17).

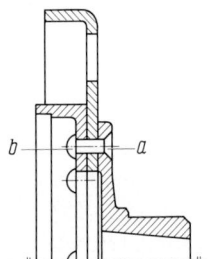
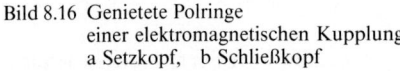

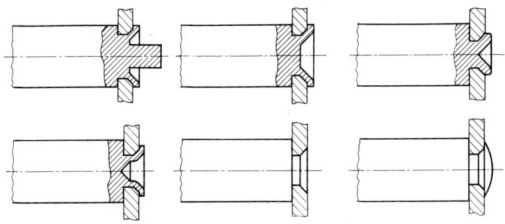

Bild 8.17 Stirnnietungen an Rundstäben

Bild 8.16 Genietete Polringe
einer elektromagnetischen Kupplung
a Setzkopf, b Schließkopf

Weitere Verbindungselemente sind **Nietstifte** DIN 7341 zum Anstauchen von zwei Flach- oder Senkköpfen (Bild 8.18).

Blindniete (siehe die Bilder 8.5 bis 8.7) aus Stahl oder anderen Metallen werden auch im Maschinenbau verwendet.
Zum Vernieten von Teilen aus empfindlichen Werkstoffen wie Weichgummi, Preßstoff, Hartpapier u. dgl. dienen die Niete nach Bild 8.4, die niedrige Schließungskräfte erfordern. Unter die

Form A   Form B

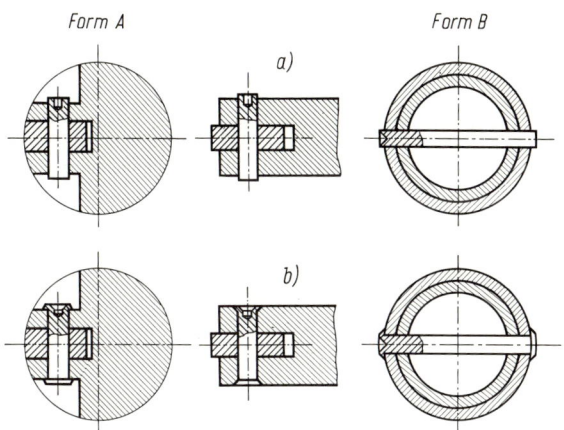

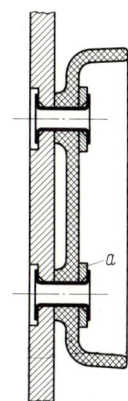

Bild 8.18 Nietstifte DIN 7341, Form A für höhere
        Schließungskräfte, Form B für niedrige Schließungskräfte
        a) vor dem Nieten,   b) nach dem Nieten

Bild 8.19 Mit Rohrnieten befestigtes
        Preßstoffteil
        a Metallscheibe

Rohrnietköpfe müssen Metallscheiben gelegt werden, um die Druckfläche zu vergrößern (Bild 8.19). **Hohlniete** DIN 7339 (wie Form C in Bild 8.4) haben eine größere Wanddicke als die **Rohrniete.** Sie dienen vorwiegend zum Befestigen von Brems- und Kupplungsbelägen.

Die Berechnung der Verbindungen erfolgt nach Abschnitt 8.2. Anhaltswerte für zulässige Spannungen siehe Tab. A 8.3.

Beispiel 8.1

Nach Bild 8.20 sind das Kettenrad und der Mitnehmer einer Lamellen-kupplung mit der Nabe durch Niete verbunden. Es ist ein wechselndes Drehmoment $M = 800$ Nm zu übertragen. Genügt die Nietverbindung den Anforderungen?

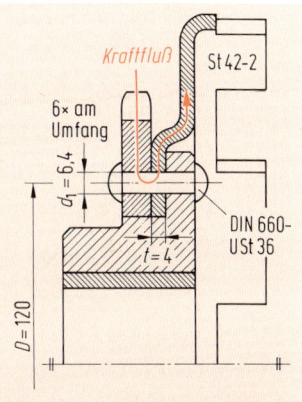

Lösung:
Am Teilkreis der Niete beträgt die Umfangskraft $F = M/R$ $= 80\,000$ Ncm/6 cm $= 13\,333$ N. Da der Kraftfluß unmittelbar in den Mitnehmer läuft, die Nabe also kein Drehmoment zu übertragen hat, wird die Verbindung nur einschnittig ($m = 1$) beansprucht. Mit $n = 6$ Nieten, dem Querschnitt eines geschlagenen Niets $A_1 = 32{,}2$ mm^2 (Tab. A 8.2) und der Kraft F ergibt sich mit Gl. 8.1:

$$\tau_a = \frac{F}{n \cdot m \cdot A_1} = \frac{13\,333 \text{ N}}{6 \cdot 1 \cdot 32{,}2 \text{ mm}^2} = 69 \text{ N/mm}^2.$$

Bild 8.20 An einen Nabenflansch
        genietetes Kettenrad

Der 4 mm dicke Flansch des Mitnehmers ist das dünnste Teil am Anschluß. Er ist für die Berechnung auf Leibung maßgebend. Nach Gl. 8.2 ist

$$\sigma_l = \frac{F}{n \cdot d_1 \cdot t} = \frac{13\,333 \text{ N}}{6 \cdot 6{,}4 \text{ mm} \cdot 4 \text{ mm}} \approx 87 \text{ N/mm}^2.$$

Die zulässigen Spannungen nach Tab. A 8.3 sind:

$$\tau_{a\,zul} = 85 \text{ N/mm}^2 > \tau_a = 69 \text{ N/mm}^2,$$
für die Niete: $\sigma_{l\,zul} = 170 \text{ N/mm}^2 > \sigma_l = 87 \text{ N/mm}^2,$
für das Bauteil: $\sigma_{l\,zul} = 190 \text{ N/mm}^2 > \sigma_l = 87 \text{ N/mm}^2.$

Somit genügt die Verbindung den Anforderungen.

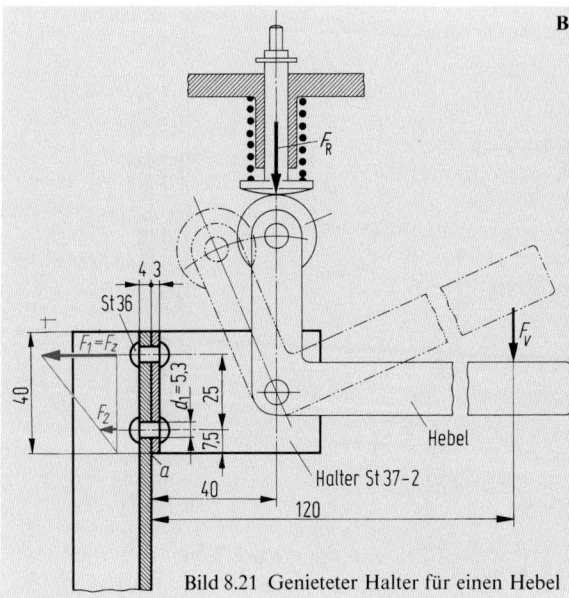

Beispiel 8.2

Die an einem Handhebel befindliche Rolle (Bild 8.21) dient zum Betätigen einer Hubvorrichtung. Der Drehpunkt des Hebels ist in einem U-förmig gebogenen Halter aufgenommen, der Halter wiederum mit zwei Halbrundnieten an einer Profilstange befestigt. In der gezeichneten Stellung wird auf die Rolle die größte Kraft $F_R = 350$ N ausgeübt. Sind die im höchstbelasteten Niet auftretenden Beanspruchungen zulässig? Unmittelbar vor dem Erreichen des höchsten Punktes der Rolle wirkt am Hebel die Kraft $F_V = 20$ N. Sie dient zur Überwindung der Reibung in den Lagern von Rolle und Hebel. Die Reibungskräfte selbst können vernachlässigt werden.

Bild 8.21 Genieteter Halter für einen Hebel

Lösung:
Es wird vorausgesetzt, daß sich der angeniete Halter am Punkt a abstützt und dieser als Drehpunkt angesehen werden kann, um den die Kräfte F_R und F_V den Halter drehen wollen. Dadurch werden die Niete mit den verschieden großen Kräften F_1 und F_2 auf Zug beansprucht. Wegen des Gleichgewichts muß die Summe der Momente um den Punkt a gleich 0 sein:

$$F_1\,(7,5 + 25)\ \text{mm} + F_2 \cdot 7,5\ \text{mm} - F_R \cdot 40\ \text{mm} - F_V \cdot 120\ \text{mm} = 0.$$

Da $F_2/F_1 = 7,5/32,5$ ist, folgt aus der Gleichgewichtsbedingung $F_1 \cdot 32,5\ \text{mm} + F_1 \cdot 7,5\ \text{mm} \cdot 7,5/32,5$ $= 350$ N $\cdot\,40$ mm $+ 20$ N $\cdot\, 120$ mm $= 16400$ Nmm und daraus:

$$F_1 = \frac{16400\ \text{N}}{32,5 + 7,5 \cdot 7,5/32,5} = 480\ \text{N}.$$

Die Kraft F_1 ist gleich der größten Kraft F_z, die einen der Niete auf Zug beansprucht. Somit beträgt die Zugspannung im Nietschaft nach Gl. 8.3 mit $A_1 = 32,2$ mm² (Tab. A 8.2):

$$\sigma_z = \frac{F_z}{A_1} = \frac{480\ \text{N}}{22,1\ \text{mm}^2} = 21,7\ \text{N/mm}^2.$$

Nach Tab. A 8.3 ist für schwellende Beanspruchung $\sigma_{z\,zul} = 50$ N/mm² (Niete aus St 36), die bei weitem nicht erreicht wird.
Durch die Kraft $F = F_R + F_V$ werden beide Niete noch gleichhoch auf Abscheren und Leibung beansprucht. Nach den Gln. 8.1 und 8.2 und den zulässigen Spannungen (Tab. A 8.3) ergeben sich:

$$\tau_a = \frac{F}{n \cdot m \cdot A_1} = \frac{(350 + 20)\ \text{N}}{2 \cdot 1 \cdot 22,1\ \text{mm}^2} = 8,4\ \text{N/mm}^2 < \tau_{a\,zul} = 100\ \text{N/mm}^2,$$

$$\sigma_l = \frac{F}{n \cdot d_1 \cdot t} = \frac{370\ \text{N}}{2 \cdot 5,3\ \text{mm} \cdot 3\ \text{mm}} = 11,6\ \text{N/mm}^2,$$

für das Bauteil aus St 37 und für die Niete aus St 36 ist $\sigma_{l\,zul} = 200$ N/mm² $> \sigma_l$.

Schlußfolgerung: Alle Spannungen sind wesentlich kleiner als die zulässigen, so daß kleinere Niete vorgesehen werden können.

8.4   Nietverbindungen im Stahlbau

Im Stahlbau (Hoch-, Kran- und Brückenbau) werden Profilstäbe und Platten zu Gerüst-, Träger-
und Rahmenkonstruktionen vernietet (vergleiche hierzu die geschweißten Tragwerke Bild 4.40,
Seite 66). Für sie gelten sinngemäß folgende grundsätzliche Gestaltungsrichtlinien, die in
DIN 18 800 [1] und DIN 18 801 bzw. DIN 15 018 festgelegt sind:

1. Es sind Halbrundniete DIN 124 (Tab. A 8.1) zu verwenden, Senkniete DIN 302 nur in Ausnahmefällen.
2. Die nach DIN 18 800 in Tab. 8.4 (Seite 138) angegebenen Abstände der Nietlöcher vom Rand
   und untereinander sind einzuhalten. Bei den gleichzeitig vom Lochdurchmesser d_1 und von
   der Flanschdicke t abhängigen Abständen ist der kleinere maßgebend. Größere Rand- und
   Lochabstände sind zulässig, wenn geeignete Maßnahmen einen ausreichenden Korrosionsschutz gewährleisten.
3. Jeder Querschnittsteil ist mit mindestens zwei Nieten anzuschließen, ausgenommen leichte
   Vergitterungen, Geländer und untergeordnete Bauglieder. Beispielsweise ist der Querschnittsteil nach Bild 8.22 a mit fünf Nieten angeschlossen. Für ein Querschnittsteil dürfen in Kraftrichtung höchstens 6 Niete hintereinander angeordnet werden.
4. Bei großen Stabzugkräften ordnet man zweckmäßig **Beiwinkel** an (Bild 8.22 b), um den Nietanschluß nicht zu lang werden zu lassen (vergleiche die Bilder 8.22 a und b miteinander). Die
   Beiwinkel sind in einem Schenkel mit der anteiligen Kraft, im anderen mit 50% Zuschlag anzuschließen, oder in jedem Schenkel mit 25% Zuschlag. Damit gelten die in solchen Anschlüssen auftretenden Exzentrizitäten als abgedeckt.

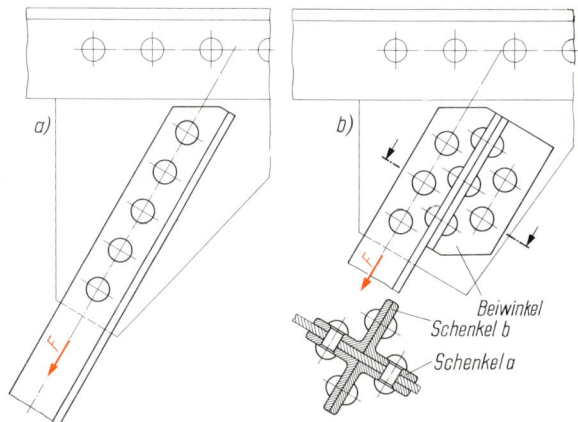

Bild 8.22 Anschluß eines
Kraftstabes
a) unzweckmäßig,
b) besser mit Bei-
winkel
Schenkel a mit antei-
liger Kraft ange-
schlossen, Schen-
kel b mit 50% Zu-
schlag angeschlos-
sen

5. An einem Knoten sind gleiche Nietdurchmesser vorzusehen, möglichst sogar am gesamten
   Bauwerk.
6. Knotenbleche erhalten erfahrungsgemäß die mittlere Dicke der anzuschließenden Flansche
   oder Schenkel, jedoch nicht unter 4 mm. Sie dürfen nirgends über das zulässige Maß hinaus
   beansprucht werden.
7. Die Schwerachsen der Stäbe sollen sich wie in Bild 8.23 möglichst mit den Netzlinien (Sy-
   stemlinien) des Tragwerks decken (Netzlinien in einem Fachwerk siehe Bild 4.40 a auf Seite 66).
8. Die Schwerachsen der Nietanschlüsse sollen sich möglichst mit den Schwerachsen der Stäbe
   decken. Bei Stäben aus Winkelprofilen ist das nicht möglich, wie aus Bild 8.23 hervorgeht. In
   diesen Fällen werden die Schwerachsen der Stäbe, die Nietrißlinien oder die gemittelten Achsen mit den Netzlinien des Tragwerks gedeckt.

---

[1] Neben der Ausg. 11.90 gilt weiterhin auch noch die Ausg. 03.81 (siehe Seite 69).

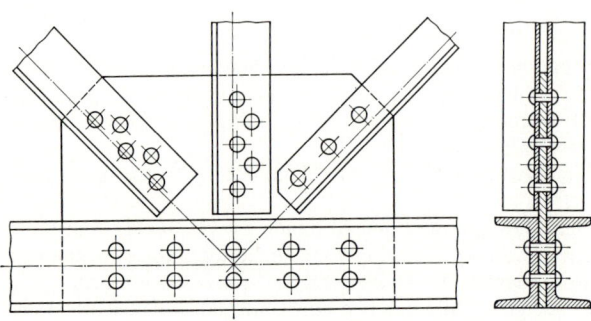

Bild 8.23 Knoten eines Tragwerkes, in
dem sich die Schwerachsen
der Stäbe mit dem Netzwerk
decken

Tab. 8.4 Rand- und Lochabstände von Nieten und Schrauben im Stahlbau nach DIN 18 800 T1/03.81

Randabstände			Lochabstände		
Kleinster Randabstand	in Kraftrichtung	$2d_1$	Kleinster Lochabstand	bei allen Bauwerksteilen	$3d_1$
	senkrecht zur Kraftrichtung	$1,5d_1$			
Größter Randabstand	in beiden Richtungen	$3d_1$ oder $6t$	Größter Lochabstand, soweit die Bemessung keine engere Teilung erfordert	im Druckbereich und für Beulsteifen	$6d_1$ oder $12t$
Bei Stab- und Formstählen darf als größter Randabstand $8t$ statt $6t$ genommen werden, wenn das abstehende Ende eine Versteifung durch die Profilform erfährt.				im Zugbereich und für Heftung auch im Druckbereich	$10d_1$ oder $20t$

9. Aus zwei Winkelstählen bestehende Stäbe sind auf ihrer Länge mehrmals auszufüttern, d. h.
mit zwischengelegten Blechstücken oder Scheiben nach Bild 8.24 a zu verbinden (zu vernieten
oder zu verschrauben), damit sie weder bei Zug- noch bei Druckbeanspruchung einzeln aus-
weichen können. Dadurch geht die Schwerachse der beiden Winkelstäbe wie bei einem ungeteilten Stab durch die Querschnittsmitte und die Wirklinie der Stabkraft F durch die Mitte der
Knotenblechdicke. Es handelt sich dann um einen mittig angeschlossenen Stab.

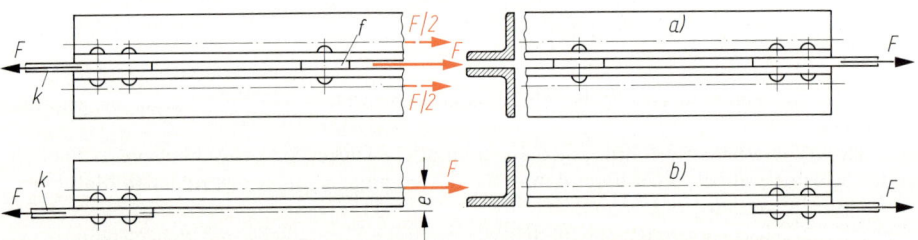

Bild 8.24 Winkelstäbe
a) zweiteiliger Stab, mittig angeschlossen,   b) einteiliger Stab, ausmittig angeschlossen
k Knotenblech,   f Futterstück

10. Einteilige Winkelstäbe wie nach Bild 8.24b lassen sich nicht mittig anschließen. Auf den
Nachweis der Biegebeanspruchung darf verzichtet werden. Planmäßig ausmittig angeordnete
Zugstäbe (auch mehrteilige), deren Schwer- oder Nietrißlinien sich nicht mit den Netzlinien
des Tragwerks decken, sind mit der Längskraft F und dem Biegemoment $M_b = F \cdot e$ zu berechnen, wenn e der Abstand der Stabschwerachse zur Netzlinie in der Fachwerkebene ist.

11. Als Anhalt für die Wahl des **Nietdurchmessers** gilt $d_1 \approx \sqrt{50 \text{ mm} \cdot t} - 2 \text{ mm}$, wobei t die kleinste Blech- bzw. Flanschdicke am Anschluß ist.

12. Die **Klemmlänge** (siehe Bild 8.2) der Nietverbindungen soll nicht größer sein als
$\Sigma t = 0,2 \text{ mm}^{-1} \cdot d_1^2$

Bild 8.25 zeigt den Querschnittsaufbau von **Vollwandträgern.** Lochabstände siehe Tab. 8.4 Die Anreißmaße für Niet- und Schraubenlöcher an Profilstählen befinden sich in Tab. A 8.5 nach DIN 997 bis 999. In den Tabn. A 4.13 bis A 4.18 sind die Abmessungen der wichtigsten Profilstähle angegeben.

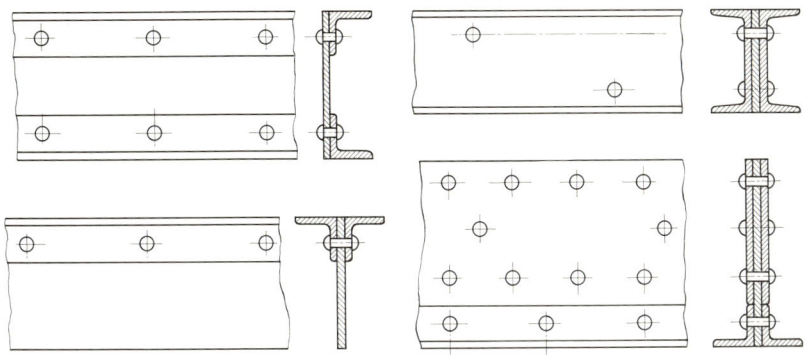

Bild 8.25 Querschnittsaufbau genieteter Vollwandträger

Berechnung der Spannungen nach Abschnitt 8.2. **Zulässige Spannungen** für Stahlbauniete nach Tab. A 8.6, Lastfälle H, HZ und HS siehe Abschnitt 4.7 Seite 70, zulässige Spannungen für Bauteile nach Tab. A 4.10. Eigenartigerweise ist in DIN 18 800 (März 1981) und DIN 15018 (Nov. 1984) der Nietwerkstoff RSt 44 enthalten, obwohl dieser bereits im Sept. 1980 in DIN 17 111 gestrichen wurde. Für RSt 44 (siehe Tab. A 8.6) dürfte RSt 38 in Betracht kommen.

Druckstäbe sind gemäß DIN 4114 nach dem Omega-Verfahren auf Knickung zu berechnen, d.h. mit Gl. 4.17 (Seite 71). Besteht ein Druckstab aus zwei Winkelstählen, die auf der Knicklänge l_K mehrmals ausgefüttert sind, so ist für die Berechnung des Schlankheitsgrades λ (siehe Seite 71) das Flächenmoment 2.Grades I_x oder ggf. I_y (Tabn. A 4.13 und A 4.14) maßgebend, bei einteiligen Druckstäben (Winkelstählen) jedoch nur I_η.

Bei genieteten Tragwerken mit nicht überwiegend ruhender Belastung ist wie bei den geschweißten außer dem **Allgemeinen Spannungsnachweis** ein **Betriebsfestigkeitsnachweis** zu erbringen, der für Krane in DIN 15018 angegeben ist. Siehe hierzu auch die Ausführungen im Abschnitt 4.7 Seite 74.

Beispiel 8.3

Von dem in Bild 8.26 skizzierten Dachbinder aus St 37 sind die als Einzelheiten herausgezeichneten Knoten II und III auf ihre Dimensionierung zu überprüfen und der Spannungsnachweis zu führen. Es wurde festgestellt, daß mit dem Lastfall HZ zu rechnen ist. Bei diesem betragen die Stabkräfte:

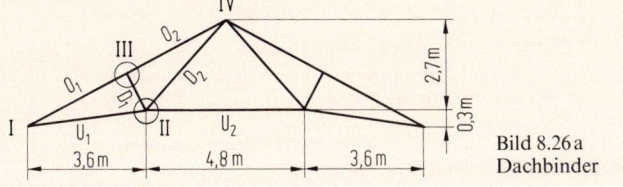

Bild 8.26a
Dachbinder

$F_{U1} = 154 \text{ kN}$
$F_{U2} = 72 \text{ kN}$
$F_{D1} = 43,6 \text{ kN}$
$F_{D2} = 80,8 \text{ kN}$
$F_{O1} = 174 \text{ kN}$
$F_{O2} = 160 \text{ kN}$

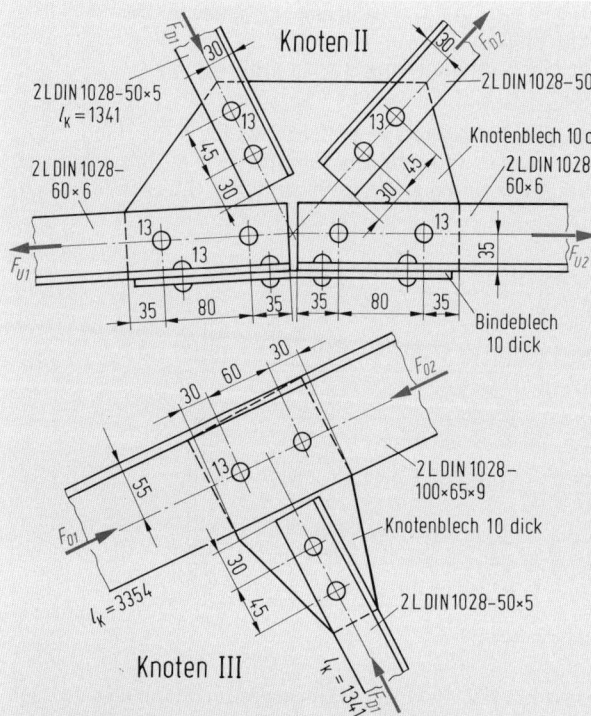

Bild 8.26b Genieteter Dachbinder, Knoten II und III

Lösung:

1. Nietdurchmesser und Klemmlängen

Die angeschlossenen Winkelstähle 50×5 haben eine Schenkeldicke $t = 5$ mm. Nach der 11. Richtlinie gilt als Anhalt

$$d_1 \approx \sqrt{50 \text{ mm} \cdot t} - 2 \text{ mm}$$
$$= \sqrt{50 \text{ mm} \cdot 5 \text{ mm}} - 2 \text{ mm}$$
$$= 13,8 \text{ mm}.$$

Nach der 5. Richtlinie wurde einheitlich $d_1 = 13$ mm gewählt. Die Winkelstähle 50×5 lassen einen größeren Nietdurchmesser nicht zu (Tab. A 8.5).

Nach der 12. Richtlinie soll die Klemmlänge

$$\Sigma t = 0,2 \text{ mm}^{-1} \cdot d_1^2$$
$$= 0,2 \cdot 13^2 \text{ mm} = 33,8 \text{ mm}$$

nicht überschreiten. Die größte ausgeführte Klemmlänge an den Winkelstählen $100 \times 65 \times 9$ am Knoten III beträgt

$$(10 + 2 \cdot 9) \text{ mm} = 28 \text{ mm},$$

so daß die Bedingung eingehalten ist.

2. Rand- und Lochabstände
Nach Tab. 8.4 dürfen die Randabstände betragen:

in Kraftrichtung   mindestens $2d_1 = 2 \cdot 13$ mm $= 26$ mm
                    höchstens $3d_1 = 3 \cdot 13$ mm $= 39$ mm
                    oder $6t = 6 \cdot 5$ mm $= 30$ mm
                    bzw. $= 6 \cdot 6$ mm $= 36$ mm

Ausgeführt sind: 30 mm bei $t = 5$ mm und 35 mm bei $t = 6$ mm.

Senkrecht zur Kraftrichtung sind die Randabstände durch die Anreißmaße der Winkelstähle bedingt (siehe Tab. A 8.5), nämlich $w = 30$ mm bei $b = 50$ mm, $w = 35$ mm bei $b = 60$ mm und $w = 55$ mm bei $b = 100$ mm. Die Lochabstände dürfen nach Tab. 8.4 betragen:

                mindestens $3d_1 = 3 \cdot 13$ mm $= 39$ mm

                im Druckbereich bis $12t = 12 \cdot 5$ mm $= 60$ mm
                                $= 12 \cdot 6$ mm $= 72$ mm

Ausgeführt sind 45 mm bei D1 und 60 mm bei O1/O2.

                im Zugbereich bis $20t = 20 \cdot 5$ mm $= 100$ mm
                               $= 20 \cdot 6$ mm $= 120$ mm

Ausgeführt sind 45 mm bei D2 und 80 mm bei U1/U2. Die Richtlinien sind also eingehalten.

3. Anschluß des Untergurtes U1
Die Zugkraft $F_{U1} = 154$ kN wird von insgesamt 6 Nieten aufgenommen, von denen zwei einschnittig und zwei zweischnittig sind. Deshalb betrachtet man zweckmäßig den einen der beiden Winkelstähle als einteiligen Stab, der den zu ihm gehörenden Nietanschluß mit der Kraft $F = F_{U1}/2 = 77$ kN beansprucht. Dieser einteilig gedachte Stab ist mit $n = 4$ Nieten einschnittig angeschlossen. Mit dem Querschnitt $A_1 = 133$ mm^2 (Tab. A 8.1) beträgt somit die Scherspannung nach Gl. 8.1:

$$\tau_a = \frac{F}{n \cdot m \cdot A_1} = \frac{77\,000 \text{ N}}{4 \cdot 1 \cdot 133 \text{ mm}^2} = 145 \text{ N/mm}^2. \text{ Nach Tab. A 8.6 ist } \tau_{a\,zul} = 160 \text{ N/mm}^2 > \tau_a.$$

Für die Leibung an der zweischnittigen Nietverbindung ist das Knotenblech mit der Dicke $t = 10$ mm maßgebend, da es dünner als die Summe der Schenkeldicken der beiden Winkelstähle ist. Nach der Nietanordnung (anteilige Anzahl der Schaftschnittflächen) haben Knoten- und Bindeblech jeweils die halbe Stabkraft aufzunehmen, nämlich $F = 77$ kN. Da sich im Knotenblech $n = 2$ Niete befinden, ergibt sich mit Gl. 8.2:

$$\sigma_l = \frac{F}{n \cdot d_1 \cdot t} = \frac{77\,000 \text{ N}}{2 \cdot 13 \text{ mm} \cdot 10 \text{ mm}} = 296 \text{ N/mm}^2. \text{ Nach Tab. A 8.6 ist } \sigma_{l\,zul} = 360 \text{ N/mm}^2 > \sigma_l.$$

Im Winkelschenkel, der sich am Bindeblech befindet, ist die Leibung kleiner, so daß auf einen Nachweis verzichtet werden kann.
Nach Tab. A 4.13 besitzt der Winkel 60×6 eine Querschnittsfläche von 6,91 cm². Durch das Nietloch wird er um $d_1 \cdot t = 1,3$ cm $\cdot$ 0,6 cm = 0,78 cm² geschwächt, so daß als Nutzquerschnittsfläche 6,91 cm² – 0,78 cm² = 6,13 cm² verbleiben. Da der Stab aus zwei Winkelstählen besteht, ist $S_n = 2 \cdot 6,13$ cm² = 12,26 cm² = 1226 mm². Somit ergibt sich nach Gl. 8.4 die Zugspannung zu

$$\sigma = F_{U1}/S_n = 154\,000 \text{ N}/1226 \text{ mm}^2 = 126 \text{ N/mm}^2. \text{ Nach Tab. A 4.10 ist } \sigma_{zul} = 180 \text{ N/mm}^2 > \sigma.$$

4. Anschluß des Untergurts U2
   Da $F_{U2} < F_{U1}$ ist, sonst aber gleiche Abmessungen vorliegen, erübrigt sich eine Berechnung, weil die Spannungen kleiner als die am Anschluß U1 sind.
5. Anschluß des Diagonalstabes D1
   Nach Tab. A 4.13 hat der Winkelstahl 50×5 eine Querschnittsfläche von 4,8 cm². Da der Stab aus zwei Winkelstählen besteht, ist $S = 2 \cdot 4,8$ cm² = 9,6 cm². Mit den Gln. 8.1, 8.2 und 8.5 werden:

$$\tau_a = \frac{F_{D1}}{n \cdot m \cdot A_1} = \frac{43\,600 \text{ N}}{2 \cdot 2 \cdot 133 \text{ mm}^2} = 82 \text{ N/mm}^2 < \tau_{a\,zul} = 160 \text{ N/mm}^2,$$

$$\sigma_l = \frac{F_{D1}}{n \cdot d_1 \cdot t} = \frac{43\,600 \text{ N}}{2 \cdot 13 \text{ mm} \cdot 10 \text{ mm}} = 168 \text{ N/mm}^2 < \sigma_{l\,zul} = 360 \text{ N/mm}^2,$$

$$\sigma = \frac{F_{D1}}{S} = \frac{43\,600 \text{ N}}{960 \text{ mm}^2} = 45,4 \text{ N/mm}^2.$$

Dazu muß der Stab nach dem Omega-Verfahren auf Knickung berechnet werden. Nach Tab. A 4.13 ist $I_x = 11$ cm⁴ für einen Winkelstab. Da der Stab aus zwei Winkelstählen besteht, die auf der Knicklänge l_K mehrmals ausgefüttert sein müssen, ist $I_{min} = 2I_x = 22$ cm⁴. Somit ist der Bezugsradius $i = \sqrt{I_{min}/S}$ = $\sqrt{22 \text{ cm}^4/9,6 \text{ cm}^2}$ = 1,51 cm und der Schlankheitsgrad $\lambda = l_K/i = 134,1/1,51 = 88,8$. Nach Tab. 4.12 Seite 72 ist die Knickzahl $\omega \approx 1,7$. Nach Gl. 4.17 (Seite 71) ist

$$\sigma = 45,4 \text{ N/mm}^2 < \frac{\sigma_{zul}}{\omega} = \frac{160 \text{ N/mm}^2}{1,7} = 94 \text{ N/mm}^2.$$

6. Anschluß des Diagonalstabes D2
   Er ist ein Zugstab. Querschnitt wie D1, jedoch durch die beiden Nietlöcher um $2d_1 \cdot t = 2 \cdot 1,3$ cm $\cdot$ 0,5 cm = 1,3 cm² geschwächt, so daß $S_n = 9,6$ cm² – 1,3 cm² = 8,3 cm² verbleiben. Mit den Gln. 8.1, 8.2 und 8.4 werden:

$$\tau_a = \frac{F_{D2}}{n \cdot m \cdot A_1} = \frac{80\,800 \text{ N}}{2 \cdot 2 \cdot 133 \text{ mm}^2} = 152 \text{ N/mm}^2 < \tau_{a\,zul} = 160 \text{ N/mm}^2,$$

$$\sigma_l = \frac{F_{D2}}{n \cdot d_1 \cdot t} = \frac{80\,800 \text{ N}}{2 \cdot 13 \text{ mm} \cdot 10 \text{ mm}} = 311 \text{ N/mm}^2 < \sigma_{l\,zul} = 360 \text{ N/mm}^2,$$

$$\sigma = \frac{F_{D2}}{S_n} = \frac{80\,800 \text{ N}}{830 \text{ mm}^2} = 97,3 \text{ N/mm}^2 < \sigma_{zul} = 180 \text{ N/mm}^2.$$

7. Anschluß an den Obergurten O1 und O2
   Die beiden Niete im Obergurt werden mit der Kraft $F_{D1} = 43,6$ kN beansprucht. Die Beanspruchungen sind dieselben wie bei dem Anschluß des Diagonalstabes D1 und bedürfen daher keiner Nachrechnung. Nach Tab. A 4.14 hat der Winkelstahl $100 \times 65 \times 9$ eine Querschnittsfläche von 14,2 cm². Da der Stab aus zwei Winkelstählen besteht, ist $S = 2 \cdot 14,2$ cm² = 28,4 cm² = 2840 mm². Nach Gl. 8.5 wird die Druckspannung

$$\sigma = \frac{F_{O1}}{S} = \frac{174\,000\ \text{N}}{2840\ \text{mm}^2} = 61,3\ \text{N/mm}^2.$$

Dazu ist eine Berechnung auf Knicken nach dem Omega-Verfahren erforderlich. Da die beiden kurzen Schenkel zusammen länger als der lange Schenkel und die langen Schenkel miteinander verbunden sind, ist nach Tab. A4.14 das kleinste Flächenmoment $I_{min} = 2\,I_x = 2 \cdot 141\ \text{cm}^4 = 282\ \text{cm}^4$.
Der Bezugsradius ist dann $i = \sqrt{I_{min}/S} = \sqrt{282\ \text{cm}^4/28,4\ \text{cm}^2} = 3,15\ \text{cm}$. Schlankheitsgrad $\lambda = l_K/i$ $= 335,4/3,15 = 106,5$. Für diesen ist nach Tab. 4.12 S.72 die Knickzahl $\omega \approx 2,04$. Damit folgt nach Gl. 4.17 (Seite 71):

$$\sigma = 61,3\ \text{N/mm}^2 < \frac{\sigma_{zul}}{\omega} = \frac{160\ \text{N/mm}^2}{2,04} = 78,4\ \text{N/mm}^2.$$

Da $F_{O2} < F_{O1}$ ist, braucht der Gurt O2 nicht nachgerechnet zu werden.

Schlußfolgerung
Alle Spannungen liegen unter den zulässigen, so daß die Nietanschlüsse den Anforderungen genügen. Die Knotenblechdicke von 10 mm, die etwas größer als die Schenkeldicke von 9 mm ist, kann soweit verringert werden, daß die zulässige Leibung etwa erreicht wird.

8.5   Nietverbindungen im Leichtmetallbau

Leichtmetallnietungen haben sich gegenüber Schweißverbindungen behauptet, weil kaltgeschlagene Niete die Löcher voll ausfüllen (kein Schrumpfspiel!). Das Schweißen beeinflußt die Eigenschaften der Leichtmetalle derart ungünstig, daß Nietverbindungen trotz der hohen Kerbwirkungen durch die Löcher haltbarer als Schweißverbindungen sind. Leichtmetallnietungen werden vorwiegend im Fahrzeug-, Schiffs-, Flugzeug- und sogar im Hoch-, Kran- und Brückenbau angewendet.
Bild 8.27 zeigt den Knoten eines Leichtmetalltragwerks. Im Flugzeugbau werden die Niete sogar unter Preßpassung eingesetzt, indem sie vor dem Einstecken in die entspr. tolerierten Löcher unterkühlt werden, so daß sie sich beim Erwärmen auf die Raumtemperatur wieder ausdehnen und mit dem Nietloch verpressen. Erst danach erfolgt das Schlagen des Schließkopfes. Damit wird eine besonders haltbare, feste und rüttelsichere Verbindung geschaffen. Es genügen dann sogar Setz- und Schließköpfe mit $D \approx 1,25\,d$ (siehe Bild 8.3). Stangen und Drähte für Niete aus Aluminium siehe DIN 59675.

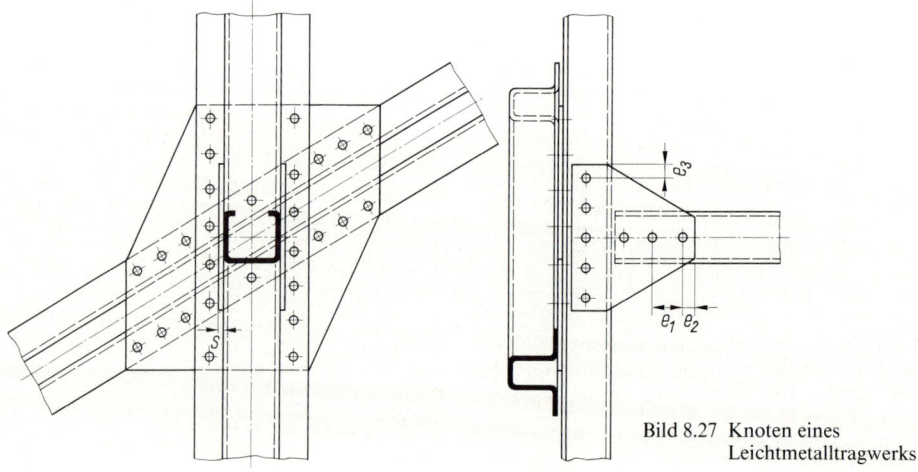

Bild 8.27 Knoten eines
Leichtmetalltragwerks

Als Vorteile stehen den Stahlkonstruktionen das geringe Gewicht, die annähernd gleichhohe Festigkeit und die Korrosionsbeständigkeit gegenüber, als Nachteile der höhere Preis und der geringe Elastizitätsmodul ($E = 70000$ N/mm^2, dagegen Stahl mit $E \approx 210000$ N/mm^2). Das wirtschaftliche Strangpressen ermöglicht die Verwendung von Sonder-, Halbhohl- und Hohlprofilen (Bild 8.28). Siehe hierzu DIN 1748: Strangpreßprofile aus Aluminium und DIN 9711: Strangpreßprofile aus Magnesium.

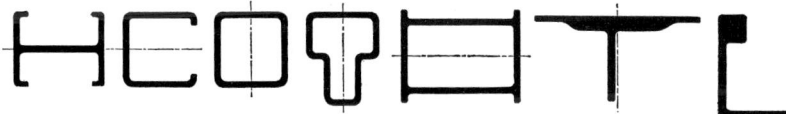

Bild 8.28 Beispiele für Strangpreßprofile aus Leichtmetall

Für die Ausführung und Berechnung von Aluminiumkonstruktionen unter vorwiegend ruhender Beanspruchung ist DIN 4113 maßgebend. Sinngemäß wird dort u. a. ausgeführt:
1. Für Aluminiumniete sind die in Tab. A 8.7 aufgeführten Werkstoffe zu verwenden. Diese Tabelle enthält auch die zulässigen Scherspannungen für die Lastfälle H und HZ (Lastfälle siehe Abschnitt 4.7 Seite 70). Die Zahl hinter dem F, W oder G von Aluminiumwerkstoffen gibt den zehnten Teil der Zugfestigkeit in N/mm^2 an. Z. B. hat AlMg5F31 eine Zugfestigkeit $R_m = 310$ N/mm^2. F heißt gezogen, W weich und G rückgeglüht.
2. Die Klemmlängen dürfen $5d$ nicht überschreiten, Mindestnietdurchmesser $d = 6$ mm, Rand- und Lochabstände nach Tab. 8.8

Tab. 8.8 Rand- und Lochabstände von Nieten und Schrauben in Aluminiumkonstruktionen nach DIN 4113

Randabstände			Lochabstände		
Kleinster Randabstand	in Kraftrichtung	$2d$	Kleinster Lochabstand	bei allen Bauwerksteilen	$3d$
	senkrecht zur Kraftrichtung	$1,5d$			
Größter Randabstand	in beiden Richtungen	$10t$	Größter Lochabstand	im Druckbereich und in Stegaussteifungen und langen Anschlüssen mit Querkraft	$15t$
Bei Stab- und Formstählen darf als größter Randabstand 15 t statt 10 t genommen werden, wenn das abstehende Ende eine Versteifung durch die Profilform erfährt.					
				Heftniete in Zugstäben	$40t^{1)}$

(Zeichnungen: 10t, 15t und 15t)

$^{1)}$ Diese Lochabstände sind auch bei Hals- und Kopfnieten in den Gurten von Blechträgern außerhalb der Stoßteile und bei gering beanspruchten Kraftnieten maßgebend.

3. Jeder Querschnitt ist in der Kraftrichtung mit mindestens 2 und höchstens 5 Kraftnieten hintereinander in jeder Reihe anzuschließen. Ausnahmen sind nur bei Vergitterungen, Geländern und gering beanspruchten Bauteilen zulässig.
4. Für die Bauteile werden die Werkstoffe nach Tab. A 8.9 empfohlen, in der auch die zulässigen Spannungen bei den Lastfällen H und HZ sowie die zulässigen Leibungsspannungen angegeben sind.
5. Die Teile dürfen nicht dünner als 2 mm sein, die Anschlußschenkel nicht schmaler als 25 mm.
6. Aluminiumkonstruktionen können bei normaler Atmosphäre im allgemeinen ohne Korrosionsschutz bleiben, wenn sie baulich so durchgebildet sind, daß sie keine Stellen aufweisen, die schlecht belüftet und gleichzeitig schwer zugänglich sind oder an denen Kontaktkorrosion auftreten kann. Wassersäcke sind zu vermeiden.

Bei Korrosionsgefahr ist die Gesamtkonstruktion vor oder unmittelbar nach dem Zusammenbau zu beschichten, z. B. mit Bitumen oder bituminösen Kombinationen. Dazu ist vorher eine
gründliche Reinigung vorzunehmen. Berührungsflächen zwischen Aluminiumteilen mit Stahl
sind zu beschichten.

7. Wenn konstruktiv oder fertigungstechnisch begründet, dürfen kalt- oder warmzuschlagende
Stahlniete eingezogen werden (Korrosionsschutz beachten!). Es empfiehlt sich dann, cadmierte
Stahlscheiben unter die Köpfe zu legen, um die Druckfläche am Leichtmetall zu vergrößern.
Ähnliches gilt für Stahlschrauben.

Tab. 8.10 Knickzahlen ω einiger Aluminiumlegierungen nach DIN 4113 (Auszug)

Werkstoffe[1]		A AlMg4,5Mn F27 Profile B AlMg4,5Mn W28 F27 Bleche C AlMg4,5Mn F27 Rohre stranggepreßt							
λ	A	B	C	λ	A	B	C	λ	A	B	C
20	1	1	1	100	2,96	2,65	2,39	180	9,60	8,59	7,68
30	1,07	1,07	1,01	110	3,59	3,21	2,87	190	10,70	9,57	8,56
40	1,19	1,19	1,11	120	4,27	3,82	3,41	200	11,85	10,60	9,48
50	1,33	1,32	1,22	130	5,01	4,48	4,01	210	13,07	11,69	10,45
60	1,49	1,47	1,36	140	5,81	5,19	4,65	220	14,34	12,83	11,47
70	1,70	1,66	1,54	150	6,67	5,96	5,33	230	15,67	14,02	12,54
80	1,96	1,88	1,77	160	7,58	6,78	6,07	240	17,06	15,26	13,65
90	2,40	2,14	2,05	170	8,56	7,66	6,85	250	18,52	16,56	14,81

[1] Weitere Werkstoffe siehe DIN 4113.

Druckstäbe sind nach dem Omega-Verfahren auf Knickung zu berechnen (Gl. 4.17 Seite 71),
Knickzahlen ω nach Tab. 8.10 für einige der aufgeführten Aluminiumwerkstoffe.

Beispiel 8.4

An einem Momentenanschluß sind zwei Aluminiumprofile durch beidseitig angenietete Knotenbleche miteinander verbunden. Nietanzahl und -anordnung sowie sämtliche für die Nachrechnung der Anschlüsse erforderlichen Maße sind in Bild 8.29 enthalten. Das Flächenmoment zweiten Grades des Profils am Anschluß 1 beträgt für den ungeschwächten Querschnitt $I_x = 38\,800$ mm[4]. Im Abstand $a_1 = 200$ mm vom

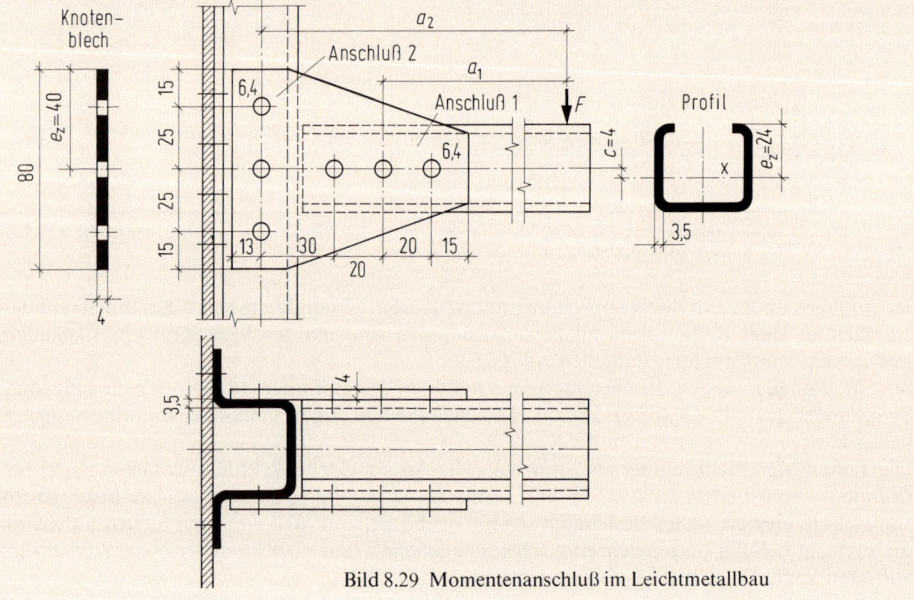

Bild 8.29 Momentenanschluß im Leichtmetallbau

Schwerpunkt des Nietanschlusses 1 wirkt eine Kraft $F = 1000$ N. Werkstoff der Profile und Knotenbleche: AlMgSi1 F32, der Niete: AlMg5 F31. Genügen die Niete und Bauteile für den Lastfall HZ in den Anschlüssen 1 und 2 den Anforderungen?

Lösung:

1. Nietgruppe 1 (Anschluß 1)

Das zu übertragende Moment beträgt $M_1 = F \cdot a_1 = 1000$ N $\cdot$ 200 mm $= 200000$ Nmm. Nach Gl. 8.7 ist dann

$$F_g = M_1 \frac{e_g}{\Sigma e^2} = 200000 \text{ Nmm} \frac{40 \text{ mm}}{(40 \text{ mm})^2} = 5000 \text{ N}.$$

Da wegen des zweiteiligen Anschlusses $n_a = 2$ ist, wird $F_a = F_g/n_a = 5000$ N$/2 = 2500$ N. Die Querkraft $F_q = F = 1000$ N verteilt sich auf $n = 6$ Niete. Somit ist der Anteil je Niet $F_b = F_q/n = 1000$ N$/6 = 167$ N. Die einen Niet beanspruchende Kraft ist dann nach Gl. 8.8:

$$F_n = F_a + F_b = 2500 \text{ N} + 167 \text{ N} = 2667 \text{ N}.$$

Mit den Gln. 8.1 und 8.2 sowie $A_1 = 32{,}2$ mm^2 (Tab. A 8.2) und den zulässigen Spannungen ergeben sich:

$$\tau_a = \frac{F_n}{m \cdot A_1} = \frac{2667 \text{ N}}{1 \cdot 32{,}2 \text{ mm}^2} = 82{,}8 \text{ N/mm}^2 < \tau_{a \text{ zul}} = 85 \text{ N/mm}^2 \text{ (Tab. A 8.7)},$$

$$\sigma_1 = \frac{F_n}{d_1 \cdot t} = \frac{2667 \text{ N}}{6{,}4 \text{ mm} \cdot 3{,}5 \text{ mm}} = 119 \text{ N/mm}^2 < \sigma_{1 \text{ zul}} = 240 \text{ N/mm}^2 \text{ (Tab. A 8.9)}.$$

Der Profilquerschnitt am ersten Nietloch muß noch auf Biegebeanspruchung nachgerechnet werden. Die Schwächung durch die beiden Nietlöcher beträgt $A = 2 d_1 \cdot t = 2 \cdot 6{,}4 \text{ mm} \cdot 3{,}5 \text{ mm} = 44{,}8$ mm^2. Somit beträgt das Flächenmoment 2. Grades des Profils

$$I = I_x - 2 \frac{t \cdot d_1^3}{12} - c^2 \cdot A = 38800 \text{ mm}^4 - 153 \text{ mm}^4 - (4 \text{ mm})^2 \cdot 44{,}8 \text{ mm}^2 = 37930 \text{ mm}^4.$$

Das Biegemoment in diesem Querschnitt ist $M_{b1} = F(a_1 - 20 \text{ mm}) = 1000$ N $\cdot$ 180 mm $= 180000$ Nmm. Damit beträgt die Biegezugspannung

$$\sigma = \frac{M_{b1}}{I} e_z = \frac{180000 \text{ Nmm}}{37930 \text{ mm}^4} 24 \text{ mm} \approx 114 \text{ N/mm}^2. \text{ Nach Tab. A 8.9 ist } \sigma_{zul} = 165 \text{ N/mm}^2 > \sigma.$$

2. Nietgruppe 2 (Anschluß 2)

Der Wirkabstand der Kraft F ist $a_2 = a_1 + 50 \text{ mm} = 250$ mm. Damit beträgt das Moment $M_2 = F \cdot a_2 = 1000$ N $\cdot$ 250 mm $= 250000$ Nmm. Nach Gl. 8.7 ist dann

$$F_g = M_2 \frac{e_g}{\Sigma e^2} = 250000 \text{ Nmm} \frac{50 \text{ mm}}{(50 \text{ mm})^2} = 5000 \text{ N}.$$

Damit werden wie beim Anschluß 1 wegen der gleichen Nietanzahl $F_a = 2500$ N und $F_b = 167$ N. Die einen Niet beanspruchende Kraft ist dann nach Gl. 8.9:

$$F_n = \sqrt{F_a^2 + F_b^2} = \sqrt{2500^2 + 167^2} \text{ N} = 2506 \text{ N}.$$

Scherspannung und Leibung werden somit etwas kleiner als am Anschluß 1, so daß sich deren Errechnung erübrigt.

Der durch die Nietlöcher geschwächte Querschnitt der Knotenbleche muß noch auf Biegebeanspruchung nachgerechnet werden. Unter Berücksichtigung der Schwächung durch die Nietlöcher beträgt das Flächenmoment 2. Grades für ein Blech:

$$I \approx \frac{4 \text{ mm} (80 \text{ mm})^3}{12} - 3 \frac{4 \text{ mm} \cdot 6{,}4^3 \text{ mm}^3}{12} - 2 \cdot 6{,}4 \text{ mm} \cdot 4 \text{ mm} \cdot (25 \text{ mm})^2 = 138405 \text{ mm}^4.$$

Mit dem Biegemoment $M_{b2} = M_2 = 250000$ Nmm beträgt die Biegezugspannung, da zwei Knotenbleche angeordnet sind:

$$\sigma = \frac{M_{b2}}{2I} e_z = \frac{250000 \text{ Nmm}}{2 \cdot 138405 \text{ mm}^4} 40 \text{ mm} = 36{,}1 \text{ N/mm}^2 < \sigma_{zul} = 165 \text{ N/mm}^2.$$

Die zulässigen Spannungen werden in keinem Falle überschritten.

Literaturhinweise

Bachmann/Lohkamp/Strobl: Maschinenelemente. Vogel-Verlag Würzburg 1982.

Beitz, W. und *K. H. Hüttner: Dubbel,* Taschenbuch für den Maschinenbau. Springer-Verlag 1990.

Decker, K. H.: Verbindungselemente. Hanser-Verlag München 1963.

Grum, R. G.: Dauerfestigkeit von Schraub- und Nietverbindungen überlappter Platten bei periodisch verän- derlicher Belastung. Z. Konstruktion 14/62.

Hoffmann, G.: Technologische Probleme der Nietung und ihre Auswirkung auf die Dauerfestigkeit. Z. Luft- fahrttechnik 7/62.

Kennel, E.: Das Nieten im Stahl- und Leichtmetallbau. Hanser-Verlag München 1951.

Kunz, M.: Niete und Nietmaschinen für Sonderzwecke. Z. Werkstatt und Betrieb 82/49.

Niemann, G.: Maschinenelemente. Springer-Verlag 1981.

Rögnitz, H. und *G. Köhler:* Fertigungsgerechtes Gestalten im Maschinen- und Gerätebau. Teubner-Verlag Stuttgart 1968.

Steinhilper, W. und *R. Röper:* Maschinen- und Konstruktionselemente. Springer-Verlag Berlin 1986.

Tochtermann, W. und *F. Bodenstein:* Konstruktionselemente des Maschinenbaues. Springer-Verlag 1979.

Tschochner, H.: Konstruieren und Gestalten. Girardet-Verlag Essen 1954.

9   Preßverbände

Das Fügen von Teilen mit einem Preßvorgang schafft haltbare und rüttelsichere Verbindungen, die große und schlagartig einsetzende oder wechselnde Kräfte übertragen können. Da sie keine Verbindungselemente wie Paßfedern oder Längskeile enthalten, die als Kerben wirkende Nuten benötigen, haben sie eine hohe Gestaltfestigkeit (Betriebsfestigkeit). Sie werden im Getriebe-, Großmaschinen- und Kranbau angewendet, wo es mitunter keine andere Möglichkeit zum Übertragen großer Kräfte bzw. Momente gibt. So werden umlaufende Maschinenteile wie Zahnräder, Laufräder, Turbinenläufer, Gebläseräder, Ankerscheiben u. dgl. auf Achsen oder Wellen gepreßt. Auch im Gerätebau und in der Feinwerktechnik bieten sich viele Möglichkeiten zur wirtschaftlichen Anwendung der Preßverbände. In DIN 7190 werden Berechnungsgrundlagen und Gestaltungsregeln angegeben.

9.1   Fügevorgang und Gestaltung

Zur Herstellung eines Preßverbandes ist eine Übermaßpassung mit einem Übermaß U erforderlich, wobei der Bohrungsdurchmesser kleiner als der Wellendurchmesser ist (siehe Abschnitt 2.4). Infolge dieses Übermaßes werden die Fügeflächen von **Außenteil** (Nabe) und **Innenteil** (Welle) aufeinandergepreßt und durch Haftreibung die Übertragung von Umfangskräften, Längskräften oder beiden ermöglicht. Man unterscheidet:

1. Längspreßverbände
durch Längseinpressen der Fügeteile nach Bild 9.1a. Damit sich das Innenteil in das Außenteil einführen läßt und während des Fügens kein Werkstoff weggeschabt wird, muß das Teil mit der höheren Streckgrenze eine Fase erhalten (in der Regel das Innenteil). Der Fasenwinkel soll höchstens $\varphi = 5°$ betragen. Weil $D_e \ll D_F - U_g$ sein soll (U_g = Höchstübermaß), ist die Fasenlänge $l_e \approx \sqrt[3]{D_F \cdot 1\,\mathrm{mm}^2}$ auszuführen. Die Einpreßgeschwindigkeit soll etwa 50 mm/s betragen.

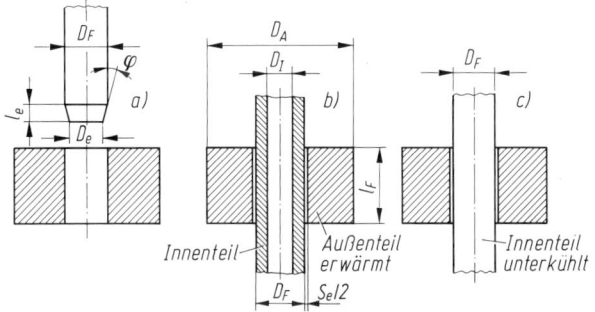

Bild 9.1 Fügen von Preßverbänden
a) Längseinpressen des Innenteils,
b) Schrumpfen des Außenteils,
c) Dehnen des Innenteils
S_e Einführungsspiel
Index $F \triangleq$ Fuge,
$A \triangleq$ Außenteil,
$I \triangleq$ Innenteil

2. Querpreßverbände
2.1. durch Schrumpfen des Außenteils (Schrumpfverband) nach Bild 9.1b. Das Außenteil wird durch Erwärmen so weit gedehnt (aufgeweitet), bis es sich leicht auf das Innenteil schieben läßt. Beim Erkalten schrumpft das Außenteil und preßt sich kräftig auf das Innenteil. Erwärmt werden kann auf elektrischen Heizplatten, mit elektrischen Heizkernen oder mit Ringbrennern. Bei einer örtlichen Überhitzung kann sich das Außenteil verwerfen. Besser ist deshalb ein gleichmäßiges Erwärmen in einem Ölbad. Wenn die Paßflächen jedoch trocken bleiben müssen, um eine höhere Haftfähigkeit zu erreichen, so wird in Heißluftöfen erwärmt. Im Ölbad und im Heißluftofen

sind Temperaturen bis 400 °C erreichbar. Bei zu hohen Temperaturen, die vom Werkstoff abhängen (siehe DIN 7190), besteht die Gefahr eines Festigkeitsabbaus des Außenteilwerkstoffs. Sich auf den Fügeflächen bildende Oxidschichten erhöhen die Haftreibung. Bei wechselnd wirkenden Betriebskräften können diese Schichten zu einer Reibkorrosion und damit zum Absinken der Haftreibung führen. Im letzten Fall sollten die Paßflächen von den Oxidschichten befreit werden. Auch bei dieser Fügeart ist eine Einführungsfase an einem der Teile erforderlich.

2.2. durch Dehnen des Innenteils (Dehnverband) nach Bild 9.1c. Das Innenteil wird durch Unterkühlen so weit geschrumpft, bis es sich leicht in das Außenteil schieben läßt. Beim Erwärmen auf Raumtemperatur dehnt sich das Innenteil und preßt sich in das Außenteil. In Kohlensäureschnee oder in Trockeneis sind −78 °C, in flüssigem Stickstoff −196 °C zu erreichen. Eine Einführungsfase an einem der beiden Teile ist erforderlich.

2.3. durch Schrumpfen des Außenteils und Dehnen des Innenteils (Schrumpf-Dehnverband) als Kombination der Verfahren 2.1 und 2.2, wenn durch einen thermischen Prozeß allein kein ausreichendes Einführungsspiel (siehe Abschn. 9.5) erreicht werden kann.

2.4. durch Schrumpfen des Außenteils und Dehnen des Innenteils (Druckölverband), nachdem durch Drucköl das Außenteil aufgeweitet und das Innenteil eingeschnürt wurde (Bilder 9.2a und b). Dieses Verfahren läßt sich nur bei leicht kegeligen Fügeflächen anwenden (Kegelneigung 1 : 30). Das Innenteil wird in das Außenteil geschoben, bis die Fügeflächen aufeinandersitzen. Dann wird das Öl hineingedrückt und das Außenteil entsprechend dem entstandenen Spiel am Kegel weiter hinaufgeschoben. Sobald der Öldruck aufhört, pressen sich die beiden Fügeteile ineinander. Das Öl wird über Bohrungen in Außen- oder Innenteil und Rillen oder Nuten an den Fügeflächen zugeführt. Bei zylindrischen Fügeflächen läßt sich das Druckölverfahren nur zum Lösen des Verbandes anwenden (Bilder 9.2c und d), zum Fügen nur bei abgestuften Fügeflächen (Bild 9.3). Bild 9.4 zeigt den zylindrischen Sitz von Wälzlagern. Hierzu wird auf DIN 15055 (Druckölverbände) verwiesen.

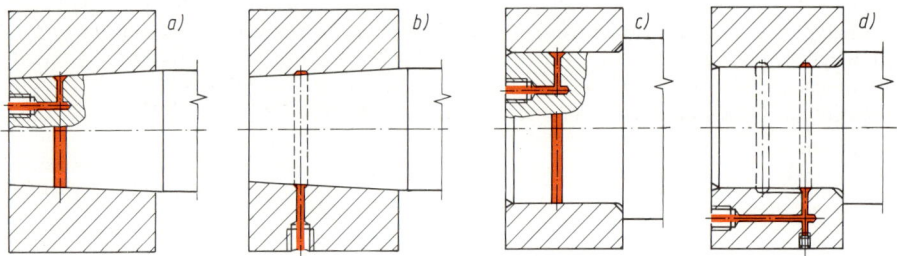

Bild 9.2 Druckölverbände nach DIN 15055
    a) kegeliger Verband mit Ölzuführung durch die Welle, b) mit Ölzuführung durch die Nabe,
    c) zylindrischer Verband mit Ölzuführung durch die Welle, d) mit Ölzuführung durch die Nabe

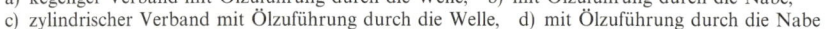

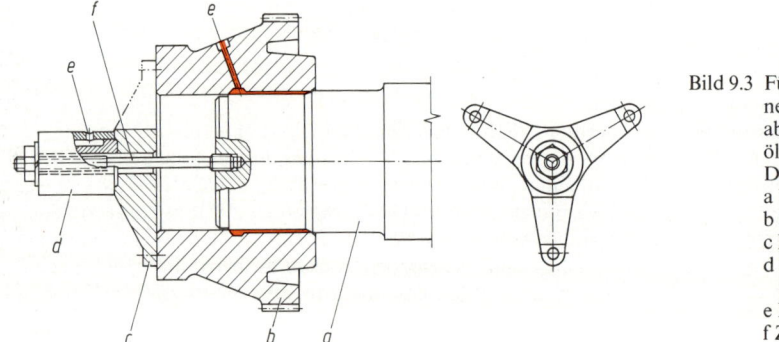

Bild 9.3 Fügevorgang für einen zylindrischen, abgestuften Druckölverband nach DIN 15055
a Wellenende,
b Kupplungsnabe,
c Preßstern,
d Hohlkolbenpresse,
e Druckölanschluß,
f Zugbolzen

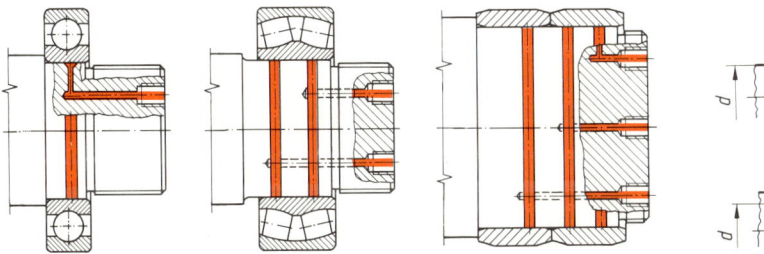 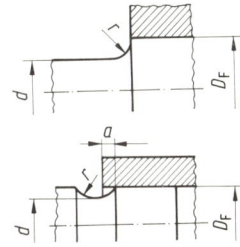

Bild 9.4 Zylindrische Preßverbände mit Wälzlagern nach DIN 15055

Bild 9.5 Gestaltung von Preßverbänden nach DIN 7190

Für die Übertragung großer Drehmomente bzw. Längskräfte durch Preßverbände als reibschlüssige Welle-Nabe-Verbindungen (besonders schwingend belasteter) wird empfohlen, nur volle Innenteile und nicht zu dünnwandige Außenteile ($D_F/D_A \leqq 0{,}5$) zu verwenden. Bei schwingender Belastung können in der Fuge Gleitbewegungen (Schlupf) auftreten, die man durch entsprechende Gestaltung reduzieren oder verhindern kann. Dafür und zur Verminderung von Kerbwirkungen haben sich Ausführungen mit $d \approx 1{,}1 D_F$, $r \approx 2(D_F - d)$ und $a \geqq 0$ nach Bild 9.5 bewährt.

Folgende **Toleranzen** und Oberflächenrauheiten werden nach DIN 7190 empfohlen: Für **Bohrungen** mit $D_F \leqq 500$ mm die Toleranzklasse H7 und der Mittenrauhwert $R_a = 1{,}6$ µm, mit $D_F > 500$ mm H8 und $R_a = 3{,}2$ µm, für **Wellen** mit $D_F \leqq 500$ mm der Grundtoleranzgrad IT 6 und $R_a = 0{,}8$ µm, mit $D_F > 500$ mm IT 7 und $R_a = 1{,}6$ µm, Zylinderformtoleranz (siehe Abschnitt 3.1) ein Drittel der Maßtoleranz für die Nabe bzw. Welle.

9.2 Grundlagen der Berechnung zylindrischer Preßverbände

Ein Preßverband muß an den Fügeflächen einen genügend hohen Widerstand gegen Verschieben oder Verdrehen der gefügten Teile aufbringen. Dieser Widerstand wird **Haftkraft** F_F genannt. Sie wird wesentlich vom Übermaß bestimmt. Die Berechnung ist mit DIN 7190 genormt. In dieser Norm sind die Gleichungen angegeben, mit denen das erforderliche Übermaß U errechnet werden kann.

Die in früheren Ausgaben enthaltenen zahlreichen Rechenschaubilder, mit deren Hilfe ohne langwierige Rechenoperationen U bestimmt werden konnte, basierten auf der Theorie von *Lundberg*, aus der verhältnismäßig komplizierte Gleichungen für die Auslegung hervorgingen. Sie sind für eine optimale Nutzung elektronischer Datenverarbeitungsanlagen wenig geeignet.

In DIN 7190, Ausgabe Juli 1988, wurden die Berechnungsgleichungen von *Kollmann* und *Önöz* angegeben. Sie sind einfacher und lassen sich gut mit technisch-wissenschaftlichen Taschenrechnern auswerten. Die Norm enthält ein

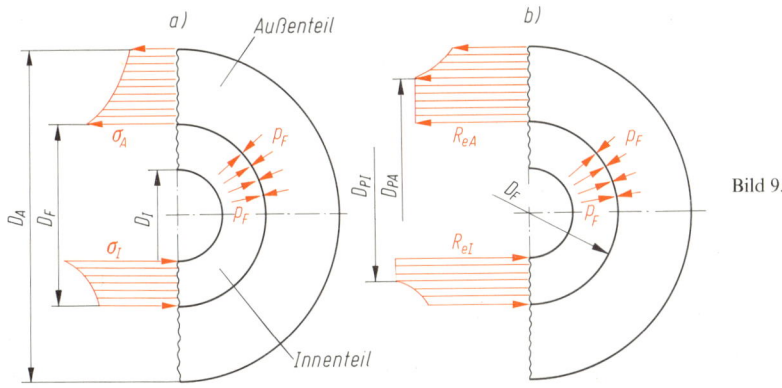

Bild 9.6 Beanspruchung
der Fügeteile von
Preßverbänden
a) rein elastische
Beanspru-
chung
b) elastisch-pla-
stische Bean-
spruchung

umfangreiches Flußdiagramm zum Aufbau eines Rechenprogramms (siehe die Bilder 9.9 und 9.12). Auf die Herleitung der Gleichungen wird hier wie in der Norm verzichtet und auf Spezialliteratur verwiesen (z. B.: *Kollmann*, Welle-Nabe-Verbindungen). Anstelle des in der Norm verwendeten Formelzeichens *P* für Übermaße (dort z. T. auch als Passung bezeichnet) wird hier wie im Abschnitt 2.4 der dafür allgemein übliche Buchstabe *U* angewendet.

Der Preßvorgang erzeugt auf den Fügeflächen einen **Fugendruck,** die radiale **Fugenpressung** p_F (Bild 9.6), die die zur Kraftübertragung erforderliche Haftkraft F_F hervorruft. Das Außenteil wird aufgeweitet (gedehnt) und dadurch in Umfangsrichtung (tangential) auf Zug beansprucht, das Innenteil eingeschnürt (gestaucht) und auf Druck beansprucht. Die Dehnungen bzw. Stauchungen nehmen in jedem Teil von innen nach außen hin ab. Die tangentialen Zug- und Druckspannungen verteilen sich nach Bild 9.6a proportional zu diesen Dehnungen und Stauchungen, wenn sie die Streckgrenze bzw. Quetschgrenze nicht erreichen. Mit σ_A ist die größte Zugspannung im Außenteil bezeichnet, mit σ_I die größte Druckspannung im Innenteil. Man unterscheidet:

1. die rein elastische Beanspruchung (Bild 9.6a)

Bei ihr bleiben sämtliche Spannungen unterhalb der Streckgrenzen (Fließgrenzen) R_{eA} und R_{eI} der Werkstoffe. Im Grenzfall darf $\sigma_A = R_{eA}$ sein, in der Regel ist $\sigma_A < R_{eA}$. Bei Werkstoffen mit nicht ausgeprägter Streckgrenze gilt die 0,2%-Dehngrenze als Streckgrenze (Tabn. A 9.2 und A 9.3). Bei Grauguß als sprödem Werkstoff werden ca. 50% der Zugfestigkeit R_m angenommen (Tab. A 9.2). Für die Druckspannung σ_I im Innenteil ist die Quetschgrenze R_{eI} maßgebend, die mit dem Wert der Streckgrenze angenommen werden kann. Bei Grauguß (GG) braucht wegen dessen hoher Druckfestigkeit die Druckspannung nicht nachgerechnet zu werden.

2. die elastisch-plastische Beanspruchung (Bild 9.6b)

Im Außenteil erreicht ein Teil der Spannungen die Streckgrenze R_{eA}, und zwar vom Fugendurchmesser D_F bis zum Durchmesser D_{PA}. Es ist also $D_{PA} > D_F$. Sinngemäß gilt das auch für die Druckspannungen im Innenteil, wobei $D_{PI} < D_F$ ist.

Anzustreben ist eine elastische Beanspruchung des Außenteils. Da die Quetschgrenze des Innenteils meistens größer als die Streckgrenze des Außenteils ist, wird auch das Innenteil elastisch beansprucht. Falls eine Beanspruchung nicht zu realisieren ist, kann ohne weiteres eine elastisch-plastische Beanspruchung in Kauf genommen werden, jedoch keine plastische Beanspruchung, bei der $D_{PA} = D_A$ wäre. Es ist zu beachten, daß bei Außenteilen aus sprödem Werkstoff (z. B. Grauguß) nur eine rein elastische Beanspruchung zulässig ist.

Da im Außenteil tangentiale Zug- und radiale Druckspannungen, im Innenteil tangentiale und radiale Druckspannungen auftreten (die radialen durch die Fugenpressung p_F), muß mit einer Vergleichsspannung gerechnet werden. Den Gleichungen in DIN 7190 liegt die modifizierte Schubspannungshypothese (MSH) zugrunde.

Die zu übertragende **Betriebskraft** *F* kann nach Bild 9.7 eine **Umfangskraft** F_u, eine **Längskraft** F_l oder eine **resultierende Kraft** $F_r = \sqrt{F_u^2 + F_l^2}$ sein. Die Umfangskraft errechnet sich aus $F_u = M/r_F$, wenn *M* das zu übertragende Drehmoment und $r_F = D_F/2$ den Fugenradius darstellen.

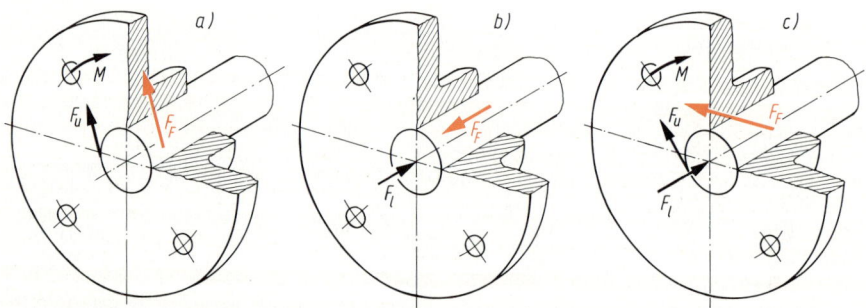

Bild 9.7 Kräfte an Preßverbänden
  a) in Umfangsrichtung, b) in Längsrichtung, c) in resultierender Richtung

Damit die Betriebskraft F sicher übertragen werden kann, muß die Haftkraft F_F an den Fügeflächen entsprechend größer sein:

Haftkraft $\quad F_F \geqq F \cdot S_H$ (9.1)

F in N größte zu übertragende Betriebskraft an den Fügeflächen,
S_H erforderliche Haftsicherheit. Siehe hierzu die folgenden Angaben.

In der Regel soll die Haftsicherheit (Sicherheit gegen Rutschen)

bei überwiegend ruhender Belastung $S_H = 1,5$,
bei schwellender Belastung $\quad\quad S_H = 1,8$,
bei wechselnder Belastung $\quad\quad S_H = 2,2$ nicht unterschreiten.

Mit der Haftkraft F_F läßt sich errechnen die erforderliche

Fugenpressung $\quad p_F = \dfrac{F_F}{A_F \cdot v} = \dfrac{F_F}{D_F \cdot \pi \cdot l_F \cdot v}$ (9.2)

p_F in N/mm^2 erforderliche Fugenpressung (Fugendruck p in DIN 7190),
F_F in N erforderliche Haftkraft nach Gl. 9.1,
A_F in mm^2 Fugenfläche $= D_F \cdot \pi \cdot l_F$,
D_F in mm Fugendurchmesser,
l_F in mm Fugenlänge,
v Haftbeiwert nach Tab. 9.1.

Diese Gleichung gilt theoretisch nur für den Stillstand. Bei rotierenden Preßverbänden ist auch die Fliehkraft zu berücksichtigen, die bei hohen Drehzahlen zu einer unzulässigen Verminderung der Fugenpressung führen kann. Berechnung der zulässigen Drehzahl oder der erforderlichen Fugenpressung bei Beanspruchung durch Fliehkraft siehe DIN 7190.

Der Haftbeiwert v ist das Verhältnis der gemessenen Rutschkraft zur errechneten Normalkraft $F_N = D_F \cdot \pi \cdot l_F \cdot p_F$. Er ist nicht identisch mit der Haftreibungszahl, bei deren Ermittlung auch die Normalkraft gemessen wird. Falls keine experimentell bestimmten Werte zur Verfügung stehen, kann mit den auf der sicheren Seite liegenden Richtwerten der Tab. 9.1 gerechnet werden.

Tab. 9.1 Haftbeiwerte v von Preßverbänden (nach DIN 7190)

Längspreßverbände, Innenteil aus Stahl,					
Außenteil aus	trocken	geschmiert	Außenteil aus	trocken	geschmiert
St 60, GS-60	0,08	0,07	G-CuPb10Sn	0,06	–
St 37	0,09	0,06	GG-25	0,11	0,05
G-AlSi 12 Cu	0,06	0,04	GGG-60	0,09	0,05
Querpreßverbände					
Stahl-Stahl-Paarung Drucköverbände normal gefügt mit Mineralöl Druckölverbände mit entfetteten Fügeflächen, mit Glyzerin gefügt Schrumpfverband, normal nach Erwärmung des Außenteils bis zu 300 °C im Elektroofen Schrumpfverband mit entfetteten Fügeflächen, nach Erwärmung im Elektroofen bis zu 300 °C					0,12 0,18 0,14 0,20
Stahl-Gußeisen-Paarung Druckölverbände normal gefügt mit Mineralöl Druckölverbände mit entfetteten Fügeflächen					0,10 0,16
Stahl-MgAl-Paarung, trocken	0,1...0,15		Stahl-CuZn-Paarung trocken		0,17...0,25

Das Übermaß muß um so größer sein, je dünner die Fügeteile sind. So kann beispielsweise ein aufgepreßter dünner Ring wegen seiner Nachgiebigkeit gegenüber einem dicken Ring bei gleichem Übermaß nur eine entsprechend kleinere Fugenpressung erzeugen. Für die Berechnung des erforderlichen Übermaßes sind deshalb wichtig die

Durchmesserverhältnisse $\quad Q_A = \dfrac{D_F}{D_A}$ (9.3) $\quad$ und $\quad\quad Q_I = \dfrac{D_I}{D_F}$ (9.4)

D_F Fugendurchmesser,
D_A Außendurchmesser des Außenteils,
D_I Innendurchmesser des Innenteils. Bei Vollwellen ist $D_I = 0$ und somit auch $Q_I = 0$,

Aus den Istmaßen D_{iW} der Welle und D_{iB} der Bohrung ergibt sich das Istübermaß $U_i = D_{iW} - D_{iB}$. Allgemein werden für den Außendurchmesser des Innenteils und den Innendurchmesser des Außenteils, die den Fugendurchmesser D_F als gemeinsames Nennmaß haben, ISO-Passungen festgelegt. Mit den daraus folgenden oberen und unteren Abmaßen A_o und A_u können nach den Gln. 2.5 und 2.6 das Höchstübermaß U_g und das Mindestübermaß U_k errechnet werden, zwischen denen das Istübermaß liegt. Für die bei Preßverbänden üblichen Übermaßpassungen sind U_k und U_g in Tab. A 9.5 enthalten (siehe auch Bild 9.8 b).

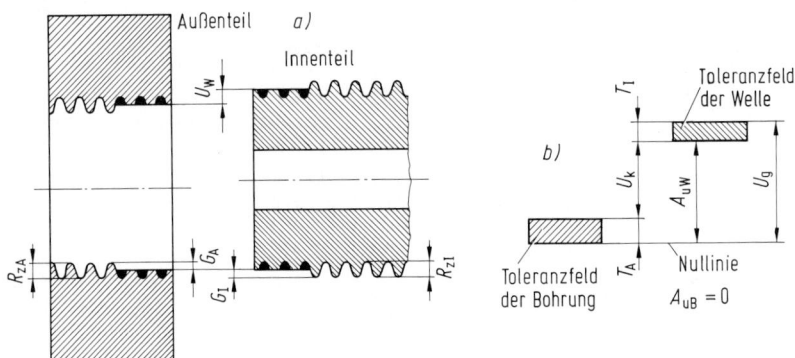

Bild 9.8 Abmaße, Übermaße und Toleranzfelder bei Fügeteilen
a)   Oberflächenglättung durch den Preßvorgang
G_A Glättung am Außenteil $\approx 0{,}4 R_{zA}$, G_I Glättung am Innenteil $\approx 0{,}4 R_{zI}$,
U_w wirksames Übermaß
b)   Toleranzfelder und Übermaße beim System Einheitsbohrung
U_k Mindestübermaß, U_g Höchstübermaß $= A_{ow}$,
T_A Maßtoleranz des Außenteils $= A_{oB}$, $T_I =$ Maßtoleranz des Innenteils

Durch den Preßvorgang werden die Fugenflächen geglättet, d. h. ihre Rauheitsspitzen werden in die Täler gedrückt (Bild 9.8 a). Dadurch geht ein Teil des Übermaßes verloren, so daß im gefügten Zustand nur noch das wirksame Übermaß U_w zur Verfügung steht. Nach DIN 7190 kann mit der gemittelten Rauhtiefe R_{zA} für das Außenteil und R_{zI} für das Innenteil die Glättung erfaßt werden mit dem

$$\textit{Übermaßverlust} \quad \textbf{U}_V = \textbf{0,8} \; (\textbf{R}_{zA} + \textbf{R}_{zI}) \qquad\qquad\qquad (9.5)$$

In Tab. 3.3 (Seite 34) sind die erreichbaren Rauhtiefen R_z in Abhängigkeit vom Fertigungsverfahren angegeben. Damit wird das

$$\textit{wirksame Übermaß} \quad \textbf{U}_w = \textbf{U} - \textbf{U}_V \qquad\qquad\qquad (9.6)$$

Je nach Rechnungsgang ist U_g oder U_k für U einzusetzen.
Für die Auslegung von Preßverbänden werden außerdem das

$$\textit{bezogene wirksame Übermaß} \quad \textbf{Z}_w = \frac{\textbf{U}_w}{\textbf{D}_F} \qquad\qquad\qquad (9.7)$$

benötigt (ξ_w in DIN 7190) und als Werkstoffkennwerte die Querdehnzahl μ und der Elastizitätsmodul E (siehe Tab. 9.4).
In der Praxis ergeben sich überwiegend folgende zwei **Aufgabenstellungen**:
1. **Passung gesucht,** d. h. die erforderliche Fugenpressung p_F für die Übertragung der Betriebskraft F ist errechenbar, das dafür erforderliche wirksame Übermaß U_w muß ermittelt werden, um die Passung bestimmen zu können,
2. **Passung gegeben,** d. h. das wirksame Übermaß U_w ist errechenbar, die damit erreichbare Fugenpressung p_F muß ermittelt werden, um die Haftsicherheit überprüfen oder die übertragbare Betriebskraft F bestimmen zu können.

In jedem Fall muß durch den Rechnungsgang sichergestellt werden, daß beim Mindestübermaß U_k die erforderliche Fugenpressung und damit die verlangte Haftsicherheit gewährleistet und beim Höchstübermaß U_g eine Überbeanspruchung der Fügeteile ausgeschlossen ist. Erforderlichenfalls muß der Werkstatt ein Istübermaß U_i vorgeschrieben werden.

9.3 Berechnung bei rein elastischer Beanspruchung

Die Berechnung wird erleichtert durch die in DIN 7190 eingeführte

$$\textit{Hilfsgröße} \quad K = \frac{E_A}{E_I}\left(\frac{1 + Q_I^2}{1 - Q_I^2} - \mu_I\right) + \frac{1 + Q_A^2}{1 - Q_A^2} + \mu_A \tag{9.8}$$

Bei vollem Innenteil ist $Q_i = 0$, damit gilt

$$\textit{Hilfsgröße} \quad K = \frac{E_A}{E_I}(1 - \mu_I) + \frac{1 + Q_A^2}{1 - Q_A^2} + \mu_A \tag{9.9}$$

Sind die Werkstoffe beider Fügeteile gleichartig (z. B. aus Stahl), d. h. Elastizitätsmodul $E = E_A = E_I$ und Querdehnzahl $\mu = \mu_A = \mu_I$, so folgt aus Gl. 9.8 für die

$$\textit{Hilfsgröße} \quad K = \frac{(1 + Q_I^2)}{(1 - Q_I^2)} + \frac{(1 + Q_A^2)}{(1 - Q_A^2)} \tag{9.10}$$

E_A, E_I in N/mm² Elastizitätsmoduln von Außen- und Innenteil (Tab. 9.4),
Q_A, Q_I Durchmesserverhältnisse nach den Gln. 9.3 und 9.4,
μ_A, μ_I Querdehnzahlen von Außen- und Innenteilwerkstoffen (Tab. 9.4).

Ist bei gleichartigen Werkstoffen $Q_I = 0$, braucht K nicht berechnet zu werden (siehe die Gln. 9.12, 9.17 und 9.18).

Tab. 9.4 Querdehnzahlen μ, Elastizitätsmoduln E und Wärmedehnungsbeiwerte α verschiedener Werkstoffe (z. T. nach DIN 7190)

Werkstoff	μ	E N/mm²	α_A $10^{-6}/K$	α_I $10^{-6}/K$
Stahl, Stahlguß GS	0,3	≈ 210 000	11	− 8,5
Grauguß GG-10	0,24	≈ 70 000	10	− 8
GG-15	0,25	≈ 80 000	10	− 8
GG-20	0,25	≈ 105 000	10	− 8
GG-25, GG-30	0,25	≈ 130 000	10	− 8
Gußeisen mit Kugelgraphit GGG-50	0,28	≈ 175 000	10	− 8
Temperguß GTS, GTW	0,25	≈ 95 000	10	− 8
Aluminiumlegierungen AlMgSi, AlCuMg	0,33	≈ 70 000	23	−18
Magnesiumlegierungen MgAlZn	0,3	≈ 42 000	26	−21
Kupfer Cu	0,35	≈ 125 000	16	−14
Bronze CuAl, CuPb, CuSn	0,35	≈ 80 000	16	−14
Messing CuZn	0,35	≈ 80 000	18	−16
Rotguß CuSnZn	0,35	≈ 80 000	17	−15

Rechnungsgang, wenn die „Passung gesucht" ist:

Nachdem mit Gl. 9.1 die mindestens notwendige Haftkraft und damit nach Gl. 9.2 die erforderliche kleinste Fugenpressung p_F errechnet wurde, erhält man das erforderliche kleinste

$$\textit{bezogene wirksame Übermaß} \quad Z_w = K\frac{p_F}{E_A} \tag{9.11}$$

Bei vollem Innenteil und gleichartigen Werkstoffen (z. B. Stahl) beider Fügeteile ($E_A = E_I = E$ und $\mu_A = \mu_I = \mu$) folgt für das kleinste

bezogene wirksame Übermaß $\quad Z_w = \dfrac{2p_F}{(1 - Q_A^2)\,E}$ (9.12)

p_F in N/mm² erforderliche kleinste Fugenpressung nach Gl. 9.2,
E_A, E in N/mm² Elastizitätsmoduln der Fügeteile (Tab. 9.4),
K Hilfsgröße nach Gl. 9.8, 9.9 und 9.10,
Q_A Durchmesserverhältnis nach Gl. 9.3.

Aus Gl. 9.7 ergibt sich dann das erforderliche kleinste wirksame Übermaß U_w und aus Gl. 9.6 das erforderliche

Mindestübermaß $\quad U_{min} = U_w + U_V$ (9.13)

U_{min} in mm erforderliches Mindestübermaß,
U_w in mm kleinstes wirksames Übermaß aus Gl. 9.7,
U_V in mm Übermaßverlust nach Gl. 9.5.

Zur Bestimmung des zulässigen Höchstübermaßes U_{max} wird das zulässige bezogene wirksame Übermaß $Z_{w\,zul}$ benötigt. Nach DIN 7190 beträgt das

zulässige bezogene wirksame Übermaß

für das Außenteil $\qquad Z_{wA\,zul} = K\,\dfrac{(1 - Q_A^2)\,R_{eA}}{\sqrt{3} \cdot S_P \cdot E_A}$ (9.14)

für ein hohles Innenteil $\quad Z_{wI\,zul} = K\,\dfrac{(1 - Q_I^2)\,R_{eI}}{\sqrt{3} \cdot S_P \cdot E_A}$ (9.15)

für ein volles Innenteil $\quad Z_{wI\,zul} = K\,\dfrac{R_{eI}}{\sqrt{3} \cdot S_P \cdot E_A}$ (9.16)

Wenn $Q_I = 0$ ist bei gleichartigen Werkstoffen für Außen- und Innenteil ($E_A = E_I = E$ und $\mu_A = \mu_I = \mu$), so gilt

für das Außenteil $\qquad Z_{wA\,zul} = \dfrac{2R_{eA}}{\sqrt{3} \cdot S_P \cdot E}$ (9.17)

für das volle Innenteil $\quad Z_{wI\,zul} = \dfrac{4R_{eI}}{\sqrt{3} \cdot S_P(1 - Q_A^2)\,E}$ (9.18)

K Hilfsgröße nach Gl. 9.8, 9.9 oder 9.10,
Q_A, Q_I Durchmesserverhältnisse nach den Gln. 9.3 und 9.4,
R_{eA}, R_{eI} in N/mm² Streckgrenzen von Außen- und Innenteil (Tabn. A 9.2 und A 9.3), bei Grauguß
für $R_{eA} \approx R_m/2$ einsetzen,
E_A, E in N/mm² Elastizitätsmodul der Fügeteile (Tab. 9.4)
S_P Sicherheit gegen plastische Verformung $\approx 1,2$

Der jeweils kleinere Wert, $Z_{wA\,zul}$ oder $Z_{wI\,zul}$, ist dann $Z_{w\,zul}$. Damit folgt aus Gl. 9.7 das zulässige wirksame Übermaß $U_{w\,zul}$ und aus Gl. 9.6 das

zulässige Höchstübermaß $\quad U_{max} = U_{w\,zul} + U_V$ (9.19)

Nach Tab. A 9.5 wird nun eine Passung gewählt, bei der das Mindestübermaß $U_k \geq U_{min}$ und das Höchstübermaß $U_g \leq U_{max}$ ist.

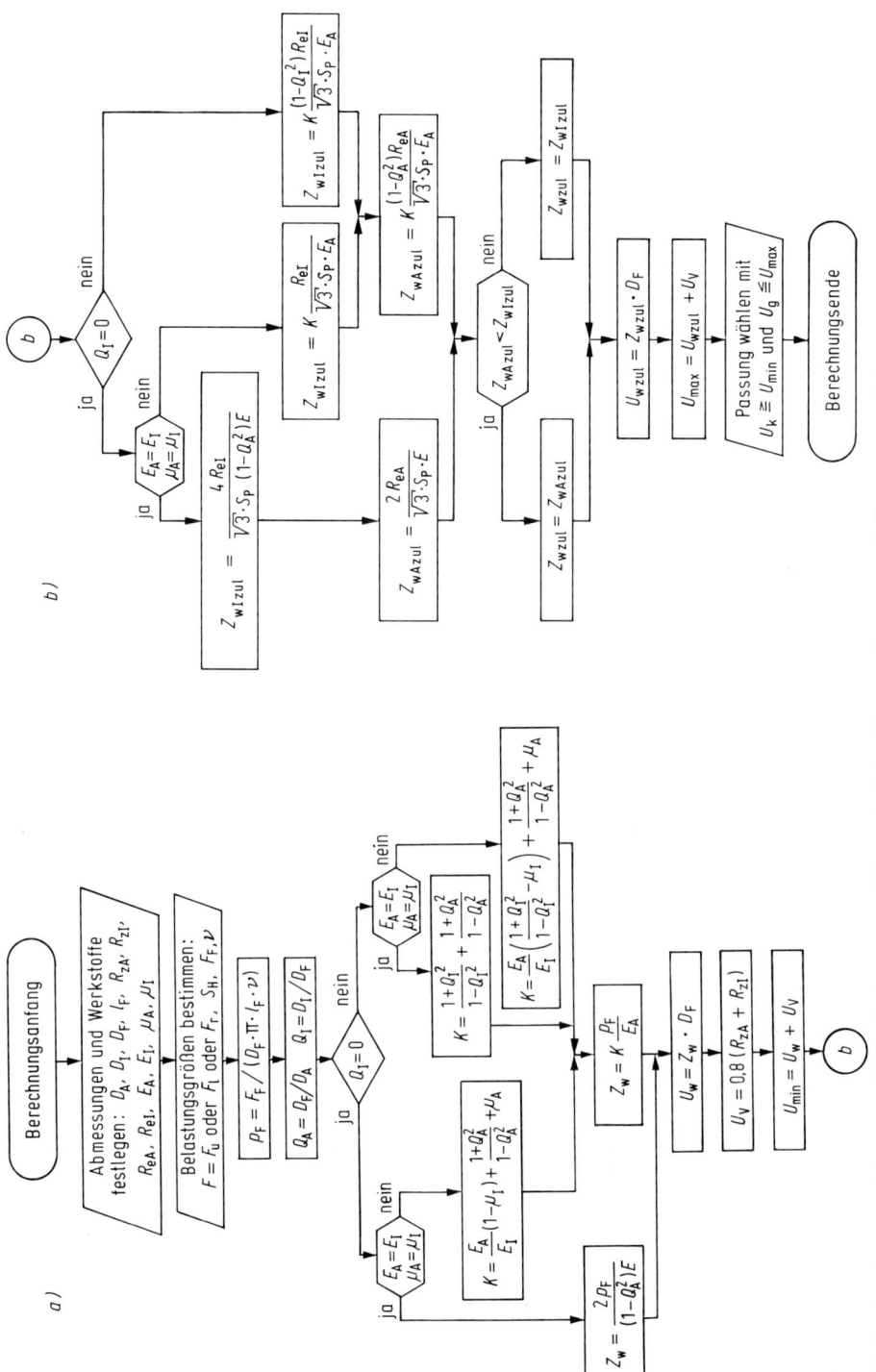

Bild 9.9 Ablaufplan (Flußdiagramm) für den Rechnungsgang bei rein elastischer Beanspruchung, wenn die Passung gesucht ist
a) Ermittlung von U_{max}, b) Ermittlung von U_{min}, und Passungswahl

Einen Ablaufplan (Flußdiagramm) für diesen Rechnungsgang zeigt Bild 9.9. Falls keine geeignete Passung gefunden wird, sind Änderungen erforderlich (Abmessungen oder/und Werkstoff) oder der Werkstatt muß ein Istübermaß U_i vorgeschrieben werden.

Wird die Dehnung eines Außenteils oder die Einschnürung eines Innenteils durch Rippen oder Arme wie nach Bild 9.10 behindert, so muß der Elastizitätsmodul für dieses Teil entsprechend höher angesetzt werden. Falls keine konkreten Werte vorliegen, kann man die Erhöhung mit rund 30% annehmen.

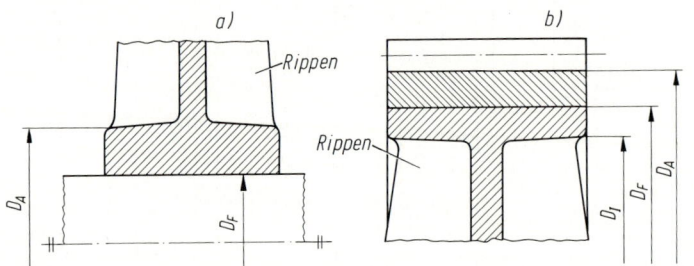

Bild 9.10 Durch Rippen versteifte Fügeteile
a) Außenteil,
b) Innenteil

Bei der Festlegung des Außendurchmessers D_A des Außenteils ist zu beachten, daß der zugehörige Umfang keine Werkstoffunterbrechungen aufweisen darf. Deshalb muß z. B. bei Zahnrädern der Fußkreisdurchmesser angesetzt werden (siehe hierzu Bild 9.10b).

Beispiel 9.1

Das in Bild 9.11 skizzierte Ritzel hat ein maximales Drehmoment $M = 350$ Nm zu übertragen. Da häufig angefahren wird, liegt schwellende Belastung vor. Für rein elastische Beanspruchung dieses Schrumpfverbandes ist eine Übermaßpassung nach Tab. A 9.5 zu bestimmen. Erforderlichenfalls sind andere Werkstoffe zu wählen.

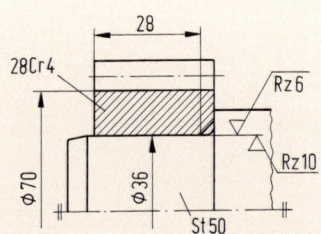

Bild 9.11 Aufgeschrumpftes Ritzel

Lösung:

1. Fugenpressung und Durchmesserverhältnisse

Die Umfangskraft an der Fugenfläche beträgt $F_u = F = M/r_F = 350\,000$ Nmm/18 mm $= 19\,444$ N. Mit einer Haftsicherheit $S_H = 1,8$ für schwellende Belastung muß nach Gl. 9.1 die Haftkraft $F_F \geqq F \cdot S_H = 19\,444$ N $\cdot 1,8$ $= 35\,000$ N betragen.

Aus Tab. 9.1 folgt der Haftbeiwert $v = 0,14$ und nach Gl. 9.2 die erforderliche kleinste Fugenpressung

$$p_F = \frac{F_F}{D_F \cdot \pi \cdot l_F \cdot v} = \frac{35\,000 \text{ N}}{36 \text{ mm} \cdot \pi \cdot 28 \text{ mm} \cdot 0,14} = 78,9 \text{ N/mm}^2 .$$

Die Durchmesserverhältnisse werden mit den Gln. 9.3 und 9.4 errechnet:

$$Q_A = D_F/D_A = 36/70 = 0,51 \quad \text{und} \quad Q_I = 0 \quad \text{(Vollwelle)}.$$

2. Ermittlung des Mindestübermaßes U_{min}

Aus Tab. 9.4 wird für beide Fügeteile aus Stahl der Elastizitätsmodul $E \approx 210\,000$ N/mm^2 entnommen und nach Gl. 9.12 das kleinste bezogene wirksame Übermaß errechnet:

$$Z_w = \frac{2p_F}{(1 - Q_A^2)\,E} = \frac{2 \cdot 78,9 \text{ N/mm}^2}{(1 - 0,51^2) \cdot 210\,000 \text{ N/mm}^2} = 1,016 \cdot 10^{-3}$$

und damit aus Gl. 9.7 das erforderliche kleinste wirksame Übermaß

$$U_w = Z_w \cdot D_F = 1,016 \cdot 10^{-3} \cdot 36 \text{ mm} = 36,6 \cdot 10^{-3} \text{ mm}.$$

Mit dem Übermaßverlust nach Gl. 9.5:

$$U_V = 0,8(R_{zA} + R_{zI}) = 0,8(10 + 6)\,\mu\text{m} = 12,8\,\mu\text{m} = 12,8 \cdot 10^{-3} \text{ mm}$$

folgt nach Gl. 9.13 das erforderliche Mindestübermaß

$$U_{min} = U_w + U_V = (36,6 + 28,8)\,10^{-3} \text{ mm} = 49,4 \cdot 10^{-3} \text{ mm} = 49,4\,\mu\text{m}.$$

3. Ermittlung des Höchstübermaßes U_{max} und Passungswahl

Aus Tab. A 9.2 werden die Streckgrenzen $R_{eA} = 410\ \text{N/mm}^2$ und $R_{eI} = 275\ \text{N/mm}^2$ entnommen. Mit der Sicherheit $S_P = 1,2$ gegen plastische Verformung betragen nach den Gln. 9.17 und 9.18 die zulässigen bezogenen wirksamen Übermaße:

$$Z_{wA\,zul} = \frac{2R_{eA}}{\sqrt{3}\cdot S_P \cdot E} = \frac{2 \cdot 410\ \text{N/mm}^2}{\sqrt{3}\cdot 1,2 \cdot 210000\ \text{N/mm}^2} = 1,879 \cdot 10^{-3},$$

$$Z_{wI\,zul} = \frac{4R_{eI}}{\sqrt{3}\cdot S_P(1 - Q_A^2)\,E} = \frac{4 \cdot 275\ \text{N/mm}^2}{\sqrt{3}\cdot 1,2(1 - 0,51^2)\cdot 210000\ \text{N/mm}^2} = 3,406 \cdot 10^{-3}.$$

Wegen $Z_{wA\,zul} < Z_{wI\,zul}$ ist $Z_{wA\,zul} = Z_{w\,zul}$. Damit folgt aus Gl. 9.7 das zulässige wirksame Übermaß

$$U_{w\,zul} = Z_{w\,zul} \cdot D_F = 1,879 \cdot 10^{-3} \cdot 36\ \text{mm} = 67,6 \cdot 10^{-3}\ \text{mm}$$

und nach Gl. 9.19:

$$U_{max} = U_{w\,zul} + U_V = (67,6 + 28,8)\,10^{-3}\ \text{mm} = 96,4 \cdot 10^{-3}\ \text{mm} = 96,4\ \mu\text{m}.$$

Nach Tab. A 9.5 ist die Passung H7/x6 geeignet mit dem Mindestübermaß $U_k = 55\ \mu\text{m} > U_{min} = 49,4\ \mu\text{m}$ und dem Höchstübermaß $U_g = 96\ \mu\text{m} < U_{max} = 96,4\ \mu\text{m}$.

Rechnungsgang, wenn die „Passung gegeben" ist:

Aus Tab. A 9.5 werden für die gegebene Passung das Mindestübermaß U_k und das Höchstübermaß U_g entnommen. Mit U_k erhält man nach Gl. 9.6 mit dem Übermaßverlust U_V (Gl. 9.5) das kleinste wirksame Übermaß U_{wk} und damit nach Gl. 9.7 das kleinste bezogene wirksame Übermaß Z_{wk}. Dieses ergibt entsprechend Gl. 9.11 die kleinste

$$\textit{Fugenpressung} \quad \mathbf{p_{Fk} = Z_{wk}\,\frac{E_A}{K}.} \tag{9.20}$$

Bei vollem Innenteil ($Q_I = 0$) und gleichen elastischen Konstanten für Außen- und Innenteilwerkstoff ($E_A = E_I = E$ und $\mu_A = \mu_I = \mu$) wird entsprechend Gl. 9.12 die kleinste

$$\textit{Fugenpressung} \quad \mathbf{p_{Fk} = Z_{wk}\,\frac{1 - Q_A^2}{2}\,E} \tag{9.21}$$

p_{Fk}	in N/mm^2	kleinste Fugenpressung,
Z_{wk}		kleinstes bezogenes wirksames Übermaß nach Gl. 9.7,
E_A, E	in N/mm^2	Elastizitätsmoduln der Fügeteile (Tab. 9.4),
K		Hilfsgröße nach Gl. 9.8, 9.9 oder 9.10,
Q_A		Durchmesserverhältnis nach Gl. 9.3.

Mit p_{Fk} folgt aus Gl. 9.2 die kleinste Haftkraft F_{Fk} und damit aus Gl. 9.1 die zulässige Betriebskraft F_{zul}, die mindestens so groß sein muß wie die zu übertragende Betriebskraft F.

Die Überprüfung auf elastische Beanspruchung der Fügeteile erfolgt mit dem Höchstübermaß U_g. Das größte bezogene wirksame Übermaß Z_{wg} nach Gl. 9.7 mit U_{wg} nach Gl. 9.6 ergibt entsprechend Gl. 9.11 die größte

$$\textit{Fugenpressung} \quad \mathbf{p_{Fg} = \frac{Z_{wg} \cdot E_A}{K}} \tag{9.22}$$

oder bei $Q_I = 0$ sowie gleichen Werten für E und μ beider Fügeteile entsprechend Gl. 9.12 die größte

$$\textit{Fugenpressung} \quad \mathbf{p_{Fg} = \frac{Z_{wg}(1 - Q_A^2)\,E}{2}} \tag{9.23}$$

p_{Fg}	in N/mm^2	größte Fugenpressung,
Z_{wg}		größtes bezogenes wirksames Übermaß nach Gl. 9.7 mit U_{wg} nach Gl. 9.6,
E_A, E	in N/mm^2	Elastizitätsmoduln der Fügeteile (Tab. 9.4),
K		Hilfsgröße nach Gl. 9.8, 9.9 oder 9.10,
Q_A		Durchmesserverhältnis nach Gl. 9.3.

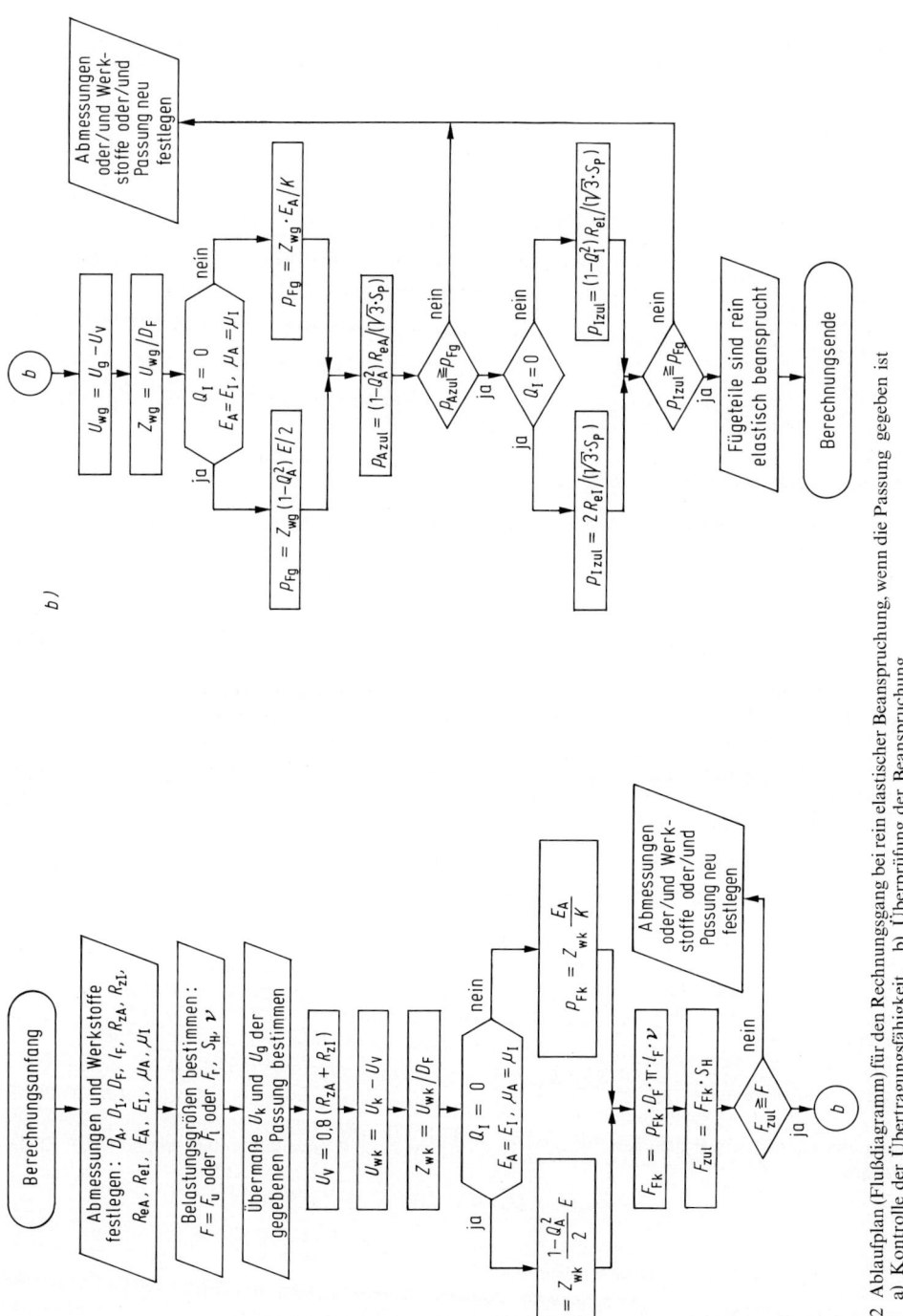

Bild 9.12 Ablaufplan (Flußdiagramm) für den Rechnungsgang bei rein elastischer Beanspruchung, wenn die Passung gegeben ist
a) Kontrolle der Übertragungsfähigkeit,   b) Überprüfung der Beanspruchung

Aus den Gln. 9.20 und 9.22 bzw. 9.21 und 9.23 erhält man mit Gl. 9.7 das

Pressungsverhältnis $\dfrac{p_{Fg}}{p_{Fk}} = \dfrac{U_{wg}}{U_{wk}}.$ (9.24)

Daraus läßt sich p_{Fg} leicht errechnen .
Die größte Fugenpressung darf die zulässige Fugenpressung nicht überschreiten. Nach DIN 7190 gelten für die rein elastische Beanspruchung folgende Festigkeitsbedingungen:

Zulässige Fugenpressung

für das Außenteil $\qquad p_{A zul} = \dfrac{1 - Q_A^2}{\sqrt{3 \cdot S_P}} \, R_{eA} \gtreqless p_{Fg}$ (9.25)

für ein hohles Innenteil $\quad p_{I zul} = \dfrac{1 - Q_I^2}{\sqrt{3 \cdot S_P}} \, R_{eI} \gtreqless p_{Fg}$ (9.26)

für ein volles Innenteil $\quad p_{I zul} = \dfrac{2}{\sqrt{3 \cdot S_P}} \, R_{eI} \gtreqless p_{Fg}$ (9.27)

Q_A, Q_I	Durchmesserverhältnisse nach den Gln. 9.3 und 9.4,
R_{eA}, R_{eI} in N/mm²	Streckgrenzen von Außen- und Innenteil (Tabn. A 9.2 und A 9.3), bei Grauguß für $R_{eA} \approx R_m/2$ einsetzen,
S_P	Sicherheit gegen plastische Verformung $\approx 1{,}2$.

Einen Ablaufplan (Flußdiagramm) für diesen Rechnungsgang zeigt Bild 9.12. Sollte sich $p_{Fg} > p_{zul}$ ergeben, so kann aus der für p_{zul} zutreffenden Gleichung der zulässige Wert für p_{Fg} und damit das Höchstübermaß U_{max} zwecks Wahl einer neuen Passung ermittelt werden. Andererseits läßt sich auch die erforderliche Streckgrenze zur Wahl eines festeren Werkstoffs bestimmen.
Mit dem üblichen Wert für S_P folgt aus Gl. 9.27 für volle Innenteile $p_{I zul} \approx R_{eI}$. Eine Welle als Innenteil ist zusätzlich auf Gestaltfestigkeit nachzurechnen (siehe Abschnitt 15.5). Bei Grauguß-innenteilen kann wegen der hohen Druckfestigkeit auf die Kontrolle von p_{Fg} verzichtet werden (erforderlichenfalls $R_{eI} = R_m$ annehmen).

Beispiel 9.2

Bild 9.13 zeigt einen Ring aus Rotguß, der auf ein Stahl-Innenteil aufgeschrumpft ist. Er dient als Axiallager und hat daher eine Längskraft und eine geringe Umfangskraft zu übertragen.
1. Welche kleinste Haftkraft F_{Fk} ist beim Mindestübermaß U_k zu erwarten?
2. Tritt beim Höchstübermaß U_g rein elastische Beanspruchung auf?

Lösung:
1. Kleinste Haftkraft F_{Fk}
Aus Tab. A 9.5 werden entnommen: Übermaße $U_k = 92\ \mu m$ und $U_g = 141\ \mu m$, aus Tab. 9.4: Elastizitätsmoduln $E_A = 80000\ N/mm^2$, $E_I = 210000\ N/mm^2$ und Querdehnzahlen $\mu_A = 0{,}35$, $\mu_I = 0{,}3$, aus Tab. A 9.3: 0,2%-Dehngrenze (Ersatzstreckgrenze) $R_{eA} = 160\ N/mm^2$, aus Tab. A 9.2: Streckgrenze $R_{eI} = 215\ N/mm^2$, aus Tab. 9.1: Haftbeiwert $\nu = 0{,}17$.

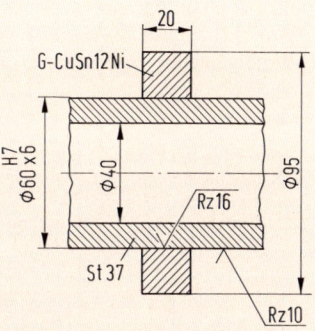
Bild 9.13 Aufgeschrumpfter Ring

Nach den Gln. 9.3 und 9.4 betragen die Durchmesserverhältnisse

$$Q_A = \frac{D_F}{D_A} = \frac{60}{95} = 0{,}63 \quad \text{und} \quad Q_I = \frac{D_I}{D_F} = \frac{40}{60} = 0{,}67.$$

Nach Gl. 9.8 beträgt die Hilfsgröße

$$K = \frac{E_A}{E_I}\left(\frac{1 + Q_I^2}{1 - Q_I^2} - \mu_I\right) + \frac{1 + Q_A^2}{1 - Q_A^2} + \mu_A = \frac{80000}{210000}\left(\frac{1 + 0{,}67^2}{1 - 0{,}67^2} - 0{,}3\right) + \frac{1 + 0{,}63^2}{1 - 0{,}63^2} + 0{,}35 = 3{,}553.$$

Mit dem Übermaßverlust nach Gl. 9.5

$$U_{\mathrm{V}} = 0{,}8(R_{\mathrm{zA}} + R_{\mathrm{zI}}) = 0{,}8(16 + 10)\,\mu\mathrm{m} = 20{,}8\,\mu\mathrm{m}$$

folgt nach Gl. 9.6 das kleinste wirksame Übermaß

$$U_{\mathrm{wk}} = U_{\mathrm{k}} - U_{\mathrm{V}} = (92 - 20{,}8)\,\mu\mathrm{m} = 71{,}2\,\mu\mathrm{m} = 71{,}2 \cdot 10^{-3}\,\mathrm{mm}$$

und damit nach Gl. 9.7 das kleinste bezogene wirksame Übermaß

$$Z_{\mathrm{wk}} = \frac{U_{\mathrm{wk}}}{D_{\mathrm{F}}} = \frac{71{,}2 \cdot 10^{-3}}{60} = 1{,}187 \cdot 10^{-3}.$$

Mit der kleinsten Fugenpressung nach Gl. 9.20:

$$p_{\mathrm{Fk}} = Z_{\mathrm{wk}} \frac{E_{\mathrm{A}}}{K} = 1{,}187 \cdot 10^{-3}\,\frac{80\,000}{3{,}553}\,\frac{\mathrm{N}}{\mathrm{mm}^2} = 26{,}73\,\mathrm{N/mm}^2$$

folgt aus Gl. 9.2 die gesuchte kleinste Haftkraft

$$F_{\mathrm{Fk}} = p_{\mathrm{Fk}} \cdot D_{\mathrm{F}} \cdot \pi \cdot l_{\mathrm{F}} \cdot v = 26{,}73\,\mathrm{N/mm}^2 \cdot 60\,\mathrm{mm}^2 \cdot \pi \cdot 20\,\mathrm{mm} \cdot 0{,}17 = 17\,130\,\mathrm{N}.$$

2. Kontrolle der Beanspruchung
Größtes wirksames Übermaß nach Gl. 9.6:

$$U_{\mathrm{wg}} = U_{\mathrm{g}} - U_{\mathrm{V}} = (141 - 20{,}8)\,\mu\mathrm{m} = 120{,}2\,\mu\mathrm{m}.$$

Damit ergibt sich aus Gl. 9.24 die größte Fugenpressung

$$p_{\mathrm{Fg}} = \frac{U_{\mathrm{wg}}}{U_{\mathrm{wk}}}\,p_{\mathrm{Fk}} = \frac{120{,}2}{71{,}2}\,26{,}73\,\mathrm{N/mm}^2 = 45{,}13\,\mathrm{N/mm}^2.$$

Zulässige Fugenpressung für das Außenteil nach Gl. 9.25:

$$p_{\mathrm{Azul}} = \frac{1 - Q_{\mathrm{A}}^2}{\sqrt{3} \cdot S_{\mathrm{P}}}\,R_{\mathrm{eA}} = \frac{1 - 0{,}63^2}{\sqrt{3} \cdot 1{,}2}\,160\,\mathrm{N/mm}^2 = 46{,}4\,\mathrm{N/mm}^2 > p_{\mathrm{Fg}},$$

für das Innenteil nach Gl. 9.26:

$$p_{\mathrm{Izul}} = \frac{1 - Q_{\mathrm{I}}^2}{\sqrt{3} \cdot S_{\mathrm{P}}}\,R_{\mathrm{eI}} = \frac{1 - 0{,}67^2}{\sqrt{3} \cdot 1{,}2}\,215\,\mathrm{N/mm}^2 = 57\,\mathrm{N/mm}^2 > p_{\mathrm{Fg}}.$$

Im Außen- und im Innenteil tritt somit reine elastische Beanspruchung auf.

Besitzt das Außenteil Stufen wie in Bild 9.7, d. h. verschiedene Außendurchmesser D_{A}, so nimmt man zweckmäßig eine Übermaßpassung an und rechnet wie bei der 2. Aufgabenstellung (siehe Seite 152) für jede Stufe die Haftkraft aus und addiert sie zur Gesamthaftkraft. Das Ergebnis zeigt, ob die gewählte Übermaßpassung genügt oder eine andere vorgesehen werden muß.

Beispiel 9.3

Bild 9.13 zeigt einen im Ölbad erwärmten, aufgeschrumpften Kupplungsflansch, der bei schwellender Belastung ein Drehmoment $M = 500\,\mathrm{Nm}$ zu übertragen hat. Welche Übermaßpassung ist dafür vorzusehen?

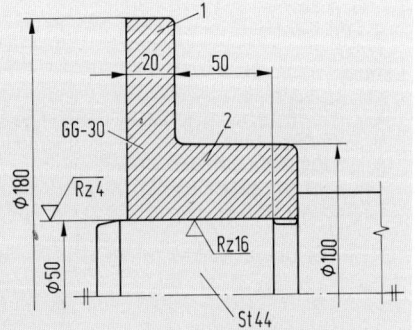

Lösung:
1. Voraussetzungen und Ausgangswerte
Das Außenteil wird in die Teilstücke 1 und 2 zerlegt gedacht. Wegen der Erwärmung im Ölbad ist mit dem Haftbeiwert $v = 0{,}1$ zu rechnen (Tab. 9.1). Zunächst wird die Preßpassung H7/u6 gewählt mit den Übermaßen $U_{\mathrm{k}} = 45\,\mu\mathrm{m}$ und $U_{\mathrm{g}} = 86\,\mu\mathrm{m}$ (Tab. A 9.5). Nach Gl. 9.5 beträgt der Übermaßverlust

$$U_{\mathrm{V}} = 0{,}8(R_{\mathrm{zA}} + R_{\mathrm{zI}}) = 0{,}8(16 + 4)\,\mu\mathrm{m} = 16\,\mu\mathrm{m}$$

Bild 9.14 Aufgeschrumpfter Kupplungsflansch

und nach Gl. 9.6 das kleinste wirksame Übermaß

$$U_{\mathrm{wk}} = U_{\mathrm{k}} - U_{\mathrm{V}} = (45 - 16)\,\mu\mathrm{m} = 29\,\mu\mathrm{m} = 29 \cdot 10^{-3}\,\mathrm{mm},$$

damit nach Gl. 9.7 das kleinste wirksame bezogene Übermaß

$$Z_{wk} = U_{wk}/D_F = 29 \cdot 10^{-3}/50 = 0,58 \cdot 10^{-3}.$$

Aus Tab. 9.4 werden entnommen: $E_A = 130\,000$ N/mm², $E_I = 210$ N/mm², $\mu_A = 0,25$, $\mu_I = 0,3$. Für das Innenteil ist $Q_I = 0$.

2. Haftkraft F_{F1} des Teilstückes 1
Nach Gl. 9.3 ist

$$Q_{A1} = D_F/D_{A1} = 50/180 \approx 0,28$$

und nach Gl. 9.9:

$$K_1 = \frac{E_A}{E_I}(1 - \mu_I) + \frac{1 + Q_{A1}^2}{1 - Q_{A1}^2} + \mu_A = \frac{130\,000}{210\,000}(1 - 0,3) + \frac{1 + 0,28^2}{1 - 0,28^2} + 0,25 = 1,853.$$

Damit wird nach Gl. 9.20:

$$p_{Fk1} = Z_{wk} \cdot E_A/K_1 = 0,58 \cdot 10^{-3} \cdot 130\,000/1,853 = 40,7 \text{ N/mm}^2,$$

aus Gl. 9.2 folgt damit

$$F_{F1} = p_{Fk1} \cdot D_F \cdot \pi \cdot l_{F1} \cdot \nu = 40,7 \text{ N/mm}^2 \cdot 50 \text{ mm} \cdot \pi \cdot 20 \text{ mm} \cdot 0,1 = 12\,786 \text{ N}.$$

3. Haftkraft F_{F2} des Teilstückes 2
Sinngemäß zum Teilstück 1 ergeben sich:

$$Q_{A2} = D_F/D_{A2} = 50/100 = 0,5,$$

$$K_2 = \frac{130\,000}{210\,000}(1 - 0,3) + \frac{1 + 0,5^2}{1 - 0,5^2} + 0,25 = 2,35,$$

$$p_{Fk2} = p_{Fk1} \cdot K_1/K_2 = 40,7 \cdot 1,853/2,35 = 32,1 \text{ N/mm}^2,$$

$$F_{F2} = p_{Fk2} \cdot D_F \cdot \pi \cdot l_{F2} \cdot \nu = 32,1 \text{ N/mm}^2 \cdot 50 \text{ mm} \cdot \pi \cdot 50 \text{ mm} \cdot 0,1 = 25\,211 \text{ N}.$$

4. Gesamte Haftkraft F_{Fk} und Haftsicherheit S_H
Die gesamte kleinste Haftkraft beträgt

$$F_{Fk} = F_{F1} + F_{F2} = 12,786 \text{ kN} + 25,211 \text{ kN} \approx 38 \text{ kN}.$$

Mit der zu übertragenden Umfangskraft als Betriebskraft $F = M/r_F = 500$ Nm/0,025 m $= 20\,000$ N $= 20$ kN folgt aus Gl. 9.1 die Haftsicherheit

$$S_H = F_F/F = 38/20 \approx 1,9 > S_{Herf} = 1,8.$$

5. Kontrolle der Beanspruchung
Aus Tab. 9.2 wird $R_m = 300$ N/mm² für GG-30 entnommen. In Gl. 9.25 ist für R_{eA} einzusetzen $R_m/2 = 150$ N/mm².
Nach Gl. 9.6 wird

$$U_{wg} = U_g - U_V = (86 - 16) \text{ μm} = 70 \text{ μm}.$$

Teilstück 1:

$$p_{Fg1} = p_{Fk1} \cdot U_{wg}/U_{wk} = 40,7 \text{ N/mm}^2 \cdot 70/29 = 98,2 \text{ N/mm}^2,$$

$$p_{A1\,zul} = \frac{1 - Q_{A1}^2}{\sqrt{3} \cdot S_P} R_{eA} = \frac{1 - 0,28^2}{\sqrt{3} \cdot 1,2} 150 \text{ N/mm}^2 = 66,5 \text{ N/mm}^2 < p_{Fg1}.$$

Teilstück 2:

$$p_{Fg2} = p_{Fk2} \cdot U_{wg}/U_{wk} = 32,1 \text{ N/mm}^2 \cdot 70/29 = 77,5 \text{ N/mm}^2,$$

$$p_{A2\,zul} = \frac{1 - 0,5^2}{\sqrt{3} \cdot 1,2} 150 \text{ N/mm}^2 = 54,1 \text{ N/mm}^2 < p_{Fg2}.$$

Eine Kontrolle des Innenteils ist wegen seiner höheren Festigkeit nicht erforderlich.
Die Ergebnisse zeigen, daß bei der gewählten Passung eine Überbeanspruchung des Außenteils auftritt. Da bei Grauguß nur elastische Beanspruchung zulässig ist, muß ein festerer Werkstoff gewählt werden, z. B. GG-35. Außerdem ist der Werkstatt eine feinere Passung vorzugeben oder es sind Abmessungen zu ändern.

9.4   Berechnung bei elastisch-plastischer Beanspruchung

Die in der Fuge übertragbare Betriebskraft ist bei rein elastischer Auslegung eines Preßverbandes sehr eingeschränkt. Unter bestimmten Voraussetzungen ist eine elastisch-plastische Beanspruchung der Fügeteile zulässig, um die Festigkeit der Werkstoffe besser auszunutzen. Dabei wird in einem begrenzten, vom Innendurchmesser ausgehenden Bereich des Außen- und/oder Innenteils eine Überschreitung der Streckgrenze zugelassen (Bild 9.6b), was jedoch nicht bei spröden, sondern nur bei zähen (duktilen) Werkstoffen möglich ist (Bruchdehnung $A \geq 10\%$, Brucheinschnürung $Z \geq 30\%$). Ein volles Innenteil kann nur rein elastisch oder vollplastisch, aber nicht elastisch-plastisch beansprucht werden.

In Anlehnung an DIN 7190 wird nachfolgend ein relativ einfaches Berechnungsverfahren für die Aufgabenstellung *Passung gesucht* angegeben. Es ist an folgende **Voraussetzungen** gebunden: **volles Innenteil** ($Q_I = 0$) und **gleiche Elastizitätskonstanten** für beide Fügeteile ($E_A = E_I = E$, $\mu_A = \mu_I = \mu$). Andere Fälle sind nach DIN 7190 oder nach den in der Spezialliteratur angegebenen Verfahren zu berechnen. Die Diagramme in der zurückgezogenen Ausgabe März 1981 von DIN 7190 können dabei hilfreich sein.

Eine elastisch-plastische Auslegung von Preßverbänden ist nur möglich, wenn $R_{eI} \geq R_{eA}(1 - Q_A^2)/2$ ist. Andererseits wird das Innenteil bereits vollplastisch, wenn das Außenteil noch rein elastisch beansprucht ist. Wird die Bedingung erfüllt, muß die erforderliche Fugenpressung p_F nach Gl. 9.2 errechnet und mit p_{zul} verglichen werden. Es beträgt die

zulässige Fugenpressung des Außenteils

bei $Q_A \leq 0,368$: $p_{A\,zul} = \dfrac{2}{\sqrt{3} \cdot S_{PA}}\, R_{eA}$ (9.28)

bei $Q_A > 0,368$: $p_{A\,zul} = \dfrac{2 \cdot \ln Q_A}{\sqrt{3} \cdot S_{PA}}\, R_{eA}$ (9.29)

R_{eA} in N/mm²   Streckgrenze des Außenteilwerkstoffs (Tab. A 9.2),
Q_A Durchmesserverhältnis nach Gl. 9.3,
S_{PA} Sicherheit gegen vollplastische Beanspruchung $\geq 1{,}25$.

Die zulässige Fugenpressung p_{Izul} für das volle Innenteil ist nach Gl. 9.27 zu berechnen, wobei als Mindestsicherheit $S_{PI} = 1{,}1$ (nach DIN 7190) genügt.

Es muß $p_F \leq p_{A\,zul}$ bzw. p_{Izul} (wenn $p_{A\,zul} > p_{Izul}$) sein und außerdem $p_F > R_{eA}(1 - Q_A^2)/\sqrt{3}$, damit im Außenteil elastisch-plastische Beanspruchung auftritt.

Den plastischen Bereich im Außenteil begrenzt der Plastizitätsdurchmesser D_{PA} (siehe Bild 9.6b). Der **bezogene Plastizitätsdurchmesser** $\zeta = D_{PA}/D_F$ ist von Q_A und dem Verhältnis p_F/R_{eA} abhängig. Er kann durch Auflösen einer in DIN 7190 enthaltenen transzendenten Gleichung nach einem Iterationsverfahren bestimmt werden und muß der Bedingung $1 \leq \zeta \leq 1/Q_A$ genügen. In Tab. A 9.6 sind einige Anhaltswerte für ζ angegeben. Zwischenwerte können interpoliert werden.

Mit diesem Wert ist das Querschnittsverhältnis $q = q_{PA}/q_A$ des durch D_{PA} begrenzten plastischen Querschnittsanteils q_{PA} zum Gesamtquerschnitt des Außenteils q_A zu überprüfen. Es gilt für das

Querschnittsverhältnis $q = \dfrac{(\zeta^2 - 1)\, Q_A^2}{1 - Q_A^2} \leq q_{zul}$ (9.30)

ζ bezogener Plastizitätsdurchmesser (Tab. 9.6),
Q_A Durchmesserverhältnis nach Gl. 9.3,
q_{zul} zulässiges Querschnittsverhältnis, erfahrungsgemäß = 0,3.

Für die Fugenpressung p_F ist erforderlich das kleinste

$$\text{bezogene wirksame Übermaß} \quad Z_{wk} = \frac{2}{\sqrt{3}} \cdot \frac{R_{eA}}{E} \zeta^2 \qquad (9.31)$$

Z_{wk}		erforderliches bezogenes wirksames Übermaß,
E	in N/mm^2	Elastizitätsmodul beider Fügeteilwerkstoffe (Tab. 9.4),
ζ		siehe Legende zur Gl. 9.30,
R_{eA}	in N/mm^2	siehe Legende zur Gl. 9.29.

Aus Gl. 9.7 ergibt sich damit das erforderliche kleinste wirksame Übermaß U_{wk} und nach Gl. 9.13 das erforderliche Mindestübermaß U_{min}, mit dem eine Passung gewählt wird, deren Mindestübermaß $U_k \geqq U_{min}$ sein muß.

Vom Höchstübermaß U_g der gewählten Passung ausgehend, ist dann das größte bezogene wirksame Übermaß Z_{wg} zu ermitteln (Gln 9.6 und 9.7). Bei $Z_{wg} < 2/\sqrt{3} \cdot R_{eA}/E$ liegt ein rein elastisch beanspruchtes Außenteil vor (Kontrolle nicht erforderlich, da $U_k < U_g$).

Der zulässige bezogene Plastizitätsdurchmesser ζ_{zul} kann Tab. A 9.6 entnommen werden. Er wird bei $p_{Izul} \leqq p_{Azul}$ mit $p_F = p_{Izul}$ bestimmt und bei $p_{Izul} > p_{Azul}$ mit $p_F = p_{Azul}$.

Damit die Sicherheit gegen vollplastische Beanspruchung gewährleistet ist, gilt für das zulässige

$$\text{bezogene wirksame Übermaß} \quad Z_{w\,zul} = \frac{2}{\sqrt{3}} \cdot \frac{R_{eA}}{E} \zeta_{zul}^2 \geqq Z_{wg} \qquad (9.31)$$

E	in N/mm^2	Elastizitätsmodul beider Fügeteilwerkstoffe (Tab. 9.4),
ζ_{zul}		zulässiger bezogener Plastizitätsdurchmesser (Tab. A 9.6),
Z_{wg}		größtes bezogenes wirksames Übermaß nach Gl. 9.7,
R_{eA}	in N/mm^2	siehe Legende zur Gl. 9.29.

Bei dem durch die gewählte Passung bedingten Z_{wg} stellt sich ein der

$$\text{bezogene Plastizitätsdurchmesser} \quad \zeta_g = \sqrt{\frac{\sqrt{3} \cdot Z_{wg} \cdot E}{2 \cdot R_{eA}}} = 0{,}931 \sqrt{\frac{Z_{wg} \cdot E}{R_{eA}}} \qquad (9.32)$$

Damit ergibt sich eine größte

$$\text{Fugenpressung} \quad p_{Fg} = \frac{R_{eA}}{\sqrt{3}} [1 + 2 \ln \zeta_g - (Q_A \cdot \zeta_g)^2] \qquad (9.33)$$

Sie darf p_{Azul} und p_{Izul} nicht überschreiten. Abschließend ist mit dem bezogenen Plastizitätsdurchmesser ζ_g nach Gl. 9.32 das Querschnittsverhältnis q_g nach Gl. 9.30 zu überprüfen.

Beispiel 9.4

Ein Preßverband soll in der Fuge bei einem Haftbeiwert $v = 0{,}2$ eine wechselnd wirkende Betriebskraft $F = 180$ kN übertragen. Folgende Daten sind angegeben:

Die Durchmesser $D_A = 100$ mm, $D_F = 50$ mm, $D_I = 0$, die Fugenlänge $l_F = 60$ mm, die Rauhtiefen $R_{zA} = 12 \,\mu\text{m}$, $R_{zI} = 8 \,\mu\text{m}$ und die Werkstoffe C50 für das Außenteil, 28Cr4 für das Innenteil.

Es ist eine geeignete Passung für elastisch-plastische Beanspruchung des Außenteils zu ermitteln.

Lösung:

1. Ausgangswerte und Voraussetzungen

Es handelt sich um einen Preßverband mit vollem Innenteil ($Q_I = 0$) sowie den Elastizitätskonstanten $E \approx 210000$ N/mm^2 und $\mu \approx 0{,}3$ (Tab. 9.4) für beide Fügeteile mit den Streckgrenzen $R_{eA} = 400$ N/mm^2 und $R_{eI} = 410$ N/mm^2 (Tab. A 9.2).

Nach Gl. 9.3 beträgt

$$Q_A = 50/100 = 0{,}5 > 0{,}368,$$

und es ist $R_{eA}(1 - Q_A^2)/2 = 400$ N/mm$^2 \cdot (1 - 0{,}5^2)/2 = 150$ N/mm$^2 < R_{eI}$, so daß eine elastisch-plastische Auslegung möglich wird.

Mit der für wechselnde Belastung erforderlichen Haftsicherheit $S_H = 2,2$ folgt aus Gl. 9.1 die Haftkraft $F_F \geq S_H \cdot F$ $= 2,2 \cdot 180\,\text{kN} = 396\,\text{kN}$ und nach Gl. 9.2 die erforderliche Fugenpressung

$$p_F = \frac{F_F}{D_F \cdot \pi \cdot l_F \cdot v} = \frac{396\,000\,\text{N}}{50\,\text{mm} \cdot \pi \cdot 60\,\text{mm} \cdot 0,2} \approx 210\,\text{N/mm}^2.$$

Nach Gl. 9.29 wird

$$p_{A\text{zul}} = -\frac{2 \cdot \ln Q_A}{\sqrt{3} \cdot S_{PA}} R_{eA} = -\frac{2 \cdot \ln 0,5}{\sqrt{3} \cdot 1,25} 400\,\text{N/mm}^2 = 256,1\,\text{N/mm}^2 > p_F,$$

und nach Gl. 9.27 mit $S_{PI} = 1,1$:

$$p_{I\text{zul}} = \frac{2}{\sqrt{3} \cdot S_{PI}} R_{eI} = \frac{2}{\sqrt{3} \cdot 1,1} 400\,\text{N/mm}^2 = 430,4\,\text{N/mm}^2 > p_F.$$

Ferner ist $R_{eA}(1 - Q_A^2)/\sqrt{3} = 400\,\text{N/mm}^2 \cdot (1 - 0,5^2)/\sqrt{3} = 173,2\,\text{N/mm}^2 < p_F$, so daß im Außenteil eine zulässige elastisch-plastische Beanspruchung auftritt.

2. Ermittlung der Passung

Mit $p_F/R_{eA} = 210/400 = 0,525$ folgt aus Tab. A9.6 durch Interpolation $\zeta \approx 1,12$, womit das Querschnittsverhältnis nach Gl. 9.30 kontrolliert wird:

$$q = \frac{(\zeta^2 - 1)\,Q_A^2}{1 - Q_A^2} = \frac{(1,12^2 - 1)\,0,5^2}{1 - 0,5^2} = 0,085 < 0,3,$$

also zulässig.

Das für p_F erforderliche kleinste bezogene wirksame Übermaß ergibt sich nach Gl. 9.31:

$$Z_{wk} = \frac{2}{\sqrt{3}} \cdot \frac{R_{eA}}{E} \zeta^2 = \frac{2}{\sqrt{3}} \cdot \frac{400}{210\,000} 1,12^2 = 2,76 \cdot 10^{-3}.$$

Erforderliches kleinstes wirksames Übermaß aus Gl. 9.7:

$$U_{wk} = Z_{wk} \cdot D_F = 2,76 \cdot 10^{-3} \cdot 50\,\text{mm} = 0,138\,\text{mm} = 138\,\mu\text{m},$$

Übermaßverlust nach Gl. 9.5:

$$U_V = 0,8(R_{zA} + R_{zI}) = 0,8(12 + 8)\,\mu\text{m} = 16\,\mu\text{m},$$

erforderliches Mindestübermaß nach Gl. 9.1:

$$U_{min} = U_{wk} + U_V = (138 + 16)\,\mu\text{m} = 154\,\mu\text{m}.$$

Demnach ist geeignet die Passung H7/za6 (Tab. 9.5) mit dem Mindestübermaß $U_k = 155\,\mu\text{m} > U_{min}$ und dem Höchstübermaß $U_g = 196\,\mu\text{m}$.

3. Beanspruchung beim Höchstübermaß U_g

Sinngemäß zu 2. wird $U_{wg} = U_g - U_V = (196 - 16)\,\mu\text{m} = 180\,\mu\text{m} = 180 \cdot 10^{-3}\,\text{mm}$ und $Z_{wg} = U_{wg}/D_F$ $= 180 \cdot 10^{-3}/50 = 3,6 \cdot 10^{-3}$. Für $p_{A\text{zul}}/R_{eA} = 256,1/400 = 0,64$ folgt aus Tab. A9.6 der zulässige bezogene Plastizitätsdurchmesser $\zeta_{\text{zul}} \approx 1,31$. Damit wird nach Gl. 9.31:

$$Z_{w\,\text{zul}} = \frac{2}{\sqrt{3}} \cdot \frac{R_{eA}}{E} \zeta_{\text{zul}}^2 = \frac{2}{\sqrt{3}} \cdot \frac{400}{210\,000} 1,31^2 = 3,77 \cdot 10^{-3} > Z_{wg}.$$

Nach Gl. 9.32 beträgt

$$\zeta_g = 0,931 \sqrt{\frac{Z_{wg} \cdot E}{R_{eA}}} = \sqrt{\frac{3,6 \cdot 10^{-3} \cdot 210\,000}{400}} = 1,28 < 1/Q_A = 1/0,5 = 2.$$

Nach Gl. 9.33 wird

$$p_{Fg} = \frac{R_{eA}}{\sqrt{3}} [1 + 2\ln\zeta_g - (Q_A \cdot \zeta_g)^2] = \frac{400\,\text{N/mm}^2}{\sqrt{3}} [1 + 2\ln 1,28 - (0,5 \cdot 1,28)^2] = 250,3\,\text{N/mm}^2 < p_{A\text{zul}}$$

und nach Gl. 9.30:

$$q_g = \frac{(\zeta_g^2 - 1)\,Q_A^2}{1 - Q_A^2} = \frac{(1,28^2 - 1)\,0,5^2}{1 - 0,5^2} = 0,21 < 0,3.$$

Die elastisch-plastische Beanspruchung des Außenteils ist zulässig.

9.5   Einpreßkraft und Fügetemperaturen

Für das Fügen eines Längspreßverbandes beträgt die erforderliche

Einpreßkraft $F_e = p_{Fg} \cdot D_F \cdot \pi \cdot l_F \cdot v_e$ (9.34)

F_e	in N	mindestens erforderliche Preßkraft,
p_{Fg}	in N/mm²	größte Fugenpressung,
D_F	in mm	Fugendurchmesser,
l_F	in mm	Fugenlänge,
v_e		Haftbeiwert beim Einpressen.

Falls für den Haftbeiwert v_e keine Erfahrungswerte vorliegen, können die 1,25fachen Werte der Tab. 9.1 angenommen werden. Das Einpressen ohne Schmierung ermöglicht eine größere Haftkraft in der Fuge, es besteht jedoch die Gefahr des Pressens. Eine ausreichende Preßkraftreserve (etwa $2,5F_e$) wirkt sich vorteilhaft aus. Die Beanspruchung eines Preßverbandes ist erst 24 Stunden nach dem Fügen ratsam.

Vor dem Fügen durch Schrumpfen muß das Außenteil so weit erwärmt werden, daß sich das Innenteil leicht einführen läßt, oder zum Fügen durch Dehnen das Innenteil entsprechend unterkühlt werden. Es betragen die

Erwärmungstemperatur des Außenteils $t_A = \dfrac{U_i + S_e}{\alpha_A \cdot D_F} + t$ (9.35)

Unterkühlungstemperatur des Innenteils $t_I = \dfrac{U_i + S_e}{\alpha_I \cdot D_F} + t$ (9.36)

t_A, t_I	in °C	Fügetemperatur,
U_i	in mm	Istübermaß, ggf. Höchstübermaß U_g,
S_e	in mm	Einführungsspiel $\geqq 0,001 D_F$,
α_A, α_I	in 1/K	Wärmedehnungsbeiwert (Längenausdehnungskoeffizient) nach Tab. 9.4,
D_F	in mm	Fugendurchmesser,
t	in °C	Raumtemperatur.

Bei Schrumpf-Dehnverbänden ist das Übermaß U_i bzw. U_g auf Außen- und Innenteil zu verteilen. Die Wahl des Fügeverfahrens richtet sich nach der Wirtschaftlichkeit und den Möglichkeiten der Werkstatt. Außerdem ist die zulässige Fügetemperatur des Außenteils zu beachten, die in der Zeichnung angegeben werden muß. Überwiegend wird der Schrumpfverband angewendet.

Beispiel 9.5

Das Ritzel aus Vergütungsstahl 34CrMo4 entspr. Bild 9.11 im Beispiel 9.1 soll auf den Wellenzapfen mit dem Durchmesser $D_F = 36$ mm aufgeschrumpft werden. Bei der gewählten Passung H7/x6 beträgt das Höchstübermaß $U_g = 96$ µm. Auf welche Temperatur muß das Außenteil zum Fügen bei $t = 20$ °C Raumtemperatur erwärmt werden?

Lösung:
Aus Tab. 9.4 folgt für Stahl der Wärmedehnungsbeiwert $\alpha_A = 11 \cdot 10^{-6}$/K. Gewählt wird das Einführungsspiel $S_e = 0,001 \cdot D_F = 0,001 \cdot 36$ mm $= 0,036$ mm. Nach Gl. 9.35 wird dann mit $U_i = U_g = 0,096$ mm die erforderliche Erwärmungstemperatur

$$t_A = \frac{U_g + S_e}{\alpha_A \cdot D_F} + t = \frac{(0,096 + 0,036)\ \text{mm}}{11 \cdot 10^{-6}/\text{K} \cdot 36\ \text{mm}} + 20\ °C \approx 353\ °C.$$

Nach DIN 7190 beträgt für vergüteten Stahl die zulässige Fügetemperatur 300 °C. Demnach wäre der Fertigung ein zulässiges Höchstübermaß von 75 µm vorzuschreiben, was sich aus Gl. 9.35 mit $t_{A\,zul} = 300$ °C leicht errechnen läßt.

Abschließend sei noch darauf hingewiesen, daß die für Preßverbände dargelegten Berechnungsverfahren besonders wegen der nur ungefähr bekannten Haftbeiwerte mit Unsicherheiten behaftet sind, die jedoch durch die Haftsicherheit und die Sicherheiten gegen plastische Verformung aufgefangen werden. Außerdem gelten die Gleichungen theoretisch nur für Fügeteile von gleicher Länge. Sie können näherungsweise auch angewendet werden, wenn das Innenteil länger ist als das Außenteil.

Literaturhinweise

Biederstedt, W.: Preßpassungen im elastischen, elastisch-plastischen und plastischen Verformungsbereich. Techn. Rundschau 9/63.
Bratt, E.: Kraftübertragungsfähigkeit von Druckölpreßverbänden. Kugellager-Zeitschrift 1/53.
Bratt, E.: Das Zusammenfügen und Lösen von Preßverbänden mit Drucköl. Kugellager-Zeitschrift 21/46.
Cornelius, E.A.: Die Dauerdrehwechselfestigkeit von Wellen unter dem Einfluß von Preßsitzen. Z. Konstruktion 9/57.
Decker, K.H.: Festigkeitslehre. Hanser-Verlag München 1970.
Decker, K.H.: Verbindungselemente. Hanser-Verlag München 1963.
Fernlund, I.: Drehmomentübertragung in Preßverbindungen. Z. Konstruktion 18/66.
Findeisen, D.: Verspannungsschaubild der Welle-Nabe-Verbindung „rotierender Preßverband", Analogie zur Schraubenverbindung unter axialer Zugkraft mit Querkraftschub. Z. Konstruktion 30/80.
Fredrikson, B.: Kontaktspannungen und Drehmomentübertragung im Preßverband. Z. Konstruktion 30/80.
Galle, G.: Fügen von Querpreßverbänden. Z. Konstruktion 31/79.
Haase, K.: Bemessung von einfachen zylindrischen Preßverbindungen im elastischen und elastisch-plastischen Verformungszustand. Z. Maschinenbautechnik 28/79.
Hänchen, R. und *K.H. Decker:* Neue Festigkeitsberechnung für den Maschinenbau. Hanser-Verlag München 1967.
Häusler, N.: Zum Mechanismus der Biegemomentübertragung in Schrumpfverbindungen. Z. Konstruktion 28/76.
Hentschel, G.: Grundlagen der Bemessung lösbarer Schrumpfverbände. Konstruktion 8/56.
Kollmann, F.G.: Welle-Nabe-Verbindungen. Springer-Verlag 1984.
Kollmann, F.G.: Schrumpfsitze für rotierende Scheiben. Z. Konstruktion 15/63.
Kollmann, F.G.: Neues Berechnungsverfahren für elastisch-plastisch beanspruchte Querpreßverbände. Z. Konstruktion 30/78.
Kollmann, F.G.: Rotierende Preßverbände bei rein elastischer Beanspruchung. Z. Konstruktion 33/81 (Berichtigung in 35/83).
Kollmann, F.G. und *E.Önöz:* Ein verbessertes Auslegungsverfahren für elastisch-plastisch beanspruchte Preßverbände. Z. Konstruktion 35/83.
Kragelski, I.W.: Reibung und Verschleiß. Hanser-Verlag München 1971.
Lundberg, G.: Die Festigkeit von Preßpassungen. Kugellager-Z. 2/44.
Müller, H.W.: Drehmoment-Übertragung bei Preßverbindungen. Z. Konstruktion 14/62.
Niemann, G.: Maschinenelemente. Springer-Verlag 1981.
Önöz, E.: Die Auslegung elastisch-plastisch beanspruchter Querpreßverbände unter Berücksichtigung der Werkstoffverfestigung. VDI-Zeitschr. 108/83.
Peiter, A.: Theoretische Spannungsanalyse an Schrumpfpassungen. Z. Konstruktion 10/58.
Szabo, I.: Höhere Technische Mechanik. Springer-Verlag 1977.

Lösbare Verbindungen

10 Befestigungsschrauben

Schrauben sind die am meisten verwendeten Elemente zum Verbinden von Bauteilen. Gegenüber Schweiß-, Löt-, Kleb-, Niet- und Preßverbindungen lassen sich die Bauteile zerstörungsfrei lösen und abermals verbinden. So werden Maschinenteile, Maschinen- und Getriebegehäuse, Rohr- und Kupplungsflansche, Lagerkörper u. dgl. miteinander verschraubt. Außer zur Befestigung dienen Schrauben auch zum Einstellen, Messen und Spannen. Schrauben und Muttern und deren Gewinde sind weitgehend genormt.

10.1 Gewinde

Die Begriffe an Gewinden, wie die Benennungen von Durchmessern, Flächen, Winkeln, Bolzen usw. sind mit DIN 2244 genormt. Die Gänge winden sich mit der **Steigung** P um einen zylindrischen **Kern** mit dem Durchmesser $d_3 = d_K$ (Bild 10.1 a). Die Abwicklung eines Ganges am Flankendurchmesser d_2 als mittlerem Gewindedurchmesser ergibt ein Dreieck mit dem Steigungswinkel α.

Die üblichen Befestigungsgewinde besitzen ein dreieckförmiges Profil mit dem Profilwinkel $2\beta = 60°$. Beim metrischen Gewinde sind die Außendurchmesser d in einer Reihe des metrischen Maßsystems gestuft.

Das **metrische ISO-Gewinde** wird nach Bild 10.1 c entspr. DIN 13 in folgenden Toleranzklassen ausgeführt: **fein f** für Gewinde von großer Genauigkeit, wenn nur geringes Spiel auftreten darf (Toleranzfelder[1] 4H oder 5H/4h oder 4e für Mutterngewinde/Bolzengewinde), **mittel m** für allgemeine Anwendung (Toleranzfelder 6H/6g), **grob g**, wenn keine Anforderungen an die Genauigkeit gestellt werden (Toleranzfelder 7H/8g). Die Toleranzfelder und deren Abmaße für die Durchmesser d, d_2 und d_3 sind in DIN 13 angegeben. Die Toleranzklasse m als vorherrschende braucht in Bestellungen nicht genannt zu werden.

Besitzt der Schaft wie im Bild 10.1 a den gleichen Durchmesser d wie das Gewinde, dann spricht man von **Schaftschrauben**, hat er jedoch einen kleineren Durchmesser wie in Bild 10.1 d (üblich $d_T \approx 0,9 d_K$), von **Taillen-** oder **Dehnschrauben**. Im folgenden wird der gewindetragende Teil einer Schraube **Gewindebolzen**, der Schaft mit dem Gewindeteil **Schraubenbolzen** genannt.

Der tatsächliche Querschnitt des Gewindebolzens heißt **Spannungsquerschnitt** A_S mit dem Durchmesser $d_S = 0,5 (d_2 + d_3)$ (Bild 10.1 e). Außerdem sind wichtig der **Kernquerschnitt** A_K mit dem Durchmesser $d_K = d_3$ bis zum Gewindegrund (Bild 10.1 f), der **Taillenquerschnitt** A_T mit dem Durchmesser d_T von Dehnschrauben (Bild 10.1 d) und ggf. der **Schaftquerschnitt** A mit dem Durchmesser d (Bild 10.1 a). Siehe hierzu die Tab. A 10.1.

Es wird zwischen **Regel-** und **Feingewinden** unterschieden. Die letzten haben gegenüber den Regelgewinden eine kleinere Gewindetiefe h_3 (Bild 10.1 b) und eine dementsprechend kleinere Steigung P. Sie eignen sich bei kurzen Schraublängen, auf dünnwandigen Rohren oder als Stellgewinde. In der Tab. A 10.1 sind die nach DIN 13 genormten drei Auswahlreihen für Regel- und Feingewinde zusammengestellt. Regelgewinde sind den Feingewinden möglichst vorzuziehen, außerdem soll jeweils die vorhergehende Reihe der nachfolgenden vorgezogen werden, um die Anzahl der Fertigungs- und Meßwerkzeuge auf ein Minimum zu beschränken.

---

[1] Im Gegensatz zum ISO-Toleranzsystem (siehe Seite 21) wird bei Gewinden die Ziffer vor den Buchstaben gesetzt.

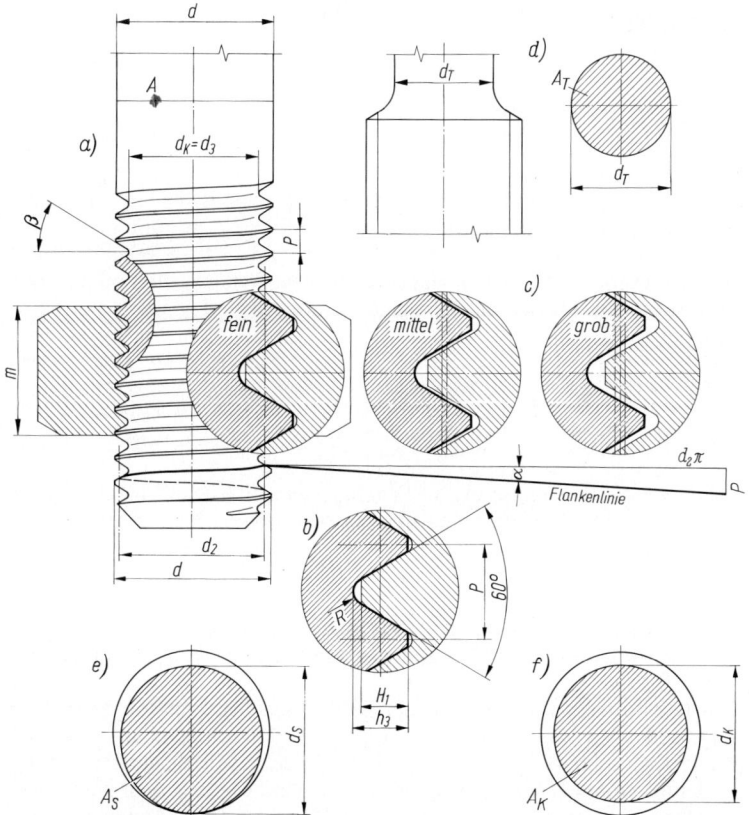

Bild 10.1 Metrisches ISO-Gewinde nach DIN 13
  a) Schraubenbolzen und Mutter, Abwicklung der Flankenlinie, *A* Schaftquerschnitt,   b) Profil,
  c) Toleranzklassen,   d) Taille einer Dehnschraube, A_T Taillenquerschnitt,
  e) Spannungsquerschnitt A_S,   f) Kernquerschnitt A_K

d	Außen- und Nenndurchmesser
d_2	Flankendurchmesser $= d - 0{,}64952\,P$
H_1	Gewindetragtiefe $= 0{,}54127\,P$
R	Rundungsradius $= 0{,}14434\,P$
β	halber Flankenwinkel $= 30°$
P	Steigung

d_3 Kerndurchmesser $= d - 1{,}22687\,P$
h_3 Gewindetiefe $= 0{,}61343\,P$
m Mutternhöhe
d_S Spannungsdurchmesser $= 0{,}5(d_2 + d_3)$
d_T Taillendurchmesser $\approx 0{,}9\,d_3$

Üblich sind Rechtsgewinde wie in Bild 10.1, die durch Rechtsdrehung angezogen werden. Linksgewinde kommen nur für Sonderfälle in Betracht.
Lampen- und Sicherungsfassungen oder Verbindungen, die der Witterung ausgesetzt sind und/ oder öfter gelöst werden müssen, wie Armaturen und Waggonkupplungen, werden in der Regel mit dem robusten, unempfindlichen **Rundgewinde** versehen (Bild 10.2). Bezeichnungsbeispiel mit 50 mm Außendurchmeser und 7 mm Steigung: DIN 264-Rd 50 × 7.

Für Rohre mit Zollabmessungen wie Gas- und Wasserleitungsrohre, für Armaturen, Fittings und Gewindeflansche werden auch heute noch die **Whitworth-Rohrgewinde** (Bild 10.3 a) verwendet, und zwar nach DIN 2999, DIN 3858 und DIN ISO 228. Mit kegeligem Außengewinde und zylindrischem Innengewinde ist es zum Dichthalten geeignet. Im Profil ist es dem metrischen ISO-Gewinde ähnlich. Bezeichnungsbeispiel: DIN 2999-R 3/8 bedeutet Außengewinde auf einem Rohr mit der Nennweite 10 mm und einem Außendurchmesser von 16,7 mm.

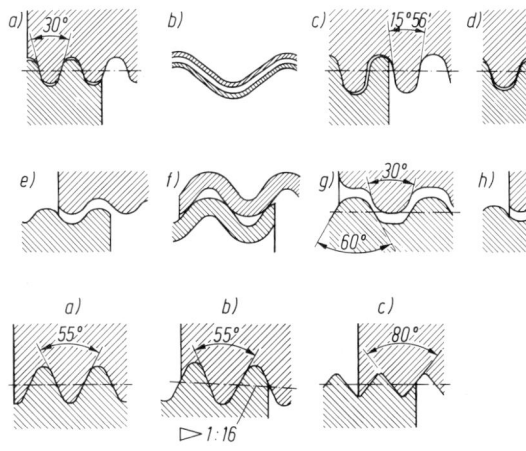

Bild 10.2
Rundgewinde
a) allgemein DIN 405, mit großer
   Tragtiefe DIN 20 400, für Lasthaken
   DIN 15 403,
b) für Teile aus Blech DIN 7273,
c) für Schienenfahrzeuge DIN 262,
d) für Schienenfahrzeuge DIN 264,
e) für Atemschutzgeräte DIN 3182,
f) für Kraftfahrzeuge DIN 70 156,
g) für Glasbehältnisse DIN 168,
h) Elektrogewinde DIN 49 689

Bild 10.3 Gewinde für Rohrverschraubungen
   a) Whitworth-Rohrgewinde zylindrisch
   DIN 2999 und 3858,   b) wie a) jedoch kege-
   lig,   c) Stahlpanzerrohrgewinde DIN 40 430.

Für Verschraubungen elektrotechnischer Installationsrohre ist ein **Stahlpanzerrohrgewinde** mit DIN 40 430 genormt (Bild 10.3 c). Bezeichnungsbeispiel: DIN 40 430-Pg 21, das einen Außendurchmesser von 28 mm besitzt.
Eine Übersicht der genormten Gewinde und deren Kurzbezeichnungen enthält DIN 202. Danach werden Linksgewinde mit LH (= Left Hand, engl.) gekennzeichnet, z. B. M 12 × 1-LH

Außer den hier genannten Gewinden seien noch die **Trapez-** und **Sägengewinde** erwähnt. Da diese nicht als Befestigungsgewinde dienen, sind sie bei den Bewegungsschrauben dargestellt (siehe Kapitel 11, Bild 11.3 Seite 210).

10.2   Werkstoffe

Werkstoff der Befestigungsschrauben und -muttern ist hauptsächlich zäher Stahl mit verschiedenen Festigkeits- und Dehnungseigenschaften. Die technischen Lieferbedingungen für mechanische Verbindungselemente nach DIN 267 wurden in den vergangenen Jahren weitgehend durch DIN ISO- und DIN EN-Normen ersetzt. Nach diesen Normen wird die **Festigkeit von Stahlschrauben** durch ein Kennzeichen ausgedrückt, das die Festigkeitsklasse angibt und sich aus zwei Zahlen zusammensetzt. Die erste Zahl ist gleich dem hundersten Teil der Nennzugfestigkeit in N/mm², die zweite das zehnfache Verhältnis der Nennstreckgrenze zur Nennzugfestigkeit, bezogen auf den Spannungsquerschnitt. Mit DIN EN 20 898 und DIN ISO 898 sind Festigkeitsklassen in Verbindung mit Festigkeitswerten genormt (Auszug siehe Tab. A 10.2). Für Berechnungen sind die

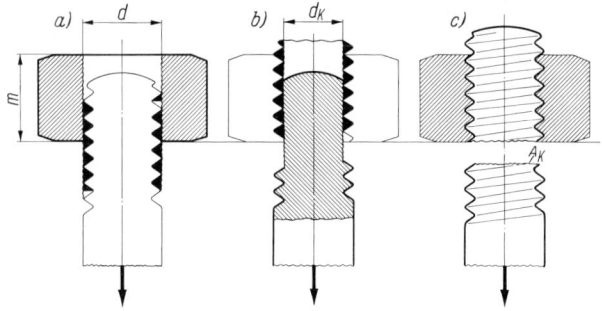

Bild 10.4 Gewaltsame Zerstörung
   einer Schraubenverbindung
   a) Mutter abgestreift,
   b) Schraube abgestreift,
   c) Gewindebolzen
      gebrochen

Mindestwerte maßgebend. Die Verwendung von Stahl mit niedrigem Kohlenstoffgehalt bei der Festigkeitsklasse 10.9 ist durch einen Strich unter dem Kennzeichen anzugeben: 10.9. Beim Bruch einer Schraubenverbindung infolge Überlastung sind die drei in Bild 10.4 dargestellten Fälle möglich:

1. Abscheren des Mutterngewindes (Bild 10.4a), d.h. **Abstreifen der Mutter,**
2. Abscheren des Schraubengewindes (Bild 10.4b), d.h. **Abstreifen der Schraube,**
3. Bruch des Gewindebolzens (Bild 10.4c).

Die ersten beiden Fälle können nur eintreten, wenn zu wenig tragende Gänge vorhanden sind, d.h. wenn die Muttern nicht hoch genug sind. Man unterscheidet daher:

1. **Muttern** mit festgelegten Prüfkräften für Schraubenverbindungen **mit voller Belastbarkeit.** Das sind Muttern mit Nennhöhen $m \geq 0,8d$. Sie werden mit einer Zahl bezeichnet, die der höchsten Schraubenfestigkeitsklasse entspricht, mit der die Mutter gepaart werden kann. Bei einer Paarung von Schrauben mit Muttern gleicher Festigkeitsklasse, wie in Tab. A 10.2 angegeben, entstehen Schraubenverbindungen, bei denen die Muttern der Schraubenbelastbarkeit angepaßt sind. Es ergeben sich Verbindungen, die bis zu den in DIN EN 20898 T1 für Schrauben festgelegten Prüfkräften belastet werden können, ohne daß ein Abstreifen der Gewinde zu erwarten ist.
2. **Muttern** mit festgelegten Prüfkräften für Schraubenverbindungen **mit eingeschränkter Belastbarkeit.** Das sind Muttern mit Nennhöhen $m = 0,5 \ldots < 0,8d$. Sie werden mit einer zweistelligen Zahl gekennzeichnet. In DIN EN 20898 sind nur die Festigkeitsklassen 04 und 05 genormt. Die Null weist u.a. darauf hin, daß Verbindungen mit diesen Muttern geringer belastbar sind als die unter 1. beschriebenen. Die zweite Ziffer gibt den hundertsten Teil der Nenn-Prüfspannung in N/mm^2 an.
3. **Muttern** für Schraubenverbindungen **ohne festgelegte Belastbarkeit.** Sie werden nach DIN 267 T24 mit einer Zahlen-Buchstaben-Kombination gekennzeichnet, wobei die Zahl für ein Zehntel der Mindest-Vickershärte und ein H für Härte steht. Genormt sind die Festigkeitsklassen (Härteklassen) 11H, 14H, 17H und 22H.

Mit derselben Bedeutung sind in DIN ISO 898 T5 für **Gewindestifte** die Festigkeitsklassen 14H, 22H, 33H und 45H festgelegt.

Für die Auslegung einer Schraubenverbindung ist die Streckgrenze R_e bzw. die 0,2%-Dehngrenze $R_{p0,2}$ des Schraubenwerkstoffs bei entspr. Festigkeit der Mutter von ausschlaggebender Bedeutung. Im Leichtbau, wo Gewicht und Baumaße klein gehalten werden müssen, wird zu hochbelastbaren Verbindungen gegriffen. Bild 10.5 veranschaulicht die Einsparung durch hochfeste Schrauben.

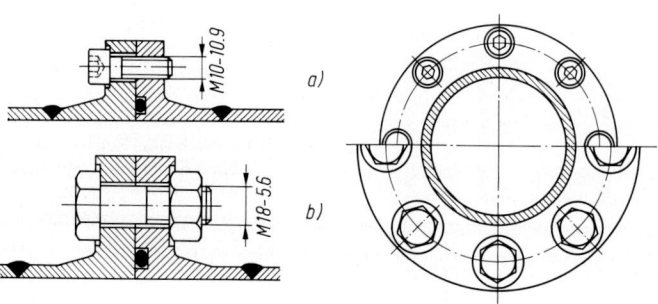

Bild 10.5
Gewichts- und Raumeinsparung durch hochfeste Schrauben (aus Illgner/Blume, Schraubenvademecum)
a) hochfeste, b) übliche Schraubenverbindung

Selbstverständlich ist der Erfolg auch von der Montage-Anziehkraft abhängig, da diese hochfesten Schrauben auch entsprechend stark vorgespannt werden müssen. Ein Anziehen von Hand mit Gabel- oder Ringschlüsseln genügt dann nicht mehr, vielmehr sind messende Anziehverfahren erforderlich, z. B. mit Drehmomentenschlüsseln (siehe Abschnitt 10.8, Seite 182). Oftmals sind auch Sicherungen notwendig, um ein Lockern oder Lösen zu vermeiden (siehe Anschnitt 10.6, Seite 177).

Messing CuZn kommt wegen seiner guten Leitfähigkeit für Klemmschrauben und -muttern in der Elektrotechnik in Betracht. Schrauben aus **Leichtmetallen** werden zum Verschrauben von Leichtmetallteilen oder von Holz- und Kunststoffteilen verwendet. Für Schwing- oder Stoßbeanspruchungen sind sie wegen der niedrigen Streckgrenze weniger geeignet. Nach DIN EN 28839 sind u. a. folgende Nichteisenmetalle vorgesehen: CuZn37, CuZn39Pb3 DIN 17600, CuSn6 DIN 17662, CuNi1Si DIN 17666, CuZn40Mn1Pb DIN 17660, CuAl10Ni5Fe4 DIN 17665, AlMg3, AlMg5, AlMgSi1MgMn, AlCu4MgSi, AlZnMgCu0,5, AlZn5,5 MgCu DIN 1725. Leichtmetallkonstruktionen werden in zunehmendem Maße mit korrosionsbeständigen Schrauben aus austenitischen Chrom-Nickel-Stählen, z. B. X2CrNi19 11 nach DIN 17440 verbunden.

Seit vielen Jahren haben sich auch Schrauben und Muttern aus **thermoplastischen Kunststoffen** durchgesetzt. Wegen der durch die Normung festgelegten Fertigungs- und Montagewerkzeuge entsprechen sie in Maß und Form denen aus metallischen Werkstoffen, die für Thermoplaste jedoch nicht optimal sind. Vorteile gegenüber metallischen Werkstoffen: geringes Gewicht, Sollbruchstelle bei Überlastung, höhere Dehnung, Schwingungs- und Geräuschdämpfung, kaum zusätzliche Kraftwirkung auf die Bauteile bei Erwärmung oder Abkühlung, thermische und elektrische Isolation, keine Korrosion, beständig gegen aggressive Medien. Nachteile: ungeeignet zur Übertragung hoher Kräfte, nur geringes Anziehmoment möglich, die nach dem Anziehen erreichte Klemmkraft kann verlorengehen, insbesondere bei Erwärmung, Änderung der Festigkeit, der Steifigkeit und des elektrischen Widerstandes bei Feuchtigkeitsaufnahme oder Austrocknen, Abhängigkeit der Festigkeit, Härte und Dehnung von der Temperatur.

An thermoplastischen Kunststoffen kommen vorwiegend **Polyamid PA 66** ohne und mit Glasfaserverstärkung und **Polyoxymethylen POM** in Betracht, seltener Polyamid PA 6 und PA 12, Polycarbonat PC und Polystyrol PS schlagfest. Die Streckspannung (vergleichbar mit der Streckgrenze) beträgt nur 85 N/mm^2 bei PA 66, 190 N/mm^2 bei PA 66 glasfaserverstärkt und 70 N/mm^2 bei POM. Der Elastizitätsmodul von PA 66 und POM liegt bei 3000 N/mm^2, von PA 66 glasfaserverstärkt bei 9500 N/mm^2. Bei Aufnahme von Luftfeuchtigkeit sinken diese Werte noch beträchtlich ab (bis auf etwa 70%). Über Schrauben aus thermoplastischen Kunststoffen siehe die Richtlinie VDI 2544.

10.3 Korrosionsschutz

Korrosionsgefährdete metallische Verbindungselemente (insbesondere stählerne) müssen einen geeigneten Oberflächenschutz erhalten. Gegen die Atmosphäre schützt in der Regel nach der Montage ein anorganischer Anstrich der Schraubenköpfe und Muttern mit einem Kunststofflack, der von Zeit zu Zeit erneuert werden muß. Durch folgende Medien können Korrosionsbeanspruchungen auftreten: atmosphärische Luft, die zeitweise feucht und mit unterschiedlichen Gehalten korrosiver Gase wie Schwefeldioxid SO_2 gemischt ist (es bestehen Unterschiede zwischen Land-, Stadt-, Industrie- und Meeresluft); Schwitzwasser oder Wasser mit evtl. gelösten Salzen wie Meerwasser; Laugen und reduzierte oder oxidierende Säuren.

Als Oberflächenschutz kommen in Betracht:

1. Nichtmetallische Schutzschichten

Einen guten Schutz bis zum Einbau der Schrauben und Muttern aus Stahl bietet die geschwärzt-geölte Oberfläche. Das ist eine dünne ölkohlehaltige eingebrannte Oxidschicht. Phosphatiert-geölte Oberflächen bieten über eine gewisse Zeit einen Schutz gegen die freie Atmosphäre. In einem Bad werden die Schrauben und Muttern mit einer mittel- bis feinkristallinen Phosphatschicht überzogen und geölt. Die Schicht hält auch höheren Druckbelastungen stand, so daß die Verbindungen öfter gelöst werden können, ohne das Reibverhalten zu ändern. Phosphatschichten zerfallen bei höheren Temperaturen, so daß die Einsatztemperatur nicht höher als 70 °C sein darf.

2. Galvanisch aufgebrachte metallische Schutzschichten

Als Überzugsmetalle kommen vorwiegend Zink Zn und Cadmium Cd in Frage. Sie bieten für eine längere Zeit einen Schutz gegen die freie Atmosphäre. Die Schutzschicht wird allmählich aufgezehrt. Der Schutz hält also um so länger an, je dicker die Schichten sind. Durch ein nachträgliches Chromatisieren läßt sich die Korrosionsbeständigkeit wesentlich erhöhen. Außer Zink und Cadmium werden mitunter auch Kupfer Cu, Nickel Ni, Chrom Cr, Zinn Sn und andere galvanisch aufgetragen. Auch sie bieten für eine längere Zeit Schutz gegen die freie Atmosphäre.

3. Feuerverzinkung

Durch Eintauchen in schmelzflüssiges Zink entsteht eine Oberflächenschicht von $50\ldots100\ \mu m$ Dicke. Da galvanische Überzüge nur eine solche von $3\ldots20\ \mu m$ haben, hält der Korrosionsschutz wesentlich länger an.

4. Korrosionsbeständige Werkstoffe

Bei der Forderung nach einer Langzeitbeständigkeit und der Beständigkeit gegen aggressive Medien wie Wasser, Säuren, Laugen und Gase kommen als Werkstoffe für Schrauben und Muttern martensitische Chromstähle und austenitische Chrom-Nickel-Stähle in Betracht. Gut beständig in freier Atmosphäre und gegen viele Korrosionsmedien sind Aluminium- und Titanlegierungen sowie Kunststoffe.

Bezüglich der Schutzschichten und deren Dicken sowie der Verbindungselemente aus nicht-rostenden Stählen wird auf DIN ISO 4042 und DIN ISO 3506 verwiesen.

10.4   Ausführung von Schrauben und Muttern

Schrauben und Muttern werden nach DIN ISO 8992 in den **Produktklassen** (Ausführungsgüten) **A** (bisher m = mittel), **B** (bisher mg = mittelgrob), **C** (bisher g = grob) und **F** (bisher f = fein) hergestellt. Für Teile von Schraubenverbindungen aus kaltzähen oder warmfesten Werkstoffen heißen die Produktklassen T1 (bisher f), T2 (bisher m) und T3 (bisher mg). Schrauben und Muttern werden in der Regel in der Produktklasse A verwendet. Die Klassen unterscheiden sich nach Oberflächenbeschaffenheit, Maß- und Formgenauigkeit gemäß DIN 267 T2 und DIN ISO 4759 T1.

Die Darstellung und Namen von Verbindungselementen sind mit DIN 918 und DIN ISO 1891 genormt. Bild 10.6 zeigt eine Auswahl genormter **Kopfschrauben.** In Bild 10.7 ist dargestellt, mit welchen Werkzeugen verschiedene Kopfschrauben angezogen werden. Um ein unbefugtes Lösen auszuschließen, werden oftmals Sonderköpfe vorgesehen, wie Bild 10.7 veranschaulicht. Dreikantverschraubungen DIN 22416 für schlagwetter- und explosionsgeschützte Geräte dürfen nur mit einem Dreikantschlüssel angezogen und gelöst werden. Sechskantschrauben und -muttern werden mit Gabel- oder Ringschlüsseln angezogen. Beim **Ribe-Torx-Schraubsystem** (Richard Bergner, Schwabach) nach Bild 10.8 (links) besitzt der Schraubenkopf eine sechseckige Sternform mit gerundeten Ecken. Dadurch wird die Kraft beim Anziehen durch Flächen übertragen, während dies beim Sechskantkopf nur über Angriffslinien geschieht (Bild 10.8 rechts). Auch bei hohen Anziehdrehmomenten bleiben die Werkzeuge sicher im Eingriff und gleiten nicht aus. Das robuste Profil ist unempfindlich, besonders für maschinelle Montagen und dort geeignet, wo Schrauben oft gelöst werden müssen. Die Firma Bergner liefert auch von ihr als **Ribe-Triform** bezeichnete Schrauben, deren Gewinde am Ende mit voller Gewindetiefe konisch auslaufen und an diesem Auslauf dreimal am Umfang angeflächt sind. Dadurch lassen sich die Schrauben leicht in das Gewindeloch einführen und einschrauben.

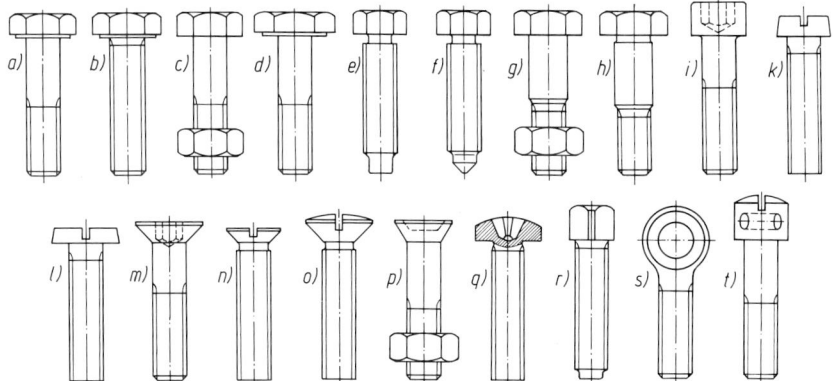

Bild 10.6 Auswahl verschiedener Kopfschrauben (die folgenden Buchstaben A, B und C geben die Produktklasse an)
a) Sechskantschraube mit Schaft A, B DIN EN 24014, C DIN EN 24016, mit Feingewinde A, B DIN EN 28765, b) Sechskantschraube mit Gewinde bis Kopf A, B DIN EN 24 017, C DIN EN 24018, mit Feingewinde A, B DIN EN 28676, c) Sechskantschraube mit Mutter für Stahlkonstruktionen DIN 7990, d) Sechskantschraube mit großer Schlüsselweite für HV-Verbindungen in Stahlkonstruktionen DIN 6914, e) Sechskantschraube mit Zapfen, kleinem Sechskant und Gewinde bis Kopf DIN 561, f) Sechskantschraube mit Ansatzspitze, kleinem Sechskant und Gewinde bis Kopf DIN 564, g) Sechskantpaßschraube mit Mutter für Stahlkonstruktionen DIN 7968, h) Sechskantpaßschraube mit langem Gewindezapfen DIN 609, mit kurzem Gewindezapfen DIN 610, i) Zylinderschraube mit Innensechskant A DIN 912, mit niedrigem Kopf und Schlüsselführung DIN 6912, mit niedrigem Kopf DIN 7984, k) Zylinderschraube mit Schlitz DIN 85, m) Senkschraube mit Innensechskant DIN 7991, n) Senkschraube mit Schlitz DIN 963, o) Linsensenkschraube mit Schlitz DIN 964, p) Senkschraube mit Schlitz mit oder ohne Mutter für Stahlkonstruktionen DIN 7969, q) Linsenschraube mit Kreuzschlitz DIN 7985, r) Vierkantschraube mit Kernansatz DIN 479, mit Bund und Ansatzkuppe DIN 480, s) Augenschraube A, B, C DIN 444, t) Kreuzlochschraube mit Schlitz DIN 404.

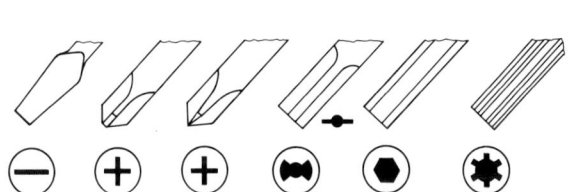

Bild 10.7 Bedienwerkzeuge für verschiedene Schraubenkopfformen.

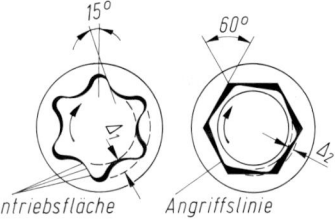

Bild 10.8 Ribe-TORX-Schraubsystem (links) (Richard Bergner, Schwabach)

Die **Stiftschrauben** nach Bild 10.9 besitzen ein Einschraubende mit einer Übergangspassung (unten) und ein Mutternende (oben). Das Einschraubende wird nicht wieder gelöst. Es sitzt rüttelsicher im Bauteil fest. Zum Eindrehen dient ein Spezialschlüssel, ein sog. Stiftsetzer. **Anschweißenden** DIN 525 (hier nicht gezeigt) besitzen ein gewindeloses Ende, mit dem sie in oder an Bauteile geschweißt werden und dann die Aufgaben der Stiftschrauben erfüllen. Zu erwähnen sind noch die kopflosen **Gewindestifte,** die vorwiegend zur Sicherung gegen Verschieben von Bauteilen dienen (Bild 10.10). **Genormte Schraubenenden** zeigt Bild 10.11. Bestellangaben für Formen und Ausführungen von Schrauben und Muttern siehe DIN 962.
Eine **Auswahl genormter Muttern** zeigt Bild 10.12. **Schweißmuttern** DIN 928 und 929 nach Bild 10.13 besitzen stirnseitig vier bzw. drei Warzen, mit denen sie an Bleche buckelgeschweißt

werden. Mit ihnen wird auch an Dünnblechen die gleiche Belastbarkeit erzielt wie mit Muttern DIN EN 24032. Ihre Anwendung ist sehr rationell, da sie Montagearbeiten auch an schwer zugänglichen Stellen erheblich erleichtern.

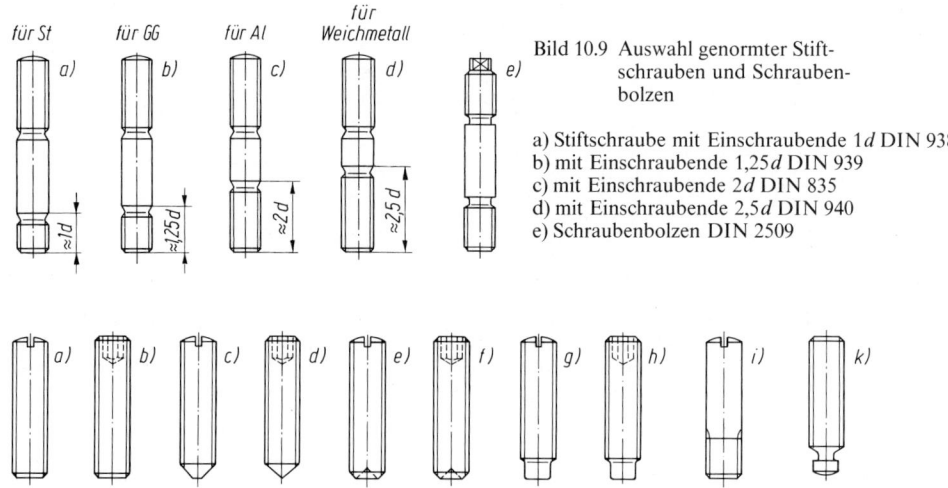

Bild 10.9 Auswahl genormter Stiftschrauben und Schrauben-
bolzen

a) Stiftschraube mit Einschraubende 1d DIN 938
b) mit Einschraubende 1,25d DIN 939
c) mit Einschraubende 2d DIN 835
d) mit Einschraubende 2,5d DIN 940
e) Schraubenbolzen DIN 2509

Bild 10.10 Auswahl genormter Gewindestifte
a) Gewindestift mit Schlitz und Kegelkuppe DIN EN 27766,   b) mit Innensechskant und Kegelkuppe DIN 913,   c) mit Schlitz und Spitze DIN EN 27434,   d) mit Innensechskant und Spitze DIN 914, e) mit Schlitz und Ringschneide DIN EN 27436,   f) mit Innensechskant und Ringschneide DIN 916, g) mit Schlitz und Zapfen DIN EN 27435,   h) mit Innensechskant und Zapfen DIN 915,   i) Schaft-schraube mit Schlitz und Kegelkuppe DIN 427,   k) Gewindestift mit Druckzapfen DIN 6332

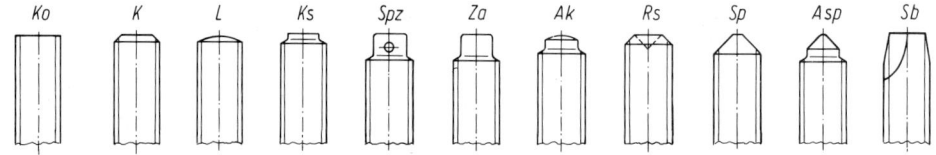

Bild 10.11 Schraubenenden nach DIN 78
Ko ohne Kuppe, K Kegelkuppe, L Linsenkuppe, Ks Kegelstumpf, Spz Splintzapfen,
Za Zapfen, Ak Ansatzkuppe, Rs Ringschneide, Sp Spitze, Asp Ansatzspitze, Sb Schabenut
(zum Gewindeschneiden)

In Tab. A 10.3 sind die Durchgangslöcher für Schrauben, in Tab. A 10.4 die Abmessungen der am meisten verwendeten Schraubenköpfe, Muttern und Unterlegscheiben wiedergegeben. Mit DIN ISO 272 sind Schlüsselweiten SW für Sechskantschrauben und -muttern festgelegt, die gegenüber den früher in Deutschland üblichen DIN 931 und 934 teilweise etwas kleiner sind (alte DIN-Werte in Klammern): M10 SW 16 (17), M12 SW 18 (19), M14 SW 21 (22) und M22 SW 32 (34).
Um den Anforderungen einer optimalen Belastbarkeit von Schraubenverbindungen zu genügen, wurden international zwei Mutterntypen genormt, die höher sind ($m > 0,8d$) als Muttern nach der zurückgezogenen DIN 934 ($m \approx 0,8d$) und somit größere Prüfkräfte erreichen. Der Typ 2 ist gegenüber dem Typ 1 um ca. 10% höher, jedoch nur für die Festigkeitsklassen 8, 9 und 12 vorgesehen. Die Prüfkräfte sind in DIN EN 20898 festgelegt.

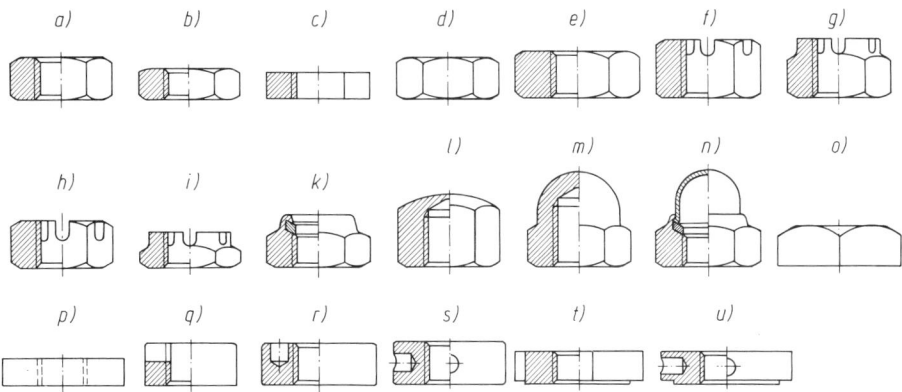

Bild 10.12 Auswahl genormter Muttern (Die Buchstaben A, B und C geben die Produktklasse an).
a) Sechskantmutter, Typ 1, A, B DIN EN 24032 und DIN EN 28673, Typ 2, A, B, DIN EN 28674,
b) niedrige Form DIN 936 und DIN EN 24035 sowie DIN EN 28675, c) wie b) DIN EN 24036,
d) wie b) in C DIN EN 24034, 1,5d hoch DIN 6330, e) mit großer Schlüsselweite für HV-Verbindungen
in Stahlkonstruktionen DIN 6915, f) Kronenmutter A, B, C bis M10 DIN 935, g) wie f), jedoch ab
M12, h) Kronenmutter niedrige Form bis M10 DIN 937, i) wie h), jedoch ab M12, k) Sechskantmutter selbstsichernd niedrige Form DIN 985, l) Sechskant-Hutmutter niedrige Form DIN 917,
m) wie l), jedoch hohe Form DIN 1587, n) Sechskant-Hutmutter selbstsichernd DIN 986, o) Vierkantmutter C DIN 557, p) Vierkantmutter niedrige Form DIN 562, q) Schlitzmutter DIN 546,
r) Zweilochmutter DIN 547, s) Kreuzlochmutter DIN 548, t) Nutmutter DIN 1804 und DIN 981,
u) Kreuzlochmutter DIN 1816

Erwähnt seien noch die **Einsatzbuchsen** nach Bild 10.14, die ein Außen- und ein Innengewinde
besitzen und am Ende geschlitzt oder gelocht sind. Beim Eindrehen in glatte Bohrlöcher schneiden sie sich mit den scharfen Kanten an diesen Schlitzen oder Löchern in die Bohrlochwandun-
gen und verankern sich. Die Befestigungsschrauben werden dann in die Innengewinde der Buchsen wie in die Gewindelöcher von Bauteilen eingedreht. Mit diesen Einsatzbuchsen lassen sich
auch hervorragend Bauteile aus Leichtmetall, Grauguß, Kunststoff, Holz oder Faserstoff hochfest und dauerhaltbar verschrauben. Die einfache Anwendung verkürzt die Bearbeitungszeit, erspart ggf. teure Werkzeuge, vermindert Ausschuß und kann bei Reparaturen besonders vorteilhaft sein.

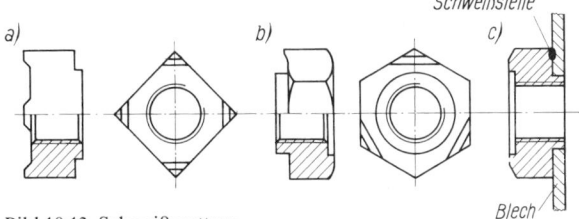

Bild 10.13 Schweißmuttern
a) Vierkantmutter DIN 928, b) Sechskantmutter DIN 929
c) Sechskantmutter im angeschweißten Zustand

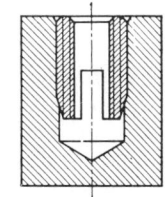

Bild 10.14 Ensat-Einsatzbuchse,
(Kerb-Konus GmbH,
Schnaittenbach/
Oberpfalz)

In der Automobil- und Haushaltsgeräteindustrie werden für Dünnblechkonstruktionen auch
Blechmuttern nach Bild 10.15 verwendet. Das Mutterngewinde wird durch ein ausgestanztes
Loch und zwei hochgebogene Lappen gebildet, die sich beim Anziehen der Schraube in den Ge-
windegrund stemmen und dadurch auch eine Sicherung gegen Lockern bieten.

Bild 10.15 Blechmuttern (aus Steinhilper/Röper, Maschinen- und Konstruktionselemente)

Bei der Auswahl der Schrauben- und Mutternform spielt die Zugänglichkeit für die Bedienwerkzeuge (Schraubenschlüssel, Schraubendreher, Hakenschlüssel u. dgl.) eine Rolle. Es muß stets für eine gute Montage- und Demontagemöglichkeit gesorgt werden. An umlaufenden Maschinenteilen sollten keine Schraubenköpfe oder Muttern vorstehen, da sie eine ständige Unfallgefahr darstellen. Zur leichten Säuberung der Maschinen, insbesondere Werkzeugmaschinen, werden die Köpfe meistens versenkt. Die Wahl muß sich selbstverständlich auch nach wirtschaftlichen Gesichtspunkten richten. Bild 10.16 zeigt verschiedene Möglichkeiten einer Deckelbefestigung. Die Durchsteckverschraubung (Bild 10.16 a) ist die billigste, weil kein Gewinde in ein Bauteil geschnitten zu werden braucht. Die Verbindung mit Augenschraube und Flügelmutter oder Kegelgriff ist die teuerste, aber die am einfachsten zu bedienende. Man bevorzugt sie, wenn ein fortwährendes Lösen und Anziehen wie in Arbeitsvorrichtungen notwendig ist, so daß sie durch die erzielte Zeitersparnis wirtschaftlicher ist.

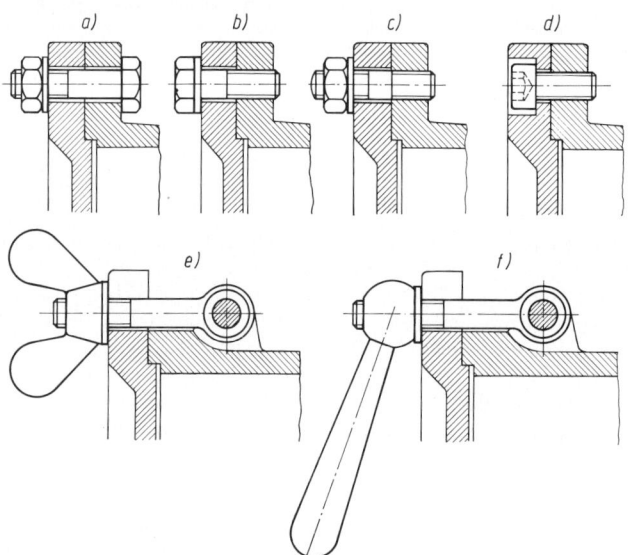

Bild 10.16
Verschiedene Möglichkeiten
einer Deckelbefestigung
a) mit Sechskantschraube
DIN EN 24014 und Sechskantmutter DIN EN 24032
b) mit Sechskantschraube
DIN EN 24014,   c) mit
Stiftschraube DIN 938
und Sechskantmutter
DIN EN 24032,   d) mit
Zylinderschraube mit Innensechskant DIN 912,
e) mit Augenschraube DIN 444
und Flügelmutter DIN 315,
f) mit Augenschraube DIN 444
und Kegelgriff DIN 99

Bei der **Bezeichnung von Schrauben und Muttern** nach DIN EN-Normen, in denen ISO-Normen übernommen wurden, entfällt die Ziffer 2 am Anfang der Norm-Nummer, und es wird wie folgt verfahren:
Bezeichnungsbeispiel für eine Schraube nach DIN EN 24014: Sechskantschraube ISO 4014– M12 × 80–8.8, für eine Mutter nach DIN EN 24032: Sechskantmutter ISO 4032 – M12–8.

10.5   Herstellung der Schrauben und Muttern

Die Herstellung kann nach zwei verschiedenen Verfahren erfolgen:

1. Spanende Formung

In diesem Fall dient als Ausgangswerkstoff meistens Automatenstahl, der seiner guten Zerspanbarkeit wegen relativ spröde ist. Automatenstahl ist nur für Schrauben der Festigkeitsklassen 5.8 und 6.8 und Muttern der Klassen 5, 6, 04, 11H, 14H und 17H zugelassen.
Mitunter kommt auch Vergütungsstahl in Betracht, wenn vorgepreßte Rohlinge durch Drehen und Schleifen zu Taillen- oder Paßschrauben fertigbearbeitet werden.

2. Spanlose Formung

Durch die Weiterentwicklung der spanlosen Umformverfahren, insbesondere des Fließpressens, werden genormte Schrauben und Muttern ausschließlich spanlos erzeugt: Warmformung bei kleineren Losgrößen, großem Stauchverhältnis und Abmessungen etwa über M 24, Kaltformung bei großen Serien, kleinem bis mittlerem Stauchverhältnis und Abmessungen bis etwa M 24. Die Kaltformung läuft meistens in mehreren Stufen ab, das Schraubengewinde wird eingewalzt (eingerollt), das Mutterngewinde geschnitten.

Schrauben ab Festigkeitsklasse 8.8 werden durch eine Wärmebehandlung vergütet. In Bild 10.17 sind die einzelnen Fertigungsstufen an einer Sechskantschraube gezeigt.

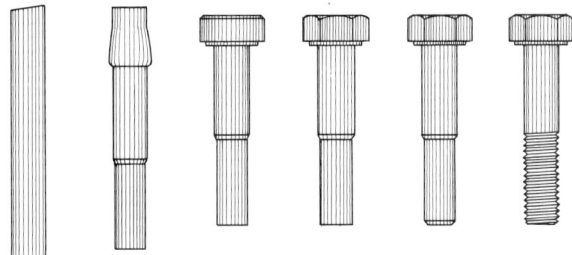

Bild 10.17 Werdegang einer kaltfließ-
gepreßten Sechskant-
schraube (aus Steinhilper/
Röper, Maschinen- und
Konstruktionselemente)

10.6 Unterlegscheiben, Sicherungen

Unter den anzuziehenden Kopf oder die anzuziehende Mutter wird eine **Scheibe** gelegt, wenn die Unterlage wie bei gegossenen, geschmiedeten oder gewalzten Teilen uneben ist, um durch Verringerung der Reibung erhöhte Anziehmomente zu vermeiden. Scheiben werden auch dann untergelegt, wenn die Schrauben in Langlöchern sitzen oder die Bauteile wesentlich nachgiebiger als die Schrauben sind. Ähnlich wie die Schrauben und Muttern sind auch Scheiben nach der Maß- und Formgenauigkeit und nach der Oberflächengüte in den Produktklassen F (früher fein f), A (früher mittel m) und C (früher grob g) nach DIN 522 genormt.

Unterlegscheiben sind genormt in A mit DIN 125, in C mit DIN 126 für Sechskantschrauben und -muttern, in A mit DIN 433 für Zylinder- und Halbrundschrauben, in A mit DIN 7349 für Schrauben in schweren Spannhülsen, in A mit DIN 7989 und DIN 6916 für Stahlkonstruktionen, in A und C mit DIN 9021 mit besonders großem Außendurchmesser für Sonderzwecke.

In der Regel ist es Aufgabe einer Schraubenverbindung, die Bauteile mit einer bestimmten Kraft zusammenzuklemmen und während der gesamten Betriebszeit eine genügend große Klemmkraft zu erhalten. Die Reibung im Gewinde und an den Kopfauflageflächen gewährleistet Selbsthemmung, so daß sich ordnungsgemäß angezogene Schraubenverbindungen auch unter schwingenden oder stoßhaften Betriebskräften nicht von selbst lösen. Beim Anziehen werden die Gewindeflanken und alle Trennflächen der Bauteile stark aufeinandergepreßt, so daß sich deren Oberflächenrauhigkeiten einebnen, geringfügig auch noch nach der Montage. Im Laufe der Zeit macht sich ein Kriechen der in der Schraubenverbindung beanspruchten Werkstoffe bemerkbar. Diese Vorgänge führen zum Nachlassen der Klemmkraft, das man als **Lockern** oder **Setzen** bezeichnet. Kommt es noch zu plastischen Verformungen innerhalb der Verbindung, so können diese zum Verlust der Klemmkraft, also zum **Lösen** der Schraubenverbindung führen. Auch wenn die Vorspannung durch das Anziehen noch keine plastischen Verformungen hervorruft, so kann eine Betriebskraft, die sich der Vorspannung überlagert, dazu führen. So lange auch unter Einwirkung schwingender Belastungskräfte noch eine Klemmkraft vorhanden ist, lösen sich die Schrauben oder Muttern nicht von selbst!
Das selbsttätige Losdrehen einer Schraube oder Mutter ist nur möglich, wenn sich die Bauteile auch nur geringfügig gegeneinander verschieben und dadurch ein Lösemoment auf Schraube oder Mutter ausüben!

Formschlüssige Schraubensicherungen dienen als Sicherung gegen Losdrehen und Verlieren, **kraftschlüssige** als Sicherung gegen Lösen, weil diese durch ihre axiale Federwirkung eine gewisse Vorspannung aufrechterhalten sollen.
Bild 10.18 zeigt genormte Formschlußsicherungen, Bild 10.19 genormte Kraftschlußsicherungen. Bei den formschlüssigen wird eine Drehbewegung durch die Form unvorgespannter Elemente verhindert, während die kraftschlüssigen das Gewinde axial verspannen.

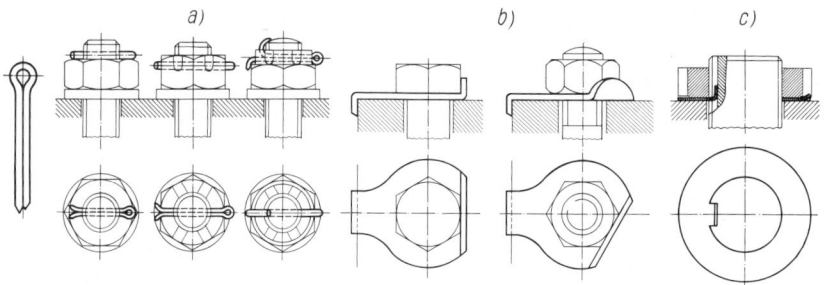

Bild 10.18 Formschlüssige Schraubensicherungen
a) Splint DIN 94, b) Sicherungsblech mit Lappen DIN 93 und 463, c) Sicherungsblech mit Innennase DIN 462 für Nutmuttern DIN 1804

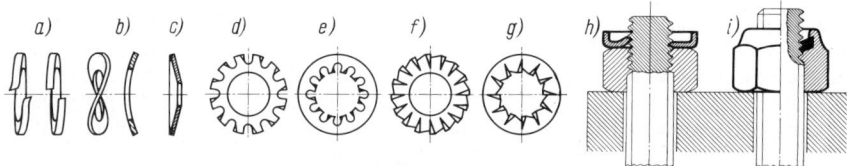

Bild 10.19 Kraftschlüssige Schraubensicherungen
a) Federringe DIN 127, DIN 128 für Sechskantschrauben, DIN 6913 mit Schutzmantel, DIN 7980 für Zylinderschrauben, b) Federscheiben gewölbt oder gewellt DIN 137, c) Spannscheibe DIN 6796, d) Zahnscheibe A außengezahnt und V versenkt (für Senkschrauben) DIN 6797, e) Zahnscheibe J innengezahnt DIN 6797, f) Fächerscheibe A außengezahnt und V versenkt (für Senkschrauben) DIN 6768, g) Fächerscheibe J innengezahnt DIN 6768, h) Sicherungsmutter DIN 7967, i) Sechskantmutter selbstsichernd niedrige Form DIN 985, Hutmutter niedrige Form selbstsichernd DIN 986, hohe Form DIN 1587

Federringe, Feder- und **Zahnscheiben** werden unter Schraubenkopf oder Mutter gelegt. Sie sichern durch axiale Federwirkung und erhöhen das Lösemoment. Zu ihnen gehören auch die **Schnorrsicherungen** als geriffelte Tellerfedern (Handelsname der Firma Adolf Schnorr KG, Maichingen). Die **Sicherungsmuttern** DIN 7967 aus Federstahl (Handelsname Palmuttern) werden wie Gegenmuttern (Kontermuttern) aufgeschraubt. **Selbstsichernde Sechskantmuttern** (Handelsname Elastic-Stopmuttern) haben eine Vulkanfibereinlage, die elastisch auf das Schraubengewinde drückt.
Auch elastische Kunststoff-Sicherungsscheiben und kombinierte Kunstgummi-Stahlscheiben werden untergelegt. Es gibt auch Muttern mit radial eingesetzen Kunststoffpropfen, der federnd auf das Schraubengewinde drückt. Weiterhin kann mit flüssigem Kunstharz gesichert werden, das vor der Montage auf das Gewinde aufgetragen wird und danach aushärtet oder sogar im Gewinde als Tropfen eingebettet ist und sich beim Eindrehen verteilt. Die Firma **Loctite Deutschland GmbH München** bietet hierfür mehrere Produkte an, und zwar:

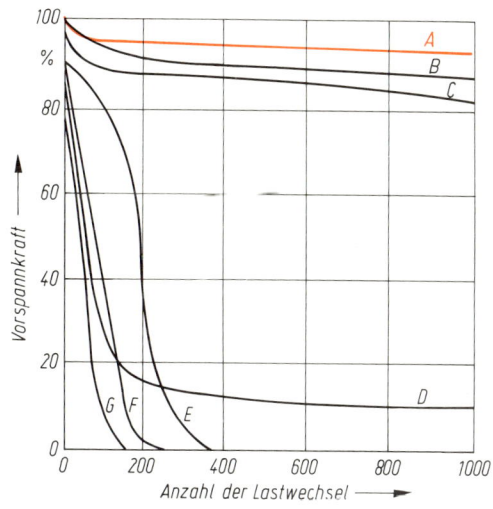

niedrigfest: Mit normalem Werkzeug leicht wieder lösbar,
mittelfest: Mit normalem Werkzeug noch lösbar,
hochfest: Mit normalem Werkzeug nicht mehr lösbar.
Bei der Verwendung von niedrigfesten Produkten lassen sich die Loctite-gesicherten Schrauben ohne großen Kraftaufwand mit normalem Werkzeug losdrehen. Da der Klebstoff zusätzlich als Korrosionsschutz wirkt, können die Schrauben nicht aufgrund von Korrosion im Gewinde festsitzen. Die Wiederverwendung der Schrauben ist besonders für den Reparaturbetrieb wichtig. Bei niedrig- und mittelfesten Produkten können die gesicherten Schrauben losge-

Bild 10.20
Das typische Losdrehverhalten von verschiedenen Gewindesicherungen beim Test auf dem LOCTITE-Schraubenprüfstand.
A Normschraube mit LOCTITE-Schraubensicherung
B Federkopfschraube (Bild 10.21 f)
C Federkopfschraube mit Verriegelungszähnen (Bild 10.21 g)
D Mutter mit Polyamidring
E Schraube mit Zahnscheibe DIN 6797 A
F Schraube mit Federring DIN 127 A
G ungesicherte Normschraube

dreht werden, ohne daß die Schrauben beschädigt werden. Bild 10.20 veranschaulicht das Absinken der Vorspannkraft durch Änderungen der Belastungskraft, wenn diese geringfügige Verschiebungen der Schraube bewirkt. Sobald die Vorspannkraft auf Null abgesunken ist, dreht sich die Schraubenverbindung los.

Der leichteren Montage und Demontage wegen können Schrauben mit unverlierbaren Scheiben und Sicherungselementen kombiniert werden (Bild 10.21). Bild 10.21 f zeigt dazu eine **Federkopfschraube,** deren Kopf einen angearbeiteten Teller besitzt, der als federnde Scheibe die Verbindung axial verspannt (nach Bauer und Schaurte, Neuß). Dazu gibt es entsprechende Federkopfmuttern.

Schraubenköpfe und Muttern mit Verriegelungszähnen an der Unterseite (Bild 10.21 g) sichern gut gegen Losdrehen. Eine ebene Auflagefläche verhindert ein stärkeres Setzen, während sich die am Außenrand angeordneten Verriegelungszähne in den Gegenwerkstoff eingraben und so gegen selbsttätiges Losdrehen sperren. Sie sind unter dem Handelsnamen **Verbus-Tensilock** der Firma Bauer & Schaurte, Neuß/Rhein, bekannt. **Verbus-Ripp-Schrauben** und -**Muttern** derselben Firma haben an der Unterseite Rippen, mit denen sie die Bauteilflächen verfestigen und glätten und so das Setzen der Verbindung vermindern. Ähnliche Schrauben brachte die Firma Umbrako Schrauben GmbH, Koblenz, unter dem Handelsnamen **Durlok-Schrauben** heraus.

Hochfeste Schrauben mit hoher Streckgrenze können entsprechend hoch vorgespannt werden. Obwohl sich die Verbindung setzt, bleibt immer noch eine genügend hohe Klemmkraft erhalten. **Deshalb bedürfen Schrauben ab Festigkeitsklasse 8.8 im allgemeinen keiner Sicherung!** Für sie sind folgende Sicherungselemente unwirksam, sowohl in Bezug auf Lösen als auch auf Losdrehen: Federringe DIN 127, 128, 6913 und 7980, Federscheiben DIN 137 und 6904, Zahnscheiben DIN 6797, Fächerscheiben DIN 6798 und 6907, Sicherungsblende DIN 432 und 463, Kronenmuttern DIN 935, 937 und 979 mit Splinten DIN 94.

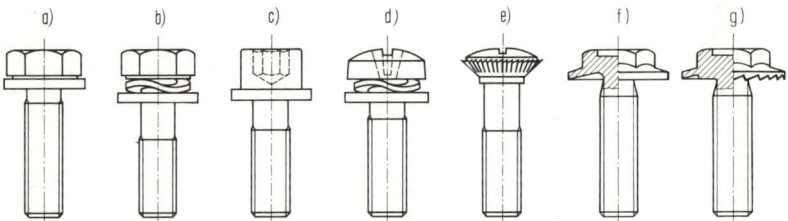

Bild 10.21 Kombinierte Schrauben mit unverlierbaren Unterlegteilen DIN 6900 und Federkopfschrauben
  a) Sechskantschraube DIN EN 24017 mit Scheibe A DIN 6902
  b) Sechskantschraube DIN EN 24014 mit Scheibe B DIN 6902 und Federscheibe DIN 6904
  c) Zylinderschraube DIN 912 mit Scheibe B DIN 6902
  d) Linsenschraube DIN 7985 mit Scheibe B DIN 6902 und Federscheibe DIN 6904
  e) Linsensenkschraube DIN 7988 mit Fächerscheibe V DIN 6907
  f) Federkopfschraube
  g) Federkopfschraube mit Verriegelungszähnen

Als **Verliersicherungen** werden die Elemente bezeichnet, die ein teilweises Losdrehen und Vorspannkraftverluste bis zu 80% nicht verhindern, die Verbindung jedoch vor dem Auseinanderfallen bewahren. So sind nur bei querbeanspruchten Verbindungen erforderlich und sinnvoll: Selbstsichernde Muttern DIN 985, Schrauben mit Kunststoff-Streifen oder -Pfropfen im Gewinde, axial oder/und radial verformte Muttern (künstliche Steigungs- oder Durchmesserfehler), Kronenmuttern DIN 935, 937 und 979 mit Splinten DIN 94 bei Schrauben der Festigkeitsklassen unter 8.8, Drahtsicherungen.

10.7   Kraftfluß, Kerbwirkungen, Gestaltung

Beim Anziehen einer Verbindung wird der Schraubenbolzen gedehnt, die Bauteile aber werden gestaucht. Die Druckspannungen in den verschraubten Bauteilen beschränken sich nicht auf das unmittelbare Gebiet unter dem Schraubenkopf, sondern breiten sich nach Bild 10.22 bei $L_K \geqq 8d$ sogar bis auf $D_B \approx 3D_K$ über die Klemmlänge L_K aus, wenn die Bauteilabmessungen das zulassen. Bei hülsenförmigen Bauteilen ist das nicht möglich. D_K ist der Kopf- bzw. Mutternauflagedurchmesser, der bei Sechskantschrauben und -muttern nahezu gleich der Schlüsselweite SW angenommen werden kann. Bei Sechskantschrauben ist der wirkliche Durchmesser ca. 15% kleiner.

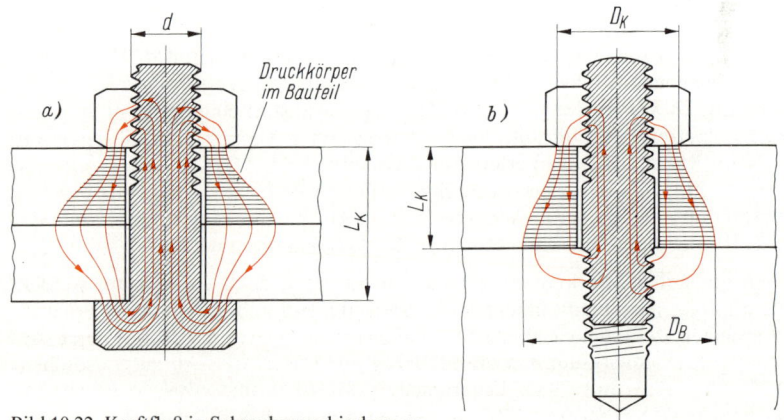

Bild 10.22 Kraftfluß in Schraubenverbindungen
   a) Verbindung mit Durchsteckschraube, b) Verbindung mit Stiftschraube

Da die Mutter axial gestaucht, der Schraubenbolzen aber gedehnt wird, entstehen Steigungsunterschiede zwischen Innen- und Außengewinde, die Gangdurchbiegungen bewirken. Da diese in Bauteilnähe am größten sind, verteilt sich die Kraft nicht gleichmäßig, und es tragen meistens nur die ersten sechs Gewindegänge.

Nach Erreichen der Streckgrenze im ersten Gang findet in diesem keine Spannungssteigerung bei Kraftzunahme mehr statt, bis die Streckgrenze nach und nach in allen Gängen erreicht wird. Eine Krafterhöhung führt demnach zu einer gleichmäßigeren Kraftverteilung, aber auch zu unerwünschten und schädlichen plastischen Verformungen des Gewindes.

Eine ungleichmäßige Kraftverteilung wie in **Druckmuttern** (Normmuttern) setzt die Dauerschwingfestigkeit (Dauerhaltbarkeit) der Schrauben herab. **Stulp-** und **Zugmuttern** verbessern die Kraftverteilung (Bild 10.23), da sie teilweise zugbeansprucht werden, wie aus dem Kraftfluß hervorgeht.

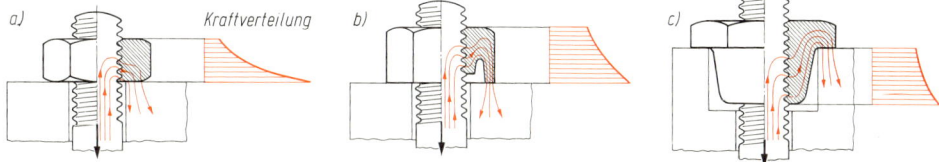

Bild 10.23 Kraftfluß und Kraftverteilung in Schraubenverbindungen
            a) mit Normmutter (Druckmutter), b) mit Stulpmutter, c) mit Zugmutter

Durch übermäßiges Anziehen einer Schraubenverbindung, die zu wenig tragende Gewindegänge besitzt, werden die Gewindeflanken stark gepreßt, so daß das Gewinde festfressen kann und sich nur noch durch Zerstörung lösen läßt. Wenn die Mindesteinschraubtiefe nicht unterschritten wird oder Schraube und Mutter bzw. Bauteil aus Werkstoffen unterschiedlicher Härte bestehen, ist ein Festfressen jedoch nicht zu befürchten.
Damit die in Bauteile geschnittenen Gewinde nicht ausreißen, ist eine Mindesteinschraubtiefe m erforderlich, für die in Tab. 10.5 je nach Bauteilwerkstoff Richtwerte angegeben sind.

Tab. 10.5 Mindesteinschraubtiefen m (nach Illgner/Blume, Schraubenvademecum)

Schraubenfestigkeitsklasse	8.8	8.8	10.9	10.9
Bauteilwerkstoff	Gewindefeinheit d/P			
	< 9	$\geqq 9$	< 9	$\geqq 9$
Harte Aluminium-Legierung AlCuMg2 F44	$1,1d$	$1,4d$		$-$
Grauguß GG-25	$1,0d$	$1,2d$		$1,4d$
Baustahl St37, Einsatzstahl C15	$1,0d$	$1,25d$		$1,4d$
Baustahl St50, Vergütungsstahl C35	$0,9d$	$1,0d$		$1,2d$
Vergüteter Stahl $R_m > 800$ N/mm^2	$0,8d$	$0,9d$		$1,0d$

Beim Anziehen wird der Schraubenbolzen auf Zug und Verdrehung beansprucht. Eine Betriebslängskraft erhöht dann noch die Zugbeanspruchung. Die eingearbeiteten Gänge sind Reihenkerben, die fließbehindernd wirken und Bruch- und Streckgrenze erhöhen, die Dauerhaltbarkeit aber senken. Auch alle Querschnittsübergänge rufen Spannungsspitzen hervor, die mit der Übergangsschärfe wachsen. Sie sind zwischen Schaft und Kopf, Schaft und Schraubengewinde und ggf. zwischen dem Schaft und einem Bund vorhanden. Die Spannungsspitzen werden zwar nicht so hoch wie im Kern, können bei zusätzlicher Biegebeanspruchung jedoch gefährlich werden, beispielsweise bei schiefer Kopfauflage. Spannungsspitzen am Schaftübergang von Taillenschrauben verschwinden fast, wenn dieser sanft gerundet wird. Stoßbeanspruchte Schrauben

werden zweckmäßig als Dehnschrauben (Taillenschrauben) ausgebildet, die gegenüber unver-
jüngten Schaftschrauben einen auf $d_T \approx 0{,}9d_3$ verjüngten Schaft (Dehnschaft) besitzen. Dehnschrauben sind nachgiebiger und wirken stoßdämpfend. Derartige Schrauben und Verbindungen
siehe Bild 10.24 und DIN 2510: Schraubenverbindungen mit Dehnschaft.

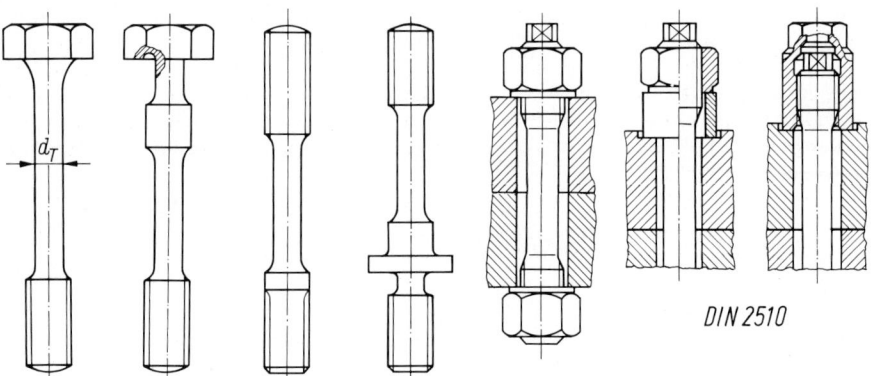

Bild 10.24 Verschiedene Schrauben und Schraubenverbindungen mit Dehnschaft

10.8   Anziehverfahren

Die Funktionstüchtigkeit einer Schraubenverbindung wird wesentlich durch die bei der Montage
erreichte Klemmkraft bestimmt, die gleich der Vorspannkraft der Schraube ist. Das Anziehen
kann erfolgen:

1. von Hand mit Gabel- oder Ringschlüsseln
Der Monteur beurteilt nach Gefühl, ob er die Schraubenverbindung richtig, d. h. fest genug angezogen hat. Hierbei spielen die Schlüssellänge und die physische Kraft eine große Rolle.
Selbst von zuverlässigen Versuchspersonen konnten vor allem dickere Schrauben nicht genügend fest angezogen werden. Ein Anziehen nach Gefühl kommt daher nur für untergeordnete
Verbindungen in Betracht, die keine oder nur geringfügige ruhende Kräfte zu übertragen haben und für die Schraubenwerkstoffe der Festigkeitsklassen unter 8.8 ausreichen.

2. mit Verlängerungsbegrenzung
Hierbei wird die Schraube so lange angezogen, bis sie die mit der gewünschten Vorspannkraft
errechnete Verlängerung erfahren hat. Die Länge der Schraube wird vor und während der
Montage gemessen. Das Verfahren ist jedoch nur bei großen Klemmlängen sinnvoll, da bei einer Klemmlänge von 10 mm eine Längenzunahme von 5 μm bereits eine Spannungserhöhung
von 100 N/mm² bewirkt.
Bei großen Schrauben wird das Verfahren abgewandelt angewendet. Vor der Montage wird
der Schraubenbolzen so weit erwärmt, bis er sich um den gewünschten Betrag gedehnt hat,
während die Bauteile kalt bleiben. In diesem Zustand wird ohne Kraftaufwand verschraubt.
Beim Erkalten zieht sich der Schraubenbolzen zusammen und erzeugt die erforderliche Vorspannkraft.
Eine Abart sind Schrauben mit einem Interferenzplättchen in der Schraubenkopfoberfläche,
das über einen zentralen Stift durch die Längenänderung verformt wird und im auffallenden
Licht Interferenzfarben anzeigt.

Beim hydraulischen Anziehen, wie es im Großkesselbau auf großen Flanschen erfolgt, wird der Gewindebolzen an seinem freien, über die Mutter hinausstehenden Ende gefaßt, gezogen und dadurch verlängert. In diesem Zustand wird die Mutter bis zur Anlage geschraubt. Das Zurückfedern der Bauteile bedingt einen gewissen Verlust an Klemmkraft, der berücksichtigt werden muß.

3. mit Winkelbegrenzung

Hierbei wird davon ausgegangen, daß die Schraube oder Mutter, nachdem sie mit einem bestimmten Drehmoment vorangezogen wurde, noch um einen bestimmten Drehwinkel nachgezogen werden muß, um im Gewindebolzen die Streckgrenze zu erreichen. Schädigungen der Schraubenverbindung treten trotz Anziehens bis zur nominellen Streckgrenze nicht auf, da hochfeste Schrauben keine ausgeprägte Streckgrenze besitzen und durch Setzen (Nachlassen der Vorspannung) die Vorspannkraft wieder abnimmt. Derartig angezogene Verbindungen sind meistens haltbarer als andere, da durch die elastisch-plastische Beanspruchung die Spannungsspitzen an den Kerbstellen abgebaut werden. Zusätzliche axiale Betriebsbelastungen führen anfangs zu geringen bleibenden Längungen und Abnahme der Klemmkraft. Die Klemmkraft ist aber immer noch höher als bei anderen Anziehverfahren, mit denen unter der Streckgrenze geblieben werden muß.

4. mit Streckgrenzenkontrolle

Wird beim Anziehen im Gewindebolzen die Streckgrenze erreicht, so steigt das Anziehdrehmoment weniger stark an. Da aber der Drehwinkel stetig zunimmt, sinkt das Verhältnis Drehmomentzunahme/Winkelzunahme merkbar ab. Es wurden motorisch betriebene Anziehgeräte entwickelt, die das genannte Verhältnis stetig messen und den Anziehvorgang bei einem entspr. eingestellten Kleinstwert selbsttätig beenden.

5. mit Drehmomentbegrenzung

Das Anziehdrehmoment (kurz Anziehmoment) bietet sich als Basis zum Anziehen auf bestimmte Klemmkräfte an. Während des Anziehens tritt an allen gegeneinander bewegten Flächen Reibung auf, die überwunden werden muß. Sie tritt somit an den Gewindeflanken und an der Kopf- bzw. Mutternauflagefläche auf. Die Reibzahlen hängen vom Schmierungszustand, von der Oberflächenrauhigkeit, von der Flächenpressung, von der Gleitgeschwindigkeit und von der Länge der Gleitwege ab. Verläßliche Reibzahlen lassen sich nicht angeben. Zum Anziehen dienen Drehmomentenschlüssel, an denen das jeweils aufgewendete Drehmoment angezeigt wird oder die beim eingestellten Drehmoment ausrasten.

6. durch motorische Verfahren

In der Serienfertigung muß die Montage von Schraubenverbindungen handlich sein und schnell erfolgen. Hierzu stehen verschiedene pneumatisch oder elektrisch betriebene Schrauber zur Verfügung. Man unterscheidet grundsätzlich:

Drehschrauber, die ein Drehmoment auf die Schraubenverbindung übertragen. Das Drehmoment kann durch eine einstellbare Rutschkupplung begrenzt werden.

Schlagschrauber, die über ein Schlagwerk Drehschläge erzeugen. Jeder Drehimpulsschlag erhöht stufenweise die Vorspannkraft. Starke Schläge bewirken ein schnelles Anziehen, schwache können ggf. nicht ausreichen, die Verbindung schnell und stark genug anzuziehen. Schlagschrauber lassen sich nicht auf ein vorgegebenes Anziehmoment einstellen, sondern nur nach Erprobung an der betr. Schraubenverbindung.

10.9 Schraubenanziehmoment, Schraubenbeanspruchung beim Anziehen, Anziehfaktor

Beim Anziehen einer Schraubenverbindung pressen sich die Gänge des Außen- und Innengewindes mit ihren Flanken aufeinander und erzeugen einen Reibwiderstand, den die Kraft am Schraubenschlüssel überwinden muß. Außerdem drücken der zu drehende Schraubenkopf oder die zu drehende Mutter auf ihre Unterlage, so daß dort ein Reibwiderstand hinzukommt.

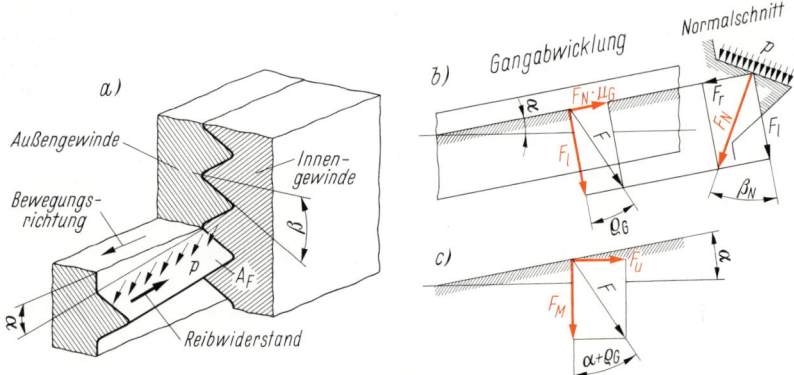

Bild 10.25 Kräfte am Gewinde beim Anziehen einer Schraubenverbindung
a) Pressung der Schrauben-Gewindeflanke und Richtung des Reibwiderstandes, b) Pressung p,
Normalkraft F_N und Reibwiderstand $F_N \cdot \mu_G$, c) Vorspannkraft F_M und Umfangskraft F_u

Zur Veranschaulichung der Kraftverhältnisse denkt man sich einen Gewindegang am Flankendurchmesser d_2 abgewickelt. Er stellt eine schiefe Ebene unter dem Steigungswinkel α dar (siehe hierzu Bild 10.1 a, Seite 163), die senkrecht zur Steigung noch um den Winkel β_N geneigt ist (Bild 10.25). Bedingt durch die Steigung der Gänge ist nämlich der im Normalschnitt liegende Flankenwinkel β_N kleiner als der im Achsschnitt liegende β (vergleiche die Bilder 10.25 a und b). Aus den Bildern 10.1 und 10.25 folgen:

$$\tan\alpha = \frac{P}{d_2 \cdot \pi} \approx 0{,}32 \, \frac{P}{d_2} \quad \text{und} \quad \tan\beta_N = \tan\beta \cdot \cos\alpha.$$

Wegen des kleinen Steigungswinkels α, für den $\cos\alpha \approx 1$ ist, kann ohne nennenswerten Fehler $\beta_N = \beta$ gesetzt werden.

Die Gewindeflanken werden durchschnittlich mit der Pressung p belastet, so daß auf die gesamte tragende Flankenfläche A_F eine Normalkraft $F_N = p \cdot A_F$ wirkt (im Normalschnitt Bild 10.25 b). Sie ruft den Reibwiderstand $F_N \cdot \mu_G$ hervor, der auf der Gangabwicklung gemäß Bild 10.25 b senkrecht zu F_N steht. μ_G ist die Reibzahl im Gewinde. Im Normalschnitt zerlegt sich F_N in die Radialkomponente F_r und die Längskomponente $F_l = F_N \cdot \cos\beta_N \approx F_N \cdot \cos\beta$. In der Gangabwicklung setzen sich F_l und $F_N \cdot \mu_G$ zur Resultierenden F zusammen, die mit F_l den Reibwinkel ϱ_G einschließt. Daraus folgt: $\tan\varrho_G = F_N \cdot \mu_G / F_l = \mu_G / \cos\beta$. Bei $\beta = 30°$ ist $\tan\varrho_G \approx 1{,}16 \, \mu_G$.

Die Resultierende F wird nun nach Bild 10.25 c zerlegt in die axiale Vorspannkraft F_M der Schraube (Montagevorspannkraft) und in die, die Anziehbewegung hemmende Umfangskraft F_u. Aus Bild 10.25 c folgt: $F_u = F_M \cdot \tan(\alpha + \varrho_G)$. Wegen der kleinen Winkel α und ϱ_G kann mit ausreichender Genauigkeit $\tan(\alpha + \varrho_G) = \tan\alpha + \tan\varrho_G$ gesetzt werden. Bei $\beta = 30°$ ist dann

$$F_u \approx F_M \left(\frac{0{,}32 P}{d_2} + 1{,}16 \, \mu_G \right).$$

Um F_u zu überwinden, muß ein Drehmoment $M_G = F_u \dfrac{d_2}{2}$ aufgebracht werden. Bei $\beta = 30°$ beträgt dieses

Gewindeanziehmoment $\quad M_G \approx F_M \left(\dfrac{0{,}32 P}{d_2} + 1{,}16 \mu_G \right) \dfrac{d_2}{2}.$

Durch die Montagevorspannkraft F_M wird die Schraube mit der Spannung $\sigma_M = F_M / A_0$ auf Zug beansprucht, wenn A_0 den maßgebenden Querschnitt darstellt. Dieser ist bei Schaftschrauben der Spannungsquerschnitt A_S, bei Taillenschrauben der Taillenquerschnitt A_T. Bei fast allen Anziehverfahren (mit Ausnahme der unter 2. im Abschnitt 10.8 beschriebenen, bei denen kein Anziehmoment ausgeübt wird) wird der Schraubenbolzen auch mit $\tau_t = M_G / W_t$ auf Torsion beansprucht, wenn $W_t = \pi \cdot d_0^3 / 16$ das Widerstandsmoment bedeutet. Zug- und Torsionsspannung denkt man sich durch eine Vergleichsspannung σ_v als äquivalente Zugspannung ersetzt. Nach der Hypothese der größten Gestaltänderungsenergie beträgt diese

Vergleichsspannung $\quad \sigma_v = \sqrt{\sigma_M^2 + 3\tau_t^2}.$

Um die Schraube nicht zu überlasten, darf die Vergleichsspannung einen bestimmten Grenzwert nicht überschreiten. Deshalb muß mit dieser die Zugspannung σ_M aus der vorstehenden Gleichung freigestellt werden. Dazu werden beide Seiten durch σ_M dividiert:

$$\frac{\sigma_v}{\sigma_M} = \sqrt{\left(\frac{\sigma_M}{\sigma_M}\right)^2 + 3\left(\frac{\tau_t}{\sigma_M}\right)^2}, \quad \text{also} \quad \sigma_M = \frac{\sigma_v}{\sqrt{1 + 3\left(\frac{\tau_t}{\sigma_M}\right)^2}}$$

Mit $\quad \tau_t = \dfrac{M_G}{W_t} = \dfrac{F_M\left(\dfrac{0,32P}{d_2} + 1,16\mu_G\right)}{\pi \cdot d_0^3/16} \quad$ und $\quad \sigma_M = \dfrac{F_M}{A_0} = \dfrac{F_M}{d_0^2 \cdot \pi/4}$

wird $\quad \dfrac{\tau_t}{\sigma_M} = \dfrac{F_M\left(\dfrac{0,32P}{d_2} + 1,16\mu_G\right) 16 \cdot d_0^2 \cdot \pi \cdot d_2}{\pi \cdot d_0^3 \cdot F_M \cdot 4 \cdot 2} = \dfrac{\left(\dfrac{0,32P}{d_2} + 1,16\mu_G\right) 2d_2}{d_0}$

Somit ergibt sich die

Montagevorspannung $\quad \boldsymbol{\sigma_M} = \dfrac{\boldsymbol{\sigma_v}}{\sqrt{1 + 3\left[\dfrac{2d_2}{d_0}\left(\dfrac{0,32P}{d_2} + 1,16\mu_G\right)\right]^2}}$ (10.1)

σ_M	in N/mm²	Zugspannung im maßgebenden Querschnitt der Schraube,
σ_v	in N/mm²	Vergleichsspannung, die beim Anziehen zugelassen werden soll, in der Regel $\sigma_v = 0,9 R_{p0,2}$ (90% der 0,2%-Dehngrenze),
P	in mm	Steigung des Gewindes (Tab. A 10.1),
d_0	in mm	maßgebender Durchmesser = d_S bei Schaftschrauben und d_T bei Taillenschrauben,
d_2	in mm	Flankendurchmesser des Gewindes (Tab. A 10.1),
μ_G		Reibzahl des Gewindes (Tab. 10.6).

Mit σ_M läßt sich nun errechnen die

Montagevorspannkraft $\quad \boldsymbol{F_M = A_0 \cdot \sigma_M}$ (10.2)

F_M	in N	Zugkraft in der Schraube beim Anziehen,
σ_M	in N/mm²	Montagevorspannung nach Gl. 10.1,
A_0	in mm²	maßgebender Schraubenquerschnitt = A_S bei Schaftschrauben und A_T bei Taillenschrauben (Tab. A 10.1).

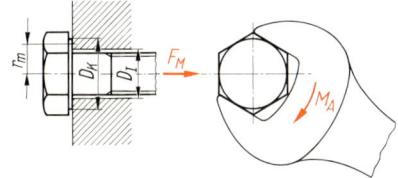

Der anzuziehende Schraubenkopf oder die anzuziehende Mutter drückt mit der Kraft F_M auf die Unterlage und erzeugt einen Reibwiderstand $F_M \cdot \mu_K$, wenn μ_K die Reibzahl an der Auflagefläche bedeutet. Um diesen Reibwiderstand zu überwinden, der am mittleren Auflageradius r_m anzusetzen ist (Bild 10.26), muß aufgebracht werden ein

Kopf- bzw. Mutternanziehmoment $\quad M_K = F_M \cdot \mu_K \cdot r_m$

Bild 10.26 Montagevorspannkraft F_M und Schraubenanziehmoment M_A

Um eine Schraubenverbindung auf eine bestimmte Montagevorspannkraft F_M anzuziehen (Bild 10.26), muß insgesamt ein Anziehmoment $M_A = M_G + M_K$ aufgebracht werden. Durch Einsetzen der zuvor gefundenen Gleichungen für M_G und M_K findet man für $\beta = 30°$:

Schraubenanziehmoment $\quad \boldsymbol{M_A \approx F_M(0,16P + 0,58\,\mu_G \cdot d_2 + \mu_K \cdot r_m)}$ (10.3)

M_A	in Nm	erforderliches Anziehmoment (1 kNmm = 1 Nm),
F_M	in kN	Montagevorspannkraft nach Gl. 10.2,
P	in mm	Steigung des Gewindes (Tab. A 10.1),
μ_G		Reibzahl im Gewinde (Tab. 10.6),
d_2	in mm	Flankendurchmesser des Gewindes (Tab. A 10.1),
μ_K		Reibzahl an der Kopf- bzw. Mutternauflagefläche (Tab. 10.6),
r_m	in mm	mittlerer Auflageradius = $0,25(D_K + D_1)$ nach Bild 10.26.

Tabelle 10.6   Reibzahlen μ_G und μ_K für verschiedene Oberflächen- und Schmierzustände nach VDI 2230

μ_G — Gewinde / Außengewinde (Schraube); Werkstoff: Stahl

Innengewinde (Mutter), Gewindefertigung: geschnitten, Schmierung: trocken

Werkstoff	Oberfläche	schwarzvergütet oder phosphatiert — gewalzt — trocken	gewalzt — geölt	gewalzt — MoS₂*	geschnitten — geölt	galvanisch verzinkt (Zn6) — trocken	galvanisch verzinkt (Zn6) — geölt	galvanisch cadmiert (Cd6) — trocken	galvanisch cadmiert (Cd6) — geölt	Klebstoff — trocken
Stahl	blank	0,12 bis 0,18	0,10 bis 0,16	0,08 bis 0,12	0,10 bis 0,16	–	0,10 bis 0,18	–	0,08 bis 0,14	0,16 bis 0,25
Stahl	galvanisch cadmiert verzinkt	0,10 bis 0,16	–	–	–	0,12 bis 0,20	0,10 bis 0,18	–	–	0,14 bis 0,25
Stahl	galvanisch cadmiert verzinkt	0,08 bis 0,14	–	–	–	–	–	0,12 bis 0,16	0,12 bis 0,14	–
GG/GTS	blank	–	0,10 bis 0,18	–	0,10 bis 0,18	–	0,10 bis 0,18	–	0,08 bis 0,16	–
AlMg	blank	–	0,08 bis 0,20	–	–	–	–	–	–	–

μ_K — Auflagefläche / Schraubenkopf; Werkstoff: Stahl

Gegenlage, Schmierung: trocken

Werkstoff	Oberfläche	Fertigung	schwarz oder phosphatiert — gepreßt — trocken	gepreßt — geölt	gepreßt — MoS₂*	gedreht — geölt	gedreht — MoS₂	geschliffen — geölt	galvanisch verzinkt (Zn6) — gepreßt — trocken	galvanisch verzinkt (Zn6) — gepreßt — geölt	galvanisch cadmiert (Cd6) — gepreßt — trocken	galvanisch cadmiert (Cd6) — gepreßt — geölt
Stahl	blank	geschliffen	–	0,16 bis 0,22	–	0,10 bis 0,18	–	0,16 bis 0,22	0,10 bis 0,18	–	0,08 bis 0,16	–
Stahl	galvanisch cadmiert verzinkt	spanend bearbeitet	0,12 bis 0,18	0,10 bis 0,18	0,08 bis 0,12	0,10 bis 0,18	0,08 bis 0,12	–	0,10 bis 0,18	0,10 bis 0,18	0,08 bis 0,16	0,08 bis 0,14
Stahl	galvanisch cadmiert verzinkt	geschliffen	0,10 bis 0,16	0,10 bis 0,16	–	0,10 bis 0,16	–	0,10 bis 0,18	0,16 bis 0,20	0,10 bis 0,18		
Stahl	galvanisch cadmiert verzinkt	spanend bearbeitet	0,08 bis 0,16	0,08 bis 0,16	0,08 bis 0,16	0,08 bis 0,16	0,08 bis 0,16	0,08 bis 0,16	–	–	0,12 bis 0,20	0,12 bis 0,14
GG/GTS	blank	geschliffen	–	0,10 bis 0,18	–	–	–	0,10 bis 0,18	0,10 bis 0,18		0,08 bis 0,16	–
GG/GTS	blank	spanend bearbeitet	–	0,14 bis 0,20	–	0,10 bis 0,18	–	0,14 bis 0,22	0,10 bis 0,18	0,10 bis 0,16	0,08 bis 0,16	–
AlMg	blank	spanend bearbeitet	–	0,08 bis 0,20	0,08 bis 0,20	0,08 bis 0,20	0,08 bis 0,20	–	–	–	–	–

* Molybdändisulfid

Die Reibzahlen (Tab. 10.6) schwanken in weiten Grenzen. Sie schwanken sogar während des Anziehens und von Fertigungslos zu Fertigungslos gleicher Schrauben. Deshalb müssen die Montagevorspannkraft F_M mit $\mu_{G\,min}$ und das Schraubenanziehmoment M_A mit $\mu_{K\,min}$ errechnet werden. Mit den Maximalwerten würde sich ein höheres Anziehmoment ergeben, und für den Fall, daß die Reibzahlen tatsächlich kleiner als $\mu_{G\,max}$ und $\mu_{K\,max}$ sind, könnte sich eine zu hohe, die Streckgrenze überschreitende Vorspannung einstellen.

Für die Montage muß ein bestimmtes Schraubenanziehmoment vorgeschrieben werden. Je nach Anziehverfahren schwankt dieses mehr oder weniger zwischen einem Größtwert $M_{A\,max}$ und einem Kleinstwert $M_{A\,min}$. Wegen der nur ungenau bekannten Reibzahlen μ_G und μ_K schwankt die erreichte Montagevorspannkraft in noch größerem Maße zwischen $F_{M\,max}$ und $F_{M\,min}$. Das Verhältnis dieser Grenzvorspannkräfte wird bezeichnet als

$$\text{\textit{Anziehfaktor}} \quad \alpha_A = \frac{F_{M\,max}}{F_{M\,min}} \tag{10.4}$$

Erfahrungswerte sind in Tab. A 10.7 angegeben. Die zulässigen Montagevorspannkräfte $F_{M\,zul}$ und die zulässigen Schraubenanziehmomente $M_{A\,zul}$ bei 90prozentiger Ausnutzung der 0,2%-Dehngrenze enthalten die Tabn. A 10.8 und A 10.9, und zwar für Schaft- und für Taillenschrauben mit metrischem Regelgewinde M 4 bis M 36 und Reibzahlen von 0,08 bis 0,24. Diese können auch als erster Anhalt für Schrauben mit Feingewinde dienen.

Da μ_G und μ_K im allgemeinen verschieden groß sind, ergeben sich eine Vielzahl möglicher Anziehmomente M_A. Nach der Richtlinie VDI 2230 wird mit unterschiedlichen Reibzahlen gerechnet. Ilgner/Blume dagegen rechnen in ihrem „Schraubenvademekum" mit einer Reibzahl $\mu_{ges} = \mu_G = \mu_K$. Hier wird nach der VDI-Methode verfahren. Wenn jedoch μ_G oder/und μ_K nicht bekannt sind, so setze man $\mu_G = 0,12$ bzw. $\mu_K = 0,12$.

Die Torsionsbeanspruchung im Schraubenbolzen kann vermieden werden, wenn der Bolzen beim Anziehen an einer Drehbewegung gehindert wird, beispielsweise mit einem Schraubenschlüssel. Dazu muß der Bolzen am Mutterende eine Anflächung oder einen Vierkant besitzen. Siehe hierzu Bild 10.24 Seite 182. Dadurch kann die Streckgrenze ausschließlich für die Zugbeanspruchung ausgenutzt werden.

Beispiel 10.1

Eine Zylinderschraube mit Innensechskant DIN 912-M10-10.9 soll mit einem messenden Drehmomentenschlüssel gleichmäßig angezogen werden. Außengewinde gewalzt, schwarz vergütet, geölt. Innengewinde in Stahl geschnitten, blank. Schraubenkopf gepreßt, schwarz, geölt. Bauteiloberfläche (Gegenlage) Stahl, geschliffen, trocken. Durchgangsloch mittel nach DIN EN 20273 (Tab. A 10.3).

Wie groß ist die zulässige Montagevorspannkraft $F_{M\,zul}$? Wie groß ist das zulässige Schraubenanziehmoment $M_{A\,zul}$? Bis auf welchen Minimalwert $F_{M\,min}$ kann die Vorspannkraft sinken, wenn $F_{M\,max} = F_{M\,zul}$ beträgt?

Lösung:
1. Zulässige Montagevorspannkraft $F_{M\,zul}$
Nach Tab. A 10.1 betragen: $P = 1,5$ mm, $d_2 \approx 9,03$ mm, $d_S \approx 8,59$ mm, $A_S = 58$ mm², nach Tab. A 10.2 die Dehngrenze $R_{p\,0,2} = 940$ N/mm². In Tab. 10.6 ist angegeben: $\mu_G = 0,10 \ldots 0,16$, so daß mit $\mu_G = 0,1$ gerechnet werden muß. Nach Gl. 10.1 wird mit $\sigma_v = 0,9 R_{p\,0,2} = 0,9 \cdot 940$ N/mm² $= 846$ N/mm² und $d_0 = d_S$ die zulässige Montagespannung

$$\sigma_{M\,zul} = \frac{\sigma_v}{\sqrt{1 + 3\left[\dfrac{2 d_2}{d_S}\left(\dfrac{0,32 P}{d_2} + 1,16 \mu_G\right)\right]^2}} = \frac{846 \text{ N/mm}^2}{\sqrt{1 + 3\left[\dfrac{2 \cdot 9,03}{8,59}\left(\dfrac{0,32 \cdot 1,5}{9,03} + 1,16 \cdot 0,1\right)\right]^2}} = 720,3 \text{ N/mm}^2.$$

Nach Gl. 10.2:

$$F_{M\,zul} = A_S \cdot \sigma_M = 58 \text{ mm}^2 \cdot 720,3 \text{ N/mm}^2 = 41777 \text{ N} \approx 42\,000 \text{ N} = F_{M\,max}.$$

2. Zulässiges Schraubenanziehmoment $M_{A\,zul}$
Nach Tab. 10.6 ist $\mu_K = 0,16\ldots0,22$, so daß mit $\mu_K = 0,16$ zu rechnen ist. Es werden entnommen: $D_I = 11$ mm aus Tab. A 10.3 und $D_K = 16$ mm aus Tab. A 10.4, so daß $r_m = 0,25\,(D_K + D_I) = 0,25\,(16 + 11)$ mm $\approx 6,8$ mm beträgt. Nach Gl. 10.3 wird dann

$$M_{A\,zul} \approx F_{M\,zul}\,(0,16P + 0,58\,\mu_G \cdot d_2 + \mu_K \cdot r_m)$$
$$= 42\ \text{kN}\,(0,16 \cdot 1,5\ \text{mm} + 0,58 \cdot 0,1 \cdot 9,03\ \text{mm} + 0,16 \cdot 6,8\ \text{mm}) = 77,773\ \text{Nm} \approx 78\ \text{Nm}.$$

In Tab. A 10.8 ist $M_{A\,zul} = 80$ Nm angegeben. Der Unterschied liegt darin, daß der Tabellenwert mit $\mu_G = 0,12$ errechnet wurde.

3. Minimale Montagevorspannkraft $F_{M\,min}$
Nach Tab. A 10.7 ist bei gleichmäßigem Anziehen mit einem messenden Drehmomentenschlüssel $\alpha_A = 1,6$. Somit wird nach Gl. 10.4:

$$F_{M\,min} = \frac{F_{M\,max}}{\alpha_A} = \frac{42\,000\ \text{N}}{1,6} \approx 26\,000\ \text{N}.$$

10.10 Nachgiebigkeit von Schraube und Bauteilen

Durch das Anziehen einer Schraubenverbindung wird die Schraube gedehnt, die verschraubten Bauteile werden gestaucht. Unter der elastischen Nachgiebigkeit δ eines Körpers versteht man den Betrag, um den er sich unter der Wirkung einer Einheitskraft (z. B. 1 N) verlängert oder verkürzt.

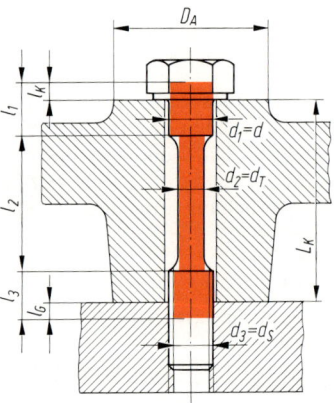

Nach der Elastizitätslehre gilt bei gleichbleibendem Querschnitt:

$$\text{Nachgiebigkeit } \delta = \frac{f}{F} = \frac{l}{E \cdot A}$$

Hierin ist f die Längenänderung, F die beanspruchende Kraft, l die Ausgangslänge, E der Elastizitätsmodul und A die Querschnittsfläche.

Bild 10.27 Verbindung mit Taillenschraube

Bild 10.27 zeigt eine Taillenschraube. Diese kann entspr. ihren verschiedenen Querschnitten in die Einzelelemente der Längen l_1 bis l_3 aufgeteilt werden. Erfahrungsgemäß sind $l_K \approx 0,4d$ und $l_G \approx 0,4d$ als Ersatzlängen für den Anteil des Schraubenkopfes und der Traglänge des Gewindes an der Formänderung einzusetzen. Da die einzelnen Elemente hintereinander geschaltet sind, so sind ihre einzelnen Nachgiebigkeiten zu addieren:

$$\textit{Nachgiebigkeit der Schraube} \quad \boldsymbol{\delta_S} = \frac{1}{E_S}\left(\frac{l_1}{A_1} + \frac{l_2}{A_2} + \frac{l_3}{A_3} \ldots\right) \tag{10.5}$$

δ_S in mm/kN   Nachgiebigkeit der Schraube,
E_S in kN/mm²   Elastizitätsmodul des Schraubenwerkstoffs, für Stahlschrauben ≈ 210 kN/mm²,
l_i in mm   Längen der Einzelelemente der Schraube,
A_i in mm²   Querschnittsflächen der Einzelelemente, für den Fall in Bild 10.27 ist
                               $A_1 = A$ der Schaftquerschnitt,
                               $A_2 = A_T$ der Taillenquerschnitt,
                               $A_3 = A_S$ der Spannungsquerschnitt (Tab. A 10.1).

Damit beträgt die **Verlängerung der Schraube** beim Anziehen $f_{SM} = F_M \cdot \delta_S$ mit F_M als Montage-vorspannkraft.

In der Regel werden platten- oder hülsenförmige Bauteile miteinander verschraubt oder auf ein Bauteil aufgeschraubt wie beispielsweise nach Bild 10.28. Auf der Klemmlänge L_K breitet sich die Druckspannung tonnenförmig aus, wie bereits in Bild 10.22 (Seite 180) dargestellt wurde. Den Druckspannungskörper denkt man sich durch einen volumengleichen zylindrischen Körper mit einer Querschnittsfläche A_B und den Einzellängen L_1, L_2, ...ersetzt, die zusammen die Klemmlänge L_K bilden. Das ist theoretisch zwar nicht ganz korrekt, genügt aber den praktischen Anforderungen. Es betragen die

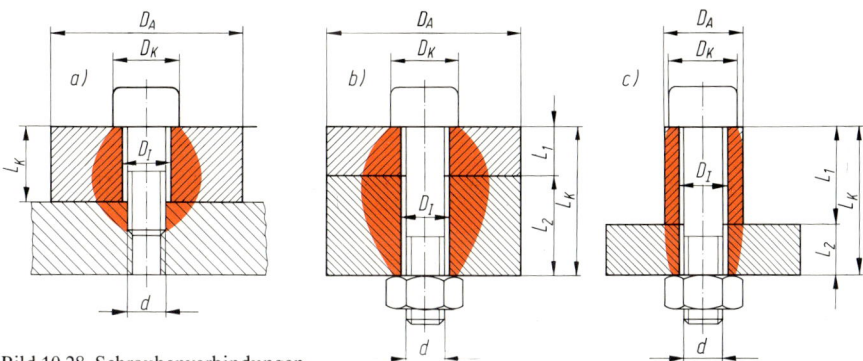

Bild 10.28 Schraubenverbindungen
a) Platte aufgeschraubt, b) Platten miteinander verschraubt, c) Hülse und Platte miteinander ver-schraubt

Ersatzquerschnitte
bei $D_A / D_K \leqq 1$:

$$A_B = \frac{\pi}{4} (D_A^2 - D_I^2) \tag{10.6}$$

bei $D_A / D_K \leqq 3$ und $L_K / d \leqq 8$:

$$A_B = \frac{\pi}{4} (D_K^2 - D_I^2) + \frac{\pi}{8} \left(\frac{D_A}{D_K} - 1 \right) \left(\frac{D_K}{5} L_K + \frac{L_K^2}{100} \right) \tag{10.7}$$

bei $D_A / D_K > 3$ und $L_K / d \leqq 8$:

$$A_B = \frac{\pi}{4} \left[(D_K + 0,1 \, L_K)^2 - D_I^2 \right] \tag{10.8}$$

A_B	in mm^2	Querschnittsfläche des Ersatzzylinders für die verschraubten Bauteile,
D_K	in mm	Auflagedurchmesser des Schraubenkopfes oder der Mutter an den Bauteilen,
D_A	in mm	Außendurchmesser bzw. Breite der Bauteile,
D_I	in mm	Lochdurchmesser (Tab. A 10.3),
L_K	in mm	Klemmlänge der Schraubenverbindung.

Ist $L_K / d > 8$, so ist in die Gln. 10.7 und 10.8 die Klemmlänge $L_K = 8d$ einzusetzen.

Sinngemäß zur Nachgiebigkeit der Schraube beträgt die

Nachgiebigkeit der Bauteile $\quad \delta_B \approx \frac{1}{A_B} \left(\frac{L_1}{E_{B1}} + \frac{L_2}{E_{B2}} + ... \right)$ (10.9)

δ_B	in mm/kN	Nachgiebigkeit der Bauteile,
L_i	in mm	Einzeldicken der Bauteile,
E_{Bi}	in kN/mm^2	Elastizitätsmoduln der einzelnen Bauteilwerkstoffe (siehe Tab. 9.4, Seite 153),
A_B	in mm^2	Querschnittsfläche des Ersatzzylinders der Bauteile nach den Gln. 10.6 bis 10.8.

Die **Bauteile** erfahren somit eine **Dickenabnahme** $f_{BM} = F_M \cdot \delta_B$ mit F_M als Montagevorspannkraft.

Bei wesentlich anders geformten Bauteilen als nach Bild 10.28 ist der voraussichtlich sich bilden-de Druckkörper abzuschätzen und nach diesem ein gleichvolumiger Ersatzzylinder anzunehmen.

Beispiel 10.2

Die Verbindung mit einer Dehnschraube aus Stahl nach Bild 10.27 besitzt folgende Abmessungen: $D_K = 17$ mm, $D_1 = 11$ mm, $d_1 = d = 10$ mm, $A_1 = 78,5$ mm^2, $d_2 = d_T = 7,3$ mm, $A_2 = A_T = 41,8$ mm^2, $d_S = 8,59$ mm, $A_3 = A_S = 58$ mm^2, $l_1 = 12$ mm, $l_2 = 30$ mm, $l_3 = 12$ mm, $L_K = 46$ mm. Es wird das Auge eines Graugußkörpers aus GG-25 mit $E_B = 130$ kN/mm^2 (Tab. 9.4) aufgeschraubt, das eine Breite $b = D_A = 35$ mm besitzt. Wie groß sind die Nachgiebigkeiten δ_S der Schraube und δ_B des Bauteils?

Lösung:
1. Nachgiebigkeit δ_S der Schraube
   Nach Gl. 10.6 ist

$$\delta_S = \frac{1}{E_S}\left(\frac{l_1}{A_1} + \frac{l_2}{A_2} + \frac{l_3}{A_3}\right) = \frac{1}{210\ \text{kN/mm}^2}\left(\frac{12}{78,5} + \frac{30}{41,8} + \frac{12}{58}\right)\frac{\text{mm}}{\text{mm}^2} = 5,13 \cdot 10^{-3}\ \text{mm/kN}$$

2. Nachgiebigkeit δ_B des Bauteils
   Bei $D_A/D_K = 35/17 \approx 2 < 3$ und $L_K/d = 46/10 = 4,6 < 8$ kommt für A_B die Gl. 10.7 in Betracht:

$$A_B = \frac{\pi}{4}(D_K^2 - D_1^2) + \frac{\pi}{8}\left(\frac{D_A}{D_K} - 1\right)\left(\frac{D_K}{5}L_K + \frac{L_K^2}{100}\right)$$

$$= \frac{\pi}{4}(17^2 - 11^2)\ \text{mm}^2 + \frac{\pi}{8}\left(\frac{35}{17} - 1\right)\left(\frac{17}{5}46 + \frac{46^2}{100}\right)\text{mm}^2 = 206\ \text{mm}^2.$$

Mit $L_i = L_K$ wird nach Gl. 10.9

$$\delta_B = \frac{L_K}{E_B \cdot A_B} = \frac{46\ \text{mm}}{130\ \text{kN/mm}^2 \cdot 206\ \text{mm}^2} = 1,72 \cdot 10^{-3}\ \text{mm/kN}.$$

10.11 Bleibende Verformung durch Setzen

Das Vorspannen (Anziehen) einer Schraubenverbindung wird graphisch dargestellt, indem man die Verlängerung f_{SM} der Schraube als positive und die Dickenabnahme f_{BM} der Bauteile als negative Längenänderung aufträgt (Bild 10.29 a). Längungs- und Kürzungslinie treffen sich bei F_M als der gemeinsamen, auf Schraube und Bauteile wirkenden Kraft. Ein derartiges Schaubild heißt **Verspannungsbild**.

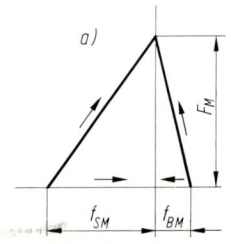 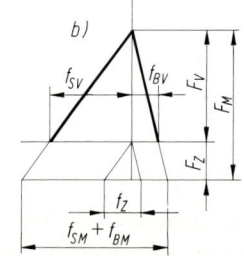

Bild 10.29 Verspannungsbild einer vorgespannten Schraubenverbindung
a) vor und b) nach dem Setzen

Außer den elastischen Formänderungen treten Setzerscheinungen auf (siehe Abschnitt 10.6). Die Dicke der Bauteile und die Länge der Schraube ändern sich zusammen um einen Setzbetrag f_Z (Bild 10.29 b). Durch das Setzen geht die Montagevorspannkraft F_M um den Vorspannkraftverlust F_Z auf die Vorspannkraft F_V zurück (Bild 10.29 b).

Aus den ähnlichen Dreiecken folgt:

$$\frac{F_Z}{F_M} = \frac{f_Z}{f_{SM} + f_{BM}} = \frac{f_Z}{\delta_S \cdot F_M + \delta_B \cdot F_M}, \quad \text{also} \quad F_Z = \frac{f_Z}{\delta_S + \delta_B}$$

Unter Vorgriff auf die Kraftverhältnisse im Betriebszustand des folgenden Abschnittes 10.12 wird eingeführt das

Kraftverhältnis $\quad \Phi_K = \dfrac{\delta_B}{\delta_S + \delta_B}$ (10.10)

δ_B in mm/kN Nachgiebigkeit der Bauteile nach Gl. 10.9,
δ_S in mm/kN Nachgiebigkeit der Schraube nach Gl. 10.5.

Mit dem Kraftverhältnis errechnet sich der

Vorspannkraftverlust $\quad F_Z = \dfrac{f_Z \cdot \Phi_K}{\delta_B}$ (10.11)

F_Z in kN Vorspannkraftverlust nach der Montage der Schraubenverbindung,
f_Z in mm Setzbetrag (Richtwerte nach Tab. A 10.10),
δ_B in mm/kN Nachgiebigkeit der Bauteile nach Gl. 10.9.

Damit verbleibt eine

Vorspannkraft $\quad F_V = F_M - F_Z$ (10.12)

F_M in kN Montagevorspannkraft nach Gl. 10.2,
F_Z in kN Vorspannkraftverlust nach Gl. 10.11.

In der Richtlinie VDI 2230 heißt es: Nach bisher vorliegenden Versuchsergebnissen ist der Setzbetrag sowohl von der Anzahl der Trennfugen als auch von der Größe der Rauhigkeit der Fugenflächen nahezu **unabhängig**. Er wächst jedoch mit dem Klemmlängenverhältnis L_K/d.

Beispiel 10.3

Für die Schraubenverbindung nach Bild 10.27 (Seite 188) gemäß Beispiel 10.2 sind gegeben:
$\delta_S = 5{,}13 \cdot 10^{-3}$ mm/kN, $\delta_B = 1{,}72 \cdot 10^{-3}$ mm/kN, $F_{M\,max} = 26{,}3$ kN, $\alpha_A = 1{,}6$. In welchen Grenzen $F_{V\,max}$ und $F_{V\,min}$ kann die Vorspannkraft schwanken, wenn das Klemmlängenverhältnis $L_K/d = 6{,}7$ beträgt?

Lösung:
Tab. A 10.10 gibt den Setzbetrag $f_Z = 6{,}3 \cdot 10^{-3}$ mm an.
Nach den Gln. 10.10 bis 10.12 werden

$$\Phi_K = \frac{\delta_B}{\delta_S + \delta_B} = \frac{1{,}72 \cdot 10^{-3}}{5{,}13 \cdot 10^{-3} + 1{,}72 \cdot 10^{-3}} = \frac{1{,}72}{5{,}13 + 1{,}72} = 0{,}25,$$

$$F_Z = \frac{f_Z \cdot \Phi_K}{\delta_B} = \frac{6{,}3 \cdot 10^{-3}\ \text{mm} \cdot 0{,}25}{1{,}72 \cdot 10^{-3}\ \text{mm/kN}} = \frac{6{,}3 \cdot 0{,}25}{1{,}72}\ \text{kN} \approx 0{,}92\ \text{kN},$$

$$F_{V\,max} = F_{M\,max} - F_Z = 26{,}3\ \text{kN} - 0{,}92\ \text{kN} \approx 25{,}4\ \text{kN},$$

und aus Gl. 10.4 (Seite 187) folgt:

$$F_{V\,min} = \frac{F_{M\,max}}{\alpha_A} - F_Z = \frac{26{,}3\ \text{kN}}{1{,}6} - 0{,}92\ \text{kN} \approx 15{,}5\ \text{kN}.$$

10.12 Wirkungen in vorgespannten Schraubenverbindungen durch eine Betriebslängskraft

Nach der Montage und nach dem Setzen ist die Schraubenverbindung mit der Kraft F_V vorgespannt (Bild 10.30a). Die Klemmkraft an der Trennfuge der Bauteile ist dann gleich der Vorspannkraft F_V. Eine äußere Betriebslängskraft F_A (axiale Betriebskraft) wird über die verspannten Bauteile eingeleitet und greift im Abstand L_A innerhalb der Klemmlänge L_K an (Bild 10.30b). Dadurch wird das Teilstück der Länge L_A der Bauteile entlastet und dehnt sich, während das Teilstück der Länge $L_K - L_A$ stärker belastet und weiter gestaucht wird. Die Schraube wird auf die Größtkraft F_S weiter gespannt (Bild 10.30c), die Bauteilfugen dagegen werden bis auf die Restklemmkraft F_K entlastet. Die Differenz der Kräfte F_S und F_K ist dann gleich der axialen Betriebskraft F_A.

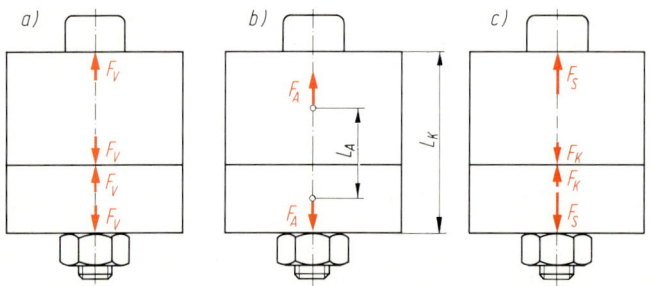

Bild 10.30 Kräfte an einer
Schraubenverbin-
dung
a) Vorspannkraft
F_V,
b) Betriebslängs-
kraft F_A,
c) Größtkraft F_S
und Restklemm-
kraft F_K

Es ist nicht immer einfach, den Angriffspunkt der Betriebskraft F_A innerhalb der Klemmlänge festzustellen, und häufig ist man anhand der Konstruktion auf eine gefühlsmäßige Schätzung angewiesen, d.h. man muß erwägen, an welcher Stelle der Übergang von der Entlastung zur weiteren Belastung der Bauteile stattfindet. Dazu zeigt Bild 10.31 drei kaum voneinander verschiedene Schraubenverbindungen. Im Fall nach Bild 10.31a scheint die Betriebskraft F_A am Schraubenkopf anzugreifen. Dies trifft aber nicht zu, da der obere Bauteilabschnitt vom Schraubenkopf gestaucht, der untere aber entlastet wird. Man kann **$L_A \approx 0{,}7\ L_K$** annehmen. Im Fall nach Bild 10.31b ist eindeutig **$L_A = L_K/2$** zu setzen (Normalfall). Im Fall nach Bild 10.31c greift die Belastungskraft F_A nicht an der Trennfuge an, da auch hier der obere Bauteilabschnitt gestaucht, der untere aber entlastet wird. Für diesen Fall kann **$L_A \approx 0{,}3\ L_K$** angenommen werden.

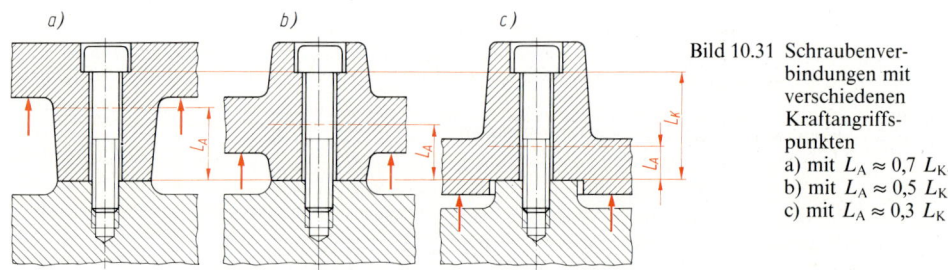

Bild 10.31 Schraubenver-
bindungen mit
verschiedenen
Kraftangriffs-
punkten
a) mit $L_A \approx 0{,}7\ L_K$,
b) mit $L_A \approx 0{,}5\ L_K$,
c) mit $L_A \approx 0{,}3\ L_K$

Zur Veranschaulichung der Verspannungsverhältnisse kann man sich nach Bild 10.32a die Bauteile in die Teilstücke A mit der Länge L_A und B mit der Länge $L_B = L_K - L_A$ zerlegt und übereinander gesetzt denken, so daß die Betriebskraft F_A an der Trennfuge der beiden gedachten Teile angreift, die mit F_V vorgespannt waren. Durch die Wirkung von F_A wächst die Kraft im Teil B, das an den Schraubenkopf stößt, von F_V um die Schraubendifferenzkraft F_{SA} auf die Größtkraft F_S (Bild 10.32b), während im Teil A die Kraft von F_V um die Bauteildifferenzkraft F_{BA} auf die Restklemmkraft F_K sinkt (Bild 10.32c). Bild 10.32d zeigt das Verspannungsbild.

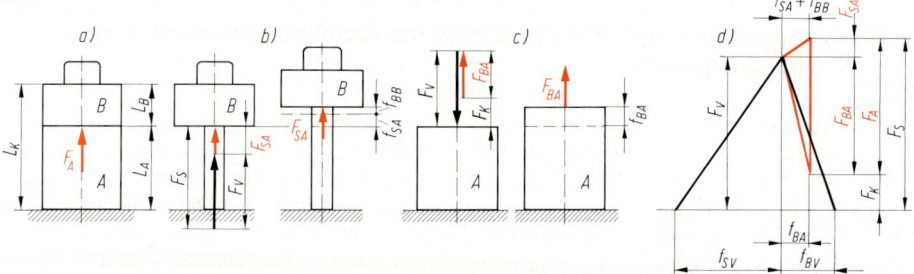

Bild 10.32 Längsverformungen durch die Kräfte an einer Schraubenverbindung
a) gedachte Teile A und B, Beanspruchung durch eine axiale Betriebskraft F_A, b) Kraftanstieg im Teil B, c) Kraftabnahme im Teil A, d) Verspannungsbild

Die weitere Stauchung des Teiles B und die weitere Dehnung der Schraube werden also von F_{SA} hervorgerufen, die weitere Dehnung des Teiles A von F_{BA}. Dadurch erscheinen die Bauteile steifer als zuvor, die Schraube aber nachgiebiger, weil die Kraft F_{SA} zwei Wege in gleicher Richtung zurückzulegen hat, nämlich f_{SA} und f_{BB}. Die Kraft F_{BA} legt aber nur den Weg f_{BA} zurück, so daß $f_{SA} + f_{BB} = f_{BA}$ sein muß.
Führt man einen

$$Klemmlängenfaktor \quad n = L_A / L_K \tag{10.13}$$

ein, so muß mit $L_A = n \cdot L_K$ die Nachgiebigkeit des Teiles A auf $\delta_{BA} = \delta_B \cdot L_A / L_K = n \cdot \delta_B$ sinken und mit $L_B = l_{\cdot K} - n \cdot L_K - L_K (1 - n)$ des Teiles B auf $\delta_{BB} = \delta_B \cdot L_B / L_K = (1 - n) \delta_B$. Hierin ist δ_B die Nachgiebigkeit der Bauteile auf der Klemmlänge L_K nach Gl. 10.9. Mit δ_S als Nachgiebigkeit der Schraube nach Gl. 10.5 und $F_{BA} = F_A - F_{SA}$ nach Bild 10.32 d werden somit:

$$f_{BA} = F_{BA} \cdot \delta_{BA} = F_{BA} \cdot n \cdot \delta_B = (F_A - F_{SA}) \, n \cdot \delta_B,$$

$$f_{SA} + f_{BB} = F_{SA} (\delta_S + \delta_{BB}) = F_{SA} [\delta_S + (1 - n)\delta_B].$$

Aus der Beziehung $f_{SA} + f_{BB} = f_{BA}$ folgt:

$$F_{SA} [\delta_S + (1 - n)\delta_B] = (F_A - F_{SA}) \, n \cdot \delta_B,$$

$$F_{SA} [\delta_S + (1 - n)\delta_B + n \cdot \delta_B] = F_A \cdot n \cdot \delta_B,$$

$$F_{SA} (\delta_S + \delta_B) = F_A \cdot n \cdot \delta_B, \quad \text{also} \quad F_{SA} = n \, \frac{\delta_B}{\delta_S + \delta_B} \, F_A$$

In der letzten Gleichung ist das Kraftverhältnis Φ_K nach Gl. 10.10 enthalten, und mit diesem errechnet sich die

$$Differenzkraft \ in \ der \ Schraube \quad F_{SA} = n \cdot \Phi_K \cdot F_A \tag{10.14}$$

F_{SA}	in kN	Kraftdifferenz zwischen der Größtkraft F_S und der Vorspannkraft F_V,
n		Klemmlängenfaktor nach Gl. 10.13 (Normalfall $n \approx 0,5$),
Φ_K		Kraftverhältnis nach Gl. 10.10,
F_A	in kN	Betriebslängskraft, die im Abstand L_A innerhalb der Klemmlänge L_K angreift.

Werden Bauteile mit verschiedenen Elastizitätsmoduln verschraubt, dann muß die Nachgiebigkeit δ_{BA} des Bauteilabschnittes der Länge L_A mit Gl. 10.9 getrennt ausgerechnet werden.

Aus dem Verspannungsbild Bild 10.32 d folgen:

$$Differenzkraft \ in \ den \ Bauteilen \quad F_{BA} = F_A - F_{SA} = (1 - n \cdot \Phi_K) \, F_A \tag{10.15}$$

$$Größtkraft \ in \ der \ Schraube \quad F_S = F_V + F_{SA} \tag{10.16}$$

$$Restklemmkraft \ der \ Bauteile \quad F_K = F_S - F_A \tag{10.17}$$

mit F_V als Vorspannkraft nach Gl. 10.12. Aus Sicherheitsgründen ist die Restklemmkraft F_K mit $F_{S\,min}$ zu berechnen.

Mitunter wird von einer Schraubenverbindung eine bestimmte Mindestklemmkraft (Restklemmkraft) gefordert, beispielsweise zur Erzielung einer genügend großen Dichtwirkung. In diesem Falle muß nach der Wahl der Schraubengröße von der Restklemmkraft ausgehend die erforderliche Montagevorspannkraft $F_{M\,max}$ errechnet werden. Da die Summe von Mindestklemmkraft F_K, Differenzkraft F_{BA} und Vorspannkraftverlust F_Z gleich der Montagevorspannkraft $F_{M\,min}$ sein muß, wird mit $F_{M\,max} = \alpha_A \cdot F_{M\,min}$ die erforderliche

$$Montagevorspannkraft \quad F_{M\,max} = \alpha_A \, (F_K + F_{BA} + F_Z) \tag{10.18}$$

α_A		Anziehfaktor nach Tab. A 10.7,
F_K	in kN	erforderliche Mindestklemmkraft der Bauteile,
F_{BA}	in kN	Differenzkraft in den Bauteilen nach Gl. 10.15,
F_Z	in kN	Vorspannkraftverlust durch Setzen nach Gl. 10.11.

Mit $F_{M\,max}$ kann das Schraubenanziehmoment M_A mit Gl. 10.3 errechnet und vorgeschrieben werden. M_A darf nicht größer als das zulässige nach Tab. A 10.8 bzw. A 10.9 sein.

Je größer die Betriebskraft F_A im Verhältnis zur Vorspannkraft F_V ist, um so kleiner wird die Restklemmkraft F_K. Bei $F_A > F_S$ wird F_K sogar negativ, und die **Bauteile heben voneinander ab.**

Die Gl. 10.14 zeigt, daß die Zunahme F_{SA} der Schraubenkraft um so kleiner wird, je kleiner der Klemmlängenfaktor n und je kleiner das Kraftverhältnis Φ_K ist. Daraus geht hervor, daß ein Kraftangriff in Nähe der Bauteiltrennfugen, steife Bauteile und nachgiebige Schrauben günstig sind. **Dehnschrauben werden gegenüber Schaftschrauben** (früher Starrschrauben genannt) **bei gleicher Vorspannung durch die Betriebskraft weniger hoch beansprucht.**

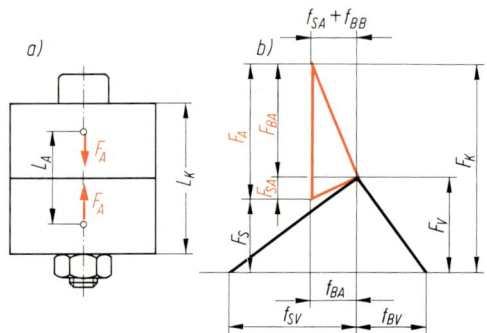

Bild 10.33 Durch eine Betriebsdruckkraft F_A beanspruchte Schraubenverbindung
a) Angriffspunkt der Betriebskraft,
b) Verspannungsbild

Wirkt eine Betriebslängskraft F_A nach Bild 10.33 als **Druckkraft** auf die Bauteile, so nimmt die Bauteildicke auf der Länge L_A um f_{BA} ab, die Schraube wird um f_{SA} kürzer und das Bauteil auf der Länge $L_K - L_A$ um f_{BB} dicker. Die Schraubenkraft nimmt von F_V um F_{SA} auf F_S ab, während die Klemmkraft der Bauteile von F_V um F_{BA} auf F_K zunimmt.

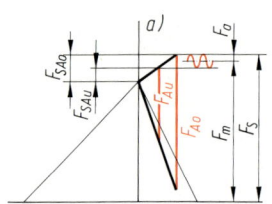 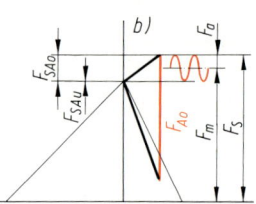 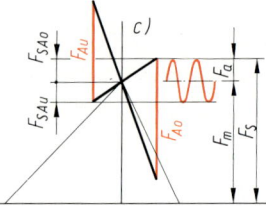

Bild 10.34 Verspannungsbilder bei schwingender Betriebslängskraft F_A
a) Zugkraft schwingt zwischen F_{Ao} und F_{Au},
b) Zugkraft schwingt zwischen F_{Ao} und $F_{Au} = 0$ (schwellend),
c) Längskraft schwingt zwischen Zugkraft F_{Ao} und Druckkraft F_{Au} (wechselnd)

Bei Schraubenverbindungen, die von einer zwischen F_{Ao} (Oberkraft) und F_{Au} (Unterkraft) **schwingenden Betriebskraft** nach Bild 10.34 belastet werden, wird die Schraube mit dem Kraftausschlag F_a beansprucht, nämlich der

Kraftamplitude $\boldsymbol{F_a = 0{,}5\, n \cdot \Phi_K\, (F_{Ao} - F_{Au})}$ (10.19)

n Klemmlängenfaktor nach Gl. 10.13,
Φ_K Kraftverhältnis nach Gl. 10.10,
F_{Ao} in kN Oberkraft des Lastspiels,
F_{Au} in kN Unterkraft des Lastspiels.

Hierzu beträgt die Mittelkraft (Bild 10.34), um die die Kraftamplitude nach oben und unten ausschlägt:

Mittelkraft des Last-
spiels in der Schraube $\quad F_m = F_S - F_a = F_M - F_Z + 0,5\, n \cdot \Phi_K\,(F_{Ao} + F_{Au})$ (10.20)

F_S in kN Größtkraft in der Schraube = $F_{S\,max}$ nach Gl.10.16,
F_a in kN Kraftamplitude nach Gl.10.19,
F_M in kN Montagevorspannkraft = $F_{M\,max}$ nach Gl.10.2, ggf. nach Gl.10.18,
F_Z in kN Vorspannkraftverlust nach Gl.10.11,
$n, \Phi_K, F_{Ao}, F_{Au}$ siehe Legende zur Gl.10.19.

Unter einem **Lastspiel** versteht man eine volle Schwingung der Betriebskraft F_A. Ist F_{Au} wie in Bild 10.34c eine **Druckkraft,** so ist ihr Betrag mit **negativem Vorzeichen** in die Gln.10.19 und 10.20 einzusetzen. Bei $F_{Au} = 0$ ist $F_a = 0,5\, F_{SA}$.

Muß beim Anziehen einer Schraubenverbindung wie nach Bild 10.35 der Widerstand einer **Dichtung** mit überwunden werden, so besitzt die Bauteilkürzungslinie einen Knick und ist der Dichtung entsprechend länger. Die Kürzungslinie der Dichtung kann je nach deren Art gerade oder gekrümmt sein. In derartigen Fällen kann die Berechnung der Kräfte in der Schraubenverbindung so erfolgen, daß die Kürzungslinie der Bauteile bis auf die Nullinie verlängert wird. F_D ist die Klemmkraft der Dichtung, F_K die Restklemmkraft der Bauteile, f_{BD} die Ersatzquetschung der Bauteile, f_D die Dickenabnahme der Dichtung.

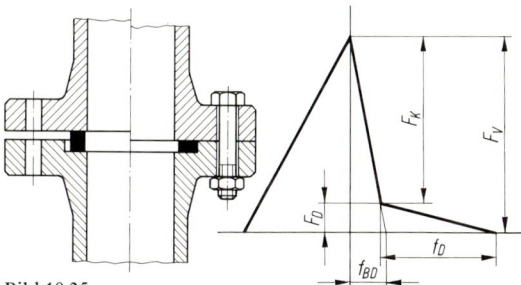

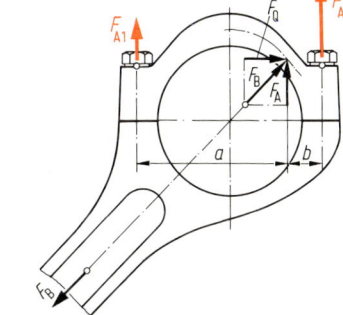

Bild 10.35
Schraubenverbindung mit vorangezogener Dichtung

Bild 10.36 Exzentrisch betriebsbeanspruchte
Pleuelverschraubung
(aus VDI 2230)

Greift die Betriebslängskraft F_A wie nach Bild 10.36 **exzentrisch** zu den Schraubenachsen an, dann verteilen sich die Pressungen nicht mehr gleichmäßig über die Bauteiltrennflächen und die Schraubenkopfauflagefläche, so daß Restklemmkraft F_K und Schraubenkraft F_S neben der Schraubenachse wirken. Dadurch wird der Schraubenbolzen zusätzlich auf Biegung beansprucht. Die Berechnung wird dann außerordentlich kompliziert und aufwendig. Deshalb wird auf diese hier nicht eingegangen. Sie ist in der Richtlinie VDI 2230 (Systematische Berechnung hochbeanspruchter Schraubenverbindungen) zu finden. Da auch diese Berechnungen mit großen Unsicherheiten behaftet sind, empfiehlt es sich praktisch, die Montagevorspannkraft $F_{M\,max}$ und damit das Schraubenanziehmoment M_A um einen gewissen Prozentsatz niedriger anzusetzen, um noch Reserve für die Biegebeanspruchung zu lassen. Derartige exzentrische Belastungen treten bei allen Flansch- und Deckelverschraubungen auf (siehe auch DIN 2505). Sie werden um so geringer, je dicker die Flansche oder Deckel sind.

Beispiel 10.4

Die Schraubenverbindungen nach den Bildern 10.31a bis c (Seite 192) mit einer Klemmlänge $L_K = 46$ mm entsprechen in ihren Abmessungen denen der Beispiele 10.2 und 10.3 zum Bild 10.27 (Seite 188). Sie werden mit einer Betriebslängskraft $F_A = 12$ kN beansprucht. Bisher wurden errechnet: $F_{V\,max} = 25,4$ kN, $F_{V\,min} = 15,5$ kN, $\Phi_K = 0,25$. Wie groß werden folgende, für die Berechnung der Verbindungen jeweils wichtigen Kräfte: Die Differenzkraft F_{SA} in der Schraube, die Differenzkraft F_{BA} im Bauteil, $F_{S\,max}$ und $F_{S\,min}$, zwischen denen die Größtkraft in der Schraube schwanken kann, und die Restklemmkraft F_K der Bauteile?

Lösung:
Nach den Gln. 10.14 bis 10.17 werden
1. bei der Ausführung nach Bild 19.31a
Mit $n \approx 0,7$ (siehe Seite 192) ist

$$F_{SA} = n \cdot \Phi_K \cdot F_A = 0,7 \cdot 0,25 \cdot 12 \text{ kN} = 2,1 \text{ kN},$$

$$F_{BA} = F_A - F_{SA} = 12 \text{ kN} - 2,1 \text{ kN} = 9,9 \text{ kN},$$

$$F_{S\,max} = F_{V\,max} + F_{SA} = 25,4 \text{ kN} + 2,1 \text{ kN} = 27,5 \text{ kN},$$

$$F_{S\,min} = F_{V\,min} + F_{SA} = 15,5 \text{ kN} + 2,1 \text{ kN} = 17,6 \text{ kN},$$

$$F_K = F_{S\,min} - F_A = 17,6 \text{ kN} - 12 \text{ kN} = 5,6 \text{ kN}.$$

2. bei der Ausführung nach Bild 10.31b

Mit $n = 23/46 = 0,5$ (siehe Seite 192) ist

$$F_{SA} = 0,5 \cdot 0,25 \cdot 12 \text{ kN} = 1,5 \text{ kN},$$

$$F_{BA} = 12 \text{ kN} - 1,5 \text{ kN} = 10,5 \text{ kN},$$

$$F_{S\,max} = 25,4 \text{ kN} + 1,5 \text{ kN} = 26,9 \text{ kN},$$

$$F_{S\,min} = 15,5 \text{ kN} + 1,5 \text{ kN} = 17 \text{ kN},$$

$$F_K = 17 \text{ kN} - 12 \text{ kN} = 5 \text{ kN}.$$

3. bei der Ausführung nach Bild 10.31c

Mit $n \approx 0,3$ (siehe Seite 192) ist

$$F_{SA} = 0,3 \cdot 0,25 \cdot 12 \text{ kN} = 0,9 \text{ kN},$$

$$F_{BA} = 12 \text{ kN} - 0,9 \text{ kN} = 11,1 \text{ kN},$$

$$F_{S\,max} = 25,4 \text{ kN} + 0,9 \text{ kN} = 26,3 \text{ kN},$$

$$F_{S\,min} = 15,5 \text{ kN} + 0,9 \text{ kN} = 16,4 \text{ kN},$$

$$F_K = 16,4 \text{ kN} - 12 \text{ kN} = 4,4 \text{ kN}.$$

4. Schlußbetrachtung
In Bezug auf die Schraubenbeanspruchung ist der Fall nach Bild 10.31c der günstigste, jedoch ist bei ihm die Restklemmkraft am kleinsten. In kritischen Fällen ist daher zu erwägen, welcher Konstruktion der Vorzug zu geben ist.

Beispiel 10.5

Die Schraubenverbindung nach Bild 10.31 (Seite 192) der Beispiele 10.2 bis 10.4 soll mit einem Drehschrauber (Anziehfaktor $\alpha_A = 1,6$) so angezogen werden, daß eine Mindestklemmkraft $F_K = 2$ kN gewährleistet wird. Auf die Verbindung wirkt eine Betriebslängskraft $F_A = 12$ kN. Es wurden bereits ermittelt: $F_{BA} = 10,5$ kN, $F_Z = 0,92$ kN, $P = 1,5$ mm, $\mu_G = 0,1$, $\mu_K = 0,16$, $d_2 = 9,03$ mm, $r_m = 6,8$ mm. Welches Schraubenanziehmoment M_A ist vorzuschreiben?

Lösung:
Nach Gl. 10.18 wird $F_{M\,max} = \alpha_A \,(F_K + F_{BA} + F_Z) = 1,6\,(2 + 10,5 + 0,92)$ kN $\approx 21,5$ kN, und nach Gl. 10.3:

$$M_{A\,max} = F_{M\,max}\,(0,16P + 0,58\,\mu_G \cdot d_2 + \mu_K \cdot r_m)$$

$$= 21,5 \text{ kN }(0,16 \cdot 1,5 + 0,58 \cdot 0,1 \cdot 9,03 + 0,16 \cdot 6,8) \text{ mm} = 39,8 \text{ Nm}.$$

Nach Tab. A 10.9 ist für Taillenschrauben der Festigkeitsklasse 10.9 bei $\mu_K = 0,16$ ein Anziehmoment $M_{A\,zul} = 55$ Nm angegeben. Somit kann $M_A = 40$ Nm $\approx 39,8$ Nm vorgeschrieben werden. Hätte sich $M_{A\,max} > M_{A\,zul}$ ergeben, so müßte eine größere Schraube oder eine höhere Festigkeitsklasse gewählt werden.

Beispiel 10.6

Die Schraubenverbindung nach Bild 10.31b (Seite 192) des Beispiels 10.4 wird mit einer Oberkraft $F_{Ao} = 12$ kN (Zugkraft) und einer Unterkraft $F_{Au} = -8$ kN (Druckkraft) schwingend beansprucht. Bereits ermittelt wurden: $n = 0,5$, $\Phi_K = 0,25$, $F_{S\,max} = 26,9$ kN. Wie groß werden Kraftamplitude F_a und Mittelkraft F_m des Lastspiels in der Schraube?

Lösung:
Nach den Gln. 10.19 und 10.20 werden

$$F_a = 0,5\, n \cdot \Phi_K\,(F_{Ao} - F_{Au}) = 0,5 \cdot 0,25 \cdot 0,5\,(12 + 8) \text{ kN} \approx 1,3 \text{ kN},$$

$$F_m = F_{S\,max} - F_a = 26,9 \text{ kN} - 1,3 \text{ kN} = 25,6 \text{ kN}.$$

10.13 Haltbarkeit der Schraubenverbindungen

Das Schraubenanziehmoment M_A wird gemäß Abschnitt 10.9 so festgelegt, daß die Vergleichsspannung im maßgebenden Schraubenquerschnitt unter Berücksichtigung der Streuungen die 0,9fache 0,2%-Dehngrenze nicht überschreitet. Infolge des Setzens nimmt diese Beanspruchung ab. Für die Spannungszunahme durch die Differenzkraft F_{SA} steht mit Sicherheit noch die 0,1fache 0,2%-Dehngrenze zur Verfügung. Deshalb:

$$\textit{Spannungsdifferenz} \quad \sigma_{sa} = \frac{F_{SA}}{A_0} \leqq 0,1 R_{p\,0,2} \qquad (10.21)$$

σ_{sa} in N/mm^2 Spannungszunahme gegenüber der Vorspannung durch die Betriebslängskraft F_A,
F_{SA} in kN Differenzkraft in der Schraube nach Gl. 10.14,
A_0 in mm^2 maßgebender Schraubenquerschnitt $= A_S$ bei Schaftschrauben und A_T bei Dehnschrauben (Tab. A 10.1).

Bei einer schwingenden Betriebslängskraft F_A besteht die Gefahr eines **Dauerbruchs der Schraube**. Gefährdet sind alle Stellen, an denen stärkere Kerbwirkungen auftreten (siehe hierzu Abschnitt 10.7). Im allgemeinen ist ein Dauerbruch bei einer hohen, aber nicht zu hohen Vorspannung selten. Die Schwingbeanspruchung wird jedoch bei Verlust der Restklemmkraft oder bei unvorgespannten Schrauben besonders hoch. Der glatte Schaft von Taillenschrauben ist kaum dauerbruchgefährdet und bedarf meistens keiner Nachrechnung. Besonders gefährdet ist der Gewindebolzen an der Übergangsstelle zur Mutter oder zu einem Gewindeloch im Bauteil. Da die Kerbspannungen am Gewindegrund auftreten, ist für die Dauerhaltbarkeit der Kernquerschnitt A_K maßgebend. In diesem beträgt der

$$\textit{Spannungsausschlag} \quad \sigma_a = \frac{F_a}{A_K} \qquad (10.22)$$

σ_a in N/mm^2 Spannungsausschlag im Schraubenkern bei schwingender Betriebslängskraft F_A,
F_a in N Kraftamplitude nach Gl. 10.19,
A_K in mm^2 Kernquerschnitt der Schraube (Tab. A 10.1).

Die **Ausschlagsfestigkeit** σ_A des Gewindekerns als Dauerhaltbarkeit ist in Tab. A 10.11 angegeben. Bei Verwendung von Stulpmuttern sind die Werte um etwa 8% höher, bei Zugmuttern um etwa 15%. Bei Feingewinden liegen die Werte für σ_A um etwa 15% niedriger. Als zulässiger Spannungsausschlag kann $\sigma_{a\,zul} \approx 0,9\,\sigma_A$ gesetzt werden. Bei zusätzlicher Biegebeanspruchung, also exzentrischem Kraftangriff, sind entspr. niedrigere Werte anzusetzen.

Schraubenkopf und Mutter werden mit der Größtkraft F_S auf die Bauteiloberflächen gepreßt. Damit die Bauteile nicht örtlich zu stark oder gar plastisch verformt werden und der Setzbetrag durch Kriechen zunimmt, muß die Flächenpressung p_B in bestimmten Grenzen bleiben.

$$\textit{Flächenpressung} \quad p_B = \frac{F_S}{A_P} \qquad (10.23)$$

p_B in N/mm^2 durch die Größtkraft F_S hervorgerufene Flächenpressung am Bauteil,
F_S in N Größtkraft $F_{S\,max}$ in der Schraube nach Gl. 10.16,
A_P in mm^2 am Bauteil vom Schraubenkopf oder von der Mutter gepreßte Fläche.

Bei der Errechnung der gepreßten Fläche A_P ist die übliche Lochanfasung zu berücksichtigen. In Tab. A 10.12 sind Richtwerte für die zulässige Flächenpressung $p_{B\,zul}$ einiger Bauteilwerkstoffe angegeben. Sollte die Flächenpressung den zulässigen Wert überschreiten, so müssen Bundschrauben oder -muttern verwendet oder Scheiben untergelegt werden. Für nicht aufgeführte Werkstoffe kann $p_{B\,zul} \approx 1,2 R_e$ gesetzt werden (Streckgrenzen R_e verschiedener Metalle siehe Tab. A 9.2 und A 9.3). Eine nominelle Überschreitung der Streckgrenze schadet nicht, da es sich nicht um Zugbeanspruchung handelt.

Beispiel 10.7

Die Schraubenverbindung nach Bild 10.31b (Seite 192) des Beispiels 10.6 wird mit einer Differenzkraft $F_{SA} = 1,5$ kN und einer Kraftamplitude $F_a = 1,3$ kN beansprucht. Die Größtkraft in der Schraube beträgt $F_{S\,max} = 26,9$ kN. Entsprechend den vorhergehenden Beispielen sind gegeben: Gewinde M 10, Festigkeitsklasse 10.9, $A_T = 41,9$ mm², $A_K = 52,3$ mm² (Tab. A 10.1), $R_{p\,0,2} = 940$ N/mm², Kopfdurchmesser $D_K = 16$ mm, Innendurchmesser $D_{IK} = 12$ mm (11 mm Lochdurchmesser + 1 mm Lochanfassung). Bauteilwerkstoff GG-25. Sind Spannungsdifferenz σ_{sa}, Spannungsausschlag σ_a und Flächenpressung p_B zulässig?

Lösung:
1. Spannungsdifferenz σ_{sa}
   Nach Gl. 10.21:

$$\sigma_{sa} = \frac{F_{SA}}{A_T} = \frac{1500\ \text{N}}{41,9\ \text{mm}^2} = 35,8\ \text{N/mm}^2 < 0,1\ R_{p\,0,2} = 94\ \text{N/mm}^2.$$

2. Spannungsausschlag σ_a
   Nach der Gl. 10.22:

$$\sigma_a = \frac{F_a}{A_K} = \frac{1300\ \text{N}}{52,3\ \text{mm}^2} = 24,9\ \text{N/mm}^2.$$

Aus Tab. A 10.11 wird $\sigma_A \approx 50$ N/mm² entnommen.
Somit ist $\sigma_{a\,zul} \approx 0,9\ \sigma_A = 0,9 \cdot 50$ N/mm² $= 45$ N/mm², die nicht erreicht werden.

3. Flächenpressung p_B
   Mit $A_P = (D_K^2 - D_{IK}^2)\ \pi/4 = (16^2 - 12^2)\ \text{mm}^2 \cdot \pi/4 = 88\ \text{mm}^2$ beträgt nach Gl. 10.23 die Flächenpressung

$$p_B = \frac{F_{S\,max}}{A_P} = \frac{26\,900\ \text{N}}{88\ \text{mm}^2} \approx 306\ \text{N/mm}^2.$$

In Tab. A 10.12 ist $p_{B\,zul} = 850$ N/mm² für GG-25 angegeben, so daß die Flächenpressung nicht zu hoch ist.

10.14 Systematische Berechnung längsbeanspruchter Schraubenverbindungen

Die bisher erläuterte Berechnung ist nur für hochbeanspruchte Verbindungen mit Schrauben ab Festigkeitsklasse 8.8 sinnvoll und erfolgt zweckmäßig in festgelegten Rechenschritten. Diese sind im einzelnen:

1. Schritt. Ermittlung der die Verbindung beanspruchenden Betriebslängskraft F_A. Befinden sich in einem Anschluß (Flansch, Deckel u. dgl.) mehrere Schrauben, so muß die gesamte Betriebskraft entspr. auf die Schrauben aufgeteilt werden. Danach Abschätzen der Montagevorspannkraft $F_{M\,max} \approx 2 \dots 3F_A$, Wahl der Schraubenart (abhängig von der Konstruktion und den Montagemöglichkeiten) und deren Festigkeitsklasse (Tab. A 10.2), vorläufige Wahl der Schraubengröße nach der zulässigen Montagevorspannkraft $F_{M\,zul}$ (Tab. A 10.8 bzw. A 10.9).

2. Schritt. Bestimmung des Anziehfaktors α_A nach der vorgesehenen Anziehmethode (Tab. A 10.7).

3. Schritt. Falls erforderlich, Bestimmung der Mindestklemmkraft F_K nach den Erfordernissen der Konstruktion.

4. Schritt. Bestimmung der Nachgiebigkeiten δ_S und δ_B von Schraube und Bauteilen (Gln. 10.5 und 10.9) und des Kraftverhältnisses Φ_K nach Gl. 10.10, falls dieses nicht aus Erfahrung bekannt ist.

5. Schritt. Bestimmung des Vorspannkraftverlustes F_Z durch Setzen nach Gl. 10.11, falls auch für diesen kein Erfahrungswert bekannt ist.

6. Schritt. Bestimmung der erforderlichen Montagevorspannkraft $F_{M\,max}$ nach Gl. 10.18. Falls keine Mindestklemmkraft vorgeschrieben ist, also nicht mit Gl. 10.18 gerechnet werden muß, Wahl von $F_{M\,max}$ und Kontrolle mit Gl. 10.17, ob ein Abheben der Bauteile sicher vermieden wird. Bei zusätzlicher Biegebeanspruchung (exzentrischem Kraftangriff) $F_{M\,max} < F_{M\,zul}$!

7. Schritt. Bestimmung des Schraubenanziehmomentes M_A nach Gl. 10.3 mit $F_{M\,max}$; es darf das zulässige $M_{A\,zul}$ nach Tab. A 10.8 bzw. A 10.9 nicht überschreiten!

8. Schritt. Überprüfung der Haltbarkeit der Schraubenverbindung, d. h. Kontrolle, ob Spannungsdifferenz σ_{sa}, Spannungsausschlag σ_a und Flächenpressung p_B zulässig sind (Gln. 10.21 bis 10.23).

Es sei noch hervorgehoben, daß die Berechnungen wegen der starken Streuungen der Werte keinen Anspruch auf absolute Verläßlichkeit erheben können. Genaue Rechenergebnisse würden eine nicht vorhandene Genauigkeit nur vortäuschen. Deshalb stets sinnvoll runden!

Beispiel 10.8

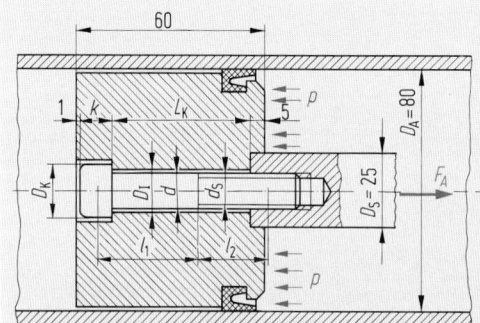

Bild 10.37 zeigt einen Hydraulikzylinder mit Zentralverschraubung zwischen Kolben und Kolbenstange (aus VDI 2230). Der Kolben wird von einem Druck $p = 55$ bar $= 550$ N/cm² beaufschlagt. Wegen der ständigen Arbeitshübe der Presse wirkt die Betriebslängskraft schwellend ($F_{Au} = 0$). Kolbenwerkstoff C 45 V. Die Klemmstelle von Kolben und Kolbenstange erfordert wegen ihrer Dichtfunktion eine Mindestflächenpressung $p_{Ko} = 10$ N/mm². Die Verbindung soll mit einem anzeigenden Drehmomentenschlüssel angezogen werden. Welche Schraubengröße ist zu wählen?

Bild 10.37 Zentralverschraubung von Kolben und Kolbenstange in einem Hydraulikzylinder (nach VDI 2230)

Lösung:

1. Schritt
Mit der beaufschlagten Kolbenfläche $A = (D_A^2 - D_I^2)\,\pi/4 = (8^2 - 2,5^2)$ cm² $\cdot \pi/4 = 45,36$ cm² beträgt die Betriebslängskraft $F_A = F_{Ao} = A \cdot p = 45,36$ cm² $\cdot 550$ N/cm² $= 24948$ N ≈ 25 kN. Geschätzt wird $F_{M\,max} \approx 2,5 F_A = 2,5 \cdot 25$ kN ≈ 62 kN. Es kommt eine Zylinderschraube mit Innensechskant DIN 912 (Gewinde schlußgerollt) in Betracht. Gewählt Festigkeitsklasse 12.9. Für geschwärzte und trockene Schrauben ist nach Tab. 10.6 mit $\mu_{G\,min} = 0,12$ zu rechnen. Für diese Reibzahl wird zunächst die Gewindegröße M 12 für Schaftschrauben nach Tab. A 10.8 gewählt. Für M 12 ist $F_{M\,zul} = 69$ kN > 62 kN.

2. Schritt
Nach Tab. A 10.7 ist für das Anziehen mit Drehmomentenschlüssel der Anziehfaktor $\alpha_A = 1,6$ anzunehmen.

3. Schritt
Unter Berücksichtigung der Loch- und Stangenanfasung beträgt der Innendurchmesser der Stangenanlagefläche $D_{IK} = 13,5$ mm $+ 1$ mm $= 14,5$ mm (Lochdurchmesser siehe Tab. A 10.3, mittel), der Stangendurchmesser $D_{IS} = 25$ mm $- 1$ mm $= 24$ mm, somit gepreßte Fläche $A_{Ko} = (D_{IS}^2 - D_{IK}^2)\pi/4 = (24^2 - 14,5^2)$ mm² $\cdot \pi/4 = 287$ mm². Damit wird eine Mindestklemmkraft erforderlich von

$$F_K = A_{Ko} \cdot p_{Ko} = 287 \text{ mm}^2 \cdot 10 \text{ N/mm}^2 = 2870 \text{ N} \approx 2,9 \text{ kN}.$$

4. Schritt
Nach DIN 912 wird eine Schraube M 12 × 60 mit $D_K = 18$ mm vorgesehen (siehe Tab. A 10.4). Unter Berücksichtigung der Anteile von Schraubenkopf und Einschraubteil mit je $0,4d$ ergeben sich bei 30 mm Gewindelänge an der Schraube: $l_1 = (30 + 0,4 \cdot 12)$ mm ≈ 35 mm, $L_K = 60$ mm $- (5 + k + 1)$ mm $= (60 - 5 - 12 - 1)$ mm $= 42$ mm, $l_2 = L_K - 30 + 0,4 \cdot 12 = (42 - 30 + 4,8)$ mm ≈ 17 mm, $A_1 = 113$ mm², $A_2 = A_S = 84,3$ mm² (Tab. A 10.1), $D_1 = 13,5$ mm (Tab. A 10.3, mittel). Nachgiebigkeit der Schraube nach Gl. 10.5:

$$\delta_S = \frac{1}{E_S}\left(\frac{l_1}{A_1} + \frac{l_2}{A_2}\right) = \frac{1}{210 \text{ kN/mm}^2}\left(\frac{35}{113} + \frac{17}{84,3}\right)\frac{\text{mm}}{\text{mm}^2} \approx 2,4 \cdot 10^{-3} \text{ mm/kN}.$$

Mit $D_A/D_K = 80/18 = 4,4 > 3$ und $L_K/d = 42/12 = 3,5 < 8$ wird der Ersatzquerschnitt des Bauteils nach Gl. 10.8:

$$A_B = \frac{\pi}{4} [(D_K + 0{,}1 L_K)^2 - D_l^2] = \frac{\pi}{4} [(18 + 4{,}2)^2 - 13{,}5^2] \text{ mm}^2 = 244 \text{ mm}^2,$$

und die Nachgiebigkeit des Bauteils nach Gl. 10.9:

$$\delta_B = \frac{L_K}{E_B \cdot A_B} = \frac{42 \text{ mm}}{210 \text{ kN/mm}^2 \cdot 244 \text{ mm}^2} \approx 0{,}8 \cdot 10^{-3} \text{ mm/kN}.$$

Kraftverhältnis nach Gl. 10.10:

$$\Phi_K = \frac{\delta_B}{\delta_S + \delta_B} = \frac{0{,}8}{2{,}4 + 0{,}8} = 0{,}25$$

5. Schritt

Nach Tab. A 10.10 ist bei $L_K/d = 42/12 = 3{,}5$ der Setzbetrag $f_Z \approx 5 \cdot 10^{-3}$ mm. Vorspannkraftverlust nach Gl. 10.11:

$$F_Z = \frac{f_Z \cdot \Phi_K}{\delta_B} = \frac{5 \cdot 0{,}25}{0{,}8} \text{ kN} \approx 1{,}6 \text{ kN}.$$

6. Schritt

Da die Krafteinleitung der nach Bild 10.31c (Seite 192) entspricht, wird $n = L_A/L_K \approx 0{,}3$ angenommen (Gl. 10.13). Differenzkraft im Bauteil nach Gl. 10.15:

$$F_{BA} = (1 - n \cdot \Phi_K) F_A = (1 - 0{,}3 \cdot 0{,}25) \ 25 \text{ kN} = 23{,}1 \text{ kN}.$$

Nach Gl. 10.18 wird dann die erforderliche Montagevorspannkraft

$$F_{M \, max} = \alpha_A (F_K + F_{BA} + F_Z) = 1{,}6 \ (2{,}9 + 23{,}1 + 1{,}6) \text{ kN} = 44{,}3 \text{ kN}.$$

Diese ist kleiner als die im 1. Schritt mit 62 kN angenommene.

7. Schritt

Mit $P = 1{,}75$ mm, $d_2 = 10{,}86$ mm (Tab. A 10.1), $r_m = 0{,}25(D_K + D_l) = 0{,}25(18 + 13{,}5)$ mm $\approx 7{,}9$ mm, $\mu_{G \, min} = 0{,}12$ und $\mu_{K \, min} = 0{,}12$ nach Tab. 10.6 (Bauteil und Schraubenkopf trocken) wird nach Gl. 10.3:

$$M_A \approx F_{M \, max} (0{,}16 \, P + 0{,}58 \, \mu_G \cdot d_2 + \mu_K \cdot r_m)$$

$$= 44.3 \text{ kN} \ (0{,}16 \cdot 1{,}75 + 0{,}58 \cdot 0{,}12 \cdot 10{,}86 + 0{,}12 \cdot 7{,}9) \text{ mm} = 87{,}9 \text{ Nm} < M_{A \, zul} = 135 \text{ Nm}.$$

Für die Montage vorzuschreibendes Anziehdrehmoment $M_A = 90$ Nm (gewählt), so daß $F_{M \, max} \approx 44{,}3$ kN $\cdot \ 90/87{,}9 \approx 45{,}4$ kN wird.

8. Schritt

Nach Gl. 10.14 beträgt die Differenzkraft in der Schraube

$$F_{SA} = n \cdot \Phi_K \cdot F_A = 0{,}3 \cdot 0{,}25 \cdot 25 \text{ kN} \approx 1{,}9 \text{ kN}.$$

Nach Tab. A 10.2 ist $R_{p\,0.2} = 1100$ N/mm². Mit $A_0 = A_S = 84{,}3$ mm² ist nach Gl. 10.21 die Spannungsdifferenz

$$\sigma_{sa} = \frac{F_{SA}}{A_S} = \frac{1900 \text{ N}}{84{,}3 \text{ mm}^2} = 22{,}5 \text{ N/mm}^2 < 0{,}1 \ R_{p\,0.2} = 110 \text{ N/mm}^2.$$

Nach Gl. 10.19 beträgt die Kraftamplitude

$$F_a = 0{,}5 \, n \cdot \Phi_K \, (F_{Ao} - F_{Au}) = 0{,}5 \cdot 0{,}3 \cdot 0{,}25 \ (25 - 0) \text{ kN} \approx 0{,}95 \text{ kN}.$$

Mit dem Kernquerschnitt $A_K = 76{,}3$ mm² (Tab. A 10.1) beträgt nach Gl. 10.22 der Spannungsausschlag

$$\sigma_a = \frac{F_a}{A_K} = \frac{950 \text{ N}}{76{,}3 \text{ mm}^2} \approx 12{,}5 \text{ N/mm}^2.$$

Aus Tab. A 10.11 wird für schlußgerolltes Gewinde M 12 die Ausschlagfestigkeit $\sigma_A \approx 90$ N/mm² abgelesen, so daß $\sigma_{a \, zul} \approx 0{,}9 \ \sigma_A = 0{,}9 \cdot 90$ N/mm² ≈ 80 N/mm² beträgt. Der vorhandene Spannungsausschlag $\sigma_a \approx 12{,}5$ N/mm² liegt also weit darunter.

Mit $D_K = 18$ mm und $D_{lK} = 14{,}5$ mm (einschl. Lochfase) ist die durch den Schraubenkopf gepreßte Bauteilfläche $A_P = (D_K^2 - D_{lK}^2) \ \pi/4 = (18^2 - 14{,}5^2) \text{ mm}^2 \cdot \pi/4 = 89$ mm². Nach den Gln. 10.12 und 10.16 wird die Größtkraft in der Schraube

$$F_{S \, max} = F_{M \, max} - F_Z + F_{SA} = 45{,}4 \text{ kN} - 1{,}6 \text{ kN} + 1{,}9 \text{ kN} = 45{,}7 \text{ kN}.$$

Somit beträgt die Flächenpressung an der Kopfauflagefläche nach Gl. 10.23

$$p_B = \frac{F_{S \, max}}{A_p} = \frac{45\,700 \text{ N}}{89 \text{ mm}^2} \approx 514 \text{ N/mm}^2.$$

Tab. A 10.12 gibt für C 45 V (vergütet) $p_{B \, zul} = 900$ N/mm² an.

Schlußbetrachtung
  Die gewählte Schraube genügt allen Anforderungen. Ihre Festigkeit wird nicht ausgenutzt. Es ist deshalb zu prüfen, ob entweder ein Gewinde M 10 noch genügt oder aber auf die Festigkeitsklasse 10.9 gegangen werden kann.

Für Schraubenverbindungen, von denen keine hohe Festigkeit verlangt wird, genügen Schrauben unter der Festigkeitsklasse 8.8. Selbstverständlich können auch sie nach der vorhergehend dargelegten Methode berechnet werden. Hierzu kann man sich der Tab. A 10.8 bedienen, wenn man die dort angegebenen Montagevorspannkräfte und Schraubenanziehmomente mit dem Streckgrenzenverhältnis multipliziert, z. B. beträgt für eine Schraube der Festigkeitsklasse 4.8 die zulässige

$$\text{Montagevorspannkraft} \quad F_{M(4.8)} = \frac{F_{M(8.8)}}{R_{p\,0,2(8.8)}}\,R_{e(4.8)}$$

Die Streckgrenzen R_e bzw. 0,2%-Dehngrenzen $R_{p\,0,2}$ siehe Tab. A 10.2. Falls die Reibzahlen im Gewinde und an der Kopfauflagefläche nicht bekannt sind, so setze man $\mu_G = \mu_K = 0,12$.

Da **Taillenschrauben** nur für wichtige Verbindungen verwendet werden, sollten sie stets mit einem Drehmomentenschlüssel oder nach einem geeigneten Verfahren angezogen werden. Sie erfordern eine ausführliche Berechnung.

Die Berechnung von **warmfesten Schrauben** im Kessel- und Druckbehälterbau ist mit dem AD-Merkblatt B7 vorgeschrieben (AD = Arbeitsgemeinschaft Druckbehälter, siehe Seite 81).

Über die Berechnung von **Schrauben aus thermoplastischen Kunststoffen** gibt die Richtlinie VDI 2544 Auskunft.

10.15 Überschlagsberechnung

Für nicht hochbeanspruchte Schrauben genügt im allgemeinen eine überschlägige Dimensionierung nach Erfahrungswerten. Es muß dann sein der erforderliche

$$\text{Spannungsquerschnitt} \quad A_S \geqq \frac{F_A}{\sigma_{zul}} \tag{10.24}$$

F_A in N   Betriebslängskraft,
σ_{zul} in N/mm²   zulässige Betriebsspannung in der Schraube, für die Anhaltswerte in Tab. 10.13 angegeben sind.

Damit wird aus Tab. A 10.1 ein passendes Gewinde gewählt.

Schrauben für untergeordnete Verbindungen werden üblicherweise von Hand mit Gabel- oder Ringschlüsseln angezogen, wobei die erreichte Vorspannung σ_V vom Gefühl des Monteurs abhängt und damit stark streut. Es ist dann mit der Vorspannkraft $F_V = A_S \cdot \sigma_V$ zu rechnen. Die auf Erfahrung beruhenden mittleren Vorspannungen σ_V sind in Tab. 10.13 angegeben. Mit Stiftschlüsseln für Innensechskantschrauben werden etwa 30% der vorgenannten Spannungen erreicht.

Die **Streckgrenze des Schraubenwerkstoffs** sollte mindestens $R_e = 1,5\,\sigma_V$ betragen. Um eine Überbeanspruchung bereits beim gefühlsmäßigen Anziehen zu vermeiden, ist für Schrauben unter $d = 6$ mm die Festigkeitsklasse 8.8 zweckmäßig.

Beispiel 10.9

Auf einen Lagerdeckel wirkt eine schwellende Kraft $F = 6000$ N. Er soll mit 4 Sechskantschrauben befestigt werden, so daß jede Schraube eine Axialkraft $F_A = 1500$ N aufzunehmen hat. Welche Gewindegröße ist für die Festigkeitsklasse 4.6 erforderlich? Genügt diese Klasse für gefühlsmäßiges Anziehen?

Lösung:
1. Gewindegröße

Nach Tab. A 10.2 besitzt der Schraubenwerkstoff die Streckgrenze $R_e = 240\ \text{N/mm}^2$. Für diese kann lt. Tab. 10.13 gesetzt werden: $\sigma_{zul} \approx 0,2R_e = 0,2 \cdot 240\ \text{N/mm}^2 = 48\ \text{N/mm}^2$. Damit wird nach Gl. 10.24

$$A_S \geq \frac{F_A}{\sigma_{zul}} = \frac{1500\ \text{N}}{48\ \text{N/mm}^2} = 31,2\ \text{mm}^2.$$

Nach Tab. A 10.1 kommt hierfür M 8 mit $A_S = 36,6\ \text{mm}^2$ in Betracht.
2. Kontrolle der Festigkeitsklasse

Für M 8 ist nach Tab. 10.13 mit $\sigma_V \approx 280\ \text{N/mm}^2$ zu rechnen. Die Streckgrenze soll mindestens $R_e = 1,5\ \sigma_V = 1,5 \cdot 280\ \text{N/mm}^2 = 420\ \text{N/mm}^2$ betragen. Der gewählte Werkstoff genügt also nicht. Es muß auf die Festigkeitsklasse 5.8 mit $R_e = 420\ \text{N/mm}^2$ gegangen werden.

Tab. 10.13 Anhaltswerte für zulässige Betriebsspannungen und mittlere Vorspannungen für Schrauben der Festigkeitsklassen uner 8.8 bei gefühlsmäßigem Anziehen
R_e = Streckgrenze

Festigkeitsklassen		4.6, 5.6		4.8, 5.8		6.8
F_A ruhend	$\sigma_{zul} \approx$	$0,3\ R_e$		$0,35\ R_e$		$0,4\ R_e$
F_A schwingend		$0,2\ R_e$		$0,22\ R_e$		$0,26\ R_e$
Gewindedurchmesser	d in mm	...6	7...12	14...20	22...36	> 36
Vorspannung	σ_V in N/mm²	350	280	180	100	80

10.16 Gestaltung und Berechnung querbeanspruchter Schraubenverbindungen

Zur Übertragung von Querkräften, beispielsweise über zwei Kupplungshälften, benutzt man im wesentlichen:

1. **Paßschrauben** DIN 609 und 610 (Bild 10.38 a), in Stahlkonstruktionen DIN 7968. Der Schraubenschaft muß mit engem Spiel in den Löchern sitzen, damit diese nicht ausschlagen. Wegen ihres genauen Sitzes eignen sie sich auch zur Übertragung von Wechselkräften. Sie fixieren die verbundenen Bauteile recht genau zueinander. Das Gewinde soll möglichst wenig in das Loch hineinragen.
2. **Spannstifte** (Spannhülsen) leicht DIN 7346 und schwer DIN 1481 aus Federstahl (Bild 10.38 b). Sie sind längsgeschlitzt und erfordern nur gebohrte Löcher, da sie sich elastisch an die Lochwände schmiegen. Ihre Nachgiebigkeit wirkt auch stoßmildernd.
3. **Scherbuchsen** (Bild 10.38 c). Sie müssen wie die Paßschrauben mit engem Spiel in den Löchern sitzen, können aber größere Kräfte als diese übertragen. Üblicher Werkstoff St 60. Sie sind nicht genormt.

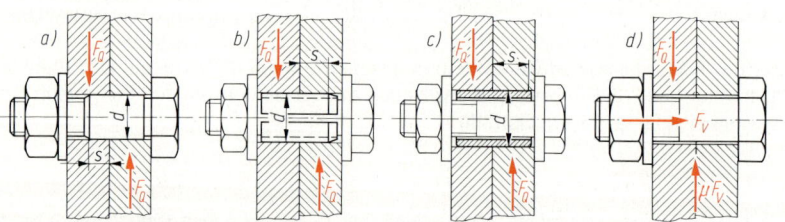

Bild 10.38 Querbeanspruchte Schraubenverbindungen
    a) Paßschraube, b) Spannhülse, c) Scherbuchse, d) Durchsteckschraube

4. Durchsteckschrauben DIN 601, DIN 912 und DIN EN 24014 (Bild 10.38 d), die so stark angezogen sein müssen, daß die Querkraft F_Q durch Reibhemmung an den Bauteilfugen übertragen werden kann. Sie sind am billigsten, aber für Stoß- und Wechselkräfte weniger geeignet. Zur Lagensicherung sind ggf. zusätzliche Paßstifte zweckmäßig. Auch bei ihnen soll das Gewinde möglichst wenig in das Loch hineinragen.

Paßschrauben, Spannhülsen und Scherbuchsen werden wie Niete auf Abscheren und Lochleibung berechnet (siehe Abschnitt 8.2, Seite 131). Aus Sicherheitsgründen wird die durch das Vorspannen der Schrauben erzeugte Reibhemmung in der Regel nicht mit in Ansatz gebracht. Somit gelten:

$$\text{Scherspannung} \quad \tau_a = \frac{F_Q}{m \cdot A} \tag{10.25}$$

$$\text{Leibung} \quad \sigma_l = \frac{F_Q}{d \cdot s} \tag{10.26}$$

τ_a in N/mm² Scherspannung im maßgebenden Querschnitt,
F_Q in N Betriebsquerkraft je Schraube bzw. Element,
m Schnittzahl = Anzahl der Schnittflächen,
A in mm² maßgebender, auf Scheren beanspruchter Querschnitt der Schraube oder des Scherelements,
σ_l in N/mm² Leibungsdruck im Bauteilloch bzw. am Schaft des Scherelements,
d in mm Außendurchmesser des tragenden Teils von Schraube oder Scherelement,
s in mm kleinste tragende Länge an Schraube oder Scherelement im Bauteil.

Im **Maschinenbau** kann etwa
$\tau_{a\,zul} \approx 0,6 R_e$ bei ruhender,
$\approx 0,5 R_e$ bei schwellender,
$\approx 0,4 R_e$ bei wechselnder Beanspruchung
gesetzt werden, wenn R_e die Streckgrenze des Schrauben- bzw. Scherbuchsenwerkstoffs bedeutet. Für die Leibung gilt etwa
$\sigma_{l\,zul} \approx 0,75 R_m$ oder $1,2 R_e$ bei ruhender,
$\approx 0,6 R_m$ oder $0,9 R_e$ bei schwellender oder wechselnder Beanspruchung,
wenn R_m die Zugfestigkeit und R_e die Streckgrenze der Werkstoffe von Schraube, Scherelement oder Bauteilen ist, für GG etwa doppelte Werte. Für Spannhülsen kann unabhängig vom Lastfall $\tau_{a\,zul} \approx 300$ N/mm² gesetzt werden, $\sigma_{l\,zul}$ nach den Bauteilwerkstoffen.
Eine vorgespannte Schraube erzeugt an jedem Bauteil-Reibflächenpaar einen Reibwiderstand $\mu \cdot F_V$, wenn F_V die Vorspannkraft der Schraube und μ die Haftreibzahl an den Bauteilfugen darstellt. Wenn die Verbindung gleitsicher allein durch die Reibhemmung halten soll, dann darf die Betriebsquerkraft F_Q den Reibwiderstand mit entspr. Sicherheit nicht erreichen. Es gilt:

$$\text{Haftsicherheit} \quad S_H = \frac{\mu \cdot F_V \cdot m}{F_Q} \tag{10.27}$$

μ Haftreibzahl an den Klemmflächen der Bauteile (siehe die untenstehenden Angaben),
F_V in kN Vorspannkraft der Schraube = $F_{V\,min}$ nach Gl. 10.12 oder Spannkraft $F_{M\,zul}/\alpha_A$ nach den Tabn. A 10.8 und A 10.9 unter Abzug eines geschätzten Vorspannkraftverlustes F_Z,
m Anzahl der Bauteil-Reibflächenpaare = Schnittzahl,
F_Q in kN Betriebsquerkraft je Schraube.

Üblich ist $S_H \approx 1,3$ bei ruhender Belastung und $\approx 1,5$ bei schwingender Belastung.

Bei trockenen und glatten Klemmflächen (Rauhtiefe $R_Z = 25\ldots40$ μm) beträgt
$\mu = 0,15\ldots0,2$ für die Paarung Stahl mit Stahl,
$= 0,18\ldots0,25$ für Stahl mit Gußeisen oder Bronze,
$= 0,22\ldots0,26$ für Gußeisen mit Gußeisen oder Bronze.

Beispiel 10.10

Das im Bild 10.39 dargestellte Schneckenrad aus G-CuSn 12 mit $R_e = 140$ N/mm^2 (Tab. A 9.3) hat ein schwellendes Drehmoment $M = 3850$ Nm zu übertragen. Es wurden $i = 6$ Paßschrauben DIN 609 — M 12 — 5.6 am Felgenkranz aus GG-20 vorgesehen. Genügt die Verbindung den Anforderungen?

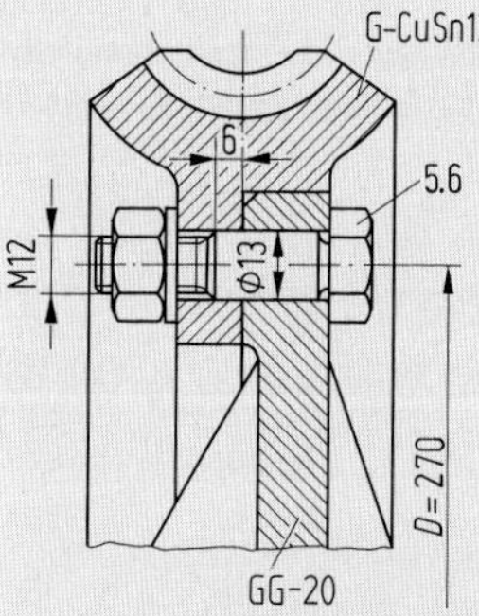

Lösung:

Die Querkraft je Schraube beträgt

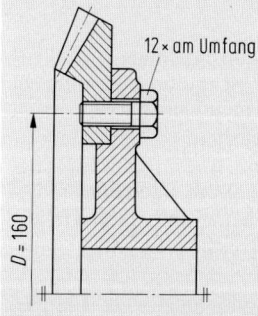

$$F_Q = \frac{M}{i \cdot R} = \frac{385\,000 \text{ Ncm}}{6 \cdot 13,5 \text{ cm}} = 4753 \text{ N}$$

Scherfläche $A = d^2\pi/4 = 13^2$ mm$^2 \cdot \pi/4 \approx 133$ mm^2. Dann ist die Scherspannung nach Gl. 10.25:

$$\tau_a = \frac{F_Q}{a} = \frac{4753 \text{ N}}{133 \text{ mm}^2} \approx 36 \text{ N/mm}^2.$$

Nach Tab. A 10.2 hat die Festigkeitsklasse 5.6 eine Streckgrenze $R_e = 300$ N/mm^2.
Somit $\tau_{a\,zul} \approx 0,5 R_e = 150$ N/mm^2.
Leibung nach Gl. 10.26:

$$\sigma_l = \frac{F_Q}{d \cdot s} = \frac{4753 \text{ N}}{13 \text{ mm} \cdot 6 \text{ mm}} = 61 \text{ N/mm}^2.$$

Bild 10.39 Mit Paßschrauben
befestigter Schneckenradkranz

Zulässige Leibung im Loch des Schneckenrades $\sigma_{l\,zul} \approx 0,9 R_e = 0,9 \cdot 140$ N/mm$^2 = 126$ N/mm^2.

Schlußbetrachtung

Die Festigkeit der Verbindung wird bei weitem nicht ausgenutzt. Es wäre zu prüfen, ob Paßschrauben M 8 noch ausreichen.

Beispiel 10.11

Der Zahnkranz eines Kegelrades aus Vergütungsstahl soll nach Bild 10.40 am Radkörper aus GS-38 mit $i = 12$ Sechskantschrauben nach DIN EN 24017 gleitsicher befestigt werden. Für DIN EN 24017 gelten die gleichen Abmessungen wie für DIN EN 24014, lediglich das Gewinde geht bis annähernd Kopf. Es ist ein schwellendes Drehmoment $M = 1150$ Nm zu übertragen. Welche Schraubengröße und welche Festigkeitsklasse kommen in Betracht, wenn die Schrauben cadmiert sein sollen und mit einem Präzisionsdrehschrauber angezogen werden?

Lösung:

1. Querkraft F_Q je Schraube

Bild 10.40 Auf eine Felge
geschraubtes
Kegelrad

$$F_Q = \frac{M}{i \cdot R} = \frac{115\,000 \text{ Ncm}}{12 \cdot 8 \text{ cm}} \approx 1200 \text{ N}.$$

2. Erforderliche Vorspannkraft $F_{V\,min}$

Nach Seite 203 ist für die Paarung Stahl auf Stahl der Klemmflächen mit $\mu = 0,15 \dots 0,2$ zu rechnen. Es wird $\mu = 0,2$ angenommen. Bei schwellender Beanspruchung soll $S_H \approx 1,5$ sein. Damit ergibt sich aus Gl. 10.27 die erforderliche Vorspannkraft

$$F_{V\,min} = \frac{S_H \cdot F_Q}{\mu \cdot m} = \frac{1,5 \cdot 1200 \text{ N}}{0,2 \cdot 1} = 9000 \text{ N} = 9 \text{ kN}$$

3. Wahl der Schraubengröße und der Festigkeitsklasse

Wegen des Setzens der Verbindung wird $F_Z = 3$ kN geschätzt, somit $F_{M\,min} \approx 12$ kN. Nach Tab. A 10.7 beträgt der Anziehfaktor $\alpha_A = 1,6$. Nach Gl. 10.4 ist

$$F_{M\,max} = \alpha_A \cdot F_{M\,min} = 1,6 \cdot 12 \text{ kN} \approx 19 \text{ kN}$$

Für cadmierte Schrauben ist $\mu_G = \mu_K = 0{,}08$ (Tab. 10.6) anzunehmen. Hierfür wird aus Tab. A 10.8 eine Schraube M 8 − 10.9 mit $F_{M\,zul} = 27$ kN und $M_{A\,zul} = 26$ Nm gewählt. Als Schraubenanziehmoment kann $M_A \approx 20$ Nm vorgeschrieben werden, so daß $F_M = 27$ kN $\cdot 20/26 \approx 20$ kN wird. Eine Kontrolle auf Setzen erübrigt sich, da bereits $F_Z = F_M/\alpha_A - F_{V\,min} = 20$ kN$/1{,}6 - 9$ kN $= 3{,}5$ kN einkalkuliert sind, die wahrscheinlich nicht erreicht werden.

4. Kontrolle auf Haltbarkeit
   Da keine Betriebslängskraft wirkt, ist lediglich die Bauteilpressung am Schraubenkopf zu kontrollieren. Nach Tab. A 10.4 ist $D_K = 13$ mm, $D_{iK} = (9 + 0{,}6)$ mm einschl. Fase (Durchgangsloch mittel nach Tab. A 10.3). Somit ist

$$A_P = (D_K^2 - D_{iK}^2)\,\pi/4 = (13^2 - 9{,}6^2)\ \text{mm}^2 \cdot \pi/4 = 60{,}3\ \text{mm}^2.$$

Für F_S wird $F_{V\,max} = F_M - F_Z = 20$ kN $- 3$ kN $= 17$ kN angenommen. Dann ist nach Gl. 10.23:

$$p_B = \frac{F_{V\,max}}{A_P} = \frac{17\,000\ \text{N}}{60{,}3\ \text{mm}^2} = 282\ \text{N/mm}^2.$$

In Tab. A 10.11 ist für St 37, der etwa dem GS-38 entspricht, $p_{B\,zul} = 300$ N/mm² angegeben, so daß keine Scheibe untergelegt zu werden braucht.

Wenn Schrauben eine Querkraft F_Q gleitfest aufzunehmen haben und **gleichzeitig durch eine Axialkraft F_A beansprucht werden,** so muß in die Gl. 10.27 anstelle der Vorspannkraft F_V die Mindestklemmkraft F_K eingesetzt werden. Um diese zu erreichen, ist die Montagevorspannkraft $F_{M\,max}$ nach Gl. 10.18 zu errechnen und mit dieser das vorzuschreibende Schraubenanziehmoment M_A nach Gl. 10.3.

10.17 Schraubenverbindungen im Stahlbau

Stahlbauteile werden miteinander verschraubt, wenn sie demontierbar sein müssen. Für die Bemessung und Ausführung der Verbindungen ist DIN 18 800[1] maßgebend. Zu verwenden sind Schrauben der Festigkeitsklassen 4.6, 5.6, 8.8 und 10.9 mit Muttern der Festigkeitsklassen 4, 5, 8 und 10. Gegebenenfalls sind unter die Muttern Keilscheiben DIN 434 bzw. DIN 435 zu legen oder Scheiben DIN 7989, mit denen verhindert werden kann, daß das Schraubengewinde in das Bauteilloch hineinragt. Die in Tab. 8.4 (Seite 138) angegebenen Lochabstände gelten für Niete und Schrauben.

Hochfeste Schraubenverbindungen (Festigkeitsklassen 8.8 und 10.9) zeigt Bild 10.41. Die Sechskantschrauben DIN 6914 und -muttern DIN 6915 besitzen die jeweils nächstgrößere Schlüsselweite gegenüber denen nach DIN EN 24014 und 24032, so daß sie mit einem größeren Schlüssel stärker angezogen werden können. Unter Kopf und Mutter ist eine Unterlegscheibe DIN 6916, 6917 oder 6918 anzuordnen.

Schrauben und Muttern ohne Korrosionsschutzüberzüge sind nach dem Zusammenbau durch Anstrich zu schützen.

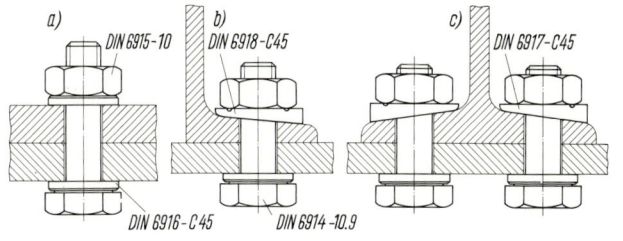

a)
DIN 6915-10
b)
DIN 6918-C45
c)
DIN 6917-C45

DIN 6916-C45   DIN 6914-10.9

Bild 10.41 Hochfeste vorgespannte Schraubenverbindungen im Stahlbau (HV-Verbindungen)
a) Bleche,
b) U-Träger,
c) I-Träger

---

[1] Neben der Ausgabe 11.90 gilt auch noch die Ausgabe 03.81 (siehe Seite 69)

Nach DIN 18 800 T1/03.81 sind folgende Schraubenverbindungen vorgesehen:

1. SL- und SLP-Verbindungen
Es handelt sich um Scher-/Lochleibungsverbindungen mit Durchsteckschrauben (SL) wie nach Bild 10.38 d und Scher-/Lochleibungsverbindungen mit Paßschrauben (SLP) wie nach Bild 10.38 a, beide jedoch **unvorgespannt** (ohne nennenswerte Vorspannung). Zu diesen führt DIN 18800 aus: Für die Berechnung der übertragbaren Querkräfte F_Q wird ausschließlich die Beanspruchung auf Abscheren in der Schraube sowie auf Lochleibung zwischen der Schraube und der Lochwand des zu verbindenden Bauteils herangezogen (Gln. 10.25 und 10.26). Zulässige Spannungen nach Tab. A 10.14, Lastfälle H und HZ hierzu siehe Abschnitt 4.7, Seite 70.

Hochfeste Schrauben der Festigkeitsklasse 10.9 dürfen dabei ohne Vorspannung oder mit teilweiser Vorspannung $\geq 0,5\ F_V$ (bezeichnet als nicht planmäßige Vorspannung) verwendet werden. F_V ist die volle Vorspannkraft nach Tab. A 10.15.
Bei gleichzeitiger Beanspruchung auf Abscheren und Zug der Schrauben sind alle Einzelnachweise unabhängig voneinander zu führen. Dabei dürfen die zulässigen Werte für die einzelnen Beanspruchungsarten ohne Nachweis einer Vergleichsspannung voll ausgenutzt werden.

2. GV- und GVP-Verbindungen
Es handelt sich um gleitfeste Verbindungen (GV) wie nach Bild 10.41, die planmäßig mit einer Kraft F_V vorgespannt werden (HV-Verbindungen: *H*ochfest, *V*orgespannt). Vorspannkräfte F_V und erforderliche Schraubenanziehmomente M_A siehe Tab. A 10.15. Durch eine besondere Behandlung der Berührungsflächen (Tab. A 10.16) lassen sich Querkräfte F_Q durch Reibung übertragen. Ihre Berechnung erfolgt mit Gl. 10.27, wobei μ nach Tab. A 10.16 einzusetzen ist. Die Haftsicherheit muß bertagen beim Lastfall H: $S_H = 1,25$, HZ: $S_H = 1,1$.
Bei **Verbindungen mit hochfesten Paßschrauben (GVP)** wie nach Bild 10.42 im Beispiel 10.12 wird auch die Kraftübertragung durch Abscheren und Lochleibung herangezogen. Für eine derartige Schraube beträgt die

zulässige Querkraft $\quad F_{Q\,\text{zul}} = 0,5\ F_{\text{SLP zul}} + F_{\text{GV zul}}$ \hfill (10.28)

$F_{\text{SLP zul}}$ in kN zulässige, auf Scheren und Leibung berechnete Querkraft $F_{\text{QS zul}} = m \cdot A \cdot \tau_{a\,\text{zul}}$ (Gl. 10.25) oder $F_{\text{QL zul}} = d \cdot s \cdot \sigma_{l\,\text{zul}}$ (Gl. 10.26). Von beiden ist die kleinere maßgebend.

$F_{\text{GV zul}}$ in kN zulässige, auf Haftreibung berechnete Querkraft $= \mu \cdot F_V \cdot m / S_H$ (Gl. 10.27)

Die Werte für $F_{\text{GV zul}}$ sind bei einem Lochspiel von 2 mm auf 80% zu ermäßigen.

In **GV- und GVP-Verbindungen** ist bei gleichzeitiger **Längs- und Querbeanspruchung** der Schrauben, also bei zusätzlicher Zugbeanspruchung durch eine Kraft F_A, die zulässige übertragbare Querkraft $F_{\text{GV zul}}$ bzw. $F_{\text{GVP zul}}$ wegen Abnahme der Klemmkraft wie folgt abzumindern auf

$$F_{\text{GVZ zul}} = \left(0,2 + 0,8\ \frac{F_{A\,\text{zul}} - F_A}{F_{A\,\text{zul}}}\right) F_{\text{GV zul}} \hfill (10.29)$$

$$F_{\text{GVPZ zul}} = 0,5 F_{\text{SLP zul}} + \left(0,2 + 0,8\ \frac{F_{A\,\text{zul}} - F_A}{F_{A\,\text{zul}}}\right) F_{\text{GV zul}} \hfill (10.30)$$

F_A in kN wirkende Axialkraft (Zugkraft)
$F_{A\,\text{zul}}$ in kN zulässige Zugkraft $= A_S \cdot \sigma_{z\,\text{zul}}$ (A_S nach Tab. A 10.1, $\sigma_{z\,\text{zul}}$ nach Tab. A 10.17),
$F_{\text{GV zul}}$ und $F_{\text{SLP zul}}$ in kN siehe Legende zur Gl. 10.28).

Bei Verwendung verschiedener Verbindungsmittel ist auf die Verträglichkeit der Formänderungen in der Verbindung zu achten. Gemeinsame Kraftübertragung darf z. B. angenommen werden bei gleichzeitiger Anwendung von Nieten und Paßschrauben, von GV- oder GVP-Verbindungen und Schweißnähten, von Schweißnähten in einem Gurt und Nieten, Paßschrauben oder gleitfeste Verbindungen in allen übrigen Querschnittsteilen bei vorwiegend auf einachsige Biegung beanspruchten Stößen.

Die zulässige übertragbare Gesamtkraft ergibt sich durch Addition der zulässigen übertragbaren Kräfte der einzelnen Verbindungsmittel. Das bedeutet, daß beispielsweise bei vier gleichen Schrauben die übertragbare Gesamtkraft viermal so hoch ist, wenn sich die Gesamtbelastungskraft gleichmäßig auf alle Schrauben verteilt.

SL-Verbindungen dürfen nicht mit SLP-, GV-, GVP- und Schweißverbindungen zur gemeinsamen Kraftübertragung herangezogen werden.

Die Berechnung der Belastungskräfte der Schrauben und der Stahlbauteile erfolgt wie bei den Nietverbindungen nach den Abschnitten 8.2 und 8.4.

Beispiel 10.12

Bild 10.42 zeigt eine zweischnittige Verbindung mit $i = 3$ Sechskant-Paßschrauben im Stahlbau. Welche Querkraft F kann die Verbindung beim Lastfall H übertragen, wenn es sich

1. um eine SLP-Verbindung mit Sechskant-Paßschrauben DIN 7968 − M 24 × 100 − 4.6 ohne Vorspannung,

2. um eine GVP-Verbindung mit Sechskant-Paßschrauben DIN 7968 − M 24 × 100 − 10.9 mit Vorspannung handelt? Die Bauteile sind mit einem gleitfesten Anstrich versehen. Wie hoch muß das Schraubenanziehmoment M_A sein?

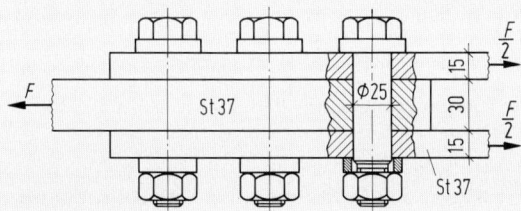

Bild 10.42 Schraubenverbindung im Stahlbau

Lösung:
1. SLP-Verbindung
Die Scherfläche beträgt $A = d^2 \cdot \pi/4 = 25^2 \text{ mm}^2 \cdot \pi/4 = 491 \text{ mm}^2$.
Nach Tab. A 10.14 ist $\tau_{a\,zul} = 140 \text{ N/mm}^2$, $\sigma_{l\,zul} = 320 \text{ N/mm}^2$. Nach den Gln. 10.25 und 10.26 werden:

$$F_{QS\,zul} = m \cdot A \cdot \tau_{a\,zul} = 2 \cdot 491 \text{ mm}^2 \cdot 140 \text{ N/mm}^2 = 137\,480 \text{ N} \approx 137{,}5 \text{ kN},$$

$$F_{QL\,zul} = d \cdot s \cdot \sigma_{l\,zul} = 25 \text{ mm} \cdot 30 \text{ mm} \cdot 320 \text{ N/mm}^2 = 240\,000 \text{ N} = 240 \text{ kN}.$$

Somit ist $F_Q = F_{QS} = 137{,}5$ kN zu setzen. Dann ist

$$F = i \cdot F_Q = 3 \cdot 137{,}5 \text{ kN} \approx 412 \text{ kN}.$$

2. GVP-Verbindung
Nach Tab. A 10.14 ist $\tau_{a\,zul} = 280 \text{ N/mm}^2$, $\sigma_{l\,zul} = 480 \text{ N/mm}^2$. Nach den Gln. 10.25 und 10.26 werden:

$$F_{QS\,zul} = m \cdot A \cdot \tau_{a\,zul} = 2 \cdot 491 \text{ mm}^2 \cdot 280 \text{ N/mm}^2 = 274\,960 \text{ N} \approx 275 \text{ kN},$$

$$F_{QL\,zul} = d \cdot s \cdot \sigma_{l\,zul} = 25 \text{ mm} \cdot 30 \text{ mm} \cdot 480 \text{ N/mm}^2 = 360\,000 \text{ N} = 360 \text{ kN}.$$

Somit ist $F_{SLP\,zul} = F_{QS\,zul} = 275$ kN.

Aus Tab. A 10.15 wird $F_V = 220$ kN, aus Tab. A 10.16 wird $\mu = 0{,}5$ entnommen. Für den Lastfall H ist $S_H = 1{,}25$. Nach Gl. 10.27 somit:

$$F_{GV\,zul} = \mu \cdot F_V \cdot m / S_H = 0{,}5 \cdot 220 \text{ kN} \cdot 2/1{,}25 = 176 \text{ kN}.$$

Nach Gl. 10.28 ist

$$F_{Q\,zul} = 0{,}5 F_{SLP\,zul} + F_{GV\,zul} = 0{,}5 \cdot 275 \text{ kN} + 176 \text{ kN} = 313{,}5 \text{ kN}.$$

Somit ist $F = i \cdot F_Q = 3 \cdot 313{,}5 \text{ kN} \approx 940 \text{ kN}$.

Nach Tab. A 10.15 ist für leichtgeölte Schrauben ein Anziehmoment $M_A = 1100$ Nm vorzuschreiben.

Schlußfolgerung
Die Gegenüberstellung der Verbindungen mit fast gleichen Schrauben verschiedener Festigkeitsklassen zeigt, daß mit GVP-Verbindungen eine über doppelt so hohe Kraft übertragen werden kann.

Beispiel 10.13

Die GVP-Schraubenverbindung nach Beispiel 10.12 soll je Schraube beim Lastfall H mit $F_Q = 200$ kN und $F_A = 120$ kN belastet werden. Es wurden $F_{SLP\,zul} = 275$ kN und $F_{GV\,zul} = 176$ kN errechnet. Vorspannkraft $F_V = 220$ kN. Ist die Belastung zulässig?

Lösung:
Nach Tab. A 10.17 beträgt

$$F_{A\,zul} = 0.7\ F_V = 0.7 \cdot 220\ \text{kN} = 154\ \text{kN}$$

Dann ist nach Gl. 10.30:

$$F_{GVPZ\,zul} = 0.5\ F_{SLP\,zul} + \left(0.2 + 0.8\ \frac{F_{A\,zul} - F_A}{F_{A\,zul}}\right) F_{GV\,zul}$$

$$= 0.5 \cdot 275\ \text{kN} + \left(0.2 + 0.8\ \frac{154 - 120}{154}\right) 176\ \text{kN} = 203.8\ \text{kN}.$$

Da $F_Q = 200$ kN < 203.8 kN beträgt, ist die Belastung der Verbindung zulässig.

Literaturhinweise

Bauer, C. O.: Das Verschrauben von Aluminium. Z. Maschinenmarkt 73/1967.

Bauer, C. O.: Verhalten von Schrauben- und Mutternverbindungen aus nichtrostenden Stählen unter schwingenden Lasten. Z. Konstruktion 24/1972.

Blume, D. und *D. Strelow:* Gestaltung und Anwendung von Dehnschrauben. Z. Verbindungstechnik 1 und 2/1969.

Dettner, H. W.: Vergleichende Untersuchungen der korrosionsschützenden Wirkung von Zn, Cd- und Sn-Überzügen auf Stahl. Werkstoffe und Korrosion 1959.

Illgner, K. H. und *D. Blume:* Schraubenvademecum. Veröffentlichung der Firma Bauer & Schaurte Karcher GmbH 1986.

Illgner, K. H. und *K. H. Beelich:* Einfluß überlagerter Biegung auf die Haltbarkeit von Schraubenverbindungen. Z. Konstruktion 18/1966.

Illgner, K. H.: Einfluß von Werkstoff und Fertigungsverfahren auf die mechanischen Eigenschaften der Verbindungselemente. VDI-Bericht 220 (1974).

Junker, G. und *J. P. Boys:* Moderne Steuerungsmethoden für das motorische Anziehen von Schraubenverbindungen. VDI-Bericht 220 (1974).

Junker, G. und *D. Strelow:* Reibung – Störfaktor bei der Schraubenmontage. Z. Verbindungstechnik 6/1974.

Junker, G. und *G. Meyer:* Neuere Betrachtungen über die Haltbarkeit von dynamisch belasteten Schraubenverbindungen. Z. Draht-Welt 53/1967.

Junker, G.: Reihenuntersuchungen über das Anziehen von Schraubenverbindungen mit motorischen Schraubern. Z. Draht-Welt 56/1970.

Der Loctite, Sonderpublikation der Loctite Deutschland GmbH München 1988/89.

Paland, E. G.: Die Sicherheit der Schrauben-Muttern-Verbindung bei dynamischer Axialbeanspruchung. Z Konstruktion 19/1975.

Weber, H.: Untersuchungen über die Schraubenbeanspruchung bei exzentrischer Belastung. Z. Konstruktion 23/1971.

Weber, H.: Die Ermüdungsfestigkeit von Schrauben bei kombinierter Zug- und Biegebeanspruchung. Z. Konstruktion 23/1971.

Wiegand, H. und *K. H. Illgner:* Berechnung und Gestaltung von Schraubenverbindungen. Konstruktionsbuch 5, Springer-Verlag 1962.

Wiegand, H. und *P. Strigens:* Zum Festigkeitsverhalten feuerverzinkter HV-Schrauben. Industrie-Anzeiger 94/1972.

Wiegand, H., K. H. Illgner und *G. Junker:* Neuere Ergebnisse und Untersuchungen über die Dauerhaltbarkeit von Schraubenverbindungen. Z. Konstruktion 13/1961.

Wiegand, H., K. H. Illgner und *K. H. Beelich:* Über die Verminderung der Vorspannung von Schraubenverbindungen durch Setzvorgänge. Z. Werkstatt und Betrieb 98/1965.

Wiegand, H., K. H. Illgner und *K. H. Beelich:* Einfluß der Federkonstanten und der Anzugsbedingungen auf die Vorspannung von Schraubenverbindungen. Z. Konstruktion 20/1968.

Wiegand, H., K. H. Illgner und *K. H. Beelich:* Die Dauerhaltbarkeit von Gewindeverbindungen mit ISO-Profil in Abhängigkeit von der Einschraubtiefe. Z. Konstruktion 16/1964.

Wiegand, H. und *P. Strigens:* Die Haltbarkeit von Schraubenverbindungen mit Feingewinden bei wechselnder Beanspruchung. Industrie-Anzeiger 92/1970.

Systematische Berechnung hochbeanspruchter Schraubenverbindungen. Richtlinie VDI 2230 (Juli 1986).

11 Bewegungsschrauben

Schrauben zur Umwandlung einer Drehbewegung in eine Längsbewegung heißen **Spindeln.**
Spindelmuttern führen die Längsbewegung aus oder stehen bei längsbewegter Spindel still.

Nachteilig ist die relativ hohe Reibung im Gewinde, die wegen der Wärmeentwicklung im Dauerbetrieb zu Schwierigkeiten führt. Deshalb wurden auch Muttern mit drucköldgespeisten Taschen oder Ölnuten in den Spindelflanken ausgeführt. Diese sind jedoch recht teuer.

11.1 Bauformen

Man findet Leitspindeln an Drehmaschinen, Druckspindeln in Pressen, Ventilspindeln in Absperrorganen u.dgl. Beispiele zeigen die Bilder 11.1 und 11.2. Für Bewegungen in Transport-, Handhabungs- und Fertigungseinrichtungen (Vorrichtungen, Roboter), werden meistens Spindelhubgetriebe als selbstständige Baueinheiten verwendet. Spindel und Spindelmutter befinden sich dann in einem Getriebekasten.

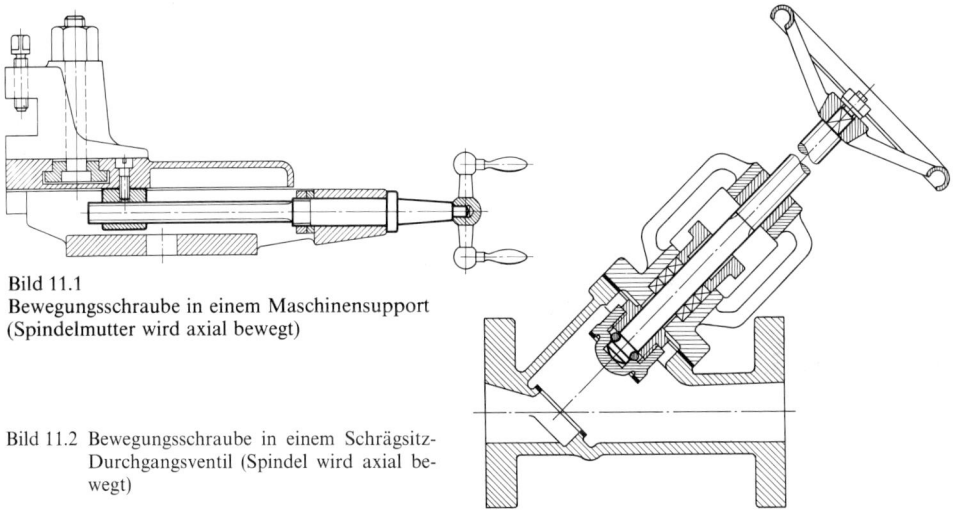

Bild 11.1
Bewegungsschraube in einem Maschinensupport
(Spindelmutter wird axial bewegt)

Bild 11.2 Bewegungsschraube in einem Schrägsitz-
Durchgangsventil (Spindel wird axial bewegt)

11.2 Gewinde, Werkstoffe

Für Bewegungsschrauben sind die im 10. Kapitel behandelten Regel- und Feingewinde wegen ihrer geringen Steigungen nicht geeignet. Es kommt deshalb vorwiegend **ISO-Trapezgewinde** nach DIN 103 (Bild 11.3a, Tab. A 11.1) in Betracht. Nicht genormte Flachgewinde (Bild 11.3b) sind im Reibungsverhalten günstiger, werden aber wegen ihrer schwierigen Herstellung nicht mehr angewendet. Zur Aufnahme einseitiger Druckkräfte eignen sich hervorragend die **Sägengewinde** DIN 513 (Bild 11.3c, Tab. A 11.1), da ihre druckseitigen Flanken fast senkrecht zur Schraubenachse stehen.

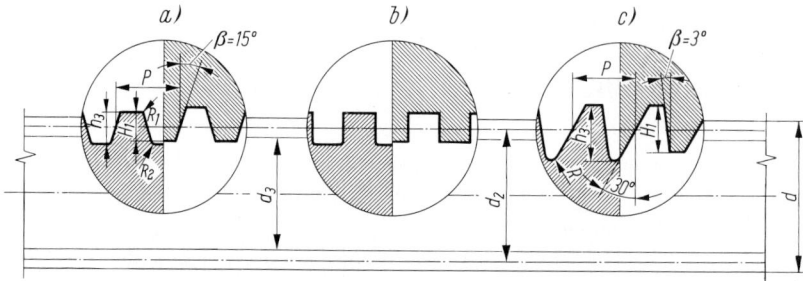

Bild 11.3 Bewegungsgewinde
   a) Trapezgewinde, b) Flachgewinde, c) Sägengewinde
   P Teilung, β Flankenwinkel, h_3 Gewindetiefe, H_1 Gewindetragtiefe, R Rundungsradius,
   d Gewindedurchmesser, d_3 Kerndurchmesser, d_2 Flankendurchmesser

Schnellere Längsbewegungen sind mit mehrgängigen Gewinden (Bild 11.4 b) erreichbar. Bei diesen laufen mehrere Gänge (n Gänge) nebeneinander um den Kern. Die **Steigung einer mehrgängigen Spindel** beträgt dann

Steigung $P_h = P \cdot n$ $\hspace{4cm}$ (11.1)

P in mm   Teilung des Gewindes = Steigung eingängiger Gewinde,
n $\hspace{1.2cm}$ Gangzahl.

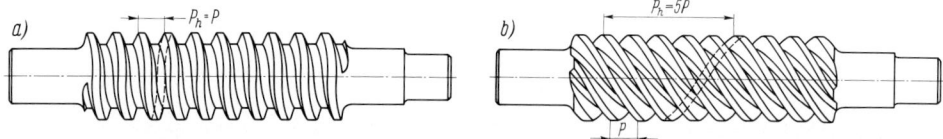

Bild 11.4 Verschiedengängige Gewinde a) eingängiges Trapezgewinde, b) fünfgängiges Trapezgewinde

Gute Gleitverhältnisse an den Flanken schaffen Muttern aus Bronze (Aluminiumbronze DIN 1714), Zinnbronze DIN 1705 und 1716 sowie Rotguß DIN 1705) und Grauguß DIN 1691. Siehe hierzu die Tabn. A 9.3, A 17.6 und A 17.7. Werkstoff der Spindeln ist vorwiegend St 50 oder St 60, bei gehärteten Flanken Einsatzstahl DIN 17210. Besonders gute Gleiteigenschaften werden mit gehärteten und geschliffenen Flanken erzielt.

11.3   Kräfte, Reibung, Wirkungsgrad, Selbsthemmung

Auf die in Bild 11.5 a dargestellte Spindel drückt die unter der Betriebskraft F_A stehende Mutter. Sie soll durch Spindeldrehung aufwärts bewegt werden, und zwar durch Rechtsdrehung am Handrad. Sie selbst dreht sich nicht, sondern hebt die Last. Dazu muß die Mutter drehsicher geführt sein. Die hier gezeigte Aufwärtsbewegung unter Last sei als **Arbeitshub** bezeichnet, das Zurückdrehen bei Abwärtsbewegung als **Rückhub,** da die Bewegungen je nach Aufgabe der Bewegungsschrauben auch in anderen als senkrechten Lagen erfolgen können.

Im Prinzip liegen die gleichen Kraft- und Reibverhältnisse wie bei den Befestigungsschrauben vor, jedoch wirkt sich die größere Steigung auf die Reibverluste und damit auf den Wirkungsgrad aus. Das Mutterngewinde drückt mit seinen Flanken auf die des Spindelgewindes. Man denkt sich die auf die Flanken verteilte Kraft zu einer punktförmig angreifenden Normalkraft F_N zusammengefaßt, die senkrecht auf der Spindelflanke steht (Bild 11.5 b). Zur Veranschaulichung ist in Bild 11.5 c ein abgewickelter Gang als schiefe Ebene mit dem Steigungswinkel α dargestellt. Es ist $\tan \alpha = P_h / d_2 \pi$.

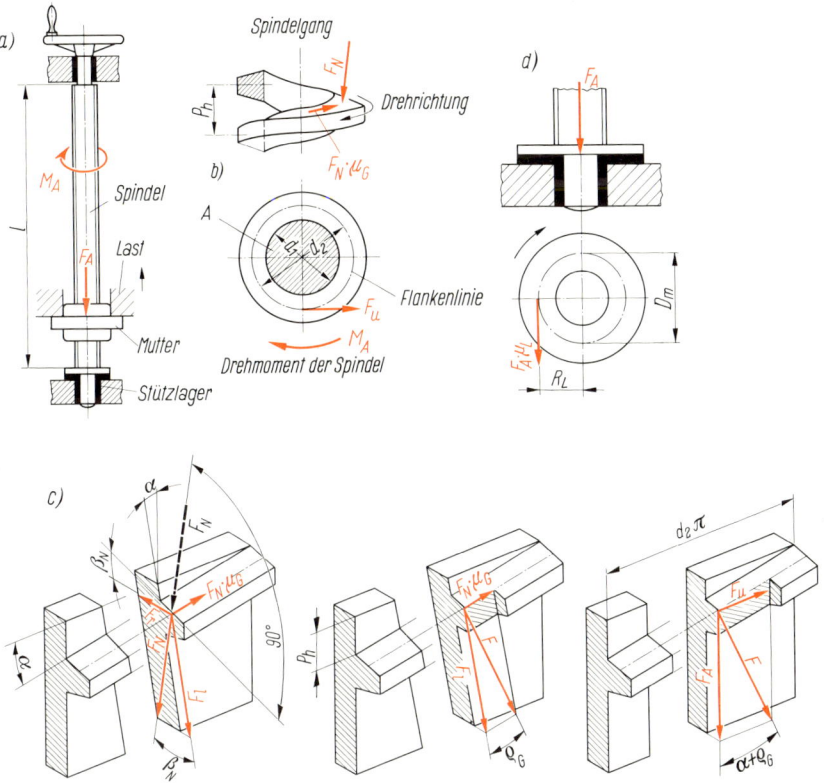

Bild 11.5 Lastheben mit einer Bewegungsschraube
a) Antriebsschema, b) Spindelgang, c) Kräfte der Mutter an einem abgewickelten Spindelgang,
d) Reibung am Stützlager

Im Normalschnitt senkrecht zur schiefen Ebene (Bild 11.5 c) ist der Flankenwinkel β_N kleiner als der im Axialschnitt liegende β (siehe Bild 11.5 c). Es ist $\tan\beta_N = \tan\beta \cdot \cos\alpha$.

Die Normalkraft F_N wird zerlegt in die Längskraft $F_l = F_N \cdot \cos\beta_N$ und die Radialkraft F_r. Die Normalkraft F_N erzeugt den Reibwiderstand $F_N \cdot \mu_G$ mit μ_G als Gleitreibzahl im Gewinde. Es ist

$\tan\varrho_G = F_N \cdot \mu_G / F_l = F_N \cdot \mu_G / (F_N \cdot \cos\beta_N) = \mu_G / \cos\beta_N$, also $\tan\varrho_G = \mu_G / \cos\beta_N$.

Aus den bisherigen Darlegungen folgen:

$$\tan\alpha = \frac{P_h}{d_2 \cdot \pi} \quad (11.2), \qquad \tan\beta_N = \tan\beta \cdot \cos\alpha \quad (11.3), \qquad \tan\varrho_G = \frac{\mu_G}{\cos\beta_N} \quad (11.4)$$

α Steigungswinkel des Gewindes,
P_h Steigung des Gewindes nach Gl. 11.1,
d_2 Flankendurchmesser des Gewindes (Tab. A 11.1),
β_N Flankenwinkel im Normalschnitt,
β Flankenwinkel im Achsschnitt = 15° beim Trapezgewinde, = 3° beim Sägengewinde,
ϱ_G Reibwinkel des Gewindes,
μ_G Reibzahl im Gewinde.

Bei gut geschmierten Flanken, z. B. Drucköllschmierung, beträgt **$\mu_G \approx 0{,}05{,}$** bei reichlicher Fettschmierung **$\mu_G \approx 0{,}08{,}$** bei fast trockenen Flanken $\mu_G = 0{,}12 \ldots 0{,}15$.

F_1 und $F_N \cdot \mu_G$ werden zur Resultierenden F vereinigt, diese wiederum in die Umfangskraft F_u und die Belastungskraft F_A zerlegt. Aus Bild 11.5c geht hervor, daß F und F_A den Winkel $\alpha + \varrho_G$ einschließen. Da die Belastungskraft F_A gegeben ist, muß für ihre Arbeitsbewegung eine in Drehrichtung wirkende Umfangskraft $F_u = F_A \cdot \tan(\alpha + \varrho_G)$ aufgebracht werden.

Bei einer Spindelumdrehung wird die Last um die Steigung P_h gehoben und somit eine Nutzarbeit $F_A \cdot P_h$ verrichtet. Hierfür muß an der Spindel die Arbeit $F_u \cdot d_2 \cdot \pi = F_A \cdot \tan(\alpha + \varrho_G) \cdot d_2 \cdot \pi$ aufgewendet werden. Das Verhältnis dieser beiden Arbeiten ist der Wirkungsgrad η_A. Da in diesem $P_h / d_2\pi = \tan\alpha$ enthalten ist, beträgt der

Wirkungsgrad beim Arbeitshub $\quad \eta_A = \dfrac{\tan\alpha}{\tan(\alpha + \varrho_G)}$ (11.5)

Daraus geht hervor, daß der Wirkungsgrad um so größer ist, je größer der Steigungswinkel α ist. Große Steigungswinkel sind also günstig.

Wenn kein Drehmoment die Spindel treibt (das Handrad losgelassen wird), so will die Kraft F_A die Spindel rückwärts drehen und diese antreiben. Wegen der Umkehr der Bewegungsrichtung wirkt dann auch der Reibwiderstand in entgegengesetzter Richtung. Die Kraft F_A der Mutter erzeugt daher an der Spindel eine Umfangskraft $F_u = F_A \cdot \tan(\alpha - \varrho_G)$. Die Nutzarbeit ist dann $F_u \cdot d_2 \cdot \pi = F_A \cdot \tan(\alpha - \varrho_G) \cdot d_2 \cdot \pi$ und der Arbeitsaufwand $F_A \cdot P_h$. Das Verhältnis der beiden Arbeiten ist gleich dem

Wirkungsgrad beim Rückhub $\quad \eta_R = \dfrac{\tan(\alpha - \varrho_G)}{\tan\alpha}$ (11.6)

Ist $\varrho_G > \alpha$, dann wird $\tan(\alpha - \varrho_G)$ negativ, also auch η_R negativ. Das bedeutet **Selbsthemmung,** und keine noch so große Kraft F_A vermag die Spindel rückwärts zu drehen. Das Rückwärtsdrehen ist dann nur wie beim Lösen von Befestigungsschrauben mit einem Rückwärtsdrehmoment möglich. Selbsthemmung ist oftmals als Sicherung gegen selbsttätige Rücklaufbewegungen erwünscht. Selbsthemmung tritt um so eher ein, je kleiner der Steigungswinkel α ist.

Um die Spindel beim Arbeitshub unter Last zu drehen, ist ein Drehmoment $M_{GA} = F_u \cdot r_2 = F_A \cdot \tan(\alpha + \varrho_G) \cdot r_2$ erforderlich. Die Spindel muß sich aber in einem Längslager abstützen, das der Betriebskraft F_A das Gleichgewicht hält. In diesem Lager tritt ein Reibmoment $M_L = F_A \cdot \mu_L \cdot R_L$ auf (Bild 11.5d), das vom Antriebsdrehmoment M_A mit überwunden werden muß. μ_L ist die Reibzahl im Lager, R_L der mittlere Radius der Lagerstützfläche. Somit muß am Antrieb (Handrad) aufgebracht werden ein

Antriebsdrehmoment $\quad M_A = M_{GA} + M_L = F_A \cdot \tan(\alpha + \varrho_G) \cdot r_2 + F_A \cdot \mu_L \cdot R_L$ (11.7)

M_A	in kNmm = Nm	Antriebsdrehmoment einschl. Lagerreibung,
F_A	in kN	Betriebslängskraft (Axialkraft),
α	in °	Steigungswinkel des Gewindes (Gl. 11.2),
ϱ_G	in °	Reibwinkel des Gewindes (Gl. 11.4),
r_2	in mm	Flankenradius des Gewindes = $d_2/2$ (Tab. A 11.1),
μ_L		Reibzahl im Lager (bei Gleitlagerung meistens etwa gleich μ_G),
R_L	in mm	mittlerer Radius der Lagerstützfläche.

Bei Abstützung der Spindel in einem Wälzlager (beispielsweise Axial-Rillenkugellager) ist die Reibung geringer. Es kann dann $\mu_L \approx 0{,}03$ gesetzt werden. R_L ist der Radius, an dem sich die Wälzkörper befinden.

Für den Rückhub unter Last muß wegen der umgekehrten Bewegungsrichtung ein

Rückdrehmoment $\quad M_R = M_L - M_{GR} = F_A \cdot \mu_L \cdot R_L - F_A \cdot \tan(\alpha - \varrho_G) \cdot r_2$ (11.8)

am Antrieb (Handrad) aufgebracht werden. Es ergibt sich aus dem Reibmoment M_L am Stützlager, von dem das durch die Kraft F_A aufgebrachte Moment M_{GR} im Gewinde abzuziehen ist. Sollte sich M_R als negativ erweisen, so wäre die Kraft F_A allein in der Lage, die Rückwärtsbewegung zu bewerkstelligen, also auch die Lagerreibung zu überwinden. Nur bei positivem Ergebnis muß am Antrieb ein rückwärtsdrehendes Moment M_R aufgebracht werden (das Handrad rückwärts gedreht werden). Dann besteht **Selbsthemmung.**

Durch die Lagerreibung verschlechtert sich der Wirkungsgrad des Schraubengetriebes beträchtlich. Während des Arbeitshubes wird bei einer Umdrehung die Nutzarbeit $F_A \cdot P_h$ verrichtet, am Antrieb (Handrad) muß hierfür eine Arbeit $F_u \cdot d_2 \cdot \pi + F_A \cdot \mu_L \cdot D_L \cdot \pi = F_A \cdot \tan(\alpha + \varrho_G) \cdot d_2 \cdot \pi + F_A \cdot \mu_L \cdot D_L \cdot \pi$ aufgewendet werden. Hierin ist $D_L = 2R_L = D_m$ (Bild 11.5d). Das Verhältnis der beiden Arbeiten ist der

$$\text{Gesamtwirkungsgrad} \quad \eta = \frac{P_h}{\tan(\alpha + \varrho_G) \cdot d_2 \cdot \pi + \mu_L \cdot D_L \cdot \pi} \tag{11.9}$$

Anstelle des Handrades kann selbstverständlich auch ein anderes Antriebsaggregat treten, wie z. B. ein Motor mit Getriebe.

11.4 Berechnung der Haltbarkeit und der Stabilität

Durch die Betriebslängskraft F_A wird der Kernquerschnitt der Spindel auf Zug oder Druck beansprucht, durch das Drehmoment auf Torsion:

$$\text{Zug- oder Druckspannung} \quad \sigma = \frac{F_A}{A_K} \tag{11.10}$$

$$\text{Torsionsspannung} \quad \tau_t = \frac{T}{W_t} \tag{11.11}$$

σ in N/mm² Zug- bzw. Druckspannung in der Spindel,
F_A in N Betriebslängskraft,
A_K in mm² Kernquerschnitt der Spindel $= d_3^2 \cdot \pi/4$ (d_3 nach Tab. A 11.1),
τ_t in N/mm² Torsionsspannung in der Spindel,
T in Nmm das die Spindel beanspruchende Torsionsmoment $= M_A$ nach Gl. 11.7. Wird das Lagerreibmoment nicht über die Spindel geleitet, dann ist $T = M_{GA}$ in Gl. 11.7,
W_t in mm³ Widerstandsmoment des Kernquerschnitts gegen Torsion $\approx 0,2\,d_3^3$.

Beide Beanspruchungen werden zusammengefaßt zur

$$\text{Vergleichsspannung} \quad \sigma_v = \sqrt{\sigma^2 + 3\tau_t^2} \tag{11.12}$$

Erfahrungsgemäß kann man im Regelfall für Trapezgewinde

$\sigma_{v\,zul} \approx 0,2\,R_m$ bei schwellender,
$\approx 0,13\,R_m$ bei wechselnder Beanspruchung

setzen. R_m ist die Zugfestigkeit des Spindelwerkstoffs $= 500$ N/mm² bei St 50 und 600 N/mm² bei St 60. Wegen der geringeren Kerbwirkung im Sägengewinde (größere Ausrundung des Gewindegrundes) gilt für dieses $\sigma_{v\,zul} \approx 0,25\,R_m$ bzw. $\approx 0,16\,R_m$.

Druckbeanspruchte Spindeln müssen außerdem auf **Knicksicherheit** nachgerechnet werden. Bild 11.6 zeigt im Prinzip die fast ausschließlich vorkommenden Knickfälle. Die Knicksicherheit hängt vom Schlankheitsgrad λ der Spindeln ab. Für Stahlspindeln gilt

$$\text{bei } \lambda \geqq 90: \quad \textit{Knicksicherheit nach Euler} \quad S_K = \frac{\pi^2 \cdot E}{\lambda^2 \cdot \sigma} \geqq 2,6 \ldots 6 \tag{11.13}$$

$$\text{bei } \lambda < 90: \quad \textit{Knicksicherheit nach Tetmajer} \quad S_K = \frac{\sigma_0 - \lambda \cdot k}{\sigma} \geqq 1,7 \ldots 4 \tag{11.14}$$

E in N/mm² Elastizitätsmodul des Spindelwerkstoffs $\approx 210\,000$ N/mm² für Stahl,
λ Schlankheitsgrad der Spindel $= 8l/d_3$ bei Knickfall 1, $= 4l/d_3$ bei Knickfall 2 (siehe Bild 11.6),
σ in N/mm² Druckspannung nach Gl. 11.10,
σ_0 in N/mm² ideelle Druckfestigkeit ≈ 350 N/mm² für St 50 und St 60,
k in N/mm² Knickspannungsrate $\approx 0,6$ N/mm² für St 50 und St 60.

Kleine Werte für die Knicksicherheit sind bei seltenem Betrieb, größere bei Dauerbetrieb zu wählen, außerdem zunehmend mit steigendem Schlankheitsgrad λ. Bei $\lambda < 50$ ist eine Berechnung
auf Knicksicherheit nicht erforderlich.

Da die Spindel- und Muttergewindeflanken aufeinander gleiten, nutzen sie sich ab. Um den Verschleiß in erträglichen Grenzen zu halten, darf die Flankenpressung nicht zu hoch sein. Die Flankenpressung p ergibt sich durch Division der Belastungskraft F_A durch die zu F_A senkrechte Projektionsfläche aller tragenden Flanken. Ist m die Mutternhöhe, dann besitzt sie m/P Gang-
windungen. Jede Gangwindung hat eine Projektionsfläche $H_1 \cdot d_2 \cdot \pi$. Daraus folgt unter der
Berücksichtigung, daß nicht alle Gänge voll tragen, die

$$\textit{Flankenpressung} \quad p = \frac{F_A \cdot P}{m \cdot d_2 \cdot \pi \cdot H_1 \cdot k} \tag{11.15}$$

p in N/mm² Pressung der Flanken des Gewindes,
F_A in N   Betriebslängskraft,
P in mm   Teilung des Gewindes (Tab. A 11.1),
m in mm   tragende Mutternhöhe,
d_2 in mm   Flankendurchmesser des Gewindes (Tab. A 11.1),
H_1 in mm   Gewindetragtiefe (siehe Bild 11.3 und Tab. A 11.1),
k Gewindetragfaktor, im allgemeinen $= 0{,}75$.

Zulässige Flankenpressung siehe Tab. A 11.2

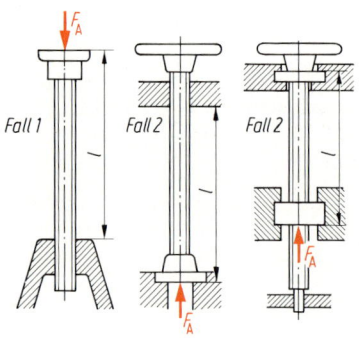

Bild 11.6 Übliche Knickfälle für Schrauben-
spindeln

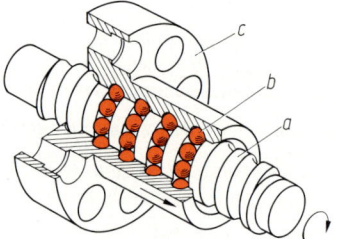

Bild 11.7 Prinzip der Kugelumlaufspindel (aus Steinhil-
per/Röper, Maschinen- und Konstruktionselemente)
a Spindelwelle, b Kugeln, c Mutter

11.5   Kugelgewindetrieb

Zur Vermeidung der hohen Erwärmung und der Energieverluste wurden Kugelgewindetriebe
entwickelt (Bild 11.7). Spindeln und Muttern besitzen halbkreisförmige Schraubennuten, in denen sich Stahlkugeln befinden, die bei einer Rollbewegung die Last übertragen (Kugellagerung).
Nach dem Durchlauf durch das kugelförmige Gewinde werden die Kugeln über Umlenkkanäle
an den Gewindeanfang zurückgeführt. Vorteile: geringer Verschleiß, Wirkungsgrad größer als
80%, geringe Erwärmung, kein Stick-Slip-Effekt (Reibungsschwingungen). Nachteilig ist jedoch,
daß keine Selbsthemmung mehr vorhanden ist, so daß zusätzliche Bremsen vorgesehen werden
müssen.

Für Werkzeugmaschinen sind Kugelgewindetriebe mit DIN 69051 genormt.

Beispiel 11.1

In einer Presse hat die Spindel nach Bild 11.8 eine Preßkraft $F_A = 100$ kN auszuüben. Die Spindel wird über das als Mutter dienende Schneckenrad angetrieben. Demzufolge dreht sich die Mutter bei axialem Stillstand, während die Preßspindel ohne Drehbewegung eine Axialbewegung ausführt. Eine zusätzliche Reibung entsteht daher an der Nabenstirnfläche des Schneckenrades, deren Reibmoment M_L überwunden werden muß.

Zur Erzielung eines hohen Wirkungsgrades ist dreigängiges Sägengewinde DIN 513 – S 52 × 24 P 8 vorgesehen. Wegen reichlicher Fettschmierung können $\mu_G = 0,08$ und $\mu_L = 0,08$ angenommen werden. Die Knicksicherheit soll mindestens $S_K = 3$ nach Euler bzw. 2 nach Tetmajer betragen.

Wie groß sind der Wirkungsgrad η_A, das Antriebsmoment M_A während des Preßvorganges und der Gesamtwirkungsgrad η? Welches Moment M_R muß beim Beginn des Rückhubes aufgebracht werden? Genügen Spindel und Mutter bei Dauerbetrieb den Anforderungen an Haltbarkeit und Stabilität?

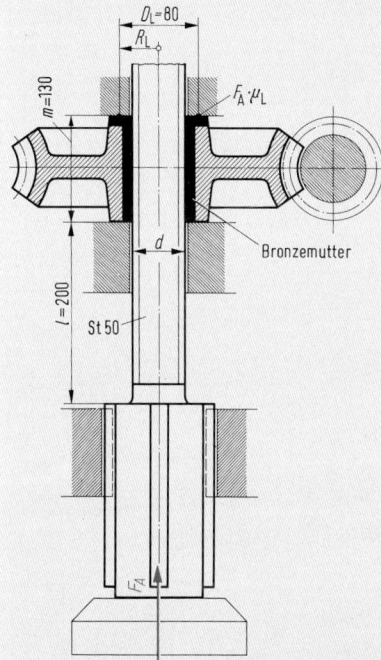

Bild 11.8 Spindel in einer Presse

Lösung:
1. Wirkungsgrad η_A beim Arbeitshub
Nach den Angaben in Tab. A 11.1 werden errechnet:

$$d_2 = d - 0,75P = 52 \text{ mm} - 0,75 \cdot 8 \text{ mm} = 46 \text{ mm},$$

$$d_3 = d - 2h_3 = 52 \text{ mm} - 2 \cdot 6,94 \text{ mm} \approx 38,1 \text{ mm}$$

Nach den Gln. 11.2 bis 11.4 sind mit
$P_h = P \cdot n = 8 \text{ mm} \cdot 3 = 24 \text{ mm}$ (Gl. 11.1):

$$\tan\alpha = \frac{P_h}{d_2 \cdot \pi} = \frac{24}{46 \cdot \pi}; \quad \alpha = 9,43°$$

$$\tan\beta_N = \tan\beta \cdot \cos\alpha = \tan 3° \cdot \cos 9,43°; \quad \beta_N = 2,96°$$

$$\tan\varrho_G = \frac{\mu_G}{\cos\beta_N} = \frac{0,08}{\cos 2,96°}; \quad \varrho_G = 4,6°$$

Nach Gl. 11.5:
$$\eta_A = \frac{\tan\alpha}{\tan(\alpha + \varrho_G)} = \frac{\tan 9,43°}{\tan(9,43° + 4,6°)} = 0,665$$

2. Antriebsmoment M_A
Nach Gl. 11.7:

$$M_A = M_{GA} + M_L$$
$$= F_A \cdot \tan(\alpha + \varrho_G) \cdot r_2 + F_A \cdot \mu_L \cdot R_L$$
$$= 100 \text{ kN} \cdot \tan(9,43° + 4,6°) \cdot 23 \text{ mm} +$$
$$+ 100 \text{ kN} \cdot 0,08 \cdot 40 \text{ mm}$$
$$\approx 575 \text{ kNmm} + 320 \text{ kNmm} = 895 \text{ Nm}.$$

3. Gesamtwirkungsgrad η
Nach Gl. 11.9:

$$\eta = \frac{P_h}{\tan(\alpha + \varrho_G)\, d_2 \cdot \pi + \mu_L \cdot D_L \cdot \pi}$$
$$= \frac{24}{\tan(9,43° + 4,6°)\, 46 \cdot \pi + 0,08 \cdot 80 \cdot \pi} \approx 0,43$$

4. Rückdrehmoment M_R
Nach Gl. 11.8:

$$M_R = F_A \cdot \mu_L \cdot R_L - F_A \cdot \tan(\alpha - \varrho_G)\, r_2 =$$
$$= 100 \text{ kN} \cdot 0,08 \cdot 40 \text{ mm} - 100 \text{ kN} \cdot \tan(9,43° - 4,6°)\, 23 \text{ mm} \approx 126 \text{ Nm}.$$

Da es positiv ist, besteht Selbsthemmung. Zum Zurückdrehen muß also bei Beginn des Spindelhubes ein Moment von 126 Nm aufgewendet werden.

5. Vergleichsspannung σ_v
Mit $A_K = d_3^2 \cdot \pi/4 = 38,1^2 \text{ mm}^2 \cdot \pi/4 = 1140 \text{ mm}^2$, $T = M_{GA}$ und $W_t \approx 0,2\, d_3^3 = 0,2 \cdot 38,1^3 \text{ mm}^3 = 11061 \text{ mm}^3$ werden nach den Gln. 11.10 bis 11.12:

$$\sigma = \frac{F_A}{A_K} = \frac{100\,000 \text{ N}}{1140 \text{ mm}^2} = 87,7 \text{ N/mm}^2,$$

$$\tau_{t} = \frac{T}{W_{t}} = \frac{M_{GA}}{W_{t}} = \frac{575\,000 \text{ Nmm}}{11\,061 \text{ mm}^3} = 52 \text{ N/mm}^2,$$

$$\sigma_{v} = \sqrt{\sigma^2 + 3\,\tau_{t}^2} = \sqrt{87{,}7^2 + 3 \cdot 52^2} \text{ N/mm}^2 = 125{,}7 \text{ N/mm}^2.$$

$$\sigma_{v\,zul} \approx 0{,}25\,R_{m} = 0{,}25 \cdot 500 \text{ N/mm}^2 = 125 \text{ N/mm}^2 \approx \sigma_{v}.$$

6. Knicksicherheit S_{K}

Schlankheitsgrad $\lambda = 4l/d_3 = 4 \cdot 200/38{,}1 = 21 < 50$, so daß die Knickberechnung entfällt.

7. Flankenpressung p

Mit $H_1 = 6$ mm (Tab. A 11.1) wird nach Gl. 11.15:

$$p = \frac{F_{A} \cdot P}{m \cdot d_2 \cdot \pi \cdot H_1 \cdot k} = \frac{100\,000 \text{ N} \cdot 8 \text{ mm}}{130 \text{ mm} \cdot 46 \text{ mm} \cdot \pi \cdot 6 \text{ mm} \cdot 0{,}75} \approx 9{,}5 \text{ N/mm}^2 < p_{zul} = 10 \text{ N/mm}^2 \qquad \text{nach}$$

Tab. A 11.2.

Beispiel 11.2

Die Spindel in der Presse nach Beispiel 11.1 soll mit einer Länge $l = 800$ mm ausgeführt werden. Gegeben sind: $\sigma = 87{,}7$ N/mm^2, $d_3 = 38{,}1$ mm, Werkstoff St 50.

Ist die Spindel stabil genug, wenn die Knicksicherheit mindestens $S_{K} = 3$ nach Euler bzw. 2 nach Tetmajer betragen soll?

Lösung:

Schlankheitsgrad $\lambda = 4l/d_3 = 4 \cdot 800/38{,}1 \approx 84 < 90$, so daß mit Gl. 11.14 (Tetmajer) zu rechnen ist:

$$S_{K} = \frac{\sigma_0 - \lambda \cdot k}{\sigma} = \frac{350 - 84 \cdot 0{,}6}{87{,}7} = 3{,}4 > S_{K\,erf} = 2. \qquad \text{Die Stabilität ist also groß genug.}$$

Literaturhinweise

Bachmann/Lohkamp/Strobl: Maschinenelemente. Vogel-Verlag Würzburg 1982.

Decker, K. H.: Verbindungselemente. Hanser-Verlag München 1963.

Köhler/Rögnitz: Maschinenteile. Teubner-Verlag Stuttgart 1981.

Niemann, G.: Maschinenelemente. Springer-Verlag 1981.

Roloff/Matek: Maschinenelemente. Vieweg-Verlag Braunschweig 1992.

Steinhilper, W. und *R. Röper:* Maschinen- und Konstruktionselemente. Springer-Verlag 1986.

12 Welle-Nabe-Verbindungen

Wellen tragen Maschinenteile wie Riemenscheiben, Schwung- und Laufräder, Zahn- und Kettenräder, Kupplungen, Hebel u. dgl. Deren Naben müssen drehfest und meistens auch unverschiebbar befestigt sein. Hierfür gibt es viele Möglichkeiten. Die Auswahl hängt von den zu übertragenden Kräften, von der erforderlichen Genauigkeit der Zentrierung, vom Werkstoff der Maschinenteile und auch von den jeweiligen Fertigungs- und Montagemöglichkeiten sowie von der Wirtschaftlichkeit ab.

Man unterscheidet **formschlüssige** Nabenverbindungen, bei denen die Kraftübertragung durch ihre Form erfolgt, und **kraftschlüssige,** die durch Reibhemmung übertragen. **Vorgespannte Formschlußverbindungen** z. B. mit Keilen übertragen teils durch Kraftschluß, teils durch Formschluß.

12.1 Längskeilverbindungen

Längskeile sitzen unter Vorspannung in einer Wellen- und Nabennut und stellen eine kraft- und formschlüssige Verbindung her. Sie sind bis zu mittleren Drehzahlen von etwa $20\ \mathrm{s}^{-1}$ geeignet (bei höheren spürbare Unwucht!). Wegen ihrer Unempfindlichkeit gegen Verunreinigungen werden sie im Landmaschinen-, Baumaschinen- und Förderanlagenbau bevorzugt.

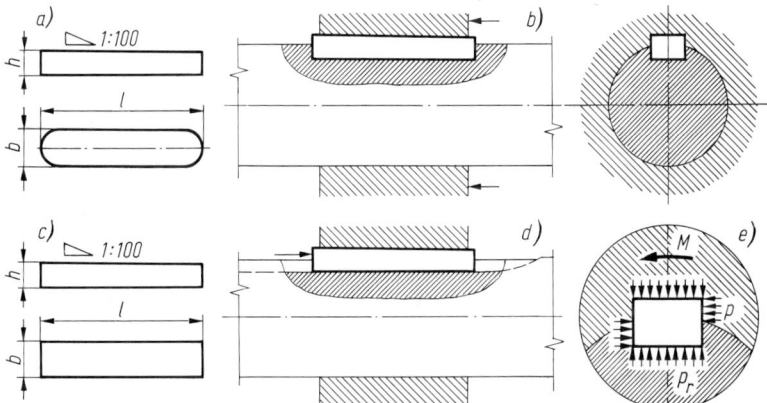

Bild 12.1 Längskeilverbindungen
  a) Einlegekeil, b) Verbindung mit Einlegekeil, c) Treibkeil, d) Verbindung mit Treibkeil,
  e) radiale Keilpressung p_r und Flankenpressung p

Genormte **Längskeile** haben eine Neigung 1 : 100, d. h. auf einer Länge von 100 mm nimmt ihre Höhe h um 1 mm ab (Bilder 12.1a u. c). In Bild 12.1b ist eine Verbindung mit **Einlegekeil,** in Bild 12.1d mit **Treibkeil** gezeigt. Durch das Auftreiben der Nabe oder Eintreiben des Keils wird der Keilbauch gegen den Wellennutgrund, der Keilrücken gegen den Nabennutgrund gepreßt (Bild 12.1e). Diese radiale Pressung p_r ermöglicht die Übertragung eines Drehmoments durch Kraftschluß. Er braucht bei Nutkeilen nicht zur gesamten Kraftübertragung auszureichen. Überschreitet nämlich das zu übertragende Drehmoment das Haftmoment, dann tragen die Keilflanken mit. Sie werden von Naben- und Wellennutflanke mit der Flächenpressung p gedrückt.

Durch das Verkeilen wird die Nabe gedehnt, die Welle aber gestaucht. Dadurch sitzen beide nicht mehr zentrisch zueinander (Bild 12.2a). An der Verkeilungsstelle berühren sich Welle und Nabe über den Keil mittelbar, an der gegenüberliegenden Stelle unmittelbar. Man spricht von einer **Zweipunktanlage.** Ordnet man zwei um 120° versetzte Keile an, so ergibt sich eine für Wechsel- oder Stoßbeanspruchungen günstige **Dreipunktanlage** (Bild 12.2b). Um die Exzentrizität zwischen Welle und Nabe klein zu halten, ist eine Haftpassung zweckmäßig.

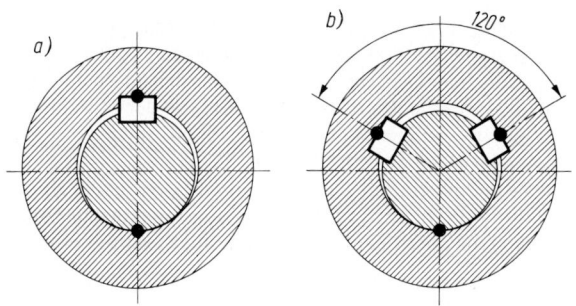

Bild 12.2 Exzentrischer Sitz von Nabe
und Welle nach dem Verkeilen
a) Zweipunktanlage,
b) Dreipunktanlage

Zur Verringerung von Kerbwirkungen werden die Nutgrundkanten in Welle und Nabe gerundet. Die Keilkanten sind deshalb gebrochen. Herstellung der Längskeile aus Keilstahl DIN 6880, Werkstoff **C 45 K.**

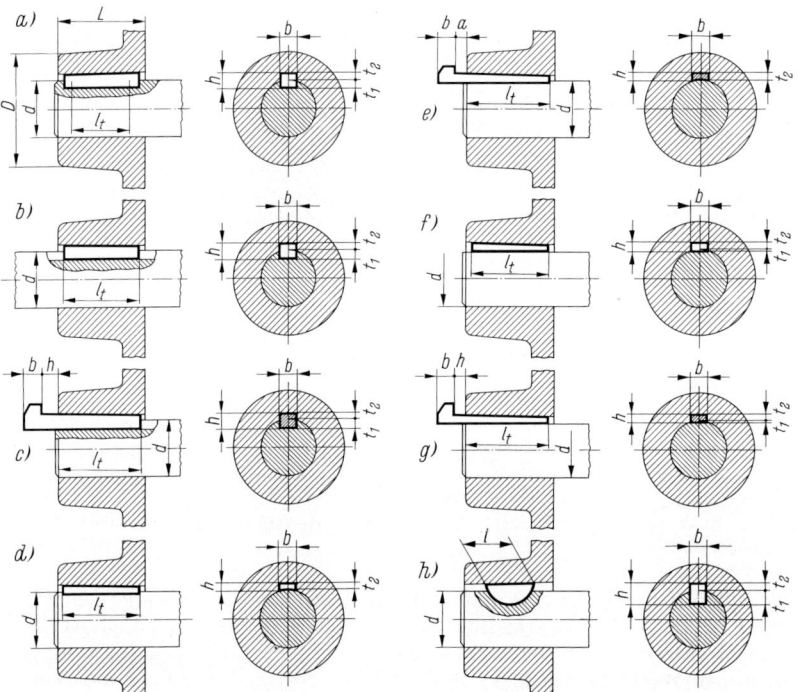

Bild 12.3 Längskeile
a) Einlegekeil A DIN 6886,   b) Treibkeil B DIN 6886,   c) Nasenkeil DIN 6887,   d) Hohlkeil DIN 6881,   e) Nasenhohlkeil DIN 6889,   f) Flachkeil DIN 6883,   g) Nasenflachkeil DIN 6884, h) Scheibenfeder DIN 6888

In Bild 12.3 sind Verbindungen mit genormten Längskeilen gezeigt:

1. **Einlegekeil** DIN 6886 (Bild 12.3 a), der runde Stirnflächen besitzt. Die Wellennut wird mit einem Schaftfräser eingearbeitet. Er heißt **Keil A**. Abmessungen siehe Tab. A 12.2.
2. **Treibkeil** DIN 6886 (Bild 12.3 b) mit geraden Stirnen. Er heißt **Keil B**. Abmessungen siehe Tab. A 12.2.
3. **Nasenkeil** DIN 6887 (Bild 12.3 c), der sich an seiner Nase, die zum Eintreiben dient, wieder herausziehen läßt.
4. **Hohlkeil** DIN 6881 (Bild 12.3 d). Sein Bauch ist der Wellenform angepaßt. Die Welle bleibt ungenutet. Die Nabe kann an jeder beliebigen Stelle der Welle aufgekeilt werden. Hohlkeile übertragen nur durch Kraftschluß.
5. **Nasenhohlkeil** DIN 6889 (Bild 12.3 e). Für ihn gilt das unter 3. und 4. Gesagte.
6. **Flachkeil** DIN 6883 (Bild 12.3 f), für den die Welle angeflächt werden muß. Flachkeile übertragen überwiegend durch Kraftschluß, jedoch ein höheres Drehmoment als Hohlkeile.
7. **Nasenflachkeil** DIN 6884 (Bild 12.3 g). Für ihn gilt das unter 3. und 6. Gesagte.
8. **Scheibenkeil,** genormt als Scheibenfeder DIN 6888 (Bild 12.3 h), der sich auf die Nabennutneigung selbst einstellt und wie ein Einlegekeil wirkt. Die tiefe Nut in der Welle ruft jedoch starke Kerbwirkungen und eine erhebliche Schwächung des Wellenquerschnitts hervor.

Eine Sonderstellung nehmen die **Tangentkeile** DIN 271 und 268 (Bild 12.4) ein. Zwei um 120° (Ausnahme bis 180°) versetzte Keilpaare mit seitlichem Anzug (Neigung 1 : 60 bis 1 : 100) spannen die Verbindung vor. Sie sind zur Übertragung richtungswechselnder Drehmomente bestimmt. Die Umfangskraft wird, abgesehen vom Kraftschluß zwischen Welle und Nabe, jeweils von einem Keilpaar aufgenommen, so daß jedes Keilpaar unter Entlastung des anderen nur in einer Richtung trägt. Die Tangentkeile nach DIN 271 sind gegenüber denen nach DIN 268 „leichter", d.h. die Keilabmessungen sind etwas kleiner. Während die zweiten für stoßhafte Beanspruchungen eingesetzt werden, sind die ersten (DIN 271) für gleichbleibende Beanspruchungen gedacht.

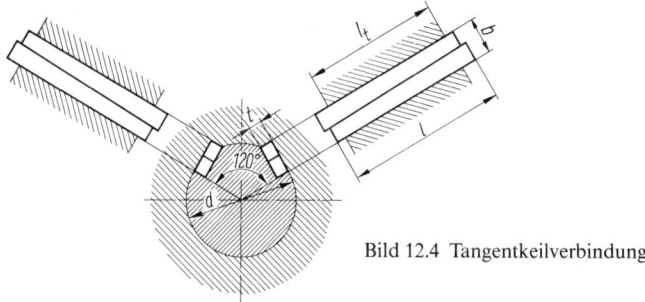

Bild 12.4 Tangentkeilverbindung

Aus Festigkeitsgründen sind Keile an der dicksten Nabenstelle anzuordnen, ggf. unter einem Radarm, in geteilten Naben neben der Teilfuge. Anhaltswerte für den Außendurchmesser der Nabe: 1,6...2d bei St oder GS, 2...2,2d bei GG.

Da eine wirklichkeitsgetreue Festigkeitsberechnung wegen der unbestimmten Eintreibkräfte nicht möglich ist, rechnet man unter Vernachlässigung der Vorspannung mit der Flankenpressung p und vergleicht sie mit zulässigen Erfahrungswerten. Als Belastungskraft wird die Umfangskraft F_u an der Welle angenommen, als tragende Flankenfläche näherungsweise $t_2 \cdot l_t$. Auch die Tragfähigkeit der Hohl- und Flachkeile wird mit einer erfahrungsmäßigen zulässigen Flankenpressung berechnet, obwohl deren Flanken nicht gepreßt werden. Es handelt sich also nur um einen Vergleichswert. Daher gilt für alle Längskeilverbindungen unter Berücksichtigung der Anzahl i der am Umfang angeordneten Keile:

Flankenpressung $\quad p \approx \dfrac{F_u}{t_2 \cdot l_t \cdot i}$ $\qquad\qquad\qquad\qquad\qquad\qquad$ (12.1)

p	in N/mm²	Pressung der Keil- und Nutflanken in der Nabe,
F_u	in N	Umfangskraft an der Welle $= M/r$ mit M als zu übertragendes Drehmoment und r als Wellenradius,
t_2	in mm	Nabennuttiefe (Tab. A 12.2). Bei Tangentkeilen ist $t_2 = t$,
l_t	in mm	tragende Keillänge,
i		Anzahl der am Umfang angeordneten Keile. Bei Tangentkeilen ist $i = 1$ zu setzen!

Erfahrungswerte für zulässige Flankenpressungen siehe Tab. A 12.1, Abmessungen der Nutkeile nach Tab. A 12.2.

Beispiel 12.1

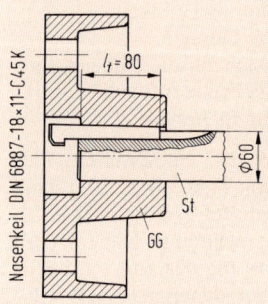

Bild 12.5 Mit Nasenkeil
befestigte Kupplungshälfte

In einer Landmaschine mit stark stoßhaftem Betrieb ist eine Kupplungshälfte über einen Nasenkeil mit der Welle verbunden (Bild 12.5). Es ist ein einseitiges Drehmoment $M = 500$ Nm zu übertragen. Ist die Verbindung ausreichend bemessen?

Lösung:
Mit $r = 30$ mm $= 3$ cm ergibt sich die Umfangskraft an der Welle zu $F_u = M/r = 50000$ Ncm/3 cm $= 16667$ N. Mit der Nuttiefe $t_2 = 3,4$ mm (Tab. A 12.2) errechnet sich die Flankenpressung nach Gl. 12.1:

$$p \approx \frac{F_u}{t_2 \cdot l_t \cdot i} = \frac{16667 \text{ N}}{3,4 \text{ mm} \cdot 80 \text{ mm} \cdot 1} \approx 61 \text{ N/mm}^2.$$

Tab. A 12.1 gibt $p_{zul} = 0,75 \, p_0 = 0,75 \cdot 90$ N/mm² ≈ 68 N/mm² an, so daß die Verbindung ausreichend bemessen ist.

12.2 Paßfederverbindungen

Wenn die Exzentrizität zwischen Nabe und Welle, wie sie bei Längskeilverbindungen entsteht, nicht zugelassen werden darf oder aus Montagegründen Längskeile nicht angewendet werden können, werden Paßfedern ohne Keilanzug mit parallelen Bauch- und Rückenflächen vorgesehen. Ihre Flanken müssen fest in den Nuten sitzen, um nicht auszuschlagen. Zwischen Paßfeder und Nabennut bleibt gewöhnlich ein Rückenspiel (Bilder 12.6a und b). Paßfedern übertragen nur durch Formschluß. Meistens werden sie für einseitige Drehrichtung vorgesehen, weil bei wechselnden Drehrichtungen die Gefahr des Ausschlagens besteht.

Paßfedern, auf denen Naben während des Betriebes verschoben werden müssen, wie z. B. Schiebezahnräder, erhalten an den Flanken einen Gleitsitz (siehe Tab. A 12.3) und werden mit Zylinderschrauben DIN 84 in der Welle befestigt (Bild 12.6c).
Die mit DIN 6885 **genormten Paßfedern** in den Formen A bis J sind in Bild 12.7 zusammengestellt. Die Formen E und F besitzen Gewindelöcher für Abdrückschrauben, die Formen G bis J Bauchschrägen für Abdrückwerkzeuge. Die Form J wird durch einen Spannstift gegen Verschieben gesichert.
Im Werkzeugmaschinen- und Kraftfahrzeugbau herrscht die billige **Scheibenfeder** DIN 6888 vor (Bild 12.8).

Die Paßfederverbindungen werden wie die Längskeilverbindungen auf Flankenpressung berechnet. Sind zwei Paßfedern am Umfang angeordnet, so ist wegen der Fertigungstoleranzen nicht damit zu rechnen, daß beide gleichhoch an der Kraftübertragung teilnehmen. Das wird durch einen Tragfaktor k berücksichtigt. Als tragende Flankenfläche wird $(h - t_1) \, l_t$ gesetzt. Somit gilt:

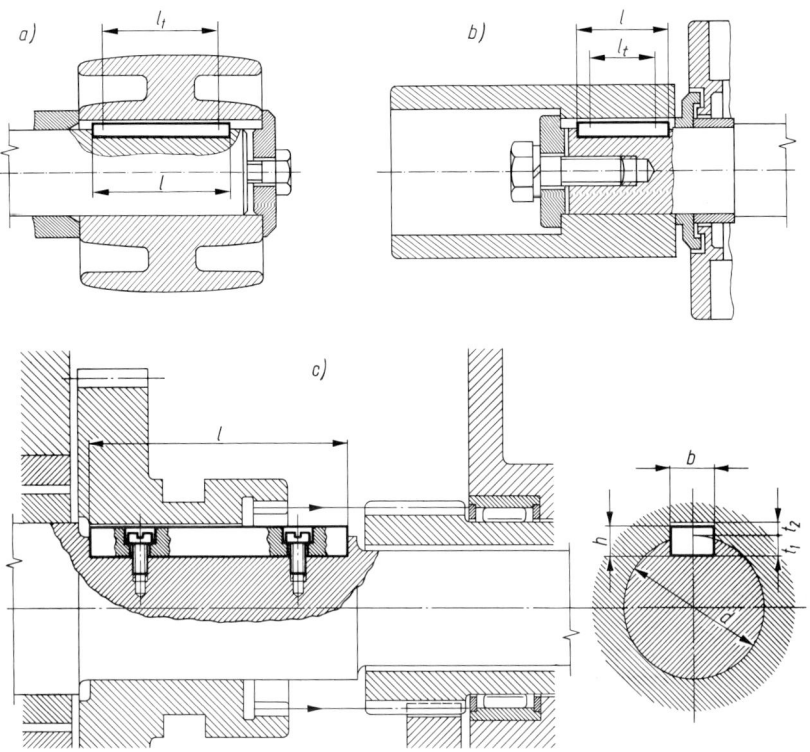

Bild 12.6 Paßfederverbindungen
a) Riemenscheibe mit Welle, b) Riemenrolle mit Welle, c) Schiebezahnrad mit Welle

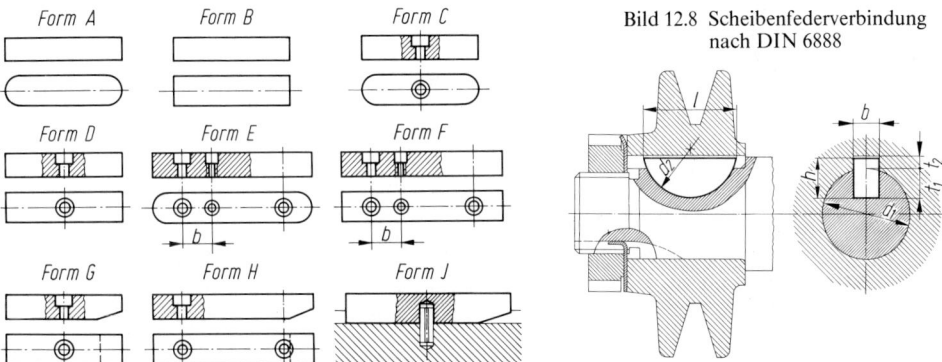

Bild 12.8 Scheibenfederverbindung
nach DIN 6888

Bild 12.7 Paßfederformen nach DIN 6885
Form A rundstirnig ohne Halteschraube, Form B geradstirnig ohne Halteschraube, Form C rundstirnig für Halteschraube, Form D geradstirnig für Halteschraube, Form E rundstirnig für zwei Halteschrauben und eine oder zwei Abdrückschrauben ab $b \times h = 12 \times 8$, Form F geradstirnig für zwei Halteschrauben und eine oder zwei Abdrückschrauben, Form G geradstirnig mit Schrägung und für Halteschraube, Form H geradstirnig mit Schrägung und für zwei Halteschrauben, Form J geradstirnig mit Schrägung und für Spannstift

$$\text{Flankenpressung} \quad p \approx \frac{F_u}{(h - t_1) \, l_t \cdot i \cdot k} \tag{12.2}$$

p	in N/mm²	Pressung der Paßfeder- und Nabennutflanken,
F_u	in N	Umfangskraft an der Welle $= M/r$ mit M als zu übertragendes Drehmoment und r als Wellenradius,
h	in mm	Höhe der Paßfeder (Tabn. A 12.3 und A 12.4),
t_1	in mm	Wellennuttiefe (Tab. A 12.3 und A 12.4),
l_t	in mm	tragende Paßfederlänge,
i		Anzahl der Paßfedern am Umfang,
k		Tragfaktor $= 1$ bei einer, $\approx 0,75$ bei zwei am Umfang angeordneten Paßfedern.

Erfahrungswerte für zulässige Flankenpressungen siehe Tab. A 12.1, Abmessungen der Paßfedern niedrige Form nach Tab. A 12.3, hohe Form nach Tab. A 12.4, Scheibenfedern nach Tab. A 12.5. Die Paßfedern werden aus Keilstahl DIN 6880 hergestellt; Werkstoff **C 45 K.**

Das vorstehende Berechnungsverfahren genügt selbstverständlich in keiner Weise wissenschaftlichen Überlegungen. Tatsächlich liegt ein dreidimensionales Kontaktproblem vor, für das es noch kein allgemein gültiges, befriedigendes Berechnungsverfahren gibt. In die Betrachtungen müssen die elastischen und ggf. plastischen Verformungen und auch, wenn man alle Einflüsse erfassen will, Reibungskräfte zwischen Welle und Nabenbohrung einbezogen werden. Das Drehmoment wird außerhalb der Verbindung in die Welle oder Nabe eingeleitet. Wie und an welchen Stellen das Drehmoment weitergeleitet wird, ist schwer festzustellen. Dazu zeigt Bild 12.9 verschiedene Möglichkeiten, die ersehen lassen, daß sich die Kraftübertragung nicht gleichmäßig auf die Länge der Paßfeder verteilen kann (ungleichmäßig verteilte Streckenkräfte). Mit spannungsoptischen Verfahren und entspr. Ersatzmodellen wurden einige Erkenntnisse gewonnen. Ein danach von *O. Militzer* entwickeltes Berechnungsverfahren ist sehr aufwendig und kann daher hier nicht wiedergegeben werden. Außerdem ist auch dieses mit Unsicherheiten behaftet.

Aus Bild 12.9 geht hervor, daß sich bei der mittleren Ausführung die Flankenpressung am gleichmäßigsten über die Paßfederlänge verteilen wird, so daß diese Ausführung möglichst zu bevorzugen ist. Am ungünstigsten ist die rechte Ausführung, da bei dieser die Kraftübertragung sehr einseitig erfolgt. Im Zuge der theoretischen Weiterentwicklung wird es mit Hilfe von Computerprogrammen zukünftig möglich sein, die Tragfähigkeit in Sekundenschnelle zu errechnen.

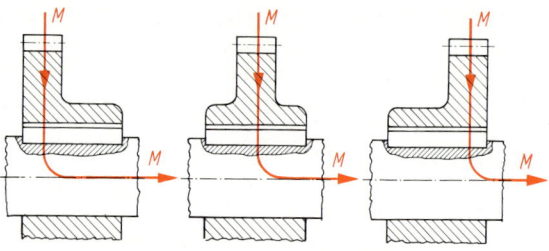

Bild 12.9 Ableitung des Drehmoments (nach Militzer)

Beispiel 12.2

Die Verbindung einer Welle mit einer Graugußriemenscheibe nach Bild 12.6a soll mit einer Paßfeder DIN 6885 − A 12 × 8 erfolgen. Wellendurchmesser $d = 40$ mm. Bei leichten Stößen ist ein einseitiges Drehmoment $M = 120$ Nm zu übertragen. Welche Länge l muß die Paßfeder mindestens erhalten?

Lösung:

Die Umfangskraft beträgt $F_u = M/r = 12000$ Ncm/2 cm $= 6000$ N. Nach Tab. A 12.3 ist $t_1 = 5$ mm, nach Tab. A 12.1 ist $p_{zul} \approx 0,7 \, p_0 = 0,7 \cdot 90$ N/mm² $= 63$ N/mm² ≈ 60 N/mm². Gemäß Gl. 12.2 wird

$$l_t = \frac{F_u}{(h - t_1) \, i \cdot k \cdot p_{zul}} = \frac{6000 \text{ N}}{(8 - 5) \text{ mm} \cdot 1 \cdot 1 \cdot 60 \text{ N/mm}^2} = 33,3 \text{ mm}.$$

Dann wird $l_{min} = l_t + b = 33,3$ mm $+ 12$ mm $= 45,3$ mm ≈ 45 mm.

Die Paßfeder wird praktisch so lang ausgeführt, wie die Nabe das zuläßt, jedoch nicht kleiner als l_{min}.

12.3   Keilwellenverbindungen

Keilwellen tragen am Umfang eine gerade Zahl hochstehender „Keile", die als Paßfedern aufzufassen sind (Bild 12.10). Eine **leichte Reihe** und eine **mittlere Reihe** sind mit DIN ISO 14 genormt, eine **schwere** mit DIN 5464, Keilwellen **für Werkzeugmaschinen** mit DIN 5471 (4 Keile) und 5472 (6 Keile). Der Name Keilwelle ist aus der ehemaligen Bezeichnung „Keile ohne Anzug" für Paßfedern entstanden. DIN ISO 14 ist Ersatz für die früheren Normen DIN 5461, 5462 und 5463, wobei die Abmessungen unverändert blieben. Die Darstellung in technischen Zeichnungen erfolgt nach DIN ISO 6413.

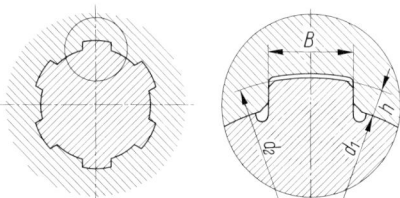

Bild 12.10 Keilwellen- und Keilnabenprofil

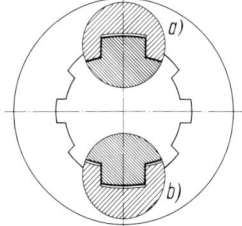

Bild 12.11
Zentrierung der Keilprofile
a) Innenzentrierung,
b) Flankenzentrierung

Der zentrische Sitz der Nabe auf der Welle wird erreicht durch

1. **Innenzentrierung** (Bild 12.11a) als genaueste. Sie kommt für Verbindungen nach DIN ISO 14 und für Werkzeugmaschinen ausschließlich in Betracht.
oder

2. **Flankenzentrierung** (Bild 12.11b) mit Spiel zwischen Bohrungs- und Wellendurchmesser. Sie ist schwieriger herzustellen als die Innenzentrierung. Die Flankenanlage macht sie aber für Stoß- und Wechselbelastungen besonders geeignet.

Der symmetrische Wellenquerschnitt vermeidet gegenüber Paßfederverbindungen eine einseitige Nabenmitnahme. Mit Keilwellen lassen sich wesentlich größere Kräfte übertragen, insbesondere Stoß- und Wechselkräfte. Die Keilwellen sind austauschbar und zentrieren die Naben auf den Wellen sehr genau. Hochleistungsfähige Bearbeitungsverfahren halten die Herstellungskosten verhältnismäßig niedrig. Als Beispiel zeigt Bild 12.12 die Getriebewelle eines Schleppers, auf der Zahnräder verschiebbar angeordnet sind.

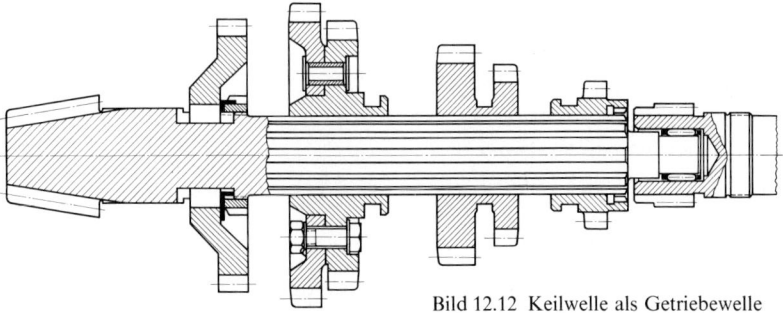

Bild 12.12 Keilwelle als Getriebewelle

Die „Keile" werden prinzipiell wie Paßfedern beansprucht und demzufolge auf Flankenpressung berechnet. Wegen der unvermeidlichen Herstellungstoleranzen tragen etwa 75 bis 90% der Flanken, was durch einen Tragfaktor k berücksichtigt wird. Somit gilt:

Flankenpressung $p \approx \dfrac{F_u}{h \cdot l_t \cdot i \cdot k}$ (12.3)

p	in N/mm²	Pressung der Keil- und Nabennutflanken,
F_u	in N	Umfangskraft an der Welle $= M/r_m$ mit M als zu übertragendem Drehmoment und $r_m = 0,25\,(d_1 + d_2)$ als mittlerem Radius der Welle (Tab. A 12.6),
h	in mm	Keilhöhe $= 0,5\,(d_2 - d_1)$ gemäß Tab. A 12.6,
l_t	in mm	Traglänge der Verbindung,
i		Anzahl der Keile am Umfang,
k		Tragfaktor $\approx 0,75$ bei Innenzentrierung, $\approx 0,9$ bei Flankenzentrierung.

Erfahrungswerte für zulässige Flankenpressungen nach Tab. A 12.1, Abmessungen der Keilwellen nach Tab. A 12.6, Passungen für Keilwellen und Keilnaben je nach deren Funktion siehe Tab. A 12.7 und DIN ISO 14.

Wie bei den Paßfeder-Verbindungen kann auch diese einfache Berechnungsmethode den wirklichen Verhältnissen nicht Rechnung tragen. Sehr problematisch ist die Kraftaufteilung auf die einzelnen Keile und über die Länge der Verbindung. Erst in jüngster Zeit hat außer anderen *P. Dietz* ein besseres Berechnungsverfahren vorgeschlagen (siehe auch Entwurf DIN 5466). Durch theoretische und praktische Untersuchungen ermittelte er Formzahlen α_{kt} und α_{kb}, die für den Bruch der Welle maßgebend sind, d. h. er errechnet die Sicherheit gegen Dauerbruch am Zahnfuß und der gesamten Welle.

Beispiel 12.3

Bild 12.13 zeigt eine Gelenkwelle. Zum Längenausgleich ist die eine Hälfte des Kardangelenks auf einer Keilwelle drehfest, jedoch axialbeweglich aufgenommen. Unter Drehrichtungswechsel und stark stoßhaftem Betrieb ist eine Drehmomentspitze von $M = 1750$ Nm aufzunehmen. Ist die auftretende Flankenpressung zulässig?

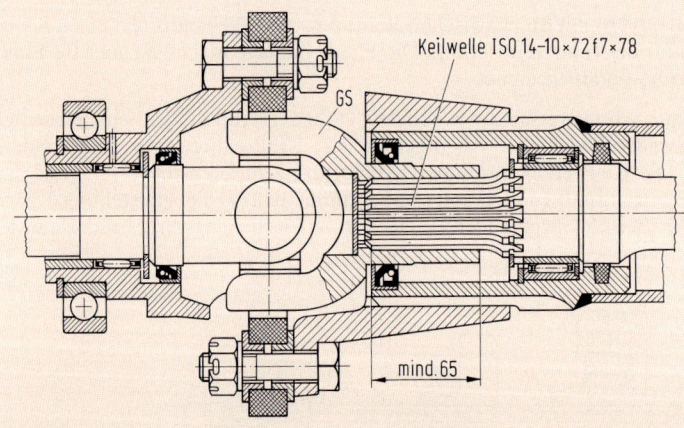

Keilwelle ISO 14–10×72 f7×78

Bild 12.13 Auf einer Keilwelle sitzendes Kardangelenk

Lösung:
Mit $r_m = 0,25\,(d_1 + d_2) = 0,25\,(72 + 78)$ mm $= 37,5$ mm (Tab. A 12.6) ergibt sich die Umfangskraft an der Welle zu $F_u = M/r_m = 175\,000$ Ncm/3,75 cm $= 46\,667$ N $\approx 46\,700$ N.
Mit $h = 0,5\,(d_2 - d_1) = 0,5\,(78 - 72)$ mm $= 3$ mm, $i = 10$ Keilen (Tab. A 12.6) und dem Tragfaktor $k \approx 0,75$ (Innenzentrierung) beträgt die Flankenpressung nach Gl. 12.3:

$$p \approx \frac{F_u}{h \cdot l_t \cdot i \cdot k} = \frac{46\,700 \text{ N}}{3 \text{ mm} \cdot 65 \text{ mm} \cdot 10 \cdot 0,75} \approx 32 \text{ N/mm}^2$$

Nach Tab. A 12.1 ist $p_{zul} \approx 0,25\,p_0 = 0,25 \cdot 150$ N/mm² ≈ 37 N/mm². Die Flankenpressung ist also zulässig.

12.4 Zahnwellenverbindungen

Anstelle der „Keile" an den Keilwellen können auch Zähne treten. Derartige Zahnprofile zeigt Bild 12.14, und zwar Bild 12.14a ein **Kerbzahnprofil** DIN 5481 mit dreieckförmigen Zähnen, Bild 12.14b ein **Evolventenzahnprofil** DIN 5480. Die vielen Zähne können besonders große und stoßweise Kräfte übertragen, so daß sich die Zahnprofile für schmale Naben eignen. Vorteilhaft ist auch die Verstellmöglichkeit der Nabe von Zahn zu Zahn, z. B. zum Einstellen von Hebeln. Die Verzahnungen lassen sich im Abwälzverfahren wirtschaftlich herstellen. Üblich ist die Flankenzentrierung, beim Evolventenzahnprofil ist auch Innen- und Außenzentrierung möglich. Die Evolventenzahnprofile werden vorzugsweise mit dem Eingriffswinkel 30° ausgeführt. Als Anwendungsbeispiel zeigt Bild 12.15 eine pneumatisch geschaltete Reibkupplung, deren Innenlamellen a auf einer Zahnwelle, und deren Außenlamellen b in einer Zahnnabe mit Evolventenzahnprofil sitzen. Darstellung nach DIN ISO 6413.

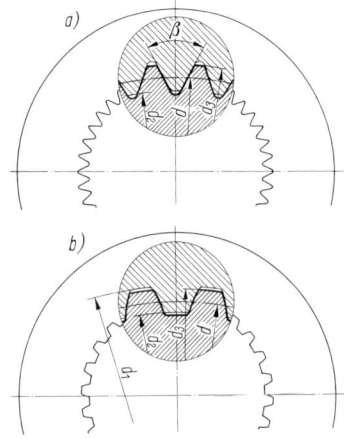

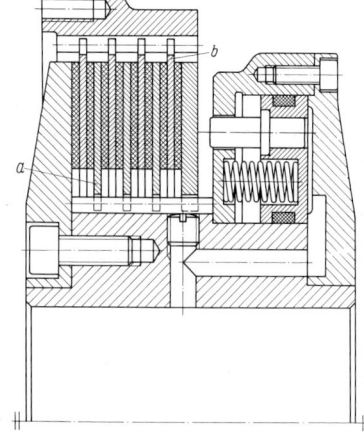

Bild 12.14 Zahnprofile
a) Kerbzahnprofil,
b) Evolventenzahnprofil

Bild 12.15 Pneumatisch geschaltete Lamellenkupplung (Stromag GmbH, Unna/Westf.)

Die Berechnung erfolgt wie bei den Keilwellenverbindungen nach der

$$\textit{Flankenpressung} \quad \boldsymbol{p} \approx \frac{\boldsymbol{F_u}}{\boldsymbol{h} \cdot \boldsymbol{l_t} \cdot \boldsymbol{z} \cdot \boldsymbol{k}} \tag{12.4}$$

p	in N/mm²	Flankenpressung der Zähne,
F_u	in N	Umfangskraft in der Zahnprofilmitte $= M/r_m$ mit M als zu übertragendem Drehmoment und $r_m = 0,25\,(d_3 + d_2)$,
h	in mm	tragende Zahnhöhe $= 0,5\,(d_3 - d_2)$ (Tabn. A 12.8 und A 12.9),
l_t	in mm	Traglänge der Verbindung,
z		Zähnezahl (Tabn. A 12.8 und A 12.9),
k		Tragfaktor $\approx 0,5$ bei Kerbverzahnung und $\approx 0,75$ bei Evolventenverzahnung.

Erfahrungswerte für zulässige Flankenpressungen nach Tab. A 12.1, Abmessungen der Zahnprofile nach den Tabn. A 12.8 und A 12.9. Eine genaue Berechnung von Zahnwellen-Verbindungen ist nach dem Entwurf DIN 5466 möglich.

Beispiel 12.4

Die stählernen, 4 mm dicken Innenlamellen einer Reibkupplung nach Bild 12.15 sind mit einer Zahnwellen-Verbindung DIN 5480 − 80 × 2 drehfest, jedoch axialbeweglich verbunden. Lamellenträger aus St 50. Die Kupplung hat bei wechselnder Drehrichtung unter starken Stößen ein Drehmoment von 400 Nm zu übertragen. Ist die auftretende Flankenpressung zulässig, wenn jede der Stahllamellen nach der Anzahl ihrer Reibflächen anteilmäßig an der Drehmomentenbewegung beteiligt ist?

Lösung:
Das Drehmoment von 40 000 Ncm wird von insgesamt 8 Reibflächen übertragen. Jede Lamelle hat 2 Reib-flächen und überträgt somit 1/4 des Drehmoments, also $M = 10\,000$ Ncm. Nach Tab. A 12.9 ist $d_2 = d_1 - 2m = 80$ mm $- 2 \cdot 2$ mm $= 76$ mm, $d_3 = d_1 - 0.2m = 80$ mm $- 0.2 \cdot 2$ mm $= 79.6$ mm. Somit ist $r_m = 0.25 \,(d_2 + d_3) = 0.25 \,(76 + 79.6)$ mm $= 38.9$ mm.
Umfangskraft $F_u = M/r_m = 10\,000$ Ncm$/3.89$ cm ≈ 2570 N. Mit $h = 0.5 \,(d_3 - d_2) = 0.5 \,(79.6 - 76)$ mm $= 1.8$ mm und $z = 38$ (Tab. A 12.9) beträgt die Flankenpressung nach Gl. 12.4:

$$p \approx \frac{F_u}{h \cdot l_t \cdot z \cdot k} = \frac{2570 \text{ N}}{1.8 \text{ mm} \cdot 4 \text{ mm} \cdot 38 \cdot 0.75} = 12.5 \text{ N/mm}^2.$$

Nach Tab. A 12.1 ist $p_{zul} \approx 0.25 p_0 = 0.25 \cdot 150$ N/mm$^2 \approx 37$ N/mm$^2 > p$, so daß die Beanspruchung zulässig ist.

12.5   Polygonwellenverbindungen

Während bei den Keil- und Zahnwellenverbindungen ausgeprägte Vorsprünge (Keile, Zähne) die Mitnahme bewirken, wächst die Mitnehmerwirkung in den **Polygon-Profilen** (Bild 12.16) als symmetrische Unrunde kontinuierlich. Die Profile lassen sich innen und außen in der Toleranzqualität 6 herstellen, so daß sie eine genaue Zentrierung gewährleisten. Da sich auf der Oberfläche keine krassen Vorsprünge befinden, machen sich Kerbwirkungen kaum bemerkbar.

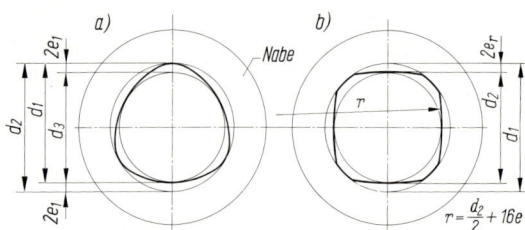

Bild 12.16 Polygon-Profile
            a) P3G für Haft- und Preßsitze,
            b) P4C für Gleit- und Preßsitze

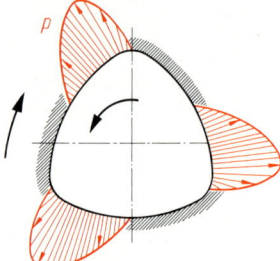

Bild 12.17 Pressungsverlauf beim
            P3G-Profil

Tab. A 12.10 enthält die Abmessungen des **Profils P3G** nach DIN 32711 **für Haft- und Preßsitze** und des **Profils P4C** nach DIN 32712 **für Gleit- und Preßsitze.** Bild 12.17 veranschaulicht die Pressungsverteilung am Umfang.

Bild 12.18 zeigt als Beispiel den mit Polygonprofilen gefügten Schaufelträger eines Gebläses.

Durch das Drehmoment werden Welle und Nabenbohrung aufeinandergepreßt. Wie Bild 12.17 zeigt, verteilt sich die Pressung wellenförmig über den Umfang. Es beträgt die größte

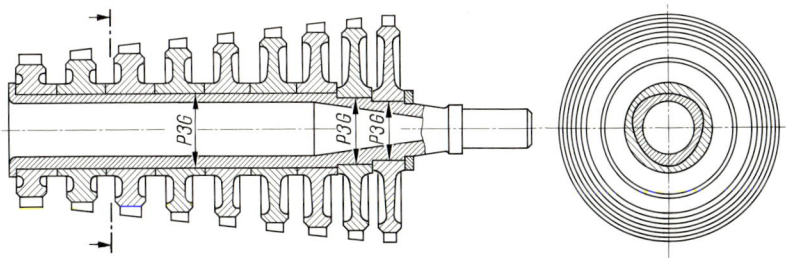

Bild 12.18 Mit Polygonprofilen gefügter Schaufelträger eines Gebläses

Flächenpressung beim P3G-Profil $$p = \frac{M}{l_t\,(2{,}36 \cdot d_1 \cdot e_1 + 0{,}05 d_1^2)} \qquad (12.5)$$

Flächenpressung beim P4C-Profil $$p = \frac{M}{l_t\,(\pi \cdot d_r \cdot e_r + 0{,}05 d_r^2)} \qquad (12.6)$$

M	in Nmm	zu übertragendes Drehmoment,
l_t	in mm	Traglänge des Profils,
d_1	in mm	Gleichdickdurchmesser,
d_r	in mm	maßgebender, rechnerischer Durchmesser = $d_2 + 2e$,
e_1, e_r	in mm	Exzentrizität des Profils.

Anhalt für zulässige Flächenpressungen siehe Tab. A 12.1, Abmessungen der Profile Tab. A 12.10. Genauere Berechnungen der Nabenbeanspruchung nach Angaben der Hersteller, z. B. Fortuna-Werke GmbH, Stuttgart.

Beispiel 12.5

Die in Bild 12.18 gezeigte Schaufelreihe ist mit dem Profil DIN 32711 – P3G 80 verbunden. Die Welle besteht aus Stahl, die Schaufeln aus G-AlSiMg. Welches Drehmoment kann eine Schaufel bei einseitiger Belastung und leichten Stößen übertragen, wenn die Traglänge $l_t = 30$ mm beträgt?

Lösung:
Mit $d_1 = 80$ mm, $e_1 = 3{,}35$ mm (aus Tab. A 12.10) sowie $p_{zul} \approx p_0 = 70$ N/mm² (Tab. A 12.1) ergibt sich gemäß Gl. 12.5 das übertragbare Drehmoment zu

$$M = l_t\,(2{,}36 \cdot d_1 \cdot e_1 + 0{,}05 d_1^2)\,p_{zul}$$
$$= 30 \text{ mm } (2{,}36 \cdot 80 \text{ mm} \cdot 3{,}35 \text{ mm} + 0{,}05 \cdot 80^2 \text{ mm}^2)\, 70 \text{ N/mm}^2 \approx 2\,000\,000 \text{ Nmm} = 2000 \text{ Nm}.$$

12.6 Kegelverbindungen

Kegel zentrieren die auf ihnen sitzenden Naben von selbst (Bild 12.19). Sie lassen sich spielfrei fügen, wenn Innen- und Außenkegel genau übereinstimmen. Nach DIN 254 kennzeichnet

$$\textbf{Kegel } C = \frac{D - d}{L}$$

die Abnahme des Kegeldurchmessers auf einer Längeneinheit. Der Winkel α heißt **Kegelwinkel**. Er ergibt sich nach Bild 12.19 aus

$$\tan \frac{\alpha}{2} = \frac{D - d}{2L} = \frac{C}{2}$$

Kegelige Wellenenden mit Kegel $C = 1 : 10$ (kurz Kegel 1 : 10) mit $\alpha = 5{,}724°$ für die Aufnahme von Zahnrädern, Kupplungen, Riemenscheiben u. dgl. sind mit DIN 1448 genormt. Bis

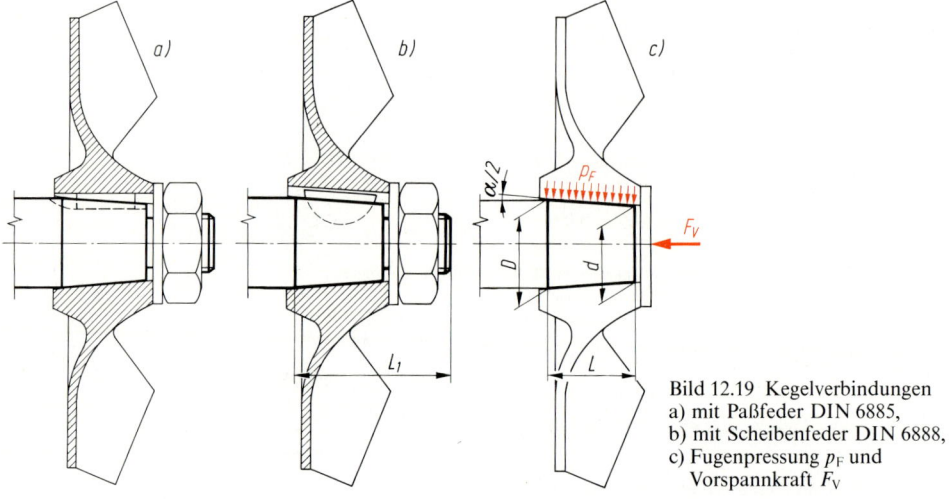

Bild 12.19 Kegelverbindungen
a) mit Paßfeder DIN 6885,
b) mit Scheibenfeder DIN 6888,
c) Fugenpressung p_F und
   Vorspannkraft F_V

$D = 220$ mm besitzen sie eine zur Achse parallele Längsnut für Paßfedern nach DIN 6885 und am Ende einen Schraubenbolzen zum Anziehen der Verbindung (Bild 12.19 a). Bei $D > 220$ mm liegt die Paßfedernut parallel zur Mantellinie des Kegels. Bei der Verbindung nach Bild 12.19 b dient eine Scheibenfeder DIN 6888 zur Lagensicherung. Mit DIN 1449 sind kegelige Wellenenden mit Innengewinde genormt (Bild 12.20), Metrische Kegel mit DIN 228. Die normgerechte Bemaßung von Kegeln erfolgt nach DIN ISO 3040.

Wenn die Verbindung nach Bild 12.19 c durch eine Schraubenkraft F_V vorgespannt wird, werden die Kegelmantelflächen mit der Fugenpressung p_F aufeinandergepreßt. Bild 12.21 zeigt die Kraftverhältnisse beim Fügen, und zwar die auf die Nabenbohrung wirkenden Kräfte. Auf jedes Flächenteilchen ΔA der Nabenbohrung wirkt eine Normalkraft $\Delta F_N = \Delta A \cdot p_F$ (Bild 12.21 a). Sie ruft den sich der Anziehbewegung entgegensetzenden Reibwiderstand $\Delta F_N \cdot v$ hervor. ΔF_N und $\Delta F_N \cdot v$ werden zur Resultierenden ΔF zusammengefaßt, die mit ΔF_N den Reibwinkel ϱ einschließt. ΔF wird nun zerlegt in die Radialkomponente ΔF_r und die Längskomponente ΔF_l (Axialkomponente). ΔF_r und ΔF schließen den Winkel $\alpha/2 + \varrho$ ein (Bild 12.21 b). Daraus folgen:

$$\Delta F_l = \Delta F \cdot \sin(\alpha/2 + \varrho) \quad \text{und} \quad \Delta F = \Delta F_N / \cos\varrho, \quad \text{also}$$

$$\Delta F_l = \frac{\Delta F_N \cdot \sin(\alpha/2 + \varrho)}{\cos\varrho} = \frac{\Delta A \cdot p_F \cdot \sin(\alpha/2 + \varrho)}{\cos\varrho}$$

Man begeht nur einen unbedeutenden Fehler, wenn man der Einfachheit halber für

$$\sin(\alpha/2 + \varrho)/\cos\varrho \approx \tan(\alpha/2 + \varrho) \text{ setzt.}$$

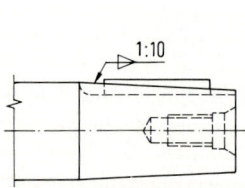

Bild 12.20 Kegeliges Wellenende
         mit Innengewinde
         DIN 1449

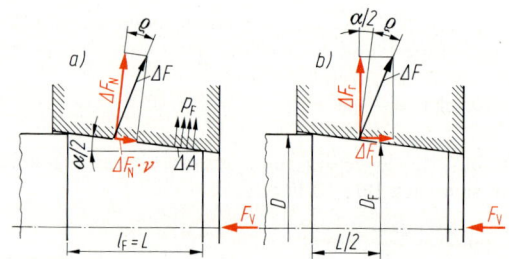

Bild 12.21 Kraftverhältnisse beim Anziehen einer Kegelverbindung
a) Normalkräfte ΔF_N und Reibwiderstände $\Delta F_N \cdot v$,
b) Radialkräfte ΔF_r und Längskräfte ΔF_l

Da an allen Umfangsstellen gleiche Kraftverhältnisse herrschen, werden alle Längskräfte ΔF_l zu einer Resultierenden zusammengefaßt, die der Vorspannkraft F_V das Gleichgewicht hält, d. h. es muß $\Sigma \Delta F_l = F_V$ sein. Die Summe aller Flächenteilchen $\Sigma \Delta A$ ist gleich der Mantelfläche des Kegels. Diese beträgt $\Sigma \Delta A = D_F \cdot \pi \cdot l_F$ mit D_F als mittlerem Kegeldurchmesser. Somit:

$$\text{Fugenpressung} \quad p_F \approx \frac{F_V}{D_F \cdot \pi \cdot l_F \cdot \tan(\alpha/2 + \varrho)} \tag{12.7}$$

p_F in N/mm²   Pressung der Kegelmantelfläche,
F_V in N   Vorspannkraft der Schraube. Siehe hierzu die untenstehenden Hinweise.
D_F in mm   Fugendurchmesser = mittlerer Kegeldurchmesser = $D - C \cdot L/2$. Beim Kegel 1 : 10 ist $C = 0{,}1$.
l_F in mm   Fugenlänge = Traglänge, in der Regel = L,
ϱ in °   Reibwinkel, der bei trockenen und glatten Oberflächen $\approx 6 \ldots 7°$ beträgt,
α in °   Kegelwinkel. Beim Kegel 1 : 10 ist $\alpha = 5{,}724°$.

Beim gefühlsmäßigen Anziehen der Schraubenverbindung von Hand kann man erfahrungsgemäß mit den mittleren Vorspannungen σ_V im Spannungsquerschnitt A_S nach Tab. 10.13 (S. 197) rechnen, so daß eine Vorspannkraft $F_V \approx A_S \cdot \sigma_V$ zu erwarten ist (A_S siehe Tab. A 12.11). Beim Anziehen mit Drehmomentenschlüssel ist nach dem 10. Kapitel ein Anziehdrehmoment M_A nach Gl. 10.3 unter Berücksichtigung des Setzens und der Streuungen beim Anziehen vorzuschreiben. Abmessungen der kegeligen Wellenenden DIN 1448 nach Tab. A 12.11.

Mit der Fugenpressung p_F, die mit der Vorspannkraft F_V der Schraube errechnet wurde (Gl. 12.7), kann die Verbindung wie eine **Längspreßverbindung** betrachtet werden (siehe 9. Kapitel, Gln. 9.1 und 9.2), Haftbeiwert $\nu \approx 0{,}1 \ldots 0{,}12$ entspr. $\varrho \approx 6 \ldots 7°$. Die Gln. 9.3 und 9.4 sowie 9.25 und 9.27 ermöglichen eine Überprüfung, ob eine elastische Beanspruchung der Fügeteile gewährleistet ist (siehe hierzu das Beispiel 12.7). Wird elastisch-plastische Beanspruchung des Außenteils zugelassen, so ist nach Abschnitt 9.4 mit den Gln. 9.28 bis 9.30 zu rechnen.

Andererseits kann auch nach dem zu übertragenden Drehmoment M die erforderliche Vorspannkraft F_V errechnet und danach unter Berücksichtigung des Anziehfaktors α_A das Schraubenanziehmoment M_A ermittelt und vorgeschrieben werden.

Selbsthemmung tritt ein, wenn $\alpha/2 < \varrho$ ist. Beim Demontieren würde sich die Kegelverbindung dann nämlich nicht von selbst lösen.

Ohne Paßfeder könnten bei entspr. Drehrichtung geringfügige Umfangsverschiebungen der Nabe auf der Welle zum Losdrehen der Schraubenverbindung führen.

Es sei noch erwähnt, daß für **Werkzeughalterungen** vorwiegend der metrische Kegel 1 : 20 nach DIN 228 benutzt wird. Er sitzt selbsthemmend.

Beispiel 12.6

Ein Zahnrad aus Vergütungsstahl Ck 45 ist mit einem Wellenende DIN 1448 − 60 × 105 verbunden. Wellenwerkstoff St 50. Bei einseitiger Drehrichtung hat es ein Drehmoment $M = 800$ Nm zu übertragen. Genügt der Kraftschluß zur Übertragung des Drehmoments, wenn die Mutter gefühlsmäßig von Hand angezogen wird?

Lösung:
Nach Tab. A 12.11 betragen: $L = l_F = 70$ mm, $D_F = D - C \cdot L/2 = 60$ mm $- 0{,}1 \cdot 35$ mm $= 56{,}5$ mm, Gewinde M 42 × 3 mit $A_S = 1206$ mm². Somit wird mit $\sigma_V \approx 80$ N/mm² (aus Tab. 10.13) die Vorspannkraft $F_V = A_S \cdot \sigma_V = 1206$ mm² $\cdot 80$ N/mm² $= 96480$ N $\approx 96{,}5$ kN. Angenommen $\varrho = 6{,}5°$, also $\alpha/2 + \varrho \approx 2{,}9° + 6{,}5° = 9{,}4°$. Nach Gl. 12.7 beträgt dann die Fugenpressung

$$p_F \approx \frac{F_V}{D_F \cdot \pi \cdot l_F \cdot \tan(\alpha/2 + \varrho)} = \frac{96500 \text{ N}}{56{,}5 \text{ mm} \cdot \pi \cdot 70 \text{ mm} \cdot \tan 9{,}4°} \approx 47 \text{ N/mm}^2$$

Bei $\varrho = 6{,}5°$ ist $\nu = \tan \varrho \approx 0{,}11$. Nach Gl. 9.2 wird die Haftkraft

$$F_F = D_F \cdot \pi \cdot l_F \cdot \nu \cdot p_F = 56{,}5 \text{ mm} \cdot \pi \cdot 70 \text{ mm} \cdot 0{,}11 \cdot 47 \text{ N/mm}^2 \approx 64200 \text{ N} = 64{,}2 \text{ kN}$$

Zu übertragen ist eine Umfangskraft $F_u = M/r_F = 80000 \text{ Ncm}/2{,}83 \text{ cm} \approx 28270 \text{ N} \approx 28{,}3 \text{ kN}$ (hierin $r_F = D_F/2$). Damit ergibt sich gemäß Gl. 9.1 eine Haftsicherheit

$$S_H = F_F/F_u = 64{,}2/28{,}3 \approx 2{,}3, \quad \text{die größer als die erforderliche von 1,5 ist.}$$

Beispiel 12.7

Für die Kegelverbindung mit $D_F = 56{,}5$ mm des Beispiels 12.6 wurde eine Fugenpressung $p_F \approx 47$ N/mm^2 errechnet. Das Zahnrad als Außenteil mit $D_A = 150$ mm Fußkreisdurchmesser besitzt eine Streckgrenze $R_{eA} = 370$ N/mm^2, die Welle als Innenteil $R_{el} = 275$ N/mm^2 (siehe Tab. A 9.2 für Ck 45 und St 50). Ist für beide elastische Beanspruchung gewährleistet?

Lösung:
Nach den Gl. 9.3 und 9.4 betragen: $Q_A = D_F/D_A = 56{,}5/150 = 0{,}38$, $Q_I = 0$. Mit $S_P = 1{,}2$ als Sicherheit gegen plastische Verformung erhält man nach Gl. 9.25 die zulässige Fugenpressung für das Außenteil

$$p_{A\,zul} = \frac{1 - Q_A^2}{\sqrt{3} \cdot S_P} R_{eA} = \frac{1 - 0{,}38^2}{\sqrt{3} \cdot 1{,}2} \, 370 \text{ N/mm}^2 = 152{,}3 \text{ N/mm}^2 > p_F$$

und nach Gl. 9.27 für das volle Innenteil

$$p_{I\,zul} = \frac{2}{\sqrt{3} \cdot S_P} R_{el} = \frac{2}{\sqrt{3} \cdot 1{.}2} \, 275 \text{ N/mm}^2 = 264{,}6 \text{ N/mm}^2 > p_F.$$

Es liegt also rein elastische Beanspruchung vor.

12.7   Spannelementverbindungen

Ringkegel-Spannelemente (Bild 12.22) zum spielfreien, kraftschlüssigen Verbinden von Wellen mit Naben besitzen zwei ineinandergreifende kegelige Ringe aus vergütetem Sonderstahl. Durch axiale Schraubenkraft werden die Ringe radial gespannt, und die erzeugte Fugenpressung ruft wie bei Preßverbindungen (siehe 9. Kapitel) einen Haftwiderstand hervor, der das Drehmoment überträgt. Auf diese Weise lassen sich Zahnräder, Schwungräder, Riemenscheiben, Kettenräder, Bremsscheiben, Betätigungs- und Steuernocken, Kupplungsnaben u. dgl. auf Wellen drehsicher befestigen (Bild 12.23). Derartige Spannelemente werden von den Firmen Ringfeder GmbH, Krefeld (Ringfeder-Spannelemente), und Ringspann Albrecht Maurer KG, Bad Homburg (Tollok-Konus-Spannelemente) geliefert.

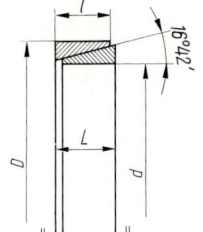

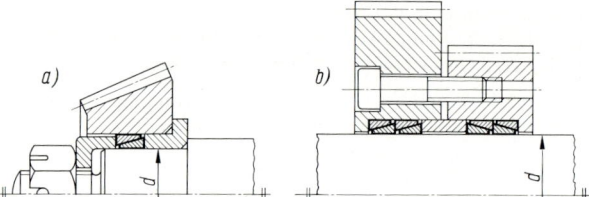

Bild 12.22 Ring-Spannelement (Ringspann
KG, Bad Homburg, und Ringfeder
GmbH, Krefeld-Uerdingen)

Bild 12.23 Spannelement-Verbindungen
a) mit einer Spannschraube,
b) mit mehreren Spannschrauben

Zum Anziehen der Verbindung können wahlweise eine oder mehrere Spannschrauben vorgesehen werden (Bild 12.23). Bohrungspaßmaß in der Nabe H7 bis $D = 44$ mm, darüber hinaus H8, Wellenpaßmaß h6 bis $d = 38$ mm, darüber hinaus h8.

Im ungespannten Zustand besteht zwischen Bohrung und Außenring sowie zwischen Innenring und Welle ein Spiel, das **Einbauspiel.** Die Längskraft, die den Außenring weitet und den Innenring einschnürt, um das Einbauspiel zu beseitigen, ist die Kraft F_0. Erst bei Steigerung der Längskraft auf $F_0 + F_p$ wird eine Fugenpressung p_I am Innenring/Welle und p_A am Außenring/Nabe erzeugt, d. h. F_p ist die wirksame Spannkraft.

Genügt ein Spannelement nicht zur Übertragung des Drehmomentes, so können mehrere Elemente derart hintereinander angeordnet werden, daß sich die Längskraft fortpflanzt und auch die folgenden Elemente spannt. Bedingt durch die Reibgesetze nimmt die Längsspannkraft und damit die Fugenpressung von Element zu Element ab (Bild 12.24). **Es lohnt sich deshalb nicht, mehr als drei bis vier Elemente vorzusehen!**

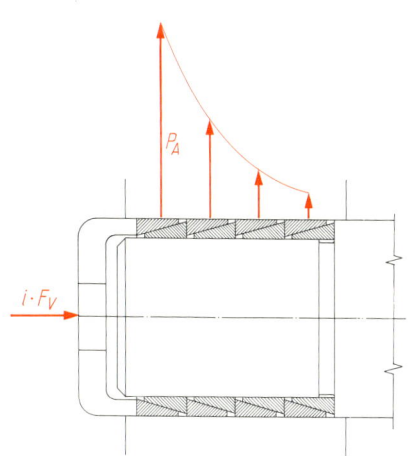

Bild 12.24 Pressungsverteilung auf hintereinander liegende Elemente

In Tab. A 12.12 sind außer den Abmessungen der Spannelemente angegeben:

1. die erforderliche **Längskraft** F_0 in kN zur Beseitigung des Einbauspiels,

2. die wirksame **Spannkraftrate** c in $\dfrac{\mathrm{N}}{\mathrm{N/mm^2}} = \mathrm{mm^2}$ zur Erzeugung einer Fugenpressung von $1\ \mathrm{N/mm^2}$ zwischen dem Innenring des ersten Spannelements und der Welle,

3. die **Widerstandsrate** f in $\dfrac{\mathrm{N}}{\mathrm{N/mm^2}} = \mathrm{mm^2}$ als der vom ersten Spannelement in Längsrichtung (axial) mit einer Fugenpressung von $1\ \mathrm{N/mm^2}$ an der Welle erzeugte Haftreibwiderstand, der bei Wirkung einer Betriebslängskraft das Rutschen in dieser Richtung verhindert,

4. die **Drehmomentrate** m in $\dfrac{\mathrm{Nm}}{\mathrm{N/mm^2}} = \mathrm{m \cdot mm^2}$ als das vom ersten Spannelement mit einer Fugenpressung von $1\ \mathrm{N/mm^2}$ an der Welle erzeugte Haftreibdrehmoment, das bei Wirkung des Betriebsdrehmomentes das Rutschen in Umfangsrichtung verhindert.

Zur Erzeugung der Fugenpressung p_1 am ersten Element ist je Schraube erforderlich eine

Vorspannkraft $\quad F_V = \dfrac{F_0 + c \cdot p_1}{i}$ (12.8)

F_V	in N	Vorspannkraft einer Spannschraube,
F_0	in N	Längskraft zur Beseitigung des Einbauspiels (Tab. A 12.12),
c	in mm^2	wirksame Spannkraftrate (Tab. A 12.12),
p_1	in N/mm^2	gewünschte bzw. erforderliche Fugenpressung am ersten Spannelement,
i		Anzahl der Spannschrauben.

Bei dieser Vorspannkraft ergeben sich:

Übertragbares Drehmoment $\quad M_F = k \cdot m \cdot p_1$ (12.9)

Übertragbare Längskraft $\quad F_F = k \cdot f \cdot p_1$ (12.10)

M_F	in Nm	übertragbares Drehmoment der Verbindung,
F_F	in N	übertragbare Längskraft der Verbindung,
k		Minderungsfaktor bei a hintereinander geschalteten Elementen
		$= 1$ bei $a = 1$, $= 1{,}55$ bei $a = 2$, $= 1{,}86$ bei $a = 3$, $= 2$ bei $a = 4$,
m	in m · mm^2	Drehmomentrate (Tab. A 12.12),
f	in mm^2	Widerstandsrate (Tab. A 12.12).

Die Spannschrauben sollten stets mit einem Drehmomentenschlüssel angezogen werden. Wegen der auch dann noch stark streuenden Schraubenvorspannkraft F_V (Anziehfaktor $\alpha_A \approx 1{,}6$!) legt man das übertragbare Drehmoment $M_F \approx 2M$ aus, wenn M das Betriebsdrehmoment darstellt. Das gilt sinngemäß auch für die Übertragung einer Betriebslängskraft F_1, d. h. $F_F \approx 2\ F_1$.

Die Spannschrauben sind mit $M_A \leqq M_{A\,\mathrm{zul}}$ anzuziehen. Unter Berücksichtigung des Setzens ist dann mit einer maximalen Vorspannkraft $F_V \approx 0{,}9\ F_M$ zu rechnen. Anziehdrehmoment $M_{A\,\mathrm{zul}}$ und Montagevorspannkraft $F_{M\,\mathrm{zul}}$ nach Tab. A 10.8 bei $\mu_G = \mu_K = 0{,}12$. Siehe hierzu auch Beispiel 12.9 auf Seite 234.

Mit den Gln. 9.3, 9.4, 9.25, 9.27, 9.28 bis 9.30 kann wie bei den Kegelverbindungen (siehe Abschnitt 12.6) kontrolliert werden, ob elastische oder plastische Beanspruchung der Fügeteile gewährleistet ist. Die Pressung der Nabenbohrung beträgt $p_A = p_1 \cdot d/D$.

Die Abmessungen der Elemente und die Berechnung ihrer Übertragungsfähigkeit sind je nach Lieferfirma verschieden. Es empfiehlt sich daher, deren Unterlagen zu benutzen.

Beispiel 12.8

Das Zahnradpaar nach Bild 12.23 b mit $d = 40$ mm hat ein maximales Drehmoment $M = 280$ Nm zu übertragen. Werkstoff der Zahnräder 20Cr4 mit $R_{eA} = 350$ N/mm², Werkstoff der Welle St 50 mit $R_{el} = 275$ N/mm² (Tab. A 9.2). Der Fußkreisdurchmesser des kleinen Rades beträgt $D_A \approx 80$ mm. Als Spannschrauben sind Zylinderschrauben mit Innensechskant DIN 912 – M 10 – 8.8 vorgesehen. Wieviele Schrauben sind erforderlich und welches Schraubenanziehmoment ist vorzuschreiben? Ist elastische oder elastisch-plastische Beanspruchung gewährleistet?

Lösung:
1. Anzahl i der Schrauben

Aus Tab. A 12.12 werden entnommen: Spannelemente 40 × 45 mit $L = 8$ mm, $l = 6,6$ mm, $F_0 = 13,8$ kN, $c = 450$ mm², $f = 99,5$ mm², $m = 2$ m · mm². Mit $M_F \approx 2M = 2 \cdot 280$ Nm = 560 Nm und $k = 1,55$ (bei $a = 2$ Elementen, da jeweils ein Rad das Drehmoment auf die Welle übertragen muß und dazu dem betr. Rad zwei Elemente dienen) beträgt nach Gl. 12.9 die erforderliche Fugenpressung

$$p_1 = \frac{M_F}{k \cdot m} = \frac{560 \text{ Nm}}{1,55 \cdot 2 \text{ m} \cdot \text{mm}^2} \approx 181 \text{ N/mm}^2$$

Nach Tab. A 10.8 sind $F_{M \text{zul}} = 27,5$ kN und $M_{A \text{zul}} = 46$ Nm. Somit wird die größtmögliche Vorspannkraft $F_V \approx 0,9 \ F_{M \text{zul}} = 0,9 \cdot 27,5$ kN ≈ 25 kN. Nach Gl. 12.8 sind

$$i = \frac{F_0 + c \cdot p_1}{F_V} = \frac{13\,800 \text{ N} + 450 \text{ mm}^2 \cdot 181 \text{ N/mm}^2}{25\,000 \text{ N}} = 3,81 \approx 4 \text{ Spannschrauben erforderlich.}$$

2. Vorzuschreibendes Schraubenanziehmoment M_A

Nach den Angaben unter der Gl. 12.10 kann somit $M_A = M_{A \text{zul}} \cdot 3,81/4 \approx 44$ Nm vorgeschrieben werden.

3. Kontrolle der Beanspruchung

Die Fugenpressung an der Nabenbohrung beträgt $p_A = p_1 \cdot d/D = 181 \text{ N/mm}^2 \cdot 40/45 \approx 161 \text{ N/mm}^2$. Nach den Gln. 9.3 und 9.4 betragen: $Q_A = D_F/D_A = 45/80 = 0,56$, $Q_1 = 0$. Mit $S_P = 1,2$ als Sicherheit gegen plastische Verformung erhält man nach Gl. 9.25 die zulässige Fugenpressung für das Außenteil bei rein elastischer Beanspruchung

$$p_{A \text{zul}} = \frac{1 - Q_A^2}{\sqrt{3} \cdot S_P} R_{eA} = \frac{1 - 0,56^2}{\sqrt{3} \cdot 1,2} \, 350 \text{ N/mm}^2 = 115,6 \text{ N/mm}^2 < p_A$$

und nach Gl. 9.27 für das volle Innenteil

$$p_{I \text{zul}} = \frac{2}{\sqrt{3} \cdot S_P} R_{el} = \frac{2}{\sqrt{3} \cdot 1,2} \, 275 \text{ N/mm}^2 = 264,6 \text{ N/mm}^2 > p_I.$$

Die Welle wird demnach rein elastisch beansprucht. Weil aber $p_A > p_{A \text{zul}}$ ist, muß geprüft werden, ob im Außenteil eine zulässige elastisch-plastische Beanspruchung auftritt.

Da $R_{eA}(1 - Q_A^2)/2 = 350 \text{ N/mm}^2 \cdot (1 - 0,56^2)/2 = 120,1 \text{ N/mm}^2 < R_{el}$ ist, kann im Innenteil keine plastische Beanspruchung auftreten (siehe Seite 162). Für das Außenteil beträgt bei elastisch-plastischer Beanspruchung die zulässige Fugenpressung nach Gl. 9.29:

$$p_{A \text{zul}} = -\frac{2 \cdot \ln Q_A}{\sqrt{3} \cdot S_{PA}} R_{eA} = -\frac{2 \cdot \ln 0,56}{\sqrt{3} \cdot 1,25} \, 350 \text{ N/mm}^2 = 187,5 \text{ N/mm}^2 > p_A.$$

Ferner ist $R_{eA}(1 - Q_A^2)/\sqrt{3} = 350 \text{ N/mm}^2 \cdot (1 - 0,56^2)/\sqrt{3} = 138,7 \text{ N/mm}^2 < p_A$, so daß im Außenteil eine zulässige elastisch-plastische Beanspruchung auftritt.

Es muß nun noch das Querschnittsverhältnis q nach Gl. 9.30 überprüft werden. Dafür folgt aus Tab. A 9.6 für $p_F/R_{eA} = 161/350 = 0,46$ der bezogene Plastizitätsdurchmesser $\zeta \approx 1,1$ (geschätzt) $< 1/Q_A \approx 1,8$. Somit wird

$$q = \frac{(\zeta^2 - 1) Q_A^2}{1 - Q_A^2} = \frac{(1,1^2 - 1) 0,56^2}{1 - 0,56^2} \approx 0,1 < 0,3,$$

d. h. das erfahrungsgemäß zulässige Verhältnis wird nicht überschritten.

Ringspann-Sternscheiben (Bild 12.25) sind flachkegelige Ringscheiben aus gehärtetem Federstahl, mit denen ähnlich wie mit kegeligen Spannelementen spielfreie und dauerhaltbare Mitnehmerverbindungen hergestellt werden können. Die Sternscheiben sind abwechselnd vom Außen- und Innenrand her radial geschlitzt und dadurch außerordentlich elastisch. In Tab. A 12.13 sind ihre Abmessungen, das je Scheibe übertragbare Drehmoment M_1 und die erforderliche Längsspannkraft F_1 je Scheibe angegeben. Wird F_1 kleiner als der Tabellenwert gewählt, dann sinkt M_1 im gleichen Maße. Bild 12.26 zeigt als Beispiel eine Sternscheibenverbindung.

Die Scheiben besitzen gegenüber der Nabenbohrung ein Übermaß und werden in diese unter Vorspannung eingesetzt. Zwischen den Sternscheiben und der Welle bleibt aber ein Spiel, das beim Anziehen der Spannschrauben verschwindet und in eine radiale Spannwirkung übergeht. Diese erzeugt eine Fugenpressung, so daß ein Drehmoment durch Kraftschluß übertragen werden kann.

Das Bohrungspaßmaß muß H7, H8, H9, F7, F8 oder G7 sein, das Wellenpaßmaß h6...h9, k6...k8, f6...f8, n6, n7, m6, m7, j6, j7, g6 oder e6. Als Wellenwerkstoff ist St 60 oder St 70 vorzusehen.

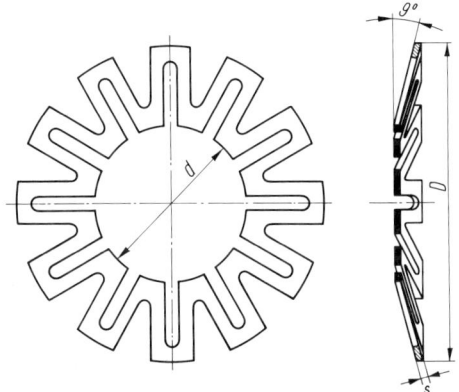
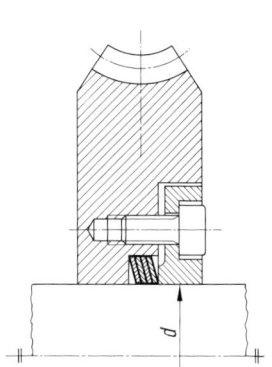

Bild 12.25 Ringspann-Sternscheibe
(Ringspann Albrecht Maurer KG, Bad Homburg)

Bild 12.26 Sternscheiben-Verbindung

Die Verbindung muß je Schraube angezogen werden mit einer

Vorspannkraft $\quad \boldsymbol{F_V = a \cdot F_1/i}$ (12.11)

F_V	in N	Vorspannkraft einer Spannschraube,
a		Anzahl der Sternscheiben in der Verbindung,
F_1	in N	Vorspannkraft je Sternscheibe (Tab. A 12.13),
i		Anzahl der Spannschrauben.

Mit dieser Vorspannkraft ergibt sich das

übertragbare Drehmoment $\quad \boldsymbol{M_F = a \cdot M_1}$ (12.12)

M_F	in Nm	Haftmoment infolge des Kraftschlusses,
a		Anzahl der Sternscheiben in der Verbindung,
M_1	in Nm	Haftmoment je Sternscheibe (Tab. A 12.13).

Für die Auslegung der Spannschrauben einer Sternscheiben-Verbindung gilt das für Spannelement-Verbindungen unterhalb der Gl. 12.10 Gesagte. Eine Kontrolle auf elastische oder elastisch-plastische Beanspruchung der Fügeteile ist nicht erforderlich, wenn die Streckgrenze des Nabenwerkstoffs $R_{eA} \geqq 300$ N/mm² ist. Anderenfalls ist die Anzahl a der Sternscheiben entspr. zu erhöhen.

Beispiel 12.9

Eine Nabenverbindung gemäß Bild 12.26 soll mit Ringspann-Sternscheiben $d \times D = 60 \times 80$ ausgeführt werden. Es ist ein Drehmoment $M = 240$ Nm zu übertragen. Wieviele Sternscheiben sind erforderlich? Wieviele Spannschrauben M8 $-$ 8.8 müssen angeordnet werden? Welches Anziehmoment M_A ist für die Schrauben vorzuschreiben?

Lösung:
Nach den Angaben unterhalb der Gl. 12.10 soll $M_F \approx 2M = 2 \cdot 240$ Nm $= 480$ Nm sein. Mit $M_1 = 112$ Nm nach Tab. A 12.13 sind gemäß Gl. 12.12

$$a = M_F / M_1 = 480/112 = 4{,}3 \approx 5$$

Sternscheiben erforderlich. Nach Tab. A 10.8 sind für die vorgesehenen Schrauben bei $\mu_G = \mu_K = 0{,}12$ die Spannkraft $F_{M\,zul} = 17{,}2$ kN und das Spannmoment $M_{A\,zul} = 23$ Nm. Somit ist mit maximal $F_V \approx 0{,}9\ F_{M\,zul}$ $= 0{,}9 \cdot 17{,}2$ kN $\approx 15{,}5$ kN zu rechnen. Daraus resultieren nach Gl. 12.11 mit $F_1 = 6{,}8$ kN (Tab. A 12.13)

$$i = \frac{a \cdot F_1}{F_V} = \frac{5 \cdot 6{,}8}{15{,}5} = 2{,}2 \approx 3 \text{ Spannschrauben.}$$

Das Anziehmoment muß dann mit $M_A \approx M_{A\,zul} \cdot 2{,}2/3 = 23$ Nm $\cdot 2{,}2/3 \approx 17$ Nm vorgeschrieben werden.

Außer den beschriebenen Spannelementen liefern die genannten Firmen auch Spannsätze, die bereits die Spannschrauben enthalten, so daß für ihre Montage keine zusätzlichen Spannorgane erforderlich sind (Bild 12.27). Ihre Abmessungen sind dementsprechend größer. Vorteilhaft sind auch die **Bikon-Spannsätze** nach Bild 12.28 der Bikon Technik Müllenberg und Schäfer GmbH, Grevenbroich.

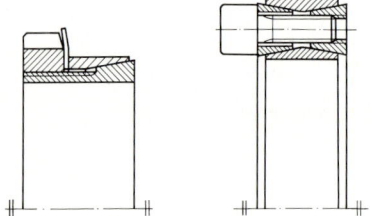

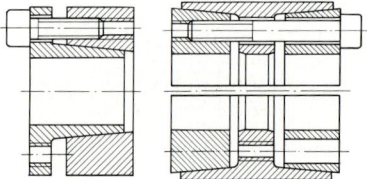

Bild 12.27 Ringspann Tollok Kegel-Spannsätze
(Ringspann KG, Bad Homburg)

Bild 12.28 Bikon- und Dobikon-Spannsatz
(Bikon-Technik, Grevenbroich)

Die **Druckhülsen** nach Bild 12.29 sind zylindrische Spannelemente aus federhartem Sonderstahl, die durch äußere und innere trapezförmige Ausnehmungen einen gewellten Längsschnitt besitzen, der sie außerordentlich elastisch macht. Wie die Ringkegel-Spannelemente verspannen sie die Fügeteile durch axiale Schraubenkraft radial. Die Druckhülsen werden unter geringem Spiel eingesetzt, das beim Anziehen der Schrauben verschwindet.

Bild 12.30 zeigt einen gewellten **Toleranzring** aus Federstahl. Er wird vor der Montage in eine Nabenaussparung eingelegt und die Nabe auf die Welle gedrückt. Damit entsteht eine Preßverbindung. Toleranzringe dienen außer zur Drehmomentübertragung auch zum Ausgleich von Wärmedehnungen, Fertigungstoleranzen und Fluchtfehlern. Sie eignen sich auch zur Aufnahme von Stoßkräften (sie rutschen dann in Umfangsrichtung) und deren Dämpfung.

Eine **hydraulische Spannbuchse** (Markenname ETP) als Welle-Nabe-Verbindungselement zeigt Bild 12.31. Die ETP-Buchse besteht aus einer doppelwandigen gehärteten Stahlhülse, gefüllt mit einem Druckmedium, sowie aus einem Dichtring, einem hohlzylindrischen Kolben, einem Druckflansch und mehreren Spannschrauben. Beim Anziehen der Schrauben pressen sich die Hülsen gegen Welle und Naben und bewirken zwischen diesen eine reibschlüssige Verbindung. Werden die Schrauben gelöst, geht die Buchse in ihren Ausgangszustand zurück und kann leicht demontiert werden. Die Spannbuchsen lassen sich leicht montieren, sie bieten genaue Justiermöglichkeit und gute Rundlaufgenauigkeit. Für viele Bedarfsfälle werden unterschiedliche Ausführungen angeboten.

Unterlagen über die in den Bildern 12.27 bis 12.31 gezeigten Verbindungselemente sowie Einbauregeln und Berechnungsangaben können bei den genannten Firmen angefordert werden.

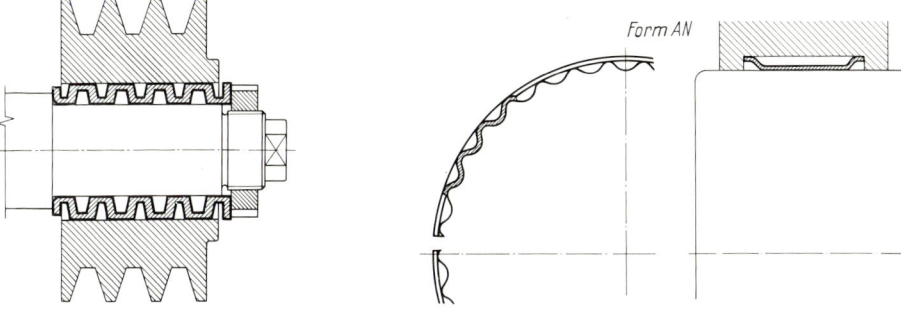

Bild 12.29 Mit einer Druckhülse auf
der Welle befestigte Keilriemenscheibe
(Rudolf Spieth, Eßlingen/N)

Bild 12.30 Toleranzring
(Deutsche Star-Kugelhalter GmbH,
Schweinfurt)

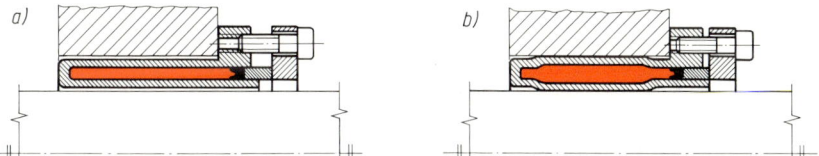

Bild 12.31 Hydraulische ETP-Buchse (Lenze Südtechnik GmbH & Co KG, Waiblingen)
a) ungespannt zwischen Welle und Nabe plaziert,   b) Pressung zwischen Welle und Nabe nach Anziehen
der Schrauben

12.8 Klemmverbindungen

Gegenüber Preßverbindungen wird die Fugenpressung p_F nicht durch ein Übermaß erzeugt, sondern durch Klemmen der Nabe auf die Welle mittels Schraubenkraft. Bild 12.32 zeigt Klemmverbindungen **mit geteilter Nabe und mit geschlitzter Nabe.** Sie eignen sich zur stufenlosen Längs- und Umfangseinstellung von Naben. Wegen der Unsicherheit der von Fugenpressung und Reibzahl abhängigen Übertragungsfähigkeit werden Klemmverbindungen nur bei relativ kleinen und wenig schwankenden Drehmomenten angewendet. Werkstoffe für geteilte Naben sind: Stahl, Stahlguß, Temperguß, Gußeisen, für geschlitzte Naben nur Stahl.
Eine gute Justiermöglichkeit ist nur dann zu erreichen, wenn sich bei gelösten Klemmschrauben die Naben leicht auf der Welle bewegen lassen. Das erfordert eine Spielpassung (üblich **H7/g6**). Deshalb geht von der Schraubenvorspannkraft F_V der Anteil bis zur Herstellung des Kontaktes mit der Welle (die Kontaktkraft als Kraft zum Vorbiegen der Nabenschenkel) der eigentlichen Klemmkraft verloren. Nach der Herstellung des Kontaktes bilden Nabe und Welle eine steife Einheit.

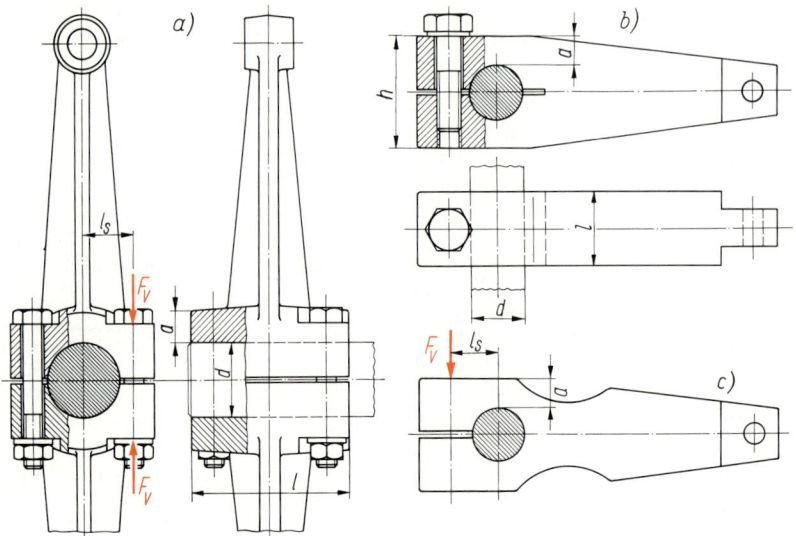

Bild 12.32 Klemmverbindungen
a) mit geteilter Nabe,   b) mit geschlitzter Nabe und weitergeführtem Schlitz,   c) mit geschlitzter Nabe und Ausnehmungen an der Nabe

Um die Kontaktkraft bei ungeteilten Naben möglichst klein zu halten, ist es zweckmäßig, den Schlitz über die andere Seite der Klemmbohrung hinaus weiterzuführen (Bild 12.32b) oder Ausnehmungen an der Klemmnabe vorzusehen (Bild 12.32c), damit die Klemmschenkel nachgiebiger werden. Üblich sind **$h/d = 1{,}6 \ldots 2$** und **$l/d = 0{,}8 \ldots 1$**.
Für die Ausführungen nach Bild 12.32 setzt man nach G. *Eberhard* näherungsweise als

$$\textit{Fugenpressung} \quad p_F \approx K_F \, \frac{F_V \cdot i}{d \cdot l} \tag{12.13}$$

p_F in N/mm²   Fugenpressung zwischen Nabenbohrung und Welle,
K_F Formfaktor $\approx 1{,}2$ bei geteilten Naben, $\approx 1{,}5$ bei geschlitzten Naben,
F_V in N   Vorspannkraft einer Klemmschraube,
i Anzahl der Klemmschrauben,
d in mm   Wellendurchmesser,
l in mm   Traglänge der Klemmverbindung.

Mit der Fugenpressung p_F können die Verbindungen wie Querpreßverbindungen betrachtet werden (siehe 9. Kapitel, Gln. 9.1 und 9.2). Aus Versuchen hat sich bei leicht geölten Fugenflächen ein Haftbeiwert $v = 0{,}1 \ldots 0{,}2$ (im Mittel 0,14) ergeben. Die Haftsicherheit ist zweckmäßig $S_H \geqq 1{,}5$ vorzusehen.
Da die Schrauben meistens gefühlsmäßig von Hand angezogen werden, kann man mit den in Tab. 10.13 Seite 202 angegebenen mittleren Vorspannungen σ_V im Spannungsquerschnitt rechnen, so daß $F_V = A_S \cdot \sigma_V$ ist (A_S nach Tab. A 10.1). Falls mit einem Drehmomentenschlüssel angezogen wird, kann bis auf **$F_V \approx 0{,}9 \, F_{M\,zul}$** bei $\mu_G = \mu_K = 0{,}12$ (siehe Tab. A 10.8) gegangen werden. Im kleinsten, als gefährdet anzusehenden Nabenquerschnitt tritt infolge des Vorbiegens ein komplizierter Spannungszustand auf, der sich theoretisch nicht ohne weiteres erfassen läßt. Da die

Nabenschenkel durch die Welle versteift werden, darf nicht wie bei einem Freiträger gerechnet werden. Deshalb wird ein erfahrungsmäßiger Versteifungsfaktor $K_N < 1$ eingeführt. Mit diesem gilt näherungsweise:

$$\text{Biegespannung} \quad \sigma_b \approx K_N \frac{F_V \cdot m \cdot l_S}{W_b} \tag{12.14}$$

σ_b	in N/mm²	Biegezugspannung im kleinsten Nabenquerschnitt,
K_N		Versteifungsfaktor $\approx 0,2$ bei geteilten Naben, $\approx 0,3$ bei geschlitzten Naben,
F_V	in N	Vorspannkraft einer Klemmschraube,
m		Anzahl der Schrauben im Abstand l_S von der Wellenmitte. Für den Fall nach Bild 12.32a ist $m = i/2 = 2$, für die Fälle nach den Bildern 12.32b und c ist $m = i$.
l_S	in mm	Abstand der Schrauben von der Wellenmitte,
W_b	in mm³	Widerstandsmoment gegen Biegung des kleinsten Nabenquerschnitts $= l \cdot a^2/6$.

Als zulässige Biegespannung kann $\sigma_{b\,zul} \approx 0,7\, R_e$ gesetzt werden bzw. $\approx 0,5\, R_m$ bei Grauguß (R_e und R_m siehe Tab. A 9.2 und A 9.3).

Beispiel 12.10

Der Hebel aus St 44-2 eines Steuergestänges soll nach Bild 12.32b mit einer Schraube auf die Welle geklemmt werden. Es betragen: $d = 20$ mm, $l = 20$ mm, $h = 36$ mm, $a = 8$ mm. Die Verbindung hat ein maximales Drehmoment $M = 1500$ Ncm aufzunehmen. Welche Schraubengröße ist vorzusehen, um eine Haftsicherheit $S_H = 1,5$ zu erreichen? Der Haftbeiwert ist mit $v = 0,15$ anzunehmen. Ist die Biegespannung in der Nabe zulässig?

Lösung:
Die Umfangskraft an der Welle beträgt $F_u = F = M/r = 1500$ Ncm/1 cm $= 1500$ N. Dann ist nach Gl. 9.1 eine Haftkraft $F_F = F \cdot S_H = 1500$ N $\cdot\, 1,5 = 2250$ N erforderlich. Daraus folgt nach Gl. 9.2 mit $D_F = d$ und $l_F = l$ die Fugenpressung

$$p_F = \frac{F_F}{d \cdot \pi \cdot l \cdot \mu} = \frac{2250\ \text{N}}{20\ \text{mm} \cdot \pi \cdot 20\ \text{mm} \cdot 0,15} \approx 12\ \text{N/mm}^2.$$

Gemäß Gl. 12.13 ist hierfür eine Vorspannkraft

$$F_V = \frac{d \cdot l \cdot p_F}{K_F \cdot i} = \frac{20\ \text{mm} \cdot 20\ \text{mm} \cdot 12\ \text{N/mm}^2}{1,5 \cdot 1} = 3200\ \text{N}$$

aufzubringen. Bei einer geschätzten Vorspannung $\sigma_V \approx 350$ N/mm² (Tab. 10.13 Seite 202) wird ein Spannungsquerschnitt

$$A_S = \frac{F_V}{\sigma_V} = \frac{3200\ \text{N}}{350\ \text{N/mm}^2} = 9,14\ \text{mm}^2$$

erforderlich. Hierfür wird aus Tab. A 10.1 die nächste Schraubengröße M 5 mit $A_S = 14,2$ mm² gewählt, so daß $F_V \approx 5000$ N wird.
Mit $W_b = l \cdot a^2/6 = 20$ mm $\cdot\, 8^2$ mm²/6 $= 213$ mm³ und $l_S = 15$ mm (nach der gewählten Schraubengröße M 5 geschätzt) beträgt nach Gl. 12.14 die Biegespannung

$$\sigma_{b} \approx K_N \frac{F_V \cdot m \cdot l_S}{W_b} = 0,3 \frac{5000\ \text{N} \cdot 1 \cdot 15\ \text{mm}}{213\ \text{mm}^3} \approx 106\ \text{N/mm}^2.$$

Nach Tab. A 9.2 ist $R_e \approx 260$ N/mm², also $\sigma_{b\,zul} = 0,7 \cdot 260$ N/mm² ≈ 180 N/mm², so daß die Biegespannung nicht zu hoch ist.

12.9 Stirnzahnverbindungen

Für drehmomentübertragende Verbindungen hat sich auch die **Stirnverzahnung** gut bewährt. Sie ist robust und dauerhaltbar zur Übertragung von Stoß- und Wechselkräften geeignet. Die Bauteile erhalten stirnseitig radial laufende dreieckförmige Zähne, die in Eingriff gebracht werden. Die Zähne zentrieren die verbundenen Bauteile zueinander. Bild 12.33a zeigt ein mit Stirnverzahnung unter Schraubenkraft an eine Welle gefügtes Kegelrad. Auch Kurbelwellen werden mitunter aus stirnverzahnten Einzelteilen gefügt. Weiterhin findet man stirnverzahnte Wellen-Schaltkupplungen (siehe Bild 20.39 Seite 440).

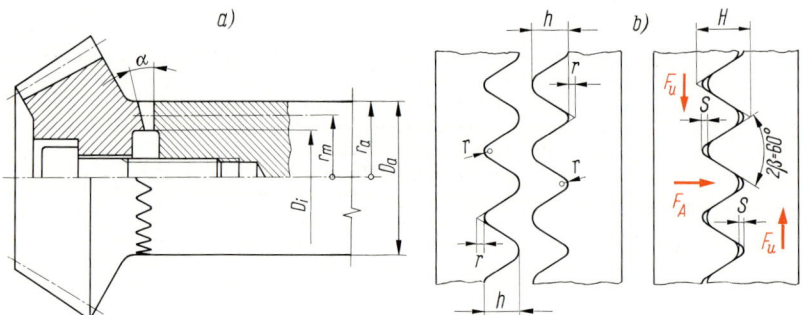

Bild 12.33 Stirnverzahnung
    a) gefügtes Kelgelrad,   b) Zahnform am Außenumfang

Die Gestalt der Zähne gibt Bild 12.33b wieder, ihre Abmessungen Tab. A 12.14. Die Längsspannkraft F_A (axiale Spannkraft) preßt die Zahnflanken der beiden Fügeteile aufeinander. Das Drehmoment M wirkt in der Zahnbreitenmitte mit der Umfangskraft F_u, die die Flankenpressung in Drehrichtung einseitig erhöht.

Die Umfangskraft F_u will die beiden Verzahnungen zum Ausrasten bringen (auseinander drükken). Nach den Reibgesetzen muß deshalb die Längsspannkraft $F_A > F_u \cdot \tan(\beta - \varrho)$ sein, bei einem Flankenwinkel $\beta = 30°$ und einem Reibwinkel $\varrho = 8°$ also $F_A > 0{,}4 F_u$.

Es genügt, die Flankenpressung durch die Umfangskraft F_u mit zulässigen Pressungen zu vergleichen. Als gepreßte Fläche ist die Projektion der Zahnflanken senkrecht zu F_u anzusetzen. Infolge der Fertigungstoleranzen verteilt sich die Umfangskraft nicht gleichmäßig auf alle Zähne. Das wird durch einen Tragfaktor k berücksichtigt. Da die Abmessungen auf den Außenumfang bezogen sind, muß auf den mittleren Umfang mit r_a/r_m umgerechnet werden. Damit ergibt sich die

$$\textit{Flankenpressung} \quad p \approx \frac{F_u}{z \cdot b\,(H - 5S)\,k} \cdot \frac{r_a}{r_m} \tag{12.15}$$

p	in N/mm²	Pressung der Zahnflanken durch das zu übertragende Drehmoment,
F_u	in N	Umfangskraft $= M/r_m$ mit M als zu übertragendes Drehmoment und $r_m = 0{,}25\,(D_a + D_i)$ als mittlerem Radius der Verzahnung,
z		Zähnezahl (Tab. A 12.14),
b	in mm	Zahnbreite $= 0{,}5\,(D_a - D_i)$,
H	in mm	Spitzenhöhe der Zähne (Tab. A 12.14),
S	in mm	Kopfspiel der Verzahnung (Tab. A 12.14),
k		Tragfaktor $\approx 0{,}75$,
r_a		Außenradius der Verzahnung,
r_m		mittlerer Radius der Verzahnung.

Als zulässige Flankenpressung können die Werte nach Tab. A 12.1, Spalte Zahnwellen, angenommen werden.
Wird F_A durch Schrauben erzeugt, dann ist die Längsspannkraft $F_A \approx F_u$ festzulegen. Die Vorspannkraft je Schraube ist dann $F_V = F_A/i$ mit i als Anzahl der Spannschrauben. Ermittlung der Vorspannkraft F_V bzw. der Schraubengröße wie bei den Klemmverbindungen (Abschn. 12.8).

Beispiel 12.11

Das Kegelrad nach Bild 12.33a soll durch eine Stirnverzahnung mit $D_a = 30$ mm und $D_i = 22$ mm mit der Welle verbunden werden. Werkstoffe: Kegelrad St 70, Welle St 44. Es ist ein einseitiges Drehmoment $M = 80$ Nm bei starken Stößen zu übertragen. Ist die Flankenpressung zulässig? Welche Schraubengröße der Festigkeitsklasse 6.8 ist vorzusehen?

Lösung:

Nach Tab. A 12.14 werden gewählt: Gruppe B, $z = 12$, $r = 0,6$ mm, $S = 0,6$ mm,
$H = 0,226 D_a = 0,226 \cdot 30$ mm $\approx 6,8$ mm, $b = 0,5 (D_a - D_i) - 0,5 (30 - 22)$ mm $= 4$ mm,
$r_m = 0,25 (D_a + D_i) = 0,25 (30 + 22)$ mm $= 13$ mm, $r_a = D_a/2 = 15$ mm.
Die Umfangskraft beträgt $F_u = M/r_m = 8000$ Ncm/1,3 cm ≈ 6150 N. Flankenpressung nach Gl. 12.15:

$$ p \approx \frac{F_u}{z \cdot b\,(H - 5S)\,k} \cdot \frac{r_a}{r_m} = \frac{6150\ \text{N}}{12 \cdot 4\ \text{mm}\,(6,8 - 5 \cdot 0,6)\ \text{mm} \cdot 0,75} \cdot \frac{15}{13} = 51,9\ \text{N/mm}^2. $$

Nach Tab. A 12.1 ist $p_{zul} = 0,6 p_0 = 0,6 \cdot 150$ N/mm^2 = 90 N/mm^2, die bei weitem nicht erreicht werden.

Bei einer Spannschraube ist $F_V = F_A = F_u = 6150$ N anzunehmen. Beim Anziehen von Hand wird schätzungsweise erforderlich $A_S = F_V/\sigma_V = 6150$ N/280 N/mm^2 = 22 mm^2 (σ_V nach Tab. 10.13, Seite 202 geschätzt). Nach Tab. A 10.1 kommt eine Schraube M 8 mit $A_S = 36,6$ mm^2 in Betracht.

Literaturhinweise

Beitz, W. und *J. Haug:* Rechnerunterstützte Berechnung und Auswahl von Wellen-Naben-Verbindungen. Z. Konstruktion 26/1974.

Dietz, P.: Die Berechnung von Zahn- und Keilwellenverbindungen, Selbstverlag Büttelborn 1978.

Eberhard, G.: Klemmverbindungen mit geschlitzter Nabe. Konstruktion 32/1980.

Hänchen, R.: Anwendung der Keilwellen-Verbindung mit Evolventenflanken im Maschinen- und Kranbau. Z. Werkstatt und Betrieb 93/1968.

Hagen, W.: Polygon-Welle-Nabe-Verbindungen. Z. Antriebstechnik 14/1974.

Kämper, K.: Kegelpreßpassungen im Maschinenbau. Z. Konstruktion 9/1957.

Kollmann, F. G.: Welle-Nabe-Verbindungen. Springer-Verlag 1984.

Lörsch, G.: Tragfähigkeitsberechnung von Evolventenzahn-Verbindungen. Z. Maschinenbautechnik 29/1980.

Militzer, O.: Exakte Berechnung von Wellen-Naben-Paßfederverbindungen. Forschungsheft Nr. 26, Forschungsvereinigung Antriebstechnik. Frankfurt/M. 1975.

Militzer, O.: Rechenmodell für die Auslegung von Wellen-Naben-Paßfederverbindungen. Dissertation TU Berlin 1975.

Musyl, R.: Die kinematische Entwicklung der Polygonkurve aus dem K-Profil. Z. Maschinenbau und Wärmewirtschaft 10/1955.

Musyl, R.: Die Polygonverbindung und ihre Nabenberechnung. Z. Konstruktion 14/1962.

Niemann, G.: Maschinenelemente. Springer-Verlag 1981.

Pahl, G. und *H. Benkler:* Berechnung einer Toleranzverbindung. Z. Konstruktion 26/1974.

Schmid, E. A.: Theoretische und experimentelle Untersuchung des Mechanismus der Drehmomentübertragung von Kegel-Preß-Verbindungen. VDI-Z. 16/1969.

Schmid, E. A.: Drehmomentübertragung von Kegel-Preß-Verbindungen. T. 1: Flächenpressung, Kräftegleichgewicht und übertragbares Drehmoment. Z. Antriebstechnik 12/1973.

Schmid, E. A.: wie vor T. 2: Verschiebungen zwischen Welle und Nabe bei erstmaliger Drehmomentübertragung. Z. Antriebstechnik 12/1973.

Schmid, E. A.: wie vor T. 3: Berechnung und Auslegung von betriebssicheren Kegel-Preß-Verbindungen. Z. Antriebstechnik 13/1974.

Völler, R.: Berechnung der Festigkeit von Polygonprofilnaben. Z. Wirtschaftliche Fertigung 69/1974.

13 Stift- und Bolzenverbindungen

13.1 Stifte

Stifte dienen zum Verbinden, Befestigen, Mitnehmen, Halten, Zentrieren, Fixieren, Sichern, Verschließen u. dgl. von Maschinenteilen. Ihrer Form nach unterscheidet man grundsätzlich zwischen **Zylinderstiften** (Bild 13.1), **Kegelstiften** (Bild 13.2) und **Kerbstiften** (Bild 13.3). Im Bauteil oder in den Bauteilen sitzen sie mit Vorspannung. Kerbstifte besitzen drei eingepreßte Längskerben, deren überstehende Wulste sich beim Einschlagen mit hohem Druck gegen die Lochwand legen und das Loch elastisch aufweiten (Bild 13.4).

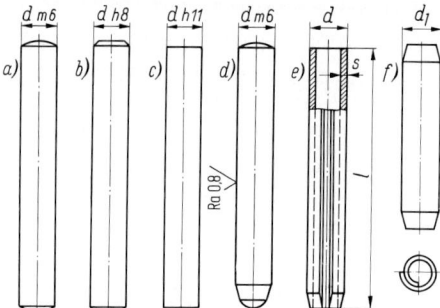

Bild 13.1 Zylinderstifte
a) Zylinderstift Form A, b) B,
c) C jeweils DIN EN 22338 und mit
Innengewinde DIN EN 28733 (ungehärtet) oder DIN EN 22735 (gehärtet),
d) gehärteter Zylinderstift
DIN EN 28734 Form A (Form B ohne
Kuppe an der Fase), e) Spannstift
schwer DIN 1481 und leicht
DIN 7346, f) Spiral-Spannstift
DIN ISO 8750 Regelausf.,
DIN ISO 8748 schwere Ausf.

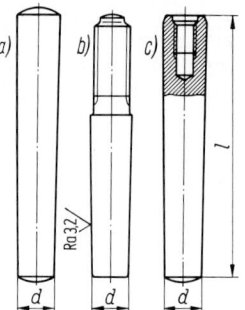

Bild 13.2 Kegelstifte mit Kegel 1 : 50
a) DIN EN 22339 Typ A
(geschliffen, $R_a = 0,8\ \mu m$)
und B (gedreht, $R_a = 3,2\ \mu m$),
b) DIN EN 28737 und DIN 258
($R_z = 16\ \mu m$), c) DIN EN 28736
Typ A und B wie bei a)

Spannstifte (Bild 13.1 e) und **Spiral-Spannstifte** (Bild 13.1 f) aus rundgebogenem bzw. rund (spiralförmig) gewickeltem Federstahlblech Ck 67 ($R_m \approx 1400\ N/mm^2$) legen sich elastisch gegen die Lochwände. Deshalb benötigen sie nur gebohrte Löcher. Spannstifte dienen zur Aufnahme von Querkräften (siehe Bild 10.38b Seite 202) und als Sicherungs- oder Paßstife (Bild 13.5c).

Zylinderstifte m6 (Form A) werden vorwiegend als Paßstifte zur Lagensicherung zweier Bauteile benutzt (Bild 13.5a). In einem Bauteil müssen sie mit Preßpassung, im anderen mit Gleitpassung sitzen, damit das letzte abgehoben werden kann. Zylinderstifte **h8** (Form B) dienen als Verbindungs- oder Befestigungsstifte (Bild 13.5b). In die Bohrung der zu fügenden Teile werden sie unter Übermaß eingetrieben. m6- und m8-Stifte erfordern auf Paßmaß geriebene Löcher. Zylinderstifte **h11** (Form C) können als Nietstifte verwendet werden (siehe hierzu Abschnitt 8.3 Seite 135) oder als Gelenkstifte mit der Spielpassung D 11/h11.

Kegelstifte fixieren die zu fügenden Bauteile außerordentlich gut. Da die Löcher aufgerieben werden müssen, sind die Verbindungen teuer, so daß man sie möglichst vermeidet. Gegenüber Zylinderstiften ist jedoch ihre fast unbegrenzte Füge- und Lösemöglichkeit von Vorteil. Bild 13.5 d zeigt die Befestigung eines Kegelrades. Kegelstifte mit Gewindezapfen eignen sich für Sacklöcher, aus denen sie mit Hilfe von Abdrückmuttern gezogen werden können.

Kerbstifte ersparen das teure Einpassen der Zylinderstifte. Für die elastischen Kerbwulste genügen gebohrte Löcher. Die Wulste lassen ein etwa 25maliges Ein- und Austreiben zu. Die Kerben rufen jedoch Spannungsspitzen hervor (Kerbwirkungen), durch die die Verbindungen nicht so haltbar sind wie die mit glatten Stiften. Kerbstifte mit Hals dienen zum Einhängen von Federn, Aufschieben von Sicherungsringen oder -scheiben oder zum Herausziehen aus Sacklöchern. Zum Einschlagen wird jeder Stift mit dem Ende eingeführt, an dem die Kerben auslaufen (siehe Bild 13.3).

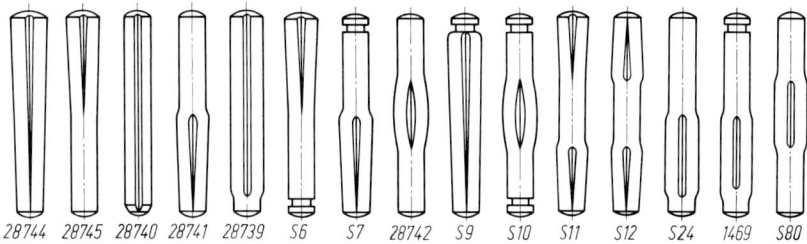

28744 28745 28740 28741 28739 S6 S7 28742 S9 S10 S11 S12 S24 1469 S80

Bild 13.3 Kerbstifte (die Zahlen geben die DIN- bzw. DIN EN-Nr. an, die S-Stifte sind handelsübliche Ausführungen der Kerb-Konus GmbH, Schnaittenbach/Oberpfalz)
DIN EN 28744 Kegelkerbstift,
DIN EN 28745 Paßkerbstift,
DIN EN 28740 Zylinderkerbstift,
DIN EN 28741 Steckkerbstift,
DIN EN 28739 Zylinderkerbstift,
S 6 Paßkerbstift mit Hals,
S 7 Steckkerbstift mit Hals,
DIN EN 28742 Knebelkerbstift,
S 9 Kegelkerbstift mit Hals,
S 10 Knebelkerbstift mit zwei Hälsen,
S 11 Doppelkerbstift,
S 12 Doppelkerbstift,
S 24 Paßkerbstift,
DIN 1469 Paßkerbstift mit Hals,
S 80 Knebelkerbstift

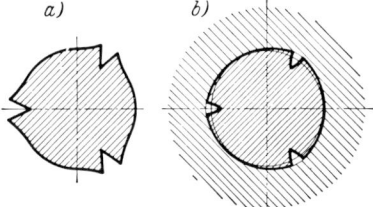

Bild 13.4 Querschnitt eines Kerbstiftes
a) vor dem Einschlagen,
b) nach dem Einschlagen

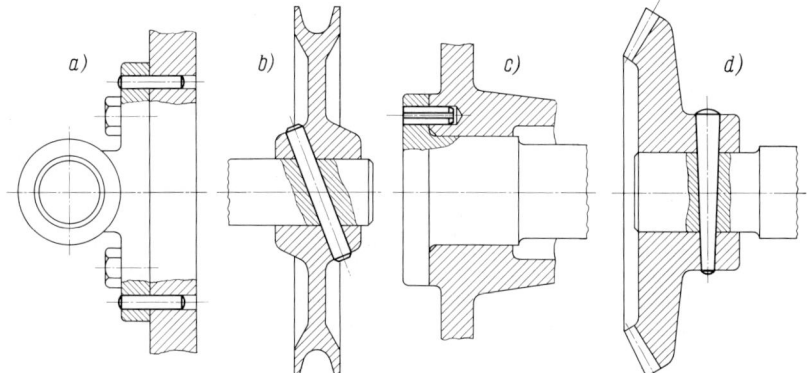

Bild 13.5 Anwendung von Zylinder- und Kegelstiften
a) Zylinderstift m6 als Paßstift, b) Zylinderstift h8 als Verbindungsstift, c) Spannstift als Sicherungsstift, d) Kegelstift als Befestigungs- und Verbindungsstift

Kerbnägel DIN EN 28746 und 28747 sind zum Befestigen von Schildern, Blechen, Scharnieren, Schellen, Vorreibern u. dgl. auf Metallteilen vorgesehen. Beispiele bringt Bild 13.6.

Der Stift soll aus einem härteren Werkstoff bestehen als die Bauteile, damit er sich beim Einschlagen nicht verformt und beim Austreiben nicht anstaucht. Durch den Härteunterschied wird auch ein Festfressen im Loch vermieden. Werkstoffe der Stifte: Bei Angabe St wird Automatenstahl mit einer Härte von 125 bis 245 HV geliefert; andere Werkstoffe wie 45S20K nach DIN 1651, X12CrMoS17 nach DIN 17440, X12CrNiS18 8 nach DIN 17440, AlCuMgPb F37 nach DIN 1747, CuZn38Pb1,5 F41 nach DIN 17671 sowie Kunststoffe oder besondere Wärmebehandlungen nach Vereinbarung.

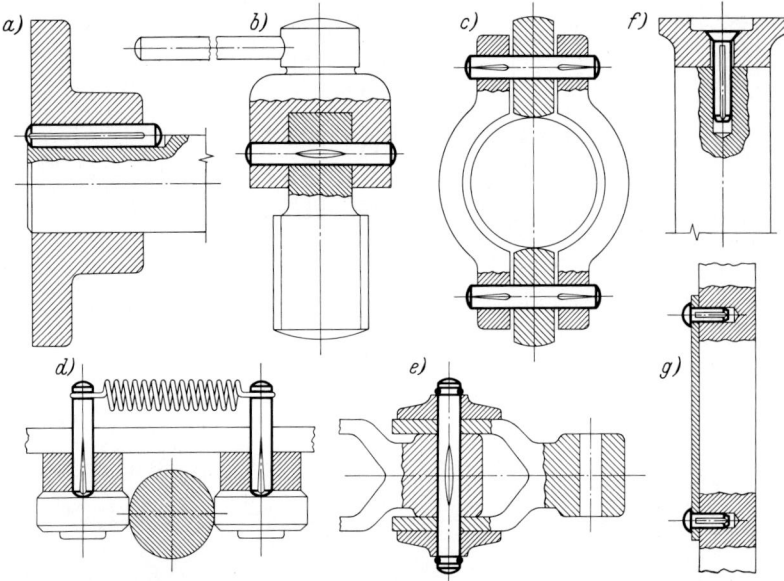

Bild 13.6 Anwendung von Kerbstiften und -nägeln
a) Zylinderkerbstift DIN EN 28739 als Längsstift, b) Knebelkerbstift DIN EN 28742 an einer Verschlußschraube, c) Doppelkerbstifte S 12 als Achsstifte für Rollen, d) Paßkerbstifte mit Hals S 6 als Haltestifte einer Feder, e) Knebelkerbstift mit zwei Hälsen S 10 als Gelenkstift in einem Kettenglied, f) Senkkerbnagel DIN EN 28747 als Befestigungsstift, g) Halbrundkerbnägel DIN EN 28746 als Befestigungsstifte für ein Schild

Die **Bezeichnung von Stiften** erfolgt sinngemäß wie bei Schrauben (siehe Seite 176). Bezeichnungsbeispiel für einen Zylinderstift nach DIN EN 22338 Form A: Zylinderstift ISO 2338 − A − 6 × 30 − St, für einen Kegelstift nach DIN EN 22339 Typ B: Kegelstift ISO 2339 − B − 6 × 30 − St. Gleiches gilt auch für Bolzen.

13.2 Bolzen

Bolzen stellen **Gelenkverbindungen** her und sitzen mit Spielpassung in den Bauteilen. Genormte Bolzen mit und ohne Kopf, mit und ohne Splintlöcher gibt Bild 13.7 wieder, Beispiele von Bolzenverbindungen Bild 13.8. Die Spielpassung macht eine Sicherung gegen Herausfallen erforderlich. Für Splinte müssen die Bolzen Querlöcher erhalten, für Sicherungsringe und -scheiben Rillen.

Bolzen ohne Kopf werden aus Preisgründen bevorzugt. Bolzen mit Kopf werden verwendet, wenn dies die Montage (Zugänglichkeit) erfordert. Bolzen, die nicht überstehen dürfen, wie z.B. Kolbenbolzen, werden beidseitig mit Sicherungsringen gehalten (Bild 13.9). In Tab. A 13.2 sind die Abmessungen der Sicherungsringe für Wellen nach DIN 471 und für Bohrungen nach DIN 472 aufgeführt, in Tab. A 13.3 die genormten Durchmesser d und Längen l von Stiften und Bolzen.

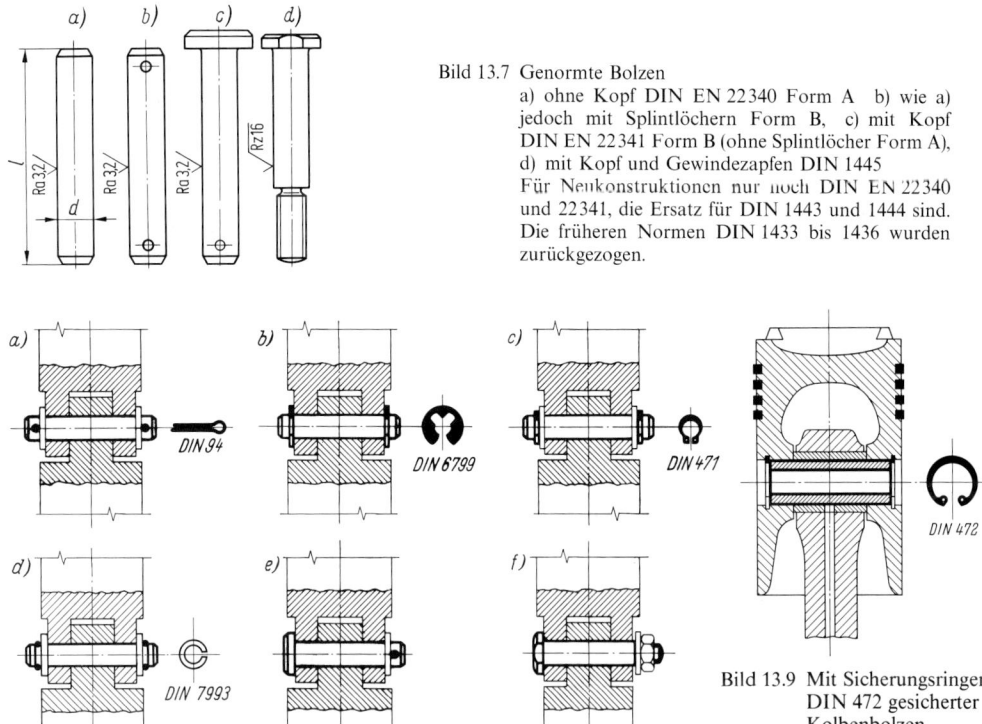

Bild 13.7 Genormte Bolzen
a) ohne Kopf DIN EN 22340 Form A b) wie a)
jedoch mit Splintlöchern Form B, c) mit Kopf
DIN EN 22341 Form B (ohne Splintlöcher Form A),
d) mit Kopf und Gewindezapfen DIN 1445
Für Neukonstruktionen nur noch DIN EN 22340
und 22341, die Ersatz für DIN 1443 und 1444 sind.
Die früheren Normen DIN 1433 bis 1436 wurden
zurückgezogen.

Bild 13.9 Mit Sicherungsringen
DIN 472 gesicherter
Kolbenbolzen

Bild 13.8 Bolzenverbindungen
a) Bolzen DIN 1433 oder DIN EN 22340 mit Splinten, b) Bolzen DIN 1433 oder DIN EN 22340 mit
Sicherungsscheiben, c) Bolzen DIN 1433 oder DIN EN 22340 mit Sicherungsringen, d) Bolzen
DIN 1433 oder DIN EN 22340 mit Runddraht- oder Vierkant-Sprengringen, e) Bolzen mit Kopf
DIN 1434, 1435 oder DIN EN 22341 mit Splint, f) Bolzen mit Gewindezapfen DIN 1445 mit Sechskant-
mutter

Übliche Sicherungselemente gemäß den Bildern 13.8 und 13.9 für Bolzen sind: Splinte DIN 94,
Sicherungsscheiben (Haltescheiben) für Wellen DIN 6799, Sicherungsringe (Halteringe) für Wel-
len DIN 471, Sicherungsringe (Halteringe) für Bohrungen DIN 472, Runddraht-Sprengringe
DIN 7993 und Sprengringe DIN 9045.
Die Bolzen werden meistens mit dem Paßmaß h 11 versehen, die Bohrung je nach zulässigem
Spiel mit D9, D11, C11, B12 oder A11. Genormte Bolzenabmessungen siehe Tab. A 13.3, Scheiben
für Bolzen DIN EN 28738 (Ers. für DIN 1440).
Die Werkstoffe für Bolzen sind dieselben wie für die Stifte (siehe 13.1 Seite 242).

13.3   Festigkeitsberechnung

Die Festigkeitsberechnung der Stiftverbindungen stößt auf Schwierigkeiten, da sowohl die Stifte
wie auch die Bauteile durch das Eintreiben unter Übermaß vorgespannt werden. Die Vorspannung ist rechnerisch nicht zu erfassen, da sie außer von den Fertigungstoleranzen von der Bau-
teilgestalt und von den Werkstoffen abhängt. Deshalb läßt man die Vorspannung außer Betracht
und vergleicht die aus den Belastungskräften errechneten Nennspannungen mit zulässigen Erfahrungsbeanspruchungen (Tab. A 13.1).

1. Gelenkstifte oder Bolzen (Bild 13.10). Die Betriebskraft F beansprucht die Lagerstellen auf Flächenpressung. Zu deren Berechnung dient wie für die Leibungsdrücke die Projektion des Loches (siehe Abschnitt 8.2 Seite 131). Außerdem wird der Stift bzw. Bolzen auf Scheren und Biegung beansprucht. Die Strecklasten denkt man sich nach Bild 13.10 durch Einzelkräfte $F_a = F/2$ ersetzt. Das Biegemoment ist dann gleich $F_a \cdot c$ mit $c = a/2 + b/4$. Zusammengefaßt ergeben sich:

$$\text{Flächenpressungen} \quad p_a = \frac{F}{2a \cdot d} \quad (13.1) \qquad \text{und} \qquad p_i = \frac{F}{b \cdot d} \quad (13.2)$$

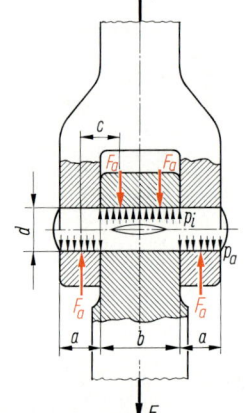

$$\text{Scherspannung} \qquad \tau_a = \frac{F}{2S} \qquad\qquad (13.3)$$

$$\text{Biegespannung} \qquad \sigma_b \approx \frac{F(a + b/2)}{4W_b} \qquad\qquad (13.4)$$

p_a, p_i	in N/mm²	Pressung der Lochwände der Bauteile,
F	in N	Belastungskraft der Verbindung,
a, b	in mm	Bauteildicken,
d	in mm	Stift- bzw. Bolzendurchmesser,
τ_a	in N/mm²	Scherspannung im Stift- bzw. Bolzenquerschnitt,
S	in mm²	Stift- bzw. Bolzenquerschnitt,
σ_b	in N/mm²	Biegespannung im Stift- bzw. Bolzenquerschnitt,
W_b	in mm³	Widerstandsmoment gegen Biegung $\approx 0{,}1\, d^3$ beim Vollquerschnitt.

Die Berechnung von Bolzen und Augenstäben (Gelenkstäben) im Stahlbau ist nach DIN 18800 T1 durchzuführen.

Bild 13.10 Gelenkstift oder -bolzen

Beispiel 13.1

Das Gelenk eines Gestänges gemäß Bild 13.10 wird mit $F = 200$ N schwellend beansprucht. Außen- und Innenteil bestehen aus St 37, $a = 8$ mm, $b = 14$ mm. Als Gelenkstift dient ein Knebelkerbstift nach DIN EN 28742, und zwar Kerbstift ISO 8742 − 4×30 − St. Sind die Beanspruchungen zulässig?

Lösung:
Nach den Gln. 13.1 bis 13.4 mit $S = 12{,}6$ mm², $W_b \approx 0{,}1d^3 = 0{,}1 \cdot 4^3$ mm³ $= 6{,}4$ mm³ und den zulässigen Beanspruchungen nach Tab. A 13.1 ergeben sich:

$$p_a = \frac{F}{2a \cdot d} = \frac{200 \text{ N}}{2 \cdot 8 \text{ mm} \cdot 4 \text{ mm}} = 3{,}1 \text{ N/mm}^2 < p_{zul} = 24 \text{ N/mm}^2 \text{ (Gleitsitz glatter Bolzen)},$$

$$p_i = \frac{F}{b \cdot d} = \frac{200 \text{ N}}{14 \text{ mm} \cdot 4 \text{ mm}} = 3{,}6 \text{ N/mm}^2 < p_{zul} = 52 \text{ N/mm}^2 \text{ (Sitz mit gekerbtem Teil)},$$

$$\tau_a = \frac{F}{2S} = \frac{200 \text{ N}}{2 \cdot 12{,}6 \text{ mm}^2} = 7{,}9 \text{ N/mm}^2 < \tau_{a\,zul} = 50 \text{ N/mm}^2 \text{ (Sitz mit gekerbtem Teil)},$$

$$\sigma_b = \frac{F(a + b/2)}{4W_b} = \frac{200 \text{ N} \,(8 + 7) \text{ mm}}{4 \cdot 6{,}4 \text{ mm}^3} = 117{,}2 \text{ N/mm}^2 < \sigma_{b\,zul} = 120 \text{ N/mm}^2 \text{ (Sitz mit gekerbtem Teil).}$$

2. Steckstifte unter Biegekraft F (Bild 13.11). Die Belastungskraft F preßt den Stift gegen die Lochwand und erzeugt eine Flächenpressung F/A mit $A = d \cdot s$ als Projektionsfläche der Lochwand. Die Kraft F versucht aber auch, den Stift schief zu stellen, so daß sich dieser Flächenpressung eine weitere, sich nicht gleichmäßig über die Lochwand verteilende Flächenpressung überlagert (Bild 13.11b), so wie sich eine Biegespannung einer Druckspannung überlagern würde.

Für die rechteckige Projektionsfläche des Loches muß daher das axiale Widerstandsmoment eines Rechteckes $W = d \cdot s^2/6$ eingesetzt werden und als beanspruchendes Moment $M = F \cdot L$. Die größte Flächenpressung ist dann gleich die Summe der beiden:

$$p = \frac{F}{A} + \frac{M}{W} = \frac{F}{d \cdot s} + \frac{F \cdot L}{d \cdot s^2/6}$$

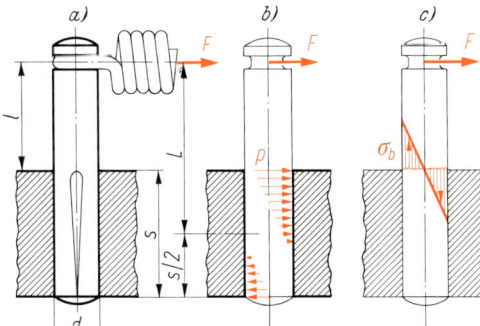

Bild 13.11 Steckstift unter Biegekraft
a) Stift mit eingehängter Zugfeder,
b) Flächenpressung im Bauteil,
c) Biegebeanspruchung des Stifts

Da der Stift außerdem mit dem Biegemoment $F \cdot l$ beansprucht wird, gelten zusammengefaßt:

Flächenpressung $\quad p = \dfrac{F}{d \cdot s} \left(1 + 6 \, \dfrac{L}{s}\right)$ $\hspace{4cm}$ (13.5)

Biegespannung $\quad \sigma_{\mathrm{b}} = \dfrac{F \cdot l}{W_{\mathrm{b}}}$ $\hspace{5.5cm}$ (13.6)

p	in N/mm²	Flächenpressung der Lochwand im Bauteil,
F	in N	Belastungskraft,
d	in mm	Stiftdurchmesser,
s	in mm	tragende Länge der Lochwand,
L	in mm	Abstand der Kraft F von der Lochwandmitte,
σ_{b}	in N/mm²	Biegespannung im Stiftquerschnitt. **Als zulässig können die 0,7fachen Werte der Tab. A 13.1 angenommen werden.**
l	in mm	Abstand der Kraft F vom biegebeanspruchten Stiftquerschnitt,
W_{b}	in mm³	Widerstandsmoment gegen Biegung $\approx 0{,}1 d^3$ beim Vollquerschnitt.

Bei sehr kurzem Abstand l ist eine Kontrolle der Scherspannung im Stift sinnvoll, da diese gefährlicher als die Biegespannung sein kann.

Beispiel 13.2

Ein Paßkerbstift DIN 1469 sitzt in einem Rollenhalter aus GG und dient über eine Feder zum Andrücken einer Laufrolle nach Bild 13.6 d. Die Feder zieht mit $F = 2250$ N an dem Stift mit $d = 16$ mm aus St. Es betragen gemäß Bild 13.11: $s = 46$ mm, $l = 19$ mm, $L = 42$ mm. Sind die Beanspruchungen (schwellend) zulässig?

Lösung:
Mit $W_{\mathrm{b}} \approx 0{,}1 d^3 = 0{,}1 \cdot 16^3$ mm³ ≈ 410 mm³ werden nach den Gln. 13.5 und 13.6 sowie Tab. A 13.1:

$$p = \frac{F}{d \cdot s} \left(1 + 6 \, \frac{L}{s}\right) = \frac{2250 \text{ N}}{16 \text{ mm} \cdot 46 \text{ mm}} \left(1 + 6 \, \frac{42}{46}\right) = 19{,}8 \text{ N/mm}^2 < p_{\mathrm{zul}} = 36 \text{ N/mm}^2 \text{ (Sitz mit gekerbtem Teil, Bauteil aus GG),}$$

$$\sigma_{\mathrm{b}} = \frac{F \cdot l}{W_{\mathrm{b}}} = \frac{2250 \text{ N} \cdot 19 \text{ mm}}{410 \text{ mm}^3} = 104{,}3 \text{ N/mm}^2 > \sigma_{\mathrm{b\,zul}} = 0{,}7 \cdot 120 \text{ N/mm}^2 \approx 85 \text{ N/mm}^2 \text{ (Sitz mit gekerbtem Teil).}$$

Somit muß ein größerer Stiftdurchmesser gewählt werden.

3. Querstifte unter Drehmoment M (Bild 13.12). Durch das Drehmoment werden die Lochwände der Nabe auf Flächenpressung beansprucht, die sich nicht gleichmäßig über die Lochwände verteilt. Es genügt aber, eine gleichmäßige Verteilung anzunehmen. Die beanspruchende Kraft ist gleich der Tangentialkraft $F_t = M/r_m$ am mittleren Radius $r_m = 0{,}25\,(D_a + D_i)$ der Nabe, die Projektion des gepreßten Loches $(D_a - D_i)\,d$. Die Flächenpressung an der Lochwand der Welle verteilt sich über die Lochlänge wie eine Biegespannung, so daß mit dem Widerstandsmoment $d \cdot D_i^2/6$ der rechteckigen Lochwandprojektion gerechnet werden muß. Das pressende Moment ist dann gleich dem Drehmoment M. Außerdem wird der Stift an zwei Querschnitten durch die Umfangskraft $F_u = M/R_i = 2M/D_i$ auf Scheren beansprucht. Entsprechend zusammengefaßt gelten:

$$\text{Flächenpressungen} \quad p_a = \frac{4M}{(D_a^2 - D_i^2)\,d} \quad (13.7), \qquad\qquad p_i = \frac{6M}{D_i^2 \cdot d} \quad (13.8)$$

$$\text{Scherspannung} \quad \tau_a = \frac{M}{D_i \cdot S} \quad (13.9)$$

p_a, p_i	in N/mm²	Flächenpressung der Lochwände in den Bauteilen,
M	in Nmm	zu übertragendes Drehmoment,
D_a, D_i	in mm	Naben- und Wellendurchmesser,
d	in mm	Stiftdurchmesser,
τ_a	in N/mm²	Scherspannung im Stiftquerschnitt,
S	in mm²	Stiftquerschnitt.

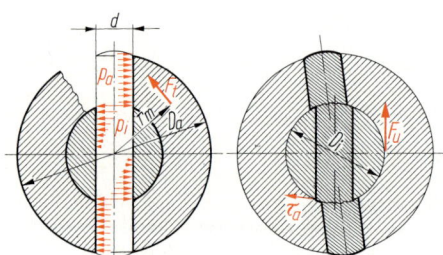

Bild 13.12 Querstift unter Drehmoment
    a) Flächenpressung in Welle
       und Nabe,
    b) Abscheren des Stifts

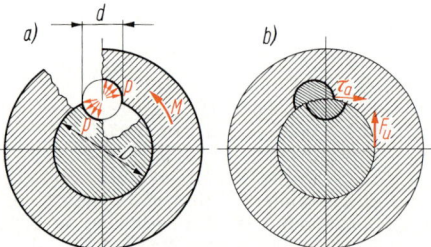

Bild 13.13 Längsstift unter Drehmoment
    a) Flächenpressung in Welle und Nabe,
    b) Abscheren des Stifts

Beispiel 13.3

Ein Zahnrad aus St 50 ist mit einem Kegelstift ISO 2339 − 6 × 60 − St als Querstift auf der Welle aus St 44 befestigt. $D_a = 60$ mm, $D_i = 30$ mm. Es ist ein ruhendes Drehmoment $M = 24$ Nm zu übertragen. Ist die Verbindung ausreichend bemessen?

Lösung:
Nach den Gln. 13.7 bis 13.9, mit $S = 28{,}3$ mm² und der Tab. A 13.1 betragen:

$$p_a = \frac{4M}{(D_a^2 - D_i^2)\,d} = \frac{4 \cdot 24000\ \text{Nmm}}{(60^2 - 30^2)\ \text{mm}^2 \cdot 6\ \text{mm}} = 5{,}9\ \text{N/mm}^2 < p_{zul} = 104\ \text{N/mm}^2\,(\text{St 50, Preßsitz glatter Stifte}),$$

$$p_i = \frac{6M}{D_i^2 \cdot d} = \frac{6 \cdot 24000\ \text{Nmm}}{30^2\ \text{mm}^2 \cdot 6\ \text{mm}} = 26{,}7\ \text{N/mm}^2 < p_{zul} = 98\ \text{N/mm}^2\,(\text{St 37, Preßsitz glatter Stifte}),$$

$$\tau_a = \frac{M}{D_i \cdot S} = \frac{24000\ \text{Nmm}}{30\ \text{mm} \cdot 28{,}3\ \text{mm}^2} = 28{,}3\ \text{N/mm}^2 < \tau_{a\,zul} = 80\ \text{N/mm}^2\,(\text{Preßsitz glatter Stifte}).$$

Die Verbindung genügt den Anforderungen.

4. Längsstifte unter Drehmoment M (Bild 13.13). Der eingetriebene Stift wirkt ähnlich wie eine Paßfeder (s. Abschnitt 12.2). Bei Verwendung eines Kegelstiftes spricht man auch vom **Rundkeil,** der jedoch für schwellende oder wechselnde Kräfte nicht geeignet ist.

Durch die Umfangskraft F_u werden die Lochwandungen auf Flächenpressung beansprucht, der Längsschnitt des Stifts auf Abscheren. Näherungsweise wird $F_u = M/R$ mit $R = D/2$ gesetzt. Die Projektionsfläche der Lochwand ist $0{,}5d \cdot l$ mit l als tragende Stiftlänge. Es gelten daher:

$$\text{Flächenpressung } p \approx \frac{4M}{D \cdot d \cdot l} \quad (13.10) \qquad \text{Scherspannung } \tau_a = \frac{2M}{D \cdot d \cdot l} = 0{,}5p \quad (13.11)$$

p	in N/mm^2	Flächenpressung der Lochwände in den Bauteilen,
M	in Nmm	zu übertragendes Drehmoment,
D	in mm	Wellendurchmesser,
d	in mm	Stiftdurchmesser,
l	in mm	tragende Stiftlänge,
τ_a	in N/mm^2	Scherspannung im Stiftlängsschnitt.

Es empfiehlt sich, diese Verbindungen mit den halben zulässigen Beanspruchungen der Tab. A 13.1 zu berechnen.

Beispiel 13.4

Eine Riemenscheibe aus St 37 ist wie nach Bild 13.6a mit einem Zylinderkerbstift ISO 8739 $-$ 8×45 $-$ St als Längsstift verbunden. Wellendurchmesser $D = 40$ mm. Es ist ein gleichbleibendes Drehmoment $M = 80$ Nm zu übertragen. Genügt die Verbindung den Anforderungen?

Lösung:
Nach den Gln. 13.10 und 13.11 sowie Tab. A 13.1 betragen:

$$p \approx \frac{4\,M}{D \cdot d \cdot l} = \frac{4 \cdot 80\,000 \text{ Nmm}}{40 \text{ mm} \cdot 8 \text{ mm} \cdot 45 \text{ mm}} = 22{,}2 \text{ N/mm}^2$$

$$< p_{zul} = 0{,}5 \cdot 69 \text{ N/mm}^2 \approx 35 \text{ N/mm}^2 \text{ (St 37, ruhend, Sitz mit gekerbtem Teil),}$$

$$\tau_a = 0{,}5p = 0{,}5 \cdot 22{,}2 \text{ N/mm}^2 \approx 11 \text{ N/mm}^2$$

$$< \tau_{a\,zul} = 0{,}5 \cdot 65 \text{ N/mm}^2 \approx 33 \text{ N/mm}^2 \text{ (Sitz mit gekerbtem Teil).}$$

Der Stift genügt den Anforderungen.

Die Berechnung von Verbindungen mit **Spannstiften** DIN 1481 und 7346 sowie mit **Spiral-Spannstiften** DIN ISO 8748 und 8750 ist mit denselben Gleichungen durchzuführen, es sind lediglich als Widerstandsmoment gegen Biegung $W_b \approx 0{,}785(d - s)^2 \cdot s$ und als Querschnitt $S \approx \pi(d - s) \cdot s$ zu setzen, wobei s die Wanddicke des Stifts bedeutet. Als zulässige Beanspruchung können die doppelten Werte der Tab. A 13.1 für σ_b und τ_a beim Preßsitz glatter Stifte angenommen werden.

Literaturhinweise

Gommel, K. W.: Die Tragfähigkeit und Elastizität von Präzisions-Stiftverbindungen. Z. Feingerätetechnik 4/1966.

Hübener, R.: Sonderausführungen von Sicherungen. Z. Antriebstechnik 9/1975.

Mintrop, H. und *W. von der Heide:* Die erzielbare Passungsgenauigkeit von Kerbstiftverbindungen. Industrie-Anzeiger 32/1969.

Mintrop, H. und *W. von der Heide:* Die erzielbare Passungsgenauigkeit von Spiralstiftverbindungen bei unterschiedlicher Beschaffenheit der Bohrungen. Z. Konstruktion 1/1969.

Neben, H.: Einfluß von eingepaßten Bolzen auf die Formzahl gelochter Zugstäbe. Z. Konstruktion 7/1965.

Niemann, G.: Maschinenelemente. Springer-Verlag 1981.

Schmitz, H.: Theoretische und experimentelle Untersuchungen an Stiftverbindungen. Z.Konstruktion 1, 2, 5 bis 13 und 83 bis 85 1960.

Elastische Formelemente

14 Federn

Federn dienen beispielsweise als Rückführer von Ventiltellern oder Steuergestängen, zum Antrieb von Wickeltrommeln, als Stoßdämpfer, zur Kraftbegrenzung, zur Kraftmessung u. dgl. Ihrer Form nach kennt man **Schrauben-, Teller-, Blatt-, Stabfedern** usw., ihrer Verformung nach **Druck-, Zug-, Biege- und Drehfedern.**

14.1 Kennlinien, Federarbeit

Die Eigenschaften der Federn werden nach ihrer Kennlinie beurteilt. Diese stellt die Abhängigkeit des Federweges s von der Federkraft F dar. Die **Kennlinien** in Bild 14.1 sind eine progressive (ansteigend gekrümmte), eine gerade und eine degressive (abfallend gekrümmte). Federn, die ohne äußere Reibung arbeiten (außer Teller- und Gummifedern), haben eine gerade Kennlinie. Die Kraft zum Spannen um 1 mm oder das Drehmoment zum Spannen um 1 rad bezeichnet man als **Federrate.** Bei gerader Kennlinie gilt

$$\textit{Konstante Federrate von Zug-, Druck- und Biegefedern } \boldsymbol{R = \frac{F}{s}} \tag{14.1}$$

$$\textit{Konstante Federrate von Drehfedern} \qquad \boldsymbol{R_t = \frac{M}{\alpha}} \tag{14.2}$$

R in N/mm, R_t in Nmm/rad	konstante Federrate,
F in N	Federkraft = Belastungskraft,
s in mm	Federweg durch die Kraft F,
M in Nmm	Federdrehmoment = Belastungsdrehmoment,
α in rad	Federdrehwinkel durch das Drehmoment M.

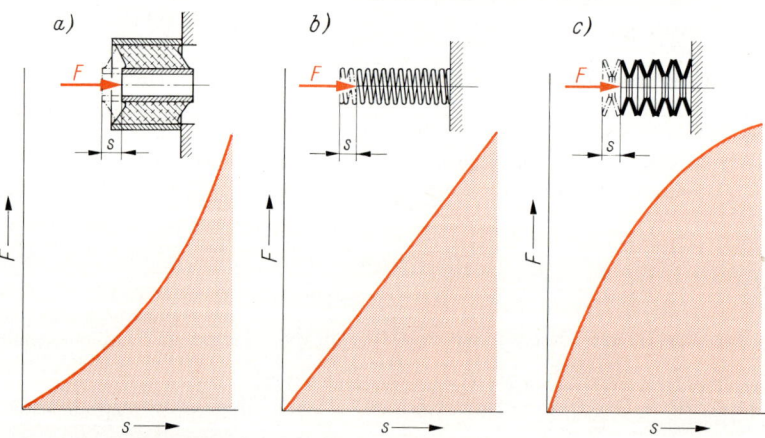

Bild 14.1 Federkennlinien
   a) progressive einer Gummifeder,   b) gerade einer zylindrischen Schraubenfeder,   c) degressive einer Tellerfedersäule

Federn mit gekrümmter Kennlinie besitzen eine veränderliche Federrate.

Eine Feder muß so dimensioniert werden, daß die gewünschte Federrate erreicht und die zulässige Beanspruchung nicht überschritten wird. Hierzu sind oftmals mehrere Berechnungen und wiederholte Abmessungsannahmen notwendig, um beide Forderungen zu erfüllen. Ohne diese Angleichung ist eine optimale Gestaltung nicht möglich.

Beim Spannen einer Feder wird Arbeit verrichtet, die die Feder, abgesehen von inneren oder äußeren Reibungsverlusten, beim Entspannen wieder abgibt. Da die Arbeit das Produkt von Kraft und Weg ist, kennzeichnet die in Bild 14.1 farbig angelegte Fläche die **Federarbeit**. Bei gerader Kennlinie ist sie das Produkt aus der durchschnittlichen Federkraft $F/2$ und dem zurückgelegten Weg s bzw. aus dem durchschnittlichen Federdrehmoment $M/2$ und dem zurückgelegten Winkel α:

$$\text{\textit{Federarbeit von Zug-, Druck- und Biegefedern}} \quad W = \frac{F}{2}\,s \qquad (14.3)$$

$$\text{\textit{Federarbeit von Drehfedern}} \qquad\qquad W = \frac{M}{2}\,\alpha \qquad (14.4)$$

W	in Nmm	Federarbeit,	M	in Nmm	Federdrehmoment,
F	in N	Federkraft,	α	in rad	Federdrehwinkel.
s	in mm	Federweg,			

14.2 Schwingverhalten

Eine mit einer Feder beweglich verbundene Masse gerät bei einem Kraftanstoß in gedämpfte Eigenschwingungen (Bild 14.2). Mitunter wird von derartigen Schwingsystemen eine bestimmte Eigenfrequenz gefordert, wie z. B. von Schwingsieben, Schüttelrutschen, Schwingtischen, Rüttlern, Waggon- und Kraftwagenfedern.

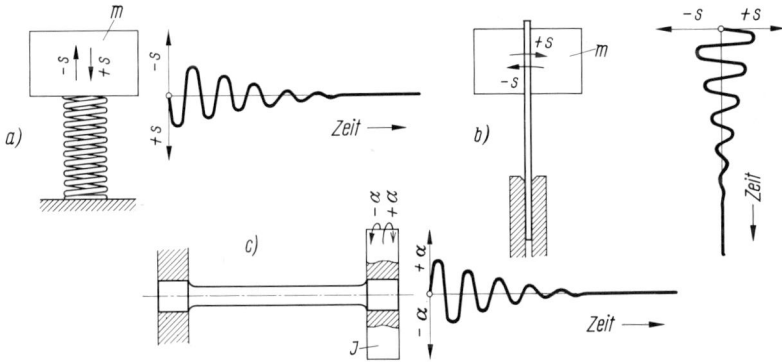

Bild 14.2 Federn-Schwingsysteme
  a) mit einer Druckfeder, b) mit einer Biegefeder, c) mit einer Drehfeder

Wenn beispielsweise eine Masse m nach Bild 14.3 a auf eine unbelastete Druckfeder gelegt wird, bewegt sich die Masse nach unten und drückt die Feder durch. Im ersten Augenblick, wenn die Feder noch keinen Widerstand leistet, ist die Beschleunigung a der Masse gleich der Fallbeschleunigung g. Dann wirkt die Federkraft $F = R \cdot s$ der Gewichtskraft $F_G = m \cdot g$ entgegen, so daß nach dem Grundgesetz der Dynamik die Beschleunigung auf

$$a = \frac{F_G - F}{m} = \frac{m \cdot g - R \cdot s}{m}$$

abnimmt. Das ist die Gleichung eines geradlinigen Verlaufs mit stetig abnehmender Beschleunigung. Solange noch eine Beschleunigung vorhanden ist, also $m \cdot g > R \cdot s$ ist (Bild 14.3 b), nimmt die Geschwindigkeit zu. In dem Augenblick, wo $R \cdot s = m \cdot g$ ist, also $m \cdot g - R \cdot s = 0$, ist die Beschleunigung $a = 0$ und die Geschwindigkeit der Masse m am größten (Bild 14.3 c). Anschließend ist $R \cdot s > m \cdot g$ und die Beschleunigung negativ, d.h. nun wird die Masse verzögert, und die Geschwindigkeit nimmt bis auf Null ab (Bild 14.3 d). In diesem Augenblick ist die größte Durchfederung erreicht, die Masse kommt momentan zum Stillstand, und die Beschleunigung an diesem Punkt ist dann $a = -g$.

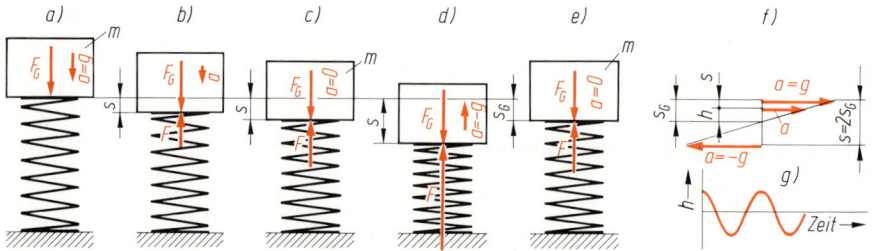

Bild 14.3 Bewegungen einer Masse m auf einer Druckfeder
   a) Masse aufgelegt, $F = 0$, b) $F < F_G$, c) $F = F_G$, d) $F = 2F_G$, e) statischer Ruhezustand mit
   $F = F_G$, f) Beschleunigungsverlauf, g) Schwingungen der Masse m

Da die Federkraft $R \cdot s$ nun größer als die Gewichtskraft $m \cdot g$ der Masse ist, drückt die Feder infolge der in ihr gespeicherten Arbeit (ihrer Energie) die Masse in ihre Ausgangslage zurück, und die geschilderte Bewegung beginnt von neuem, so daß die Masse auf und ab schwingt. Ohne innere Reibung würden die Schwingungen nicht aufhören. Die innere Reibung läßt aber die Schwingungsausschläge immer kleiner werden, bis das System bei $s = s_G$ zur Ruhe kommt. Deshalb spricht man von gedämpften Schwingungen. Die Durchfederung ist dann gleich der statischen durch die ruhende Gewichtskraft, also $R \cdot s_G = m \cdot g$ (Bild 14.3 e). Aus Bild 14.3 und der Herleitung geht hervor, daß die Beschleunigung a geradlinig ab- bzw. zunimmt. Aus den ähnlichen Dreiecken in Bild 14.3 f folgt als konstantes Verhältnis $C = a/h = g/s_G$.

Zu diesem Beschleunigungsverlauf soll nun die Anzahl der Schwingungen in der Zeiteinheit, die Eigenfrequenz f_e, gefunden werden. Dazu wird ein Vergleich mit einem sich gleichförmig mit der Winkelgeschwindigkeit (Kreisfrequenz) $\omega = 2\pi \cdot n$ ($n =$ Drehzahl) im Kreise bewegenden Punkt angestellt (Bild 14.4 a), weil sich dieser Punkt in der seitlichen Projektionsebene (in der Seitenansicht) wie die Masse nach Bild 14.3 auf und ab bewegt. Nach Zurücklegung eines Winkels β hat der Punkt den senkrechten Weg $s = r - r \cdot \cos\beta = r - h$ zurückgelegt. Nach dem Trägheitsgesetz besitzt der Punkt die Normalbeschleunigung (Zentripetalbeschleunigung) $a_n = r \cdot \omega^2$, die radial zum Drehpunkt gerichtet ist. Deren senkrechte Komponente muß dann gleich der Beschleunigung des sich im Augenblick abwärts bewegenden Punktes sein, d.h. $a = a_n \cdot \cos\beta$ (Bilder 14.4 a und b). In der höchsten Punktlage bei $\beta = 0°$ ist $a = a_n$, in der tiefsten Punktlage bei $\beta = 180°$ ist $a = -a_n$.

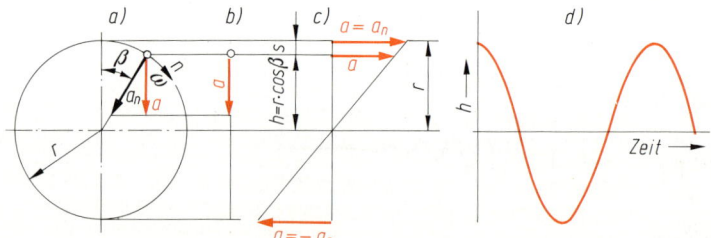

Bild 14.4 Schwingungen eines Punktes
   a) gleichförmige Kreisbewegung, b) Auf- und Abbewegung des Punktes in der Seitenansicht,
   c) Beschleunigungsverlauf, d) Schwingungen des Punktes

Nach Bild 14.4 c ist das Verhältnis $a/h = a_n \cdot \cos\beta/(r \cdot \cos\beta) = a_n/r = C$ wie bei den Schwingungen nach Bild 14.3. Die Beschleunigung a nimmt also geradlinig zu bzw. ab, so daß die Masse m nach Bild 14.3 geometrisch die gleichen Schwingungen vollführt wie der Punkt nach Bild 14.4 b. In Analogie kann somit für $g/s_G = a_n/r = C$ gesetzt werden. Mit $a_n = r \cdot \omega^2$ gilt dann auch $g/s_G = r \cdot \omega^2/r = \omega^2$ oder $\omega^2 = g/s_G$. Da s_G die statische Durchfederung durch die Gewichtskraft $m \cdot g$ ist, kann man auch für $s_G = m \cdot g/R$ setzen, also

$\omega^2 = R/m$. Diese Gleichungen können ohne weiteres auch für Schwingsysteme mit Zug- oder Biegefedern angewendet werden. Die Drehzahl $n = \omega/2\pi$ entspricht der Eigenfrequenz f_e des Schwingsystems. Somit beträgt die

$$\text{\textit{Eigenfrequenz eines Schwingsystems}} \atop \text{\textit{mit Zug-, Druck oder Biegefeder}} \quad f_e = \frac{1}{2\pi} \sqrt{\frac{g}{s_G}} = \frac{1}{2\pi} \sqrt{\frac{R}{m}} \tag{14.5}$$

f_e	in s^{-1} = Hz	Eigenfrequenz des Federnschwingsystems (Hz = Hertz),
R	in N/m	Federrate = Federkonstante,
m	in kg	abgefederte Masse,
g	in cm/s^2	Fallbeschleunigung = 981 cm/s^2,
s_G	in cm	statische Durchfederung durch die Gewichtskraft $F_G = m \cdot g$ der abgefederten Masse.

Bei Drehfedern (Bild 14.2c) tritt an die Stelle der Masse m das Trägheitsmoment J als Summe der Produkte aller Massenteilchen und dem Quadrat ihres Radius zur Drehachse. Man kann sich nämlich das Trägheitsmoment J als eine Masse am Radius 1 und den Drehwinkel α als Bogen mit dem Radius 1 vorstellen, so daß sich eine prinzipiell zur Gl. 14.5 identische Gleichung ergibt:

$$\text{\textit{Eigenfrequenz eines Schwingsystems mit Drehfeder}} \quad f_e = \frac{1}{2\pi} \sqrt{\frac{R_t}{J}} \tag{14.6}$$

R_t	in Nm/rad	Federrate = Federkonstante,
J	in kg $\cdot$ m^2	Trägheitsmoment der abgefederten Masse zur Drehachse.

In den Gln. 14.5 und 14.6 ist die Eigenmasse der Feder, die ja mitschwingt, nicht berücksichtigt. Auch ohne abgefederte Masse besitzen die elastischen Federn eine Eigenfrequenz.

14.3   Zusammenwirken mehrerer Federn

Aus konstruktiven Gründen müssen mitunter mehrere Federn zur Aufnahme von Kräften und Ausführung von Bewegungen dienen. Man unterscheidet:

1. Parallelschaltung von Federn (Bild 14.5a)
Die Federn werden so eingebaut, daß sich die äußere Belastung F anteilmäßig auf die einzelnen Federn aufteilt, aber der Weg der einzelnen Federn gleich groß ist. Somit wird $F = R_1 \cdot s + R_2 \cdot s + R_3 \cdot s = (R_1 + R_2 + R_3)\, s$. Daraus folgt die

$$\text{\textit{Gesamtfederrate}} \quad R_{ges} = R_1 + R_2 + R_3 + \ldots \tag{14.7}$$

Hierbei muß $R_2 < R_1$ und $R_3 = R_1$ sein, da sich sonst kein Gleichgewicht einstellt.

2. Hintereinanderschaltung von Federn (Bild 14.5b)
Die Federn werden so miteinander gekoppelt, daß die äußere Belastung F an jeder einzelnen Feder angreift und die einzelnen Federwege s_i und Federraten R_i verschieden groß sind. Somit ist $s_{ges} = s_1 + s_2 + s_3$ oder $F/R_{ges} = F/R_1 + F/R_2 + F/R_3$. Daraus folgt die

$$\text{\textit{Gesamtfederrate}} \quad R_{ges} = \frac{1}{\dfrac{1}{R_1} + \dfrac{1}{R_2} + \dfrac{1}{R_3} + \ldots} \tag{14.8}$$

3. Mischschaltung von Federn (Bild 14.5c)
Es werden mehrere Federn parallel und hintereinander geschaltet. Aus dem Bild ist zu ersehen, daß für den dargestellten Fall gilt:

$$\text{\textit{Gesamtfederrate}} \quad R_{ges} = \frac{1}{\dfrac{1}{R_1 + R_2} + \dfrac{1}{R_3 + R_4} + \ldots} \tag{14.9}$$

Wegen des Gleichgewichts müssen $R_1 = R_2$ und $R_3 = R_4$ sein.

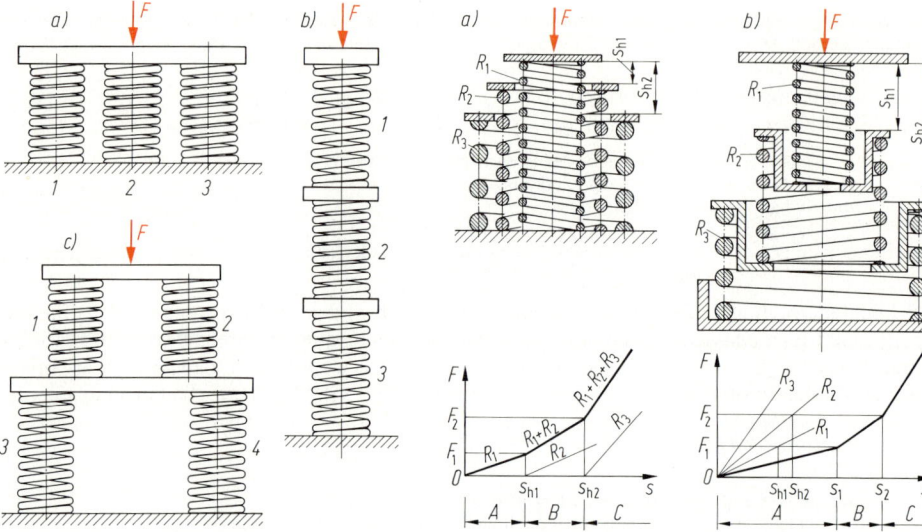

Bild 14.5 Zusammenwirken mehrerer Federn
    a) Parallelschaltung
    b) Hintereinanderschaltung
    c) Mischschaltung

Bild 14.6 Zusammenwirken mehrerer Federn mit Anschlagbegrenzung
(aus Steinhilper/Röper, Maschinen- und Konstruktionselemente)
a) Parallelschaltung,   b) Hintereinanderschaltung

4. Schaltung von Federn mit Anschlagbegrenzung (Bild 14.6)

Bei dem in Bild 14.6a gezeigten System mit drei parallel geschalteten Federn ist im Bereich A die Gesamtfederrate $R_{ges} = R_1$, im Bereich B ist $R_{ges} = R_1 + R_2$, und im Bereich C ist $R_{ges} = R_1 + R_2 + R_3$. Damit ergibt sich eine geknickte Kennlinie.

Bei dem in Bild 14.6b gezeigten System mit hintereinander geschalteten Federn ist im Bereich A bis zum Anschlag der Feder 1: $1/R_{ges} = 1/R_1 + 1/R_2 + 1/R_3$, im Bereich B bis zum Anschlag der Feder 2 ist $1/R_{ges} = 1/R_2 + 1/R_3$, und im Bereich C ist bis zum Anschlag der Feder 3: $1/R_{ges} = 1/R_3$, d.h. $R_{ges} = R_3$. Damit ergibt sich ebenfalls eine geknickte Kennlinie.

14.4   Werkstoffe, Halbzeuge

Übliche Federwerkstoffe sind: härtbare Kohlenstoffstähle, Chrom-, Silicium-, Silicium-Mangan-, Chrom-Vanadium- und nichtrostende Stähle. Hinzu kommen die Nichteisenmetalle Messing, verschiedene Bronzen, Neusilber u. a.

Die außerordentlich hohe Festigkeit der Federwerkstoffe läßt entspr. hohe Beanspruchungen zu, so daß die Federn verhältnismäßig kleine Abmessungen erhalten können. Die hohe Festigkeit erhalten die Federstähle durch Härten und ggf. anschließendes Anlassen oder anschließende Sonderbehandlungen. Dünne Drähte zeigen eine hohe Streckgrenze, wenn sie niedrig angelassen werden. Hohe Anlaßtemperaturen und nochmaliges Abschrecken steigern die Dauerfestigkeit. Eine Dauerfestigkeitserhöhung tritt auch durch Überschleifen nach den Härten ein, das die entkohlte, kerbwirkungsbildende Oberflächenschicht entfernt. Kugelstrahlen verdichtet die Oberflächenschicht und erhöht ebenfalls die Dauerfestigkeit. Ein Polieren mildert die Kerbwirkungen, die durch die Oberflächenrauhigkeit entstehen. Es ist ratsam, höchstbeanspruchte Federn einem Dauerversuch zu unterziehen, falls nicht ausreichende Erfahrungswerte zur Verfügung stehen. Die Dauerfestigkeit der Federn nimmt wie bei jedem Maschinenteil mit zunehmender Dicke ab.

In den Tabn. A 14.1 bis A 14.8 sind genormte Federwerkstoffe mit Festigkeitswerten, Anwendungshinweisen und Halbzeugabmessungen aufgeführt. Die Eigenschaften von Federdraht und Federband aus den nichtrostenden Stählen X 12 CrNi 17 7, X 7 CrNiAl 17 7 und X 5 CrNiMo 18 10 mit jeweils R_m bis 2450 N/mm² je nach Draht- bzw. Banddicke siehe DIN 17224, von Kupferlegierungen CuZn, CuSn, CuNi, CuMn, CuCr und CuBe siehe DIN 17670, 17672 und 17677.

Die Federsteife von Metallfedern hängt bei Zug- und Biegebeanspruchung vom **Elastizitätsmodul *E*,** bei Torsionsbeanspruchung vom **Gleitmodul *G*** ab. Werte für *E* und *G* siehe Tab. A 14.9.

14.5 Zylindrische Schraubenfedern aus runden Drähten oder Stäben

Aus Runddraht gewickelte zylindrische Druckfedern kommen am häufigsten vor. Bild 14.7 zeigt Ausführungen nach DIN 2095. **Das sind Federn aus runden Drähten, die nach der Kaltformgebung nur einem Anlassen zum Abbau von Eigenspannungen unterworfen werden.** Sie können bis zu einem Drahtdurchmesser von etwa $d = 17$ mm hergestellt werden, Windungsdurchmesser $D \leqq 200$ mm, Federlänge $L_0 \leqq 630$ mm, Anzahl der federnden (wirksamen) Windungen $n \geqq 2$, Wickelverhältnis $w = D/d = 4 \ldots 20$.

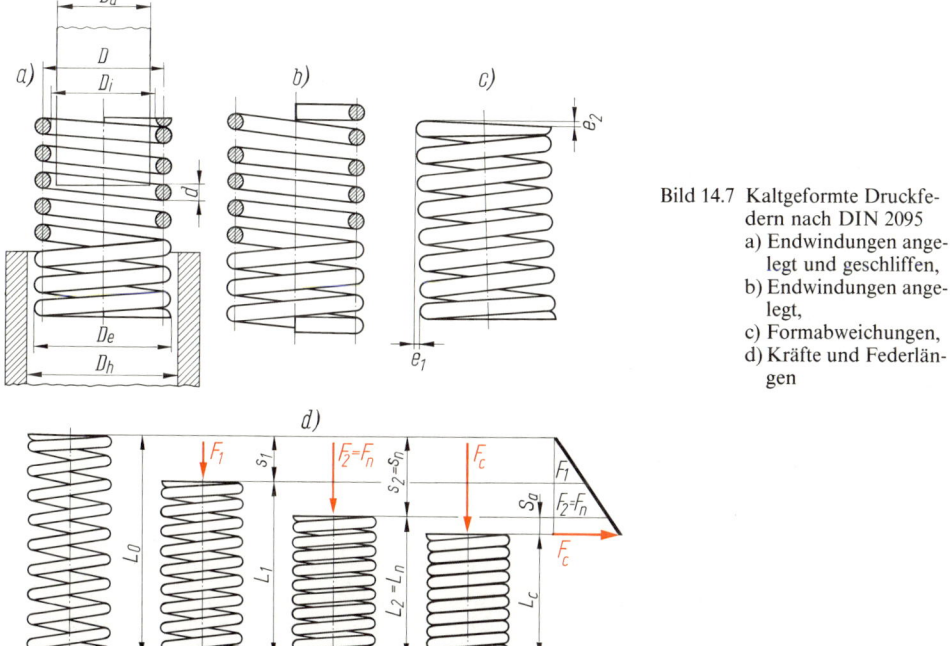

Bild 14.7 Kaltgeformte Druckfedern nach DIN 2095
a) Endwindungen angelegt und geschliffen,
b) Endwindungen angelegt,
c) Formabweichungen,
d) Kräfte und Federlängen

Die zur Überleitung der Federkraft auf die Anschlußkörper dienenden Federenden sind so auszubilden, daß bei jeder Federstellung ein möglichst axiales Einfedern bewirkt wird. Dies wird im allgemeinen durch Verminderung der Steigung an je einer auslaufenden Windung erreicht. Um rechtwinklig zur Federachse ausreichende Auflageflächen zu erhalten, werden die Drahtenden entspr. Bild 14.7a plangeschliffen. Bei Drahtdurchmessern unter 1 mm oder bei einem Wickelverhältnis $w = D/d > 15$ werden die Enden meistens nicht geschliffen (Bild 14.7b). Es können nur solche Federn plangeschliffen werden, deren Enden einen Anpreßdruck **$R/D = 0{,}03$ N/mm²** zulassen.

Da die angelegten Enden nicht federn, ist zwischen der Anzahl n der federnden Windungen und n_t der Gesamtwindungen zu unterscheiden. Bei den Ausführungen nach Bild 14.7 ist $n_t = n + 2$.

Werkstoffe und Drähte siehe die Tabn. A 14.3 bis A 14.5, ferner DIN 17224 (nichtrostende Stähle) und DIN 17672 (Kupfer-Knetlegierungen).

Für die kaltgeformten Federn sind **drei Gütegrade** vorgesehen, wobei der Gütegrad 1 die geringsten Abweichungen zuläßt. Ohne Angabe eines Gütegrades gilt der Gütegrad 2. Der Gütegrad 1 ist nur bei zwingender Notwendigkeit vorzuschreiben, hierbei brauchen nicht alle Größen dem Gütegrad 1 anzugehören.
In der Tab. A 14.10 sind die mit DIN 2098 **genormten Baugrößen** von Druckfedern mit $d = 0{,}5 \ldots 10$ mm aufgeführt, auf die möglichst zurückzugreifen ist. Sie werden ausgeführt mit der Drahtsorte C oder D (Tab. A 14.4), in der Maßgenauigkeitsklasse C (Tab. A 14.5) und mit dem Gütegrad 2, mit der Drahtsorte C jedoch erst ab $d = 2$ mm. Sie sind für ruhende Belastung ausgelegt. Baugrößen mit $d = 0{,}1 \ldots 0{,}4$ mm sind mit DIN 2098 Bl. 2 genormt.

In Bild 14.8 sind **warmgeformte Druckfedern aus Rundstäben** nach DIN 2096 gezeigt. Sie werden nach der Formgebung vergütet. Die Federn werden entweder aus warmgewalzten Stäben oder nach dem Warmwalzen bearbeiteten (geschälten, gedrehten oder geschliffenen) Stäben hergestellt (Tab. A 14.6). Werkstoffe nach DIN 17221 (Tab. A 14.1).

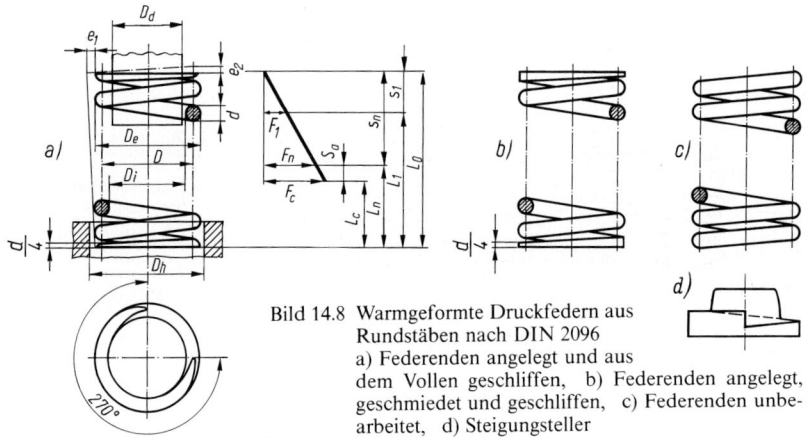

Bild 14.8 Warmgeformte Druckfedern aus
Rundstäben nach DIN 2096
a) Federenden angelegt und aus
dem Vollen geschliffen, b) Federenden angelegt,
geschmiedet und geschliffen, c) Federenden unbearbeitet, d) Steigungsteller

DIN 2096 T1 gilt für Losgrößen bis 5000 Stck., Stabdurchmesser $d = 8 \ldots 60$ mm, Außendurchmesser $D_e \leqq 460$ mm, Federlängen $L_0 \leqq 800$ mm, Anzahl der wirksamen Windungen $n \geqq 3$, Wickelverhältnisse $w = D/d = 3 \ldots 12$, **DIN 2096 T2** gilt für Großserien mit Losgrößen von mindestens 5000 Stck., $d = 9 \ldots 18$ mm, $L_0 \leqq 600$ mm, $D_e \leqq 180$ mm, $n = 5 \ldots 12$, $w = 6 \ldots 12$, Blockfederweg $s_c \geqq 180$ mm.
Bis zu $d = 14$ mm werden die Federn meistens nach Bild 14.8a, bei $d > 14$ mm nach Bild 14.8b ausgeführt. Bei Ausführung mit unbearbeitet bleibenden Federenden nach Bild 14.8c müssen die Federenden in Steigungstellern entspr. Bild 14.8d aufgenommen werden (üblich in der Großserienfertigung). Bei den Federn nach Bild 14.8 ist mit $n_t = n + 1{,}5$ zu rechnen.

Alle Schraubendruckfedern werden in der Regel rechtssteigend gewickelt. Um beim Setzen auf Block ein gleichmäßiges Anliegen der Windungen zu erreichen, soll n_t auf 0,5 enden, also $n_t = 5{,}5,\ \ 6{,}5,\ \ 7{,}5$ usw.

Die **zulässigen Abweichungen** für die drei Gütegrade der kaltgeformten Druckfedern und für nur einen Gütegrad der warmgeformten Druckfedern (bezüglich der Abweichung der Federkraft jedoch zwei: A und B) beziehen sich auf die Windungsdurchmesser D_e, D_i und D, die Länge L_0 der unbelasteten Feder, e_1 der Mantellinie von der Senkrechten, e_2 der Parallelität der Federstirnen und die Federkraft F. Sie sind in DIN 2095 bzw. DIN 2096 angegeben. Die zulässige Abweichung für den Innendurchmesser D_i ist vorzuschreiben, wenn die Feder über einen Dorn arbeitet, für den Außendurchmesser D_e, wenn sie in einer Hülse arbeitet (siehe die Bilder 14.7 a und 14.8 a). Zweckmäßig wird der größte Dorndurchmesser D_d oder der kleinste Hülsendurchmesser D_h angegeben.

Mit DIN 2089 T1 ist die Berechnung und Konstruktion von zylindrischen Schraubendruckfedern aus runden Drähten (DIN 2095) oder Stäben (DIN 2096) genormt. DIN 2089 führt aus:

Bei der kleinsten, zulässigen Federlänge $L_n = L_0 + S_a$ soll die *Summe der lichten Mindestabstände zwischen den einzelnen wirksamen Windungen* betragen für

$$\text{kaltgeformte Federn DIN 2095:} \quad S_a = \left(0{,}0015\,\frac{D^2}{d} + 0{,}1\,d\right) n \tag{14.10}$$

$$\text{warmgeformte Federn DIN 2096:} \quad S_a = 0{,}02\,(D + d)\,n \tag{14.11}$$

D in mm   mittlerer Windungsdurchmesser,
d in mm   Drahtdurchmesser,
n Anzahl der wirksamen Windungen.

Bei dynamischer Beanspruchung der Federn ist der S_a-**Wert** bei warmgeformten Federn zu **verdoppeln,** bei kaltgeformten Federn muß er **das 1,5fache** betragen.

Im zusammengedrückten Zustand, wenn alle Windungen aneinander liegen, beträgt die größtmögliche

$$\text{Blocklänge der Druckfeder} \quad L_c = k_n \cdot d_{max} \tag{14.12}$$

k_n Windungszahlbeiwert
                bei kaltgeformten Federn mit angelegten, geschliffenen Federenden $= n_t$,
                bei kaltgeformten Federn mit angelegten, unbearbeiteten Federenden $= n_t + 1{,}5$,
                bei warmgeformten Federn mit angelegten, planbearbeiteten Federenden $= n_t - 0{,}3$,
                bei warmgeformten Federn mit unbearbeiteten Federenden $= n_t + 1{,}1$.
n_t Anzahl der Gesamtwindungen,
d_{max} in mm Nennmaß des Draht- bzw. Stabdurchmessers (Tab. A 14.4 bzw. A 14.6), vermehrt um das obere Abmaß (Tab. A 14.5 bzw. A 14.6).

Damit beträgt die

$$\text{kleinste zulässige Länge der mit } F_n \text{ belasteten Druckfeder} \quad L_n = L_c + S_a \tag{14.13}$$

Beim Zusammendrücken einer Schraubendruckfeder wird der Windungsdurchmesser geringfügig größer. Bei der Blocklänge L_c und freier Lagerung der Federenden beträgt die

$$\text{Vergrößerung des äußeren Windungsdurchmessers} \quad \Delta D_e = 0{,}1\,\frac{m^2 - 0{,}8\,m \cdot d - 0{,}2\,d^2}{D} \tag{14.14}$$

m in mm   Windungsabstand (Steigung)
           für Federn mit angelegten, planbearbeiteten Enden $= \dfrac{L_0 - d}{n}$,

           für Federn mit unbearbeiteten Enden $= \dfrac{L_0 - 2{,}5\,d}{n}$

L_0 in mm   Länge der ungespannten Feder,
n Anzahl der wirksamen Windungen,
d, D siehe Legende zur Gl. 14.11.

Beispiel 14.1

Für eine Druckfeder DIN 2098 $- 4 \times 32 \times 120$ sind zu errechnen: Der Anpreßdruck R/D, die Summe S_a des Mindestabstandes zwischen den Windungen, die Blocklänge L_c, die kleinste zulässige Länge L_n und die Vergrößerung ΔD_e des äußeren Windungsdurchmessers.

Lösung:

1. Anpreßdruck R/D

   Nach Tab. A 14.10 ist $R = 9{,}35$ N/mm und $D = 32$ mm. Somit $R/D = (9{,}35/32)$ N/mm^2 $= 0{,}29$ N/mm$^2 > 0{,}03$ N/mm^2, so daß die Federauflageflächen angelegt und plangeschliffen werden können.

2. Summe S_a der Mindestabstände

   Mit $D = 32$ mm, $d = 4$ mm und $n = 8{,}5$ (aus Tab. A 14.10) wird nach Gl. 14.10:

$$S_a = \left(0{,}0015\,\frac{D^2}{d} + 0{,}1\,d\right) n = \left(0{,}0015\,\frac{32^2}{4} + 0{,}1 \cdot 4\right) \text{mm} \cdot 8{,}5 \approx 6{,}7 \text{ mm}$$

3. Blocklänge L_c

   Nach Tab. A 14.5 ist das obere Abmaß $A_o = 0{,}025$ mm für die Genauigkeitsklasse C. Somit d_{max} $= 4{,}025$ mm. Damit wird mit $k_n = n_t$ und $n_t = n + 2 = 8{,}5 + 2 = 10{,}5$ nach Gl. 14.12:

$$L_c = k_n \cdot d_{max} = 10{,}5 \cdot 4{,}025 \text{ mm} \approx 42{,}3 \text{ mm}$$

4. Kleinste zulässige Länge L_n

   Nach Gl. 14.13 ist

$$L_n = L_c + S_a = 42{,}3 \text{ mm} + 6{,}7 \text{ mm} = 49 \text{ mm}$$

5. Vergrößerung ΔD_e des äußeren Windungsdurchmessers

   Mit $m = \dfrac{L_0 - d}{n} = \dfrac{120 \text{ mm} - 4 \text{ mm}}{8{,}5} \approx 13{,}6$ mm wird nach Gl. 14.14:

$$\Delta D_e = 0{,}1\,\frac{m^2 - 0{,}8\,m \cdot d - 0{,}2\,d^2}{D} = 0{,}1\,\frac{13{,}6^2 - 0{,}8 \cdot 13{,}6 \cdot 4 - 0{,}2 \cdot 4^2}{32} \text{ mm} = 0{,}43 \text{ mm.}$$

Bild 14.9 zeigt die Ausführung einer Zugfeder mit angebogenen Ösen. **Kaltgeformte Zugfedern** sind mit DIN 2097 genormt. Drahtdurchmesser bis $d = 17$ mm und Werkstoffe wie bei den kaltgeformten Druckfedern. Ab $d = 10$ mm können Zugfedern ohne Vorspannung auch aus gezogenen oder gewalzten nicht vergüteten Stäben warmgeformt und anschließend vergütet werden. Dieses Verfahren wird aber kaum angewendet. Stabdurchmesser und Werkstoffe wie bei den warmgeformten Druckfedern.

Zur Überleitung der Federkraft dienen die in Bild 14.10 gezeigten Ösen und Anschlußelemente. Bei der Wahl der Ösenform ist zu berücksichtigen, daß der kleinste Innenradius der Öse nicht kleiner als der Drahtdurchmesser d sein sollte.

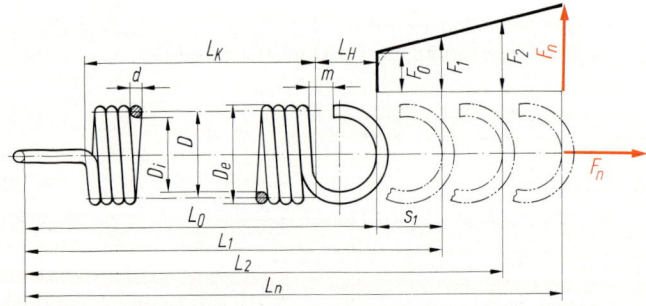

Bild 14.9 Zylindrische Schraubenzugfeder aus Runddraht mit eingewundener Vorspannung nach DIN 2097

Abstand der Öseninnenkante vom Federkörper $L_H = k_H \cdot D_i$ (14.15)

k_H Hakenbeiwert (siehe Legende zum Bild 14.10),
D_i in mm   Innendurchmesser der Feder.

Bei den Federn nach den Bildern 14.10 a bis h ist die Anzahl der Gesamtwindungen n_t gleich der Anzahl der federnden Windungen n, also $n_t = n$, bei den anderen $n_t = n + n_s$ mit n_s als Anzahl der durch Einschrauben nicht federnden Windungen.

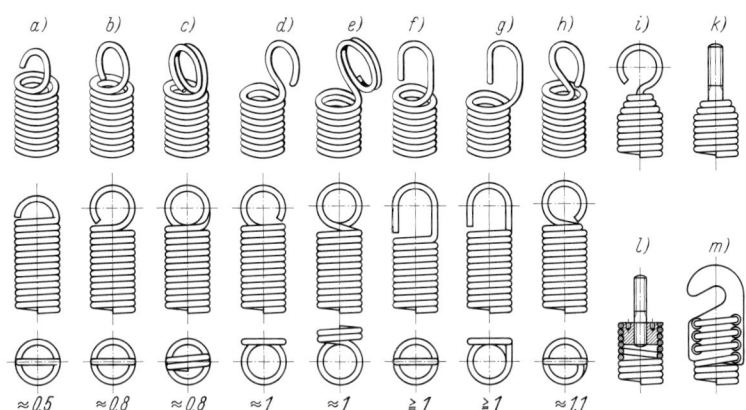

Bild 14.10 Ösenformen und Anschlußelemente von zylindrischen Schraubenzugfedern aus runden Drähten nach DIN 2097
a) halbe deutsche Öse, $k_H = 0,55\ldots0,8$, b) ganze deutsche Öse, $k_H = 0,8\ldots1,1$, c) doppelte deutsche Öse, $k_H = 0,8\ldots1,1$, d) ganze deutsche Öse seitlich hochgestellt, $k_H \approx 1$, e) doppelte deutsche Öse seitlich hochgestellt, $k_H \approx 1$, f) Hakenöse, $k_H \approx 1$, g) Hakenöse seitlich hochgestellt, $k_H \approx 1$, h) englische Öse, $k_H \approx 1,1$, i) Haken eingerollt, k) Gewindebolzen eingerollt, l) Gewindestopfen eingeschraubt, $n_s = 2\ldots4$, m) Lasche eingeschraubt, $n_s = 2\ldots4$

Die **innere Vorspannkraft** F_0 ist die zum Öffnen der aneinanderliegenden Windungen erforderliche Federkraft. Sie entsteht dadurch, daß die Windungen mit einer gewissen Pressung aneinandergewickelt werden. Das Einwickeln einer inneren Vorspannkraft ist nur bei kaltgeformten, nicht schlußvergüteten Zugfedern möglich!
Bei Zugfedern mit innerer Vorspannkraft liegen die Windungen stramm aneinander. Bei Zugfedern, deren Windungen ohne innere Vorspannkraft aneinanderliegen sollen, muß eine geringe Vorspannkraft in Kauf genommen werden, da eine gleichmäßig spannungslose Wicklung nicht möglich ist.

Warmgeformte Zugfedern lassen sich nicht mit innerer Vorspannkraft herstellen, und durch die Wärmebehandlung entsteht zwischen den Windungen ein Spiel.

Wenn die Windungen im unbelasteten Zustand der Feder aneinanderliegen, ist die

Länge des Federkörpers $L_K \leqq (n_t + 1)\, d_{max}$ (14.16)

Länge der unbelasteten Feder $L_0 = L_K + 2L_H$ (14.17)

n_t Anzahl der Gesamtwindungen,
d_{max} in mm   Nennmaß des Draht- bzw. Stabdurchmessers (Tab. A 14.4 bzw. A 14.6), vermehrt um das obere Abmaß (Tab. A 14.5 bzw. A 14.6),
L_H in mm   Abstand der Öseninnenkante vom Federkörper nach Gl. 14.15.

Für kaltgeformte Zugfedern sind die Gütegrade 1 bis 3 wie für kaltgeformte Druckfedern festgelegt. Die zulässigen Abweichungen für warmgeformte Zugfedern sind mit dem Hersteller zu vereinbaren.

Stehen die Ösen einer Feder wie nach Bild 14.9 um 90° zueinander versetzt, so endet die Gesamtzahl n_t der Windungen auf 0,25, stehen sie um 180° versetzt, auf 0,5.

Ist die Hakenöffnungsweite m nicht vorgeschrieben, so muß die Öse geschlossen ausgeführt werden, um ein Ineinanderhaken (besonders kleiner Federn) zu vermeiden.

Bei eingewundener Vorspannung verharrt die Öse infolge Reibung zwischen den Windungen innerhalb eines bestimmten Bereiches in jeder Stellung, in die sie gebracht wurde, so daß die Ösenstellungsabweichung vergrößert erscheint.

Für die Prüfkraft F_p (das kann F_1, F_n oder eine andere sein), sind je nach Gütegrad die folgenden Abweichungen A_F in N zulässig:

für kaltgeformte Druck- oder Zugfedern $A_F = \pm (a_F \cdot k_f + 0{,}015 F_p)Q$ (14.18)

für warmgeformte Druckfedern $A_F = \pm f(L_0 + s_p)(2/n + 1)R$ (14.19)

a_F, k_f, Q	Beiwerte nach Tab. 14.11,
F_p in N	Prüfkraft,
f	Kraftbeiwerte
	= 0,015 bei Federn aus gewalzten Stäben,
	= 0,012 bei Federn aus spanend gefertigten Stäben (z. B. geschliffenen),
L_0 in mm	Länge der unbelasteten Feder,
s_p in mm	Federweg, zugeordnet der Prüfkraft (siehe Gl. 14.23),
n	Anzahl der federnden Windungen,
R in N/mm	Federrate (siehe Gl. 14.22).

Tab. 14.11 Beiwerte a_F, k_f und Q zur Errechnung der zulässigen Abweichungen von zylindrischen Schraubenfedern aus runden Drähten (zusammengestellt nach DIN 2095 und 2097)

d mm	a_F in N bei D in mm									d mm	a_F in N bei D in mm								
	1,5	2	3	4	5	6	8	10	15		20	30	40	50	60	80	100	150	200
0,28	0,6	0,3	0,18	0,16	0,15					1,0	1,3								
0,32	0,9	0,5	0,26	0,22	0,2	0,19				1,1	1,6								
0,36	1,4	0,75	0,36	0,28	0,25	0,23				1,25	2,0								
0,40		1,1	0,5	0,36	0,32	0,29	0,28			1,4	2,5								
0,45		1,8	0,75	0,5	0,4	0,35	0,34			1,6	3,2	2,9							
0,50			1,1	0,7	0,5	0,46	0,42	0,4		1,8	4,2	3,6							
0,56			1,7	1,0	0,7	0,6	0,5	0,5		2,0	5,3	4,5	4,0						
0,63			2,7	1,7	1,0	0,8	0,65	0,6	0,6	2,25	7,0	5,7	5,3						
0,7			4,0	2,2	1,6	1,1	0,85	0,75	0,7	2,5	9,0	7,0	6,5	6,0					
0,8				3,5	2,4	1,7	1,2	1,0	0,9	2,8	14	9,0	8,0	7,5	7,3				
0,9				6,0	3,8	2,6	1,6	1,4	1,2	3,2	22	13	11	10	9,5				
1,0				9,0	5,5	3,7	2,2	1,7	1,5	3,6	35	17	13,5	12,5	12				
1,1				11	8,0	5,5	3,0	2,2	1,7	4,0	50	24	17	15,5	15	14			
1,25					11	8,0	4,4	3,0	2,2	4,5	80	36	24	20	19	17			
1,4						14	6,6	4,2	2,8	5,0	120	55	32	24	23	20,5	20		
1,6							12	6,8	3,8	5,6		80	56	34	30	26	24		
1,8							17	11	5,3	6,3		120	70	46	40	33	31		
2,0							26	16	7,5	7,0		180	105	70	55	42	38	35	
2,25								24	12	8,0			170	110	85	56	50	46	
2,5								36	16	9,0			260	170	120	78	65	56	54
2,8									24	10			400	250	180	105	84	70	65
3,2									40	11				350	250	145	105	85	78
3,6									70	12,5				580	400	230	155	110	100
										14					625	350	230	150	125
										16						580	380	200	165

Federart	k_f bei $n =$															
	2	3	4	5	6	8	10	15	20	25	30	40	50	60	80	100
Druckfeder	1,6	1,3	1,19	1,12	1,06	1,0	0,97	0,93	0,89	0,87	0,86	0,85	0,84	0,83	0,82	0,82
Zugfeder	–	2,6	2,04	1,78	1,6	1,4	1,28	1,1	1,0	0,94	0,9	0,84	0,82	0,8	0,77	0,76

$Q = 0{,}63$ bei Gütegrad 1	$Q = 1$ bei Gütegrad 2	$Q = 1{,}6$ bei Gütegrad 3

Um je nach Belastungsfall die zulässigen Abweichungen einhalten zu können, braucht der Hersteller einen **Fertigungsausgleich** durch Freigabe einzelner Abmessungen. Wenn ein oder zwei Kräfte *F* und die zugehörigen Federlängen *L* eingehalten werden müssen, sind L_0 und *d* oder L_0 und *n* u. dgl. freizugeben. In der Regel ist also L_0 freigegeben und gilt nur als Richtwert.

Beispiel 14.2

Die kaltgeformte Druckfeder DIN 2098 $- 4 \times 32 \times 120$ nach Beispiel 14.1 soll bis auf die kleinstzulässige Länge L_n zusammengedrückt werden. Wie groß ist die Federkraft F_n und ihre zulässige Abweichung beim Gütegrad 2?

Lösung:
Nach Tab. A 14.10 sind $F_n = F_p = 666$ N und $n = 8,5$. Aus Tab. 14.11 werden entnommen: $a_F = 22,6$ N (interpoliert), $k_f \approx 1$ und $Q = 1$. Somit nach Gl. 14.18:

$$A_F = \pm (a_F \cdot k_f + 0,015 F_n)\, Q = \pm (22,6 \text{ N} \cdot 1 + 0,015 \cdot 666 \text{ N}) \cdot 1 \approx \pm 33 \text{ N}.$$

Beispiel 14.3

Eine warmgeformte Druckfeder aus geschliffenem Rundstab mit $d = 18$ mm, $n = 7$, $D = 90$ mm, $R = 202$ N/mm, Ausführung nach Bild 14.8 b (Federenden angelegt und plangeschliffen) soll abwechselnd mit $F_1 = 5000$ N und $F_2 = F_n = 10\,000$ N belastet werden. Diese Kräfte sollen auch die Prüfkräfte sein. Wie groß ist die Länge L_0 der unbelasteten Feder als Richtwert? Wie groß sind die zulässigen Abweichungen A_F der Federkräfte bei den zugehörigen Federwegen s_1 und s_2?

Lösung:
Nach Gl. 14.11 ist die Summe der Mindestabstände

$$S_a = 0,02\,(D + d)\,n = 0,02\,(90 + 18) \text{ mm} \cdot 7 = 15,1 \text{ mm}.$$

Gesamtanzahl der Windungen $n_t = n + 1,5 = 7 + 1,5 = 8,5$. Nach der Legende zur Gl. 14.12 ist der Windungszahlbeiwert $k_n = n_t - 0,3 = 8,5 - 0,3 = 8,2$. Aus Tab. A 14.6 wird $d_{max} = (18 + 0,08)$ mm $= 18,08$ mm entnommen. Nach Gl. 14.12 ist die Blocklänge

$$L_c \leqq k_n \cdot d_{max} = 8,2 \cdot 18,08 \text{ mm} \approx 148,3 \text{ mm}.$$

Nach Gl. 14.1 betragen die Federwege:

$$s_1 = \frac{F_1}{R} = \frac{5000 \text{ N}}{202 \text{ N/mm}} \approx 24,8 \text{ mm}, \quad s_2 = \frac{F_2}{R} = \frac{10\,000 \text{ N}}{202 \text{ N/mm}} \approx 49,5 \text{ mm}.$$

Entspr. Bild 14.8 ergibt sich die Länge der unbelasteten Feder mit $s_n = s_2$ zu

$$L_0 = L_c + S_a + s_n = (148,3 + 15,1 + 49,5) \text{ mm} \approx 213 \text{ mm}.$$

Nach der Gl. 14.19 ist die zulässige Kraftabweichung

$$A_F = \pm f (L_0 + s_p)\,(2/n + 1)R.$$

Mit $f = 0,012$ für geschliffene Stäbe und mit $s_p = s_1$ bzw. s_2 betragen:

$$A_{F1} = \pm 0,012\,(213 + 24,8) \text{ mm} \cdot (2/7 + 1)\,202 \text{ N/mm} \approx \pm 740 \text{ N},$$

$$A_{F2} = \pm 0,012\,(213 + 49,5) \text{ mm} \cdot (2/7 + 1)\,202 \text{ N/mm} \approx \pm 820 \text{ N}.$$

Durch die Belastungskraft = Federkraft *F* (Bild 14.11 a) werden die Draht- bzw. Stabquerschnitte überwiegend auf Torsion beansprucht. Das Torsionsmoment beträgt $T = F \cdot D/2$ mit *D* als mittlerem Windungsdurchmesser. Die Torsionsspannung ist $\tau_t = T/W_t$ mit $W_t = \pi \cdot d^3/16$ als Widerstandsmoment des Drahtquerschnitts. Diese Torsionsspannung ist die

$$\textit{Schubspannung} \quad \tau = \frac{8}{\pi} \cdot \frac{D}{d^3}\, F \tag{14.20}$$

D	in mm	mittlerer Windungsdurchmesser der Feder,
d	in mm	Draht- bzw. Stabdurchmesser,
F	in N	Federkraft.

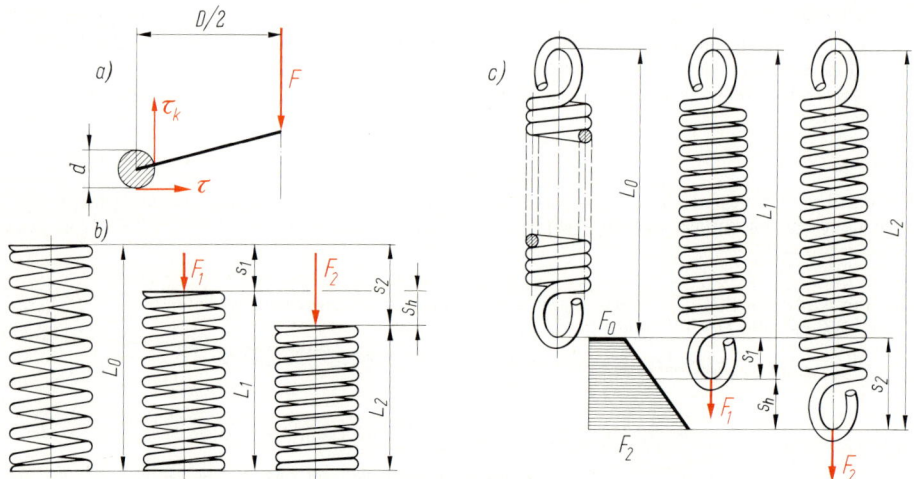

Bild 14.11 Beanspruchungen und Federwege von zylindrischen Schraubenfedern
a) Schubspannung τ und größte Schubspannung τ_k, b) Druckfeder, c) Zugfeder mit innerer Vorspannkraft F_0

Infolge der Drahtkrümmung verteilt sich die Schubspannung aber nicht gleichmäßig über den Drahtumfang. An der Innenseite der Windung ist sie größer als an der Außenseite:

größte Schubspannung $\boldsymbol{\tau_k = k \cdot \tau}$ (14.21)

τ_k in N/mm² Schubspannung an der Innenseite der Windung,

k Beiwert zur Berücksichtigung der Drahtkrümmung $\approx \dfrac{w + 0{,}5}{w - 0{,}75}$ mit $w = D/d$,

τ in N/mm² Schubspannung nach Gl. 14.20.

Durch die Belastungskraft F wird eine Druckfeder um den Federweg s zusammengedrückt und damit nach Gl. 14.3 die Federarbeit $W = F \cdot s/2$ als äußere Arbeit verrichtet. Hierbei werden aber auch die Drahtquerschnitte gegeneinander verdreht, auf der gesamten Drahtlänge l um den Winkel α. Nach Gl. 14.4 ist dann mit $M = T$ die verrichtete Arbeit auch $W = T \cdot \alpha/2$ als innere Arbeit. Äußere und innere Arbeit sind gleich groß. Deshalb muß $F \cdot s/2 = T \cdot \alpha/2$ sein oder $s = T \cdot \alpha/F$.

Wenn ein runder Stab durch ein Drehmoment T beansprucht wird, so ist nach der Elastizitätslehre der Schubwinkel $\gamma = \tau_t/G$ mit τ_t als Torsionsspannung und G als Gleitmodul des Werkstoffs. Die Torsionsspannung errechnet sich aus $\tau_t = T/W_t = T \cdot r/I_t$, worin I_t das polare Flächenmoment 2. Grades des Querschnitts ist. Somit wird $\gamma = T \cdot r/(G \cdot I_t)$ als Schubwinkel auf dem Mantel des Stabes. Da nun der Winkel an der Stabstirnfläche $\alpha = \gamma \cdot l/r$ ist, folgt durch Einsetzen der vorgenannten Größen der

Verdrehwinkel $\alpha = \dfrac{T \cdot l}{G \cdot I_t}$, und mit diesem der Federweg $s = \dfrac{T}{F} \cdot \dfrac{T \cdot l}{G \cdot I_t} = \dfrac{T^2 \cdot l}{F \cdot G \cdot I_t}$.

Hierin ist $I_t = \pi \cdot d^4/32$. Als Drahtlänge kann näherungsweise $l = D \cdot \pi \cdot n$ gesetzt werden (n = Anzahl der federnden Windungen). Die vorstehenden Größen für T, l und I_t eingesetzt:

Federweg $s = \dfrac{F^2 \cdot D^2}{2^2 \cdot F \cdot G} \cdot \dfrac{D \cdot \pi \cdot n}{\pi \cdot d^4/32} = \dfrac{8 D^3 \cdot n}{G \cdot d^4} F$

Aus dieser Gleichung läßt sich gemäß Gl. 14.1 die Federrate $R = F/s$ durch Umformen bestimmen:

Federrate $\boldsymbol{R = \dfrac{G \cdot d^4}{8 D^3 \cdot n} = \dfrac{F}{s}}$ (14.22)

R in N/mm   Federrate,
G in N/mm^2 Gleitmodul des Federwerkstoffs (Tab. A 14.9),
d in mm   Draht- bzw. Stabdurchmesser,
n Anzahl der federnden Windungen,
F in N   Federkraft,
s in mm   Federweg.

Mit der Federrate R ergeben sich gemäß Bild 14.11:

Federweg von Druckfedern und nicht vorgespannten Zugfedern
$$s = \frac{F}{R} \tag{14.23}$$

Federweg von vorgespannten Zugfedern
$$s = \frac{F - F_0}{R} \tag{14.24}$$

Federhub durch zwei Kräfte F_1 und F_2
$$s_\mathrm{h} = \frac{F_2 - F_1}{R} \tag{14.25}$$

s in mm   Federweg,
s_h in mm   Federhub = Arbeitsweg der Feder,
F in N   Federkraft,
F_0 in N   eingewundene innere Vorspannkraft,
F_1, F_2 in N   Federkräfte, wobei $F_2 > F_1$,
R in N/mm Federrate nach Gl. 14.22

Beispiel 14.4

Die kaltgeformte Druckfeder $4 \times 32 \times 120$ aus patentiert gezogenem Federstahldraht DIN 17223 nach Beispiel 14.1 mit $d = 4$ mm, $D = 32$ mm, $n = 8{,}5$ und $L_0 = 120$ mm wird abwechselnd mit $F_1 = 300$ N und $F_2 = 500$ N belastet. Wie groß sind die größte Schubspannung τ_{k2} bei $F_2 = 500$ N, die Federrate R und der Hub s_h?

Lösung:
Nach Gl. 14.20:

$$\tau_2 = \frac{8}{\pi} \cdot \frac{D}{d^3} \, F_2 = \frac{8}{\pi} \cdot \frac{32 \text{ mm}}{(4 \text{ mm})^3} \, 500 \text{ N} = 637 \text{ N/mm}^2.$$

Bei $w = D/d = 32/4 = 8$ ist nach der Legende zur Gl. 14.21 der Beiwert $k \approx \dfrac{w + 0{,}5}{w - 0{,}75} = \dfrac{8 + 0{,}5}{8 - 0{,}75} = 1{,}17$.

Somit nach Gl. 14.21:

$$\tau_{k2} = k \cdot \tau_2 = 1{,}17 \cdot 637 \text{ N/mm}^2 = 745 \text{ N/mm}^2.$$

Mit $G = 81\,500$ N/mm^2 nach Tab. A 14.9 wird mit Gl. 14.22:

$$R = \frac{G \cdot d^4}{8 D^3 \cdot n} = \frac{81\,500 \text{ N/mm}^2 \cdot (4 \text{ mm})^4}{8 (32 \text{ mm})^3 \cdot 8{,}5} = 9{,}36 \text{ N/mm}.$$

In Tab. A 14.10 ist $R = 9{,}35$ N/mm angegeben. Das liegt daran, daß G in DIN 2089 von 81\,400 N/mm^2 in 81\,500 N/mm^2 geändert wurde.

Nach Gl. 14.25:

$$s_\mathrm{h} = \frac{F_2 - F_1}{R} = \frac{500 \text{ N} - 300 \text{ N}}{9{,}36 \text{ N/mm}} = 21{,}4 \text{ mm}.$$

Nach DIN 2089 (Berechnung von Schraubenfedern) ist zu unterscheiden zwischen **ruhender (statischer) Belastung** und **schwingender (dynamischer) Belastung**. Der erste Fall bezieht sich auf Federn, die statisch oder nur gering dynamisch belastet sind bzw. deren Belastung sich nur gelegentlich mit nicht mehr als 10\,000 Lastspielen während der gesamten Lebensdauer ändert (quasistatische Belastung). Eine schwingende Belastung liegt vor, wenn sich die Belastung ständig zwischen zwei Kräften F_1 und F_2 ändert und dabei die Hubspannung $\tau_{kh} > 0{,}1 \tau_{kh}$ ist (siehe Seite 263).

Zulässige Beanspruchungen von zylindrischen Schraubendruckfedern nach DIN 2089 T1

1. Zulässige Schubspannung bei Blocklänge

Kaltgeformte Druckfedern: Aus fertigungstechnischen Gründen müssen alle Federn auf Blocklänge zusammengedrückt werden können. Hierbei beträgt die zulässige Schubspannung $\tau_{c\,zul} = 0{,}56 R_m$. Mindestzugfestigkeitswert R_m für den angelassenen bzw. warmausgelagerten Zustand siehe Tab. A 14.4.
Warmgeformte Druckfedern aus Edelstahl DIN 17221:

d	=	10	20	30	40	50	60 mm
$\tau_{c\,zul}$	=	925	840	790	760	735	720 N/mm^2

Beispiel 14.5

Die kaltgeformte Schraubendruckfeder $4 \times 32 \times 120$ nach DIN 2098 der Drahtsorte C hat lt. Beispiel 14.1 eine Federrate $R = 9{,}35$ N/mm und eine Blocklänge $L_c = 42{,}3$ mm. Mindestzugfestigkeit $R_m = 1470$ N/mm^2 (Tab. A 14.4). Ist die Schubspannung τ_c bei der Blocklänge L_c zulässig?

Lösung:
Mit $s_c = L_0 - L_c = 120$ mm $- 42{,}3$ mm $= 77{,}7$ mm wird $F_c = R \cdot s_c = 9{,}35$ N/mm $\cdot 77{,}7$ mm $= 726{,}5$ N. Somit ergibt sich mit Gl. 14.20 die Schubspannung

$$\tau_c = \frac{8}{\pi}\,\frac{D}{d^3}\,F_c = \frac{8}{\pi}\,\frac{32\ \text{mm}}{(4\ \text{mm})^3}\,726{,}5\ \text{N} = 925\ \text{N/mm}^2.$$

Nach obenstehender Angabe ist $\tau_{c\,zul} = 0{,}56 R_m = 0{,}56 \cdot 1740$ N/mm$^2 \approx 974$ N/mm$^2 > \tau_c$, also zulässig.

Beispiel 14.6

Die warmgeformte Druckfeder $18 \times 90 \times 213$ $(d \times D \times L_0)$ aus 50 CrV 4 (Edelstahl DIN 17221, Tab. A 14.1) nach Beispiel 14.3 hat $n = 7$ federnde Windungen und eine Blocklänge $L_c = 148{,}3$ mm. Ist die Schubspannung τ_c zulässig?

Lösung:
Mit $G = 78500$ N/mm^2 nach Tab. A 14.9 wird nach Gl. 14.22 die Federrate

$$R = \frac{G \cdot d^4}{8 D^3 \cdot n} = \frac{78500\ \text{N/mm}^2 \cdot (18\ \text{mm})^4}{8\,(90\ \text{mm})^3 \cdot 7} = 202\ \text{N/mm}.$$

Bei dem Federweg $s_c = L_0 - L_c = (213 - 148{,}3)$ mm $= 64{,}7$ mm beträgt gemäß Gl. 14.23 die Blockkraft

$$F_c = s_c \cdot R = 64{,}7\ \text{mm} \cdot 202\ \text{N/mm} \approx 13070\ \text{N}.$$

Nach Gl. 14.20 ist dann

$$\tau_c = \frac{8}{\pi} \cdot \frac{D}{d^3} F_c = \frac{8}{\pi} \cdot \frac{90\ \text{mm}}{(18\ \text{mm})^3}\,13070\ \text{N} \approx 514\ \text{N/mm}^2.$$

Nach obenstehenden Angaben ist $\tau_{c\,zul} = 850$ N/mm^2, so daß τ_c zulässig ist.

---

2. Zulässige Schubspannung bei statischer bzw. quasistatischer Beanspruchung

Im allgemeinen genügt die Auslegung einer Druckfeder nach der zulässigen Schubspannung $\tau_{c\,zul}$ bei der Blocklänge. Nur bei hohen Anforderungen an die Konstanz der Federkraft wird die zulässige Betriebsbeanspruchung durch die je nach Anwendungsfall vertretbare **Relaxation** (Erschlaffung, Nachlassen der Elastizität) begrenzt. Hier versteht man unter Relaxation einen spannungs-, temperatur- und zeitabhängigen Kraftverlust bei konstanter Einspannlänge. Er wird als prozentualer Verlust dargestellt und kann nach DIN 2089 ermittelt werden. Wegen des großen Umfangs an Diagrammen wurde hier darauf verzichtet.

Alle Druckfedern **setzen** sich durch die Belastung, d. h. werden etwas kürzer. Deshalb kann L_0 von vornherein etwas größer ausgeführt werden. Die Federn können auf Wunsch auch entspr. vorgesetzt geliefert werden, so daß sie nach dem Vorsetzen die gewünschten Abmessungen aufweisen. Trotzdem macht sich danach eine (meistens geringfügige) Relaxation bemerkbar.

3. Zulässige Hubspannung bei dynamischer Beanspruchung

Da sich die Schubspannung an den Innenrändern der Windungen ständig zwischen τ_{k1} und τ_{k2} ändert, besteht an diesen höchstbeanspruchten Stellen die Gefahr eines Anrisses und damit eines Dauerbruches. Um diesen innerhalb der geplanten Lebensdauer der Feder zu vermeiden, darf die

$$\text{Hubspannung} \quad \tau_{kh} = \tau_{k2} - \tau_{k1} \tag{14.26}$$

die Hubfestigkeit τ_{kH} der Zeit- bzw. Dauerfestigkeit des Federwerkstoffes nicht überschreiten. Bild 14.12 zeigt ein für Federwerkstoffe übliches Dauerfestigkeitsschaubild (Goodman-Diagramm). Es wird begrenzt durch die Oberspannung τ_{kO} der Dauerfestigkeit und der Unterspannung τ_{kU} der Dauerfestigkeit. Die Differenz zwischen τ_{kO} und τ_{kU} ist die **Hubfestigkeit** τ_{kH}. Das ist die Hubspannung, die vom Federwerkstoff entweder bis 10^5, 10^6 oder $2 \cdot 10^6$ Schwingspiele (Zeitfestigkeit) oder über 10^7 Schwingspiele und somit dauernd (Dauerfestigkeit) ertragen wird. In Bild 14.12 sind auch Schwingspiele (Lastspiele) mit τ_{k1} (Unterspannung) und τ_{k2} (Oberspannung) eingetragen.

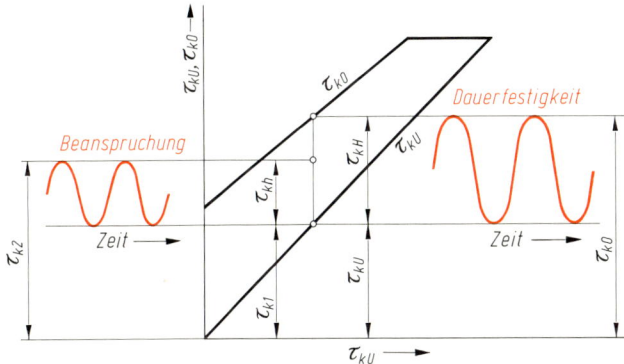

Bild 14.12 Dauerfestigkeitsschaubild für einen Federstahldraht

Die Oberspannung τ_{k2} des Schwingspiels darf einen zulässigen Wert nicht überschreiten, üblicherweise $\tau_{k2\,zul} = 0{,}5R_m$. In Tab. A 14.12 sind einige Werte für $\tau_{k2\,zul}$ angegeben.

Alle dynamisch beanspruchten Federn sollten zur Festigkeitserhöhung kugelgestrahlt werden. Das läßt sich im allgemeinen bei Schraubendruckfedern mit einem Drahtdurchmesser $d \geqq 1$ mm, einem Wickelverhältnis $w = D/d < 15$ und einem lichten Windungsabstand $a_0 = (L_0 - L_c)/(n_t - 1) > d$ durchführen. Für Dauerschwingbeanspruchungen sind am besten die Drahtsorten C, D, FD und VD nach DIN 17223 (Tab. A 14.4) geeignet, für hohe Schwingbeanspruchungen VD.

In DIN 2098 T1 sind 12 Diagramme für Hubfestigkeiten wiedergegeben. Da deren Oberspannungslinien gerade und die Steigungen gleich groß sind, ergibt sich folgende einfache Gleichung für die

$$\text{Hubfestigkeit} \quad \tau_{kH} \approx \tau_{kF} - 0{,}3\,\tau_{kU} \tag{14.27}$$

τ_{kF} in N/mm²   Hubfestigkeit bei der Unterspannung $\tau_{kU} = 0$, d.h. bei reiner Schwellbeanspruchung, nach Tab. A 14.12,

τ_{kU} in N/mm²   Unterspannung der Schwingfestigkeit = Unterspannung des Schwingspiels = τ_{k1}.

Beispiel 14.7

Die kaltgeformte Druckfeder $4 \times 32 \times 120$ ($d \times D \times L_0$) aus Federstahldraht C kugelgestrahlt ($R_m = 1740$ N/mm² nach Tab. A 14.4) nach den Beispielen 14.1, 14.4, 14.5 und 14.6 wird mit $F_1 = 300$ N und $F_2 = 500$ N schwingend belastet. Im Beispiel 14.4 wurde $\tau_{k2} = 745$ N/mm² errechnet. Ist die Schwingbeanspruchung auf Dauer zulässig?

Lösung:

Aus der Proportion $\tau_{k1}/\tau_{k2} = F_1/F_2$ ergibt sich $\tau_{k1} = \dfrac{F_1}{F_2}\,\tau_{k2} = \dfrac{300}{500}\,745\ \text{N/mm}^2 = 447\ \text{N/mm}^2$.

Hubspannung nach Gl. 14.26: $\tau_{kh} = \tau_{k2} - \tau_{k1} = (745-447)\ \text{N/mm}^2 = 298\ \text{N/mm}^2$.

Aus Tab. A 14.12 wird für $d = 4$ mm der Mittelwert aus $d = 3$ mm und $d = 5$ mm entnommen, nämlich $\tau_{kF} = 490\ \text{N/mm}^2$. Hubfestigkeit nach Gl. 14.27 mit $\tau_{kU} = \tau_{k1}$:

$$\tau_{kH} \approx \tau_{kF} - 0{,}3\,\tau_{kU} = 490\ \text{N/mm}^2 - 0{,}3 \cdot 447\ \text{N/mm}^2 = 356\ \text{N/mm}^2 > \tau_{kh},$$

also zulässig.

Stabilitätsberechnung von zylindrischen Schraubendruckfedern nach DIN 2089 T1

Eine schlanke Druckfeder knickt aus (Bild 14.13), wenn bei der Schlankheit L_0/D die Federung s/L_0 je nach Lagerungsfall der Feder einen bestimmten Grenzwert gemäß der Diagrammkurve überschreitet. Der Lagerungsfall wird durch den Lagerungsbeiwert ν berücksichtigt. Wenn Knickgefahr besteht, muß die Konstruktion geändert werden.

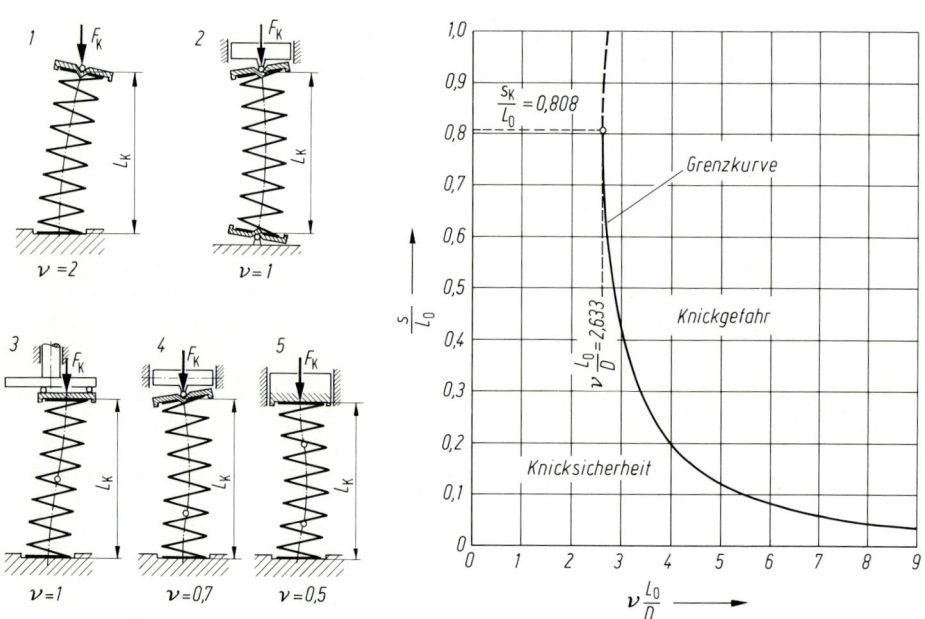

Bild 14.13 Knickgrenze von zylindrischen Schraubendruckfedern (aus DIN 2089)

Beispiel 14.8

Ist die Druckfeder $4 \times 32 \times 120$ $(d \times D \times L_0)$ nach Beispiel 14.1 knicksicher, wenn sie nach Fall 4 $(\nu = 0{,}7)$ gemäß Bild 14.13 gelagert ist und bei $F_2 = 500$ N um $s = 53{,}4$ mm durchfedert?

Lösung:

Es betragen: $s/L_0 = 53{,}4/120 = 0{,}445$ und $\nu \cdot L_0/D = 0{,}7 \cdot 120/32 = 2{,}625$. Der Schnittpunkt beider Werte liegt im Bild 14.13 im Bereich der Knicksicherheit.

Es sei erwähnt, daß eine Schraubendruckfeder nicht nur in Längsrichtung, sondern zusätzlich auch noch in Querrichtung beansprucht werden kann. Die umfangreichen Berechnungsgleichungen hierfür sind in DIN 2089 T1 angegeben.

Zulässige Beanspruchungen von zylindrischen Schraubenzugfedern nach DIN 2089 T2

1. Zulässige Schubspannung bei statischer bzw. quasistatischer Beanspruchung

Kaltgeformte Zugfedern aus Runddrähten: Bei der größten auftretenden Federkraft ist τ_{zul} = $0{,}45\,R_m$. Die Zugfestigkeit R_m von Federstahldraht siehe Tab. A 14.4.

Die durch eine innere Vorspannkraft F_0 auftretende Beanspruchung wird **innere Schubspannung** τ_0 genannt. Die erreichbare Vorspannkraft F_0 richtet sich nach dem Herstellungsverfahren, und zwar Wickeln auf Wickelbank bei kleineren Stückzahlen, Wickeln auf Federwindeautomat bei großen Stückzahlen. Es kann erreicht werden die

$$\text{innere Vorspannung} \quad \tau_{0\,lim} = k_0 \cdot R_m \tag{14.28}$$

k_0 Vorspannungsfaktor nach Tab. 14.13,
R_m in N/mm² Zugfestigkeit des Federdrahtes (für Federstahldraht nach Tab. A 14.4).

Siehe hierzu Beispiel 14.9.

Tab. 14.13 Vorspannbeiwerte k_0 (näherungsweise) für kaltgeformte zylindrische Schraubenzugfedern aus runden Drähten (zusammengestellt nach DIN 2089 T2)

Wickeln auf Wickelbank k_0 bei $w = D/d$ =					Wickeln auf Federwindeautomat k_0 bei $w = D/d$ =				
4	6	8	10	12	4	6	8	10	12
0,11	0,097	0,085	0,07	0,059	0,06	0,052	0,045	0,037	0,029

Beispiel 14.9

Eine kaltgeformte zylindrische Schraubenzugfeder mit $d = 2$ mm, $n = 12{,}5$ und $D = 12$ mm aus Federstahldraht C nach Tab. A 14.4 soll vorgespannt gewickelt und mit $F = 125$ N beansprucht werden. Welche Vorspannkraft F_0 ist beim Wickeln auf Wickelbank erreichbar? Ist die Beanspruchung mit $F = 125$ N zulässig?

Lösung:
Mit $w = D/d = 12/2 = 6$ ist nach Tab. 14.13 der Vorspannungsbeiwert $k_0 = 0{,}097$. Tab. A 14.4 gibt $R_m = 1980$ N/mm² an. Nach Gl. 14.28 ist dann

$$\tau_{0\,lim} = k_0 \cdot R_m = 0{,}097 \cdot 1980 \text{ N/mm}^2 = 192 \text{ N/mm}^2.$$

Durch Freistellen von F aus der Gl. 14.20 wird

$$F_0 = \frac{\pi \cdot d^3 \cdot \tau_{0\,lim}}{8D} = \frac{\pi\,(2\text{ mm})^3 \cdot 192 \text{ N/mm}^2}{8 \cdot 12 \text{ mm}} \approx 50 \text{ N}.$$

Gewählt wird $F_0 = 50$ N.
Bei $F = 125$ N ist wegen der Proportionalität $\tau/\tau_{0\,lim} = F/F_0$:

$$\tau = \frac{F}{F_0}\,\tau_{0\,lim} = \frac{125}{50}\,192 \text{ N/mm}^2 = 480 \text{ N/mm}^2.$$

Nach obenstehenden Angaben ist $\tau_{zul} = 0{,}45\,R_m = 0{,}45 \cdot 1980$ N/mm² ≈ 890 N/mm² $> \tau$, so daß die Beanspruchung zulässig ist.

Warmgeformte Zugfedern aus runden Stäben: Bei der größten Federkraft F_n ist $\tau_{zul} \approx 600$ N/mm² bei Stabdurchmesser $d = 10 \ldots 35$ mm und Stahlsorten nach Tab. A 14.1.

2. Zulässige Schubspannung bei dynamischer Beanspruchung

Die Lebensdauer von Zugfedern wird maßgeblich von der Form der Ösen und Endstücke beeinflußt. An den Übergängen vom Federkörper zu den Ösen treten zusätzliche Spannungsspitzen auf, die wesentlich über denen in den Windungen liegen können. Deshalb lassen sich keine Dauerfestigkeitswerte angeben. DIN 2089 führt dazu noch aus:

Können Zugfedern mit schwingender Belastung nicht vermieden werden, so wähle man kaltgeformte Zugfedern mit eingerollten oder eingeschraubten Endstücken. Sind jedoch aus konstruktiven Gründen angebogene Ösen oder Haken notwendig, so muß der Krümmungsradius am Übergang möglichst groß sein. Wird die zulässige Grenze erreicht, d.h. ist $\tau_{k2} = \tau_{k2\,zul} = 0{,}45\,R_m$, so muß damit gerechnet werden, daß nach einer gewissen Betriebszeit die Kraft F_2 kleiner wird, weil die Vorspannkraft F_0 nachläßt. Auch Brüche wegen Übermüdung des Werkstoffs sind nicht auszuschließen.

Für den Federkörper selbst gelten die gleichen Hubfestigkeitswerte wie für Druckfedern. Wegen des Aneinanderliegens der Windungen im unbelasteten Zustand ist ein Kugelstrahlen erfolglos.

Warmgeformte Zugfedern sind nicht zu empfehlen. In besonderen Fällen berate man sich mit dem Hersteller.

Mit DIN 2099 sind **Vordrucke für Druck- und für Zugfederzeichnungen** genormt, mit denen das Anfertigen von Werkzeichnungen erspart wird. In diese sind alle für die Fertigung erforderlichen Angaben einzutragen, wie Ausführung der Federenden, Federkräfte, Spannungen, Abmessungen, Werkstoff, zulässige Abweichungen, Fertigungsausgleich usw.

Es ist kein Problem, eine gegebene Feder nachzurechnen, mitunter aber schwierig, für einen bestimmten Fall eine geeignete Feder zu finden. Dem Konstrukteur bleibt oftmals nichts anderes übrig, als eine Feder anzunehmen und nachzurechnen. Das Ergebnis zeigt ihm dann, welche Änderungen er vornehmen muß, um die erforderlichen Eigenschaften zu erreichen.

14.6 Tellerfedern als Druckfedern

Tellerfedern sind kegelförmige Ringschalen (Bild 14.14), die zu Säulen geschichtet werden können. Ihre Anwendung erstreckt sich von Spannelementen für Vorrichtungen und Werkzeuge über Betätigungsorgane für Ventile bis zur schwingungsdämpfenden Abfederung von Fahrzeugen, Maschinen und Fundamenten. Tellerfedern sind besonders bei großen Kräften und kleinen Federwegen geeignet.

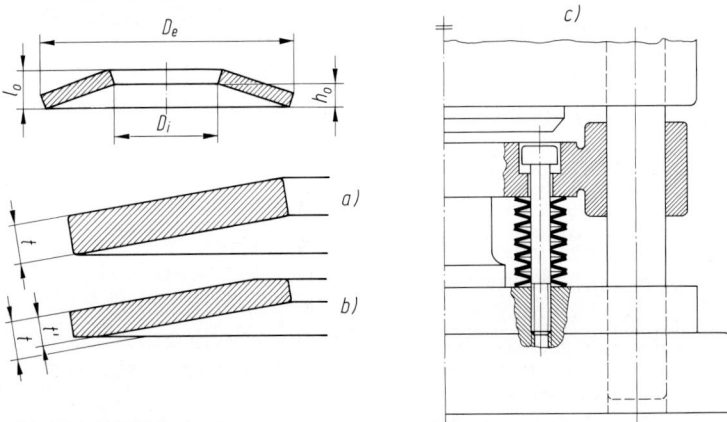

Bild 14.14 Tellerfedern
   a) Einzelteller der Gruppen 1 und 2,   b) Einzelteller mit Auflageflächen und reduzierter Dicke der Gruppe 3,   c) Federsäule aus Einzeltellern im Gestell eines Schnittwerkzeugs

Die Federteller in den Säulen müssen geführt werden, entweder innen mit einem Bolzen (Bild 14.14c) oder außen mit einer Hülse. **Innenführung ist zu bevorzugen.** Die Führungsbolzen und die Auflageflächen für die Federn sollen möglichst einsatzgehärtet sein (Einsatztiefe $\approx 0{,}8$ mm, Mindesthärte 55 HRC). Die Oberfläche des Führungselements muß glatt sein (möglichst feingeschliffen), um die Reibung gering zu halten. Am Anfang und Ende einer Federsäule sollen die Federteller zweckmäßig mit ihrem Außenrand auf den Auflageflächen der Betätigungselemente aufliegen (Bild 14.14c).

In der Ausführung der Federteller unterscheidet man nach DIN 2093 drei Gruppen:

Gruppe 1: gestanzt, kaltgeformt, Kanten gerundet, Tellerdicke $t < 1,25$ mm (Bild 14.14a),

Gruppe 2: gestanzt, kaltgeformt, Außendurchmesser D_e und Innendurchmesser D_i gedreht, Kanten gerundet, Tellerdicke $t = 1,25 \dots 6$ mm (Bild 14.14a),

Gruppe 3: kalt- oder warmgeformt, allseits gedreht, mit Auflageflächen und gerundeten Kanten (Bild 14.14b). Damit sie die gleiche Kennlinie wie die der Gruppe 2 erreichen, ist die Tellerdicke auf $t' \approx 0,94t$ (Reihen A und B) bzw. $\approx 0,96t$ (Reihe C) verringert, wobei t die Nenndicke bedeutet, $t > 6 \dots 14$ mm.

Werkstoff der Tellerfedern: Edelstähle nach DIN 17221 (Tab. A 14.1) und DIN 17222 (Tab. A 14.2), die Ck-Stähle jedoch nur für Teller der Gruppe 1. Für Sonderfälle kommen auch Kupfer-Legierungen nach DIN 1777 in Betracht.

Mit DIN 2093 sind drei Reihen von Einzeltellerfedern genormt (Tab. A 14.14), und zwar **Reihe A** mit $D_e/t \approx 18$ und $h_0/t \approx 0,4$, **Reihe B** mit $D_e/t \approx 28$ und $h_0/t \approx 0,75$, **Reihe C** mit $D_e/t \approx 40$ und $h_0/t \approx 1,3$. Die Tellerfedern der Reihe A sind am steifsten, d. h. sie besitzen die größte Federrate. In Tab. A 14.14 sind die Abmessungen und auch die Federkräfte F_n bei der größtzulässigen Durchfederung $s_n = 0,75h_0$ der Tellerfedern angegeben.

In Tab. A 14.15 sind die Grenzabmaße A_t für die Federtellerdicke t bzw. t', A_1 für die Bauhöhe l_0 und die Grenzabweichung A_F für die Federkraft F zusammengestellt, ferner das empfohlene Spiel zwischen Führungselement und Tellerdurchmesser D_i bzw. D_e in Tab. 14.16.

Tab. 14.16 Empfohlenes Spiel zwischen Führungselement und Federteller

D_e, D_i mm	... 16	> 16 ... 20	> 20 ... 26	> 26 ... 31,5	> 31,5 ... 50	> 50 ... 80	> 80 ... 140	> 140 ... 250
Spiel mm	0,2	0,3	0,4	0,5	0,6	0,8	1	1,6

Für die Länge L_0 einer Federsäule ist zu beachten, daß sich das Grenzabmaß auf $A_L = i \cdot A_1$ vervielfacht, wenn i die Anzahl der Federteller bedeutet. Es empfiehlt sich daher grundsätzlich, die Anzahl der Federteller so zu beschränken, daß $L_0 \leqq 3D_e$ wird.

Die Kraft wird nach Bild 14.15 über die Stellen I und III eingeleitet. Das Bild 14.15b veranschaulicht den kürzeren Hebelarm der Tellerfedern der Gruppe 3 gegenüber denen der Gruppe 2 (Bild 14.15a). Wenn beide die gleiche Tellerdicke hätten, würden die der Gruppe 3 weniger federn. Deshalb ist ihre Tellerdicke auf t' reduziert.

Mit der Zeit verliert jede Feder an Spannkraft, was als Nachsetzen bezeichnet wird. Es kann je nach Belastungsart als Kriechen oder als Relaxation auftreten. Für beides ist überwiegend die Druckspannung im Punkt OM der Mantelfläche (siehe Bild 14.15) maßgebend. Beim Kriechen erleidet die Feder einen Längenverlust, so daß sich ihre Einbaulänge verringert. Unter Relaxation versteht man den Kraftabfall einer auf eine konstante Länge zusammengedrückten Feder. In DIN 2093 sind zulässige Relaxationswerte angegeben.

Durch die Belastung wird die Unterseite einer Tellerfeder gedehnt, die Oberseite aber gestaucht, so daß an den Punkten II und III tangentiale Zug-, an den Punkten I und IV tangentiale Druckspannungen entstehen. Da diese den Federwegen nicht proportional folgen, haben Tellerfedern **gekrümmte Kennlinien** (Bild 14.16). Die Kennlinie der Reihe A kann näherungsweise als linear angenommen werden. In dem Verhältnis F/F_c stellt F die jeweilige Federkraft und F_c die Federkraft beim plangedrückten Teller dar, d. h. bei $s_c = h_0$, so daß alle Kennlinien bei $F/F_c = 1$ und $s/h_0 = 1$ zusammenlaufen. In diesem Zustand beträgt die

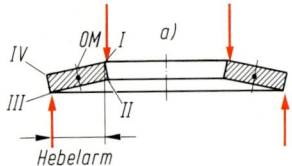

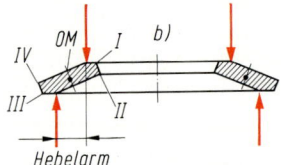

Bild 14.15 Krafteinleitung in
Tellerfedern
a) der Gruppen 1 und 2,
b) der Gruppe 3

Bild 14.16 Kennlinien von Tellerfedern nach
DIN 2092
A, B, C Reihen nach DIN 2093

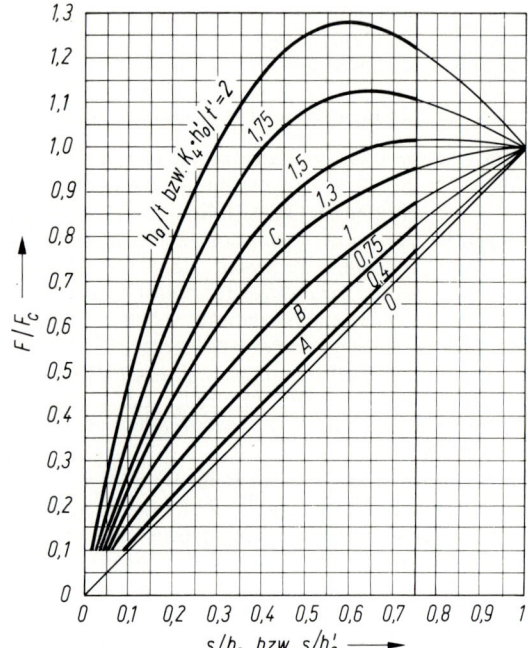

Federkraft bei Tellerplanlage $F_c = k \dfrac{t^3 \cdot h_0}{K_1 \cdot D_e^2} K_4^2$ (14.29)

t	in mm	Nenndicke des Federtellers (Tab. A 14.14), bei Gruppe 3 (Tellerfedern mit Auflageflächen) ist t' einzusetzen,
h_0	in mm	Innenhöhe des unbelasteten Federtellers $= l_0 - t$ (Tab. A 14.14), bei Gruppe 3 ist $h_0' = l_0 - t'$ einzusetzen,
D_e	in mm	Außendurchmesser des Federtellers (Tab. A 14.14),
K_1		Kennwert nach Tab. 14.17, abhängig von $\delta = D_e/D_i$,
K_4		Kennwert $= 1$ bei Gruppen 1 und 2 (ohne Auflageflächen), bei Gruppe 3 (mit Auflageflächen): Reihe A $\approx 1,08$, Reihe B $\approx 1,06$, Reihe C $\approx 1,03$,
k	in N/mm²	Elastizitätsbeiwert $= 905\,495$ N/mm² für Edelstahl mit Elastizitätsmodul $E = 206\,000$ N/mm² und Poissonzahl (Querdehnzahl) $\mu = 0,3$, für andere Werkstoffe: $k = 4E/(1 - \mu^2)$.

Tab. 14.17 Kennwerte K_1, K_2, K_3 und K_5 für Tellerfedern nach DIN 2092 ($\delta = D_e/D_i$)

δ	K_1	K_2	K_3	K_5	δ	K_1	K_2	K_3	K_5	δ	K_1	K_2	K_3	K_5
1,2	0,29	1,02	1,05	1,08	2,6	0,77	1,35	1,60	1,85	4,0	0,80	1,60	2,07	2,54
1,4	0,45	1,07	1,14	1,21	2,8	0,78	1,39	1,67	1,95	4,2	0,80	1,64	2,13	2,62
1,6	0,57	1,12	1,22	1,32	3,0	0,79	1,43	1,74	2,05	4,4	0,80	1,67	2,19	2,71
1,8	0,65	1,17	1,30	1,43	3,2	0,79	1,46	1,81	2,16	4,6	0,80	1,70	2,25	2,80
2,0	0,69	1,22	1,38	1,54	3,4	0,80	1,50	1,87	2,24	4,8	0,79	1,73	2,31	2,89
2,2	0,73	1,26	1,45	1,64	3,6	0,80	1,54	1,94	2,34	5,0	0,78	1,76	2,37	2,98
2,4	0,75	1,31	1,53	1,75	3,8	0,80	1,57	2,00	2,43					

Berechnungsgleichungen für eine Einzeltellerfeder:

Federkraft
$$F = k \frac{t \cdot s}{K_1 \cdot D_e^2} K_4^2 [(h_0 - s)(h_0 - 0,5s) + t^2] \qquad (14.30)$$

Federrate
$$R = k \frac{t}{K_1 \cdot D_e^2} K_4^2 [K_4^2 (h_0^2 - 3h_0 \cdot s + 1,5s^2) + t^2]$$
$$(14.31)$$

Federarbeit
$$W = k \frac{t \cdot s^2}{2K_1 \cdot D_e^2} K_4^2 [K_4^2 (h_0 - 0,5s)^2 + t^2] \qquad (14.32)$$

Druckspannung am Punkt OM
$$\sigma = k \frac{t \cdot s}{K_1 \cdot D_e^2} \cdot \frac{3}{\pi} K_4 \qquad (14.33)$$

Druckspannung am Punkt I
$$\sigma = k \frac{s}{K_1 \cdot D_e^2} K_4 [K_4 \cdot K_2 (h_0 - 0,5s) + K_3 \cdot t] \qquad (14.34)$$

Zugspannung am Punkt II
$$\sigma = k \frac{s}{K_1 \cdot D_e^2} K_4 [K_3 \cdot t - K_4 \cdot K_2 (h_0 - 0,5s)] \qquad (14.35)$$

Zugspannung am Punkt III
$$\sigma = k \frac{s}{K_1 \cdot D_e^2 \cdot \delta} K_4 [K_4 \cdot K_5 (h_0 - 0,5s) + K_3 \cdot t]$$
$$(14.36)$$

F	in N	Belastungskraft eines Federtellers = Federkraft eines Tellers,
R	in N/mm	Federrate eines Federtellers bei dem Federweg s,
W	in Nmm	Federarbeit eines Federtellers auf dem Federweg s,
σ	in N/mm^2	Druck- oder Zugspannung am jeweiligen Innen- oder Außenrand des Federtellers beim Federweg s,
s	in mm	Federweg des Federtellers $\leqq 0,75h_0$,
t, h_0, D_e		siehe Legende zur Gl. 14.29,
k, K_1, K_4		siehe Legende zur Gl. 14.29,
K_2, K_3, K_5		Kennwerte nach Tab. 14.17,
δ		Durchmesserverhältnis = D_e/D_i.

Die Druckspannung am Punkt IV des Federtellers ist bedeutungslos. Die vorstehenden Gleichungen 14.33 bis 14.36 ergeben nur rechnerische Spannungen. Wegen der durch unterschiedliche Herstellverfahren bedingten Eigenspannungen weichen die tatsächlichen Werte hiervon etwas ab.

Beispiel 14.10

Eine Tellerfeder DIN 2093 − B 50 mit $t = 2$ mm, $h_0 = 1,4$ mm, $l_0 = 3,4$ mm, $D_e = 50$ mm, $D_i = 25,4$ mm (Tab. A 14.14, Gruppe 2) soll mit $F = 3000$ N belastet werden. Wie groß ist der Federweg s? Um welchen Betrag darf die Federkraft abweichen?

Lösung:
Das Durchmesserverhältnis beträgt $\delta = D_e/D_i = 50/25,5 \approx 2$. Aus Tab. 14.17 wird $K_1 = 0,69$ entnommen. Mit $k = 905\,495$ N/mm^2 für Edelstahl und $K_4 = 1$ wird nach Gl. 14.29:

$$F_c = k \frac{t^3 \cdot h_0}{K_1 \cdot D_e^2} K_4^2 = 905\,495 \text{ N/mm}^2 \frac{(2 \text{ mm})^3 \cdot 1,4 \text{ mm}}{0,69 \cdot (50 \text{ mm})^2} 1^2 \approx 5880 \text{ N}.$$

Dann ist $F/F_c = 3000/5880 = 0,51$. Mit diesem Verhältnis wird aus Bild 14.16 das Verhältnis $s/h_0 = 0,41$ entnommen. Somit wird $s = 0,41 h_0 = 0,41 \cdot 1,4$ mm $= 0,57$ mm.

Nach Tab. A 14.15 ist $A_F = \begin{matrix} +0,15F = +0,15 \cdot 3000 \text{ N} = +450 \text{ N} \\ -0,075F = -0,075 \cdot 3000 \text{ N} = -225 \text{ N}. \end{matrix}$

Bei $s = 0,57$ mm muß also eine Federkraft zwischen $F = 2775$ N und $F = 3450$ N erreicht werden.

Beispiel 14.11

Die Tellerfeder DIN 2093 − B 50 nach Beispiel 14.10 soll um den höchstzulässigen Federweg zusammengedrückt werden. Lt. Tab. A 14.14 betragen: $D_e = 50$ mm, $D_i = 25,4$ mm, $t = 2$ mm, $l_0 = 3,4$ mm, $h_0 = 1,4$ mm. Wie groß sind bei $s_n = 0,75 h_0 = 0,75 \cdot 1,4$ mm $= 1,05$ mm die Federkraft F_n, die Federrate R_n, die Federarbeit W_n, die Druck- bzw. Zugspannungen σ_n an den Stellen I, II und III des Tellers?

Lösung:
Die einzelnen Bei- und Kennwerte betragen: $k = 905\,495$ N/mm^2, $K_4 = 1$ (Gruppe 2), $\delta = D_e/D_i = 50/25,4 \approx 2$, und mit δ nach Tab. 14.17: $K_1 = 0,69$, $K_2 = 1,22$, $K_3 = 1,38$, $K_5 = 1,54$.

1. Federkraft F_n nach Gl. 14.30 mit $K_4 = 1$:

$$F_n = k\, \frac{t \cdot s_n}{K_1 \cdot D_e^2}\, [(h_0 - s_n)\,(h_0 - 0,5 s_n) + t^2]$$

$$= 905\,495\, \frac{2 \cdot 1,05}{0,69 \cdot 50^2}\, [(1,4 - 1,05)\,(1,4 - 0,525) + 2^2]\ \text{N} = 4747\ \text{N}.$$

Dieser Betrag weicht geringfügig von dem in Tab. A 14.14 mit 4760 N angegebenen ab, weil δ und damit K_1 gerundet wurden.

2. Federrate R_n nach Gl. 14.31 mit $K_4 = 1$:

$$R_n = k\, \frac{t}{K_1 \cdot D_e^2}\, (h_0^2 - 3\,h_0 \cdot s_n + 1,5 s_n^2 + t^2)$$

$$= 905\,495\, \frac{2}{0,69 \cdot 50^2}\, (1,4^2 - 3 \cdot 1,4 \cdot 1,05 + 1,5 \cdot 1,05^2 + 2^2)\ \text{N/mm} = 3363\ \text{N/mm}.$$

3. Federarbeit W_n nach Gl. 14.32 mit $K_4 = 1$:

$$W_n = k\, \frac{t \cdot s_n^2 \cdot}{2 K_1 \cdot D_e^2}\, [(h_0 - 0,5 s_n)^2 + t^2]$$

$$= 905\,495\, \frac{2 \cdot 1,05^2}{2 \cdot 0,69 \cdot 50^2}\, [(1,4 - 0,525)^2 + 2^2]\ \text{Nmm} = 2758\ \text{Nmm} \approx 2,76\ \text{Nm} = 2,76\ \text{J}.$$

4. Druckspannung σ_n am Punkt I nach Gl. 14.34 mit $K_4 = 1$:

$$\sigma_n = k\, \frac{s_n}{K_1 \cdot D_e^2}\, [K_2\,(h_0 - 0,5 s_n) + K_3 \cdot t]$$

$$= 905\,495\, \frac{1,05}{0,69 \cdot 50^2}\, [1,22\,(1,4 - 0,525) + 1,38 \cdot 2]\ \text{N/mm}^2 = 2110\ \text{N/mm}^2.$$

5. Zugspannung σ_n am Punkt II nach Gl. 14.35 mit $K_4 = 1$:

$$\sigma_n = k\, \frac{s_n}{K_1 \cdot D_e^2}\, [K_3 \cdot t - K_2\,(h_0 - 0,5 s_n)]$$

$$= 905\,495\, \frac{1,05}{0,69 \cdot 50^2}\, [1,38 \cdot 2 - 1,22\,(1,4 - 0,525)]\ \text{N/mm}^2 = 933\ \text{N/mm}^2.$$

6. Zugspannung σ_n am Punkt III nach Gl. 14.36 mit $K_4 = 1$:

$$\sigma_n = k\, \frac{s_n}{K_1 \cdot D_e^2 \cdot \delta}\, [K_5(h_0 - 0,5 s_n) + K_3 \cdot t]$$

$$= 905\,495\, \frac{1,05}{0,69 \cdot 50^2 \cdot 2}\, [1,54\,(1,4 - 0,525) + 1,38 \cdot 2]\ \text{N/mm}^2 = 1132\ \text{N/mm}^2.$$

Kombinationsmöglichkeiten der Federteller zu Federsäulen veranschaulicht Tab. 14.18. In diese sind auch die Berechnungsgleichungen für die Säulenkräfte F_S, die Federwege S der Säulen, die Säulenraten R_S und die Längen L_0 der unbelasteten Säulen je nach Schichtung angegeben. In Säulen mit Federtellern verschiedener Dicke erreichen die dünnsten Federteller zuerst ihren größtzulässigen Federweg s_n. Die Säulenkraft F_S soll die dünnsten Federteller möglichst nicht plandrücken. Geschieht dies dennoch, so ergeben sich geknickte Kennlinien für die Säulen, da die plangedrückten Federteller nicht mehr federn (Bild 14.17).

Tab. 14.18 Schichtung der Tellerfedern zu Federsäulen

	T	P	GP	VT	VP
Schichtung	gleiche Federteller	Federpaket	gleiche Pakete	verschiedene Federteller	verschiedene Pakete
Säulenkraft F_S	F	$n \cdot F$	$n \cdot F$	F	$n \cdot F$
Federweg der Säule S	$i \cdot s$	s	$i \cdot s$	$i_1 \cdot s_1 + i_2 \cdot s_2 + \ldots$	$i_1 \cdot s_1 + i_2 \cdot s_2 + \ldots$
Säulenrate R_S	$\dfrac{R}{i}$	R_p	$\dfrac{R_p}{i}$	$\dfrac{1}{R_S} = \dfrac{i_1}{R_1} + \dfrac{i_2}{R_2} + \ldots$	$\dfrac{1}{R} = \dfrac{i_1}{R_{p1}} + \dfrac{i_2}{R_{p2}} + \ldots$
Länge der unbelasteten Säule L_0	$i \cdot l_0$	l_p	$i \cdot l_p$	$i_1 \cdot l_{01} + i_2 \cdot l_{02} + \ldots$	$i_1 \cdot l_{p1} + i_2 \cdot l_{p2} + \ldots$

F in N	Tellerkraft des dünnsten Federtellers,	i	Anzahl gleicher Pakete bei GP und VP,
s in mm	Federweg eines Federtellers,	R_p in N/mm	Federrate eines Paketes $= n \cdot R$,
n	Anzahl der Federteller in einem Paket,	l_p in mm	Höhe eines unbelasteten Pakets $= h_0 + n \cdot t^*)$,
i	Anzahl gleicher Federteller bei T und VT	R in N/mm	Federrate eines Federtellers.

*) Für Tellerfedern mit Auflageflächen (Gruppe 3) $= h_0' + n \cdot t'$

Bei den in Tab. 14.18 dargestellten Beispielen betragen bei der
Schichtung **T:** $i = 8$ Einzelfederteller,
          P: $n = 5$ Einzelfederteller,
          GP: $n = 3$ Einzelfederteller, $i = 4$ Federpakete,
          VT: $i_1 = 6$, $i_2 = 4$, $i_3 = 2$ Einzelfederteller,
          VP: $n_1 = 5$, $n_2 = 3$, $n_3 = 2$ Einzelfederteller, $i_1 = 1$, $i_2 = 3$, $i_3 = 1$ Federpakete.

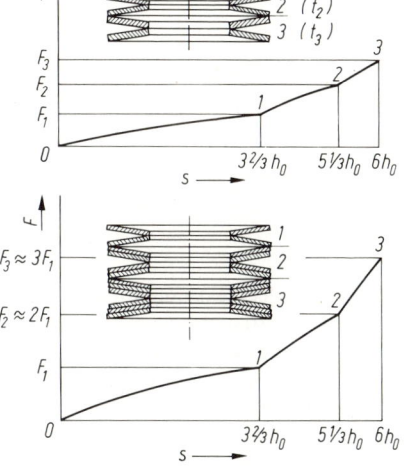

Auf diese Weise sind viele verschiedene Kombinationen von Federsäulen möglich und fast jede gewünschte Kennlinie erreichbar. Sehr lange Federsäulen mit vielen Einzeltellerfedern sollten jedoch möglichst vermieden werden.

Bild 14.17 Geknickte Kennlinien von Tellerfedersäulen mit verschieden dicken Federtellern bzw. -paketen

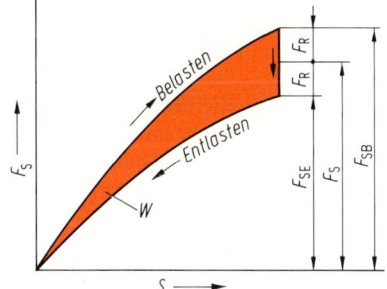

Bild 14.18 Kennlinie einer Tellerfedersäule mit Tellerpaketen

An den Führungen und zwischen den Federtellern eines Federpaketes tritt **Reibung** auf. Die erste kann wegen Geringfügigkeit vernachlässigt werden. Die Belastungskraft F_{SB} einer Federsäule mit Federpaketen muß beim Zusammendrücken um die axiale Komponente F_R der Reibkräfte größer als die Säulenkraft F_S sein, beim Zurückfedern (Entlasten) die Belastungskraft F_{SE} jedoch um F_R kleiner als F_S, also $F_{SB} = F_S + F_R$ und $F_{SE} = F_S - F_R$ (Bild 14.18). Bei $n - 1$ Reibflächen in einem Paket mit n Federtellern kann näherungsweise gesetzt werden:

$$\text{axiale Komponente der Reibkräfte in einer Federsäule mit Federpaketen} \qquad F_R \approx (n - 1)^2 \cdot v \cdot F \qquad (14.37)$$

F_R	in N	axiale Reibkraft,
n		Anzahl der Federteller in einem Paket,
v		Reibbeiwert $\approx 0{,}02$ bei $n = 2$, $\approx 0{,}025$ bei $n = 3$ und $\approx 0{,}03$ bei $n = 4$, bezogen auf leicht geölte, mit Molybdändisulfid behandelte oder mit Gleitlack bestrichene Federteller,
F	in N	auf einen Federteller entfallende theoretische Federkraft ohne Berücksichtigung der Reibung (Gl. 14.31)

Um die Reibverluste klein zu halten, empfiehlt es sich, nicht mehr als drei bis vier Teller in einem Paket anzuordnen, falls nicht stärkere Reibkräfte erwünscht sind, um die Säule als Dämpfungsglied arbeiten zu lassen, z. B. als Schwingungsdämpfer zur Umsetzung mechanischer Arbeit in Reibwärme. Die farbig angelegte Fläche in Bild 14.18 stellt diese Arbeit dar.

Beispiel 14.12

Eine mit $n = 3$ Einzeltellern je Paket und $i = 4$ Paketen geschichtete Tellerfedersäule (Schichtung GP gemäß Tab. 14.18) aus Tellerfedern DIN 2093 − B 50 mit $t = 2$ mm und $h_0 = 1{,}4$ mm soll um $S = 4$ mm zusammengedrückt werden. Im Beispiel 14.10 wurde $F_c = 5880$ N errechnet. Mit welcher Kraft F_{SB} muß die Säule belastet werden, um auch die Reibung zwischen den Tellern zu überwinden? Bei welcher Belastungskraft F_{SE} beginnt das Zurückfedern? Wie groß wird die Länge L der belasteten Säule?

Lösung:
Da 4 Pakete vorhanden sind, muß jedes und damit jeder Teller um $s = S/i = 4$ mm$/4 = 1$ mm durchfedern. Mit $s/h_0 = 1/1{,}4 \approx 0{,}714$ wird aus Bild 14.16 das Verhältnis $F/F_c = 0{,}79$ entnommen. Dann ist $F = 0{,}79 \, F_c = 0{,}79 \cdot 5880$ N $= 4645$ N.
Nach Gl. 14.37 ist mit $v \approx 0{,}025$ die axiale Komponente der Reibkräfte

$$F_R \approx (n - 1)^2 \cdot v \cdot F = (3 - 1)^2 \cdot 0{,}025 \cdot 4645 \text{ N} = 465 \text{ N}.$$

Die Säule muß dann mit

$$F_{SB} = F_S + F_R = n \cdot F + F_R = 3 \cdot 4645 \text{ N} + 465 \text{ N} = 14\,400 \text{ N}$$

belastet werden. Das Zurückfedern beginnt, wenn die Belastungskraft auf

$$F_{SE} = F_S - F_R = n \cdot F - F_R = 3 \cdot 4645 \text{ N} - 465 \text{ N} = 13\,470 \text{ N}$$

abgesunken ist.
Nach Tab. 14.18 ist die Bauhöhe eines Paketes $l_P = h_0 + n \cdot t = 1{,}4$ mm $+ 3 \cdot 2$ mm $= 7{,}4$ mm. Somit wird die Länge der unbelasteten Säule $L_0 = i \cdot l_P = 4 \cdot 7{,}4$ mm $= 29{,}6$ mm. Länge der belasteten Säule:

$$L = L_0 - S = 29{,}6 \text{ mm} - 4 \text{ mm} = 25{,}6 \text{ mm}.$$

Nach DIN 2092 (Berechnung von Tellerfedern) ist zwischen **ruhender Belastung** und **schwingender Belastung** zu unterscheiden. Der erste Fall bezieht sich auf Tellerfedern, die statisch belastet werden oder deren Belastung sich nur gelegentlich mit nicht mehr als 10000 Schwingspielen während der gesamten Lebensdauer ändert (quasistatische Belastung). Eine schwingende Belastung liegt vor, wenn sich die Belastung ständig zwischen zwei Kräften F_1 und F_2 ändert.

1. Festigkeitsberechnung bei ruhender Belastung

Bei diesem Lastfall dürfen die mit DIN 2093 genormten Tellerfedern (Tab. A 14.14) bis $s_n = 0{,}75 h_0$ gespannt werden, ohne daß es einer Spannungsberechnung bedarf. Darüber hinaus kann es zu Setzerscheinungen kommen (Nachlassen der Federwirkung durch Verringerung der Bauhöhe l_0). Bei nicht genormten Tellerfedern aus Edelstahl soll die Druckspannung am Punkt I (Gl. 14.34) $\sigma_n = 2000 \ldots 2400$ N/mm² nicht überschreiten, bei $s_c = h_0$ in Planlage $\sigma_c = 2600 \ldots 3000$ N/mm² und am Punkt OM (Gl. 14.33) in dieser Lage etwa der Streckgrenze $R_e = 1400 \ldots 1600$ N/mm² entsprechen.

2. Festigkeitsberechnung bei schwingender Belastung

An den zugbeanspruchten Stellen ändert sich die Spannung ständig zwischen σ_1 und σ_2. Dort besteht die Gefahr eines Anrisses und damit eines Dauerbruches. Die höchste Zugspannung kann an der Stelle II oder an der Stelle III auftreten. Liegt das Verhältnis h_0/t bzw. $K_4 \cdot h_0'/t'$ unter dem im folgenden angegebenen Bereich, so ist die Stelle II maßgebend, liegt es darüber, die Stelle III. Liegt es jedoch **im** angegebenen Bereich, so kann die höchste Zugspannung sowohl am Punkt II als auch am Punkt III auftreten.

$\delta = D_e/D_i =$	1,4	1,6	2	2,4	2,8	3,2	3,6	4
h_0/t bzw. $K_4 \cdot h_0'/T'$	0,35 bis 0,28	0,45 bis 0,35	0,67 bis 0,5	0,8 bis 0,6	0,93 bis 0,75	1,13 bis 0,85	1,15 bis 0,93	1,24 bis 1

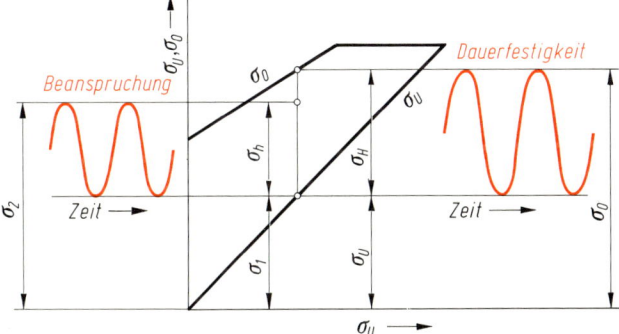

Bild 14.19 Dauerfestigkeitsschaubild für eine Tellerfeder

Um einen Bruch vor Ablauf der geplanten Lebensdauer der Tellerfeder zu vermeiden, darf die

$$\textit{Hubspannung} \quad \boldsymbol{\sigma_h = \sigma_2 - \sigma_1} \qquad (14.38)$$

an der maßgebenden Stelle II bzw. III die Zeit- bzw. Dauerhubfestigkeit des Federtellers nicht überschreiten. Bild 14.19 zeigt ein Dauerfestigkeitsschaubild. Es wird begrenzt durch die Oberspannung σ_O der Dauerfestigkeit und der Unterspannung σ_U der Dauerfestigkeit. Die Differenz zwischen σ_O und σ_U ist die **Hubfestigkeit σ_H**. Das ist die Hubspannung, die vom Federwerkstoff bis zu einer bestimmten Grenzschwingspielzahl N ertragen wird. Bei Tellerfedern betrachtet man die Festigkeit bei $N \geqq 2 \cdot 10^6$ Lastspielen als **Dauerfestigkeit** (bei Schraubendruckfedern dagegen bei $N \geqq 10^7$), darunter, z. B. bei $N = 10^5$, als **Zeitfestigkeit**. Da in den Diagrammen nach DIN 2092 alle σ_O-Linien parallel laufen und die gleiche Steigung besitzen, läßt sich die Hubfestigkeit nach einer einfachen Gleichung berechnen, nämlich:

$$\textit{Hubfestigkeit} \quad \boldsymbol{\sigma_H \approx \sigma_F - 0{,}5\,\sigma_U} \qquad (14.39)$$

σ_F in N/mm² Hubfestigkeit einer Tellerfeder aus Edelstahl bei der Unterspannung $\sigma_U = 0$ nach Tab. A 14.19,

σ_U in N/mm² Unterspannung der Schwingfestigkeit = Unterspannung des Schwingspiels = σ_1.

Die angegebene Hubfestigkeit gilt aber nur für Einzelfederteller und für Federsäulen mit $i \leqq 6$ in Schichtung T (Tab. 14.18), wenn die Federteller mindestens mit einem Vorspannfederweg $s_1 = 0{,}15 \ldots 0{,}2h_0$ eingebaut wurden, um Anrissen an der Stelle I infolge von Zugeigenspannungen vorzubeugen. Es wird eine Oberflächenverfestigung der Federteller empfohlen, z. B. durch Kugelstrahlen.

Zur Gewährleistung einer Dauerschwingbeanspruchung darf die Hubspannung σ_h die Hubfestigkeit σ_H nicht erreichen. Unter anderen Voraussetzungen als vorstehend angegeben, z. B. bei Federpaketen, ist σ_H entspr. niedriger anzusetzen, am besten nach Rücksprache mit dem Hersteller der Federteller.

Außerdem darf die Oberspannung σ_2 des Schwingspiels die Grenze $\sigma_{O\,max}$ nicht überschreiten. Diese beträgt für Edelstahl bei

$$
\begin{array}{cccc}
t & <1{,}25 & =1{,}25\ldots 6 & >6\ldots 14\ \text{mm} \\
\sigma_{O\,max} = & 1300 & 1250 & 1200\ \text{N/mm}^2
\end{array}
$$

Beispiel 14.13

An welcher Stelle tritt an der Tellerfeder DIN 2093 − B 50 mit $\delta \approx 2$ und $h_0/t = 1{,}4/2 = 0{,}7$ die höchste Zugspannung auf?

Lösung:
Bei $\delta = 2$ liegt das Verhältnis $h_0/t = 0{,}7$ über dem angegebenen Bereich $0{,}67\ldots 0{,}5$, so daß die Stelle III maßgebend ist. Die Zugspannungen sind also mit Gl.14.36 zu berechnen.

Beispiel 14.14

Eine Tellerfedersäule in Schichtung T gemäß Tab. 14.18 mit $i = 10$ Tellerfedern DIN 2093 − B 50 soll schwingend mit $F_1 = 2000$ N und $F_2 = 3000$ N belastet werden. Bei Planlage eines Tellers ist $F_c = 5880$ N (siehe Beispiel 14.10), bei $s_n = 0{,}75h_0$ ist $F_n = 4760$ N (Tab. A 14.14). Es betragen $D_e = 500$ mm, $D_i = 25{,}4$ mm, $h_0 = 1{,}4$ mm, $t = 2$ mm. Sind die Beanspruchungen dauernd ($N > 2 \cdot 10^6$ Schwingspiele) zulässig, wenn wegen $i > 6$ sicherheitshalber mit $\sigma_{h\,zul} \approx 0{,}7\sigma_H$ und $\sigma_{2\,zul} \approx 0{,}8\sigma_{O\,max}$ zu rechnen ist?

Lösung:
Mit $F_1/F_c = 2000/5880 = 0{,}34$ und $F_2/F_c = 3000/5880 = 0{,}51$ werden in Bild 14.16 abgelesen: $s_1/h_0 = 0{,}25$ und $s_2/h_0 = 0{,}41$. Somit $s_1 = 0{,}25h_0 = 0{,}25 \cdot 1{,}4$ mm $= 0{,}35$ mm und $s_2 = 0{,}41h_0 = 0{,}41 \cdot 1{,}4$ mm $= 0{,}574$ mm. Im Beispiel 14.13 wurde ermittelt, daß mit der Zugspannung an der Stelle III (Gl. 14.36) zu rechnen ist:

$$
\sigma = k\,\frac{s}{K_1 \cdot D_e^2 \cdot \delta}\,K_4[K_4 \cdot K_5(h_0 - 0{,}5s) + K_3 \cdot t]
$$

Mit $k = 905495$ N/mm^2, $\delta = D_e/D_i = 50/25{,}4 \approx 2$, $K_1 = 0{,}69$, $K_3 = 1{,}38$, $K_5 = 1{,}54$ (Tab 14.17) und $K_4 = 1$ werden:

$$
\sigma_1 = 905495\,\frac{0{,}35}{0{,}69 \cdot 50^2 \cdot 2}\,[1{,}54(1{,}4 - 0{,}175) + 1{,}38 \cdot 2]\ \text{N/mm}^2 = 427\ \text{N/mm}^2,
$$

$$
\sigma_2 = 905495\,\frac{0{,}574}{0{,}69 \cdot 50^2 \cdot 2}\,[1{,}54(1{,}4 - 0{,}287) + 1{,}38 \cdot 2]\ \text{N/mm}^2 = 674\ \text{N/mm}^2
$$

Hubspannung nach Gl. 14.38: $\sigma_h = \sigma_2 - \sigma_1 = (674 - 427)$ N/mm$^2 = 247$ N/mm^2.

Mit $\sigma_F = 710$ N/mm^2 (aus Tab. A 14.19) wird mit Gl. 14.39

$$
\sigma_H \approx \sigma_F - 0{,}5\,\sigma_U = 710\ \text{N/mm}^2 - 0{,}5 \cdot 427\ \text{N/mm}^2 = 496\ \text{N/mm}^2.
$$

Somit ist $\sigma_{h\,zul} = 0{,}7\,\sigma_H = 0{,}7 \cdot 496$ N/mm$^2 = 347$ N/mm$^2 > \sigma_h$.

Weiterhin ist $\sigma_{2\,zul} = 0{,}8\,\sigma_{O\,max} = 0{,}8 \cdot 1250$ N/mm$^2 = 1000$ N/mm$^2 > \sigma_2$.
$\sigma_{O\,max}$ nach obenstehender Angabe. Die Beanspruchungen sind also zulässig.

14.7   Gewundene Schenkelfedern als Drehfedern

Schenkelfedern sind biegebeanspruchte **Schraubendrehfedern** (Bild 14.20). Meistens werden sie als Rückführer von Hebeln oder Deckeln benutzt. Das eine Federende muß am beweglichen Teil, das andere am stillstehenden Teil eingehängt oder eingespannt werden. In der Ausgangslage ist die Feder mit der Kraft F_1 vorgespannt und drückt das bewegliche Teil gegen einen Anschlag (Bild 14.20). Bei der Betätigung wird die Feder dann auf die Kraft F_2 oder bis auf F_n gespannt.

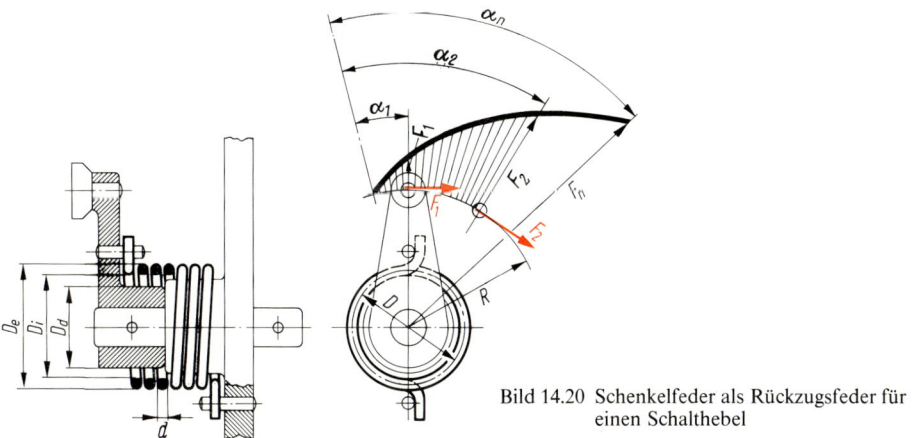

Bild 14.20 Schenkelfeder als Rückzugsfeder für einen Schalthebel

Im Interesse einer wirtschaftlichen Fertigung ist eine möglichst einfache Ausführung der Schenkel anzustreben, d.h. tangentiale Schenkel nach Bild 14.21a. Als feste Einspannung gilt jede, die ein Kräftepaar einleitet (Bilder 14.21b und c). Der kleinste innere Biegeradius r an den Schenkeln soll nicht kleiner als der Drahtdurchmesser d sein (Bild 14.21b).

In DIN 2088 (Berechnung und Konstruktion von kaltgeformten Drehfedern) sind als Grenzwerte angegeben das Wickelverhältnis $w = D/d = 4 \ldots 20$, der mittlere Windungsdurchmesser $D \leqq 340$ mm, die Länge der unbelasteten Feder $L_{K0} \leqq 630$ mm und die Anzahl der federnden Windungen $n \geqq 2$. Um Reibung zwischen den Windungen zu vermeiden, sollen diese auch bei beschränkter Einbaulänge nicht oder nur mit geringfügiger Spannung aneinanderliegen. Muß eine größere Einbaulänge ausgefüllt werden, so erreicht man das besser mit einer Verringerung des mittleren Windungsdurchmessers D und einer Erhöhung der Anzahl n der federnden Windungen als mit übergroßen Steigungen (großen Abständen a zwischen den Windungen). Erreichbar ist als größter Windungsabstand $a_{max} = (0{,}24w - 0{,}64)\, d^{0{,}83}$.

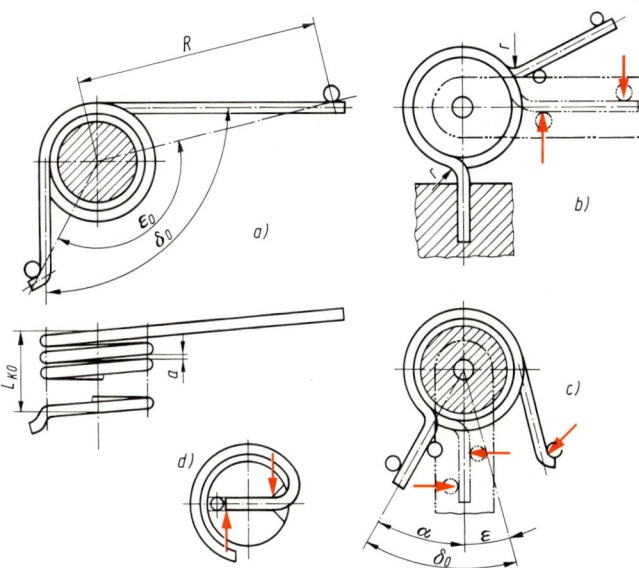

Bild 14.21 Ausbildung der Schenkel und deren Halterung von Drehfedern nach DIN 2088
a) mit tangentialen Schenkeln ohne Einspannung, b) fest eingespannte radiale Schenkel, c) ruhender Schenkel nicht eingespannt, bewegter Schenkel fest eingespannt, d) in einem Dorn fest eingespannter Schenkel

Die Drehfedern sollen möglichst nur im Windungssinn gespannt werden, so daß die Außenseite der Windungen auf Zug beansprucht wird. Bei entgegengesetztem, öffnendem Drehsinn besteht wegen der Eigenspannungen der Feder eine Neigung zum Setzen (Nachlassen der Federungseigenschaften).

Nach DIN 2088 werden zylindrische Drehfedern bis zu einer Drahtdicke $d = 17$ mm kaltgeformt. Federstahldrähte für die Kaltformgebung siehe die Tabn. A 14.3 bis A 14.5. Die kaltgeformten Federn werden nach dem Wickeln zum Abbau von Eigenspannungen lediglich angelassen. Auch Nichteisenmetalle kommen in Betracht: Zinnbronze CuSn, Messing CuZn, Kupfer-Beryllium CuBe und Neusilber CuNi DIN 17682.

Gütevorschriften für kaltgeformte Drehfedern (Schenkelfedern) sind in DIN 2194 festgelegt.

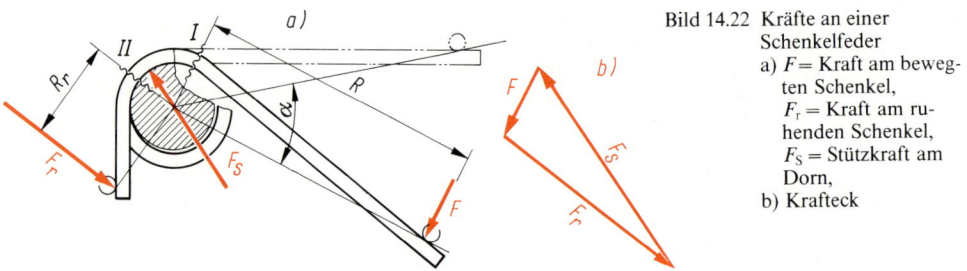

Bild 14.22 Kräfte an einer Schenkelfeder
a) F = Kraft am bewegten Schenkel,
F_r = Kraft am ruhenden Schenkel,
F_S = Stützkraft am Dorn,
b) Krafteck

Im unbelasteten Zustand (Bild 14.21a) stehen die beiden Schenkel im Winkel δ_0 zueinander. Durch die Belastungskraft F wird der bewegliche Schenkel um den Winkel α gedreht (Bild 14.21c), so daß die Schenkel dann im Winkel $\varepsilon = \delta_0 - \alpha$ zueinander stehen. Auf die Feder wirkt nach Bild 14.22a das Drehmoment $M = F \cdot R$ $= F_r \cdot R_r$. Hierin ist F die Kraft am bewegten Schenkel und R deren Hebelarm, F_r die durch F hervorgerufene Reaktionskraft am ruhenden Schenkel und R_r deren Hebelarm. Da sich die Kräfte F und F_r miteinander nicht im Gleichgewicht befinden, müssen sich die Windungen am Führungsbolzen abstützen, so daß auf die Windungen noch eine Stützkraft F_S ausgeübt wird (Bild 14.22a) und die Feder nicht ohne Reibung an dieser Stelle arbeiten kann. Wegen des Gleichgewichts muß sich das Krafteck mit diesen Kräften schließen (Bild 14.22b). Da außerdem die Kräfte F, F_r und F_S nicht in einer Ebene wirken, stellt sich die Federachse schief, und eine Endwindung stützt sich am Führungsbolzen ab. Es besteht also ein räumliches Kräftesystem. Das Abstützen auf dem Führungsbolzen und die damit verbundene Reibung lassen sich nur durch eine entspr. feste Einspannung der Schenkel vermeiden. In diesem Fall wäre kein Führungsbolzen erforderlich.

An der Stelle I (Bild 14.22) wird auf den Drahtquerschnitt ein Biegemoment $M = F \cdot R$ ausgeübt, an der Stelle II ein Biegemoment $M = F_r \cdot R_r$, also in gleicher Größe wie auf den Querschnitt I, da $F_r \cdot R_r = F \cdot R$ ist. Die Stelle I befindet sich am Anfang der Windungen, die Stelle II aber am Ende. Man kann deshalb davon ausgehen, daß sich das Biegemoment M mit gleichbleibendem Betrag über die gesamte Länge l der federnden Windungen fortpflanzt, zumindest in jeder Windung den gleichen Durchschnittswert $M = F \cdot R$ besitzt. Zu dieser Schlußfolgerung kommt man auch, wenn man voraussetzt, daß die Feder beim Spannen ihre Kreisform behält, sich also lediglich ihr Windungsdurchmesser verringert. Dann wird nämlich jedes Drahtteilchen in gleicher Weise verformt (gebogen), was nur bei gleichen Spannungen in allen Querschnitten möglich ist.

Die Biegespannung beträgt $\sigma = M/W_b$ mit $W_b = \pi d^3/32$ als Widerstandsmoment bei Kreisquerschnitten.

$$\text{Biegespannung} \quad \sigma = \frac{M}{W_b} = \frac{32 F \cdot R}{\pi \cdot d^3} \tag{14.40}$$

M in Nmm   Biegemoment = Federdrehmoment,
F in N   Belastungskraft am Radius R,
R in mm   Wirkabstand der Belastungskraft F zum Federdrehpunkt,
d in mm   Draht- bzw. Stabdurchmesser.

Infolge der Krümmung der Windungen verteilen sich die Spannungen nicht symmetrisch über die Drahtquerschnitte, sondern sind an der Innenseite der Windungen größer:

größte Biegespannung $\quad \sigma_q = q \cdot \sigma$ (14.41)

σ_q in N/mm² Biegespannung an der Innenseite der Windungen,
q Spannungsbeiwert (Tab. 14.20) zur Berücksichtigung der Drahtkrümmung
$= (w + 0{,}07)/(w - 0{,}75)$ bzw. $(2 \cdot r/d + 1{,}07)/(2 \cdot r/d + 0{,}25)$,
σ in N/mm² Biegespannung nach Gl. 14.40.

Tab. 14.20 Spannungsbeiwerte q zur Berücksichtigung der Drahtkrümmung von gewundenen Schenkelfedern nach DIN 2088

$w = D/d$	2,5	3	4	5	6	7	8	10	12	14	16	18	20
q	1,5	1,36	1,25	1,2	1,16	1,14	1,12	1,09	1,07	1,05	1,04	1,03	1,03
r/d	0,8	1	1,5	2	2,5	3	3,5	4,5	5,5	6,5	7,5	8,5	9,5

Denkt man sich die federnden Windungen gestreckt, so bilden sie einen geraden Rundstab mit der Länge l, dessen sämtliche Querschnitte mit dem Moment $M = F \cdot R$ biegebeansprucht werden, das den Stab kreisbogenförmig krümmt. Nach der Elastizitätslehre beträgt die in ihm gespeicherte

$$\text{innere Arbeit } W = \frac{M^2 \cdot l}{2E \cdot I}$$

mit E als Elastizitätsmodul des Werkstoffs und I als axiales Flächenmoment 2. Grades des Stabquerschnitts. Diese Arbeit muß gleich der Federarbeit $W = M \cdot \alpha/2$ nach Gl. 14.4 als äußere Arbeit sein,

$$\text{also } \frac{M}{2} \alpha = \frac{M^2 \cdot l}{2E \cdot I}$$

Daraus folgt mit $I = \pi \cdot d^4/64$ der

Drehwinkel des bewegten Federendes $\quad \boldsymbol{\alpha = \dfrac{M \cdot l}{E \cdot I} = \dfrac{64F \cdot R \cdot l}{E \cdot \pi \cdot d^4} = 20{,}37 \dfrac{F \cdot R \cdot l}{E \cdot d^4}}$ (14.42)

α in rad Drehwinkel des Schenkels durch das Belastungsmoment M (1 rad = 57,3°),
M in Nmm Belastungsdrehmoment $= F \cdot R$,
l in mm gestreckte Länge der federnden Windungen nach Gl. 14.44,
E in N/mm² Elastizitätsmodul des Federwerkstoffes nach Tab. A 14.9, für Federstahl
$\approx 206\,000$ N/mm²,
d in mm Draht- bzw. Stabdurchmesser (Tabn. A 14.4 und A 14.6).

Aus dieser Gleichung läßt sich auch die Federrate errechnen:

Federrate $\quad \boldsymbol{R_t = \dfrac{M}{\alpha} = \dfrac{E \cdot \pi \cdot d^4}{64l}}$ (14.43)

R_t in Nmm/rad Federrate (in DIN 2098 als Federmomentrate R_{MR} in Nmm/Grad angegeben),
M, α, E, d, l siehe Legende zur Gl. 14.42.

Gestreckte Länge der federnden Windungen $\quad \boldsymbol{l \approx D \cdot \pi \cdot n}$ (14.44)

Länge des unbelasteten Federkörpers
ohne Windungsabstand $\quad \boldsymbol{L_K \leqq (n + 1{,}5)\, d_{max}}$ (14.45)

mit Windungsabstand $\quad \boldsymbol{L_{K0} \leqq n(a + d_{max}) + d_{max}}$ (14.46)

D in mm mittlerer Windungsdurchmesser,
n Anzahl der federnden (wirksamen) Windungen,
d_{max} in mm Höchstmaß des Draht- oder Stabdurchmessers = Nennmaß d (Tabn. A 14.4 bzw. A 14.146) vermehrt, um das obere Abmaß (Tabn. A 14.5 bzw. A 14.6),
a in mm lichter Abstand zwischen den federnden Windungen der unbelasteten Feder (siehe Bild 14.2).

Alle aufgeführten Gleichungen gelten genau genommen nur für Federn mit eingespannten, kreisförmig geführten Enden ohne Reibung.

In der Gl. 14.42 ist der Teil des Drehwinkels vernachlässigt, der infolge der Durchbiegung langer Schenkel zusätzlich entsteht (Bild 14.23). Diese Durchbiegung ist etwa ab $R > 10d$ zu berücksichtigen. Es betragen:

Drehwinkelvergrößerung eines langen tangentialen Schenkels

$$\beta \approx 1{,}7 \, \frac{F\,(4R^2 - D^2)}{E \cdot d^4} \qquad (14.47)$$

Drehwinkelvergrößerung eines langen radialen Schenkels

$$\beta \approx 0{,}85 \, \frac{F\,(2R - D)^3}{E \cdot R \cdot d^4} \qquad (14.48)$$

β in rad   Drehwinkelvergrößerung des langen, nicht fest eingespannten Schenkels infolge Durchbiegung nach Bild 14.23,
F in N   Belastungskraft am Radius R,
R in mm   Wirkabstand der Kraft F,
D in mm   mittlerer Windungsdurchmesser,
E in N/mm²   Elastizitätsmodul des Federwerkstoffs (Tab. A 14.9).

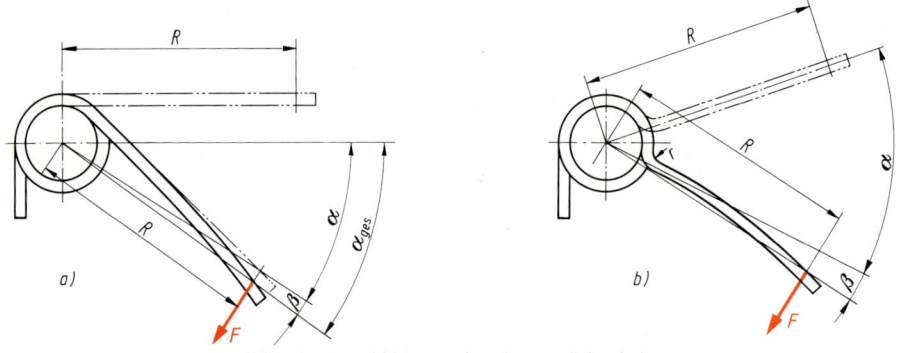

Bild 14.23 Durchbiegung eines langen Schenkels
a) tangentialer,   b) radialer Schenkel

Die Gln. 14.47 und 14.48 gelten unabhängig davon, ob der lange Schenkel der bewegte oder der ruhende ist. Sind beide Schenkel einer Feder lang, so sind für beide die Winkel β zu berücksichtigen. Der gesamte Drehwinkel des Kraftangriffspunktes am bewegten Schenkel beträgt somit $\alpha_{\mathrm{ges}} = \alpha + \beta$ (Bild 14.23), bei zwei langen Schenkeln mit β als Summe der Drehwinkel beider Schenkel, bei zwei gleichlangen Schenkeln ist $\alpha_{\mathrm{ges}} = \alpha + 2\beta$.

Wird die Drehfeder auf einem Dorn (Bolzen oder Nabe wie nach Bild 14.20) oder in einer Hülse geführt, so ist darauf zu achten, daß zwischen Feder und Führung genügend Spiel bleibt, damit sich die Windungen nicht festklemmen. Als Anhalt für den Durchmesser eines Dornes kann $D_{\mathrm{d}} = 0{,}8 \ldots 0{,}9 D_{\mathrm{i}}$, für den einer Hülse $D_{\mathrm{h}} = 1{,}1 \ldots 1{,}2 D_{\mathrm{e}}$ angenommen werden.

Beim Spannen der Feder in ihrem Windungssinn verringert sich deren Innendurchmesser von D_{i} auf $D_{\mathrm{i\alpha}}$, beim Spannen entgegen ihrem Windungssinn vergrößert sich ihr Außendurchmesser von D_{e} auf $D_{\mathrm{e\alpha}}$. Es muß stets $D_{\mathrm{i\alpha}} > D_{\mathrm{d}}$ und $D_{\mathrm{e\alpha}} < D_{\mathrm{h}}$ sein.

Innendurchmesser der im Windungssinn gespannten Feder

$$D_{\mathrm{i\alpha}} \approx \frac{D \cdot n}{n + \alpha/2\pi} - d \qquad (14.49)$$

Außendurchmesser der entgegen dem Windungssinn gespannten Feder

$$D_{\mathrm{e\alpha}} \approx \frac{D \cdot n}{n - \alpha/2\pi} + d \qquad (14.50)$$

D in mm   mittlerer Windungsdurchmesser der unbelasteten Feder,
n Anzahl der federnden Windungen,
α in rad   Federdrehwinkel nach Gl. 14.42,
d in mm   Draht- bzw. Stabdurchmesser.

Nach DIN 2088 ist zwischen **ruhender Belastung** und **schwingender (dynamischer) Belastung** zu unterscheiden. Der erste Fall bezieht sich auf Schenkelfedern, die statisch belastet werden oder deren Belastung sich nur gelegentlich mit nicht mehr als 10000 Schwingspielen während der gesamten Lebensdauer ändert (quasistatische Belastung). Eine schwingende Belastung liegt vor, wenn sich die Belastung ständig zwischen zwei Kräften F_1 und F_2 ändert.

Maßgebend für die Festigkeit ist jeweils die Biegezugspannung! Deshalb wird bei ruhender Belastung und Betätigung der Feder im Windungssinn mit der Biegespannung σ nach Gl. 14.40, bei Betätigung entgegen dem Windungssinn mit der größten Biegespannung σ_q nach Gl. 14.41 gerechnet! Bei schwingender Belastung ist immer mit σ_q zu rechnen. Federn, deren Schenkel radial mit dem Radius r abgebogen sind (Bild 14.21 b), werden auch mit σ_q berechnet, wenn sie im Windungssinn gespannt werden, weil hierbei die Spannungserhöhung am Innenrand der Abbiegung auftritt. Der Beiwert q (Tab. 14.20) hängt in diesem Fall vom Abbiegeverhältnis r/d ab.

1. Festigkeitsberechnung bei ruhender Belastung
Beim größten Drehwinkel α_n beträgt die zulässige Biegespannung $\sigma_{zul} = 0{,}7R_m$, Zugfestigkeit R_m siehe Tab. A 14.4

2. Festigkeitsberechnung bei schwingender Belastung
Vorzugsweise wird der Federstahldraht Sorte D nach Tab. A 14.4 verwendet. Ein Kugelstrahlen der Federn ist zu empfehlen. Dieses ist aber nur sinnvoll, wenn die Windungen einen genügend großen Abstand a besitzen, damit das Strahlgut alle Stellen trifft.

Da sich die Biegespannung ständig zwischen σ_{q1} und σ_{q1} ändert, besteht die Gefahr eines Anrisses und damit eines Dauerbruches. Um diesen zu vermeiden, darf die

$$\text{\textit{Hubspannung}} \quad \sigma_{qh} = \sigma_{q1} - \sigma_{q2} \tag{14.51}$$

die Hubfestigkeit σ_{qH} des Federdrahtes bzw. die zulässige Hubspannung σ_{qhzul} nicht überschreiten. Das mit Bild 14.19 Seite 273 gezeigte Dauerfestigkeitsschaubild gilt prinzipiell auch für die Windungen der Schenkelfedern. Gemäß DIN 2088 folgt für $N \geqq 10^7$ Schwingspiele die

$$\text{\textit{zulässige Hubspannung}} \quad \sigma_{qhzul} \approx \sigma_{q0} - 0{,}22\sigma_{q1} \tag{14.52}$$

σ_{q0} in N/mm^2 zulässige Hubspannung bei $\sigma_{q1} = 0$. Für Federstahldraht D ist $\sigma_{q0} = 670\ N/mm^2$, kugelgestrahlt $\approx 900\ N/mm^2$,
σ_{q1} in N/mm^2 Unterspannung des Schwingspiels.

Außerdem darf die Oberspannung σ_{q2} des Schwingspiels nicht größer sein als $0{,}71R_m$ bei Drahtdicken bis 2 mm und $0{,}69R_m$ bei Drahtdicken über 2 mm bis 4 mm.

Es ist auch möglich, die Federn für eine begrenzte Lebensdauer (Zeitfestigkeit) auszulegen. Dann ist $\sigma_{qh} > \sigma_{qhzul}$.

Beispiel 14.15

Eine gewundene Schenkelfeder nach Bild 14.21a aus Federstahldraht D mit $D = 30$ mm, $d = 3$ mm, $a = 1$ mm, $n = 5{,}25$, $R = 65$ mm soll zwischen $\alpha_{1ges} = 15° = 0{,}2618$ rad und $\alpha_{2ges} = 75° = 1{,}3089$ rad schwingend beansprucht werden. Die Feder wird im Windungssinn betätigt. Ist die Beanspruchung der kugelgestrahlten Feder zulässig? Wie groß ist die Länge L_{K0} des unbelasteten Federkörpers? Auf welchen Durchmesser D_{ia} nimmt der Innendurchmesser D_i der Feder beim Betätigen ab?

Lösung:
1. Festigkeitsberechnung
Da $R = 65$ mm $> 10d = 10 \cdot 3$ mm ist, muß die Durchbiegung des einen langen Schenkels berücksichtigt werden. Die gestreckte Länge der Windungen beträgt nach Gl. 14.44:

$$l \approx D \cdot \pi \cdot n = 30\ \text{mm} \cdot \pi \cdot 5{,}25 = 495\ \text{mm}.$$

Nach den Gln. 14.42 und 14.47 muß daher sein:

$$\alpha_{ges} = \alpha + \beta = 20{,}37\ \frac{F \cdot R \cdot l}{E \cdot \alpha^4} + 1{,}7\ \frac{F(4R^2 - D^2)}{E \cdot d^4}.$$

Hieraus F freigestellt: $F = \dfrac{\alpha_{\text{ges}} \cdot E \cdot d^4}{20{,}37\,R \cdot l + 1{,}7\,(4R^2 - D^2)}$.

Bei $\alpha_{1\,\text{ges}}$ ist $F_1 = \dfrac{0{,}2618 \cdot 206\,000\ \text{N/mm}^2 \cdot 3^4\ \text{mm}^4}{20{,}37 \cdot 65\ \text{mm} \cdot 495\ \text{mm} + 1{,}7\,(4 \cdot 65^2 - 30^2)\ \text{mm}^2} = 6{,}4\ \text{N}$.

Da $F_1/F_2 = \alpha_{1\,\text{ges}} / \alpha_{2\,\text{ges}}$ ist, folgt

$$F_2 = F_1 \cdot \alpha_{2\,\text{ges}} / \alpha_{1\,\text{ges}} = 6{,}4\ \text{N} \cdot 75°/15° = 32\ \text{N}.$$

Für $w = D/d = 30/3 = 10$ folgt aus Tab. 14.20 der Spannungsbeiwert $q = 1{,}09$ und damit nach den Gln. 14.40 und 14.41:

$$\sigma_{q1} = q\,\frac{32 F_1 \cdot R}{\pi \cdot d^3} = 1{,}09\,\frac{32 \cdot 6{,}4\ \text{N} \cdot 65\ \text{mm}}{\pi \cdot 3^3\ \text{mm}^3} = 171\ \text{N/mm}^2,$$

somit $\sigma_{q2} = \sigma_{q1} \cdot \alpha_{2\,\text{ges}} / \alpha_{1\,\text{ges}} = 171\ \text{N/mm}^2 \cdot 75°/15° = 855\ \text{N/mm}^2$.

Hubspannung nach Gl. 14.51: $\sigma_{qh} = \sigma_{q2} - \sigma_{q1} = (855 - 171)\ \text{N/mm}^2 = 684\ \text{N/mm}^2$.

Zulässige Hubspannung nach Gl. 14.52:

$$\sigma_{qh\,zul} \approx \sigma_{q0} - 0{,}22\sigma_{q1} = 900\ \text{N/mm}^2 - 0{,}22 \cdot 171\ \text{N/mm}^2 \approx 862\ \text{N/mm}^2 > \sigma_{qh} = 684\text{N/mm}^2.$$

Nach Tab. A 14.4 ist $R_m = 1840\ \text{N/mm}^2$. Damit wird entspr. den Angaben unterhalb der Gl. 14.52 die zulässige Oberspannung $\sigma_{q2\,zul} = 0{,}69 R_m = 0{,}69 \cdot 1840\ \text{N/mm}^2 = 1270\ \text{N/mm}^2 > \sigma_{q2} = 855\ \text{N/mm}^2$.

Die Feder genügt festigkeitsmäßig allen Anforderungen.

2. Länge L_{K0} des unbelasteten Federkörpers
Nach Gl. 14.46 mit $d_{\text{max}} = 3{,}02\ \text{mm}$: $L_{K0} = n(a + d_{\text{max}}) + d_{\text{max}} = 5{,}25(1 + 3{,}02)\ \text{mm} + 3{,}02\ \text{mm} = 24{,}13\ \text{mm}$.

3. Innendurchmesser $D_{i\alpha}$ der belasteten Feder
Nach Gl. 14.42 ist

$$\alpha_2 = 20{,}37\,\frac{F_2 \cdot R \cdot l}{E \cdot d^4} = 20{,}37\,\frac{32\ \text{N} \cdot 65\ \text{mm} \cdot 495\ \text{mm}}{206\,000\ \text{N/mm}^2 \cdot 3^4\ \text{mm}^4} = 1{,}257\ \text{rad} = 72°.$$

Im unbelasteten Zustand ist $D_i = D - d = 30\ \text{mm} - 3\ \text{mm} = 27\ \text{mm}$. Im belasteten Zustand beträgt nach Gl. 14.49:

$$D_{i\alpha} = \frac{D \cdot n}{n + \alpha_2/2\pi} - d = \frac{30\ \text{mm} \cdot 5{,}25}{5{,}25 + 1{,}257/2\pi} - 3\ \text{mm} = 25{,}9\ \text{mm},$$

so daß ein Führungsdorn mit $D_d = 0{,}9 D_i = 0{,}9 \cdot 27\ \text{mm} = 24{,}3\ \text{mm}$ genügend Spiel bietet.

14.8   Stabfedern als Drehfedern

Runde Drehstabfedern (Bild 14.24) werden als Drehschwingungsdämpfer (z. B. Schwingachsen an Kraftfahrzeugen, Bild 14.25), zur Drehkraftmessung, in Drehmomentenschlüsseln, elastischen Wellenkupplungen u. dgl. eingesetzt. Sie federn durch Verdrehen ihres verjüngten Schaftes, arbeiten also prinzipiell wie gewundene Schenkelfedern (siehe Abschnitt 14.7). Verschiedene Einspannenden zeigt Bild 14.24. Mit kerbverzahnten Enden ist eine Verstellung von Zahn zu Zahn möglich (Kerbverzahnung siehe Abschnitt 12.4, Seite 225). Sie sind mit DIN 2091 genormt.

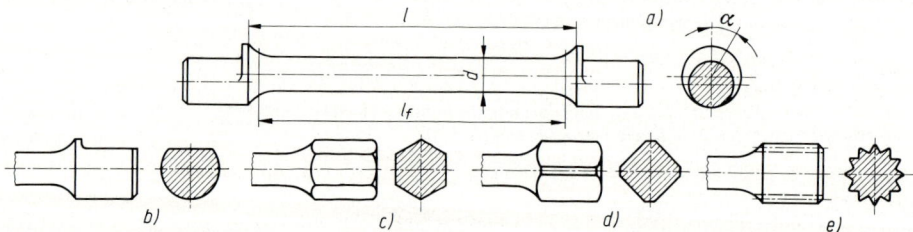

Bild 14.24 Runde Drehstabfeder mit verschiedenen Einspannenden
a) Exzenter, b) Anflächung, c) Sechskant, d) Vierkant, e) Kerbverzahnung

Wegen der Kerbwirkungen an den Einspannstellen sind die Federenden verstärkt und der Übergang zum Schaft gut gerundet. Ein Nachdrücken, Kugelstrahlen oder Feinschleifen des Schaftes erhöht dessen Schwingfestigkeit.

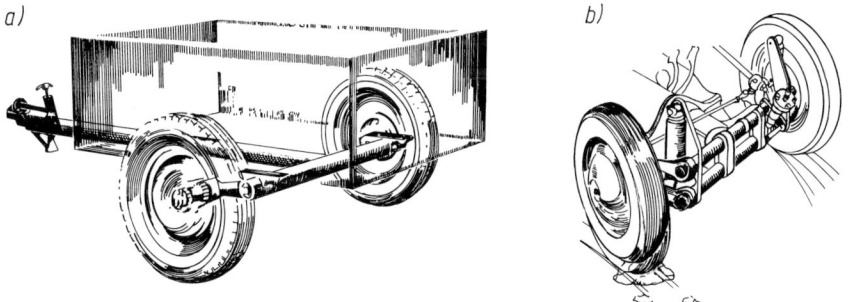

Bild 14.25 Drehstabfederung von Fahrzeugen (aus Steinhilper/Röper, Maschinen- und Konstruktionselemente)
a) mittig eingespannter Drehstab an einem einachsigen Pkw-Anhänger, b) zwei übereinander liegende mittig eingespannte Drehstäbe an einer Pkw-Achse.

Vorsetzen. In DIN 2091 heißt es: Nicht wechselnd beanspruchte Drehstabfedern mit rundem Querschnitt werden häufig nach dem Vergüten vorgesetzt, d.h. über ihre Fließgrenze hinaus in Richtung der späteren Betriebsbeanspruchung verformt. Nach der anschließenden Entlastung bleiben Eigenspannungen im Stab zurück, die in den höchstbeanspruchten Randzonen den Betriebsspannungen entgegengesetzt sind. Hierdurch wird eine günstige Verteilung der Betriebsspannungen im Stabquerschnitt und eine Entlastung der Randzone erreicht. Da vorgesetzte Drehstäbe nur in ihrer Vorsetzrichtung beansprucht werden dürfen, muß die Vorsetzrichtung an den Stirnflächen der Köpfe kenntlich gemacht werden.

Für die danach einsetzende Relaxation sind in DIN 2091 Diagramme enthalten.

Berechnungsgleichungen:

$$\begin{matrix}\textit{Schubspannung}\\ \textit{(Torsionsspannung)}\end{matrix} \qquad \tau = \frac{T}{W_\mathrm{t}} = \frac{16\,T}{\pi \cdot d^3} \tag{14.53}$$

$$\textit{Verdrehwinkel} \qquad \alpha = \frac{T \cdot l_\mathrm{f}}{G \cdot I_\mathrm{t}} = \frac{32\,T \cdot l_\mathrm{f}}{G \cdot \pi \cdot d^4} \tag{14.54}$$

$$\textit{Federrate} \qquad R_\mathrm{t} = \frac{T}{\alpha} = \frac{G \cdot \pi \cdot d^4}{32\,l_\mathrm{f}} \tag{14.55}$$

τ	in N/mm²	Torsionsspannung im Schaftquerschnitt,
T	in Nmm	Federtorsionsmoment = Belastungsmoment,
W_t	in mm³	Drillwiderstandsmoment des Schaftquerschnittes = $\pi\,d^3/16$,
d	in mm	Schaftdurchmesser. Genormte Durchmesser siehe Tab. A 14.6,
l_f	in mm	federnde Länge des Federschaftes (s. Bild 14.24), genauere Angaben sind in DIN 2091 zu finden,
G	in N/mm²	Gleitmodul des Federwerkstoffs ≈ 78 500 N/mm² für Federstahl nach DIN 17 221, für andere Werkstoffe Tab. A 14.9,
I_t	in mm⁴	polares Flächenmoment 2. Grades des Schaftquerschnitts = $\pi\,d^4/32$,
R_t	in Nmm/rad	Drehfederrate,
α	in rad	Federdrehwinkel (in DIN 2091 mit ϑ bezeichnet).

Die Gl. 14.54 wurde im Abschnitt 14.5 Seite 260 hergeleitet.

Zulässige Beanspruchungen
1. bei statischer Belastung
Bei Werkstoffen nach DIN 17221 (Tab. A 14.1) gilt:

τ_{zul} = **700 N/mm²** für nicht vorgesetzte Stabfedern,

= **1020 N/mm²** für vorgesetzte Stabfedern.

Die durch Vergüten erreichte Zugfestigkeit beträgt R_m = 1600 bis 1800 N/mm².

2. bei dynamischer Belastung
Wie bei den bisher behandelten Federn darf die

$$\text{Hubspannung} \quad \tau_h = \tau_2 - \tau_1 \tag{14.56}$$

die Hubfestigkeit τ_H nicht überschreiten. Für geschliffene und kugelgestrahlte sowie vorgesetzte Drehstabfedern aus Edelstahl DIN 17221 (Tab. A 14.1) sind in DIN 2091 Zeit- und Dauerfestigkeitsschaubilder abgedruckt. Auch für diese ergibt sich eine einfache Gleichung:

$$\text{Hubfestigkeit} \quad \tau_H \approx \tau_F - 0{,}3\ \tau_U \tag{14.57}$$

τ_F in N/mm²   Hubfestigkeit bei $\tau_U = 0$ nach Tab. A 14.21,
τ_U in N/mm²   Unterspannung der Schwingfestigkeit = τ_1 des Schwingspiels.

Außerdem darf die Oberspannung τ_2 des Schwingspiels bei vorgesetzten Federn $\tau_{2\,zul}$ = 1020 N/mm² nicht überschreiten.

Beispiel 14.16

Welche Federrate besitzt eine Drehstabfeder von d = 25 mm und l_f = 300 mm aus 50 CrV 4? Bis auf welches Torsionsmoment T darf sie gespannt und ruhend belastet werden, und wie groß ist hierbei der Federdrehwinkel α? Die Feder ist nicht vorgesetzt.

Lösung:
1. Federrate R_t
Mit $G \approx 78\,500$ N/mm² wird nach Gl. 14.55:

$$R_t \approx \frac{G \cdot \pi \cdot d^4}{32\,l_f} = \frac{78\,500\ \text{N/mm}^2 \cdot \pi \cdot 25^4\ \text{mm}^4}{32 \cdot 300\ \text{mm}} \approx 10{,}03 \cdot 10^6\ \text{Nmm/rad} = 10030\ \text{Nm/rad},$$

2. Zulässiges Torsionsmoment T
Mit τ_{zul} = 700 N/mm² ergibt sich aus Gl. 14.53:

$$T = \frac{\tau_{zul} \cdot \pi \cdot d^3}{16} = \frac{700\ \text{N/mm}^2 \cdot \pi \cdot 25^3\ \text{mm}^3}{16} \approx 2{,}148 \cdot 10^6\ \text{Nmm} = 2148\ \text{Nm}.$$

3. Federdrehwinkel α
Aus Gl. 14.55:

$$\alpha = \frac{T}{R_t} = \frac{2148\ \text{Nm}}{10030\ \text{Nm/rad}} = 0{,}214\ \text{rad} \approx 12{,}3°.$$

Beispiel 14.17

Eine Drehstabfeder soll als Schwingfeder ständig zwischen T_1 = 3000 Nm und T_2 = 9000 Nm belastet werden. Stabdurchmesser d = 40 mm, federnde Länge l_f = 1000 mm, Werkstoff 50CrV4, geschliffen und kugelgestrahlt, vorgesetzt. Ist die Beanspruchung als Dauerbeanspruchung zulässig? Wie groß ist der größte Verdrehwinkel α_2?

Lösung:
1. Festigkeitsberechnung
Nach Gl. 14.53 beträgt:

$$\tau_1 = \frac{16\,T_1}{\pi \cdot d^3} = \frac{16 \cdot 3 \cdot 10^6\ \text{Nmm}}{\pi \cdot 40^3\ \text{mm}^3} = 239\ \text{N/mm}^2$$

Damit wird $\tau_2 = \tau_1 \cdot T_2 / T_1 = 239 \ \mathrm{N/mm^2} \cdot 9000/3000 = 717 \ \mathrm{N/mm^2}$.

Hubspannung nach Gl. 14.56: $\tau_h = \tau_2 - \tau_1 = (717 - 239) \ \mathrm{N/mm^2} = 478 \ \mathrm{N/mm^2}$.

Hubfestigkeit nach Gl. 14.57 mit $\tau_F = 660 \ \mathrm{N/mm^2}$ aus Tab. A 14.21:

$$\tau_H = \tau_F - 0,3 \ \tau_U = 660 \ \mathrm{N/mm^2} - 0,3 \cdot 239 \ \mathrm{N/mm^2} \approx 588 \ \mathrm{N/mm^2} > \tau_h = 478 \ \mathrm{N/mm^2}.$$

Weiterhin ist $\tau_2 = 717 \ \mathrm{N/mm^2} < \tau_{2\,\mathrm{zul}} = 1020 \ \mathrm{N/mm^2}$. Die Festigkeit reicht also aus.

2. Verdrehwinkel α_2
Mit $I_t = \pi \cdot d^4 / 32 = \pi \cdot 40^4 \ \mathrm{mm^4}/32 = 251\,327 \ \mathrm{mm^4}$ wird nach Gl. 14.54:

$$\alpha_2 = \frac{T_2 \cdot l_f}{G \cdot I_t} = \frac{9 \cdot 10^6 \ \mathrm{Nmm} \cdot 1000 \ \mathrm{mm}}{78,5 \cdot 10^3 \ \mathrm{N/mm^2} \cdot 251,327 \cdot 10^3 \ \mathrm{mm^4}} = 0,456 \ \mathrm{rad} \approx 26°.$$

Drehstabfedern werden auch aus **Flachstäben** ausgeführt oder aus mehreren, übereinander geschichteten Flachstäben (Federblättern). Auf diese wird hier jedoch nicht näher eingegangen.

14.9 Spiralfedern als Drehfedern

Spiralfedern (Bild 14.26) sind meistens nach einer Archimedischen Spirale gewundene Biegefedern, deren Windungsabstand a konstant bleibt. Sie werden aus Runddraht oder Bändern gewickelt (Federstahl siehe die Tabn. A 14.1 bis A 14.4 oder Federbronze DIN 17670). Man verwendet sie als Arbeitsspeicher für Uhrwerke, Rücksteller der Zeiger von Meßinstrumenten, Bindeglieder elastischer Kupplungen u. dgl. Betätigt wird entweder das äußere oder das innere Ende. Für elektrische Meßgeräte sind sie mit DIN 43801 genormt.

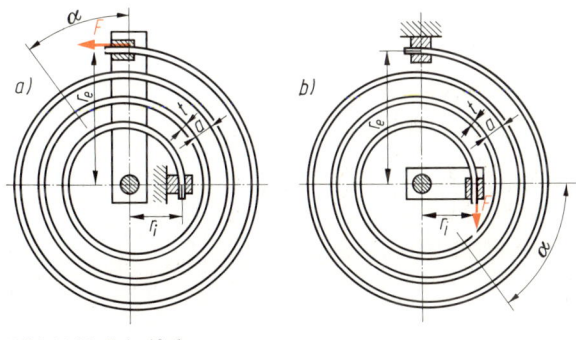

Wie ersichtlich, sind die Federenden innen und außen eingespannt. Beim Betätigen ziehen sich nicht alle Windungen gleichmäßig zusammen. Die Federn sollen nicht so weit gespannt werden, daß sich die Windungen berühren, um Reibungsverluste zu vermeiden. Sie können je nach Anzahl und Abstand der Windungen bis zu mehreren Umdrehungen verdreht werden.

Bild 14.26 Spiralfedern
a) Außenbetätigung, b) Innenbetätigung

Bei derart großen Drehwinkeln würde die Feder an den eingespannten Enden zusätzlich gebogen, so daß es zu Brüchen kommen kann. Deshalb ist dann eine radiale Beweglichkeit oder gelenkige Lagerung der Federenden erforderlich.

Die Windungen der Spiralfeder werden auf Biegung beansprucht.

Berechnungsgleichungen:

Drehmoment = Biegemoment $\boldsymbol{M = F \cdot r}$ (14.58)

F in N Belastungskraft,
r in mm Wirkabstand der Kraft F zum Drehpunkt $= r_c$ bei Außenbetätigung,
   $= r_i$ bei Innenbetätigung.

Biegespannung $\quad \sigma = \dfrac{M}{W_b}$ $\qquad\qquad\qquad\qquad\qquad\qquad\qquad$ (14.59)

M $\quad$ in Nmm $\quad$ Biegemoment nach Gl. 14.58,
W_b $\quad$ in mm^3 $\quad$ Widerstandsmoment des Windungsquerschnitts $= \pi\, d^3/32$ bei Runddraht,
$\qquad\qquad\qquad = b \cdot t^2/6$ bei Flachband mit der Breite b und der Dicke t.

Verdrehwinkel $\quad \alpha = \dfrac{M \cdot l}{E \cdot I}$ $\qquad\qquad\qquad\qquad\qquad\qquad\quad$ (14.60)

α $\quad$ in rad $\qquad$ Verdrehwinkel,
l $\quad$ in mm $\qquad$ gestreckte Länge der Windungen nach Gl. 14.61,
E $\quad$ in N/mm^2 $\quad$ Elastizitätsmodul des Federnwerkstoffes (Tab. A 14.9),
I $\quad$ in mm^4 $\qquad$ axiales Flächenmoment 2. Grades des Windungsquerschnitts
$\qquad\qquad\qquad = \pi\, d^4/64$ bei Runddraht, $= b \cdot t^3/12$ bei Flachband.

Gestreckte Länge der Windungen $\quad l = \pi\, (r_e + r_i)\, n$ $\qquad\qquad$ (14.61)

Äußerer Radius $\quad r_e = r_i + n\,(t + a)$ $\qquad\qquad\qquad\qquad\quad$ (14.62)

r_i $\quad$ in mm $\quad$ innerer Radius nach Bild 14.26,
n $\qquad\qquad\quad$ Anzahl der Windungen (in Bild 14.26 ist $n = 3{,}25$),
t $\quad$ in mm $\quad$ Draht- bzw. Flachbanddicke,
a $\quad$ in mm $\quad$ Windungsabstand.

Bei **statischer Belastung** kann $\sigma_{zul} \approx 0{,}7 R_m$ gesetzt werden, bei **dynamischer Belastung** sind die Hubspannung σ_h nach Gl. 14.51 und die zulässige Hubspannung $\sigma_{h\,zul}$ nach Gl. 14.52 zu berechnen. Für Flachband aus warmgewalzten Stählen DIN 17221 kann $\sigma_0 \approx 500$ N/mm^2 angenommen werden. Außerdem ist $\sigma_{2\,zul} \approx 0{,}7 R_m$.

Beispiel 14.18

Eine Spiralfeder nach Bild 14.26a soll zwischen $\alpha_1 = 30°$ und $\alpha_2 = 270°$ bewegt werden. Abmessungen: Flachband 20×2 aus 60SiCr7 ($R_m = 1320$ N/mm^2), $n = 8{,}5$, $a = 2$ mm, $r_i = 18$ mm. Ist die Biegebeanspruchung zulässig? Welche Arbeit wird beim Spannen der Feder von $30°$ auf $270°$ verrichtet?

Lösung:

1. Errechnung der Drehmomente = Biegemomente
   Nach Gl. 14.62 beträgt der äußere Radius

   $\qquad r_e = r_i + n\,(t + a) = 18$ mm $+ 8{,}5\,(2 + 2)$ mm $= 52$ mm.

   Somit nach Gl. 14.61 die gestreckte Länge der Windungen

   $\qquad l \approx \pi\,(r_e + r_i)\, n = \pi\,(52 + 18)$ mm $\cdot 8{,}5 = 1869$ mm.

   Nach Tab. A 14.9 ist $E = 206\,000$ N/mm^2, das axiale Flächenmoment 2. Grades beträgt $I = b \cdot t^3/12$ $= 20$ mm $\cdot 2^3$ mm$^3/12 = 13{,}33$ mm^4. Damit wird aus Gl. 14.60 mit $\alpha_2 = 270° = 4{,}712$ rad:

   $\qquad M_2 = \dfrac{\alpha_2 \cdot E \cdot I}{l} = \dfrac{4{,}712 \cdot 206\,000 \text{ N/mm}^2 \cdot 13{,}33 \text{ mm}^4}{1869 \text{ mm}} = 6923$ Nmm,

   somit $M_1 = M_2 \cdot \alpha_1/\alpha_2 = 6923$ Nmm $\cdot\ 30/270 = 769$ Nmm.

2. Errechnung der Biegespannungen
   Mit $W_b = b \cdot t^2/6 = 20$ mm $\cdot 2^2$ mm$^2/6 = 13{,}33$ mm^3 wird

   $\qquad \sigma_2 = \dfrac{M_2}{W_b} = \dfrac{6923 \text{ Nmm}}{13{,}33 \text{ mm}^3} \approx 519$ N/mm^2

   und damit $\sigma_1 = \sigma_2 \cdot \alpha_1/\alpha_2 = 519$ N/mm^2 $\cdot\ 30/270 \approx 58$ N/mm^2.

3. Kontrolle auf Zulässigkeit der Spannungen
   Nach Gl. 14.51 ist $\sigma_h = \sigma_2 - \sigma_1 = (519 - 58)$ N/mm^2 $= 461$ N/mm^2.
   Nach Gleichung 14.52 ist die zulässige Hubspannung

   $\qquad \sigma_{h\,zul} = \sigma_0 - 0{,}22\,\sigma_1 = 500$ N/mm^2 $- 0{,}22 \cdot 58$ N/mm^2 $= 487$ N/mm$^2 > \sigma_h$.

Weiterhin ist $\sigma_2 < \sigma_{2\,\text{zul}} = 0,7\,R_\text{m} = 0,7 \cdot 1320\ \text{N/mm}^2 = 924\ \text{N/mm}^2$.

4. Verrichtete Arbeit zwischen 30° und 270°

Mit $\alpha_1 = 0,5236$ rad und $\alpha_2 = 4,712$ rad wird nach Gl. 14.4

$$W = \frac{M_2 \cdot \alpha_2}{2} - \frac{M_1 \cdot \alpha_1}{2} = \frac{6923\ \text{Nmm} \cdot 4,712}{2} - \frac{769\ \text{Nmm} \cdot 0,5236}{2}$$

$$= 16311\ \text{Nmm} - 201\ \text{Nmm} = 16110\ \text{Nmm} \approx 16,1\ \text{Nm} = 16,1\ \text{J}.$$

Rollfedern (Bild 14.27) sind ebenfalls Spiralfedern. Sie arbeiten mit zwei achsparallelen Federtrommeln derart, daß das Federband von der Vorratstrommel auf die Abtriebstrommel aufgewickelt und gespannt wird. Die gespannte Feder will sich auf die Vorratstrommel zurückwickeln, so daß an der Antriebstrommel ein Rückstellmoment erzeugt wird. Derartige Rollfedern werden z.B. als selbsttätige Aufwickler von Kabeln, Sicherheitsgurten u. dgl. benutzt. Wie Bild 14.27 zeigt, werden die Rollfedern mit gleichsinniger oder mit gegensinniger Krümmung des Federbandes der beiden Trommeln ausgeführt. Bei gegenseitiger Krümmung ist das Rückstellmoment der Abtriebstrommel größer.

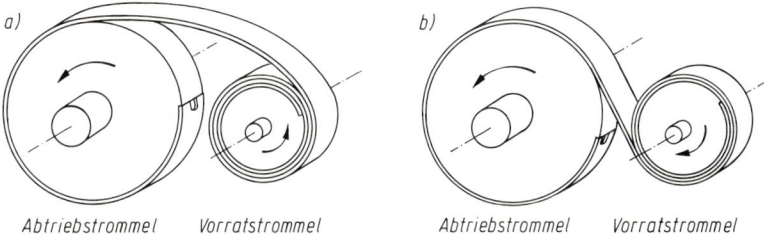

Bild 14.27 Rollfedern mit konstant bleibendem Drehmoment (aus Steinhilper/Röper, Maschinen- und Konstruktionselemente)
a) Federband mit gleichsinniger Krümmung über den Federtrommeln,
b) Federband mit gegensinniger Krümmung über den Federtrommeln.

14.10 Blattfedern als Biegefedern

Einfache ein- und zweiarmige Blattfedern (Bild 14.28) werden beispielsweise als Andrückfedern von Schiebern, Ankern, Klinken in Gesperren, als Kontaktfedern in Schaltern u. dgl. eingesetzt. Die Dreieckfedern nach den Bildern 14.28 b und e sind **Körper gleicher Biegebeanspruchung,** bei denen die Biegespannung in allen Querschnitten gleichhoch ist. Sie werden festigkeitsmäßig voll ausgenutzt, sind aber praktisch nicht ausführbar. Werkstoff für einfache Blattfedern: Federstähle nach DIN 17 222 (Tab. A 14.2) und Kupferlegierungen DIN 17 670.

Geschichtete Blattfedern (Bild 14.29) dienen vorwiegend zur Abfederung von Straßen- und Schienenfahrzeugen. Sie setzen harte Fahrbahnstöße in lange, weiche und gedämpfte Schwingungen um. Eine geschichtete Blattfeder denkt man sich aus einer zweiarmigen Trapezfeder entstanden, d.h. die einzelnen, verschieden langen Federblätter aus einer Trapezfeder herausgeschnitten und übereinandergelegt (Bild 14.30). Die Federblätter werden aus warmgewalztem Flachstahl DIN 4620 oder geripptem Flachstahl DIN 1570 hergestellt und (elliptisch) gekrümmt (Querschnittsformen siehe Bild 14.31). Werkstoff: Qualitäts- oder Edelstahl DIN 17 221 (Tab. A 14.1). Genormte Federblattenden für Schienenfahrzeuge siehe DIN 5542, Sattelplatten und Zwischenplatten für die Federaufhängung DIN 5543.

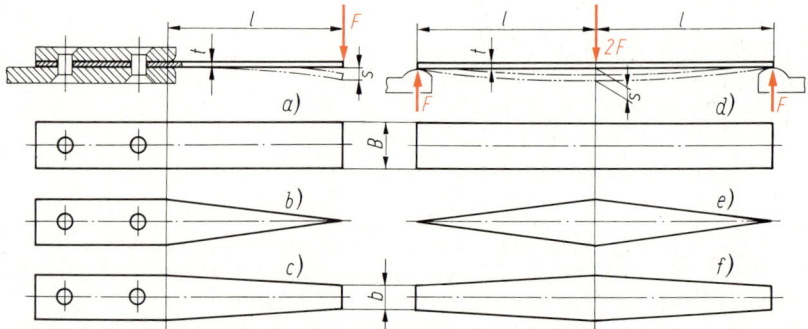

Bild 14.28 Einfache Blattfedern
a) einarmige Rechteckfeder, b) einarmige Dreieckfeder, c) einarmige Trapezfeder, d) zweiarmige Rechteckfeder, e) zweiarmige Dreieckfeder, f) zweiarmige Trapezfeder

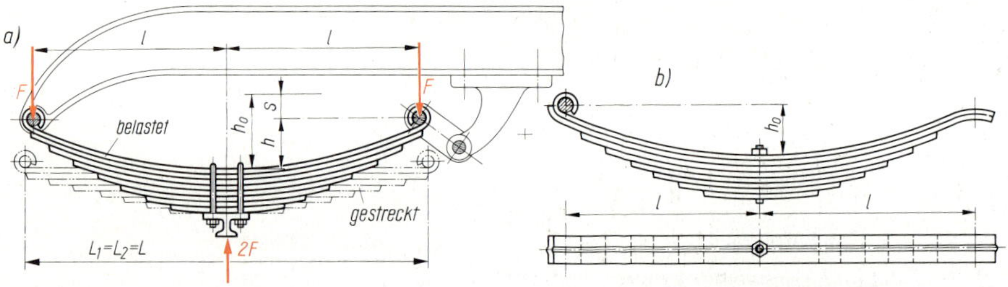

Bild 14.29 Geschichtete Blattfedern
a) mit Bügelhalterung,
b) mit Mittelbolzenhalterung nach DIN 11747 (Blattfedern für Transportanhänger)

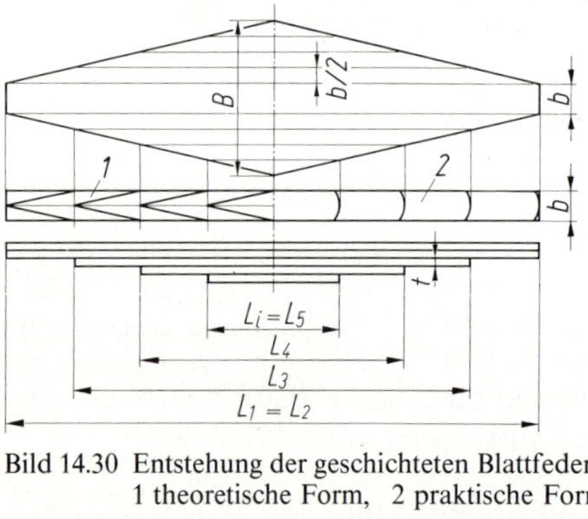

Bild 14.30 Entstehung der geschichteten Blattfeder
1 theoretische Form, 2 praktische Form

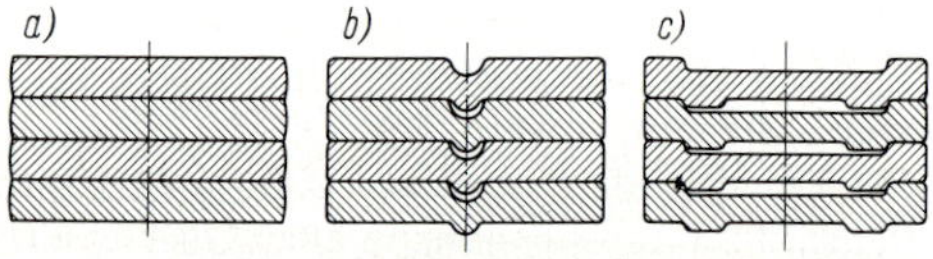

Bild 14.31 Blattfederquerschnitte
a) Rechteck DIN 1544,
b) mit Mittelrippe DIN 1570,
c) Krupp-Profil

Gegen Querverschiebungen sichern entweder die Querschnittsprofile selbst (Bilder 14.31b und c) oder **Federklammern** (Bild 14.32). Die Blattbündel müssen in der Mitte zusammengehalten werden, damit die Belastungskraft sicher auf alle Blätter übertragen wird. Einige Blattbündelhalterungen zeigt Bild 14.33. Beilagen und Keile für Federbunde für Schienenfahrzeuge siehe DIN 1573.

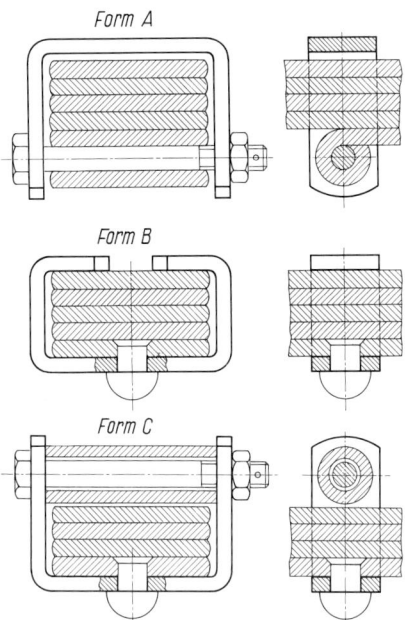

Form A

Form B

Form C

Bild 14.32 Federklammern nach DIN 4621
(Weitere Formen D und E mit geschlossenen,
geschweißten Bügeln, Form CS = Form C
mit Senkschraube)

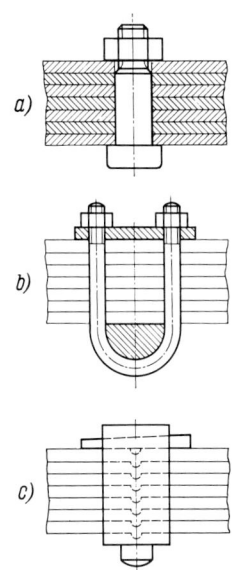

a)

b)

c)

Bild 14.33 Blattbündel-Halterungen
a) mit Mittelbolzen
(Federschraube DIN 4626),
b) mit Bügeln, c) mit Keil und
Mittelwarze an den Blättern

Das **Hauptblatt** als oberstes, längstes Blatt wird an den Enden zum Einhängen in die Lagerbol-
zen eingerollt oder zum Auflegen auf Sattelplatten abgebogen. Verschiedene Ausführungen von
Blattfederenden siehe Bild 14.34, für Schienenfahrzeuge DIN 5542.

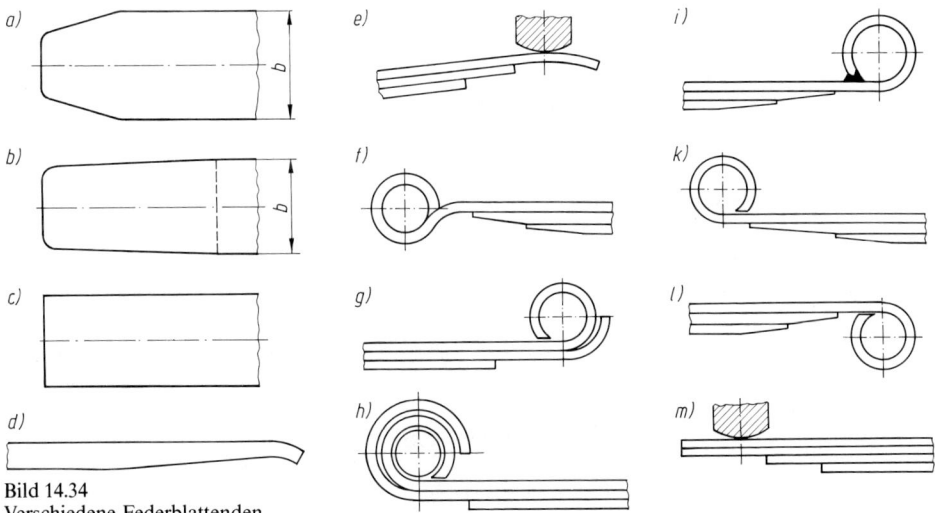

Bild 14.34
Verschiedene Federblattenden
a) bis c) Breite in der Draufsicht, d) und e) kurvenförmig abgebogene Enden, f) bis l) angerollte Enden,
m) gerades Ende

Aus Bild 14.30 ergibt sich, wie lang die einzelnen Blätter sein müssen. Wegen der Einspannung der Blätter in der Federmitte wird das unterste Blatt in der Regel je nach Halterung der Blätter um $a \approx 25\dots40$ mm länger ausgeführt als theoretisch erforderlich wäre, d. h.

$$\text{gestreckte Länge des untersten Federblattes} \quad L_i = \frac{L}{i-1} + a \tag{14.63}$$

Daraus folgt für die weiteren Blätter die

$$\text{Blattlängendifferenz} \quad \Delta L = \frac{L - L_i}{i-2} \tag{14.64}$$

L gestreckte Länge des Hauptblattes ohne eingerollte oder angebogene Enden,
L_i gestreckte Länge des untersten Blattes,
i Anzahl der Blätter,
a Längenzugabe zum untersten Blatt = $25\dots40$ mm.

Mit ΔL werden $L_3 = L_2 - \Delta L$, wobei $L_2 = L_1 = L$ ist, $L_4 = L_3 - \Delta L$, $L_5 = L_4 - \Delta L$ usw.

$$\text{Biegespannung} \quad \sigma_b = \frac{M_b}{W_b} = \frac{F \cdot l}{W_b} \tag{14.65}$$

$$\text{Federweg} \quad s \approx k_1 \cdot k_2 \frac{F \cdot l^3}{3E \cdot I_b} \tag{14.66}$$

$$\text{Federrate} \quad R = \frac{F}{s} = \frac{3E \cdot I_b}{k_1 \cdot k_2 \cdot l^3} \tag{14.67}$$

σ_b in N/mm^2 Biegespannung in den Blattquerschnitten der Federmitte, bei einarmigen Federn an der Einspannstelle,
M_b in Nmm   Biegemoment,
F in N   Belastungskraft am Federende = Federkraft,
l in mm   Abstand der Kraft F vom maßgebenden Querschnitt,
W_b in mm^3 Widerstandsmoment des maßgebenden Querschnitts = $B \cdot t^2/6$ mit t als Blattdicke,
B in mm   Gesamtbreite der Feder, bei geschichteten Blattfedern = $i \cdot b$ mit i als Anzahl der Blätter und b als Blattbreite,
s in mm   Federweg der Kraft F,
k_1 Formbeiwert nach Tab. 14.22, der die Trapezform berücksichtigt,
k_2 Federungsbeiwert = 1 bei einfachen Blattfedern, $\approx 0,75$ bei geschichteten Blattfedern, siehe untenstehende Erläuterung,
E in N/mm^2 Elastizitätsmodul $\approx 206\,000$ N/mm^2 für Federstahl, für andere Metalle nach Tab. A 14.9,
I_b in mm^4 axiales Flächenmoment 2. Grades des maßgebenden Querschnitts = $B \cdot t^3/12$,
R in N/mm   Federrate.

Tab. 14.22 Formbeiwerte k_1 für Blattfedern

b/B	0	0,1	0,2	0,3	0,4	0,5	0,6	0,7	0,8	0,9	1,0
k_1	1,5	1,4	1,32	1,26	1,2	1,17	1,12	1,08	1,05	1,03	1,0

Die geschichteten Blattfedern arbeiten mit Reibung zwischen den Blättern. Der Anteil der Reibung an der Belastungskraft hängt vorwiegend vom Oberflächenzustand der Blätter ab. So wurden Anteile von 5% im geölten Neuzustand, bis 40% im angerosteten Zustand gemessen. Weiterhin ist in Betracht zu ziehen, daß die Federblätter gekrümmt sind, die Einspannung der Blätter und die Verlängerung des untersten Blattes (Gl. 14.63) die Feder versteifen. Die dadurch bedingte Verringerung des Federweges s wird mit dem Beiwert k_2 berücksichtigt.

Für die Festigkeitsberechnung liegen nur wenig Anhaltspunkte vor. Bei **einfachen Blattfedern** kann

$$\sigma_{b\,zul} \approx 0,7\,R_m \text{ bei ruhender,}$$
$$\approx 0,5\,R_m \text{ bei schwellender,}$$
$$\approx 0,3\,R_m \text{ bei wechselnder Belastung}$$

gesetzt werden (R_m = Zugfestigkeit des Federwerkstoffs).

Geschichtete Blattfedern werden schwellend beansprucht. Wegen der nicht erfaßbaren Stöße und Schwingungen während des Fahrens kann die Beanspruchung nur mit der statischen Belastung durch die Gesamtlast des Fahrzeugs berechnet und bei dieser $\sigma_{b\,zul} \approx 0,5\,R_m$ bei Straßenfahrzeugen, $\approx 0,55\,R_m$ bei Schienenfahrzeugen gesetzt werden. Der Federweg durch die statische Belastung soll etwa $s = 0,25 \ldots 0,35 h_0$ betragen (Krümmungshöhe h_0 siehe Bild 14.29 Seite 286).

Beispiel 14.19

Die geschichtete Blattfeder nach Bild 14.29 eines zweiachsigen luftbereiften Transportanhängers für eine Nutzlast von 5 t besteht nach DIN 11747 aus 7 Federblättern aus Federstahl DIN 1570 – 70 × 10 – 60 SiCr 7. Halblänge $l = 485$ mm, Krümmungshöhe $h_0 = 130$ mm, gestreckte Länge des Hauptblattes $L_1 = L = 1050$ mm, $a = 25$ mm. Das Eigengewicht des Fahrzeugs beträgt 0,8 t, Gesamtgewicht also 5,8 t, so daß jedes Federende eine Masse $m = 5,8$ t$/8 = 0,725$ t $= 725$ kg aufzunehmen hat. Wie groß sind die gestreckten Längen L_3 bis L_7 der Federblätter auszuführen? Ist die Beanspruchung zulässig? Um welchen Betrag s wird die Feder statisch durch das voll beladene Fahrzeug gebogen? Wie groß ist die Federrate? Liegt die Durchfederung s im üblichen Bereich? Wie groß ist die Eigenfrequenz des Schwingsystems?

Lösung:
1. Gestreckte Längen L_3 bis L_7 der einzelnen Blätter

Länge des untersten Blattes nach Gl.14.63: $L_1 = L_7 = \dfrac{L}{i-1} + a = \dfrac{1050 \text{ mm}}{7-1} + 25 \text{ mm} = 200 \text{ mm}.$

Blattlängendifferenz nach Gl.14.64: $\Delta L = \dfrac{L - L_7}{i-2} = \dfrac{1050 - 200}{7-2} \text{ mm} = 170 \text{ mm}.$

Damit werden

$L_3 = L_2 - \Delta L = (1050 - 170) \text{ mm} = 880 \text{ mm},$ $L_6 = L_5 - \Delta L = (540 - 170) \text{ mm} = 370 \text{ mm},$

$L_4 = L_3 - \Delta L = (880 - 170) \text{ mm} = 710 \text{ mm},$ $L_7 = L_6 - \Delta L = (370 - 170) \text{ mm} = 200 \text{ mm}.$

$L_5 = L_4 - \Delta L = (710 - 170) \text{ mm} = 540 \text{ mm},$

2. Biegespannung σ_b
Um nicht mit sehr hohen Zahlenwerten rechnen zu müssen, wird teilweise die Einheit cm benutzt. Gesamtbreite der Federblätter $B = i \cdot b = 7 \cdot 70 \text{ mm} = 490 \text{ mm}.$ Widerstandsmoment $W_b = B \cdot t^2 / 6 = 49 \text{ cm} \cdot 1 \text{ cm}^2 / 6 = 8,17 \text{ cm}^3.$ Die Belastungskraft ist $F = m \cdot g \approx 725 \text{ kg} \cdot 10 \text{ m/s}^2 \approx 7250 \text{ N}.$
Biegespannung nach Gl.14.65:

$$\sigma_b = \frac{F \cdot l}{W_b} = \frac{7250 \text{ N} \cdot 48,5 \text{ cm}}{8,17 \text{ cm}^3} = 43\,039 \text{ N/cm}^2 \approx 430 \text{ N/mm}^2.$$

Mit $R_m = 1320 \text{ N/mm}^2$ nach Tab.A 14.1 ist $\sigma_{b\,zul} \approx 0,5\,R_m = 0,5 \cdot 1320 \text{ N/mm}^2 = 660 \text{ N/mm}^2,$ so daß $\sigma_b < \sigma_{b\,zul}$ ist.

3. Federweg s
Aus Tab.14.22 folgt mit $b/B = 70/490 = 0,143$ der Beiwert $k_1 \approx 1,37$ (interpoliert). Mit $E \approx 206\,000 \text{ N/mm}^2 = 20,6 \cdot 10^6 \text{ N/cm}^2,$ $I_b = B \cdot t^3 / 12 = 49 \text{ cm} \cdot 1 \text{ cm}^3 / 12 = 4,08 \text{ cm}^4$ und $k_2 = 0,75$ wird nach Gl.14.66:

$$s = k_1 \cdot k_2 \frac{F \cdot l^3}{3\,E \cdot I_b} = 1,37 \cdot 0,75 \frac{7250 \text{ N} \cdot (48,5 \text{ cm})^3}{3 \cdot 20,6 \cdot 10^6 \text{ N/cm}^2 \cdot 4,08 \text{ cm}^4} \approx 3,4 \text{ cm}.$$

4. Federrate
Nach Gl.14.67: $R = \dfrac{F}{s} = \dfrac{7250 \text{ N}}{34 \text{ mm}} \approx 213 \text{ N/mm}.$

5. Federungsbereich
Mit dem Verhältnis $s/h_0 = 34/130 = 0,26$ liegt die Federung im üblichen Bereich von $s = 0,25 \ldots 0,35\, h_0.$

6. Eigenfrequenz f_e
Mit $R = 213 \text{ N/mm} = 213\,000 \text{ N/m}$ und $m = 725 \text{ kg}$ wird nach Gl.14.5:

$$f_e = \frac{1}{2\pi} \sqrt{\frac{R}{m}} = \frac{1}{2\pi} \sqrt{\frac{213\,000 \text{ N/m}}{725 \text{ kg}}} = 2,73 \text{ Hz}$$

Bei unbeladenem oder nicht vollbeladenem Fahrzeug ist die Eigenfrequenz entsprechend höher.

Für **Fahrzeugfedern** ist eine **progressive Kennlinie** erwünscht, damit das Fahrzeug nicht zu stark durchfedert und die Schwingungen gedämpft schnell zum Stillstand kommen. Zur Geräuschmilderung und Stoßdämpfung werden die Federenden meistens über Gummielemente abgestützt. Progressive Kennlinien können durch folgende Maßnahmen erreicht werden:
1. Abstützen eines Federendes oder beider Federenden derart, daß sich beim Einfedern die wirksame Federlänge verkürzt.
2. Anordnung der Federblätter derart, daß sich beim Einfedern die Zahl der wirksamen Federblätter vergrößert.

Hierzu zeigt Bild 14.35 einige Möglichkeiten. In diesem Zusammenhang wird noch auf folgende Normen hingewiesen: Blattfedern für Straßenfahrzeuge (Anforderungen) DIN 2094 und Parabelfedern für Schienenfahrzeuge DIN 5544. In der letzten Norm sind auch die progressiven Kennlinien angegeben.

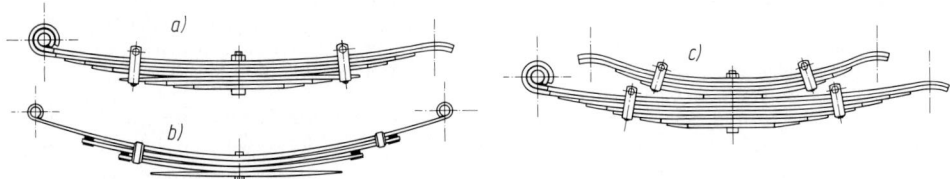

Bild 14.35 Geschichtete Blattfedern mit progressiver Kennlinie gemäß DIN 2094
a) mit Spalt,   b) mit Unterfeder,   c) mit Oberfeder

Um eine doppelt so große Durchfederung zu erreichen und damit eine nur halb so große Eigenfrequenz, werden mitunter auch zwei Blattbündel so zusammengebaut, daß das obere spiegelbildlich zum unteren gekrümmt ist.

14.11 Weitere Metallfedern

Außer den vorgenannten Federn gibt es noch eine Vielzahl weiterer Federn, die mehr oder weniger für Spezialfälle eingesetzt werden. Auf ihre Berechnung wird deshalb verzichtet. Auf folgende Federn sei hingewiesen:

Eine **Ringfeder** besteht nach Bild 14.36 aus ineinandergreifenden doppelkegeligen Innen- und Außenringen. Bei Belastung werden die Außenringe geweitet, die Innenringe eingeschnürt. Dadurch schieben sich die Ringe der Federsäule unter beträchtlicher Reibung ineinander. Die Bela-

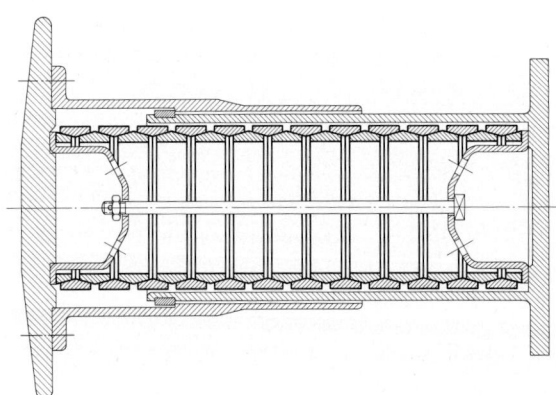

Bild 14.36 Eisenbahnpuffer mit
eingebauter Ringfeder

stungskennlinie weicht von der Entlastungskennlinie stark ab. Die hohe Reibarbeit macht die Ringfeder als Stoßdämpfer geeignet, insbesondere als Pufferfeder im Eisenbahnwesen.

Bei beengten Raumverhältnissen werden Druckfedern auch aus **Flachstahl** nach Bild 14.37 hergestellt. Ihre Fertigung ist jedoch unwirtschaftlich. Die Berechnung ist mit DIN 2090 genormt.

Seltener kommen **kegelige Druckfedern** nach Bild 14.38 vor, die gekrümmte Kennlinien besitzen. Der besondere Vorteil der Ausführungen c und d liegt in ihrer Zusammendrückbarkeit bis auf eine Drahtdicke d bzw. Drahthöhe a.

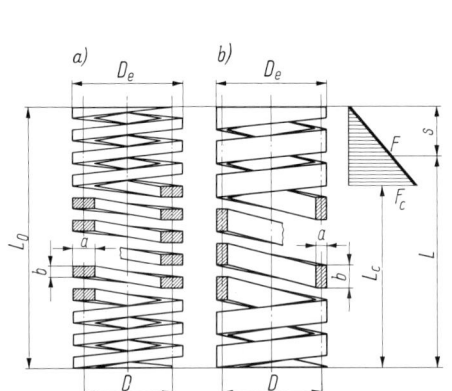

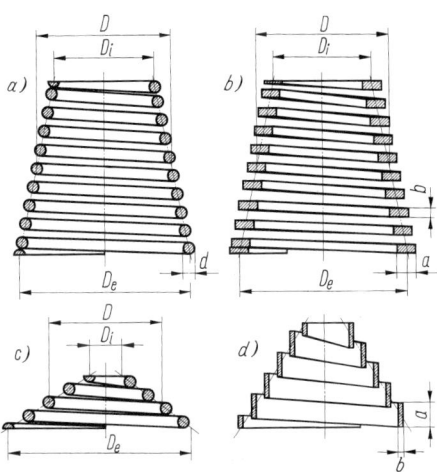

Bild 14.37 Zylindrische Schrauben-Druckfedern aus Flachstahl nach DIN 2090
a) hochkant gewickelt,
b) flachkant gewickelt

Bild 14.38 Kegelfedern
a) aus Runddraht,
b) aus Flachstahl,
c) aus Runddraht,
    Windungen ineinander schiebbar,
d) aus Flachstahl,
    Windungen ineinander schiebbar

Eine Besonderheit stellen die **Schraubendruckfedern mit inkonstantem Draht- bzw. Stabdurchmesser** dar (Bild 14.39), die eine progressive Kennlinie besitzen. Sie werden als zylindrische Federn und auch als Kegelfedern ausgeführt. Die letzten lassen sich bis auf die Drahtdicke d_{max} zusammendrücken. Weitere Druckfedern mit progressiver Kennlinie zeigt Bild 14.40, die sich auf eine sehr kleine Blocklänge zusammendrücken lassen. Auf diese Weise gibt es viele Variationsmöglichkeiten.

Geschlitzte Tellerfedern (Bild 14.41) haben ein weites Anwendungsgebiet gefunden. Ihr Vorteil besteht darin, daß ihre Kennlinie einen waagerechten oder sogar abfallenden Teil besitzt, also auf diesem Teil des Federweges während des Durchfederns keine Kraftzunahme erfolgt, sondern ggf. sogar ein Kraftabfall. Mit der Kraft dieser Federn ist auch die Übertragung eines Drehmoments möglich. Das Drehmoment wird von einem Innenkörper über die Zungen der Tellerfeder und am Außenrand aufgenietete Mitnehmerlaschen auf den Außenkörper übertragen. Am bekanntesten ist der Einsatz in Kraftfahrzeug-Kupplungen (Bild 14.42). Die Tellerfeder als Zentralfeder hat teilweise eine negative Kennlinie. Beim Ausrücken der Kupplung fällt die Druckkraft im Gegensatz zu herkömmlichen Schraubendruckfedern ab, so daß die Pedalarbeit wesentlich geringer ist. Durch Verschleiß des Reibbelages läßt der Federdruck nicht nach, sondern steigt sogar an, so daß ein Nachstellen des Reibbelages nicht erforderlich ist.

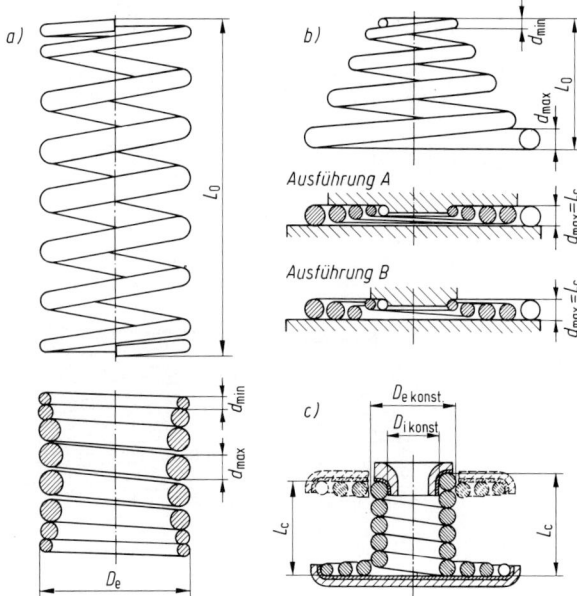

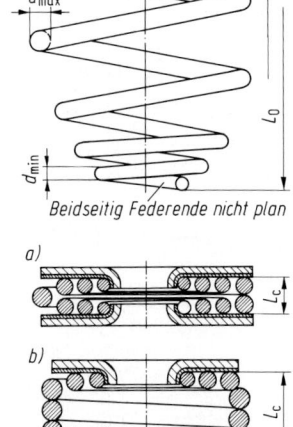

Bild 14.39
Schraubendruckfedern mit inkonstantem Draht- bzw. Stabdurchmesser (Gebr. Ahle GmbH & Co, Karlsthal, Lindlar)
a) zylindrische Schraubendruckfeder, b) kegelige Schraubendruckfeder, c) doppelkegelige Schraubendruckfeder mit zylindrischem Teil.

Bild 14.40 Schraubendruckfedern mit inkonstan-
tem Draht- bzw.
Stabdurchmesser
(Gebr. Ahle GmbH
& Co, Karlsthal,
Lindlar)
a) Doppelkegel-
feder, b) Doppel-
kegelfeder mit zylin-
drischem Teil.

Außer den genannten Federn gibt es eine Vielzahl von Spezialfedern,
wie z. B. **Lenkerfedern,** das sind gerade Flachstahlfedern, deren beide
Enden eingespannt sind und parallel zueinander bewegt werden. Die
Schlangenfeder in einer Kupplung zeigt Bild 20.18 auf Seite 430.
Federstecker zum Sichern von Kettenbolzen sind haarnadelähnlich.

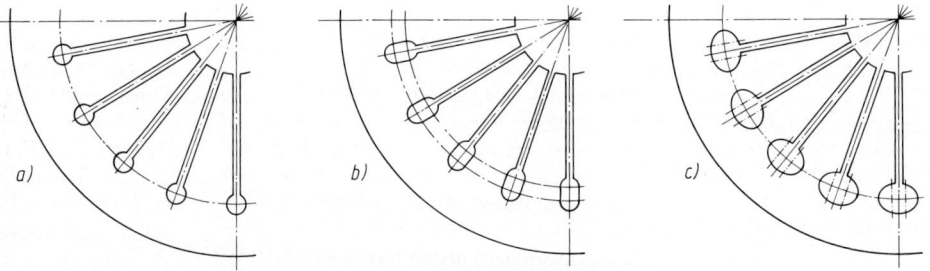

Bild 14.41 Geschlitzte Tellerfedern (Häussermann GmbH, Esslingen-Mettingen)
a) mit Rundloch, b) mit Langloch, c) mit Ovalloch

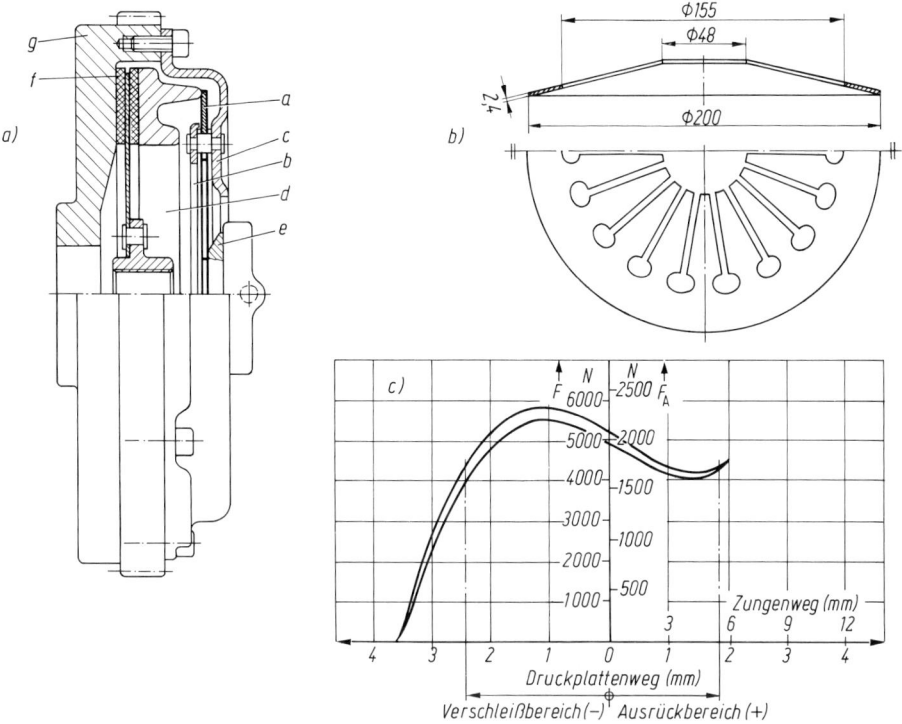

Bild 14.42 Kraftfahrzeugkupplung (Häussermann GmbH, Esslingen-Mettingen)
a) Kupplungsaufbau, b) zentrale Tellerfeder, c) Federkennlinie
a Tellerfeder, b Grundplatte, c Kupplungsdeckel, d Druckplatte, e Druckstück, f Kupplungs-
scheibe g Schwungscheibe
F = Anpreßkraft, F_A = Ausrückkraft

Eine theoretische Berechnung der beschriebenen Druckfedern mit inkonstantem Drahtdurchmesser, der geschlitzten Tellerfedern und aller Sonderfedern mit komplizierten Formen, wie z.B.
der Schleifkontaktarme in Drehwählern, wäre außerordentlich schwierig. Deshalb ist man auf
Versuche angewiesen. Die Federhersteller geben die entspr. Kennlinien an.

Mit DIN ISO 2162 ist die symbolische Darstellung von Metallfedern genormt.

14.12 Gummifedern

Gummifedern werden vorwiegend zur Dämpfung von Schwingungen und Stößen verwendet,
z.B. als Fundamentfedern oder Bindeglieder elastischer Kupplungen. Der in Metallplatten oder
-hülsen vulkanisierte Gummi, der unter verschiedenen Handelsnamen bekannt ist, wie Schwingmetall (Continental-Gummiwerk AG, Hannover), Metallgummi (Phönix-Gummiwerk AG, Ham-
burg-Harburg), Metalastik (Carl Freudenberg, Weinheim/Bergstr.), kann auf Druck oder Schub
beansprucht werden. Einige Ausführungen zeigt Bild 14.43, die Lagerung eines Motors Bild 14.44,
ein Gummifederelement Bild 14.45. In Tab. 14.23 sind die Grundformen und Berechnungsgleichungen zusammengestellt.

Gummi ist inkompressibel. Er kann seine Gestalt, nicht aber sein Volumen ändern! Bei allseiti-
gem Einschluß würde er seine elastischen Eigenschaften verlieren.

Um das Vulkanisieren der Gummimischung zu begünstigen, sind die Gummiteile möglichst gleichmäßig dick, aber nicht zu dick zu halten. Scharfe Innenkanten oder Ecken sind wegen der Kerbempfindlichkeit des Gummis zu vermeiden (Ausrundungen oder Wulste günstig).

Als Werkstoff dienen **Elastomere** und **Kautschuk.** Die **Elastomere** sind bis zu ihrer Zersetzungstemperatur vernetzte (vulkanisierte) Polymerwerkstoffe, die bei niedrigen Temperaturen glasartig hart sind und selbst bei hohen Temperaturen nicht viskos fließen, sondern sich insbesondere bei Raumtemperatur bis zur Zersetzungstemperatur gummielastisch verhalten. Gummielastisches Verhalten ist gekennzeichnet durch einen relativ niedrigen Schubmodul (Gleitmodul) mit vergleichsweise geringer Temperaturabhängigkeit. **Gummi** ist gleichbedeutend mit Elastomer. Hartgummi ist kein Elastomer, sondern ein Thermoelast. **Kautschuk** (DIN ISO 1629) ist ein unvernetztes, aber vernetzbares (vulkanisierbares) Polymer mit gummielastischen Eigenschaften bei Raumtemperatur und in gewissen Grenzen in anschließenden Temperaturbereichen. Bei höherer Temperatur und/oder dem Einfluß deformierender Kräfte zeigt Kautschuk zunehmend viskoses Fließen, so daß er unter geeigneten Bedingungen formgebend verarbeitet werden kann. Kautschuk ist ein Ausgangsprodukt für die Herstellung von Elastomeren (Gummi). **Vulkanisation** ist ein Verfahren, bei dem der Kautschuk durch Änderung seiner chemischen Struktur – z.B. durch Vernetzung – in einen Zustand übergeführt wird, der ihm elastische Eigenschaften verleiht, sie wiederherstellt oder über einen breiteren Temperaturbereich ausweitet.

Gummi altert durch langandauernde Licht-, Wärme oder Sauerstoffeinwirkungen, und zwar erhärtet Kunstgummi, während Naturgummi unter Rißbildungen erweicht. Zugbeanspruchungen beschleunigen das Altern (Zugfedern vermeiden!). Synthetischer Gummi ist gegen Wärme, Öl und Benzin weniger empfindlich als Naturgummi. Zwischen $-20\,°C$ und $-70\,°C$ gefriert Gummi, d.h. wird hart und spröde.

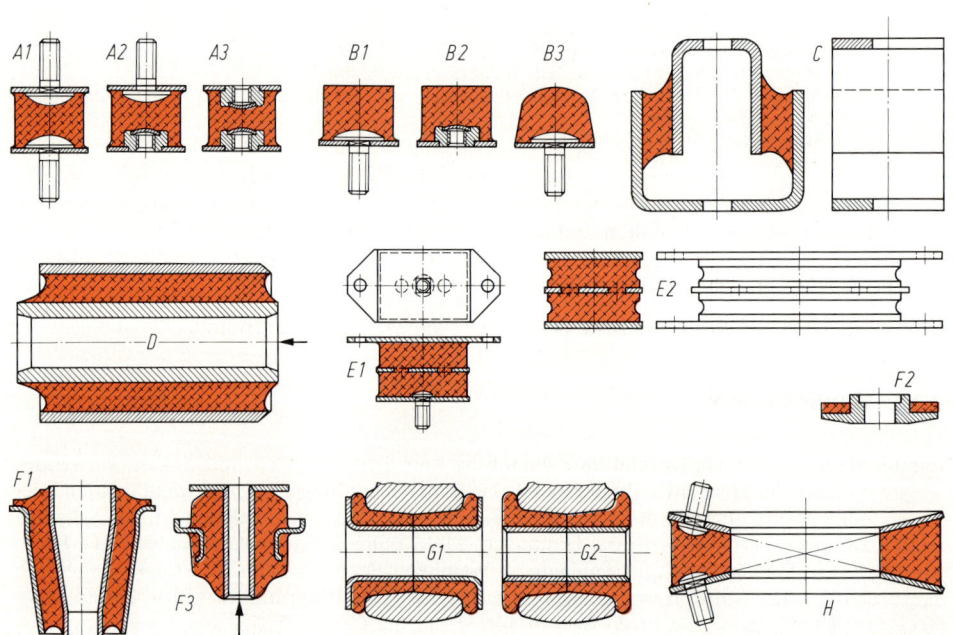

Bild 14.43 Metalastic-Federn (Carl Freudenberg, Weinheim/Bergstraße)
   A Rundlager, B Puffer, C Doppel-U-Lager, E Flachlager, F Metacone-Lager, G Kegel-Flansch-Buchse, H Elastik-Kupplung

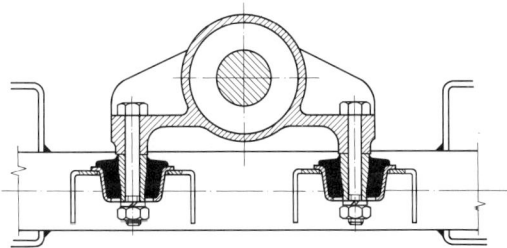

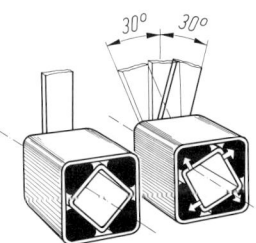

Bild 14.44 Hintere Lagerung eines
Kolbenmotors mit Metalastic-
Metacone-Elementen
(Carl Freudenberg, Weinheim)

Bild 14.45 Rosta-Gummifederelement
(Rosta-Werk,
Hunzenschwil
bei Aarau/Schweiz)

Der Dehnungs-Spannungsverlauf von Gummi wird nach DIN 53504 bestimmt. Beispielsweise bedeutet $\sigma_{200} = 12$ N/mm², daß sich der Werkstoff bei dieser Spannung um 200% dehnt. Die Spannung σ_{100} ist dann gleich dem Elastizitätsmodul. Dieser hängt weitgehend von der Härte des Gummis ab, die meistens in Shore A nach DIN 53505 angegeben wird, die den Widerstand ausdrückt, den der Werkstoff dem Eindringen eines Kegelstumpfes von $D = 1,25$ mm, $d = 0,79$ mm und $\alpha = 35°$ entgegensetzt. Beispielsweise bedeutet 50 Shore A, daß der Kegelstumpf beim Eindringen um 1,27 mm einen Widerstand von rd. 4,3 N begegnet. Die Härteskala geht von 0...100. 0 Shore A drückt die kleinste Härte (Eindringtiefe 2,5 mm bei 0,55 N), 100 Shore A die größte Härte (kein Eindringen bei 8,1 N) aus. Die für Federn in Betracht kommenden Gummisorten haben eine Härte von etwa **40...70 Shore A.**
Die Shore-A-Härte entspricht nahezu der internationalen Härte IRHD nach DIN 53519. Diese wird bis 40 IRHD mit 5 mm Kugeln, darüber hinaus mit 2,5 mm Kugeln gemessen. Es kann beispielsweise 50 Shore A = 50 IRHD gesetzt werden.
Unter Druckbeanspruchung verhindern die Metallplatten der Gummifedern eine freie Querdehnung des Gummis. Aus diesem Grunde hängen die Kennlinien der Druckfedern nicht nur von der Härte des Werkstoffs, sondern weitgehend auch von der Formgebung ab. Die Form wird durch einen **Formfaktor k** erfaßt, der das Verhältnis der krafteinleitenden Oberfläche zur freien Oberfläche darstellt (Tab. 14.23). In Bild 14.46 ist der **Elastizitätsmodul E** in Abhängigkeit von Härte und Formfaktor angegeben, der allein von der Gummihärte abhängige **Gleitmodul G** ist ebenfalls Bild 14.46 zu entnehmen.

Gummifedern haben gekrümmte Kennlinien. Bei kleinen Verformungen können diese näherungsweise als gerade angenommen werden, d.h. mit konstanter Federrate R bzw. R_t. Bei schwingender Beanspruchung versteift sich die Feder, und ihre Kennlinie weicht von der statischen ab. Die Abweichung wird mit einem Faktor φ erfaßt:

$$\text{dynamische Federsteife} \quad R_{dyn} = \varphi \cdot R \quad \text{bzw.} \quad R_{t\,dyn} = \varphi \cdot R_t \qquad (14.68)$$

R_{dyn} in N/mm oder $R_{t\,dyn}$ in Nmm/rad   Federsteife bei Schwingbelastung,
R in N/mm oder R_t in Nmm/rad   Federsteife bei statischer Belastung (Tab. 14.23),
φ Korrekturfaktor, bei

Gummihärte	40	50	60	70 Shore A
$\varphi =$	1,15,	1,3	1,6	2,2

Es sei hier besonders darauf hingewiesen, daß die dynamische Federsteife auch von der Frequenz der Schwingungen und von der Höhe der Beanspruchung abhängt. Bei Schwingungen bis 50 Hz können E-Modul und G-Modul bis zu 20% zunehmen, über 50 Hz sogar bis etwa 50%. Der Faktor φ kann daher nur als grober Anhalt gewertet werden.

Die Elastomere dämpfen sehr gut, und zwar „verschlucken" sie infolge innerer Reibung bis zu 30% der eingeleiteten Energie.

Tab. 14.23 Grundformen von Gummifedern und deren Berechnungsgleichungen

ED	RD	SS
Eckige Druckfeder	**Runde Druckfeder**	**Schub-Scheibenfeder**
$\sigma = \dfrac{F}{b \cdot l}$	$\sigma = \dfrac{4F}{d^2 \cdot \pi}$	$\tau = \dfrac{F}{h \cdot l}$
$s = \dfrac{F \cdot h}{b \cdot l \cdot E}$	$s = \dfrac{4F \cdot h}{d^2 \cdot \pi \cdot E}$	$\gamma = \dfrac{\tau}{G}$; $s = \gamma \cdot b$
$k = \dfrac{b \cdot l}{2h\,(b+l)}$; $R \approx \dfrac{F}{s}$	$k = \dfrac{d}{4h}$; $R \approx \dfrac{F}{s}$	$R \approx \dfrac{F}{s}$
SH	**DSH**	**DSS**
Schub-Hülsenfeder	**Drehschub-Hülsenfeder**	**Drehschub-Scheibenfeder**
$\tau = \dfrac{F}{d \cdot \pi \cdot h}$	$\tau = \dfrac{M}{2r^2 \cdot \pi \cdot b}$	$\tau = \dfrac{2}{\pi} \cdot \dfrac{M \cdot R}{r_e^4 - r_i^4}$
$s = \dfrac{F}{2\pi \cdot h \cdot G} \ln \dfrac{D}{d}$	$\alpha = \dfrac{M}{4\pi \cdot b \cdot G}\left(\dfrac{1}{r_i^2} - \dfrac{1}{r_e^2}\right)$	$\alpha = \dfrac{2}{\pi} \cdot \dfrac{M \cdot b}{(r_e^4 - r_i^4)\,G}$
$R \approx \dfrac{F}{s}$	$R_t \approx \dfrac{M}{\alpha}$	$R_t \approx \dfrac{M}{\alpha}$

σ	in N/mm²	Druckspannung,	R	in N/mm / R_t in Nmm/rad	Federrate
τ	in N/mm²	Schubspannung,	b, l, h	in mm	Breite, Länge, Höhe der Feder,
F	in N	Belastungskraft,	d, D	in mm	Durchmesser der Feder,
M	in Nmm	Drehmoment,	r_e, r_i	in mm	Radien der Feder,
E	in N/mm²	Elastizitätsmodul,	s	in mm	Federweg,
G	in N/mm²	Gleitmodul,	γ	in rad	Schubwinkel,
k		Formfaktor,	α	in rad	Drehwinkel.

In Tab. A 14.24 sind die erfahrungsgemäß zulässigen Spannungen angegeben. Die Berechnungen liefern nur annähernde Werte. Falls erforderlich, ist mit dem Federnhersteller Rücksprache zu nehmen.

Das in Bild 14.45 dargestellte **ROSTA-Federelement** (Handelsname der Firma Rosta-Werk, 5502 Hunzenschwil/Schweiz) ist besonders vielseitig verwendbar. Vier vorgespannte Gummielemente sind zwischen einem inneren und einem äußeren, um 45° versetzten Vierkantrohr eingebettet. Da die Gummielemente nicht einvulkanisiert sind, können sie von ihrer Grundlage nicht abreißen.

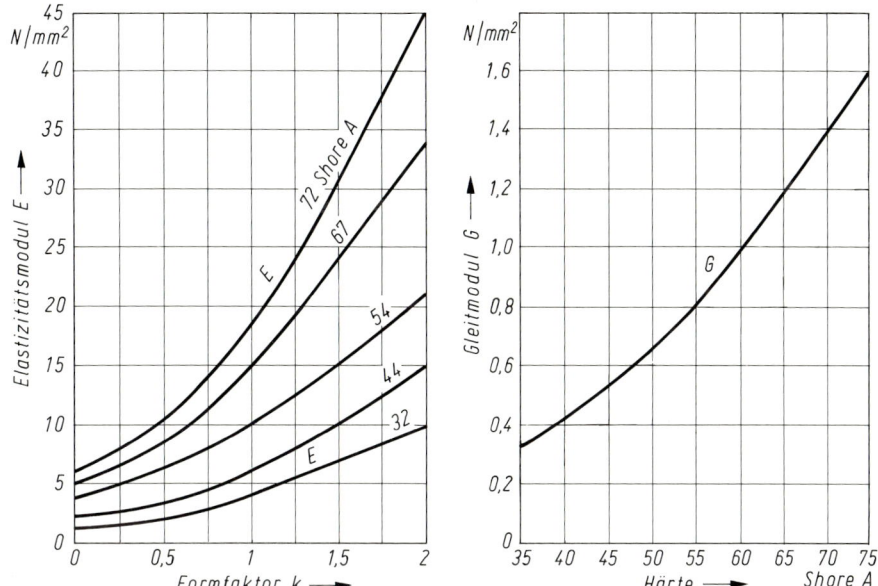

Bild 14.46 Statischer Elastizitätsmodul E in Abhängigkeit von der Härte und vom Formfaktor (links), statischer Gleitmodul G in Abhängigkeit von der Härte (rechts)

Das Federelement kann als Drehfeder, Anschlag, Puffer, Vibrationsdämpfer, zur Fahrzeugabfederung, als Riemen- oder Kettenspanner eingesetzt werden. Im letzten Fall wird eine drehbewegliche Rolle oder ein Kettenrad am Dreharm befestigt und durch das Federelement unter Vorspannung an Riemen oder Kette gedrückt. In Tab. A 14.25 sind die Abmessungen und Drehmomente der gezeigten Bauart wiedergegeben.

Beispiel 14.20

Eine Drehschub-Hülsenfeder (Form DSH nach Tab. 14.23) mit $r_e = 50$ mm, $r_i = 20$ mm, $b = 30$ mm aus Gummi mit 40 Shore A soll bei schwingender Dauerbelastung mit $M = 50$ Nm verdreht werden. Ist die Beanspruchung zulässig? Ist der statische Federwinkel α zulässig? Wie groß ist die statische Federrate R_t? Wie groß sind die dynamische Federrate $R_{t\,dyn}$ und der dynamische Drehwinkel α_{dyn}?

Lösung:
Nach Tab. 14.23 ist

$$\tau = \frac{M}{2r^2 \cdot \pi \cdot b} = \frac{50\,000 \text{ Nmm}}{2 \cdot 20^2 \text{ mm}^2 \cdot \pi \cdot 30 \text{ mm}} = 0{,}663 \text{ N/mm}^2.\quad \text{Nach Tab. A 14.24 ist } \tau_{zul} \approx 1 \text{ N/mm}^2 > \tau.$$

Aus Bild 14.46 wird $G = 0{,}43$ N/mm² entnommen. Damit wird nach Tab. 14.23

$$\alpha = \frac{M}{4\pi \cdot b \cdot G} \left(\frac{1}{r_i^2} - \frac{1}{r_e^2} \right) = \frac{50\,000 \text{ Nmm}}{4\pi \cdot 30 \text{ mm} \cdot 0{,}43 \text{ N/mm}^2} \left(\frac{1}{20^2} - \frac{1}{50^2} \right) \frac{1}{\text{mm}^2} = 0{,}648 \text{ rad} \approx 37° < \alpha_{zul} = 40°.$$

Federrate:

$$R_t = \frac{M}{\alpha} = \frac{50 \text{ Nm}}{0{,}648 \text{ rad}} = 77{,}2 \text{ Nm/rad} = 1{,}35 \text{ Nm/grd}.$$

Nach der Legende zur Gl. 14.68 ist $\varphi \approx 1{,}15$, so daß

$$R_{t\,dyn} = \varphi \cdot R_t = 1{,}15 \cdot 1{,}35 \text{ Nm/grd} = 1{,}55 \text{ Nm/grd}$$

wird und damit der Drehwinkel

$$\alpha_{dyn} = \frac{M}{R_{t\,dyn}} = \frac{50 \text{ Nm}}{1{,}55 \text{ Nm/grd}} \approx 32{,}3°.$$

Literaturhinweise

Beitz, W. und *K. H. Hüttner: Dubbel*, Taschenbuch für den Maschinenbau, Springer-Verlag 1990.
Benz, W.: Elastische Lagerung auf geneigt angeordneten Gummipuffern. Motortechn. Zeitschrift 28/1967.
Bühl, P.: Zur Berechnung von Tellerfedern mit Auflageflächen. Z. Draht 17/1966.
Buschmann, H. und *P. Koeßler:* Handbuch der Kraftfahrzeugtechnik. Heyne-Verlag München 1976.
Dennecke, K.: Eigenschaften und Berechnungsmöglichkeiten für Tellerfedern. Z. Maschinenbautechnik 16/1967.
Friedrichs, J.: Die Uerdinger Ringfeder. Z. Draht 15/1964.
Göbel, E. F.: Konstruktive Anwendung von Gummifedern bei der Bekämpfung des Betriebslärms. Z. Lärmbekämpfung 1/1957.
Göbel, E. F.: Gummifedern. Berechnung und Gestaltung. Springer-Verlag 1969.
Göbel, E. F.: Gummifedern als moderne Konstruktionselemente. Z. Konstruktion 22/1970.
Groß, S.: Berechnung und Gestaltung von Metallfedern. Springer-Verlag 1960.
de Gruben, K.: Eigenfrequenzen federnd gelagerter Maschinen. Z. VDI 86/1942.
Jörn, R.: Gummigefederte Räder für Schienenfahrzeuge. Z. VDI 99/1957.
Jörn, R. und *G. Lang:* Gummi-Metall-Elemente zur elastischen Lagerung von Motoren. Motortechn. Zeitschr. 29/1968.
Keitel, H.: Die Rollfeder – ein federndes Maschinenelement mit horizontaler Kennlinie. Z. Draht 15/1964.
Löper, B.: Nicht-zylindrische Schraubenfedern im Automobilbau und deren Berechnung. Automobiltechn. Zeitschr. 76/1974.
Lürenbaum, K.: Beitrag zur Dynamik der gefederten Maschinengründung. Z. VDI 98/1956.
Lutz, O.: Zur Berechnung der Tellerfeder. Konstruktion 12/1960.
Malter, G. und *J. Jentzsch.:* Zur Abhängigkeit des E- bzw. des G-Moduls von der Beanspruchung. Z. Plaste und Kautschuk 22/1970.
Malter, G. und *J. Jentzsch:* Gummifedern als Konstruktionselement. Z. Maschinenbautechnik 25/1976.
Mayer, E.: Abwehr mechanischer Schwingungen durch elastische Aufstellung der Maschinen (Schwingungsisolierung). Z. Werkstatt und Betrieb 94/1961).
Muhr, K. H. und *P. Niepage:* Zur Berechnung von Tellerfedern mit rechteckigem Querschnitt und Auflageflächen. Z. Konstruktion 18/1966.
Muhr, K. H. und *P. Niepage:* Über die Reduzierung der Reibung in Tellerfedersäulen. Konstruktion 20/1968.
Muhr, K. H. und *P. Niepage:* Eine Methode zur schnellen und einfachen Berechnung von Tellerfedern mit Auflageflächen. Z. Konstruktion 19/1967.
Niemann, G.: Maschinenelemente. Springer-Verlag 1981.
Niepage, P.: Beitrag zur Frage des Ausknickens axial belasteter Schraubendruckfedern. Z. Konstruktion 23/1971.
Pinnekamp, W. und *R. Jörn:* Neue Drehfederelemente aus Gummi für elastische Kupplungen. Motortechn. Zeitschr. 25/1964.
Schremmer, G.: Dynamische Festigkeit von Tellerfedern. Z. Konstruktion 17/1965.
Schremmer, G.: Die geschlitzte Tellerfeder. Z. Konstruktion 24/1972.
Stark, H.: Untersuchungen an Tellerfedern. Z. VDI 48/1937.
Steinhilper, W. und *R. Röper:* Maschinen- und Konstruktionselemente. Springer-Verlag 1986.
Stolte, E.: Körperschalldämmung im Maschinenbau. Z. Konstruktion 8/1956.
Thomas, K.: Berechnung gekrümmter Biegefedern. Z. VDI 101/1959.
Ulbricht, J.: Progressive Schraubendruckfeder mit veränderlichem Drahtdurchmesser für den Kraftfahrzeugbau. Automobiltechn. Zeitschr. 71/1969.
Waas, H.: Federnde Lagerung von Kolbenmaschinen. Z. VDI 81/1937.
Wernitz, H.: Die Tellerfedern. Z. Konstruktion 6/1954.

Drehbewegungselemente

15   Achsen und Wellen

Achsen (Bilder 15.1a und b) tragen ruhende oder umlaufende Maschinenteile, wie Riemenschei-ben, Zahnräder, Laufräder, Trommeln u.dgl. Sie können stillstehen, so daß sich auf ihnen gela-gerte Maschinenteile drehen, oder mit den auf ihnen sitzenden Maschinenteilen umlaufen. **Achsen** werden auf Biegung beansprucht, **übertragen aber kein Drehmoment!**

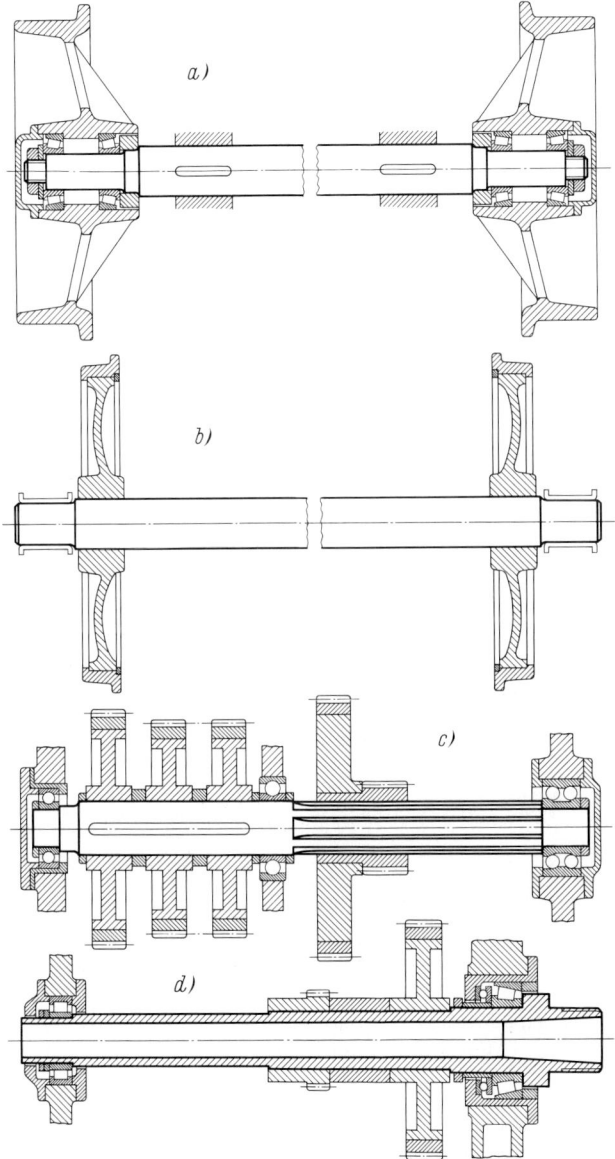

Bild 15.1 Beispiele für Achsen und
Wellen
a) stillstehende Vollachse,
b) umlaufende Vollachse,
c) Vollwelle,
d) Hohlwelle

Wellen (Bilder 15.1 c und d) tragen wie Achsen Maschinenteile, **laufen aber stets um und übertragen immer ein Drehmoment!** Sie werden auf Biegung und Torsion beansprucht.

Wellen mit zentrischer Längsbohrung heißen **Hohlwellen** (Bild 15.1 d).

15.1   Werkstoffe, Gestaltung

Im allgemeinen werden Achsen und Wellen aus St 44 oder St 50 hergestellt, hochbeanspruchte aus St 60. Bei höheren Ansprüchen kommen auch Ck 35, 28 Mn 6, 34 Cr 4, 41 Cr 4 u. dgl. in Frage, im Fahrzeugbau auch 16 MnCr 5, 20 MnCr 5, 15 CrNi 6 u. dgl. Der Einsatz legierter Stähle lohnt sich bei Wechselbiegung nur, wenn die Kerbwirkungen weitgehend ausgeschaltet sind, weil die hochfesten Stähle äußerst kerbempfindlich sind. Für die Werkstoffwahl kann auch das Korrosionsverhalten ausschlaggebend sein.

Gerade Achsen und Wellen bis etwa 150 mm Durchmesser werden meistens aus Rundstahl gedreht, geschält oder kalt gezogen, dickere oder mehrmals abgesetzte aus Schmiedeteilen spanend gefertigt. Die Zapfen und Absätze werden je nach den Anforderungen feingedreht, geschliffen, prägepoliert, gedrückt oder geläppt, höchstbeanspruchte auch oberflächengehärtet (der Kern muß zäh bleiben) und feinstbearbeitet. Achsen und Wellen aus hochfesten Stählen sind wegen des gleichen Elastizitätsmoduls nicht steifer als solche aus den allgemeinen Baustählen. Hohlwellen mit einem Bohrungsdurchmesser von $0{,}5d$ wiegen 25% weniger als Vollwellen, besitzen aber noch rd. 95% Widerstandsmoment gegen Biegung bzw. Torsion.

Achsen und Wellen, die mit $n \geq 1500 \text{ min}^{-1} = 25 \text{ s}^{-1}$ umlaufen, müssen möglichst steif sein, starr gelagert und ausgewuchtet!

Zu bevorzugende Durchmesser der Achsen und Wellen gehen aus den Normzahlen DIN 323 hervor (siehe 2. Kapitel). Genormte Lastdrehzahlen für Werkzeugmaschinen siehe DIN 804.

Die zylindrischen, kegeligen oder kugeligen Umdrehungskörper an Achsen oder Wellen, die in den Lagern laufen oder ruhen, heißen **Zapfen** (Lauf- oder Ruhezapfen). Eine Übersicht bietet Bild 15.2. Kugelzapfen ermöglichen zwar eine Winkelbeweglichkeit, eignen sich wegen ungünstiger Reibverhältnisse aber weniger als Laufzapfen. Aus fertigungstechnischen oder werkstoffbedingten Gründen ist manchmal ein eingeschraubter oder eingepreßter Einzelzapfen vorteilhaft, wie z. B. ein Kurbelzapfen.

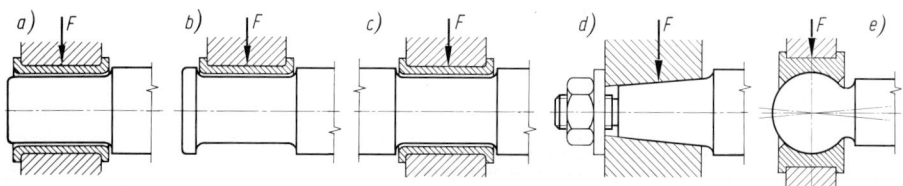

Bild 15.2 Tragzapfen
   a) zylindrischer Lauf-Stirnzapfen, b) zylindrischer Lauf-Stirnzapfen mit Bund, c) zylindrischer Halszapfen, d) kegeliger Ruhezapfen, e) kugeliger Lauf- oder Ruhezapfen

Genormt sind: Zylindrische Wellenenden DIN 478 und DIN 748, Wellenenden für Hilfsmaschinen DIN 75031, kegelige Wellenenden DIN 1448 und 1449.

Zur axialen Lagensicherung von Maschinenteilen dienen Absätze, Bunde oder aufgesetzte Ringe (Bild 15.3). Stellringe siehe DIN 705. Auch Distanzrohre sind ein leicht montierbares Mittel zur axialen Fixierung.

Die Wechselbiegebeanspruchung der umlaufenden Achsen und Wellen führt an allen Querschnittsübergängen, Eindrehungen, Nuten u. dgl. wegen der **Kerbwirkungen** zu einer Dauerbruch-

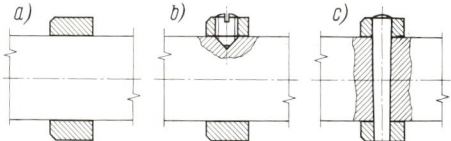

Bild 15.3 Ringe als Wellenbunde
a) Schrumpfring,
b) Stellring DIN 705 mit zwei um 135°
versetzten Gewindestiften,
c) Stellring DIN 705 mit Kegelstift

gefahr! Die Spannungsspitzen lassen sich durch verschiedene Gestaltungsmaßnahmen abbauen. In welchem Maße sich die Spannungsspitzen bemerkbar machen, veranschaulicht Bild 15.4. Spannungsspitzen bilden sich auch durch aufgesetzte Naben. Der Kraftfluß, der längs durch eine Achse oder Welle läuft, ist für die Festigkeit von ausschlaggebender Bedeutung. Aus den Beispielen in Bild 15.4 ist ersichtlich, welche Form den Kraftfluß am sanftesten umlenkt und damit die Gestaltfestigkeit (Dauerhaltbarkeit) am wenigsten senkt. Auch durch Entlastungskerben (E in Bild 15.4) läßt sich der Kraftfluß sanfter umlenken. Es empfiehlt sich, wechselbiegebeanspruchte Achsen und Wellen auf ihren Kraftfluß zu untersuchen.

Hier sei besonders darauf hingewiesen, daß an den Enden von Nabensitzen in den Achsen oder Wellen Kerbwirkungen entstehen. Deshalb ist es wichtig, auch an den Nabenenden für eine sanfte Umlenkung des Kraftflusses zu sorgen. Siehe hierzu Bild 6.14 auf Seite 113 und lfd. Nr. 1 bis 4 in Tab. 15.3 auf Seite 313.

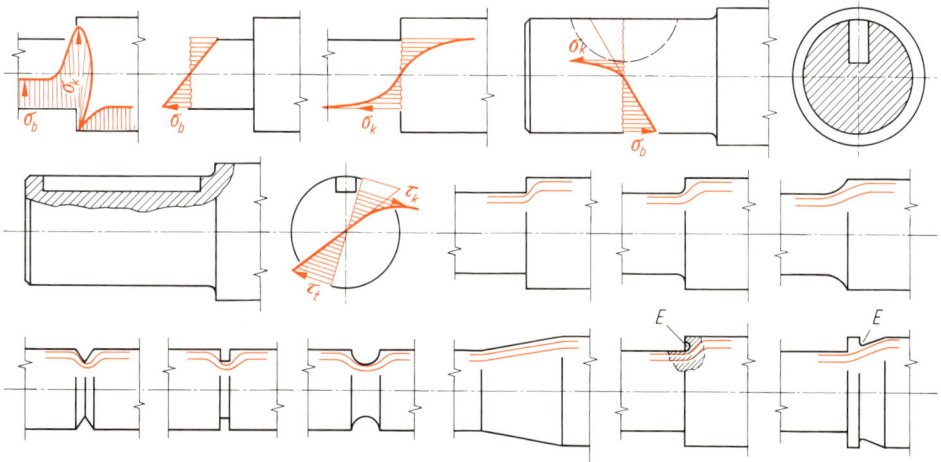

Bild 15.4 Kerbwirkungen und Kraftfluß in Achsen und Wellen (beim obersten linken Bild sind die Randspannungen σ_b und σ_k in die Zeichenebene geklappt)
σ_b, τ_t Nennspannungen, σ_k, τ_k Kerbspannungen

Zur Kraftübertragung zwischen ortsbeweglichen Antriebs- und Abtriebsaggregaten werden auch biegsame Wellen eingesetzt, z.B. zum Antreiben von Zählern, Drehzahl- und Geschwindigkeitsmessern, Bohr- und anderen Werkzeugen. Sie bestehen aus mehrlagigen Seelen, die in einem Metallschutzschlauch geführt sind (Bild 15.5).

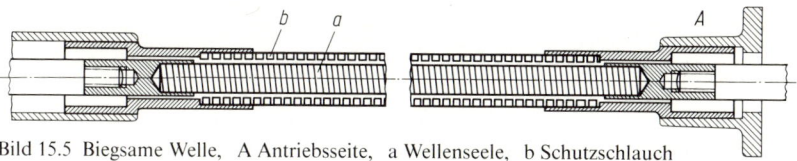

Bild 15.5 Biegsame Welle, A Antriebsseite, a Wellenseele, b Schutzschlauch

15.2   Biegemomente, Längskräfte und Torsionsmomente

Die meisten Achsen und Wellen sind **Träger auf zwei Stützen** (auf Gleit- oder Wälzlagern). Durch
die Belastungskräfte, das sind Zahnkräfte, Riemen- oder Kettenzugkräfte u. dgl., werden in den
Lagerstellen die Stützkräfte F_A und F_B hervorgerufen. Wenn alle diese Kräfte nicht in einer Ebe-
ne wirken, werden sie in zwei senkrecht zueinander stehende Ebenen zerlegt (x- und y-Ebene).
Die Biegemomente M_x und M_y in diesen beiden Ebenen werden jeweils zu einem resultierenden
Biegemoment M_b geometrisch addiert: $M_b = \sqrt{M_x^2 + M_y^2}$.

Dieses erzeugt in dem betr. Querschnitt die **Biegespannung σ_b.**

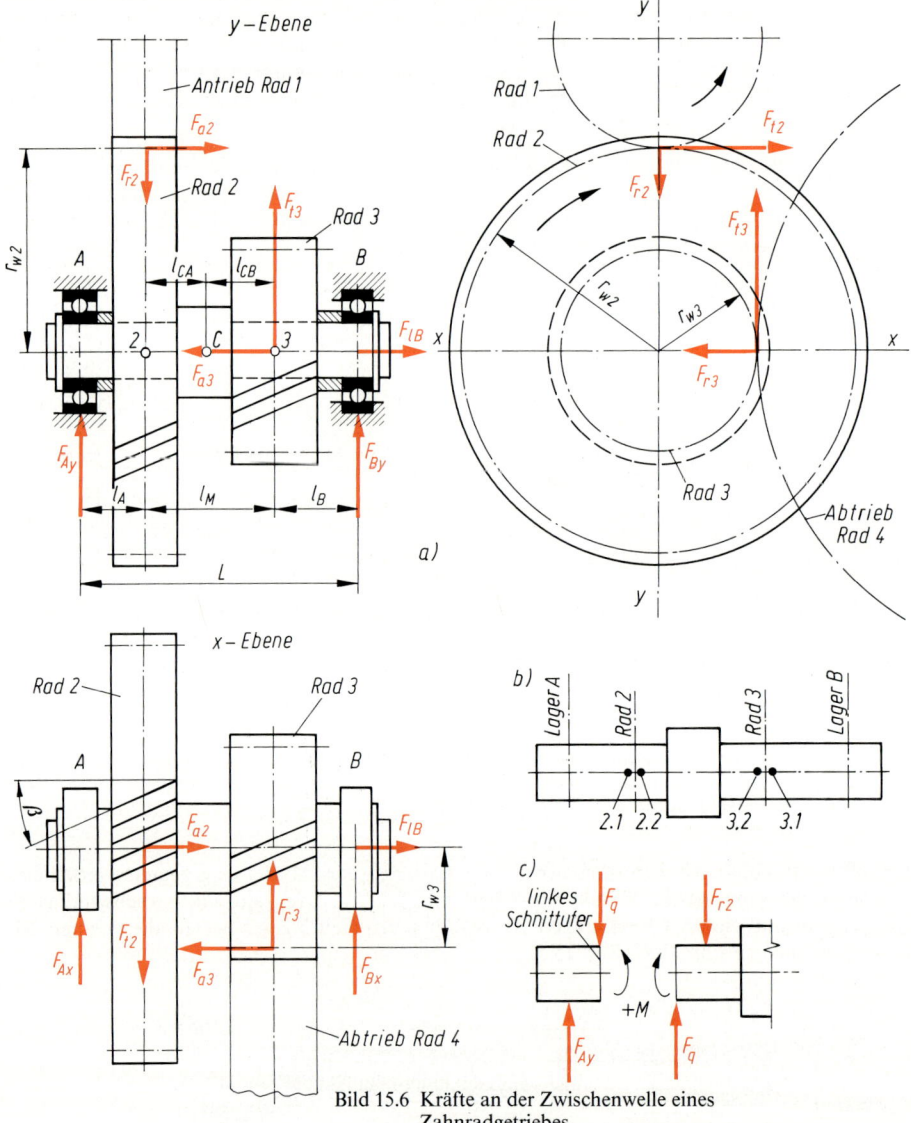

Bild 15.6 Kräfte an der Zwischenwelle eines
Zahnradgetriebes
a) Getriebewelle, b) Berechnungspunkte, c) Freischneiden

Auch Längskräfte F_l können auftreten, z. B. hervorgerufen durch Axialkräfte F_a an Schrägzahn-oder Kegelrädern. Sie erzeugen in den von ihnen beanspruchten Querschnitten **Zug-** oder **Druck-spannungen** σ_z bzw. σ_d.

Da Wellen stets ein Drehmoment übertragen, werden die betr. Querschnitte mit einer **Torsions-spannung** τ_t beansprucht. Das Drehmoment, das auf die Welle als Torsionsmoment T wirkt, läuft meistens nicht durch den gesamten Wellenstrang. Von einem Maschinenteil (z. B. Riemenscheibe oder Zahnrad) wird es eingeleitet, von einem anderen ausgeleitet.

Bild 15.6a zeigt als Beispiel die Zwischenwelle eines Zahnradgetriebes, auf das die **Zahnkräfte** in verschiedenen Ebenen wirken. Am jeweils getriebenen Rad (hier Rad 2) wirkt die Tangentialkraft F_t in Drehrichtung, am treibenden Rad (hier Rad 3) entgegen der Drehrichtung. Wie die Zahn-kräfte F_r und F_a zustande kommen, ist im 23. Kapitel, Abschnitt 23.1 (Zahnkräfte) erläutert. Im folgenden Beispiel 15.1 sind die Berechnungsgleichungen angegeben. Die Radialkraft F_r zeigt immer zur Drehachse des betr. Rades, die Axialkraft F_a bei Schrägverzahnung je nach Steigungs-sinn der Zähne in die Richtung, in die das Gegenrad das betr. Rad schieben will (siehe Bild 23.3).

Zur Ermittlung der Biegemomente denkt man sich den Träger jeweils an einer Stelle quer durch-schnitten (Bild 15.6c) und den linken oder rechten Teil stehengelassen (den mit weniger Kräften). Nach Anbringen der Schnittkräfte und -momente am stehengelassenen Teil (das sind die Kräfte und Momente in der Schnittfläche am linken oder rechten Schnittufer) muß der betrachtete Trä-gerteil im Gleichgewicht sein, so daß für ihn $\Sigma M = 0$, $\Sigma F_y = 0$ und $\Sigma F_x = 0$ gilt. Es ist darauf zu achten, daß beim Stehenlassen des linken Teiles mit dem linken Schnittufer die linksdrehenden Biegemomente auf der Schnittfläche positiv, beim Stehenlassen des rechten Teiles mit dem rech-ten Schnittufer die rechtsdrehenden Biegemomente auf der Schnittfläche positiv angenommen werden, da anderenfalls dieselben Biegemomente entgegengesetzte Vorzeichen erhalten würden. Bei positiven Biegemomenten liegt die Druckseite oben. Aufwärts gerichtete Kräfte werden posi-tiv angenommen. Bei den Längskräften F_l in Achsrichtung der Welle sind Zugkräfte positiv. **Die Spannungsberechnung erfolgt nur mit den absoluten Beträgen der Schnittgrößen.**

Es ist sinnvoll, den Verlauf von Torsionsmoment T, Biegemomente M_x und M_y sowie der Längs-kräfte F_l über der Trägerlänge maßstäblich aufzuzeichnen, so daß die in einem bestimmten Quer-schnitt wirkenden Momente und Kräfte sofort übersehen und ermittelt werden können. Siehe hierzu das Beispiel 15.1.

Es sei noch bemerkt, daß sich in Wirklichkeit die Zahnkräfte über die gesamte Zahnbreite vertei-len, also keine Punktkräfte sind. Das Torsionsmoment T nimmt in der Nabenverbindung konti-nuierlich zu (siehe Bild 15.7). Wegen der angenommenen Punktkräfte ist es auch üblich, das volle Torsionsmoment von Radmitte bis Radmitte anzusetzen. Für die praktische Berechnung genügt diese vereinfachende Annahme.

Beispiel 15.1

Die in Bild 15.6 gezeigte Zwischenwelle eines Getriebes mit Schrägzahnrädern hat ein Drehmoment = Tor-sionsmoment $T = 320$ Nm zu übertragen. Der Eingriffswinkel der Schrägverzahnung beträgt an beiden Rä-dern $\alpha_w = 21{,}9°$, der Schrägungswinkel an beiden Rädern $\beta = 25°$. α_{w2} und α_{w3} bzw. β_2 und β_3 können je-weils auch verschieden groß sein. Wälzkreisradien der Räder: $r_{w2} = 179{,}3$ mm, $r_{w3} = 88{,}2$ mm, Abstände: $l_A = 55$ mm, $l_M = 120$ mm, $l_B = 65$ mm, $l_{CA} = 60$ mm, $l_{CB} = 60$ mm, $L = 240$ mm. Es betragen jeweils:

> **Tangentialkraft** $F_t = T/r_w$ **Radialkraft** $F_r = F_t \cdot \tan \alpha_w$ **Axialkraft** $F_a = F_t \cdot \tan \beta$

Es sind alle Kräfte und alle Biegemomente zu errechnen, die zur Aufzeichnung des gesamten Biegemomen-tenverlaufs und der Längskräfte erforderlich sind.

Hinweis: Die Punkte 2 und 3 wurden jeweils unterteilt in 2.1 und 2.2 bzw. 3.1 und 3.2, wenn die Axialkräfte F_{a2} und F_{a3} gerade noch zu den Teilpunkten 2.2 und 3.2 wirken, nicht aber mehr zu den Teilpunkten 2.1 und 3.1. Man muß sich die Teilpunkte jeweils unmittelbar nebeneinander ohne definierbaren Abstand vorstel-len. Siehe hierzu Bild 15.6b.

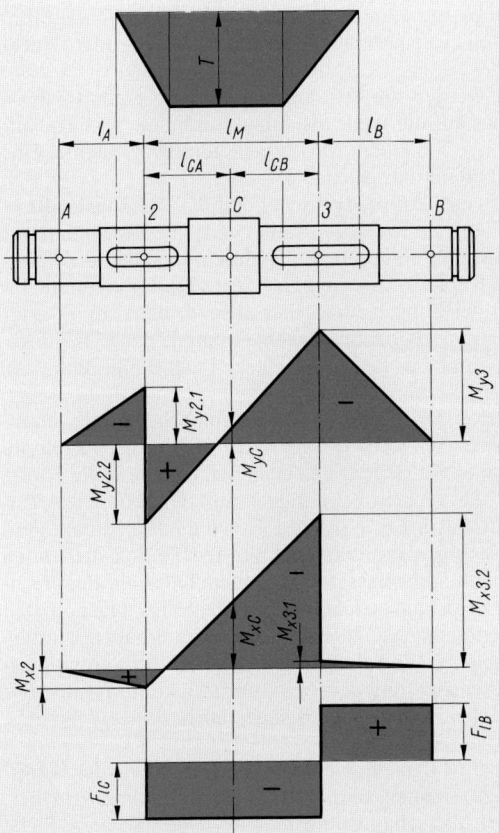

Bild 15.7 Drehmomenten-, Biegemomenten-
und Längskraftverlauf an der Zwischenwelle

Lösung:
1. Tangentialkräfte F_{t2} und F_{t3}

$$F_{t2} = T/r_{w2} = 32\,000 \text{ Ncm}/17,93 \text{ cm}$$
$$\approx 1785 \text{ N},$$
$$F_{t3} = T/r_{w3} = 32\,000 \text{ Ncm}/8,82 \text{ cm}$$
$$\approx 3630 \text{ N},$$

2. Radialkräfte F_{r2} und F_{r3}

$$F_{r2} = F_{t2} \cdot \tan\alpha_w = 1785 \text{ N} \cdot \tan 21,9°$$
$$\approx 720 \text{ N},$$
$$F_{r3} = F_{t3} \cdot \tan\alpha_w = 3630 \text{ N} \cdot \tan 21,9°$$
$$\approx 1460 \text{ N},$$

3. Axialkräfte F_{a2} und F_{a3}

$$F_{a2} = F_{t2} \cdot \tan\beta = 1785 \text{ N} \cdot \tan 25°$$
$$\approx 830 \text{ N},$$
$$F_{a3} = F_{t3} \cdot \tan\beta = 3630 \text{ N} \cdot \tan 25°$$
$$\approx 1690 \text{ N}.$$

4. Stützkräfte F_{Ay} und F_{By}
Für die Gleichgewichtsbedingung $\Sigma M = 0$
wird B als Bezugspunkt gewählt:

$$\Sigma M_{(B)} = 0 = -F_{Ay} \cdot L + F_{r2}(l_M + l_B)$$
$$- F_{a2} \cdot r_{w2} - F_{r3} \cdot l_B,$$

$$F_{Ay} = \frac{F_{r2}(l_M + l_B) - F_{a2} \cdot r_{w2} - F_{r3} \cdot l_B}{L}$$

$$= \frac{720 \text{ N} \cdot 18,5 - 830 \text{ N} \cdot 17,93 - 3630 \text{ N} \cdot 6,5}{24}$$

$$= -1048 \text{ N}.$$

Der negative Betrag weist darauf hin, daß F_{Ay}
entgegen der Annahme abwärts gerichtet ist.

$$\Sigma F_y = 0 = F_{Ay} - F_{r2} + F_{r3} + F_{By},$$

$$F_{By} = F_{r2} - F_{Ay} - F_{r3}$$

$$= 720 \text{ N} + 1048 \text{ N} - 3630 \text{ N} = -1862 \text{ N}$$

Auch F_{By} ist entgegen der Annahme abwärts
gerichtet.

5. Stützkräfte F_{Ax} und F_{Bx}

$$M_{(B)} = 0 = -F_{Ax} \cdot L + F_{t2}(l_M + l_B) - F_{a3} \cdot r_{w3} - F_{t3} \cdot l_B,$$

$$F_{Ax} = \frac{F_{t2}(l_M + l_B) - F_{a3} \cdot r_{w3} - F_{t3} \cdot l_B}{L} = \frac{1785 \text{ N} \cdot 18,5 - 1690 \text{ N} \cdot 8,82 - 1460 \text{ N} \cdot 6,5}{24} = 359,4 \text{ N}.$$

$$\Sigma F_x = 0 = F_{Ax} - F_{t2} + F_{t3} + F_{Bx},$$

$$F_{Bx} = F_{t2} - F_{Ax} - F_{t3} = 1785 \text{ N} - 359,4 \text{ N} - 1460 \text{ N} = -34,4 \text{ N}$$

F_{Bx} ist entgegen der Annahme abwärts gerichtet.

6. Biegemomente in der y-Ebene

$$M_{y2.1} = +F_{Ay} \cdot l_A = -1048 \text{ N} \cdot 5,5 \text{ cm} = -5764 \text{ Ncm},$$

$$M_{y2.2} = +F_{Ay} \cdot l_A + F_{a2} \cdot r_{w2} = -1048 \text{ N} \cdot 5,5 \text{ cm} + 830 \text{ N} \cdot 17,93 \text{ cm} = +9118 \text{ Ncm},$$

$$M_{y3} = +F_{By} \cdot l_B = -1862 \text{ N} \cdot 6,5 \text{ cm} = -12\,103 \text{ Ncm},$$

$$M_{yC} = +F_{Ay}(l_A + l_{CA}) - F_{r2} \cdot l_{CA} + F_{a2} \cdot r_{w2}$$

$$= -1048 \text{ N} \cdot 11,5 \text{ cm} - 720 \text{ N} \cdot 6 \text{ cm} + 830 \text{ N} \cdot 17,93 \text{ cm} = -1490 \text{ Ncm},$$

oder:

$$M_{yC} = + F_{By} (l_B + l_{CB}) + F_{t3} \cdot l_{CB} = - 1862 \text{ N} \cdot 12,5 \text{ cm} + 3630 \text{ N} \cdot 6 \text{ cm} = - 1495 \text{ Ncm}.$$

Der geringe Unterschied in den Beträgen der beiden M_{yC} ist auf vorherige Auf- und Abrundungen zurückzuführen.

7. Biegemomente in der x-Ebene

$$M_{x2} = + F_{Ax} \cdot l_A = + 359,4 \text{ N} \cdot 5,5 \text{ cm} = + 1977 \text{ Ncm},$$

$$M_{x3.1} = + F_{Bx} \cdot l_B = - 34,4 \text{ N} \cdot 6,5 \text{ cm} = - 224 \text{ Ncm},$$

$$M_{x3.2} = + F_{Bx} \cdot l_B - F_{a3} \cdot r_{w3} = - 34,4 \text{ N} \cdot 6,5 \text{ cm} - 1690 \text{ N} \cdot 8,82 \text{ cm} = - 15129 \text{ Ncm},$$

$$M_{xC} = + F_{Ax} (l_A + l_{CA}) - F_{t2} \cdot l_{CA} = + 359,4 \text{ N} \cdot 11,5 \text{ cm} - 1785 \text{ N} \cdot 6 \text{ cm} = - 6577 \text{ Ncm}$$

oder:

$$M_{xC} = + F_{Bx} (l_B + l_{CB}) + F_{t3} \cdot l_{CB} + F_{a3} \cdot r_{w3}$$
$$= - 34,4 \text{ N} \cdot 12,5 \text{ cm} + 1460 \text{ N} \cdot 6 \text{ cm} - 1690 \text{ N} \cdot 8,82 \text{ cm} = - 6576 \text{ Ncm}.$$

Auch hier gilt das unter 6. Gesagte.

8. Längskräfte an den Stellen B und C

$$F_{lB} = F_{a3} - F_{a2} = 1690 \text{ N} - 830 \text{ N} = 860 \text{ N (Zugkraft)},$$

$$F_{lC} = - F_{a2} = - 830 \text{ N (Druckkraft)}.$$

9. Auswertung der Ergebnisse
In Bild 15.7 sind die Ergebnisse der vorstehenden Berechnungen maßstäblich wiedergegeben.

15.3 Überschlagsberechnung auf Torsion und auf Biegung

Es ist zweckmäßig, für einen torsionsbeanspruchten Wellenstrang den erforderlichen kleinsten Durchmesser nach zulässigen Erfahrungsbeanspruchungen vorauszubestimmen. Aus der Beziehung $\tau_t = T/W_t \leqq \tau_{t\,zul}$ ergibt sich für Vollwellen mit $W_t \approx 0,2 d^3$ der erforderliche

$$\textit{Mindestdurchmesser} \quad \boldsymbol{d_{min} \approx \sqrt[3]{\frac{T}{0,2\,\tau_{t\,zul}}}} \tag{15.1}$$

d_{min} in mm   erforderlicher kleinster Wellendurchmesser im torsionsbeanspruchten Wellenstrang,
T in Nmm   Betriebsdrehmoment = Torsionsmoment,
$\tau_{t\,zul}$ in N/mm² zulässige Torsionsspannung nach Tab. A 15.1

Befindet sich im betr. Wellenstrang eine **Paßfedernut,** so braucht für diese **kein Zuschlag** zu d_{min} gemacht zu werden, da $\tau_{t\,zul}$ niedrig angesetzt ist und die Nabe des Maschinenteils die Welle versteift.
Wenn die Welle nach diesem Durchmesser entworfen wurde, empfiehlt sich eine überschlägliche Kontrolle auf Biegefestigkeit nach erfahrungsmäßig zulässigen Spannungen (Tab. A 15.1), bevor sie auf Gestaltfestigkeit (Abschnitt 15.5) nachgerechnet wird. Obwohl die Werte in Tab. A 15.1 für Dicken von durchschnittlich 50 mm angegeben sind, können sie allgemein benutzt werden.

Im jeweils gefährdeten Querschnitt beträgt die

$$\textit{Biegespannung} \quad \boldsymbol{\sigma_b = \frac{M_b}{W_b}} \tag{15.2}$$

σ_b in N/mm² Biegespannung im gefährdeten Querschnitt,
M_b in Nmm   Biegemoment im gefährdeten Querschnitt,
W_b in mm³   Widerstandsmoment gegen Biegung des gefährdeten Querschnitts nach Tab. 15.2.

Auch für **Achsen** kann eine Überschlagsberechnung auf Biegung nach Gl. 15.2 vorgenommen werden. Dazu müssen allerdings die Abmessungen der Achsen bekannt bzw. gefühlsmäßig angenommen worden sein. Die Ermittlung der Achsendurchmesser bei vorgegebener zulässiger Biegespannung (Tab. A 15.1) siehe Abschnitt 15.4.

Tab. 15.2 Widerstandsmomente W_b und W_t sowie Flächenmomente I_b und I_t zweiten Grades verschiedener Querschnitte

	Glatte Welle oder genutete mit Keil oder Paßfeder		Genutete Welle	Glatte Hohlwelle	Durchbohrte Welle
W_b	$\approx 0{,}1 d^3$		$\approx 0{,}012 (D + d)^3$	$\approx 0{,}1 \dfrac{D^4 - d^4}{D}$	$\approx 0{,}1 D^3 - 0{,}17 d\, D^2$
W_t	$2 W_b$	$\approx 0{,}2 (d - t_1)^3$	$\approx 0{,}2 d^3$	$= 2 W_b$	$\approx 2 W_b$
I_b	$\approx 0{,}05 d^4$		$\approx 0{,}003 (D + d)^4$	$\approx 0{,}05 (D^4 - d^4)$	$\approx 0{,}05 D^4 - 0{,}083 d\, D^3$
I_t	$\approx 0{,}1 d^4$	$\approx 0{,}1 (d - t_1)^4$	$\approx 0{,}1 d^4$	$= 2 I_b$	$\approx 2 I_b$

	Verzahnte Welle	Keilwelle	Polygonwelle P3G	Polygonwelle P4C
W_b	$\approx 0{,}012 (D + d)^3$	$\approx 0{,}012 (D + d)^3$	$\approx I_t / d_1$	$\approx 0{,}15 d_2^3$
W_t	$= 2 W_b$	$= 2 W_b$	$\approx 2 I_t / d_1$	$\approx 0{,}2 d_2^3$
I_b	$\approx 0{,}003 (D + d)^4$	$\approx 0{,}003 (D + d)^4$	$\approx I_t / 2$	$\approx 0{,}075 d_2^4$
I_t	$= 2 I_b$	$= 2 I_b$	$= \dfrac{\pi d_1^2}{4} \left(\dfrac{d_1^2}{8} - 3 e_1^2 \right) - 6\pi \cdot e_1^4$	$\approx 0{,}1 d_2^4$

Beispiel 15.2

Die Zwischenwelle eines Zahnradgetriebes nach Beispiel 15.1 hat ein Drehmoment $T = 320$ Nm zu übertragen. Die Welle soll aus St 44-2 hergestellt werden. Wie groß ist der kleinste Wellendurchmesser innerhalb des torsionsbeanspruchten Wellenstranges auszuführen? Ist die Biegespannung im höchstbeanspruchten Querschnitt zulässig? Hierzu sind die im Beispiel 15.1 ermittelten Biegemomente einzusetzen (siehe Bild 15.7).

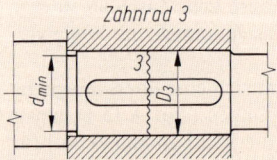

Zahnrad 3

Bild 15.8 Berechnungsskizze

Lösung:
Der kleinste Wellendurchmesser im torsionsbeanspruchten Strang tritt in den Zahnradnaben auf (das volle Torsionsmoment wirkt bei Rad 2 an der rechten, bei Rad 3 an der linken Radstirn). Siehe hierzu Bild 15.7. Mit $\tau_{t\,zul} = 22$ N/mm² aus Tab. A 15.1 wird nach Gl. 15.1 an diesen Stellen gemäß Bild 15.8:

$$d_{\min} \approx \sqrt[3]{\frac{T}{0{,}2\,\tau_{t\,zul}}} = \sqrt[3]{\frac{320\,000\ \text{Nmm}}{0{,}2 \cdot 22\ \text{N/mm}^2}} = 41{,}7\ \text{mm}.$$

Gewählt wird $d_{\min} = 42$ mm. Der Durchmesser am Nabensitz wird $D_3 = 45$ mm gewählt.

Das größte Biegemoment tritt im Querschnitt 3 (Bild 15.7) auf, in dem $M_x = M_{x3.2} = 15129$ Ncm und $M_y = M_{y3} = 12103$ Ncm wirken (siehe Beispiel 15.1). Dann beträgt das resultierende Biegemoment

$$M_b = \sqrt{M_x^2 + M_y^2} = \sqrt{15129^2 + 12103^2}\ \text{Ncm} = 19374\ \text{Ncm}.$$

Mit $d = D_3$ ist nach Tab. 15.2: $W_b \approx 0{,}1 D_3^3 = 0{,}1 \cdot 4{,}5^3\ \text{cm}^3 = 9{,}1\ \text{cm}^3$. Biegespannung nach Gl. 15.2:

$$\sigma_b = \frac{M_b}{W_b} = \frac{19\,374\ \mathrm{Ncm}}{9,1\ \mathrm{cm}^3} = 2129\ \mathrm{N/cm^2} \approx 21,3\ \mathrm{N/mm^2}.$$

Tab. A 15.1 gibt $\sigma_{b\,zul} = 45\ \mathrm{N/mm^2}$ an, die bei weitem nicht erreicht wird. Deshalb braucht hier die niedrige Druckspannung durch die Längskraft F_l nicht in Betracht gezogen zu werden.

15.4 Achsen und Wellen gleicher Biegebeanspruchung

Die Festigkeit eines Biegeträgers wird im allgemeinen nur an der Stelle des größten Biegemoments ausgenutzt, während alle anderen Querschnitte ein höheres Moment aufnehmen könnten. Aus Gründen der Werkstoff- und Raumersparnis ist es mitunter besonders bei großen Achsen oder Wellen sinnvoll, diese so zu gestalten, daß alle Querschnitte gleichhoch beansprucht werden. Für einen beliebigen Querschnitt x im Abstand l_x von der Kraft F gilt entspr. Bild 15.9 die Beziehung

$$\text{Widerstandsmoment} \quad W_{bx} = \frac{M_{bx}}{\sigma_{b\,zul}} \tag{15.3}$$

W_{bx} in mm³   erforderliches Widerstandsmoment des Querschnitts x,
M_{bx} in Nmm   Biegemoment an der Stelle x,
$\sigma_{b\,zul}$ in N/mm²   zulässige Biegespannung (Tab. A 15.1).

Beim Kreisquerschnitt mit $W_{bx} \approx 0,1 d_x^3$ ergibt sich der

$$\text{Achsen- oder Wellendurchmesser} \quad d_x \approx \sqrt[3]{\frac{10 M_{bx}}{\sigma_{b\,zul}}} = C\sqrt[3]{M_{bx}} \tag{15.4}$$

d_x in mm   Durchmesser an der Stelle x,
$\sigma_{b\,zul}$ in N/mm²   zulässige Biegespannung (Tab. A 15.1),
$C = \sqrt[3]{10/\sigma_{b\,zul}}$ in $\sqrt[3]{\mathrm{mm^2/N}}$ Berechnungskonstante,
M_{bx} in Nmm   Biegemoment an der Stelle x.

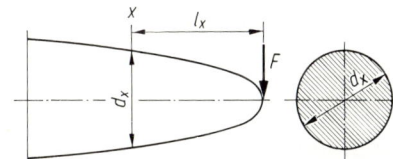

Bild 15.9 Kubische Parabel als Körper gleicher Biegebeanspruchung mit Kreisquerschnitt

Praktisch muß die Achse oder Welle so geformt werden, daß die sich ergebende kubische Parabel an keiner Stelle angeschnitten wird. Siehe hierzu das Beispiel 15.3.

Beispiel 15.3

Die in Bild 15.10 dargestellte Kettenradwelle aus St 60-2 ist als Körper gleicher Biegebeanspruchung auszubilden. Zulässige Biegespannung $\sigma_{b\,zul} = 63\ \mathrm{N/mm^2}$ (Tab. A 15.1), Kraft $F_1 = 57\,500$ N, Kraft $F_2 = 20\,000$ N. Es sind für die Querschnitte 1...8 die theoretisch erforderlichen Durchmesser d_x zu errechnen.

Lösung:
1. Auflagerkräfte F_A und F_B
Aus den Gleichgewichtsbedingungen $\Sigma M = 0$ und $\Sigma F = 0$ folgen:

$$F_A = \frac{57\,500\ \mathrm{N} \cdot 420\ \mathrm{mm} + 2000\ \mathrm{N} \cdot 120\ \mathrm{mm}}{820\ \mathrm{mm}} = 32\,400\ \mathrm{N},$$

$$F_B = 57\,500\ \mathrm{N} + 20\,000\ \mathrm{N} - 32\,400\ \mathrm{N} = 45\,100\ \mathrm{N}.$$

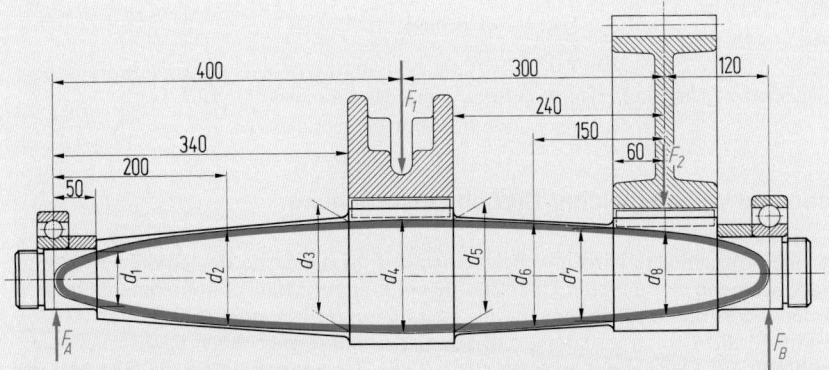

Bild 15.10 Kettenradwelle als Körper annähernd gleicher Biegebeanspruchung

2. Biegemomente M_b

$M_{b1} = 32\,400\ \text{N} \cdot 50\ \text{mm} = 1620 \cdot 10^3\ \text{Nmm},$
$M_{b2} = 32\,400\ \text{N} \cdot 200\ \text{mm} = 6480 \cdot 10^3\ \text{Nmm},$
$M_{b3} = 32\,400\ \text{N} \cdot 340\ \text{mm} = 11\,016 \cdot 10^3\ \text{Nmm},$
$M_{b4} = 32\,400\ \text{N} \cdot 400\ \text{mm} = 12\,960 \cdot 10^3\ \text{Nmm},$
$M_{b5} = 45\,100\ \text{N} \cdot 360\ \text{mm} - 20\,000\ \text{N} \cdot 240\ \text{mm} = 11\,436 \cdot 10^3\ \text{Nmm},$
$M_{b6} = 45\,100\ \text{N} \cdot 270\ \text{mm} - 20\,000\ \text{N} \cdot 150\ \text{mm} = 9177 \cdot 10^3\ \text{Nmm},$
$M_{b7} = 45\,100\ \text{N} \cdot 180\ \text{mm} - 20\,000\ \text{N} \cdot 60\ \text{mm} = 6918 \cdot 10^3\ \text{Nmm},$
$M_{b8} = 45\,100\ \text{N} \cdot 120\ \text{mm} = 5412 \cdot 10^3\ \text{Nmm}.$

3. Durchmesser $d_1 \dots d_8$
Gemäß Gl. 15.4: $C = \sqrt[3]{10/\sigma_{b\,zul}} = \sqrt[3]{10/63\ \text{N/mm}^2} = 0{,}5414\ \sqrt[3]{\text{mm}^2/\text{N}}$. Somit:

$d_1 = 0{,}5414\ \sqrt[3]{1620 \cdot 10^3}\ \text{mm} \approx 64\ \text{mm},$ $\qquad d_5 = 0{,}5414\ \sqrt[3]{11\,436 \cdot 10^3}\ \text{mm} \approx 122\ \text{mm},$

$d_2 = 0{,}5414\ \sqrt[3]{6480 \cdot 10^3}\ \text{mm} \approx 101\ \text{mm},$ $\qquad d_6 = 0{,}5414\ \sqrt[3]{9177 \cdot 10^3}\ \text{mm} \approx 113\ \text{mm},$

$d_3 = 0{,}5414\ \sqrt[3]{11\,016 \cdot 10^3}\ \text{mm} \approx 120\ \text{mm},$ $\qquad d_7 = 0{,}5414\ \sqrt[3]{6918 \cdot 10^3}\ \text{mm} \approx 103\ \text{mm},$

$d_4 = 0{,}5414\ \sqrt[3]{12\,960 \cdot 10^3}\ \text{mm} \approx 127\ \text{mm},$ $\qquad d_8 = 0{,}5414\ \sqrt[3]{5412 \cdot 10^3}\ \text{mm} \approx 95\ \text{mm}.$

15.5 Berechnung auf Gestaltfestigkeit (Dauerhaltbarkeit)

Auf Gestaltfestigkeit werden die als gefährdet anzusehenden Querschnitte berechnet. Das sind die hochbeanspruchten und diejenigen, in denen Kerbwirkungen auftreten. Anhand der Konstruktion und des Verlaufes der Biegemomente kann man meistens schnell abschätzen, an welchen Stellen ein Bruch eintreten könnte. Hierbei ist in Betracht zu ziehen, daß die Naben der aufgesetzten Maschinenteile das System versteifen. Der Bruch einer Achse oder Welle innerhalb eines Nabensitzes ist deshalb unwahrscheinlich, so daß sich in der Regel die Gestaltfestigkeitsberechnung von Querschnitten innerhalb von Nabensitzen erübrigt. Die Nabenenden rufen jedoch Kerbwirkungen hervor, so daß ein Dauerbruch unmittelbar neben einer Nabe oder vor einem Nabenende nicht auszuschließen ist. Paßfeder- oder Keilnuten über den Nabensitz hinaus sind deshalb nicht zweckmäßig. In einem gefährdeten Wellenquerschnitt können auftreten:

$\qquad$ *Biegespannung* $\qquad\qquad \sigma_b = \dfrac{M_b}{W_b}$ $\qquad\qquad\qquad\qquad\qquad$ (15.5)

$\qquad$ *Zug- oder Druckspannung* $\qquad \sigma_{z,d} = \dfrac{F_1}{S}$ $\qquad\qquad\qquad\qquad\qquad$ (15.6)

Torsionsspannung $\qquad\qquad \tau_t = \dfrac{T}{W_t}$ $\qquad\qquad\qquad\qquad$ (15.7)

$\sigma_b, \sigma_{z,d}, \tau_t$	in N/mm²	Normal- und Tangentialspannungen im gefährdeten Querschnitt,
M_b, T	in Nmm	größtes Biege- bzw. Torsionsmoment im gefährdeten Querschnitt unter Berücksichtigung von Betriebsstößen oder -spitzen,
F_l	in N	Längskraft im betr. Querschnitt,
W_b, W_t	in mm³	Widerstandsmoment des betr. Querschnitts gegen Biegung bzw. Torsion nach Tab. 15.2,
S	in mm²	Querschnittsfläche.

In Achsen tritt keine Torsionsspannung τ_t auf. Wirken Biege- und Zug- oder Druckspannung in einem Querschnitt gleichzeitig, so sind sie zur größten Normalspannung arithmetisch zu addieren zur

Oberspannung $\quad \sigma_o = \sigma_{z,d} + \sigma_b$ $\qquad\qquad\qquad\qquad\qquad\qquad\qquad$ (15.8)

In **umlaufenden** Achsen oder Wellen **wirkt die Biegespannung** trotz stillstehender Belastungskräfte **wechselnd,** weil während jeder halben Umdrehung Biegezug- und Biegedruckspannung an einem Querschnittsrandpunkt einander abwechseln, die **Zug-** oder **Druckspannung** aber **ruhend** bleibt. In derartigen Fällen ist die ruhende Spannung $\sigma_{z,d}$ gleich der Mittelspannung σ_m des Lastspiels (Schwingspiels), der sich die wechselnde Biegespannung σ_b als Spannungsausschlag σ_a überlagert (Bild 15.11), d.h. die Normalbeanspruchung beträgt $\sigma = \sigma_m \pm \sigma_a = \sigma_{z,d} \pm \sigma_b$. Es gilt als

Ruhegrad $\quad R = \dfrac{\sigma_m}{\sigma_o}$ $\qquad\qquad\qquad\qquad\qquad\qquad\qquad\qquad$ (15.9)

$\sigma_m \quad$ Mittelspannung des Lastspiels,
$\sigma_o \quad$ Oberspannung des Lastspiels.

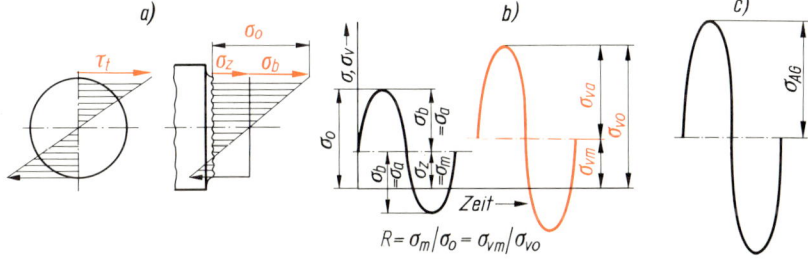

Bild 15.11 Beanspruchung eines Wellenquerschnitts bei Wechselbiegung und ruhender Zugbelastung
a) Spannungsverteilung, b) Schwingspiel (Lastspiel) der Vergleichsspannung, c) Schwingspiel der Gestaltfestigkeit (σ_{AG} = Spannungsausschlag der Gestaltfestigkeit)

Wirkt keine Zug- oder Druckspannung $\sigma_{z,d}$, dann sind $\sigma_o = \sigma_b$ und, wenn σ_b wechselnd wirkt, $\sigma_m = 0$ und $R = 0$. Bleiben Zug- bzw. Druckspannung $\sigma_{z,d}$ und Biegespannung σ_b wie in stillstehenden Achsen ruhend, dann ist $\sigma_m = \sigma_o$ und $R = 1$. In anderen Fällen ist R sinngemäß zu ermitteln.

Kommt in einem Querschnitt noch eine Torsionsspannung τ_t hinzu, so denkt man sich alle Spannungen durch eine einzige Normalspannung, die **Vergleichsspannung** σ_v, ersetzt und betrachtet mit dieser die gesamte Beanspruchung so, als läge Biegung allein mit dem Ruhegrad R vor. Nach der Hypothese der größten Gestaltänderungsenergie beträgt die

Vergleichsoberspannung $\quad \sigma_{vo} = \sqrt{\sigma_o^2 + 3\,(\alpha_0 \cdot \tau_t)^2}$ $\qquad\qquad\qquad\qquad$ (15.10)

σ_{vo}	in N/mm²	Vergleichsoberspannung als Normalspannung. Ist $\tau_t = 0$, so ist $\sigma_{vo} = \sigma_o$.
σ_o	in N/mm²	Oberspannung des Schwingspiels nach Gl. 15.8,
α_0		Anstrengungsverhältnis nach Bild 15.13,
τ_t	in N/mm²	Torsionsspannung nach Gl. 15.7.

Schwingt die Torsionsspannung, so ist in die Gl. 15.10 der Augenblickswert der Torsionsspannung einzusetzen, der auftritt, wenn die Biegespannung gerade ihren Höchstwert (die Oberspannung)

besitzt. Im Zweifelsfalle kann auch die Torsionsoberspannung τ_{to} in die Gl. 15.10 eingesetzt werden.

Das **Anstrengungsverhältnis α_0** paßt den Lastfall der Torsionsspannung τ_t dem Ruhegrad der Normalspannung σ an, d. h. durch α_0 wird die Torsionsspannung τ_t auf den Ruhegrad R der Normalspannung σ umgerechnet. Wirken σ und τ_t mit dem gleichen Lastfall, beispielsweise beide schwellend, dann ist stets $\alpha_0 = 1$.

Die Vergleichsspannung σ_v besitzt also immer den Ruhegrad R der Normalspannung σ nach Gl. 15.9. Ein Beispiel ist in Bild 15.11 wiedergegeben. Setzt man sinngemäß in die Gl. 15.9 für $\sigma_o = \sigma_{vo}$ ein und für $\sigma_m = \sigma_{vo} - \sigma_{va}$, so folgt hieraus der

$$\textit{Ausschlag der Vergleichsspannung} \quad \sigma_{va} = (1 - R)\sigma_{vo} \tag{15.11}$$

σ_{va} in N/mm² Ausschlag der Vergleichsspannung,
R Ruhegrad nach Gl. 15.9,
σ_{vo} in N/mm² Vergleichsoberspannung nach Gl. 15.10 (siehe hierzu Bild 15.11).

Es kommt auch vor, daß ein **Wellenstrang nur auf Torsion** beansprucht wird, beispielsweise, wenn am Ende eines Stranges eine Kupplung sitzt, über die das Torsionsmoment eingeleitet wird. Bis zum Lager tritt dann keine Biegung auf. Wenn die Torsionsbeanspruchung zwischen einer Oberspannung τ_{to} und einer Unterspannung τ_{tu} schwingt, so betragen:

$$\textit{Torsionsmittelspannung} \qquad \tau_{tm} = \frac{\tau_{to} + \tau_{tu}}{2} \tag{15.12}$$

$$\textit{Torsionsspannungsausschlag} \quad \tau_{ta} = \frac{\tau_{to} - \tau_{tu}}{2} \tag{15.13}$$

$$\textit{Ruhegrad} \qquad\qquad R = \frac{\tau_{tm}}{\tau_{to}} \tag{15.14}$$

Da die Gestaltfestigkeit von vielen Einflüssen abhängt, z. B. von Kerbwirkungen durch Absätze, Rillen usw., vom Werkstoff, von der Bauteilgröße, vom Ausgangs-Halbzeug, von Kaltumformungen, Wärmebehandlungen, Betriebstemperaturen, Korrosion, von der Häufigkeit der Höchstlast u. dgl., ist deren Berechnung außerordentlich schwierig, da oft Einflußfaktoren fehlen oder nur ungenau bekannt sind. Hier wurde in Anlehnung an die Richtlinie VDI 2226[1] ein einfaches und übersichtliches Verfahren gewählt, das keinen Anspruch auf absolute wissenschaftliche Exaktheit erfüllt, den praktischen Bedürfnissen jedoch in den meisten Fällen genügt.

Die **Formzahlen α_{kb}** bei Biegung und **α_{kt}** bei Torsion geben an, wieviel mal so hoch die Kerbspannung σ_k bzw. τ_k am Kerbgrund gegenüber der Nennspannung σ_b (Biegespannung ohne Kerbwirkung) bzw. τ_t (Torsionsspannung ohne Kerbwirkung) ist, siehe hierzu Bild 15.12. Die Formzahlen sind unabhängig vom Werkstoff, d. h. sie gelten bei vollkommener Homogenität und Elastizität des Werkstoffs. Aus den Bildern 15.14 bis 15.19 und Tab. 15.3 können Formzahlen in Abhängigkeit von der Form und den Abmessungsverhältnissen der Kerben entnommen werden.

Die realen Werkstoffe sind verschieden kerbempfindlich, die hochfesten Stähle mehr als die Baustähle. Außerdem spielt das sich in einem Querschnitt bildende Spannungsgefälle eine Rolle. Je steiler dieses ist, um so mehr stützt die gering beanspruchte Zentralzone des Querschnitts die schmale, hochbeanspruchte Randzone, d. h. mildert die Gefährlichkeit der Kerbspannung. Bild 15.12 zeigt die Spannungsverteilung über einem gekerbten, biegebeanspruchten Querschnitt.

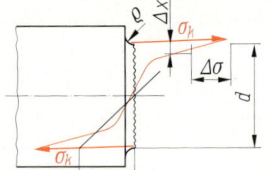

Unter dem bezogenen Spannungsgefälle χ versteht man das Verhältnis der Steigung $\Delta\sigma/\Delta x$ zur Kerbspannung σ_k:

$$\text{bezogenes Spannungsgefälle } \chi = \frac{\Delta\sigma/\Delta x}{\sigma_k}.$$

Bild 15.12 Spannungsgefälle infolge Kerbwirkung bei Biegung

[1] zurückgezogen und z. Zt. in Neubearbeitung

Nach der Kerbspannungslehre beträgt das

bezogene Spannungsgefälle in Strängen mit Biegebeanspruchung

$$\chi = \frac{2}{d} + \frac{2}{\varrho}$$ (15.15)

bezogene Spannungsgefälle in Strängen mit Torsionsbeanspruchung

$$\chi = \frac{2}{d} + \frac{1}{\varrho}$$ (15.16)

χ in mm^{-1} bezogenes Spannungsgefälle im Kerbquerschnitt. Bei gleichzeitiger Biegung und Torsion gilt Gl. 15.15.
d in mm   Durchmesser des Kerbquerschnitts,
ϱ in mm   Rundungsradius der Kerbe.

Bei scharfkantigen Kerben mit $\varrho = 0$ würde χ unendlich groß. Da das praktisch nicht möglich ist, rechnet man mit $\chi \leqq \mathbf{10\ mm^{-1}}$, wobei $\varrho = \mathbf{0{,}25\ mm}$ in die Gln. 15.15 und 15.16 einzusetzen ist. Bei glatten, ungekerbten Achsen- oder Wellensträngen ist $\varrho = \infty$ und damit $2/\varrho = 1/\varrho = 0$. Wird ein Querschnitt nur mit einer Zug- oder Druckspannung $\sigma_{z,d}$ beansprucht, dann ist $2/d = 0$ zu setzen!

Die Kerbwirkung, die Kerbempfindlichkeit des Werkstoffs und die Stützwirkung berücksichtigt die von der Formzahl abhängige

Kerbwirkungszahl bei Biegung $\beta_{kb} = \dfrac{\alpha_{kb}}{n_\chi}$ (15.17)

Kerbwirkungszahl bei Torsion $\beta_{kt} = \dfrac{\alpha_{kt}}{n_\chi}$ (15.18)

α_{kb}, α_{kt} Formzahlen nach den Bildern 15.14 bis 15.19 sowie Tab. 15.3,
n_χ dynamische Stützziffer nach Tab. 15.4.

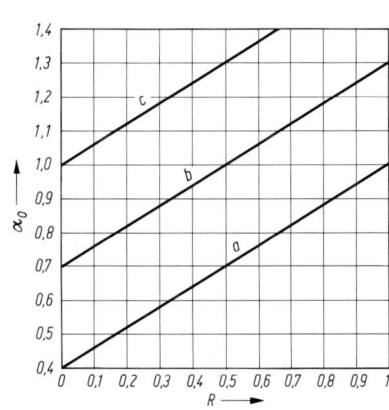

Bild 15.13
Anstrengungsverhältnis α_0 in Abhängigkeit vom Ruhegrad R
a Torsion ruhend ($\alpha_0 = 0{,}6R + 0{,}4$),
b Torsion schwellend ($\alpha_0 = 0{,}6R + 0{,}7$),
c Torsion wechselnd ($\alpha_0 = 0{,}6R + 1$)

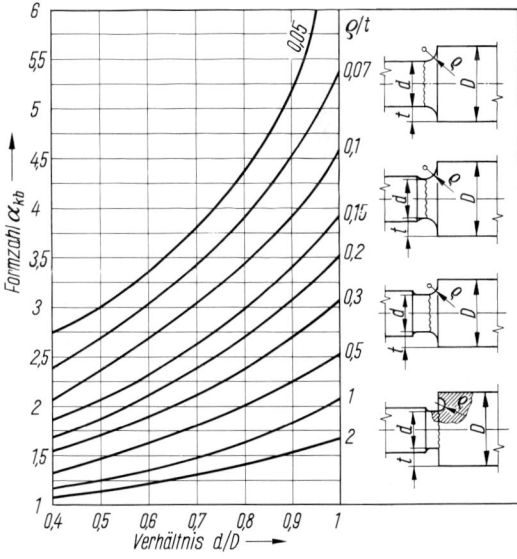

Bild 15.14   Formzahlen α_{kb} von Wellen mit Absätzen

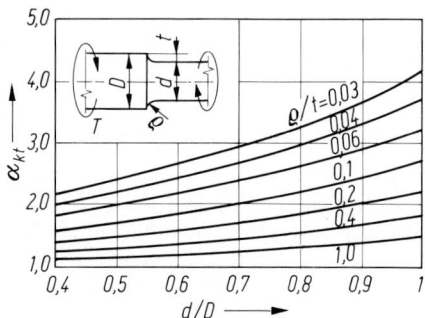

Bild 15.15 Formzahlen α_{kt} bei Torsion von
Wellen mit Absätzen

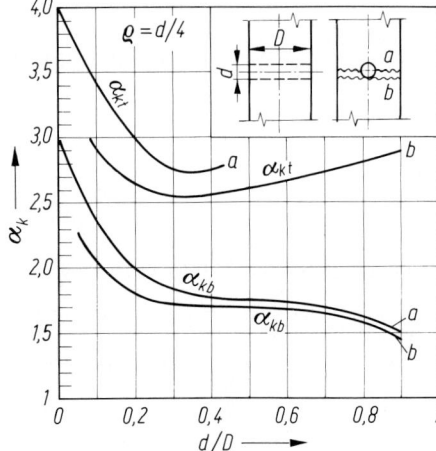

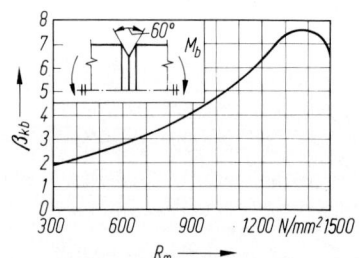

Bild 15.19 Kerbwirkungszahlen β_{kb} bei Biegung von Wellen mit spitzen
Ringrillen

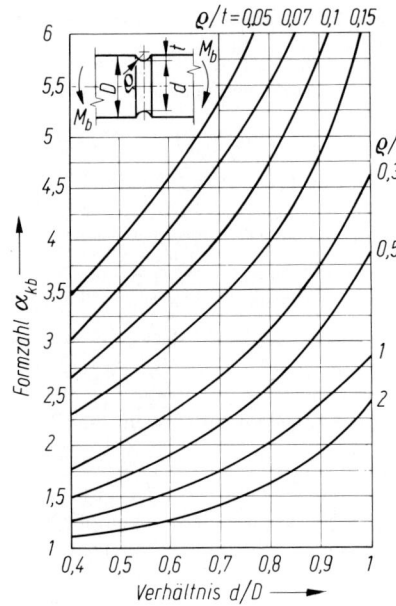

Bild 15.16 Formzahlen α_{kb} bei Biegung von
Wellen mit Rundrillen

Bild 15.17 Formzahlen α_{kb} und α_{kt} von Wellen
mit Querbohrung

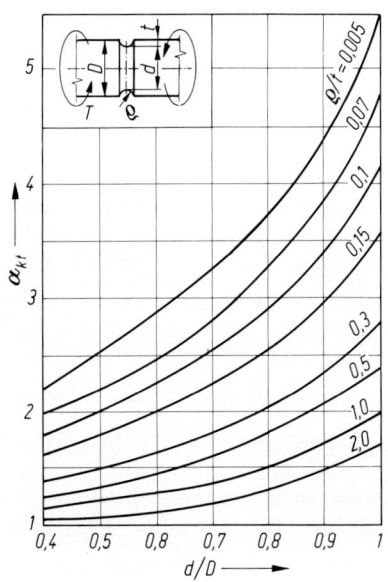

Bild 15.18 Formzahlen α_{kt} bei Torsion von
Wellen mit Rundrillen

Tab. 15.3 Anhaltswerte für die Formzahlen α_{kb} und α_{kt} für Achsen und Wellen sowie die für das bezogene Spannungsgefälle χ einzusetzenden Radien ϱ

Nr.	Welle	α_{kb}	α_{kt}	ϱ mm	Nr.	Welle	α_{kb}	α_{kt}	ϱ mm
1		3,3	2,1	0,25	7		1,7	1,4	ϱ
2		2,8	1,9	0,25	8		1,7	1,4	ϱ
3		2,6	1,7	0,25	9[1]		$1{,}14 + 1{,}08\sqrt{10/s}$	$1{,}48 + 0{,}45\sqrt{10/s}$	ϱ
4		1,7	1,6	ϱ	10		4,2	3,6	0,25
5		4,0	2,8	0,25	11		3,5	2,3	0,25
6		3,8	2,6	0,25	12		2,9	2,0	0,25

[1] Abmessungen der Nuten für Sicherungsringe siehe Tab. A 13.2. Formeln für die Formzahlen nach Pahl und Heinrich.

Nun müssen noch der Dickeneinfluß (dünne Teile haben eine höhere Festigkeit als dicke) und die Kerbwirkungen durch die Oberflächenrauhigkeiten an der Kerbe berücksichtigt werden. Sie werden durch einen **Dickenbeiwert** b_d (Tab. 15.5) und einen **Oberflächenbeiwert** b_o (Tab. 15.6) erfaßt. Mit diesen beträgt in einem Wellenquerschnitt (auch in einem ungekerbten mit der Formzahl α_{kb} bzw. $\alpha_{kt} = 1$) die Gestalt-Wechselfestigkeit $\sigma_{WG} = \sigma_W \cdot b_d \cdot b_o / \beta_{kb}$ bzw.

Tab. 15.4 Dynamische Stützziffer n_χ für Stähle (zusammengestellt nach Kollmann)

χ mm^{-1}	R_e bzw. $R_{p0,2}$ in N/mm^2								
	200	250	300	350	400	500	600	700	800
0	1	1	1	1	1	1	1	1	1
0,2	1,05	1,05	1,04	1,04	1,04	1,03	1,02	1,01	1,01
0,4	1,10	1,10	1,08	1,07	1,07	1,06	1,05	1,03	1,02
0,5	1,13	1,12	1,10	1,09	1,09	1,08	1,06	1,04	1,03
0,6	1,16	1,15	1,13	1,11	1,10	1,09	1,07	1,05	1,04
0,8	1,22	1,21	1,20	1,16	1,12	1,10	1,07	1,05	1,04
1,0	1,28	1,27	1,26	1,20	1,13	1,10	1,08	1,06	1,05
2,0	1,30	1,32	1,33	1,26	1,20	1,16	1,11	1,08	1,06
4,0	1,43	1,40	1,37	1,33	1,30	1,24	1,18	1,13	1,09
6,0	1,53	1,48	1,44	1,48	1,38	1,29	1,20	1,15	1,11
8,0	1,60	1,55	1,50	1,46	1,42	1,33	1,25	1,18	1,12
10,0	1,67	1,60	1,54	1,48	1,44	1,35	1,26	1,20	1,13

$\tau_{WG} = \tau_W \cdot b_d \, b_o/\beta_{kt}$ mit σ_W bzw. τ_W als Wechselfestigkeit eines glatten, polierten Prüfstabes (Tab. A 15.1). Da die Gestalt-Ausschlagsfestigkeit bis an die Fließgrenze heran nahezu konstant bleibt, kann mit ausreichender Genauigkeit gesetzt werden:

$$\text{Gestalt-Ausschlagsfestigkeit} \quad \sigma_{AG} = \frac{b_d \cdot b_o}{\beta_{kb}} \sigma_W \quad (15.19) \quad \text{bzw.} \quad \tau_{AG} = \frac{b_d \cdot b_o}{\beta_{kt}} \tau_W \quad (15.20)$$

σ_{AG} in N/mm^2 Gestalt-Ausschlagsfestigkeit = Biegewechselfestigkeit eines realen Achsen- oder Wellenquerschnitts,

τ_{AG} in N/mm^2 Gestalt-Ausschlagsfestigkeit = Torsionswechselfestigkeit eines realen Wellenquerschnitts ohne Biegebeanspruchung,

b_d Dickenbeiwert nach Tab. 15.5 (als Dicke gilt hier die Halbzeugdicke),

b_o Oberflächenbeiwert nach Tab. 15.6, der sich auf die Rauheit der Oberfläche am Kerbgrund bezieht,

β_{kb} bzw. β_{kt} Kerbwirkungszahl nach Gl. 15.17 bzw. 15.18,

σ_W bzw. τ_W in N/mm^2 Zug-Druck-Wechselfestigkeit bzw. Schubwechselfestigkeit eines polierten Prüfstabes nach Tab. A 15.1.

Hier ist nicht die Biegewechselfestigkeit σ_{bW} bzw. die Torsionswechselfestigkeit τ_{tW} einzusetzen, weil das Spannungsgefälle bei Biegung und Torsion durch das bezogene Spannungsgefälle χ berücksichtigt ist.

Einen ungefähren Vergleich der Gestalt-Ausschlagsfestigkeit der Welle mit verschiedenen Naben bei reiner Torsionsbeanspruchung veranschaulicht Bild 15.20.

Tab. 15.5 Dickenbeiwert b_d, ausgehend von 50 mm Dicke (Halbzeugdicke), bei der $b_d = 1$ ist (entspr. den Festigkeitswerten nach Tab. A 15.1, die sich auf diese Dicke beziehen)

Dicke in mm	20	30	40	50	60	80	100	120	> 120
b_d	1,15	1,09	1,03	1,00	0,97	0,94	0,92	0,91	0,85

Mit der Ausschlagsfestigkeit und dem vorhandenen Spannungsausschlag läßt sich errechnen die

$$\text{Sicherheit gegen Dauerbruch} \quad S_D = \frac{\sigma_{AG}}{\sigma_{va}} \quad (15.21) \quad \text{bzw.} \quad S_D = \frac{\tau_{AG}}{\tau_{ta}} \quad (15.22)$$

σ_{AG} bzw. τ_{AG} in N/mm^2 Ausschlagsfestigkeit nach Gl. 15.19 bzw. 15.20,

σ_{va} bzw. τ_{ta} in N/mm^2 Vergleichsspannungsausschlag nach Gl. 15.11 bzw. Torsionsspannungsausschlag nach Gl. 15.13.

Wegen der Unsicherheiten im Rechnungsansatz und der Streuungen der Festigkeitswerte und Einflußzahlen (Beiwerte) ist $S_D \geqq 1{,}7$ üblich. Wird in den Gleichungen 15.19 und 15.20 bei $d > 50$ mm nicht mit dem Dickenbeiwert b_d gerechnet (d.h. $b_d = 1$ gesetzt), so ist $S_D \geqq 2$ erforderlich.

Tab. 15.6 Oberflächenbeiwert b_o (zusammengestellt aus Kollmann, Welle-Nabe-Verbindungen)

Rauhtiefe R_z μm	Bearbeitung	Zugfestigkeit R_m in N/mm² 300	400	500	600	800	1000	1200	1500
0,8	poliert	1	1	1	1	1	1	1	1
1,6		0,99	0,98	0,97	0,97	0,96	0,96	0,96	0,96
3,2	feingeschliffen	0,98	0,97	0,96	0,95	0,94	0,94	0,94	0,94
6,3	geschliffen	0,97	0,96	0,95	0,93	0,91	0,89	0,88	0,88
10	geschlichtet	0,95	0,93	0,90	0,88	0,84	0,81	0,79	0,78
40	geschruppt	0,94	0,90	0,85	0,82	0,75	0,70	0,67	0,65
160		0,91	0,86	0,80	0,76	0,69	0,63	0,57	0,50
Walzhaut		0,93	0,89	0,84	0,78	0,73	0,66	0,61	0,56

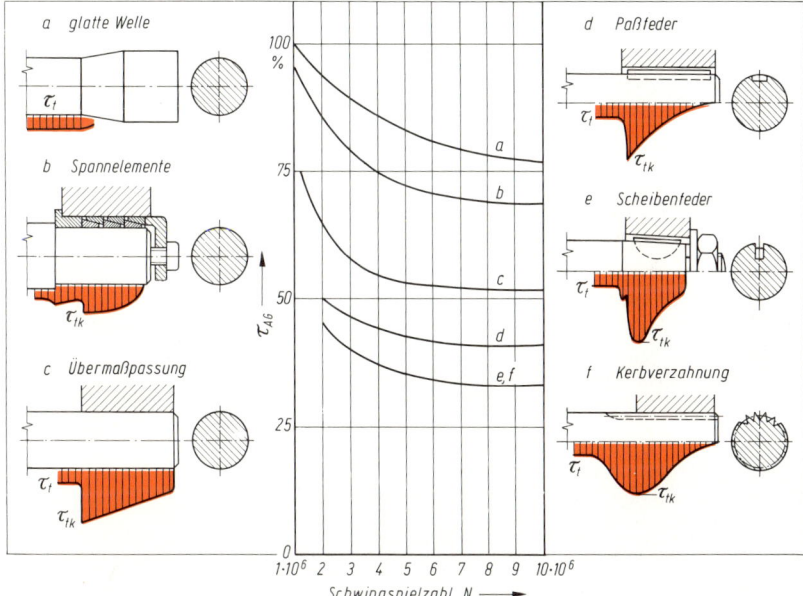

Bild 15.20 Gestalt-Torsions-Ausschlagsfestigkeit τ_{AG} in Prozenten und Verlauf der Torsionsspannungen τ_t längs der Wellen mit verschiedenen Naben. τ_{tk} = Kerbspannung

In den Gleichungen für das bezogene Spannungsgefälle χ ist der reziproke Durchmesser des Kerbquerschnittes enthalten. Bei kleinem Kerbradius ϱ hängt das bezogene Spannungsgefälle fast nur von diesem ab, d.h. der Durchmesser des Kerbquerschnittes fällt nicht ins Gewicht, wie auch aus dem Beispiel 15.4 hervorgeht. In der Stützziffer n_χ ist in gewissem Maße der Dickeneinfluß berücksichtigt, bei kleinem Kerbradius jedoch kaum. Der Dickenbeiwert ist deshalb umstritten. Er kann bei größeren Kerbradien entfallen. Da er in der Größenordnung von $0{,}85 \ldots 1{,}15$ liegt, wird er mit einer Sicherheit gegen Dauerbruch von $S_D = 2$ ohne weiteres aufgefangen. Es bleibt dem Leser überlassen, mit oder ohne Dickenbeiwert zu rechnen.

Um plastische Verformungen zu vermeiden, darf die Vergleichoberspannung σ_{vo} bzw. die Torsionsoberspannung τ_{to} die Fließgrenze nicht erreichen. Es gilt daher als

$$\textit{Sicherheit gegen Fließen} \quad S_{\mathrm{F}} = \frac{\sigma_{\mathrm{bF}}}{\sigma_{\mathrm{vo}}} \quad (15.23) \qquad \text{bzw.} \qquad S_{\mathrm{F}} = \frac{\tau_{\mathrm{tF}}}{\tau_{\mathrm{to}}} \quad (15.24)$$

σ_{bF} in N/mm² Biegegrenze = Fließgrenze bei Biegung nach Tab. A 15.1,
τ_{tF} in N/mm² Fließgrenze bei Torsion $\approx 0,7\sigma_{\mathrm{bF}}$,
σ_{vo} in N/mm² Vergleichsoberspannung nach Gl. 15.10,
τ_{to} in N/mm² Torsionsoberspannung nach Gl. 15.7.

Üblich ist $S_{\mathrm{F}} \geqq \mathbf{1,3}$. Bei einem Ruhegrad $R \leqq 0,5$ erübrigt sich eine Kontrolle nach S_{F}. Ist aber $R = 1$, so entfällt die Berechnung auf Gestaltfestigkeit, und es ist lediglich die Sicherheit gegen Fließen mit Gl. 15.23 bzw. 15.24 zu kontrollieren.

Kerben wirken fließbehindernd. Deshalb ist die Fließgrenze eines gekerbten Stabes größer als die eines glatten. Da mit der Fließgrenze des glatten Stabes gerechnet wird, ist die Sicherheit gegen Fließen tatsächlich größer.

Beispiel 15.4

Der in Bild 15.21 dargestellte gefährdete Querschnitt S in der Zwischenwelle eines Zahnradgetriebes nach den Beispielen 15.1 und 15.2 ist auf Sicherheit gegen Dauerbruch zu berechnen. Halbzeug: Rundstahl mit 65 mm Dmr.

Nach den Ergebnissen des Beispiels 15.1 hat der Querschnitt die Biegemomente $M_{\mathrm{x}} = 9430$ Ncm und $M_{\mathrm{y}} = 5030$ Ncm (entnommen dem Biegemomentenverlauf nach Bild 15.7), eine Längskraft $F_{\mathrm{l}} = 830$ N (Druckkraft) und ein Drehmoment = Torsionsmoment $T = 320$ Nm aufzunehmen.

Die Biegespannung σ_{b} wirkt infolge der Drehbewegung der Welle wechselnd, Druckspannung σ_{d} und Torsionsspannung τ_{t} aber ruhend.

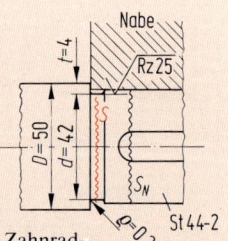

Bild 15.21 Dauerbruchgefährdete Querschnitte in der Zwischenwelle eines Zahnradgetriebes

Lösung:
1. Ausschlag σ_{va} der Vergleichsspannung
   Resultierendes Biegemoment

$$M_{\mathrm{b}} = \sqrt{M_{\mathrm{x}}^2 + M_{\mathrm{y}}^2} = \sqrt{9430^2 + 5030^2} \text{ Ncm} \approx 10690 \text{ Ncm}.$$

Nach Tab. 15.2 betragen die Widerstandsmomente

$$W_{\mathrm{b}} \approx 0,1d^3 = 0,1 \cdot 4,2^3 \text{ cm}^3 = 7,4 \text{ cm}^3, \quad W_{\mathrm{t}} = 2W_{\mathrm{b}} = 14,8 \text{ cm}^3,$$

und der Querschnitt $S = d^2 \cdot \pi/4 = 4,2^2 \text{ cm}^2 \cdot \pi/4 = 13,85 \text{ cm}^2$. Nach den Gln. 15.5 bis 15.7 ergeben sich die Spannungen:

$$\sigma_{\mathrm{b}} = \frac{M_{\mathrm{b}}}{W_{\mathrm{b}}} = \frac{10960 \text{ Ncm}}{7,4 \text{ cm}^3} = 1481 \text{ N/cm}^2 = 14,8 \text{ N/mm}^2,$$

$$\sigma_{\mathrm{d}} = \frac{F_{\mathrm{l}}}{S} = \frac{830 \text{ N}}{13,85 \text{ cm}^2} = 60 \text{ N/cm}^2 = 0,6 \text{ N/mm}^2,$$

$$\tau_{\mathrm{t}} = \frac{T}{W_{\mathrm{t}}} = \frac{32000 \text{ Ncm}}{14,8 \text{ cm}^3} = 2162 \text{ N/cm}^2 = 21,6 \text{ N/mm}^2.$$

Oberspannung nach Gl. 15.8:

$$\sigma_o = \sigma_d + \sigma_b = (0,6 + 14,8) \text{ N/mm}^2 = 15,4 \text{ N/mm}^2.$$

Mit $\sigma_d = \sigma_m$ ist der Ruhegrad nach Gl. 15.9:

$$R = \frac{\sigma_m}{\sigma_o} = \frac{0,6}{15,4} = 0,04.$$

Aus Bild 15.13 wird $\alpha_0 \approx 0,42$ entnommen (Linie a). Damit beträgt nach Gl. 15.10 die Vergleichsoberspannung

$$\sigma_{vo} = \sqrt{\sigma_o^2 + 3(\alpha_0 \cdot \tau_t)^2} = \sqrt{15,4^2 + 3(0,42 \cdot 21,6)^2} \text{ N/mm}^2 = 22 \text{ N/mm}^2.$$

Nach Gl. 15.11 ist der Vergleichsspannungsausschlag

$$\sigma_{va} = (1 - R) \, \sigma_{vo} = (1 - 0,04) \, 22 \text{ N/mm}^2 = 21,1 \text{ N/mm}^2.$$

2. Sicherheit S_D gegen Dauerbruch

Für die Formzahl α_{kb} ist Bild 15.14 maßgebend. Hierzu sind $d/D = 42/50 = 0,84$ und $\varrho/t = 0,3/4 = 0,075$. Es wird abgelesen: $\alpha_{kb} = 4$.
Bezogenes Spannungsgefälle nach Gl. 15.15:

$$\chi = \frac{2}{d} + \frac{2}{\varrho} = \frac{2}{42 \text{ mm}} + \frac{2}{0,3 \text{ mm}} = 6,7 \text{ mm}^{-1}$$

Aus Tab. A 15.1 folgen für St 44-2: $R_m = 410 \text{ N/mm}^2$, $R_e = 255 \text{ N/mm}^2$, $\sigma_{bF} = 305 \text{ N/mm}^2$, $\sigma_W = 185 \text{ N/mm}^2$. Damit wird aus Tab. 15.4 die dynamische Stützziffer $n_\chi \approx 1,5$ ermittelt. Somit nach Gl. 15.17 die Kerbwirkungszahl

$$\beta_{kb} = \frac{\alpha_{kb}}{n_\chi} = \frac{4}{1,5} = 2,67$$

Nach Tab. 15.5 ist als Dickenbeiwert $b_d = 0,96$ (bei 65 mm Dicke) einzusetzen, nach Tab. 15.6 als Oberflächenbeiwert $b_o \approx 0,91$. Damit wird die Gestaltausschlagsfestigkeit nach Gl. 15.19

$$\sigma_{AG} = \frac{b_d \cdot b_o}{\beta_{kb}} \, \sigma_W = \frac{0,96 \cdot 0,91}{2,67} \, 185 \text{ N/mm}^2 \approx 61 \text{ N/mm}^2$$

Sicherheit gegen Dauerbruch nach Gl. 15.21:

$$S_D = \frac{\sigma_{AG}}{\sigma_{va}} = \frac{61}{21,1} \approx 2,9 > S_{D \text{ erf}} = 1,7.$$

Da $R < 0,5$ ist, braucht die Sicherheit S_F gegen Fließen nicht nachgerechnet zu werden.

Es erscheint zweckmäßig, den Wellendurchmesser um etwa 5 mm zu verringern und durch Vergrößerung von ϱ die Kerbwirkung zu mildern. Die Entscheidung hierüber kann aber erst gefällt werden, wenn die Durchbiegung und der Verdrehwinkel der Welle errechnet worden sind (siehe die Beispiele 15.6 und 15.7). Gefährdet kann auch der genutete Querschnitt S_N in Nähe des Nabenendes sein, der auf Gestaltfestigkeit berechnet werden muß.

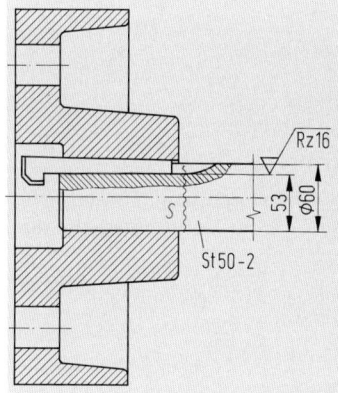

Beispiel 15.5

Bild 15.22 zeigt die auf ein Wellenende mit einem Nasenkeil befestigte Kupplungshälfte. Es ist ein schwellendes Drehmoment = Torsionsmoment $T = 900$ Nm zu übertragen. Ist die Sicherheit gegen Dauerbruch im gefährdeten Querschnitt S ausreichend? Halbzeug: Rundstahl mit 70 mm Dmr.

Bild 15.22 Auf einem Wellenende mit Nasenlängskeil befestigte Kupplungshälfte

Lösung:

Der gefährdete Querschnitt ist genutet, für den nach Tab. 15.2 bei $D = 60$ mm und $d = 53$ mm das Widerstandsmoment gegen Torsion $W_t \approx 0,2d^3 = 0,2 \cdot 5,3^3 \text{ cm}^3 = 29,8 \text{ cm}^3$ beträgt. Nach Gl. 15.7 ist die größte Torsionsspannung

$$\tau_{to} = \frac{T}{W_t} = \frac{90\,000\ \text{Ncm}}{29,8\ \text{cm}^3} = 3020\ \text{N/cm}^2 \approx 30\ \text{N/mm}^2.$$

Bei schwellender Beanspruchung ist $\tau_{tu} = 0$ und somit nach Gl. 15.12 die Mittelspannung $\tau_{tm} = \tau_{to}/2$ = 15 N/mm², nach Gl. 15.13 der Spannungsausschlag $\tau_{ta} = \tau_{to}/2 = 15$ N/mm², nach Gl. 15.14 der Ruhegrad $R = \tau_{tm}/\tau_{to} = 15/30 = 0,5$.

Nach Tab. A 15.1: $R_m = 470$ N/mm², $R_e = 275$ N/mm², $\tau_w = 145$ N/mm². Bei Nr. 5 in Tab. 15.3 ist $\alpha_{kt} = 2,8$ angegeben. Nach Gl. 15.16 beträgt das bezogene Spannungsgefälle

$$\chi = \frac{2}{d} + \frac{1}{\varrho} = \frac{2}{53\ \text{mm}} + \frac{1}{0,25\ \text{mm}} \approx 4\ \text{mm}^{-1}$$

Damit folgt $n_\chi = 1,385$ aus Tab. 15.4 und die Kerbwirkungszahl nach Gl. 15.18:

$$\beta_{kt} = \frac{\alpha_{kt}}{n_\chi} = \frac{2,8}{1,385} \approx 2$$

Dickenbeiwert $b_d = 0,96$ (aus Tab. 15.5), Oberflächenbeiwert $b_o \approx 0,88$ (aus Tab. 15.6). Somit Torsions-Ausschlagsfestigkeit nach Gl. 15.20:

$$\tau_{AG} = \frac{b_d \cdot b_o}{\beta_{kt}} \tau_W = \frac{0,96 \cdot 0,88}{2}\ 145\ \text{N/mm}^2 \approx 61\ \text{N/mm}^2.$$

Sicherheit gegen Dauerbruch nach Gl. 15.22:

$$S_D = \frac{\tau_{AG}}{\tau_{ta}} = \frac{61}{15} = 4 > S_{D\,erf} = 1,7.$$

Eine Kontrolle nach S_F erübrigt sich, da $R = 0,5$.

15.6 Durchbiegung

Achsen und Wellen werden durch die Belastungskräfte gebogen (Bild 15.23 a). Die gebogene Mittellinie heißt **elastische Linie** oder **Biegelinie.** Mitunter können lange und dünne Wellen durchaus genügend fest sein, sich aber funktionsstörend verformen, z. B. Eingriffsabweichungen in Zahnradgetrieben oder Heißlaufen von Lagern infolge Schiefstellens der Zapfen herbeiführen. In kritischen Fällen müssen daher die Durchbiegung an der maßgebenden Stelle und die Schiefstellung der Zapfen in den Lagern errechnet und auf Zulässigkeit geprüft werden.

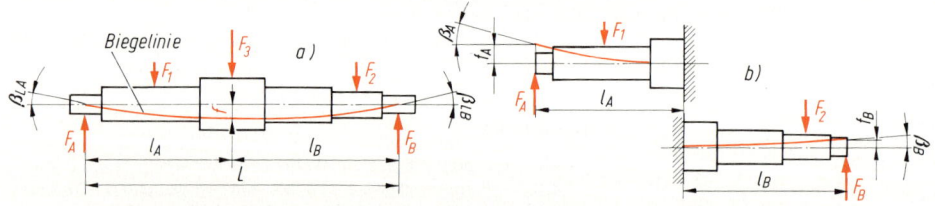

Bild 15.23 Durchgebogene Welle
a) Neigungswinkel β_{LA} und β_{LB} der Zapfen in den Lagern und Durchbiegung f,
b) in zwei Freiträger der Längen l_A und l_B zerlegt

Hierzu denkt man sich die Achse oder Welle an der Stelle, an der die Durchbiegung f errechnet werden soll, durchschnitten und **in zwei Freiträger zerlegt** (Bild 15.23 b), für die man getrennt die Durchbiegungen f_A und f_B an den Lagerstellen A und B berechnet.

Wenn ein glatter Stab nach Bild 15.24a durch eine Radialkraft F_i am Ende gebogen wird, so betragen nach der Elastizitätslehre der Neigungswinkel β_i und die Durchbiegung f_i am Ende des Trägers:

$$\beta_i = \frac{F_i \cdot l^2}{2E \cdot I_b} \quad \text{und} \quad f_i = \frac{F_i \cdot l^3}{3E \cdot I_b}.$$

Wirkt nach Bild 15.24b eine Axialkraft F_i, dann sind

$$\beta_i = \frac{F_i \cdot r \cdot l}{E \cdot I_b} \quad \text{und} \quad f_i = \frac{F_i \cdot r \cdot l^2}{2E \cdot I_b}.$$

Hierin sind β_i der Neigungswinkel in rad, E der Elastizitätsmodul des Werkstoffs und I_b das axiale Flächenmoment 2. Grades der Querschnittsfläche (I_b siehe Tab. 15.2).

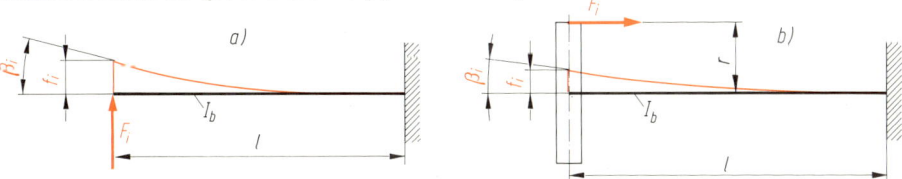

Bild 15.24 Durchbiegung eines einseitig eingespannten Stabes
a) durch eine Radialkraft F_i b) durch eine Axialkraft F_i

Nach den vorstehenden Grundgleichungen sind in Tab. 15.7 für verschiedene Fälle die Berechnungsgleichungen für gestufte Stränge der Seite A mit dem Lagerabstand l_A zusammengestellt. Es ist besonders darauf zu achten, daß bei umgekehrter Kraftrichtung oder umgekehrtem Kraftmoment die Beträge der Kräfte mit **negativem Vorzeichen** einzusetzen sind. Mit anderen Worten: Gehen Neigungswinkel β_{Ai} und Durchbiegung f_{Ai} nach oben, so ist der Betrag der betr. Kraft F_i positiv, gehen beide nach unten, so ist der Betrag von F_i negativ zu setzen! Für die Seite B mit dem Lagerabstand l_B liegen die Belastungsfälle spiegelbildlich zu denen der Tab. 15.7, und der Index A ist lediglich durch B zu ersetzen.

Um nicht mit sehr großen Zahlenwerten rechnen zu müssen, sind in der Tab. 15.7 die zweckmäßigen Einheiten angegeben.

Mit den Gleichungen der Tab. 15.7 berechnet man für jede Kraft F_i getrennt die Neigungswinkel β_{Ai} und β_{Bi} und die Durchbiegungen f_{Ai} und f_{Bi} an den Lagerstellen A und B, also für den Fall nach Bild 15.23: β_{AA} und f_{AA} mit der Kraft F_A; β_{A1} und f_{A1} mit der Kraft F_1 auf der Seite A; β_{BB} und f_{BB} mit der Kraft F_B; β_{B2} und f_{B2} mit der Kraft F_2 auf der Seite B. Auf jeder Seite sind die Neigungswinkel und Durchbiegungen dann unter Beachtung der Vorzeichen ihrer Beträge zu addieren:

$$\beta_A = \beta_{AA} + \beta_{A1} \quad \text{und} \quad f_A = f_{AA} + f_{A1}, \quad \beta_B = \beta_{BB} + \beta_{B2} \quad \text{und} \quad f_B = f_{BB} + f_{B2}.$$

Wirken noch mehr Kräfte oder sind noch mehr Stufen vorhanden, als in Tab. 15.7 angegeben, so ist entsprechend zu verfahren.

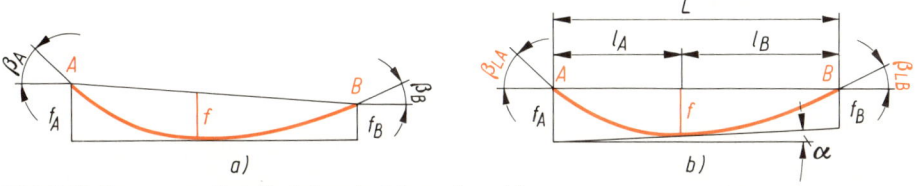

Bild 15.25 Zusammengefügte Freiträger der Längen l_A und l_B
a) Lagerstellen A und B nicht gleichhoch, b) Lagerstellen A und B auf gleiche Höhe geschoben

Die beiden wieder zusammengefügten Biegelinien zeigt Bild 15.25 a. Da die Lager A und B tatsächlich auf gleicher Höhe stehen, muß die Biegelinie entspr. Bild 15.25 b verschoben werden. Erst in dieser Lage zeigen sich die wirklichen Neigungswinkel β_{LA} und β_{LB} der Zapfen in den Lagern.

Da alle Winkel sehr klein sind, darf ohne weiteres $\tan \alpha = \alpha$ gesetzt werden (α in rad). Somit gilt:

Neigungswinkel der Tangente an der Biegelinie $\quad \alpha = \dfrac{f_A - f_B}{L}$ (15.35)

Mit diesem Winkel ergeben sich in der betr. Kraftebene:

Tab. 15.7 Neigungswinkel β_{Ai} und Durchbiegungen f_{Ai} von Achsen und Wellen an der Lagerstelle A

Belastungsfall	Berechnungsgleichung	Gl. Nr.
	$$\beta_{AA} = \frac{F_A}{2E}\left(\frac{l_1^2}{I_{b1}} + \frac{l_2^2-l_1^2}{I_{b2}} + \frac{l_3^2-l_2^2}{I_{b3}}\right)$$	15.25
	$$f_{AA} = \frac{F_A}{3E}\left(\frac{l_1^3}{I_{b1}} + \frac{l_2^3-l_1^3}{I_{b2}} + \frac{l_3^3-l_2^3}{I_{b3}}\right)$$	15.26
	$$\beta_{Ai} = \frac{F_i}{2E}\left(\frac{l_2^2}{I_{b2}} + \frac{l_3^2-l_2^2}{I_{b3}}\right)$$	15.27
	$$f_{Ai} = \frac{F_i}{3E}\left(\frac{l_2^3}{I_{b2}} + \frac{l_3^3-l_2^3}{I_{b3}}\right) + \beta_{Ai}\cdot l_i$$	15.28
	$$\beta_{Ai} = \frac{F_i}{2E}\left(\frac{l_1^2-l_i^2}{I_{b1}} + \frac{l_2^2-l_1^2}{I_{b2}} + \frac{l_3^2-l_2^2}{I_{b3}}\right)$$	15.29
	$$f_{Ai} = \frac{F_i}{3E}\left(\frac{l_1^3-l_i^3}{I_{b1}} + \frac{l_2^3-l_1^3}{I_{b2}} + \frac{l_3^3-l_2^3}{I_{b3}}\right) - \beta_{Ai}\cdot l_i$$	15.30
	$$\beta_{Ai} = \frac{F_i\cdot r}{E}\left(\frac{l_2}{I_{b2}} + \frac{l_3-l_2}{I_{b3}}\right)$$	15.31
	$$f_{Ai} = \frac{F_i\cdot r}{2E}\left(\frac{l_2^2}{I_{b2}} + \frac{l_3^2-l_2^2}{I_{b3}}\right) + \beta_{Ai}\cdot l_i$$	15.32
	$$\beta_{Ai} = \frac{F_i\cdot r}{E}\left(\frac{l_1-l_i}{I_{b1}} + \frac{l_2-l_1}{I_{b2}} + \frac{l_3-l_2}{I_{b3}}\right)$$	15.33
	$$f_{Ai} = \frac{F_i\cdot r}{2E}\left(\frac{l_1^2-l_i^2}{I_{b1}} + \frac{l_2^2-l_1^2}{I_{b2}} + \frac{l_3^2-l_2^2}{I_{b3}}\right) - \beta_{Ai}\cdot l_i$$	15.34

β_A	in rad	Neigungswinkel an der Lagerstelle A,
f_A	in cm	Durchbiegung an der Lagerstelle A,
F_A, F_i	in kN	Belastungskräfte,
E	in kN/cm^2	Elastizitätsmodul $\approx 21\cdot 10^3$ kN/cm^2 für Stahl,
l_i, l_n	in cm	Trägerteillängen (Index $n = 1, 2, 3\ldots$)
I_{bn}	in cm^4	axiale Flächenmomente 2. Grades der Querschnitte (Tab. 15.2)

Neigungswinkel der Zapfen in den Lagern $\beta_{LA} = \beta_A - \alpha$ (15.36), $\beta_{LB} = \beta_B + \alpha$ (15.37)

Durchbiegung $f = f_A - \alpha \cdot l_A$ (15.38)

In der Regel wirken die Biegekräfte an einer Achse oder Welle nicht in einer Ebene, so daß die Neigungswinkel und Durchbiegungen in der x- und in der y-Ebene errechnet werden müssen. Für die x-Ebene sind in die Gln. 15.35 bis 15.38 dann α_x, f_{Ax}, f_{Bx}, β_{LAx}, β_{LBx}, β_{Ax}, β_{Bx} und f_x, für die y-Ebene sinngemäß α_y, f_{Ay}, f_{By}, β_{LAy}, β_{LBy}, β_{Ay}, β_{By} und f_y zu setzen. Die Neigungswinkel und Durchbiegungen in den beiden Ebenen werden dann wie Biegemomente geometrisch addiert:

Gesamtneigungswinkel $\beta_{LA} = \sqrt{\beta_{LAx}^2 + \beta_{LAy}^2}$ (15.39), $\beta_{LB} = \sqrt{\beta_{LBx}^2 + \beta_{LBy}^2}$ (15.40)

Gesamtdurchbiegung $f = \sqrt{f_x^2 + f_y^2}$ (15.41)

β_{LAx}, β_{LAy}	in rad	Neigungswinkel des Zapfens im Lager A in der x- bzw. y-Ebene nach Gl. 15.36,
β_{LBx}, β_{LBy}	in rad	Neigungswinkel des Zapfens im Lager B in der x- bzw. y-Ebene nach Gl. 15.37,
f_x, f_y	in cm	Durchbiegung der Achse oder Welle in der x- bzw. y-Ebene nach Gl. 15.38.

Erfahrungsgemäß wird für die Gesamtneigungswinkel $\beta_{LA\,zul}$ und $\beta_{LB\,zul} = 1 \ldots 2 \cdot 10^{-3}$ rad gewählt (kleine Werte bei Langgleitlagern, große bei Kurzzeitlagern und Wälzlagern), für die Gesamtdurchbiegung $f_{zul} = (0{,}3 \ldots 0{,}5 \cdot 10^{-3}) \cdot L$ (kleiner Wert bei Drehzahlen $n > 1500$ min^{-1} $= 25$ s^{-1}. Wenn sich die Lager auf die Zapfenneigung einstellen können (siehe Abschnitte 17.3 und 18.2), sind auch höhere Werte zulässig.

Beispiel 15.6

Bild 15.26 zeigt die Zwischenwelle eines Zahnradgetriebes nach den Beispielen 15.1 und 15.2. Die schmalen Ringrillen links und rechts neben der mittleren Stufe ($\varnothing$ 45) sind vernachlässigt. Die axialen Flächenmomente $I_b \approx 0{,}05 d^4$ sind in cm^4 in der Skizze angegeben. Die Kräfte betragen (siehe Beispiel 15.1):

$F_{Ay} = 1{,}05$ kN, $F_{By} = 1{,}86$ kN, $F_{Ax} \approx 0{,}36$ kN, $F_{Bx} = 0{,}0344$ kN, $F_1 = F_{r2} = 0{,}72$ kN,

$F_2 = F_{a2} = 0{,}83$ kN, $F_3 = F_{t2} = 1{,}79$ kN, $F_4 = F_{t3} = 3{,}63$ kN, $F_5 = F_{r3} = 1{,}46$ kN, $F_6 = F_{a3} = 1{,}69$ kN.

Die Welle läuft mit $n = 900$ min$^{-1} = 15$ s^{-1}.

Es sind die Neigungswinkel β_{LA} und β_{LB} der Zapfen in den Lagern zu errechnen und auf Zulässigkeit zu prüfen. Ferner ist die Durchbiegung f an der durch Schraffur markierten Stelle zu errechnen und auf Zulässigkeit zu prüfen.

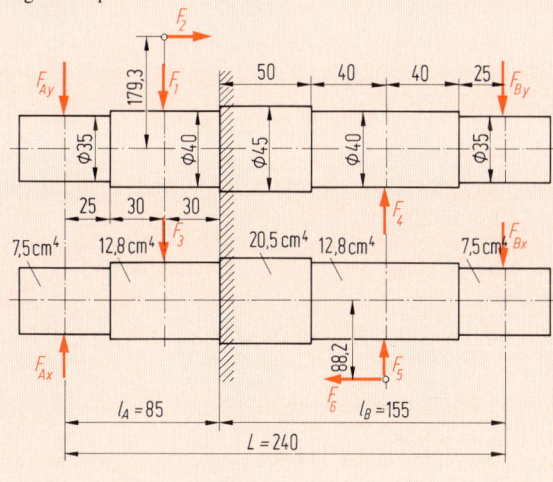

Da sich die zunächst nach Beispiel 15.2 gewählten Durchmesser nach Beispiel 15.4 als weit ausreichend ergaben, wurden sie auf die Werte nach Bild 15.26 reduziert.

Bild 15.26 Berechnungsskizze zur Durchbiegung der Zwischenwelle eines Zahnradgetriebes

Hinweis: Wegen des großen Umfangs sind die Berechnungsgleichungen vor den jeweiligen Ausrechnungen fortgelassen. Es sind die Einheiten gemäß Tab. 15.3 verwendet, wobei die sich herauskürzenden Einheiten der Einfachheit halber nicht geschrieben sind.

Lösung:
1. Neigungswinkel β_{Ay} und Durchbiegung f_{Ay} in der y-Ebene
   Nach den Gln. 15.25 und 15.26 (Tab. 15.7) mit F_{Ay}:

$$\beta_{AAy} = -\frac{1,05}{2 \cdot 21 \cdot 10^3} \left(\frac{2,5^2}{7,5} + \frac{8,5^2 - 2,5^2}{12,8}\right) = -0,1497 \cdot 10^{-3} \text{ rad,}$$

$$f_{AAy} = -\frac{1,05}{3 \cdot 21 \cdot 10^3} \left(\frac{2,5^3}{7,5} + \frac{8,5^3 - 2,5^3}{12,8}\right) \text{ cm} = -0,814 \cdot 10^{-3} \text{ cm.}$$

Nach den Gln. 15.27 und 15.28 (Tab. 15.7) mit F_1:

$$\beta_{A1y} = -\frac{0,72}{2 \cdot 21 \cdot 10^3} \cdot \frac{3^2}{12,8} = -0,0121 \cdot 10^{-3} \text{ rad,}$$

$$f_{A1y} = -\frac{0,72}{3 \cdot 21 \cdot 10^3} \cdot \frac{3^3}{12,8} \text{ cm} - 0,0121 \cdot 10^{-3} \cdot 5,5 \text{ cm} = -0,0907 \cdot 10^{-3} \text{ cm}$$

Nach den Gln. 15.31 und 15.32 (Tab. 15.7) mit F_2:

$$\beta_{A2y} = \frac{0,83 \cdot 17,93}{21 \cdot 10^3} \cdot \frac{3}{12,8} = 0,1661 \cdot 10^{-3} \text{ rad,}$$

$$f_{A2y} = \frac{0,83 \cdot 17,93}{2 \cdot 21 \cdot 10^3} \cdot \frac{3^2}{12,8} \text{ cm} + 0,1661 \cdot 10^{-3} \cdot 5,5 \text{ cm} = 1,1627 \cdot 10^{-3} \text{ cm.}$$

Zusammenfassung:

$$\beta_{Ay} = \beta_{AAy} + \beta_{A1y} + \beta_{A2y} = (-0,1497 - 0,0121 + 0,1661) \, 10^{-3} = 0,0043 \cdot 10^{-3} \text{ rad,}$$

$$f_{Ay} = f_{AAy} + f_{A1y} + f_{A2y} = (-0,814 - 0,0907 + 1,1627) \, 10^{-3} \text{ cm} = 0,258 \cdot 10^{-3} \text{ cm.}$$

2. Neigungswinkel β_{By} und Durchbiegung f_{By} in der y-Ebene
Nach den Gln. 15.25 und 15.26 (Tab. 15.7) mit F_{By}:

$$\beta_{BBy} = -\frac{1,86}{2 \cdot 21 \cdot 10^3} \left(\frac{2,5^2}{7,5} + \frac{10,5^2 - 2,5^2}{12,8} + \frac{15,5^2 - 10,5^2}{20,5}\right) = -0,6776 \cdot 10^{-3} \text{ rad,}$$

$$f_{BBy} = -\frac{1,86}{3 \cdot 21 \cdot 10^3} \left(\frac{2,5^3}{7,5} + \frac{10,5^3 - 2,5^3}{12,8} + \frac{15,5^3 - 10,5^3}{20,5}\right) \text{ cm} = -6,3915 \cdot 10^{-3} \text{ cm.}$$

Nach den Gln. 15.27 und 15.28 (Tab. 15.7) mit F_4:

$$\beta_{B4y} = \frac{3,63}{2 \cdot 21 \cdot 10^3} \left(\frac{4^2}{12,8} + \frac{9^2 - 4^2}{20,5}\right) = 0,3821 \cdot 10^{-3} \text{ rad,}$$

$$f_{B4y} = \frac{3,63}{3 \cdot 21 \cdot 10^3} \left(\frac{4^3}{12,8} + \frac{9^3 - 4^3}{20,5}\right) \text{ cm} + 0,3821 \cdot 10^{-3} \cdot 6,5 \text{ cm} = 4,6409 \cdot 10^{-3} \text{ cm.}$$

Zusammenfassung:

$$\beta_{By} = \beta_{BBy} + \beta_{B4y} = (-0,6776 + 0,3821) \, 10^{-3} = -0,2955 \cdot 10^{-3} \text{ rad,}$$

$$f_{By} = f_{BBy} + f_{B4y} = (-6,3915 + 4,6409) \, 10^{-3} \text{ cm} = -1,7506 \cdot 10^{-3} \text{ cm.}$$

3. Neigungswinkel β_{LAy} und β_{LBy} und Durchbiegung f_y in der y-Ebene
Nach Gl. 15.35 ist der Neigungswinkel der Tangente

$$\alpha_y = \frac{f_{Ay} - f_{By}}{L} = \frac{0,258 + 1,7506}{24} \, 10^{-3} = 0,0837 \cdot 10^{-3} \text{ rad.}$$

Nach den Gln. 15.36 und 15.37 betragen die Neigungswinkel

$$\beta_{LAy} = \beta_{Ay} - \alpha_y = (0,0043 - 0,0837) \, 10^{-3} = -0,0794 \cdot 10^{-3} \text{ rad,}$$

$$\beta_{LBy} = \beta_{By} + \alpha_y = (-0,2955 + 0,0837) \, 10^{-3} \text{ cm} = -0,2118 \cdot 10^{-3} \text{ cm.}$$

Nach der Gl. 15.38 beträgt die Durchbiegung

$$f_y = f_{Ay} - \alpha_y \cdot l_A = (0,258 - 0,0837 \cdot 8,5) \, 10^{-3} \text{ cm} = -0,4535 \cdot 10^{-3} \text{ cm}$$

4. Neigungswinkel β_{Ax} und Durchbiegung f_{Ax} in der x-Ebene
Da in der x-Ebene dieselben Abmessungsverhältnisse wie in der y-Ebene vorliegen, kann vereinfacht mit Proportionen gerechnet werden:

$$\beta_{AAx} = \frac{F_{Ax}}{F_{Ay}} \, \beta_{AAy} = \frac{0,36}{1,05} \, 0,1497 \cdot 10^{-3} = 0,0513 \cdot 10^{-3} \text{ rad,}$$

$$f_{\mathrm{AAx}} = \frac{F_{\mathrm{Ax}}}{F_{\mathrm{Ay}}} \, f_{\mathrm{AAy}} = \frac{0{,}36}{1{,}05} \, 0{,}814 \cdot 10^{-3} \, \mathrm{cm} = 0{,}2791 \cdot 10^{-3} \, \mathrm{cm},$$

$$\beta_{\mathrm{A3x}} = \frac{F_3}{F_1} \, \beta_{\mathrm{A1y}} = -\frac{1{,}79}{0{,}72} \, 0{,}0121 \cdot 10^{-3} = -0{,}0301 \cdot 10^{-3} \, \mathrm{rad},$$

$$f_{\mathrm{A3x}} = \frac{F_3}{F_1} \, f_{\mathrm{A1y}} = -\frac{1{,}79}{0{,}72} \, 0{,}0907 \cdot 10^{-3} \, \mathrm{cm} = -0{,}2255 \cdot 10^{-3} \, \mathrm{cm}.$$

Zusammenfassung:

$$\beta_{\mathrm{Ax}} = \beta_{\mathrm{AAx}} + \beta_{\mathrm{A3x}} = (0{,}0513 - 0{,}0301) \, 10^{-3} = 0{,}0212 \cdot 10^{-3} \, \mathrm{rad},$$

$$f_{\mathrm{Ax}} = f_{\mathrm{AAx}} + f_{\mathrm{A3x}} = (0{,}2791 - 0{,}2255) \, 10^{-3} \, \mathrm{cm} = 0{,}0536 \cdot 10^{-3} \, \mathrm{cm}$$

5. Neigungswinkel β_{Bx} und Durchbiegung f_{Bx} in der x-Ebene

$$\beta_{\mathrm{BBx}} = \frac{F_{\mathrm{Bx}}}{F_{\mathrm{By}}} \, \beta_{\mathrm{BBy}} = -\frac{0{,}0344}{1{,}86} \, 0{,}6776 \cdot 10^{-3} = -0{,}0125 \cdot 10^{-3} \, \mathrm{rad},$$

$$f_{\mathrm{BBx}} = \frac{F_{\mathrm{Bx}}}{F_{\mathrm{By}}} \, f_{\mathrm{BBy}} = -\frac{0{,}0344}{1{,}86} \, 6{,}3915 \cdot 10^{-3} \, \mathrm{cm} = -0{,}1182 \cdot 10^{-3} \, \mathrm{cm},$$

$$\beta_{\mathrm{B5x}} = \frac{F_5}{F_4} \, \beta_{\mathrm{B4y}} = \frac{1{,}46}{3{,}63} \, 0{,}3821 \cdot 10^{-3} = 0{,}1537 \cdot 10^{-3} \, \mathrm{rad},$$

$$f_{\mathrm{B5x}} = \frac{F_5}{F_4} \, f_{\mathrm{B4y}} = \frac{1{,}46}{3{,}63} \, 4{,}6409 \cdot 10^{-3} \, \mathrm{cm} = 1{,}8666 \cdot 10^{-3} \, \mathrm{cm},$$

$$\beta_{\mathrm{B6x}} = -\frac{1{,}69 \cdot 8{,}82}{21 \cdot 10^3} \left(\frac{4}{12{,}8} + \frac{9-4}{20{,}5} \right) = -0{,}3949 \cdot 10^{-3} \, \mathrm{rad},$$

$$f_{\mathrm{B6x}} = -\frac{1{,}69 \cdot 8{,}82}{2 \cdot 21 \cdot 10^{-3}} \left(\frac{4^2}{12{,}8} + \frac{9^2-4^2}{20{,}5} \right) \mathrm{cm} - 0{,}3949 \cdot 10^{-3} \cdot 6{,}5 \, \mathrm{cm} = -4{,}1358 \cdot 10^{-3} \, \mathrm{cm}.$$

Zusammenfassung:

$$\beta_{\mathrm{Bx}} = \beta_{\mathrm{BBx}} + \beta_{\mathrm{B5x}} + \beta_{\mathrm{B6x}} = (-0{,}0125 + 0{,}1537 - 0{,}3949) \, 10^{-3} = -0{,}2537 \cdot 10^{-3} \, \mathrm{rad},$$

$$f_{\mathrm{Bx}} = f_{\mathrm{BBx}} + f_{\mathrm{B5x}} + f_{\mathrm{B6x}} = (-0{,}1182 + 1{,}8666 - 4{,}1358) \, 10^{-3} \, \mathrm{cm} = -2{,}3874 \cdot 10^{-3} \, \mathrm{cm}.$$

6. Neigungswinkel β_{LAx} und β_{LBx} und Durchbiegung f_{x} in der x-Ebene
   Nach Gl. 15.35 ist der Neigungswinkel der Tangente

$$\alpha_{\mathrm{x}} = \frac{f_{\mathrm{Ax}} - f_{\mathrm{Bx}}}{L} = \frac{0{,}0536 + 2{,}3874}{24} \, 10^{-3} = +0{,}1017 \cdot 10^{-3} \, \mathrm{rad}.$$

Nach den Gln. 15.36 und 15.37 betragen die Neigungswinkel

$$\beta_{\mathrm{LAx}} = \beta_{\mathrm{Ax}} - \alpha_{\mathrm{x}} = (0{,}0212 - 0{,}1017) \, 10^{-3} = -0{,}0805 \cdot 10^{-3} \, \mathrm{rad},$$

$$\beta_{\mathrm{LBx}} = \beta_{\mathrm{Bx}} + \alpha_{\mathrm{x}} = (-0{,}2537 - 0{,}1017) \, 10^{-3} = -0{,}3554 \cdot 10^{-3} \, \mathrm{rad}.$$

Nach der Gln. 15.38 beträgt die Durchbiegung

$$f_{\mathrm{x}} = f_{\mathrm{Ax}} - \alpha_{\mathrm{x}} \cdot l_{\mathrm{A}} = (0{,}0536 - 0{,}1017 \cdot 8{,}5) \, 10^{-3} \, \mathrm{cm} = -0{,}8109 \cdot 10^{-3} \, \mathrm{cm}.$$

7. Gesamtneigungswinkel β_{LA} und β_{LB}
   Nach den Gln. 15.39 und 15.40 betragen die Gesamtneigungswinkel

$$\beta_{\mathrm{LA}} = \sqrt{\beta_{\mathrm{LAx}}^2 + \beta_{\mathrm{LAy}}^2} = \sqrt{0{,}0805^2 + 0{,}0794^2} \approx 0{,}1131 \cdot 10^{-3} \, \mathrm{rad},$$

$$\beta_{\mathrm{LB}} = \sqrt{\beta_{\mathrm{LBx}}^2 + \beta_{\mathrm{LBy}}^2} = \sqrt{0{,}3554^2 + 0{,}2118^2} \approx 0{,}4137 \cdot 10^{-3} \, \mathrm{rad}.$$

Da die Welle in Wälzlagern läuft, ist $\beta_{\mathrm{LAzul}} = \beta_{\mathrm{LBzul}} = 3 \cdot 10^{-3} \, \mathrm{rad}$. Die Neigungswinkel sind also bei weitem zulässig.

8. Gesamtdurchbiegung f
   Nach Gl. 15.41:

$$f = \sqrt{f_{\mathrm{x}}^2 + f_{\mathrm{y}}^2} = \sqrt{0{,}8109^2 + 0{,}4535^2} \, 10^{-3} \, \mathrm{cm} \approx 0{,}93 \cdot 10^{-3} \, \mathrm{cm} = 9{,}3 \, \mu\mathrm{m}.$$

Da $n < 1500\ \text{min}^{-1}$ ist, beträgt $f_{zul} \approx 0,5 \cdot 10^{-3} \cdot L = 0,5 \cdot 10^{-3} \cdot 24\ \text{cm} = 12 \cdot 10^{-3}\text{cm} = 120\ \mu\text{m}$, so daß auch die Durchbiegung bei weitem zulässig ist. Die Verringerung der Wellendurchmesser, wie sie nach Beispiel 15.4 zweckmäßig erschien, kann also erfolgen.

Hinweis: Die Kraft F_{Bx} hätte wegen Geringfügigkeit vernachlässigt werden können. Sie ist nur der Vollständigkeit wegen einbezogen.

15.7   Verdrehwinkel

Das Torsionsmoment verdreht die Wellenquerschnitte gegeneinander. Lange Wellen wie Transmissionswellen werden bereits durch ein verhältnismäßig kleines Torsionsmoment beachtlich verformt. Diese Formänderung kann infolge der Wellenelastizität zu unliebsamen Drehpendelungen der aufgesetzten Maschinenteile führen. Deshalb begrenzt man den Verdrehwinkel auf einen zulässigen Erfahrungswert.

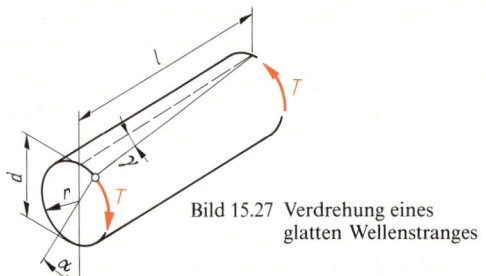

Bild 15.27 Verdrehung eines glatten Wellenstranges

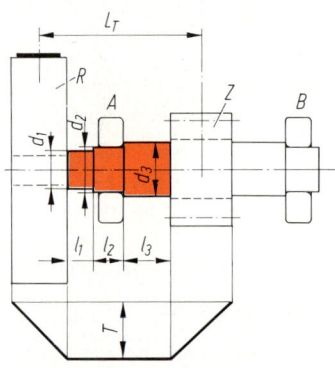

Bild 15.28 Torsionsbeanspruchter Wellenstrang zwischen einer Riemenscheibe R und einem Zahnrad Z

Zwei Querschnitte im Abstand l eines glatten Wellenstranges werden nach Bild 15.27 um den Winkel α verdreht. Nach der Elastizitätslehre ist der Schubwinkel $\gamma = \tau_t/G$ mit τ_t als Torsionsspannung und G als Gleitmodul des Werkstoffs. Aus Bild 15.27 geht hervor, daß der Verdrehbogen am Wellenumfang gleich $\gamma \cdot l$ ist und somit $\alpha = \gamma \cdot l/r = \tau_t \cdot l/(G \cdot r)$ mit r als Wellenradius. Setzt man nun noch für $\tau_t = T \cdot r/I_t$ ein, so kürzt sich r heraus und es wird der

$$\text{Verdrehwinkel} \quad \alpha = \frac{T \cdot l}{G \cdot I_t}$$

Hierin ergibt sich α in rad. T ist das Torsionsmoment und I_t das polare Flächenmoment 2. Grades des Stabquerschnitts.

Ist die Welle innerhalb des torsionsbeanspruchten Stranges gestuft (Bild 15.28), so sind die Verdrehwinkel der einzelnen Stufen zu addieren. Die Naben der aufgesetzten Maschinenteile versteifen die Welle, so daß diese Wellenteile in die Berechnung nicht mit einbezogen zu werden brauchen, zumal das Torsionsmoment erst an der Nabenstirn seine volle Höhe erreicht. Entsprechend Bild 15.28 gilt:

$$\textit{Verdrehwinkel} \quad \boldsymbol{\alpha = \frac{T}{G} \left(\frac{l_1}{I_{t1}} + \frac{l_2}{I_{t2}} + \dots \right)} \tag{15.42}$$

α	in rad	Verdrehwinkel des torsionsbeanspruchten Wellenstranges,
T	in Ncm	Torsionsmoment im Wellenstrang,
G	in N/cm^2	Gleitmodul des Wellenwerkstoffs $\approx 8300 \cdot 10^3$ N/cm^2 für Stahl,
l_i	in cm	Teillängen im torsionsbeanspruchten Wellenstrang,
I_{ti}	in cm^4	polare Flächenmomente 2. Grades der Wellenquerschnitte (Tab. 15.2). Für runde Vollquerschnitte ist $I_t \approx 0{,}1d^4$.

Üblich ist $\alpha_{zul} = (4 \ldots 9 \cdot 10^{-3} \, \text{rad/m}) \cdot L_T$ mit L_T in m als Mittenabstand der Maschinenteile, die das Torsionsmoment übertragen. Kleine Werte für Transmissionswellen, große für Getriebe-, Fahrwerks- und andere Wellen.

Beispiel 15.7

Die Zwischenwelle des Zahnradgetriebes nach den Beispielen 15.1, 15.2 und 15.6 wird durch ein Torsionsmoment $T = 320$ Nm beansprucht. Der Wellenstrang zwischen den beiden Zahnrädern, die das Drehmoment übertragen, ist $l = 50$ mm lang und hat einen Durchmesser $d = 45$ mm. Der Mittenabstand der beiden Zahnräder beträgt $L_T = 120$ mm $= L_M$ in Bild 15.7 (siehe hierzu auch Bild 15.26). Ist der Verdrehwinkel zulässig?

Lösung:
Mit $I_t \approx 0,1 d^4 = 0,1 \cdot 4,5^4 \, \text{cm}^4 = 41 \, \text{cm}^4$ wird nach Gl. 15.42:

$$\alpha = \frac{T}{G} \cdot \frac{l}{I_t} = \frac{32\,000 \, \text{Ncm}}{8300 \cdot 10^3 \, \text{N/cm}^2} \cdot \frac{5 \, \text{cm}}{41 \, \text{cm}^4} \approx 0,47 \cdot 10^{-3} \, \text{rad}.$$

$$\alpha_{zul} = (9 \cdot 10^{-3} \, \text{rad/m}) \cdot L_T = (9 \cdot 10^{-3} \, \text{rad/m}) \cdot 0,12 \, \text{m} = 1,08 \cdot 10^{-3} \, \text{rad},$$

so daß α wesentlich kleiner ist als zulässig.

Beispiel 15.8

Die Welle nach Bild 15.28 hat ein Drehmoment = Torsionsmoment $T = 180$ Nm zu übertragen. Abmessungen:

$$d_1 = 65 \, \text{mm}, \, d_2 = 70 \, \text{mm}, \, d_3 = 75 \, \text{mm}, \, l_1 = 30 \, \text{mm}, \, l_2 = 35 \, \text{mm}, \, l_3 = 50 \, \text{mm}, \, L_T = 165 \, \text{mm}.$$

Ist der Verdrehwinkel α zulässig?

Lösung:
Die Flächenmomente betragen: $I_{t1} \approx 0,1 d_1^4 = 0,1 \cdot 6,5^4 \, \text{cm}^4 = 178,5 \, \text{cm}^4$, $I_{t2} \approx 240,1 \, \text{cm}^4$, $I_{t3} \approx 316,4 \, \text{cm}^4$.
Nach Gl. 15.42:

$$\alpha = \frac{T}{G} \left(\frac{l_1}{I_{t1}} + \frac{l_2}{I_{t2}} + \frac{l_3}{I_{t3}} \right) = \frac{18\,000 \, \text{Ncm}}{8300 \cdot 10^3 \, \text{N/cm}^2} \left(\frac{3}{178,5} + \frac{3,5}{240,1} + \frac{5}{316,4} \right) \frac{\text{cm}}{\text{cm}^4} = 0,1 \cdot 10^{-3} \, \text{rad}.$$

Zulässig ist $\alpha_{zul} = (9 \cdot 10^{-3} \, \text{rad/m}) \cdot L_T = 9 \cdot 10^{-3} \cdot 0,165 \approx 1,5 \cdot 10^{-3} \, \text{rad}$, der bei weitem nicht erreicht wird.

15.8 Kritische Drehzahlen

Achsen und Wellen sind wie Federn biegeelastisch und bilden mit ihren aufgesetzten Maschinenteilen ein Schwingsystem (siehe 14. Kapitel „Federn"). Durch einen Kraftanstoß geraten sie in gedämpfte Eigenschwingungen. Bei ihrem Umlauf oder dem Umlauf auf ihr sitzender Massen werden periodische Fliehkraftimpulse in Drehzahlfolge wirksam (Bild 15.29), weil der Schwerpunkt der umlaufenden Massen infolge unvermeidlicher Fertigungstoleranzen nicht genau mit dem theoretischen zusammenfällt, d.h. nicht genau auf der Biegelinie liegt. Hat nun zufälligerweise die Betriebsdrehzahl die Höhe der Eigenfrequenz des Achsen- oder Wellen-Schwingsystems, dann tritt **Resonanz** auf. Unruhig laufend schwingt die Achse oder Welle bis zum Bruch weiter aus. Hinzu kommt, daß die Erschütterungen auf die Lager und Fundamente übertragen werden. Die Resonanzdrehzahl heißt **biegekritische Drehzahl** n_K. Durch hochpräzises Auswuchten und starre Gestaltung ist man heute zwar in der Lage, ohne Schaden im kritischen Bereich zu fahren, jedoch kommt diese Methode nur in besonderen Fällen zur Anwendung.

Falls die biegekritische Drehzahl n_K kleiner als die Betriebsdrehzahl n ist, muß durch schnelles Anfahren der Maschinen dafür gesorgt werden, daß der Gefahrenpunkt rasch überschritten wird. Lange und dünne Achsen oder Wellen haben eine niedrige, kurze und dicke eine hohe biegekritische Drehzahl.

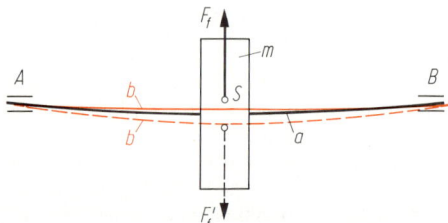

Bild 15.29 Schwingungen einer umlaufenden Achse
oder Welle infolge Schwerpunkt-
verlagerung
a durch die Belastungskräfte statisch vorge-
bogene Achse oder Welle,
b Ausschläge der Achse oder Welle,
m aufgesetzte Masse, S Schwerpunkt
der Masse, F_f Fliehkraft, F_f' Fliehkraft
nach einer halben Umdrehung,
A, B Lager

Die Durchbiegung der Achse oder Welle durch statische Belastungskräfte hat auf die Eigenschwingungszahl keinen Einfluß, da die Durchbiegung an der gleichen Stelle bleibt und die Schwingungsausschläge von dieser vorgebogenen Achse der Welle ausgehen. Die Eigenfrequenz eines Schwingsystems hängt von der Federrate R und von der schwingenden Masse m ab. Die Berechnungsgleichung wurde im Abschnitt 14.2 (Gl. 14.5) hergeleitet. **Die absoluten Beträge der Kraftimpulse und die Belastungskräfte sind für die Schwingungszahl unmaßgeblich!**

Befindet sich nur eine einzige Masse m auf der Achse oder Welle, so gilt auch hier die Gl. 14.5, d.h. es beträgt mit $s_G = f_G$ und $f_e = n_K$ die

$$\text{biegekritische Drehzahl} \quad n_K \approx \frac{K}{2\pi} \sqrt{\frac{R}{m}} = \frac{K}{2\pi} \sqrt{\frac{g}{f_G}} \tag{15.43}$$

n_K in s^{-1} biegekritische Drehzahl bei nur einer aufgesetzten Masse m,
K Lagerungsbeiwert
= 1 für frei in Lagern umlaufende Achsen oder Wellen (Bild 15.30 a),
= 1,3 für beiderseits eingespannte Achsen (Bild 15.30 b),
= 0,9 für einseitig fliegende Achsen oder Wellen (Bild 15.30 c),
R in N/m Federsteife des Schwingsystems an der Stelle des Schwerpunkts der Masse m, d.h.
$R = m \cdot g / f_G$,
m in kg Masse des Schwingsystems,
g in cm/s² Fallbeschleunigung = 981 cm/s²,
f_G in cm Durchbiegung durch die Gewichtskraft $F_G = m \cdot g$ der aufgesetzten Masse unter dem Schwerpunkt dieser Masse.

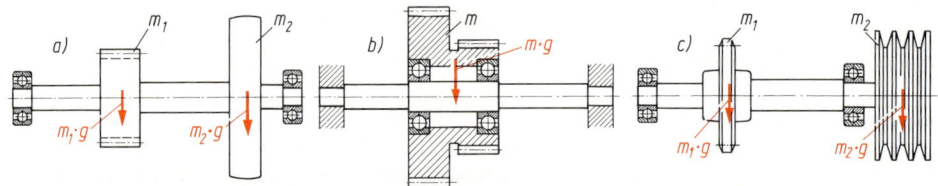

Bild 15.30 Schemata verschiedener Achsen- und Wellenlagerungen
a) frei in Lagern umlaufend, b) beidseitig eingespannt, c) einseitig fliegend

Befinden sich mehrere Massen m_1, m_2, m_3 ... auf der Achse oder Welle, so ist mit jeder Einzelmasse nach Gl. 15.43 deren biegekritische Drehzahl n_{K1}, n_{K2}, n_{K3} ... zu errechnen. Mit ausreichender Näherung kann dann empirisch nach *Dunkerley* errechnet werden die biegekritische Drehzahl n_K des gesamten Achsen- oder Wellensystems aus

$$\frac{1}{n_K^2} \approx \frac{1}{n_{K1}^2} + \frac{1}{n_{K2}^2} + \frac{1}{n_{K3}^2} + \ldots \tag{15.44}$$

n_K in s^{-1} biegekritische Drehzahl des gesamten Schwingsystems, d.h. einer Achse oder Welle mit allen aufgesetzten Massen,
n_{Ki} in s^{-1} biegekritische Drehzahl der Achse oder Welle mit jeweils einer aufgesetzten Masse m_i nach Gl. 15.43.

Die biegekritische Drehzahl ist unabhängig von der Einbaulage der Achse oder Welle!

Da die Eigenmasse der Achse oder Welle in die Berechnung nicht einbezogen wird, liegt die errechnete biegekritische Drehzahl etwas über der tatsächlichen. Die Abweichung nimmt mit dem Anteil der Masse und der Eigendurchbiegung zu. Deshalb ist ein Achsen- oder Wellensystem so zu bemessen, daß seine rechnerische kritische Drehzahl n_K mit genügender Sicherheit ober- oder unterhalb der Betriebsdrehzahl n liegt (ca. ± 30%). Für Systeme mit schweren Achsen oder Wellen und leichten Maschinenteilen erhält man genauere Werte von n_K, wenn die Eigengewichtskräfte der Teilstränge als Einzelkräfte in ihren jeweiligen Schwerpunkten hinzugefügt und mit Gl. 15.44 die biegekritische Drehzahl der Achse oder Welle ohne Maschinenteile errechnet wird und als n_{Ki} dann wiederum in die Gl. 15.44 eingesetzt wird. Aber auch das ist nicht genau, weil die Stränge ja Streckenlasten darstellen.

Beispiel 15.9

In Bild 15.31 ist die Zwischenwelle eines Zahnradgetriebes nach den Beispielen 15.1, 15.2, 15.6 und 15.7 skizziert. Es betragen:

$$l_{A1} = 55\ \text{mm}, \quad l_{B1} = 185\ \text{mm}, \quad l_{A2} = 175\ \text{mm}, \quad l_{B2} = 65\ \text{mm}, \quad L = 240\ \text{mm}.$$

Der Einfachheit halber ist eine glatte Welle mit dem mittleren Durchmesser $d_m = 40$ mm angenommen ($I_b \approx 12{,}8\ \text{cm}^4$). Genauer müßte mit der gestuften Welle gerechnet werden. Die Zahnräder wiegen:

$$m_1 = 47{,}6\ \text{kg (Rad 2)}, \quad m_2 = 15{,}3\ \text{kg (Rad 3)}. \quad \text{Gewichtskräfte somit } F_{G1} = 467\ \text{N und } F_{G2} = 150\ \text{N}.$$

Die Welle läuft mit $n = 900\ \text{min}^{-1} = 15\ \text{s}^{-1}$. Besteht die Gefahr, daß die biegekritische Drehzahl n_K in der Nähe der Betriebsdrehzahl n liegt?

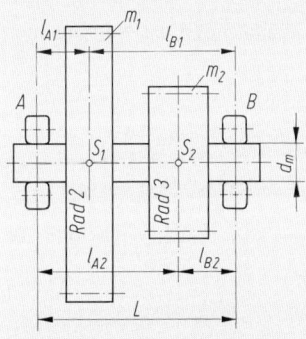

Bild 15.31 Skizze der Zwischenwelle
eines Getriebes

Lösung:
1. Durchbiegung f_{G1} durch die Gewichtskraft F_{G1}
Auflagerkräfte

$$F_{A1} = \frac{F_{G1} \cdot l_{B1}}{L} = \frac{467\ \text{N} \cdot 185}{240} = 360\ \text{N} = 0{,}36\ \text{kN},$$

$$F_{B1} = F_{G1} - F_{A1} = 467\ \text{N} - 360\ \text{N} = 107\ \text{N} = 0{,}107\ \text{kN}.$$

Durchbiegungen an den Lagerstellen A und B

$$f_{A1} = \frac{F_{A1} \cdot l_{A1}^3}{3E \cdot I_b} = \frac{0{,}36 \cdot 5{,}5^3}{3 \cdot 21 \cdot 10^3 \cdot 12{,}8}\ \text{cm} = 0{,}0743 \cdot 10^{-3}\ \text{cm},$$

$$f_{B1} = \frac{F_{B1} \cdot l_{B1}^3}{3E \cdot I_b} = \frac{0{,}107 \cdot 18{,}5^3}{3 \cdot 21 \cdot 10^3 \cdot 12{,}8}\ \text{cm} = 0{,}84 \cdot 10^{-3}\ \text{cm}.$$

Neigungswinkel der Tangente

$$\alpha_1 = \frac{f_{A1} - f_{B1}}{L} = \frac{0{,}0743 - 0{,}84}{24}\ 10^{-3} = -0{,}032 \cdot 10^{-3}\ \text{rad}.$$

Durchbiegung $f_{G1} = f_{A1} - \alpha_1 \cdot l_{A1} = (0{,}0743 + 0{,}032 \cdot 5{,}5)\ 10^{-3}\ \text{cm} = 0{,}25 \cdot 10^{-3}\ \text{cm}$.

2. Durchbiegung f_{G2} durch die Gewichtskraft F_{G2}
Sinngemäß zu 1. werden

$$F_{A2} = \frac{F_{G2} \cdot l_{B2}}{L} = \frac{150\ \text{N} \cdot 65}{240} = 40{,}6\ \text{N} \approx 0{,}041\ \text{kN},$$

$$F_{B2} = F_{G2} - F_{A2} = 150\ \text{N} - 41\ \text{N} = 109\ \text{N} = 0{,}109\ \text{kN}.$$

$$f_{A2} = \frac{F_{A2} \cdot l_{A2}^3}{3E \cdot I_b} = \frac{0{,}041 \cdot 17{,}5^3}{3 \cdot 21 \cdot 10^3 \cdot 12{,}8}\ \text{cm} = 0{,}2725 \cdot 10^{-3}\ \text{cm},$$

$$f_{B2} = \frac{F_{B2} \cdot l_{B2}^3}{3E \cdot I_b} = \frac{0{,}109 \cdot 6{,}5^3}{3 \cdot 21 \cdot 10^3 \cdot 12{,}8}\ \text{cm} = 0{,}0371 \cdot 10^{-3}\ \text{cm}.$$

$$\alpha_2 = \frac{f_{A2} - f_{B2}}{L} = \frac{0,2725 - 0,0371}{24}\, 10^{-3} = 0,0098 \cdot 10^{-3}\,\text{rad},$$

$$f_{G2} = f_{A2} - \alpha_2 \cdot l_{A2} = (0,2725 - 0,0098 \cdot 17,5)\, 10^{-3}\,\text{cm} = 0,101 \cdot 10^{-3}\,\text{cm}.$$

3. Kritische Drehzahlen n_{K1} und n_{K2} durch die Einzelmassen
Nach Gl. 15.43 werden mit $K = 1$ (frei umlaufende Welle)

$$n_{K1} \approx \frac{K}{2\pi} \sqrt{\frac{g}{f_{G1}}} = \frac{1}{2\pi} \sqrt{\frac{981\,\text{cm/s}^2}{0,25 \cdot 10^{-3}\,\text{cm}}} \approx 315\,\text{s}^{-1},$$

$$n_{K2} \approx \frac{K}{2\pi} \sqrt{\frac{g}{f_{G2}}} = \frac{1}{2\pi} \sqrt{\frac{981\,\text{cm/s}^2}{0,101 \cdot 10^{-3}\,\text{cm}}} \approx 496\,\text{s}^{-1}$$

4. Biegekritische Drehzahl n_K
Nach Gl. 15.44 ist

$$\frac{1}{n_K^2} \approx \frac{1}{n_{K1}^2} + \frac{1}{n_{K2}^2} = \frac{1}{315^2\,\text{s}^{-2}} + \frac{1}{496^2\,\text{s}^{-2}} \approx \frac{1}{266^2\,\text{s}^{-2}}$$

Also ist $n_K = 266\,\text{s}^{-1} = 15960\,\text{min}^{-1}$, so daß die Betriebsdrehzahl mit $n = 900\,\text{min}^{-1}$ sehr weit von der biegekritischen Drehzahl entfernt ist.

Da eine Welle auch als Drehstabfeder wirkt, gerät sie mit ihren aufgesetzten Massen durch einen Drehmomentenstoß in gedämpfte Drehschwingungen (Drehpendelungen). Hat eine Welle Drehmomentenimpulse in Drehzahlfolge aufzunehmen, wie z.B. die Kurbelwellen in Kolbenmaschinen, so tritt auch bei Drehschwingungen Resonanz auf, wenn die Stoßfrequenz mit der Eigenfrequenz des Schwingsystems übereinstimmt (siehe Gl. 14.6 auf Seite 251). Diese **verdrehkritische Drehzahl** ist so gefährlich wie die biegekritische. Da die Wellen von Kolben-Kraft- und Arbeitsmaschinen überwiegend mit einer elastischen Kupplung verbunden werden, entsteht ein Zweimassensystem, bei dem die empirische Gleichung von *Dunkerley* anzuwenden ist. Näheres hierüber siehe Abschnitt 20.4.

Literaturhinweise

Beitz, W. und *K. H. Hüttner: Dubbel*, Taschenbuch für den Maschinenbau. Springer-Verlag 1990.
Decker, K. H.: Festigkeitslehre. Hanser-Verlag München 1970.
Hänchen, R. und *K. H. Decker:* Neue Festigkeitsberechnung für den Maschinenbau. Hanser-Verlag München 1967.
Kabus, K.: Mechanik und Festigkeitslehre, Hanser Verlag München 1992
Köhler/Rögnitz: Maschinenteile. Teubner-Verlag Stuttgart 1981.
Kollmann, G.: Welle-Nabe-Verbindungen. Springer Verlag 1984.
Neuber, H.: Kerbspannungslehre. Springer-Verlag 1985.
Niemann, G.: Maschinenelemente. Springer-Verlag 1981.
Roloff/Matek. Maschinenelement. Vieweg-Verlag Braunschweig 1992.
Steinhilper, W. und *R. Röper:* Maschinen- und Konstruktionselemente. Springer-Verlag 1986.

16   Reibung und Schmierstoffe

16.1   Reibung

Unter Reibung versteht man den Widerstand, der in den Paarungsflächen zweier Körper auftritt und eine gegenseitige Bewegung durch Gleiten, Rollen oder Abwälzen beeinträchtigt oder unmöglich macht. In DIN 50 281 (Reibung in Lagerungen) wird definiert:

1. Grundbegriffe
Die Reibung wirkt der Relativbewegung sich berührender Körper entgegen. Die in der Kontaktfläche wirkende Reibung wird gelegentlich als **äußere Reibung** bezeichnet, um sie von der **inneren Reibung** zu unterscheiden, die bei der Relativbewegung von Volumenelementen innerhalb von festen, flüssigen oder gasförmigen Körpern auftritt.
Bewegungsreibung (dynamische Reibung) ist die Reibung zwischen zueinander bewegten Körpern.
Ruhreibung (Haftreibung, statische Reibung) ist die Reibung zwischen zueinander ruhenden Körpern, bei denen die angreifende Kraft oder das angreifende Moment nicht ausreicht, eine Relativbewegung hervorzurufen.
Anlaufreibung ist die Reibung zu Beginn der Bewegung.
Auslaufreibung ist die Reibung gegen Ende der Bewegung, d.h. bei gegen Null gehender Geschwindigkeit.

2. Reibungsarten

Gleitreibung ist die Bewegungsreibung zwischen Körpern, deren Geschwindigkeiten in der Berührungsfläche nach Betrag und/oder Richtung unterschiedlich sind.

Rollreibung ist die idealisierte Bewegungsreibung zwischen sich punkt- oder linienförmig berührenden Körpern, deren Geschwindigkeiten im gemeinsamen Kontaktbereich nach Betrag und Richtung gleich sind und bei der mindestens ein Körper eine Drehbewegung um eine momentane, im Kontaktbereich liegende Drehachse vollführt. Die Punkte der beiden Körper, die sich im Bewegungsablauf nacheinander berühren, bestimmen auf diesen gleiche Bogenlängen.

Wälzreibung ist eine Rollreibung, der eine Gleitkomponente (Schlupf) überlagert ist. Die Punkte der beiden Körper, die sich beim Bewegungsablauf nacheinander berühren, bestimmen auf diesen ungleiche Bogenlängen.

3. Reibungszustände

Festkörperreibung ist die Reibung beim unmittelbaren Kontakt der Reibpartner (Bild 16.1 a). Ein Sonderfall dieser Reibung wird als **Grenzreibung** bezeichnet, bei der die Oberflächen der Reibpartner mit einem molekularen, von einem Schmierstoff stammenden Film bedeckt sind.

Flüssigkeitsreibung (auch Schwimmreibung genannt) ist die Reibung in einem die Reibpartner lückenlos trennenden, flüssigen Film (Bild 16.1 b). Wenn der zum Tragen notwendige Druck allein durch die Bewegung der Körper hervorgerufen wird, nennt man ihn **hydrodynamisch,** entsteht er durch fremdangetriebene Pumpen, **hydrostatisch.** Die Reibung entsteht durch die Viskosität (Zähigkeit) der tragenden Flüssigkeitsschicht.

Mischreibung ist die Reibung, bei der an den Paarungsflächen teilweise Festkörperreibung und teilweise Flüssigkeitsreibung auftritt (Bild 16.1 c).

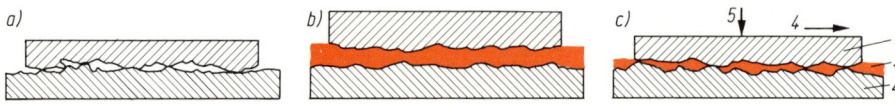

Bild 16.1 Reibungszustände
a) Trockenreibung ohne Trennschicht, b) Flüssigkeitsreibung (Schwimmreibung) mit Trennschicht, c) Mischreibung (teilweise Trockenreibung, teilweise Flüssigkeitsreibung)
1 sich bewegender Körper, 2 stillstehender Körper, 3 Zwischenschicht, 4 Bewegung, 5 Belastung

16.2   Schmierstoffe (Übersicht)

Reibung tritt in den Lagern von Achsen und Wellen, an den Flanken von Bewegungsschrauben, Zahn- und Kettenrädern u. dgl. auf. Um das Gleiten der Paarungsflächen zu erleichtern und um den Verschleiß zu vermindern oder sogar zu verhindern, werden Schmierstoffe verwendet. Diese sollen die Gleitstellen benetzen, an den Werkstoffen haften, die Unebenheiten der Paarungsflächen voneinander trennen, selbst geringe innere Reibung haben, die Werkstoffe nicht angreifen und diese vor Korrosion schützen, womöglich noch kühlen, Druck übertragen, abdichten und die Schmierstellen vor Schmutz und Wasserzutritt bewahren. Als Schmierstoffe kommen in Frage:

1. **Flüssige Schmierstoffe.** Im allgemeinen erfüllen Öle am besten die Anforderungen, zumal sich mit ihnen eine hydrodynamische Schmierung erreichen läßt. Für Kunststoff- oder Gummilager kommen auch Wasser oder Wasser-Öl-Emulsionen in Betracht.
2. **Schmierfette.** Sie sind salbenartige Stoffe, bei denen in einem Metallseifengerüst oder in Verdickungsstoffen Öle eingearbeitet sind.
3. **Pastöse Anteigungen.** Sie sind eine Mischung aus pulverförmigen Festschmierstoffen mit Ölen oder Fetten und dienen als Dünnfilmschmierung bei Einlaufschwierigkeiten.
4. **Festschmierstoffe.** Das sind feste Stoffe in Pulver- oder Schuppenform, z. B. Graphit oder Molybdändisulfid, die an den Gleitflächen gut haften und diese gleitfähiger machen. Meistens werden sie in Verbindung mit Ölen, Fetten oder Kunststoffen verwendet.
5. **Gleitfähige Kunststoffe.** Dafür kommen Polyamid PA, Polyacetal POM, Polytetrafluoräthylen PTFE und Fluoräthylen-Propylen PFEP in Betracht, die für Gleitschienen, Lager, Wellendichtungen und Zahnräder verwendet werden. Es lassen sich auch Festschmierstoffe (siehe 4.) in Kunststoffe einbetten (inkorporieren), um sie gleitfähiger zu machen, beispielsweise in Kunststoff-Lagerschalen.
6. **Trockenschmierfilme.** Das sind Festschmierstoffe in Form von Filmen (TSF) als Dauerschmierung, die ein Verschmutzen des zu verarbeitenden Gutes wie Nahrungsmittel oder Textilien ausschließen.
7. **Gase.** Mitunter dient auch Luft zur Schmierung der Gleitlager kleiner, sehr schnell laufender Maschinen.

16.3   Schmieröle

Öle sind die wichtigsten Schmiermittel für Lager. Meistens werden die relativ billigen Mineralöle gegenüber den synthetischen Ölen bevorzugt. Mit DIN 51502 ist die Bezeichnung der Schmieröle und deren Kennzeichnung genormt, z. B.: Normalschmieröle **AN**, bitumenhaltige Schmieröle **B**, Umlaufschmieröle **C**, Gleitbahnöle **CG**, Druckluftöle **D**, Luftfilteröle **F**, Kältemaschinenöle **K**, Korrosionsschutzöle **R**, Luftverdichteröle **V** u. a. Synthese- oder Teilsyntheseöle: Esteröle **E**, Fluorkohlenwasserstofföle **FK**, Polyclycoöle **PG**, Silikonöle **SI**. Dazu können noch Zusatzbuchstaben kommen, z. B. für Schmieröle in Mischung mit Wasser (Emulsionen) **E**, für Festschmierstoffzusätze wie Graphit oder Molybdändisulfid **F**, für Wirkstoffzusätze zum Erhöhen des Korrosionsschutzes und/oder der Alterungsbeständigkeit **L,** für Wirkstoffe zum Herabsetzen der Reibung und des Verschleißes im Mischreibungsgebiet oder zur Erhöhung der Belastbarkeit **P.** Ausgenommen hiervon sind die Schmieröle für Verbrennungsmotoren und Kraftfahrzeug-Getriebe!

Jede Flüssigkeit fließt mehr oder weniger zäh und setzt Bewegungen innere Reibung entgegen. Wenn zwei Flächen unter Ölschmierung aufeinander gleiten, dann werden auch die einzelnen Ölschichten gegeneinander unter Reibung verschoben. Je größer diese Reibung ist, um so zäher ist die Flüssigkeit. Diese Zähigkeit nennt man **Viskosität.**

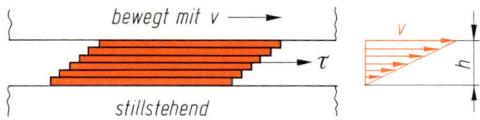

Bild 16.2 Verschiebung der Ölschichten
im Schmierspalt

Eine unter Gleitreibung stehende Flüssigkeit, wie die tragende Zwischenschicht (der Schmierfilm) bei hydrodynamischer Schmierung, kann man sich in einzelne, sehr dünne Schichten wie in einem Stoß Spielkarten aufgelöst denken (Bild 16.2). Bei gegenseitigem Verschieben in Längsrichtung wirkt zwischen den einzelnen Schichten eine Schubspannung τ, deren Betrag von der Zähigkeit und von dem Geschwindigkeitsunterschied der einzelnen Schichten abhängt. In Newtonschen Flüssigkeiten wie in Ölen ist die Schubspannung τ dem Geschwindigkeitsgefälle v/h und der dynamischen Viskosität direkt proportional. Bezeichnet man die dynamische Viskosität mit η, so beträgt die Schubspannung $\tau = \eta \cdot v/h$. Daraus folgt $\boldsymbol{\eta = \tau \cdot h/v}$ und mit τ in $N/m^2 = Pa$ (Pascal), h in m und v in m/s für die

dynamische Viskosität η die Einheit Pa · s (Pascalsekunden)
oder **mPa · s** (Millipascalsekunden).

Außerdem kennt man die kinematische Viskosität v als das Verhältnis der dynamischen Viskosität η zur Dichte ϱ der Flüssigkeit, d.h. $\boldsymbol{v = \eta/\varrho}$. Mit η in Pa · s und ϱ in kg/m³ folgt für die

kinematische Viskosität v die Einheit m²/s.

Die daraus abgeleitete Einheit cm²/s heißt auch Stokes (St) oder mm²/s Centistokes (cSt). Sie wurde nach dem englischen Physiker gleichen Namens benannt. Es ist also 1 m²/s = 10^4 cm²/s = 10^4 St = 10^6 mm²/s = 10^6 cSt. Da Öle eine Dichte $\varrho \approx 900$ kg/m³ besitzen, lassen sich dynamische und kinematische Viskosität leicht umrechnen:

1 mm²/s = 1 cSt $\approx$ 0,0009 Pa · s,   1 cm²/s = 1 St $\approx$ 0,09 Pa · s,
1 Pa · s $\approx$ 1111 mm²/s = 1111 cSt,   1 Pa · s $\approx$ 11,11 cm²/s = 11,11 St

Besitzt beispielsweise ein Öl die kinematische Viskosität $v = 220$ mm²/s = 220 cSt, so beträgt dessen dynamische Viskosität $\eta = 220 \cdot 0{,}0009$ Pa · s = 0,198 Pa · s = 198 mPa · s.

Diese Umrechnung ist notwendig, weil die kinematische Viskosität für die Lagerberechnungen keine Bedeutung hat, die Öle aber nach der kinematischen Viskosität in mm²/s bzw. cSt klassifiziert sind. Die kinematische Viskosität läßt sich nämlich leicht messen.

Mitunter wird die dynamische Viskosität auch konventionell in Poise (P) oder Centipoise (cP) angegeben. Es sind 1 P = 0,1 Pa · s, 1 cP = 0,001 Pa · s, 1 Pa · s = 10 P, 1 Pa · s = 1000 cP.

Es sei hier hervorgehoben, daß die Einheitennamen Stokes, Centistokes, Poise und Centipoise nach dem Einheitengesetz nicht mehr anzuwenden sind!

Alle flüssigen Schmierstoffe werden mit steigender Temperatur dünnflüssiger, d.h. ihre Viskosität nimmt ab. Deshalb muß die Viskosität immer im Zusammenhang mit der Temperatur angegeben werden, z.B. $v_{80} = 33$ mm²/s oder $v = 33$ mm²/s bei 80 °C. Nach DIN 51519 sind die Schmieröle auf Mineralölbasis international in **Viskositätsklassen** aufgeteilt, und zwar in **ISO VG 2, 3, 5, 7, 10, 15, 22, 32, 46, 68, 100, 150, 220, 320, 460, 680, 1000** und **1500.** Die Zahl gibt jeweils die kinematische Viskosität in mm²/s bei 40 °C an. Hierbei ist eine Toleranz von ± 10% zugelassen. Bei höheren Temperaturen ist die Viskosität entspr. kleiner. Aus Bild 16.3 kann für jede Viskositätsklasse bei Temperaturen von 20...160 °C die dynamische Viskosität η in mPa · s abgelesen werden.

Von Bedeutung sind noch der **Pourpoint** als Fließgrenze (früher Stockpunkt genannt), das ist die Temperatur, bei der das Öl zu erstarren beginnt, der **Flammpunkt** als die Temperatur, bei der sich der Öldampf entflammt, nicht aber das Öl selbst, und die **Alterungsbeständigkeit** als eine bestimmte Zunahme von Koksrückständen im Öl nach einer bestimmten Zeit.

Als **Schmieröle** werden verwendet:
1. **Destillate,** die durch Destillation von Erdölprodukten gewonnen werden. Sie eignen sich bis 50 °C und kommen als Normalöle N und Schmieröle B in einfachen Getrieben, Gleitlagern, Gelenken und Gleitbahnen zur Anwendung.
2. **Raffinate** als Destillate, die durch Raffination (Reinigung) in ihren Eigenschaften verbessert sind. Sie erfüllen als Schmieröle C besonders hohe Anforderungen an Schmierfähigkeit, Schmierfilm- und Alterungsbeständigkeit. Sie sind über 50 °C zu verwenden.
3. **Legierte Öle** als Raffinate oder Syntheseöle, denen besondere Wirkstoffe (Additive) beigemischt sind, u. a. Hochdruckzusätze, die die Druckfähigkeit steigern (Graphit, Zinksulfid, Molybdändisulfid, Phosphor-, Schwefel- und Chlorverbindungen).
4. **Syntheseöle** als künstliche Öle. Sie haben einen niedrigen Pourpoint, ein günstiges Viskositäts-Temperaturverhalten, eine wesentlich höhere Alterungsbeständigkeit und einen höheren Flammpunkt als die Mineralöle. Da sie sehr teuer sind, werden sie nur dort eingesetzt, wo sie Vorteile bringen. Auch die Syntheseöle können noch mit Additiven legiert werden. Von den Syntheseölen zeigen die Siliconöle das beste Viskositäts-Temperaturverhalten und haben einen breiten Einsatzbereich ($- 70... + 250$ °C und $v = 25...350$ mm²/s bei 50 °C). Die Benetzungsfähigkeit ist aber geringer. Besonders gute Schmierwirkung zeigen sie an Kunststoffen wie Polyamid und Polystirol.

Das Technische ISO-Kommitee TC 28 hat eine Klasse L für Mineralölerzeugmisse und verwandte Erzeugnisse festgelegt, die 13 Familien enthält. Als reine Mineralöle sind beispielsweise genormt:
1. **Schmieröle L–AN** nach DIN 51501. Es sind dies die Normalschmieröle N ohne höhere Anforderungen. Sie sind zu verwenden bei Durchlauf- und Umlaufschmierung ohne höhere Anforderungen, wenn die Dauertemperatur des aus der Schmierstelle ablaufenden Öles 50 °C nicht überschreitet und die Temperatur des zufließenden Öles mindestens 10 K über dem Pourpoint ($- 3... - 18$ °C) liegt. Viskositätsklassen ISO VG 5 bis ISO VG 680. In DIN 51501 heißt es: Es ist sehr schwierig, allgemein gültige Hinweise für die Viskositätsauswahl zu geben, weil die Gefahr besteht, daß aus Sicherheitsgründen zu zähe Öle gefordert werden, wodurch aber erhebliche Energieverluste, verbunden mit Temperaturerhöhungen, auftreten. Eine zuverlässige Viskositätsauswahl ist nur unter Berücksichtigung der Oberflächengüte, des Lagerspiels, der Beanspruchung, der thermischen Beeinflussung, der Umfangsgeschwindigkeit und des Schmiersystems möglich.
2. **Schmieröle B** nach DIN 51513. Es sind dunkle Öle, in denen Bitumen stabil gelöst ist. Sie werden bei Hand-, Durchlauf- und Tauchschmierung verwendet, wenn vom Schmierfilm ein gutes Haftvermögen verlangt wird, außerdem, wenn eine besonders hohe Viskosität erwünscht ist. Oft werden die Schmieröle B bei Getrieben, offenen Zahntrieben, Gelenksteinen und Gleitbahnen eingesetzt. Zum leichteren Auftragen dürfen die Öle mit einem Lösungsmittel verdünnt sein. Typen BA, BB und BC, Viskosität 15...460 mm²/s bei 100 °C!
3. **Schmieröle C** nach DIN 51517 T1 vorwiegend für Umlaufschmierung. Viskositätsklassen: ISO VG 7 bis ISO VG 680, Pourpoint $-3°.. -21$ °C.
4. **Schmieröle CL** nach DIN 51517 T2 vorwiegend für Umlaufschmierung, wenn höhere Anforderungen an die Alterungsbeständigkeit und/oder den Korrosionsschutz gestellt werden, wenn sich z. B. durch den Einfluß von Wasser Korrosionen bilden können oder wenn sich bei hohen Schmieröltemperaturen mit Schmierölen C zu kurze Gebrauchszeiten ergeben würden. Purpoint wie bei C, Viskositätsklassen: ISO VG 5 bis ISO VG 480.

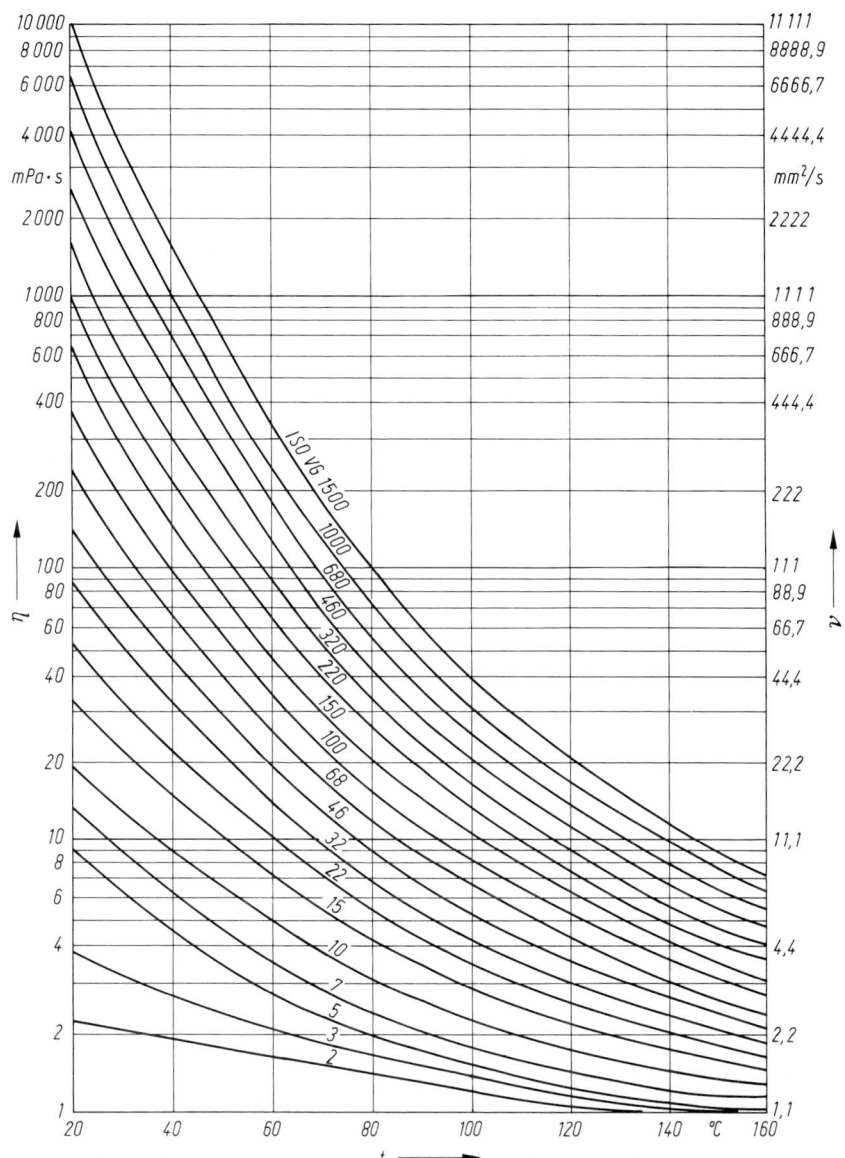

Bild 16.3 Dynamische Viskosität η in Abhängigkeit von der Temperatur t für Schmieröle nach DIN 51519 mit der Dichte $\varrho = 900\ \text{kg/m}^3$

5. Schmieröle CLP nach DIN 51517 T3 vorwiegend für Umlaufschmierung, wenn an den Verschleißschutz im Mischreibungsgebiet erhöhte Anforderungen gestellt werden. Empfohlen, wenn infolge hoher Belastung für die Reibstellen erhöhter Verschleißschutz im Mischreibungsgebiet benötigt wird und/oder Oberflächenschäden wie Fresser bei Überlastung verhindert werden sollen. Viskositätsklassen: ISO VG 46 bis ISO VG 680, Purpoint $-3° \ldots -15\,°C$.

6. **Schmieröle VB und VC** ohne Wirkstoffe und mit Wirkstoffen und Schmieröle **VDL** nach DIN 51506 für Luftverdichter mit ölgeschmierten Druckräumen ohne Einspritzkühlung. Diese Schmieröle können auch in Luftvakuumpumpen eingesetzt werden. Viskositätsklassen: ISO VG 22 bis ISO VG 150, Purpoint 0 °C... − 9 °C.

7. **Schmieröle Z** nach DIN 51510 vorwiegend zum Schmieren dampfberührter gleitender Teile, und zwar **ZA** mit $v \geq 30$ mm^2/s, ISO VG 680, **ZB** mit $v \geq 40$ mm^2/s, ISO VG 1000, **ZD** mit $v \geq 60$ mm^2/s, ISO VG 1500. Viskosität v in mm^2/s bei 100 °C!

8. **Schmier- und Regleröle L-TD** nach DIN 51515 für Dampfturbinen mit Wirkstoffen zum Erhöhen des Korrosionsschutzes und der Alterungsbeständigkeit. Viskositätsklassen: ISO VG 32 bis ISO VG 100. Purpoint − 6 °C.

9. **Kältemaschinenöle KA und KC** nach DIN 51503 zur Schmierung und Kühlung von Kältemittelverdichtern ohne oder mit Wirkstoffen. Viskositätsklassen: ISO VG 15 bis ISO VG 220 bei KA (Kältemittel Ammoniak), ISO VG 15 bis ISO VG 460 bei KC (Kältemittel halogenierter Kohlenwasserstoff).

Die Normen für 2. Schmieröle B waren bei der Bearbeitung des Buches noch nicht auf die ISO-Klassifikation umgestellt.

Für Schmieröle von Verbrennungsmotoren und Kraftfahrzeuggetrieben gelten die SAE-Viskositätsklassen nach DIN 51511 und 51512. SAE = Society of Automative Engineers Inc., Warrendale, Pa./USA. Die SAE-Klassen sind in Tab. 16.1 wiedergegeben.

Tab. 16.1 Kinematische Viskosität der Schmieröle für Verbrennungsmotoren und Kraftfahrzeuggetriebe nach DIN 51511 und 51512

SAE Viskositätsklasse	Kinemat. Viskosität bei 100 °C		SAE Viskositätsklasse	Kinemat. Viskosität bei 100 °C	
	min. mm^2/s	max. mm^2/s		min. mm^2/s	max. mm^2/s
5W	3,8	–	75W	4,1	–
10W	4,1	–	80W	7,0	–
15W	5,6	–	85W	11,0	–
20W	5,6	–	90	13,5	unter 24,0
20	5,6	unter 9,3	140	24,0	unter 41,0
30	9,3	unter 12,5	250	41,0	–
40	12,5	unter 16,3			
50	16,3	unter 21,9			

(Motoren-Schmieröle | Getriebe-Schmieröle)

16.4   Schmierfette

Schmierfette sind durch Metallseifen eingedickte Öle. Ein Seifengerüst (ein fester Seifenschaum) umschließt die Öltröpfchen und gibt diese zur Schmierung nur in kleinsten Mengen frei. Schmierwirksam ist also im wesentlichen das Öl, das während der Bewegung aus den Poren gedrückt wird. Unter Verseifung versteht man allgemein die Behandlung von Fetten oder Fettsäuren mit anorganischen Laugen, hier vorwiegend mit den Hydroxiden von Calcium, Natrium oder Lithium. Man kennt daher Calcium- (Kalk-), Natrium- und Lithiumfette. Die salbenartige Beschaffenheit, nämlich streichfähig und leicht plastisch verformbar zu sein, bezeichnet man als **Konsistenz,** die durch die **Penetration** ausgedrückt wird. Nach DIN 51818 wird bei 25 °C die Eindringtiefe eines genormten Prüfkegels gemessen und in Einheiten (Zehntelmillimetern) angegeben. So bedeutet z. B. Penetration 310, daß der Prüfkegel $310 \cdot 0,1$ mm = 31 mm tief in das Fett eindringt. Gelagerte Fette ergeben die sog. **Ruhpenetration,** vorher gewalkte (geknetete) die **Walkpenetration.** Ein Schmierfett ist um so besser, je geringer der Unterschied zwischen beiden Penetrationen ist. Fließfette als sehr weiche Fette haben eine Walkpenetration von 355...475 (Konsistenzklasse 0, 00 und 000), weiche Fette von 220...340 (Konsistenzklasse 1...3), härtere Fette von 85...205 (Konsistenzklasse 4...6). Die Konsistenzklassen werden als **NLGI-Klassen** bezeichnet (NLGI = National-Lubricating Grease Institute). Siehe hierzu Tab. 16.2. Die Konsistenz nimmt mit steigender Temperatur ab, jedoch nicht in dem Maße wie die Viskosität der Öle. Die technisch verwendeten Fette sind:

1. **Calciumseifen-Schmierfette.** Sie genügen einfachen Schmieraufgaben von $-35...+50\,°C$, sind wasserabweisend und daher für Schmierstellen im Freien geeignet (an Baumaschinen, Fahrgestellen, einfachen Gleitlagern). Nachschmierungen sind in kürzeren Zeitabständen erforderlich. Für Wälzlager sind sie von $-20...+50\,°C$ geeignet.

2. **Natriumseifen-Schmierfette.** Sie sind von fasriger Struktur, gut schmierfähig, aber wasseraufnehmend. Die Gebrauchstemperatur beträgt $-30...+110\,°C$. Sie sind für Gleit- und Wälzlager geeignet, werden bei Wasserzutritt aber ausgewaschen.

3. **Lithiumseifen-Schmierfette.** Sie sind kurzfasrig und wasserabweisend, ihre Gebrauchstemperatur beträgt $-30...+125\,°C$, kurzzeitig (bis 100 h insgesamt) auch $+140\,°C$. Sie enthalten Zusätze, die ihnen Hochdruckeigenschaften verleihen.

4. **Komplexverseifte Schmierfette.** Es handelt sich um mehrere Metallseifen (Barium/Calcium oder Lithium/Strontium), die chemisch miteinander Komplexe (Verbindungen) bilden. Sie sind wasserabweisend, ihre Gebrauchstemperatur beträgt $-25...+150\,°C$. Für Gleit- und Wälzlager sind sie uneingeschränkt verwendbar. Wegen ihres hohen Preises kommen sie nur in Betracht, wenn billige Schmierfette versagen.

5. **Blockfette (Fettbriketts).** Sie sind harte, in quaderförmigen Stücken gelieferte Fette, die in die Kammern von Gleitlagern eingesetzt werden. Ihre Penetration beträgt 20...85, Gebrauchstemperatur bis 160 °C. Sie werden in den Rollganglagern der Walzwerke, in Kalandern (Walzmaschinen mit Rollen) der Kunststoff- und Gummiverarbeitung, grundsätzlich in schweren, langsam laufenden Maschinen mit heißen Lagerstellen verwendet.

Tab. 16.2 Konsistenz-Einteilung für Schmierfette nach DIN 51818

NLGI-Klasse	Walkpenetration Einheiten	NLGI-Klasse	Walkpenetration Einheiten	NLGI-Klasse	Walkpenetration Einheiten
000	445...475	**1**	310...340	**4**	175...205
00	400...430	**2**	265...295	**5**	130...160
0	355...385	**3**	220...250	**6**	85...115

Genormt sind:

1. **Schmierfette K** nach DIN 51825 in den NLGI-Klassen 0...4 zur Schmierung von Wälzlagern, Gleitlagern und Gleitflächen. In der Norm sind Anforderungen und Bezeichnungen festgelegt und Anwendungshinweise gegeben. Schmierfette K sind konsistente Schmierstoffe, die aus Mineralöl und/oder Syntheseöl sowie einem Dickungsmittel bestehen. Zulässig sind Zusätze von Wirkstoffen und/oder Festschmierstoffen, woraus sich folgende Einteilung ergibt:
Schmierfette **KP** mit Wirkstoffen zum Herabsetzen der Reibung, des Verschleißes im Mischreibungsgebiet und zur Erhöhung der Belastbarkeit,
Schmierfette **KF** mit Festschmierstoff-Zusätzen (siehe Abschnitt 16.5),
Schmierfette **KPF** mit Wirkstoffen wie bei K P und Festschmierstoff-Zusätzen.
Die Eigenschaften der früheren Schmierfette K T sind jetzt in die Schmierfette K einbezogen.
Durch Kennzahlen und Zusatzbuchstaben nach DIN 51502 werden die Eigenschaften in der genormten Bezeichnung angegeben. Es bedeuten z. B.: **-60** für Temperaturen bis $-60\,°C$, **-20** für Temperaturen bis $-20\,°C$, **C** und **D** für Temperaturen bis $+60\,°C$, **G** und **H** bis $+100\,°C$, **N** bis $+140\,°C$, **U** über $+220\,°C$. Die Zusatzbuchstaben geben auch Auskunft über das Verhalten gegenüber Wasser.
Schmierfette K sollen bei Belastung die Reibung und den Verschleiß mindern, die Wirkungsweise der Abdichtungen unterstützen, vor Korrosion schützen und infolge ihrer Eigenschaften für den angegebenen Gebrauchs-Temperaturbereich eine angemessene Schmierfrist erreichen lassen.
Es ist zu erwarten, daß die Schmierfette in zukünftigen ISO- und EN-Normen andere Kennbuchstaben erhalten werden.

2. Schmierfette G nach DIN 51826 in den NLGI-Klassen 000 . . . 1 für den Gebrauchs-Temperaturbereich $-20°C$ . . . $+100\ °C$ zur Schmierung in geschlossenen Getrieben mit Tauchschmierung, z. B. in Getriebemotoren, Trommelmotoren, Stellantrieben, Zahnkupplungen, wo aufgrund der Dichtungsverhältnisse oder Betriebsbedingungen Fettschmierung günstiger als Ölschmierung ist.
3. Weiterhin gibt es noch **Schmierfette KN** gemäß DIN 51502 für Gebrauchs-Temperaturen über 140 °C, **Schmierfette OG** für offene Getriebe und Verzahnungen, **Schmierfette M** für Gleitlagerungen und Dichtungen.

Schmierfette auf Synthesebasis werden in ihren Grundeigenschaften wie diejenigen auf Mineralölbasis bezeichnet.

16.5 Festschmierstoffe

Als **Festschmierstoffe** haben Graphit und Molybdändisulfid als Stoffe mit Schichtgitterstruktur (in Schichten angeordnete kleinste lamellenartige Teilchen) die größte Bedeutung. Sie werden dort angewendet, wo keine hydrodynamische Schmierung erreicht werden kann, d. h. bei kleiner Gleitgeschwindigkeit, hin- und hergehender Bewegung oder bei Stoßbelastung, die den Schmierfilm durchbrechen würde. Auch bei ungünstigen Werkstoffpaarungen wie Stahl auf Stahl ist die Trennwirkung durch Festschmierstoffe vorteilhaft. Die festhaftenden Gleitfilme werden nicht so leicht weggequetscht wie ein Ölfilm, vor allem auch unter sehr hohen Temperaturen nicht, unter denen sogar synthetische Öle versagen. Die Raumfahrt konnte nur mit Festschmierstoffen gemeistert werden.
Die lamellenartigen Teilchen der Festschmierstoffe können sich leicht gegeneinander verschieben, und zahlreiche Lamellen betten sich in die Oberflächenrauhigkeiten der Gleitwerkstoffe ein und haften dort, so daß sich die eigentlichen Paarungsflächen nicht mehr berühren. Nachteilig ist allerdings, daß sich so kleine Reibzahlen wie mit einer hydrodynamischen Schmierung nicht erreichen lassen.
Molybdändisulfid MoS$_2$ ist von $-180 . . . +450\ °C$ einsatzfähig, unter Luftabschluß sogar bis 700 °C. Es wird handelsüblich in Pulverform oder eingemischt in Pasten, Fetten oder Ölen geliefert. Die Reibzahl im Lager sinkt mit zunehmender Belastung und liegt zwischen 0,02 und 0,12.

Graphit ist aus Kohlenstoffatomen aufgebaut und gegenüber MoS$_2$ besser wärmeleitend, besitzt aber kein so großes Haftvermögen, weil nur Adhäsionskräfte wirksam werden. Durch Graphit wird das Druckaufnahmevermögen von Fetten und Ölen nicht so stark erhöht wie mit MoS$_2$. Es wird meistens in Verbindung mit anderen Trägern oder Schmierstoffen eingesetzt. Graphit wird in Flocken- oder Pulverform geliefert und ist wesentlich billiger als MoS$_2$. Bei 400 °C beginnt es zu oxidieren und verbrennt oberhalb 550 °C zu Kohlendioxid.
Auch **duktile Metalle** (stark verformbare Metalle) wie Aluminium, Blei oder Kupfer in Pulverform werden in Schmierstoffe eingearbeitet und verhüten im Mischreibungsgebiet ein Fressen der Gleitflächen.

Literaturhinweise

Feighofen, H.: Wissenswertes über Schmiermittel für Gleitlagerungen, Z. Maschine und Werkzeug 18/1962.
Franke, W. D.: Schmierstoffe und ihre Anwendung, Hanser-Verlag München 1971.
Frössel, W.: Erkenntnisse aus Schäden in der Gleitlagerpraxis. Z. Maschinenmarkt 2/1964.
Kara, W.: Grundlagen der Lagerschmierung. Verlag Hüthig und Dreyer Mainz/Heidelberg 1959.
Milowitz, K.: Lager und Schmierung. Springer-Verlag 1962.

17 Gleitlager

Gleitlager nehmen die Laufzapfen von Achsen oder Wellen auf. Man unterscheidet **Radiallager** für Querkräfte (auch Traglager genannt) und **Axiallager** für Längskräfte (auch Stützlager genannt). Außerdem kennt man noch **Führungslager,** die die Welle lediglich in ihrer Lage führen und keine definierbaren Kräfte aufzunehmen haben. Die einzelnen Lagerarten lassen sich auch zu Baueinheiten kombinieren. Die Zapfen laufen mit Gleitreibung unter Öl-, Fett- oder Feststoffschmierung in Lagerbuchsen oder -schalen um.

Die große Schmierfläche der Gleitlager wirkt schwingungs- und geräuschdämpfend, so daß Gleitlagerungen im allgemeinen ruhiger als Wälzlagerungen laufen. Gleitlager sind einfach aufgebaut und können ohne Schwierigkeiten auch geteilt hergestellt werden. Bei reiner Flüssigkeitsreibung erreichen sie eine fast unbegrenzte Lebensdauer und können mit höchsten Drehzahlen laufen. Im allgemeinen sind sie billiger als Wälzlager.

17.1 Hydrostatisch und hydrodynamisch geschmierte Gleitlager, Mehrflächenlager, Grenzschichtschmierung

Ideale Verhältnisse bietet die Flüssigkeitsreibung (siehe Abschnitt 16.1), bei der sich die gleitenden Flächen nicht berühren, weil ein tragender Ölfilm die Kämme der Oberflächenrauhigkeiten voneinander trennt. Dazu ist ein entsprechender Öldruck erforderlich, um den Belastungskräften das Gleichgewicht zu halten.

Bei **hydrostatisch geschmierten Gleitlagern** wird das Schmieröl unter hohem Druck (bis zu 20 MPa = 2000 N/cm^2) zwischen die gleitenden Teile gepreßt, so daß diese in einem bestimmten Abstand von wenigen Hundertstel Millimetern gehalten werden, unabhängig davon, ob die Gleitflächen bewegt werden oder stillstehen. Die Gleitflächen können sich daher nicht abnutzen. Der Öldruck wird in einer Pumpe außerhalb des Lagers erzeugt. Bei diesen sog. **Druckkammerlagern** (Bild 17.1) sind die Gleitflächen durch seichte Räume (Kammern K) unterbrochen, denen das

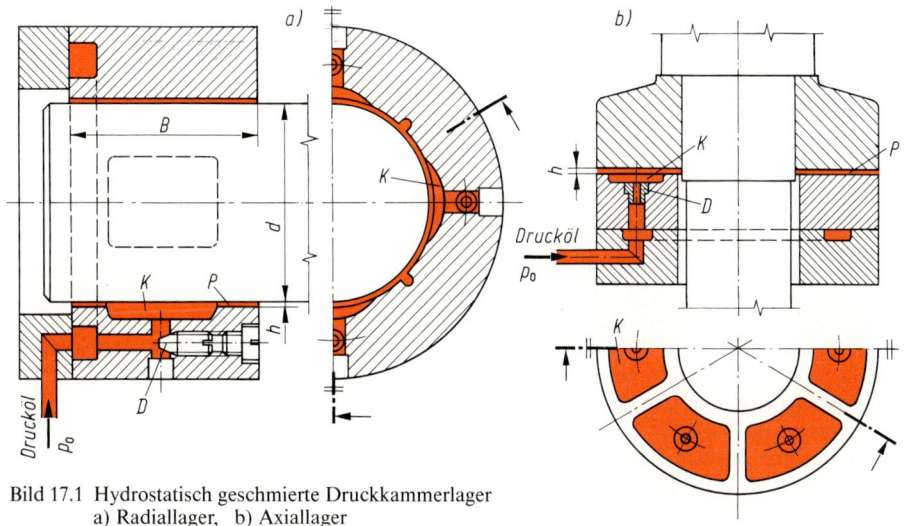

Bild 17.1 Hydrostatisch geschmierte Druckkammerlager
a) Radiallager, b) Axiallager
K Kammer, D Drossel, h Schmierspalthöhe, d Wellendurchmesser, B Lagerbreite

Drucköl über Bohrungen und Kanäle zugeführt wird. In den Druckkammern herrscht der volle Zulaufdruck p_0, im Schmierspalt jedoch nur noch ein mittlerer Druck p, der etwa gleich dem halben Zulaufdruck ist. Die Reibverluste in hydrostatisch geschmierten Lagern sind geringer als in allen anderen Lagern. Durch Druckunterschiede zwischen den einzelnen Kammern mittels vorgeschalteter Drosseln D (Bild 17.1) läßt sich sogar die Wellenlage beeinflussen, was bei Präzisionsmaschinen von Bedeutung ist. Hydrostatische Gleitlager haben sich trotz aller Vorteile nicht allgemein durchsetzen können, weil verläßliche Hochdruckpumpen und dichte Zuleitungen einen entsprechend hohen Baukostenaufwand erfordern.

Bei **hydrodynamisch geschmierten Gleitlagern** bildet sich ein tragender Schmierfilm, wenn sich die Gleitflächen aufeinander bewegen, keilförmig angestellt sind (Bild 17.2) und die Gleitgeschwindigkeit u groß genug ist. Das „Aufschwimmen" läßt sich mit den Vorgängen beim Wasserskifahren vergleichen. Nur durch die Bewegung und die schräg zur Wasseroberfläche angestellten Skibretter wird ein genügend hoher Wasserdruck erzeugt, der den Fahrer tragen kann.

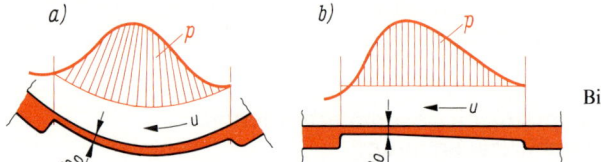

Bild 17.2 Hydrodynamische Schmierung
a) bei gekrümmten Gleitflächen,
b) bei geraden Gleitflächen

Im Gleitlager übernimmt ein **Keilspalt** die Aufgabe des Schräganstellens. Da das Öl an den Gleitflächen haftet, wird es von der sich bewegenden Gleitfläche mitgenommen und in den Keilspalt hineingedrückt. Dadurch nimmt der Druck auf der Spaltlänge ständig zu und erreicht kurz vor der engsten Stelle h_0 sein Maximum. Danach fällt der Druck bis auf Null ab und geht in der folgenden Erweiterung in einen Unterdruck über. Es spielt keine Rolle, ob die Gleitflächen wie beim Radiallager gekrümmt oder wie beim Axiallager gerade sind. Für die Druckentwicklung kommt es auf die Spalthöhe, die Länge und die Breite des Staufeldes an.

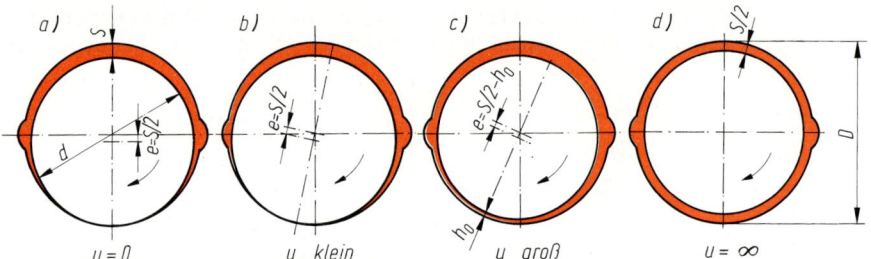

Bild 17.3 Zapfenlage bei verschiedenen Gleitgeschwindigkeiten u eines einfachen Radiallagers
d Zapfendurchmesser, S Lagerspiel, h_0 kleinste Schmierspalthöhe

Bereits die einfachste Form eines Radiallagers nach Bild 17.3 kann mit hydrodynamischer Schmierung laufen. Im Stillstand ruht der Zapfen exzentrisch in der Lagerbuchse mit $e = S/2$ (Bild 17.3 a), so daß ein Keilspalt gebildet wird. Der Raum zwischen Lagerbuchse und Zapfen ist mit Schmieröl angefüllt, das während des Laufens ständig nachfließen muß. Die Drehbewegung des Zapfens beginnt mit Festkörperreibung, die in Mischreibung übergeht, wobei der Anteil der Festkörperreibung abnimmt und der Anteil der Flüssigkeitsreibung zunimmt. Die Zapfenoberfläche nimmt das an ihr haftende Öl mit und preßt es in den Keilspalt. Der dadurch ansteigende Druck verlagert den Zapfen (Bild 17.3 b). Mit steigender Gleitgeschwindigkeit u vergrößert sich der Druck, bis der Zapfen angehoben wird und auf dem sich gebildeten Schmierfilm mit der Dicke h_0 schwimmt und mit der exzentrischen Verlagerung $e = S/2 - h_0$ in der Lagerbuchse läuft (Bild 17.3 c). Die Mischreibung geht damit in die Flüssigkeitsreibung über. Dieser Vorgang wird

Ausklinken genannt, die zugehörige Drehzahl **Übergangsdrehzahl** $n_{\ddot{u}}$. Mit steigender Gleitgeschwindigkeit verringert sich die Exzentrizität, und bei unendlich groß gedachter Gleitgeschwindigkeit würde der Zapfen sogar zentrisch (koaxial) in der Lagerbuchse umlaufen (Bild 17.3 d).

Bild 17.4 gibt den Verlauf der Reibzahl μ in Abhängigkeit von der Drehzahl n wieder **(Stribeck-Kurve)**. Im Gebiet MR herrscht Mischreibung (Gebiet der Mangelschmierung). Das Gebiet FR ist das der Flüssigkeitsreibung, in welchem die Reibzahl infolge der Viskosität des Schmieröls mit der Drehzahl ansteigt (zunehmende Schubspannung in den Ölschichten, siehe Bild 16.2 Seite 331.

Die Schmierfilmdicke h_0 (Bild 17.3) hängt von der Belastung des Lagers ab. Eine Kraftsteigerung verkleinert sie, und bei zu hoher Kraft, also zu hoher Flächenpressung, wird der Schmierfilm sogar durchbrochen. Je höher die Flächenpressung und je geringer die Gleitgeschwindigkeit ist, um so größer muß die Viskosität des Schmierstoffes sein. Umgekehrt ist bei hohen Gleitgeschwindigkeiten ein niedrigviskoser Schmierstoff sinnvoll, weil die innere Reibung im Schmierstoff mit der Zähigkeit wächst und die Erwärmung und die Energieverluste steigen.

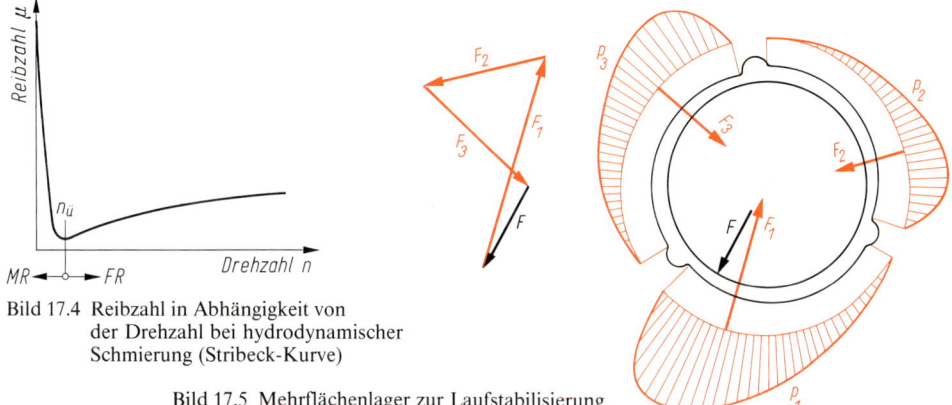

Bild 17.4 Reibzahl in Abhängigkeit von
der Drehzahl bei hydrodynamischer
Schmierung (Stribeck-Kurve)

Bild 17.5 Mehrflächenlager zur Laufstabilisierung

Bei Lagerungen mit zylindrischer Bohrung wie nach Bild 17.3 entsteht nur ein einziger Keilspalt und damit auch nur ein einziges Staufeld, in dem hydrodynamische Drücke gebildet werden. Mit vom Kreis abweichenden Lagerbohrungen lassen sich wie nach Bild 17.5 mehrere Verengungen im Durchflußquerschnitt bilden, die jeweils hydrodynamische Druckberge entstehen lassen und damit den Zapfen von mehreren Seiten abstützen. Man spricht dann vom **Mehrflächenlager (MF-Lager)**.

Wird eine vertikale Welle in einem einfachen Gleitlager (Bild 17.3) aufgenommen, so kann im unbelasteten Zustand kein hydrodynamischer Druck entstehen. Beim Mehrflächenlager bilden sich aber auch in diesem Zustand Druckberge und damit Kräfte, die sich in der genauen Mittellage der Welle aufheben (miteinander im Gleichgewicht sind) und damit für einen stabilen zentrischen Lauf sorgen. Unter Belastung genügt schon eine geringe Exzentrizität, um den Staudruck an der betr. Fläche zu erhöhen und der Auslenkung entgegenzuwirken (Bild 17.5). Dadurch ist bei Mehrflächenlagern ein stabiler und zentrierter Lauf auch bei hohen Drehzahlen zu erwarten. Hinzu kommt, daß sie ein kleineres Lagerspiel erhalten können. Derartige Lager werden bei Turbinenwellen und Genauigkeits-Werkzeugmaschinenspindeln und dort verwendet, wo mit hohen Drehzahlen gefahren werden muß.

Bild 17.6 zeigt mehrere Möglichkeiten der Ausbildung von Mehrflächenlagern. Das Zweiflächenlager (Bild 17.6 a) heißt wegen seiner Ähnlichkeit mit einer Zitrone auch **Lager mit Zitronenspiel.** Für wechselnde Drehrichtungen erhalten die Bohrungen Keilspalte in beiden Richtungen, so daß jeweils die Keilspalte für die andere Drehrichtung unausgenutzt bleiben. Die Tragkraft ist dementsprechend geringer. Die Ausführungen mit einer Raststrecke R bieten im Stillstand bessere Auflagemöglichkeiten für den Zapfen.

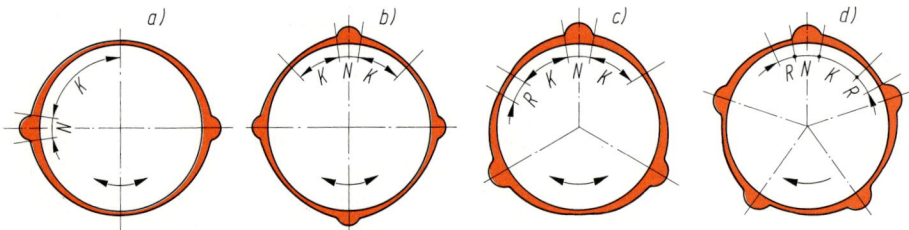

Bild 17.6 Verschiedene Mehrflächen-Gleitlager
          a) Zweiflächenlager (Lager mit Zitronenspiel), b) Vierflächenlager, c) Dreiflächenlager,
          d) Fünfflächenlager für nur eine Drehrichung
          K Keillänge, *N* Nutbreite, *R* Raststrecke

Mehrflächenlager können auch aus Teilen mit zylindrischen Gleitflächen zusammengesetzt werden, deren Krümmungsradius größer als der Zapfenradius ist (Bild 17.7).

Für geradlinige Bewegungen verwendet man **Führungen,** für deren hydrodynamische Schmierung dasselbe wie für Axiallager gilt. Bei **Flachführungen** wird die gesamte Gleitfläche in Keil- und Rastflächen unterteilt. Da Flachführungen nur für hin- und hergehende Teile in Betracht kommen, müssen sie doppeltwirkend sein, d.h. für beide Gleitrichtungen ausgelegt werden. Verhältnis der Rastfläche zur Keilfläche etwa 1 : 4. Bild 17.8 zeigt eine Rundführung, die insofern ideal ist, da das Öl seitlich nicht entweichen kann. Üblich $K \approx 0{,}5d$, Spiel $S \approx 10 \ldots 15$ μm an der engsten Stelle.

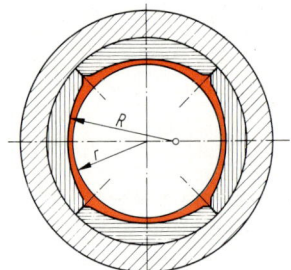

Bild 17.7 Aus Segmenten
          zusammengesetztes
          Vierflächenlager

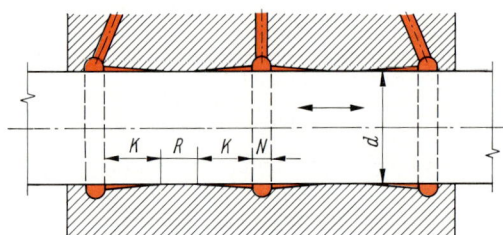

Bild 17.8 Schema einer runden Geradführung mit
          hydrodynamischer Schmierung
          K Keillänge, *R* Raststrecke, *N* Nutbreite

Das An- und Auslaufen (Anfahren und Anhalten) hydrodynamisch geschmierter Lager geschieht im Bereich $n < n_{\ddot{u}}$ mit Mischreibung. Liegt der Mischreibungsbereich bei Gleitgeschwindigkeiten unter $u = 1$ m/s und wird er schnell durchfahren, so entsteht erfahrungsgemäß kein Schaden. Es gibt aber Lagerungen, insbesondere Führungen, die ständig in diesem Reibzustand arbeiten müssen, z.B. Kolbenbolzen- und Achsschenkellager. Auch unter derartigen Verhältnissen ist ein betriebssicheres Gleiten mit harten und sehr glatten Gleitflächen zu erreichen. Bei dieser sog. **Grenzschichtschmierung** kommt es auf die richtige Wahl des Gleitwerkstoffs an, damit der schützende Schmierfilm sicher festgehalten wird (gut haftet). Mit der üblichen Schmiernutenanordnung hydrodynamisch geschmierter Lager ist das nicht zu erreichen. Die Schmiernuten müssen so nahe wie möglich an der belasteten Zone liegen, damit der Schmierstoff auch sicher in diese gelangt. Das wird mit achsparallelen Schmiernuten erreicht (Bild 17.9), die an einer in der Lagermitte liegenden Ringnut angeschlossen sind. Der Nutenabstand darf in keinem Falle größer als der Pendelweg der Kraft sein. Dies zwingt mitunter zu kleinen Nutenquerschnitten. Das Nutensystem kann ebensogut am Zapfen angeordnet werden.

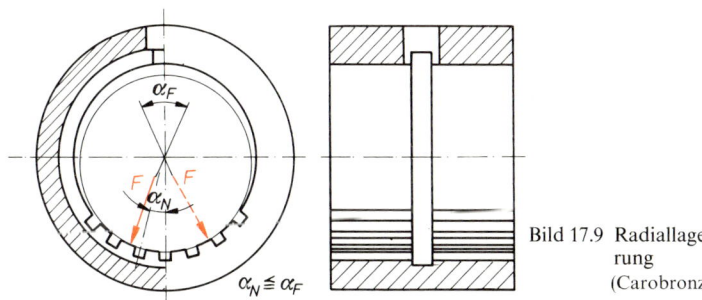

Bild 17.9 Radiallager für Grenzschichtschmierung
(Carobronze GmbH, Nürnberg)

17.2   Schmierstoffzufuhr, Schmiersysteme

Der Gleitraum muß ständig mit Schmierstoff versorgt werden. Für die Zuführung sind Kanäle
(Bohrungen, Löcher) in den Lagerkörpern erforderlich (siehe hierzu Bild 17.1), die in achsparallelen **Schmiernuten** münden, von denen der Schmierstoff über die Lagerbreite verteilt wird. Sie
unterbrechen die Gleitflächen und gehen gut gerundet in diese über. Scharfe Kanten sind ungünstig. Für gleichbleibenden Drehsinn werden die Profile a und e nach Bild 17.10 angewendet, für
wechselnden Drehsinn die Profile b, c, d und f. Sinngemäß gilt das für die genormten Formen C
bis F nach DIN 1591 (Abmessungen nach den Tabn. A 17.1 bis A 17.4). Ebene Gleitflächen
erhalten entspr. Profile. Schmiernuten mit Rechteckprofil werden nur angewendet, wenn bei
kleinem Nutenabstand viele tragende Gleitflächen erhalten bleiben müssen (siehe Bild 17.9).
Schmiertaschen werden vorgesehen, wenn größere Schmierräume erwünscht sind. Die Form K
kommt bei hin- und hergehenden geradlinigen Bewegungen in Betracht.

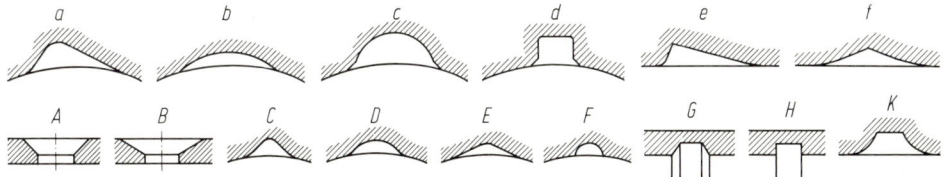

Bild 17.10 Schmiernuten, Schmiertaschen, Schmierlöcher
a bis c übliche Formen, A bis K Formen nach DIN 1591
(c und K Schmiertaschen, A und B Schmierlöcher, G und H Ringnuten)

Bei Radiallagern geht das volle Schmiernutenprofil nicht bis an die Gleitflächenenden, sondern
wird knapp vor dem Lagerrand auf etwa ¼ des Querschnitts reduziert, um den seitlichen
Schmierstoffabfluß zu drosseln. Ein vollkommener Abschluß soll vermieden werden, um das
Herausspülen von Verunreinigungen und Abriebteilchen zu ermöglichen. Bild 17.11 zeigt die fal-
sche und die richtige Ausbildung von Schmiernuten.
Bei hydrodynamisch geschmierten Lagern müssen die **Schmiernuten unbedingt außerhalb der
Druckzone** liegen, damit sie den tragenden Ölfilm nicht unterbrechen. Zweckmäßig wird das
Schmieröl in der Unterdruckzone hinter der engsten Schmierspaltstelle angeboten. Bild 17.12 ver-
anschaulicht die richtige und die falsche Lage der Schmiernuten.
Die **Schmiernuten sind stets am stillstehenden Teil** anzubringen, damit der Schmierstoff außerhalb
der Druckzone zugeführt werden kann. Steht der Zapfen still, so ist beispielsweise eine Anflä-
chung am Zapfen als Schmiernut geeignet (nach Bild 17.13 am Achsbolzen). Der Kanal für die
Schmierstoffzuführung mündet dann in der Anflächung.

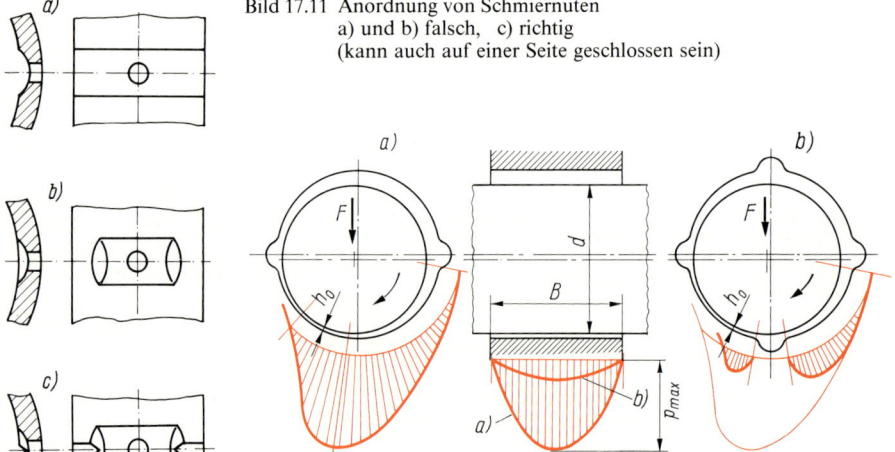

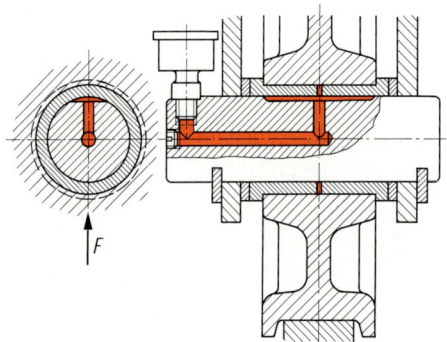

Bild 17.11 Anordnung von Schmiernuten
a) und b) falsch,   c) richtig
(kann auch auf einer Seite geschlossen sein)

Bild 17.12 Lage der Schmiernuten beim hydrodynamisch geschmierten Gleitlager
a) richtig außerhalb der Druckzone,   b) falsch in der Druckzone

Fettschmierung für gering belastete Lager und Gelenke sowie für Lager in staubiger Umgebung ist einfach und billig. Überschüssiges Fett tropft von den Lagerstellen nicht ab, sondern quillt als gegen Verunreinigungen dichtender Kragen heraus. Mit Fettschmierung läßt sich nur Mischreibung erreichen, und **Gleitgeschwindigkeiten über $u = 2$ m/s sollten möglichst vermieden werden.**

Bild 17.13 Schmierstoffzufuhr durch einen stillstehenden Achsbolzen hindurch (Carobronze GmbH, Nürnberg)

Zur sicheren Versorgung der Gleitflächen mit Schmierstoff bedarf es entspr. Einrichtungen, die den Schmierstoff aus einem Vorratsbehälter in den Gleitraum befördern.

Dazu dienen z. B. **Staufferbuchsen** DIN 3411 (Bild 17.14a). Durch Drehen der Überwurfmutter an der fettgefüllten Staufferbuchse wird der erforderliche Preßdruck erzeugt. Werden die Zuführungskanäle mit **Kegelschmierköpfen** DIN 71412 (Bild 17.14c) verschlossen, so muß von Zeit zu Zeit mit Fettpressen Fett nachgedrückt werden, wodurch auch das verbrauchte Fett aus dem Lager quillt. Besser sind **Fettdruckbuchsen** (Fettschmierbuchsen), in denen ein federbelasteter Kolben ständig auf den Fettvorrat drückt und die Schmierstelle selbsttätig mit Fett versorgt (Bild 17.14c). Befindet sich im Lagerkörper ein Fettvorrat (Bild 17.14d), der mit seinem Gewicht auf den Laufzapfen drückt und für ständige Schmierung sorgt, dann spricht man von **Fettkammerschmierung.** Nicht bemerktes Heißlaufen eines Lagers führt aber wegen Verflüssigung des gesamten Fettes zur Entleerung der Vorratskammer und damit zum sog. Lagerbrand.

Für untergeordnete Zwecke, wie zur Schmierung von Gelenken, einfachen und leicht zugänglichen Nebenlagern, kommt die **Öl-Handschmierung** in Betracht. Das Schmiermittel wird aus einer Öl- oder Ölspritzkanne über ein Schmierloch zugeführt. Dabei erhält das Lager nur so viel Öl, daß es nicht heißläuft. Zur Aufnahme einer genügenden Ölmenge muß das Schmierloch größer als bei Fettschmierung sein. Gegen Verunreinigungen wird das Schmierloch mit einem Einschraub-Kugelöler (Bild 17.15a), einem Einschlag-Deckelöler (Bild 17.15b) oder einem Einschraub-Deckelöler (Bild 17.15c) verschlossen. **Selbsttätige Schmiereinrichtungen** versorgen die Lagerstelle aus Gefäßen ständig mit Öltropfen in begrenzter Anzahl (5...40 Tropfen/min). Die Bilder 17.15d und e zeigen **Docht-** und **Tropföler.**

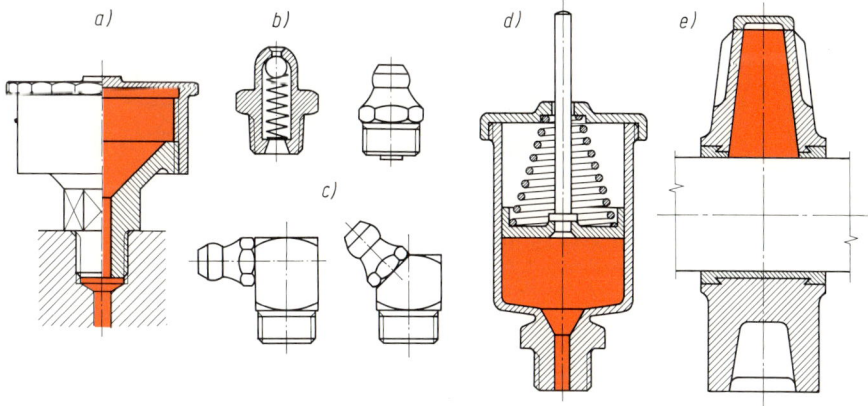

Bild 17.14 Einrichtungen für Fettschmierung
a) Staufferbuchse DIN 3411, b) Kugelschmierkopf (DIN 3402 zurückgezogen), c) Kegelschmierköpfe DIN 71412, d) Selbsttätige Fettschmierbuchse (Epple & Co, Stuttgart), e) Fettkammerlager

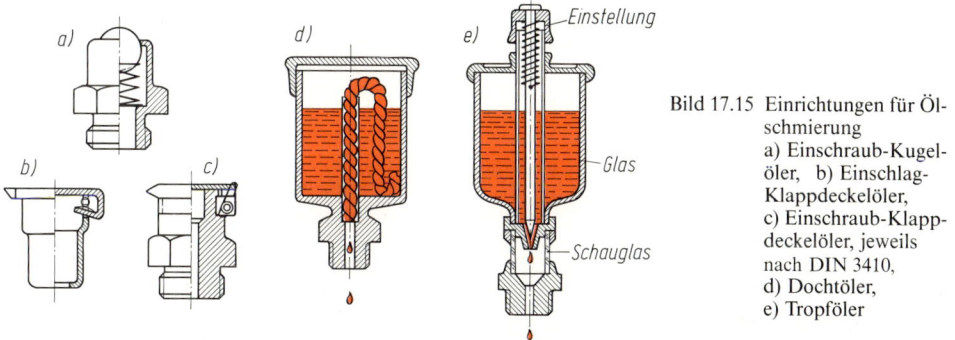

Bild 17.15 Einrichtungen für Öl-schmierung
a) Einschraub-Kugel-öler, b) Einschlag-Klappdeckelöler, c) Einschraub-Klapp-deckelöler, jeweils nach DIN 3410, d) Dochtöler, e) Tropföler

Es ist auch möglich, mit einer Schmiereinrichtung mehrere Lager gleichzeitig zu versorgen, wenn der Schmierstoffkanal zu den einzelnen Lagerstellen abzweigt und die Schmierstoffmenge ausreicht.

Tauchschmierung ist einfach, sicher und sparsam. Umlaufende Scheiben oder Ringe tauchen in ein Ölbad und schleudern Schmiermittel in die Zuführungskanäle zu den Gleitflächen. Wegen der Reibung im Öl dürfen die Schleuderscheiben oder -ringe nur wenig eintauchen (sonst höhere Erwärmung und Energieverluste). Für waagerecht liegende Zapfen hat sich als Tauchschmierung die **Ringschmierung** nach Bild 17.16 bewährt. In der Lagerbuchse befindet sich ein radialer Schlitz, in dem ein dünner Schmierring DIN 322 lose auf dem Zapfen hängt (Bild 17.16a). Der umlaufende Zapfen nimmt den Ring mit, der das an ihm haftende Öl nach oben befördert, wo es in die Schmiernuten läuft. Die Ringschmierung kann auch mit einem festen, mitumlaufenden Ring erfolgen (Bild 17.16b). Das vom Ring geförderte Öl nimmt ein Abstreifer an der höchsten Stelle ab. Es läuft dann außen über die Schale in die Schmiernuten. Bei beiden Ringschmierarten läuft das Öl nach Erfüllung seiner Schmieraufgabe über Durchbrüche oder Löcher im Lagergehäuse in den Ölraum zurück. Mit losem Schmierring kann bis $u \approx 20$ m/s, mit festem Schmierring bis $u \approx 13$ m/s Gleitgeschwindigkeit geschmiert werden.

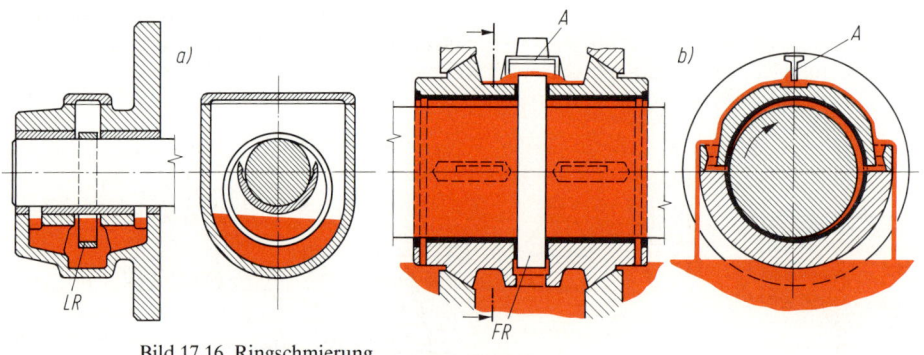

Bild 17.16 Ringschmierung
a) mit losem Ring LR nach DIN 322
b) mit festem Ring FR, A Abstreifer
(Bauart Renk AG, Werk Wülfel, Augsburg)

Bei der **Schleuderdruckschmierung** rotiert neben dem Lager eine ins Ölbad tauchende Scheibe. Diese besitzt radiale Nuten, die in einem äußeren Kragen münden. Dadurch arbeitet die Scheibe wie eine Kreiselpumpe und fördert das Öl nach außen. Von dort läuft es über Kanäle und Bohrungen zu den Schmiernuten der Lagerbuchse.

Auch eine **hydrodynamische Ölförderung** wird angewendet. Unmittelbar an der Lagerstirnwand läuft eine dünne, schief gestellte Tauchscheibe (Taumelscheibe) mit. Die ölbenetzte Taumelscheibe erzeugt stirnseitig einen hydrodynamischen Druckberg, der im Kreise herumwandert. In der Lagerstirnwand befindet sich eine Bohrung, die zur Schmierstelle führt. Sobald der Druckberg die Bohrung passiert, wird Öl in diese hineingedrückt.

Eine **Umlauf-Spülschmierung** kann viele Schmierstellen mit Öl versorgen. Über ein Röhrensystem wird das Öl von einer Pumpe zu den Lagern gefördert. Das ablaufende Öl, das auch die Reibwärme abführt, wird gefiltert, ggf. zwischengekühlt und gesammelt, um von der Pumpe erneut in die Lager gedrückt zu werden. Es ist dadurch viel leichter, die Reinheit und die Temperatur des Schmieröls zu sichern als mit einem inneren Ölkreislauf der zuvor beschriebenen Arten (z.B. Ringschmierung). Die Umlauf-Spülschmierung genügt den höchsten Anforderungen betriebswichtiger Lager. Der Ölüberdruck liegt zwischen 0,05 und 0,5 MPa. Bei hohen Drehzahlen und hoher Belastung, also entspr. hoher Wärmeentwicklung, ist die Umlaufschmierung nicht zu entbehren.
In DIN 31692 (Hinweise für die Schmierung von Gleitlagern) wird ausgeführt: Schmieröle ISO VG 15…150. In der Ölzulaufleitung sind Filter mit einer Maschenweite $\leqq 63$ µm und ggf. ein Ölkühler vorzusehen. Die Geschwindigkeit für Ölumlauf im Zulauf soll $\leqq 2$ m/s sein. Der Überdruck in der Ölanlage soll 0,5 MPa nicht überschreiten. Die Ölrücklaufleitung sollte ein stetiges Gefälle von 1 : 20 besitzen. Der Rohrleitungsquerschnitt soll so ausgeführt sein, daß bei den ungünstigsten Betriebsverhältnissen nur eine Querschnittfüllung von 70% erreicht wird, wobei die Geschwindigkeit $\leqq 0,25$ m/s beträgt, damit mit der rückfließenden Ölmenge ein Teil ggf. vorhandenen Ölnebels aus dem Gleitlager zum Ölbehälter abgeführt werden kann. Einmündungsstellen und Richtungsänderungen sind strömungsgünstig ohne Ecken und Winkel auszuführen.
Axiallager werden fast ausnahmslos umlaufgeschmiert, wobei das Öl von innen zugeführt wird, damit es nicht schon vorher abgeschleudert wird.
Obwohl bei den Lagern mit Grenzschichtschmierung der Öldurchsatz wegen der niedrigen Gleitgeschwindigkeiten gering ist, sind meistens Pumpen notwendig, um einen Mindestdurchsatz zu sichern.
Auch mit im Innern von Maschinengehäusen versprühtem und vernebeltem Öl kann geschmiert werden. Das Öl setzt sich an allen Wänden ab und läuft über Auffangnuten in Kanäle, die zu den

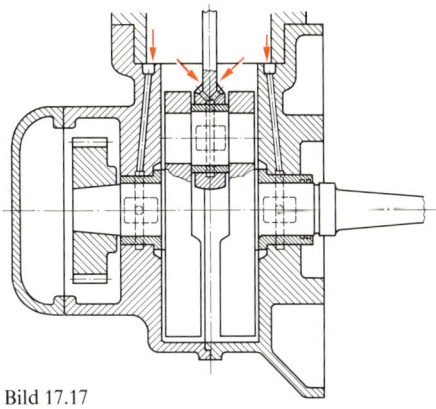

Bild 17.17
Sprühnebelgeschmierte Lager an einer Motor-
kurbelwelle
(Carobronze GmbH, Nürnberg)

Gleiflächen führen. Eine derartige **Sprühnebel-schmierung** wird z. B. bei den Kurbelwellen- und Pleuelstangenlagern von Kolbenmaschinen angewendet (Bild 17.17), die keinen großen Ölbedarf haben.

Man spricht von **Durchlaufschmierung,** wenn der Schmierstoff nach einmaliger Erfüllung seiner Aufgabe nicht wieder verwendet wird. Dieses Verfahren kommt nur bei geringem Verbrauch in Betracht, wenn der Schmierstoff nicht zur Wärmeabführung dient. Eine hydrodynamische Schmierung ist mit ihr nicht zu erwarten. Gelangt der Schmierstoff in einem Kreislauf ständig wieder zur Anwendung, so spricht man von **Umlaufschmierung.** Bei **Einzelschmierung** wird von einer Schmiereinrichtung nur ein Lager versorgt, bei der **Gruppenschmierung** mehrere.

17.3   Abweichungen von der Lagergeometrie

Die auf eine Welle wirkenden Kräfte an den Zahnrädern, Riemen, Rollen, Walzen, Ketten u. dgl. biegen die Welle, so daß sich die Zapfen neigen (Bild 17.18a). Ein derartiges Neigen kann auch durch nicht fluchtende Bohrungen der beiden Lager einer Welle hervorgerufen werden. Auch der Zapfen kann durchgebogen sein (Bild 17.18b), wenn er sich in einem Wellenstrang befindet. Bei starren und breiten Lagern führt das zu Kantenpressungen und damit zum Verschleiß, zum Heißlaufen und ggf. zum Festfressen. In solchen Fällen muß durch konstruktive Maßnahmen Abhilfe geschaffen werden, z. B. durch

1. **Erweitern der Lagerbohrung an ihren Enden** (Bild 17.19a).
2. **Verringern der Abstützbreite der Lagerbuchse** (Bilder 17.19b und c), so daß sie sich an ihren Enden elastisch verformen und der Zapfenneigung anpassen kann.

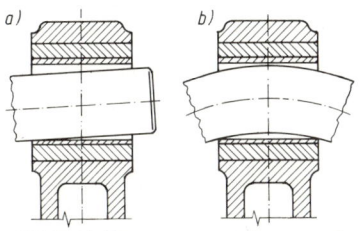

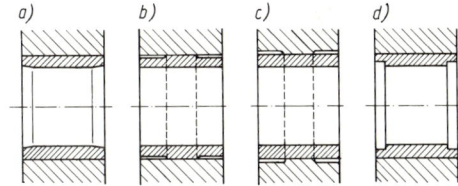

Bild 17.18 Kantenpressung in starren Lagern
a) bei Schiefstellung des Zapfens,
b) bei Krümmung des Zapfens

Bild 17.19 Verringerung der Kantenpressung durch
a) Erweitern der Bohrungsenden, b) und c) Verringern der Lagerkörper-Stützbreite, d) Verringerung der Lagerbreite

3. **Verringern der Lagerbreite** (Bild 17.19d), so daß sich der absolute Betrag der Schiefstellung verringert.
4. **Ausführung als Dehnkörperlager** (Bild 17.20), das sich ebenfalls an den Enden elastisch verformen kann.
5. **Ausführung als Schlauchlager** (Bild 17.21). Das ist eine zylindrische Buchse mit Ringnuten verschiedener Tiefe vom Außenrand her. Dadurch kann sich die Buchse leichter biegen und der Zapfenlage anpassen.

6. Elastische Ausbildung des Tragkörpers (Bild 17.22), so daß sich der gesamte Lagerkörper der Schiefstellung anpaßt bzw. angepaßt werden kann.

7. Kippbeweglichkeit der Lagerschale durch eine kugelige Auflage (Bild 17.23). Diese erfordert aber ein größeres Lagerspiel, weil zur Bewegung des Gelenkes dessen hohe Ruhreibung überwunden werden muß und auch im Gelenk ein Spiel erforderlich ist. Das macht sich besonders bei Belastungsschwankungen bemerkbar, weil dann die engste Stelle h_0 des Spaltes hin- und herwandert. Die Welle läuft dann unruhig und kann in Schwingungen geraten. Zusätzlich schaffen ggf. Mehrflächenlager Abhilfe.

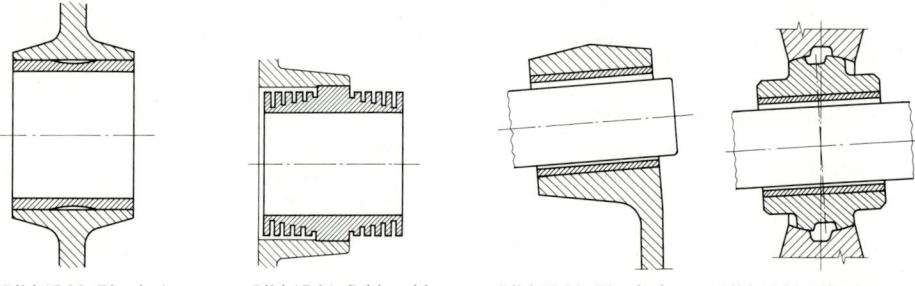

Bild 17.20 Elastische Ausbildung der Stützkörperenden   Bild 17.21 Schlauchlager   Bild 17.22 Elastisches Kippen des Lagerkörpers   Bild 17.23 Kippbeweglichkeit des Lagerkörpers

8. Kippbeweglichkeit der Lagerschale um eine Kante (Bild 17.24). Eine zweiteilige, leicht gewellte flache Schlangenfeder, die in je eine Ringnut der Lagerschale und des Lagerkörpers eingreift, hält die Schale in der Mittellage (Bild 17.24a). Bei sich neigendem Zapfen kippt die Lagerschale nahezu reibungsfrei um die Kante K (Bild 17.24b), weil sich die Feder bereits bei geringer einseitiger Belastung abflacht und nachgibt, so daß infolge des Gleichgewichts zwischen der Feder und dem sich etwas einseitig einstellenden Druck die Schale in der erforderlichen Lage verharrt.

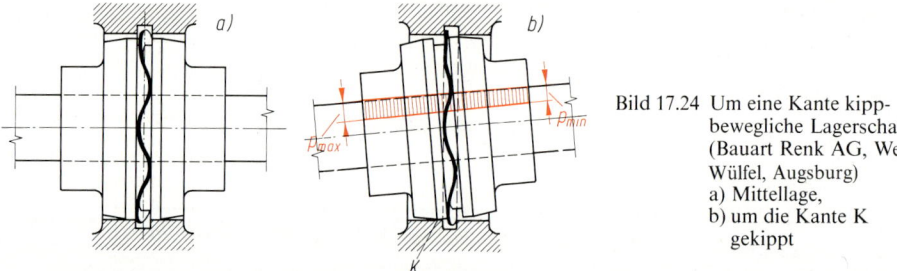

Bild 17.24 Um eine Kante kippbewegliche Lagerschale (Bauart Renk AG, Werk Wülfel, Augsburg)
a) Mittellage,
b) um die Kante K gekippt

17.4 Gleitwerkstoffe

Am Gleitvorgang sind der Zapfenwerkstoff, der Lagerwerkstoff (der Gleitwerkstoff) und der Schmierstoff beteiligt. Diese drei bilden ein Tribosystem (von grch. tribo = reiben). Die hydrodynamisch geschmierten Lager laufen beim Anfahren und Anhalten unter Last mit Mischreibung, die fettgeschmierten stets mit Mischreibung. Hierbei kommt es darauf an, daß eine schützende Schmierstoff-Grenzschicht haften bleibt und nicht weggedrückt wird, d.h. die Gleitflächen den Schmierstoff mit molekularen Kräften binden. Deshalb ist die Wahl des Lagerwerkstoffes wichtig, da meistens aus wirtschaftlichen Gründen nicht das bestgeeignete Öl verwendet werden kann, insbesondere, wenn es mehrerer Aufgaben zu erfüllen hat wie das Schmieren von Zahnrädern und Lagern. An die Gleitwerkstoffe werden eine Reihe von Anforderungen gestellt. In DIN 50282 (Das tribologische Verhalten von metallischen Gleitwerkstoffen) sind dazu folgende Begriffe erläutert:

1. **Mechanische Belastungsgrenze:** maximal mögliche Belastung der Lagerschale bei noch sicherem Lauf, oberhalb der ein Versagen des Gleitlagers durch Auftreten einer unzulässigen bleibenden Verformung des Gleitwerkstoffs, durch Gewaltbruch oder Dauerbruch eintritt.
2. **Belastbarkeit:** Belastung, die ein Gleitwerkstoff in einem Gleitlager dauernd unter einer bestimmten Beanspruchungsart ertragen kann, ohne die mechanische Belastungsgrenze und einen bestimmten Verschleißbetrag zu überschreiten. Dabei ist der zulässige Verschleißbetrag durch die erwartete Gebrauchsdauer des Gleitlagers begrenzt.
3. **Schmiegsamkeit:** Fähigkeit eines Gleitwerkstoffes, sich den Beanspruchungen – ohne bleibende Störung des Gleitverhaltens – durch elastische oder elastisch-plastische Verformungen anzupassen.
4. **Anpassungsfähigkeit:** Fähigkeit eines Gleitwerkstoffes, sich – ohne bleibende Störung des Gleitverhaltens – den Beanspruchungen durch Schmiegung und/oder durch Verschleiß anzupassen.
5. **Verschweißwiderstand (Freßunempfindlichkeit):** Widerstand eines Gleitwerkstoffes gegen die Bildung von adhäsiven Bindungen mit dem Gegenwerkstoff.
6. **Riefenbildungswiderstand:** Widerstand eines Gleitwerkstoffes gegen die Bildung von Riefen und Kratzern an der Oberfläche des Gegenwerkstoffs.
7. **Verträglichkeit mit dem Gegenwerkstoff:** Widerstand gegen Verschweißung (siehe 5.) und Riefenbildung (siehe 6.).
8. **Fähigkeit zur Bildung einer Reaktionsschicht:** Fähigkeit des Gleitwerkstoffes, mit Bestandteilen des Schmierstoffes eine tribochemische, im allgemeinen verschleißmindernde Reaktionsschicht zu bilden.
9. **Schmierstoffbenetzbarkeit:** Fähigkeit eines Gleitwerkstoffes, auf seiner Oberfläche einen Schmierfilm auszubilden.
10. **Einbettfähigkeit:** Fähigkeit eines Gleitwerkstoffes, harte Partikel in der Laufschicht aufzunehmen.
11. **Einlaufverhalten:** Fähigkeit eines Gleitwerkstoffes, die erhöhte Anfangsreibung und den erhöhten Anfangsverschleiß durch Anpassung der Gleitflächen in kurzer Zeit herabzusetzen.
12. **Notlaufverhalten:** Fähigkeit eines Gleitwerkstoffes, beim Auftreten unvorhergesehener ungünstiger Schmierbedingungen noch ein Gleiten während einer begrenzten Zeitspanne aufrechtzuerhalten.
13. **Verschleißwiderstand:** Widerstand eines Gleitwerkstoffes gegen Verschleiß infolge tribologischer Beanspruchungen während des Gleitvorganges. Er wird ausgedrückt durch den Reziprokwert des Verschleißbetrages.

Es gibt keinen Werkstoff, der alle optimalen Eigenschaften besitzt. Nach den jeweiligen Betriebsverhältnissen muß deshalb eine geeignete Kombination von Zapfen- und Lagerwerkstoff gewählt werden.

1. Zapfenwerkstoff

Als grundsätzliche Richtlinie gilt, daß die Zapfenoberfläche 3...5mal so hart wie der Gleitwerkstoff sein soll, damit sich der Verschleiß auf die Lagerbuchsen bzw. -schalen beschränkt. Als Zapfenwerkstoff kommt fast ausschließlich **Stahl** in Betracht. Wichtig ist, daß er für Oberflächen höchster Glätte geeignet ist. Hierfür haben sich harte Stähle mit feinem Gefüge besser bewährt als weiche. Am besten sind Oberflächen mit einer Härte 64 HRC $\approx$ 810 HV. Einsatzgehärtete reine Kohlenstoffstähle besitzen sehr gute Laufeigenschaften, aber auch brenngehärtete oder nitrierte Laufflächen haben sich bewährt. Ungehärtete, durch Prägepolieren geglättete Laufflächen sind nur bei kleineren Flächenpressungen geeignet. Nickellegierte Stähle sollten vermieden werden, da Nickel zum Fressen neigt. Chromlegierte dagegen sind günstig.

Die Laufflächen werden in der Regel feingeschliffen, am besten anschließend noch geläppt oder gehont. Die Stahllauffläche kann durch Hartverchromen widerstandsfähiger gemacht werden, da Chrom gute Gleiteigenschaften zeigt und weniger zum Fressen neigt als Stahl. Die galvanisch aufgetragene Chromschicht (ca. 0,3 mm) wird geschliffen und poliert. Besondere Vorteile bietet das Maßverchromen mit einer Schichtdicke von etwa 20 μm.

2. Lagermetalle

Ein Lagermetall muß sich mit glatter Oberfläche herstellen lassen. Bei der Bearbeitung läßt sich nicht verhindern, daß kleine Teilchen herausgerissen werden und die Oberfläche mikroskopisch zerklüften. Knetlegierungen sind in dieser Beziehung besser als Gußlegierungen, lassen sich aber schwieriger bearbeiten. Bei sehr weichen oder nicht abriebfesten Lagerwerkstoffen, die sich durch eine plastische Verformung oder durch Abrieb der Mikrokämme während des Betriebes glätten, d. h. einlaufen, braucht die Oberfläche nicht übermäßig glatt zu sein.

Wichtig ist auch die Wärmedehnzahl (siehe hierzu die Tab. 9.4). Je größer der Unterschied gegenüber dem Wellenwerkstoff ist, um so mehr verändert sich das Lagerspiel bei der Erwärmung des Lagers. Mit zunehmender Temperatur erweichen die Lagermetalle. Dadurch sind sie nur in einem bestimmten Temperaturbereich zu verwenden, und zwar Blei- und Zinn-Legierungen bis 80 °C, Zinklegierungen bis 100 °C, Leichtmetalle und Sondermessing bis 150 °C, Gußbronzen bis 250 °C, Zinnknetlegierungen bis 300 °C. Früher wurden die Zinn-Legierungen als Weißmetalle bezeichnet.

Empfindlich gegen Kantenpressungen sind Gußeisen, Knetbronzen, Sondermessing und Sintermetalle, unempfindlich dagegen Blei- und Zinnlegierungen und Kunststoffe. Rotguß, Gußbronzen und Bleibronzen passen sich durch Abrieb an den Kanten an.

Empfindlich gegen Stöße sind Blei- und Zinnlegierungen, Gußeisen und Sintermetalle, empfindlich gegen hohe Gleitgeschwindigkeiten die Sintermetalle wegen Störung der Schmierfilmbildung infolge ihrer Porösität. Empfindlich gegen Ölmangel sind die kupferhaltigen Legierungen (Ausnahme Bleibronzen) und Aluminiumlegierungen. Gute Notlaufeigenschaften zeigen Kunststoffe, Sintermetalle, Blei- und Zinnlegierungen und Bleibronzen, die bei Ölmangel kurze Zeit ohne Schaden weiterlaufen können.

Als Basis der Gleitwerkstoffe kommen folgende Metalle in Betracht:

Eisen im kohlenstoffreichen Gußeisen und im Stahl, dessen Oberfläche mit Kohlenstoff oder Stickstoff angereichert ist (einsatzgehärtete bzw. nitrierte Oberflächen), Sintereisen, wenn die Zapfenoberfläche härter ist. Infolge Reiboxidation kann sich jedoch Passungsrost bilden.

Zinn mit Blei, Kupfer, Antimon u. a. legiert. Es zeigt ausgezeichnete Gleiteigenschaften, benötigt wegen seiner Weichheit aber Stützkörper. Bei Betriebsstörungen greift es den Zapfen nicht an, nimmt geometrische Abweichungen gut auf. Abriebteilchen betten sich unschädlich ein. Der Vorteil des Zinns kann auch dadurch genutzt werden, daß man es als dünne Laufschicht von wenigen μm Dicke auf andere Gleitwerkstoffe galvanisiert.

Zink in Legierungen mit Aluminium, Kupfer u. a. Zink besitzt gute Gleiteigenschaften, ist ein robuster, anspruchsloser Gleitwerkstoff für untergeordnete Lagerungen. Zudem ist es billig.

Blei legiert mit Kupfer, Zinn, Zink, Wismut u. a. besitzt eine besondere Schmierfähigkeit. Wegen seiner Plastizität paßt es sich Abweichungen von der Lagergeometrie gut an. Üblich bei groben Lagerungen (Waggonachsen), unempfindlich gegen Schmierstörungen, aber wenig verschleißfest.

Kupfer mit mehr als 50% Anteil in verschiedenen Bronzen wird am meisten angewendet. Es hat eine besonders hohe Wärmeleitfähigkeit, verleiht den Legierungen hohe Festigkeit und gute technologische Eigenschaften. Geringe Zusätze nichtmetallischer Stoffe verleihen den Bronzen gute Gleiteigenschaften. Die relative Unnachgiebigkeit erfordert eine exakte Einhaltung der Lagergeometrie bzw. die im Abschnitt 17.3 beschriebenen Maßnahmen. Es besteht kaum eine Einbettungsfähigkeit für Abriebteilchen, so daß für eine gute Öldurchströmung gesorgt werden muß. Man unterscheidet:

Zinnbronzen mit 5...14% Zinn. Mit einem Zusatz von Phosphor spricht man von Phosphorbronzen. Durch den Phosphor wird die Ölhaftung verbessert, so daß sich die Bronzen bei Mischreibung eignen und hohe Lagerdrücke aufnehmen können. Sie eignen sich für höhere Betriebstemperaturen.

Bleibronzen mit 10...28% Blei als weichste Bronzen. Sie sind in hohem Maße unempfindlich gegen Kantenpressungen, aber nicht sehr verschleißfest. Bleibronzen besitzen gute Notlaufeigenschaften, sind aber nur bei kleineren Gleitgeschwindigkeiten geeignet. Es sind nicht unbedingt gehärtete Zapfenoberflächen erforderlich.
Zinn-Bleibronzen mit 5...14% Zinn und 3...25% Blei. Durch den Bleianteil ergeben sich bessere Notlaufeigenschaften und eine bessere Anpassungsfähigkeit an die Lagergeometrie, aber auch eine Verringerung der Abriebfestigkeit.
Aluminiumbronzen mit etwa 10% Aluminium und geringen Anteilen von Nickel, Mangan, Eisen u.a. Sie werden nur dann verwendet, wenn das betr. Maschinenteil noch andere Aufgaben zu erfüllen hat, wie z.B. Schneckenräder, oder wenn Korrosion zu befürchten ist. Aluminiumbronzen sind besonders verschleißfest.
Rotguß als Kupfer-Zinn-Zinklegierung ist billiger als Zinnbronze, aber für viele Zwecke ausreichend. Bei 10% Zinn, 4% Zink und 1% Blei oder 6% Zinn, 7% Zink und 1% Blei entspricht Rotguß im Gleitverhalten etwa der Zinnbronze. Bei unsicheren Legierungsanteilen ist Rotguß jedoch nicht verläßlich.
Sondermessing mit etwa 30% Zink und geringem Anteil an Aluminium, Nickel, Phosphor, Silicium u.a. im kaltverformten Zustand. Das Gleitverhalten entspricht dem der kaltverformten Zinnbronzen, ohne deren Belastbarkeit zu erreichen. Bei höheren Temperaturen ungünstig.
Bronzen mit mehreren wichtigen Legierungsbestandteilen werden als *Mehrstoffbronzen* bezeichnet, z.B. Rotguß als Mehrstoff-Zinnbronze G-CuSn 7 ZnPb oder als Mehrstoff-Aluminiumbronze G-CuAl 9 Ni.

Aluminium mit Anteilen an Kupfer, Eisen, Zink, Mangan, Silicium, Zinn u.a. wird nur für Lagerbuchsen verwendet, die in Leichtmetallgehäuse eingepreßt werden. Damit wird wegen der gleichen Wärmedehnung einer Lockerungsgefahr begegnet.
In den Tabn. A 17.5 bis A 17.8 sind genormte Lagermetalle und Hinweise für deren Anwendung aufgeführt.

3. Nichtmetallische Lagerwerkstoffe
werden vorwiegend dort verwendet, wo nicht mit Ölen oder Fetten geschmiert werden darf (z.B. Textilbranche), wo Korrosionsgefahr besteht oder die Nachgiebigkeit metallischer Werkstoffe nicht mehr ausreicht. Hierfür kommen in Betracht:
Kunststoffe (thermo- und duroplastische) in verschiedenen Halbzeugformen oder als Spritzguß. Ein Nachteil ist ihre Neigung zum Kriechen unter Belastung und ihre große Wärmedehnung (etwa 10mal so groß wie die der Metalle!). Die **Polyamide** (bekannt als Nylon) haben eine hohe Festigkeit, gute Gleit-, Notlauf- und Dämpfungseigenschaft und sind relativ verschleißfest. Nachteilig ist ihre Wasseraufnahmefähigkeit. Die **Polyurethane** (Handelsname z.B. Vulkollan) sind in ihren Eigenschaften den Polyamiden ähnlich, haben aber keine so große Wasseraufnahmefähigkeit. Sie sind für Betriebstemperaturen von $-25\,°C...+80\,°C$ geeignet, kurzzeitig auch von $-40\,°C...+130\,°C$. Die **Polyacetale**, insbesondere Polyoxymethylen, zeigen gute Laufeigenschaften gegen Stahl. Sie lassen sich leicht und maßhaltig verarbeiten.
Fluorierte Kohlenwasserstoffe fühlen sich wachsartig an und sind beständig gegen Säuren, Basen und Lösungsmittel. Sie halten Temperaturen von $-270\,°C...+260\,°C$ aus. Unter Belastung neigen sie zum Kriechen und sind nicht sehr abriebfest. Von besonderem Vorteil ist ihr geringer Reibwert, der bei langsamem Lauf und hohen Drücken bis auf 0,01 heruntergehen kann, so daß sie ohne Schmierung auskommen. Sie sind jedoch recht teuer.
Die Gleiteigenschaften der vorgenannten Kunststoffe lassen sich durch **Füllstoffe** wie Kohle, Graphit, Molybdändisulfid, Bronze oder Blei verbessern. Auch Gießharze wie Phenol, Epoxid und Polyester werden mit Graphit oder Molybdändisulfid gefüllt. Alle derartig gefüllten Kunststoffe werden als selbstschmierende Buchsen, Gleitstücke usw. verwendet, wo eine saubere Dauerschmierung verlangt wird. Da sie teuer sind, ist darauf zu achten, daß die Wanddicke klein gehalten wird. Problematisch ist, daß sie entweder durch einen hohen Harzanteil fest und tragfähig sind, ihre Schmierfähigkeit aber zu wünschen übrig läßt, oder durch einen hohen Füllstoffanteil hoch schmierfähig sind, aber zu schnell verschleißen.
Auch Hartgewebe als Schichtpreßstoffe kommen in Betracht, wenn hohe Festigkeit und Elastizität gefordert werden. Mit inkorporiertem MoS_2 sind sie sogar selbstschmierend.
Kunstkohle ist ein poröser keramischer Werkstoff, der die Wärme besser leitet als die vorgenannten Kunststoffe. Vergleich der Wärmeleitfähigkeiten λ: Stahl 50, Bronze 120, Sinterbronze 46, Sintereisen 26, Graphit 23, Hartkohle 1,7 und thermoplastische Kunststoffe

0,25 W/(m · K). Durch Beimengung von metallischen Gleitwerkstoffen oder von Kunstharz lassen sich die Gleiteigenschaften von Kunstkohle verbessern. Kohle läßt sich mit Wasser schmieren, nicht aber mit Öl oder Fett, da diese mit den Abriebteilchen zu einer festen Paste werden. Die Sprödigkeit der Kohle bedingt eine sorgfältige Rundung aller Kanten. Da die Preßsitze der Kohlebuchsen in den Metallgehäusen mit zunehmender Temperatur nachlassen, müssen von vornherein strammere Sitze als bei Metallbuchsen vorgesehen werden. Kunstkohle kann bei extremen Temperaturen bis zu 400 °C eingesetzt werden, allerdings dann ohne Schmierung.

Gummi (Hartgummi) als Naturkautschuk oder synthetischer Kautschuk eignet sich besonders für Wasserschmierung bei Unterwasserlagerungen. Günstig sind die elastische Verformbarkeit und die Unempfindlichkeit gegen Verunreinigungen.

17.5   Wärmewirkungen, Kühlung

Jedes Gleitlager erwärmt sich durch die Reibung an den Gleitflächen mehr oder weniger je nach Größe der Reibzahl und der Gleitgeschwindigkeit.

Lager, die mit niedrigen Gleitgeschwindigkeiten laufen, bedürfen meistens keiner besonderen Kühlung. Die entstandene Reibwärme wird über die Lager- und Gehäuseoberfläche an die umgebende Luft abgeführt. Die Kühlwirkung kann durch oberflächenvergrößernde Rippen am Lagergehäuse wesentlich erhöht werden (Bild 17.25). Siehe auch Gehäusegleitlager DIN 31693.

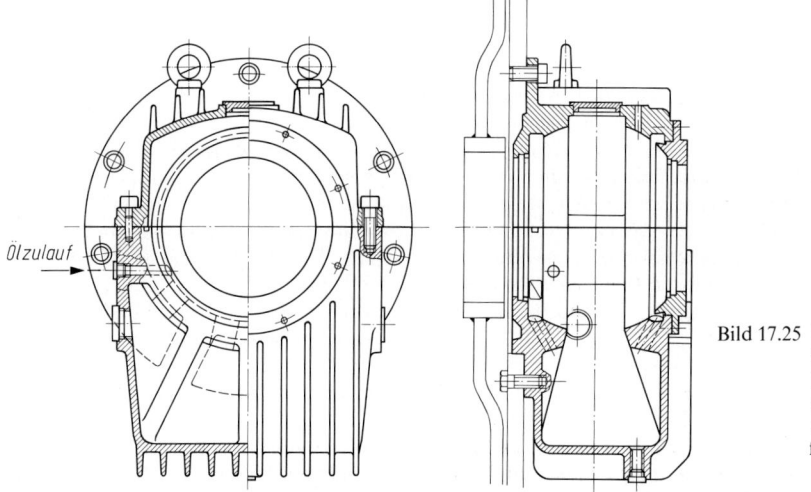

Ölzulauf

Bild 17.25 Verripptes Gehäuse eines Flanschlagers (Bauart Renk AG, Werk Wülfel, Augsburg)

Als obere Grenze der **Betriebstemperatur** werden normalerweise **70...100** °C angesehen. Darüber hinaus muß die Wärme abgeführt werden. Hierfür kann als Träger das bei einer Umlauf-Spülschmierung durchfließende Öl dienen. Für 1 kW Reibleistung sind etwa 2,4 l/min erforderlich, wenn sich das Öl um 15 K erwärmt. Die eigentliche Wärmeableitung erfolgt im Kühler des Umlaufsystems. Hierzu zeigt Bild 17.26 ein komplettes Ölaggregat. Der Ölbehälter für 40 l ist mit Kühlrippen versehen. Im Bedarfsfall kann in die Druckleitung ein regelbares Luftstrom-Kühlaggregat eingebaut werden (wie nach Bild 17.26). Die Öltemperatur wird dann automatisch geregelt. Als Druckpumpe dient eine Zahnradpumpe. Durch eine zusätzliche Saugpumpe, die rechts neben der Druckpumpe angebaut wird, kann das abfließende Öl auch abgesaugt werden, falls kein oder kein genügend großes Gefälle zum Ölbehälter vorhanden ist. Das dargestellte Gerät fördert bis zu 20 l/min. Gleichartige Anlagen mit Wasserkühlung und Ölbehältern bis 1400 l liefert die Firma Thyssen Henschel, Kassel, komplette Schmieranlagen die Firma Willy Vogel, Berlin.

Mit **Wasser** wird im allgemeinen dort gekühlt, wo nicht nur die Reibwärme abzuführen ist, sondern auch die Wärme von anderen Quellen, z. B. von Heißluftventilatoren. Dazu besitzt der Lagerkörper Kammern, in die das Wasser läuft und das Lager umspült. Zur Abführung von 1 kW Reibleistung ist etwa 1 l/min erforderlich, wenn sich das Wasser um 15 K erwärmt. Das abfließende Wasser wird meistens nicht wieder verwendet.

Auch durch einen **Luftstrom** kann mittels eines Ventilators oder durch den Fahrwind eines Fahrzeugs gekühlt werden, z. B. Achslager. Es ist zu berücksichtigen, daß heiße Lager in kühlen Gehäusen an ihrer Dehnung behindert werden.

Ferner ist eine **Wärmeableitung durch die Welle** möglich, wenn die Welle weit genug über das Lager hinaussteht, um von der Kühlluft umspült zu werden. Zur Erhöhung der Kühlwirkung werden dann auch mitrotierende Aluminiumscheiben aufgezogen, die jedoch nicht weiter als $4\,d$ vom Lagerende entfernt sein dürfen, um noch genügend zur Wärmeableitung beizutragen.

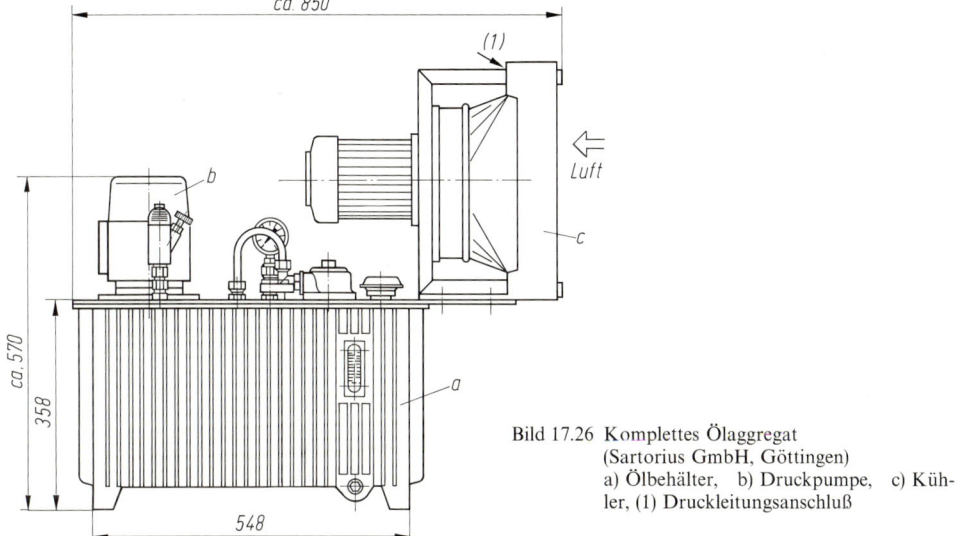

Bild 17.26 Komplettes Ölaggregat
(Sartorius GmbH, Göttingen)
a) Ölbehälter, b) Druckpumpe, c) Kühler, (1) Druckleitungsanschluß

Die im Lager entwickelte Reibwärme dehnt die Teile nicht nur radial, sondern auch axial. Wird eine Welle durch zwei Anlaufflächen (Bunde an Buchsen) axial geführt (Bild 17.27), so muß konstruktiv dafür gesorgt werden, daß die Dehnungen das axiale Spiel vergrößern. Wenn möglich, ist das axiale Spiel so groß auszuführen, daß sich auch bei verkleinertem Spiel die Welle nicht festklemmen kann.

Wichtige Lager werden mit **elektronischen Thermofühlern** überwacht, die bei Betriebsstörungen (Überhitzung) die Abschaltung der Anlage herbeiführen.

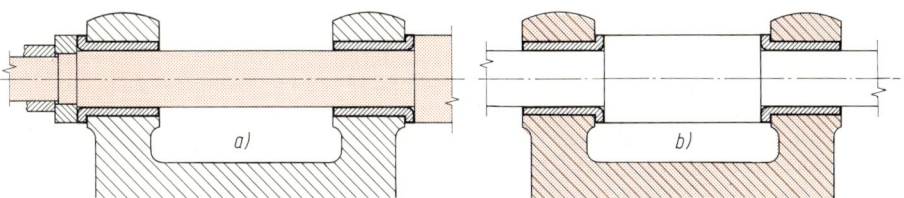

Bild 17.27 Anordnung von Bundbuchsen bei axialer Wellenfixierung
a) Welle wärmer, b) Lagergehäuse wärmer

17.6   Gestaltung der Radiallager

Bei hohen Flächenpressungen, wie sie bei hydrodynamischer Schmierung örtlich auftreten, sind
dichte und porenfreie Gleitwerkstoffe Voraussetzung.
Läßt sich die Welle durch seitliches Einschieben montieren, so sind ungeteilte Lager mit **Massivbuchsen** nach DIN 1850 (Bilder 17.28 a und b, Tab. A 17.9) das Gegebene, für Schienenfahrzeuge
als Einpreßbuchsen (in die Gehäuse) oder Aufpreßbuchsen (auf die Zapfen) nach DIN 1552.
Aus kaltgewalzten Bändern **gerollte Buchsen** DIN 1494 (entspr. Form G nach Bild 17.28 c) werden in der Serienfertigung bevorzugt (Abmessungen gerollter Buchsen siehe Tab. A 17.29). Alle
diese Buchsen bestehen z. B. aus Bronze oder Kunststoff oder aus Stahl mit einer Laufschicht aus
Blei- oder Zinnlegierung oder Bleibronze und werden mit Schmiernuten oder -taschen für Flüs-
sig- oder Feststoffschmierung ausgestattet (siehe hierzu auch Abschnitt 17.10). Dicker als die gerollten Buchsen DIN 1494 sind die **Einspannbuchsen** DIN 1498 (Bild 17.28 c) in der Regel aus auf
420...500 HV = 43...49 HRC vergütetem Federstahl 51 Si 7, die besonders bei rauhem Betrieb
ohne ausreichende Schmierung geeignet sind (z. B. in Baggeranlagen), wenn grobe Passungen
und verschleißmildernde große Spiele gewählt werden können. Der Schlitz darf nicht in der Be-
lastungszone liegen. Als Zapfenwerkstoff wird C 45 oberflächengehärtet empfohlen. Die Werkstoffwahl richtet sich jedoch danach, welches der Gleitteile verschleißen soll. Analog zu den Einspannbuchsen gibt es auch **Aufspannbuchsen** DIN 1499 nach Bild 17.28 c, die auf die Zapfen
gepreßt werden. Die Zapfen laufen dann nicht um. Wegen des geringen Bearbeitungsaufwandes
erreicht man mit allen diesen Buchsen eine einfache Konstruktion, weil sie in die Maschinengehäuse, Rahmen oder Gestelle eingepreßt werden und mit diesen eine Einheit bilden (siehe die
Bilder 17.28 a und b) bzw. auf die Zapfen gepreßt werden. Für die Zuführung des Schmierstoffs
muß in der beschriebenen Weise gesorgt werden.

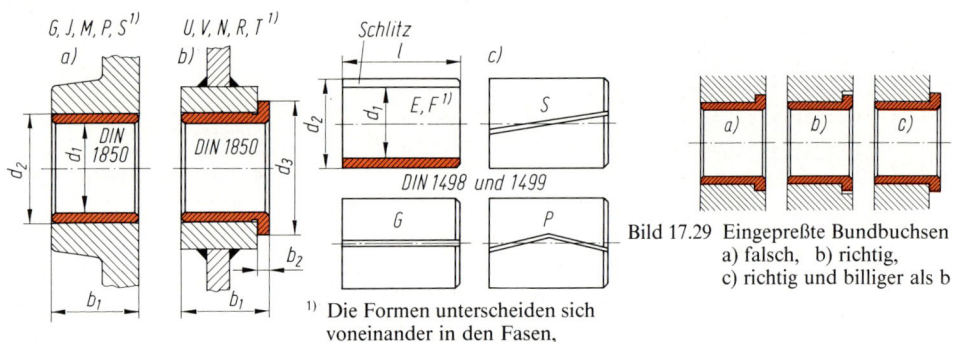

Bild 17.29 Eingepreßte Bundbuchsen
a) falsch, b) richtig,
c) richtig und billiger als b

1) Die Formen unterscheiden sich
   voneinander in den Fasen,
   Passungen und Oberflächengüten

Bild 17.28 Lagerbuchsen
a) ohne Bund, Form G für Kupferlegierungen DIN 1705 oder 17662, J für Sintermetall,
   M für Kunstkohle, P für Duroplast, S für Thermoplast,
b) mit Bund, Form U Werkstoff wie A, V wie J, N wie M, R wie P, T wie S,
c) Einspannbuchsen und Aufspannbuchsen, Formen G, P und S bis auf die Schlitze wie die
   Grundformen E und F

Müssen auch geringe, nicht definierbare Axialkräfte aufgenommen werden, um die Welle axial
zu führen, so werden **Bundbuchsen** vorgesehen (siehe Bild 17.27). Der Bund darf nicht mit einge-
preßt werden, da er die Wärmedehnung behindern würde (Bild 17.29).
Die Buchsen nach DIN 1850 (Bilder 17.28 a und b) können mit Schmierlöchern, Längs- oder
Ringnuten oder Schmiertaschen geliefert werden. Für Fett- oder Ölhandschmierung sind auch
Schrauben-, 8er- und **Ovalnuten** geeignet (Bild 17.30). Durch ihre Anordnung verteilt sich das
Schmiermittel über die gesamte Gleitfläche. Bei hydrodynamischer Ölschmierung sind sie jedoch
ungeeignet, weil sie den Schmierfilm unterbrechen würden.

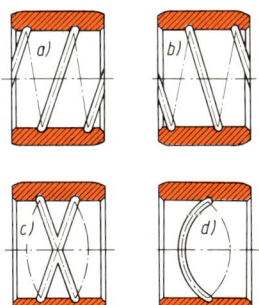

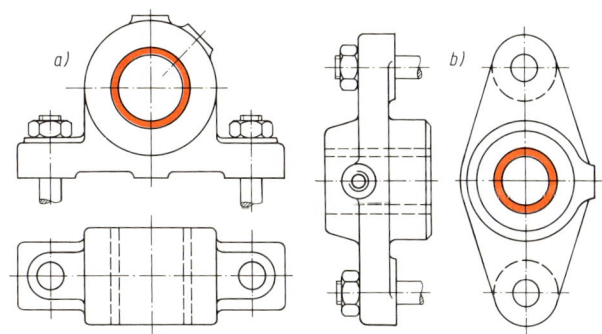

Bild 17.30
Schmiernuten nach DIN 1850
a) Schraubennut Nutwindung rechts,
b) Nutwindung links,   c) 8er-Nut,
d) Ovalnut.
Alle für Kupferlegierungen geeignet, a) und
b) auch für Kunstkohle, c) und d) auch für
Duroplaste und Thermoplaste.

Bild 17.31 Augen- und Flanschlager
a) Augenlager DIN 504 für Staufferschmierung
   (Form A mit Lagerbuchse, Form B ohne),
b) Flanschlager DIN 502 für Staufferschmierung
   (Form A mit Lagerbuchse, Form B ohne)

Buchsen aus Sintermetall (Sinterbronze, Sintereisen) für geringe Belastungen und geringe Gleitgeschwindigkeiten benötigen keine Schmiernuten, da sie das Öl in ihren Poren beherbergen. Sie werden vor der Montage mit heißem Öl getränkt. Ihre Abmessungen siehe DIN 1850, für Elektro-Klein- und -Kleinstmotoren DIN 1495. Die letzten sind gegen Wälzlager austauschbar.

Gleitlager werden auch als selbständige Baueinheiten ausgeführt, z.B. als **Augenlager** DIN 504 nach Bild 17.31a oder **Flanschlager** DIN 502 mit 2 Schrauben nach Bild 17.31b und DIN 503 mit 4 Schrauben. Diese Lager lassen sich in beliebiger Lage anbauen. Sie können auch auf Sohlplatten DIN 189 montiert werden.
Wenn ein seitliches Einschieben der Welle nicht möglich ist, müssen die Lager geteilt werden. Die Teilfuge sollte möglichst senkrecht zur Belastungskraft stehen, diese wiederum auf den Lagerfuß gerichtet sein. **Geteilte Lager** bestehen aus einem Lagerkörper als Unterteil und einem Deckel als Oberteil, die je mit einer Lagerhalbschale ausgestattet sind (Bild 17.32). Der Lagerkörper muß starr und kräftig (schwingungssteif) ausgebildet sein. Der Lagerdeckel darf sich beim Anziehen der Schrauben (günstig Taillenschrauben) nicht merklich verziehen. Das gilt sinngemäß auch für geteilte Maschinen- oder Getriebegehäuse, die Gleitlager enthalten. Das Lager nach Bild 17.32 ist ein **Deckel-Stehlager,** dessen Hauptabmessungen mit DIN 118, ferner DIN 505 mit 2 Schrauben und DIN 506 mit 4 Schrauben genormt sind. Zur gegenseitigen Fixierung besitzen Lagerkörper und Lagerdeckel eine Zentrierstufe oder werden mit Paßstiften zentriert, wie das bei Maschinen- und Getriebegehäusen für Unter- und Oberteil üblich ist. Buchsen für Gleitlager

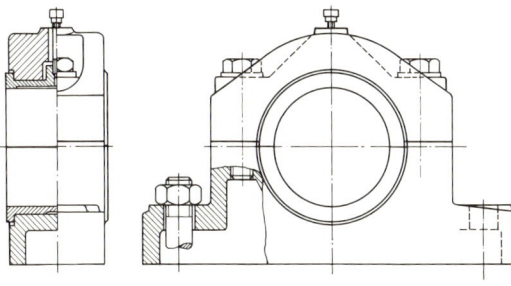

Bild 17.32 Deckel-Stehlager
nach DIN 505

Dient eine Massivbuchse aus Gleitwerkstoff als Lager, so handelt es sich um ein **Einstofflager.** Zu den Verbundlagern sind auch die Buchsen mit Laufschicht zu rechnen, die bereits beschrieben wurden.

Welches der genannten Verfahren jeweils für ein Verbundlager geeignet ist, kann nur vom Gleitwerkstoff-Hersteller beurteilt werden, so daß dieser zu Rate gezogen werden sollte.

Besonders bei Belastungsschwankungen, die unter hohen Gleitgeschwindigkeiten stattfinden, sind **Mehrflächenlager mit Kippsegmenten** geeignet (Bilder 17.38 und 17.39). Mit einer zylindrischen Auflagefläche versehene Segmente sind in einer elastischen Halterung (z. B. mit Tellerfeder) kippbeweglich in einem Stützkörper befestigt. Der Keilspalt stellt sich selbsttätig auf die gegebenen Laufbedingungen ein, so daß keine turbulente Ölströmung aufkommen kann. Bei Verschleiß lassen sich die Segmente rasch auswechseln. Ein **Mehrflächenlager mit Festsegmenten** wurde mit Bild 17.7 (Seite 340) gezeigt, dessen Segmente ebenfalls ausgewechselt werden können, Bild 17.40 zeigt die Lagerung einer Feinbearbeitungsspindel mit einem Mehrflächenlager, das zwei Festsegmente und zwei radial bewegliche Segmente enthält, mit denen das Lagerspiel an die Laufbedingungen angepaßt werden kann.

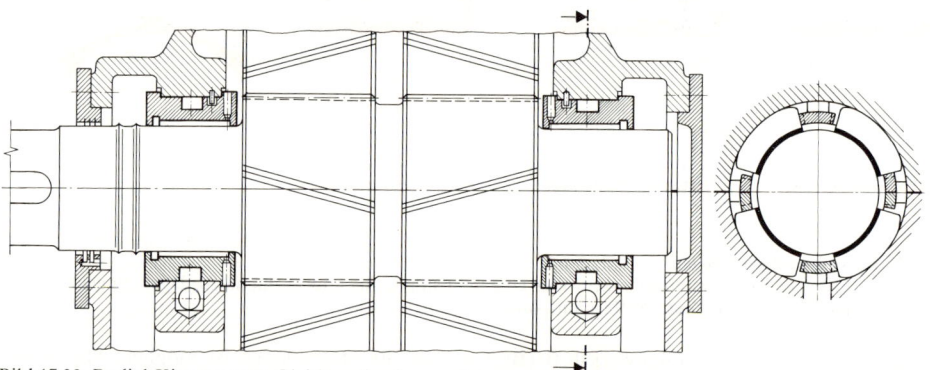

Bild 17.39 Radial-Kippsegment-Gleitlager in einem schweren
           Zahnradgetriebe (Glyco-Metall-Werke, Daelen & Hoffmann, Essen)

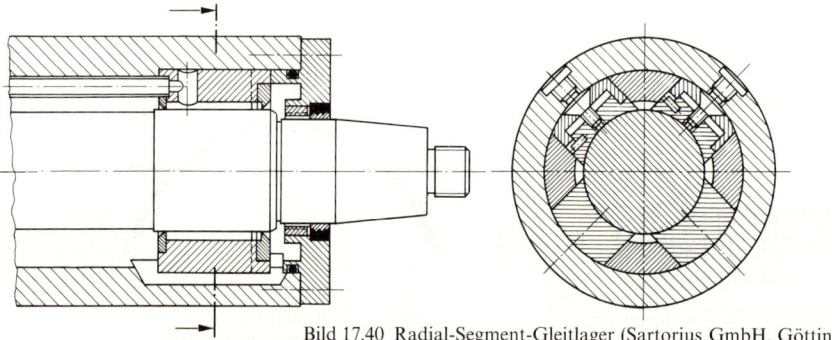

Bild 17.40 Radial-Segment-Gleitlager (Sartorius GmbH, Göttingen)

Große, hydrodynamisch geschmierte Gleitlager erhalten mitunter eine **hydrostatische Anlaufhilfe** bis zur Übergangsdrehzahl. Dadurch verringert sich das hohe Anlaufdrehmoment, sie laufen nie unter Mischreibung und nutzen sich nicht ab.

Der Zusammenbau der beiden Lager für eine Welle soll leicht durchführbar sein. Die Bohrungen für diese Lager müssen zueinander fluchten. Hierauf ist bei der Konstruktion besonders zu achten. Ebene Sitzflächen wie die nach Bild 17.32 sehen zwar einfach aus, bereiten aber beim Aus-

richten besonders im Serienbau Schwierigkeiten. Am besten ist es, wenn die Bohrungen in einer
Aufspannung gemeinsam bearbeitet werden können.

Über die **Qualitätssicherung von Gleitlagern** (Qualitätsmerkmale und Prüfung von Schalen, Buchsen, Anlaufscheiben und der Werkstoffe) informiert DIN 31670.

17.7 Berechnung der Radiallager

Die Berechnungsgleichungen dieses Abschnitts beziehen sich auf Einflächenlager. Bei Mehrflächenlagern mit ihren verschiedenen Staufeldern und Kraftwirkungen sind die Verhältnisse recht
verwickelt, so daß sie hier nicht behandelt werden können. Hierzu wird auf die Informations-
schriften der Th. Goldschmidt AG, Essen, verwiesen. Bereits bei Zweiflächenlagern (Lager mit
Zitronenspiel) ergibt sich ein aufwendiger Rechnungsgang (siehe hierzu die Richtlinie VDI 2204,
Auslegung von Gleitlagern).

1. Spezifische Belastung und Reibleistung

Durch die Belastungskraft F werden die Gleitflächen gepreßt. Man rechnet mit der mittleren
Flächenpressung, der **spezifischen Lagerbelastung** $\bar{p}$, als Verhältnis der Belastungskraft F zur
senkrechten Projektion $B \cdot D$ der gedrückten Fläche (Bild 17.41):

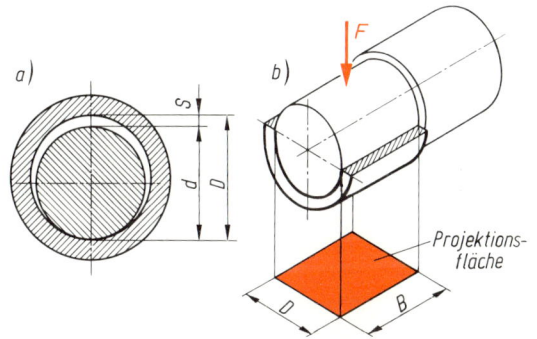

spezifische
Lagerbelastung $\quad \bar{p} = \dfrac{F}{D \cdot B} \qquad (17.1)$

$\bar{p}$ in N/mm² mittlere Pressung der Gleit-
$\qquad\qquad\quad$ flächen,
F in N $\qquad\quad$ Belastungskraft,
D in mm $\qquad$ Lagernenndurchmesser,
B in mm $\qquad$ Lagerbreite.

*Projektions-
fläche*

Bild 17.41
Prinzip des Radial-Gleitlagers
a) absolutes Lagerspiel,
b) belastete Projektionsfläche

Die Zapfenoberfläche bewegt sich in der Lagerbuchse oder -schale mit der

Gleitgeschwindigkeit $\quad u = d \cdot \pi \cdot n \qquad\qquad\qquad\qquad\qquad\qquad\qquad\qquad\qquad (17.2)$

Winkelgeschwindigkeit $\quad \omega = 2\,\pi \cdot n \qquad\qquad\qquad\qquad\qquad\qquad\qquad\qquad (17.3)$

u $\;$ in m/s $\quad$ Gleitgeschwindigkeit,
ω $\;$ in rad/s $\;$ Winkelgeschwindigkeit,
d $\;$ in m $\qquad$ Zapfennenndurchmesser,
n $\;$ in s^{-1} $\quad$ Betriebsdrehzahl.

In der Tab. A 17.11 sind Anhaltswerte für zulässige Gleitgeschwindigkeiten u und spezifische
Lagerbelastungen $\bar{p}$ angegeben, in Tab. A 17.12 Richtwerte für $\bar{p}$ hydrodynamischer Lager.

Unter der **relativen Lagerbreite B/D** versteht man das Verhältnis der Lagerbreite B zum Lagernenndurchmesser D (siehe hierzu Bild 17.41). Versuche und Berechnungen erwiesen, daß
Kurzgleitlager mit $B/D < 1$ relativ tragfähiger als Langgleitlager mit $B/D > 1$ sind. Eine optimale Tragfähigkeit wird im Bereich $B/D \approx 0{,}3 \ldots 0{,}7$ erreicht. Im allgemeinen wird B/D
$= 0{,}5 \ldots 1{,}5$ ausgeführt. Allein schon wegen der Gefahr von Kantenpressungen sind Langgleitlager zu vermeiden.

Beim **Einpressen von Buchsen** verringert sich deren Bohrungsdurchmesser, so daß für diesen E7
vorzuschreiben ist, um H7 zu erhalten (wie bei den Buchsen nach Tab. A 17.9), oder das obere
Abmaß der Welle ist entspr. herabzusetzen.

Durch die Erwärmung dehnen sich Zapfen, Lagerbuchse oder -schale und das Lagergehäuse. Wegen der unterschiedlichen Temperaturen und Wärmedehnungen der einzelnen Teile kann es je nach den Längenausdehnungskoeffizienten zur Vergrößerung oder Verringerung des Lagerspiels kommen.

Die Reibung der Gleitflächen führt zu einem Leistungsverlust, der sich in Wärme umsetzt:

$$\textit{Reibleistung} \quad P_f = F \cdot \mu \cdot u \tag{17.4}$$

P_f	in W	Reibleistung (Reibleistungsverlust) = abzuführender Wärmestrom P_0,
F	in N	Belastungskraft,
μ		Reibzahl, Erfahrungswerte siehe Tab. A 17.13,
u	in m/s	Gleitgeschwindigkeit nach Gl. 17.2.

2. Wärmeabführung durch Konvektion

Einfache Gleitlager (z. B. mit Fett- oder Tropfölschmierung) und Gleitlager mit druckloser Umlaufschmierung (Ringschmierung) führen den durch Reibung entstehenden Wärmestrom ausschließlich durch **Konvektion** ab, d. h. durch Wärmeleitung über Lagerschale und Gehäuse von der Oberfläche des Gehäuses an die umgebende Luft und über die Welle.

Umlaufgeschmierte Lager mit Ölzuführung unter Druck (druckögeschmierte Lager) führen nur einen kleinen Teil des Wärmestroms durch Konvektion ab, den Hauptteil über das abfließende Öl. Praktisch ist je nach Schmierungsart eine der beiden Abfuhrarten (durch Konvektion oder durch Öl) dominierend. Durch die Vernachlässigung der jeweils anderen Abfuhrart ergibt sich bei der Auslegung des Lagers eine zusätzliche Sicherheit.

Die komplexen Vorgänge bei der **Wärmeabführung durch Konvektion** werden zusammengefaßt, und es errechnet sich der

$$\textit{Wärmestrom über Gehäuse und Welle an die Umgebung} \quad P_A = k \cdot A \, (t_B - t_a) \tag{17.5}$$

P_A	in W	Wärmestrom, bei ausschließlicher Konvektion drucklos geschmierter Lager = P_f nach Gl. 17.4,
k	in W/(m² · K)	Wärmeübergangszahl zwischen der Oberfläche A des Lagergehäuses und der Umgebungsluft = 15...20 W/(m² · K) bei leicht bewegter Luft im Normalfall, sonst nach Gl. 17.6,
A	in m²	wärmeabgebende Oberfläche des Lagergehäuses, ggf. nach den Gln. 17.7 bis 17.9,
t_B	in °C	Temperatur an den Gleitflächen (Lagertemperatur) des betriebswarmen Lagers, die in der Regel 70...100 °C nicht überschreiten soll,
t_a	in °C	Temperatur der umgebenden Luft (Umgebungstemperatur), im Normalfall = 20 °C.

Bei Anblasung des Lagergehäuses mit Luft bei $w_a > 1{,}2$ m/s ist die

$$\textit{Wärmeübergangszahl} \quad k \approx 7 + 12 \ \sqrt{w_a} \quad \text{in W/(m}^2 \cdot \text{K)}, \tag{17.6}$$

wenn die Luftgeschwindigkeit w_a in m/s eingesetzt wird.

Falls die wärmeabgebende Oberfläche A des Lagergehäuses nicht genau bekannt ist, kann nach DIN 31652 näherungsweise eingesetzt werden:

$$\textit{bei zylindrischen Gehäusen} \quad A = \frac{\pi}{2} \, (D_H^2 - D^2) + \pi \cdot D_H \cdot B_H \tag{17.7}$$

$$\textit{bei Stehlagern} \quad A = \pi \cdot H(B_H + H/2) \tag{17.8}$$

$$\textit{bei Lagern im Maschinenverband } A = (15...20) \, D \cdot B \tag{17.9}$$

B_H	in m	Gehäusebreite in Achsrichtung,
D_H	in m	Gehäuseaußendurchmesser,
H	in m	Stehlagergesamthöhe.

Beispiel 17.1

Ein fettgeschmiertes Radiallager in einem Maschinenverband (Werkzeugmaschine) mit einer Buchse G DIN 1850 − 60 × 60 ($d_1 \times b_1$ nach Tab. A 17.9) - GZ-CuSn7ZnPb (Rotguß) nach Tab. A 17.6 wird bei $n = 300$ min^{-1} = 5 s^{-1} mit $F = 1$ kN belastet. Sind spezifische Lagerbelastung und Gleitgeschwindigkeit zulässig? Welche ISO-Passung ist zu wählen? Ist die Lagertemperatur zulässig, und welches Schmierfett ist geeignet?

Lösung:
1. Spezifische Lagerbelastung $\bar{p}$
   Nach Gl. 17 1 ist

$$\bar{p} = \frac{F}{D \cdot B} = \frac{1000 \text{ N}}{60 \text{ mm} \cdot 60 \text{ mm}} \approx 0{,}28 \text{ N/mm}^2 < 0{,}6 \text{ N/mm}^2 \text{ nach Tab. A 17.11, zulässig.}$$

2. Gleitgeschwindigkeit u
   Nach Gl. 17.2 beträgt

$$u = d \cdot \pi \cdot n = 0{,}06 \text{ m} \cdot \pi \cdot 5 \text{ s}^{-1} \approx 0{,}94 \text{ m/s} < 2 \text{ m/s nach Tab. A 17.11, zulässig.}$$

3. ISO-Passung
   Nach Tab. 2.9 Seite 28 kommt 60 F8/h6 in Betracht. Wegen des Einpressens ist 60 D8/h6 zu wählen, um F8/h6 zu erhalten.

4. Lagertemperatur t_B und Schmierfett
   Mit $\mu \approx 0{,}08$ (Mittelwert aus Tab. A 17.13) ist nach Gl. 17.4:

$$P_f = F \cdot \mu \cdot u = 1000 \text{ N} \cdot 0{,}08 \cdot 0{,}94 \text{ m/s} \approx 75 \text{ W.}$$

   Oberfläche des Lagergehäuses nach Gl. 17.9 mit einem mittleren Faktor 18:

$$A \approx 18 \, D \cdot B = 18 \cdot 0{,}06 \text{ m} \cdot 0{,}06 \text{ m} \approx 0{,}065 \text{ m}^2.$$

   Nimmt man $k \approx 18$ W/(m$^2 \cdot$ K) an, so ergibt sich aus Gl. 17.5 mit $P_A = P_f$:

$$t_B = \frac{P_A}{k \cdot A} + t_a = \frac{75 \text{ W} \cdot \text{m}^2 \cdot \text{K}}{18 \text{ W} \cdot 0{,}065 \text{ m}^2} + 20 \,^{\circ}\text{C} \approx 84 \,^{\circ}\text{C},$$

   die nach der Legende zur Gl. 17.5 zulässig ist. Für diese Temperatur ist ein entspr. Schmierfett zu wählen. Nach Abschnitt 16.4 Seite 335 käme u. a. das Schmierfett KPH (bis 100 °C) in Betracht.

5. Schlußbemerkung
   Bei höherer Belastung und/oder höherer Gleitgeschwindigkeit würde die Lagertemperatur zu hoch, und es müßte eine Ölumlauf-Druckschmierung gewählt oder das Maschinengehäuse mit Kühlrippen versehen werden.

3. Wärmeabführung durch das Schmieröl bzw. Wasser

Im Fall einer Druckumlaufschmierung oder einer Wasserkühlung wird ein Wärmestrom P_Q vom abfließenden Schmieröl bzw. Wasser abgeführt, der nur dann gleich der Reibleistung P_f anzunehmen ist, wenn die Konvektion nicht berücksichtigt wird. Es ist der

Wärmestrom über das Schmieröl bzw. das Kühlwasser $\quad P_Q = \varrho \cdot c \cdot Q (t_2 - t_1)$ $\qquad$ (17.10)

P_Q	in W	Wärmestrom über das Schmieröl bzw. Kühlwasser,
ϱ	in kg/m^3	Dichte des Schmieröls $\approx$ 900 kg/m^3, des Kühlwassers = 1000 kg/m^3,
c	in J/(kg · K)	spezifische Wärme des Schmieröls $\approx$ 2000 J/(kg · K), des Wassers $\approx$ 4200 J/(kg · K),
$\varrho \cdot c$	in J/(m^3 · K)	volumenspezifische Wärme des Schmieröls $\approx$ 1,8 · 10^6 J/(m^3 · K), des Kühlwassers $\approx$ 4,2 · 10^6 J/(m^3 · K),
Q	in m^3/s	Schmieröldurchsatz (siehe unter 5.) bzw. Kühlwasserdurchsatz,
t_2	in °C	Austrittstemperatur des Schmieröls bzw. Wassers,
t_1	in °C	Eintrittstemperatur des Schmieröls bzw. Wassers, in der Regel wird in beiden Fällen von $t_2 - t_1 = 20$ K ausgegangen.

Als effektive **Schmierfilmtemperatur** t_{eff} der hydrodynamischen Lager ist näherungsweise der Mittelwert aus t_2 und t_1 des Schmieröls anzunehmen, also $t_{eff} = t_B = 0{,}5 \, (t_2 + t_1)$ mit t_B als Betriebstemperatur des Lagers.

4. Lagerspiel

Unter dem **absoluten Lagerspiel** S versteht man die Differenz zwischen Bohrungs- und Zapfendurchmesser (siehe Bild 17.41). Das auf eine Längeneinheit des Lagernenndurchmessers D (ohne Abmaße) bezogene Lagerspiel heißt **relatives Lagerspiel** $\psi = S/D$. Da die Spielpassung zwischen einem Größtspiel und einem Kleinstspiel schwanken kann, rechnet man mit einem **mittleren relativen Lagerspiel** ψ_m. Für verschiedene mittlere relative Lagerspiele sind die Abmaße der Welle und die absoluten Spiele in Tab. A 17.10 nach DIN 31698 aufgeführt. In dieser Norm heißt es: Da mit den ISO-Abmaßen keine Spielpassungen gebildet werden können, die den Forderungen der Gleitlagertechnik nach annähernd gleichen mittleren relativen Lagerspielen in allen Nennmaßbereichen gerecht werden, wurde diese Norm (Tab. A 17.10) geschaffen.

Das Lagerspiel ist von großem Einfluß auf das Betriebsverhalten eines Gleitlagers. In der Praxis hat sich nach DIN 31652 T3 für **hydrodynamische Schmierung** bewährt.

$$\textit{mittleres relatives Lagerspiel} \quad \psi_m \approx 0{,}8 \ \sqrt[4]{u} \text{ in ‰,} \tag{17.11}$$

wenn die Gleitgeschwindigkeit u in m/s eingesetzt wird.

Hiernach wählt man nach Tab. A 17.10 das nächstliegende, ggf. höhere mittlere relative Lagerspiel und die zugehörigen Paßmaße. Selbstverständlich kann auch eine entspr. ISO-Passung (siehe Tab. 2.9 auf Seite 28) gewählt werden.

Sofern sich die Längenausdehnungskoeffizienten α_S der Welle und α_B des Lagers nicht unterscheiden, ist das Warmspiel gleich dem Kaltspiel. Anderenfalls ist die

$$\textit{thermische Änderung des relativen Lagerspiels} \quad \Delta\psi = (\alpha_B - \alpha_S) \cdot (t_B - 20\,°C) \tag{17.12}$$

α_B in K^{-1} Längenausdehnungskoeffizient des Lagers (Lagerschale und Gehäuse),
α_S in K^{-1} Längenausdehnungskoeffizient der Welle,
t_B in °C   Lagertemperatur (Betriebstemperatur).

Längenausdehnungskoeffizienten verschiedener Werkstoffe siehe Tab. 9.4 Seite 153. Als effektives relatives Lagerspiel ist dann $\psi = \psi_m + \Delta\psi$ in Rechnung zu setzen.

5. Schmieröldurchsatz

Durch den im Schmierspalt entwickelten Druck (Eigendruck) wird Schmieröl seitlich aus dem Lager hinausgefördert und fließt in den Ölbehälter zurück. Daraus folgt der

$$\textit{Schmieröldurchsatz infolge Eigendruckentwicklung} \quad Q_1 = D^3 \cdot \psi \cdot \omega \cdot q_1 \tag{17.13}$$

Q_1 in m³/s   Schmierstoffdurchsatz infolge Eigendrucks,
D in m   Lagernenndurchmesser,
ψ effektives relatives Lagerspiel = ψ_m nach Tab. A 17.10 bzw. = $\psi_m + \Delta\psi$ mit $\Delta\psi$ nach Gl. 17.12,
ω in s⁻¹   Winkelgeschwindigkeit der Gleitfläche nach Gl. 17.3,
q_1 bezogener Schmieröldurchsatz nach Tab. A 17.18.

Wird das Schmieröl jedoch unter einem Überdruck p_E zugeführt (üblich $p_E = 0{,}05\ldots0{,}5$ MPa), der deutlich unter der spezifischen Lagerbelastung $\bar{p}$ liegen soll, so wird über Q_1 hinaus zusätzlich Schmieröl aus dem Lager herausgefördert:

$$\textit{zusätzlicher Schmieröldurchsatz infolge Zuführdrucks} \quad Q_2 = \frac{D^3 \cdot \psi^3 \cdot p_E}{\eta} \, q_2 \tag{17.14}$$

Q_2 in m³/s   zusätzlicher Schmieröldurchsatz,
D, ψ siehe Legende zur Gl. 17.13,
p_E in Pa   Ölzuführdruck,
η in Pa · s   effektive dynamische Viskosität des Schmieröls im Betriebszustand,
q_2 bezogener Schmieröldurchsatz je nach Anordnung der Schmieröl-Zuführungselemente nach Tab. A 17.19.

Der bezogene Schmieröldurchsatz q_1 bzw. q_2 ist abhängig von der relativen Exzentrizität ε (Gl. 17.16 Seite 362). Bei **druckloser Schmierung** ist der gesamte Schmierölzusatz $Q = Q_1$, bei **Druckschmierung** $Q = Q_1 + Q_2$.

6. Vermeidung thermischer Überbeanspruchung (nach DIN 31 652)
Die höchstzulässige Lagertemperatur t_B ist abhängig vom Lagerwerkstoff und vom Schmieröl. Mit steigender Temperatur fallen Härte und Festigkeit der Lagerwerkstoffe ab. Aufgrund ihrer niedrigen Schmelztemperaturen macht sich dies besonders stark bei den Pb- und Sn-Legierungen bemerkbar. Außerdem verringert sich mit steigender Temperatur die Viskosität des Schmieröls. Hierdurch wird die Tragfähigkeit der Gleitlagerung gemindert, was unter Umständen zu Mischreibung und Verschleiß führen kann.
Weiterhin tritt bei Temperaturen über 80 °C eine verstärkte Alterung der Schmieröle auf Mineralölbasis in Erscheinung. Im stationären Betrieb des Gleitlagers liegt ein konstantes Temperaturfeld vor. Bei der Gleitlager-Berechnung ist es ausreichend, die thermische Lagerbeanspruchung durch die Lagertemperatur t_B bzw. die Schmierölaustrittstemperatur t_2 zu beschreiben und sicherzustellen, daß diese die zulässige nicht überschreitet. Die in Tab. A 17.14 enthaltenen Angaben stellen allgemeine Erfahrungswerte für die Grenze von t_B dar, bei denen berücksichtigt ist, daß der Maximalwert des Temperaturfeldes über der berechneten Lagertemperatur t_B liegt. Von der gesamten für die Lagerschmierung zur Verfügung stehenden Schmierölmenge befindet sich immer nur ein kleiner Teil im Schmierspalt und damit auf erhöhtem Temperaturniveau. Das bedeutet, daß nicht nur t_B sondern auch das Verhältnis vom Gesamtschmieröldurchsatz Q zum Schmieröldurchsatz Q_1 für die Lebensdauer des Schmieröls maßgebend ist. Dieses Verhältnis ist im allgemeinen bei umlaufgeschmierten Lagern günstiger als bei eigengeschmierten Lagern (z. B. Ringschmierung).

7. Berechnung hydrodynamischer Radiallager
Die Sicherheit gegen Verschleiß ist nur dann gegeben, wenn der Schmierstoff (das Schmieröl) die Gleitpartner vollständig trennt. Ein ständiger Betrieb im Mischreibungsgebiet führt zum vorzeitigen Ausfall. Mischreibung beim Anfahren und Auslaufen ist unvermeidbar und führt meistens nicht zu Lagerschäden. Einlauf- und Anpassungsverschleiß zum Ausgleich der Oberflächen-Formabweichungen sind zulässig, solange diese örtlich und zeitlich begrenzt und ohne Überlasten auftreten. Ein gezielter Einlauf kann vorteilhaft sein, was sich durch die Werkstoffwahl beeinflussen läßt.
Oft treten Störeinflüsse auf, die bei der Lagerauslegung noch unbekannt sind und rechnerisch nicht erfaßt werden können, wie z. B. Unwuchten, Schwingungen, Fertigungstoleranzen, Montageabweichungen, Schmierstoffverunreinigungen, Korrosion, Elektroerosion usw. Deshalb wird mit entspr. Sicherheiten gerechnet.

Bei der Berechnung von hydrodynamischen Radial-Gleitlagern im stationären Betrieb (Berechnung von Kreiszylinderlagern) nach DIN 31 652 werden vorausgesetzt:

1. Der Schmierstoff entspricht einer Newtonschen Flüssigkeit (s. Abschnitt 16.3), er haftet voll an den Gleitflächen und ist inkompressibel.
2. Alle Strömungsvorgänge des Schmierstoffs sind laminar (ohne Wirbel).
3. Trägheitswirkungen, Gravitations- und Magnetkräfte des Schmierstoffs sind vernachlässigbar.
4. Der Schmierspalt ist vollständig mit Schmierstoff gefüllt.
5. Die Bauteile, die den Schmierspalt bilden, sind starr bzw. ihre Verformung vernachlässigbar.
6. Die Krümmungsradien der relativ zueinander bewegten Oberflächen sind groß im Vergleich zu den Schmierfilmdicken.
7. Die Schmierfilmdicke ist konstant.
8. Druckänderungen im Schmierfilm senkrecht zu den Gleitflächen sind vernachlässigbar.
9. Eine Bewegung normal (senkrecht) zu den Gleitflächen findet nicht statt.
10. Der Schmierstoff ist im gesamten Schmierspalt isoviskos (die Viskosität bleibt gleich) und wird am Beginn der Lagerschale bzw. im weitesten Schmierspalt zugeführt. Die Höhe des Zuführdruckes ist vernachlässigbar gegenüber den Schmierfilmdrücken selbst.

Ob eine laminare Strömung zu erwarten ist, wird überprüft mit der

$$\text{Reynolds-Zahl} \quad Re = \frac{\varrho \cdot u \cdot S}{2\,\eta} \leq 41{,}3\,\sqrt{\frac{D}{S}} \tag{17.15}$$

ϱ in kg/m³   Dichte des Schmierstoffs, für Öl ≈ 900 kg/m³,
u in m/s   Gleitgeschwindigkeit nach Gl. 17.2,
S in m   absolutes Lagerspiel = $D - d = \psi \cdot D$,
η in Pa · s   dynamische Viskosität des Schmieröls im betriebswarmen Zustand.

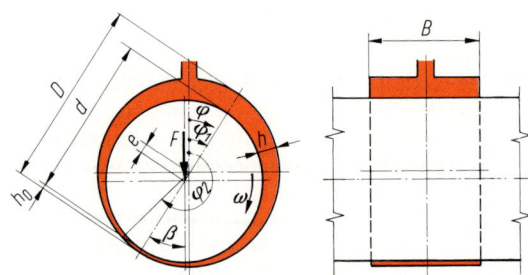

Bild 17.42
Skizze zur Berechnung hydrodynamischer
Radial-Gleitlager (Kreiszylinderlager)

Als **relative Exzentrizität** ε bezeichnet man das Verhältnis der sich während das Laufs einstellenden Exzentrizität e (Bild 17.42) zur durchschnittlichen Spalthöhe $h = S/2$ mit $S = D - d$ als Lagerspiel:

$$\text{relative Exzentrizität} \quad \varepsilon = \frac{e}{S/2} = \frac{e}{(D-d)/2} \tag{17.16}$$

e Exzentrizität der Zapfen- zur Bohrungsmitte während des Laufs,
S absolutes Lagerspiel.

Mit einer dimensionslosen Kennzahl, der **Sommerfeldzahl** *So,* lassen sich hydrodynamische Radiallager hinsichtlich ihres Lauf- und Reibverhaltens miteinander vergleichen:

$$\text{Sommerfeldzahl} \quad So = \frac{\bar{p} \cdot \psi^2}{\eta \cdot \omega} \tag{17.17}$$

$\bar{p}$ in Pa = N/m²   mittlere Flächenpressung nach Gl. 17.1 (1 N/mm² = 10^6 Pa),
ψ relatives Lagerspiel = S/d,
η in Pa · s   dynamische Viskosität des Schmieröls im betriebswarmen Zustand bei der Lagertemperatur t_B (siehe hierzu Bild 16.3),
ω in rad/s = s⁻¹   Winkelgeschwindigkeit nach Gl. 17.3.

Es gelten Lager mit Sommerfeldzahlen
  $So \leqq 1$ im **Schnellaufbereich** als leicht beansprucht,
  $So > 1 \ldots 3$ im **Mittellastbereich** als mittel beansprucht,
  $So > 3$ im **Schwerlastbereich** als schwer beansprucht.
Diese Zahlen geben Aufschluß über die Stabilität der Wellenlage. Bei $B/D = 1$ und $So = 1$ beträgt die Exzentrizität $e = S/2 - h_0 = S/4$, wobei S das absolute Lagerspiel und h_0 die Schmierfilmdicke darstellen (siehe Bild 17.42). Hierbei ist also $h_0 = S/4$. Bei dieser Lage sind die Schmierfilmdrücke noch gering, und es genügen schon kleine Kräfte, um die Welle aus ihrer Gleichgewichtslage zu drängen, so daß $So = 1$ als Grenze zwischen stabilem Lauf ($So > 1$) und instabilem Lauf ($So < 1$) anzusehen ist. Daraus folgt, daß bei $So < 1$ Zweiflächen- oder Kippsegmentlager sinnvoll und zu empfehlen sind. Bei $So < 0,7$ besteht sogar die Gefahr von Eigenschwingungen mit $n/2$, so daß derartige Lager möglichst zu vermeiden sind.

Die Sommerfeldzahl hängt von der relativen Exzentrizität ε und von der relativen Lagerbreite B/D ab (Tab. A 17.15). Umgekehrt kann bei gegebener Sommerfeldzahl aus Tab. A 17.15 die relative Exzentrizität ε ermittelt werden. Weiterhin hängt der Verlagerungswinkel β (Bild 17.42) von der relativen Exzentrizität ε und von der relativen Lagerbreite B/D ab (Tab. A 17.16). Außerdem kann aus Tab. A 17.17 die bezogene Reibzahl μ/ψ entnommen werden. Hierin ist ψ das effektive relative Lagerspiel, das sich während des Betriebes infolge von Wärmedehnungen von Welle und Lagerschale einschl. Gehäuse einstellt.

Für ein Radiallager mit exzentrischer Wellenlage lautet die

Spaltfunktion $\quad h = 0,5 \, D \cdot \psi \, (1 + \varepsilon \cdot \cos \varphi)$ $\hfill$ (17.18)

h in mm $\quad$ Spalthöhe (siehe Bild 17.42),
D in mm $\quad$ Lagernenndurchmesser,
ψ $\qquad$ effektives relatives Lagerspiel, meistens $= \psi_m$ oder $\psi_m + \Delta\psi$,
ε $\qquad$ relative Exzentrizität entspr. Gl. 17.16, ggf. nach Tab. A 17.15,
φ in rad $\quad$ Polarwinkel des Gleitlagers nach Bild 17.42.

Damit läßt sich die Spalthöhe h für jeden Polarwinkel φ_1, φ_2 usw. berechnen. Daraus folgt die

minimale Schmierfilmdicke $\quad h_0 = 0,5 \, D \cdot \psi \, (1 - \varepsilon)$ $\hfill$ (17.19)

h_0 in mm $\quad$ kleinste, sich einstellende Schmierfilmdicke,
D, ψ, ε $\qquad$ siehe Legende zur Gl. 17.18.

Die minimale Schmierfilmdicke h_0 muß den Grenzwert $h_{0\,\text{lim}}$ nach Tab. A 17.20 überschreiten, um einen Betrieb im Mischreibungsbereich zu vermeiden. Hierbei ist eine gemittelte Rauhtiefe der Welle $R_z = 4$ µm vorausgesetzt, ferner nur geringe Formfehler der Gleitflächen, sorgfältige Montage und eine ausreichende Filterung des Schmieröls. Treten im Lager Verformungen auf (schiefstehende oder gebogene Welle), so ist die minimale Schmierfilmdicke entspr. zu erhöhen, falls kein Einlaufvorgang zugelassen wird, der die Fehler ausgleicht, oder keine Maßnahmen zum Ausgleich der Abweichungen von der Lagergeometrie getroffen werden (siehe Abschnitt 17.3). Für diesen Fall wird auf DIN 31652 Teil 3 verwiesen.

Zu den **Betriebszuständen** wird in DIN 31652 Teil 1 ausgeführt: Soll das Gleitlager in mehreren unterschiedlichen Betriebszuständen über längere Zeit betrieben werden, so sind die Betriebszustände zu überprüfen, bei denen $\bar{p}$, h_0 und t_B am ungünstigsten sind. Zunächst ist die Frage zu entscheiden, ob das Lager drucklos geschmiert werden kann und die Wärmeabfuhr allein durch Konvektion ausreichend ist. Dazu muß der thermisch ungünstigste Fall untersucht werden, der in der Regel einem Betriebszustand mit hoher Drehzahl und gleichzeitig hoher Belastung entspricht. Treten bei reiner Konvektion zu hohe Lagertemperaturen auf, die auch durch Vergrößerung der Lagerabmessungen oder der Gehäuseoberfläche im vorgegebenen Rahmen nicht auf zulässige Werte abgesenkt werden können, so ist Druckschmierung und Ölrückkühlung erforderlich. Folgt auf einen Betriebszustand mit hoher Belastung (geringe dynamische Schmierölviskosität) unmittelbar ein anderer mit hoher spezifischer Lagerbelastung und niedriger Drehzahl, so sollte dieser neue Betriebszustand unter Beibehaltung des thermischen Zustandes aus dem vorhergehenden Betriebspunkt untersucht werden.

Der Übergang in die Mischreibung erfolgt beim Kontakt der Rauheitsspitzen von Welle und Lager entsprechend dem Kriterium für $h_{0\,\text{lim}}$, wobei auch Verformungen zu berücksichtigen sind. Diesem Wert kann eine

$\qquad$ *relative Übergangs-Exzentrizität* $\quad \varepsilon_{\text{ü}} = 1 - \dfrac{2\,h_{0\,\text{lim}}}{D \cdot \psi}$ $\hfill$ (17.20)

sowie eine

$\qquad$ *Übergangs-Sommerfeldzahl* $\quad So_{\text{ü}} = \dfrac{\bar{p} \cdot \psi^2}{\eta \cdot \omega}$ $\hfill$ (17.21)

zugeordnet werden. Daraus können die einzelnen Übergangs-Bedingungen (Last, Viskosität, Drehzahl) ermittelt werden. Der Übergangszustand kann also nur durch diese drei gekoppelten Angaben beschrieben werden. Um eine davon ermitteln zu können, müssen die beiden übrigen in der diesem Zustand angemessenen Weise eingesetzt werden.

Beim raschen Auslaufen der Maschine entspricht der thermische Zustand meistens dem zuvor anhaltend gefahrenen Betriebszustand hoher thermischer Belastung. Setzt die Kühlung beim Abstellen der Maschine sofort aus, so kann es zu einem Wärmestau im Lager kommen, so daß für η sogar ein ungünstiger Wert gewählt werden muß. Läuft die Maschine langsam aus, so ist auch mit einer Absenkung der Schmieröl- bzw. Lagertemperatur zu rechnen.

Die effektive dynamische Viskosität η wird bei der effektiven Schmierfilmtemperatur t_{eff} ermittelt, d.h. η ergibt sich aus der Mittelwertbildung der Ein- und Austrittstemperaturen t_1 und t_2 des Schmieröls und nicht aus der Mittelwertbildung der dynamischen Viskositäten η bei diesen Temperaturen.

Zum **Berechnungsverfahren** führt DIN 31652 T1 aus: Im Berechnungsablauf sind zunächst nur die Betriebsdaten t_a (Temperatur der umgebenden Luft) bzw. t_1 (Temperatur des zulaufenden Öls) bekannt, nicht jedoch die effektive Temperatur t_{eff} des Schmierfilms, die bereits am Anfang der Berechnung benötigt wird. Die Lösung erfolgt in der Weise, daß man zunächst mit einer geschätzten Temperaturerhöhung im Fall

der Wärmeabführung durch Konvektion $t_{B.0} - t_a = 20$ K,
der Wärmeabführung durch Schmieröl $t_{2.0} - t_1 = 20$ K

und den dazu entsprechenden Betriebstemperaturen t_{eff} den Berechnungsgang beginnt. Aus der Wärmebilanz ergeben sich korrigierte Temperaturen $t_{B.1}$ und $t_{2.1}$, die durch Mittelwertbildung mit den vorher zugrunde gelegten Temperaturen $t_{B.0}$ bzw. $t_{2.0}$ solange iterativ (durch Wiederholung) verbessert werden, bis die Differenz zwischen den Werten mit dem Index 0 und 1 vernachlässigbar klein wird, beispielsweise 2 K. Der dann erreichte Zustand entspricht dem Beharrungszustand (Wärmegleichgewicht). Die Iteration konvergiert in der Regel rasch. Sie kann in der Weise ersetzt werden, daß für die Berechnung des Wärmestroms infolge Reibleistung $P_0 = P_f$ und des Wärmestroms durch Gehäuse und Welle P_A bzw. des Wärmestroms durch das Schmieröl P_Q mehrere Temperaturstufen vorgegeben werden. Trägt man die Wärmeströme P_0 und P_A bzw. P_Q in einem Diagramm auf, dann ergibt sich im Schnittpunkt der beiden Kurven der Beharrungszustand (Bild 17.43).

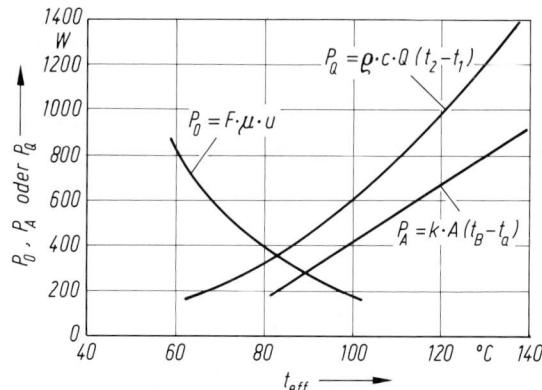

Bild 17.43 Ermittlung des Beharrungszustandes eines hydrodynamisch geschmierten Gleitlagers nach DIN 31652 im Schnittpunkt der beiden Kurven P_0 und P_A oder P_0 und P_Q
$P_0 =$ Wärmestrom infolge der Reibleistung, $P_A =$ Wärmestrom über Gehäuse und Welle, $P_Q =$ Wärmestrom über das abfließende Schmieröl

Die Differenz der Schmieröltemperaturen $t_2 - t_1$ darf nicht beliebig hoch angenommen werden, weil das Öl Zeit braucht, die Wärme aufzunehmen. Deshalb ist mit $t_2 - t_1 \leqq 20$ K zu rechnen.

Der Berechnungsablauf ist in Bild 17.44 in Form eines Ablaufplanes wiedergegeben.

Es wird darauf hingewiesen, daß sich die hier behandelten Berechnungen auf vollumschlossene Lager (Umschließungswinkel 360°) beziehen. Für halbumschlossene Lager (Umschließungswinkel 180°), bei denen die Welle in einer Halbschale läuft, siehe DIN 31652.

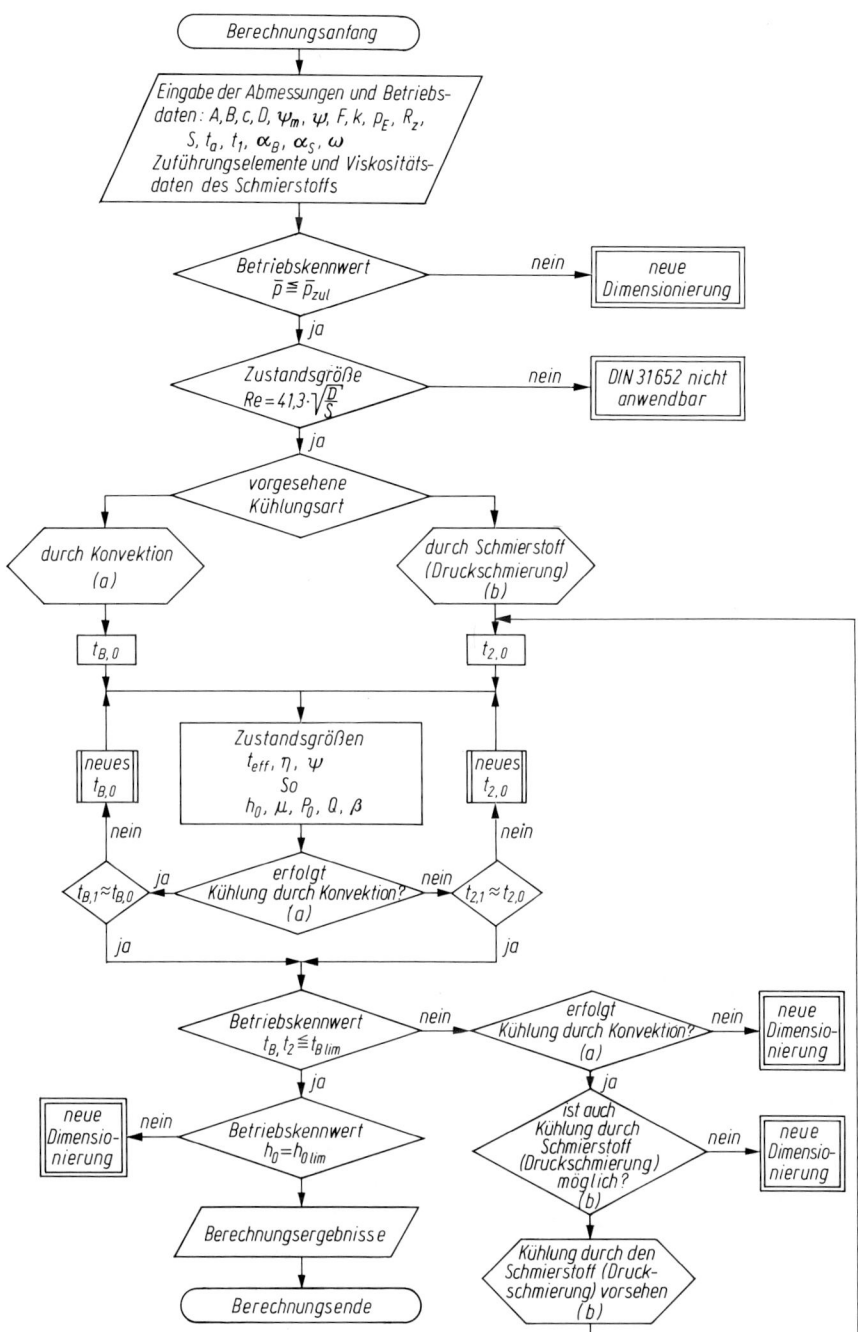

Bild 17.44 Ablaufplan für die Berechnung von hydrodynamisch geschmierten Radial-Gleitlagern nach DIN 31652

Beispiel 17.2

Zu untersuchen ist ein vollumschlossenes Radial-Gleitlager mit $D = d = 100$ mm, $B = 50$ mm, $B/D = 0,5$, gemittelte Rauhtiefen: Welle $R_{zS} = 2$ μm, Bohrung $R_{zB} = 4$ μm. Es wird mit $F = 25\,000$ N belastet und läuft mit $n = 1200$ min$^{-1} = 20$ s^{-1}, Werkstoff der Massivlagerschalen G-CuPb1Sn-DIN 1716. Das Lagergehäuse hat eine Oberfläche $A = 0,28$ m^2. Wärmedehnungsbeiwerte gemäß Tab. 9.4: Welle $\alpha_S = 11 \cdot 10^{-6}$ K^{-1}, Lagerschale $\alpha_B = 13 \cdot 10^{-6}$ K^{-1} (wegen Dehnungsbehinderung durch das Gehäuse statt $16 \cdot 10^{-6}$ K^{-1} für Bronze). Die Ölversorgung erfolgt über eine Bohrung von $d_H = 6$ mm (Fall 1 nach Tab. A 17.19, Lochdurchmesser nach Tab. A 17.3).

Zunächst soll untersucht werden, ob das Lager ohne Druckumlaufschmierung auskommt, also mit druckloser Ölumlaufschmierung (z. B. Ringschmierung) laufen kann. Die Umgebungstemperatur beträgt $t_a = 20$ °C, die höchstzulässige Lagertemperatur $t_{B\,lim} = 90$ °C (nach Tab. A 17.14). Falls $t_{B\,lim}$ überschritten oder die minimale Schmierfilmdicke $h_{0\,lim}$ unterschritten wird, ist Druckschmierung mit externer Ölrückkühlung vorzusehen. Hierbei wird zunächst angenommen, daß das Schmieröl mit einem Überdruck $p_E = 0,5$ MPa und einer Eintrittstemperatur $t_1 = 50$ °C zugeführt wird. Vorausgesetzt wird ein Schmieröl ISO VG 68.

Lösung:
1. Voraussetzungen für die Eingabe der Betriebsdaten gemäß Bild 17.44

Nach Gl. 17.2: $u = d \cdot \pi \cdot n = 0,1$ m $\cdot \pi \cdot 20$ s$^{-1} = 6,28$ m/s,
nach Gl. 17.3: $\omega = 2 \cdot \pi \cdot n = 2 \cdot \pi \cdot 20$ s$^{-1} = 125,66$ s^{-1},
nach Gl. 17.11: $\psi_m \approx 0,8 \cdot \sqrt[4]{u} = 0,8 \cdot \sqrt[4]{6,28} \approx 1,27‰ = 1,27 \cdot 10^{-3}$,
nach Tab. A 17.10 wird gewählt $\psi_m = 1,32 \cdot 10^{-3}$.
Als Lagertemperatur wird $t_{B.0} = t_{eff} = 40$ °C angenommen, also $t_B - t_a = 20$ K.
Nach Gl. 17.12:
$\Delta\psi = (\alpha_B - \alpha_S)(t_{B.0} - t_a) = (13 - 11)\,10^{-6}$ K^{-1} (40 $-$ 20) K $= 40 \cdot 10^{-6} = 0,04 \cdot 10^{-3}$.
$\psi = \psi_m + \Delta\psi = (1,32 + 0,04)\,10^{-3} = 1,36 \cdot 10^{-3}$.
$S = \psi \cdot D = 1,36 \cdot 10^{-3} \cdot 100$ mm $= 136 \cdot 10^{-3}$ mm $= 136$ μm.

2. Betriebskennwert $\bar{p}$

Nach Gl. 17.1:
$$\bar{p} = \frac{F}{D \cdot B} = \frac{25\,000 \text{ N}}{100 \text{ mm} \cdot 50 \text{ mm}} = 5 \text{ N/mm}^2 < \bar{p}_{zul} = 7 \text{ N/mm}^2 \text{ (Tab. A 17.12)}.$$

3. Zustandsgröße Re

Nach Bild 16.3 beträgt bei $t_{B.0} = 40$ °C die dynamische Viskosität des Schmieröls $\eta = 66$ mPa · s, damit nach Gl. 17.15:
$$Re = \frac{\varrho \cdot u \cdot S}{2\,\eta} = \frac{900 \text{ kg/m}^3 \cdot 6,28 \text{ m/s} \cdot 0,136 \cdot 10^{-3} \text{ m}}{2 \cdot 66 \cdot 10^{-3} \text{ Pa} \cdot \text{s}} = 5,82$$

$$< 41,3 \sqrt{\frac{D}{S}} = 41,3 \sqrt{\frac{100 \text{ mm}}{0,136 \text{ mm}}} = 1120, \quad \text{also } Re = 5,82 < 1120, \text{ Strömung laminar.}$$

4. Wärmeabfuhr durch Konvektion
4.1 Erster Rechenschritt

Nach Gl. 17.17: $So = \dfrac{\bar{p} \cdot \psi^2}{\eta \cdot \omega} = \dfrac{5 \cdot 10^6 \text{ Pa} \cdot 1,36^2 \cdot 10^{-6}}{66 \cdot 10^{-3} \text{ Pa} \cdot \text{s} \cdot 125,66 \text{ s}^{-1}} = 1,115$,
nach Tab. A 17.15: $\varepsilon = 0,7292$ (interpoliert),
nach Gl. 17.19: $h_0 = 0,5\,D \cdot \psi\,(1 - \varepsilon) = 0,5 \cdot 100$ mm $\cdot 1,36 \cdot 10^{-3} \cdot (1 - 0,7292)$
$\qquad\qquad = 18,4 \cdot 10^{-3}$ mm $= 18,4$ μm,
nach Tab. A 17.17: $\mu/\psi = 4,7308$ (interpoliert).

$\mu = \dfrac{\mu}{\psi}\,\psi = 4,7308 \cdot 1,36 \cdot 10^{-3} = 6,434 \cdot 10^{-3} = 0,006434$,

nach Gl. 17.4: $P_0 = P_f = F \cdot \mu \cdot u = 25\,000$ N $\cdot 0,006434 \cdot 6,28$ m/s $= 1010$ W.

Bei Wärmeabführung durch Konvektion ist $P_0 = P_f = P_A$. Mit $k = 20$ W/(m^2 · K) wird nach Gl. 17.5:

$$t_{B.1} = \frac{P_A}{k \cdot A} + t_a = \frac{1010 \text{ W} \cdot \text{m}^2 \cdot \text{K}}{20 \text{ W} \cdot 0,28 \text{ m}^2} + 20 \text{ °C} = (180,4 + 20) \text{ °C} = 200,4 \text{ °C}.$$

Da $t_{B.1} = 200,4$ °C $> t_{B.0} = 40$ °C ist, muß die Annahme der Lagertemperatur korrigiert werden auf

$t_{eff} = t_{B.0} = 0,5\,(40 + 200,4)$ °C ≈ 120 °C.

In dieser Weise ist die Berechnung so lange zu wiederholen, bis $t_{B.0} \approx t_{B.1}$ ist.

4.2 Zweiter Rechenschritt mit $t_{B.0} = 120\,°C$

$\Delta\psi = (13 - 11)\,10^{-6}\,\text{K}^{-1} \cdot (120 - 20)\,\text{K} = 200 \cdot 10^{-6} = 0{,}2 \cdot 10^{-3}$,
$\psi = (1{,}32 + 0{,}2)\,10^{-3} = 1{,}52 \cdot 10^{-3}$,
$S = 1{,}52 \cdot 10^{-3} \cdot 100\,\text{mm} = 152 \cdot 10^{-3}\,\text{mm} = 152\,\mu\text{m}$,
$\eta = 4{,}4\,\text{mPa} \cdot \text{s}$ bei $120\,°C$.

$$So = \frac{5 \cdot 10^{6}\,\text{Pa} \cdot 1{,}52^{2} \cdot 10^{-6}}{4{,}4 \cdot 10^{-3}\,\text{Pa} \cdot \text{s} \cdot 125{,}66\,\text{s}^{-1}} = 20{,}89,$$

$\varepsilon = 0{,}964$ (interpoliert),
$h_0 - 0{,}5 \cdot 100\,\text{mm} \cdot 1{,}52 \cdot 10^{-3} \cdot (1 - 0{,}964) = 2{,}736 \cdot 10^{-3}\,\text{mm} \approx 2{,}74\,\mu\text{m}$,
$\mu/\psi = 0{,}704$ (interpoliert),
$\mu = 0{,}704 \cdot 1{,}52 \cdot 10^{-3} = 1{,}07 \cdot 10^{-3} = 0{,}00107$,
$P_A = P_f = 25\,000\,\text{N} \cdot 0{,}00107 \cdot 6{,}28\,\text{m/s} = 168\,\text{W}$

$$t_{B.1} = \frac{168\,\text{W} \cdot \text{m}^2 \cdot \text{K}}{20\,\text{W} \cdot 0{,}28\,\text{m}^2} + 20\,°C = (30 + 20)\,°C = 50\,°C.$$

Da $t_{B.1} = 50\,°C < t_{B.0} = 120\,°C$ ist, muß die Annahme der Lagertemperatur nochmals korrigiert werden auf

$$t_{B.0} = 0{,}5\,(120 + 50)\,°C = 85\,°C.$$

4.3 Dritter Rechenschritt mit $t_{B.0} = 85\,°C$

$\Delta\psi = (13 - 11)\,10^{-6}\,\text{K}^{-1} \cdot (85 - 20)\,\text{K} = 130 \cdot 10^{-6} = 0{,}13 \cdot 10^{-3}$,
$\psi = (1{,}32 + 0{,}13)\,10^{-3} = 1{,}45 \cdot 10^{-3}$,
$S = 1{,}45 \cdot 10^{-3} \cdot 100\,\text{mm} = 145 \cdot 10^{-3}\,\text{mm} = 145\,\mu\text{m}$,
$\eta = 10\,\text{mPa} \cdot \text{s}$ bei $85\,°C$,

$$So = \frac{5 \cdot 10^{6}\,\text{Pa} \cdot 1{,}45^{2} \cdot 10^{-6}}{10 \cdot 10^{-3}\,\text{Pa} \cdot \text{s} \cdot 125{,}67\,\text{s}^{-1}} = 8{,}365,$$

$\varepsilon = 0{,}92$ (interpoliert)
$h_0 = 0{,}5 \cdot 100\,\text{mm} \cdot 1{,}45 \cdot 10^{-3} \cdot (1 - 0{,}92) = 5{,}8 \cdot 10^{-3}\,\text{mm} = 5{,}8\,\mu\text{m}$.
$\mu/\psi = 1{,}3166$ (interpoliert),
$\mu = 1{,}3166 \cdot 1{,}45 \cdot 10^{-3} \approx 1{,}91 \cdot 10^{-3} = 0{,}00191$,
$P_A = P_f = 25\,000\,\text{N} \cdot 0{,}00191 \cdot 6{,}28\,\text{m/s} \approx 300\,\text{W}$,
$$t_{B.1} = \frac{300\,\text{W} \cdot \text{m}^2 \cdot \text{K}}{20\,\text{W} \cdot 0{,}28\,\text{m}^2} + 20\,°C = (53{,}6 + 20)\,°C = 73{,}6\,°C.$$

4.4 Schlußfolgerung
Da $t_{B.1} = 73{,}6\,°C < 85\,°C$ ist, müßte die Berechnung mit $t_B = 0{,}5\,(73{,}6 + 85)\,°C \approx 79\,°C$ fortgesetzt werden. Diese würde die zulässige Temperatur von $90\,°C$ nicht überschreiten. Es ergäbe sich aber eine minimale Schmierfilmdicke von ca. $h_0 = 0{,}5\,(2{,}74 + 5{,}8)\,\mu\text{m} \approx 4{,}3\,\mu\text{m}$. Nach Tab. A 17.20 sind jedoch $h_{0\,\text{lim}} > 9\,\mu\text{m}$ erforderlich. Dieses $h_{0\,\text{lim}}$ könnte nur mit einem Öl höherer Viskosität erreicht werden. Dann würde aber die Lagertemperatur zu hoch. Infolgedessen ist eine Druckumlaufschmierung unerläßlich.

5. Wärmeabführung durch das Schmieröl
5.1 Erster Rechenschritt
Angenommene Ölaustrittstemperatur

$$t_{2.0} = t_1 + 20\,\text{K} = 50\,°C + 20\,\text{K} = 70\,°C.$$

Effektive Schmierfilmtemperatur nach Seite 364:

$t_{eff} = 0{,}5\,(t_{2.0} + t_1) = 0{,}5\,(70 + 50)\,°C = 60\,°C.$
$\eta = 26\,\text{mPa} \cdot \text{s}$ bei $60\,°C$,
$\Delta\psi = (13 - 11)\,10^{-6}\,\text{K}^{-1} \cdot (60 - 20)\,\text{K} = 80 \cdot 10^{-6} = 0{,}08 \cdot 10^{-3}$,
$\psi = (1{,}32 + 0{,}08)\,10^{-3} = 1{,}4 \cdot 10^{-3}$,
$$So = \frac{5 \cdot 10^{6}\,\text{Pa} \cdot 1{,}4^{2} \cdot 10^{-6}}{26 \cdot 10^{-3}\,\text{Pa} \cdot \text{s} \cdot 125{,}66\,\text{s}^{-1}} = 3{,}0,$$

$\varepsilon = 0{,}8377$ (interpoliert).
$h_0 = 0{,}5 \cdot 100\,\text{mm} \cdot 1{,}4 \cdot 10^{-3} \cdot (1 - 0{,}8377) = 11{,}36\,\text{mm}^{-3} = 11{,}36\,\mu\text{m} > h_{0\,\text{lim}} = 9\,\mu\text{m}$.
$\mu/\psi = 2{,}619$ (interpoliert),
$\mu = 2{,}617 \cdot 1{,}4 \cdot 10^{-3} = 3{,}6666 \cdot 10^{-3} \approx 0{,}003667$,
$P_Q = P_f = 25\,000\,\text{N} \cdot 0{,}003667 \cdot 6{,}28\,\text{m/s} \approx 576\,\text{W}.$

Schmierstoffdurchsatz:
Nach Tab. A 17.18 und Gl. 17.13 ist

$$q_1 = \frac{1}{4} \left[\frac{B}{D} - 0{,}223 \left(\frac{B}{D} \right)^3 \right] \varepsilon = \frac{1}{4} (0{,}5 - 0{,}223 \cdot 0{,}5^3) \, 0{,}8377 = 0{,}11803 \cdot 0{,}8377 \approx 0{,}099,$$

$$Q_1 = D^3 \cdot \psi \cdot \omega \cdot q_1 = 0{,}1^3 \, \text{m}^3 \cdot 1{,}4 \cdot 10^{-3} \cdot 125{,}66 \, \text{s}^{-1} \cdot 0{,}099 = 0{,}0174 \cdot 10^{-3} \, \text{m}^3/\text{s},$$

nach Tab. A 17.19 mit $d_H / B = 6/50 = 0{,}12$:

$$q_H = 1{,}204 + 0{,}368 \cdot 0{,}12 - 1{,}046 \cdot 0{,}12^2 + 1{,}942 \cdot 0{,}12^3 = 1{,}2365,$$

$$q_2 = \frac{\pi}{48} \cdot \frac{(1 + \varepsilon)^3}{\left(\ln \dfrac{B}{d_H} \right) q_H} = \frac{\pi}{48} \cdot \frac{(1 + 0{,}8377)^3}{(\ln 8{,}333) \, 1{,}2365} = 0{,}155,$$

nach Gl. 17.14:

$$Q_2 = \frac{D^3 \cdot \psi^3 \cdot p_E}{\eta} \, q_2 = \frac{0{,}1^3 \, \text{m}^3 \cdot 1{,}4^3 \cdot 10^{-9} \cdot 0{,}5 \cdot 10^6 \, \text{Pa}}{26 \cdot 10^{-3} \, \text{Pa} \cdot \text{s}} \, 0{,}155 = 8{,}1792 \cdot 10^{-6} \, \text{m}^3/\text{s}$$

$$\approx 0{,}00818 \cdot 10^{-3} \, \text{m}^3/\text{s},$$

$$Q = Q_1 + Q_2 = (0{,}0174 + 0{,}00818) \, 10^{-3} \, \text{m}^3/\text{s} \approx 0{,}0256 \cdot 10^{-3} \, \text{m}^3/\text{s} = 0{,}0256 \, \text{dm}^3/\text{s} \approx 1{,}54 \, \text{l/min},$$

$$t_{2.1} = \frac{P_Q}{\varrho \cdot c \cdot Q} + t_1 = \frac{576 \, \text{W} \cdot \text{m}^3 \cdot \text{K} \cdot \text{s}}{1{,}8 \cdot 10^6 \, \text{J} \cdot 0{,}0256 \cdot 10^{-3} \, \text{m}^3} + 50 \, ^\circ\text{C} = (12{,}5 + 50) \, ^\circ\text{C} = 62{,}5 \, ^\circ\text{C}.$$

Da $t_{2.1} = 62{,}5 \, ^\circ\text{C} < t_{2.0} = 70 \, ^\circ\text{C}$ ist, wird die Annahme der Schmierstoffaustrittstemperatur korrigiert auf

$$t_{2.0} = 0{,}5 \, (70 + 62{,}5) \, ^\circ\text{C} \approx 66 \, ^\circ\text{C}.$$

5.2 Zweiter Rechenschritt
Damit $t_2 - t_1 = 20 \, \text{K}$ wird, wird angenommen, daß das Schmieröl mit $46 \, ^\circ\text{C}$ zufließt. Dann wird

$$t_{\text{eff}} = 0{,}5 \, (46 + 66) \, ^\circ\text{C} = 56 \, ^\circ\text{C}.$$

$\eta = 30 \, \text{mPa} \cdot \text{s}$ bei $56 \, ^\circ\text{C}$,
$\Delta\psi = (13 - 11) \, 10^{-6} \, \text{K}^{-1} \cdot (56 - 20) \, ^\circ\text{C} = 72 \cdot 10^{-6} = 0{,}072 \cdot 10^{-3}$,
$\psi = (1{,}32 + 0{,}072) \, 10^{-3} \approx 1{,}39 \cdot 10^{-3}$,
$$So = \frac{5 \cdot 10^6 \, \text{Pa} \cdot 1{,}39^2 \cdot 10^{-6}}{30 \cdot 10^{-3} \, \text{Pa} \cdot \text{s} \cdot 125{,}67 \, \text{s}^{-1}} = 2{,}563,$$
$\varepsilon = 0{,}8247$ (interpoliert),
$h_0 = 0{,}5 \cdot 100 \, \text{mm} \cdot 1{,}39 \cdot 10^{-3} \cdot (1 - 0{,}8247) = 12{,}18 \cdot 10^{-3} \, \text{mm} \approx 12{,}2 \, \mu\text{m} > h_{0\,\text{lim}} = 9 \, \mu\text{m}$,
$\mu/\psi = 2{,}832, \quad \mu = 2{,}832 \cdot 1{,}39 \cdot 10^{-3} \approx 3{,}94 \cdot 10^{-3} = 0{,}00394$,
$P_Q = 25\,000 \, \text{N} \cdot 0{,}00394 \cdot 6{,}28 \, \text{m/s} \approx 619 \, \text{W}$,
$q_1 = 0{,}11803 \cdot 0{,}8247 = 0{,}09734$,
$Q_1 = 0{,}1^3 \, \text{m}^3 \cdot 1{,}39 \cdot 10^{-3} \cdot 125{,}67 \, \text{s}^{-1} \cdot 0{,}09734 = 0{,}017 \cdot 10^{-3} \, \text{m}^3/\text{s}$,
$$q_H = 1{,}2365, \quad q_2 = \frac{\pi}{48} \cdot \frac{(1 + 0{,}8247)^3}{(\ln 8{,}333) \, 1{,}2365} \approx 0{,}152,$$
$$Q_2 = \frac{0{,}1^3 \, \text{m}^3 \cdot 1{,}39^3 \cdot 10^{-9} \cdot 0{,}5 \cdot 10^6 \, \text{Pa}}{30 \cdot 10^{-3} \, \text{Pa} \cdot \text{s}} \, 0{,}152 = 6{,}8 \cdot 10^{-6} \, \text{m}^3/\text{s} = 0{,}0068 \cdot 10^{-3} \, \text{m}^3/\text{s},$$
$Q = (0{,}017 + 0{,}0068) \, 10^{-3} \, \text{m}^3/\text{s} = 0{,}0238 \cdot 10^{-3} \, \text{m}^3/\text{s} \approx 1{,}43 \, \text{l/min}.$
$$t_{2.1} = \frac{619 \, \text{W} \cdot \text{m}^3 \cdot \text{K} \cdot \text{s}}{1{,}8 \cdot 10^6 \, \text{J} \cdot 0{,}0238 \cdot 10^{-3} \, \text{m}^3} + 46 \, ^\circ\text{C} = (14{,}45 + 46) \, ^\circ\text{C} \approx 60{,}5 \, ^\circ\text{C}.$$

5.3 Schlußbetrachtung
Damit ist $t_{2.1} = 60{,}5 \, ^\circ\text{C} < t_{2.0} = 66 \, ^\circ\text{C}$. Hier wird die Berechnung abgebrochen, und die zuletzt errechneten Daten werden angenommen, zumal die Konvektion nicht berücksichtigt ist. Somit müssen $Q \approx 1{,}5 \, \text{l/min}$ Schmieröl zugeführt werden.

Es sei besonders darauf hingewiesen, daß man genauere Werte für ε und μ/ψ erhält, wenn man sie nicht nach den Tabellenwerten linear interpoliert, sondern mit den angegebenen Gleichungen errechnet, was mit Hilfe eines programmierbaren elektronischen Rechners problemlos ist. Weiterhin kann man aus Höchst- und Mindestspiel der Passung das mittlere Spiel errechnen und mit diesem das genaue mittlere relative Lagerspiel.

Beispiel 17.3

Für das hydrodynamische Radial-Gleitlager nach Beispiel 17.2 wurden errechnet bzw. sind bekannt: Lagernenndurchmesser $D = 100$ mm, relative Lagerbreite $B/D = 0,5$, spezifische Lagerbelastung $\bar{p} = 5 \cdot 10^6$ Pa $= 5$ N/mm², Winkelgeschwindigkeit $\omega = 125,67$ s^{-1}, Betriebsdrehzahl $n = 1200$ min$^{-1} = 20$ s^{-1}, Schmieröl ISO VG 68, mittleres relatives Lagerspiel $\psi_m = 1,32 \cdot 10^{-3}$ bei 20 °C, Grenzschmierfilmdicke $h_{0\,lim} = 9$ µm nach Tab. A 17.20, Wärmedehnungsbeiwerte Welle $\alpha_S = 11 \cdot 10^{-6}$ K^{-1}, Lagerschale einschl. Gehäuse $\alpha_B = 13 \cdot 10^{-6}$ K^{-1}.

Während des stationären Betriebes beträgt die Öleintrittstemperatur $t_1 = 46$ °C, die Ölaustrittstemperatur $t_2 = 60,5$ °C.

Wie hoch ist die Übergangsdrehzahl $n_{\ddot{u}}$, wenn die Welle bei $t_a = 20$ °C unter Last anfährt, so daß zu Betriebsbeginn auch der Schmierfilm eine Temperatur $t_{eff} = 20$ °C hat? Wie hoch ist die Übergangsdrehzahl $n_{\ddot{u}}$, wenn die Welle aus dem betriebswarmen Zustand unter Last ausläuft und durch Aufrechterhaltung der Kühlung dafür gesorgt wird, daß kein Wärmestau entsteht?

Lösung:
1. Übergangsdrehzahl bei Betriebsbeginn
Nach Bild 16.3 ist $\eta = 240$ mPa · s bei 20 °C. Relative Übergangs-Exzentrizität nach Gl. 17.20 mit $\psi = \psi_m$:

$$\varepsilon_{\ddot{u}} = 1 - \frac{2\,h_{0\,lim}}{D \cdot \psi} = 1 - \frac{2 \cdot 9 \cdot 10^{-6}\ \text{m}}{0,1\ \text{m} \cdot 1,32 \cdot 10^{-3}} = 1 - 0,136 = 0,864.$$

Aus Tab. A 17.15 folgt die Sommerfeldzahl $So_{\ddot{u}} = 3,8806$ (interpoliert); damit ergibt sich aus Gl. 17.21:

$$\omega_{\ddot{u}} = \frac{\bar{p} \cdot \psi^2}{\eta \cdot So_{\ddot{u}}} = \frac{5 \cdot 10^6\ \text{Pa} \cdot 1,32^2 \cdot 10^{-6}}{240 \cdot 10^{-3}\ \text{Pa} \cdot \text{s} \cdot 3,8806} = 9,354\ \text{s}^{-1},$$

$$n_{\ddot{u}} = \frac{\omega_{\ddot{u}}}{2\,\pi} = \frac{9,354\ \text{s}^{-1}}{2\,\pi} = 1,489\ \text{s}^{-1} = 89,3\ \text{min}^{-1}.$$

Das bedeutet, daß das Lager im kalten Zustand bei $n = 89,3$ min^{-1} in die Flüssigkeitsreibung übergeht.

2. Übergangsdrehzahl beim Auslaufen
Die effektive Lagertemperatur beträgt

$$t_{eff} = t_B = 0,5\ (t_1 + t_2) = 0,5\ (46 + 60,5)\ °C \approx 53\ °C.$$

Bei dieser Temperatur ist $\eta = 36$ mPa · s. Thermische Änderung des relativen Lagerspiels nach Gl. 17.12:

$$\Delta\psi = (\alpha_B - \alpha_S)\ (t_B - 20\ °C) = (13 - 11)\ 10^{-6}\ \text{K}^{-1} \cdot (53 - 20)\ \text{K} = 0,066 \cdot 10^{-3},$$

$$\psi = \psi_m + \Delta\psi = (1,32 + 0,066)\ 10^{-3} \approx 1,39 \cdot 10^{-3}$$

Daraus folgt:

$$\varepsilon_{\ddot{u}} = 1 - \frac{2\,h_{0\,lim}}{D \cdot \psi} = 1 - \frac{2 \cdot 9 \cdot 10^{-6}\ \text{m}}{0,1\ \text{m} \cdot 1,39 \cdot 10^{-3}} = 0,8705.$$

Sommerfeldzahl $So_{\ddot{u}} \approx 4,1$ (interpoliert) und

$$\omega_{\ddot{u}} = \frac{\bar{p} \cdot \psi^2}{\eta \cdot So_{\ddot{u}}} = \frac{5 \cdot 10^6\ \text{Pa} \cdot 1,39^2 \cdot 10^{-6}}{36 \cdot 10^{-3}\ \text{Pa} \cdot \text{s} \cdot 4,1} = 65,45\ \text{s}^{-1},$$

$$n_{\ddot{u}} = \frac{\omega_{\ddot{u}}}{2\,\pi} = \frac{65,45\ \text{s}^{-1}}{2\,\pi} = 10,42\ \text{s}^{-1} = 625\ \text{min}^{-1}.$$

Da das Lager mit $n = 1200$ min^{-1} läuft, liegt die Betriebsdrehzahl genügend hoch über der Übergangsdrehzahl.

17.8 Kunststoff-Gleitlager

Gleitlager aus thermoplastischen Kunststoffen gewinnen immer mehr an Bedeutung. Sie bieten die Möglichkeit des Trockenlaufs, da sie nicht zum Fressen neigen, können aber auch mit Öl, Fett, Wasser, Laugen oder Säuren geschmiert werden, wobei sie relativ kleine Reibzahlen erreichen ($\mu \approx 0,05\ldots0,15$) und die Unterschiede zwischen den verschiedenen Kunststoffen verschwinden. Nach einer einmaligen Fettschmierung (Initialschmierung) kann mit **$\mu \approx 0,1\ldots0,12$**

gerechnet werden. Auch eine hydrodynamische Schmierung ist möglich und sinnvoll, wenn bei häufigem Anfahren und Anhalten der Mischreibungsbereich durchschritten werden muß und Lagermetalle gegen das Schmiermedium nicht beständig sind. Durch eine Wasserschmierung wird die Belastbarkeit meistens gesteigert. Mit dünnen Gleitlackschichten oder Schmierstoffsprays lassen sich die Gleitreibzahl und der Gleitverschleiß nur für eine kurze Zeit senken. Eine derartige Behandlung fördert aber den Einlaufvorgang.

Die Kunststoffe sind weitgehend unempfindlich gegen Fremdkörper und gegen Kantenpressungen. Ein Nachteil ist jedoch ihre geringe Wärmeleitfähigkeit. In den Tabn. A 17.21 und A 17.23 sind Kunststoffe ohne und mit Zusatzstoffen für Gleitlager aufgeführt. Wegen der Vielzahl der Kunststoffe ist es nicht möglich, alle anzugeben und umfassende Angaben zu machen. Es wird deshalb empfohlen, sich diese von den Herstellern einzuholen.

Die günstigsten Gleitbedingungen ergeben sich, wenn der **Stahlzapfen eine Härte > 50 HRC** hat. Anderenfalls können sich die Spitzen der Mikrogebirge abtragen, in die Kunststoffgleitfläche einbetten und für den Zapfen wie ein Schleifmittel wirken.

Die Oberflächenrauheit des Metallpartners übt einen großen Einfluß auf die Reibzahl aus, während die Rauheit der Kunststoff-Gleitfläche nur eine untergeordnete Rolle spielt. Bei besonders glatter Zapfenoberfläche ist die Gleitreibzahl bei Trockenlauf sehr hoch (bis $\mu \approx 0{,}5$), nimmt mit zunehmender Rauhigkeit ab (bis auf $\mu \approx 0{,}3$), um dann wieder anzusteigen. Deshalb wird für den Stahlzapfen eine Rauhtiefe $R_z = 2 \ldots 4\ \mu m$ empfohlen. Richtwerte für Reibzahlen siehe Tab. A 17.24.

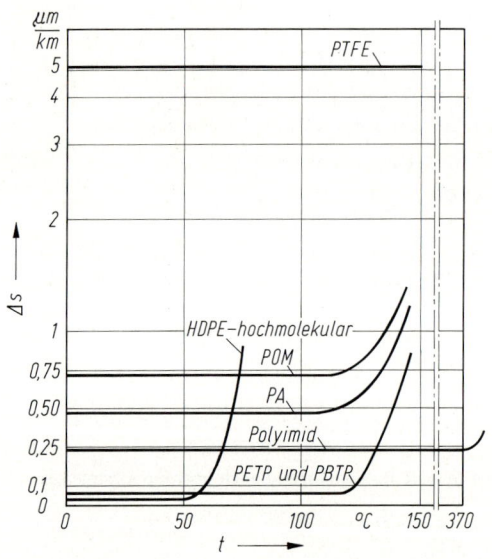

Bild 17.45 Tendenzen der Gleitverschleißrate als Funktion der Gleitflächentemperatur (aus VDI 2541)
Radiallagerprüfstand,
Durchmesser $d = 10 \ldots 50$ mm, trocken,
Gleitpartner $54 \ldots 56$ HRC,
$\bar{p} = 0{,}1\ \mathrm{N/mm^2}$
Rauhtiefen für PA und Polyimid
$R_z = 1{,}5 \ldots 3\ \mu m$,
für POM $R_z = 1 \ldots 2\ \mu m$,
für PETP und HDPE $R_z < 0{,}5\ \mu m$,
für PTFE $R_z < 0{,}2\ \mu m$ und $R_{max} < 0{,}5\ \mu m$

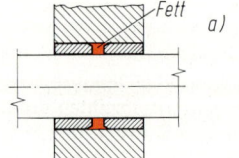
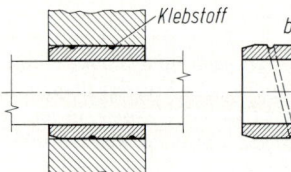

Bild 17.46 Kunststoff-Gleitlager (aus VDI 2541)
a) zwei Buchsen, zwischen denen eine Fett-Tasche gebildet wird,
b) Buchse mit umlaufender Schraubennut zum Einkleben

Der **Verschleiß** wird vorwiegend durch die Schmierbedingungen bestimmt. Bei Trockenlauf sind etwa die in Bild 17.45 aufgetragenen Verschleißraten in μm/km Gleitweg zu erwarten. Praktisch läßt man einen Gesamtverschleiß von 0,2...0,3 mm je nach Lagerdurchmesser zu, durch den die Lebensdauer eines Kunststofflagers bestimmt wird. Bei geschmierten Lagern ist der Verschleiß unbedeutend.

Die **Lagerbuchsen** werden vorwiegend in den Abmessungen nach DIN 1850 (Formen S und T) oder ähnlich den Einspannbuchsen DIN 1498 (Formen S und G) gemäß Bild 17.28 verwendet. Die aus Folien gerollten und damit geschlitzten Lagerbuchsen heißen **Folienlager.** Die Herstellungsverfahren siehe Tab. A 17.21. Die Kunststoffbuchsen werden eingepreßt, eingeklebt oder eingeschoben. Die Bilder 17.46 bis 17.49 zeigen einige Einbaubeispiele. Gleitlager in derartig verschiedenen Formen (Folienlager, Buchsen, Gleitringe u. dgl.) aus modifiziertem Polyamid PA, Polyoxymethylen POM und Polyäthylen PE liefert beispielsweise die Glacier GmbH – Deva Werke, Stadtallendorf, unter dem Handelsnamen **Devaplast**. Die Deutsche Star Kugelhalter GmbH, Schweinfurt, liefert unter dem Handelsnamen **Nyliners** geschlitzte Bundbuchsen aus Polyamid 66 (Bild 17.50), deren Abmessungen in Tab. A 17.26 wiedergegeben sind. Um den Wärmestau gering zu halten, sind sie besonders dünnwandig. Sie lassen sich auch durch Einschnappen axial sichern.

Über die erfahrungsmäßig zulässigen Belastungen, wie spezifische Lagerbelastung $\bar{p}$ gemäß Gl. 17.1, Gleitgeschwindigkeit u gemäß Gl. 17.2 oder Pressungsgeschwindigkeit $\bar{p} \cdot u$ gibt die Tab. A 17.22 Auskunft.

Kunststofflager führen die **Reibwärme** wesentlich schlechter ab als Metallager. Deshalb muß die Wärmeleitfähigkeit des Kunststoffs berücksichtigt werden.

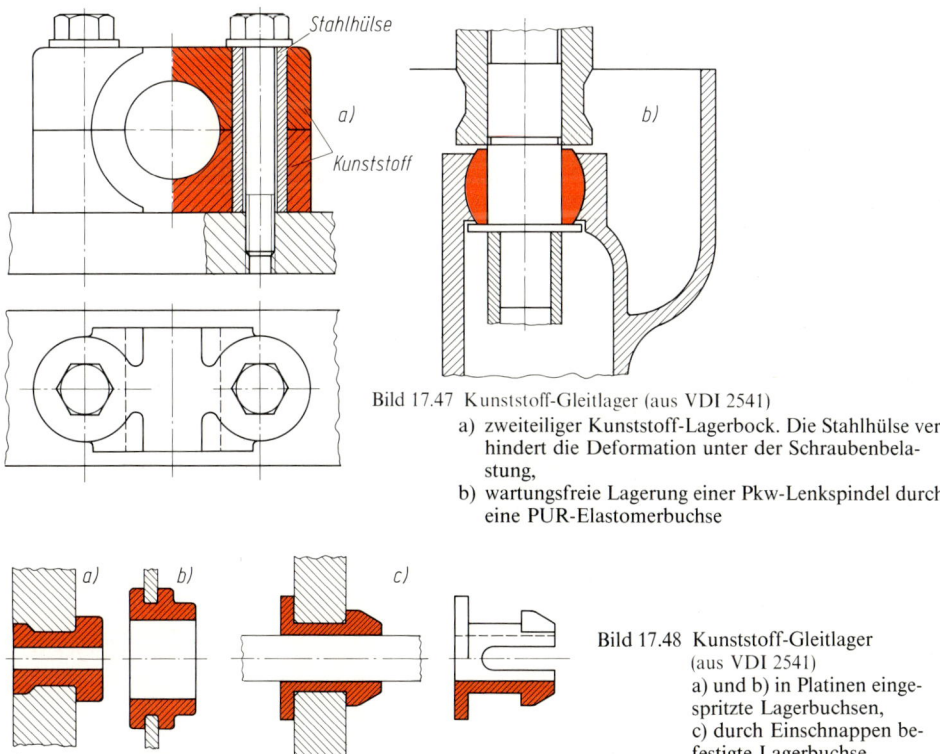

Bild 17.47 Kunststoff-Gleitlager (aus VDI 2541)
    a) zweiteiliger Kunststoff-Lagerbock. Die Stahlhülse verhindert die Deformation unter der Schraubenbelastung,
    b) wartungsfreie Lagerung einer Pkw-Lenkspindel durch eine PUR-Elastomerbuchse

Bild 17.48 Kunststoff-Gleitlager
(aus VDI 2541)
a) und b) in Platinen eingespritzte Lagerbuchsen,
c) durch Einschnappen befestigte Lagerbuchse

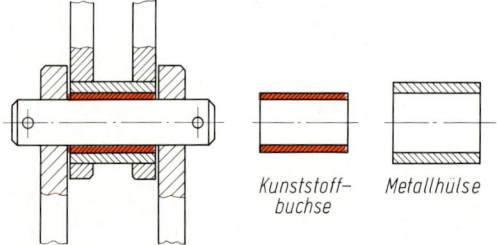

Bild 17.49 Lager mit schwimmender Kunststoffbuchse, die in der Metallhülse
mit Spiel sitzt (aus VDI 2541)

Kunststoff-   Metallhülse
buchse

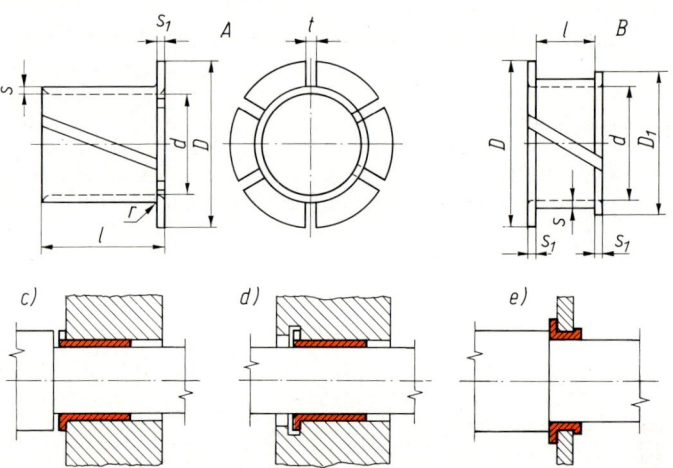

Bild 17.50 Geschlitzte Kunststoffbuchsen aus PA 66, Handelsname Nyliners
(Deutsche Star Kugelhalter GmbH, Schweinfurt)
Form A lang mit einem Bund,   Form B kurz mit zwei verschiedenen Bunden,
c) Form A eingeschoben,   d) eingeschnappt,   e) Form B eingeschnappt

Ein Teil der Wärme wird von der Buchsengleitfläche $A_B = D \cdot \pi \cdot B$ aus radial durch die Buchsenwand mit der Dicke s geleitet, der andere radial in den Zapfen und dann axial weiter durch die Welle, wobei als Strömungsquerschnitt der Zapfenquerschnitt $A_S = d^2 \cdot \pi/4$ und als Wanddicke die Lagerbreite B angenommen wird. Damit strömt in einer Zeiteinheit durch die Kunststoffbuchse die Wärmemenge $\Delta t_B \cdot A_B \cdot \lambda_B/s$ und durch den Zapfen die Wärmemenge $\Delta t_S \cdot A_S \cdot \lambda_S/B$. Hierin sind Δt_B das Temperaturgefälle auf dem Wege s und Δt_S das Temperaturgefälle auf dem Wege B, λ_B die Wärmeleitzahl des Kunststoffs und λ_S die Wärmeleitzahl des Zapfenwerkstoffs. Die Wärmeleitzahl λ gibt an, welche Wärmemenge in J in einer Sekunde je m² Querschnittsfläche durch eine 1 m dicke Wand strömt, wenn das Temperaturgefälle 1 K beträgt. Die Einheit von λ ist daher J/(m² · s · K/m) = W/(m · K). Je dünner die Wand ist, um so schneller kann die Wärme bei gleichem Temperaturgefälle hindurchströmen, so daß die abgeführte Wärmemenge mit abnehmender Wanddicke zunimmt. Δt_B ist somit die Temperaturdifferenz zwischen Gleitfläche und Buchsenmantel, Δt_S die Temperaturdifferenz zwischen Zapfenanfang und -ende, nicht aber zwischen der Temperatur der Gleitfläche und der Umgebung! Dieses Gefälle $t_B - t_a$ ist wesentlich größer, weil die Wärme durch das Lagergehäuse bis an dessen Oberfläche strömen muß und dort an die Luft abgegeben wird. Das Verhältnis der Temperaturgefälle wird durch erfahrungsmäßige Faktoren K_B bzw. K_S berücksichtigt. Wegen des Wärmegleichgewichts muß die Reibleistung des Lagers gleich der in einer Zeiteinheit abgeführten Wärmemenge sein, nämlich
$$P_f = \Delta t_B \cdot A_B \cdot \lambda_B/s + \Delta t_S \cdot A_S \cdot \lambda_S/B$$
Setzt man für $\Delta t_B = K_B \cdot (t_B - t_a)$ und für $\Delta t_S = K_S \cdot (t_B - t_a)$ ein, so gelangt man durch Umformen zur

Lagertemperatur $t_B = \dfrac{P_f}{K_B \dfrac{A_B \cdot \lambda_B}{s} + K_S \dfrac{A_S \cdot \lambda_S}{B}} + t_a$ (17.22)

t_B	in °C	Betriebstemperatur an der Gleitfläche, die die in Tab. A 17.25 angegebenen nicht überschreiten darf, für Nyliners 80 °C (nach Angabe des Herstellers),
P_f	in W	Reibleistung nach Gl. 17.4, die mit den Reibzahlen nach Tab. A 17.24 berechnet werden kann,
K_B		Temperaturverhältnis für die Buchse $\approx 0,5$,
K_S		Temperaturverhältnis für den Zapfen $\approx 0,02$,
A_B	in m²	Buchsenwandfläche $= D \cdot \pi \cdot B$,
A_S	in m²	Zapfenquerschnitt $= d^2 \cdot \pi/4$,
s	in m	Wanddicke der Kunststoffbuchse,
B	in m	Zapfenlänge = Lagerbreite,
λ_B	in W/(m · K)	Wärmeleitzahl des Kunststoffs nach Tab. A 17.25,
λ_S	in W/(m · K)	Wärmeleitzahl des Zapfenwerkstoffs, für Stahl ≈ 48 W/(m · K),
t_a	in °C	Umgebungstemperatur, im Normalfall = 20 °C.

Bei $t_B > 60$ °C sind eingepreßte Buchsen zu vermeiden!

Bei der Auslegung von Kunststofflagern muß in Betracht gezogen werden, daß sich die Buchsen beim Einpressen einschnüren und ihren Bohrungsdurchmesser verringern, und zwar erfahrungsgemäß um $\approx 50\%$ des Einpreßübermaßes U.

Viele Kunststoffe nehmen aus der Luft Feuchtigkeit auf und quellen, so daß sich das Lagerspiel verringert. Noch größer ist die Feuchtigkeitsaufnahme bei Wasserschmierung. Durch die Reibwärme steigt die Lagertemperatur, so daß sich alle betroffenen Teile dehnen, Kunststoffe bis etwa 10mal so viel wie Stahl.

Durch beide Vorgänge nimmt das Buchsenvolumen um $\Delta V = Z \cdot V$ zu, wenn Z eine entspr. Ausdehnzahl und V das Buchsenvolumen $\approx D \cdot \pi \cdot s \cdot B$ darstellen. Sicherheitshalber geht man davon aus, daß sich Gehäuse und Zapfen gegenüber der Buchse vernachlässigbar klein dehnen und die Buchse tangential und axial an einer Dehnung gehindert wird (daß sie stramm in der Gehäusebohrung sitzt). In diesem Falle verringert sich der Buchseninnendurchmesser durch Feuchtigkeitsaufnahme und Wärmedehnung um $Z \cdot s$, wenn s die Buchsenwanddicke ist. Es beträgt die

$$\textit{Ausdehnzahl} \quad Z = \gamma_F + \gamma_T (t_B - t_a) \tag{17.23}$$

γ_F		Feuchtigkeitsaufnahmezahl
		$\approx 0,5 \gamma_L$ durch Luftfeuchtigkeit,
		$\approx \gamma_W - 0,5 \gamma_L$ bei Wasserschmierung
		γ_L und γ_W nach Tab. A 17.25. Hierbei ist angenommen, daß der Kunststoff bereits zu 50% mit Luftfeuchtigkeit vorgesättigt ist.
γ_T	in K^{-1}	Volumenausdehnzahl $\approx 3\alpha_B$ nach Tab. A 17.25,
t_B, t_a		siehe Legende zur Gl. 17.22

Vor dem Einbau muß die Buchsenbohrung D gegenüber dem Zapfendurchmesser d größer sein um das

$$\textit{Fertigungsspiel} \quad S_F \approx 0,5\ U + Z \cdot s + S \tag{17.24}$$

U	in µm	mittleres Einpreßübermaß nach den untenstehenden Angaben. Es entfällt bei eingeklebten oder eingeschobenen Buchsen (geschlitzten Buchsen),
Z		Ausdehnzahl nach Gl. 17.23
s	in µm	Wanddicke der Buchse,
S	in µm	mittleres Grundlagerspiel (Betriebsspiel) nach den untenstehenden Angaben, für Nyliners = 0,004d (nach Angabe des Herstellers).

Als mittleres Einpreßübermaß U von thermoplastischen Kunststoffbuchsen wird nach der Richtlinie VDI 2541 empfohlen bei einem Außendurchmesser der Buchse

$D_2 =$	5	10	20	30	50	100	150	200 mm
$U =$	35	60	100	125	175	250	330	400 µm

und als mittleres Grundlagerspiel S bei einem Lagerdurchmesser

$D =$	5	10	20	30	50	100	150	200 mm
$S =$	42	80	140	180	250	340	375	400 µm

Beispiel 17.4

Ein Kunststoff-Radiallager mit einer eingepreßten Buchse DIN 1850 − S 30 × 38 × 40 − PA 6 ($d_1 \times d_2 \times b_1$ aus Polyamid PA 6) nach Bild 17.28 a wird bei $n = 60$ min$^{-1} = 1$ s^{-1} mit $F = 400$ N belastet und läuft mit einmaliger Fettschmierung. Ist die Belastung zulässig? Wie hoch wird die Lagertemperatur t_B? Mit welchem Bohrungspaßmaß muß die Buchse gefertigt werden, wenn der Zapfen $d = 30$ h6 erhält? Welcher Zapfendurchmesser muß ausgeführt werden, wenn die Buchsenbohrung das tolerierte Maß $D = 30$ H7 erhält? Welche Lebensdauer in h ist zu erwarten, wenn ein Gesamtverschleiß von 0,2 mm zugelassen wird?

Lösung:
1. Belastungen $\bar{p}$, u und $\bar{p} \cdot u$
   Nach den Gln. 17.1 und 17.2 werden:

$$\bar{p} = \frac{F}{D \cdot B} = \frac{400 \text{ N}}{30 \text{ mm} \cdot 40 \text{ mm}} = 0,33 \text{ N/mm}^2, \quad u = d \cdot \pi \cdot n = 0,03 \text{ m} \cdot \pi \cdot 1 \text{ s}^{-1} = 0,0942 \text{ m/s},$$

$$\bar{p} \cdot u = 0,33 \text{ N/mm}^2 \cdot 0,0942 \text{ m/s} \approx 0,03 \text{ W/mm}^2.$$

Nach der Tab. A 17.22 ist bei 3 mm Wanddicke $(\bar{p} \cdot u)_{\text{zul}} = 0,04$ W/mm$^2 > \bar{p} \cdot u$ (wegen einmaliger Fettschmierung Wert für Trockenlauf), $\bar{p}$ und u liegen jeweils weit unter den möglichen Werten von 15 N/mm^2 und 1,5 m/s. Ausschlaggebend ist die Wärmeabführung, siehe 2.

2. Lagertemperatur t_B
   Nach Tab. A 17.24 kann mit $\mu = 0,12$ gerechnet werden. Reibleistung nach Gl. 17.4:

$$P_f = F \cdot \mu \cdot u = 400 \text{ N} \cdot 0,12 \cdot 0,0942 \text{ m/s} = 4,52 \text{ W}.$$

Gemäß der Legende zur Gl. 17.22 betragen:

$$s = 4 \text{ mm} = 0,004 \text{ m}, \quad B = 40 \text{ mm} = 0,04 \text{ m}, \quad A_B = D \cdot \pi \cdot B = 0,03 \text{ m} \cdot \pi \cdot 0,04 \text{ m} = 0,0038 \text{ m}^2,$$

$$A_S = d^2 \cdot \pi/4 = 0,03^2 \text{ m}^2 \cdot \pi/4 = 0,0007 \text{ m}^2, \quad \lambda_B = 0,29 \text{ W/(m} \cdot \text{K)} \text{ aus Tab. A 17.25.}$$

Nach Gl. 17.22:

$$t_B = \frac{P_f}{K_B \dfrac{A_B \cdot \lambda_B}{s} + K_S \dfrac{A_S \cdot \lambda_S}{B}} + t_a$$

$$= \frac{4,52 \text{ W}}{0,5 \dfrac{0,0038 \cdot 0,29}{0,004} \text{ W/K} + 0,02 \dfrac{0,0007 \cdot 48}{0,04} \text{ W/K}} + 20\,°\text{C} \approx 49\,°\text{C}$$

Die Belastung könnte also noch gesteigert werden bis auf $t_B = 60\,°$C für eingepreßte Buchsen.

3. Toleriertes Maß für die Bohrung D bei $d = 30$ h6
   Aus Tab. A 17.25 werden $\gamma_L = 0,028$ und $\alpha_B = 85 \cdot 10^{-6}$/K entnommen. Dann ist gemäß Legende zur Gl. 17.23 die Feuchtigkeitsaufnahmezahl $\gamma_F = 0,5 \, \gamma_L = 0,014$ und die Volumenausdehnzahl $\gamma_T \approx 3\alpha_B = 255 \cdot 10^{-6}$/K $= 0,000255$/K. Ausdehnzahl nach Gl. 17.23:

$$Z = \gamma_F + \gamma_T (t_B - t_a) = 0,014 + 0,000255 (49 - 20) = 0,0214$$

Mittleres Einpreßübermaß $U \approx 145$ μm, mittleres Grundlagerspiel $S = 180$ μm (nach den Angaben unter der Gl. 17.24). Somit wird nach Gl. 17.24 das Fertigungsspiel

$$S_F \approx 0,5 \, U + Z \cdot s + S = 0,5 \cdot 145 \text{ μm} + 0,0214 \cdot 4000 \text{ μm} + 180 \text{ μm} \approx 338 \text{ μm}$$

4. Toleriertes Maß d für die Welle bei $D = 30$ H7
   Bei $D = 30$ H7 ist das untere Abmaß gleich Null. Somit muß der Zapfen das tolerierte Maß $d = (29,676 - 0,013)$ mm erhalten, so daß $S_g = 356$ μm und $S_k = 322$ μm betragen, im Mittel $S = 338$ μm.

4. Paßmaß d für die Welle bei $D = 30$ H7
   Bei $D = 30$ H7 ist das untere Abmaß gleich Null. Somit muß der Zapfen das Paßmaß $d = (29,676 - 0,013)$ mm erhalten, so daß $S_g = 356$ μm und $S_k = 322$ μm betragen, im Mittel $S = 338$ μm.

5. Lebensdauer
   Nach Bild 17.45 ist für Polyamid PA bei Trockenlauf mit einer Verschleißrate $\Delta s \approx 0,45$ μm/km zu rechnen. Bei einem zulässigen Verschleiß von 0,2 mm = 200 μm ist der gesamte Gleitweg (200/0,45) km ≈ 445 km. Bei einer Gleitgeschwindigkeit $u = 0,0942$ m/s = $(0,0942 \cdot 3600/1000)$ km/h = 0,34 km/h ergibt sich hieraus eine Lebensdauer von (445/0,34) h ≈ 1300 h. Wegen der einmaligen Schmierung wird die tatsächliche Lebensdauer wesentlich größer sein.

Die Textar GmbH, Leverkusen, liefert unter dem Handelsnamen **Railko PV 80** das Thermoplast Polyacetal mit in Mikrokammern eingelagertem Öl, so daß die Eigenschaften mit denen der Sintermetalle vergleichbar sind. Die Reibzahl liegt jedoch wesentlich unter der von Sinterbronze, und zwar bei $\mu \approx 0,06\ldots0,08$. Der Verschleiß ist nur etwa halb so groß wie von Polyamid. Bei $u = 1,5$ m/s beträgt $(\bar{p} \cdot u)_{zul} = 0,15$ W/mm^2, bei $u = 0,02$ m/s ist $(\bar{p} \cdot u)_{zul} = 0,2$ W/mm^2.

Weiterhin liefert die genannte Firma Lagerbuchsen aus **asbestverstärkten Duroplasten** (Phenolharzen). Die Buchsen sind mit Siliconöl imprägniert, oder es ist ein Festschmierstoff eingearbeitet. Lager aus diesen Werkstoffen werden eingesetzt, wenn eine Schmierung schwierig oder nicht möglich ist. Sie sind besonders widerstandsfähig gegen Schlag- und Stoßbelastungen, fressen nicht und sind chemisch sehr beständig.

17.9 Verbundlager mit Kunststoff-Laufschicht

Durch den Verbund von metallischen Stützkörpern (Buchsen, Schalen) mit einer dünnen Kunststoff-Laufschicht werden gegenüber den reinen Kunststofflagern besondere Vorteile erzielt: höhere Belastbarkeit, bessere Wärmeableitung, kein Quellen durch Feuchtigkeitsaufnahme, fast keine Spielverengung durch die Reibwärme. Außerdem besitzen derartige Lager alle Vorteile der Kunststofflager. In Tab. A 17.27 sind die Werkstoffe, die Eigenschaften und die Ausführungsformen zusammengestellt.

Auch bei den Kunststoff-Verbundlagern werden Gleitreibung und Gleitverschleiß durch Schmierung herabgesetzt. Für die Schmiermittel oder für den Trockenlauf, für die Härte und Oberflächenbeschaffenheit des Zapfens, für die Reibzahlen und das Betriebsspiel S (Grundlagerspiel) gelten die Ausführungen im Abschnitt 17.8.

Die zulässigen Werte für die spezifische Belastung $\bar{p}$ gemäß Gl. 17.1, die Gleitgeschwindigkeit u gemäß Gl. 17.2 und die Pressungsgeschwindigkeit $\bar{p} \cdot u$ sind in Tab. A 17.28 aufgeführt. Die Reibleistung ist mit Gl. 17.4 zu errechnen, Reibzahlen μ hierzu nach Tab. 17.24. Lagertemperatur t_B nach Gl. 17.22, in die für s die Dicke der Kunststoff-Laufschicht einzusetzen ist. Es ist zweckmäßig, die Lagertemperatur t_B auch noch nach Gl. 17.5 zu errechnen. Von den beiden Temperaturen ist dann die größere maßgebend, die die in Tab. A 17.27 angegebene nicht überschreiten darf.

Die Verschleißrate bei Trockenlauf ist in Tab. A 17.28 zu finden. Als zulässige Verschleißtiefe gelten nach der Richtlinie VDI 2543 für die Werkstoffe

1 und 2:	0,05 mm,
3:	0,07 mm ohne Schmiertasche, 0,25 mm mit Schmiertasche,
4 und 5:	0,15 mm unverklebt, 0,3 mm verklebt,
6:	0,25 mm,
7:	0,3 mm.

Hieraus ergibt sich die Lebensdauer in h. Geschmierte Lager erreichen eine vielfach höhere Lebensdauer als die trockenlaufenden. Angaben hierüber liegen jedoch nicht vor.

17.10 Radiallager überwiegend mit Festschmierstoffen

Derartige Lager werden besonders dann eingesetzt, wenn bei niedrigen Gleitgeschwindigkeiten und hohen Flächenpressungen eine hydrodynamische Schmierung nicht zu erreichen ist und wegen hoher Drücke oder hoher Temperatur auch eine Fett- oder Ölschmierung versagt. Es handelt sich um Metallager, die mit einem Festschmierstoff wie Blei, Graphit, Molybdändisulfid MoS_2, Wolframdisulfid WS_2, Niobdiselenid $NbSe_2$ u. a. versehen sind. Die Firma Glacier GmbH – Deva Werke, Stadtallendorf, liefert unter dem Handelsnamen **Devaglit** einbaufertige Gleitlager mit Bronze als Grundwerkstoff, in denen der Festschmierstoff dicht verpreßt in Auf-

nahmekammern lagert, die in bestimmten Abständen angeordnet sind (Bild 17.51). Bereits bei
den ersten Gleitbewegungen tritt der Schmierstoff aus den Taschen, füllt die Mikrotäler der
Gleitflächen und bildet einen zusammenhängenden Schmierfilm (Bild 17.51 c). Es gleiten also
stets die Festschmierstoffe aufeinander, die den sonst bei trockenen Metallflächen gefürchteten
stick-slip-Effekt (Ruck-Gleit-Effekt) nicht zeigen. Unter dem Handelsnamen **Deva-Metall** liefert
die genannte Firma auch Lager mit Laufschichten aus Bronze, in die Graphit oder Molybdändisulfid inkorporiert ist. Diese Schichten sind metallkeramische Erzeugnisse. Der Festschmierstoff
ist gleichmäßig im Metall verteilt. Trotzdem berühren sich die Gleitflächen nicht metallisch.
Bild 17.52 zeigt die Anordnung der Schmiertaschen in derartigen Lagern mit Flüssig- oder Festschmierstoffen nach DIN 1494 T3.

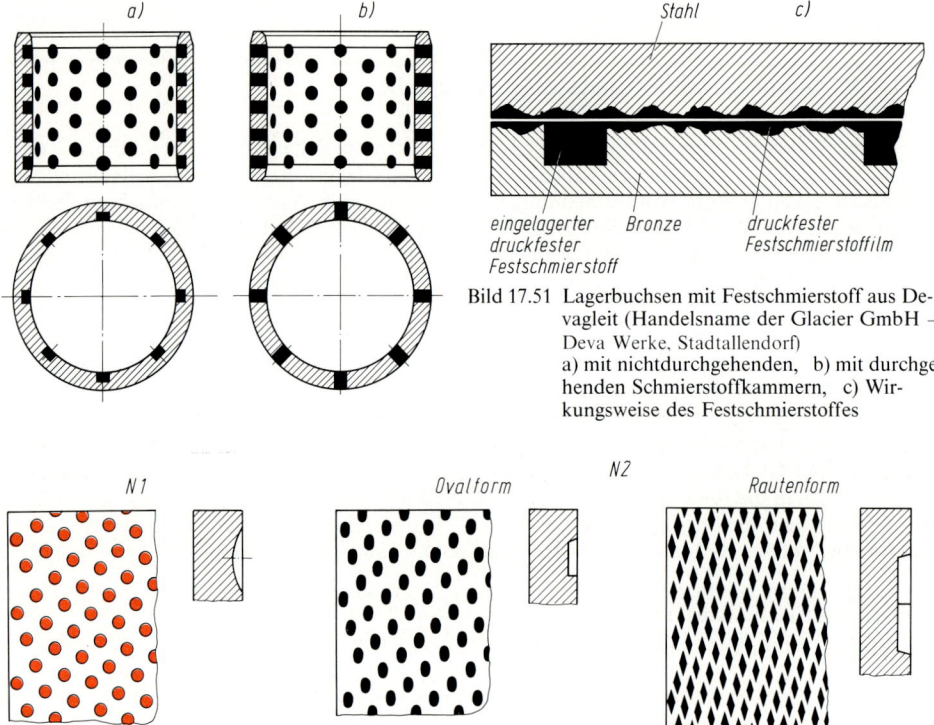

Bild 17.51 Lagerbuchsen mit Festschmierstoff aus Devagleit (Handelsname der Glacier GmbH –
Deva Werke, Stadtallendorf)
a) mit nichtdurchgehenden, b) mit durchge-
henden Schmierstoffkammern, c) Wirkungsweise des Festschmierstoffes

Bild 17.52 Formen von Schmierstofftaschen selbstschmierender gerollter Lagerbuchsen nach DIN 1494
N1 vorzugsweise für Flüssigschmierstoff, N2 vorzugsweise für Festschmierstoff

Massivbuchsen aus Devagleit oder Deva-Metall werden in den Abmessungen nach DIN 1850
(Bilder 17.28 a und b, Tab. A 17.9) sowie als **gerollte Buchsen** aus Deva-Metall geliefert
(Bild 17.53, Tab. A 17.29). Träger der Laufschicht ist Stahl-, nichtrostendes Stahl- oder Bronze-
band.
Das **Lagerspiel** (Grundlagerspiel) muß größer als bei ölgeschmierten Lagern sein, und zwar
$S \approx 0{,}004 d$. Der Hersteller empfiehlt für eingepreßte Massivbuchsen folgende Paßmaße: Lager-
körper/Buchse H7/s6 bis $d_2 = 140$ mm, H7/r6 über $d_2 = 140$ mm. Die Buchsenbohrung mit F7
beträgt nach dem Einpressen H8. Der Zapfen soll mit d9 bis $d = 120$ mm, mit d11 über
$d = 120$ mm ausgeführt werden, bei schwierigen Betriebs- oder Einbaubedingungen auch c9 bzw.
c11. Für gerollte Buchsen ist H7/u6 unter $d_2 = 24$ mm, H7/t6 ab $d_2 = 24$ mm, H9 unter
$d_1 = 20$ mm, H8 ab $d_1 = 20$ mm vorgesehen. Bei einer entspr. Bearbeitungszugabe kann die Bohrung auch nach dem Einpressen fertigbearbeitet werden.

Im allgemeinen ist mit einer Reibzahl $\mu \approx 0,1$ zu rechnen, bei hohen Belastungen, etwa ab $\bar{p} = 10$ N/mm², mit $\mu \approx 0,07$. Bei sehr geringen Belastungen und bei hohen Temperaturen steigt die Reibzahl bis auf etwa $\mu \approx 0,15$. Die Gleitgeschwindigkeit ist hierbei unbedeutend.

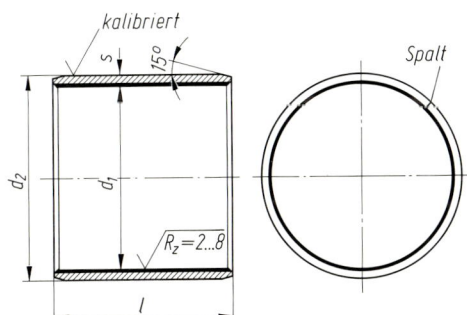

Für zulässige Belastungen, wie $\bar{p}$ gemäß Gl. 17.1, u gemäß Gl. 17.2 und $\bar{p} \cdot u$ sind Anhaltswerte in Tab. A 17.30 zusammengestellt. Als tragende Lagerbreite darf nur $B \approx 0,65l$ gesetzt werden, da nicht mit einem Tragen auf der gesamten Lagerfläche gerechnet werden kann. Die Lagertemperatur ist nach Gl. 17.5 zu berechnen.

Bild 17.53 Gerollte Lagerbuchse aus Deva-Bandmetall (Handelsname der Glacier GmbH - Deva Werke, Stadtallendorf)

Temperaturen bis $t_B = 200\,°C$ sind ohne weiteres möglich, sollten im Normalfall aber bei $t_B = 120\,°C$ liegen, so daß die Richtwerte für $\bar{p} \cdot u$ auch überschritten werden können.

Für besonders hohe Temperaturen wurden Sondermetalle entwickelt (einige davon siehe Tab. A 17.30). Mit einer Eisen-Nickel-Kupfer- oder Nickel-Eisen-Legierung als Trägerwerkstoff sollen **Lagertemperaturen bis $t_B = 700\,°C$ möglich sein!** Diese Lager kommen bei hohen Umgebungstemperaturen in Betracht, wie bei Walzwerken und Öfen. Bei so hoch thermisch beanspruchten Lagern muß das Einbauspiel besonders groß sein, damit es im Betrieb das Grundlagerspiel S erreicht. Über den Einsatz derartiger Lager, die Werkstoffe und die Berechnung sind die Hersteller zu befragen, da die Behandlung hier zu weit führen würde.

Die Verschleißrate beträgt $\approx 1\ \mu m/km$ bei stillstehender Buchse, $\approx 0,4\ \mu m/km$ bei umlaufender Buchse. Die zulässige Verschleißtiefe wird bei Devagleit durch die erforderliche Laufgenauigkeit bestimmt, bei Deva-Metall auch durch die Dicke s_L der Laufschicht, die fast abgetragen werden kann. Sie beträgt gemäß Bild 17.53 bei

$d_1 =$	18	25	40	60	$\geqq 65$ mm
$s_L =$	0,3	0,5	0,6	0,7	1,0 mm.

Hieraus ergibt sich die Lebensdauer eines Lagers in Betriebsstunden.

Bei Lagertemperaturen bis etwa 120 °C können die Lager aus Deva-Metall auch mit Fett oder Öl geschmiert werden. Der Hersteller gibt an, daß bei einer Sparschmierung die Berechnungsgrundlagen dynamisch geschmierter Lager zugrundegelegt werden können, da der Festschmierstoff (Graphit) die Flüssigkeit bindet.

Beispiel 17.5

Ein Radiallager als gerollte Buchse 100 × 106 × 80 ($d_1 × d_2 × l$) nach Tab. A 17.29 aus Deva-Metall mit der Werkstoff-Nr. 5.00 (Tab. A 17.30) wird mit $F = 45$ kN belastet und läuft trocken mit $n = 30\ \text{min}^{-1} = 0,5\ \text{s}^{-1}$. Die Umgebungstemperatur beträgt $t_a = 80\,°C$. Oberfläche des Lagergehäuses $A = 0,3\ \text{m}^2$. Ist das Lager für den Betriebsfall geeignet?

Lösung:
1. Belastung
Nach den Gln. 17.1 und 17.2 wird mit $B \approx 0,65\ l = 0,65 \cdot 80$ mm $= 52$ mm und $D = 100$ mm:

$$\bar{p} = \frac{F}{D \cdot B} = \frac{45\,000\ \text{N}}{100\ \text{mm} \cdot 52\ \text{mm}} = 8,65\ \text{N/mm}^2, \quad u = d \cdot \pi \cdot n = 0,1\ \text{m} \cdot \pi \cdot 0,5\ \text{s}^{-1} = 0,157\ \text{m/s}$$

sowie $\bar{p} \cdot u = 8,65\ \text{N/mm}^2 \cdot 0,157\ \text{m/s} = 1,36\ \text{W/mm}^2$.

Nach Tab. A 17.30 ist $(\bar{p} \cdot u)_{zul} = 1,7\ \text{W/mm}^2$ bei $\bar{p} = 8\ \text{N/mm}^2$, bei $u = 0,2\ \text{m/s}$ ist $(\bar{p} \cdot u)_{zul} = 1,6\ \text{W/mm}^2$, so daß die Belastung zulässig ist: $\bar{p} \cdot u = 1,36\ \text{W/mm}^2 < (\bar{p} \cdot u)_{zul}$.

2. Lagertemperatur t_B

Mit $\mu = 0{,}1$ wird nach Gl. 17.4 die Reibleistung

$$P_f = F \cdot \mu \cdot u = 45\,000 \text{ N} \cdot 0{,}1 \cdot 0{,}157 \text{ m/s} \approx 707 \text{ W}.$$

Aus Gl. 17.5 folgt dann mit $k \approx 20 \text{ W/(K} \cdot \text{m}^2)$ und $P_A = P_f$:

$$t_B = \frac{P_A}{k \cdot A} + t_a = \frac{707 \text{ W}}{20 \dfrac{\text{W}}{\text{K} \cdot \text{m}^2}\, 0{,}3 \text{ m}^2} + 80\,^\circ\text{C} = 198\,^\circ\text{C} < 200\,^\circ\text{C},$$

so daß die Temperatur bei Trockenlauf zulässig ist.

3. Lebensdauer

Die Dicke der Laufschicht beträgt $s_L = 1$ mm (siehe die vorstehende Angabe). Wenn man einen Gesamtverschleiß von 0,6 mm zulassen kann, so ergibt sich bei einer Verschleißrate von 1 μm/km und einer Gleitgeschwindigkeit $u = 0{,}157$ m/s $= 0{,}565$ km/h eine Lebensdauer von $(600/0{,}565)$ h $= 1062$ Betriebsstunden.

17.11 Gestaltung der Axiallager

Die einfachste Ausführung eines Axiallagers ist das **Ringspurlager** nach Bild 17.54 mit ebenen Gleitflächen. Die Stirnfläche des Zapfens läuft auf einer Spurplatte aus Gleitwerkstoff. Der Schmierstoff (meistens Fett, seltener Öl) wird von innen zugeführt. Die Lauffläche der Spurplatte ist durch radiale Schmiernuten oder durch eine exzentrische Ringnut unterbrochen, die das Schmiermittel über die Breite der Ringfläche verteilen. Der Schmierstoff wird über entspr. Bohrungen in der Spurplatte zugeführt. Ringspurlager sind nur für geringe Gleitgeschwindigkeiten und geringe Flächenpressungen geeignet. Sie arbeiten im Mischreibungsgebiet. Spurplatten aus Kunststoff oder mit eingelagerten Festschmierstoffen kommen wie die entspr. Radiallager auch ohne Schmierung aus.

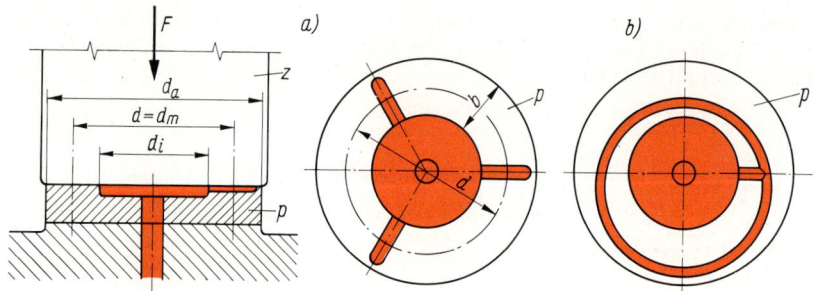

Bild 17.54 Einfaches Ring-Spurlager
a) mit radialen Schmiernuten,   b) mit exzentrischer Ringschmiernut
z Zapfen, p Spurplatte

Mit DIN ISO 6525 sind aus Blechstreifen hergestellte Gleitlagerscheiben genormt (Bild 17.55). Es sind dies dünne Spurplatten, die mit Schmiernuten versehen sind. Sie werden vorwiegend in kombinierten Radial-Axial-Lagern verwendet. Das Axiallager wird gleichzeitig mit dem Radiallager ölumlaufgeschmiert. Die Schmiernuten verteilen das Öl über die Reibflächen. Eine hydrodynamische Schmierung ist natürlich nicht möglich. Die Schmiernuten müssen jedoch manchmal tiefer als erforderlich sein, damit das Schmieröl aus dem unter Druck geschmierten Zapfenlagern entweichen kann. Gleitlager-Halbscheiben für den gleichen Zweck siehe DIN ISO 6526. Diese sind jedoch mit einer metallischen Laufschicht versehen. Wellen mit Spurscheiben für Radial-Axiallager (Bild 17.56) sind mit DIN 31699 genormt.

Ungünstig ist bei allen Axiallagern die unterschiedliche Gleitgeschwindigkeit am Außen- und Innenumfang. Deshalb nutzen sie sich außen schneller ab.

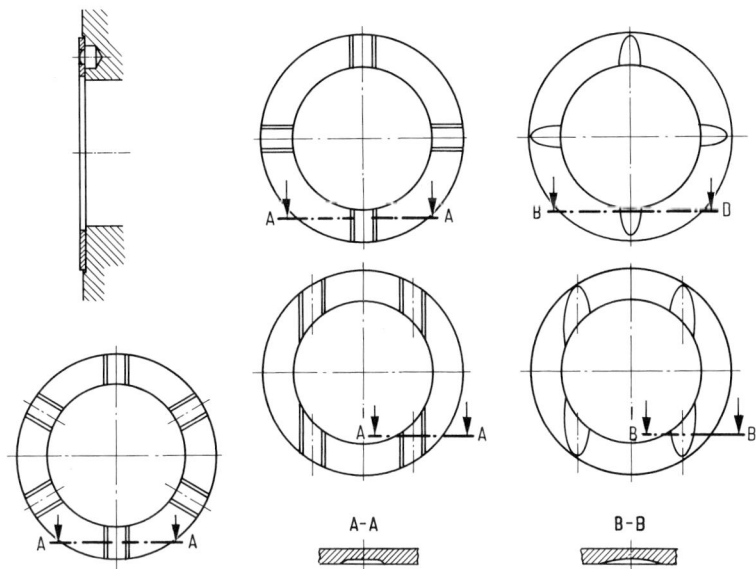

Bild 17.55 Gleitlagerscheiben mit typischen Schmiernuten nach DIN ISO 6525

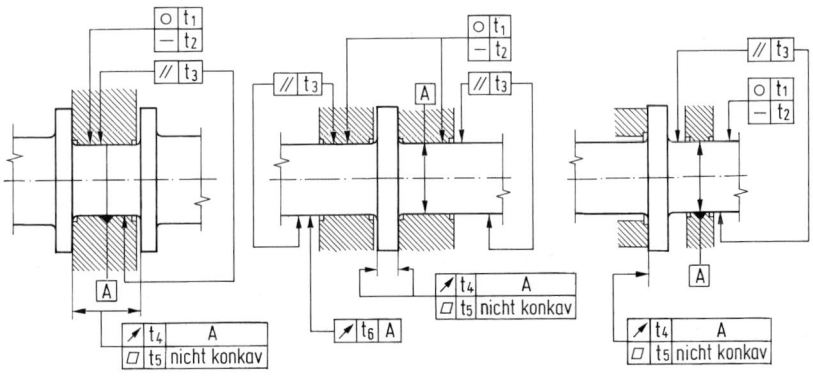

Bild 17.56 Form- und Lagetoleranzen für Wellen, Bunde und Spurscheiben nach DIN 31699 in 3 Genauig-
keitsgraden
Je nach Genauigkeitsgrad: $t_1 = 6 \ldots 15\ \mu m$, $t_2 = 10 \ldots 20\ \mu m$, $t_3 = 20 \ldots 40\ \mu m$, $t_4 = 8 \ldots 18\ \mu m$,
$t_5 = 8 \ldots 18\ \mu m$, t_6 richtet sich nach den Betriebsverhältnissen.
Oberflächenrauheit $R_z = 4 \ldots 6,3\ \mu m$.

Für höhere Belastungen werden **hydrodynamische Axiallager** in Form von **Segment-Spurlagern**
verwendet. Sie bestehen nach Bild 17.57 aus einem mit der Welle fest verbundenen Laufring, der
auf einem feststehenden, mit dem Lagergehäuse fest verbundenen Tragring (Axiallagerring) gleitet. Dessen gesamte Ringfläche besteht nach Bild 17.58 aus einem System von Segmenten mit
Schmierkeilen und Schmiernuten für eine Drehrichtung oder für wechselnde Drehrichtung. Bei
wechselnder Drehrichtung bleibt die Hälfte der Lauffläche unausgenutzt. Günstig ist: Feldbreite
$b \approx$ Staufeldlänge l. Bei hohen Drehzahlen wird zur besseren Wärmeabfuhr auch bis auf
$b \approx 1{,}25 l$ gegangen.

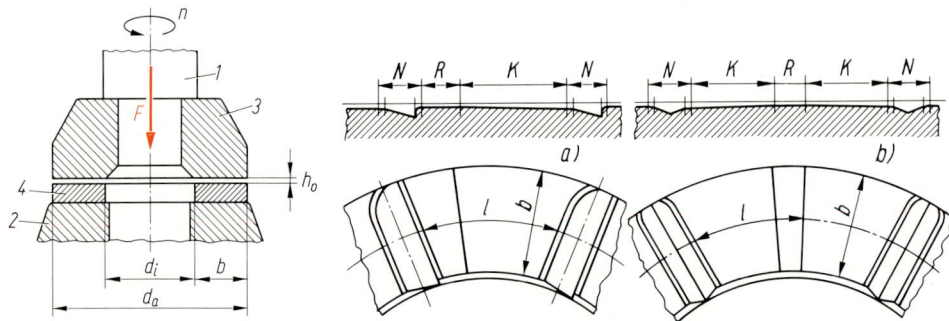

Bild 17.57
Hydrodynamisches Axiallager
1 Welle, 2 Lagergehäuse,
3 Laufring, 4 Axiallagerring (Tragring)

Bild 17.58 Keil- und Nutensystem an einem Segment-Spurlager
         a) für eine Drehrichtung, b) für wechselnde Drehrichtung
         K Keillänge, R Raststrecke, N Nutbreite

Es gibt auch Axiallagerringe, die auf beiden Seiten Gleitflächen besitzen, so daß sie wechselnde Längskräfte aufnehmen können. Diese Tragringe werden an ihrem Außenrand im Gehäuse aufgenommen. Die Einbaumaße der Ringe für einseitige und wechselnde Belastung sind mit DIN 31696 und 31697 genormt. Den Einbau eines zweiseitig wirkenden Axiallagerringes zeigt Bild 17.59.

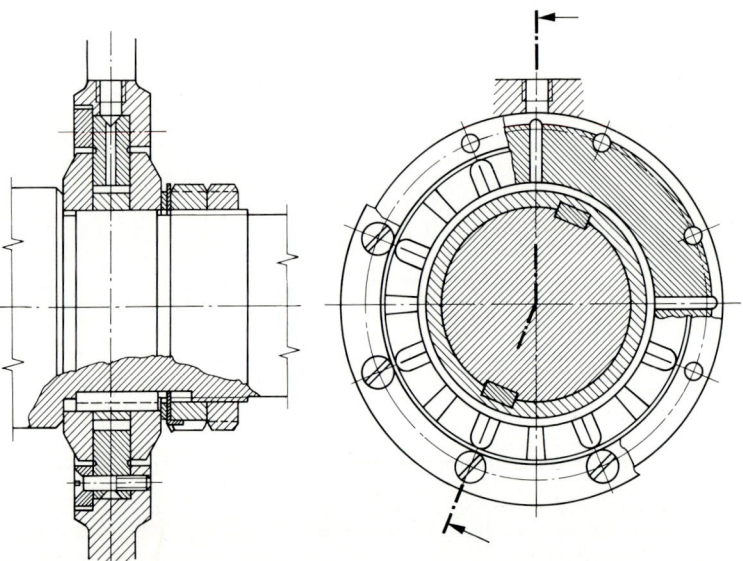

Bild 17.59 Festsegment-Spurlager für richtungswechselnde Belastungskraft
         (nach Carobronze GmbH, Nürnberg)

Falls die Welle nicht winkelrecht zum Gehäuse steht, kann ein Ausgleich durch eine nachgiebige Unterlage, durch federnde Unterlegelemente oder durch ein kugeliges Zwischenstück herbeigeführt werden (Bild 17.60).

Anstelle der festen Keilsegmente werden besonders bei großen Lagern **Kippsegmente** vorgesehen, die sich wie bei den Kippsegment-Radiallagern von selbst neigen und so den erforderlichen Keilspalt bilden. Bild 17.61 zeigt hierzu einige Möglichkeiten der Ausbildung von Kippsegmenten, die auch Gleitschuhe oder Gleitklötze genannt werden. Ausführungen von Tragringen mit runden Kippklötzen zeigt Bild 17.62, ein mit einem Kippsegment-Radiallager kombiniertes Kippsegment-Axiallager Bild 17.63.

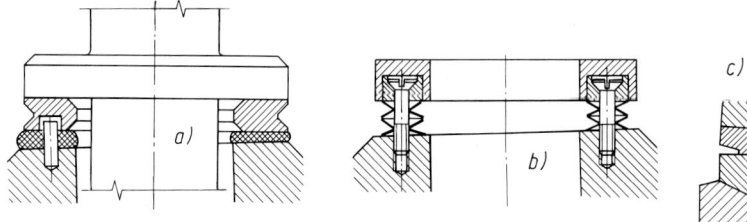
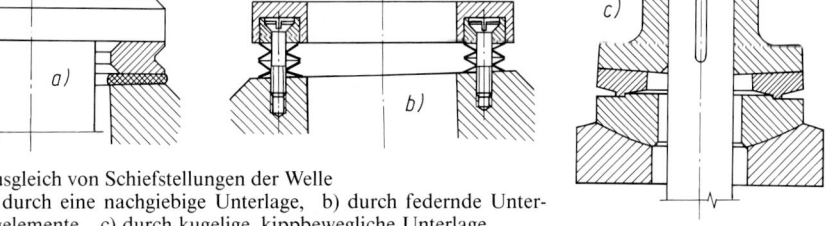

Bild 17.60 Ausgleich von Schiefstellungen der Welle
a) durch eine nachgiebige Unterlage, b) durch federnde Unterlegelemente, c) durch kugelige, kippbewegliche Unterlage

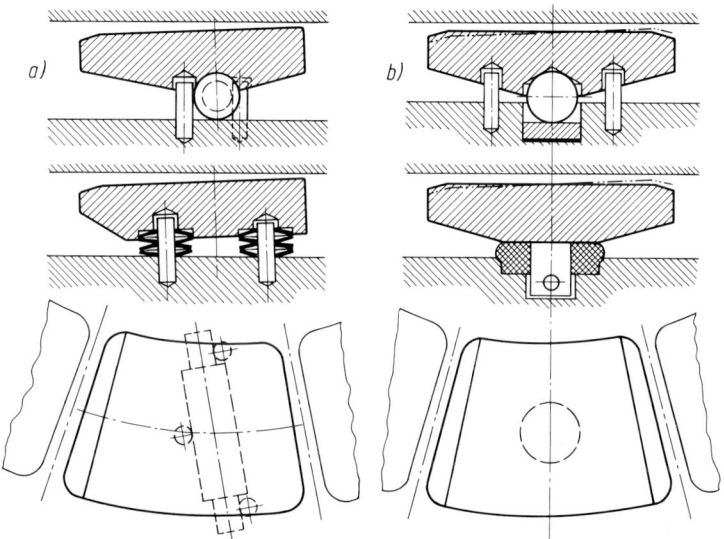

Bild 17.61 Kippsegmente von Axial-Gleitlagern
a) für einseitige Drehrichtung, b) für wechselnde Drehrichtung

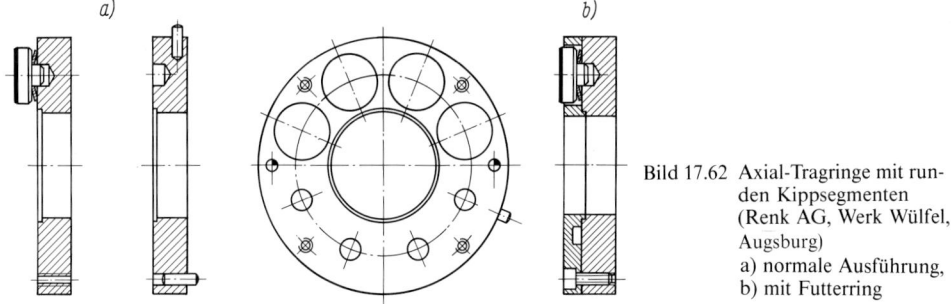

Bild 17.62 Axial-Tragringe mit runden Kippsegmenten
(Renk AG, Werk Wülfel, Augsburg)
a) normale Ausführung,
b) mit Futterring

Die Kippsegmente bestehen meistens aus Stahl mit einer Gleitschicht aus Lagermetall (Sn-Legierung, Bronze). Die Tragringe werden auch geteilt ausgeführt, um sie radial einschieben zu können.

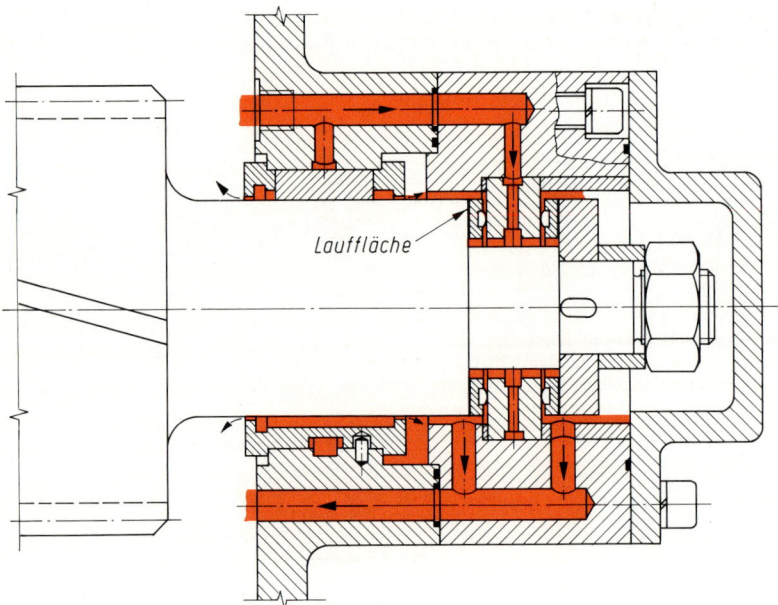

Bild 17.63 Zweiseitiges Kippsegment-Axiallager, kombiniert mit einem Kippsegment-Radiallager
(Glyco-Metall-Werke, Essen)

17.12 Berechnung der Axiallager

Prinzipiell sind die Berechnungsgleichungen dieselben wie bei den Radiallagern, unterscheiden sich von diesen lediglich in den geometrischen Verhältnissen:

$$\text{\textit{spezifische Lagerbelastung}} \quad \bar{p} = \frac{F}{A_L} \tag{17.25}$$

$\bar{p}$ in N/mm^2 durchschnittliche Flächenpressung der Gleitfläche,
F in N Belastungskraft,
A_L in mm^2 gedrückte Fläche $= (d_a^2 - d_i^2)\,\pi/4 = d_m \cdot \pi \cdot b$ bei Ringspurlagern,
$\qquad\qquad\qquad = z \cdot b \cdot l$ bei hydrodynamischen Segment-Spurlagern.
$\qquad\qquad$ z ist die Anzahl der Segmente, b deren Breite und l deren mittlere Länge.

Die Anzahl z der Segmente soll eine gerade Zahl sein, erfahrungsgemäß $z = 4\ldots12$.

Es wird mit der **mittleren** Gleitgeschwindigkeit u gerechnet. Sie ergibt sich mit Gl. 17.2, wenn $d = d_m = 0{,}5\,(d_a + d_i)$ gesetzt wird. Reibleistung P_f nach Gl. 17.4 (Anhaltswerte für Reibzahlen μ nach Tab. A 17.13), Lagertemperatur im Normalfall $t_B = 70\ldots90\,°C$.

Anstelle der Sommerfeldzahl So bei den Radiallagern tritt bei hydrodynamischen Axiallagern die dimensionslose

$$\text{\textit{Tragzahl}} \quad So_{ax} = \frac{\bar{p} \cdot h_0^2}{\eta \cdot u \cdot b} \tag{17.26}$$

$\bar{p}$ in Pa = N/m^2 spezifische Lagerbelastung nach Gl. 17.25 (1 N/mm^2 = 10^6 Pa),
h_0 in m Schmierfilmdicke,
η in Pa · s dynamische Viskosität des Schmieröls (siehe hierzu Bild 16.3),
u in m/s mittlere Gleitgeschwindigkeit nach Gl. 17.2,
b in m Lagerbreite = $0{,}5\,(d_a - d_i)$.

In Bild 17.64 sind die Abmessungsverhältnisse an Fest- und Kippsegment-Axiallagern dargestellt. Wenn So_{ax} nach Bild 17.65 gewählt wird, läßt sich bei gegebener Ölviskosität die sich einstellende Schmierfilmdicke h_0 aus Gl. 17.26 errechnen. Falls aber So_{ax} und h_0 gewählt werden können, folgt die erforderliche Ölviskosität η aus Gl. 17.26.

Unter der **relativen Schmierfilmdicke** $\delta = h_0/H$ (auch Keilspaltverhältnis genannt) versteht man das Verhältnis der Schmierfilmdicke h_0 zur Keilhöhe H. Bei gewähltem δ muß der Unterstützungspunkt bei kippbeweglichen Segmenten im Abstand $x = \varepsilon \cdot l \cdot d_s/d_m$ von der ablaufenden Kante des Segments liegen. d_s ist das geometrische Mittel aus Außen- und Innendurchmesser des Lagers: $d_s = \sqrt{0{,}5(d_a^2 + d_i^2)}$. Zwischen der relativen Schmierfilmdicke δ und dem Faktor ε besteht folgender Zusammenhang:

$\delta =$	∞	2	1,25	1	0,8	0,67	0,5	0,4
$\varepsilon =$	0,5	0,462	0,445	0,432	0,42	0,408	0,39	0,378

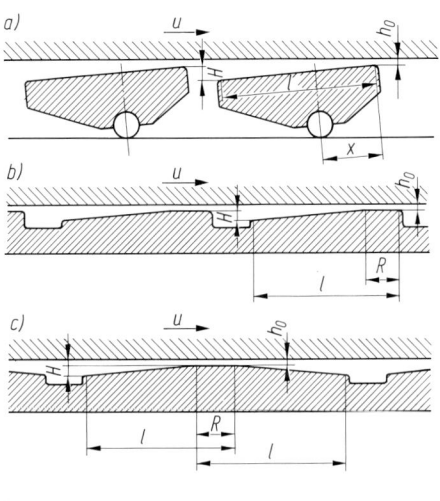

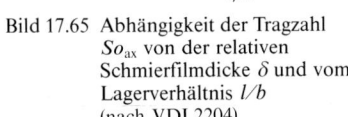

Bild 17.64
Gleitraumformen von Axiallagern
a) ebener Keilspalt durch selbsttätige Einstellung kippbeweglicher Elemente,
b) ebener Keilspalt durch eingearbeitete Keilflächen,
c) wie b, jedoch für beide Drehrichtungen

l wirksame Keilspalt- oder Staufeldlänge,
R Länge der Rastfläche $\approx 0{,}25 l$,
h_0 kleinster Schmierspalt,
H Keil- bzw. Staufeldhöhe,
u Gleitgeschwindigkeit
x Unterstützungsabstand.

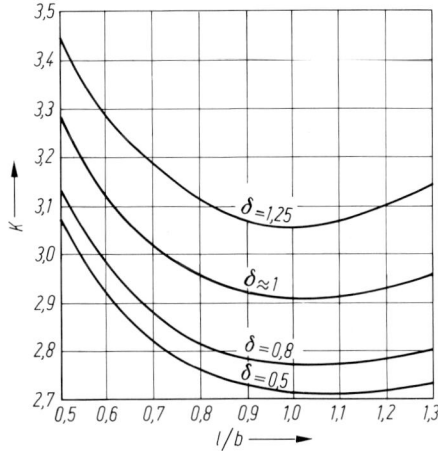

Bild 17.65 Abhängigkeit der Tragzahl So_{ax} von der relativen Schmierfilmdicke δ und vom Lagerverhältnis l/b (nach VDI 2204)

Bild 17.66 Abhängigkeit des Reibbeiwertes K von der relativen Schmierfilmdicke δ und vom Lagerverhältnis l/b (nach VDI 2204)

Die **größte Tragfähigkeit** ergibt sich bei $\delta = 0{,}8$ und $\varepsilon = 0{,}42$. Daraus folgt der günstigste Unterstützungsabstand x.

Bei Flüssigkeitsreibung beträgt die

$$\text{Reibzahl} \quad \mu \approx \frac{K \cdot h_0}{b \sqrt{So_{\text{ax}}}} \tag{17.27}$$

K Reibbeiwert nach Bild 17.66,
h_0 in m   Schmierfilmdicke,
b in m   Lagerbreite,
So_{ax} Tragzahl nach Bild 17.65.

Weiterhin sind zu errechnen die

$$\text{Übergangsdrehzahl} \quad n_{\text{ü}} = \left(\frac{h_{\text{ü}}}{h_0}\right)^2 \cdot n \tag{17.28}$$

$$\text{Mindestdrehzahl} \quad n_{\min} = \left(\frac{h_{0\,\lim}}{h_0}\right)^2 \cdot n \tag{17.29}$$

$h_{\text{ü}}$ Schmierfilmdicke beim Übergang von der Mischreibung zur Flüssigkeitsreibung nach Tab. 17.31,
$h_{0\,\lim}$ kleinste Schmierfilmdicke zum sicheren Arbeiten des Lagers mit Flüssigkeitsreibung nach Tab. 17.31,
h_0 Schmierfilmdicke bei der Betriebsdrehzahl,
n Betriebsdrehzahl.

Tab. 17.31 Gemittelte Rauhtiefe R_z, Schmierfilmdicke $h_{\text{ü}}$ beim Übergang in die Flüssigkeitsreibung und Mindestschmierfilmdicke $h_{0\,\lim}$ (nach VDI 2204 und Th. Goldschmidt AG, Essen)

d_{m}	mm	10	30	60	100	200	400	1000
R_z	H[1] W[1] μm	1...1,8	1,9...3,2	2,1...3,3 2,1...3,6	2,5...3,5 2,5...4,3	2,7...3,9 2,7...4,8	2,9...4,0 2,9...5,5	3...4 3...6
$h_{\text{ü}}$	μm	4	4,4	4,7	5	5,2	5,6	6
$h_{0\,\lim}$	μm	10	12	13	13	14	15	16

[1] H für Wellen und harte Lagermetalle (Bronzen), W für weiche Lagermetalle (auf Pb- oder Sn-Basis)

Bei der Mindestdrehzahl $n_{\min}$ wird die Flüssigkeitsreibung gewährleistet. Die Betriebsdrehzahl n sollte deshalb mindestens so groß wie $n_{\min}$ sein, somit $h_0 > h_{0\,\lim}$.

Zur Aufrechterhaltung der Flüssigkeitsreibung ist erforderlich ein

$$\text{Schmieröldurchsatz infolge Eigendruckentwicklung} \quad Q_1 = \varphi \cdot b \cdot h_0 \cdot u \cdot z \tag{17.30}$$

Q_1 in m³/s   Tragöldurchsatz = erforderlicher Ölvolumenstrom,
φ Durchsatzfaktor $\approx 0{,}7$,
b in m   Lagerbreite,
h_0 in m   Schmierfilmdicke bei der Betriebsdrehzahl,
u in m/s   Gleitgeschwindigkeit nach Gl. 17.2 mit $d = d_{\text{m}}$,
z Anzahl der Segmente.

Die Wärmebilanz ist grundsätzlich wie bei den Radiallagern unter 7. im Abschnitt 17.7 vorzunehmen, d.h. es ist zunächst durch Iteration festzustellen, ob die Wärmeabführung durch Konvektion allein ausreicht. Ist dies nicht der Fall, so ist eine Ölumlaufschmierung vorzusehen. Die Schmierölmenge Q_1 nach Gl. 17.30 reicht mitunter zur Kühlung nicht aus, und der Schmieröldurchsatz muß auf $Q > Q_1$ erhöht werden. Bei großen Lagern wird die Wärmeabführung durch Konvektion meistens mit in Ansatz gebracht, und es ist der

$$\text{Wärmestrom durch Konvektion und über das Schmieröl} \quad P_0 = P_A + P_Q = k \cdot A(t_B - t_a) + \varrho \cdot c \cdot Q(t_2 - t_1) \tag{17.31}$$

P_0	in W	gesamter Wärmestrom infolge Reibleistung P_f nach Gl. 17.4,
P_A	in W	Wärmestrom über Lager und Gehäuse nach Gl. 17.5,
P_Q	in W	Wärmestrom über das Schmieröl nach Gl. 17.10,
k	in W/(m² · K)	Wärmeübergangszahl zwischen der Oberfläche A des Lagergehäuses und der Umgebungsluft = 15...20 W/(m² · K) bei leicht bewegter Luft im Normalfall, sonst nach Gl. 17.6,
A	in m²	wärmeabgebende Oberfläche des Lagergehäuses,
t_B	in °C	Temperatur an den Gleitflächen (Lagertemperatur) des betriebswarmen Lagers, die in der Regel 70...90 °C nicht überschreiten soll,
t_a	in °C	Temperatur der umgebenden Luft (Umgebungstemperatur), im Normalfall = 20 °C,
$\varrho \cdot c$	in J/(m³ · K)	volumenspezifische Wärme des Schmieröls $\approx 1,8 \cdot 10^6$ J/(m³ · K),
Q	in m³/s	gesamter Schmieröldurchsatz,
t_2	in °C	Temperatur des abfließenden Öls (Austrittstemperatur),
t_1	in °C	Temperatur des zufließenden Öls (Eintrittstemperatur), in der Regel wird von $t_2 - t_1 = 15...20$ K ausgegangen.

Setzt man voraus, daß bis auf Q alle Daten bekannt sind, so ergibt sich mit der effektiven Schmierfilmtemperatur $t_{eff} = t_B = 0,5\,(t_2 + t_1)$ wie bei den Radiallagern der

$$\text{gesamte, erforderliche}\atop\text{Schmieröldurchsatz}\qquad Q = \frac{P_0 - k \cdot A\,(t_B - t_a)}{\varrho \cdot c \cdot 2\,(t_2 - t_B)} \qquad\qquad (17.32)$$

Legende hierzu siehe Gl. 17.31.

Beispiel 17.6

Das Axiallager mit Kippsegmenten eines senkrechten 60 MW-Wasserkraftgenerators ähnlich Bild 17.67 wird mit $F = 2300$ kN belastet und läuft mit $n = 330$ min$^{-1} = 5,5$ s^{-1} (nach VDI 2204). Es hat folgende Abmessungen: $d_a = 1484$ mm, $d_i = 866$ mm, $l = 216$ mm, $z = 12$ (Segmente mit Sn-Lagermetall-Auflage). Schmieröl ISO VG 68. Falls die Konvektion zur Wärmeabführung nicht ausreicht, soll die Wärme mit dem Schmieröl so weit abgeführt werden, daß bei $t_a = 20$ °C die Lagertemperatur $t_{eff} \approx 70$ °C beträgt. Wärmeabgebende Oberfläche des Lagergehäuses $A \approx 4,5$ m². Es sind die erforderlichen Berechnungen durchzuführen.

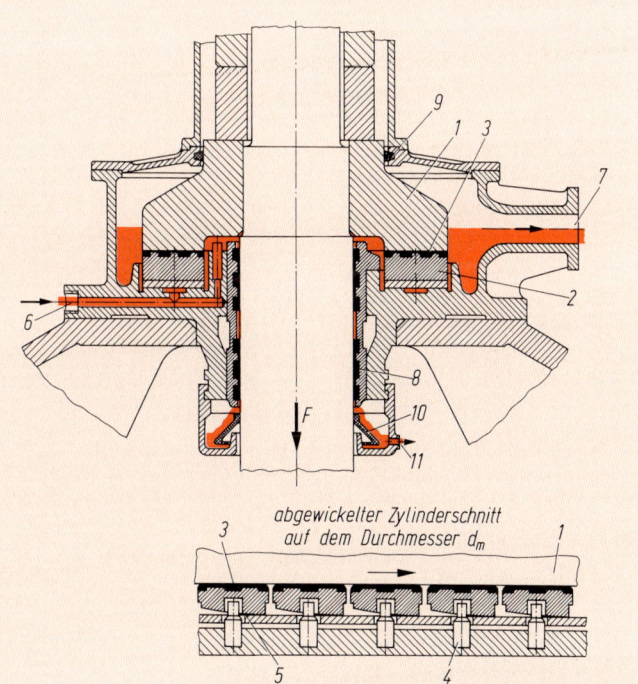

Bild 17.67
Axial- bzw. Längslager: Segmentlager für senkrechte Welle (Lager einer Wasser-Turbine) (aus *Köhler/Rögnitz*, Maschinenteile)
1 Druckring auf der Welle
2 Lagerring und Segmente mit (Ausguß)
3 Weißmetall-Ausguß der Segmente
4 Führungszapfen für Segmente
5 radiale Kante der Segmentfläche
6, 7 Ölzu- bzw. -abfluß
8 an gleicher Stelle eingebautes Radiallager
9, 10 obere bzw. untere Lagerdichtung
11 Ölablauf für Radiallager

abgewickelter Zylinderschnitt auf dem Durchmesser d_m

Das Radiallager dient zur Führung der Welle und hat deshalb nur kleine, undefinierbare Kräfte aufzunehmen, so daß die Reibleistung dieses Lagers gering ist. Die Belastungskraft F ist so groß angenommen, daß mit ihr auch die Reibleistung des Radiallagers erfaßt wird. Die Ölversorgung des Radiallagers müßte jedoch getrennt errechnet werden, schätzungsweise mit einer radialen Belastungskraft von 10 kN.

Lösung:
1. Spezifische Lagerbelastung $\bar{p}$
   Mit $b = 0{,}5(d_a - d_i) = 0{,}5(1484 - 866)$ mm $= 309$ mm, $l = 216$ mm und $z = 12$ ist die gepreßte Fläche $A_L = z \cdot b \cdot l = 12 \cdot 309$ mm $\cdot 216$ mm $= 800928$ mm^2. Somit nach Gl. 17.25:

$$\bar{p} = \frac{F}{A_L} = \frac{2\,300\,000 \text{ N}}{800\,928 \text{ mm}^2} = 2{,}87 \text{ N/mm}^2 = 2{,}87 \cdot 10^6 \text{ Pa}.$$

2. Gleitgeschwindigkeit u
   Es ist $d = d_m = 0{,}5\ (d_a + d_i) = 0{,}5\ (1{,}484 + 0{,}866)$ m $= 1{,}175$ m.
   Nach Gl. 17.2: $u = d_m \cdot \pi \cdot n = 1{,}175$ m $\cdot \pi \cdot 5{,}5$ s$^{-1} = 20{,}3$ m/s.

3. Reibleistung $P_f = $ Wärmestrom P_0
   Bei $t_{eff} = 70\,°\text{C}$ beträgt nach Bild 16.3 die dynamische Viskosität des Schmieröls $\eta = 17$ mPa $\cdot$ s $= 0{,}017$ Pa $\cdot$ s. Bei Wahl von $\delta = 0{,}8$ folgt bei $l/b = 216/309 = 0{,}7$ aus Bild 17.65 die Tragzahl $So_{ax} \approx 0{,}063$. Mit dieser wird aus Gl. 17.26 die minimale Schmierfilmdicke errechnet:

$$h_0 = \sqrt{So_{ax}\frac{\eta \cdot u \cdot b}{\bar{p}}} = \sqrt{0{,}063\ \frac{0{,}017 \text{ Pa} \cdot \text{s} \cdot 20{,}3 \text{ m/s} \cdot 0{,}309 \text{ m}}{2{,}87 \cdot 10^6 \text{ Pa}}} = 48{,}4 \cdot 10^{-6} \text{ m}$$

$$= 48{,}4 \text{ μm} > h_{0\,lim} = 16 \text{ μm nach Tab. 17.31}.$$

Aus Bild 17.66 wird bei $l/b = 0{,}7$ und $\delta = 0{,}8$ der Reibbeiwert $K \approx 2{,}87$ abgelesen. Damit ist nach Gl. 17.27:

$$\mu \approx \frac{K \cdot h_0}{b\ \sqrt{So_{ax}}} = \frac{2{,}87 \cdot 0{,}0484 \cdot 10^{-3} \text{ m}}{0{,}309 \text{ m}\ \sqrt{0{,}063}} = 0{,}00179.$$

Reibleistung nach Gl. 17.4: $P_f = F \cdot \mu \cdot u = 2300$ kN $\cdot 0{,}00179 \cdot 20{,}3$ m/s $= 83{,}6$ kW.

4. Wärmeabführung durch Konvektion
   Mit $P_A = P_f = 83\,600$ W, $k = 20$ W/(m$^2 \cdot$ K), $A = 4{,}5$ m^2 und der Umgebungstemperatur $t_a = 20\,°\text{C}$ wird nach Gl. 17.5 die Lagertemperatur

$$t_B = \frac{P_A}{k \cdot A} + t_a = \frac{83\,600 \text{ W} \cdot \text{m}^2 \cdot \text{K}}{20 \text{ W} \cdot 4{,}5 \text{ m}^2} + 20\,°\text{C} = 949\,°\text{C}.$$

Eine so hohe Lagertemperatur ist unmöglich, und ein Weiterrechnen wäre sinnlos. Es muß eine Ölumlaufschmierung mit Ölrückkühlung vorgesehen werden.

5. Schmieröldurchsatz infolge Eigendruckentwicklung
   Nach Gl. 17.30 erfolgt ein Schmieröldurchsatz im Axiallager von

$$Q_1 = \varphi \cdot b \cdot h_0 \cdot u \cdot z = 0{,}7 \cdot 0{,}309 \text{ m} \cdot 0{,}0484 \cdot 10^{-3} \text{ m} \cdot 20{,}3 \text{ m/s} \cdot 12$$

$$= 2{,}55 \cdot 10^{-3} \text{ m}^3/\text{s} = 2{,}55 \text{ dm}^3/\text{s} = 153 \text{ l/min}.$$

6. Gesamter erforderlicher Schmieröldurchsatz zur Kühlung
   Mit $P_0 = P_f$, $k = 20$ W/(m$^2 \cdot$ K), $A = 4{,}5$ m^2, $t_B = 70\,°\text{C}$, $t_a = 20\,°\text{C}$, $\varrho \cdot c = 1{,}8 \cdot 10^6$ J/(m$^3 \cdot$ K), $t_2 = 80\,°\text{C}$ (bei $t_B = t_m = 70\,°\text{C}$, also $t_2 - t_1 = 20$ K) wird nach Gl. 17.32:

$$Q = \frac{P_0 - k \cdot A\ (t_B - t_a)}{\varrho \cdot c \cdot 2\ (t_2 - t_B)} = \frac{83\,600 \text{ W} - 20 \text{ W/(m}^2 \cdot \text{K)}\ (70 - 20)\,°\text{C}}{1{,}8 \cdot 10^6 \text{ J/(m}^3 \cdot \text{K)} \cdot 2 \cdot (80 - 70)\,°\text{C}}$$

$$\approx 2{,}3 \cdot 10^{-3} \text{ m}^3/\text{s} = 2{,}3 \text{ dm}^3/\text{s} = 138 \text{ l/min}.$$

Damit ist $Q = 138$ l/min $< Q_1 = 153$ l/min, so daß allein das Tragöl zur Kühlung genügt. Wenn die Konvektion nicht einbezogen wird, ergäbe sich $Q = 139$ l/min. Hieraus ist zu ersehen, daß die Konvektion bei derartigen Lagern kaum eine Rolle spielt. Das Öl muß mit $t_1 = 60\,°\text{C}$ zulaufen.

7. Lage der Kippsegmente
   Aus der relativen Schmierfilmdicke $\delta = h_0/H$ folgt die sich einstellende Keilhöhe $H = h_0/\delta = 48{,}4$ μm/0,8 ≈ 60 μm, wenn der Abstand $x = \varepsilon \cdot l \cdot d_s/d_m$ eingehalten wird. Nach den Angaben auf Seite 383 ist bei $\delta = 0{,}8$ der Faktor $\varepsilon = 0{,}42$. Weiterhin ist

$$d_s = \sqrt{0{,}5\ (d_a^2 + d_i^2)} = \sqrt{0{,}5\ (1484^2 + 866^2)} \text{ mm} = 1215 \text{ mm}.$$

Somit $x = 0{,}42 \cdot 216$ mm $\cdot 1215/1175 = 94$ mm.

8. Übergangsdrehzahl $n_{\ddot{u}}$ und Mindestdrehzahl n_{min}

Nach Tab. 17.31 sind $h_{\ddot{u}} = 6 \ \mu m$ und $h_{0\,lim} = 16 \ \mu m$. Damit betragen im betriebswarmen Zustand nach den Gln. 17.28 und 17.29:

$$n_{\ddot{u}} = \left(\frac{h_{\ddot{u}}}{h_0}\right)^2 \cdot n = \left(\frac{6}{48{,}4}\right)^2 \cdot 330 \ min^{-1} = 5 \ min^{-1},$$

$$n_{min} = \left(\frac{h_{0\,lim}}{h_0}\right)^2 \cdot n = \left(\frac{16}{48{,}4}\right)^2 \cdot 330 \ min^{-1} = 36 \ min^{-1}.$$

9. Schlußbemerkung

Die vorstehenden Berechnungen zeigen, daß die Verhältnisse $n/n_{\ddot{u}}$ und n/n_{min} sehr hoch sind, also eine kleinere Schmierfilmdicke h_0 ausreichen würde. Das bedingt ein Schmieröl mit geringerer Viskosität. Wählt man $h_0 \approx 1{,}8 \ h_{0\,lim} = 1{,}8 \cdot 16 \ \mu m \approx 29 \ \mu m$, so folgt mit $So_{ax} = 0{,}063$ die bei $t_{eff} = 70 \,°C$ erforderliche Ölviskosität

$$\eta = \frac{\bar{p} \cdot h_0^2}{So_{ax} \cdot u \cdot b} = \frac{2{,}87 \cdot 10^6 \ Pa \cdot 0{,}029^2 \cdot 10^{-6} \ m^2}{0{,}063 \cdot 20{,}3 \ m/s \cdot 0{,}309 \ m} = 0{,}0061 \ Pa \cdot s$$

Nach Bild 16.3 käme dafür das Schmieröl ISO VG 22 mit $\eta = 0{,}007 \ Pa \cdot s$ bei $t_{eff} = 70 \,°C$ in Betracht. Damit ergeben sich:

$$h_0 = 31 \ \mu m, \quad \mu = 0{,}00115, \quad P_f = 54 \ kW, \quad Q_1 = 98 \ l/min, \quad Q = 88{,}3 \ l/min,$$
$$n_{\ddot{u}} = 12{,}4 \ min^{-1}, \quad n_{min} = 88 \ min^{-1}.$$

Es ist zu ersehen, daß sich hiermit wesentlich günstigere Verhältnisse einstellen. Die Wahl hängt selbstverständlich von den Betriebsverhältnissen ab, d. h. ob noch andere Maschinenteile mit dem gleichen Öl versorgt werden müssen.

Literaturhinweise

Becker, W. und *D. Braun:* Kunststoff-Handbuch (10 Bände). Hanser Verlag München 1986/89.

Bowden, F. P. und *D. Tabor:* Reibung und Schmierung fester Körper. Springer-Verlag 1959.

Drescher, H.: Axial-Gleitlager mit stufenförmigem Schmierspalt (Staurandlager). Konstruktion 17/1965.

Drescher, H.: Gasgeschmierte Lager. Z. Schmiertechnik 8/1961.

Frössel, W.: Mehrflächengleitlager. Z. Techn. Handwerk 2, 11/1947.

Gersdorfer, O.: Die praktische Bewährung der Mehrflächenlager. Z. Maschinenwelt und Elektrotechnik 16/1961.

Gersdorfer, O.: Tragkraft und Anwendungsbereich von Mehrflächenlagern. Konstruktion 14/1962.

Glienicke, J.: Experimentelle Ermittlung der statischen und dynamischen Eigenschaften von Gleitlagern für schnellaufende Wellen - Einfluß der Schmierspaltgeometrie und der Lagerbreite. VDI-Z. Reihe 1/1970.

Holland, J.: Die Ermittlung der Kenngrößen für zylindrische Gleitlager. Konstruktion 13/1961.

Kollmann, K. und *G. Schaffrath:* Radial-Gleitlager mit beliebiger Schmierspaltform. Maschinentechn. Zeitschr. 29/1968.

Köhler/Rögnitz: Maschinenteile. Teubner-Verlag Stuttgart 1981.

Menges, G.: Einführung in die Kunststoffverarbeitung. Hanser Verlag München 1979.

Niemann, G.: Maschinenelemente. Springer-Verlag 1981.

Ott, H.: Elastohydrodynamische Berechnung der Übergangsdrehzahl von Radialgleitlagern. VDI-Z. 118/1976.

Pollmann, E.: Das Mehrflächengleitlager unter Berücksichtigung der veränderlichen Ölviskosität. Konstruktion 21/1969.

Schmid, E. und *R. Weber:* Gleitlager. Springer-Verlag 1953.

Stribeck, R.: Die wesentlichen Eigenschaften der Gleit- und Rollenlager. VDI-Z. 46/1902.

Tepper, H. und *E. Schopf:* Gleitlager. Konstruktion, Auslegung, Prüfung mit Hilfe von DIN-Normen. Beuth-Verlag 1985.

Vogelpohl, G.: Betriebssichere Gleitlager. Springer-Verlag 1967.

Vogelpohl, G.: Die Stribeck-Kurve als Kennzeichen des allgemeinen Reibungsverhaltens geschmierter Gleitflächen. VDI-Z. 96/1954.

Vogelpohl, G.: Optimale Oberflächen für Lager. VDI-Berichte 90/1965.

Wuttke, W.: Tribophysik. Hanser Verlag München 1987.

VDI-Bericht 549. Gleit- und Wälzlagerungen. VDI-Verlag Düsseldorf 1985.

18   Wälzlager

Wälzlager nehmen wie Gleitlager die Zapfen von Achsen oder Wellen auf. Zwischen stählernen Ringen oder Scheiben rollen Wälzkörper. Wegen der Rollreibung ist die Reibzahl 25...50% niedriger als bei hydrodynamisch geschmierten Gleitlagern, so daß sie sich weniger erwärmen und mit geringeren Energieverlusten arbeiten. Weiterhin werden sie mit einem kleineren Betriebsspiel ausgestattet, so daß sie genauer als Einflächen-Gleitlager laufen, was besonders im Elektro- und Werkzeugmaschinenbau wichtig ist. Sie beanspruchen wenig Raum, sind in Wartung und Schmiermittelbedarf anspruchslos und bedürfen keines Einlaufs. Ihre internationale Normung gewährleistet die Austauschbarkeit.

Als nachteilig müssen gegenüber Gleitlagern ihre Stoßempfindlichkeit und ihr geräuschvollerer Lauf genannt werden. Sie können nicht mit so hohen Drehzahlen laufen wie Gleitlager mit Flüssigkeitsreibung. Gegenüber einfachen Gleitlagern sind sie teurer. Der Ein- und Ausbau der einteiligen Wälzlager ist meistens schwieriger als der von ungeteilten oder geteilten Gleitlagern.

18.1   Aufbau, Kennzeichen

Es werden zwei Hauptbauformen unterschieden:
1. **Radiallager,** bei denen die Wälzkörper zwischen einem Innenring und einem Außenring laufen (Bilder 18.1a und b). Man nennt sie deshalb auch **Ringlager.**
2. **Axiallager,** bei denen die Wälzkörper zwischen zwei Scheiben laufen (Bild 18.1c). Sie heißen deshalb auch **Scheibenlager.**

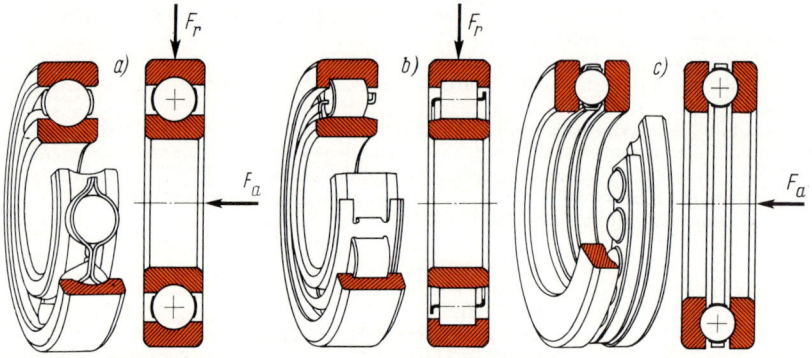

Bild 18.1 Radiallager (Ringlager) und Axiallager (Scheibenlager)
        (Darstellung nach SKF-RIV, Schweinfurt/Frankfurt)
        a) Radial-Rillenkugellager, b) Zylinderrollenlager, c) Axial-Rillenkugellager

Nach der Form der Wälzkörper unterscheidet man:
1. **Kugellager** (Bild 18.2a), die überwiegend angewendet werden. Wenn die Kugeln wie nach den Bildern 18.1a und c in Rillen der Ringe oder Scheiben laufen, spricht man von Rillenkugellagern.
2. **Rollenlager.** Als Rollen gelten Zylinder (Bild 18.2b), Kegel (Bild 18.2c), Tonnen (Bild 18.2d) und Nadeln (Bild 18.2e). So kennt man Zylinderrollenlager, Kegelrollenlager, Tonnenlager und Nadellager in verschiedenen Ausführungen.

Bei den üblichen Wälzlagern bestehen die Ringe, Scheiben und Wälzkörper aus chromlegiertem Sonderstahl. Die Wälzkörper und Wälzbahnen sind gehärtet, geschliffen und poliert.

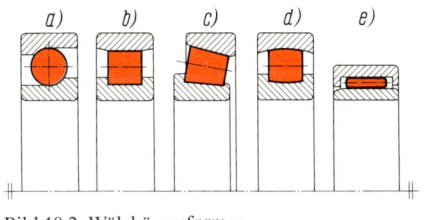

Bild 18.2 Wälzköi performen
a) Kugel DIN 5401,   b) Zylinder
DIN 5402, c) Kegel, d) Tonne,
e) Nadel DIN 5402

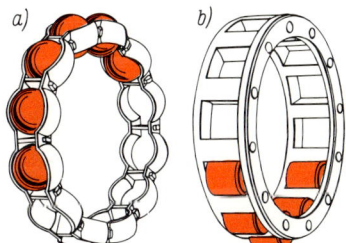

Bild 18.3 Wälzlager-Käfige
a) Blechkäfig für Kugeln,
b) Massivkäfig für Rollen

Die Wälzkörper werden in einem **Käfig** geführt, der ihre gegenseitige Berührung verhindert und sie gleichmäßig am Umfang verteilt (Bild 18.3). Die Käfige bestehen meistens aus Stahlblech, seltener aus Messing, Leichtmetall oder Kunststoff (Phenoplaste, das sind Kunststoffe mit Gewebeeinlage, oder Polyamide). Durch Kunststoffkäfige wird das Laufgeräusch gemildert und die Reibung am Käfig verringert.

Die äußeren Abmessungen der Wälzlager sind mit **Maßplänen** international genormt. Nach DIN 616 enthalten diese neun **Durchmesserreihen 7 8 9 0 1 2 3 4 5**. In jeder Durchmesserreihe ist einer Bohrung ein bestimmter Außendurchmesser zugeordnet, wobei die Reihe 7 die kleinsten Außendurchmesser, die Reihe 5 die größten aufweist. Jeder Durchmesserreihe sind mehrere **Breitenreihen** (bei Radiallagern) bzw. **Höhenreihen** (bei Axiallagern) zugeordnet, und zwar die **Breitenreihen 7 8 9 0 1 2 3 4 5 6**, wobei die Reihe 7 die kleinste, die Reihe 6 die größte Breite bzw. Höhe aufweist. Die **Maßreihe** wird durch zwei Ziffern gekennzeichnet: erste Ziffer Breitenreihe, zweite Ziffer Durchmesserreihe (Bild 18.4). Beispielsweise bedeutet Maßreihe 13, daß das Lager nach der Breitenreihe 1 und der Durchmesserreihe 3 bemessen ist.

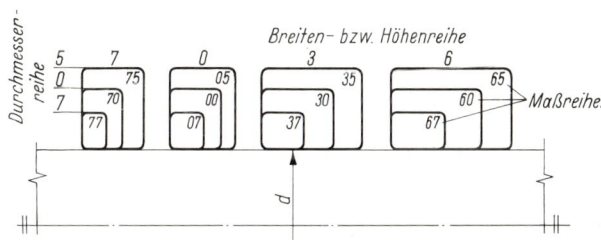

Bild 18.4 Maßreihen der Wälzlager,
die sich aus einer Breiten-
bzw. Höhen- und einer
Durchmesserreihe zusam-
mensetzen

Nach DIN 623 werden die Wälzlager mit **Kurzzeichen** gekennzeichnet. Lager mit gleichen Kurzzeichen sind gegeneinander austauschbar. Das Kurzzeichen besteht

1. aus dem Basiszeichen. Dieses setzt sich aus dem Zeichen für die Lagerreihe und dem Zeichen für die Lagerbohrung zusammen:

Das **Zeichen für die Lagerreihe** enthält verschlüsselt die Bauform (Lagerart) und die Maßreihe. Beispielsweise bedeutet 60 Radial-Rillenkugellager der Maßreihe 10, das Zeichen 514 Axial-Rillenkugellager der Maßreihe 14, das Zeichen N4 Zylinderrollenlager mit Innenbord der Maßreihe 04, das Zeichen 230 Pendelrollenlager der Maßreihe 30, das Zeichen NA 48 Nadellager der Maßreihe 48. Bauformzeichen für Zylinderrollenlager siehe Bild 18.5.

Das **Zeichen für die Lagerbohrung** besteht bei Bohrungen über 17 bis 480 mm aus einer Zahl die mit 5 multipliziert, die Lagerbohrung in mm ergibt. Die Zahl 06 kennzeichnet somit einen Bohrungsdurchmesser von 30 mm. Weiterhin bedeuten 00 = 10 mm, 01 = 12 mm, 02 = 15 mm, 03 = 17 mm Bohrungsdurchmesser. In anderen Fällen wird der Bohrungsdurchmesser unverschlüsselt in mm angegeben, z.B. bedeutet 230/500 Pendelrollenlager der Lagerreihe 230 (Maßreihe 30) mit 500 mm Bohrungsdurchmesser.

Beispiele für Basiszeichen siehe Bild 18.6.

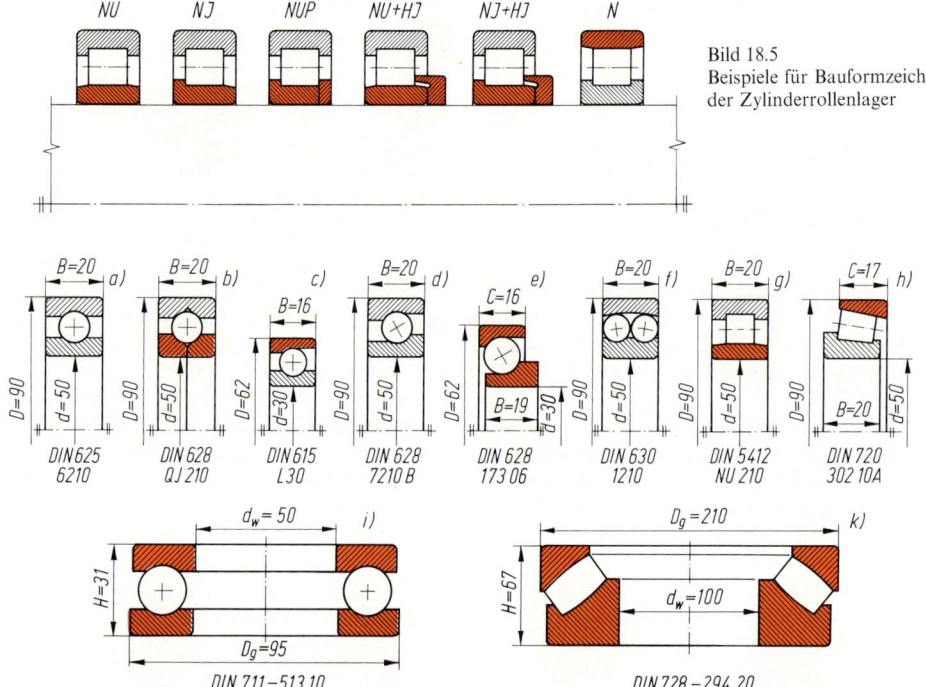

Bild 18.5
Beispiele für Bauformzeichen
der Zylinderrollenlager

Bild 18.6 Beispiele für Basiszeichen von Wälzlagern
a) Rillenkugellager, b) Vierpunktlager, c) Schulterkugellager, d) und e) Schrägkugellager,
f) Pendelkugellager, g) Zylinderrollenlager, h) Kegelrollenlager, i) Axial-Rillenkugellager,
k) Axial-Pendelrollenlager

2. aus einem Nachsetzzeichen, wenn das Lager von der normalen Ausführung abweicht. Es kann
sich beziehen auf

2.1 Abweichung der inneren Konstruktion: A, B, C, D oder E, die im einzelnen nicht festgelegt sind.

2.2 Abweichung der äußeren Form, z.B. J ohne Bordscheibe, K mit kegeliger Bohrung, N mit Ringnut im Außenring, P mit geteiltem Außenring usw., X abweichende Abmessungen.

2.3 die Abdichtung, z.B. RS mit einer Dichtscheibe, Z mit einer Deckscheibe, 2Z mit zwei Deckscheiben,
ZN mit Deckscheibe und Ringnut für Sprengring (Bild 18.7).

2.4 die Käfigausführung: F Käfig aus Stahl oder Sondergußeisen, L aus Leichtmetall, M aus Messing, T aus
Phenoplast, TN aus Polyamid.

2.5 die Käfigbauart, z.B. A Führung im Außenring, S mit Schmiernuten in den Führungsflächen,
H Schnappkäfig, J aus Stahlblech, Y aus Messingblech, V ohne Käfig.

2.6 die Toleranzklasse durch P und eine Zahl, z.B. P5 für die Toleranzklasse 5.

2.7 das Lagerspiel (die Lagerluft) durch C und eine Zahl, z.B. C2 kleiner als normal, C4 größer als C3 größer als normal. Nachsetzzeichen nach 2.6 und 2.7 werden zusammengezogen, z.B. zu P63 = P6 + C3.

2.8 die Wärmebeständigkeit durch S und eine Zahl, z.B. S2 für eine Grenztemperatur von 250°C.

3. ggf. aus einem Vorsetzzeichen,
durch das lediglich Lagerteile (Einzelteile) gekennzeichnet werden, z.B. K Käfig mit Wälzkörpern, L freier
Lagerring eines zerlegbaren Lagers, R Lagerring mit Rollen- oder Nadelkranz.

Die vorstehenden DIN-Kurzzeichen stimmen mit den ISO-Kurzzeichen nicht überein! Das ISO-Zeichen besteht aus
drei Teilen: Bohrung in mm, Lagerart in Buchstaben, Maßreihe. Z.B. hat ein Rillenkugellager 6210 das
ISO-Kurzzeichen 50 BC 02. Es ist vorerst nicht beabsichtigt, die ISO-Kurzzeichen zu übernehmen. Lediglich für
Kegelrollenlager soll bei Neukonstruktionen die Bezeichnung nach DIN ISO 355 bevorzugt angewendet werden,
z.B. ISO 355 − T3DE065 für DIN 720−33113.

Die zulässigen Toleranzen für Einbaumaße und Laufgenauigkeit sind mit DIN 620 festgelegt. Die Radiallager besitzen im Anlieferungszustand zwischen den Wälzkörpern und den Laufringen ein **Radialspiel** (das Anlieferungsspiel). Beim Einbau mit Übermaß zwischen Außenring und Gehäusebohrung sowie zwischen Innenring und Wellenzapfen wird der Außenring eingeschnürt, der Innenring aufgeweitet. Das Spiel darf auf keinen Fall verlorengehen. Die Normallager sind so gefertigt, daß bei den üblichen Passungen noch ein ausreichendes **Betriebsspiel** verbleibt. Erfordern die Betriebs- oder Temperaturverhältnisse eine festere Preßpassung, so muß das Lager mit einem entspr. größeren Radialspiel gefertigt werden. Wird jedoch eine höhere Führungsgenauigkeit verlangt, so werden die Lager mit einem kleineren Radialspiel (Lagerluft) hergestellt. Die Lager können auch durch Wahl einer feineren Toleranzklasse eine **erhöhte Laufgenauigkeit** erhalten, z. B. für die Lagerung genau laufender Arbeitsspindeln in Werkzeugmaschinen.

Aus den Bildern 18.5 und 18.6 ist zu ersehen, daß einige Bauformen **zerlegbar** sind. So lassen sich aus den Zylinderrollenlagern NU und NJ die Innenringe herausziehen, von N der Außenring abziehen. Aus dem Vierpunktlager nach Bild 18.6b lassen sich die beiden Hälften des Innenringes herausnehmen. Das Schulterkugellager nach Bild 18.6c ist dem Rillenkugellager nach Bild 18.6a ähnlich, hat jedoch am Außenring nur eine Schulter, so daß der Außenring abgezogen werden kann. Auch vom Kegelrollenlager nach Bild 18.6h läßt sich der Außenring abziehen. Zerlegbar in Außenring, Innenring und Wälzkörperkranz ist das Schrägkugellager nach Bild 18.6e, nicht aber das nach Bild 18.6d. Das Axial-Rillenkugellager nach Bild 18.6i läßt sich in die beiden Scheiben und den Wälzkörperkranz zerlegen. Das gilt auch für das Axial-Pendelrollenlager nach Bild 18.6k. Die Zerlegbarkeit von Lagern erleichtert die Montage.

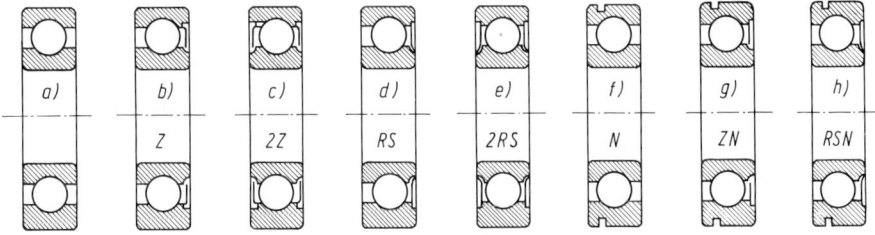

Bild 18.7 Ausführungsarten von Rillenkugellagern DIN 625
a) normale Ausführung, b) mit einer Deckscheibe, c) mit zwei Deckscheiben, d) mit einer Dichtscheibe, e) mit zwei Dichtscheiben, f) mit Ringnut für Sprengring, g) mit Ringnut und einer Deckscheibe, h) mit Ringnut und einer Dichtscheibe

(Radial-) Rillenkugellager und Nadellager werden auch mit seitlichen **Deck-** oder **Dichtscheiben** geliefert (Bild 18.7). Deckscheiben verhindern eine Beschädigung des Laufsystems durch äußere Fremdkörper, Dichtscheiben ein Austreten von Schmierfett aus dem Lager. Sie ersparen Dichtungen an anderen Stellen. Zur axialen Festlegung der Außenringe können diese auch mit **Ringnuten für Sprengringe** (Nachsetzzeichen N) und mit Sprengringen geliefert werden.

Die vielen lieferbaren Ausführungen sind den Katalogen der Hersteller zu entnehmen, da es nicht möglich ist, hier auf alle einzugehen.

18.2 Belastungsmöglichkeiten, Einbaurichtlinien

Alle Radialkugellager sind zur Aufnahme von radialen und axialen Kräften geeignet, da sich die Kugeln an den Schultern der Ringe abstützen. Von den in Bild 18.6 dargestellten Lagern können somit außer radialen auch axiale Kräfte aufnehmen: das Rillenkugellager nach Bild 18.6a, das Vierpunktlager nach Bild 18.6b und das zweireihige Pendelkugellager nach Bild 18.6f in beiden Richtungen, das Schulterkugellager nach Bild 18.6c und die Schrägkugellager nach den Bildern 18.6d und e in einer Richtung. Das Zylinderrollenlager nach Bild 18.6g kann nur radiale Kräfte aufnehmen. Die Zylinderrollenlager NJ bis NJ + HJ nach Bild 18.5 geben zwar der Welle eine axiale Führung in beiden Richtungen, können aber nur axiale Kräfte von höchstens 35% der Radialkraft aufnehmen, da die Stirnseiten der Rollen an den Schultern der Ringe oder Borde schleifen. Das Kegelrollenlager nach Bild 18.6h dagegen ist auch zur Aufnahme einer hohen axialen Kraft geeignet. Es besitzt den Vorteil, daß sich das Spiel durch Längsverschieben eines Ringes ein- und nachstellen läßt.

Axialkugellager (Bild 18.6i) **sind nur mit Axialkräften belastbar,** da sie radial nicht führen (nicht zentrieren). Dagegen kann das Axial-Pendelrollenlager nach Bild 18.6k auch radial belastet werden.

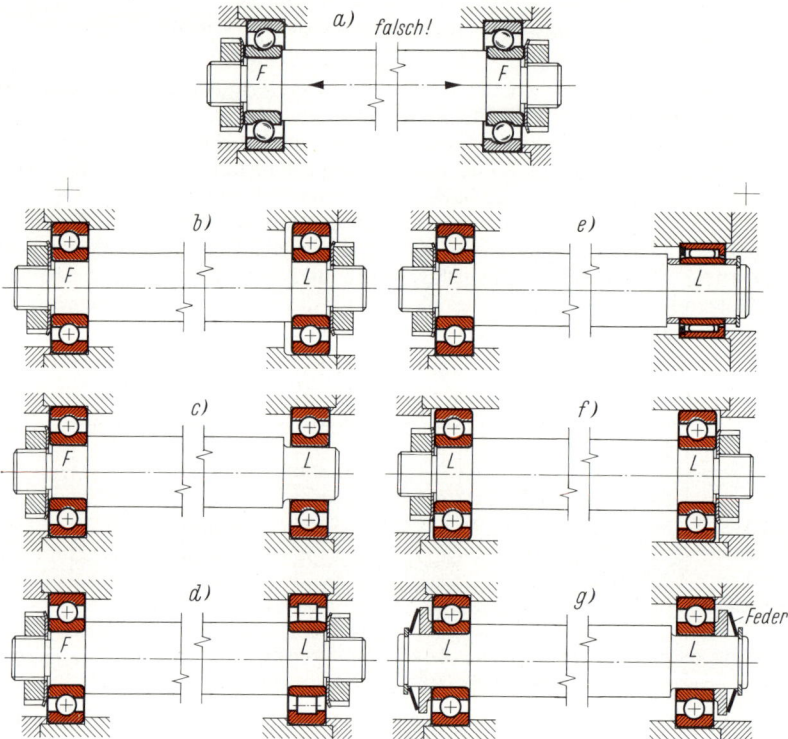

Bild 18.8 Anordnung von Fest- und Loslagern (F Festlager, L Loslager)
a) zwei Rillenkugellager als Festlager (falsch, da Verklemmung!), b) Loslager mit Axialbeweglichkeit in der Gehäusebohrung, c) Loslager mit Axialbeweglichkeit auf dem Wellenzapfen, d) Zylinderrollenlager als Loslager, e) Nadellager als Loslager, f) zwei Loslager mit Längsspiel in der Gehäusebohrung, g) zwei Loslager unter Federspannung

Zur axialen Führung einer Achse oder Welle wird eines der beiden Lager in der Regel als **Festlager** ausgebildet. Wegen der Toleranzen und Wärmedehnungen sind zwei Festlager nicht möglich, weil die Wälzkörper zu stark gegen ihre seitlichen Laufbahnen gepreßt werden könnten (Bild 18.8a) und in kurzer Zeit heiß- und festlaufen würden. Es muß stets eine Ausgleichsmöglichkeit vorgesehen werden! **Festlager** können Kräfte beliebiger Richtung aufnehmen, d. h. deren radiale und axiale Komponenten. **Loslager** dagegen können nur radial belastet werden und lassen eine zwanglose Längsverschiebung der Welle zu.

Das in Bild 18.8 überwiegend gezeigte **Rillenkugellager** ist wegen seiner Eignung als Festlager universell einsetzbar und wird am meisten verwendet. Da es wegen seiner engen Schmiegung der Kugeln an die Laufrillen nur geringfügig winkelverlagerbar ist, müssen die beiden Lagerstellen gut zueinander fluchten.

Als Festlager wird ein Rillenkugellager mit Innen- und Außenring festgelegt, als Loslager dagegen nur mit einem Ring, so daß sich der andere zwanglos im Gehäuse (Bild 18.8b) oder auf dem Zapfen (Bild 18.8c) verschieben kann. Zylinderrollenlager N und NU sowie Nadellager NA sind in sich axialbeweglich und werden daher auch als Loslager mit beiden Ringen festgelegt (Bilder 18.8d und e). Falls für die Welle ein geringes Längsspiel zugelassen werden darf, können auch zwei Loslager eingebaut werden, deren Längsspiel durch Anschläge im Gehäuse begrenzt wird (Bild 18.8f). Das Längsspiel läßt sich auch durch elastische Federn beseitigen, die die Wälz lager ständig unter geringer Axialbelastung halten (Bild 18.8g).

Um die Tragfähigkeit der Lager voll auszunutzen, müssen die Laufringe radial festgespannt werden. Dies geschieht durch einen strammen Sitz, der sie unterstützt und versteift. Das hierzu erforderliche Übermaß hängt von der Belastung und von Betriebsstößen ab. Für eine überschlägliche Einschätzung des Betriebsspiels kann man annehmen, daß das Übermaß des Zapfens den Innenring um 70% dieses Übermaßes aufweitet, das Übermaß des Außenringes diesen um 50% des Übermaßes einschnürt. Zieht man beide vom Anlieferungsspiel ab, so muß unter Berücksichtigung von Wärmedehnungen noch ein ausreichendes Betriebsspiel verbleiben.

Ein strammer Sitz der beiden Ringe eines Radiallagers ist aus Funktions- oder Montagegründen nicht immer möglich. Nach Richtung und Art der Belastungskräfte ist dann zu entscheiden, welchem der beiden Ringe der lose Sitz (die Spielpassung) gegeben werden darf. Hierfür sind folgende Lastfälle für den betr. Ring maßgebend:

1. **Umfangslast,** wenn Ring und Belastungskraft relativ zueinander umlaufen. Dies ist z.B. der Fall, wenn sich der Innenring zusammen mit der Welle dreht und die Belastungskraft an einer Stelle verharrt (Umfangslast für den Innenring) oder wenn sich der Außenring zusammen mit einer Nabe (z.B. eines Zahnrades) dreht und die Belastungskraft an einer Stelle verharrt (Umfangslast für den Außenring).
2. **Punktlast,** wenn Ring und Belastungskraft relativ zueinander stillstehen. Dies ist z.B. der Fall, wenn der Außenring mit dem Gehäuse stillsteht und die Belastungskraft an einer Stelle verharrt (Punktlast für den Außenring), wenn der Innenring zusammen mit der Achse stillsteht und die Belastungskraft an einer Stelle verharrt (Punktlast für den Innenring) oder wenn der betr. Ring synchron mit der Belastungskraft umläuft.
3. **Pendellast,** wenn der betr. Ring und die Belastungskraft relativ zueinander pendeln. Dies ist z.B. der Fall, wenn der Innenring mit der Welle hin- und herpendelt und die Belastungskraft an einer Stelle verharrt (Pendellast für den Innenring) oder der Außenring mit einer Nabe auf einer stillstehenden Achse hin- und herpendelt und die Belastungskraft an einer Stelle verharrt (Pendellast für den Außenring).

Bei Umfangs- oder Pendellast ist ein strammer Sitz des betr. Ringes unbedingt notwendig, **bei Punktlast darf er lose (verschiebbar) sitzen,** da ihn die Belastungskraft nicht zum Wandern in Umfangsrichtung veranlaßt.
Übliche Paßmaße für die Zapfen (Wellen) und Gehäusebohrungen nach DIN 5425 siehe Tab. 18.1 und 18.2. Es ist wichtig, sich an diese Richtlinien zu halten, um zu stramme oder zu lose Sitze zu vermeiden.
Die Laufringe werden in Längsrichtung durch Bunde, Absätze, Sicherungsringe, Deckel, Muttern u.dgl. festgelegt (Bilder 18.9 und 18.10). **Am sichersten ist das axiale Festspannen durch eine Verschraubung.** Alle Anlageflächen von Wellenabsätzen, Bunden, Buchsen und Rohren mit den Wälzlagerringen müssen winkelrecht stehen, um die Lager nicht zu verspannen!

Bild 18.11 zeigt einige Beispiele der **Gestaltung von Festlagern,** hierbei Bild 18.11b mit zwei einreihigen Schrägkugellagern. Da jedes Schrägkugellager nur in einer Richtung axial belastbar ist, muß stets ein zweites angestellt werden, das die Gegenführung übernimmt. Das zweite Schrägkugellager kann sich auch an der zweiten Lagerstelle befinden (anstelle des Loslagers). Das Pendelrollenlager nach Bild 18.11d sitzt mit seiner kegeligen Bohrung auf einer geschlitzten Spannhülse. Diese bietet den Vorteil der leichteren Montage, da der Innenring nicht auf den Zapfen

Tab. 18.1 Toleranzen für den Einbau von Radial-Wälzlagern nach DIN 5425

Zylindrische Lagerbohrung

Bewegungsverhältnisse			Innenring/Welle					Außenring/Gehäuse				
Beschreibung	Schema	typische Beispiele	Lastfall	Passung	Belastung F	Toleranzlage[1] für Welle Kugellager	Rollenlager	Lastfall	Passung	Belastung F	Toleranzlage[1] für Gehäuse Kugellager	Rollenlager
Innenring rotiert Außenring steht still Lastrichtung unveränderlich		Stirnradgetriebe, Elektromotoren	Umfangslast für Innenring	fester Sitz erforderlich	$<0{,}07 \cdot C$	h	k	Punktlast für Außenring, geteilte Gehäuse möglich	loser Sitz zulässig	beliebig	J[2] H G[3] F[3]	
Innenring steht still Außenring rotiert Lastrichtung rotiert mit Außenring		Nabenlagerung mit großer Unwucht			$0{,}07$ bis $0{,}15 \cdot C$	j k	k m					
					$>0{,}15 \cdot C$	m n	n p					
Innenring steht still Außenring rotiert Lastrichtung unveränderlich		Laufräder mit stillstehender Achse, Seilrollen	Punktlast für Innenring	loser Sitz zulässig	beliebig	j h	n p r g f	Umfangslast für Außenring, nur ungeteilte Gehäuse	fester Sitz erforderlich	$<0{,}07 \cdot C$	J	K
Innenring rotiert Außenring steht still Lastrichtung rotiert mit Innenring		Schwingsiebe, Unwuchtschwinger								$0{,}07$ bis $0{,}15 \cdot C$	K M	M N
										$>0{,}15 \cdot C$	–	N P
Kombination von verschiedenen Bewegungsverhältnissen oder wechselnde Bewegungsverhältnisse		Kurbeltriebe	Unbestimmt	Passung und Toleranzlage für die Welle werden bestimmt von dem dominierenden Lastfall sowie Montierbarkeit und Einstellbarkeit der Lagerung				Unbestimmt	Passung und Toleranzlage für das Gehäuse werden bestimmt von dem dominierenden Lastfall sowie Montierbarkeit und Einstellbarkeit der Lagerung			

Kegelige Lagerbohrung

Lagerbefestigung	Toleranzfeld für Welle[4]
Mit Abziehhülse nach DIN 5416	h7/IT 5 h8/IT 6
Mit Spannhülse nach DIN 5415	h7/IT 5 h8/IT 6 h9/IT 7

Der **Genauigkeitsgrad** hängt im wesentlichen ab von den Anforderungen an die Laufgenauigkeit und Laufruhe. Eingeengte Wälzlagertoleranzen kommen nur dann zur Geltung, wenn die Lagersitzstellen in entsprechender Genauigkeit bearbeitet werden. Die Wellentoleranzen sollen im allgemeinen dem Genauigkeitsgrad 6 nach DIN 7160 entsprechen. Bei erhöhten Anforderungen werden auch bessere Genauigkeiten angewandt

[1] Die Reihenfolge der Toleranzlage (von oben nach unten) ist nach steigender Lagergröße geordnet.
[2] Nicht für geteilte Gehäuse.
[3] Die Toleranzlage „G" und „F" werden auch bei Wärmezufuhr von der Welle angewandt.
[4] IT (5, 6, 7) bedeutet, daß außer der jeweiligen Maßtoleranz eine Zylinderformtoleranz des entsprechenden Genauigkeitsgrades empfohlen wird.

Tab. 18.2 Toleranzen für den Einbau von Axial-Wälzlagern nach DIN 5425

Belastungsart	Lager Bauform	Wellenscheibe/Welle			Gehäusescheibe/Gehäuse		
		Lastfall	Passung	Toleranz-lage[1] für Welle	Lastfall	Passung	Toleranz-lage[1] für Gehäuse
Kombinierte Last	Axial-Schräg-kugellager, Axial-Pendel-rollenlager, Axial-Kegel-rollenlager	Umfangslast	fester Sitz erforderlich	j k m	Punktlast	loser Sitz zulässig	H J
		Punktlast	loser Sitz zulässig	j	Umfangslast	fester Sitz erforderlich	K M
Reine Axiallast	Axial-Kugellager, Axial-Rollenlager	–		h j k	–		H G E

[1] Die Reihenfolge der Toleranzlagen (von oben nach unten) ist nach steigender Lagergröße geordnet.

gepreßt zu werden braucht. Durch Anziehen der Mutter verpressen sich Innenring, Spannhülse und Zapfen miteinander. Mit Spannhülsen lassen sich Lager auch auf glatten Wellen an jeder Stelle montieren (siehe Bild 18.12 d).

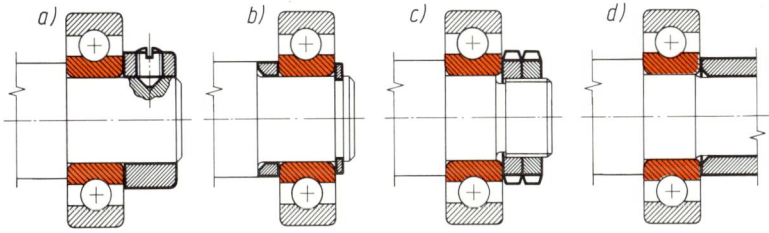

Bild 18.9 Beispiele für die axiale Festlegung der Wälzlager-Innenringe
a) mit Stellring DIN 705, b) mit Distanzscheibe und Sicherungsring DIN 471 oder Sprengring DIN 7993 bzw. DIN 9045, c) mit Doppelmuttern (Nutmuttern DIN 781), d) mit Abstandsrohr

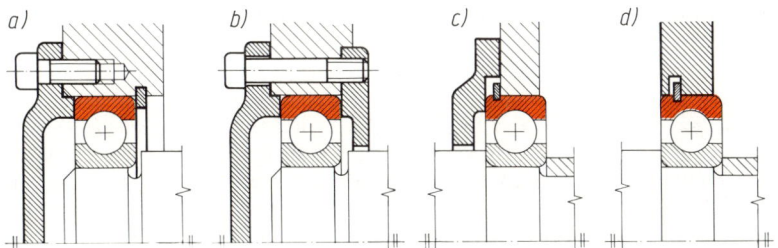

Bild 18.10 Beispiele für die axiale Festlegung der Wälzlager-Außenringe
a) Loslager mit Sprengring und Deckel, b) Loslager mit zwei Deckeln, c) Festlager mit Sprengring und Deckel, d) Festlager mit Sprengring bei geteiltem Gehäuse

In Bild 18.12 sind einige Möglichkeiten der **Gestaltung von Loslagern** gezeigt. Die beiden Schräg-kugellager nach Bild 18.12b bewerkstelligen lediglich eine genaue Zentrierung und gewährleisten eine hohe radiale Tragfähigkeit. Ein derartiges Loslager kommt nur für Sonderfälle in Betracht.

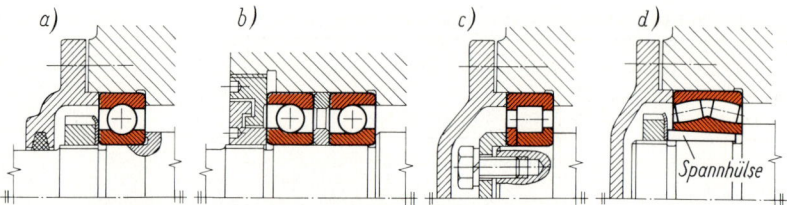

Bild 18.11 Beispiele für die Gestaltung von Festlagern
            a) mit Rillenkugellager DIN 625, b) mit zwei Schrägkugellagern DIN 628, c) mit Zylinderrollen-
            lager DIN 5412, d) mit Pendelrollenlager DIN 635

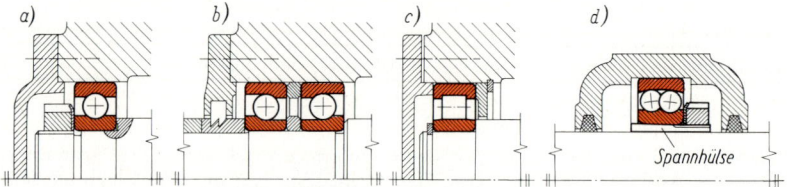

Bild 18.12 Beispiele für die Gestaltung von Loslagern
            a) mit Rillenkugellager DIN 625, b) mit zwei Schrägkugellagern DIN 628, c) mit Zylinderrollen-
            lager DIN 5412, d) mit Pendelkugellager DIN 630 auf Spannhülse DIN 5415

Fluchten die beiden Bohrungen in den Gehäusen einer Wellenlagerung nicht, so müssen winkelbe-
wegliche Pendelkugel- oder Pendelrollenlager eingebaut werden (Bild 18.13), die Verklemmun-
gen vermeiden.

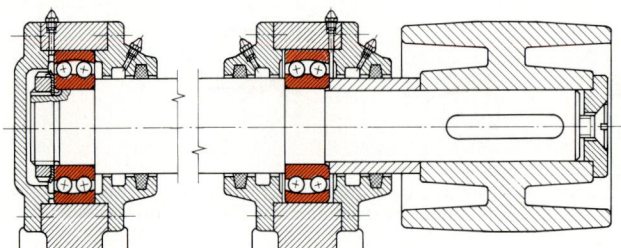

Bild 18.13 Antriebswelle einer
            Holzbearbeitungs-
            maschine
            (nach FAG Kugel-
            fischer,
            Schweinfurt)

Wegen ihres geringen Einbauraumes gegenüber Kugel- und Zylinderrollenlagern und wegen ihrer relativ hohen Belastbarkeit sind **Nadellager** bedeutungsvoll. Z. B. werden die Pleuel hochtou-
riger Benzinmotoren, die Wellen elektrischer Geräte, die Naben elektromagnetischer Kupplungen, Zahnräder in Werkzeugmaschinen, Rollen aller Art und dgl. nadelgelagert. Einbaubeispiele
zeigt Bild 18.14. Für Seitenanlauf gibt es Nadellager mit Bord (Bild 18.14b). Nadellager werden
mit oder ohne Innenring geliefert. Die Nadeln können nämlich auch unmittelbar auf einem gehärteten, geschliffenen und polierten Zapfen laufen, so daß noch weniger Raum benötigt wird
(Bilder 18.15a und b). Auch die Bohrungswand des Gehäuses kann als Lauffläche dienen. Die
Nadeln erhalten dann weder einen Innenring noch einen Außenring (Bild 18.15c). Nadellager
sind im wesentlichen den Zylinderrollenlagern NU gleichzusetzen, können also keine Axialkräfte
aufnehmen. Es wurden aber auch Bauformen mit Kugellagerteilen entwickelt (Bild 18.15d), die
Längskräfte abfangen. Sie sind jedoch recht teuer.

Bei **Schulterkugellagern** (Bild 18.16a) sind die Laufbahnen so ausgebildet, daß die Welle ein geringes Axialspiel erhält. Dadurch können sich Längentoleranzen und Wärmedehnungen ausgleichen. In der gezeigten Ausführung läßt sich das erforderliche Axialspiel mit Hilfe des Gewinde-
ringes einstellen. Da Schulterkugellager vorwiegend in kleine elektrische Geräte eingebaut
werden, sind sie nur bis $d = 30$ mm genormt.

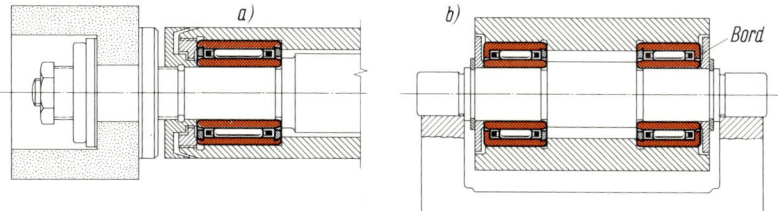

Bild 18.14 Einbau von Nadellagern DIN 617 mit Außen- und Innenring
a) als Loslager in einer Innenschleifspindel,   b) zwei Loslager mit Bord zum Seitenanlauf in einer Stützrolle

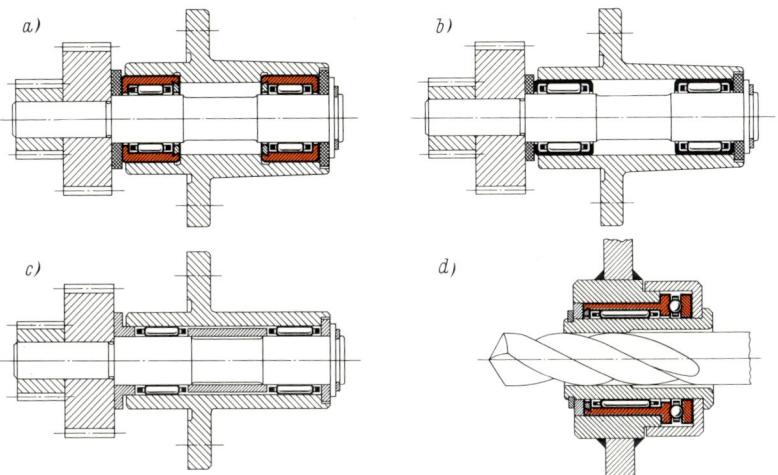

Bild 18.15 Nadellager ohne Innenring DIN 617 sowie mit Axialkugellager
a) mit Außenring,   b) mit Nadelhülse DIN 618,   c) nur mit Nadelkranz DIN 5405,   d) Nadel-Axialkugellager in einer umlaufenden Bohrbuchse (Nadel-Axialzylinderrollenlager siehe DIN 5429)

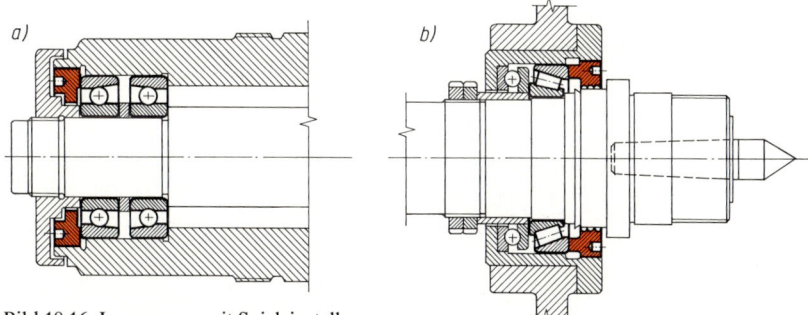

Bild 18.16 Lagerungen mit Spieleinstellung
a) axiales Spiel bei Schulterkugellagern DIN 615,   b) radiales Spiel bei einem Kegelrollenlager DIN 720

Das radiale Betriebsspiel des nach Bild 18.16 b eingebauten **Kegelrollenlagers** läßt sich durch den Gewindering einstellen und ist daher für Präzisionslagerungen geeignet. Die Axialkraft wird in der gezeigten Ausführung durch ein Axial-Rillenkugellager abgefangen. Da Kegelrollenlager besonders zur Aufnahme von axialen Stoßbelastungen geeignet sind, werden sie zur Lagerung der

Laufräder von Kraftfahrzeugen bevorzugt. Die nach Bild 18.17 angeordneten Kegelrollenlager können hohe und wechselnde Axialkräfte aufnehmen, jedes Lager in einer Richtung. Das gilt gleichermaßen auch für Schrägkugellager.

Auch ungeteilte und geteilte **Steh- und Flanschlager** werden mit Wälzlagern ausgerüstet, als Fest- und auch als Loslager (Bild 18.18).

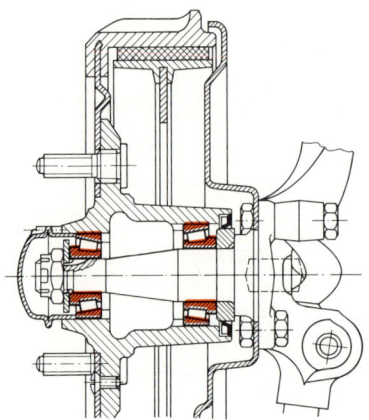

Bild 18.17 Vorderradlagerung eines Kraft-
wagens (nach FAG Kugelfischer,
Schweinfurt)

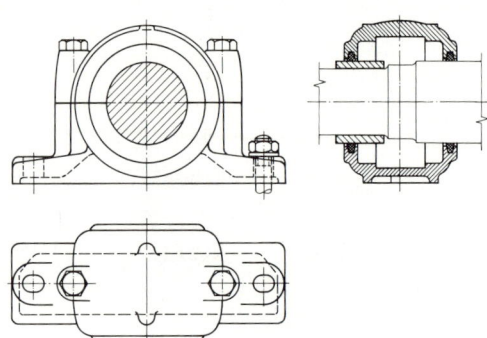

Bild 18.18 Stehlagergehäuse für Wälzlager mit zylindrischer Bohrung DIN 738 und 739
(für Wälzlager mit kegeliger Bohrung und
Spannhülse siehe DIN 736 und 737)

Bild 18.19 zeigt ein **Spannlager** nach DIN 626 T1. Dieses besitzt einen exzentrischen Spannring, mit dem das Lager auf der Welle festgespannt wird. Die kugelförmige Außenringmantelfläche ermöglicht in entsprechend kugelförmig gestalteten Gehäusen Einstellbewegungen zum Ausgleich von Fluchtfehlern. Gehäuse für diese Lager zeigen die Bilder 18.20 bis 18.22. Sie werden dort eingesetzt, wo leichte Maschinenrahmen, die Einsparung von teuren Bearbeitungsgängen am Rahmen oder die Verwendung gezogener Wellen erwünscht sind. Die Lager können mit verschiedenartigen Dichtungen geliefert werden, außerdem können Nachschmierbohrungen für Fettschmierung vorgesehen werden.

Axiallager geben keine Radialführung! Eine Scheibe ist im Gehäuse, die Gegenscheibe auf dem Zapfen zu zentrieren. **Axial-Rillenkugellager und Axial-Nadellager sind gegen Achsverlagerungen empfindlich** (Bild 18.23 a). Bei Winkelverlagerungen sind kugelige Gehäusescheiben (Bild 18.23 d)

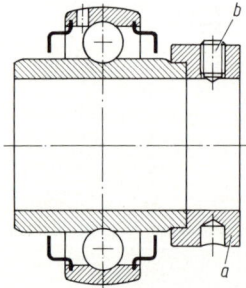

Bild 18.19 Spannlager DIN 626
Bauformen YEL und YEN
a exzentrischer Spannring,
b Gewindestift

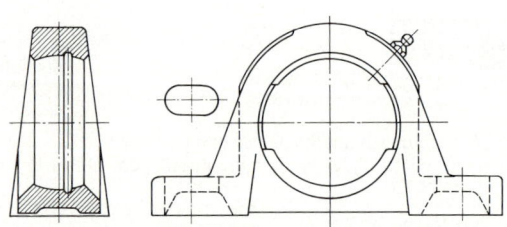

Bild 18.20 Gußgehäuse DIN 626 Bauform SG Y für Spannlager

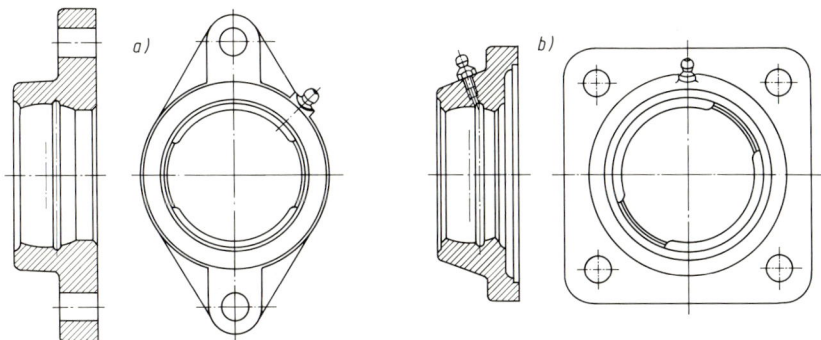

Bild 18.21 Gußgehäuse DIN 626 für Spannlager
a) Form EG Y, b) Form VG Y

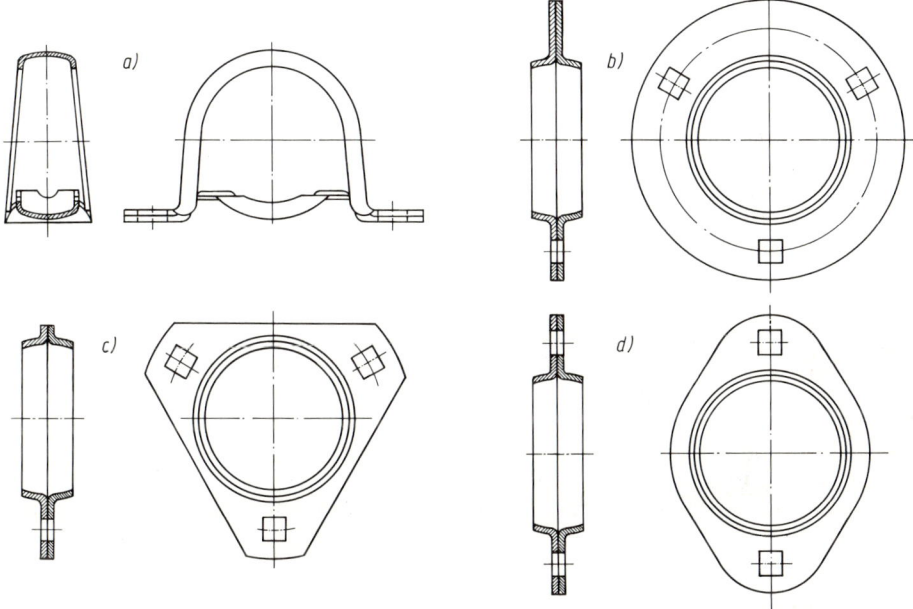

Bild 18.22 Blechgehäuse DIN 626 für Spannlager
a) Form SB Y, b) Form RB Y, c) Form DB Y, d) Form EB Y

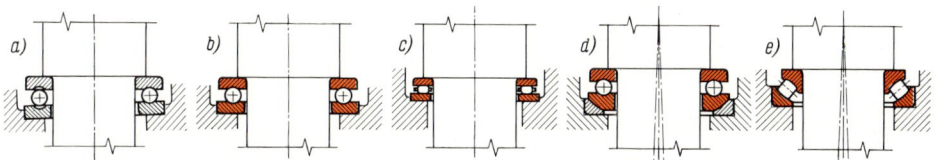

Bild 18.23 Einbau von Axiallagern
a) falscher Einbau eines Axial-Rillenkugellagers, b) richtiger Einbau eines Axial-Rillenkugellagers DIN 711, c) Axialnadellager DIN 5405, d) Axial-Rillenkugellager mit kugeliger Gehäusescheibe DIN 711, e) Axial-Pendelrollenlager DIN 728

oder Axial-Pendelrollenlager (Bild 18.23 e) geeignet. **Axial-Pendelrollenlager** können sogar noch radial bis zu 55% der Axialkraft belastet werden. Für wechselnd wirkende Längskräfte (Axial-kräfte) gibt es zweiseitige Axial-Rillenkugellager DIN 715 mit drei Scheiben und zwei Kugel-kränzen (siehe Bild 18.30, Seite 405).

18.3   Besondere Ausführungen von Wälzlagern

Bei Korrosionsgefahr durch aggressive Medien werden auch **Rillenkugellager aus Kunststoff** ver-wendet (Hersteller: Deutsche Star-Kugelhalter GmbH, Schweinfurt). Innen- und Außenring bestehen aus Polyacetal, der Käfig aus Polyamid und die Kugeln aus Glas. Derartige Lager eig-nen sich aber nur für kleine Drehzahlen, geringe Belastungen (4...5% der Stahllager) und Be-triebstemperaturen bis 100 °C. Sie zeichnen sich durch geräuscharmen Lauf aus und bedürfen keiner Wartung (kein Schmiermittel erforderlich).

Bild 18.24 zeigt ein zweireihiges Schrägkugellager in den Abmessungen eines einreihigen Rillen-kugellagers. Es ist in den Lagerreihen UK (Maßreihe 20), UL (Maßreihe 02) und UM (Maßrei-he 03) mit DIN 628 genormt und wird unter dem Handelsnamen **UKF-Lager** von der Universal-**K**ugellager-**F**abrik GmbH, Berlin, hergestellt. Die Tragkugeln 1 werden statt durch einen Käfig mit kleinen Trennkugeln 2 auf Abstand gehalten. Diese Trennkugeln laufen in einem Füh-rungsring 3. Da sich während der Bewegung eine Tragkugel immer nur mit einer Trennkugel be-rührt, tritt zwischen beiden keine Gleitreibung auf. Die Gleitreibung der Trennkugeln am Füh-rungsring ist wegen ihres kleinen Durchmessers unbedeutend. Der Außenring ist in beiden Hälften 4 geteilt, wodurch das Lager mit vielen Tragkugeln gefüllt werden kann. Der Außenring wird durch eingepreßte Ringe 5 zusammengehalten. Der Innenring ist ungeteilt. Durch die sphä-rische Laufbahnanordnung pendelt sich das Lager von selbst auf geringe Fluchtfehler der Lager-bohrungen ein und sorgt für eine gleichmäßige Belastung der Kugeln bei ihrem Lauf.

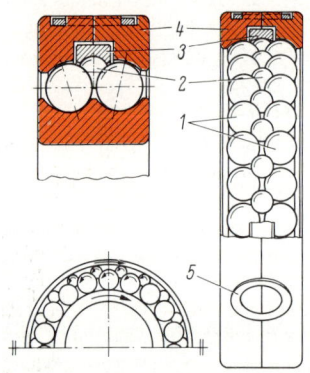

Bild 18.24 Zweireihiges Schrägkugellager
mit Trennkugeln DIN 628

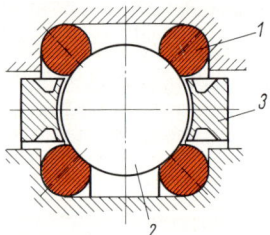

Bild 18.25 Drahtkugellager
1 Draht, 2 Kugel, 3 Käfig

Bild 18.25 zeigt ein **Drahtkugellager** der Firma Francke und Heydrich KG, Aalen/Württ. Bei ihm laufen die Kugeln auf angeschliffenen und oberflächengehärteten Stahldrahtringen. Diese werden unmittelbar in entspr. Ausnehmungen der umschließenden Bauteile eingesetzt. Diese Bauteile können aus beliebigem Metall bestehen und beispielsweise außen- oder innenverzahnte Kränze von Zahnrädern sein. Die Drahtkugellager können in kleinen und auch sehr großen Ab-messungen (sogar bis 7 m Durchmesser!) hergestellt werden. Die Lagerung läßt sich auch mit nachstellbarem Betriebsspiel gestalten, so daß eine hohe Laufgenauigkeit möglich ist. Der Auf-bau der Lager macht sie für Belastungen in allen Richtungen geeignet. Anstelle der Kugeln kön-nen auch Rollen treten.

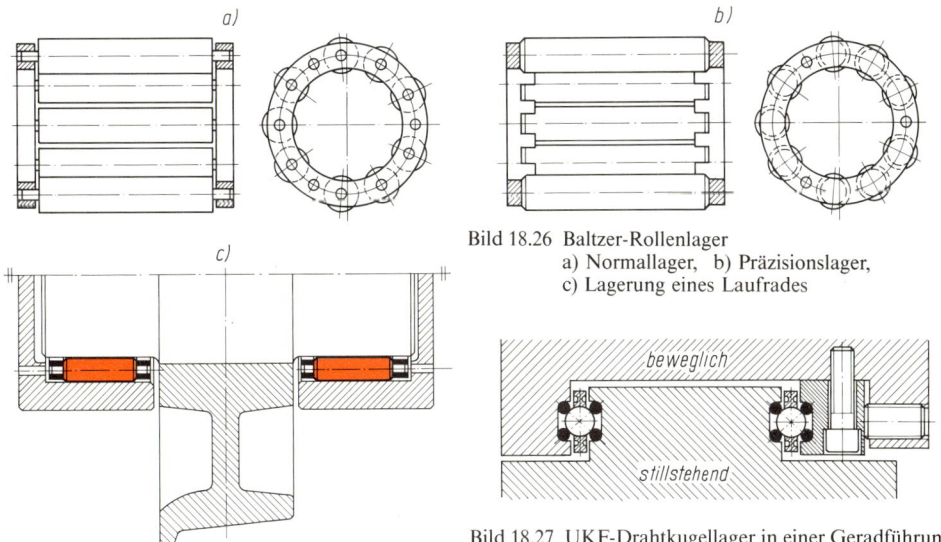

Bild 18.26 Baltzer-Rollenlager
a) Normallager, b) Präzisionslager,
c) Lagerung eines Laufrades

Bild 18.27 UKF-Drahtkugellager in einer Geradführung

Die Firma **Emil Baltzer**, Duisburg, stellt besonders breite, käfiglose und damit einfache Rollenlager her, deren Rollen unmittelbar auf Bahnen der Bauteile laufen. Die Rollen des Lagers nach Bild 18.26a besitzen stirnseitig Zapfen, die sich in seitlichen Lagerringen mit großem Spiel abstützen. Die beiden Lagerringe sind an mehreren Stellen durch eingenietete Rundstäbe verbunden und geben damit dem Lager den äußeren Halt. Die Rollen des Präzisionslagers nach Bild 18.26b sind seitlich in kammförmigen Ringen geführt, diese Seitenringe aus Messing durch eingenietete Stege miteinander verbunden. Beide Ausführungen können auch geteilt geliefert werden, so daß sie sich wie geteilte Gleitlager leicht montieren lassen. Sie bestehen dann aus zwei Halbkränzen. Als Laufbahnen können beispielsweise oberflächengehärtete Stahlbänder dienen, besonders bei großen Lagerstellen, z.B. zur Lagerung von Seiltrommeln an deren Außenumfang. Die Baltzer-Rollenlager sind äußerst robust und hoch tragfähig. Sie zeichnen sich nicht zuletzt wegen ihres niedrigen Preises aus. Bild 18.26c zeigt die einfache Lagerung eines Laufrades.

Auch Geradführungen werden wälzgelagert, z.B. mit einem Drahtkugellager (Bild 18.27). Nachteilig ist jedoch, daß sich die Käfige mit der halben Geschwindigkeit des bewegten Bauteiles bewegen müssen, so daß sie die Bauteile nur auf deren halber Länge abstützen können. Das gilt in gleichem Maße auch für Baltzer-Rollenlager, die für geradlinige Bewegungen als Schlitten mit geraden Seitenschienen gebaut werden.
Bild 18.28 zeigt als Beispiel ein **Linear-Kugellager** nach DIN 10285. Es wird als **Kugelbüchse** von der Fa. Deutsche Star-Kugelhalter GmbH, Schweinfurt, geliefert. In einer Stahlhülse 1 befinden sich mehrere zweibahnige Käfige 2, deren Bahnen an den Enden halbkreisförmig verbunden sind (zusammenlaufen), so daß sich die Kugeln in einem Kreislauf unbegrenzt fortbewegen können. Eine Käfigbahn hält die jeweils tragenden Kugeln 3, während die Kugeln 4 zurücklaufen und sich nicht mit der Gegenbahn des Führungsbolzens 5 berühren. Derartige Kugelbüchsen arbeiten gegenüber Gleitführungen mit weniger Reibung, laufen mit geringerem Spiel und sind hinsichtlich Schmierung und Wartung anspruchslos.

18.4 Tragfähigkeit und Lebensdauer

Je nach ihrer Aufgabe haben die Wälzlager während ihres Laufs radiale Kräfte F_r oder axiale Kräfte F_a oder beide gleichzeitig aufzunehmen (siehe Bild 18.1). Im letzten Fall spricht man von kombinierter Belastung. Für die Berechnung denkt man sich eine kombinierte Belastung durch

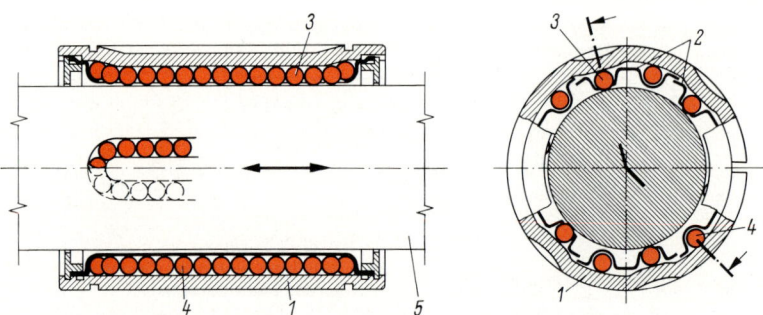

Bild 18.28. Kugelbüchse (Deutsche Star Kugelhalter GmbH, Schweinfurt)

eine äquivalente (gleichwertige) Belastung P ersetzt, die allein wirkend die gleiche Werkstoffermüdung hervorrufen würde wie Radial- und Axialbelastung zusammen:

$$\textit{Dynamisch äquivalente Belastung} \quad P = X \cdot F_r + Y \cdot F_a \tag{18.1}$$

X	Radialfaktor (Tabn. A 18.3, A 18.4, A 18.8 und A 18.9),
Y	Axialfaktor (Tabn. wie für X),
F_r in kN	radiale Belastungskraft während des Laufs,
F_a in kN	axiale Belastungskraft während des Laufs.

Bei Rillenkugellagern sind X und Y auch vom Faktor f_0 (Tab. A 18.3) abhängig, der die Vergrößerung des Druckwinkels mit zunehmender Axialbelastung erfaßt.

Für Nadellager und Zylinderrollenlager (Tabn. A 18.5 bis A 18.7) ist $P = F_r$. Bei den Axiallagern (Tab. A 18.10) ist $P = F_a$, mit Ausnahme $P = F_a + 1,2 F_r$ bei Axial-Pendelrollenlagern, wenn $F_r \leqq 0,55 F_a$ ist ($F_r > 0,55 F_a$ ist unzulässig!).

Die **radialen Belastungskräfte** F_r werden in der Mitte der Lagerbreite angesetzt, mit Ausnahme bei Schrägkugellagern und Kegelrollenlagern. Hierzu siehe Abschnitt 18.5.

Die Berechnung der Lebensdauer von Wälzlagern ist mit DIN ISO 281 genormt. Nach dieser Norm ist unter der Lebensdauer eines Lagers die Anzahl der Umdrehungen zu verstehen, die das Lager ohne Anzeichen einer Werkstoffermüdung an Ringen, Scheiben oder Wälzkörpern unter der Belastung P aushält. Eine Werkstoffermüdung macht sich durch kleine Risse bemerkbar, die später in Ausbröckelungen übergehen. Um die Lebensdauer eines Lagers errechnen zu können, muß seine **dynamische Tragzahl** C bekannt sein. Sie ist die konstante äquivalente dynamische Belastung, bei der eine größere Anzahl gleicher Lager unter üblichen Betriebsbedingungen mit 90% Erlebenswahrscheinlichkeit eine rechnerische oder nominelle Lebensdauer von 10^6 Umdrehungen erreicht. In DIN ISO 281 sind Gleichungen und Werte angegeben, mit denen die Lagerhersteller dynamische Tragzahlen errechnen und diese dann in Katalogen veröffentlichen.

Ist die im Betrieb auftretende Belastung kleiner als die dynamische Tragzahl C, so ist die Lebensdauer entsprechend größer als 10^6 Umdrehungen, nämlich

$$\textit{nominelle Lebensdauer von Kugellagern} \quad L = \left(\frac{C}{P}\right)^3 \cdot 10^6 \tag{18.2}$$

$$\textit{nominelle Lebensdauer von Rollenlagern} \quad L = \left(\frac{C}{P}\right)^{10/3} \cdot 10^6 \tag{18.3}$$

L	Anzahl der Umdrehungen unter der Belastung P bis zur Werkstoffermüdung,
C in kN	dynamische Tragzahl (Tabn. A 18.3 bis A 18.10),
P in kN	Belastung während des Laufs, bei kombinierter Belastung nach Gl. 18.1

Umgerechnet in Betriebsstunden beträgt bei konstanter Drehzahl die

$$\textit{nominelle Lebensdauer} \quad L_h = \frac{L}{n} \tag{18.4}$$

L	nominelle Lebensdauer in Umdrehungen nach Gl. 18.2 bzw. 18.3,
n in h^{-1}	Betriebsdrehzahl des Lagers (1 min^{-1} = 60 h^{-1}).

Bei Betriebstemperaturen über etwa $t = 120\,°C$ machen sich in Normallagern Gefügeumwandlungen bemerkbar, die die Lager verziehen. Deshalb werden Lager für höhere Betriebstemperaturen (gekennzeichnet durch ein nachgestelltes S) in einem besonderen Behandlungsverfahren stabilisiert. Das führt zu einer Minderung der Tragzahl. Der Tabellenwert von C ist dann mit einem Temperaturfaktor f_T zu multiplizieren, und zwar bei Lagern für

$$t = \quad 150\,°C \quad 200\,°C \quad 250\,°C \quad 300\,°C$$
$$f_T \quad\quad 1 \quad\quad 0{,}9 \quad\quad 0{,}75 \quad\quad 0{,}6$$

Ändern sich die Belastung und/oder die Drehzahl eines Lagers während seiner gesamten Laufzeit, beispielsweise wie in Krangetrieben durch verschieden große Hakenlasten und Hubgeschwindigkeiten, so kann mit der höchsten Belastung und mit der dabei höchsten Drehzahl die **Vollastlebensdauer** als nominelle Lebensdauer errechnet werden. Die Gebrauchsdauer (Ermüdungslaufzeit) ist dann entspr. länger. Besondere Fälle siehe Abschn. 18.6, übliche Lebensdauern Tab. 18.11. Andererseits führen ins Lager gelangte Verunreinigungen, Schmierungsmängel oder Korrosionswirkungen (z. B. durch Schwitzwasser) zu einem vorzeitigen Verschleiß, der das Betriebsspiel des Lagers vergrößert. Dadurch verstärkt sich das Laufgeräusch, die Führungsgenauigkeit läßt nach und die Gebrauchsdauer verkürzt sich.

Wenn die Betriebsbedingungen (z. B. Belastungskräfte, Drehzahlen, Schmierung, Temperatur, Wellendurchbiegung) und die spezielle Ausführung eines Lagers genau bekannt sind, so kann nach DIN ISO 281 die *modifizierte Lebensdauer* $L_{na} = a_1 \cdot a_2 \cdot a_3 \cdot L$ für eine erwünschte Erlebenswahrscheinlichkeit errechnet werden. Der Index n gibt die Ausfallwahrscheinlichkeit in % an. Bei 90% Erlebenswahrscheinlichkeit ist $a_1 = 1$ und $L_{10a} = L$ nach Gl. 18.2 oder 18.3, bei z. B. 96% wird L_{4a} mit $a_1 = 0{,}53$ errechnet. Der Beiwert a_2 erfaßt die Lagerausführung und a_3 die Betriebsbedingungen, meistens gemeinsam als Faktor $a_{23} = a_2 \cdot a_3$ angegeben. Ausführliche Angaben hierzu sind den Katalogen der Wälzlagerhersteller zu entnehmen.

Tab. 18.11 Übliche nominelle Lebensdauer von Wälzlagerungen

Betriebsfall	Nominelle Lebensdauer in h	Betriebsfall	Nominelle Lebensdauer in h
Elektrische Haushaltsgeräte	1000... 2000	Schiffswellenlager	80000
Kleine Ventilatoren	2000... 4000	Schiffsgetriebe	20000...30000
Kleine E-Motoren bis 4 kW	8000...10000	Landwirtschaftliche Maschinen	3000... 6000
Mittlere E-Motoren	10000...15000		
Stationäre E-Großmotoren	20000...30000	Klein-Hebezeuge	5000...10000
Elektrische Maschinen in		Universal-Getriebe	8000...15000
Versorgungsbetrieben	50000 u. mehr	Werkzeugmaschinen-Getriebe	20000
Leichtmotorräder	600... 1200	Produktions-Hilfsmaschinen	7500...15000
Schwere Krafträder, leichte PKW	1000... 2000	Kleinere Kaltwalzwerke	5000... 6000
Schwere PKW, leichte LKW	1500... 2500	Große Mehrwalzengerüste	8000...10000
Schwere LKW, Omnibusse	2000... 5000	Sägegatter	10000...15000
Achslager für Förderwagen	5000	Abbaugeräte im Bergbau	4000...10000
Achslager für Straßenbahnwagen	20000...25000	Grubenventilatoren	40000...50000
Achslager für Reisezugwagen	25000	Förderseilscheiben	40000...60000
Achslager für Güterwagen	35000	Papiermaschinen (Trockenpartie)	50000...80000
Achslager für Lokomotiven	20000...40000		und mehr
Bootsgetriebe	3000... 5000	Schlägermühlen	20000...30000
Schiffspropellerdrucklager	15000...25000	Brikettpressen	20000...30000

Wälzlager können auch während des Stillstands hoch beansprucht sein. Nach DIN ISO 76 bestimmt man analog zur dynamisch äquivalenten Belastung die

statisch äquivalente Belastung $\quad P_0 = X_0 \cdot F_{r0} + Y_0 \cdot F_{a0}$ \hfill (18.5)

X_0 \quad\quad Radialfaktor (Tabn. A 18.3, A 18.4, A 18.8 und A 18.9),
Y_0 \quad\quad Axialfaktor (Tabn. wie für X_0),
F_{r0} in kN \quad radiale Belastungskraft während des Stillstands,
F_{a0} in kN \quad axiale Belastungskraft während des Stillstands.

Bei Axiallagern ist $P_0 = F_{a0}$, mit Ausnahme $P_0 = F_{a0} + 2{,}7\,F_{r0}$ bei Axial-Pendelrollenlagern, wenn $F_{r0} \leqq 0{,}55\,F_{a0}$ ist. Bei Zylinderrollenlagern ist $P_0 = F_{r0}$. Keinesfalls darf mit $P_0 < F_{r0}$ gerechnet werden.

Unter der **statischen Tragfähigkeit** eines Lagers versteht man die statische Belastung, die am Wälzkörper eine bleibende Verformung an der Berührungsstelle mit der Rollbahn hervorruft, die die Funktion des Lagers noch nicht beeinträchtigt. Aus der Praxis hat sich ergeben, daß diese Belastung als **statische Tragzahl** C_0 so groß sein darf, daß die Verformung $1/10000$ des Wälzkörperdurchmessers erreicht. Läuft das Lager nach einer statischen Belastung, also nach einer Belastung im Stillstand, mit geringer Drehzahl um und werden nur geringe Anforderungen an die Laufruhe gestellt, so kann eine viel größere plastische Verformung in Kauf genommen werden. Bei besonders hohen Anforderungen an die Laufruhe und das Reibverhalten müssen die plastischen Verformungen jedoch kleiner sein. Zur Beurteilung dient die

$$\text{Statische Kennzahl} \quad f_s = \frac{C_0}{P_0} \tag{18.6}$$

C_0 statische Tragzahl des Lagers (Tabn. A 18.3 bis A 18.10),
P_0 statische Belastung, ggf. nach Gl. 18.5.

Allgemein strebt man an (nach FAG Kugelfischer): $f_s = 1,5 \dots 2,5$ bei hohen, $= 1,0 \dots 1,5$ bei normalen, $= 0,7 \dots 1,0$ bei geringen Ansprüchen an Laufruhe und Reibverhalten. Für Axial-Pendelrollenlager sollte $f_s \geqq 4$ sein. Wenn $f_s > 8$ ist, gelten Wälzlager als dauerfest.

Hinweis: In DIN ISO 76 und 281 haben die Formelzeichen für die Tragzahlen C und C_0 sowie für die äquivalenten Belastungen P und P_0 zusätzlich die Indizes r und a zur Unterscheidung von radial und axial, worauf hier der Einfachheit wegen verzichtet wurde. Außerdem wird in DIN ISO 281 die nominelle Lebensdauer mit L_{10} bezeichnet.

Beispiel 18.1

Das in Bild 18.29 gezeigte Festlager einer Maschinenwelle, ein Rillenkugellager 6214, wird mit $F_r = 4,2$ kN und $F_a = 3,4$ kN bei $n = 900 \text{ min}^{-1} = 54 \cdot 10^3 \text{ h}^{-1}$ belastet. Welche Lebensdauer in h ist von dem Lager zu erwarten?

Lösung:

Aus Tab. A 18.3 werden entnommen: $d = 70$ mm, $D = 125$ mm, $C = 62$ kN, $C_0 = 44$ kN und $f_0 \approx 14,1$ für $(d + D)/2 = 97,5$. Damit ist $f_0 \cdot F_a/C_0 = 14,1 \cdot 3,4/44 = 1,09$. Hierfür beträgt $e \approx 0,29$, so daß $F_a/F_r = 3,4/4,2 = 8,1 > e$ ist. Demnach sind zu setzen $X = 0,56$ und $Y = 1,54$.
Dynamisch äquivalente Belastung nach Gl. 18.1:

$$P = X \cdot F_r + Y \cdot F_a = 0,56 \cdot 4,2 \text{ kN} + 1,54 \cdot 3,4 \text{ kN}$$
$$= 7,59 \text{ kN}$$

Nominelle Lebensdauer nach Gl. 18.2:

$$L = \left(\frac{C}{P}\right)^3 \cdot 10^6 = \left(\frac{62}{7,59}\right)^3 \cdot 10^6 \approx 545 \cdot 10^6$$

und in Betriebsstunden nach Gl. 18.4:

$$L_h = \frac{L}{n} = \frac{545 \cdot 10^6}{54 \cdot 10^3 \text{ h}^{-1}} = 10,09 \cdot 10^3 \text{ h} = 10090 \text{ h}.$$

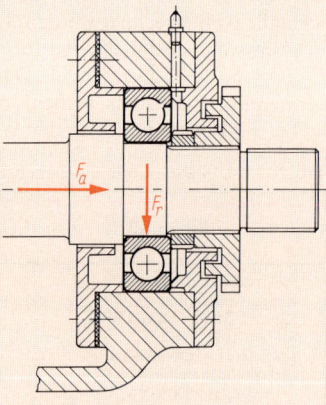

Bild 18.29 Festlager einer Maschinenwelle

Beispiel 18.2

Bild 18.30 zeigt die Lagerung der Welle eines Schneckengetriebes für wechselnde Drehrichtung. Der Antriebsmotor läuft mit $n = 1400 \text{ min}^{-1} = 84 \cdot 10^3 \text{ h}^{-1}$. Aus der Getriebeberechnung ergab sich an der Eingriffsstelle von Schnecke und Schneckenrad eine Radialkraft $F_r = 3,6$ kN, eine Umfangskraft $F_t = 2,6$ kN (senkrecht zur Zeichenebene) und eine Axialkraft $F_a = 6,6$ kN. Für die Lagerzapfen ist ein Durchmesser $d = 40$ mm vorgesehen. Die Lebensdauer der Lager soll $L_h \geqq 20000$ h betragen. Für die Aufnahme der Radialkräfte sind Zylinderrollenlager NU 208 E, für die Axialkraft ist ein Axial-Rillenkugellager 52310 ($d_w = 40$ mm nach Katalog) vorgesehen. Sind die Wälzlager ausreichend? Die in Bild 18.30 eingezeichneten Kräfte F_{rA}, F_{rB} und F_a sind die von der Welle auf die Lager ausgeübten Kräfte, nicht aber deren Stützreaktionen.

Lösung:
1. Radiale Belastungskräfte F_{rA} und F_{rB}
   Bei der angegebenen Drehrichtung sind in der x-Ebene (in der Zeichenebene)

$$F_{Ax} = \frac{F_a \cdot r + F_r \cdot l_B}{l_A + l_B} = \frac{6,6 \text{ kN} \cdot 35 + 3,6 \text{ kN} \cdot 110}{110 + 110} = 2,85 \text{ kN},$$

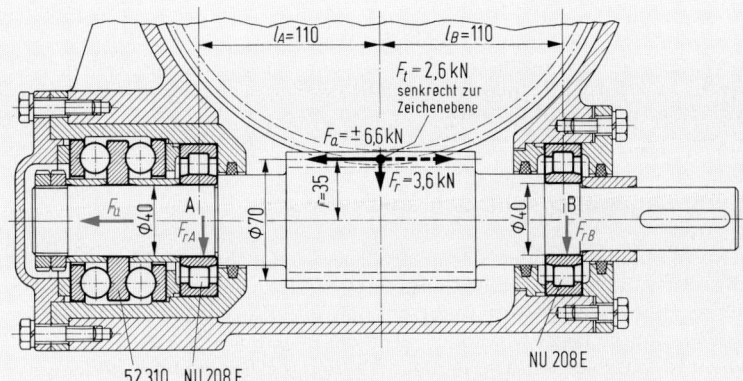

Bild 18.30 Lagerung einer Schneckenwelle

$F_{Bx} = F_r - F_{Ax} = 3,6 \text{ kN} - 2,85 \text{ kN} = 0,75 \text{ kN}$

und in der y-Ebene

$F_{Ay} = F_{By} = F_t/2 = 2,6 \text{ kN}/2 = 1,3 \text{ kN}.$

Damit ergeben sich die Radialbelastungen der Lager zu

$$F_{rA} = \sqrt{F_{Ax}^2 + F_{Ay}^2} = \sqrt{2,85^2 + 1,3^2} \text{ kN} = 3,13 \text{ kN},$$

$$F_{rB} = \sqrt{F_{Bx}^2 + F_{By}^2} = \sqrt{0,75^2 + 1,3^2} \text{ kN} = 1,5 \text{ kN}.$$

Da es sich um zwei gleiche Lager handelt, die wechselweise mit 3,13 kN radial belastet werden, ist als Radialbelastung $F_{rA} = 3,13$ kN zu setzen.

2. Nominelle Lebensdauer der Zylinderrollenlager NU 208 E
Nach Tab. A 18.6 ist $C = 53$ kN. Somit wird mit $P = F_{rA}$ nach den Gln. 18.3 und 18.4:

$$L = \left(\frac{C}{P}\right)^{10/3} \cdot 10^6 = \left(\frac{53}{3,13}\right)^{10/3} \cdot 10^6 = 12467 \cdot 10^6$$

$$L_h = \frac{L}{n} = \frac{12467 \cdot 10^6}{84 \cdot 10^3 \text{ h}^{-1}} \approx 148 \cdot 10^3 \text{ h} = 148000 \text{ h}.$$

3. Nominelle Lebensdauer des Axial-Rillenkugellagers 52310
Da das zweireihige Lager 52310 die gleichen Tragzahlen wie das einreihige 51310 besitzt, ist nach Tab. A18.10 die dynamische Tragzahl $C = 88$ kN. Mit $P = F_a = 6,6$ kN werden nach den Gln. 18.2 und 18.4:

$$L = \left(\frac{C}{P}\right)^3 \cdot 10^6 = \left(\frac{88}{6,6}\right)^3 \cdot 10^6 = 2370 \cdot 10^6,$$

$$L_h = \frac{L}{n} = \frac{2370 \cdot 10^6}{84 \cdot 10^3 \text{ h}^{-1}} = 28,2 \cdot 10^3 \text{ h} = 28200 \text{ h}$$

Schlußfolgerung
Mit den Lebensdauern von 148000 h und 28200 h ist die Bedingung $L \geqq 20000$ h erfüllt. Die Gebrauchsdauer ist entspr. länger, weil die Lager je nach Drehrichtung verschieden hoch beansprucht werden, die Zylinderrollenlager abwechselnd mit 3,13 kN und 1,5 kN, jeder Kugelkranz des Axial-Rillenkugellagers mit 6,6 kN und 0. Das leichtere Zylinderrollenlager NU 1008 mit $C = 29$ kN würde nur $L_h = 19880$ h erreichen und somit nicht ausreichen.

Beispiel 18.3
Das Rillenkugellager 6214 nach Beispiel 18.1 wird auch im Stillstand von $F_{r0} = 4,2$ kN und $F_{a0} = 3,4$ kN belastet. Es werden hohe Ansprüche an Laufruhe und Reibverhalten gestellt. Werden diese erfüllt?

Lösung:
Nach Tab. A18.3 sind $C_0 = 44$ kN, $X_0 = 0,6$ und $Y_0 = 0,5$ ($F_{a0}/F_{r0} = 3,4/4,2 \approx 0,81 > 0,8$). Damit wird nach Gl. 18.5:

$$P_0 = X_0 \cdot F_{r0} + Y_0 \cdot F_{a0} = 0,6 \cdot 4,2 \text{ kN} + 0,5 \cdot 3,4 \text{ kN} = 4,22 \text{ kN}.$$

Nach Gl. 18.6 ist dann die statische Kennzahl

$$f_s = \frac{C_0}{P_0} = \frac{44}{4{,}22} \approx 10.4 > 2{,}5,$$

so daß hohe Ansprüche an Laufruhe und Reibverhalten gewährleistet sind. Hätte sich $P_0 < F_{r0} = 4{,}2$ kN ergeben, so hätte mit $P_0 = F_{r0}$ gerechnet werden müssen.

18.5   Belastung von Kegelrollen- und Schrägkugellagern

Wenn eine Welle in Kegelrollenlagern oder Schrägkugellagern aufgenommen wird, so müssen die radialen Belastungskräfte F_{rA} und F_{rB} im Schnittpunkt der Drucklinien der Lager mit der Wellenachse nach Bild 18.31 angesetzt werden. In diesem Bild sind F_{rA}, F_{rB} und F_{aW} die Aktionskräfte, mit denen die Welle auf die Lager wirkt, nicht etwa die Reaktionskräfte der Lager auf die Welle. Die Lager können so eingebaut werden, daß der Abstand der Radialkräfte größer als der Lagerabstand ist (Bilder 18.31a und b) oder kleiner als dieser (Bilder 18.31c und d). In der Regel wird die O-Anordnung nach den Bildern 18.31a und b bevorzugt, weil sie die Wellenlage stabilisiert, die X-Anordnung nach den Bildern 18.31c und d ist jedoch nicht so empfindlich gegen Fluchtfehler. Die Wahl hängt vorwiegend von den Montagemöglichkeiten und einer leicht zu bewerkstelligenden Einstellung des Betriebsspiels der Lager ab.

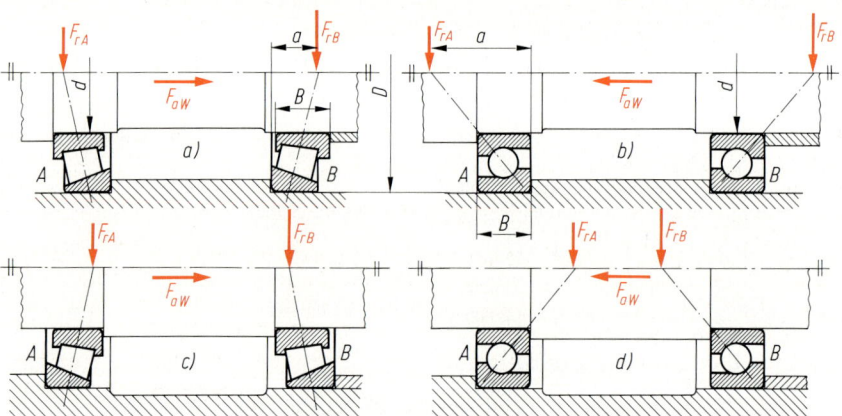

Bild 18.31 Anordnung von Kegelrollen- und Schrägkugellagern
a) und b) Drucklinien nach außen (O-Anordnung),   c) und d) Drucklinien nach innen (X-Anordnung)

Um sich über die Belastung der Lager Klarheit zu verschaffen, kann man sich diese der Einfachheit halber durch Kegelgleitlager ersetzt denken. In Bild 18.32 ist hierzu der Fall nach Bild 18.31a angenommen. Zunächst werden F_{rA} und F_{rB} jeweils in die Normalkomponenten F_{nA} und F_{nB} und die Längskomponenten F_{lA} und F_{lB} zerlegt (Bild 18.32a). Es betragen: $F_{lA} = F_{rA}/2\,Y_A$ und $F_{lB} = F_{rB}/2\,Y_B$, wobei Y_A und Y_B die Axialfaktoren der Lager A und B bedeuten (Tabn. A 18.4, A 18.8 und A 18.9).
Nunmehr werden nach Bild 18.32b die Normalkomponenten F_{nA} und F_{nB} in ihrer Wirkungslinie bis zu den Laufflächen verschoben und an diesen in die Komponenten F_{rA} und F_{lA} bzw. F_{rB} und F_{lB} zerlegt. In der Wellenachse wirken nunmehr nur noch die Längskräfte F_{lA}, F_{aW} und F_{lB}, die nach Bild 18.32c zu einer Resultierenden $F_{lW} = F_{aW} + F_{lB} - F_{lA}$ zusammengefaßt werden. Diese Resultierende will die Welle nach rechts schieben. Die Verschiebung kann nur das Lager A verhindern, weil das Lager B eine zwanglose Verschiebung der Welle nach rechts zuläßt. Somit muß die Laufläche des Lagers A diese Resultierende F_{lW} aufnehmen. Das Lager A wird daher außer mit der Radialkraft F_{rA} und der Axialkraft F_{lA} noch mit der Axialkraft F_{lW} belastet, also axial mit $F_{aA} = F_{lA} + F_{lW} = F_{lA} + F_{aW} + F_{lB} - F_{lA} = F_{aW} + F_{lB}$, weil sich die beiden Kräfte F_{lA} herauskürzen. Das Lager A ist daher mit der Radialkraft F_{rA} und der Axialkraft $F_{aA} = F_{aW} + F_{lB}$ belastet, das Lager B mit der Radialkraft F_{rB} und der Axialkraft $F_{aB} = F_{lB}$. Die Axialkraft F_{lB} braucht bei der Berechnung nicht in Betracht gezogen zu werden, da sie im Verhältnis zur Radialkraft F_{rB} klein ist, d.h. es ist das Verhältnis $F_{aB}/F_{rB} < e$, so daß $P_B = F_{rB}$ zu setzen ist.

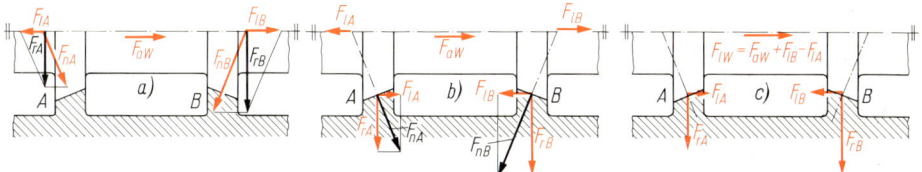

Bild 18.32 Schema der Belastung von Kegelrollen- oder Schrägkugellagern in der Anordnung nach Bild 18.31 a
a) Radialkräfte F_r zerlegt in Normal- und Axialkomponenten, b) Verschiebung der Normalkomponenten F_n und deren Zerlegung in Radial- und Axialkomponenten, c) Bildung der Resultierenden F_{lW} der Axialkräfte der Welle

Unter diesen Voraussetzungen sind in der Tab. 18.12 die für die Lebensdauerberechnung maßgebenden Axialbelastungen F_{aA} bzw. F_{aB} für die vier Möglichkeiten nach Bild 18.31 zusammengestellt. Hierbei spielt es keine Rolle, ob F_{rA} und F_{rB} gleichsinnig oder gegensinnig zueinander wirken. Die Lager A und B können auch verschieden groß sein.

Tab. 18.12 Für die Berechnung von Kegelrollen- und Schrägkugellagern einzusetzende Axialbelastungskräfte F_{aA} und F_{aB}

Fall nach Bild 18.31 a		Fall nach Bild 18.31 b	
$F_{aW} + \dfrac{F_{rB}}{2Y_B} > \dfrac{F_{rA}}{2Y_A}$	$F_{aA} = F_{aW} + \dfrac{F_{rB}}{2Y_B};\quad F_{aB} = 0$	$F_{aW} + \dfrac{F_{rA}}{2Y_A} > \dfrac{F_{rB}}{2Y_B}$	$F_{aA} = 0;\quad F_{aB} = F_{aW} + \dfrac{F_{rA}}{2Y_A}$
$F_{aW} + \dfrac{F_{rB}}{2Y_B} < \dfrac{F_{rA}}{2Y_A}$	$F_{aA} = 0;\quad F_{aB} = \dfrac{F_{rA}}{2Y_A} - F_{aW}$	$F_{aW} + \dfrac{F_{rA}}{2Y_A} < \dfrac{F_{rB}}{2Y_B}$	$F_{aA} = \dfrac{F_{rB}}{2Y_B} - F_{aW};\quad F_{aB} = 0$
Fall nach Bild 18.31 c		Fall nach Bild 18.31 d	
$F_{aW} + \dfrac{F_{rA}}{2Y_A} > \dfrac{F_{rB}}{2Y_B}$	$F_{aA} = 0;\quad F_{aB} = F_{aW} + \dfrac{F_{rA}}{2Y_A}$	$F_{aW} + \dfrac{F_{rB}}{2Y_B} > \dfrac{F_{rA}}{2Y_A}$	$F_{aA} = F_{aW} + \dfrac{F_{rB}}{2Y_B};\quad F_{aB} = 0$
$F_{aW} + \dfrac{F_{rA}}{2Y_A} < \dfrac{F_{rB}}{2Y_B}$	$F_{aA} = \dfrac{F_{rB}}{2Y_B} - F_{aW};\quad F_{aB} = 0$	$F_{aW} + \dfrac{F_{rB}}{2Y_B} < \dfrac{F_{rA}}{2Y_A}$	$F_{aA} = 0;\quad F_{aB} = \dfrac{F_{rA}}{2Y_A} - F_{aW}$

Beispiel 18.4

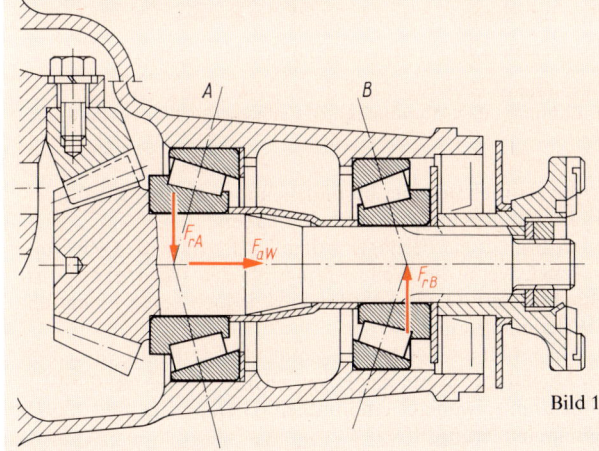

Die Ritzelwelle nach Bild 18.33 ist in Kegelrollenlagern DIN 720 – 32308 A bzw. ISO 355 – T2FD040 (Lager A) und 30205 A bzw. T3CC025 (Lager B) aufgenommen. Es betragen: $F_{rA} = 10\ \text{kN}$, $F_{rB} = 3\ \text{kN}$, $F_{aW} = 5\ \text{kN}$, Maximale Drehzahl der Ritzelwelle $n = 700\ \text{min}^{-1}$ $= 42 \cdot 10^3\ \text{h}^{-1}$. Welche nominelle Lebensdauer L_h ist von jedem der beiden Lager zu erwarten?

Bild 18.33 Ritzelwelle mit Kegelrollenlagern

Lösung:
1. Axialbelastungen der Lager A und B
   Aus den Tabn. A 18.8 und A 18.9 werden entnommen: $Y_A = 1,7$ und $Y_B = 1,6$. Es liegt der Fall nach Bild 18.31a vor. Gemäß Tab. 18.12 ist

$$F_{aW} + \frac{F_{rB}}{2Y_B} = 5\,kN + \frac{3\,kN}{2 \cdot 1,6} = 5,94\,kN > \frac{F_{rA}}{2Y_A} = \frac{10\,kN}{2 \cdot 1,7} = 2,94\,kN.$$

Somit werden: $F_{aA} = F_{aW} + \dfrac{F_{rB}}{2Y_B} = 5,94\,kN, \quad F_{aB} = 0.$

2. Nominelle Lebensdauer L_h des Lagers A
   Nach Tab. A 18.9 sind $C = 120\,kN$, $e = 0,35$, $Y = 1,7$ und $X = 0,4$. Es ist $F_a/F_r = 5,94/10 = 0,594 > e$. Somit nach Gl. 18.1:

$$P = X \cdot F_r + Y \cdot F_a = 0,4 \cdot 10\,kN + 1,7 \cdot 5,94\,kN = 14,1\,kN.$$

Nach den Gln. 18.3 und 18.4 werden:

$$L = \left(\frac{C}{P}\right)^{10/3} \cdot 10^6 = \left(\frac{120}{14,1}\right)^{10/3} \cdot 10^6 = 1258,6 \cdot 10^6, \quad L_h = \frac{L}{n} = \frac{1258,6 \cdot 10^6}{42 \cdot 10^3\,h^{-1}} \approx 29960\,h.$$

3. Nominelle Lebensdauer L_h des Lagers B
   Nach Tab. A 18.8 ist $C = 32,5\,kN$. Mit $P = F_{rB} = 3\,kN$ wird nach den Gln. 18.3 und 18.4:

$$L = \left(\frac{C}{P}\right)^{10/3} \cdot 10^6 = \left(\frac{32,5}{3}\right)^{10/3} \cdot 10^6 = 2813,2 \cdot 10^6, \quad L_h = \frac{L}{n} = \frac{2813,2 \cdot 10^6}{42 \cdot 10^3\,h^{-1}} \approx 66980\,h.$$

Einreihige Schrägkugellager werden mitunter in einer **Universal-Ausführung** als Fest- oder Loslager **paarweise** eingebaut. Dadurch wird bei relativ kleinen Abmessungen der Lagerstelle eine größere Starrheit verliehen (höhere Führungsgenauigkeit) und eine hohe Tragfähigkeit erreicht. Gepaart werden kann in:

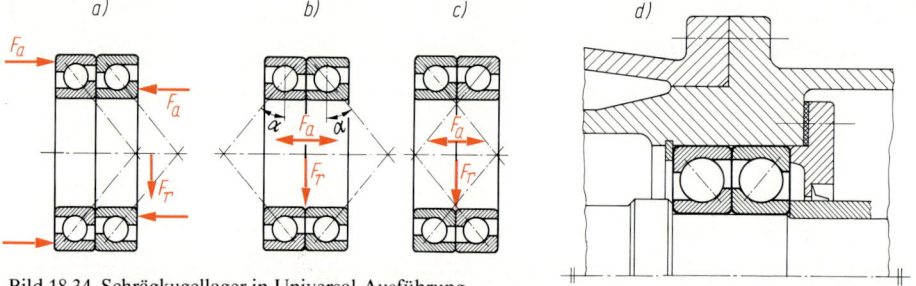

Bild 18.34 Schrägkugellager in Universal-Ausführung
          a) Tandem-Anordnung, b) O-Anordnung, c) X-Anordnung, d) Einbaubeispiel für ein Festlager

1. **Tandem-Anordnung** nach Bild 18.34a zur Aufnahme einer besonders hohen axialen Kraft in einer Richtung. Die Axialkraft F_a verteilt sich gleichmäßig auf beide Lager.
2. **O-Anordnung** nach Bild 18.34b, die bei Einbau als Festlager axiale Kräfte in beiden Richtungen aufnehmen kann. Sie wird bevorzugt, wenn die Welle wärmer als das Lagergehäuse ist, weil sich dann das Betriebsspiel nicht verringert. Diese Anordnung ist jedoch gegen Fluchtfehler zwischen Gehäusebohrung und Welle empfindlich.
3. **X-Anordnung** nach Bild 18.34c, die bei Einbau als Festlager ebenfalls axiale Kräfte in beiden Richtungen aufnehmen kann. Sie wird bevorzugt, wenn das Lagergehäuse wärmer als die Welle ist. Diese Anordnung ist gegen Fluchtfehler weniger empfindlich. Hierzu zeigt Bild 18.34d ein Einbaubeispiel für eine Kreiselpumpenlagerung.

Alle Schrägkugellager mit dem Nachsetzzeichen UA, UO oder UL können beliebig zur Tandem-, O- oder X-Anordnung zusammengesetzt werden. Die Welle ist mit dem Paßmaß j5, die Gehäuse-bohrung mit J6 auszuführen. Die Nachsetzzeichen kennzeichnen das Lagerspiel (die Lagerluft), und zwar:

UA: geringes Spiel,   **UO:** spielfrei,   **UL:** leichte Vorspannung.

Die Ausführung UO und UL geben der Welle eine besonders starre, spielfreie Führung, so daß sie für Werkzeugmaschinenspindeln oder Wellen von Maschinen bevorzugt werden, die genau zentrisch laufen und axial fixiert sein müssen, wie z.B. Kreiselpumpen oder Turbinen. Die Ge-brauchsdauer derartiger Lager ist jedoch kürzer als der mit Spiel laufenden.

Für paarweise eingebaute Schrägkugellager in Tandem-, O- oder X-Anordnung gilt: Die dynami-sche Tragzahl des Lagerpaares ist das 1,625fache der dynamischen Tragzahl C eines Einzellagers, bei O- oder X-Anordnung: Radialfaktor $X = 1$, Axialfaktor $Y = 0,55$ bei $F_a/F_r \leqq e$ (e nach Tab. A 18.4), jedoch $X = 0,57$ und $Y = 0,93$ bei $F_a/F_r > e$. Bei Tandem-Anordnung ist sonst wie bei einem Einzellager zu verfahren. Die statische Tragzahl eines Lagerpaares ist jeweils das Zweifache von C_0 eines Einzellagers, bei O- oder X-Anordnung sind $X_0 = 1$ und $Y_0 = 0,52$.

Der Effekt der UO- und UL-Lager kann auch mit normalen Schrägkugellagern DIN 628 erreicht werden, wenn zwischen die beiden Lager paßgerechte Scheiben gesetzt werden (siehe hierzu die Bilder 18.11 b und 18.12 b).

Sind zwei gleiche Kegelrollenlager unmittelbar nebeneinander in O- oder X-Anordnung eingebaut, so ist die dynamische Tragzahl des Lagerpaares das 1,715fache eines Einzellagers, bei $F_a/F_r \leqq e$ gilt $X = 1$ und der 1,12fache Tabellenwert für Y, bei $F_a/F_r > e$ ist $X = 0,67$ und Y der 1,68fache Tabellenwert. Für die statische Tragzahl C_0 und X_0 gilt dasselbe wie bei Schrägkugellagern in O- oder X-Anordnung, Y_0 ist der zweifache Tabellenwert (Tabn. 18.8 und 18.9).

18.6   Besondere Belastungsfälle

Wenn sich die Lagerbelastung zwischen einem Höchstwert P_{max} und einem Kleinstwert P_{min} periodisch ändert, wie bei Kurbelwellenlagern von Kraftmaschinen oder wie bei Hobelmaschi-nenlagern, so ist zu errechnen die

$$\text{äquivalente Belastung} \quad P = \frac{P_{min} + 2P_{max}}{3} \tag{18.7}$$

P_{min}, P_{max} in kN äquivalente Belastungen nach Gl. 18.1

Bei veränderlichen Belastungen P_1, P_2, P_3, ... während der Zeiten t_1, t_2, t_3, ..., jedoch gleichblei-benden Drehzahlen, beträgt die

$$\text{äquivalente Belastung} \quad P = \left(\frac{P_1^3 \cdot t_1 + P_2^3 \cdot t_2 + P_3^3 \cdot t_3 + \ldots}{t_{ges}} \right)^{1/3} \tag{18.8}$$

Anstelle der tatsächlichen Zeiten t_i können diese auch mit ihren prozentualen Anteilen eingesetzt werden, so daß dann $t_{ges} = 100$ ist (siehe hierzu Beispiel 18.5).

Ändern sich außerdem die Drehzahlen wie in Werkzeugmaschinen, so ist die

$$\text{äquivalente Belastung} \quad P = \left(\frac{P_1^3 \cdot N_1 + P_2^3 \cdot N_2 + P_3^3 \cdot N_3 + \ldots}{N_{ges}} \right)^{1/3} \tag{18.9}$$

N_i Anzahl der Überrollungen mit der Belastung P_i,
N_{ges} Anzahl der Gesamtüberrollungen (z.B. Lebensdauer L).

Anstelle der tatsächlichen Überrollungen N_i können diese auch mit ihren prozentualen Anteilen eingesetzt werden, so daß dann $N_{ges} = 100$ ist.

Beispiel 18.5

Das Wälzlager der Welle des Treibrades eines Fahrstuhles wird zu 15% mit $P_1 = 30$ kN, zu 60% mit $P_2 = 15$ kN und zu 25% mit $P_3 = 8$ kN beansprucht. Mit welcher äquivalenten Belastung ist zu rechnen?

Lösung: Nach Gl. 18.8 ist

$$P = \left(\frac{P_1^3 \cdot t_1 + P_2^3 \cdot t_2 + P_3^3 \cdot t_3}{t_{\text{ges}}} \right)^{1/3} = \left(\frac{30^3 \cdot 15 + 15^3 \cdot 60 + 8^3 \cdot 25}{100} \right)^{1/3} \text{kN} \approx 18{,}4 \text{ kN}$$

18.7 Grenzdrehzahl

Je höher die Rollgeschwindigkeit der Wälzkörper ist, um so mehr steigen die Reibverluste und die Erwärmung, und um so mehr machen sich Fliehkräfte unliebsam bemerkbar, die die Wälzkörper nach außen drücken. Dadurch ist jedes Lager in seiner Drehzahl nach oben begrenzt. Für Normallager gilt als Richtwert:

$$\text{Grenzdrehzahl} \quad n_{\text{g}} \approx \frac{Z_{\text{S}} \cdot Z_{\text{K}} \cdot K}{K_{\text{D}}} \qquad\qquad (18.10)$$

n_{g} in min^{-1} Grenzdrehzahl der Normallager,
Z_{S} Beiwert zur Berücksichtigung der Schmierart und Lagergröße, bei

$$\begin{aligned}\text{Fettschmierung:} \quad & Z_{\text{S}} = 3 \text{ bei } D < 30 \text{ mm} \\ & \qquad\ = 1 \text{ bei } D \geq 30 \text{ mm},\\ \text{Ölschmierung:} \quad & Z_{\text{S}} = 3{,}75 \text{ bei } D < 30 \text{ mm},\\ & \qquad\ = 1{,}25 \text{ bei } D \geq 30 \text{ mm},\end{aligned}$$

Z_{K} Beiwert zur Berücksichtigung kombinierter Belastung nach Bild 18.35,
K in min^{-1} Drehzahlkonstante in Abhängigkeit von der Lagerbauform nach Tab. 18.13,
K_{D} Durchmesserbeiwert
$$\begin{aligned}& = D - 10 \text{ bei } D \geq 30 \text{ mm},\\ & = D + 30 \text{ bei } D < 30 \text{ mm}.\end{aligned}$$
Hierin ist D der Zahlenwert des Außendurchmessers des Lagers ohne die Einheit mm.

Die Grenzdrehzahl nach Gl. 18.10 gilt nur für Lager in normaler Ausführung, wenn $F_{\text{r}} \leq 0{,}1\,C$ bei Radiallagern und $F_{\text{a}} \leq 0{,}1\,C$ bei Axiallagern ist! Bei $n > n_{\text{g}}$ müssen die Lager eine erhöhte Laufgenauigkeit erhalten. Ferner tragen Sonderkäfige und Verbesserungen in der Schmierung und Kühlung zur Erhöhung der Grenzdrehzahl bei. In der Praxis sind die Angaben zur Grenzdrehzahl in den Katalogen der Wälzlagerhersteller zu beachten. Eine entsprechende Norm befindet sich in Vorbereitung. Bei Sonderfällen ist eine Beratung durch den Lagerlieferanten erforderlich.

Tab. 18.13 Anhaltswerte für Drehzahlkonstanten K in Abhängigkeit von der Bauform der Wälzlager

Lagerbauform			K min^{-1}
Radiallager	Rillenkugellager	einreihig	500000
		einreihig, mit Dichtscheiben	360000
		zweireihig	320000
	Schulterkugellager		500000
	Schrägkugellager	einreihig	500000
		einreihig, paarweise eingebaut	400000
		zweireihig	360000
	Vierpunktlager		400000
	Pendelkugellager		500000
	Pendelkugellager	mit breitem Innenring	250000
	Zylinderrollenlager	einreihig	500000
		zweireihig	500000
	Nadellager	einreihig	300000
		zweireihig	200000
	Kegelrollenlager		320000
	Tonnenlager		220000
	Pendelrollenlager	Reihe 213	220000
		Reihen 222, 223	320000
		sonstige	250000
Axiallager	Axial-Rillenkugellager		140000
	Axial-Schrägkugellager		220000
	Axial-Zylinderrollenlager		90000
	Axial-Pendelrollenlager (nur Ölschmierung)		220000
	Axial-Nadellager		180000

Falls in den Katalogen die Grenzdrehzahl bei Fett- und bei Ölschmierung angegeben ist, muß sie bei kombinierter Belastung mit dem Beiwert Z_K multipliziert werden.
Bei eingebauten Dichtscheiben ist die Grenzdrehzahl um rund 20% niedriger.

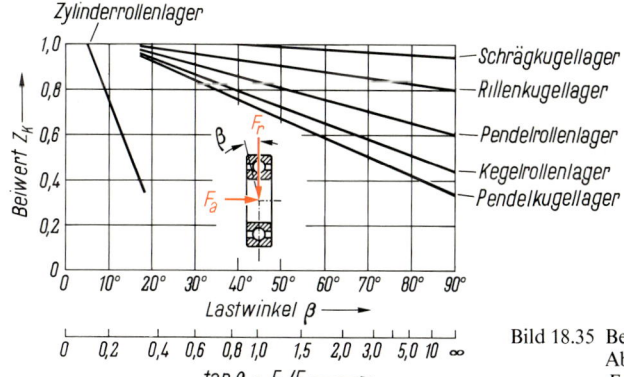

Bild 18.35 Beiwert Z_K für kombinierte Belastung in Abhängigkeit vom Belastungsverhältnis F_a/F_r

Beispiel 18.6

Das Kegelrollenlager 32308 nach Beispiel 18.4 mit $C = 100$ kN hat eine Radialkraft $F_r = 10$ kN und eine Axialkraft $F_a \approx 6$ kN aufzunehmen. Es läuft mit $n = 700$ min^{-1}. Wie groß ist seine Grenzdrehzahl bei Fettschmierung?

Lösung:
Da $F_r/C = 10/100 = 0{,}1$ ist, darf mit der Gl. 18.10 gerechnet werden. Nach Tab. A 18.9 ist $D = 90$ mm. Mit $Z_S = 1$, $K_D = D - 10 = 90 - 10 = 80$, $K = 320000$ min^{-1} (Tab. 18.13) und $Z_K = 0{,}83$ aus Bild 18.35 bei $F_a/F_r = 6/10 = 0{,}6$ wird mit Gl. 18.10:

$$n_g = \frac{Z_s \cdot Z_K \cdot K}{K_D} = \frac{1 \cdot 0{,}83 \cdot 320000 \text{ min}^{-1}}{80} = 3320 \text{ min}^{-1}$$

Gegen den Einsatz eines Normallagers bestehen somit keine Bedenken, da $n < n_g$.

18.8 Schmierung der Wälzlager

Einer vollständigen Trennung der Paarungsflächen Wälzkörper/Rollbahnen durch einen tragfähigen Schmierfilm kommt wegen der Abwälzbewegung der Rollkörper bei weitem nicht die Bedeutung zu wie bei Gleitlagern. In den meisten Fällen wird eine betriebssichere Schmierung mit Fetten oder Ölen beliebiger Konsistenz bzw. Viskosität erreicht.

Fettschmierung:
Wegen der einfachen Abdichtung und der bequemen Nachschmierung werden die Wälzlager bevorzugt mit Fett geschmiert. Über die Einsatzfähigkeit der einzelnen Fette je nach Betriebstemperatur siehe Abschnitt 16.4 (Seite 335).

Für die **Fettauswahl** gilt erfahrungsgemäß: Bei $n/n_g \leq 1$ und $f \cdot P/C \leq 0{,}16$ kommen die normalen Wälzlagerfette nach DIN 51825 in Betracht, bei $n/n_g = 0{,}3 \ldots 0{,}5$ und $f \cdot P/C \geq 0{,}16$ Hochdruckfette (z. B. Calcium-Komplex-Seifenfette), bei $n/n_g > 1$ Fette für schnellaufende Lager (z. B. Barium-Komplex-Seifenfette oder Polyharnstoff-Fette). Hierbei ist f der Belastungsfaktor, und zwar $f = 1$ für beliebig belastete Kugellager und überwiegend radial belastet Rollenlager ($F_a/F_r \leq 1$), $f = 2$ für überwiegend axial belastete Rollenlager ($F_a/F_r > 1$).

Wenn die Reibung im Lager besonders klein sein muß, dann werden weiche Fette gewählt, z. B. wenn kleine Einstellbewegungen ruckfrei erfolgen sollen oder die Antriebsmaschine nur Lagerreibung zu überwinden hat. Das gilt auch, wenn aus dem kalten Zustand rasch angefahren werden muß. Weiche Fette werden auch dort angewendet, wo sie durch lange Kanäle zu den Schmierstellen gepreßt werden müssen. Steifere Fette werden dagegen bevorzugt, wenn die Laufgeräusche möglichst gering sein müssen. Das gilt auch, wenn das Fett am Wellenaustritt einen dichtenden Kragen bilden soll, um den Eintritt von Staub, Fremdkörpern und Wasser zu verhindern.

Besteht die Gefahr, daß das Fett infolge seiner Schwerkraft aus dem Lager austreten kann, wie z. B. bei senkrecht stehenden Wellen, besonders dann, wenn das Fett durch höhere Temperaturen sehr weich wird, dann sind haftfähige Fette mit höherer Gebrauchstemperatur zu wählen.

Derzeitig geht der Trend zur **for-life-Schmierung,** d. h. zur einmaligen Schmierung für die gesamte Lebensdauer der Lager. Das setzt walkstabile und alterungsbeständige Fette voraus. Da die Fette bei höheren Temperaturen rasch altern, müssen außerdem Fette verwendet werden, deren Gebrauchstemperatur beträchtlich über der zu erwartenden Betriebstemperatur liegt. Dafür eignen sich Lithiumseifenfette oder entspr. Spezialfette.

Die **einzufüllende Fettmenge** richtet sich vorwiegend nach der Betriebsdrehzahl. Die eigenen Hohlräume des Wälzlagers sollten stets vollgefüllt werden, damit alle Funktionsflächen Schmierstoff erhalten. Der Gehäuseraum neben dem Lager soll bei $n/n_g < 0{,}2$ voll, bei $n/n_g = 0{,}2\ldots0{,}8$ zu einem Drittel gefüllt werden und bei $n/n_g > 0{,}8$ leer bleiben. Bei niedrigen Drehzahlen wirkt sich die Walkreibung im Fett nicht störend aus, so daß dann eine große Fettmenge die Nachschmierfristen verlängert. Wälzlager mit beidseitigen Dichtscheiben werden zu $20\ldots30\%$ mit Fett gefüllt, das meistens für die Lebensdauer des Lagers ausreicht.

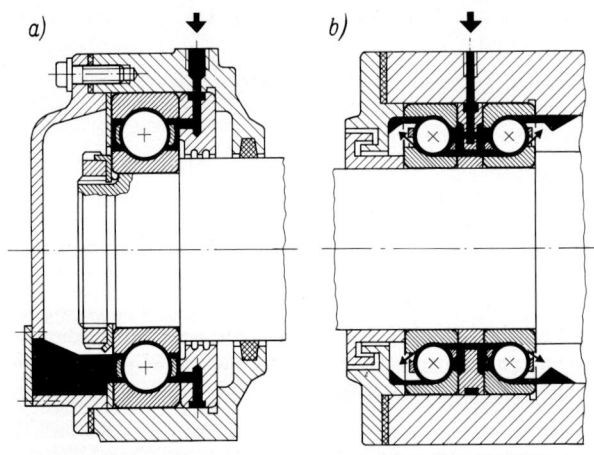

Bild 18.36 Fettschmierung von Wälzlagern (nach FAG Kugelfischer, Schweinfurt)
a) eines Rillenkugellagers,
b) zweier Schrägkugellager

Bild 18.36 zeigt Beispiele fettgeschmierter Lager. Nach Bild 18.36a befindet sich neben dem Lager eine dicke Scheibe, durch deren Bohrungen den Wälzkörpern das Fett zugeführt wird. Beim Nachschmieren sammelt sich das alte, verdrängte Fett in einer Kammer, aus der es von Zeit zu Zeit entfernt werden muß. Auch die Kammer links neben dem Filzring wird mit Fett gefüllt, um die Abdichtung zu verbessern. Bei der Ausführung nach Bild 18.36b liegt die dicke Scheibe zwischen den beiden Lagern, so daß durch deren Bohrungen beide Lager in Höhe der Wälzkörper mit Fett versorgt werden. Eine Stauung des Fettes wird vermieden, weil es durch die Fliehkraft (Pfeile) nach außen gefördert wird.

Ölschmierung:
Zu einer Minimalschmierung, die im allgemeinen ausreicht, benutzt man vorwiegend kleine Pumpenaggregate, die viele Stellen gleichzeitig versorgen und jedem Lager je nach Größe und Drehzahl $0,1\ldots5$ cm^3 Öl/min über Bohrungen zuführen.

Zur Schmierung insbesondere schnellaufender Lager hat sich die **Ölnebelschmierung** bewährt. Es wird Druckluft über ein Saugrohr geblasen, dessen unteres Ende in einem Ölbad steht. Vom Luftstrom werden Öltröpfchen empor- und mitgerissen. Die ölgeschwängerte Luft wird den Lagern über Rohrleitungen zugeführt, die kurz vor den Wälzkörpern der Lager enden. Die Ölnebelschmierung bietet den Vorteil, daß der Luftstrom gleichzeitig die Lager kühlt und durch seinen Überdruck das Eindringen von Staub und Fremdkörpern verhindert.

Bei den beiden vorgenannten Schmierungsarten fließt das Öl in Sammelbehälter zurück.

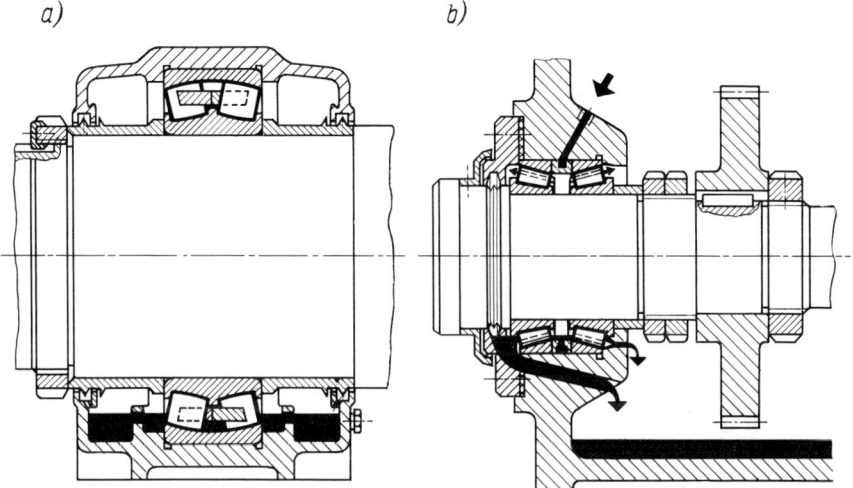

Bild 18.37 Ölschmierung von Wälzlagern (nach FAG Kugelfischer, Schweinfurt)
a) Tauchschmierung,   b) Umlaufschmierung

Einfach und sicher ist die **Tauchschmierung** (Bild 18.37a). Bei jeder Umdrehung werden die Wälzkörper mit Öl benetzt. Der untere Wälzkörper darf nur etwa bis zur Hälfte in das Öl eintauchen, weil es bei höherem Ölstand zu Schaumbildungen und Temperaturerhöhungen kommt. Dadurch altert das Öl schneller. Lediglich bei $n/n_g < 0,4$ darf mehr Öl eingefüllt werden. In Getrieben genügt das von den Zahnrädern abgespritzte Öl meistens zur Schmierung der Wälzlager. Es muß aber sichergestellt sein, daß das Spritzöl auch an die Lager gelangt, beispielsweise durch Rinnen oder Rippen an den Gehäusewandungen.

Wenn bei mittleren bis hohen Drehzahlen und hohen Umgebungstemperaturen Wärme abgeführt werden muß, so können in einer **Ölumlaufschmierung** entspr. große Ölströme zugeführt werden (Bild 18.37b). Da jedes Wälzlager dem durchfließenden Öl einen Widerstand entgegensetzt, kann nicht beliebig viel Öl hindurchgepumpt werden. Man rechnet etwa bei

D	=	30	50	100	200	500	1000 mm
Q_s	=	0,001	0,003	0,01	0,05	0,3	0,5 dm^3/min
Q_k	=	0,003	0,07	0,3	1	7	12 dm^3/min

Hierin ist Q_s der zur Schmierung ausreichende Schmieröldurchsatz, Q_k der zur Kühlung maximal mögliche Öldurchsatz (bei unsymmetrischen Lagern noch etwas höher). Am einfachsten wird das Öl an einer Stirnseite des Lagers über Bohrungen oder Rohre zugeführt. Es fließt an der anderen Stirnseite ab und über Kanäle oder direkt zum Sammelbehälter zurück.

Als grundsätzliche Richtlinie gilt, daß die kinematische Viskosität des Schmieröls **mindestens 12 mm²/s** bei der Betriebstemperatur betragen soll.

Literaturhinweise

Bensch, E.: Nadellager mit kleinstem Raum für hohe Drehzahlen und hohe Belastungen. Z. Konstruktion 7/1965.

Braun, B.: Drahtwälzlager. Techn. Rundschau 49/1957.

Brändlein, J.: Der Einfluß regellos veränderlicher Belastungen und Drehzahlen auf die Beanspruchung von Wälzlagern. Z. Werkstatt und Betrieb 2/1970.

Buchmann: Nadellager mit einstellbarem Spiel. Z. Werkstattechnik 47/1957.

Conti, G.: Die Wälzlager. Hanser-Verlag 1963/1965.

Dirlam, K.: Beitrag zur wirklichkeitsnahen Lebensdauerberechnung der Wälzlager im Kraftfahrzeugbau. Z. Kraftfahrzeugtechnik 9 u. 10/1958.

Eschmann/Hasbargen/Weigand: Die Wälzlagerpraxis. Oldenbourg-Verlag 1953.

Eschmann, P.: Das Leistungsvermögen der Wälzlager. Springer-Verlag 1964.

Eschmann, P.: Neuere Entwicklungen auf dem Gebiet der Wälzlagertechnik. Industrie-Anzeiger 74/1952.

Frase, D.: Messung betriebs- und verfahrensbedingter Kräfte in Maschinen mit kraftmessenden Wälzlagern. Z. Antriebstechnik 14/1975.

Gallasch, E.: Miniaturkugellager in hochtourigen Instrumenten. Z. Techn. Rundschau 26/1962.

Hampp, W.: Optimale Wälzlagerungen durch richtige Lagerauswahl. VDI-Ber. 141/1970.

Hampp, W.: Wälzlagerungen. Springer-Verlag 1968.

Illmann, A. und *H. K. Obst:* Wälzlager in Eisenbahnwagen und Dampflokomotiven. Verlag Ernst & Sohn, Berlin 1957.

Jürgensmeyer, W.: Die Wälzlager. Springer-Verlag 1937.

Jürgensmeyer, W.: Gestaltung von Wälzlagerungen. Springer-Verlag 1953.

Janowitz, A.: Zur Berechnung der äquivalenten Belastung von Wälzlagern bei zeitlich und größenmäßig veränderlicher Belastung. Z. Maschinenbautechnik 1/1955.

Korren, H.: Wälzlager bei außergewöhnlichen Betriebsbedingungen. VDI-Ber. 141/1970.

Kunert, K. H.: Die vorgespannte wälzkörpergelagerte Geradführung. Z. Konstruktion 13/1961.

Lohmann, G. und *H. H. Schreiber:* Zur Bestimmung der Lebensdauerexponenten von Wälzlagern. Z. Werkstatt und Betrieb 4/1959.

Pittroff, H.: Wälzlager in den Grenzgebieten ihrer Anwendung. Z. Maschinenbautechnik 10/1968.

Pittroff, H. und *H. Schröder:* Sie machen Lager leichter und dicht. Kunststoffe in der Wälzlagertechnik. Z. Maschinenmarkt 83/1971.

Unterberger, R.: Berechnung und Anwendung des Drahtkugellagers. VDI-Z. 92/1950.

Villinger, F.: 20 Jahre Drahtkugellager. Z. Konstruktion 6/1954.

Wallin, E.: Lagerprobleme in Elektromotoren. Techn. Rundschau 5/1967.

VDI-Berichte 549: Gleit- und Wälzlagerungen. VDI-Verlag Düsseldorf 1985.

19 Lager- und Wellendichtungen

Dichtungen verhindern den Austritt von Schmiermitteln und das Eindringen von Fremdkörpern, Staub usw. in das Lager oder den Lagerraum. Hierzu können schleifende Dichtungen oder berührungsfreie Dichtungen dienen. Schleifende Dichtungen verursachen eine zusätzliche Reibung und damit Erwärmung und Energieverluste, berührungsfreie können jedoch nicht gegen Über- oder Unterdruck abdichten und sind nicht sicher gegen das Eindringen von Staub.

19.1 Schleifende Dichtungen

Bis zu mittleren Gleitgeschwindigkeiten (etwa 4 m/s) genügen **Filzringe** DIN 5419 nach Bild 19.1, Tab. A 19.1. Vor dem Einbau werden sie mit heißem Öl getränkt. Die trapezförmigen Gehäuserillen verformen den Rechteckquerschnitt des Ringes und drücken ihn mit Spannung auf die Welle. Da die Spannung mit der Zeit nachläßt, sind Filzringe als Öldichtung nur in Verbindung mit anderen Dichtelementen zu gebrauchen (siehe Abschnitt 19.2). Die Dichtwirkung kann durch Hintereinanderlegen mehrerer Filzringe verstärkt werden (Bild 19.1b). Noch sicherer sind Stopfbuchs-Dichtungen (Bild 19.1c), in denen eine Brille die Filzringe unter Spannung hält. Die Reibung ist dann allerdings höher, so daß sie nur bei kleinen Gleitgeschwindigkeiten zu empfehlen sind.

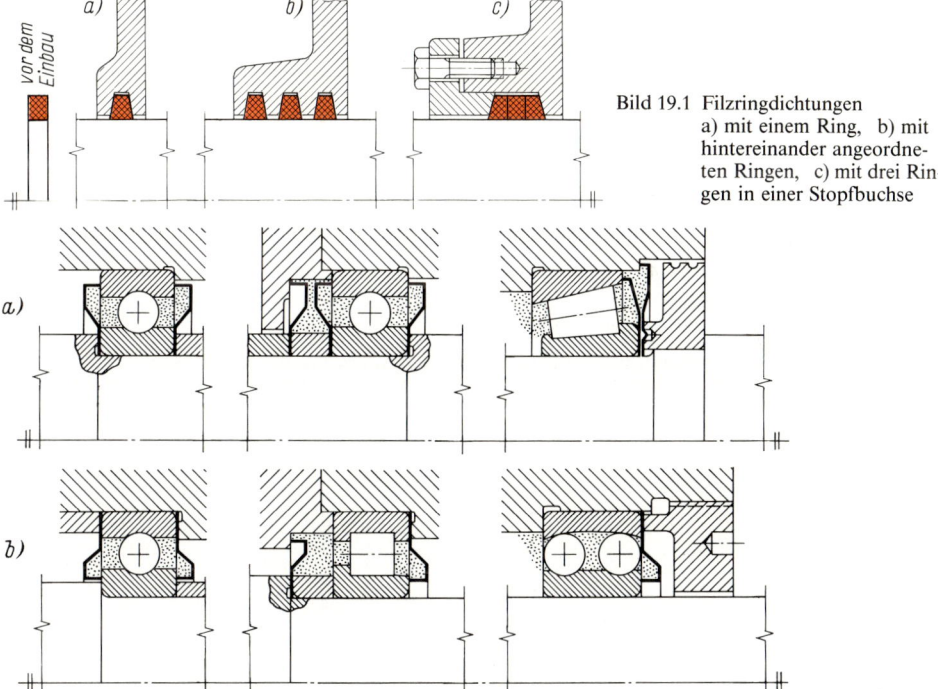

Bild 19.1 Filzringdichtungen
a) mit einem Ring, b) mit hintereinander angeordneten Ringen, c) mit drei Ringen in einer Stopfbuchse

Bild 19.2 Nilosringe zur Abdichtung von Wälzlagern (Ziller & Co, Düsseldorf)
a) außen dichtend, b) innen dichtend

Für Wälzlager haben sich **Nilosringe** als dünne Blechteller (Bild 19.2) gut bewährt. Sie werden für Außenringdichtung (Bild 19.2a) und Innenringdichtung (Bild 19.2b) geliefert. Eine scharfe Kante drückt auf die Stirnseite des Außen- oder Innenringes des Lagers und schleift in diesen eine feine Rille ein, so daß ein Fettaustritt verhindert wird. Nilosringe sind wegen des dünnen Bleches gegen Stöße empfindlich, und bereits kleine Beulen machen sie unbrauchbar. Ihr Einbau muß daher sehr sorgfältig erfolgen. Von Vorteil sind ihr leichter, einfacher Einbau und ihr niedriger Preis.

Weit verbreitet sind **Radial-Wellendichtringe** DIN 3760 (Bild 19.3) in den Formen A mit einer Dichtlippe und AS mit einer zusätzlichen Schutzlippe. Es sind unter radialer Federspannung stehende Manschetten aus Elastomeren (Kautschuk). Die Form AS bietet den Vorteil, daß Verschmutzungen von der eigentlichen Dichtstelle ferngehalten werden. Zweckmäßig wird der Raum zwischen beiden Lippen mit Fett gefüllt, um den Verschleiß der Dichtlippe zu verringern und die Korrosion der Welle zu verzögern. Die Dichtlippe muß immer dem abzudichtenden Medium zugekehrt sein und darf nicht trockenlaufen. Als Elastomere werden eingesetzt: Nitril-Butadien-Kautschuk NB, Acrylat-Kautschuk AC, Silicon-Kautschuk SI und Fluor-Kautschuk FP. In der Tab. 19.2 sind die abdichtbaren Medien und die geeigneten Elastomere aufgeführt. Ein Punkt bedeutet, daß innerhalb der Mediengruppe auch schädigende bekannt sind, ein Strich bedeutet, daß für die Mediengruppe das Elastomer nicht beständig ist. Die Elastomere werden farbig gekennzeichnet: **NB** weiß, **AC** gelb, **SI** blau, **FP** rot. Aus Bild 19.4 ist zu entnehmen, welche Elastomere in Abhängigkeit von der Umfangsgeschwindigkeit v der Welle und vom Wellendurchmesser d_1 geeignet sind. Der Druckunterschied des Mediums gegenüber der Außenluft darf betragen bei

$n \leqq$	1000	2000	3000 min^{-1}
$v \leqq$	2,8	3,15	5,6 m/s
$p \leqq$	0,5	0,35	0,2 bar

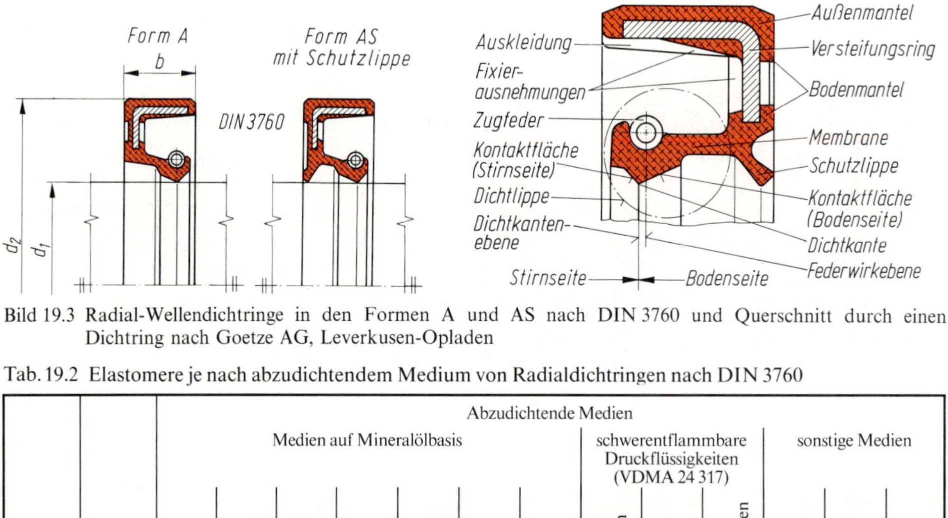

Bild 19.3 Radial-Wellendichtringe in den Formen A und AS nach DIN 3760 und Querschnitt durch einen Dichtring nach Goetze AG, Leverkusen-Opladen

Tab. 19.2 Elastomere je nach abzudichtendem Medium von Radialdichtringen nach DIN 3760

Werkstoff-Kennbuchstabe	Tieftemperatur (darf im Regelfall zugelassen werden)	Abzudichtende Medien												
		Medien auf Mineralölbasis							schwerentflammbare Druckflüssigkeiten (VDMA 24 317)			sonstige Medien		
		Motorenöle	Getriebeöle	Hypoid-Getriebeöle	ATF-Öle	Druckflüssigkeiten (siehe VDMA 24318)	Heizöle EL und L	Fette	HSB Wasser-Öl-Emulsionen	HSC wäßrige Lösungen	HSD wasserfreie Flüssigkeiten	Wasser	Waschlaugen	Bremsflüssigkeiten
	°C	zulässige Dauertemperaturen des Mediums in °C												
NB	−40	100	80	80	100	90	90	90	70	70	–	90	90	–
AC	−30	130	120	120	130	120	•	•	–	•	–	–	–	•
SI[3]	−50	150	130	–	•	•	•	•	•	•	•	–	–	•
FP	−30	170	150	150	170	150	150	•	•	•	150	100	100	•

[3] SI nur anwendbar bei Zutritt von Luftsauerstoff an die Dichtstelle

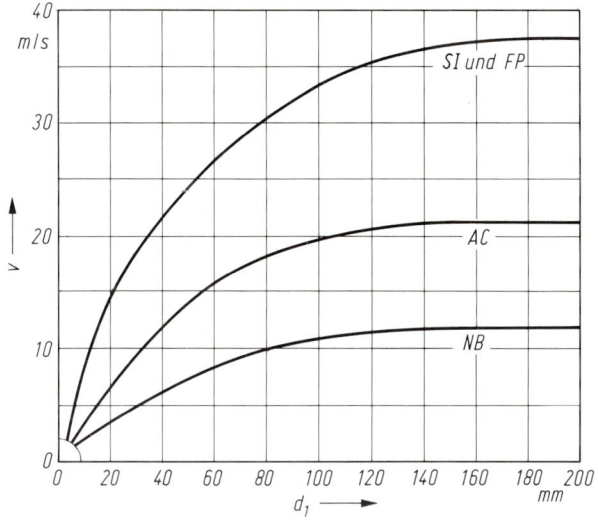

Bild 19.4 Einsatzfähigkeit der Elastomere für Radialdichtringe nach DIN 3760

Um die Abdichtung zwischen Lippe und Welle sicherzustellen, muß die Welle im Laufflächenbereich eine Rauhtiefe $R_z = 1 \ldots 4$ μm haben. Die Bearbeitung darf keine Drallorientierung zeigen, die bei Undichtheit das Medium hinausbefördert. Die Wellenoberfläche soll eine Härte von mindestens 45 HRC aufweisen, bei Zutritt von verschmutzten Medien oder bei Umfangsgeschwindigkeiten über 4 m/s eine Härte von mindestens 55 HRC, Eindringtiefe mindestens 0,3 mm. Die erforderliche Rundlaufgenauigkeit ist je nach Wellendurchmesser und Drehzahl entspr. Diagrammen in DIN 3760 zu entnehmen.

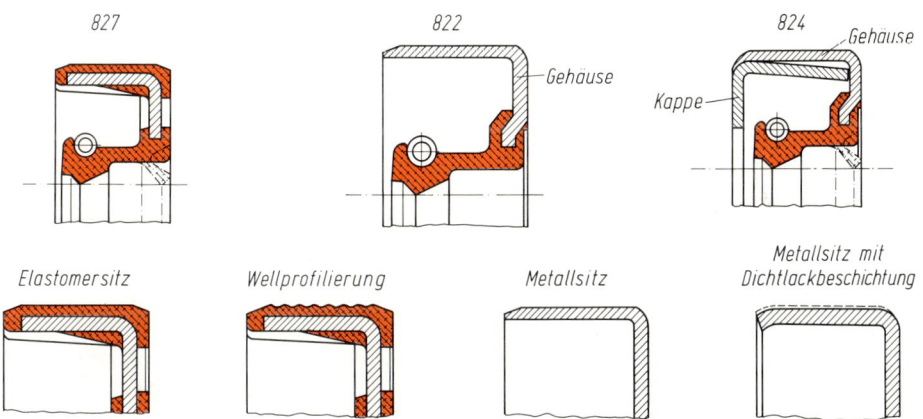

Bild 19.5 Bauformen und äußere Sitzfläche von Radial-Wellendichtringen (Goetze AG, Leverkusen-Opladen)

Ein metallischer Versteifungsring gibt dem Elastomerteil den Halt. Bild 19.5 zeigt verschiedene Bauformen von Dichtringen, die auch ein metallisches Schutzgehäuse (einen Blechmantel) erhalten können, mit dem sie eingepreßt werden. Einige weitere Aufführungen der Firma **Goetze AG** zeigt Bild 19.6, solche ohne Schutzmantel der Firma **Carl Freudenberg** Bild 19.7. Wie aus diesen Bildern ersichtlich ist, können die Dichtlippen auch am Außenumfang liegen, wenn dies aus Montage- oder Funktionsgründen günstiger ist. Weiterhin kann auch ein Laufring auf die Welle gepreßt werden, auf dem die Dichtlippe läuft (Bild 19.8). In diesem Falle wird das Härten und

Schleifen der Wellenoberfläche erspart. Bild 19.9a zeigt ein Wälzlager, zwischen dessen Ringen ein Radialdichtring eingebaut ist, Bild 19.9b einen an der Stirnseite eines Wälzlagers eingebauten Dichtring, Bild 19.10 die Abdichtung einer besonders schmutzbeaufschlagten Stelle.

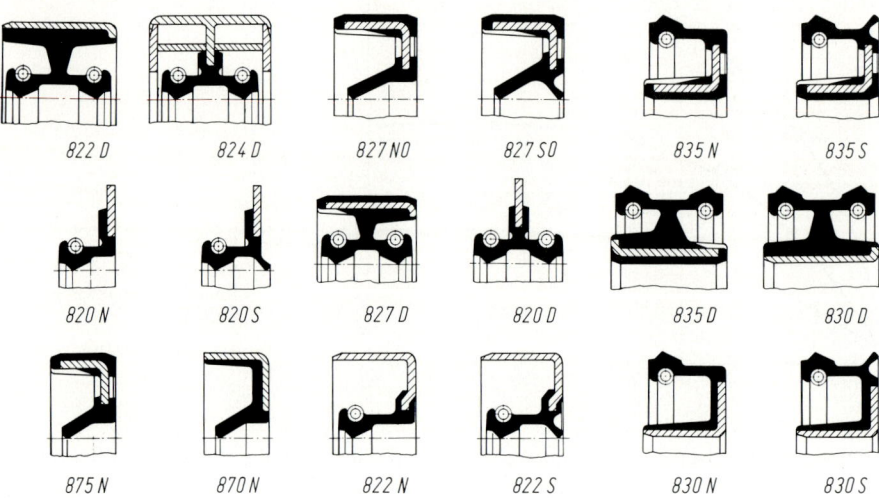

Bild 19.6 Weitere Formen von Radial-Dichtringen der Goetze AG, Leverkusen-Opladen

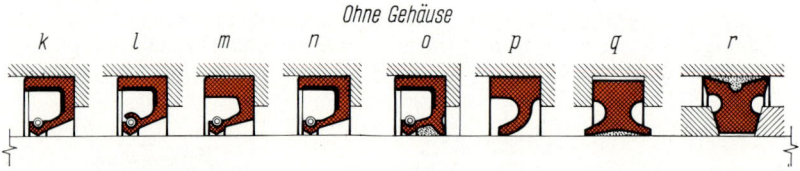

Bild 19.7 Radial-Dichtringe ohne Außenmantel (Carl Freudenberg, Weinheim/Bergstr.)
Die rechten drei Formen nur für untergeordnete Zwecke bei Langsamlauf

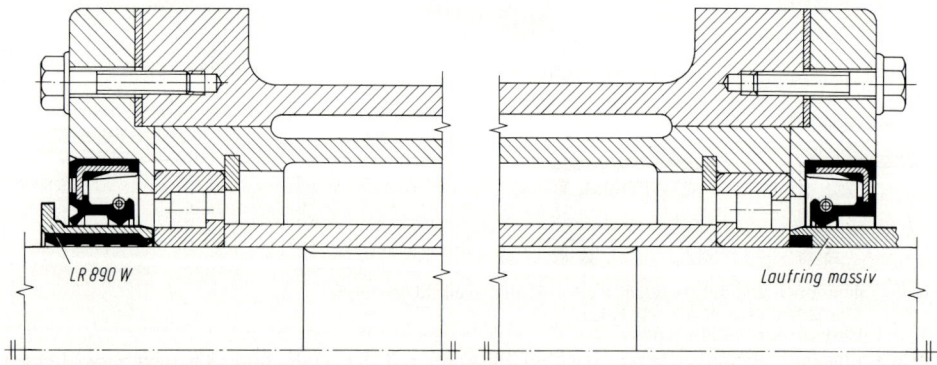

Bild 19.8 Radialdichtringe mit Laufringen auf der Welle (Goetze AG, Leverkusen-Opladen)

Die Gehäusebohrung zur Aufnahme des Dichtringes nach DIN 3760 ist mit H8 und $R_z \leqq 16 \, \mu m$ zu fertigen. Die Wellendichtringe müssen zentrisch und winkelrecht eingebaut sein. Spritzringe, Labyrinthe u. dgl. dürfen nicht vor den Dichtring gesetzt werden, um den Zutritt des Mediums (Fett, Öl) an die Dichtringe nicht zu behindern. Auch Luftpolster können den Zutritt des Mediums verhindern. In solchen Fällen schaffen Entlüftungsnuten oder -bohrungen Abhilfe (Bild 19.11). Gegen Spritzwasser oder Dampfeintritt dichten am besten doppelte Ledermanschetten (Bild 19.12).

Abmessungen der genormten Radial-Wellendichtringe siehe Tab. A 19.3. Mit DIN 3761 sind Radialdichtringe für den Kraftfahrzeugbau genormt.

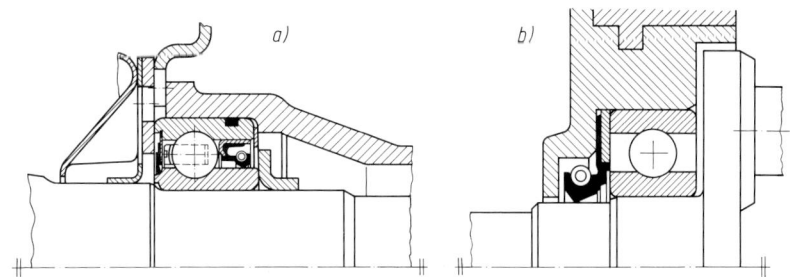

Bild 19.9 Radialdichtringe an Wälzlagern (Goetze AG, Leverkusen-Opladen)
a) zwischen Außen- und Innenring,   b) an der Stirnseite des Wälzlagers

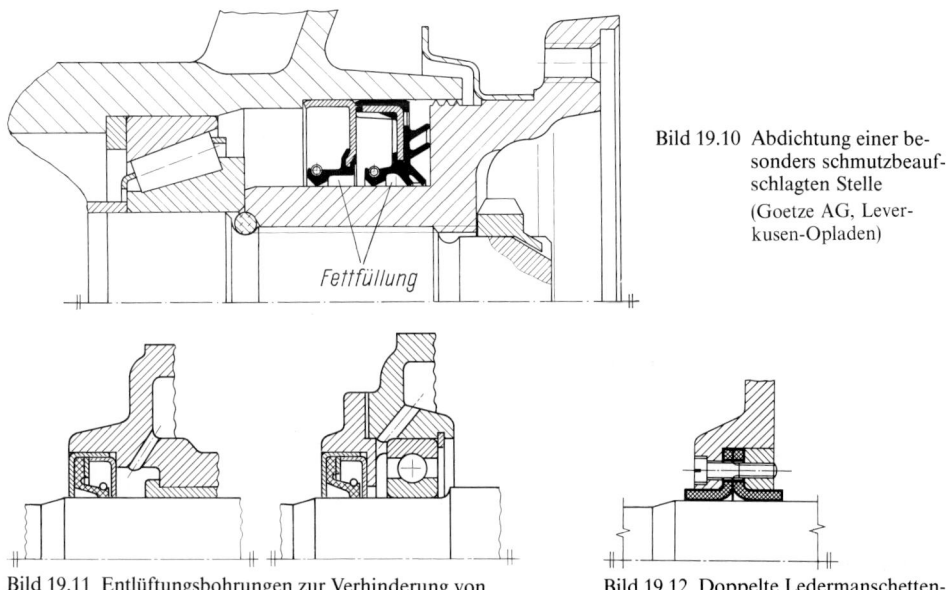

Bild 19.10 Abdichtung einer besonders schmutzbeaufschlagten Stelle

(Goetze AG, Leverkusen-Opladen)

Bild 19.11 Entlüftungsbohrungen zur Verhinderung von Luftpolstern

Bild 19.12 Doppelte Ledermanschetten-Dichtung

Eine einfache, billige Dichtung ist die mit einem Runddichtring DIN 3770 nach Bild 19.13 (Norm zurückgezogen, für Neukonstruktionen nur ○-Ringe DIN 3771 verwenden), der jedoch nur beschränkt eingesetzt werden kann (siehe unten). Er besteht aus einem Elastomer, und zwar NB Nitril-Butadien-Kautschuk (weiß), AC Acryl-Kautschuk (gelb), SI Silicon-Kautschuk (blau), FP Fluor-Kautschuk (rot), EP Äthylen-Prophylen-Kautschuk (patinagrün), CR Chloropren-Kautschuk (orange), SB Styrol-Butadien-Kautschuk (braun), BU Butyl-Kautschuk (silber), NR Natur-Kautschuk (violett) oder FS Fluor-Silicon-Kautschuk (grau). Je nach Elastomer befinden sich auf den Ringen die in Klammern gesetzten Farbkennzeichen. Die Runddichtringe dienen zum Abdichten ruhender Teile, bewegter Teile bei hin- und hergehender Bewegung (Hydraulik, Pneumatik) oder sich zueinander drehender Teile, die keinem Dauerbetrieb unterliegen, z. B. Armaturspindeln.

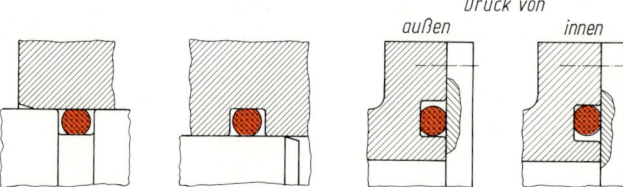

Bild 19.13 Einbau von Runddichtringen DIN 3770 und ◯-Ringen DIN 3771

19.2 Berührungsfreie Dichtungen

Berührungsfreie Dichtungen wirken durch austrittsverhindernde Wirbelbildungen oder Stauungen des Schmiermittels in einem Spalt. Die **einfache Spaltdichtung** (Bild 19.14) darf nur bei kleinen Drehzahlen und geringer Erwärmung angewendet werden, weil das im Spalt befindliche Fett zäh bleiben muß. Wirkungsvoller sind **Fangrillen** (Bild 19.15), in denen sich ein dichtendes Fettpolster hält. Die schraubenförmigen Rillen (Bild 19.15 b) müssen in dem Drehsinn angeordnet sein, daß durch den Wellenumlauf das Fett in Lagerrichtung geschoben wird. Übliche Weite der Dichtungsspalte 0,1...0,15 mm.

Filzringdichtungen können durch **Schleuderringe** (Bild 19.16) verbessert werden. Herantretendes Fett schleudern sie tangential ab, und es gelangt nicht bis zum Filzring, der gegen Schmutzeintritt dichtet (auch als Öldichtung geeignet). Zusätzliche Labyrinthe an den Lagergehäusen (Bilder 19.17 und 19.18) verhindern Fettaustritt und Fremdkörpereintritt. **Einfache Stauscheiben** (Bild 19.19) stauen das Fett am Lager und verhindern dessen Wanderung nach außen.

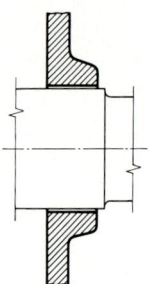

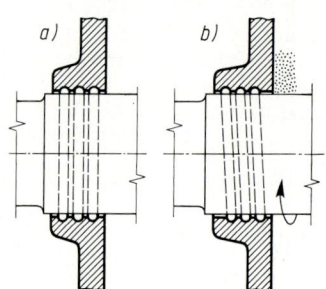

Bild 19.16 Vor Filzring
angeordneter
Schleuderring

Bild 19.14 Einfache
Spaltdichtung

Bild 19.15 Fangrillen
a) gerade umlaufend,   b) schraubenförmig umlaufend

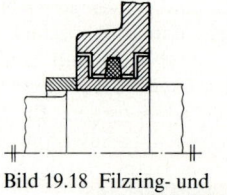

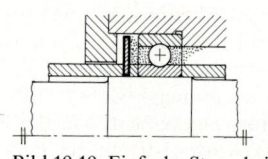

Bild 19.17 Nach dem Filzring
angeordnetes Labyrinth

Bild 19.18 Filzring- und
Labyrinthdichtung
bei einem geteilten
Lagergehäuse

Bild 19.19 Einfache Stauscheibe
hinter einem Lager

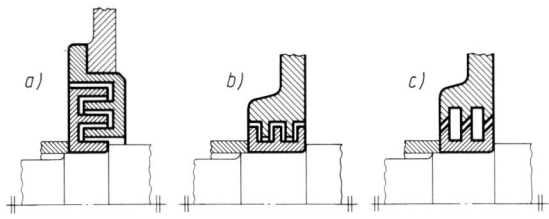
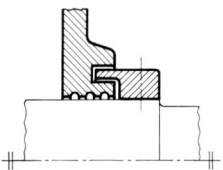

Bild 19.20 Labyrinthdichtungen
a) axiales Labyrinth, b) radiales Labyrinth bei
geteiltem Gehäuse, c) axiales Labyrinth bei pen-
delnder Achse und geteiltem Gehäuse

Bild 19.21 Fettrillendichtung mit
anschließendem einfachen Labyrinth

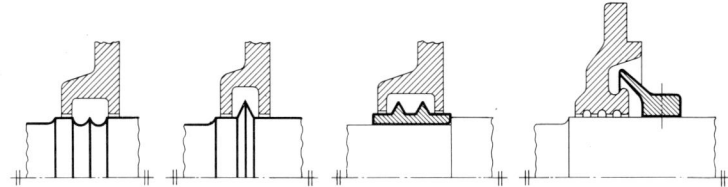

Bild 19.22 Spritzrillen und -ringe zur Dichtung gegen Ölaustritt

Axiale Labyrinthe für ungeteilte Gehäuse und **radiale Labyrinthe** für geteilte Gehäuse (Bild 19.20)
sind die besten berührungsfreien Dichtungen gegen Fettaustritt. In ihren Kammern wird das Fett
gewirbelt. Gegen Staub- und Schmutzeintritt ist auch die **Fettrillendichtung** mit anschließendem
Labyrinth (Bild 19.21) geeignet. Übliche Weite der Labyrinthspalte 0,5...0,75 mm.

Alle Spalte und Labyrinthe werden beim Einbau mit Fett gefüllt. Sicher arbeiten die berührungsfreien Dichtungen nur, wenn kein innerer Überdruck herrscht, der das Fett hinausdrücken kann,
und wenn die Spalte oder Labyrinthe zentrisch laufen, da sie sonst wie Kreiselpumpen arbeiten
und das Schmiermittel hinausbefördern.
Ölgeschmierte Lager laufen meistens mit höheren Drehzahlen als fettgeschmierte. Durch **umlaufende Spritzrillen** oder **Spritzringe** (Bild 19.22) kann Öl leicht mit verhältnismäßig großer Fliehkraft über Ausflußbohrungen in den Ölraum zurückbefördert werden (siehe hierzu Bild 17.37,
Seite 355).

Labyrinthe dichten gegen Ölaustritt nur mit vorgeschaltetem Spritzring sicher, da ohne diesen das
dünnflüssige Medium nach und nach hinausgeschleudert werden würde.

Literaturhinweise

Beitz, W. und *K. H. Hüttner: Dubbel*, Taschenbuch für den Maschinenbau. Springer-Verlag 1990.
Köhler/Rögnitz: Maschinenteile. Teubner-Verlag 1981.
Krägeloh, E.: Anforderungen an Dichtungen. Z. Konstruktion 20/1968.
Mayer, E.: Axiale Gleitringdichtungen. VDI-Verlag Düsseldorf 1970.
Mayer, E.: Berechnung und Konstruktion von axialen Gleitringdichtungen. Z. Konstruktion 20/1968.
Niemann, G.: Maschinenelemente. Springer-Verlag 1981.
Roloff/Matek: Maschinenelemente. Vieweg-Verlag 1992.
Schmitt, W.: Gummielastische Dichtungen in der Hydraulik. Z. Konstruktion 20/1968.
Trutnowsky, K.: Einteilung der Dichtungen. Z. Konstruktion 20/1968.
Trutnowsky, K.: Berührungsfreie Dichtungen. VDI-Verlag Düsseldorf 1973.
Trutnowsky, K.: Berührungsdichtungen an ruhenden und bewegten Maschinenteilen. VDI-Verlag Düsseldorf
1955.
Trutnowsky, K.: Konstruktive Möglichkeiten der Abdichtung von Lagern. Z. Schmiertechnik 10/1963.
Veit, G.: Taschenbuch der Dichtungstechnik. Hanser-Verlag 1971.

20 Wellenkupplungen und -bremsen

Wellenkupplungen dienen zur Verbindung zweier Wellen, z. B. der Wellen von Kraft- und Arbeitsmaschinen (der Antriebs- und Lastseiten) oder von Transmissionswellen oder zum Verbinden einer Welle mit einem auf ihr drehbeweglich sitzenden Maschinenteil, wie Zahnrad, Riemenscheibe oder Kettenrad, um dieses nach Belieben zu- oder abschalten zu können. Die fernschaltbaren Kupplungen haben wesentlichen Anteil an der Rationalisierung und Automatisierung von Fertigungsvorgängen.

Bremsen dienen zum schnellen Anhalten von sich bewegenden Massen, z. B. der Hublasten von Kranen. Sie sind prinzipiell Abwandlungen von Reibkupplungen.

Die erforderlichen Berechnungen zur Bestimmung der Kupplungsgröße werden in den entspr. Abschnitten behandelt. Eine Berechnung der Einzelteile von Kupplungen (deren Haltbarkeit oder Übertragungsfähigkeit) erfolgt nicht, da Kupplungen fertige Bauelemente sind. Ihre Abmessungen und technischen Daten sind den jeweiligen Firmenkatalogen zu entnehmen, die hier nicht wiedergegeben werden können. Wegen der Vielzahl der angebotenen Kupplungsbauformen kann nur eine Auswahl besprochen werden, von diesen wiederum nur die Grundbauformen, die sich in vielfältigster Weise variieren lassen. Die speziellen Namen von Kupplungen, wie z. B. Caflex-Kupplung, sind Handelsnamen der Hersteller.

In DIN 740 und in den meisten Firmenkatalogen sind die maßgebenden Drehmomente mit T und entspr. Indizes bezeichnet. Um davon nicht abzuweichen, wurden diese Bezeichnungen hier übernommen, obwohl nach DIN 1304 als Formelbuchstabe für Drehmomente M gesetzt werden müßte.

20.1 Systematische Einteilung der Wellenkupplungen

Je nach den Aufgaben und Bauarten von Kupplungen unterscheidet man nach der Richtlinie VDI 2240:

1. **Nichtschaltbare Kupplungen,** die form- oder kraftschlüssig **starr** oder formschlüssig **nachgiebig** sein können, und zwar längs-, quer- und winkelnachgiebig. Sie dienen zum Ausgleich von Wellenverlagerungen (Ausgleichskupplungen). Zusätzlich drehnachgiebige Kupplungen mildern Stöße oder dämpfen Schwingungen und wirken gleichzeitig als Ausgleichskupplungen. Auch **kraftschlüssig drehnachgiebige** Kupplungen werden mitunter eingesetzt. Das sind Schlupfkupplungen, die beispielsweise hydrodynamisch wirken (Strömungskupplungen) oder elektrodynamisch (Induktionskupplungen) und das Drehmoment durch Drehzahlschlupf der beiden Kupplungshälften erzeugen und übertragen.
2. **Schaltbare Kupplungen,** die **fremdbetätigt** (Schaltkupplungen), **drehzahlbetätigt** (Fliehkraftkupplungen), **momentbetätigt** (Sicherheitskupplungen) oder **richtungsbetätigt** (Freilaufkupplungen) sein können. Diese Kupplungen können jeweils für Form- oder Kraftschluß ausgebildet sein.

20.2 Starre Kupplungen

Da starre Kupplungen keine Drehmomentstöße mildern, werden sie nur bei geringen Drehmomentschwankungen verwendet. Sie kommen ausschließlich bei fluchtenden Wellenenden in Betracht.

Die Hälften der **Schalenkupplung** DIN 115 (Bild 20.1) für Wellendurchmesser bis 300 mm werden mit Schrauben auf die Wellenenden geklemmt. Das Drehmoment wird also durch Kraftschluß übertragen. Die Paßfedern sichern nur die Lage in Umfangsrichtung. Schraubenköpfe und Muttern liegen versenkt, ein zusätzlicher Blechmantel vermindert die Unfallgefahr. Durch die geteilte Ausführung wird die Montage und Demontage der Kupplung ohne Ausbau der Wellen ermöglicht. Schalenkupplungen erfordern paßmaßgleiche Wellenenden, um verschieden starke Klemmungen zu vermeiden.

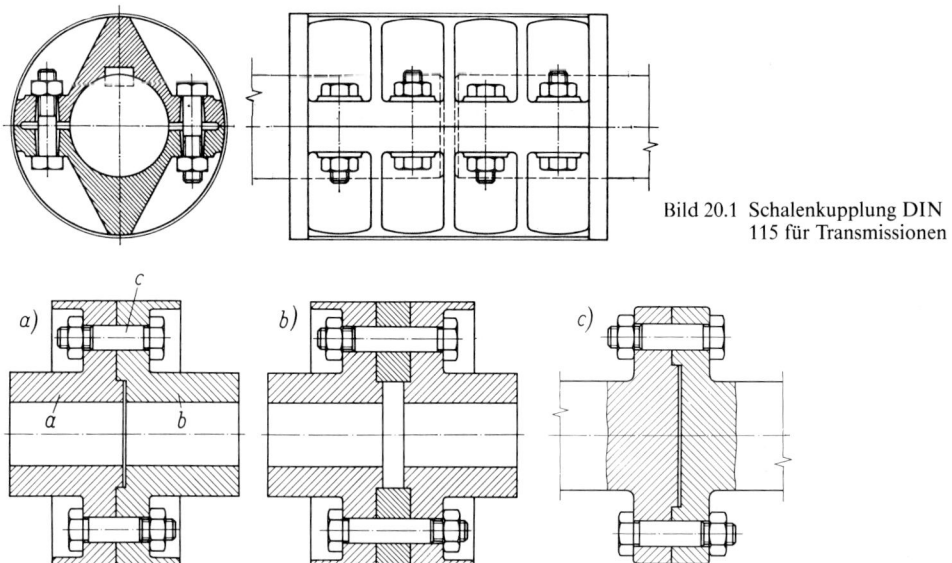

Bild 20.1 Schalenkupplung DIN 115 für Transmissionen

Bild 20.2 Scheibenkupplungen
a) mit Zentrierrand Form A DIN 116, b) mit zweiteiliger Zwischenscheibe (Zentrierscheibe) Form B DIN 116, c) mit an die Wellenenden geschmiedeten Flanschen (Flanschkupplung)

Scheibenkupplungen DIN 116 (Bild 20.2) für Wellendurchmesser bis 160 mm besitzen Grauguß-scheiben a und b, die mit Paßfedern drehfest auf den Wellenenden sitzen und die miteinander durch Paßschrauben c verbunden sind. Die Kupplungen können bei ungleichen Wellendurchmessern verwendet werden und zeichnen sich durch ihre schmale Bauform aus. Ihre Montage und Demontage ist nur bei abgerückten Wellen möglich. Die Scheiben besitzen je eine Zentrierstufe (Bild 20.2 a) oder, falls gleiche Scheiben verwendet werden, einen eingelegten zweiteiligen Zentrierring (Bild 20.2 b), nach dessen Fortnahme die Wellenstränge herausgehoben werden können. Durch die Paßschrauben wird das Drehmoment kraft- und formschlüssig übertragen. Mit an die Wellenenden geschmiedeten Flanschen (Bild 20.2 c) entstehen **Flanschkupplungen.**

20.3 Formschlüssig nachgiebige, jedoch drehsteife Wellenkupplungen als Ausgleichskupplungen

Durch betriebliche Wärmewirkungen können besonders in längeren Wellen störende Längsdehnungen auftreten. Mit einer starren Kupplungsverbindung wären Verspannungen der Lager und Durchbiegungen der Wellen möglich. Abhilfe schaffen längsbewegliche (längsnachgiebige) Ausgleichskupplungen, deren Hälften sich ineinanderschieben können. Außerdem führen und zentrieren sie die Wellen axial und radial. Bild 20.3 zeigt eine hierfür geeignete **Klauenkupplung.** Ihre gußeisernen Hälften a und b besitzen stirnseitig drei Klauen, die mit wenig Spiel ineinandergreifen. Der Längsausgleich findet unter Drehmomentwirkung statt. Die zweiteiligen Klauenkupplungen (Bild 20.3 a) zentrieren beide Wellenenden in der Nabe der einen Hälfte, die dreiteiligen (Bild 20.3 b) in einem besonderen Zentrierring c. Das Drehmoment wird nur formschlüssig übertragen.

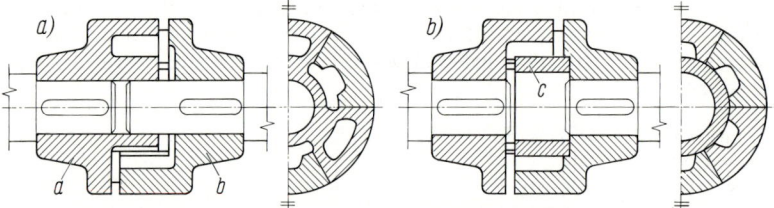

Bild 20.3 Klauenkupplungen a) zweiteilig, b) dreiteilig

Ein Fluchten der zu kuppelnden Wellen ist aus Montagegründen oftmals nicht gewährleistet, z. B. der Kraftmaschinenwelle mit der Getriebewelle der Arbeitsmaschine, oder von Wellen, die planmäßig verlagert sind. Hierfür wurden verlagerungsfähige Kupplungen entwickelt, die radial, winklig und meistens auch axial beweglich (nachgiebig) sind.

Eine geeignete Kupplung ist die **Bogenzahnkupplung** nach Bild 20.4. Sie besitzt eine ballige Außenverzahnung, die sich in der Innenverzahnung gelenkig und axial bewegen kann (Bild 20.4c). Die einfache Bogenzahnkupplung (Bild 20.4a) kann Winkelverlagerungen bis 1° und axiale Verlagerungen von mehreren Millimetern ausgleichen. Die doppelte Bogenverzahnung (Bild 20.4b) gleicht auch Radialverlagerungen (Versatz) je nach Kupplungsgröße bis zu 12 mm aus. Sie wird bis etwa 800 mm Wellendurchmesser gebaut, Maximaldrehmoment bis 450000 Nm, Außendurchmesser bis 1760 mm. Um den Verschleiß an den Zahnflanken gering zu halten, werden die Zahnräume mit Öl oder Fett gefüllt und abgedichtet.

Die **Syntex-Kupplung** nach Bild 20.5 ist eine Bogenzahnkupplung mit einer Außenhülse aus gleitfähigem Kunststoff. Die Kupplung bedarf keiner Schmierung und damit keiner Dichtung gegen Schmiermittelaustritt. Maximaldrehmomente bis 2600 Nm, Außendurchmesser bis 220 mm.

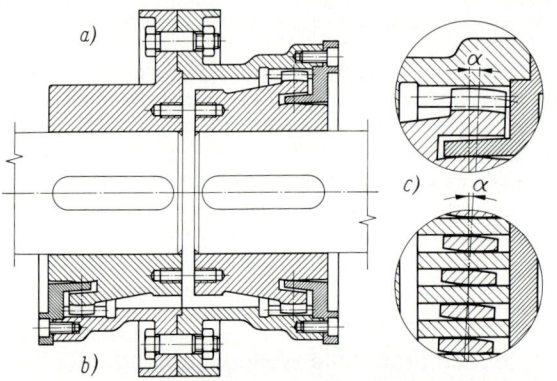

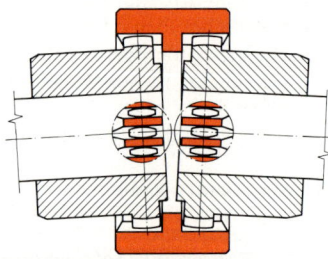

Bild 20.4 Bogenzahnkupplung (F. Tacke KG, Rheine/Westf.)
a) einfache, b) doppelte, c) Wirkungsweise

Bild 20.5 Syntes-Kupplung
(Melching-Antriebe GmbH, Rheine)

Die **Tonnenkupplung** (Bild 20.6) arbeitet im Prinzip wie eine Bogenzahnkupplung. Anstelle der Zähne liegen Tonnen in entspr. Ausnehmungen der Nabe und des Flansches. Der Flansch wird an das zu kuppelnde Teil geschraubt, z. B. an die Stirnseite einer Seiltrommel. Maximaldrehmomente bis 685000 Nm, Außendurchmesser bis 850 mm.

Die **Turboflex-Kupplung** nach Bild 20.7 besteht aus zwei Flanschnaben a und b und dem Zwischenstück c, das vorwiegend als Flanschhohlwelle ausgebildet wird. Das Drehmoment wird durch flexible metallische Elemente d übertragen, die wechselseitig an den Kupplungsflanschen mit Paßschrauben e und Sicherungsmuttern befestigt sind. Die Federelemente d ermöglichen eine axiale und winklige Verlagerung. Durch das Zwischenstück c ist auch eine radiale Verlagerung der Naben a und b zueinander möglich. Bild 20.8 veranschaulicht den Einbau zwischen einem Elektromotor und einer Kreiselpumpe. Maximaldrehmomente bis 2600 Nm, Außendurchmesser bis 220 mm.

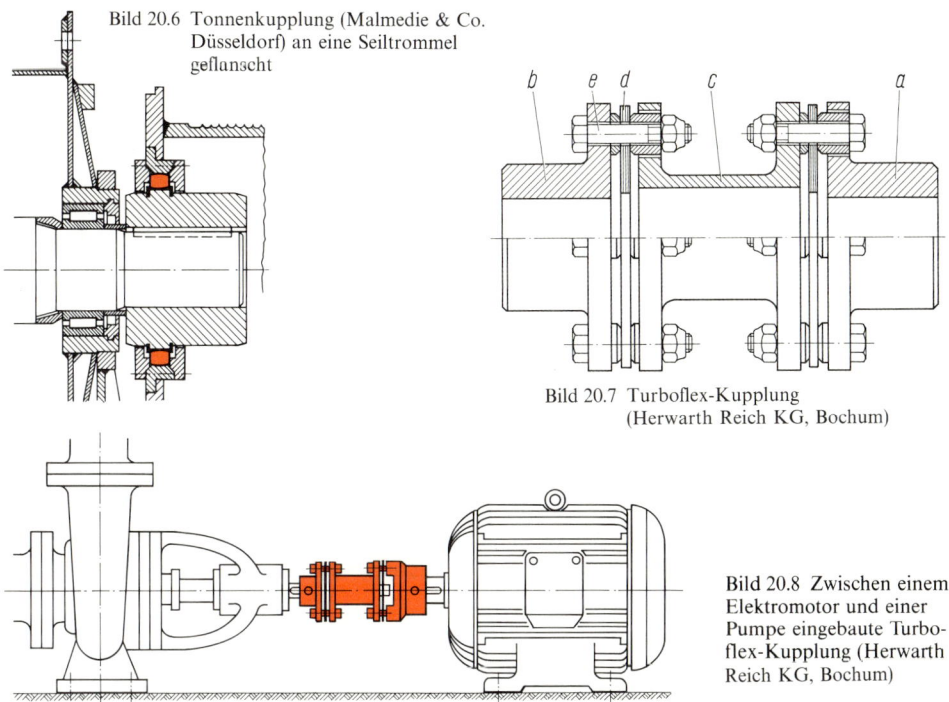

Bild 20.6 Tonnenkupplung (Malmedie & Co. Düsseldorf) an eine Seiltrommel geflanscht

Bild 20.7 Turboflex-Kupplung (Herwarth Reich KG, Bochum)

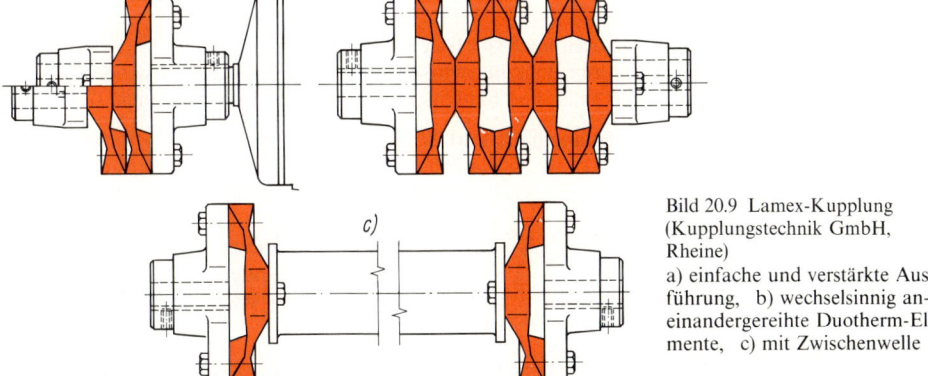

Bild 20.8 Zwischen einem Elektromotor und einer Pumpe eingebaute Turboflex-Kupplung (Herwarth Reich KG, Bochum)

Anstelle von Stahllamellen besitzt die **Lamex-Kupplung** Bild 20.9 elastische Duotherm-Elemente, die aus einem Kunststoffkern mit einer metallischen Oberfläche bestehen. Die besondere Profilierung der Lamellen gestattet das gleichsinnige Hintereinanderschalten mehrerer Lamellen, so daß das übertragbare Drehmoment entspr. steigt (verstärkte Ausführung). Wenn die Duotherm-Elemente wechselsinnig hintereinander geschaltet werden (Bild 20.9 b), läßt sich die Verlage-

Bild 20.9 Lamex-Kupplung (Kupplungstechnik GmbH, Rheine)
a) einfache und verstärkte Ausführung, b) wechselsinnig aneinandergereihte Duotherm-Elemente, c) mit Zwischenwelle

rungsfähigkeit wesentlich erhöhen. Durch die kardanische Befestigung der Elemente läßt sich die Kupplung in alle Richtungen beugen. Mit einer Zwischenwelle (Bild 20.9 c) kann auch ein Wellenversatz ausgeglichen werden. Maximaldrehmomente bis 2200 Nm, Außendurchmesser bis 290 mm.

Die erforderliche Kupplungsgröße richtet sich zunächst nach dem zu übertragenden Nenndrehmoment T_{LN} der Lastseite, d. h. es muß sein das

zulässige Nenndrehmoment der Kupplung $\quad T_{KN} > T_{LN} = \dfrac{P_{LN}}{\omega}$ \hfill (20.1)

T_{LN} in Nm Nenndrehmoment der Lastseite,
P_{LN} in W   Nennleistung der Lastseite (der Arbeitsmaschine),
ω in s^{-1} Winkelgeschwindigkeit $= 2\pi \cdot n$ mit n als Betriebsdrehzahl in s^{-1}

Weiterhin müssen die Eigenarten der Kraft- und Arbeitsmaschinen und die Verlagerungen berücksichtigt werden, d. h. die Massenbeschleunigungen beim Anfahren, ungleichförmige Belastungen, Stöße, Schalthäufigkeiten (Anfahrhäufigkeiten) u. dgl. Dazu muß sein das

zulässige Maximaldrehmoment der Kupplung $\quad T_{K\,max} \geq T_{LN} \cdot K$ \hfill (20.2)

K Kupplungsbeiwert nach Tab. A 20.1

Beispiel 20.1

Für einen schweren Kreiselpumpenantrieb für halbflüssiges Gut mit $P_{LN} = 132$ kW bei $n = 1500$ min^{-1} $= 25$ s^{-1} mittels Elektromotor ist das Maximaldrehmoment einer Bogenzahnkupplung zu ermitteln. Es finden weniger als 10 Anläufe/h statt. Betriebsdauer ununterbrochen 8 h/Tag, Winkelverlagerung etwa 1°.

Lösung:
Nach der Legende zur Gl. 20.1 beträgt die Winkelgeschwindigkeit $\omega = 2\pi \cdot n = 2\pi \cdot 25$ s^{-1} $= 157$ rad/s. Dann ist nach Gl. 20.1 das Nenndrehmoment der Lastseite

$$T_{LN} = \frac{P_{LN}}{\omega} = \frac{132\,000 \text{ W}}{157 \text{ s}^{-1}} = 841 \text{ Nm}.$$

Aus Tab. A 20.1 werden entnommen: $K_1 \approx 1,7$ (Gruppe C), $K_2 = 1$, $K_3 = 1$, $K_4 = 1,16$. Somit wird der Kupplungsbeiwert

$$K = K_1 \cdot K_2 \cdot K_3 \cdot K_4 = 1,7 \cdot 1 \cdot 1 \cdot 1,16 \approx 1,97$$

Nach Gl. 20.2 muß die Kupplung für ein Maximaldrehmoment

$$T_{K\,max} \geq T_{LN} \cdot K = 841 \text{ Nm} \cdot 1,97 = 1657 \text{ Nm}$$

gewählt werden. Z. B. kommt lt. Katalog der Firma Melching eine Kupplung mit $T_{KN} = 1150$ Nm $> T_{LN}$ $= 841$ Nm und $T_{K\,max} = 1750$ Nm > 1657 Nm in Betracht. Sie besitzt einen Außendurchmesser von 115 mm.

Zu den Ausgleichskupplungen gehören auch die **Gelenke,** die das Drehmoment über zueinander gebeugte Wellen übertragen und deren Beugungswinkel während des Betriebes verändert werden können, wie z. B. zum Antrieb von Fräs- und Schleifspindeln in Werkzeugmaschinen.

Die **Kardan-** oder **Kreuzgelenk-Kupplung** nach Bild 20.10 ist bis $\alpha = 15°$ beugbar und wird bis etwa 200 mm Wellendurchmesser hergestellt. Sie besteht aus zwei gegabelten gußeisernen Naben a und b mit zapfenförmigen Enden, die in einem Außenring, dem Kardanring c, kreuzweise gelagert sind. Die beiden verbundenen Wellen lassen sich daher in jede räumliche Richtung beugen.

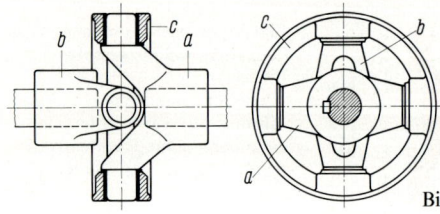

Bild 20.10 Kreuzgelenk-Kupplung (Kardangelenk)

Eine raumsparende Gelenkkupplung für kleinere Drehmomente ist das vorwiegend in verstellbaren Werkzeugantrieben verwendete **Kugelgelenk** (Wellengelenk DIN 808) nach Bild 20.11. Es wird für Wellendurchmesser von 6...50 mm hergestellt. Das größte überträgt bei einer Drehzahl von 1000 min^{-1} höchstens eine Leistung von 12 kW, Drehmoment hierbei $\approx$ 115 Nm. Anstelle des Kardanringes besitzt sie eine vierseitig abgeflachte Kugel a mit zwei senkrecht zueinander stehenden Bohrungen für die Zapfen der Laschenpaare b. Die Laschen liegen in Nuten der Kupplungshälfte e, mit Stiften c befestigt und übergeschobenen Hülsen d gesichert. An einer Lasche b befindet sich ein Schmiernippel (nicht gezeigt), über den die Zapfen nachgeschmiert werden können. Das Kugelgelenk kann bis $\alpha = 45°$ gebeugt werden. Die Gelenke lassen sich auch mit übergezogenen elastischen Gummimuffen schützen, die mit Fett gefüllt für eine ständige Schmierung der Gelenke sorgen.

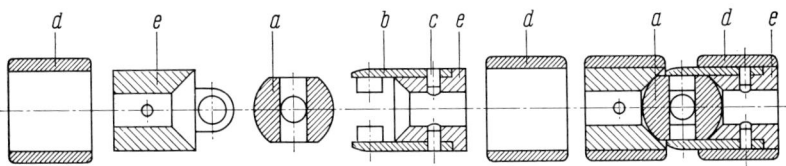

Bild 20.11 Kugelgelenk mit Einzelteilen (Melching-Antriebe GmbH, Rheine/Westf.)

Die getriebene Welle wird ungleichförmig gedreht, und ihre Drehzahl schwankt während einer Umdrehung zwischen

$$n_{max} = n/\cos\alpha \quad (20.3) \qquad \text{und} \qquad n_{min} = n \cdot \cos\alpha \quad (20.4)$$

n_{max} Größtdrehzahl der getriebenen Welle,
n_{min} Kleinstdrehzahl der getriebenen Welle,
n Drehzahl der treibenden Welle,
α Beugungswinkel der durch das Gelenk verbundenen Wellen.

Um eine ungleichförmige Drehbewegung der getriebenen Welle zu vermeiden, kann eine **Zwischenwelle** mit zwei Gelenken eingeschaltet werden, die allein mit ihrem kleinen Massenträgheitsmoment ungleichförmig umläuft, weil sich die Ungleichförmigkeiten am zweiten Gelenk kompensieren. Mit einer Zwischenwelle können die gekuppelten Wellen sogar bis 90° zueinander gebeugt werden (Bild 20.12). Voraussetzung ist jedoch, daß beide Beugungswinkel α gleich groß sind und beide Gelenke gleichsinnig liegen, da sich anderenfalls die Ungleichförmigkeiten verstärken und sogar verdoppeln.

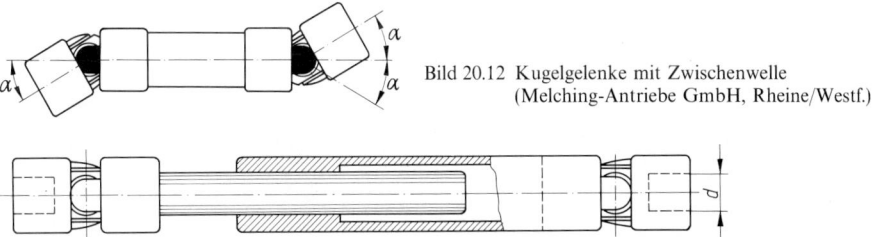

Bild 20.12 Kugelgelenke mit Zwischenwelle
(Melching-Antriebe GmbH, Rheine/Westf.)

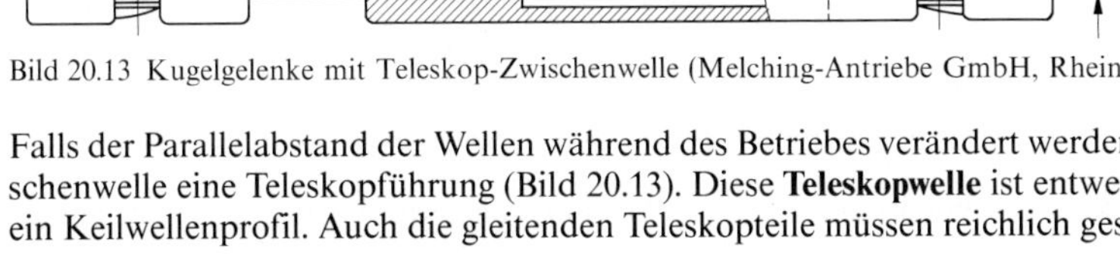

Bild 20.13 Kugelgelenke mit Teleskop-Zwischenwelle (Melching-Antriebe GmbH, Rheine/Westf.)

Falls der Parallelabstand der Wellen während des Betriebes verändert werden muß, erhält die Zwischenwelle eine Teleskopführung (Bild 20.13). Diese **Teleskopwelle** ist entweder gerillt oder besitzt ein Keilwellenprofil. Auch die gleitenden Teleskopteile müssen reichlich geschmiert werden.

Ist keine Zwischenwelle erforderlich, so können die Ungleichförmigkeiten durch ein **Doppelgelenk** (Bild 20.14) vermieden werden.

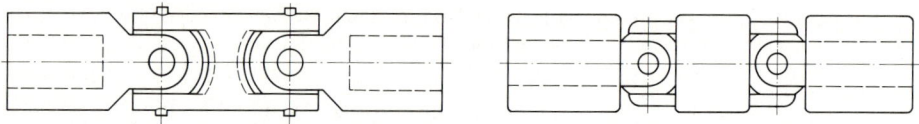

Bild 20.14 Doppel-Kugelgelenke (Hans Bühler & Co, Wernau)
        a) Normalausführrung, b) Präzisionsausführung

Der Verschleiß der Gelenkteile ist um so größer, je größer der Beugungswinkel α ist. Um eine angemessene Lebensdauer zu erreichen, müssen die Gelenke für eine entspr. höhere Leistung ausgelegt werden, und zwar für eine

Gelenkleistung $P_K \geqq P_{LN} \cdot b$ (20.5)

P_K in kW   vom Gelenk maximal übertragbare Leistung in Abhängigkeit von der Drehzahl n nach
               Tab. A 20.4,
P_{LN} in kW   zu übertragende Nennleistung von der Lastseite,
b Beugungsbeiwert in Abhängigkeit vom Beugungswinkel α nach Tab. A 20.4.

Mit der nach Gl. 20.5 errechneten Gelenkleistung P_K ist nach Tab. A 20.4 der erforderliche Wellendurchmesser d für das Gelenk zu wählen.

Beispiel 20.2

Eine Gelenkwelle mit Teleskop-Zwischenwelle soll bei einem maximalen Beugungswinkel $2\alpha = 2 \cdot 30°$ $= 60°$ bei $n = 400$ min^{-1} eine Leistung $P_{LN} = 2{,}6$ kW übertragen. In welchen Grenzen schwankt die Drehzahl der Zwischenwelle während einer Umdrehung? Welcher Wellendurchmesser d mit entspr. Gelenken muß gewählt werden?

Lösung:
Nach den Gln. 20.3 und 20.4 ist

$n_{max} = n/\cos\alpha = 400$ min$^{-1}/\cos 30° \approx 462$ min^{-1}

$n_{min} = n \cdot \cos\alpha = 400$ min$^{-1} \cdot \cos 30° \approx 346$ min^{-1}.

Nach Tab. A 20.4 ist der Beugungsbeiwert $b = 2{,}2$. Nach Gl. 20.5:

• $P_K = P_{LN} \cdot b = 2{,}6$ kW $\cdot 2{,}2 = 5{,}72$ kW.

Somit kommen nach Tab. A 20.4 Gelenke mit $d = 35$ mm in Betracht, die bei $n = 500$ min^{-1} eine Gelenkleistung $P_K = 6$ kW haben.

Eine **Gelenkwelle** (Gelenkspindel) mit kugeligen Gelenken, die sich bis 8° beugen läßt und auch geringe axiale Verlagerungen ausgleicht, zeigt Bild 20.15. Sie wird für Maximaldrehmomente bis 320 000 Nm bei Wellendurchmessern bis $d = 335$ mm gebaut.

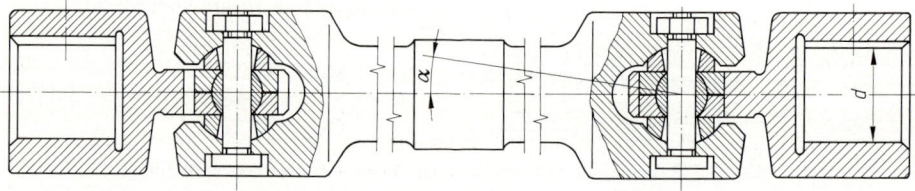

Bild 20.15 Gelenkspindel (Hochreuter & Baum, Ansbach)

Gelenkwellen, die als **Kardanwellen** in Straßen- oder Schienenfahrzeugen arbeiten, werden auch mit drehelastischen Kupplungen kombiniert, die direkt in die Zwischenwellen eingebaut sein können, um Schwingungen zu dämpfen (z. B. hochelastische **Drewel-Gelenkwellen** der Vulkan GmbH, Herne).

20.4 Formschlüssig nachgiebige, drehelastische Wellenkupplungen

Wellenkupplungen dieser Art besitzen elastische Bindeglieder (Zwischenglieder), die außer dem Ausgleich von Wellenverlagerungen auch Drehmomentspitzen abbauen. Die Bindeglieder können metallelastisch (Metallfedern) oder gummielastisch (Gummifedern) sein. Drehmomentspitzen treten beim Anfahren von Maschinen auf, besonders beim schnellen Hochfahren. Periodische Drehmomentschwankungen treten bei allen Kolbenmaschinen als Kraft- oder Arbeitsmaschinen auf, um so stärker, je weniger Zylinder die Kolbenmaschinen besitzen.

In Bild 20.16 sind schematisch zwei Kupplungshälften mit den möglichen Verlagerungen dargestellt. Durch das zu übertragende Drehmoment werden die beiden Kupplungshälften gegeneinander verdreht. Bei einem Drehstoß vergrößert sich der Drehwinkel, und das elastische Bindeglied nimmt die Stoßarbeit auf, so daß der Stoß gemildert wird. Bei Beendigung des Stoßes gibt die Kupplung durch Rückstellung ihrer Bindeglieder die aufgenommene Arbeit ganz oder teilweise wieder zurück. Dadurch wird die von der Kraft- oder Arbeitsmaschine (Antriebs- oder Lastseite) stammende Stoßspitze zwar gemildert, zeitlich aber verlängert, wie Bild 20.17 in Gegenüberstellung veranschaulicht.

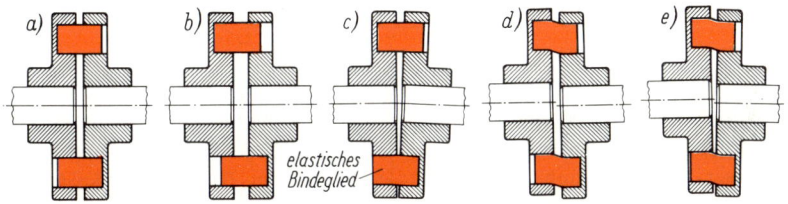

Bild 20.16 Ausgleich von Achsverlagerungen durch elastische Kupplungen
a) keine Verlagerung, b) Axialverlagerung, c) Winkelverlagerung, d) Radialverlagerung,
e) Radial- und Winkelverlagerung

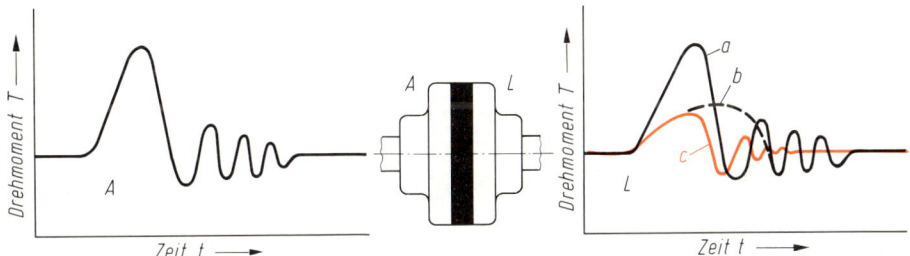

Bild 20.17 Wirkungsweise verschiedener Kupplungen
A Antriebsseite, L Lastseite (Abtriebsseite)
a starre Kupplung, b stoßmildernde Kupplung, c stoßdämpfende Kupplung

Zu den Kupplungen, die die Stoßarbeit so gut wie voll wieder zurückgeben, gehören die metallelastischen. Sie werden als **energiespeichernde** Kupplungen bezeichnet. Kupplungen mit Gummielementen sind **energieumsetzende,** die einen Teil der Stoßenergie „verschlucken", d. h. durch innere Reibung ihrer Bindeglieder in Wärme umsetzen. Diese Kupplungen wirken stoß- und schwingungsdämpfend. Zur Schwingungsdämpfung sind Kupplungen mit progressiver Kennlinie günstig.

Die **Bibby-Kupplung** besteht nach Bild 20.18 aus zwei Naben mit einer nutenförmigen Verzahnung, die durch ein schlangenförmiges Federband a verbunden sind. Die Nuten erweitern sich zur Kupplungsmitte, so daß die Stahlfedern bis zur Normalbelastung nur am äußeren Teil der Verzahnung anliegen. Mit steigendem Drehmoment verkürzt sich die Stützweite der Federn, wodurch sich die Federsteife erhöht. Bei einem Stoß in mehrfacher Höhe der Normallast kommen die Stahlfedern voll zur Anlage, und die Kupplung ist dann drehstarr. Die Schlangenfeder ist in mehrere Segmente aufgeteilt, der Federraum mit Fett gefüllt. Je nach Größe kann die Kupplung 0,5...3 mm radial und 3...15 mm axial ausgleichen. Maximaldrehmomente bis $5 \cdot 10^6$ Nm bei Außendurchmessern bis 3900 mm.

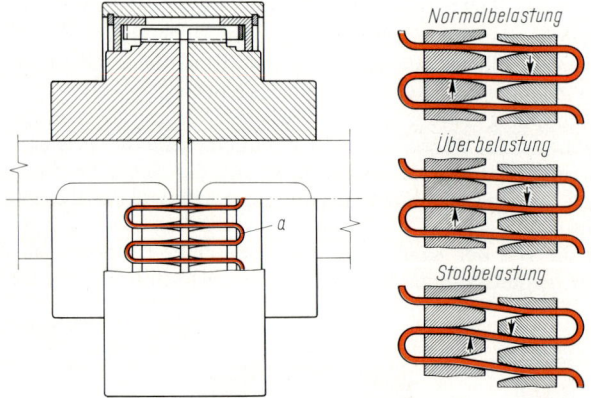

Als Nachteil aller elastischen Ausgleichskupplungen müssen die **Rückstellkräfte** ihrer Bindeglieder genannt werden, die bestrebt sind, die verlagerten Wellen in eine Flucht zu ziehen. Sie belasten die Wellen zusätzlich radial und ggf. axial. Bei der Auslegung der Wellen und Lager dürfen sie nicht unberücksichtigt bleiben, weil sie beträchtlich werden können.

Bild 20.18 Bibby-Kupplung
(Malmedie & Co.
Düsseldorf)

Bei der **Cardeflex-Kupplung** wird die Drehelastizität nach Bild 20.19 durch tangential angeordnete Schraubendruckfedern a bewirkt, die durch schwenkbar gelagerte Führungskörper in ihrer Lage gehalten werden. Verdrehwinkel bis 5°, Beugungswinkel bis 2°, radiale Verlagerung bis 1% des Außendurchmessers. Maximaldrehmomente bis 18 000 Nm bei Außendurchmessern bis 700 mm.

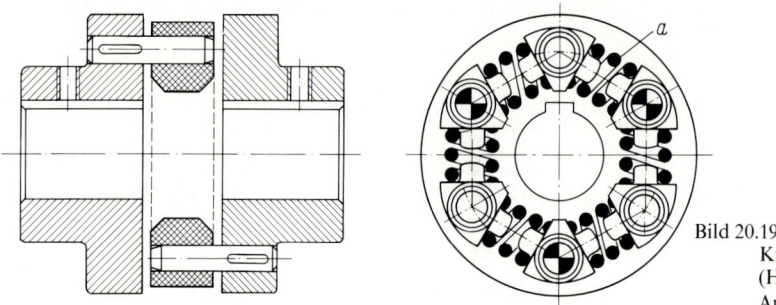

Bild 20.19 Cardeflex-
Kupplung
(Hochreuter & Baum,
Ansbach)

Bei der elastischen **Wülfel Elco-Kupplung** nach Bild 20.20 bestehen die Bindeglieder aus Gummihülsen a (Kompressionshülsen) aus Neoprene oder Perbunan, die ein großes Arbeitsvermögen besitzen. Mehrere verschieden tiefe Rillen geben ihnen eine progressive Kennlinie, aber auch relativ geringe Rückstellkräfte bezüglich der Wellenverlagerungen. Maximaldrehmomente bis 537 000 Nm, Außendurchmesser bis 1600 mm.

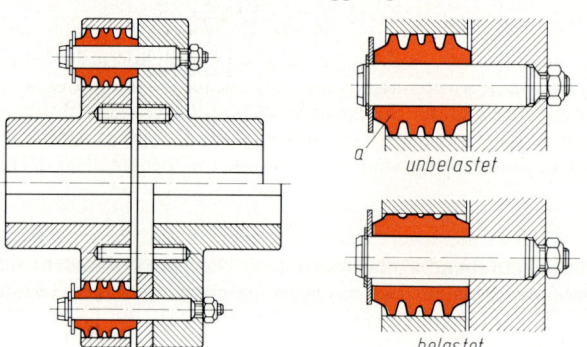

Bild 20.20 Wülfel-Elco-Kupplung
(Renk AG, Hannover)

Die elastische **Arcusaflex-Kupplung** nach Bild 20.21 ist eine flexible Steckkupplung. In einen Gummiring a greifen wechselseitig Bolzen ein. Maximaldrehmomente bis 3000 Nm, Außendurchmesser bis 240 mm.

Die elastische **Hyflex-Kupplung** nach Bild 20.22 besitzt eine Hülse a aus Hytrel, einem Polyesterelastomer, das über einen Innensechskant mit den Kupplungsnaben formschlüssig verbunden ist. Maximaldrehmomente bis 1000 Nm, Außendurchmesser bis 140 mm.

Die elastische **Hexa-Flex-Kupplung** nach Bild 20.23 besitzt eine Schlingen-Gelenkscheibe a als Verbindungsglied. Die Durchgangslöcher für die Schrauben sind mit Metall armiert. Maximaldrehmomente bis 4500 Nm, Außendurchmesser bis 260 mm.

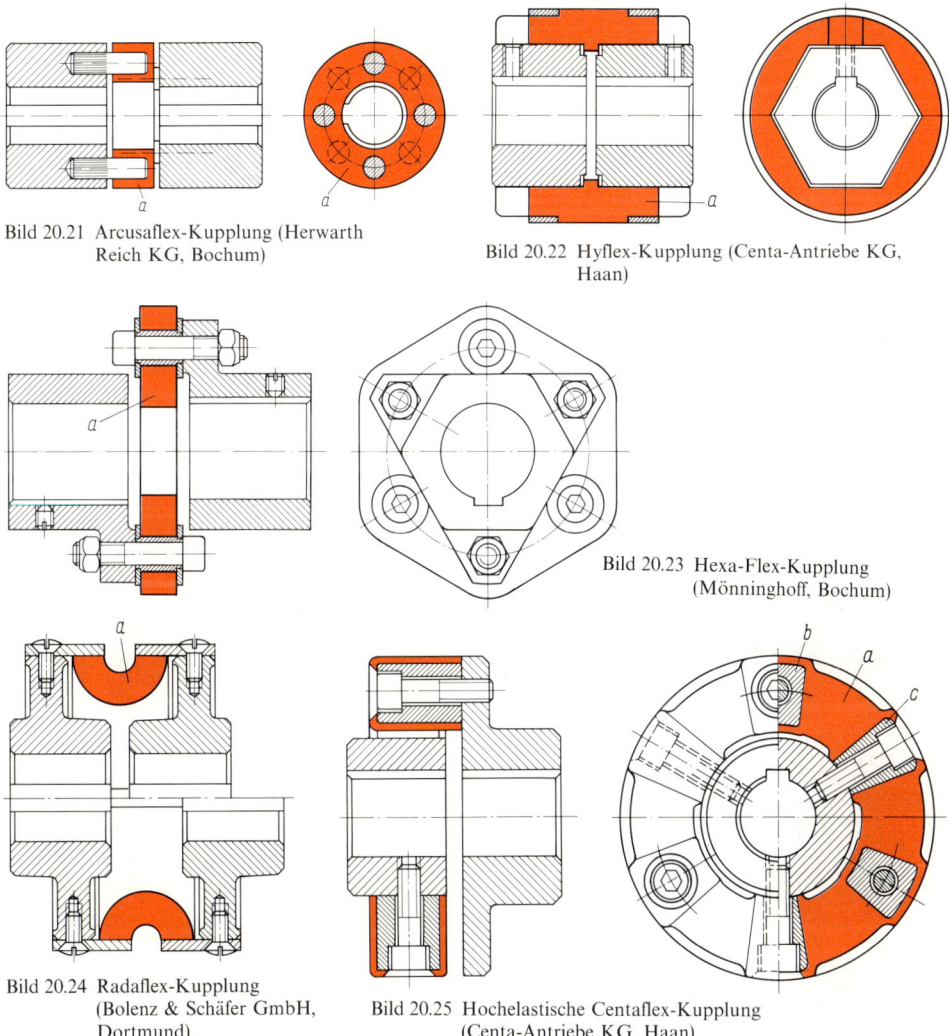

Bild 20.21 Arcusaflex-Kupplung (Herwarth
Reich KG, Bochum)

Bild 20.22 Hyflex-Kupplung (Centa-Antriebe KG,
Haan)

Bild 20.23 Hexa-Flex-Kupplung
(Mönninghoff, Bochum)

Bild 20.24 Radaflex-Kupplung
(Bolenz & Schäfer GmbH,
Dortmund)

Bild 20.25 Hochelastische Centaflex-Kupplung
(Centa-Antriebe KG, Haan)

Bei der elastischen **Radaflex-Kupplung** nach Bild 20.24 besteht das Bindeglied a aus einem nach innen gewölbten Gummireifen. Maximaldrehmomente bis 3000 Nm, Außendurchmesser bis 325 mm.

Bei der hochelastischen **Centaflex-Kupplung** nach Bild 20.25 sind in das Gummielement a Metallteile b und c einvulkanisiert, mit denen das Gummielement abwechselnd axial und radial mit den Naben verbunden ist. Die radialen Teile c spannen den Gummi auf Druck vor. Diese Vorspannung erhöht die Leistungsfähigkeit der Kupplung, da sie die ungünstigen Zugspannungen durch den Betrieb kompensiert. Maximaldrehmomente bis 8750 Nm, Außendurchmesser bis 340 mm.

Bild 20.26 zeigt die hochelastische **Ortlinghaus-Kupplung.** Das elastische Bindeglied besteht aus einem Gummikörper, in den Spannhülsen aus Stahlblech einvulkanisiert sind. An diesen Stellen ist der Gummikörper verstärkt. Maximaldrehmomente bis 12000 Nm, Außendurchmesser bis 380 mm.

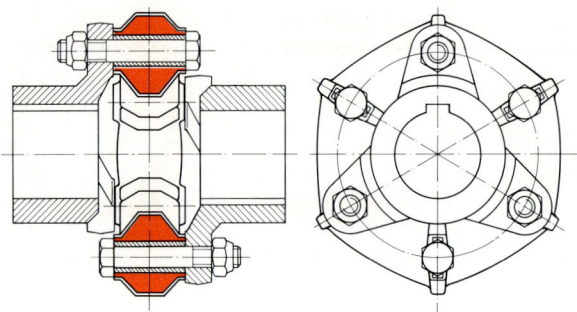

Bild 20.26 Hochelastische Ortlinghaus-
            Kupplung (Ortlinghaus-Werke
            GmbH, Wermelskirchen)

Die hochelastische **Multi-Cross-Forte-Kupplung** nach Bild 20.27 besitzt u-förmig gebogene Übertragungselemente a aus Gummi, die eine Cordfädenbündeleinlage enthalten. Die Drehmomentübertragung erfolgt durch die Cordfäden, während der Gummi die elastische Verformung übernimmt. Maximaldrehmomente bis 50000 Nm, Außendurchmesser bis 1040 mm.

Die hochelastische **Periflex-Kupplung** nach Bild 20.28 besitzt als Bindeglied a einen angeklemmten Gummireifen. Maximaldrehmomente bis 34000 Nm, Außendurchmesser bis 700 mm. Die Ausführung nach Bild 20.28 b ist für Verschiebeankermotoren bestimmt. Die Periflex-Kupplung wird auch mit Gummireifen ausgeführt, die von denen nach Bild 20.28 abweichen.

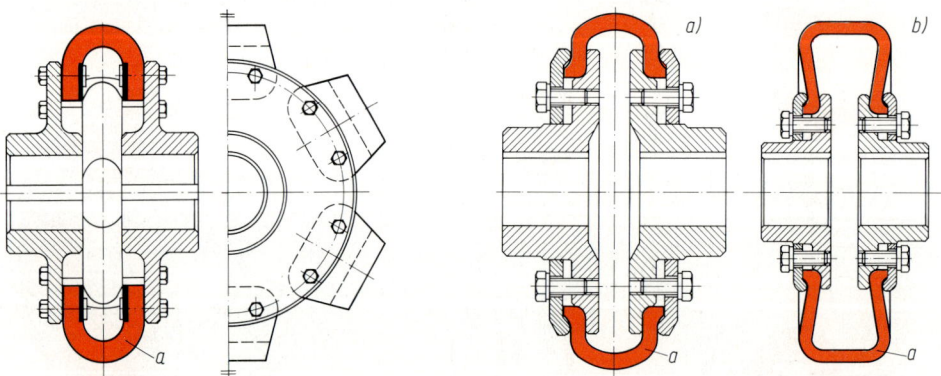

Bild 20.27 Hochelastische Multi-Cross-Forte-Kupplung   Bild 20.28 Hochelastische Periflex-Kupplungen
            (Herwarth Reich KG, Bochum)   (Stromag GmbH, Unna/Westf.)

Die hochelastische **Vulkan-EZS-Kupplung** nach Bild 20.29 hat als Bindeglied a einen zweiteiligen Gummireifen. Da dessen Ränder an einem Flansch der inneren Hälfte b relativ eng aneinander liegen, erzeugt sie keine so hohen axialen Rückstellkräfte wie die Kupplungen mit einteiligem Gummireifen. Maximaldrehmomente bis $3 \cdot 10^6$ Nm, Außendurchmesser bis 1200 mm.

Die hochelastische **Kegelflex-Kupplung** nach Bild 20.30 ähnelt der Kupplung nach Bild 20.29. Anstelle der Gummireifen besitzt sie kegelige Bindeglieder. Maximaldrehmomente bis 3500 Nm, Außendurchmesser bis 450 mm.

Ähnlich aufgebaut wie die Kupplungen nach den Bildern 20.28 und 20.29 ist die **Tarsoflex-Kupplung** nach Bild 20.31. Sie kann mit einer Notlaufeinrichtung versehen werden, die bei Ausfall der Bindeglieder 50% des Nenndrehmomentes starr übertragen kann.

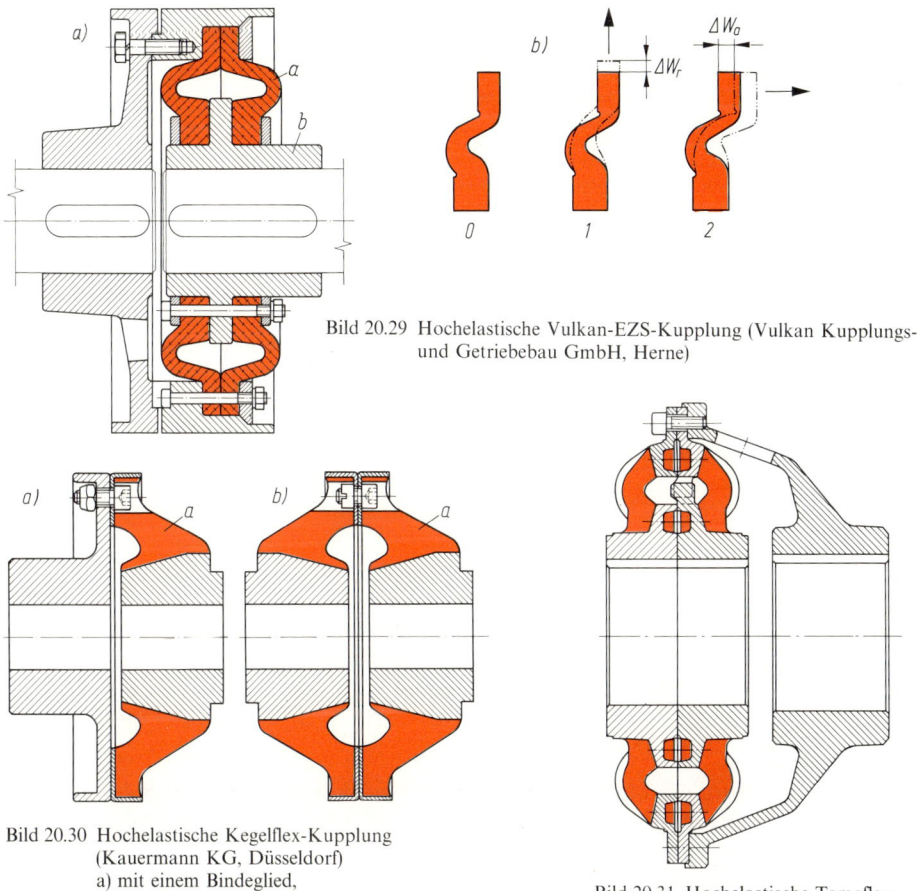

Bild 20.29 Hochelastische Vulkan-EZS-Kupplung (Vulkan Kupplungs-
und Getriebebau GmbH, Herne)

Bild 20.30 Hochelastische Kegelflex-Kupplung
(Kauermann KG, Düsseldorf)
a) mit einem Bindeglied,
b) mit zwei Bindegliedern

Bild 20.31 Hochelastische Tarsoflex-
Kupplung (Thyssen Henschel,
Mülheim/Ruhr)

Unter Berücksichtigung des Absinkens der Festigkeit der elastischen Bindeglieder unter Wärmeeinfluß muß nach DIN 740 betragen das

zulässige Nenndrehmoment der Kupplung $T_{KN} \geqq T_{LN} \cdot S_t = \dfrac{P_{LN}}{\omega}\, S_t$ (20.6)

T_{LN} in Nm   Nenndrehmoment der Lastseite,
P_{LN} in W   Nennleistung der Lastseite (der Arbeitsmaschine),
ω in rad/s   Winkelgeschwindigkeit $= 2\pi \cdot n$ mit n als Betriebsdrehzahl in s^{-1},
S_t Faktor, der das Absinken der Festigkeit von gummielastischen Werkstoffen bei
              Wärmeeinfluß berücksichtigt (Tab. A 20.3). Bei metallelastischen Bindegliedern ist
              $S_t = 1$.

Die Hauptmaße und Nenndrehmomente von nachgiebigen Wellenkupplungen sind mit DIN 740 genormt (Tab. A 20.2).

Drehmomentstöße beim Anfahren oder Bremsen und während des Betriebes durch Drehzahl- oder Belastungsänderungen können von der Antriebsseite, von der Lastseite oder von beiden Seiten herrühren. In DIN 740 sind für diese drei Fälle Berechnungsgleichungen aufgeführt. Da für diese aber die konkreten Werte weder in der Norm selbst noch in den Katalogen der Kupplungs- hersteller zu finden sind, wird von diesen Abstand genommen und nach den Angaben der Her- steller gerechnet. Unter Berücksichtigung der Anfahrhäufigkeit und der Betriebstemperatur muß sein das

zulässige Maximaldrehmoment der Kupplung $T_{\mathrm{K\,max}} \geqq T_{\mathrm{LN}} \cdot S_{\mathrm{S}} \cdot S_{\mathrm{Z}} \cdot S_{\mathrm{t}}$ (20.7)

T_{LN} in Nm   Nenndrehmoment der Lastseite,
S_{S} Stoßfaktor, für den Erfahrungswerte in Tab. A 20.3 angegeben sind,
S_{Z} Faktor, der für die zusätzliche Belastung durch die Anfahrhäufigkeit berücksichtigt, nach
              Tab. A 20.3,
S_{t} siehe Legende zur Gl. 20.6.

Das durch die Kupplung verbundene Wellensystem kann nach Bild 20.32 als **Zweimassensystem** betrachtet werden. Die eine Masse ist die Welle der Antriebsseite mit den auf ihr befindlichen Massen (z. B. Motoranker und Kupplungshälfte), die zweite Masse die Welle der Lastseite mit den auf ihr befindlichen Massen (z. B. Schaufelrad und zweite Kupplungshälfte). Bei Kolbenma- schinen handelt es sich um die Masse der Kurbelwelle und den mit ihr verbundenen, auf sie re- duzierten (bezogenen) Massen, bei Getrieben um die Getriebewelle mit den auf ihr sitzenden Maschinenteilen, wie Zahnräder, und den von ihr bewegten, auf die Welle reduzierten Massen. Es müssen stets alle bewegten Massen erfaßt sein, die von den Drehmomentschwankungen (Stö- ßen) betroffen werden.

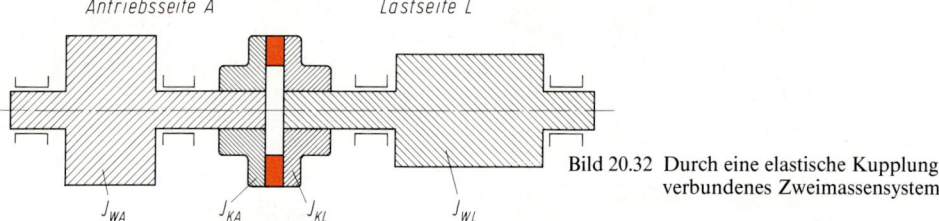

Bild 20.32 Durch eine elastische Kupplung verbundenes Zweimassensystem

Mit $J_{\mathrm{A}} = J_{\mathrm{WA}} + J_{\mathrm{KA}}$ wird das Massenträgheitsmoment der Antriebsseite, mit $J_{\mathrm{L}} = J_{\mathrm{WL}} + J_{\mathrm{KL}}$ das der Lastseite erfaßt. J_{KA} und J_{KL} sind die Massenträgheitsmomente der antriebs- und lastseitigen Kupplungshälften. Das gesamte Massenträgheitsmoment des Zweimassensystems ist dann $J = J_{\mathrm{A}} + J_{\mathrm{L}}$.

Wird das Zweimassensystem von der einen oder anderen Seite durch ein Drehmoment kurzzeitig angestoßen, so gerät es infolge der Elastizität des Verbindungsgliedes in gedämpfte Dreh-Eigen- schwingungen.
Nach DIN 1304 heißt das Massenträgheitsmoment nur noch Trägheitsmoment oder Massen- moment 2. Grades.

Für ein Einmassensystem wurde die Berechnungsgleichung für die Eigenfrequenz im Abschnitt 14.2 (Gl. 14.6 Seite 251) hergeleitet. Für jede der Einzelmassen beträgt diese:

$$f_{\mathrm{eA}} = \frac{1}{2\pi} \sqrt{\frac{R_{\mathrm{t\,dyn}}}{J_{\mathrm{A}}}} \quad \text{und} \quad f_{\mathrm{eL}} = \frac{1}{2\pi} \sqrt{\frac{R_{\mathrm{t\,dyn}}}{J_{\mathrm{L}}}}$$

mit $R_{\mathrm{t\,dyn}}$ als der dynamischen Drehfedersteife des elastischen Bindegliedes. Nach der Formel von Dunkerley (Gl. 15.44 Seite 326) ist dann die Eigenfrequenz des verbundenen Zweimassensystems mit $n_{\mathrm{K}} = f_{\mathrm{e}}$ zu errechnen aus

$$\frac{1}{f_e^2} = \frac{1}{f_{eA}^2} + \frac{1}{f_{eL}^2} = \frac{f_{eA}^2 + f_{eL}^2}{f_{eA}^2 \cdot f_{eL}^2}.$$

Setzt man die obenstehenden Ausdrücke für f_{eA} und f_{eL} ein und nach dem Umformen für $J_A + J_L = J$, so folgt für ein **Zweimassensystem** die

$$\textit{Eigenfrequenz} \quad f_e = \frac{1}{2\pi} \sqrt{R_{t\,dyn}\,\frac{J}{J_A \cdot J_L}} \tag{20.8}$$

f_e	in s^{-1}	Drehschwingungs-Eigenfrequenz des Zweimassen-Wellensystems,
$R_{t\,dyn}$	in Nm/rad	dynamische Drehfedersteife oder -rate des Bindegliedes der Kupplung (nach Angaben des Herstellers),
J	in kgm²	Gesamtträgheitsmoment des Zweimassensystems,
J_A	in kgm²	Trägheitsmoment der Antriebsseite,
J_L	in kgm²	Trägheitsmoment der Lastseite.

Erfolgen Drehmomentenimpulse (erzwungene Schwingungen) mit einer Frequenz, die gleich der Eigenfrequenz ist, entsteht **Resonanz,** die Drehschwingungsausschläge verstärken sich, und ohne Dämpfung durch die Kupplung können sie so groß werden, daß der Bruch eintritt. Es beträgt diese kritische Drehzahl, die

$$\textit{Resonanzdrehzahl} \quad n_R = \frac{f_e}{i} \tag{20.9}$$

mit *i* als **Ordnungszahl.** Sie gibt die Anzahl der Drehmomentenstöße je Umdrehung an. Ist die Kraftmaschine z. B. ein vierzylindriger Viertaktmotor, so übt jeder Kolben auf die Kurbelwelle innerhalb von zwei Umdrehungen einen Drehmomentenstoß aus, die vier Kolben also $i = 4/2 = 2$ Drehmomentenstöße je Umdrehung. Ist die Arbeitsmaschine ein einzylindriger Kolbenkompressor, der von einem Elektromotor angetrieben wird, so ist $i = 1$. Treibt ein Elektromotor eine Kreiselpumpe, so ist $i = 0$.

Wird eine gummielastische Kupplung statisch belastet, so nimmt ihr Drehwinkel meistens nach einer progressiven Kennlinie zu (Bild 20.33 a). Bei Entlastung federt die Kupplung auf einer unter der Belastungskennlinie liegenden Entlastungskennlinie zurück. Die Differenz der beiden bildet sich durch die innere Reibung der Gummielemente. Die Diagrammfläche entspricht der „verschluckten" Energie, der **Dämpfungsarbeit** W_D.

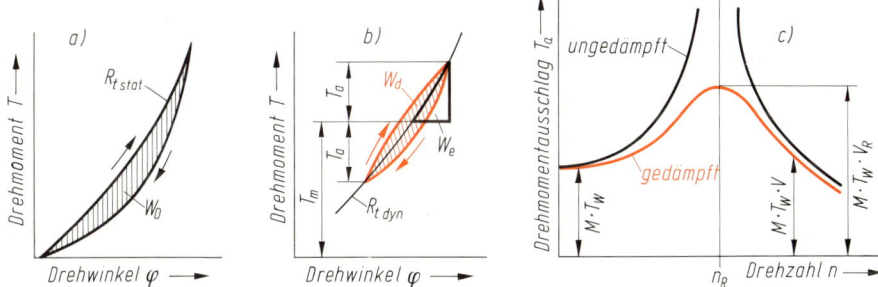

Bild 20.33 Kennlinien einer gummielastischen Kupplung
a) statische Kennlinie, b) dynamische Kennlinie, c) Schwingungsausschläge

Wenn die Kupplung mit einem statischen Drehmoment T_m (mittleres Drehmoment) vorgespannt ist und dem gummielastischen Bindeglied durch eine der Kupplungshälften ein wechselndes Drehmoment T_a (Drehmomentenausschlag) überlagert wird, so ergibt sich die in Bild 20.33 b dargestellte, geschlossene Kennlinie, deren Fläche wiederum der Dämpfungsarbeit entspricht. Das Verhältnis dieser Dämpfungsarbeit W_d zur elastischen Formänderungsarbeit W_e durch das Moment T_a bezeichnet man als **relative Dämpfung** $\psi = W_d/W_e$ (auch Dämpfungsfaktor genannt), die nach dieser Festlegung sogar größer als 1 sein kann (siehe hierzu Tab. A 20.5). Sie ist ein Maß für die Schwingungsdämpfung. Der

$$\text{Vergrößerungsfaktor bei Resonanz} \quad V_R \approx \frac{2\pi}{\psi} \tag{20.10}$$

gibt die Vergrößerung der Schwingungsamplitude T_a im Bindeglied bei der Resonanzdrehzahl n_R an (Bild 20.33 c). Dieser Faktor zeigt, daß bei ungedämpften Schwingungen mit $\psi = 0$ der Faktor $V_R = \infty$ wird.

Wird während des Betriebes ein Wechseldrehmoment T_W von der Antriebs- oder Lastseite ausgeübt, so pflanzt sich dieses wegen der Elastizität des Bindegliedes auf die andere Seite vermindert fort, weil das Bindeglied lediglich die Massen der anderen Seite mitzunehmen hat, so daß das Bindeglied nur mit einem Drehmomentenausschlag $T_a = M \cdot T_W$ beansprucht wird, wobei M das Verhältnis des Trägheitsmomentes J_A bzw. J_L der jeweils anderen Seite zum gesamten Trägheitsmoment J darstellt. Hierbei sind Auswirkungen durch Eigenschwingungen nicht in Betracht gezogen. Ist die Drehzahl n gleich der Resonanzdrehzahl n_R, so wachsen die Schwingungsausschläge auf $T_a = M \cdot T_W \cdot V_R$.

Muß die Resonanzdrehzahl n_R durchfahren werden, d.h. ist die Betriebsdrehzahl n größer als die Resonanzdrehzahl n_R, so muß sein das

$$\text{zulässige Maximaldrehmoment der Kupplung} \quad T_{K\,max} \geqq M \cdot T_W \cdot V_R \cdot S_Z \cdot S_t \tag{20.11}$$

M	Massenfaktor $= J_L/J$, wenn T_W von der Antriebsseite stammt, $= J_A/J$, wenn T_W von der Lastseite stammt,
T_W in Nm	Amplitude der schwingungserregenden Drehmomentschwankungen, die von der Antriebs- oder Lastseite ausgehen können. Siehe hierzu den untenstehenden Hinweis.
V_R	Vergrößerungsfaktor bei Resonanz (Gl. 20.10) mit ψ nach Angaben des Kupplungsherstellers (siehe hierzu auch Tab. A 20.5),
S_Z, S_t	siehe Legende zur Gl. 20.7.

Die Amplitude T_W der Drehmomentschwankungen der erregenden Seite muß aus dem Drehmomentdiagramm der betr. Kraft- oder Arbeitsmaschine entnommen werden. Wenn ein solches nicht zur Verfügung steht, kann für grobe Überschlagsberechnungen $T_W \approx T_{LN} (S_S - 0,8)$ für Kolbenmaschinen angenommen werden. Bei gleichförmig arbeitenden Maschinen (Elektromotoren, Turbinen, Kreiselpumpen, Ventilatoren u. dgl.) ist $T_W = 0$.

Wie aus Bild 20.33 c hervorgeht, nehmen die Schwingungsausschläge T_a zu, wenn sich die Drehzahl n der Resonanzdrehzahl n_R nähert, aber ab, wenn sie sich von n_R entfernt. Bei unendlich groß gedachter Drehzahl n würden die Schwingungsausschläge $T_a = 0$. Das liegt daran, daß die erregte Seite wegen der Massenträgheit mit zunehmender Schwingungsfrequenz immer weniger Zeit findet, diesen Ausschlägen zu folgen. Sie werden erfaßt durch den

$$\text{Minderungs- oder Vergrößerungsfaktor} \quad V \approx \frac{1}{\sqrt{(1 - n^2/n_R^2)^2}} \tag{20.12}$$

n	in s^{-1}	Betriebsdrehzahl,
n_R	in s^{-1}	Resonanzdrehzahl nach Gl. 20.9

Bei $n > n_R$ kann $V < 1$ werden und ist dann ein Minderungsfaktor, bei $n < n_R$ wird $V > 1$ und ist dann ein Vergrößerungsfaktor.
Die Kupplung muß den ständigen Schwingungsausschlägen $T_a = M \cdot T_W \cdot V$ während des Betriebes mit der Drehzahl n gewachsen sein. Um eine ausreichende Lebensdauer zu gewährleisten, muß sein das

$$\text{zulässige Wechseldrehmoment der Kupplung} \quad T_{KW} \geqq M \cdot T_W \cdot V \cdot S_t \cdot S_f \tag{20.13}$$

M, T_W, S_t	siehe Legende zur Gl. 20.11, S_t nach Tab. A 20.3,
V	Minderungs- bzw. Vergrößerungsfaktor nach Gl. 20.12,
S_f	Frequenzfaktor nach Tab. A 20.3.

Nenndrehmomente T_{KN}, Maximaldrehmomente $T_{K\,max}$ und Dauerwechseldrehmomente T_{KW} der hochelastischen Vulkan-Kupplung nach Bild 20.29 siehe Tab. A 20.5.

Während axiale Verlagerungen (Bild 20.34 a) nur statische Kräfte in der Kupplung erzeugen, ergeben radiale (Bild 20.34 b) und winklige (Bild 20.34 c) Wechselbelastungen. Es müssen daher die folgenden Bedingungen eingehalten werden:

Verlagerungen

$$axial \quad W_a \leqq K_a \qquad radial \; W_r \cdot S_t \cdot S_f \leqq K_r \qquad winklig \quad W_w \cdot S_t \cdot S_f \leqq K_w$$
$$(20.14) \hspace{6cm} (20.15) \hspace{5cm} (20.16)$$

W_a in mm	axiale Verlagerung der Wellen,	
W_r in mm	radiale Verlagerung der Wellen,	
W_w in rad	winklige Verlagerung der Wellen,	
S_t	Temperaturfaktor nach Tab. A 20.3,	
S_f	Frequenzfaktor nach Tab. A 20.3.	

Die zulässigen Verlagerungen K_a, K_r und K_w müssen von den Kupplungsherstellern erfragt werden, falls sie in den Kupplungskatalogen nicht enthalten sind. Für die Kupplung nach Bild 20.29 siehe Tab. A 20.5. Die zulässigen Verlagerungen dürfen nicht gleichzeitig ausgenutzt werden!

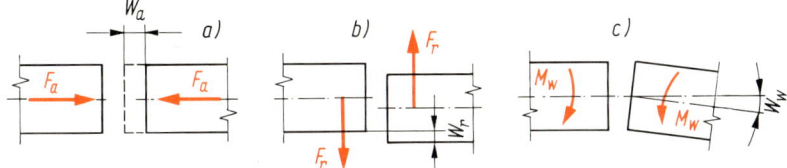

Bild 20.34 Rückstellkräfte bei Wellenverlagerungen a) axial, b) radial, c) winklig

Durch die Verlagerungen entstehen Rückstellkräfte und -momente (Bild 20.34), die die benachbarten Bauteile wie Wellen und Lager belasten, und zwar

$$axial \quad F_a = W_a \cdot R_a \qquad radial \quad F_r = W_r \cdot R_{r\,dyn} \qquad winklig \; M_w = W_w \cdot R_{w\,dyn}$$

Die Federsteifen R_a, R_r und R_w für die Verlagerungen werden von den Kupplungsherstellern selten angegeben. Um Schäden zu vermeiden, empfiehlt es sich, der Montage nach Absprache mit dem Kupplungshersteller maximal zulässige Verlagerungen vorzuschreiben.

Beispiel 20.3

Ein Generator für $P_{LN} = 25$ kW mit leicht ungleichmäßiger Kraftentnahme soll bei $n = 1500$ min^{-1} $= 25$ s^{-1} durch einen vierzylindrigen Viertakt-Reihenmotor angetrieben werden. $J_{WA} = 2,3$ kgm^2, periodisches Wechseldrehmoment $T_W = 180$ Nm, $J_{WL} = 1$ kgm^2, Umgebungstemperatur $t \approx 35\,°$C, Anfahrhäufigkeit = 3/Tag. Welche Kupplungsgröße nach Tab. A 20.2 kommt in Betracht?

Lösung:
1. Erforderliches Nenndrehmoment T_{KN} der Kupplung
   Winkelgeschwindigkeit $\omega = 2\pi \cdot n = 2\pi \cdot 25$ s^{-1} = 157 rad/s. Somit ist

   $$T_{LN} = P_{LN}/\omega = 25\,000 \text{ W}/157 \text{ s}^{-1} = 159 \text{ Nm.}$$

   Wenn Bindeglieder aus Polyurethan PUR gewählt werden, ist nach Tab. A 20.3 der Temperaturfaktor $S_t = 1,2$. Somit nach Gl. 20.6:

   $$T_{KN} = T_{LN} \cdot S_t = 159 \text{ Nm} \cdot 1,2 = 191 \text{ Nm.}$$

   Nach Tab. A 20.2 wird eine Kupplung mit dem Nenndrehmoment $T_{KN} = 250$ Nm gewählt (Außendurchmesser = 160 mm). Nach Angaben eines entspr. Kupplungsherstellers betragen:

   $$T_{K\,max} = 500 \text{ Nm}, T_{KW} = 60 \text{ Nm}, R_{t\,dyn} = 9500 \text{ Nm/rad}, \psi = 0,85, J_{KA} = 0,008 \text{ kgm}^2, J_{KL} = 0,03 \text{ kgm}^2.$$

2. Erforderliches Maximaldrehmoment $T_{K\,max}$ der Kupplung beim Anfahren
   Aus Tab. A 20.3 werden entnommen: $S_S \approx 2$, $S_Z = 1$ und $S_t = 1,2$. Somit wird nach Gl. 20.7:

   $$T_{K\,max} = T_{LN} \cdot S_S \cdot S_Z \cdot S_t = 159 \text{ Nm} \cdot 2 \cdot 1 \cdot 1,2 = 382 \text{ Nm,}$$

das unter dem zulässigen von 500 Nm liegt.

3. Erforderliches Maximaldrehmoment $T_{K\,max}$ beim Durchfahren der Resonanzdrehzahl
Es ist

$$J_A = J_{WA} + J_{KA} = (2{,}3 + 0{,}008) \text{ kgm}^2 = 2{,}308 \text{ kgm}^2,$$

$$J_L = J_{WL} + J_{KL} = (1 + 0{,}03) \text{ kgm}^2 = 1{,}03 \text{ kgm}^2,$$

$$J = J_A + J_L = (2{,}308 + 1{,}03) \text{ kgm}^2 = 3{,}338 \text{ kgm}^2.$$

Eigenfrequenz nach Gl. 20.8:

$$f_e = \frac{1}{2\pi} \sqrt{R_{t\,dyn} \frac{J}{J_A \cdot J_L}} = \frac{1}{2\pi} \sqrt{9500 \frac{\text{Nm}}{\text{rad}} \frac{3{,}338}{(2{,}308 \cdot 1{,}03) \text{ kgm}^2}} = 18{,}38 \text{ s}^{-1}$$

und mit $i = 2$ die Resonanzdrehzahl nach Gl. 20.9:

$$n_R = f_e/i = 18{,}38 \text{ s}^{-1}/2 = 9{,}19 \text{ s}^{-1} \approx 551 \text{ min}^{-1},$$

so daß diese durchfahren werden muß. Vergrößerungsfaktor bei Resonanz nach Gl. 20.10:

$$V_R \approx 2\pi/\psi = 2\pi/0{,}85 \approx 7{,}4.$$

Mit dem Massenfaktor $M = J_L/J = 1{,}03/3{,}338 \approx 0{,}31$ sowie $S_Z = 1$ und $S_t = 1{,}2$ wird das erforderliche Maximaldrehmoment nach Gl. 20.11:

$$T_{K\,max} = M \cdot T_W \cdot V_R \cdot S_Z \cdot S_t = 0{,}31 \cdot 180 \text{ Nm} \cdot 7{,}4 \cdot 1 \cdot 1{,}2 = 496 \text{ Nm} < 500 \text{ Nm},$$

so daß diese Kupplung ausreicht.

4. Erforderliches Dauerwechseldrehmoment T_{KW} der Kupplung
Nach Gl. 20.12 ist mit $n^2/n_R^2 = 25^2/9{,}19^2 = 7{,}4$ der Minderungsfaktor

$$V \approx \frac{1}{\sqrt{(1 - n^2/n_R^2)^2}} = \frac{1}{\sqrt{(1 - 7{,}4)^2}} \approx 0{,}156.$$

Nach Tab. A 20.3 beträgt der Frequenzfaktor

$$S_f = \sqrt{\frac{n \cdot i}{10 \text{ s}^{-1}}} = \sqrt{\frac{25 \cdot 2}{10}} \approx 2{,}24.$$

Dann ist nach Gl. 20.13:

$$T_{KW} = M \cdot T_W \cdot V \cdot S_t \cdot S_f = 0{,}31 \cdot 180 \text{ Nm} \cdot 0{,}156 \cdot 1{,}2 \cdot 2{,}24 \approx 23{,}4 \text{ Nm},$$

so daß die gewählte Kupplung mit dem zulässigen Wechseldrehmoment von 60 Nm ausreicht.

20.5 Schlupfkupplungen als kraftschlüssig drehnachgiebige Kupplungen

Mit Schlupfkupplungen kann auf die Eigenart der Antriebe, insbesondere solcher mit Kolbenmaschinen, besonders gut eingegangen werden, da sie den jeweiligen Verhältnissen durch die Flüssigkeitsmenge oder die elektrische Stromstärke angepaßt werden können. Durch sie wird ein besonders sanfter Anlauf der Arbeitsmaschinen erreicht.

Die **Voith-Sinclair-Turbokupplung** (Bild 20.35) besitzt antriebsseitig ein Pumpenrad a als Primärrad, abtriebsseitig ein Turbinenrad b als Sekundärrad. Beide sind von einem Gehäuse c umschlossen, das mit dem Pumpenrad verbunden und mit Öl gefüllt ist. Bei Synchronlauf beider Räder bildet sich unter der Fliehkraftwirkung im Schaufelraum ein Flüssigkeitsring (farbig eingezeichnet). Wenn die Drehzahl der Abtriebsseite durch Belastung gegenüber der Antriebsseite sinkt, strömt die Flüssigkeit, von den Pumpen- und Turbinenschaufeln geleitet, in Pfeilrichtung um und überträgt durch tangentiale Kraftwirkungen an den Schaufeln zwischen den beiden Rädern ein Drehmoment. Drehmoment und Schlupf lassen sich durch Verändern der Flüssigkeitsfüllung anpassen. Bild 20.36 veranschaulicht das Drehmomentverhalten bei verschiedenen Antriebs- und Abtriebsdrehzahlen.
Eine **Induktionskupplung** besitzt am Umfang eines Magneten eine Anzahl sich abwechselnder Nord- und Südpole. Diese werden von einem ebenfalls Pole tragenden Ankerring umhüllt. Zwi-

schen diesen Polen liegen Kupferstäbe, die seitlich zu einem Kurzschlußring verbunden sind. Bei
Speisung der Spule mit Gleichstrom bildet sich ein Magnetfluß.

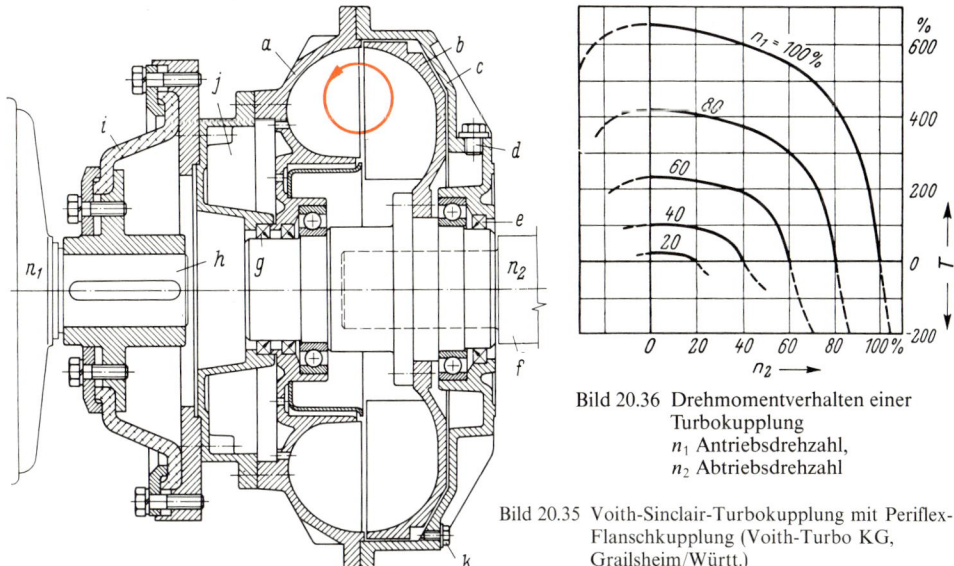

Bild 20.36 Drehmomentverhalten einer
Turbokupplung
n_1 Antriebsdrehzahl,
n_2 Abtriebsdrehzahl

Bild 20.35 Voith-Sinclair-Turbokupplung mit Periflex-
Flanschkupplung (Voith-Turbo KG,
Grailsheim/Württ.)

a Primärrad, b Sekundärrad, c Haube, d Öl-Einfüllöffnung, e Öldichtung (Radialdichtring),
f Welle der Arbeitsmaschine, g Radialdichtring, h Motorwelle, i Elastik-Kupplung, j Füllungs-
Verzögerungskammer, k Schmelzsicherungsschraube, n_1 Antriebsdrehzahl, n_2 Abtriebsdrehzahl

Wenn zwischen Antriebs- und Abtriebsseite ein Drehzahlunterschied besteht, pulsiert der magne-
tische Fluß im Rhythmus der Polzahl. Dadurch wird im Kurzschlußring ein Strom induziert, der
die Spulenkörperpole durch Magnetkraft beeinflußt und deren Mitnahme bewirkt. Je größer der
Schlupf wird, um so höher ist das Drehmoment. Wenn aber der Ankerring dieselbe Polzahl wie
der Magnet hat, entwickelt die Kupplung infolge magnetischer Kraftwirkung ihr Höchstdrehmo-
ment bei Synchronlauf. Da Induktionskupplungen reibungsfrei arbeiten, verschleißen sie nicht.
Ihre Abmessungen übertreffen jedoch die der anderen Kupplungen (z. B. Reibkupplungen) beträchtlich.
Der elektrische Strom wird über Schleifringe zugeführt.

20.6   Formschlüssige Schaltkupplungen

Schaltkupplungen ermöglichen auf schnelle Weise das Verbinden oder Trennen von Wellen oder
von auf Wellen gelagerten Maschinenteilen. Sie werden eingesetzt, wenn von einem Motor wechselweise mehrere Aggregate angetrieben oder zur Drehzahländerung in Getrieben verschiedene
Zahnpaare in Krafteingriff gebracht werden müssen. Für den Formschluß werden Klauen oder
Zähne benutzt, die sich nur im Stillstand oder Synchronlauf der Kupplungshälften schalten lassen. Nach ihrem Einschalten wirken sie wie starre Kupplungen.

Die schaltbare **Klauenkupplung** nach Bild 20.37 ähnelt der starren nach Bild 20.3 (Seite 418), die
Hälfte a ist jedoch axialbeweglich auf die Welle gesetzt. Anstelle der Klauen können auch Zähne
verschiedener Form treten, und zwar **Trapezzähne** (Bild 20.38 a) für beide Laufrichtungen, **Sägezähne** (Bild 20.38 b) für eine Laufrichtung, **abweisende Zähne** (Bild 20.38 c) zur Verhinderung eines
Einrückvorganges in der Bewegung, und **in jeder Stellung einrückbare Zähne** (Bild 20.38 d).

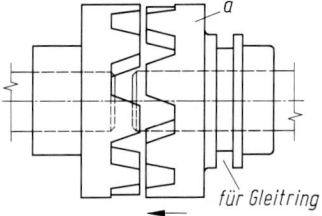

Bild 20.37 Schaltbare Klauenkupplung

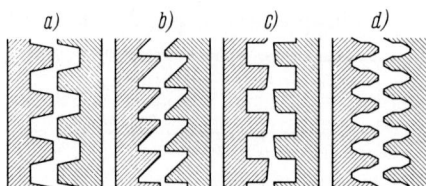

Bild 20.38 Zahnformen für Klauenkupplungen
a) Trapezzähne, b) Sägezähne, c) abweisende Zähne,
d) in jeder Stellung einrückbare Zähne

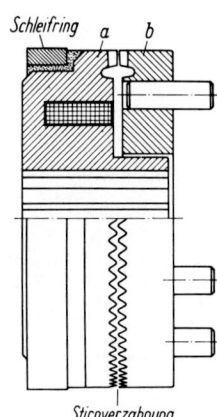

Bild 20.39 Elektromagnetische Zahnkupplung
(Richard Hofheinz & Co,
Haan/Rhld.)

In der **elektromagnetischen Zahnkupplung** nach Bild 20.39 ist der Magnet a die eine Kupplungshälfte, der Anker b die andere. Beide sind mit Stirnverzahnung versehen, die durch Ankeranzug in Eingriff gebracht wird. Der Strom wird über den am Außenumfang befindlichen Schleifring zugeführt. Der zweite Pol liegt an Masse. Im allgemeinen werden elektromagnetische Kupplungen mit dem ungefährlichen Gleichstrom von 24 V gespeist. Derartige Zahnkupplungen können auch so gebaut sein, daß sie unter Federdruck eingeschaltet sind und durch Magnetkraft gelöst (ausgeschaltet) werden.

Berechnung der Kupplungsgröße mit den Gln. 20.1 und 20.2 Seite 426.

Zur Betätigung einer formschlüssigen Kupplung gemäß Bild 20.37 muß die Kraft vom Schalthebel auf eine umlaufende, axialverschiebbare Schaltmuffe übertragen werden, die sich an einer Kupplungshälfte befindet. Hierzu werden vom Schalthebel gehaltene Gleitsteine oder Gleitringe benutzt, die in eine Ringnut der Schaltmuffe greifen. Es muß für eine reichliche Schmierung der Gleitstellen gesorgt werden. Die Kupplung soll so eingebaut werden, daß die Gleitmuffe beim Umlaufen der Kupplung entlastet ist, also nicht auf der durchlaufenden Antriebsseite, sondern auf der im ausgekuppelten Zustand stillstehenden Abtriebsseite sitzt. Bild 20.40 zeigt eine **Schaltvorrichtung** für wahlweise Hand- oder Druckluftbetätigung. Anstelle des Druckluftzylinders (unten rechts) kann auch ein Hydraulikzylinder oder ein Hubmagnet treten. Schaltvorrichtungen werden auch nur für Hand- oder nur für Druckluftbetätigung hergestellt. Anstelle des Gleitringes kann ein Rillenkugellager treten, um Gleitreibung zu vermeiden (siehe hierzu die Bilder 20.41 und 20.43).

20.7 Reibkupplungen als kraftschlüssige Schaltkupplungen

Reibkupplungen als kraftschlüssige Schaltkupplungen bieten den Vorteil, daß sie in der Bewegung ein- und ausgerückt werden können und durch die Reibkraft in ihrem Drehmoment begrenzt sind. Dadurch arbeiten sie sanft und wirken gleichzeitig als Sicherheitskupplungen. Steuerungen in Produktions- und Baumaschinen aller Art sind ohne die schaltbaren Reibkupplungen, insbesondere der fernschaltbaren, im Zeitalter der Automation unentbehrlich. Die Schaltkraft wird dann mit Druckluft, Preßöl oder Magnetismus erzeugt, so daß man **pneumatische, hydraulische** und **elektromagnetische Kupplungen** kennt.

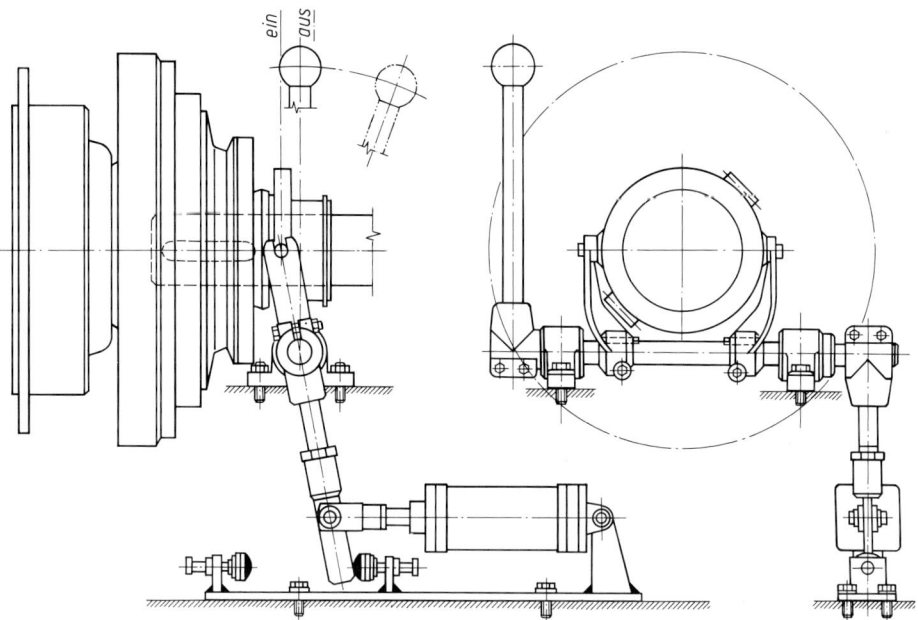

Bild 20.40 Mechanische Schaltvorrichtung für Wellenkupplungen (Vulkan GmbH, Herne)

Bei allen Reibkupplungen wird zwischen einem **schaltbaren Drehmoment** T_s und einem **übertragbaren Drehmoment** $T_{ü}$ unterschieden. Das schaltbare Drehmoment ist das Gleitreibmoment während der Relativbewegung der Kupplungshälften, das von der Reibzahl der Bewegung μ_{dyn} abhängt. Das übertragbare Drehmoment ist das Haftreibmoment, das von der Reibzahl der Ruhe μ_{stat} bestimmt wird. Es ist deshalb stets $T_{ü} > T_s$.

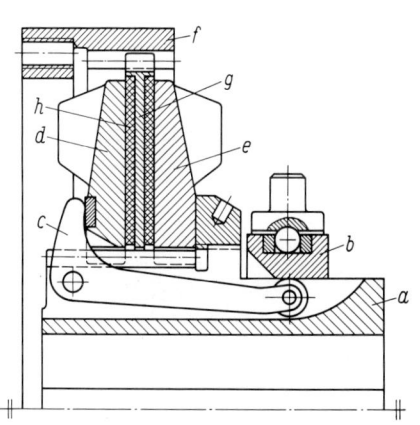

Bild 20.41 Einscheibenkupplung (Ortlinghaus-
Werke GmbH, Wermelskirchen)

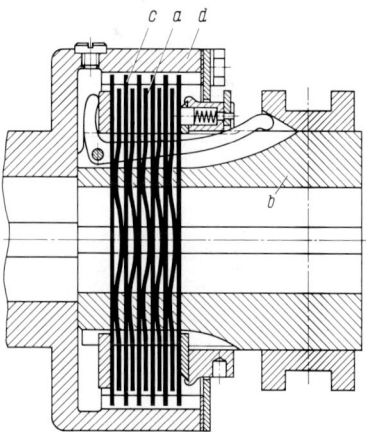

Bild 20.42 Sinus-Lamellenkupplung (Ortlinghaus-
Werke GmbH, Wermelskirchen)

Die Einscheibenkupplung nach Bild 20.41 besitzt zwei Reibflächen. Deshalb wird sie auch **Zweiflächenkupplung** genannt. Auf der Nabe a sitzt die Schaltmuffe b, die auf die in Nuten liegenden Winkelhebel c wirkt. Die Hebel c wiederum drücken mit ihren kurzen Armen auf die axialbewegliche Reibscheibe d. Die Reibscheibe e sitzt ebenfalls drehfest auf der Nabe. Der Außenring f als zweite Kupplungshälfte trägt axialbeweglich die Scheibe g, die mit Reibbelägen h bestückt ist. Im gezeichneten Zustand ist kraftschlüssig über die Scheiben d, e und g eingekuppelt. Sobald die Muffe nach rechts geschoben wird, gibt sie die Winkelhebel frei, und die Reibscheiben lösen sich voneinander.

Reibbeläge für Trockenlauf bestehen z. B. aus Baumwoll- oder Asbestgeweben mit Kunstharzbindung. Bei Flächenpressungen von $p = 25 \ldots 50$ N/cm^2 liegt ihre Gleitreibzahl bei $\mu_{\mathrm{dyn}} = 0,3 \ldots 0,4$. Die Pressungsgeschwindigkeit als Maß für die Belastbarkeit liegt je nach Belag bei $p \cdot v = 400 \ldots 800$ W/cm^2 (p in N/cm^2, v in m/s als mittlere Gleitgeschwindigkeit). Andere Reibbeläge bestehen aus Bindungen von Kunstharz-Kunstkautschuk und Nichteisenmetallen. Diese lassen je nach Mischung Temperaturen bis 750 °C an der Reibfläche zu! Sie sind sogar bis $p \cdot v \approx 2000$ W/cm^2 belastbar (nach Textar GmbH, Leverkusen).

In der **Sinus-Lamellenkupplung** nach Bild 20.42 befindet sich eine Vielzahl von Reibscheiben (Lamellen), so daß die Kupplung ein sehr hohes Drehmoment übertragen kann. Sinusförmig gewellte Innenlamellen a sitzen drehfest, aber axialbeweglich auf der Nabe b, glatte Außenlamellen c in gleicher Weise im Außenring d. Die Sinusform gibt den Innenlamellen federnde Eigenschaften, die das Lamellenpaket beim Auskuppeln gut löst und die Leerlaufreibung (das Leerlaufmoment) niedrig hält. Die gehärteten Stahllamellen müssen mit Öl geschmiert werden (Tauchschmierung oder Umlaufschmierung über eine Wellenbohrung). Die Reibzahl ist dadurch entspr. niedrig. Am besten sind Öle in den Viskositätsklassen ISO VG 46 ... 68. Muß die Kupplung trocken laufen, dann erhält sie ebene Innenlamellen mit Reibbelägen für Trockenlauf oder mit Reibbelägen aus Sinterbronze, die zwar hoch belastbar sind, aber auch bei Trockenlauf Reibzahlen von nur etwa $\mu_{\mathrm{dyn}} = 0,1 \ldots 0,15$ erreichen.

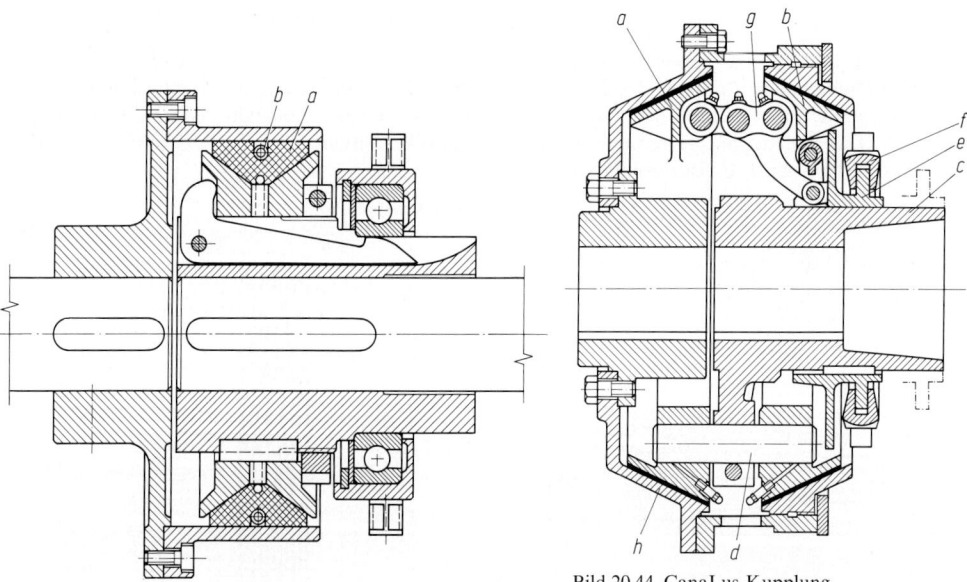

Bild 20.43 Conax-Kupplung (Heinrich Desch KG, Arnsberg)

Bild 20.44 CanaLus-Kupplung (Lohmann & Stolterfoht AG, Witten/Ruhr)

Bei der **Conax-Reibkupplung** nach Bild 20.43 sitzt zwischen kegelstumpfförmigen Tellerscheiben der lose bewegliche, symmetrische Keilreibring a, der in sechs Segmente unterteilt ist und durch eine Ringfeder b zusammengehalten wird. Beim Einschalten gleitet das Rillenkugellager über die Winkelhebel. Diese drücken die Tellerscheibe gegen den Keilreibring a, der dadurch nach außen gedrückt wird und den Kraftschluß mit dem Kupplungsmantel und den Flanken der Tellerscheiben herstellt. Druckfedern zwischen den Tellerscheiben drücken diese beim Ausschalten auseinander.

Die **ConaLus-Kupplung** nach Bild 20.44 besitzt kegelige Reibflächen. Die Nabe c ist mit drei Armen ausgestattet, an denen je ein Mitnehmer d befestigt ist. Diese Mitnehmer tragen die beiden Reibkegel a und b. Die Schaltmuffe e und der Schaltring f sitzen verschiebbar auf der Nabe c. Die Schaltmuffe e betätigt die selbstsperrenden Kniehebel g, die die Reibkegel axial nach außen drücken und den Kraftschluß mit dem Kupplungsmantel h herstellen. Es handelt sich um eine robuste Kupplung, die vorwiegend für große Schaltarbeiten eingesetzt wird.

Bei der **hydraulischen Kupplung** nach Bild 20.45 wird durch Betätigen eines Steuerventils der Zylinderraum b mit der Druckleitung der Ölpumpe verbunden, und der Kolben c drückt das Lamellenpaket a zusammen. Durch Umschalten des Steuerventils entleert sich der Zylinderraum teilweise über eine drucklose Rückleitung, so daß die Druckfedern den Kolben in seine Ausgangslage zurückschieben. Das noch im Druckzylinder befindliche Öl übt durch Fliehkräfte auch einen Axialdruck auf den Kolben aus. Sobald dieser die Federspannkraft überschreitet, schaltet die Kupplung von selbst ein! Deshalb sind bei derartigen hydraulischen Kupplungen die Drehzahlen nach oben begrenzt.

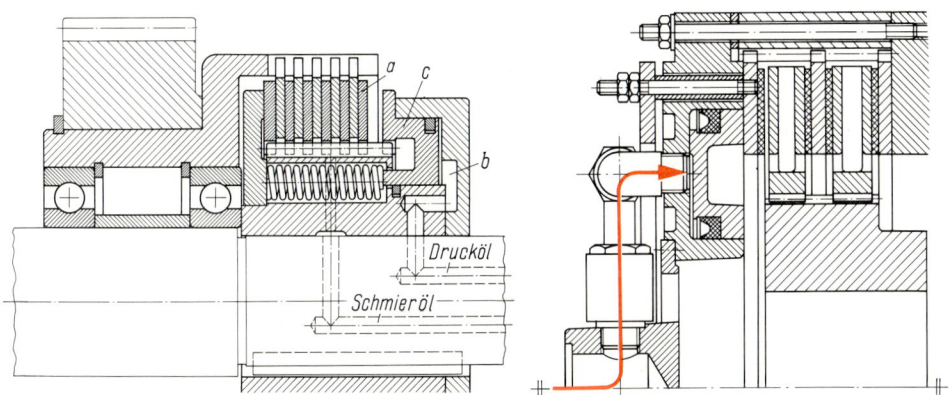

Bild 20.45 Hydraulisch geschaltete Lamellenkupplung
(Ortlinghaus-Werke GmbH,
Wermelskirchen/Rhld.)

Bild 20.46 Pneumatisch geschaltete
Zweischeibenkupplung
(Ortlinghaus-Werke
GmbH, Wermelskirchen)

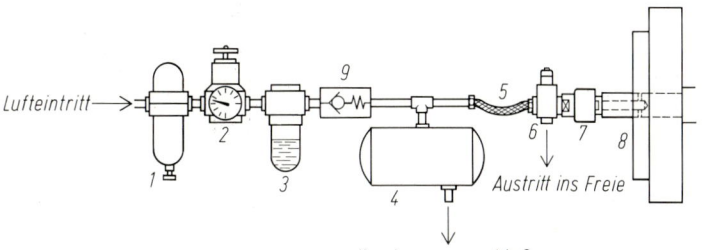

Bild 20.47 Schema einer Druckluftanlage (Ortlinghaus-Werke GmbH)
1 Druckluftfilter, 2 Reduzierventil, 3 Öler, 4 Druckausgleichsbehälter, 5 biegsamer Metallschlauch, 6 Elektromagnet-Dreiwegeventil, 7 Lufteinführung, 8 Kupplung oder Bremse, 9 Rückschlagventil

Die in Bild 20.46 gezeigte Reibkupplung wird mit **Druckluft** geschaltet. Sie eignet sich für eine hohe Wärmebelastung, z. B. zur Beschleunigung oder Verzögerung großer Schwungmassen bei hoher Schalthäufigkeit, z. B. an Pressen und Scheren, Baggern und Kranen. Hierzu zeigt Bild 20.47 das Schema einer Druckluftanlage.

Die **Luftreifen-Schaltkupplung** nach Bild 20.48 arbeitet mit einem aufblähbaren elastischen Gummireifen a, der einen elliptischen Querschnitt besitzt. Durch Füllen mit Druckluft dehnt sich der Reifen aus und drückt auf am Umfang angeordnete Reibschuhe b gegen eine Reibscheibe c (Trommel). Hierdurch erfolgt die Kraftübertragung an einem großen Durchmesser, so daß ein hohes Drehmoment übertragen werden kann und die Wärme gut abgeführt wird. Ein Nachstellen der Reibbeläge ist nicht erforderlich, da sich der Reifenkörper bei Abrieb der Reibbeläge entsprechend stärker ausdehnt. Die Kupplung kann in geringem Maße auch Fluchtfehler und Winkelverlagerungen ausgleichen.

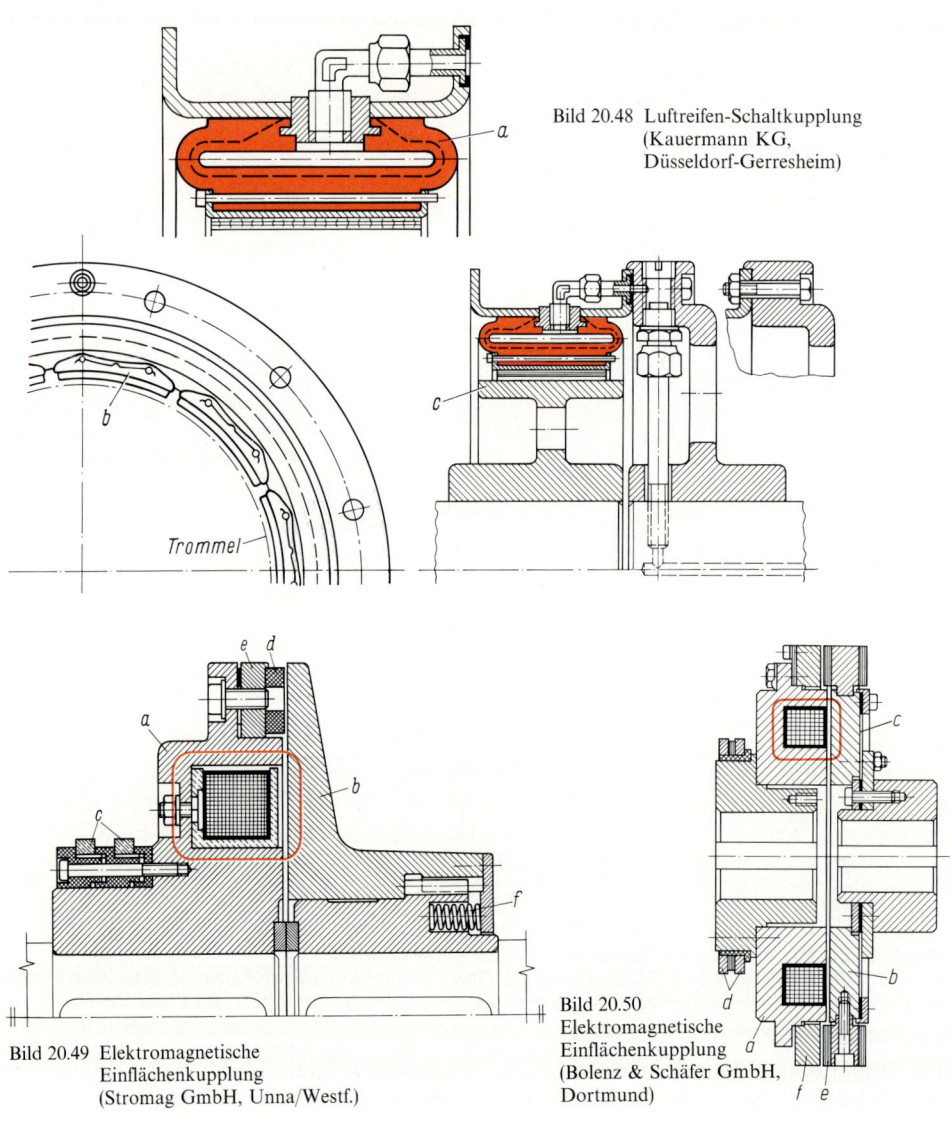

Bild 20.48 Luftreifen-Schaltkupplung
(Kauermann KG,
Düsseldorf-Gerresheim)

Bild 20.49 Elektromagnetische
Einflächenkupplung
(Stromag GmbH, Unna/Westf.)

Bild 20.50
Elektromagnetische
Einflächenkupplung
(Bolenz & Schäfer GmbH,
Dortmund)

Die **elektromagnetische Einflächenkupplung** nach Bild 20.49 zeichnet sich durch ihre robuste Bauweise aus. Der Magnet a ist die eine Kupplungshälfte, das Ankersystem b die andere. Auf dem Magneten sitzen Schleifringe c, die der Spule den Gleichstrom über Kohlebürsten zuführen. Bei Stromdurchgang zieht der Magnet den Anker an, der sich gegen die Reibscheibe d preßt und den Kraftschluß zwischen beiden Teilen herstellt. Nach Stromabschaltung drücken die Federn f den Anker in seine Ausgangslage zurück. Auch im errregten Zustand bleibt zwischen Magnet und Anker ein Luftspalt. Wenn dieser infolge Abrieb des Reibbelages zu klein geworden ist, muß der Reibbelagträger e durch Beilegen von Scheiben nachgestellt werden.

Eine andere **elektromagnetische Einflächenkupplung** zeigt Bild 20.50. Der Anker b ist über eine Membranfeder c mit der Nabe verschraubt. Sobald der Magnet a erregt wird, zieht er den Anker b an, preßt Reibbelag e und Reibscheibe f aufeinander und stellt den Kraftschluß zwischen beiden Kupplungshälften her. Die Stromzuführung erfolgt über die Schleifringe d. Bei Stromabschaltung drückt die Feder c den Anker in seine Ausgangsstellung zurück.

Die **Polflächen-Kupplung** nach Bild 20.51 ist eine schleifringlose Einflächenkupplung. Der Magnetkörper a ist über seinen Zentrierflansch maschinenseitig verschraubt. Der Rotor b besitzt zwei magnetisch gegeneinander isolierte Polflächen, zwischen denen der Reibbelag c liegt. Der Rotor b wird mit der Antriebsseite verschraubt und zum Magnetkörper zentriert. Die Ankerscheibe d ist mit einer Membranfeder e vernietet. Im stromlosen Zustand drückt die Membranfeder die Ankerscheibe gegen einen Anschlag. Bei Erregung der Spule zieht der Magnetkörper den Anker an und verbindet beide Kupplungshälften über den Reibbelag kraftschlüssig miteinander.

Die **Lüfterkupplung** nach Bild 20.52 ist im Aufbau der Kupplung nach Bild 20.51 ähnlich, jedoch besitzt sie keine Reibbeläge. Der Anker a schleift direkt auf dem Polring b (Stahl auf Stahl). Eine Nachstellung erfolgt nicht, da die Lebensdauer etwa der des Motors entspricht. Die Kupplung dient im Kraftfahrzeugbau dazu, den Lüfter bei Nichtbedarf automatisch abzuschalten. Dazu befindet sich im Kühler ein Thermofühler, der die Kupplung bei Überschreiten einer bestimmten Temperatur einschaltet. Durch das automatische Abschalten nach Unterschreiten einer bestimmten Temperatur, wenn nämlich die Kühlung des Motors durch den Fahrwind ausreicht, wird Energie gespart. Für den Notfall (Ausfall der Kupplungsspule) können Anker und Polring mit der Schraube und der Nase c drehfest verbunden werden.

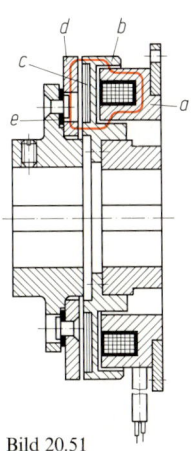

Bild 20.51
Elektromagnetische
Polflächen-Kupplung
(Bolenz & Schäfer GmbH,
Dortmund)

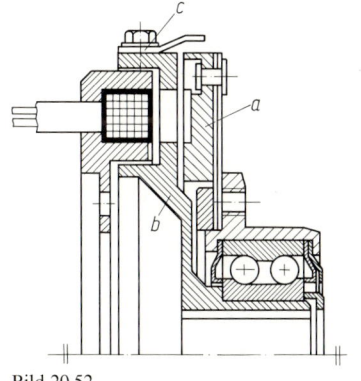

Bild 20.52
Schleifringlose Elektromagnet-Lüfterkupplung
(Pintsch Bamag GmbH, Dinslaken)

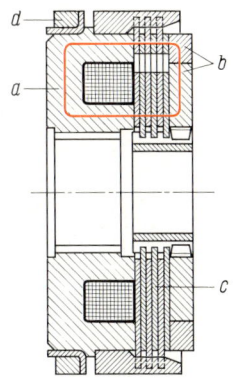

Bild 20.53 Durchflutete elektromagnetische Lamellenkupplung Bauart ZF
(Zahnradfabrik Friedrichshafen, Vertrieb durch Siemens AG,
Berlin/München)

Außerdem gibt es Elektromagnet-Kupplungen, die durch Federkraft eingeschaltet sind und durch Magnetkraft lüften. Sie sind dann geeignet, wenn sie nur selten gelüftet werden.

Für geringe Reibarbeiten haben sich **durchflutete Lamellenkupplungen** (Bild 20.53) bewährt. Das Lamellenpaket c liegt zwischen Magnet a und Anker b, so daß der Magnetfluß den farbig eingezeichneten Weg durch das Lamellenpaket nehmen muß, dieses also durchflutet. Da die Lamellen aus magnetisierbarem Stahl bestehen müssen, kommen sie ohne Ölschmierung und -kühlung nicht aus. Die Kupplung ist zwar raumsparend schmal, erzeugt aber durch Remanenz der stählernen Reibflächen relativ hohe Leerlaufmomente. Weiterhin sind sehr dünne Lamellen erforderlich, um den Magnetfluß nicht schon vor dem Anker im Lamellenpaket umzulenken. Die dünnen Lamellen haben eine geringe Wärmekapazität. Durchflutete Lamellenkupplungen sind vorwiegend in Werkzeugmaschinen-Getrieben zu finden, in denen nur kleine Massen zu beschleunigen sind und der Leerlauf begrenzt oder bei niedrigen Drehzahlen stattfindet. Wegen des die Schleifringe benetzenden Schmier- und Kühlöls wird der elektrische Strom z. B. über Bronzedrahtbürsten zugeführt, die den Ölfilm durchbrechen. Der besondere Vorteil der Kupplung besteht darin, daß sie keiner Nachstellung bedarf. $T_{\ddot{u}} = 20 \ldots 5800$ Nm, Außendurchmesser von $80 \ldots 375$ mm. Bild 20.54 zeigt als Beispiel die in ein Zahnradgetriebe eingebauten durchfluteten Lamellenkupplungen, die die Zahnräder mit der Welle verbinden oder von diesen lösen.

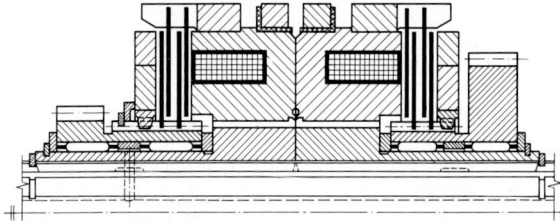

Bild 20.54 In ein Zahnradgetriebe
eingebaute durchflutete
elektromagnetische
Lamellenkupplungen Bauart ZF

Bild 20.55 zeigt **elektromagnetische Lamellenkupplungen,** bei denen das Lamellenpaket außen um den Magneten herum angeordnet ist. Dadurch ist der Reibradius besonders groß. Bei der schleifringlosen Ausführung ist der stillstehende Spulenkörper durch ein Kugellager auf der Nabe zentriert. $T_{\ddot{u}} = 20 \ldots 3200$ Nm, Außendurchmesser von $96 \ldots 336$ mm.

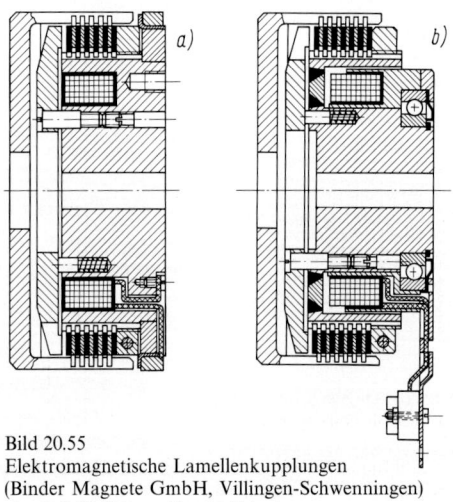

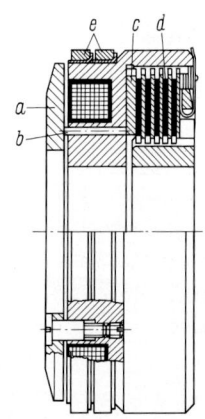

Bild 20.55
Elektromagnetische Lamellenkupplungen
(Binder Magnete GmbH, Villingen-Schwenningen)
a) mit Schleifring,   b) schleifringlos

Bild 20.56 Elektromagnet-
Lamellenkupplung
(Binder Magnete GmbH,
Villingen-Schwenningen)

Bei der **elektromagnetischen Lamellenkupplung** nach Bild 20.56 ist das Lamellenpaket neben dem Magneten angeordnet. Der Anker a ist über Druckbolzen b mit der Druckplatte c verbunden, die bei Ankeranzug das Lamellenpaket d zusammenpreßt. Es sind zwei Schleifringe e vorgesehen. Bei Stromabschaltung drücken unter Federdruck stehende Stifte (siehe Bild 20.55) den Anker in seine Ausgangslage zurück. $T_{\ddot{u}} = 32\ldots2080$ Nm, Außendurchmesser von $96\ldots296$ mm.

Die nichtdurchfluteten Lamellenkupplungen werden wahlweise für **Trockenlauf** oder für **Naßlauf** (Öllauf) geliefert. Die Außenlamellen bestehen aus gehärtetem Stahl, die Innenlamellen aus Stahl mit Sinterbronzeauflage, bei Trockenlauf auch mit einer Kunststoffbeschichtung. Die Kupplungen für Öllauf sind für Zahnradgetriebe gedacht und werden vom Schmieröl der Zahnräder benetzt. Günstig ist ein Ölstrahl auf die Kupplung oder eine Zentralschmierung von innen (siehe Bild 20.45, Seite 443). Tauchschmierung ist wegen der Planschverluste möglichst zu vermeiden.

Bei den nichtdurchfluteten Kupplungen ist auch bei angezogenem Anker zwischen diesem und dem Magnetkörper ein Luftspalt, damit die Reibflächen sicher aufeinandergepreßt werden. Da sich die Reibflächen abnutzen, verringert sich der Luftspalt und muß in bestimmten Zeitabständen kontrolliert und ggf. nachgestellt werden.

Wenn der Magnetkörper rotiert, muß der Spule der elektrische Strom über Schleifringe und Bürsten zugeführt werden. Bei nur einem Schleifring liegt der zweite Pol an der Masse des Magnetkörpers und damit an der geerdeten Maschine. Wenn dies unsicher ist, sind zwei Schleifringe erforderlich. Bild 20.57a zeigt einen **Doppelbürstenhalter,** Bild 20.57b einen **Köcherbürstenhalter.** Die Halter für Trockenlauf und für Öllauf sind rein äußerlich gleich. Bei Öllauf dient ein Kupfergewebe oder ein Bronzedrahtbündel als Bürste, bei Trockenlauf Kupferkohle. Bei Naßlauf muß der Anpreßdruck wesentlich größer als bei Trockenlauf sein, damit der isolierende Ölfilm sicher durchbrochen wird.

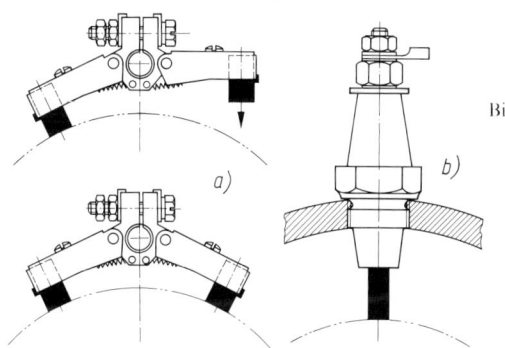

Bild 20.57 Bürstenhalter für die Stromzuführung von
Schleifringkupplungen
(Binder Magnete GmbH,
Villingen-Schwenningen)
a) Doppelbürstenhalter
b) Köcherbürstenhalter

Eine Reibkupplung muß so groß sein, daß ihr schaltbares Drehmoment T_{s} mit Sicherheit größer als das Betriebslastdrehmoment T_{L} beim Anfahren ist. Ist das Lastdrehmoment T_{L} nicht bekannt, so wird sinngemäß wie bei den formschlüssig nachgiebigen Kupplungen gerechnet, d.h. es muß sein das

$$\textit{schaltbare Drehmoment der Kupplung} \quad \boldsymbol{T_s > T_L = T_{LN} \cdot S_S = \frac{P_{LN}}{\omega}\, S_S} \qquad (20.17)$$

T_{L}	in Nm	Lastdrehmoment,
T_{LN}	in Nm	Nenndrehmoment der Lastseite,
P_{LN}	in W	Nennleistung der Lastseite,
ω	in rad/s	Winkelgeschwindigkeit $= 2\pi \cdot n_A$ mit n_A in s^{-1} als Drehzahl der Antriebsseite (sie ist gleich der Betriebsdrehzahl der Abtriebsseite),
S_{S}		Stoßfaktor, für den Erfahrungswerte in Tab. A 20.3 angegeben sind.

Im Betriebszustand steht das übertragbare Drehmoment $T_ü$ der Kupplung noch als Sicherheit zur Aufnahme von Überlastungen zur Verfügung.

Der Erregerstrom für einen Elektromagneten braucht Zeit, um nach der Kontaktgabe am Schalter seinen Anschlußwert zu erreichen, weil die Spule nicht nur einen Ohmschen Widerstand R darstellt, sondern wegen der die Spule umgebenden Eisenmasse auch eine Induktivität L. Unter der **Zeitkonstanten** $t_Z = L/R$ versteht man die Zeit in s, in welcher der Strom rund ⅔ seines Endwertes erreicht. Es muß deshalb stets mit einer Schaltverzögerung gerechnet werden, um so mehr, je größer der Magnet ist. Eine schnellere Erregung kann man dadurch erreichen, daß man in den Kupplungsstromkreis zusätzlich einen Ohmschen Widerstand setzt, so daß bei gleichbleibender Induktivität der Ohmsche Widerstand steigt und die Zeitkonstante kleiner wird. Die Anschlußspannung muß dann so weit erhöht werden, daß die Klemmenspannung der Kupplung erhalten bleibt. Schaltbares und übertragbares Drehmoment lassen sich mit Hilfe des elektrischen Stromes regeln. Hierbei kann man davon ausgehen, daß zwischen 50 und 100% des Nennstromes das Drehmoment linear bis auf seinen Nennwert ansteigt. Bei Erwärmung erhöht sich der Spulenwiderstand, so daß die Stromstärke sinkt. Die Angaben der Firmen gelten in der Regel für den betriebswarmen Zustand. Im kalten Zustand sind sie um etwa 30% höher.

Bereits während des Stromanstiegs nach dem Einschalten setzt sich der Anker in Richtung Magnet in Bewegung, so daß sich der Luftspalt verringert. Dadurch vergrößert sich die Induktivität und mit ihr die Zeitkonstante t_Z. Von dem Augenblick an, in dem der Anker die Reibflächen zusammenpreßt, steigt das Reibmoment der Kupplung an. Wenn beim Anfahren zwischen Antriebs- und Abtriebsseite (Lastseite) ein Drehzahlunterschied Δn besteht, gleiten die Reibflächen aufeinander. Sobald das Reibmoment so weit angewachsen ist, daß es das Drehmoment T_L der Lastseite überwinden kann, werden die Massen der Lastseite so lange beschleunigt, bis der Synchronlauf ($\Delta n = 0$) erreicht ist und ggf. das übertragbare Drehmoment der Kupplung noch ausgenutzt werden kann.

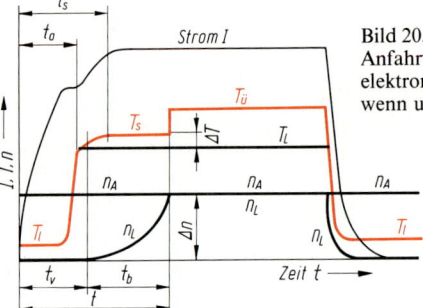

Bild 20.58 Idealisierte Darstellung eines Anfahrvorganges mit einer elektromagnetischen Reibkupplung, wenn unter Last angefahren wird

In Bild 20.58 ist ein derartiger Einschalt- und Anfahrvorgang in idealisierter (vereinfachter) Form dargestellt. t_a ist die Zeit für den Ankeranzug, t_s die Zeit bis zum Erreichen des schaltbaren Drehmomentes T_s und t_v die Zeit bis zum Beginn der Bewegung der abtriebsseitigen Massen. Während die Zeiten t_a und t_s kupplungsbedingt sind, hängt die Zeit t_v vom Lastmoment T_L ab, das beim Anfahren überwunden werden muß, wenn nicht im Leerlauf angefahren wird. Die Zeit t_b ist die eigentliche Beschleunigungszeit, um den Drehzahlunterschied Δn zwischen den beiden Kupplungshälften zu beseitigen, beim Anfahren also, um die Lastseite auf die Drehzahl der Antriebsseite zu bringen. t ist die gesamte Schaltzeit (Anfahrzeit). Wenn im Leerlauf angefahren wird, dann ist anstelle des Lastmomentes T_L lediglich ein Reibmoment T_R zu überwinden, das durch die Reibung in den Lagern, an den Zahnflanken u. dgl. entsteht.

Im ausgeschalteten Zustand der Kupplung läuft die Antriebsseite mit der Drehzahl n_A, die Lastseite mit n_L, so daß $\Delta n = n_A - n_L$ beträgt, wenn $n_A > n_L$ ist. Nach dem Einschalten der Kupplung werden die lastseitigen Massen mit dem Massenträgheitsmoment J_L beschleunigt, sobald das Reibmoment der Kupplung größer als das Lastmoment T_L geworden ist. Nach dem Grundgesetz der Dynamik ergibt sich mit $\Delta T = T_s - T_L$ eine Beschleunigungszeit $t_b = J_L \cdot \Delta\omega / \Delta T$, wenn $\Delta\omega = 2\pi \cdot \Delta n$ die Winkelgeschwindigkeitsdifferenz bedeutet. Diese Gleichung setzt voraus, daß ΔT während des Beschleunigens konstant bleibt, was tatsächlich nicht der Fall ist.

Es kommt hinzu, daß die lastseitigen Massen Rotationsenergie von den antriebsseitigen Massen aufnehmen und diese während des Reibvorganges verzögern, so daß beide nach ihrem Synchronlauf noch gemeinsam durch das Antriebsmoment des Motors auf die Drehzahl $n_A = n_L$ beschleunigt werden (in Bild 20.58 nicht dargestellt).

Es kann auch sein, daß beim Einschalten $n_L > n_A$ ist, so daß die lastseitigen Massen verzögert werden müssen. In diesem Falle ist $\Delta n = n_L - n_A$ zu setzen. Da T_L zur Verzögerung beiträgt, ist dann $\Delta T = T_s + T_L$. Drehen sich Antriebs- und Lastseite gegenläufig, so muß die Lastseite reversiert (deren Drehrichtung umgekehrt) werden. Dann ist $\Delta n = n_A + n_L$.

Aus diesen Darlegungen geht hervor, daß eine exakte mathematische Erfassung der Vorgänge kaum möglich ist und von Fall zu Fall sehr unterschiedlich sein kann. Man begnügt sich deshalb in der Regel mit einer groben Überschlagsberechnung und setzt:

$$\text{\textit{Anfahrzeit}} \quad t \approx t_s + t_b \approx t_s + \frac{J_L \cdot 2\pi \cdot \Delta n}{\Delta T} \tag{20.18}$$

t	in s	Zeit vom Einschalten des elektrischen Stromes bis zum Synchronlauf der Kupplungshälften,
t_s	in s	Schaltzeit = Zeit vom Einschalten des elektrischen Stromes bis zum Erreichen des schaltbaren Drehmomentes T_s nach Angaben des Kupplungsherstellers (siehe Tab. A 20.6),
t_b	in s	Beschleunigungszeit,
J_L	in kgm²	Massenträgheitsmoment aller auf die Lastseite (Abtriebsseite) bezogenen Massen $= J_{WL} + J_{KL}$ mit J_{WL} als Massenträgheitsmoment der auf die Welle der Lastseite bezogenen Massen (siehe hierzu Abschnitt 20.4 und Bild 20.32 auf Seite 434), J_{KL} als Massenträgheitsmoment der lastseitigen Kupplungshälfte nach Angaben des Herstellers (siehe hierzu Tab. A 20.6),
Δn	in s⁻¹	Drehzahldifferenz zwischen Antriebs- und Lastseite beim Einschalten $= n_A - n_L$, wenn $n_A > n_L$, $= n_L - n_A$, wenn $n_A < n_L$, $= n_A + n_L$ bei Reversierbetrieb. Bei Stillstand der Abtriebsseite ist $\Delta n = n_A$ die Drehzahl der Antriebsseite.
ΔT	in Nm	Beschleunigungsmoment $= T_s - T_L$, wenn $n_A > n_L$, $= T_s + T_L$, wenn $n_A < n_L$ und bei Reversierbetrieb.
T_s	in Nm	schaltbares Drehmoment der Kupplung nach Angaben des Herstellers (siehe Tab. A 20.6).
T_L	in Nm	zu überwindendes Lastmoment. Wird im Leerlauf geschaltet, so ist $T_L = T_R$ das Reibmoment der Lastseite.

In Bild 20.58 ist mit T_l das **Leerlaufdrehmoment** (Restdrehmoment) der Kupplung bezeichnet, das durch Aneinanderreiben der Lamellen im Leerlauf entsteht. Bei nichtdurchfluteten Lamellenkupplungen ist $T_l \approx 0{,}001\,T_s$ bei Trockenlauf, $\approx 0{,}01\,T_s$ bei Naßlauf. Bei Ein- und Zweiflächenkupplungen ist $T_l \approx 0$. Bei durchfluteten Lamellenkupplungen kann mit etwa $T_l \approx 0{,}05 \ldots 0{,}1\,T_s$ gerechnet werden.

Wird eine bestimmte Anfahrzeit t gefordert, so kann für $n_A > n_L$ aus Gl. 20.18 errechnet werden das erforderliche

$$\text{\textit{schaltbare Drehmoment der Kupplung}} \quad T_s \approx \frac{J_L \cdot 2\pi \cdot \Delta n}{t - t_s} + T_L \tag{20.19}$$

Während des Schlüpfens der Kupplung wird Reibarbeit verrichtet, die die Kupplung erwärmt. Die Wärme muß abgeführt werden und darf bestimmte Grenzwerte nicht überschreiten. Da die Reibarbeit W_R das Produkt aus Reibmoment = schaltbares Drehmoment T_s und dem während der Relativbewegung zurückgelegten Winkel φ ist, wird $W_R = T_s \cdot \varphi$. Hierin ist $\varphi \approx t_b \cdot \omega_m$ mit ω_m als mittlerer Winkelgeschwindigkeit. Somit beträgt mit $t_b \approx t - t_s$ und $\omega_m \approx 0{,}5\,(\omega_A + \omega_L) = 0{,}5 \cdot 2 \cdot \pi\,(n_A + n_L) = \pi\,(n_A + n_L)$ die

$$\text{\textit{Reibarbeit je Schaltung}} \quad W_R \approx T_s \cdot \pi\,(n_A + n_L)\,(t - t_s) \tag{20.20}$$

W_R in J = Nm	Reibarbeit während eines Beschleunigungsvorganges,
n_A, n_L in s⁻¹	Drehzahl der Antriebs- bzw. Lastseite beim Einschalten,
T_s, t, t_s	siehe Legende zur Gl. 20.18.

Werden in einer Stunde Z Schaltungen ausgeführt, so beträgt die

Reibleistung $P_R = Z \cdot W_R$ (20.21)

P_R in J/h   Reibleistung der Kupplung,
Z in h^{-1} Schalthäufigkeit = Anzahl der Schaltungen/h,
W_R in J   Reibarbeit nach Gl. 20.20.

Zulässige Reibarbeit W_R und zulässige Reibleistung P_R nach den Angaben des Kupplungsherstellers (siehe Tab. A 20.6). Bei ungünstiger Wärmeabfuhr (z. B. gekapselter Einbau der Kupplung) sind die zulässigen Werte entspr. niedriger anzusetzen, etwa mit 50%.

Zweckmäßig wird die Kupplung so eingebaut, daß die Hälfte mit dem kleineren Massenträgheitsmoment auf die Lastseite gesetzt wird, also $J_{KL} < J_{KA}$ ist, damit die zu beschleunigenden Massen möglichst gering werden.

Reicht beispielsweise das schaltbare Drehmoment T_s nicht aus, um das Lastmoment T_L beim Anfahren zu überwinden, so kommt es zu keinem Beschleunigungsvorgang. Die Kupplung würde dann so lange rutschen, bis sie wegen Überhitzung ausfällt. Wenn möglich, ist im Leerlauf anzufahren, um die Reibarbeit gering zu halten.

Bei hand-, pneumatisch oder hydraulisch geschalteten Kupplungen ist sinngemäß zu verfahren. Auch diese erfordern bis zum Erreichen des schaltbaren Drehmomentes eine Schaltzeit t_s.

Betreffs der fremdbetätigten schaltbaren Reibkupplungen und -bremsen wird auf die Richtlinie VDI 2241 Blatt 2 hingewiesen. Sie enthält die systembezogenen Eigenschaften, die Auswahlkriterien und Berechnungsbeispiele.

Beispiel 20.4

Zum Verbinden des Zahnrades einer Getriebewelle in einer Arbeitsmaschine soll eine elektromagnetische Lamellenkupplung nach Bild 20.55a für Öllauf dienen. Antrieb der Arbeitsmaschine durch einen Elektromotor. Drehzahl der Antriebsseite $n_A = 1200$ min$^{-1} = 20$ s^{-1}, Nennleistung der Lastseite $P_{LN} = 12$ kW. Lastseitiges, auf die Welle reduziertes Trägheitsmoment $J_{WL} = 0,2$ kgm^2. Es ist damit zu rechnen, daß unter Last angefahren wird und $Z = 70$ h^{-1} beträgt. Welche Kupplungsgröße nach Tab. A 20.6 kommt in Betracht und genügt diese in Bezug auf Erwärmung den Anforderungen, wenn die Kupplung in einen Getriebekasten eingebaut wird, also gekapselt ist? Stoßfaktor $S_S = 1,6$.

Lösung:
1. Wahl der Kupplungsgröße
Die Winkelgeschwindigkeit beträgt $\omega = 2\pi \cdot n = 2\pi \cdot 20$ s$^{-1} = 125,7$ rad/s. Nach Gl. 20.17:

$$T_L = \frac{P_{LN}}{\omega} S_S = \frac{12\,000 \text{ W}}{125,7 \text{ s}^{-1}} 1,6 \approx 153 \text{ Nm}.$$

Nach Tab. A 20.6 wird eine Naßlaufkupplung der Größe 16 mit $T_s = 260$ Nm, $t_s = 0,45$ s und $J_{KL} = 92$ kgcm$^2 = 0,0092$ kgm^2 gewählt.

2. Anfahrzeit t
Mit $\Delta n = n_A = 20$ s^{-1}, $t_s = 0,45$ s und

$$J_L = J_{WL} + J_{KL} = 0,2 \text{ kgm}^2 + 0,0092 \text{ kgm}^2 \approx 0,21 \text{ kgm}^2,$$

$$\Delta T = T_s - T_L = 260 \text{ Nm} - 153 \text{ Nm} = 107 \text{ Nm}$$

wird nach Gl. 20.18:

$$t \approx t_s + \frac{J_L \cdot 2\pi \cdot \Delta n}{\Delta T} = 0,45 \text{ s} + \frac{0,21 \text{ kgm}^2 \cdot 2\pi \cdot 20 \text{ s}^{-1}}{107 \text{ Nm}} = 0,45 \text{ s} + 0,25 \text{ s} = 0,7 \text{ s}.$$

3. Reibarbeit W_R
Nach Gl. 20.20:

$$W_R \approx T_s \cdot \pi (n_A + n_L)(t - t_s) = 260 \text{ Nm} \cdot \pi (20 \text{ s}^{-1} + 0) \, 0,25 \text{ s}^{-1} = 4084 \text{ J} \approx 4,1 \text{ kJ}.$$

Nach Tab. A 20.6 ist für gekapselten Einbau $W_{R\,zul} \approx 0,5 \cdot 39$ kJ ≈ 20 kJ anzunehmen. Also sind die 4,1 kJ zulässig.

4. Reibleistung P_R
   Nach Gl. 20.21:

$$P_R = Z \cdot W_R = 70 \, \mathrm{h^{-1}} \cdot 4{,}1 \, \mathrm{kJ} = 287 \, \mathrm{kJ/h}.$$

Nach Tab. A 20.6 ist $P_{R\,zul} \approx 0{,}5 \cdot 840 \, \mathrm{kJ/h} = 420 \, \mathrm{kJ/h}$, so daß die 287 kJ/h zulässig sind.

20.8   Fliehkraftkupplungen als drehzahlbetätigte Kupplungen

Hochtourige Elektromotoren laufen unter Last schwer an. Die hohen Anlaufmomente würden sehr große Motoren erfordern. Das wäre besonders bei großen umlaufenden Massen unwirtschaftlich, weil die hohe Motorleistung während des Betriebes nicht benötigt wird. Aus diesem Grunde werden in die Antriebe Anlaufkupplungen eingebaut, die den Motor (meistens Kurzschlußläufer) ohne Last hochlaufen lassen und danach die lastseitigen Massen mit begrenztem Drehmoment der Kupplung beschleunigen. Die Rotationsenergie des Motorankers unterstützt den Anfahrvorgang.

Als **Anlaufkupplungen** eignen sich die einfachen und robusten **Fliehkraftkupplungen.** Sie kuppeln bei einer bestimmten Drehzahl automatisch ein und steigern mit zunehmender Drehzahl das von ihnen übertragbare Drehmoment. Wirtschaftlich sind sie aber nur ab 700 min^{-1}, weil sie erst bei dieser Drehzahl genügend hohe Fliehkräfte entwickeln können. Durch Fliehkraftwirkung werden die beiden Kupplungshälften kraftschlüssig miteinander verbunden.
Bild 20.59 a zeigt den direkten Anlauf eines Kurzschlußläufer-Motors. Der hohe, langanhaltende Anlaufstrom erfordert eine Überdimensionierung des Motors und belastet das Netz übermäßig.
Bild 20.59 b gibt den sanften Anlauf durch Zwischenschaltung einer Fliehkraftkupplung wieder.
Bild 20.60 zeigt eine **Backen-Fliehkraftkupplung,** die zur Verbindung zweier Wellenenden dient und deren Backen durch Ringfedern gehalten werden.

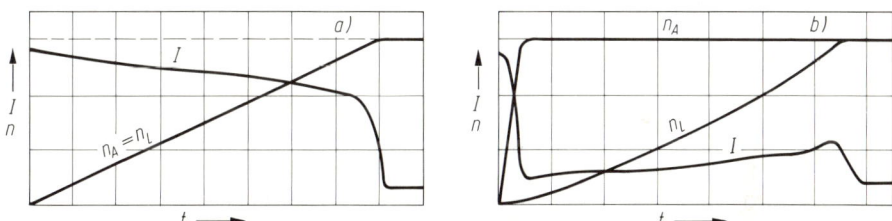

Bild 20.59 Anlauf mit einem Kurzschlußläufer-Elektromotor
a) mit starrer Kupplung, b) mit Fliehkraftkupplung
I Stromstärke, n_A Drehzahl antriebsseitig, n_L lastseitig, t Zeit

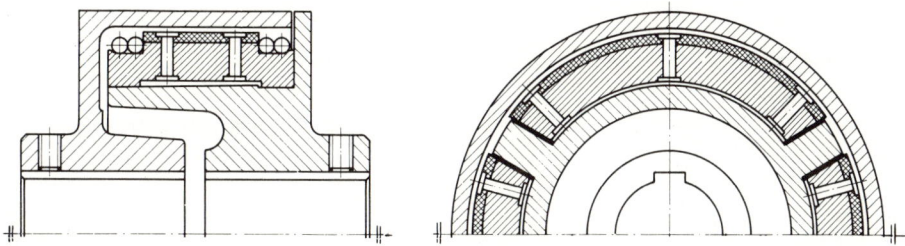

Bild 20.60 Wülfel-Fliehkraft-Kupplung (Renk AG, Werk Wülfel, Hannover)

Die **Backen-Fliehkraftkupplung** nach Bild 20.61 besitzt je nach Größe drei bis sechs Backen a, die durch je eine Druckfeder b radial auf die Nabe c gedrückt werden. Bei etwa 700 min^{-1} überwindet die Fliehkraft die Federkraft und drückt die Backen an die Reibfläche des Gehäuses d.

Die **Rigamat-Anlaufkupplung** nach Bild 20.62 ist eine fliehkraftabhängige Füllgutkupplung. Das Stahlgranulat (farbig angelegt) befindet sich in einem Leichtmetallgehäuse a, das über der Antriebsnabe b mit der Motorwelle verbunden ist. Nach dem Erreichen der Motordrehzahl n_A bildet dieses Granulat einen Ring, der den Rotor c und damit die Keilriemenscheibe d bzw. ein anderes Maschinenteil mitnimmt.

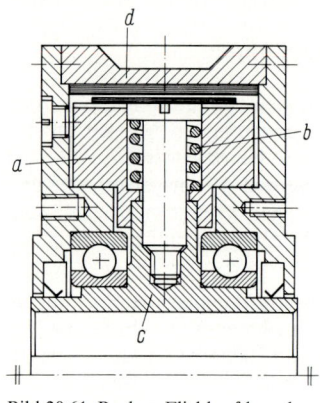

Bild 20.61 Backen-Fliehkraftkupplung
(Heid AG, Wien)

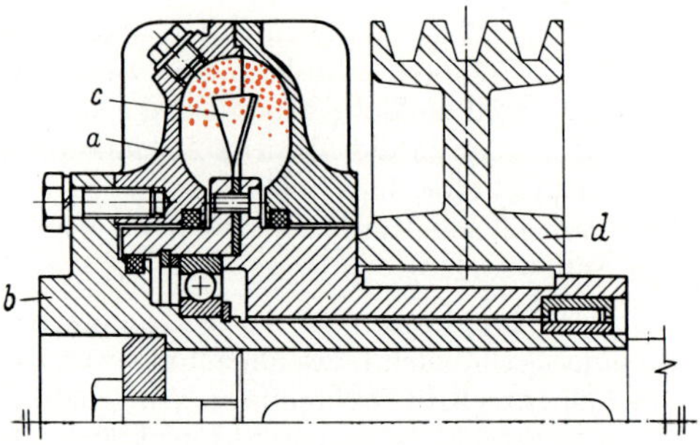

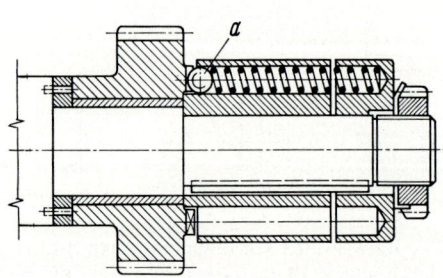

Bild 20.62 Rigamat-Anlaufkupplung (Ringspann
Albrecht Maurer KG, Bad Homburg)

20.9   Momentbetätigte Kupplungen als Sicherheitskupplungen

Sicherheitskupplungen schützen nachfolgende Getriebeteile, Maschinen und Geräte bei Überlastungen vor Beschädigungen oder Bruch. Überlastungen können z.B. durch eingedrungene Fremdkörper (Steine, Metallteile) in Misch-, Mahl- oder Brechwerken auftreten, ferner durch Hemmungen wie Lagerfestlauf u. dgl.

Die **Torque-Tender-Überlastkupplung** nach Bild 20.63 arbeitet mit einem Drehkeil a, der bei Überlast aus der Führungsnut des Außenmitnehmers b springt. Dabei wirkt die durch das Drehmoment am Drehkeil hervorgerufene Umfangskraft gegen die Federn c, so daß der Keil mit einem bestimmten Drehmoment aus der Nut gedreht wird. Sobald das Drehmoment einen bestimmten Betrag unterschreitet, rastet der Drehkeil wieder ein.
Kupplungen nach Bild 20.64, bei denen Kugeln a oder Rollen unter Federdruck stehen, rasten bei Überlastung aus, bei Absinken des Drehmomentes wieder ein.

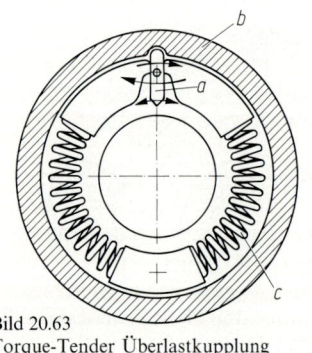

Bild 20.63
Torque-Tender Überlastkupplung
(Maschinenfabrik Mönninghoff, Bochum)

Bild 20.64 Kugel-Sicherheitskupplung

Mit **Rutschkupplungen** nach Bild 20.65 lassen sich Anlaufdrehmoment und Lastspitzen begrenzen. Bei der **Rimostat-Rutschkupplung** nach Bild 20.65 a ist ein Kettenrad a über Reibscheiben b kraftschlüssig mit der Nabe c verbunden. Federn d erzeugen den erforderlichen Anpreßdruck. Die Ausführung nach Bild 20.65 b dient zur Verbindung zweier Wellenenden. Eine Duplex-Kette e verbindet die beiden Kettenräder und bewirkt eine leicht lösbare Verbindung, die auch geringe Fluchtfehler ausgleichen kann. Die Wirkungsweise derartiger Kupplungen veranschaulicht Bild 20.66.

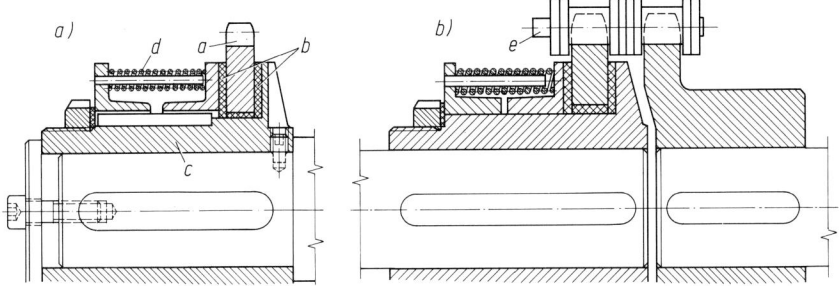

Bild 20.65 Rimostat-Rutschkupplungen (Ringspann Albrecht Maurer KG, Bad Homburg)
a) Rutschnabe mit Kettenrad,   b) Verbindung zweier Naben

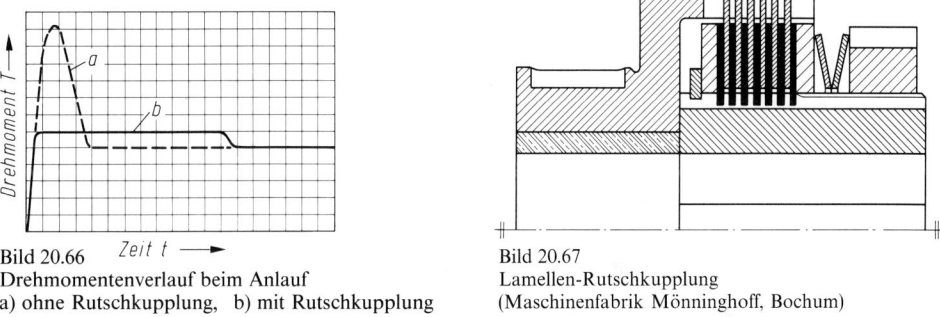

Bild 20.66
Drehmomentenverlauf beim Anlauf
a) ohne Rutschkupplung, b) mit Rutschkupplung

Bild 20.67
Lamellen-Rutschkupplung
(Maschinenfabrik Mönninghoff, Bochum)

Eine **Lamellen-Rutschkupplung** zeigt Bild 20.67. Die Lamellen werden durch Tellerfedern zusammengepreßt. Der Federdruck ist durch eine Nutmutter einstellbar. Anstelle der Tellerfedern können auch Federn anderer Art treten.

20.10 Richtungsbetätigte Kupplungen als Freilaufkupplungen

Freilaufkupplungen sind so gestaltet, daß der treibende Teil den getriebenen in einer Drehrichtung mitnimmt, während er sich bei entgegengesetztem Drehsinn von diesem löst. Freilaufkupplungen werden verwendet als

1. **Überholkupplungen,** die die Verbindung automatisch lösen, wenn der getriebene Teil schneller als der treibende läuft, z. B. zur Abtrennung einer großen Schwungmasse, wenn der Antrieb abschaltet oder ausfällt, oder zum Lösen der Verbindung zwischen Hilfs- und Hauptmotor (Bild 20.68), wenn der Hauptmotor schneller als der Hilfsmotor läuft, ferner zum Gangwechsel ohne Zugkraftunterbrechung bei automatischen Schaltgetrieben.
2. **Rücklaufsperren,** die eine Drehbewegung nur in einer Richtung zulassen. Sie treten beim Abschalten oder Ausfall des Antriebsmotors in Aktion, um durch eine weiter wirkende Betriebslast eine Rückdrehbewegung zu verhindern, z. B. bei Kranen, Aufzügen und Förderbändern.

3. Schaltwerke zur Umwandlung einer pendelnden (oszillierenden) Drehbewegung in eine schrittweise Drehbewegung in einer Richtung. Hierbei sollte möglichst der Freilaufaußenring die os-
zillierende Bewegung ausführen (Bild 20.69), die aus dem Schalthub und aus dem rückläufigen
Leerhub besteht. Verwendung z.B. als Vorschubantrieb an Werkzeugmaschinen oder zum
schrittweisen Transport von Behältern wie Tuben und Büchsen in Portionierungsmaschinen.

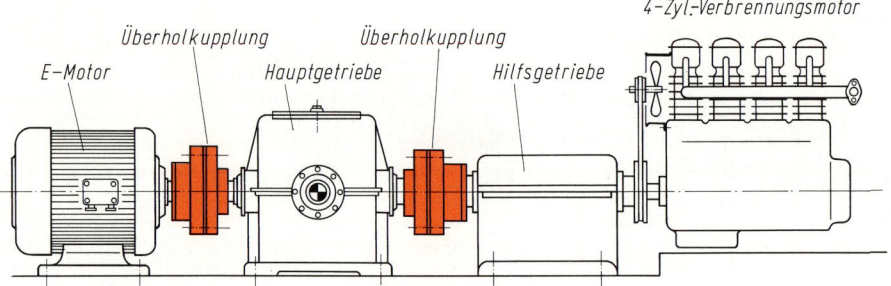

Bild 20.68 Anlage mit Hauptmotor (E-Motor) und Hilfsmotor (Verbrennungsmotor), die über
Überholkupplungen mit dem Hauptgetriebe verbunden ist (Walther Flender GmbH,
Düsseldorf)

Bild 20.70 zeigt eine Freilaufkupplung, auf die ein Maschinenelement wie Zahnrad, Kettenrad
u. dgl. gesetzt werden kann.

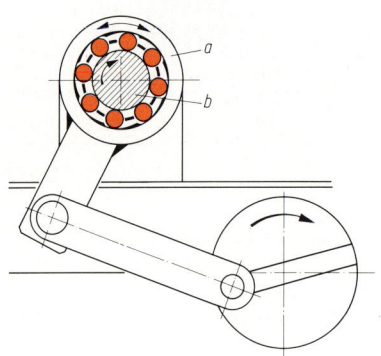

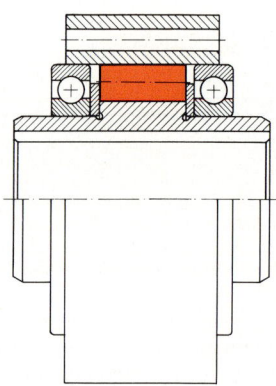

Bild 20.69 Schrittschaltwerk mit Freilaufkupplung
(Walther Flender GmbH, Düsseldorf)
Außenring a pendelt, Innenring b dreht sich schrittweise

Bild 20.70 Stieber-Freilaufkupplung
(Stieber GmbH,
Heidelberg)

Bild 20.71 zeigt das Prinzip einer Freilaufkupplung mit einzeln angefederten **Klemmrollen.** Sie besteht aus einem Außenring a, einem Innenring b mit keilförmig ausgebildeten Klemmflächen
(dem Freilaufstern) und den zwischen beiden Ringen angeordneten Klemmrollen c, die mittels
des Druckbolzens d durch die Federn e an den Außenring gedrückt werden. Wird der Außenring
gemäß Bild 20.71a in Pfeilrichtung gegenüber dem Innenring gedreht, so werden die Rollen in
den Keilspalten festgeklemmt und übertragen die Umfangskraft kraftschlüssig zwischen beiden
Ringen. Bewegt sich der Außenring jedoch in entgegengesetzter Richtung (Bild 20.71b), so werden die Rollen gegen die beweglichen Bolzen gedrückt, und zwischen den Rollen und dem Außenring entsteht Spiel und damit der Freilauf.

In Bild 20.72 ist das Prinzip einer Freilaufkupplung mit einzeln angefederten **Klemmkörpern** dargestellt. Die Klemmkörper c, die seitlich mit Federn f elastisch abgestützt sind, werden in einem

Käfig g geführt. Bild 20.72a zeigt die Drehmomentübertragung in Sperrichtung. Überholt der Außenring a (Bild 20.72b), so wirkt auf die mit dem Außenring umlaufenden Klemmkörper eine Fliehkraft, die die Klemmkörper vom Innenring abhebt und den Freilauf herbeiführt.

Bild 20.73 zeigt einen eingebauten Freilauf, der überwiegend als Rücklaufsperre mit fest angeschraubtem Außenring z.B. für Getriebe eingesetzt wird. Nach Überschreiten der Abhebedrehzahl heben die Klemmkörper vollständig von der Lauffläche im Außenring ab und sind in diesem Zustand berührungs- und verschleißfrei. Bild 20.74 veranschaulicht den Einbau eines

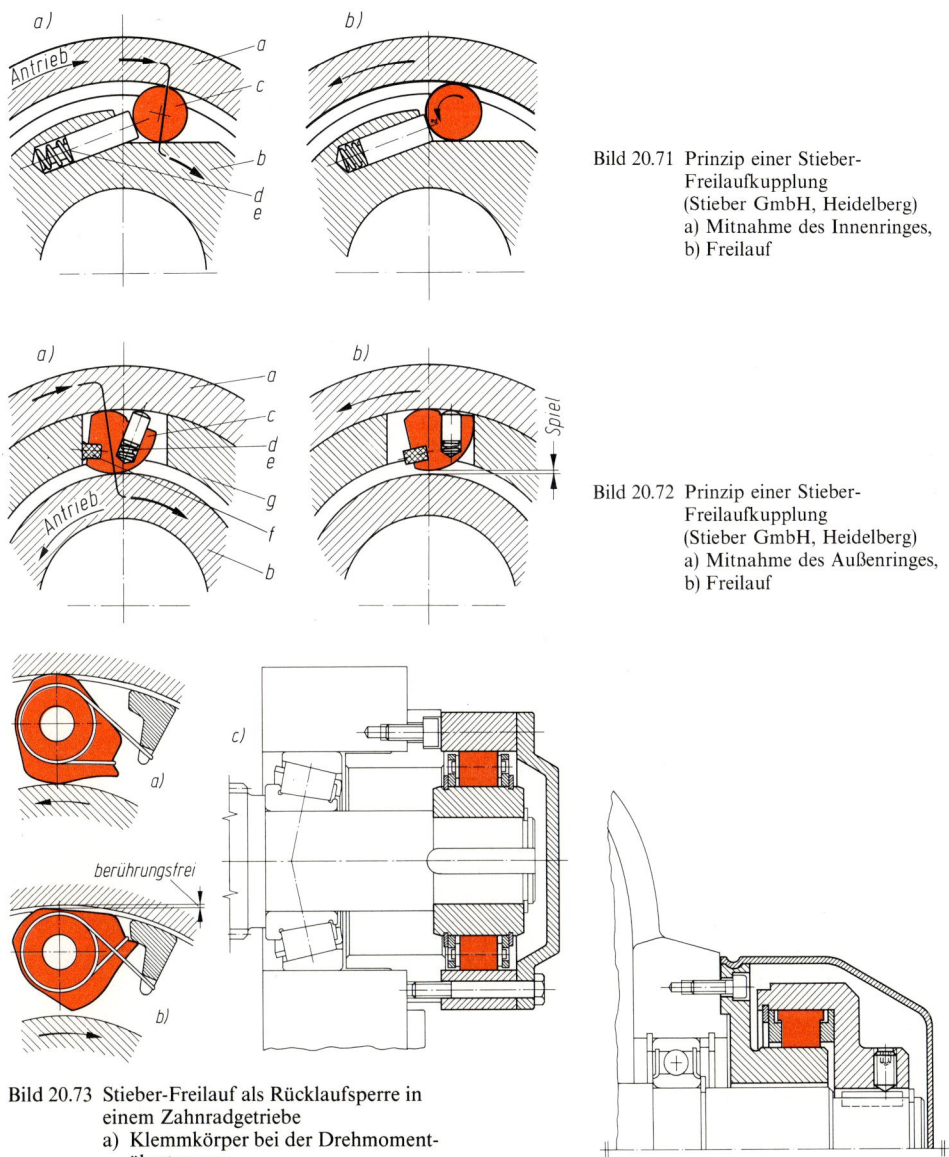

Bild 20.71 Prinzip einer Stieber-
Freilaufkupplung
(Stieber GmbH, Heidelberg)
a) Mitnahme des Innenringes,
b) Freilauf

Bild 20.72 Prinzip einer Stieber-
Freilaufkupplung
(Stieber GmbH, Heidelberg)
a) Mitnahme des Außenringes,
b) Freilauf

Bild 20.73 Stieber-Freilauf als Rücklaufsperre in
einem Zahnradgetriebe
a) Klemmkörper bei der Drehmomentübertragung
b) Klemmkörper beim Freilauf
c) eingebauter Freilauf

Bild 20.74 Stieber-Freilauf als Rücklaufsperre in
einer Zentrifugalpumpe

Freilaufs als Rücklaufsperre im Antrieb einer Zentrifugalpumpe. Diese Art ist besonders für schnellaufende Maschinenwellen geeignet. Die Klemmkörper laufen mit dem auf der Maschinenwelle befestigten Außenring um und heben bei einer bestimmten Drehzahl von der Lauffläche des feststehenden Innenringes berührungsfrei ab.

Die Kupplungsgröße wird nach dem zu übertragenden Spitzendrehmoment und der Schalthäufigkeit festgelegt, d. h. es muß sein das

zulässige Drehmoment der Kupplung $T_K \geqq T_N \cdot S_S \cdot S_Z$ (20.22)

T_N in Nm   zu übertragendes Nenndrehmoment,
S_S Stoßfaktor zur Berücksichtigung von Drehmomentspitzen nach Tab. A 20.3,
S_Z Faktor zur Berücksichtigung der Schalthäufigkeit nach Angaben des
              Kupplungsherstellers. Als ungefährer Richtwert kann bei insgesamt Z Schaltungen
              innerhalb der Lebensdauer dienen:

$$
\begin{array}{lccccc}
Z = & 10^5 & 10^6 & 10^7 & 10^8 & 10^9 \\
S_Z = & 0,5 & 0,8 & 1,2 & 1,6 & 2
\end{array}
$$

20.11 Bremsen

Mitunter müssen Massen aus der Bewegung in einer bestimmten Zeit abgebremst werden, z. B. die Last an Kranen, die über die Seiltrommel und ein Getriebe auf die Motorwelle wirkt. Hierzu zeigt Bild 20.75 einen **Verschiebeanker-Motor mit Kegelbremse.** Im Stillstand drückt die Feder e über das Wälzlager f die Bremsscheibe c gegen den Bremskegel im Gehäuse d, so daß die Welle b festgehalten wird. Bei Stromeinschaltung wird der Anker a durch die Magnetkraft in den kegeligen Stator h hineingezogen und damit die Bremse gelüftet. Bei Stromabschaltung setzt die Feder die Bremse in Funktion. Die Tellerfedern i dämpfen die axialen Stöße.

Als Bremsen sind grundsätzlich alle kraftschlüssigen Schaltkupplungen (Reibkupplungen) geeignet, wenn wie nach Bild 20.76 die Nabe a mit der Welle, der Magnet b fest mit dem Maschinen- bzw. Getriebegehäuse verbunden ist. Bild 20.77 zeigt eine entspr. **Lamellenbremse.**

Bei Kranen, Förderanlagen und Winden werden **federdruckbetätigte Bremsen** bevorzugt, die bei Ausfall des Betätigungsmediums (elektr. Strom, Druckluft, Drucköl) aus Sicherheitsgründen im gebremsten Zustand verharren. Hierzu zeigt Bild 20.78 eine elektromagnetische Zweiflächen-Federdruckbremse, die wegen ihrer Robustheit auch an Schiffsladewinden geeignet ist.

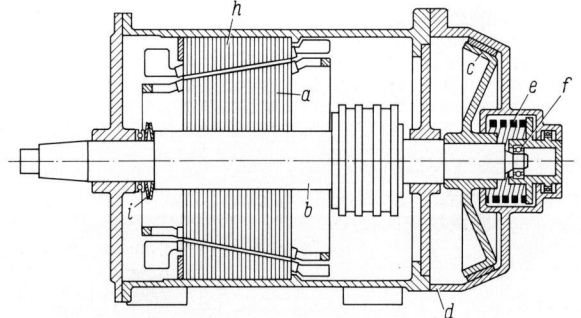

Bild 20.75 Verschiebeanker-Motor mit
Kegelbremse
(Aus Niemann,
Maschinenelemente)

Außer den gezeigten Ein- und Mehrflächenbremsen gibt es noch **Backenbremsen,** in denen die mit Reibbelägen bestückten Bremsbacken von außen gegen die abzubremsende Trommel gedrückt werden. Sie sind sehr robust und werden als Doppelbackenbremsen nach DIN 15435 bei besonders rauhen Betriebsverhältnissen eingesetzt, z. B. in Kran-, Förder- und Walzwerksanlagen. Bild 20.79 zeigt eine Doppelbackenbremse als Stopbremse für Krane. Es bezeichnen: a Motorwelle, b Bremsbacken mit Bremsbelag c (aus Blech geschweißte Drehbacken) sind mit Bolzen in Bremshebeln p gelagert und durch Stellschrauben e gegen Kippen durch Eigengewicht bei gelüfteter Bremse gesichert. Druckfeder f drückt Bremshebel mit Backen über Gestänge h, i, k, l gegen Bremstrommel; g Zugmagnet zum Lüften der Bremse über Gestänge k und l; m Mutter zum Einstellen der Federkraft; Löcher n zum Verstellen der Hebelübersetzung; o Stellschrauben als Anschläge für Bremshebel zum gleichmäßigen Lüften der Backen (Magnethub darf durch Stellschrauben nicht behindert werden).

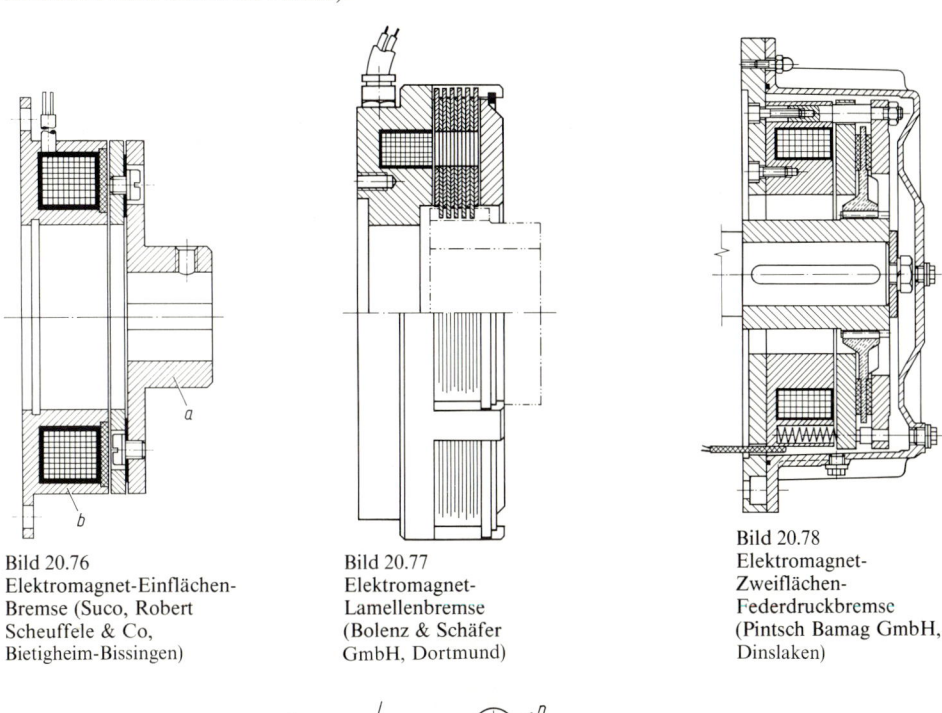

Bild 20.76
Elektromagnet-Einflächen-
Bremse (Suco, Robert
Scheuffele & Co,
Bietigheim-Bissingen)

Bild 20.77
Elektromagnet-
Lamellenbremse
(Bolenz & Schäfer
GmbH, Dortmund)

Bild 20.78
Elektromagnet-
Zweiflächen-
Federdruckbremse
(Pintsch Bamag GmbH,
Dinslaken)

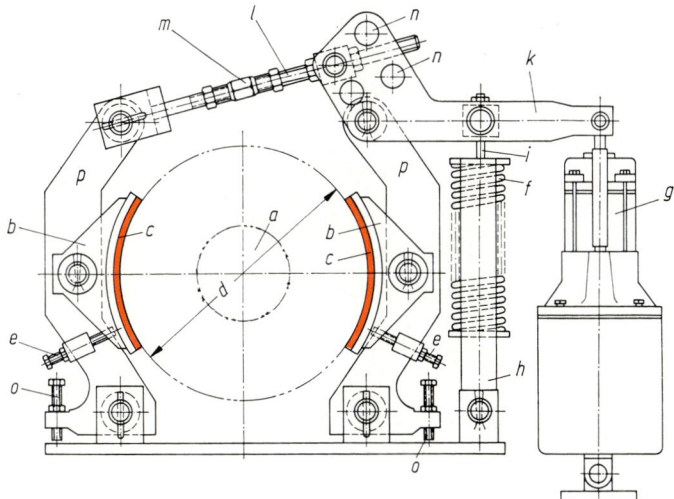

Bild 20.79 Außen-Backenbremse als Kran-Stopbremse (Bauart MAN, aus Niemann, Maschinenelemente)

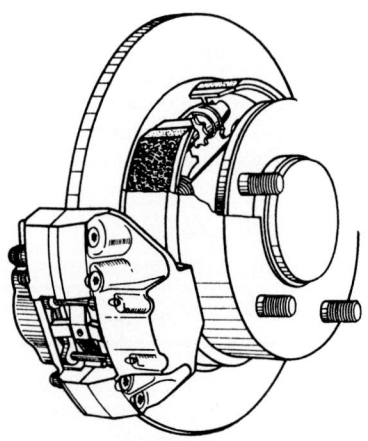

Bild 20.80 Kraftfahrzeug-
Scheibenbremse

Bei den früher in Kraftfahrzeugrädern üblichen Trommelbremsen handelte es sich um Innenbackenbremsen, bei denen die Bremsbacken von innen gegen die Bremstrommel gedrückt wurden. Man ersetzte sie durch **Scheibenbremsen,** die einfacher aufgebaut sind und die Wärme besser ableiten. Außerdem sind sie unempfindlich gegen Reibwertschwankungen. Bild 20.80 zeigt eine derartige Scheibenbremse als Teilscheibenbremse mit **Festsattel,** der auch Zange genannt wird. Der Sattel enthält zwei Bremszylinder, die sich gegenüberstehen (einer im Flanschgehäuse, der andere im Deckelgehäuse des Sattels). Der Sattel steht still, während sich die Bremsscheibe mit dem Rad des Fahrzeugs dreht. In Bild 20.81 sind die Einzelteile eines Sattels dargestellt. Die Kolben der beiden Bremszylinder wirken auf die die Bremsbeläge (Reibbeläge) tragenden Teile, die gegenüberliegend von beiden Seiten auf die Bremsscheibe drücken. Die Bremsbeläge sind kleiner als bei Trommelbremsen, die örtlich auftretenden Temperaturen deshalb höher. Jedoch kann die Kühlluft die nicht abgedeckte Bremsscheibe von beiden Seiten umströmen. Die Betätigungskraft ist größer als bei den Trommelbremsen. Deshalb wird meistens ein Bremskraftverstärker vorgesehen. Scheibenbremsen ähnlicher Bauart haben auch im Maschinenbau Einzug gehalten, z. B. als Kranbremsen.

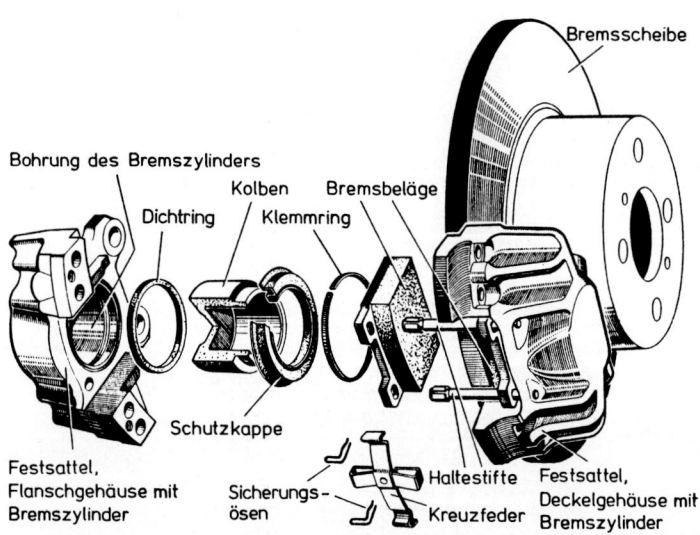

Bild 20.81
Einzelteile des Sattels
der Scheibenbremse
nach Bild 20.80
(aus Fachkunde für
Kraftfahrzeugtechnik,
Europa-Lehrmittel-
Verlag)

Die Ermittlung des erforderlichen **Bremsmomentes** T_b oder der **Bremszeit** t_b bei elektromagnetischen Bremsen erfolgt sinngemäß wie bei den Kupplungen mit den Gleichungen 20.18 und 20.19, in denen t die Gesamtzeit (Zeit vom Einschalten des Stromes bis zum Stillstand der abzubremsenden Massen) und t_b die eigentliche Verzögerungszeit darstellen. Es ist zu beachten, daß J_L das auf die Bremswelle bezogene Trägheitsmoment aller abzubremsenden Massen ist (ggf. einschl. Motoranker wie nach Bild 20.75) und das Reibmoment T_R in den Lagern, an den Zahnrädern u. dgl. den Bremsvorgang unterstützt. Das Bremsmoment T_b entspricht dem schaltbaren Drehmoment T_s der Kupplungen.

Beispiel 20.5

Die in Bild 20.78 dargestellte Elektromagnet-Zweiflächen-Federdruckbremse besitzt ein Bremsmoment $T_b = 500$ Nm. Sie braucht nach Abschalten des Stromes bis zum Wirksamwerden des Bremsmomentes eine Zeit $t_s = 0,12$ s. Da danach der volle Federdruck einsetzt, ist dann das Bremsmoment in voller Stärke wirksam. In welcher Gesamtzeit t kommt die Bremswelle zum Stillstand, wenn das auf die Bremswelle reduzierte Trägheitsmoment $J_L = 2,65$ kgm^2 beträgt und bei $n = 1800$ min$^{-1} = 30$ s^{-1} abgebremst wird? Die unterstützende Reibung an Lagern und Zahnrädern ist zu vernachlässigen.

Lösung:
Sinngemäß zur Gl.20.18 gilt für die gesamte Bremszeit:

$$t = t_s + t_b = t_s + \frac{J_L \cdot 2\pi \cdot n}{T_b} = 0,12 \text{ s} + \frac{2,65 \text{ kgm}^2 \cdot 2\pi \cdot 30 \text{ s}^{-1}}{500 \text{ Nm}} = 1,12 \text{ s}.$$

Literaturhinweise

Altmann, G.: Drehfedernde Kupplungen. VDI-Z. 80/1936.

Böhm, W.: Anlauf- und Sicherheitskupplungen. Z. Konstruktion 2/1963.

Cornelius, E.A. und *W. Beitz:* Bestimmung von Kenngrößen drehelastischer Kupplungen. Z. Konstruktion 13/1971.

Decker, K.H. und *K. Kabus:* Neuzeitliche Elektromagnetkupplungen. Z. Konstruktion 4/1958.

Decker, K.H.: Was ist beim Einsatz von Elektromagnet-Kupplungen und -Bremsen zu beachten? Das Industrieblatt 6/1960.

Decker, K.H.: Elektromagnetische Kraftschluß-Wellenschaltkupplungen und -bremsen. Schweizer Maschinenmarkt 6/61, Goldach/Schweiz.

Duditza, F.: Querbewegliche Kupplungen. Z. Antriebstechnik 10/1971.

Häuser, K.: Stirnzahnkupplungen. Z. Der Maschinenmarkt 7/1955.

Klamt, J.: Elektrische Schlupfkupplungen für Schiffsantriebe. Tagungsheft Kupplungen, Essen 1957.

Kößler, P.: Berechnung von Innenbackenbremsen für Kraftfahrzeuge. Teubner-Verlag, Stuttgart 1957.

Lohr, F.W.: Kupplungs-Atlas. ATG-Verlag Ludwigsburg 1961.

Lohr, F.W.: Das Berechnen von Kupplungen. Z. Die Maschine 3/1964.

Niemann, G.: Maschinenelemente Bd.III. Springer-Verlag 1983.

Peeken, H. und *C. Troeder:* Elastische Kupplungen. Springer-Verlag 1985.

Pelczewski, W.: Elektromagnetische Kupplungen. Vieweg-Verlag 1971.

Reuthe, W.: Ausführungsarten, Belastungsgrenzen und Reibungsverluste von Kreuzgelenken. Z. Konstruktion 1/1949.

Schalitz, A.: Kupplungs-Atlas. Bauarten und Auslegung von Kupplungen und Bremsen. ATG-Verlag Ludwigsburg 1975.

Steinhilper, W.: Berechnung von drehelastischen Kupplungen mit nichtlinearer Kennlinie. Z. Konstruktion 18/1966.

Steinhilper, W.: Stoßdrehmomente und Stoßfaktoren in Maschinenanlagen mit drehelastischen Kupplungen. Der Maschinenmarkt 71/1965.

Stölzle, K. und *S. Hart:* Freilaufkupplungen. Konstruktionsbücher 19/1961.

Stieber, P.: Die Rollkupplung zur Verbindung von Welle und Bohrung und dgl. VDI-Z. 84/1940.

Stübner, K. und *W. Rüggen:* Kupplungen. Einsatz und Berechnung. Hanser-Verlag 1961.

Schütz, K.H.: Gleichlauf-Kugelgelenke für Kraftfahrzeugantriebe. Z. Antriebstechnik 10/1971.

Winkelmann, S. und *H. Hartmuth:* Schaltbare Reibkupplungen. Konstruktionsbücher 34, Springer-Verlag 1985.

Ziesel, K.: Moderne Antriebe mit Induktionskupplungen. Z. Maschine und Werkzeug 23/1957.

VDI-Bericht: Wellenkupplungen, Anfahren, Schwingungsdämpfen, Schalten. VDI-Verlag Düsseldorf 1963.

Richtlinie VDI 2240: Wellenkupplungen. VDI-Verlag Düsseldorf 1971.

Richtlinie VDI 2241: Schaltbare fremdbetätigte Reibkupplungen und -bremsen, Blatt 1 (Juni 1982) und Blatt 2 (Sept. 1984)

VDI-Bericht Nr. 299: Die Wellenkupplung als Systemelement. VDI-Verlag Düsseldorf 1977.

Zahnräder

21 Grundlagen für Zahnräder und Getriebe

Zahnräder übertragen die Drehbewegung von einer Welle auf eine zweite durch Formschluß der im Eingriff befindlichen Zähne. Bei verschieden großen Zahnrädern wirken sie auch als Drehmomentwandler. Durch den Formschluß können sie gegenüber Riementrieben erheblich höhere Kräfte übertragen, arbeiten jedoch nicht elastisch, kommen dafür aber mit wesentlich kleineren Achsabständen aus.

Dieses Kapitel gibt einen Überblick über die Begriffe zur Beschreibung von Zahnrädern und Getrieben, das Verzahnungsgesetz und die üblichen Verzahnungsarten.

21.1 Rad- und Getriebearten

Es arbeiten immer ein **treibendes** Zahnrad und ein **getriebenes** Zahnrad zusammen, die ein **Radpaar** bilden. Je nachdem, wie die Achsen der beiden Räder zueinander liegen, ergeben sich folgende Radgrundformen:

1. **Stirnräder** (Zylinderräder) bei parallel liegenden Radachsen, und zwar **Außenradpaare** nach Bild 21.1 a (Geradverzahnung) und b (Schrägverzahnung) und **Innenradpaare** nach Bild 21.1 c. Beim Innenradpaar heißt das innenverzahnte Rad **Hohlrad.**
2. **Zahnstangen** als unendlich groß gedachte Stirnräder zur Umwandlung einer Drehbewegung mittels eines Außenrades in eine hin- und hergehende geradlinige Bewegung nach Bild 21.1 d.
3. **Kegelräder** bei sich schneidenden Radachsen nach Bild 21.1 e (Geradverzahnung) und f (Schrägverzahnung).
4. **Schraubenräder** bei sich kreuzenden Radachsen, und zwar nach Bild 21.1 g in einem **Stirnrad-Schraubräderpaar,** nach Bild 21.1 h in einem **Schneckenradsatz** und nach Bild 21.1 i in einem **Kegelrad-Schraubräderpaar.**

Der Verlauf der Zähne wird nach dem Verlauf ihrer Flankenlinien gekennzeichnet. Unter einer **Flankenlinie** versteht man die Schnittlinie der Zahnflanke mit einem Zylinder beim Stirnrad bzw. Kegel beim Kegelrad, dessen Achse mit der Radachse zusammenfällt. So kennt man:

1. Gerad-, Stufen-, Schräg-, Doppelschräg- und Kreisbogenzahn-Stirnräder (Bild 21.2)
2. Gerad-, Schräg-, Spiral-, Evolventen- und Kreisbogenzahn-Kegelräder (Bild 21.3).

Nach DIN 868 (Allgemeine Begriffe und Bestimmungsgrößen) werden bezeichnet:

1. Ein beliebiges der beiden Räder eines Radpaares als **Rad,** das mit ihm gepaarte Rad als **Gegenrad.**
2. Das kleinere der beiden Räder eines Radpaares als **Ritzel** oder **Kleinrad,** das größere als **Großrad.** Das Ritzel erhält den Index 1, das Großrad den Index 2.
3. Das **treibende Rad** mit dem Index a, das **getriebene Rad** mit dem Index b. Diese Unterscheidung ist in der Regel nur bei treibendem Großrad erforderlich.
4. Als **Getriebezug** eine Kombination von zwei oder mehr Radpaaren, die miteinander in Wirkverbindung stehen (Bild 21.4).
5. Als **Getriebe** eine Baugruppe aus einem oder mehreren Radpaaren und dem die Radpaare umschließenden Gehäuse oder Gestell, das die Lagerungen für die ortsfesten Radachsen trägt. In einem Getriebe können Größe und/oder Richtung von Drehbewegung und Drehmoment in einer oder mehreren Getriebestufen umgewandelt werden. Man kennt **einstufige** und **mehrstufige Getriebe,** in denen jedes Radpaar eine Stufe darstellt.

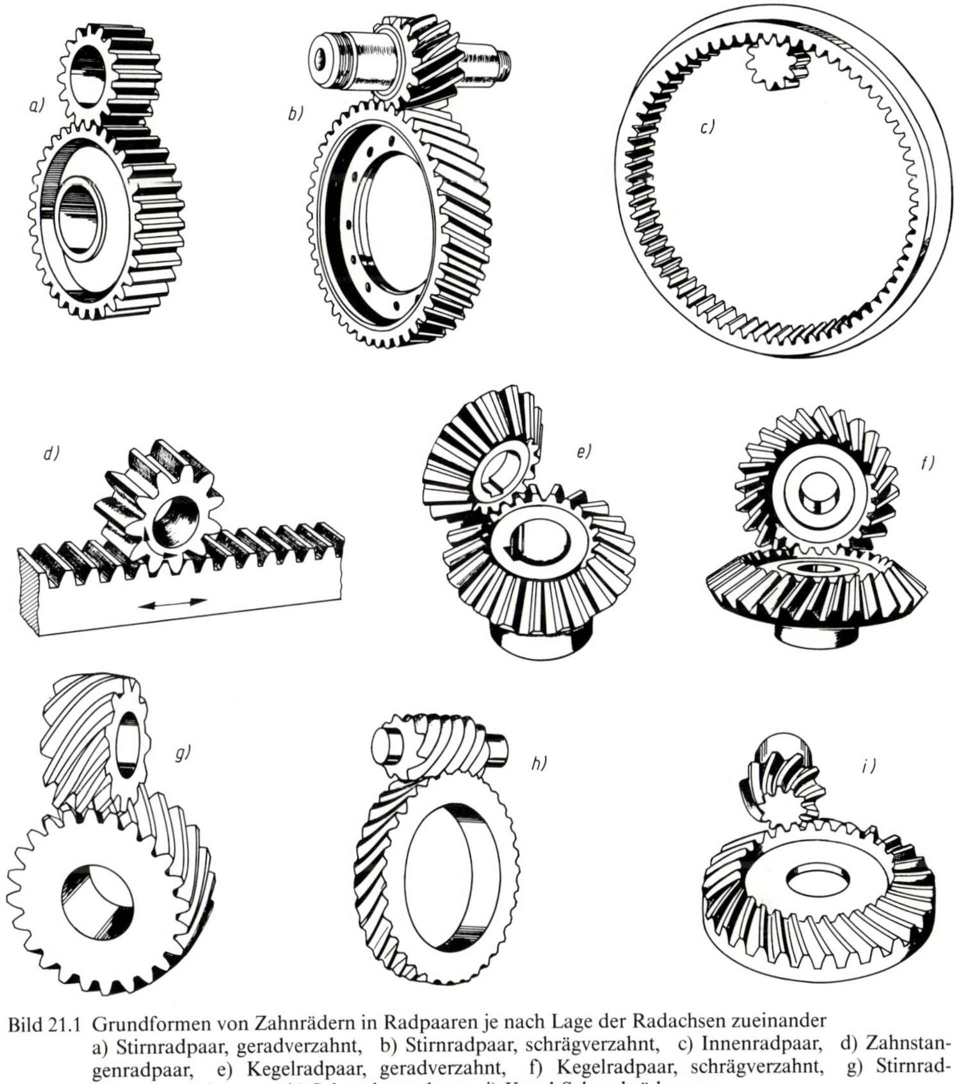

Bild 21.1 Grundformen von Zahnrädern in Radpaaren je nach Lage der Radachsen zueinander
a) Stirnradpaar, geradverzahnt, b) Stirnradpaar, schrägverzahnt, c) Innenradpaar, d) Zahnstangenradpaar, e) Kegelradpaar, geradverzahnt, f) Kegelradpaar, schrägverzahnt, g) Stirnrad-Schraubenräderpaar, h) Schneckenradsatz, i) Kegel-Schraubräderpaar

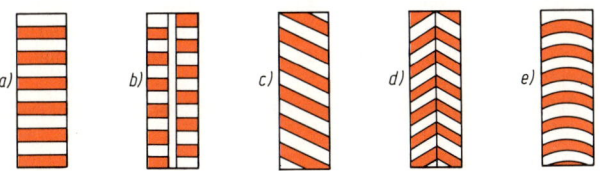

Bild 21.2 Zahnverlauf an Stirnrädern (auf dem abgewickelten Zylindermantel)
a) Geradzähne, b) Stufenzähne, c) Schrägzähne, d) Pfeilzähne (Doppelschrägzähne),
e) Kreisbogenzähne

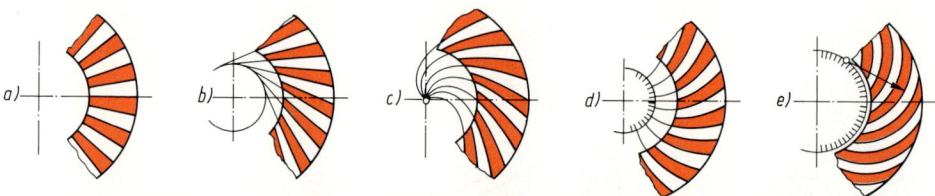

Bild 21.3 Zahnverlauf an Kegelrädern (auf dem abgewickelten Kegelmantel)
a) Geradzähne, b) Schrägzähne, c) Spiralzähne, d) Evolventenzähne, e) Kreisbogenzähne

6. Als **Standgetriebe** ein Getriebe, bei dem alle Radachsen lagenunveränderlich drehbar gelagert sind.
7. Als **Umlauf-** oder **Planetengetriebe** ein Getriebe nach Bild 21.5 mit mindestens drei in Wirkrichtung hintereinander angeordneten Zahnrädern, bei denen die Radachsen zweier Räder koaxial angeordnet sind und das dritte Rad als Zwischenrad **(Umlaufrad, Planetenrad)** in einem um die koaxialen Radachsen drehbaren Steg **(Planetenradträger)** gelagert ist und mit dem Steg umläuft. In Sonderfällen kann anstelle des Hohlrades ein Außenrad verwendet werden. In diesem Fall trägt die umlaufende Achse des Steges zwei fest miteinander verbundene außenverzahnte Zwischenräder. Der Umlaufgetriebezug besteht dann aus zwei in Wirkrichtung hintereinander angeordneten Außenradpaaren, von denen die beiden nicht miteinander verbundenen Außenräder koaxial sind.

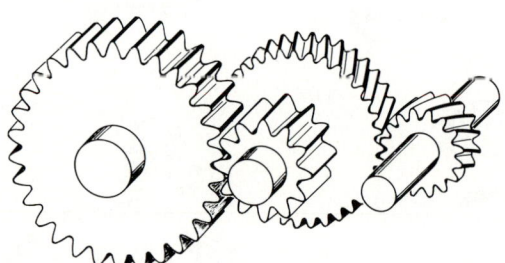

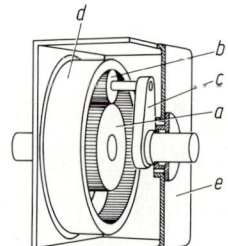

Bild 21.4 Zweistufiger Getriebezug (aus DIN 3998)

Bild 21.5
Planetengetriebe (aus DIN 868)
a Sonnenrad, b Planetenrad, c umlaufender Steg, d Hohlrad, e Gehäuse

Die Übersetzung i eines Radpaares ist das Verhältnis der Winkelgeschwindigkeit ω_a oder der Drehzahl n_a des treibenden Rades zur Winkelgeschwindigkeit ω_b oder Drehzahl n_b des getriebenen Rades:

$$\textit{Übersetzung} \quad i = \frac{\omega_a}{\omega_b} = \frac{n_a}{n_b} \tag{21.1}$$

Bei einem Außenradpaar haben die beiden Räder entgegengesetzten Drehsinn. Deshalb ist ihre Übersetzung **negativ**. Beim Innenradpaar haben beide Räder gleichen Drehsinn, ihre Übersetzung ist **positiv**. Bei $|i| > 1$ spricht man von einer **Übersetzung ins Langsame**, bei $|i| < 1$ von einer **Übersetzung ins Schnelle**.
Das Verhältnis der Zähnezahl z_2 des Großrades zur Zähnezahl z_1 des Kleinrades ist das

$$\textit{Zähnezahlverhältnis} \quad u = \frac{z_2}{z_1} \tag{21.2}$$

Bei Hohlrädern ist z_2 negativ, so daß Innenradpaare ein negatives Zähnezahlverhältnis u haben. Es ist stets $|u| \geqq 1$.

Mit DIN 3960 sind die Begriffe und Bestimmungsgrößen für Stirnräder und Stirnradpaare genormt, mit DIN 3971 für Kegelräder und Kegelradpaare, mit DIN 3998 Benennungen an Zahnrädern und Zahnradpaaren (allgemeine Begriffe).

21.2   Verzahnungsgesetz

Bild 21.6 zeigt ein im Eingriff befindliches Zahnradpaar. Man stellt sich die Stirnräder zunächst wie bei einem Reibradpaar als glatte Zylinder vor, von denen der treibende Zylinder den getriebenen ohne Gleiten mitnimmt, so daß sich beide ohne Schlupf aufeinander abwälzen. An diesen Zylindern denkt man sich die Verzahnung teils erhöht, teils vertieft angebracht. Allgemein heißen die gedachten Flächen, die sich ohne Schlupf abwälzen, Wälzflächen, in Stirnrädern Wälzzylinder. In der Ebene erscheinen die Wälzflächen als Linien, in Stirnrädern als **Wälzkreise** w_1 und w_2 (Bild 21.6).

Zwei Wälzkreise berühren sich im **Wälzpunkt C,** der auf der Mittenlinie der kämmenden Räder liegt. Es ist die an beiden Rädern dem Betrage nach gleiche

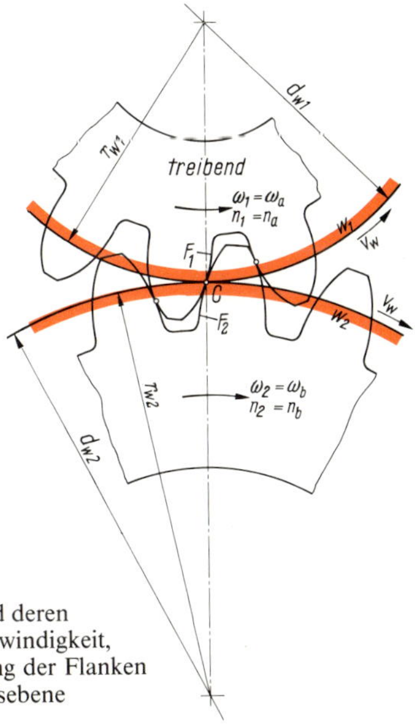

Bild 21.6 Wälzkreise und deren
Umfangsgeschwindigkeit,
Punktberührung der Flanken
in der Eingriffsebene

Umfangsgeschwindigkeit der Wälzkreise $|v_w| = d_{w1} \cdot \pi \cdot n_1 = d_{w2} \cdot \pi \cdot n_2$ (21.3)

v_w in m/s   Umfangsgeschwindigkeit der Wälzkreise,
d_{w1} in m   Wälzkreisdurchmesser des Kleinrades (Ritzels),
d_{w2} in m   Wälzkreisdurchmesser des Großrades,
n_1 in s^{-1} Drehzahl des Kleinrades,
n_2 in s^{-1} Drehzahl des Großrades.

Daraus folgt für ein Radpaar mit **treibendem Kleinrad** der Betrag der

Übersetzung $|i| = \dfrac{n_a}{n_b} = \dfrac{n_1}{n_2} = \dfrac{d_{w2}}{d_{w1}} = \dfrac{r_{w2}}{r_{w1}} = \dfrac{\omega_1}{\omega_2} = \dfrac{z_2}{z_1} = u,$ (21.4)

weil die Zähnezahlen z_1 und z_2 den Wälzkreisdurchmessern d_{w1} und d_{w2} direkt proportional sind. Bei **treibendem Großrad** ist $|i| = z_1/z_2 = 1/u$.

Die Zahnflanken F_1 und F_2 (Bild 21.6) müssen so geformt sein, daß sie einen kontinuierlichen Bewegungsablauf gewährleisten, d. h. sie müssen bestimmten kinematischen Gesetzen gehorchen. In Bild 21.7 ist hierzu ein Flankenpaar in drei verschiedenen Bewegungsphasen gezeigt. Das in Pfeilrichtung bewegte Rad 1 nimmt das Rad 2 mit, so daß zwangsläufig die beiden gekrümmten Flanken in Kontakt bleiben. Es berühren sich jeweils die Flankenpunkte B_1 und B_2. Der Punkt B_1 besitzt die Absolutgeschwindigkeit v_1, der Punkt B_2 die Absolutgeschwindigkeit v_2. Die Vektoren von v_1 und v_2 stehen jeweils senkrecht auf den Radien R_1 und R_2. Durch den Berührpunkt der beiden Flanken sind eine Tangente T und eine Normale N (senkrecht zu T) gezogen. Zerlegt man nun die Absolutgeschwindigkeiten v_1 und v_2 in Tangential- und Normalgeschwindigkeiten v_{t1} und v_{n1} bzw. v_{t2} und v_{n2}, so zeigt sich nach den Gesetzen der Kinematik, daß die Normalgeschwindigkeiten v_{n1} und v_{n2} in jeder Bewegungsphase gleich groß sind! Bei willkürlich geformten Flanken wird aber das Rad 2 trotz gleichförmiger Drehbewegung des Rades 1 ungleichförmig bewegt. Das darf selbstverständlich bei Zahnrädern nicht geschehen. Außer der Berührbedingung, daß die Normalgeschwindigkeiten v_{n1} und v_{n2} in jeder Bewegungsphase gleich groß sein müssen, muß auch $i = \omega_1/\omega_2$ konstant bleiben.

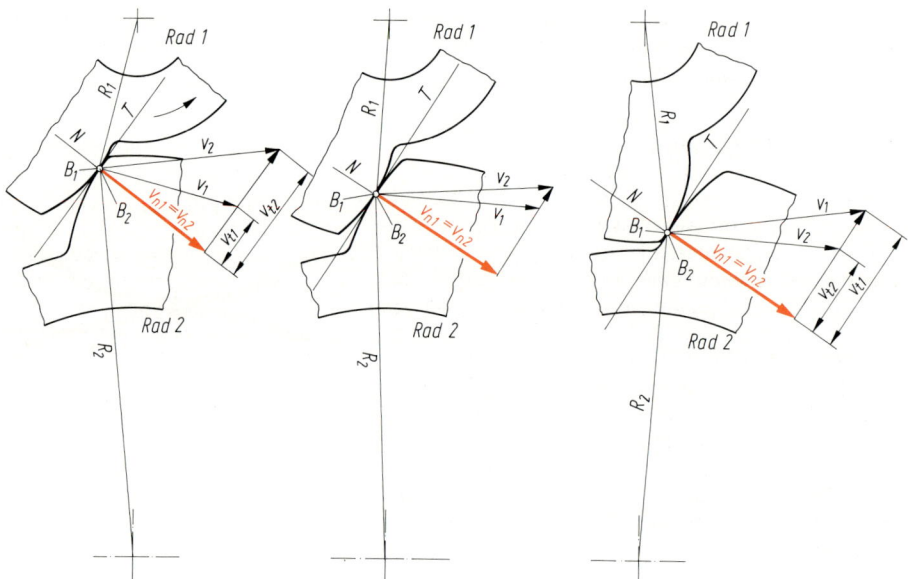

Bild 21.7 Geschwindigkeiten der Berührpunkte B₁ und B₂ zweier Radflanken

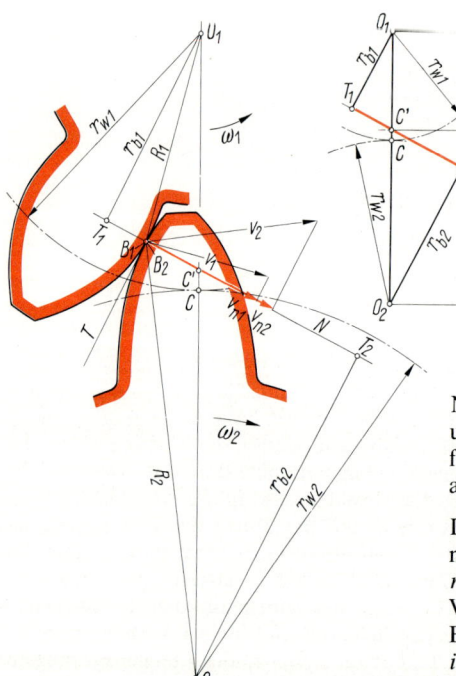

Bild 21.8
Geschwindigkeitsverhältnisse bei Berührung
willkürlich geformter Flanken

In Bild 21.8 sind die willkürlich geformten Zähne eines Radpaares im Eingriff dargestellt. Sie berühren sich momentan mit den beiden Flankenpunkten B_1 und B_2. Das Rad 1 dreht sich mit der Winkelgeschwindigkeit ω_1, das Rad 2 mit ω_2. Der Punkt B_1 bewegt sich somit momentan mit der Umfangsgeschwindigkeit (Absolutgeschwindigkeit) $v_1 = \omega_1 \cdot R_1$, der Punkt B_2 mit $v_2 = \omega_2 \cdot R_2$. Beide stehen als Vektoren jeweils senkrecht auf den zugehörigen Radialstrahlen R_1 und R_2. Zum Prüfen der Berührbedingung wird durch den Berührpunkt eine Tangente T gelegt und zu dieser eine Normale N errichtet. Die Zerlegung in Tangential- und Normalgeschwindigkeiten zeigt, daß die geforderte Bedingung $v_{n1} = v_{n2}$ nicht erfüllt ist. Die angenommenen Zahnflanken sind falsch geformt!

Die Normalgeschwindigkeiten v_{n1} und v_{n2} kann man als Umfangsgeschwindigkeiten an den Radien r_{b1} und r_{b2} auffassen, weil aus den geometrischen Verhältnissen $v_{n1} = r_{b1} \cdot \omega_1$ und $v_{n2} = r_{b2} \cdot \omega_2$ folgt. Bei $v_{n1} = v_{n2}$ muß $r_{b1} \cdot \omega_1 = r_{b2} \cdot \omega_2$ sein. Mit $i = \omega_1/\omega_2$ wird auch $|i| = r_{b2}/r_{b1} = r'_{w2}/r'_{w1}$. Da außerdem $|i| = r_{w2}/r_{w1}$ ist, muß $r'_{w2}/r'_{w1} = r_{w2}/r_{w1}$ sein. Daraus geht hervor, daß bei $v_{n1} = v_{n2}$ die Übersetzung i nur dann konstant bleibt, wenn sich der Punkt C' mit dem Wälzpunkt C deckt, also $r'_{w1} = r_{w1}$ und $r'_{w2} = r_{w2}$ sind. Diese kinematischen Voraussetzungen führen zum Verzahnungsgesetz:

Die Normale im jeweiligen Berührpunkt (Eingriffspunkt) zweier Zahnflanken muß stets durch den Wälzpunkt C gehen.

Dieses Gesetz stellt die Aufgabe, kinematisch richtig geformte Zahnflanken zu finden. Bild 21.9 a zeigt hierzu die Wälzkreise w_1 und w_2 eines Radpaares und eine willkürlich gestaltete Flanke F_1 am Rad 1, zu der die zugehörige Flanke F_2 am Rad 2 gefunden werden soll. Voraussetzung für die (willkürliche) Gestaltung von F_1 ist jedoch, daß sämtliche Normalen N zu der Flanke den Wälzkreis w_1 schneiden (Bild 21.9 a), da sonst das Verzahnungsgesetz nicht erfüllt werden kann. Fest steht fernerhin, daß sich beide Flanken im Wälzpunkt berühren müssen, weil ober- oder unterhalb von C die Normale nicht mehr durch C gehen kann.

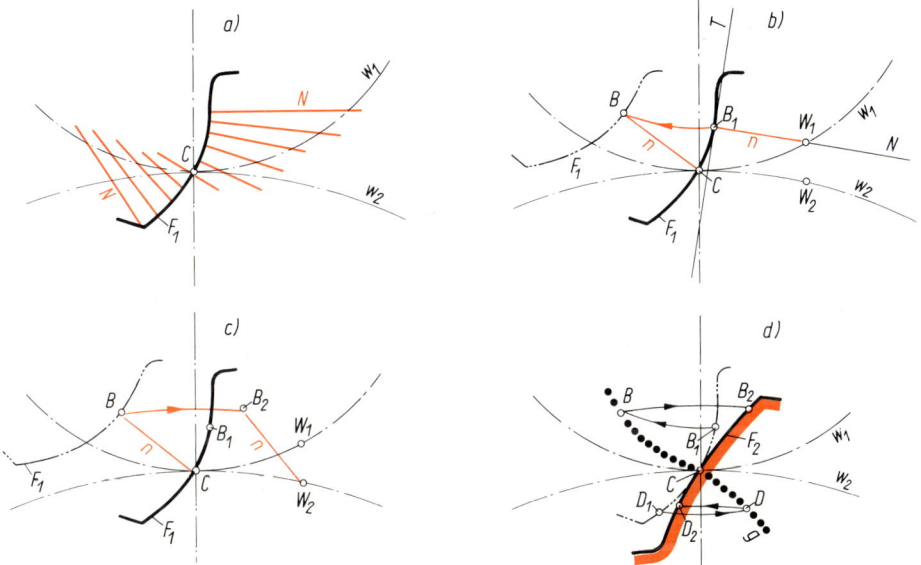

Bild 21.9 Ermitteln der Gegenflanke F_2 zu einer gegebenen Flanke F_1

Aus der gegebenen Flanke sei ein beliebiger Punkt B_1 nach Bild 21.9 b herausgegriffen, durch diesen eine Tangente T gelegt und eine Normale N errichtet. Die Normale N schneidet den Wälzkreis w_1 im Punkt W_1. Zu diesem wird der zugehörige Punkt W_2 am Wälzkreis w_2 markiert, so daß der Bogen CW_2 gleich dem Bogen CW_1 ist. Nun denkt man sich beide Räder in Pfeilrichtung so weit gedreht, bis sich die Punkte W_1 und W_2 im Wälzpunkt C treffen. In diesem Augenblick geht die Normale N bzw. Strecke n durch den Wälzpunkt C, und die gegebene Flanke befindet sich in der gestrichelt gezeichneten Position. Ihr Punkt B_1 ist nach B gewandert. An dieser Stelle muß sich der Punkt B_1 mit einem Punkt B_2 der Gegenflanke berühren (weil N durch C geht), d.h. in B muß sich der Punkt B_1 mit einem Punkt B_2 der Gegenflanke F_2 treffen.

Wenn man sich beide Räder nach Bild 21.9 c um den gleichen Betrag zurückgedreht denkt, dann bewegt sich der in C befindliche Punkt des Rades 1 wieder nach W_1, der des Rades 2 nach W_2, die in B befindlichen nach B_1 und B_2. Der gesuchte Punkt B_2 an der Gegenflanke F_2 muß von W_2 den gleichen Abstand n haben wie B von C und wie B_1 von W_1, weil sich ja die drei Strecken n decken, wenn sich B_1 und B_2 in B berühren.

Führt man diese Konstruktion mit vielen Punkten B_1 an der Fußflanke bzw. D_1 an der Kopfflanke der gegebenen Flanke F_1 durch, so findet man eine Reihe von Punkten B_2 bzw. D_2, deren Verbindungslinie die gesuchte Flanke F_2 liefert, die in jeder Bewegungsphase mit der gegebenen Flanke F_1 das Verzahnungsgesetz erfüllt (Bild 21.9 d).

Wenn sämtliche Eingriffspunkte B und D, in denen sich jeweils die zugehörigen Flankenpunkte B_1 und B_2 bzw. D_1 und D_2 berühren, verbunden werden, so entsteht die **Eingriffslinie g,** räumlich gesehen die **Eingriffsfläche** oder das **Eingriffsfeld. Die Eingriffslinie ist die absolute Bahn des Berührpunktes (Eingriffspunktes).**

Andererseits wandert der Berührpunkt auch auf jeder Zahnflanke entlang: **Die Zahnflanken sind die relativen Bahnen des Berührpunktes.**

Aus den vorstehenden Darlegungen geht hervor, daß zu einer gegebenen Zahnflanke eine ganz bestimmte Gegenflanke und eine bestimmte Eingriffslinie gehören. Umgekehrt gehört zu einer gegebenen Eingriffslinie ein bestimmtes Zahnflankenpaar. Der Einheitlichkeit und der Herstellung wegen wird der Eingriffslinie eine regelmäßige Form gegeben.

21.3   Zykloidenverzahnung

Besteht die **Eingriffslinie g aus zwei Kreisbögen,** dann ergibt sich eine Zykloidenverzahnung (Bild 21.10). Die Kreise, deren Bögen die Eingriffslinie bilden, sind die **Rollkreise** r_1 und r_2. Die Kopfflanke des Rades 2 (**Kopfflanke** = Flanke vom Wälzkreis w bis zum Kopfkreis a) entsteht, wenn man den Rollkreis r_1 auf dem Wälzkreis w_2 abrollt, d.h. w_2 als **Grundkreis** benutzt (Bild 21.10a). Die Bahn, die ein am Rollkreis befindlicher Punkt beschreibt, der sich mit dem Wälzpunkt C deckte, ist als **Epizykloide** die gesuchte Kopfflanke. Befindet sich der Rollkreis r_1 in der Position 1′, dann ist momentan die Strecke $B_2W_2 = \varrho_2$ der erzeugende Krümmungsradius der Zykloide und als dieser gleichzeitig die Normale zum Punkt B_2.

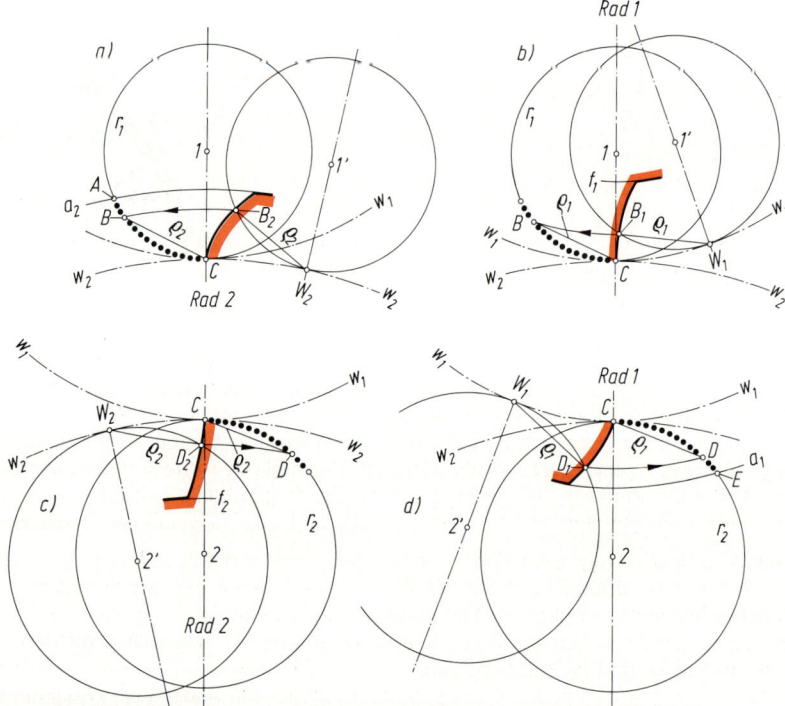

Bild 21.10 Zykloidenverzahnung
        a) Entstehung der Kopfflanke am Rad 2, b) Entstehung der Fußflanke am Rad 1, c) Entstehung der Fußflanke am Rad 2, d) Entstehung der Kopfflanke am Rad 1

Der Bogen CW_2 ist gleich dem Bogen B_2W_2. Wenn das Rad 2 so weit in Pfeilrichtung gedreht wird, bis sich W_2 mit C deckt, dann läuft die Normale durch den Wälzpunkt C, und B_2 liegt auf der Eingriffslinie, d.h. befindet sich in B. Daraus folgt, daß der Bogen BC gleich dem Bogen B_2W_2 ist.

Durch Abrollen des Rollkreises r_1 auf dem Wälzkreis w_1 entsteht die Fußflanke des Rades 1 (**Fußflanke** = Flanke vom Wälzkreis w bis zum Fußkreis f) als **Hypozykloide** (Bild 21.10b). Das Abrollen sei um den Bogen CW_1 mit dem Betrag des Bogens CW_2 auf dem Wälzkreis w_1 erfolgt, so daß die Strecken $B_1W_1 = \varrho_1 = B_2W_2$ dem erzeugenden Krümmungsradius sind. Denkt man sich das Rad 1 in Pfeilrichtung so weit gedreht, bis sich W_1 mit C deckt, dann läuft die Normale durch den Wälzpunkt C, und B_1 ist nach B gewandert. B_1 und B_2 kommen nach Drehen beider Räder um die Bögen $CW_1 = CW_2$ in B zur Berührung, wo die sich dort deckenden Normalen durch den Wälzpunkt C laufen. Damit ist die Richtigkeit der Konstruktion bewiesen. Die Entstehung der verschiedenen Zykloiden siehe Bild 21.11.

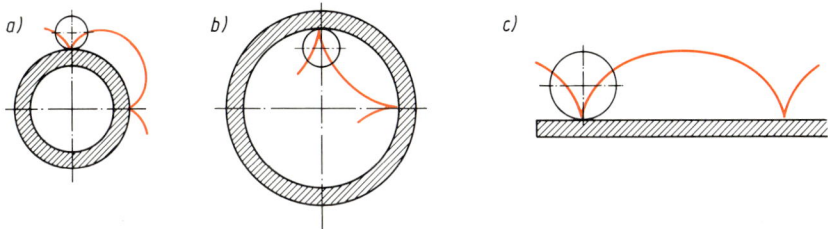

Bild 21.11 Entstehung der Zykloiden (zyklische Kurven)
a) Epizykloide, b) Hypozykloide, c) Orthozykloide

Mit dem Rollkreis r_2 ist sinngemäß zu verfahren (Bilder 21.10c und d). Es ergeben sich dann die Fußflanke des Rades 2 und die Kopfflanke des Rades 1.

Hervorgehoben sei, daß die Krümmungsradien der beiden Flanken einer Zykloidenverzahnung im jeweiligen Berührpunkt gleich groß sind, d.h. jeweils $\varrho_1 = \varrho_2$.

Die Eingriffslinie wird durch die an den Kopfkreisen a_1 und a_2 der Räder liegenden Punkte A (Anfang) und E (Ende) begrenzt und heißt in dieser Länge **Eingriffsstrecke**. Außerhalb dieser beiden Kopfkreispunkte kann kein Eingriff mehr stattfinden.

Bild 21.12 Doppelseitige Zykloidenverzahnung
(nach DIN 868)
a Epizykloiden,
b Hypozykloide,
c Orthozykloide,
d Rollkreis,
e Wälzkreis,
f Wälzgerade,
g Stirnrad,
h Zahnstange

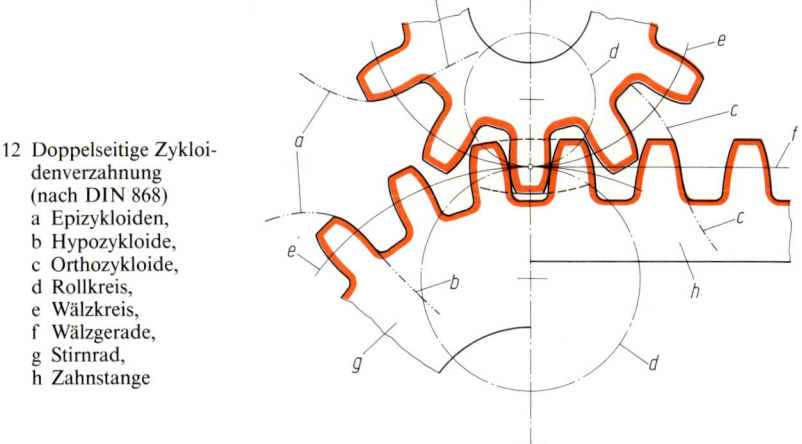

In DIN 868 heißt es: Bei der doppelseitigen Zykloidenverzahnung liegen die beiden Rollkreise innerhalb der Wälzkreise eines Radpaares (Bild 21.12). Sie berühren sich im Wälzpunkt und bilden die Eingriffslinien. Bei einer Zahnstange sind die Profile von Kopf- und Fußflanken **Ortho-zykloiden** (die Rollkreise rollen auf einer Geraden ab).

Bei der einseitigen Zykloidenverzahnung ist nur ein Rollkreis vorhanden. Die Verzahnung besteht bei einem der beiden Räder nur aus Kopfflanken, bei dem Gegenrad nur aus Fußflanken.

Wegen der Bedingung, daß die Rollkreise durch den Wälzpunkt gehen müssen, sind Zykloidenverzahnungen gegen Achsabstandsänderungen des Radpaares empfindlich.

Die **Punktverzahnung** ist eine einseitige Zykloidenverzahnung, bei der der Rollkreis mit einem Wälzkreis zusammenfällt. Die Kopfflanken des einen Rades sind Epizykloiden, die Fußflanken des Gegenrades schrumpfen zu Punkten zusammen.

Zur Realisierung dieser Verzahnungen werden die Punkte zu Kreisen erweitert, die durch **Triebstöcke** (zylindrische Bolzen, Zapfen, Zapfenrollen oder Nadeln) verwirklicht werden. Die Triebstöcke sind auf dem Wälzkreis = Teilkreis des Triebstockrades (bzw. auf der Wälzgeraden = Teilgeraden der Triebstock-Zahnstange) angeordnet (Bild 21.13). Die Profile der Gegenflanken entstehen als Äquidistanten zu den Epizykloiden (als zu ihnen gleichwertige Kurven). Diese Verzahnungen heißen **Triebstockverzahnungen.**

Geht das die Zapfen tragende Triebstockrad in eine Triebstock-Zahnstange über, dann gehen die Epizykloiden des Gegenrades und ihre Äquidistanten in Evolventen über (Begriff der Evolvente siehe Abschnitt 21.4).

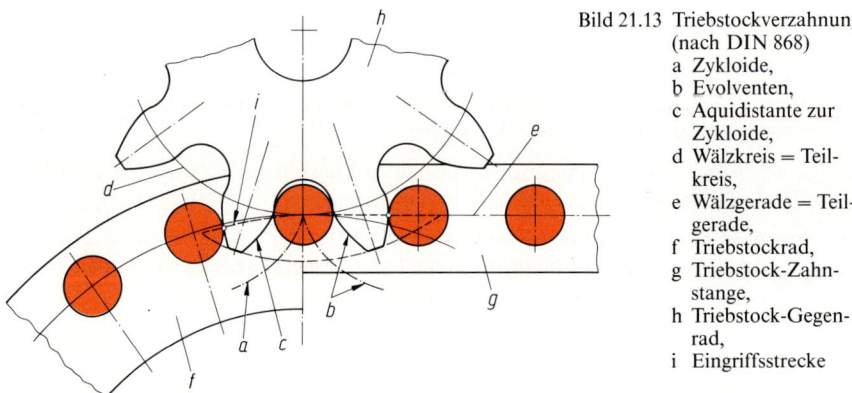

Bild 21.13 Triebstockverzahnung
(nach DIN 868)
a Zykloide,
b Evolventen,
c Äquidistante zur
   Zykloide,
d Wälzkreis = Teil-
   kreis,
e Wälzgerade = Teil-
   gerade,
f Triebstockrad,
g Triebstock-Zahn-
   stange,
h Triebstock-Gegen-
   rad,
i Eingriffsstrecke

Die Zykloidenverzahnung hat für den Maschinenbau, mit Ausnahme der Triebstockverzahnung, keine Bedeutung. Deshalb wird sie nicht weiter behandelt.

Die in den Krafteingriff gelangenden Flanken nennt man **Arbeitsflanken** oder **aktive Flanken.** Es kommt jeweils die Rechtsflanke eines Zahnes mit der Linksflanke des Gegenzahnes zur Berührung. **Allen Verzahnungen ist gemeinsam, daß niemals zwei Kopf- oder zwei Fußflanken zur Berührung kommen!**

21.4 Evolventenverzahnung

Bei einer **geraden Eingriffslinie** ergibt sich eine Evolventenverzahnung. Der Winkel, den die Eingriffslinie mit der Tangente am Wälzpunkt C bildet, heißt **Eingriffswinkel α.** Wegen ihrer Geradlinigkeit muß die Eingriffslinie in jeder Bewegungsphase gleichzeitig die Berührungsnormale sein. Sie tangiert in den Punkten T_1 und T_2 an den Grundkreisen b_1 und b_2 (Bilder 21.14a und b). Wird nach Bild 21.14a die Eingriffslinie g_2 auf dem Grundkreis b_2 abgerollt, dann beschreibt ein Punkt auf ihr, der sich mit dem Wälzpunkt C deckte, eine **Evolvente.** Diese bildet die Flanke am Rad 2, und zwar Kopf- und Fußflanke zugleich, wenn nach oben bis zum Kopfkreis a_2 und nach unten bis zum Grundkreis b_2 abgerollt wird.

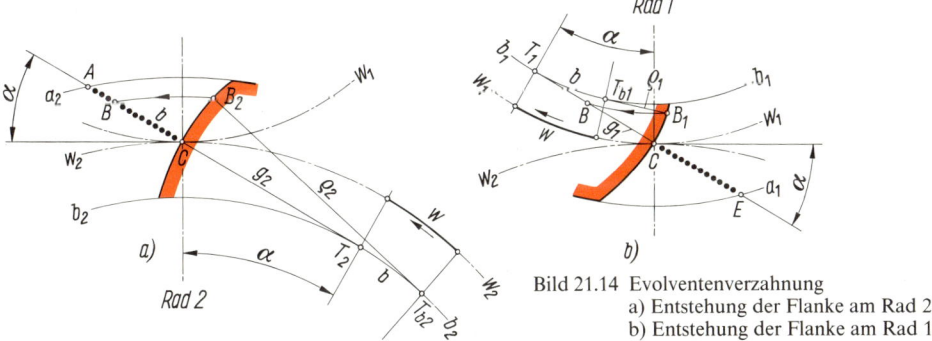

Bild 21.14 Evolventenverzahnung
a) Entstehung der Flanke am Rad 2
b) Entstehung der Flanke am Rad 1

In Bild 21.14a ist ein Punkt B_2 nach dem Abrollen um den Bogen $T_2T_{b2} = b$ gezeigt. Somit wurde die Gerade $CT_2 = g_2$ um b länger. In dieser Position dreht sich die Erzeugungsgerade $B_2T_{b2} = \varrho_2 = g_2 + b$ momentan um den Punkt T_{b2}, so daß sie als momentaner Krümmungsradius ϱ_2 gleichzeitig die Normale im Punkt B_2 ist.

Denkt man sich das Rad 2 linksherum gedreht (in Pfeilrichtung), bis sich T_{b2} mit T_2 deckt, dann deckt sich ϱ_2 mit der Eingriffslinie. B_2 ist nach B gewandert. Demzufolge ist die Strecke BC = b. In B muß also B_2 mit der Gegenflanke zur Berührung kommen.

Die Flanke am Rad 1 wird durch einen entsprechenden Abrollvorgang auf dem Grundkreis b_1 gebildet (Bild 21.14b). Es ist ein Punkt B_1 nach dem Abrollen der Eingriffslinie g_1 um den Bogen $T_1T_{b1} = b$ gezeigt. Somit wurde die Gerade $T_1C = g_1$ um b kürzer, so daß die momentane Erzeugungsgerade $T_{b1}B_1 = \varrho_1 = g_1 - b$ ist. Denkt man sich das Rad 1 rechtsherum in Pfeilrichtung gedreht, bis sich T_{b1} mit T_1 deckt, dann liegt ϱ_1 auf der Eingriffslinie, und B_1 ist nach B gewandert. Da die Grundkreise den Wälzkreisen proportional sind, haben beide Wälzkreise bei der Drehbewegung den gleichen Bogen w zurückgelegt (Bilder 21.14a und b). Damit müssen die Flankenpunkte B_1 und B_2 in B zur Berührung kommen, was die Richtigkeit der Konstruktion beweist.

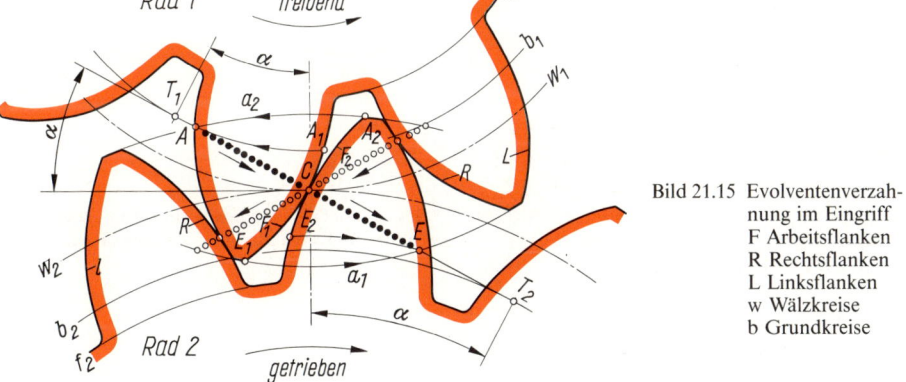

Bild 21.15 Evolventenverzahnung im Eingriff
F Arbeitsflanken
R Rechtsflanken
L Linksflanken
w Wälzkreise
b Grundkreise

Bild 21.15 zeigt ein evolventenverzahntes Radpaar. Von den Grundkreisen b_1 und b_2 bis zu den Fußkreisen f_1 und f_2 können die Flanken beliebig ausgebildet werden, da diese Flankenteile niemals zum Eingriff kommen. Sie dürfen selbstverständlich den Eingriff nicht stören. Während des Eingriffs von A nach C arbeitet die Kopfflanke A_2C des Rades 2 mit der Fußflanke A_1C des Rades 1 zusammen, von C nach E die Kopfflanke CE₁ des Rades 1 mit der Fußflanke CE₂ des Rades 2. Bei umgekehrter Drehrichtung zeigt sich die Eingriffsstrecke als Spiegelbild.

Am Rad 1 sind die mit R bezeichneten Flanken **Rechtsflanken,** die mit L bezeichneten **Linksflanken.** Bei der angegebenen Drehrichtung sind die Rechtsflanken am Rad 1 die **Arbeitsflanken** oder **aktiven Flanken,** die die Kraftübertragung bewerkstelligen, die Linksflanken die **Rückflanken.**

Die Krümmungsradien ϱ_1 und ϱ_2 der beiden Flanken im jeweiligen Berührpunkt sind verschieden groß, jedoch bleibt ihre Summe konstant und ist gleich der Strecke T_1T_2. Somit ist mit den Wälzkreisradien r_{w1} und r_{w2}

$$\varrho_1 + \varrho_2 = (r_{w1} + r_{w2})\sin\alpha.$$

Bild 21.16a zeigt eine Evolventenflanke, die im Ursprungspunkt U am Grundkreis beginnt. Für den Punkt C am Radius r (z. B. am Wälzkreis) liegt der momentane Erzeugungsradius ϱ unter dem momentanen Erzeugungswinkel α (z. B. Eingriffswinkel).

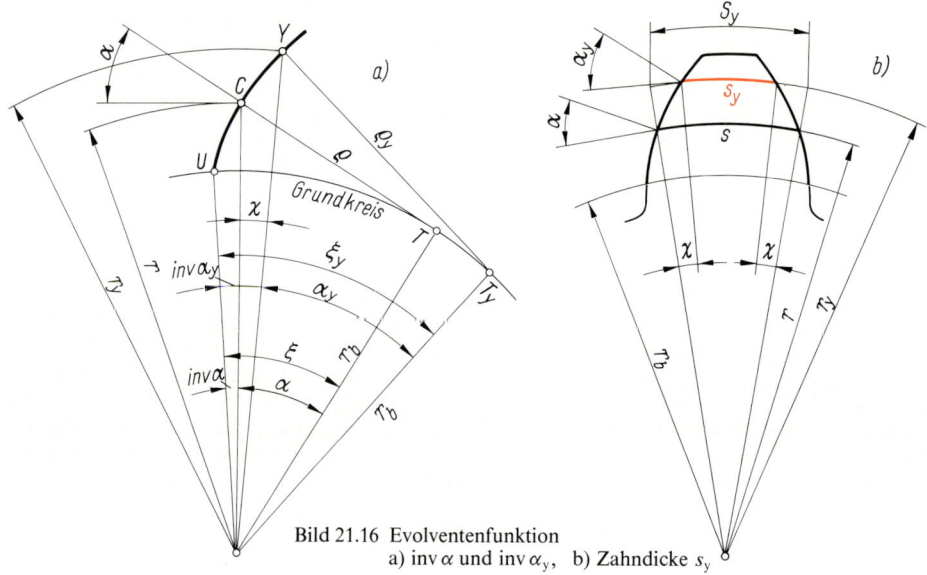

Bild 21.16 Evolventenfunktion
a) inv α und inv α_y, b) Zahndicke s_y

Es ist $\varrho = UT = \xi \cdot r_b$. Der Winkel inv α (sprich: involut α) ist die Evolventenfunktion (bisher ev α = evolut α). Aus Bild 21.16a folgt: inv $\alpha = \xi - \alpha$. Nun sind tan $\alpha = \varrho/r_b$ und $\xi = UT/r_b = \varrho/r_b$. Also ist tan $\alpha = \xi$. Somit beträgt nach ISO 701 die

Evolventenfunktion inv α = tan $\alpha - \alpha$

Es sei nach Bild 21.16b die Dicke s eines Zahnes als Bogen mit dem Radius r und dem zugehörigen Erzeugungswinkel α gegeben. Dazu soll die Dicke s_y am Bogen mit dem Radius r_y bestimmt werden. Da $S_y = s \cdot r_y/r$ ist, wird $s_y = S_y - 2\chi \cdot r_y$. Mit $\chi = $ inv $\alpha_y - $ inv α folgt:

$$s_y = s\frac{r_y}{r} - 2r_y(\text{inv }\alpha_y - \text{inv }\alpha) = 2r_y\left(\frac{s}{2r} + \text{inv }\alpha - \text{inv }\alpha_y\right).$$

Setzt man für $2r_y = d_y$ und für $2r = d$, so wird die

$$\textit{Zahndicke}\quad s_y = d_y\left(\frac{s}{d} + \text{inv }\alpha - \text{inv }\alpha_y\right) \tag{21.5}$$

Aus Bild 21.16a folgt: cos $\alpha_y = r_b/r_y$. Da $r_b = r \cdot \cos\alpha$ ist, wird cos $\alpha_y = r \cdot \cos\alpha/r_y$ oder $\cos\alpha_y = \dfrac{d}{d_y}\cos\alpha.$

Beispiel 21.1

Ein Evolventenzahn hat bei dem Eingriffswinkel $\alpha = 20°$ am Wälzkreis mit dem Durchmesser $d_w = d = 68$ mm eine Dicke $s = 6,28$ mm. Welche Dicke besitzt er bei $d_y = 76$ mm?

Lösung:
Aus $\cos \alpha_y = d \cdot \cos \alpha / d_y = 68 \cdot \cos 20°/76$ folgt $\alpha_y = 32,778°$. Es sind $20° = 0,34907$ rad und $32,778° = 0,57208$ rad. Damit werden $\operatorname{inv} 20° = \tan 20° - 0,34907 = 0,01490$ und $\operatorname{inv} 32,778° = \tan 32,778° - 0,57208 = 0,071833$. Nach Gl. 21.5 ist dann

$$s_y = d_y \left(\frac{s}{d} + \operatorname{inv} \alpha - \operatorname{inv} \alpha_y \right) = 76 \text{ mm} \left(\frac{6,28}{68} + 0,01490 - 0,071833 \right) = 2,692 \text{ mm}.$$

Die Werte für die Evolventenfunktion $\operatorname{inv} \alpha$ bzw. $\operatorname{inv} \alpha_y$ können auch der Tab. A 22.2 entnommen werden, wobei Zwischenwerte zu interpolieren sind.

Die Zahnflanken wälzen sich nicht nur aufeinander ab, sondern gleiten auch. Die Flankenpunkte A_1 und A_2 (Bild 21.17c) kommen in A zur Berührung (Bild 21.17a), die Flankenpunkte B_1 und B_2 (Bild 21.17c) in B (Bild 21.17b). Demzufolge arbeitet in diesem Abschnitt der Flankenteil A_1B_1 mit dem Flankenteil A_2B_2 zusammen (Bild 21.17c). Da beide verschieden lang sind, kennzeichnet die Längendifferenz den Gleitweg. Der kürzere Flankenteil wird stärker abgenutzt.

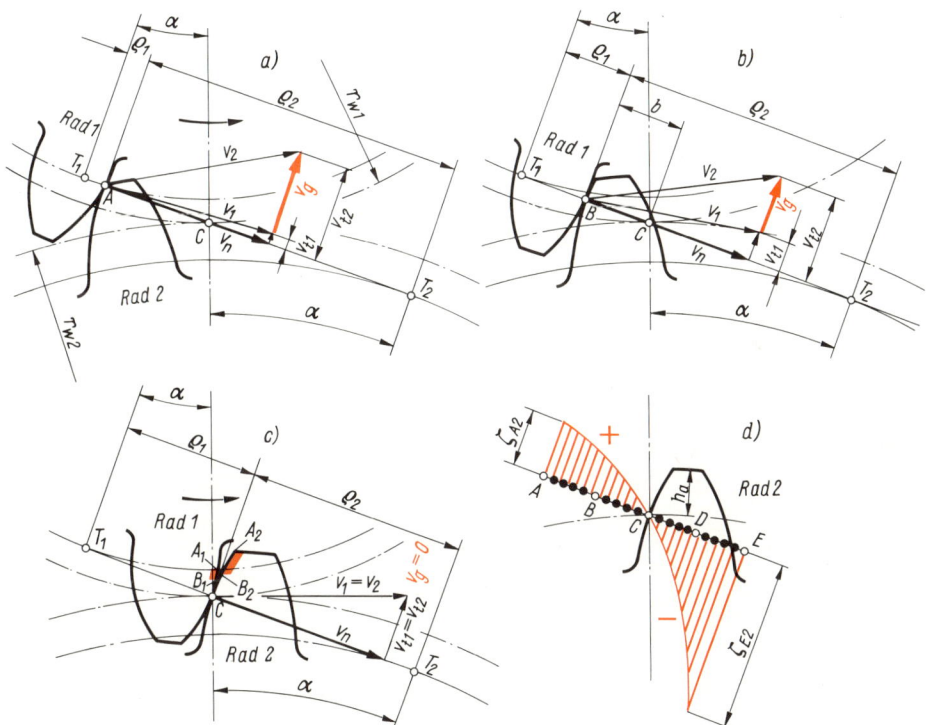

Bild 21.17 Wälzgleiten der Zahnflanken
a) Flankenpunkte A_1 und A_2 berühren sich am Eingriffsanfang A, b) Flankenpunkte B_1 und B_2 berühren sich in B, c) Berührung der Flanken im Wälzpunkt C, d) Verlauf des spezifischen Gleitens ζ_2 entlang der Eingriffsstrecke von A nach E

Die Gleitgeschwindigkeit v_g ist die Differenz der beiden Tangentialgeschwindigkeiten v_{t1} und v_{t2}, und zwar $v_g = v_{t1} - v_{t2}$ für Flankenpunkte am Rad 1, $v_g = v_{t2} - v_{t1}$ für Flankenpunkte am Rad 2.

Nach DIN 3960 versteht man unter dem **spezifischen Gleiten** ζ (auch Gleitung genannt) als Maß für das Gleiten der Zahnflanken das Verhältnis der Gleitgeschwindigkeit v_g zur Tangentialgeschwindigkeit v_t des Berührpunktes der jeweils betrachteten Flanke, d.h. $\zeta_1 = v_g/v_{t1}$ und $\zeta_2 = v_g/v_{t2}$.

Aus den geometrischen Beziehungen ergibt sich an den Flanken das

$$\text{\textit{spezifische Gleiten des Rades 1:}} \quad \zeta_1 = 1 - \frac{\varrho_2}{u \cdot \varrho_1} \tag{21.6}$$

$$\text{\textit{spezifische Gleiten des Rades 2:}} \quad \zeta_2 = 1 - \frac{u \cdot \varrho_1}{\varrho_2} \tag{21.7}$$

Hierin sind u das Zähnezahlverhältnis nach Gl. 21.2, ϱ_1 und ϱ_2 die Krümmungsradien der Flanken, deren Summe konstant bleibt. Es sind $\varrho_1 = r_{w1} \cdot \sin\alpha - b$ und $\varrho_2 = r_{w2} \cdot \sin\alpha + b$ entspr. Bild 21.17 b.

In Bild 21.17 d ist das spezifische Gleiten entlang der Eingriffsstrecke für eine Arbeitsflanke des Rades 2 veranschaulicht. An den Endpunkten A und E sind die Beträge für ζ am größten und mit ζ_{A2} und ζ_{E2} bezeichnet. Die negative Gleitung der Fußflanke ist besonders ungünstig. Verschlissene Zähne sind an der Fußflanke am stärksten abgenutzt. Da die Tangentialgeschwindigkeiten im Wälzpunkt C gleich Null sind, ist dort $v_g = 0$ und damit auch $\zeta_1 = \zeta_2 = 0$, so daß sich dort die Flanken nicht abnützen dürften. In bezug auf geringen Verschleiß sind kleine Zahnkopfhöhen h_a günstig.

Beispiel 21.2

Wie groß ist das spezifische Gleiten ζ_1 und ζ_2 für die Berührpunkte eines Evolventen-Radpaares mit $z_1 = 17$, $z_2 = 81$, $r_{w1} = r_1 = 34$ mm und $\alpha = 20°$, wenn sich der Berührpunkt B im Abstand $b = 5$ mm vom Wälzpunkt C auf der Eingriffsstrecke befindet (Bild 21.17 b)?

Lösung:
Nach Gl. 21.2 ist $u = z_2/z_1 = 81/17 = 4{,}765$, und nach Gl. 21.4 ist

$$r_{w2} = r_2 = \frac{z_2}{z_1}\, r_{w1} = \frac{81}{17}\, 34\ \text{mm} = 162\ \text{mm}.$$

Weiterhin sind gemäß Bild 21.17 b

$$\varrho_1 = r_1 \cdot \sin\alpha - b = 34\ \text{mm} \cdot \sin 20° - 5\ \text{mm} = 6{,}63\ \text{mm},$$

$$\varrho_2 = r_2 \cdot \sin\alpha + b = 162\ \text{mm} \cdot \sin 20° + 5\ \text{mm} = 60{,}41\ \text{mm}.$$

Somit werden nach den Gln. 21.6 und 21.7:

$$\zeta_1 = 1 - \frac{\varrho_2}{u \cdot \varrho_1} = 1 - \frac{60{,}41}{4{,}765 \cdot 6{,}63} = -0{,}912, \qquad \zeta_2 = 1 - \frac{u \cdot \varrho_1}{\varrho_2} = 1 - \frac{4{,}765 \cdot 6{,}63}{60{,}41} = +0{,}477.$$

22 Abmessungen und Geometrie der Stirn- und Kegelräder

22.1 Null-Außenverzahnung

Unter der **Teilung p** versteht man die Länge eines Kreisbogens (Teilkreisbogens) zwischen zwei aufeinanderfolgenden gleichnamigen Flanken (Rechts- oder Linksflanken) nach Bild 22.1. Wenn der Wälzkreis als Teilkreis benutzt wird, spricht man von **Null-Rädern** mit **Null-Verzahnung,** um auszudrücken, daß keine Differenz zwischen Teilkreis und Wälzkreis besteht.

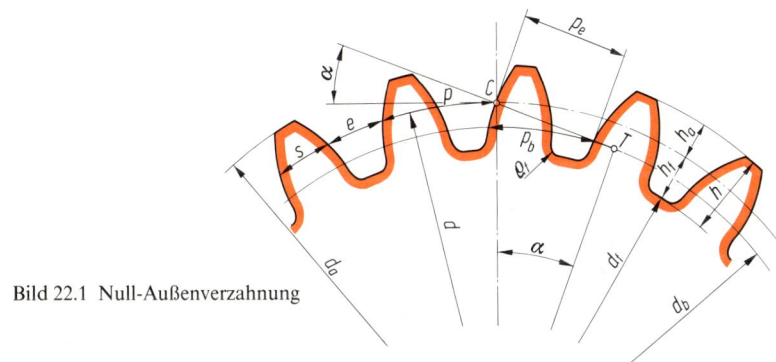

Bild 22.1 Null-Außenverzahnung

Tab. 22.1 Modulreihen in mm nach DIN 780

Reihe 1	0,05	0,06	0,08	0,10	0,12	0,16	0,20	0,25	0,3	0,4	0,5	0,6	0,7	0,8	0,9	1	1,25
	1,5	2	2,5	3	4	5	6	8	10	12	16	20	25	32	40	50	60
Reihe 2	0,055	0,07	0,09	0,11	0,14	0,18	0,22	0,28	0,35	0,45	0,55	0,65	0,75	0,85	0,95	1,125	1,375
	1,75	2,25	2,75	3,5	4,5	5,5	7	9	11	14	18	22	28	36	45	55	70

Der Teilkreisumfang muß dann gleich $z \cdot p$ sein, wenn z die Zähnezahl des Rades bedeutet. Andererseits ist der Teilkreisumfang auch gleich $d \cdot \pi$. Also wird $z \cdot p = d \cdot \pi$. Umgeformt ist $p/\pi = d/z$. Diesen Wert nennt man **Modul m.** Der Modul ist lediglich ein Bezugsmaß! Als Teil des Teilkreisdurchmessers kann der Modul auch als Durchmesserteilung aufgefaßt werden. Die Moduln sind genormt (Tab. 22.1), um die Verzahn- und Meßwerkzeuge auf ein Minimum zu beschränken. Die Reihe 1 ist der Reihe 2 vorzuziehen.

Wenn die Zahndicken von zwei gepaarten Rädern am Teilkreis gleich groß sind, so muß theoretisch die Lückenweite e gleich der Zahndicke s sein. Aus funktionstechnischen Gründen muß jedoch zwischen den nichtarbeitenden Flanken (den Rückflanken) ein Spiel bleiben, das **Normalflankenspiel j_n** als kürzester Abstand zwischen den Rückflanken. Dieses bestimmt das **Drehflankenspiel j_t** als den Bogen, um den sich das eine Rad gegenüber dem anderen innerhalb des Flankenspiels drehen läßt (Bild 22.2). Das erforderliche Flankenspiel richtet sich nach der Funktionsgenauigkeit des betr. Getriebes.

Normale Räder haben eine **Kopfhöhe $h_a = m$.** Die Fußhöhe muß etwas größer sein, damit sich Kopf- und Fußkreise der Räder nicht berühren. Die Differenz heißt **Kopfspiel c** (Bild 22.2). Nach DIN 867 soll das Kopfspiel zwischen $c = 0{,}1 \ldots 0{,}3m$ betragen, in Ausnahmefällen bis $0{,}4m$, wobei als Vorzugswerte $0{,}17m$, $0{,}25m$ und $0{,}3m$ je nach Verzahnwerkzeug vorgesehen sind. Hierbei betragen die maximalen Fußrundungsradien $\varrho_f = 0{,}25m$, $0{,}38m$ und $0{,}45m$ (siehe Bild 22.1). **Als ISO-Standardwert nach ISO 53 gilt $c = 0{,}25m$ mit $\varrho_f = 0{,}38m$.**

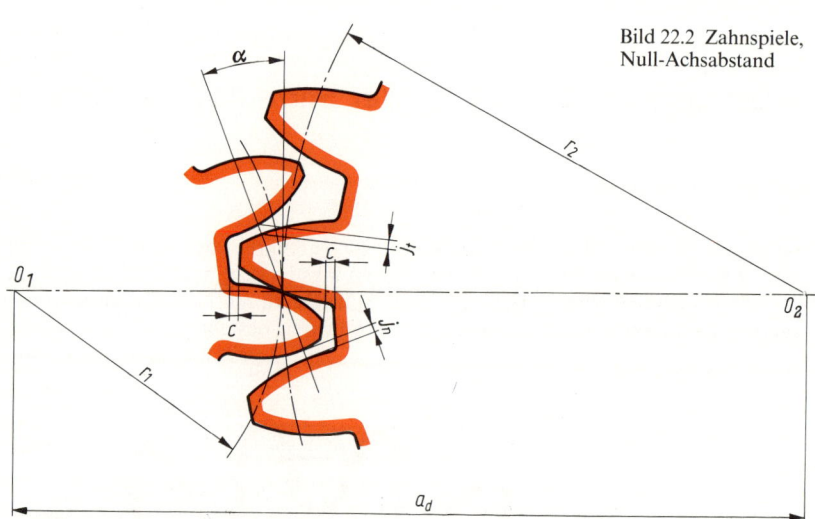

Bild 22.2 Zahnspiele,
Null-Achsabstand

Der Eingriffswinkel ist nach DIN 867 mit $\alpha = 20°$ genormt!

Unter der **Eingriffsteilung** p_e versteht man den Abstand auf der Eingriffsstrecke zwischen zwei aufeinanderfolgenden gleichnamigen Flanken (Bild 22.1). Aus dem Bild geht hervor, daß eine Eingriffsteilung p_e gleich einer Grundteilung p_b ist (weil die Eingriffsstrecke auf dem Grundkreis abgerollt wird). Siehe hierzu auch Bild 22.3. Somit muß $p_e/p = p_b/p = d_b/d = \cos\alpha$ sein.

Unter diesen Voraussetzungen betragen an einem geradverzahnten Null-Außenrad:

Teilkreisdurchmesser	$d = z \cdot m$	(22.1)
Kopfkreisdurchmesser (Außendurchmesser)	$d_a = d + 2h_a$	(22.2)
Fußkreisdurchmesser	$d_f = d - 2h_f$	(22.3)
Grundkreisdurchmesser	$d_b = d \cdot \cos\alpha$	(22.4)
Teilung (Teilkreisteilung)	$p = m \cdot \pi$	(22.5)
Eingriffsteilung	$p_e = p \cdot \cos\alpha = m \cdot \pi \cdot \cos\alpha$	(22.6)

z Zähnezahl des Rades,
h_a in mm Kopfhöhe, im Normalfall = Modul m,
h_f in mm Fußhöhe = $h_a + c$ mit dem Kopfspiel $c = 0,25m$ im Normalfall,
α in °   Eingriffswinkel = 20° im Normalfall.

Ein geradverzahntes Außenradpaar (Bild 22.2) besitzt den

Null-Achsabstand $a_d = r_1 + r_2 = \dfrac{m}{2}(z_1 + z_2)$ (22.7)

Beispiel 22.1

Welche Abmessungen und welchen Achsabstand haben die Null-Räder eines Außenradpaares mit $z_1 = 17$, $z_2 = 81$ und $m = 4$ mm bei $c = 0,25m$ und $\alpha = 20°$? Wie groß ist das Zähnezahlverhältnis u?

Lösung:
Mit $h_a = m = 4$ mm und $h_f = h_a + c = 4$ mm + $0,25 \cdot 4$ mm = 5 mm werden nach den Gln. 22.1 bis 22.7:

$d_1 = z_1 \cdot m = 17 \cdot 4$ mm = 68 mm,

$d_2 = z_2 \cdot m = 81 \cdot 4$ mm = 324 mm,

$$d_{a1} = d_1 + 2h_a = 68 \text{ mm} + 2 \cdot 4 \text{ mm} = 76 \text{ mm},$$

$$d_{a2} = d_2 + 2h_a = 324 \text{ mm} + 2 \cdot 4 \text{ mm} = 332 \text{ mm},$$

$$d_{f1} = d_1 - 2h_f = 68 \text{ mm} - 2 \cdot 5 \text{ mm} = 58 \text{ mm},$$

$$d_{f2} = d_2 - 2h_f = 324 \text{ mm} - 2 \cdot 5 \text{ mm} = 314 \text{ mm},$$

$$d_{b1} = d_1 \cdot \cos\alpha = 68 \text{ mm} \cdot \cos 20° = 63{,}90 \text{ mm},$$

$$d_{b2} = d_2 \cdot \cos\alpha = 324 \text{ mm} \cdot \cos 20° = 304{,}46 \text{ mm},$$

$$p = m \cdot \pi = 4 \text{ mm} \cdot \pi = 12{,}566 \text{ mm},$$

$$p_e = m \cdot \pi \cdot \cos\alpha = 4 \text{ mm} \cdot \pi \cdot \cos 20° = 11{,}81 \text{ mm},$$

$$a_d = r_1 + r_2 = 34 \text{ mm} + 162 \text{ mm} = 196 \text{ mm}.$$

Nach Gl. 21.2:

$$u = z_2/z_1 = 81/17 = 4{,}765.$$

22.2 Planverzahnung, Bezugsprofil

Eine **Zahnstange** ist als Kranz eines Stirnrades mit unendlich großem Wälzkreis aufzufassen. Sie besitzt eine Wälzgerade, räumlich gesehen eine Wälzebene. Nach DIN 868 heißen ebene Verzahnungen **Planverzahnungen.**

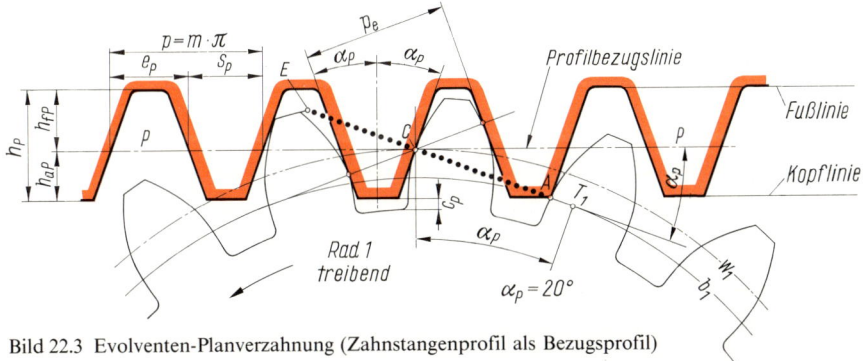

Bild 22.3 Evolventen-Planverzahnung (Zahnstangenprofil als Bezugsprofil)

Bei der Evolventenverzahnung wird auch der Grundkreis unendlich groß und damit ebenfalls die Krümmungsradien der Flanken, so daß diese gerade werden (Bild 22.3). Das ist ein besonderer Vorteil, weil mit einfachen, geradflankigen Werkzeugen jedes Außenrad im Abwälzverfahren verzahnt werden kann. Aus diesem Grunde wird nach DIN 867 ein Zahnstangenprofil für alle Räder als **Bezugsprofil** benutzt. Normenmäßig verzahnte Außenräder müssen mit dem Bezugsprofil einwandfrei zusammenarbeiten können. Die Teilgerade des Bezugsprofils heißt **Profilbezugslinie.**

Die geraden Flanken des Bezugsprofils schließen mit den Normalen zur Profilbezugslinie P den Profilwinkel $\alpha_P = 20°$ ein. Die Profilbezugslinie schneidet das Bezugsprofil so, daß auf ihr die Zahndicke s_P = Lückenweite e_P = halbe Teilung $p/2 = m \cdot \pi/2$ ist. Die Profilhöhe h_P wird durch die Profilbezugslinie unterteilt in die Kopfhöhe $h_{aP} = m$ und die Fußhöhe $h_{fP} = h_{aP} + c_P = m + c_P$.

Da die Zahnstange als Rad mit unendlich großem Wälzkreis aufzufassen ist, obwohl nur ein Ausschnitt mit begrenzter Zähnezahl hergestellt werden kann, beträgt nach Gl. 21.2 Seite 462 das Zähnezahlverhältnis eines Zahnstangenradpaares $u = \infty$.

22.3   Null-Innenverzahnung

Das Vergrößern des Wälzkreises bzw. Teilkreises kann noch weiter in den negativen Bereich erfolgen. Das Außenrad wird dann über die Zahnstange zum **Hohlrad.** Dadurch erhalten die Zähne die Form der Zahnlücken eines Außenrades und die Zahnlücken die Form der Zähne eines Außenrades (Bild 22.4).

Wegen der negativen Krümmung gegenüber einem Außenrad wird die **Zähnezahl des Hohlrades negativ.** Für die Abmessungen gelten damit dieselben Gleichungen wie für Null-Außenräder und -Radpaare (Gln. 22.1 bis 22.7), wobei die Durchmesser d, d_a, d_f und d_b, der Achsabstand a_d und das Zähnezahlverhältnis u (Gl. 21.2) negativ werden. Zu beachten ist, daß der Grundkreisdurchmesser d_{b2} dem Betrage nach niemals größer als der Kopfkreisdurchmesser d_{a2} sein darf, da die Evolventenflanke am Grundkreis beginnt. Es muß also stets $|d_{b2}| \leq |d_{a2}|$ sein! Anderenfalls ist wie nach Bild 22.4 eine Kopfkürzung erforderlich.

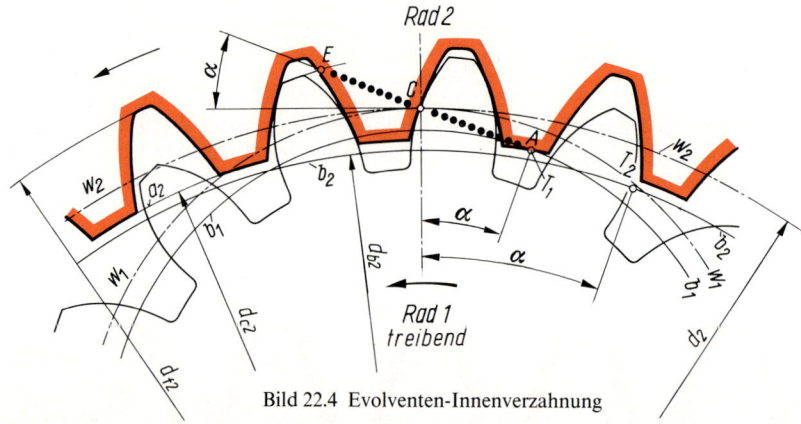

Bild 22.4 Evolventen-Innenverzahnung

Beispiel 22.2

Welche Abmessungen und welchen Achsabstand haben die Nullräder eines Innenradpaares mit $z_1 = 19$, $z_2 = -90$ und $m = 5$ mm bei $c = 0{,}25m$ und $\alpha = 20°$? Ist eine Kopfkürzung am Hohlrad erforderlich? Wie groß ist das Zähnezahlverhältnis u?

Lösung:

Mit $h_a = m = 5$ mm und $h_f = h_a + c = 5$ mm $+ 0{,}25 \cdot 5$ mm $= 6{,}25$ mm werden nach den Gln. 22.1 bis 22.7:

$$d_1 = z_1 \cdot m = 19 \cdot 5 \text{ mm} = 95 \text{ mm},$$

$$d_2 = z_2 \cdot m = -90 \cdot 5 \text{ mm} = -450 \text{ mm},$$

$$d_{a1} = d_1 + 2h_a = 95 \text{ mm} + 2 \cdot 5 \text{ mm} = 105 \text{ mm},$$

$$d_{a2} = d_2 + 2h_a = -450 \text{ mm} + 2 \cdot 5 \text{ mm} = -440 \text{ mm},$$

$$d_{f1} = d_1 - 2h_f = 95 \text{ mm} - 2 \cdot 6{,}25 \text{ mm} = 82{,}5 \text{ mm},$$

$$d_{f2} = d_2 - 2h_f = -450 \text{ mm} - 2 \cdot 6{,}25 \text{ mm} = -462{,}5 \text{ mm},$$

$$d_{b1} = d_1 \cdot \cos\alpha = 95 \text{ mm} \cdot \cos 20° = 89{,}27 \text{ mm},$$

$$d_{b2} = d_2 \cdot \cos\alpha = -450 \text{ mm} \cdot \cos 20° = -422{,}86 \text{ mm},$$

$$p = m \cdot \pi = 5 \text{ mm} \cdot \pi = 15{,}71 \text{ mm},$$

$$p_e = m \cdot \pi \cdot \cos\alpha = 5 \text{ mm} \cdot \pi \cdot \cos 20° = 14{,}76 \text{ mm},$$

$$a_d = r_1 + r_2 = 47{,}5 \text{ mm} - 225 \text{ mm} = -177{,}5 \text{ mm}.$$

Da $|d_{b2}| = 422{,}86$ mm $< |d_{a2}| = 440$ mm, ist keine Kopfkürzung erforderlich.

Nach Gl. 21.2: $u = z_2/z_1 = -90/19 = -4{,}737$.

22.4 Null-Schrägverzahnung

Schrägverzahnte Stirnräder besitzen schräg zu den Radachsen laufende Zähne (Bild 22.5). Der Winkel, den die Flankenlinie am Teilzylinder mit der Radachse bildet, heißt **Schrägungswinkel β.** Wenn zwei Schrägstirnräder gepaart werden, müssen beide Verzahnungen den gleichen, aber entgegengesetzt gerichteten Schrägungswinkel β besitzen. Deshalb unterscheidet man zwischen einer **Rechtssteigung** und einer **Linkssteigung** (Bild 22.6).

Da die Wälzflächen gekrümmt sind, haben auch die Zähne gekrümmte Flankenlinien, und auf einem sehr breiten Rad würden sich die Zähne wie Gewindegänge unter dem **Steigungswinkel** $\gamma = 90° - \beta$ schraubenförmig um den Teilzylinder winden (Bild 22.5). Schrägzahnräder kann man deshalb auch als Schraubenräder bezeichnen. Bild 22.7 zeigt die Stirn eines Schrägzahnrades und die Abwicklung am Teilzylinder.

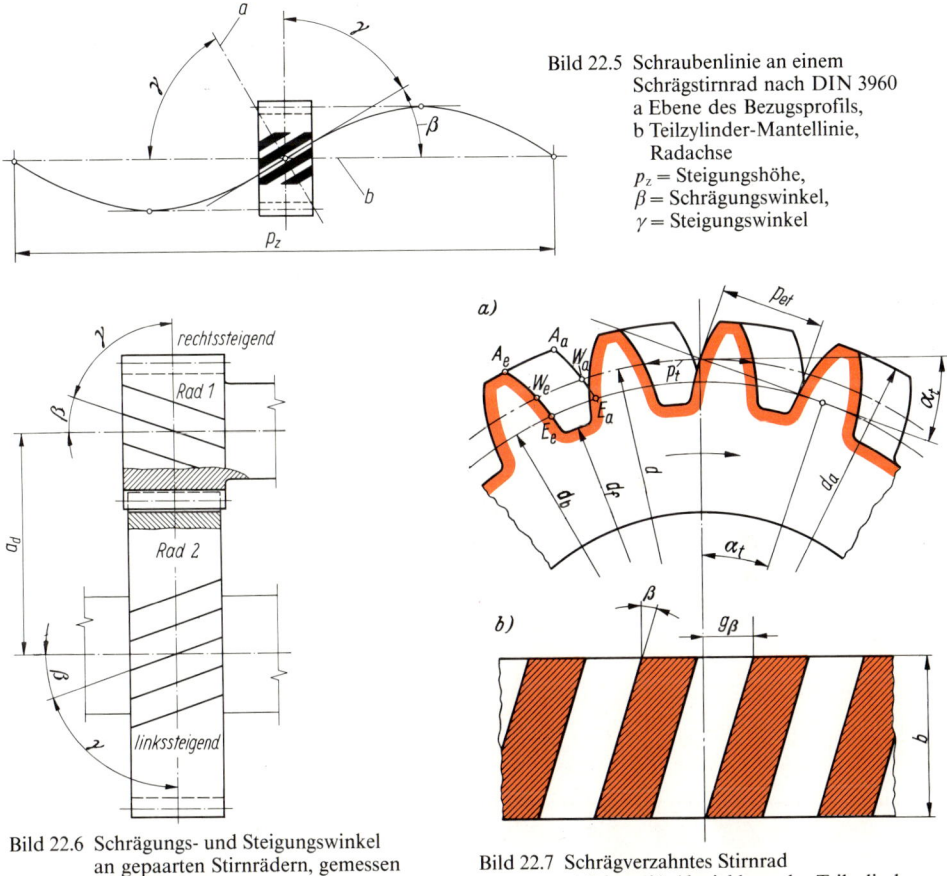

Bild 22.5 Schraubenlinie an einem
Schrägstirnrad nach DIN 3960
a Ebene des Bezugsprofils,
b Teilzylinder-Mantellinie,
   Radachse
p_z = Steigungshöhe,
β = Schrägungswinkel,
γ = Steigungswinkel

Bild 22.6 Schrägungs- und Steigungswinkel
an gepaarten Stirnrädern, gemessen
auf den Teilzylindern

Bild 22.7 Schrägverzahntes Stirnrad
a) Stirn, b) Abwicklung des Teilzylinders

Die Schrägverzahnung läßt sich mit normalen Verzahnwerkzeugen herstellen, wenn diese um den Schrägungswinkel β zum Werkstück angestellt werden. Die 20°-Normverzahnung entsteht dann nicht mehr an der Zahnstirn, sondern im senkrecht zur Flankenlinie gelegten Normalschnitt (Bild 22.8). In diesem paßt das Bezugsprofil nach DIN 867. Man unterscheidet daher zwischen einem **Normalprofil** mit dem **Normaleingriffswinkel $\alpha_n = 20°$** und einem **Stirnprofil** mit dem **Stirn-**

eingriffswinkel $\alpha_t > \alpha_n$. Der sich auf das Normalprofil beziehende Modul heißt **Normalmodul** m_n. Er ist nach der Normenreihe zu wählen (Tab. 22.1). Der sich auf das Stirnprofil beziehende Modul heißt **Stirnmodul** $m_t = m_n/\cos\beta$.

Der Abstand zwischen Anfangs- und Endpunkt der Flankenlinie in Umfangsrichtung auf dem Teilzylinder ist der **Sprung** $g_\beta = b \cdot \tan\beta$ mit b als Zahnbreite (Bild 22.7). Bei einer Drehung in Pfeilrichtung beginnt der Kopfpunkt A_a den Eingriff, wenn A_e noch außer Eingriff steht. Erst wenn bei Drehung des Rades ein Punkt am Teilkreis den Weg $W_aW_e = g_\beta$ zurückgelegt hat, beginnt A_e den Eingriff. Beendet aber der Punkt E_a den Eingriff, dann steht E_e noch im Eingriff und beendet diesen erst, wenn am Teilkreis der Weg $W_aW_e = g_\beta$ zurückgelegt worden ist. Der Eingriff eines Schrägzahnpaares dauert also länger als der eines Geradzahnpaares. Da ein Zahn nicht plötzlich mit seiner vollen Breite in den Eingriff tritt, sondern allmählich Punkt für Punkt, laufen Schrägzahnräder wesentlich ruhiger als Geradzahnräder. Der Schrägungswinkel wird in der Regel $\beta = 8\ldots25°$ gewählt. Kleinere Schrägungswinkel lohnen nicht, größere erzeugen einen sehr hohen Axialschub auf die Räder, der von den Lagern aufgenommen werden muß. Bei Doppelschrägverzahnung geht man bis etwa $\beta = 45°$.

Der Teilzylinder stellt im Normalschnitt (Bild 22.8) eine Ellipse mit der kleinen Halbachse $a_k = r$ und der großen Halbachse $a_g = r/\cos\beta$ dar. Das wirkliche Normalprofil, wie es das Verzahnwerkzeug herstellt, erscheint nur an der kleinen Halbachse, alle anderen Zähne infolge der gekrümmten Flankenlinien verzerrt. An der kleinen Halbachse besitzt die Ellipse den Krümmungsradius r_n. Man kann sich daher die Schrägverzahnung auf eine Geradverzahnung mit Normalprofil zurückgeführt denken, in die das Zahnstangen-Bezugsprofil paßt (Bild 22.8). Die Normalzähne befinden sich dann auf einem Teilkreis mit dem Radius r_n, zu dem eine rechnerische Zähnezahl gehört, die **Ersatzzähnezahl** z_n. Für das Verzahnwerkzeug ist es so, als ob es eine Geradverzahnung mit der Zähnezahl z_n erzeugt.

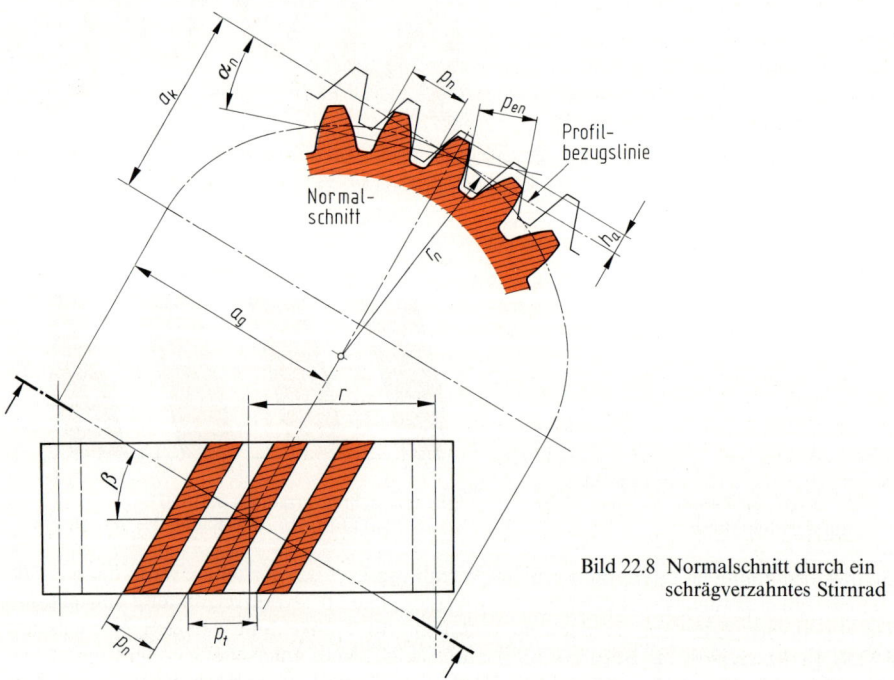

Bild 22.8 Normalschnitt durch ein
          schrägverzahntes Stirnrad

Nach den vorstehenden Ausführungen sind für Null-Schrägzahnstirnräder nach DIN 3960 zu errechnen:

Stirneingriffswinkel $\tan \alpha_t = \dfrac{\tan \alpha_n}{\cos \beta}$ (22.8)

Teilkreisdurchmesser $d = \dfrac{z \cdot m_n}{\cos \beta}$ (22.9)

Kopfkreisdurchmesser $d_a = d + 2h_a$ (22.10)

Fußkreisdurchmesser $d_f = d - 2h_f$ (22.11)

Grundkreisdurchmesser $d_b = d \cdot \cos \alpha_t$ (22.12)

Normalteilung $p_n = m_n \cdot \pi$ (22.13)

Normaleingriffsteilung $p_{en} = p_n \cdot \cos \alpha_n = m_n \cdot \pi \cdot \cos \alpha_n$ (22.14)

Stirnteilung $p_t = m_t \cdot \pi = \dfrac{m_n}{\cos \beta} \pi$ (22.15)

Stirneingriffsteilung $p_{et} = p_t \cdot \cos \alpha_t = \dfrac{m_n}{\cos \beta} \pi \cdot \cos \alpha_t$ (22.16)

Ersatzzähnezahl $z_n = \dfrac{z}{\cos^2 \beta_b \cdot \cos \beta}$ (22.17)

Null-Achsabstand $a_d = r_1 + r_2 = \dfrac{m_n}{2 \cos \beta}(z_1 + z_2)$ (22.18)

α_n in °   Normaleingriffswinkel $= 20°$ im Regelfall,
β in °   Schrägungswinkel am Teilzylinder,
m_n in mm   Normalmodul (Tab. 22.1),
h_a in mm   Zahnkopfhöhe, im Normalfall $= m_n$,
h_f in mm   Zahnfußhöhe $= h_a + c$ mit $c = 0{,}25 m$ im Normalfall,
β_b in °   Schrägungswinkel am Grundzylinder aus Gl. 22.19 oder 22.20,
z_1, z_2 Zähnezahlen der Räder.

Wie beim Gewinde sind die Steigungs- bzw. Schrägungswinkel auf den Abwicklungen der verschiedenen Zylinder (auf den Zylindermänteln) auch verschieden groß. Der Schrägungswinkel β bezieht sich auf den Teilzylinder. Auf den Grundzylinder bezogen gilt für den

Grundschrägungswinkel $\cos \beta_b = \cos \beta \dfrac{\cos \alpha_n}{\cos \alpha_t} = \dfrac{\sin \alpha_n}{\sin \alpha_t}$ (22.19)

$\sin \beta_b = \sin \beta \cdot \cos \alpha_n$ (22.20)

Die Schrägungswinkel β sind mit DIN 3978 genormt, und zwar für die Steigungshöhen $p_{z0} = 960\,\pi$, $640\,\pi$, $480\,\pi$, $320\,\pi$, $240\,\pi$ und $160\,\pi$ (siehe Bild 22.5). In Tab. A 22.3 sind die zugehörigen Winkelfunktionen $\sin \beta$ in Abhängigkeit von den Normalmoduln m_n für die Schrägungswinkelreihe 1 angegeben. Winkel nach dieser Norm erfüllen die Forderungen der Getriebekonstruktion nach enger Stufung der Schrägungswinkelreihe. Sie sind wegen der Austauschbarkeit der Herstellverfahren empfehlenswert. Die genormten Schrägungswinkel sind so festgelegt, daß alle außenverzahnten Schrägstirnräder und der größte Bereich der in Betracht kommenden innenverzahnten Schrägstirnräder mit zweckmäßigen Schneidrad-Zähnezahlen verzahnt werden können.

Hierzu heißt es in DIN 3978: Von den am häufigsten angewendeten Verfahren, Wälzfräsen und Wälzstoßen, ist das Wälzstoßen an Schraubenführungen gebunden, so daß eine Wirtschaftlichkeit eine begrenzte Anzahl von Schraubenführungen für den gesamten Schrägungswinkelbereich verlangt. Das Wälzfräsen dagegen ist weder aus Gründen der Wirtschaftlichkeit noch der Genauigkeit an bestimmte Schrägungswinkel gebunden, da jeder Winkel wirtschaftlich und genau durch Anwendung entsprechender Differential-Wechselräder erzeugt werden kann. Der Normung der Schrägungswinkel wurden deshalb die Bedingungen des Wälzstoßverfahrens zugrundegelegt.

Geradzahnräder können als Schrägzahnräder mit $\beta = 0°$ aufgefaßt werden.

Beispiel 22.3

Für ein schrägverzahntes Null-Außenradpaar mit $z_1 = 17$, $z_2 = 81$, $m_n = 4$ mm, $c = 0{,}25\, m_n$, $\alpha_n = 20°$ und $\sin \beta = 0{,}4$ ($\beta = 23{,}5782°$) sind die Daten nach den Gln. 22.8 bis 22.20 zu errechnen.

Lösung:

$$\tan \alpha_t = \frac{\tan \alpha_n}{\cos \beta} = \frac{\tan 20°}{\cos 23{,}5782°} \; ; \quad \alpha_t = 21{,}6592° ,$$

$$d_1 = \frac{z_1 \cdot m_n}{\cos \beta} = \frac{17 \cdot 4 \text{ mm}}{\cos 23{,}5782°} = 74{,}19 \text{ mm},$$

$$d_2 = \frac{z_2 \cdot m_n}{\cos \beta} = \frac{81 \cdot 4 \text{ mm}}{\cos 23{,}5782°} = 353{,}51 \text{ mm}.$$

Mit $h_a = m_n = 4$ mm und $h_f = h_a + c = 4$ mm $+ 0{,}25 \cdot 4$ mm $= 5$ mm werden:

$$d_{a1} = d_1 + 2h_a = 74{,}19 \text{ mm} + 2 \cdot 4 \text{ mm} = 82{,}19 \text{ mm},$$

$$d_{a2} = d_2 + 2h_a = 353{,}51 \text{ mm} + 2 \cdot 4 \text{ mm} = 361{,}51 \text{ mm},$$

$$d_{f1} = d_1 - 2h_f = 74{,}19 \text{ mm} - 2 \cdot 5 \text{ mm} = 64{,}19 \text{ mm},$$

$$d_{f2} = d_2 - 2h_f = 353{,}51 \text{ mm} - 2 \cdot 5 \text{ mm} = 343{,}51 \text{ mm},$$

$$d_{b1} = d_1 \cdot \cos \alpha_t = 74{,}19 \text{ mm} \cdot \cos 21{,}6592° = 68{,}95 \text{ mm},$$

$$d_{b2} = d_2 \cdot \cos \alpha_t = 353{,}51 \text{ mm} \cdot \cos 21{,}6592° = 328{,}55 \text{ mm},$$

$$p_n = m_n \cdot \pi = 4 \text{ mm} \cdot \pi = 12{,}566 \text{ mm},$$

$$p_{en} = m_n \cdot \pi \cdot \cos \alpha_n = 4 \text{ mm} \cdot \pi \cdot \cos 20° = 11{,}809 \text{ mm},$$

$$p_t = \frac{m_n}{\cos \beta}\, \pi = \frac{4 \text{ mm}}{\cos 23{,}5782°}\, \pi = 13{,}71 \text{ mm},$$

$$p_{et} = \frac{m_n}{\cos \beta}\, \pi \cdot \cos \alpha_t = \frac{4 \text{ mm}}{\cos 23{,}5782°}\, \pi \cdot \cos 21{,}6592° = 12{,}743 \text{ mm},$$

$$z_{n1} = \frac{z_1}{\cos^2 \beta_b \cdot \cos \beta} = \frac{17}{\cos^2 22{,}08° \cdot \cos 23{,}5782°} = 21{,}6,$$

$$z_{n2} = \frac{z_2}{\cos^2 \beta_b \cdot \cos \beta} = \frac{81}{\cos^2 22{,}08° \cdot \cos 23{,}5782°} = 102{,}9,$$

$$a_d = \frac{m_n}{2 \cos \beta}\,(z_1 + z_2) = \frac{4 \text{ mm}}{2 \cdot \cos 23{,}5782°}\,(17 + 81) = 213{,}854 \text{ mm},$$

$$\sin \beta_b = \sin \beta \cdot \cos \alpha_n = 0{,}4 \cdot \cos 20° , \quad \beta_b = 22{,}08°.$$

22.5 Profilverschiebung

Im Gegensatz zur Zykloidenverzahnung ist die Evolventenverzahnung gegen Achsabstandsvergrößerungen unempfindlich. Sie bildet lediglich einen neuen, größeren Eingriffswinkel, den **Betriebs-Eingriffswinkel** $\alpha_w > \alpha$ bei Geradverzahnung, $\alpha_{wt} > \alpha_t$ bei Schrägverzahnung (Bild 22.9 a) und größere **Betriebswälzkreise** mit den Durchmessern d_{w1} und d_{w2}. Obwohl sich die Teil- und Wälzkreise nun nicht mehr decken und Kopf- und Flankenspiel durch das Abrücken der Räder größer geworden sind, kämmen die Räder gesetzmäßig einwandfrei weiter.

Diese Eigenschaft kann zu einer Profilverschiebung ausgenutzt werden. Um nach dem Abrücken der Räder das Kopfspiel auf das ursprüngliche Maß zu bringen, muß nach Bild 22.9 b der Kopf-kreis des Rades 1 vergrößert werden. Weiterhin ist eine Verlängerung der Flanken bis zum neuen Kopfkreis und eine Vergrößerung des Fußkreises erforderlich. Zur Beseitigung des großen Flan-kenspiels müssen außerdem alle Linksflanken des Rades 1 in Umfangsrichtung verschoben wer-den. Aus dem Rad 1 wird nun ein V_{plus}-Rad, das mit dem Null-Rad 2 wie vor dem Abrücken in beiden Drehrichtungen gesetzmäßig einwandfrei kämmen kann. Diese positive Profilverschie-bung bietet den **Vorteil,** daß durch die Verstärkung der Zahnfüße größere Kräfte übertragen wer-den können und der Achsabstand an bestimmte Einbauverhältnisse angepaßt werden kann.

Profilverschobene Verzahnungen lassen sich ohne weiteres mit normalen Werkzeugen in Rad- oder Zahnstangenform im Abwälzverfahren schneiden, wenn das Werkzeug um den gewünsch-ten Betrag vom Werkstück abgerückt wird.

Auch eine **negative Profilverschiebung** ist möglich, wenn der Kopfkreis des Rades kleiner gemacht und das Werkzeug entspr. zugerückt wird. In der Paarung eines so hergestellten V_{minus}-Rades er-gibt sich ein Betriebs-Eingriffswinkel $\alpha_w < \alpha$ bzw. $\alpha_{wt} < \alpha_t$. Die negative Profilverschiebung macht die Zähne schmaler.

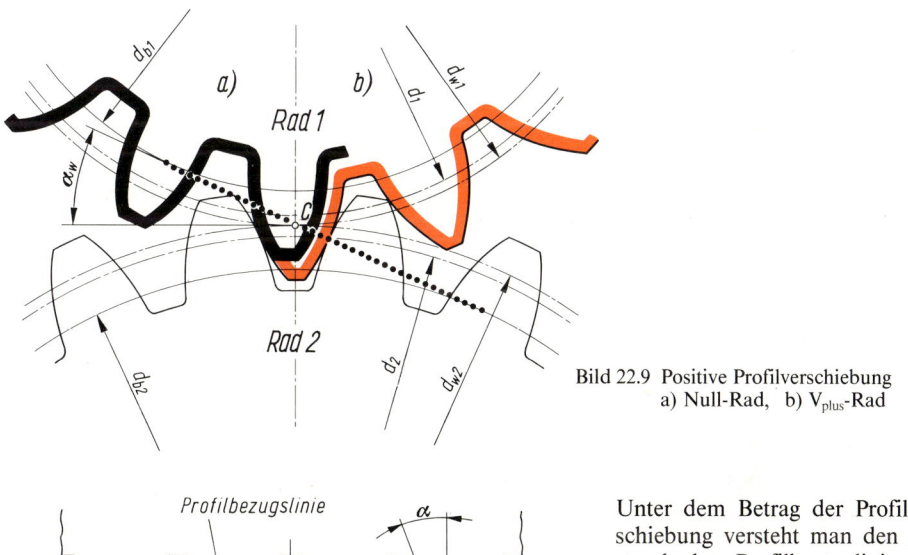

Bild 22.9 Positive Profilverschiebung
a) Null-Rad, b) V_{plus}-Rad

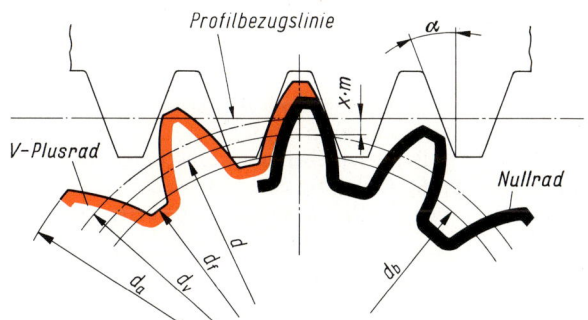

Bild 22.10 V_{plus}-Rad und Zahnstangen-Bezugsprofil

Unter dem Betrag der Profilver-schiebung versteht man den Ab-stand der Profilbezugslinie der Zahnstange vom Teilkreis (Bild 22.10). Mit dem **Profilver-schiebungsfaktor** x wird er in Tei-len des Normalmoduls ausge-drückt:

Profilverschiebung
$= x \cdot m$ bei Geradverzahnung,
$= x \cdot m_n$ bei Schrägverzahnung.

Null-Räder, V_{plus}- und V_{minus}-Räder lassen sich beliebig untereinander paaren. Der jeweilige Achsabstand richtet sich dann selbstverständlich nach dem Vorzeichen und dem Betrag der Pro-filverschiebung. Je nach Paarung kennt man folgende Radpaare:

1. Null-Radpaar, wenn zwei Null-Räder gepaart sind.

2. V_{null}-Radpaar, wenn ein V_{plus} und ein V_{minus}-Rad derart gepaart sind, daß ihr Achsabstand gleich dem Null-Achsabstand ist.

3. V_{plus}-Radpaar, wenn V-Räder oder ein V_{plus}- und ein Null-Rad gepaart sind, daß ihr Achsabstand größer als der Null-Achsabstand ist.

4. V_{minus}-Radpaar, wenn V-Räder oder ein V_{minus}- und ein Null-Rad gepaart sind, daß ihr Achsabstand kleiner als der Null-Achsabstand ist.

Nach DIN 3960 ist die Profilverschiebung

positiv,   wenn die Profilbezugslinie vom Teilkreis in Richtung zum Kopfkreis verschoben ist. Dabei ist die Zahndicke am Teilkreis größer als beim Nullrad.

negativ,   wenn die Profilbezugslinie vom Teilkreis in Richtung zum Fußkreis verschoben ist. Dabei ist die Zahndicke am Teilkreis kleiner als beim Nullrad.

Die Profilverschiebungsfaktoren x_1 und x_2 (positiv oder negativ) können grundsätzlich innerhalb gewisser Grenzen frei gewählt werden (siehe hierzu Abschnitt 22.6). Sie dürfen im Radpaar keine Eingriffsstörungen hervorrufen, d. h. es dürfen nur evolventenförmige Flankenteile zum Eingriff kommen.

An einem V-Rad betragen nach Bild 22.10:

$$V\text{-}Kreis\text{-}Durchmesser \quad d_v = d + 2\,x \cdot m_n \tag{22.21}$$

$$Kopfkreisdurchmesser \quad d_a = d_v + 2h_a \tag{22.22}$$

$$Fußkreisdurchmesser \quad d_f = d_v - 2h_f \tag{22.23}$$

d in mm   Teilkreisdurchmesser (Gl. 22.1 bzw. 22.9),
h_a in mm   Kopfhöhe des Bezugsprofils $= m$ bzw. m_n im Normalfall,
h_f in mm   Fußhöhe des Bezugsprofils $= h_a + c$ mit $c = 0,25 m_n$ im Normalfall.

Alle anderen Abmessungen sind dieselben wie bei Nullrädern.

Wenn zwei Räder zu einem V-Radpaar so gepaart werden, daß ihr Achsabstand gleich der Summe der V-Kreisradien ist, also um die Profilverschiebungen größer (oder kleiner) als der Null-Achsabstand a_d, haben sie den

$$V\text{-}Achsabstand \quad a_v = r_{v1} + r_{v2} = a_d + (x_1 + x_2)\,m_n \tag{22.24}$$

$$Betriebs\text{-}Eingriffswinkel \quad \cos \alpha_{wt} = \frac{a_d}{a_v} \cos \alpha_t \tag{22.25}$$

a_d in mm   Null-Achsabstand (Gl. 22.7 bzw. 22.18),
α_t in °   Stirneingriffswinkel (Gl. 22.8).

Bei der Paarung mit dem V-Achsabstand a_v entsteht aber ein **zusätzliches Flankenspiel,** weil an den Betriebswälzkreisen die Zahnlücken breiter als die Zahndicken werden (Bild 22.11). Falls das größere Flankenspiel nicht zugelassen werden darf (z. B. in Getrieben mit wechselnder Drehrichtung oder mit Belastungsschwankungen), so müssen die Räder mit einem Achsabstand $a_w < a_v$ gepaart werden, bei dem kein zusätzliches Flankenspiel entsteht. In diesem Falle betragen:

$$Betriebs\text{-}Eingriffswinkel \quad \mathrm{inv}\,\alpha_{wt} = \mathrm{inv}\,\alpha_t + 2\,\frac{x_1 + x_2}{z_1 + z_2}\,\tan \alpha_n \tag{22.26}$$

$$W\text{-}Achsabstand \quad a_w = a_d\,\frac{\cos \alpha_t}{\cos \alpha_{wt}} \tag{22.27}$$

α_{wt} in °   Betriebs-Eingriffswinkel beim Achsabstand a_w (Evolventenfunktion inv α nach Tab. A 22.2),
α_t in °   Stirneingriffswinkel (Gl. 22.8),
$x_1,\ x_2$ Profilverschiebungsfaktoren der Räder,

z_1, z_2 Zähnezahlen der Räder,
α_n in °   Normaleingriffswinkel = 20° im Regelfall,
a_d in mm   Null-Achsabstand (Gl. 22.7 bzw. 22.18).

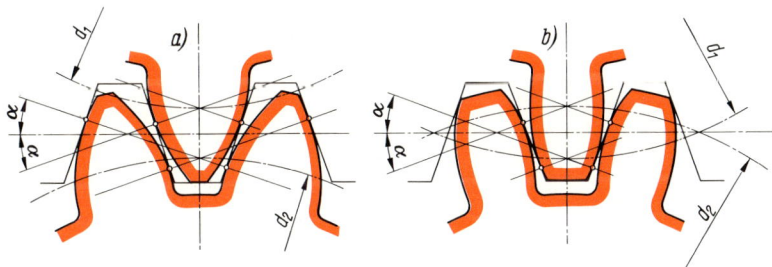

Bild 22.11 Entstehung des zusätzlichen Flankenspiels bei der Paarung von V-Rädern mit dem Achsabstand a_v
a) zwei V_{plus}-Räder, b) zwei V_{minus}-Räder

Bei V-Innenradpaaren darf a_v nicht ausgeführt werden, da sich das Flankenspiel verringert und die Flanken klemmen können (siehe hierzu das Beispiel 22.6).

Ist ein bestimmter Achsabstand a_w einzuhalten, so sind erforderlich:

Betriebs-Eingriffswinkel $\cos\alpha_{wt} = \dfrac{a_d}{a_w}\cos\alpha_t$ (22.28)

Summe der
Profilverschiebungsfaktoren $x_1 + x_2 = \dfrac{z_1 + z_2}{2\tan\alpha_n}(\text{inv}\,\alpha_{wt} - \text{inv}\,\alpha_t)$ (22.29)

Ist der Achsabstand a mit a_v oder a_w festgelegt, so betragen:

Betriebs-Wälzkreisdurchmesser $d_{w1} = \dfrac{2a}{u+1}$ (22.30), $d_{w2} = 2a - d_{w1}$ (22.31)

Stirneingriffsteilung $p_{et} = \dfrac{m_n}{\cos\beta}\,\pi\cdot\cos\alpha_{wt}$ (22.32)

Bei $z_2 = \infty$ (Zahnstange) verändert auch eine noch so große Profilverschiebung das Profil nicht! Daraus geht hervor, daß eine Profilverschiebung am Großrad, besonders bei großer Zähnezahl, kaum einen Vorteil bringt. Zweckmäßig wird eine positive Profilverschiebung auf das Ritzel gelegt oder überwiegend auf dieses. Zur Erhöhung der Tragfähigkeit wird in Sonderfällen auch auf $\alpha = 26°$ oder 28° gegangen.
Mit DIN 3994 und 3995 ist eine **0,5-Verzahnung** genormt. Es handelt sich um profilverschobene Verzahnungen mit $x = +0{,}5$, deren Zähne eine hohe Tragfähigkeit besitzen.

Nullräder können auch als V-Räder mit $x = 0$ aufgefaßt werden.

Beispiel 22.4

Ein schrägverzahntes V-Außenradpaar mit $z_1 = 17$, $z_2 = 81$, $m_n = 4$ mm, $\alpha_n = 20°$ und $\sin\beta = 0{,}4$ ($\beta = 23{,}5782°$) soll mit $x_1 = +0{,}6$ und $x_2 = +0{,}3$ ausgeführt und auf den Achsabstand a_v gebracht werden. Im Beispiel 22.3 wurden bereits ermittelt: $d_1 = 74{,}19$ mm, $d_2 = 353{,}51$ mm, $a_d = 213{,}854$ mm, $h_a = 4$ mm, $h_f = 5$ mm, $\alpha_t = 21{,}6592°$, $u = z_2/z_1 = 81/17 = 4{,}765$.
Es sind die erforderlichen Berechnungen nach den Gln. 22.21 bis 22.25, 22.30 und 22.31 vorzunehmen.

Lösung:

$$d_{v1} = d_1 + 2x_1 \cdot m_n = 74{,}19 \text{ mm} + 2 \cdot 0{,}6 \cdot 4 \text{ mm} = 78{,}99 \text{ mm},$$

$$d_{v2} = d_2 + 2x_2 \cdot m_n = 353{,}51 \text{ mm} + 2 \cdot 0{,}3 \cdot 4 \text{ mm} = 355{,}91 \text{ mm},$$

$$d_{a1} = d_{v1} + 2h_a = 78{,}99 \text{ mm} + 2 \cdot 4 \text{ mm} = 86{,}99 \text{ mm},$$

$$d_{a2} = d_{v2} + 2h_a = 355{,}91 \text{ mm} + 2 \cdot 4 \text{ mm} = 363{,}91 \text{ mm},$$

$$d_{f1} = d_{v1} - 2h_f = 78{,}99 \text{ mm} - 2 \cdot 5 \text{ mm} = 68{,}99 \text{ mm},$$

$$d_{f2} = d_{v2} - 2h_f = 355{,}91 \text{ mm} - 2 \cdot 5 \text{ mm} = 345{,}91 \text{ mm},$$

$$a_v = a_d + (x_1 + x_2) \, m_n = 213{,}854 \text{ mm} + (0{,}6 + 0{,}3) \, 4 \text{ mm} = 217{,}454 \text{ mm},$$

$$\cos \alpha_{wt} = \frac{a_d}{a_v} \cos \alpha_t = \frac{213{,}854}{217{,}454} \cos 21{,}6592°, \quad \alpha_{wt} = 23{,}9346°,$$

$$d_{w1} = \frac{2a_v}{u+1} = \frac{2 \cdot 217{,}454 \text{ mm}}{4{,}765 + 1} = 75{,}439 \text{ mm},$$

$$d_{w2} = 2a_v - d_{w1} = 2 \cdot 217{,}454 \text{ mm} - 75{,}439 \text{ mm} = 359{,}469 \text{ mm}.$$

Beispiel 22.5

Das schrägverzahnte V-Außenradpaar nach Beispiel 22.4 soll auf den Achsabstand a_w gebracht werden. Wie groß ist dieser? Wie groß werden die Betriebs-Wälzkreisdurchmesser?
Gegeben sind: $\alpha_t = 21{,}6592°$, $x_1 = +0{,}6$, $x_2 = +0{,}3$, $z_1 = 17$, $z_2 = 81$, $\alpha_n = 20°$, $a_d = 213{,}854$ mm, $u = 4{,}765$.

Lösung:
Nach Gl. 22.26 wird

$$\text{inv } \alpha_{wt} = \text{inv } \alpha_t + 2 \frac{x_1 + x_2}{z_1 + z_2} \tan \alpha_n = \text{inv } 21{,}6592° + 2 \frac{0{,}6 + 0{,}3}{17 + 81} \tan 20°$$

$$= 0{,}0190993 + 0{,}018367 \cdot 0{,}36397 = 0{,}025784.$$

Nach Tab. A 22.2 ist $\alpha_{wt} = 23{,}835°$ (interpoliert). Mit diesem Winkel ist nach Gl. 22.27:

$$a_w = a_d \frac{\cos \alpha_t}{\cos \alpha_{wt}} = 213{,}854 \text{ mm} \frac{\cos 21{,}6592°}{\cos 23{,}835°} = 217{,}287 \text{ mm}$$

Ein Vergleich mit dem Achsabstand $a_v = 217{,}454$ mm (s. Beisp. 22.4) zeigt, daß der Unterschied mit 0,167 mm sehr gering ist. Der Unterschied wird um so größer, je kleiner die Zähnezahlen und je größer die Profilverschiebungen sind.
Nach den Gln. 22.30 und 22.31 werden:

$$d_{w1} = \frac{2a_w}{u+1} = \frac{2 \cdot 217{,}287 \text{ mm}}{4{,}765 + 1} = 75{,}381 \text{ mm},$$

$$d_{w2} = 2a_w - d_{w1} = 2 \cdot 217{,}287 \text{ mm} - 75{,}381 \text{ mm} = 359{,}193 \text{ mm}.$$

Beispiel 22.6

Das geradverzahnte Innenradpaar nach Beispiel 22.2 soll durch Profilverschiebungen auf den Achsabstand $a_w = -180$ mm gebracht werden. Wie groß muß bei $x_1 = 0{,}5$ der Profilverschiebungsfaktor x_2 werden? Ist die Bedingung $|d_{b2}| < |d_{a2}|$ erfüllt? Wie groß sind die Betriebs-Wälzkreisdurchmesser d_{w1} und d_{w2}? Wie groß ist die Differenz zwischen a_v und a_w?
Gegeben sind: $a_d = -177{,}5$ mm, $\alpha = 20°$, $z_1 = 19$, $z_2 = -90$, $m = 5$ mm, $u = -4{,}737$, $d_2 = -450$ mm, $d_{b2} = -422{,}86$ mm, $h_a = 5$ mm.

Lösung:
Nach den Gln. 22.28 und 22.29 werden:

$$\cos \alpha_w = \frac{a_d}{a_w} \cos \alpha = \frac{-177{,}5}{-180} \cos 20°; \quad \alpha_w = 22{,}08°,$$

$$x_1 + x_2 = \frac{z_1 + z_2}{2 \tan \alpha} (\text{inv } \alpha_w - \text{inv } \alpha) = \frac{19 - 90}{2 \tan 20°} (\text{inv } 22{,}08° - \text{inv } 20°) = -0{,}525,$$

$$x_2 = (x_1 + x_2) - x_1 = -0{,}525 - 0{,}5 = -1{,}025.$$

Nach den Gln. 22.21 und 22.22 werden

$$d_{v2} = d_2 + 2\,x_2 \cdot m = -450\,\text{mm} - 2 \cdot 1{,}025 \cdot 5\,\text{mm} = -460{,}25\,\text{mm},$$

$$d_{a2} = d_{v2} + 2\,h_a = -460{,}25\,\text{mm} + 2 \cdot 5\,\text{mm} = -450{,}25\,\text{mm}.$$

Damit ist $|d_{b2}| = 422{,}86\,\text{mm} < |d_{a2}| = 450{,}25\,\text{mm}$, so daß keine Kopfkürzung erforderlich wird. Mit den Gln. 22.30 und 22.31 werden errechnet:

$$d_{w1} = \frac{2a_w}{u+1} = \frac{2\,(-180\,\text{mm})}{-4{,}737+1} - 96{,}33\,\text{mm},$$

$$d_{w2} = 2a_w - d_{w1} = 2\,(-180\,\text{mm}) - 96{,}33\,\text{mm} = -456{,}33\,\text{mm}.$$

Nach Gl. 22.24 ist

$$a_v = a_d + (x_1 + x_2)\,m = -177{,}5\,\text{mm} + (0{,}5 - 1{,}025)\,5\,\text{mm} = -180{,}125\,\text{mm}.$$

Die Differenz beträgt $a_v - a_w = -180{,}125\,\text{mm} + 180\,\text{mm} = -0{,}125\,\text{mm}$. Da $|a_v| = 180{,}125\,\text{mm} > |a_w| = 180\,\text{mm}$ ist, könnte bei Paarung mit a_v das Flankenspiel verloren gehen und zum Festklemmen der Zähne führen.

22.6 Geometrische Grenzen

Relativ betrachtet umkreist bei einem Radpaar ein Rad das andere wie ein Planet die Sonne. Ein Kopfpunkt des kreisenden Rades beschreibt in der Zahnlücke des Gegenrades eine Bahn, die **relative Kopfbahn** (Bild 22.12 a).

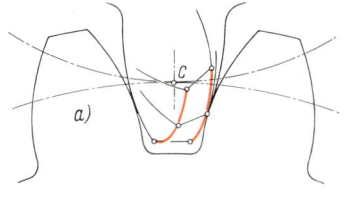

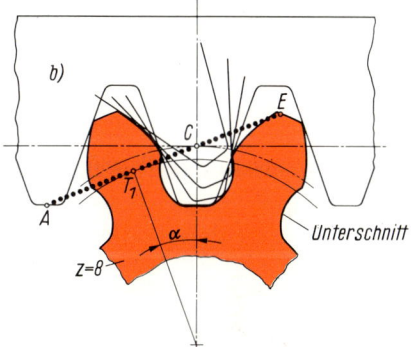

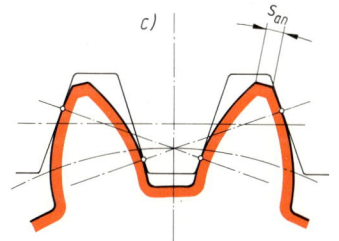

Bild 22.12 Verhältnisse bezüglich der geometrischen Grenzen der Evolventenverzahnung
a) relative Kopfbahnen,
b) Unterschnitt,
c) Verringerung der Zahndicke am Kopfkreis durch Profilverschiebung

Sobald ein Eingriff außerhalb eines Tangentenberührpunktes T_1 oder T_2 stattfinden müßte, will die relative Kopfbahn des Gegenrades in die zum Eingriff benötigte Evolventen-Fußflanke des Rades eindringen. Ist das Gegenrad ein Verzahnwerkzeug, so schneidet es einen Teil der Evolventen-Fußflanke fort. Man nennt dies **Unterschnitt.** In Bild 22.12 b ist der Unterschnitt durch eine als Schneidwerkzeug arbeitende Zahnstange veranschaulicht.

Der Unterschnitt durch das Verzahnwerkzeug läßt sich durch Wahl einer entspr. großen Zähnezahl des Rades, durch eine positive Profilverschiebung oder durch Anwendung der Schrägverzahnung vermeiden, weil dann der Tangentenberührpunkt T_1 herausgerückt oder der Eingriffs-Anfangspunkt A hineingerückt wird (siehe Bild 22.12 b).

Bei einer positiven Profilverschiebung werden die Zahnköpfe eines Außenrades gegenüber einem Nullrad spitzer (Bild 22.9). Eine entspr. große Profilverschiebung kann sogar zur Spitzenbildung des Zahnkopfes unterhalb des Kopfkreises führen. In der Regel geht man mit der Profilverschiebung nur so weit, daß die Zahndicke am Kopfkreis noch $s_{an} = 0,2m_n$ beträgt, nur in Sonderfällen bis zur Spitzgrenze.

Praktisch läßt man bei der Herstellung der Räder einen geringen Unterschnitt durch das Verzahnwerkzeug zu. Dieser schadet nicht, wenn in der späteren Paarung das folgende Zahnpaar in den Eingriff tritt, bevor der fortgeschnittene Flankenteil arbeiten müßte. Ein Unterschnitt wird vollkommen unschädlich, wenn der fortgeschnittene Flankenteil sowieso nicht zum Eingriff kommen würde. Unterschnitt und Spitzgrenze begrenzen die für ein Außenrad ausführbare Zähnezahl nach unten. Für Geradverzahnung mit Bezugsprofil nach DIN 867 sind noch ausführbar:

$$
\begin{aligned}
z_{min} \quad &= \mathbf{17} \text{ mit } x = 0 \text{ ohne Unterschnitt,} \\
&= \mathbf{14} \text{ mit } x = 0 \text{ und geringem Unterschnitt,} \\
&= \mathbf{9} \text{ mit } x = +\,0,45 \text{ bei } s_{an} = 0,2m, \\
&= \mathbf{8} \text{ mit } x = +\,0,57 \text{ bei Spitzgrenze,} \\
&= \mathbf{7} \text{ mit } x = +\,0,41 \text{ und geringem Unterschnitt.}
\end{aligned}
$$

Weiterhin soll der Kopfkreisdurchmesser eines Außenrades $d_a \geq d_b + 2m_n$ sein, um noch einwandfrei arbeiten zu können. Dadurch wird die Profilverschiebung nach unten begrenzt.

Bei negativer Profilverschiebung an Hohlrädern wird die Zahnlücke spitzer. Am Fußkreis soll sie den Betrag $e_{fn} = 0,2m_n$ nicht unterschreiten. Weiterhin muß, wie im Abschnitt 22.3 bereits ausgeführt, $|d_b| \leq |d_a|$ sein. Die Spitzgrenze und die Grenze für den Kopfkreisdurchmesser begrenzen die für ein Hohlrad ausführbare Zähnezahl nach unten. Für Geradverzahnung mit Bezugsprofil nach DIN 867 ist

$$
\begin{aligned}
|z|_{min} \quad &= \mathbf{34} \text{ mit } x = 0 \text{ bei } d_a = d_b, \\
&= \mathbf{21} \text{ mit } x = -\,0,38 \text{ bei } e_{fn} = 0,2m, \\
&= \mathbf{16} \text{ mit } x = -\,0,52 \text{ bei Spitzgrenze der Zahnlücken.}
\end{aligned}
$$

Bei Schrägverzahnung sind alle aufgeführten Mindestzähnezahlen auf die Ersatzzähnezahlen z_n zu beziehen.

In Bild 22.13 sind nach diesen Darlegungen die Grenzen für die Zähnezahlen und Profilverschiebungen aufgetragen. Wenn an einem Außenrad ein geringer Unterschnitt in Kauf genommen werden kann, so darf der sich aus Bild 22.13 ergebende Wert für x_{min} **bis um 0,17 vermindert** werden.

Beispiel 22.7

Welche positive und welche negative Profilverschiebung sind an einem schrägverzahnten Außenrad von $z = 30$ mit $\alpha_n = 20°$ und $\beta = 25°$ bei $s_{an} = 0,2m_n$ im Grenzfall möglich?

Lösung:
Aus $\sin\beta_b = \sin\beta \cdot \cos\alpha_n = \sin 25° \cdot \cos 20°$ (Gl. 22.20) folgt $\beta_b = 23,4°$ und mit Gl. 22.17 die Ersatzzähnezahl

$$
z_n = \frac{z}{\cos^2\beta_b \cdot \cos\beta} = \frac{30}{\cos^2 23,4° \cdot \cos 25°} = 39,3.
$$

Aus Bild 22.13 werden entnommen: $x_{max} \approx +\,1,5$ und $x_{min} \approx -\,1,15$.

Wird bei V-Außenradpaaren auf den Achsabstand a_w gegangen, so kann es bei besonders kleinen Zähnezahlen geschehen, daß die Eingriffsstrecke über den Tangentenberührpunkt T_1 hinausläuft und Eingriffsstörungen auftreten. Deshalb ist bei Radpaaren mit $z_1 + z_2 < 20$ eine Kopfkürzung an beiden Rädern um den Betrag $k \cdot m_n = a_v - a_w$ erforderlich, um das ursprüngliche Kopfspiel c wieder herzustellen. Hierbei ist k der **Kopfkürzungsfaktor.** Es sind dann auszuführen die Kopfkreisdurchmesser $d_k = d_a - 2k \cdot m_n$ mit d_a als ungekürztem Kopfkreisdurchmesser.

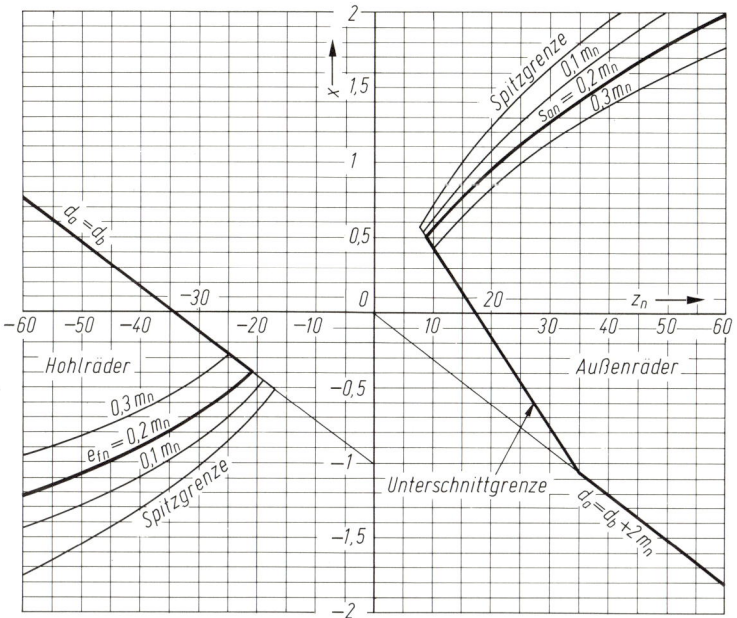

Bild 22.13 Geometrische Grenzen der Evolventenverzahnung mit $\alpha_n = 20°$ und $h_a = m_n$ nach DIN 3960 und DIN 3993

Mit DIN 3993 ist die geometrische **Auslegung von zylindrischen Innenradpaaren** genormt. Bei profilverschobenen Rädern (V-Radpaaren) ist die Ersatzzähnezahl mit z_{nx} bezeichnet.

Bei Innenradpaaren kann bei kleiner Zähnezahl z_1 am Hohlrad eine Kopfkürzung wie nach Bild 22.14 erforderlich werden.

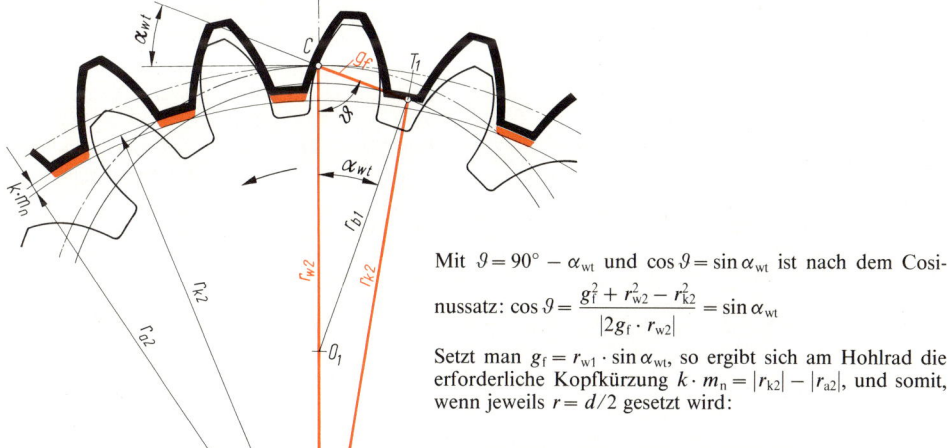

Mit $\vartheta = 90° - \alpha_{wt}$ und $\cos\vartheta = \sin\alpha_{wt}$ ist nach dem Cosinussatz: $\cos\vartheta = \dfrac{g_f^2 + r_{w2}^2 - r_{k2}^2}{|2g_f \cdot r_{w2}|} = \sin\alpha_{wt}$

Setzt man $g_f = r_{w1} \cdot \sin\alpha_{wt}$, so ergibt sich am Hohlrad die erforderliche Kopfkürzung $k \cdot m_n = |r_{k2}| - |r_{a2}|$, und somit, wenn jeweils $r = d/2$ gesetzt wird:

Bild 22.14 Kopfkürzung $k \cdot m_n$ an einem Hohlrad

Kopfkürzung am Hohlrad

$$k \cdot m_{\mathrm{n}} = 0,5 \left(d_{\mathrm{a}2} + \sqrt{d_{\mathrm{w}2}^2 + d_{\mathrm{w}1}^2 \cdot \sin^2 \alpha_{\mathrm{wt}} + 2 d_{\mathrm{w}1} \cdot d_{\mathrm{w}2} \cdot \sin^2 \alpha_{\mathrm{wt}}} \right) \qquad (22.33)$$

$d_{\mathrm{w}1}$ in mm   Wälzkreisdurchmesser des Außenrades,
$d_{\mathrm{w}2}$ in mm   Wälzkreisdurchmesser des Hohlrades,
$d_{\mathrm{a}2}$ in mm   Kopfkreisdurchmesser des Hohlrades im ungekürzten Zustand,
α_{wt} in °   Betriebs-Eingriffswinkel.

Sollte sich $k \cdot m_{\mathrm{n}}$ als **negativ** erweisen, so ist **keine** Kopfkürzung erforderlich! Falls $k \cdot m_{\mathrm{n}}$ **positiv** ist, so ist $d_{\mathrm{k}2} = d_{\mathrm{a}2} - 2k \cdot m_{\mathrm{n}}$ auszuführen.

Besitzt beispielsweise ein Hohlrad die Zähnezahl $z_2 = -20$, so kann es nicht mit einem Außenrad kämmen, das $z_1 = 16$ besitzt. Die Zahnflanken würden sich überschneiden. Deshalb muß stets $|z_2| - z_1 \geqq 10$ sein!

Beispiel 22.8

Ein geradverzahntes Null-Innenradpaar soll mit $z_1 = 14$ und $z_2 = -52$ bei $\alpha = 20°$ und $m = 10$ mm ausgeführt werden. Wie groß muß der Kopfkreisdurchmesser $d_{\mathrm{k}2}$ ausgeführt werden? Es betragen: $\alpha_{\mathrm{wt}} = \alpha = 20°$, $d_{\mathrm{w}1} = d_1 = 140$ mm, $d_{\mathrm{w}2} = d_2 = -520$ mm, $d_{\mathrm{a}2} = -500$ mm.

Lösung:
Nach Gl. 22.33 ist

$$k \cdot m = 0,5 \left(-500 + \sqrt{520^2 + 140^2 \cdot \sin^2 20° - 2 \cdot 140 \cdot 520 \cdot \sin^2 20°} \right) \mathrm{mm} = 0,5 \, (-500 + 505,63) \, \mathrm{mm}$$

$$= +2,82 \, \mathrm{mm}.$$

Somit ist auszuführen $d_{\mathrm{k}2} = d_{\mathrm{a}2} - 2k \cdot m = -500 \, \mathrm{mm} - 2 \cdot 2,82 \, \mathrm{mm} \approx -505,7 \, \mathrm{mm}.$

Der Kopfkürzungsfaktor beträgt $k = k \cdot m/m = 2,82/10 = 0,282.$

22.7 Profilüberdeckung

Um eine kontinuierliche, ununterbrochene Drehbewegung zu gewährleisten, muß ein Zahnpaar seinen Eingriff beginnen, bevor das gerade kämmende seinen Eingriff beendet, d.h. es muß eine Überdeckung vorhanden sein.

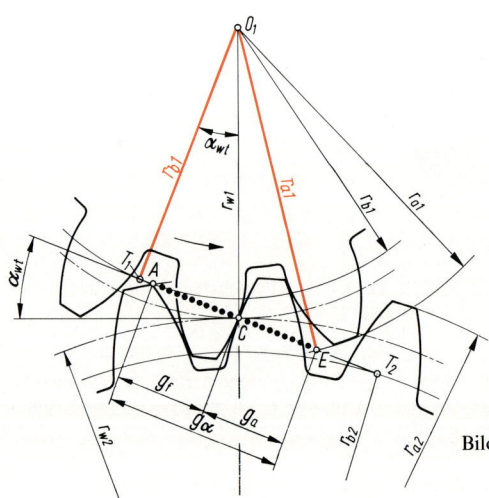

Wenn nach Bild 22.15 ein Berührpunkt auf der Eingriffsstrecke von A aus eine Eingriffsteilung p_{et} zurückgelegt hat, beginnt das nächste Zahnpaar seinen Eingriff. Es ist eine Überdeckung vorhanden, wenn die Eingriffsstrecke g_α größer als eine Eingriffsteilung p_{et} ist. Deshalb bezeichnet man als **Profilüberdeckung** oder als **Überdeckungsgrad** ε_α das Verhältnis der Eingriffsstrecke g_α zur Eingriffsteilung p_{et}, d.h. $\varepsilon_\alpha = g_\alpha / p_{\mathrm{et}}$. Der Wälzpunkt C unterteilt die Eingriffsstrecke g_α in die Kopf-Eingriffsstrecke g_{a} und die Fuß-Eingriffsstrecke g_{f} am Rad 1.

Bild 22.15 Skizze zur Profilüberdeckung

Gemäß Bild 22.15 ist $T_1E = \sqrt{r_{a1}^2 - r_{b1}^2}$ und $T_1C = r_{w1} \cdot \sin \alpha_{w1}$. Damit wird $g_a = T_1E - T_1C$. Sinngemäß dazu ist $g_f = T_2A - T_2C$, also $g_\alpha = T_1E + T_2A - (T_1C + T_2C)$. Da $T_1C + T_2C = (r_{w1} + r_{w2}) \cdot \sin \alpha_{wt} = a \cdot \sin \alpha_{wt}$ ist, werden unter Einsatz von $r_a = d_a/2$ und $r_b = d_b/2$ die

$$\textit{Überdeckungsgrade}$$

Außenradpaare $\qquad \varepsilon_\alpha = \dfrac{\sqrt{d_{a1}^2 - d_{b1}^2} + \sqrt{d_{a2}^2 - d_{b2}^2} - 2a \cdot \sin \alpha_{wt}}{2\, p_{et}}$ (22.34)

Zahnstangenradpaare $\quad \varepsilon_\alpha = \dfrac{\sqrt{d_{a1}^2 - d_{b1}^2} + \dfrac{2h_a(1 - x_1)}{\sin \alpha_t} - d_1 \cdot \sin \alpha_t}{2p_{et}}$ (22.35)

Innenradpaare $\qquad \varepsilon_\alpha = \dfrac{\sqrt{d_{a1}^2 - d_{b1}^2} - \sqrt{d_{a2}^2 - d_{b2}^2} - 2a \cdot \sin \alpha_{wt}}{2p_{et}}$ (22.36)

d_{a1}, d_{a2}	Kopfkreisdurchmesser der Räder, bei Kopfkürzung = d_{k1} bzw. d_{k2},
d_{b1}, d_{b2}	Grundkreisdurchmesser der Räder,
d_1	Teilkreisdurchmesser des Außenrades,
α_{wt} in °	Betriebs-Eingriffswinkel,
α_t in °	Stirneingriffswinkel,
a	ausgeführter Achsabstand = a_d bzw. a_v oder a_w,
h_a	Kopfhöhe der Zahnstange von der Teilgeraden bis zur Kopfgeraden = m_n im Normalfall,
x_1	Profilverschiebungsfaktor am Rad 1,
p_{et}	Stirneingriffsteilung (Gl. 22.6 bzw. 22.16 oder 22.32).

Es soll stets $\varepsilon_\alpha \geqq 1,1$ sein!

Bei der Ausrechnung brauchen die Einheiten mm nicht mitgeschrieben zu werden, da sich diese herauskürzen. Wenn von einem Radpaar der Modul noch nicht feststeht, so kann zur Errechnung der Profilüberdeckung einfach $m_n = 1$ (eine Einheit) gesetzt werden, da die absoluten Radabmessungen den Betrag der Profilüberdeckung nicht beeinflussen. Siehe hierzu das Beispiel 22.10.

Bei schrägverzahnten Radpaaren wird der Eingriff um den Sprung g_β verlängert (siehe Bild 22.7 Seite 477). Es kommt deshalb die

Sprungüberdeckung $\quad \varepsilon_\beta = \dfrac{g_\beta}{p_t} = \dfrac{b \cdot \tan \beta}{p_t} = \dfrac{b \cdot \sin \beta}{m_n \cdot \pi}$ (22.37)

hinzu, wobei b die Zahnbreite darstellt. Meistens wird $\varepsilon_\beta \approx 1$ ausgeführt. Nunmehr beträgt die

Gesamtüberdeckung $\quad \varepsilon_\gamma = \varepsilon_\alpha + \varepsilon_\beta$ (22.38)

Beispiel 22.9

Für das schrägverzahnte V-Außenradpaar nach Beispiel 22.4 ist die Gesamtüberdeckung ε_γ zu errechnen. Es sind gegeben bzw. bereits errechnet worden:
$z_1 = 17$, $z_2 = 81$, $m_n = 4$ mm, $\alpha_n = 20°$, $\beta = 23,5782°$ ($\sin \beta = 0,4$), $x_1 = +0,6$, $x_2 = +0,3$, $d_{a1} = 86,99$ mm, $d_{a2} = 363,91$ mm, $d_{b1} = 68,95$ mm, $d_{b2} = 328,55$ mm (nach Beispiel 22.3), $a = a_v = 217,454$ mm, $\alpha_{wt} = 23,9346°$, $b = 30$ mm.

Lösung:
Nach Gl. 22.32 ist

$$p_{et} = \frac{m_n}{\cos \beta} \pi \cdot \cos \alpha_{wt} = \frac{4 \text{ mm}}{\cos 23,5782°} \pi \cdot \cos 23,9346° = 12,532 \text{ mm}$$

und damit nach Gl. 22.34:

$$\varepsilon_\alpha = \frac{\sqrt{d_{a1}^2 - d_{b1}^2} + \sqrt{d_{a2}^2 - d_{b2}^2} - 2a_v \cdot \sin\alpha_{wt}}{2p_{et}}$$

$$= \frac{\sqrt{86{,}99^2 - 68{,}95^2} + \sqrt{363{,}91^2 - 328{,}55^2} - 2 \cdot 217{,}454 \cdot \sin 23{,}9346°}{2 \cdot 12{,}532} = 1{,}32.$$

Nach den Gln. 22.37 und 22.38:

$$\varepsilon_\beta = \frac{b \cdot \sin\beta}{m_n \cdot \pi} = \frac{30 \cdot \sin 23{,}5782°}{4 \cdot \pi} \approx 0{,}95, \quad \varepsilon_\gamma = \varepsilon_\alpha + \varepsilon_\beta = 1{,}32 + 0{,}95 = 2{,}27$$

Beispiel 22.10

Für ein geradverzahntes Null-Innenradpaar mit $z_1 = 18$ und $z_2 = -85$ (Bezugsprofil nach DIN 867) ist der Überdeckungsgrad ε_α zu errechnen.

Lösung:
Da der Modul nicht gegeben ist, wird $m = 1$ gesetzt. Damit werden mit $d = z$ und $h_a = m = 1$:

$$d_{a1} = z_1 + 2 = 18 + 2 = 20, \quad d_{a2} = z_2 + 2 = -85 + 2 = -83,$$

$$d_{b1} = z_1 \cdot \cos\alpha = 18 \cdot \cos 20° = 16{,}9, \quad d_{b2} = z_2 \cdot \cos\alpha = -85 \cdot \cos 20° = -79{,}9,$$

$$2a_d = z_1 + z_2 = 18 - 85 = -67, \quad p_e = \pi \cdot \cos 20° = 2{,}95.$$

Nach Gl. 22.36

$$\varepsilon_\alpha = \frac{\sqrt{d_{a1}^2 - d_{b1}^2} - \sqrt{d_{a2}^2 - d_{b2}^2} - 2a \cdot \sin\alpha}{2p_e} = \frac{\sqrt{20^2 - 16{,}9^2} - \sqrt{83^2 - 79{,}9^2} + 67 \cdot \sin 20°}{2 \cdot 2{,}95} = 1{,}89.$$

22.8   Geradverzahnte Kegelräder

Räumlich gesehen entsteht die Evolventenflanke eines geradverzahnten Stirnrades durch gestrecktes Abwickeln eines Zylindermantels (Bild 22.16 a), bei Kegelrädern demzufolge durch gestrecktes Abwickeln eines Kegelmantels (Bild 22.16 b). Beim Kegelrad haben alle Punkte einer Evolvente den Abstand R von der Spitze des Grundkegels, die äußere Evolvente den Abstand R_e, die innere den Abstand R_i. Die erzeugten Evolventen liegen deshalb auf Kugeloberflächen und sind **Kugelevolventen** oder **sphärische Evolventen**. Das Charakteristische einer Kugel ist bekanntlich der gleiche Abstand aller Oberflächenpunkte vom Mittelpunkt.

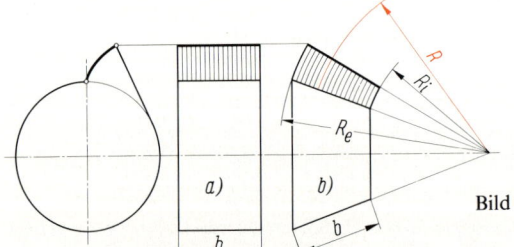

Bild 22.16 Entstehung der räumlichen
Evolventenflanken
a) beim Stirnrad, b) beim Kegelrad

Die Kegelräder lassen sich mit zwei Verfahren herstellen (siehe auch DIN 3971, Begriffe und Bestimmungsgrößen für Kegelräder):

1. im **Schablonenverfahren mit Spitzstichel.** Mit diesem werden einwandfreie Kugelevolventen erzeugt. Die Zahnflanken eines Planrades (einer Planverzahnung) sind doppelt gekrümmt (Bild 22.17 a). Da dieses Verfahren umständlich und kostspielig ist, hat es wenig Bedeutung.

2. im **Wälzverfahren mit einem geradflankigen Werkzeug** (vergleichbar mit der Erzeugung von Außenstirnrädern mit geradflankigen, zahnstangenförmigen Werkzeugen). Die Verzahnung der

Planräder hat wie die Zahnstange gerade Flanken (Bild 22.17b). Die am Kegelrad erzeugten Flanken sind weder Kugelevolventen noch ebene Evolventen. Die Eingriffslinie wird zu einer Oktoide, einer achtförmigen Kurve (Bild 22.17b). Im Bereich der Verzahnung ist sie fast gerade. Eine derartige Verzahnung heißt **Oktoidenverzahnung.** Sie ist theoretisch einwandfrei!

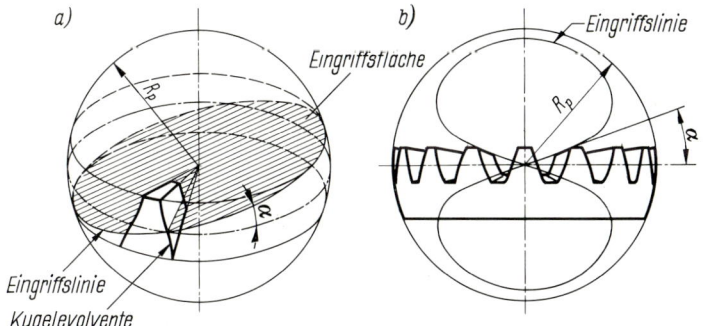

Bild 22.17
Kegelradverzahnungen nach DIN 3971
a) Kugelevolventenverzahnung,
b) Oktoidenverzahnung

Zur geometrischen Erfassung der Oktoidenverzahnung bedient man sich eines Näherungsverfahrens, bei dem man sich nach Bild 22.18 die Kugeloberflächen durch Kegeloberflächen ersetzt denkt, die im Bereich der Verzahnung nur unmerklich von Kugeln abweichen. Diese gedachten Kegel nennt man **Ergänzungskegel,** den äußeren **Rückenkegel.** Die Mäntel der Ergänzungskegel lassen sich in einer Ebene abwickeln und stellen Kreisausschnitte dar. In einer derartigen Abwicklung erscheinen die Zähne wie auf einem Stirnrad, in die das Zahnstangen-Bezugsprofil nach DIN 867 paßt. Auf der Abwicklung des Ergänzungskegels sind die Zahnflanken ebene Evolventen.

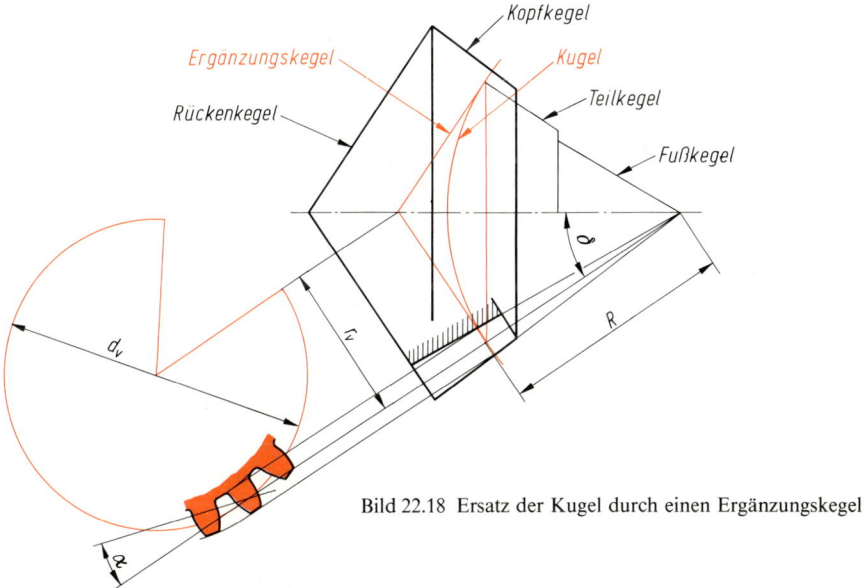

Bild 22.18 Ersatz der Kugel durch einen Ergänzungskegel

Wenn man den Kreisausschnitt schließt und die Verzahnung vervollständigt (ergänzt), so kann man diese als eine Stirnradverzahnung mit entspr. Zähnezahl auffassen, die **virtuelle Zähnezahl** z_v heißt (virtuell = unwirklich). Zum absoluten Zähnezahlverhältnis u (Gl. 21.2) kommt noch ein **virtuelles Zähnezahlverhältnis** u_v (Gl. 22.56, Seite 493) hinzu.

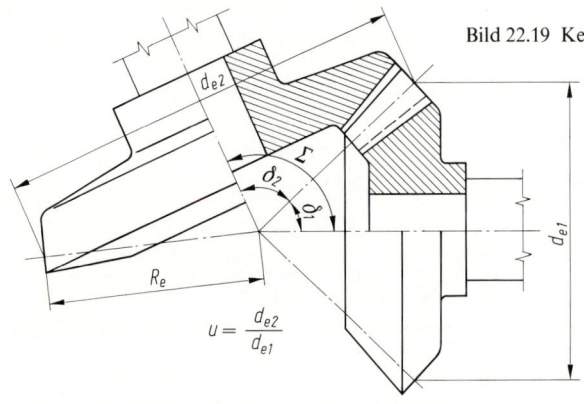

Bild 22.19 Kegelradpaar

Der Winkel, den die Achsen eines Kegelradpaares einschließen, ist der **Achsenwinkel** $\boldsymbol{\Sigma}$ (Bild 22.19). Dieser und die Übersetzung i sind im allgemeinen vorgegeben. Damit ist auch das Zähnezahlverhältnis u bekannt. Mit diesen beiden Größen lassen sich die Teilkegelwinkel δ_1 und δ_2 eines Radpaares errechnen:

Teilkegelwinkel $\qquad \tan \boldsymbol{\delta_1} = \dfrac{\sin \boldsymbol{\Sigma}}{\cos \boldsymbol{\Sigma} + \boldsymbol{u}}$ (22.39), $\qquad \boldsymbol{\delta_2 = \Sigma - \delta_1}$ (22.40)

Bei $\Sigma = 90°$ wird $\qquad \tan \boldsymbol{\delta_1 = 1/u}$ (22.41)

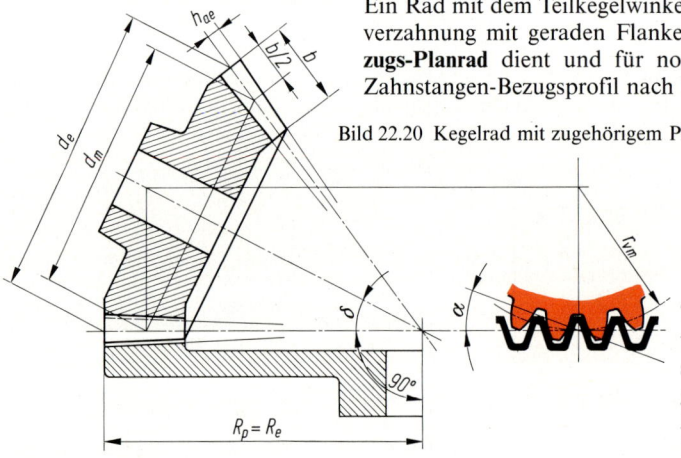

Ein Rad mit dem Teilkegelwinkel $\delta = 90°$ besitzt eine Planverzahnung mit geraden Flanken (Bild 22.20), das als **Bezugs-Planrad** dient und für normale Verzahnungen dem Zahnstangen-Bezugsprofil nach DIN 867 entspricht.

Bild 22.20 Kegelrad mit zugehörigem Planrad

Teilung und Zahnhöhe verjüngen sich zur Kegelspitze hin, so daß ein Kegelrad an jeder Stelle der Zahnbreite einen anderen Modul besitzt. Für die Herstellung sind wichtig: der **äußere Modul m_e**, der meistens gleich dem genormten nach Tab. 22.1 gewählt wird, der **mittlere Modul m_m** in der Zahnbreitenmitte und der **innere Modul m_i**.

Bild 22.21 zeigt den Schnitt durch ein Kegelrad. **Teilkreis** ist jeder zur Radachse senkrechte Schnitt durch den Teilkegelmantel. Sein Durchmesser ist gleich dem Produkt aus der Zähnezahl z und dem Modul m in diesem Schnitt. Damit folgen aus den geometrischen Beziehungen:

Teilkreisdurchmesser $\qquad \boldsymbol{d = z \cdot m}$ $\qquad\qquad\qquad\qquad\qquad\qquad$ (22.42)

Kopfkreisdurchmesser $\qquad \boldsymbol{d_a = d + 2h_a \cdot \cos \delta}$ $\qquad\qquad\qquad\qquad$ (22.43)

Fußkreisdurchmesser $\qquad \boldsymbol{d_f = d - 2h_f \cdot \cos \delta}$ $\qquad\qquad\qquad\qquad$ (22.44)

Teilung $\qquad\qquad\qquad\quad \boldsymbol{p = m \cdot \pi}$ $\qquad\qquad\qquad\qquad\qquad\qquad$ (22.45)

Teilkegellänge $\qquad\qquad \boldsymbol{R = \dfrac{d}{2 \sin \delta}}$ $\qquad\qquad\qquad\qquad\qquad$ (22.46)

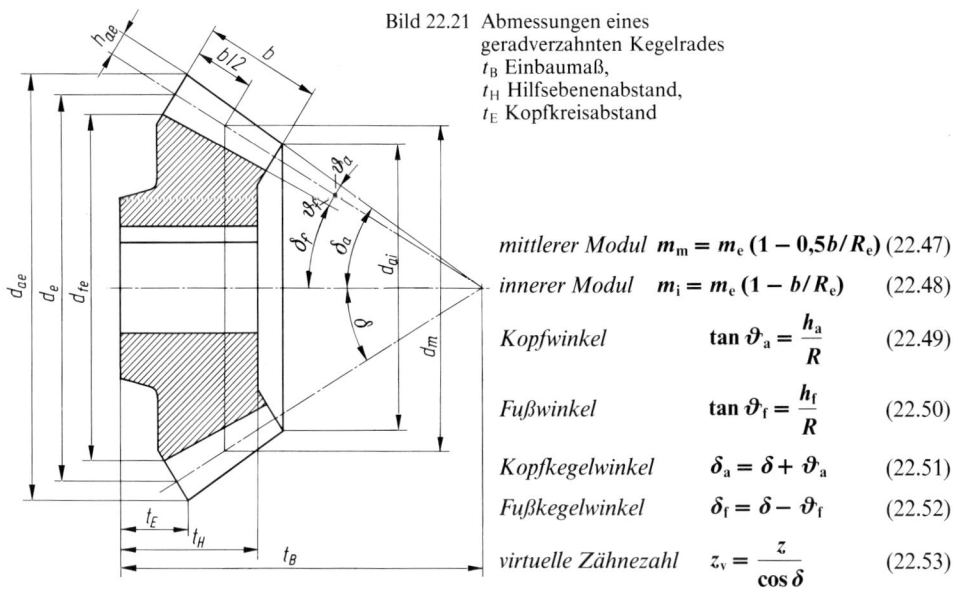

Bild 22.21 Abmessungen eines
geradverzahnten Kegelrades
t_B Einbaumaß,
t_H Hilfsebenenabstand,
t_E Kopfkreisabstand

mittlerer Modul $\quad m_m = m_e\,(1 - 0{,}5b/R_e)$ (22.47)

innerer Modul $\quad m_i = m_e\,(1 - b/R_e)$ (22.48)

Kopfwinkel $\qquad \tan\vartheta_a = \dfrac{h_a}{R}$ (22.49)

Fußwinkel $\qquad \tan\vartheta_f = \dfrac{h_f}{R}$ (22.50)

Kopfkegelwinkel $\qquad \delta_a = \delta + \vartheta_a$ (22.51)

Fußkegelwinkel $\qquad \delta_f = \delta - \vartheta_f$ (22.52)

virtuelle Zähnezahl $\qquad z_v = \dfrac{z}{\cos\delta}$ (22.53)

Zähnezahl des Planrades $\qquad z_P = \dfrac{z}{\sin\delta}$ (22.54)

Planrad-Radius $\qquad R_P = \dfrac{d_e}{2\sin\delta}$ (22.55)

d in mm Teilkreisdurchmesser $= d_e$, d_m oder d_i,
z $\qquad\ $ Zähnezahl des Rades,
m in mm Modul $= m_e$, m_m oder m_i,
d_a in mm Kopfkreisdurchmesser $= d_{ae}$, d_{am} oder d_{ai},
d_f in mm Fußkreisdurchmesser $= d_{fe}$, d_{fm} oder d_{fi},
h_a in mm Kopfhöhe $= m_e$, m_m oder m_i im Normalfall,
h_f in mm Fußhöhe $= h_a + c$ mit $c = 0{,}25m$ im Normalfall,
R in mm Teilkegellänge $= R_e$, R_m oder R_i,
b in mm Zahnbreite.

Für ein Radpaar beträgt das

virtuelle Zähnezahlverhältnis $\quad u_v = \dfrac{z_{v2}}{z_{v1}}$ (22.56)

Für die Ermittlung der **geometrischen Grenzen** (Abschnitt 22.6) und der **Profilüberdeckung** (Abschnitt 22.7) sind die virtuellen Zähnezahlen z_v maßgebend, d.h. man denkt sich die Kegelräder durch Stirnräder mit den virtuellen Zähnezahlen nach Bild 22.22 ersetzt.

Bereits eine kleine axiale Verschiebung der Räder, z.B. durch Montagefehler, oder die Durchbiegung der Wellen bedingen eine Abweichung der Kegelspitzen vom geometrisch richtigen Schnittpunkt der Radachsen. Dadurch tragen die Zahnflanken ungleichmäßig über ihrer Breite, und es kann zu örtlichen Überlastungen kommen. Im Zusammenwirken mit den fertigungsbedingten Toleranzen sind ein unruhiger Lauf oder ggf. ein Klemmen der Zähne die Folge. Deshalb soll die **Zahnbreite** $b \le 10m_e \le R_e/3$ sein. Kegelräder werden nur angewendet, wenn sie sich nicht vermeiden lassen oder andere Konstruktionen unwirtschaftlich sind.

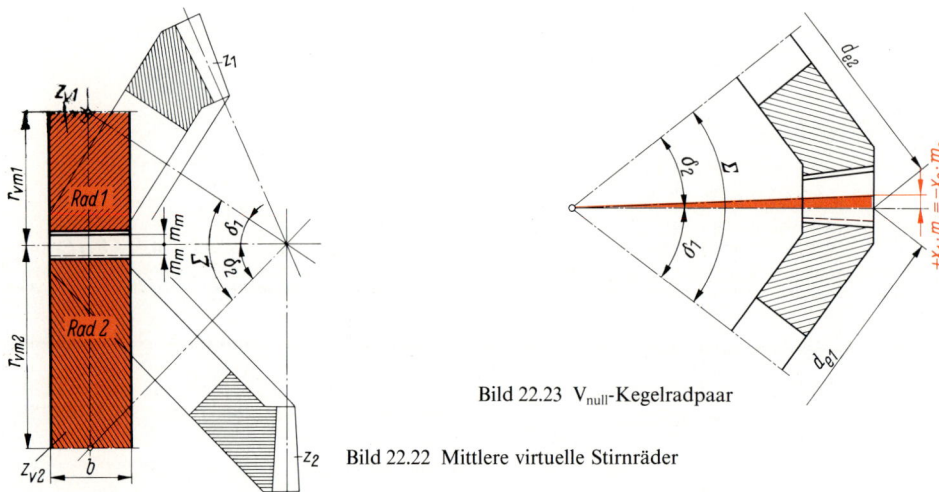

Bild 22.23 V_{null}-Kegelradpaar

Bild 22.22 Mittlere virtuelle Stirnräder

Die Herstellung der Verzahnung von Kegelrädern ist schwieriger als der von Stirnrädern, weil sich Teilung und Zahnhöhe verjüngen. Mit Modul-Formfräsern, die sich auf die Kegelspitze vorschieben und die Zahnlücken kontinuierlich schmaler herausarbeiten, wird kein genaues Profil erzeugt. Dieses Verfahren ist nur für untergeordnete Zwecke geeignet. Meistens werden die Kegelräder im Abwälzverfahren mit nur einer Schneidkante gehobelt. Das Werkzeug ist ein hin- und hergehender Meißel mit gerader Schneidkante, die zum Werkstück wie ein Planrad bewegt (abgewälzt) wird.

Zwei Kegelräder können nur dann unter ihrem Achsenwinkel Σ einwandfrei miteinander kämmen, wenn die Teilkegel als Wälzkegel erhalten bleiben. Das ist bei **Null-Radpaaren** und bei **V_{null}-Radpaaren** ($x_2 = -x_1$ nach Bild 22.23) der Fall. Positive Profilverschiebungen an beiden Rädern sind nur ausführbar, wenn die Wälzkreisdurchmesser bei der Herstellung dem Radpaar erhalten bleiben. Die Fertigung wird dann aber recht schwierig. Hinzu kommt, daß der Achsenwinkel Σ nicht mehr gleich der Summe der Teilkegelwinkel ist.

Gegenüber den bisher besprochenen Profilhöhenverschiebungen sind jedoch **Profilseitenverschiebungen** ohne weiteres möglich, um die Zähne des kleinen Kegelrades dicker zu machen. Die Zähne des großen Kegelrades werden dann entspr. dünner. Damit ist eine Anpassung auf gleiche Tragfähigkeit beider Räder möglich.

Die Behandlung der geometrischen Verhältnisse bei den verschiedenen Profilverschiebungsmöglichkeiten würde hier zu weit führen. Es wird auf DIN 3971 verwiesen.

Beispiel 22.11

Ein geradverzahntes Kegelradpaar soll mit $z_1 = 20$, $z_2 = 65$, $m_e = 6$ mm, $h_{ae} = m_e = 6$ mm, $h_{fe} = h_{ae} + c_e$ = 6 mm + 0,25 · 6 mm = 7,5 mm und $b = 50$ mm bei $\Sigma = 90°$ ausgeführt werden. Es sind die wichtigsten Abmessungen zu errechnen.

Lösung:
Nach den Gln. 21.2 und 22.41 bis 22.52 werden:

$$u = z_2/z_1 = 65/20 = 3,25, \quad \tan\delta_1 = 1/u = 1/3,25; \quad \delta_1 = 17,1°,$$

$$\delta_2 = \Sigma - \delta_1 = 90° - 17,1° = 72,9°,$$

$$d_{e1} = z_1 \cdot m_e = 20 \cdot 6 \text{ mm} = 120 \text{ mm}, \quad d_{e2} = z_2 \cdot m_e = 65 \cdot 6 \text{ mm} = 390 \text{ mm},$$

$$d_{ae1} = d_{e1} + 2h_{ae} \cdot \cos\delta_1 = 120 \text{ mm} + 2 \cdot 6 \text{ mm} \cdot \cos 17,1° \approx 131,5 \text{ mm},$$

$$d_{ae2} = d_{e2} + 2h_{ae} \cdot \cos\delta_2 = 390 \text{ mm} + 2 \cdot 6 \text{ mm} \cdot \cos 72,9° \approx 393,5 \text{ mm},$$

$d_{fe1} = d_{e1} - 2h_{fe} \cdot \cos\delta_1 = 120 \text{ mm} - 2 \cdot 7{,}5 \text{ mm} \cdot \cos 17{,}1° \approx 105{,}7 \text{ mm}$,

$d_{fe2} = d_{e2} - 2h_{fe} \cdot \cos\delta_2 = 390 \text{ mm} - 2 \cdot 7{,}5 \text{ mm} \cdot \cos 72{,}9° \approx 385{,}6 \text{ mm}$,

$p_e = m_e \cdot \pi = 6 \text{ mm} \cdot \pi = 18{,}85 \text{ mm}$,

$R_e = d_{e1}/2 \sin\delta_1 = d_{e2}/2 \sin\delta_2 = 120 \text{ mm}/2 \sin 17{,}1° = 390 \text{ mm}/2 \sin 72{,}9° = 204 \text{ mm}$,

$m_m = m_e (1 - 0{,}5b/R_e) = 6 \text{ mm} (1 - 25/204) = 5{,}265 \text{ mm}$,

$m_i = m_e (1 - b/R_e) = 6 \text{ mm} (1 - 50/204) = 4{,}53 \text{ mm}$,

$d_{m1} = z_1 \cdot m_m = 20 \cdot 5{,}265 \text{ mm} = 105{,}3 \text{ mm}$, $\quad d_{m2} = z_2 \cdot m_m = 65 \cdot 5{,}265 \text{ mm} = 342{,}2 \text{ mm}$,

$d_{i1} = z_1 \cdot m_i = 20 \cdot 4{,}53 \text{ mm} = 90{,}6 \text{ mm}$, $\quad d_{i2} = z_2 \cdot m_i = 65 \cdot 4{,}53 \text{ mm} = 294{,}5 \text{ mm}$,

$\tan\vartheta_a = h_{ae}/R_e = 6/204$; $\quad \vartheta_a = 1{,}68°$, $\quad \tan\vartheta_f = h_{fe}/R_e = 7{,}5/204$; $\quad \vartheta_f = 2{,}1°$,

$\delta_{a1} = \delta_1 + \vartheta_a = 17{,}1° + 1{,}68° \approx 18{,}8°$, $\quad \delta_{a2} = \delta_2 + \vartheta_a = 72{,}9° + 1{,}68° \approx 74{,}6°$,

$\delta_{f1} = \delta_1 - \vartheta_f = 17{,}1° - 2{,}1° = 15°$, $\quad \delta_{f2} = \delta_2 - \vartheta_f = 72{,}9° - 2{,}1° = 70{,}8°$.

Die Zahnbreite soll $b \leqq 10 \; m_e \leqq R_e/3$ sein. Da $b/m_e = 50/6 = 8{,}3 < 10$ und $R_e/b = 204/50 = 4{,}1 > 3$ sind, ist die Richtlinie für b eingehalten.

Beispiel 22.12

Wie groß ist der Überdeckungsgrad ε_α des Kegelradpaares nach Beispiel 22.11? Gegeben sind: $z_1 = 20$, $\delta_1 = 17{,}1°$, $z_2 = 65$, $\delta_2 = 72{,}9°$.

Lösung:
Nach Gl. 22.53 betragen die virtuellen Zähnezahlen

$$z_{v1} = \frac{z_1}{\cos\delta_1} = \frac{20}{\cos 17{,}1°} = 20{,}93 \approx 21, \quad z_{v2} = \frac{z_2}{\cos\delta_2} = \frac{65}{\cos 72{,}9°} = 221.$$

Um schnell zum Ziel zu gelangen, wird $m = 1$ gesetzt. Damit erhält man für die geradverzahnten virtuellen Null-Stirnräder:

$d_{a1} = z_{v1} + 2 = 23$, $\quad d_{a2} = z_{v2} + 2 = 223$

$d_{b1} = z_{v1} \cdot \cos\alpha = 21 \cdot \cos 20° = 19{,}73$, $\quad d_{b2} = z_{v2} \cdot \cos\alpha = 221 \cdot \cos 20° = 207{,}67$

$a = 0{,}5 (z_{v1} + z_{v2}) = 0{,}5 (21 + 221) = 121$, $\quad p_e = \pi \cdot \cos\alpha = \pi \cdot \cos 20° = 2{,}95$.

Nach Gl. 22.34 ist dann

$$\varepsilon_\alpha = \frac{\sqrt{d_{a1}^2 - d_{b1}^2} + \sqrt{d_{a2}^2 - d_{b2}^2} - 2a \cdot \sin\alpha}{2p_e}$$

$$= \frac{\sqrt{23^2 - 19{,}73^2} + \sqrt{223^2 - 207{,}67^2} - 2 \cdot 121 \cdot \sin 20°}{2 \cdot 2{,}95} = 1{,}75$$

22.9 Schräg- und bogenverzahnte Kegelräder

Derartige Kegelräder (Bild 22.24) laufen wie Schrägzahn-Stirnräder ruhiger als geradverzahnte Kegelräder. Die Zähne (Flankenlinien) des einen Rades sind **rechts-**, die des anderen **linkssteigend**. Sinngemäß zu den geradverzahnten Kegelrädern denkt man sich die schräg- oder bogenverzahnten durch schrägverzahnte Stirnräder mit den virtuellen Zähnezahlen z_v und dem Schrägungswinkel β ersetzt (Bild 22.25). Am Außenumfang des abgewickelten Kegelmantels tritt der **Schrägungswinkel** β_e auf, am mittleren Umfang $\beta_m > \beta_e$ und am Innenumfang $\beta_i > \beta_m$. Bei bogenverzahnten Rädern werden die Winkel β **Spiralwinkel** genannt.

Da man sich die schrägverzahnten Stirnräder für die Herstellung durch geradverzahnte mit der Ersatzzähnezahl z_n ersetzt denken kann, so kann man sich sinngemäß die schräg- und bogenverzahnten Kegelräder durch geradverzahnte Stirnräder mit der

$$\text{Ersatzzähnezahl} \quad z_{vn} \approx \frac{z_v}{\cos^3 \beta} = \frac{z}{\cos \delta \cdot \cos^3 \beta} \tag{22.57}$$

ersetzt denken. Hierin sind z_v die virtuelle Zähnezahl nach Gl. 22.53 und δ der Teilkegelwinkel. Als Schrägungs- oder Spiralwinkel β wird meistens mit dem mittleren β_m gerechnet, der eine mittlere Ersatzzähnezahl liefert.

Die **Teilkegelwinkel δ** sind mit den Gln. 22.39 bis 22.41 zu errechnen.

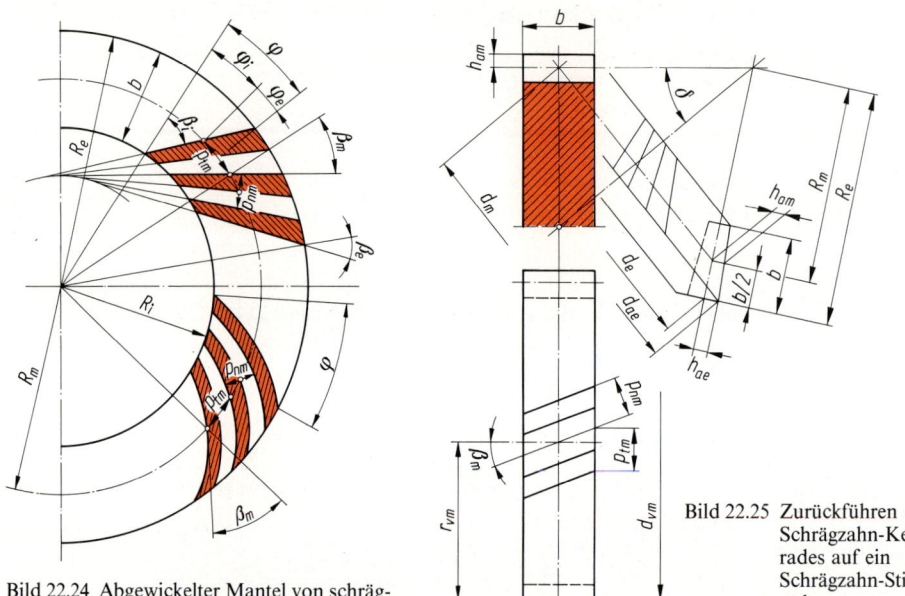

Bild 22.24 Abgewickelter Mantel von schräg-
und bogenverzahnten Kegelrädern
(rechtssteigend gezeichnet)

Bild 22.25 Zurückführen eines
Schrägzahn-Kegel-
rades auf ein
Schrägzahn-Stirn-
rad

Als Basisgröße für die Abmessungen einer Kegelradverzahnung dienen der **Stirnmodul m_{te}** an der äußeren Teilkegellänge R_e oder der **Normalmodul m_{nm}** an der mittleren Teilkegellänge R_m. Meistens wird der Normalmodul m_{nm} gleich dem genormten nach Tab. 22.1 gewählt. Auf diesen bezogen sind für schrägverzahnte Kegelräder zu errechnen:

$$\text{mittlerer Stirnmodul} \qquad \boldsymbol{m_{tm} = \frac{m_{nm}}{\cos \beta_m}} \tag{22.58}$$

$$\text{mittlere Stirnteilung} \qquad \boldsymbol{p_{tm} = \frac{m_{nm}}{\cos \beta_m} \pi} \tag{22.59}$$

$$\text{mittlerer Teilkreisdurchmesser} \quad \boldsymbol{d_m = \frac{z \cdot m_{nm}}{\cos \beta_m}} \tag{22.60}$$

$$\text{mittlerer Kopfkreisdurchmesser} \quad \boldsymbol{d_{am} = d_m + 2h_{am} \cdot \cos \delta} \tag{22.61}$$

$$\text{mittlerer Fußkreisdurchmesser} \quad \boldsymbol{d_{fm} = d_m - 2h_{fm} \cdot \cos \delta} \tag{22.62}$$

$$\text{mittlere Teilkegellänge} \qquad \boldsymbol{R_m = \frac{d_m}{2 \sin \delta}} \tag{22.63}$$

$$\text{äußere Teilkegellänge} \qquad \boldsymbol{R_e = R_m + 0{,}5b} \tag{22.64}$$

$$\text{innere Teilkegellänge} \qquad \boldsymbol{R_i = R_m - 0{,}5b} \tag{22.65}$$

äußerer Teilkreisdurchmesser $d_e = d_m \cdot R_e / R_m$ (22.66)

äußerer Stirnmodul $m_{te} = d_e / z$ (22.67)

innerer Teilkreisdurchmesser $d_i = d_m \cdot R_i / R_m$ (22.68)

äußerer Kopfkreisdurchmesser $d_{ae} = d_{am} \cdot R_e / R_m$ (22.69)

äußerer Fußkreisdurchmesser $d_{fe} = d_{fm} \cdot R_e / R_m$ (22.70)

m_{nm} in mm   mittlerer Normalmodul, in der Regel nach Tab. 22.1,
β_m in °   mittlerer Schrägungs- bzw. Spiralwinkel,
h_{am} in mm   mittlere Kopfhöhe = m_{nm} im Normalfall,
h_{fm} in mm   mittlere Fußhöhe = $h_{am} + c_m = 1{,}25 m_{nm}$ im Normalfall,
δ in °   Teilkegelwinkel des betr. Rades,
b in mm   Zahnbreite.

Alle anderen Abmessungen sind sinngemäß wie bei Geradzahn-Kegelrädern mit den Gln. 22.49 bis 22.56 zu errechnen. Mitunter wird auch der äußere Normalmodul m_{ne} in den genormten Beträgen der Tab. 22.1 ausgeführt. Dann sind die vorstehenden Gleichungen sinngemäß anzuwenden, der Index m entsprechend durch e zu ersetzen.

Ist bei einer Schrägverzahnung der mittlere Schrägungswinkel β_m festgelegt, so beträgt für den

äußeren Sprungwinkel $\cos \varphi_e = \dfrac{R_m \, (f_m - 1) + \sqrt{f_m \, (R_e^2 - R_m^2) + R_m^2}}{f_m \cdot R_e}$ (22.71)

und für den

äußeren Schrägungswinkel $\beta_e = \beta_m - \varphi_e$ (22.72)

$f_m = 1 + \tan^2 \beta_m$ Hilfsfaktor,
R_e äußere Teilkegellänge nach Gl. 22.64,
R_m mittlere Teilkegellänge nach Gl. 22.63.

Ist dagegen der äußere Schrägungswinkel β_e vorgegeben, so beträgt für den

äußeren Sprungwinkel $\cos \varphi_e = \dfrac{R_e \, (f_e - 1) + \sqrt{f_e \, (R_m^2 - R_e^2) + R_e^2}}{f_e \cdot R_m}$ (22.73)

und für den

mittleren Schrägungswinkel $\beta_m = \varphi_e + \beta_e$ (22.74)

$f_e = 1 + \tan^2 \beta_e$ Hilfsfaktor,
R_e, R_m siehe Legende zur Gl. 22.72.

Die **Profilüberdeckungen** ε_α, ε_β und ε_γ werden auf die mittleren Schrägzahn-Stirnräder der Zähnezahlen z_{v1} und z_{v2} bezogen. Siehe hierzu das Beispiel 22.14. Diese Berechnung ist theoretisch nicht exakt, weil an jeder Stelle der Teilkegellängen R andere Verhältnisse herrschen, genügt aber den praktischen Anforderungen.

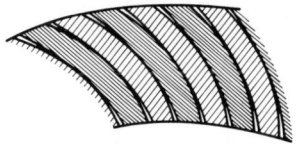

Für die **geometrischen Grenzen** sind die Ersatzzähnezahlen z_{vn} maßgebend, und zwar an der Teilkegellänge R mit dem kleinsten Schrägungs- bzw. Spiralwinkel β.

Übliche Zahnbreite $b \leq 10 m_{nm} \leq R_e / 3{,}5$.

Bild 22.26 Eingriff der Palloid-Kegelrad-Verzahnung

Es sei noch auf die **Palloidverzahnung** (Bild 22.26) hingewiesen, deren Flankenlinien evolventenförmig gekrümmt sind, sich aber nicht auf der gesamten Zahnbreite berühren. Die Zähne sind an beiden Enden etwas schwächer, wodurch stets ein einwandfreier Lauf gewährleistet ist, auch wenn sich die Wellen infolge der Belastung stärker durchbiegen und den Eingriff normaler Räder stören würden. Bei Palloid-Kegelrädern kann man bis auf 6, in Sonderfällen sogar bis auf 4 Zähne heruntergehen und Zähnezahlverhältnisse bis $u = 15$ bewältigen. Verzahnt wird mit einem Kegelformfräser. Die Evolventen-Bogenzähne bieten außerdem den Vorteil, daß sie gegenüber anderen Verzahnungen über die gesamte Zahnbreite die gleiche Normalteilung p_n besitzen, d.h. die Flankenlinien von einem Zahn zum anderen stets den gleichen Abstand haben. Weiterhin verjüngt sich die Zahnhöhe nicht, sondern bleibt über die Zahnbreite konstant.

Beispiel 22.13

Ein Schrägzahn-Kegelradpaar mit $z_1 = 17$ und $z_2 = 86$, $\beta_m = 22°$, $m_{nm} = 3$ mm und $b = 30$ mm soll unter einem Achsenwinkel $\Sigma = 120°$ arbeiten. Es betragen: $h_{am} = 3$ mm und $h_{fm} = 3{,}75$ mm. Die wichtigsten Abmessungen sind zu errechnen.

Lösung:
Nach den Gln. 21.2, 22.39 und 22.40 betragen:

$$u = z_2/z_1 = 86/17 = 5{,}059,$$

$$\tan\delta_1 = \frac{\sin\Sigma}{\cos\Sigma + u} = \frac{\sin 120°}{\cos 120° + 5{,}059}; \quad \delta_1 = 10{,}756°, \quad \delta_2 = \Sigma - \delta_1 = 120° - 10{,}756° = 109{,}244°.$$

Mit den Gln. 22.58 bis 22.70 ergeben sich:

$$m_{tm} = \frac{m_{nm}}{\cos\beta_m} = \frac{3\text{ mm}}{\cos 22°} = 3{,}236\text{ mm}, \quad p_{tm} = \frac{m_{nm}}{\cos\beta_m}\pi = \frac{3\text{ mm}}{\cos 22°}\pi = 10{,}165\text{ mm},$$

$$d_{m1} = \frac{z_1 \cdot m_{nm}}{\cos\beta_m} = \frac{17 \cdot 3\text{ mm}}{\cos 22°} = 55\text{ mm}, \quad d_{m2} = \frac{z_2 \cdot m_{nm}}{\cos\beta_m} = \frac{86 \cdot 3\text{ mm}}{\cos 22°} = 278{,}3\text{ mm},$$

$$d_{am1} = d_{m1} + 2h_{am}\cdot\cos\delta_1 = 55\text{ mm} + 2\cdot 3\text{ mm}\cdot\cos 10{,}756° = 60{,}9\text{ mm},$$

$$d_{am2} = d_{m2} + 2h_{am}\cdot\cos\delta_2 = 278{,}3\text{ mm} + 2\cdot 3\text{ mm}\cdot\cos 109{,}244° = 276{,}3\text{ mm},$$

$$d_{fm1} = d_{m1} - 2h_{fm}\cdot\cos\delta_1 = 55\text{ mm} - 2\cdot 3{,}75\text{ mm}\cdot\cos 10{,}756° = 47{,}6\text{ mm},$$

$$d_{fm2} = d_{m2} - 2h_{fm}\cdot\cos\delta_2 = 278{,}3\text{ mm} - 2\cdot 3{,}75\text{ mm}\cdot\cos 109{,}244° = 280{,}8\text{ mm},$$

$$R_m = \frac{d_{m1}}{2\sin\delta_1} = \frac{55\text{ mm}}{2\sin 10{,}756°} = 147{,}4\text{ mm},$$

$$R_e = R_m + 0{,}5b = 147{,}4\text{ mm} + 15\text{ mm} = 162{,}4\text{ mm},$$

$$R_i = R_m - 0{,}5b = 147{,}4\text{ mm} - 15\text{ mm} = 132{,}4\text{ mm},$$

$$d_{e1} = d_{m1}\cdot R_e/R_m = 55\text{ mm} \cdot 162{,}4/147{,}4 = 60{,}6\text{ mm},$$

$$d_{e2} = d_{m2}\cdot R_e/R_m = 278{,}3\text{ mm} \cdot 162{,}4/147{,}4 = 306{,}6\text{ mm},$$

$$m_{te} = d_{e1}/z_1 = 60{,}6\text{ mm}/17 = 3{,}565\text{ mm},$$

$$d_{i1} = d_{m1}\cdot R_i/R_m = 55\text{ mm} \cdot 132{,}4/147{,}4 = 49{,}4\text{ mm},$$

$$d_{i2} = d_{m2}\cdot R_i/R_m = 278{,}3\text{ mm} \cdot 132{,}4/147{,}4 = 250{,}0\text{ mm},$$

$$d_{ae1} = d_{am1}\cdot R_e/R_m = 60{,}9\text{ mm} \cdot 162{,}4/147{,}4 = 67{,}1\text{ mm},$$

$$d_{ae2} = d_{am2}\cdot R_e/R_m = 276{,}3\text{ mm} \cdot 162{,}4/147{,}4 = 304{,}4\text{ mm},$$

$$d_{fe1} = d_{fm1}\cdot R_e/R_m = 47{,}6\text{ mm} \cdot 162{,}4/147{,}4 = 52{,}4\text{ mm},$$

$$d_{fe2} = d_{fm2}\cdot R_e/R_m = 280{,}8\text{ mm} \cdot 162{,}4/147{,}4 = 309{,}4\text{ mm}.$$

Nach den Gln. 22.49 bis 22.52 werden:

$$\tan\vartheta_a = h_{am}/R_m = 3/147{,}4; \quad \vartheta_a = 1{,}166°, \quad \tan\vartheta_f = h_{fm}/R_m = 3{,}75/147{,}4; \quad \vartheta_f = 1{,}457°,$$

$$\delta_{a1} = \delta_1 + \vartheta_a = 10{,}756° + 1{,}166° \approx 11{,}9°, \quad \delta_{a2} = \delta_2 + \vartheta_a = 109{,}244° + 1{,}166° \approx 110{,}4°,$$

$$\delta_{f1} = \delta_1 - \vartheta_f = 10{,}756° - 1{,}457° \approx 9{,}3°, \quad \delta_{f2} = \delta_2 - \vartheta_f = 109{,}244° - 1{,}457° \approx 107{,}8°.$$

Die Zahnbreite soll $b \leq 10m_{nm} \leq R_e/3{,}5$ sein. Da $b/m_{nm} = 30/3 = 10$ und $R_e/b = 162{,}4/30 = 5{,}4 > 3{,}5$ sind, ist die Richtlinie eingehalten.

Beispiel 22.14

Ein Schrägzahn-Kegelradpaar ist mit $\beta_e = 25°$, $R_m = 160$ mm und $R_e = 185$ mm bemessen. Wie groß ist der mittlere Schrägungswinkel β_m?

Lösung:
Mit $f_e = 1 + \tan^2\beta_e = 1 + \tan^2 25° = 1{,}217$ wird nach den Gln. 22.73 und 22.74:

$$\cos\varphi_r = \frac{185\,(1{,}217 - 1) + \sqrt{1{,}217\,(160^2 - 185^2)} + 185^2}{1{,}217 \cdot 160} = 0{,}99725; \quad \varphi_e = 4{,}25°,$$

$$\beta_m = \varphi_e + \beta_e = 4{,}25° + 25° = 29{,}25°.$$

Literaturhinweise

Erney, G.: Grenzen des Betriebseingriffswinkels für schrägverzahnte Stirnradpaare. Z. Konstruktion 10/1958.

Erney, G.: Auslegung von Evolventen-Innenverzahnungen. Z. Antriebstechnik 14/1975.

Gary, M.: Ermittlung des zu einer Evolventen-Schrägzahnflanke gehörenden Grundzylinderradius. Z. Konstruktion 9/1957.

Hösel, T.: Fußfreischnitt und Kopfkantenbruch an Außen- und Innenstirnrädern. Z. Antriebstechnik 21/1982.

Keck, K.: Bestimmung der Profilverschiebungsfaktoren bei V-Null-Getrieben. Z. Werkstatt und Betrieb 85/1952.

Körner, H.: Innenverzahnungen und ihre Eingriffsstörungen. Z. Antriebstechnik 10/1971.

Padieth, R.: Exakte Ermittlung der Zahnform. Z. Antriebstechnik 17/1978.

Piepka, E.: Eingriffsstörungen bei Evolventen-Innenverzahnungen, theoretische Ableitung und Programmierung. VDI-Z. 112/1970.

Petri, H.: Zahnfuß-Analyse bei außenverzahnten Stirnrädern. Z. Antriebstechnik 14/1975.

Richter, W.: Auslegung von Innenverzahnungen und Planetengetrieben. Z. Konstruktion 14/1962.

Richter, W.: Auslegung profilverschobener Außenverzahnungen. Z. Konstruktion 14/1962.

Stölzle, K.: Funktionstafeln für die Zahnradberechnung. VDI-Verlag, Düsseldorf 1963.

Szenicei, L. und *G. Erney:* Grenzen des Betriebseingriffswinkels für geradverzahnte Stirnräderpaare. Z. Konstruktion 8/1956.

Takle, K.: Berechnung der Evolventen-Geradverzahnung mit Hilfe der Einheitsevolvente. Z. Antriebstechnik 9/1970.

Talke, K.: Berechnung des Unterschnittradius bei Evolventenverzahnungen. Z. Antriebstechnik 10/1971.

Terplan, Z.: V-Null- und V-Verzahnungsmöglichkeiten einfacher Umlaufrädergetriebe. Z. Maschinenbautechnik 23/1974.

Winter, H.: Die tragfähige Evolventenverzahnung. Vieweg-Verlag 1954.

Winter, H.: Eingriffsstörungen bei profilverschobenen Verzahnungen. Z. Industrieblatt 12/1958.

Wolkenstein, R.: Direkte Ermittlung der Profilverschiebungsfaktoren an Zahnradgetrieben für ausgeglichene spezifische Gleitung bei 20° Außen- und Innenverzahnung. Z. Maschinenmarkt 71/1965.

23 Gestaltung und Tragfähigkeit der Stirn- und Kegelräder

23.1 Zahnkräfte an Stirnrädern

Alle Zahnkräfte, die auf das Rad 1 wirken, sind mit dem Index 1 gekennzeichnet, alle Kräfte, die auf das Rad 2 wirken, mit dem Index 2. Die an den Rädern angreifenden Zahnkräfte belasten die Wellen und damit auch deren Lager. Siehe hierzu Bild 15.6 und das Beispiel 15.1 auf Seite 303.

Die Kraftübertragung findet zwischen den sich berührenden Flanken der beiden Räder statt. Nach Bild 23.1 a drückt die Flanke des treibenden Rades a (meistens Rad 1) auf die Flanke des getriebenen Rades b (meistens Rad 2) mit einer normalgerichteten Zahnkraft F_{N2}, weil das Rad 2 dem Rad 1 den Widerstand F_{N1} entgegensetzt. Aktions- und Reaktionskraft sind gleich groß, also $F_{N1} = F_{N2}$. Die Wirklinien der beiden Zahnkräfte gehen stets durch den Wälzpunkt C, so daß man sie sich bis dorthin verschoben und jeweils in die Tangential- und Radialkräfte F_{t1} und F_{r1} bzw. F_{t2} und F_{r2} zerlegt denken kann, und zwar in jeder Bewegungsphase der im Eingriff befindlichen Zahnflanken. Diese Kräfte setzt man der Einfachheit halber als Punktkräfte in der Zahnbreitenmitte an, obwohl sie sich über die Zahnbreite verteilen. Bei entgegengesetzter Drehrichtung kehren sich die Tangentialkräfte F_t spiegelbildlich um, während die Radialkräfte F_r zum jeweiligen Radmittelpunkt gerichtet bleiben:

Die Tangentialkraft F_t am getriebenen Rad wirkt stets in Drehrichtung, am treibenden Rad entgegen der Drehrichtung, wie Bild 23.1 veranschaulicht.

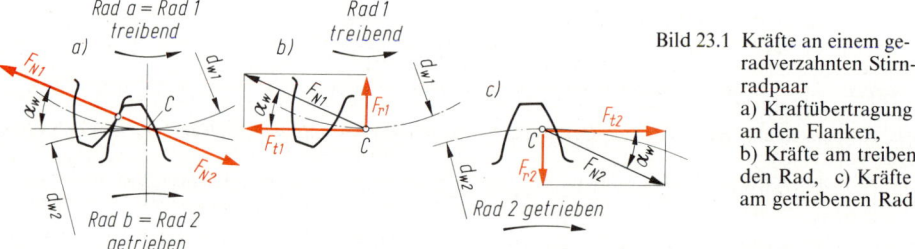

Bild 23.1 Kräfte an einem geradverzahnten Stirnradpaar
a) Kraftübertragung an den Flanken,
b) Kräfte am treibenden Rad,   c) Kräfte am getriebenen Rad

Das getriebene Rad zwingt dem treibenden eine Nennleistung P_{Nb} auf. Bei ungleichförmigem Betrieb wie z.B. durch Kolbenmaschinen ist die Leistungsspitze größer und wird durch einen Betriebsfaktor K_A erfaßt, der in DIN 3990 **Anwendungsfaktor** genannt wird. Deshalb wird gerechnet mit der

$$\text{Leistungsspitze} \quad P_b = P_{Nb} \cdot K_A \tag{23.1}$$

P_{Nb} in W vom getriebenen Rad aufgezwungene Nennleistung,
K_A Anwendungsfaktor, für den Anhaltswerte in Tab. 23.1 aufgeführt sind.

Tab. 23.1 Anhaltswerte für den Anwendungsfaktor K_A für Zahnradgetriebe

Arbeitsmaschine (getriebene Maschine)	Kraftmaschine (Antriebsmaschine)		
	Elektro-motor	Turbine, Kolben-maschine	einzylindr. Kolben-maschine
Stromerzeuger, Vorschubgetriebe, Gurtförderer, leichte Aufzüge und Hubwinden, Turbogebläse und Verdichter, Rührer und Mischer für gleichmäßige Dichte	1	1,25	1,5
Hauptantriebe von Werkzeugmaschinen, schwere Aufzüge, Drehwerke von Kranen, Grubenlüfter, Rührer und Mischer für unregelmäßige Dichte, Kolbenpumpen mit mehreren Zylindern, Zuteilpumpen	1,25	1,5	1,75
Stanzen, Scheren, Gummikneter, Walzwerks- und Hüttenmaschinen, Löffelbagger, schwere Zentrifugen, schwere Zuteilpumpen	1,75	2	2,25

Bild 23.2 zeigt die Kraftverhältnisse an einem schrägverzahnten Stirnradpaar, wenn sich die Flanken gerade im Wälzpunkt C berühren. Die Zahnkräfte F_{N1} und F_{N2} wirken im Normalschnitt der Zähne. Sie stehen senkrecht zum Berührpunkt und zur Flankenlinie. Dort werden sie in die Komponenten F_{n1} und F_{r1} bzw. F_{n2} und F_{r2} zerlegt. In der Draufsicht der Räder zerlegen sich nun wiederum F_{n1} und F_{n2} in die Tangential- und Axialkräfte F_{t1} und F_{a1} bzw. F_{t2} und F_{a2}. Die Axialkräfte wollen die Räder in Kraftrichtung axial verschieben. Gegen diese Verschiebung müssen sie entspr. gesichert sein. Die in Bild 23.2 eingezeichneten Kräfte F_{b1} und F_{b2} sind die Resultierenden von F_{t1} und F_{r1} bzw. F_{t2} und F_{r2}, deren Wirklinien am Grundkreis tangieren.

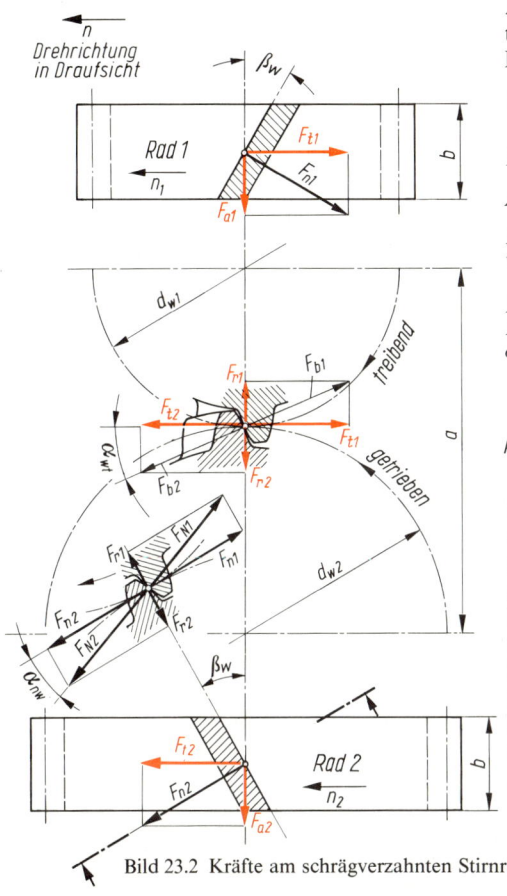

Bild 23.2 Kräfte am schrägverzahnten Stirnradpaar

Auf das **treibende Rad 1** eines schrägverzahnten Stirnradpaares wirken somit folgende Kräfte:

Tangentialkraft $$F_{t1} = \frac{P_b}{v_w} = F_{Nt} \cdot K_A \quad (23.2)$$

Radialkraft $$F_{r1} = F_{t1} \cdot \tan \alpha_{wt} \quad (23.3)$$

Axialkraft $$F_{a1} = F_{t1} \cdot \tan \beta_w \quad (23.4)$$

P_b	in W	Leistungsspitze nach Gl. 23.1,
v_w	in m/s	Umfangsgeschwindigkeit der Wälzkreise nach Gl. 21.3,
F_{Nt}	in N	Nennumfangskraft am Wälzkreis,
K_A		Anwendungsfaktor nach Tab. 23.1,
α_{wt}	in °	Betriebs-Eingriffswinkel nach Gl. 22.25 bzw. 22.28, bei Null-Schrägverzahnung $= \alpha_t$ nach Gl. 22.8, bei Null-Geradverzahnung $= \alpha$,
β_w	in °	Schrägungswinkel am Wälzkreis, der $\approx \beta$ gesetzt werden kann.

Auf das **getriebene Rad 2** wirken die *Tangentialkraft $F_{t2} = F_{t1}$*, die *Radialkraft $F_{r2} = F_{r1}$* und die *Axialkraft $F_{a2} = F_{a1}$*, und zwar jeweils entgegengesetzt zu den Kräften am Rad 1. Der besseren Übersicht wegen ist die Richtung der Kräfte je nach Steigungssinn der Zähne in Bild 23.3 zusammengestellt. Bei umgekehrter Drehrichtung kehren sich bis auf F_{r1} und F_{r2} alle Kräfte um. Bei geradverzahnten Stirnrädern mit $\beta = 0°$ verschwinden die Axialkräfte F_{a1} und F_{a2}.

Das **Drehmoment** eines Rades ist jeweils $M = F_t \cdot r_w$, wenn die Reibkräfte an den Flanken vernachlässigt werden. Das gilt auch für Kegelräder (siehe Beispiel 23.3).

Beispiel 23.1

Es sind die an den Rädern des schrägverzahnten V-Stirnradpaares nach Beispiel 22.5 wirkenden Kräfte zu errechnen, wenn das Rad 1 treibt und bei $n_2 = n_b = 300 \text{ min}^{-1} = 5 \text{ s}^{-1}$ eine Nennleistung $P_{Nb} = 25$ kW zu übertragen ist. Anwendungsfaktor $K_A = 1,3$. Wie groß sind die Drehmomente der Räder?

Gegeben sind: $z_1 = 17$, $z_2 = 81$, $x_1 = 0,6$, $x_2 = 0,3$, $m_n = 4$ mm, $d_{w1} \approx 75,4$ mm, $d_{w2} \approx 359,2$ mm, $\alpha_{wt} \approx 24°$, $\beta \approx 23,6°$.

Lösung:
Leistungsspitze nach Gl. 23.1:

$$P_b = P_{Nb} \cdot K_A = 25 \text{ kW} \cdot 1,3 = 32,5 \text{ kW}.$$

Die Umfangsgeschwindigkeit der Wälzkreise beträgt nach Gl. 21.3:

$$v_w = d_{w2} \cdot \pi \cdot n_2 = 0,3592 \text{ m} \cdot \pi \cdot 5 \text{ s}^{-1} \approx 5,64 \text{ m/s}.$$

Nach den Gln. 23.2 bis 23.4 werden:

$$F_{t1} = F_{t2} = \frac{P_b}{v_w} = \frac{32\,500 \text{ W}}{5,64 \text{ m/s}} \approx 5762 \text{ N},$$

$$F_{r1} = F_{r2} = F_{t1} \cdot \tan \alpha_{wt} = 5762 \text{ N} \cdot \tan 24° \approx 2565 \text{ N},$$

$$F_{a1} = F_{a2} \approx F_{t1} \cdot \tan \beta = 5762 \text{ N} \cdot \tan 23,6° \approx 2517 \text{ N}.$$

Drehmomente:

$$M_1 = F_{t1} \cdot r_{w1} = 5762 \text{ N} \cdot 0,0377 \text{ m} = 217 \text{ Nm}, \quad M_2 = F_{t2} \cdot r_{w2} = 5762 \text{ N} \cdot 0,1796 \text{ m} = 1035 \text{ Nm}.$$

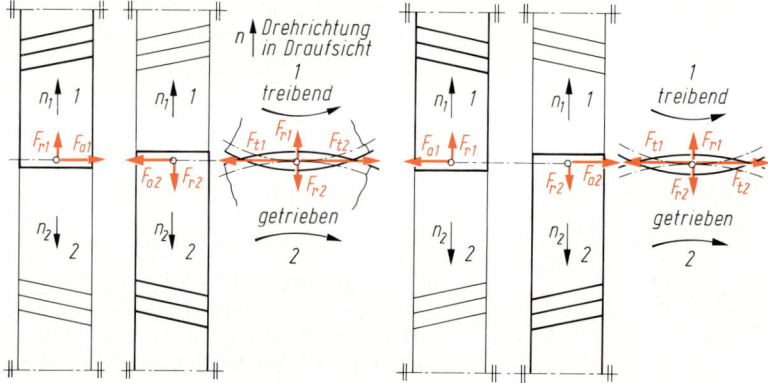

Bild 23.3 Einfluß von Steigungssinn der Zähne und Drehrichtung auf die Richtung der angreifenden Kräfte an schrägverzahnten Stirnrädern

23.2 Zahnkräfte an Kegelrädern

Bild 23.4 zeigt den Längs- und den Normalschnitt durch ein geradverzahntes Kegelradpaar. Man setzt auch bei Kegelrädern voraus, daß die Zahnkraft in der Zahnbreitenmitte angreift. Wie bei den Stirnrädern drückt das treibende Rad 1 mit einer normalgerichteten Kraft F_{N2} auf das Rad 2, um den Widerstand F_{N1}, den das Rad 2 dem Rad 1 entgegensetzt, zu überwinden. Beide werden jeweils in Tangential- und Querkräfte F_{t1} und F_{q1} bzw. F_{t2} und F_{q2} zerlegt. F_{q1} und F_{q2} erscheinen auch im Längsschnitt (Axialschnitt) und stehen senkrecht auf den Mänteln der Teilkegel. Dort werden sie jeweils in Radial- und Axialkräfte F_{r1} und F_{a1} bzw. F_{r2} und F_{a2} zerlegt, die in den Bildern 23.4b und c größer herausgezeichnet sind.

Die auf das **treibende Rad 1** eines geradverzahnten Kegelradpaares wirkenden Kräfte betragen:

Tangentialkraft $\quad F_{t1} = \dfrac{P_b}{v_m}$ (23.5)

Axialkraft $\quad\quad\quad F_{a1} = F_{t1} \cdot \tan \alpha \cdot \sin \delta_1$ (23.6)

Radialkraft $\quad\quad\; F_{r1} = F_{t1} \cdot \tan \alpha \cdot \cos \delta_1$ (23.7)

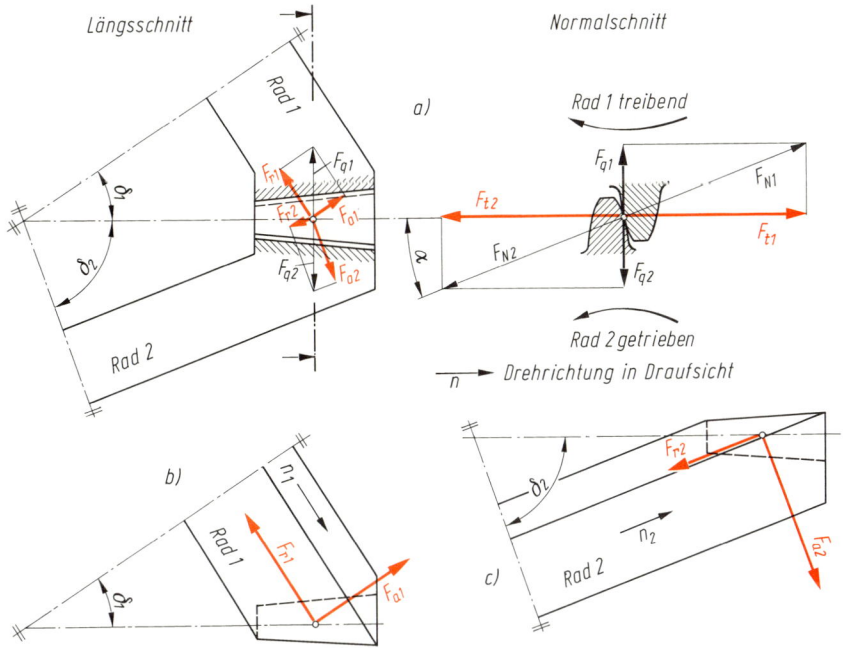

Bild 23.4 Kräfte am geradverzahnten Kegelradpaar
a) Zerlegung der Zahnkräfte, b) Axial- und Radialkraft am Rad 1, c) Axial- und Radialkraft am Rad 2

und die auf das **getriebene Rad 2** wirkenden Kräfte:

Tangentialkraft $\quad F_{t2} = F_{t1}$ (23.8)

Axialkraft $\quad F_{a2} = F_{t2} \cdot \tan \alpha \cdot \sin \delta_2$ (23.9)

Radialkraft $\quad F_{r2} = F_{t2} \cdot \tan \alpha \cdot \cos \delta_2$ (23.10)

P_b in W Leistungsspitze nach Gl. 23.1,
v_m in m/s Umfangsgeschwindigkeit der mittleren Teilkreise $= d_m \cdot \pi \cdot n$,
α in ° Eingriffswinkel $= 20°$ im Regelfall,
δ_1, δ_2 in ° Teilkegelwinkel der Räder (Gln. 22.39 bis 22.41).

Bei umgekehrter Drehrichtung gegenüber Bild 23.4 kehren sich lediglich die Richtungen von F_{t1} und F_{t2} um.

Beispiel 23.2

Das geradverzahnte Kegelradpaar nach Beispiel 22.11 hat bei $n_1 = 300 \text{ min}^{-1} = 5 \text{ s}^{-1}$ eine Nennleistung $P_{Nb} = 2,8$ kW zu übertragen. Anwendungsfaktor $K_A = 1,5$. Welche Kräfte greifen an den Rädern an?

Gegeben sind: $z_1 = 20$, $z_2 = 65$, $m_e = 6$ mm, $\Sigma = 90°$, $\delta_1 = 17,1°$, $\delta_2 = 72,9°$, $\alpha = 20°$, $b = 50$ mm, $d_{m1} = 105$ mm, $d_{m2} = 342$ mm.

Lösung:
Nach Gl. 21.3:

$$v_m = d_{m1} \cdot \pi \cdot n_1 = 0,105 \text{ m} \cdot \pi \cdot 5 \text{ s}^{-1} = 1,65 \text{ m/s}.$$

Nach Gl. 23.1:

$$P_b = P_{Nb} \cdot K_A = 2,8 \text{ kW} \cdot 1,5 = 4,2 \text{ kW}.$$

Somit ergeben sich mit den Gln. 23.5 bis 23.10:

$$F_{t1} = \frac{P_b}{v_m} = \frac{4200 \text{ W}}{1,65 \text{ m/s}} = 2545 \text{ N} = F_{t2},$$

$$F_{a1} = F_{t1} \cdot \tan\alpha \cdot \sin\delta_1 = 2545 \text{ N} \cdot \tan 20° \cdot \sin 17,1° = 272 \text{ N},$$

$$F_{r1} = F_{t1} \cdot \tan\alpha \cdot \cos\delta_1 = 2545 \text{ N} \cdot \tan 20° \cdot \cos 17,1° = 885 \text{ N},$$

$$F_{a2} = F_{t2} \cdot \tan\alpha \cdot \sin\delta_2 = 2545 \text{ N} \cdot \tan 20° \cdot \sin 72,9° = 885 \text{ N},$$

$$F_{r2} = F_{t2} \cdot \tan\alpha \cdot \cos\delta_2 = 2545 \text{ N} \cdot \tan 20° \cdot \cos 72,9° = 272 \text{ N}.$$

Wie ersichtlich, sind bei $\Sigma = 90°$ die Kräfte $F_{a2} = F_{r1}$ und $F_{r2} = F_{a1}$. Bei $\Sigma \neq 90°$ sind sie unterschiedlich.

Bild 23.5 zeigt die Kraftverhältnisse an einem schrägverzahnten Kegelradpaar. Im Normalschnitt lassen sich die Zahnkräfte F_{N1} und F_{N2} in die Komponenten F_{n1} und F_{q1} bzw. F_{n2} und F_{q2} zerlegen. In der Draufsicht zerlegen sich F_{n1} und F_{n2} in die Tangential- und Längskräfte F_{t1} und F_{l1} bzw. F_{t2} und F_{l2}. Die Querkraft F_{q1} und die Längskraft F_{l1} werden zur Resultierenden F_{b1}, die

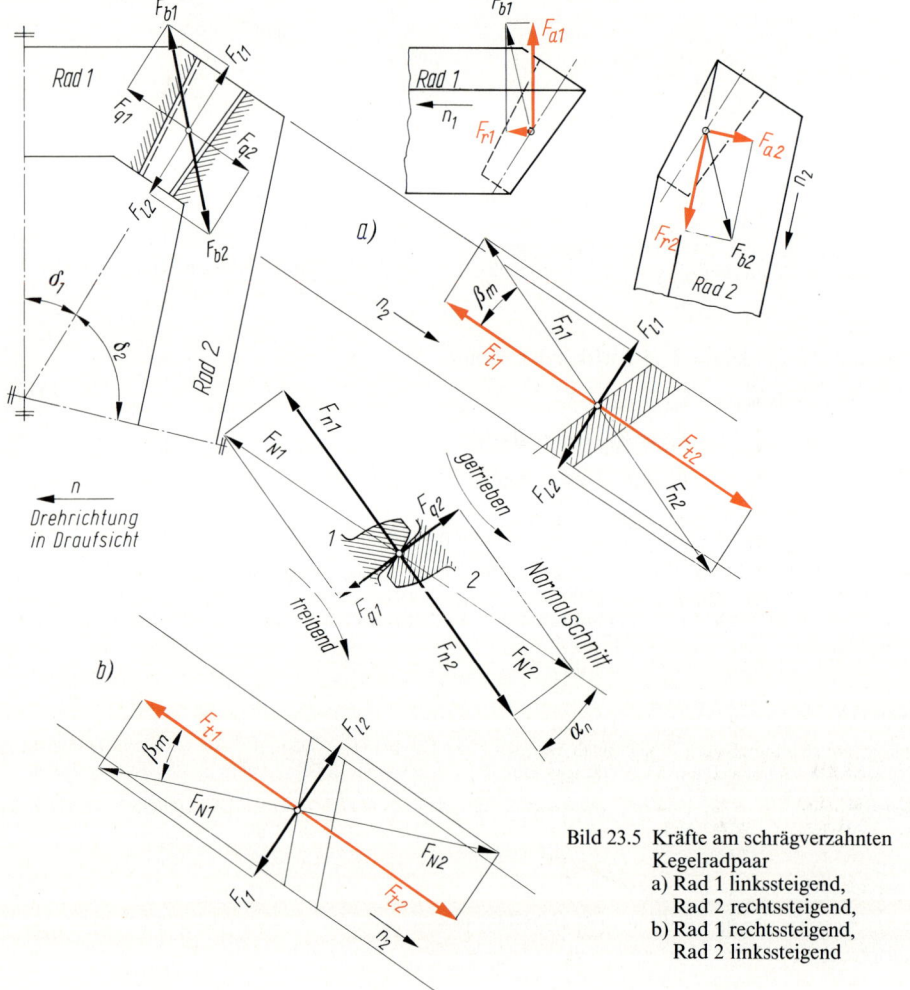

Bild 23.5 Kräfte am schrägverzahnten
Kegelradpaar
a) Rad 1 linkssteigend,
   Rad 2 rechtssteigend,
b) Rad 1 rechtssteigend,
   Rad 2 linkssteigend

Kräfte F_{q2} und F_{l2} zur Resultierenden F_{b2} zusammengesetzt und anschließend in Radial- und Axialkräfte F_{r1} und F_{a1} bzw. F_{r2} und F_{a2} zerlegt.

Auf das **treibende Rad 1** eines schrägverzahnten Kegelradpaares wirken somit folgende Kräfte:

Tangentialkraft $F_{t1} = \dfrac{P_b}{v_m}$ (23.11)

Axialkraft $F_{a1} = F_{t1} \left(\tan \alpha_n \dfrac{\sin \delta_1}{\cos \beta_m} \pm \tan \beta_m \cdot \cos \delta_1 \right)$ (23.12)

Radialkraft $F_{r1} = F_{t1} \left(\tan \alpha_n \dfrac{\cos \delta_1}{\cos \beta_m} \mp \tan \beta_m \cdot \sin \delta_1 \right)$ (23.13)

und auf das **getriebene Rad 2** wirken:

Tangentialkraft $F_{t2} = F_{t1}$ (23.14)

Axialkraft $F_{a2} = F_{t2} \left(\tan \alpha_n \dfrac{\sin \delta_2}{\cos \beta_m} \mp \tan \beta_m \cdot \cos \delta_2 \right)$ (23.15)

Radialkraft $F_{r2} = F_{t2} \left(\tan \alpha_n \dfrac{\cos \delta_2}{\cos \beta_m} \pm \tan \beta_m \cdot \sin \delta_2 \right)$ (23.16)

P_b	in W	Leistungsspitze nach Gl. 23.1,
v_m	in m/s	Umfangsgeschwindigkeit der mittleren Teilkreise $= d_m \cdot \pi \cdot n$,
α_n	in °	Normaleingriffswinkel $= 20°$ im Regelfall,
δ_1, δ_2	in °	Teilkegelwinkel der Räder (Gln. 22.39 bis 22.41),
β_m	in °	mittlerer Schrägungswinkel der Verzahnung.

Die vorstehenden Gleichungen gelten nur für die in Bild 23.5 angegebenen Drehrichtungen! Die oberen Plus- oder Minuszeichen gelten für linkssteigendes Rad 1 (Bild 23.5a), die unteren für rechtssteigendes Rad 1 (Bild 23.5b). Bei Drehrichtungsänderung kehren sich die Zahnkräfte F_{N1} und F_{N2} sowie F_{n1} und F_{n2} um und wirken spiegelbildlich. Die angreifenden Kräfte sind dann sinngemäß zu errechnen.

Die vorstehenden Gleichungen können auch für bogenverzahnte Kegelräder benutzt werden. In diesem Falle ist β_m der mittlere Spiralwinkel.

Beispiel 23.3

Für das schrägverzahnte Kegelradpaar nach Beispiel 22.13 in der Ausführung nach Bild 23.5a sind die an den Rädern wirkenden Kräfte und Drehmomente zu errechnen. Bei $n_1 = 950 \ \text{min}^{-1} = 15{,}83 \ \text{s}^{-1}$ ist eine Leistungsspitze $P_b = 7 \ \text{kW}$ zu übertragen. Gegeben sind: $z_1 = 17$, $z_2 = 86$, $\alpha_n = 20°$, $\beta_m = 22°$, $d_{m1} = 55 \ \text{mm}$, $d_{m2} = 278 \ \text{mm}$, $b = 30 \ \text{mm}$, $\delta_1 = 10{,}8°$, $\delta_2 = 109{,}2°$, $\Sigma = 120°$.

Lösung:

Mit $v_m = d_{m1} \cdot \pi \cdot n_1 = 0{,}055 \ \text{m} \cdot \pi \cdot 15{,}83 \ \text{s}^{-1} = 2{,}74 \ \text{m/s}$ ergeben sich nach den Gln. 23.11 bis 23.16:

$$F_{t1} = \frac{P_b}{v_m} = \frac{7000 \ \text{W}}{2{,}74 \ \text{m/s}} = 2555 \ \text{N},$$

$$F_{a1} = F_{t1} \left(\tan \alpha_n \frac{\sin \delta_1}{\cos \beta_m} + \tan \beta_m \cdot \cos \delta_1 \right) = 2555 \ \text{N} \left(\tan 20° \frac{\sin 10{,}8°}{\cos 22°} + \tan 22° \cdot \cos 10{,}8° \right) \approx 1200 \ \text{N},$$

$$F_{r1} = F_{t1} \left(\tan \alpha_n \frac{\cos \delta_1}{\cos \beta_m} - \tan \beta_m \cdot \sin \delta_1 \right) = 2555 \ \text{N} \left(\tan 20° \frac{\cos 10{,}8°}{\cos 22°} - \tan 22° \cdot \sin 10{,}8° \right) \approx 792 \ \text{N},$$

$$F_{t2} = F_{t1} = 2555 \ \text{N},$$

$$F_{a2} = F_{t2} \left(\tan \alpha_n \frac{\sin \delta_2}{\cos \beta_m} - \tan \beta_m \cdot \cos \delta_2 \right) = 2555 \ \text{N} \left(\tan 20° \frac{\sin 109{,}2°}{\cos 22°} - \tan 22° \cdot \cos 109{,}2° \right) \approx 1287 \ \text{N},$$

$$F_{r2} = F_{t2} \left(\tan\alpha_n \, \frac{\cos\delta_2}{\cos\beta_m} + \tan\beta_m \cdot \sin\delta_2 \right) = 2555 \text{ N } \left(\tan 20° \, \frac{\cos 109,2°}{\cos 22°} + \tan 22° \cdot \sin 109,2° \right) \approx 645 \text{ N.}$$

Drehmomente:

$$M_1 = F_{t1} \cdot r_{m1} = 2555 \text{ N} \cdot 0,0275 \text{ m} = 70,3 \text{ Nm,} \quad M_2 = F_{t2} \cdot r_{m2} = 2555 \text{ N} \cdot 0,139 \text{ m} = 355 \text{ Nm.}$$

23.3 Reibung, Wirkungsgrad, Übersetzungen

Die im Eingriff befindlichen Zähne drücken mit einer Kraft F_N aufeinander (F_{N1} auf das Rad 1, F_{N2} auf das Rad 2; siehe Abschnitt 23.1). Da die Flanken nicht nur abrollen, sondern auch gleiten, muß nach Bild 23.6 noch eine Reibkraft $F_N \cdot \mu$ überwunden werden. Diese Reibkraft wird mit der Gleitgeschwindigkeit v_g bewegt (siehe Abschnitt 21.4, Bild 21.17 auf Seite 471). Somit entsteht eine Reibleistung $P_f = F_N \cdot \mu \cdot v_g$, die sich in Wärme umsetzt. Zwingt das getriebene Rad b dem treibenden a eine Leistung P_b auf, so muß das Rad a eine um die Reibleistung P_f größere Leistung $P_a = P_b + P_f$ aufbringen. Außerdem muß die Reibung in den Lagern der Welle überwunden werden. Das Verhältnis der Abtriebsleistung P_b zur Antriebsleistung P_a ist der

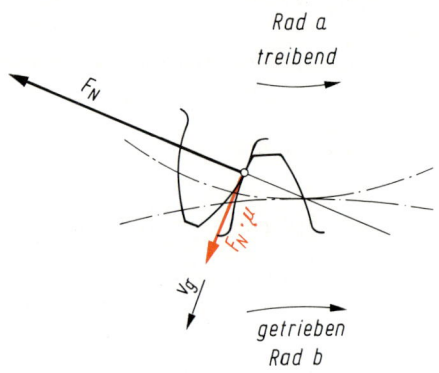

Bild 23.6 Reibkraft an den Flanken

Wirkungsgrad $\eta = P_b/P_a < 1$.

Während des Zahneingriffs schwankt der Wirkungsgrad. Deshalb wird mit einem Mittelwert gerechnet. Erfahrungsgemäß beträgt er einschl. Lagerreibung für ein Radpaar:

bei rohen, gegossenen Zähnen		$\eta \approx 0,9\dots0,92$
bei geschlichteten und geschmierten Flanken		$\approx 0,94$
bei feinbearbeiteten Flanken unter Flüssigkeitsreibung		$\approx 0,96$
bei Paarung Stahlrad/Kunststoffrad	trocken	$\approx 0,83$
	geschmiert	$\approx 0,88$
bei Paarung Kunststoffrad/Kunststoffrad	trocken	$\approx 0,8$
	geschmiert	$\approx 0,85$

Mit einem Radpaar wird bei großen Übersetzungen das Großrad sehr groß. Dann ist eine **Aufteilung der Übersetzung in mehrere Stufen** angebracht. Bild 23.7 zeigt einen dreistufigen Getriebezug mit Stirn- und Kegelrädern. Das Kegelrad 6 ist das Abtriebsrad b, das Stirnrad 1 das Antriebsrad a. Da in jeder Stufe Reibverluste auftreten, ist der Gesamtwirkungsgrad entspr. kleiner als der einer einzelnen Stufe, nämlich gleich dem Produkt der Einzelwirkungsgrade:

Gesamtwirkungsgrad $\quad \boldsymbol{\eta_{ges} = \eta_I \cdot \eta_{II} \cdot \eta_{III}\dots}$ $\hfill$ (23.17)

Damit ist erforderlich eine

Antriebsleistung $\quad \boldsymbol{P_a = P_b/\eta_{ges},}$ $\hfill$ (23.18)

wenn P_b die Abtriebsleistung des Getriebes bedeutet. In Bild 23.7 ist der Leistungsfluß eingezeichnet. In diesem sind $P_a = P_1$ und $P_b = P_6$.
Die Gesamtübersetzung eines mehrstufigen Getriebezuges ist gleich dem Produkt der Einzelübersetzungen:

Gesamtübersetzung $\quad i_{\text{ges}} = i_\text{I} \cdot i_\text{II} \cdot i_\text{III} \ldots$ (23.19)

mit $i_\text{I} = n_1/n_2$ und $i_\text{II} = n_3/n_4$ und $i_\text{III} = n_5/n_6$, wobei $n_3 = n_2$ und $n_5 = n_4$ sind.

Bei **Übersetzungen ins Langsame** ist auch die

Gesamtübersetzung $\quad |i_{\text{ges}}| = u_\text{I} \cdot u_\text{II} \cdot u_\text{III} \ldots$ (23.20)

mit u als Zähnezahlverhältnisse nach Gl. 21.2.
Die Gesamtübersetzung i_{ges} kann bei Übersetzungen ins Langsame etwa wie folgt
aufgeteilt werden:

$\lvert i_{\text{ges}}\rvert \approx$	10	20	30	40	50	70	100	200
$u_\text{I} \approx$	3,5	4,8	6,5	4,1	4,5	5,5	6,9	9,5
$u_\text{II} \approx$	2,9	4,2	4,6	3,3	3,5	3,9	4,5	5,5
$u_\text{III} \approx$	–	–	–	2,9	3,2	3,2	3,2	3,8

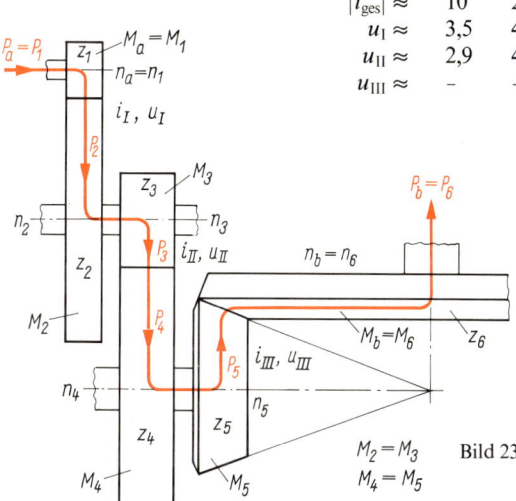

Es sind möglichst keine ganzzahligen
Einzelübersetzungen zu wählen, damit
nicht periodisch die gleichen Zahnpaare zum Eingriff kommen. Dadurch
wird der Verschleiß gleichmäßiger auf
alle Zahnflanken verteilt. Bei der Festlegung der Einzelübersetzungen ist
man allerdings an die möglichen Zähnezahlverhältnisse gebunden.

Bild 23.7 Schema eines dreistufigen
Getriebezuges mit Stirn- und
Kegelrädern

Es haben sich etwa folgende Einzelübersetzungen bewährt:

in Getrieben des allg. Maschinenbaues	$\lvert i \rvert = 3 \ldots 7,$
in Hebemaschinen	$\lvert i \rvert = 7 \ldots 10$
in Umformern (Turbinengetrieben, Getrieben in Turbolokomotiven und Dieselmotorenantrieben u. dgl.)	$\lvert i \rvert = 15 \ldots 30$

Sind die Antriebsleistung P_a oder das Abtriebsdrehmoment (Lastdrehmoment) M_b bekannt, so
beträgt das

Antriebsdrehmoment $\quad M_\text{a} = \dfrac{P_\text{a}}{\omega_\text{a}} = \dfrac{M_\text{b}}{\lvert i_{\text{ges}}\rvert \cdot \eta_{\text{ges}}}$ (23.21)

mit ω_a als Winkelgeschwindigkeit des Antriebsrades. Die Drehmomente M der dazwischenlie-
genden Räder sind sinngemäß zu errechnen (siehe Beispiel 23.4).

Beispiel 23.4

Der in Bild 23.7 gezeigte dreistufige Getriebezug soll eine Gesamtübersetzung $\lvert i_{\text{ges}}\rvert \approx 120$ erhalten. Antriebsdrehzahl $n_\text{a} = n_1 = 2800\ \text{min}^{-1}$. Die Zahnflanken der ersten Stufe sollen wegen der hohen Umfangsgeschwindigkeit feinbearbeitet werden, alle anderen geschlichtet. Als Zähnezahlen sind vorgesehen: $z_1 = 20$,
$z_3 = 17$ und $z_5 = 17$.
Wie groß sind die Zähnezahlverhältnisse der einzelnen Stufen auszuführen? Wie groß sind die Drehzahlen
der einzelnen Räder, der Gesamtwirkungsgrad des Getriebes und die Drehmomente der einzelnen Räder,
wenn der Einfachheit halber die Lagerreibung nicht gesondert in Ansatz gebracht wird und $M_\text{b} = M_6$
$= 10\,000\ \text{Nm}$ beträgt? Wie groß sind Abtriebsleistung P_b und Antriebsleistung P_a des Getriebes?

Lösung:
1. Aufteilung der Zähnezahlverhältnisse und Zähnezahlen
   Nach der vorstehenden Richtlinie werden $u_I \approx 7,1$ und $u_{II} \approx 4,7$ angenommen. Dann wird

$$u_{III} = \frac{|i_{ges}|}{u_I \cdot u_{II}} = \frac{120}{7,1 \cdot 4,7} = 3,6.$$

Somit wären zu wählen:

$$z_2 = z_1 \cdot u_I = 20 \cdot 7,1 = 142, \quad z_4 = z_3 \cdot u_{II} = 17 \cdot 4,7 \approx 80, \quad z_6 = z_5 \cdot u_{III} = 17 \cdot 3,6 \approx 61.$$

Damit ergeben sich die genauen Zähnezahlverhältnisse zu $u_I = 7,1$, $u_{II} = 4,706$, $u_{III} = 3,588$ und die Gesamtübersetzung zu

$$|i_{ges}| = u_I \cdot u_{II} \cdot u_{III} = 7,1 \cdot 4,706 \cdot 3,588 = 119,88 \approx 120.$$

2. Drehzahlen der Räder
   Da die Zähnezahlverhältnisse u gleich den Beträgen der Einzelübersetzungen i sind, werden

$$n_2 = n_3 = \frac{n_1}{|i_I|} = \frac{2800\ \text{min}^{-1}}{7,1} = 394,4\ \text{min}^{-1}, \quad n_4 = n_5 = \frac{n_3}{|i_{II}|} = \frac{394,4\ \text{min}^{-1}}{4,706} = 83,8\ \text{min}^{-1},$$

$$n_6 = \frac{n_5}{|i_{III}|} = \frac{83,8\ \text{min}^{-1}}{3,588} = 23,36\ \text{min}^{-1}.$$

3. Gesamtwirkungsgrad
   Entsprechend den Angaben für η werden angenommen:

$$\eta_I = 0,96, \quad \eta_{II} = 0,94, \quad \eta_{III} = 0,94.$$

Damit wird nach Gl. 23.17:

$$\eta_{ges} = \eta_I \cdot \eta_{II} \cdot \eta_{III} = 0,96 \cdot 0,94 \cdot 0,94 = 0,85.$$

4. Drehmomente der Räder
   Sinngemäß zur Gl. 23.21 werden:

$$M_5 = \frac{M_b}{|i_{III}| \cdot \eta_{III}} = \frac{10000\ \text{Nm}}{3,588 \cdot 0,94} = 2965\ \text{Nm}, \quad M_4 = M_5 = 2965\ \text{Nm},$$

$$M_3 = \frac{M_4}{|i_{II}| \cdot \eta_{II}} = \frac{2965\ \text{Nm}}{4,706 \cdot 0,94} = 670\ \text{Nm}, \quad M_2 = M_3 = 670\ \text{Nm},$$

$$M_a = M_1 = \frac{M_2}{|i_I| \cdot \eta_I} = \frac{670\ \text{Nm}}{7,1 \cdot 0,96} = 98\ \text{Nm} \quad \text{oder} \quad M_a = \frac{M_b}{|i_{ges}| \cdot \eta_{ges}} = \frac{10000\ \text{Nm}}{119,88 \cdot 0,85} = 98\ \text{Nm}.$$

5. Antriebsleistung und Abtriebsleistung
   Mit $\omega_a = 2\pi \cdot n_a = 2\pi \cdot 2800/60\ \text{s} = 293,2\ \text{rad/s}$ und $\omega_b = 2\pi \cdot n_b = 2\pi \cdot 23,36/60\ \text{s} = 2,45\ \text{rad/s}$ werden nach Gl. 23.21:

$$P_a = M_a \cdot \omega_a = 98\ \text{Nm} \cdot 293,2\ \text{s}^{-1} = 28734\ \text{W},$$

$$P_b = M_b \cdot \omega_b = 10000\ \text{Nm} \cdot 2,45\ \text{s}^{-1} = 24500\ \text{W}.$$

Die Differenz von $\approx 4,2$ kW ist nicht gleich der Reibleistung. In Wärme wird die Nennreibleistung $P_f = (P_a - P_b)/K_A$ umgesetzt, d. h. die durchschnittliche Reibleistung.

23.4 Gestaltung der Räder aus Stahl und aus Gußeisen

Bei der Wahl der Zahnradwerkstoffe sind die Lebensdauer, Drehzahl und Leistung des Getriebes ausschlaggebend. Weiterhin spielen das Gewicht und der verfügbare Einbauraum eine Rolle.

Für Umfangsgeschwindigkeiten bis $v = 1$ m/s, in Sonderfällen bis 2 m/s, eignen sich Grauguß- und Stahlgußräder mit unbearbeitet bleibenden Zähnen. Im Landmaschinenbau werden Tempergußräder wegen ihrer Zähigkeit und Widerstandsfähigkeit gegen harte Stöße bevorzugt. Die Gußhaut ist außerordentlich verschleißfest, und Gußräder eignen sich vorzüglich für Getriebe unter Staub-, Sand-, Feuchtigkeits- und Witterungseinflüssen, z. B. in Handwinden, Hebemaschinen, Landmaschinen, Baumaschinen u. dgl. Derartige Räder können nicht sehr genau hergestellt werden, so daß größere Rundlauf-, Teilungs-, Wälz- und Flankenformabweichungen in Kauf genommen werden müssen. Bei höheren Umfangsgeschwindigkeiten würden diese Abweichungen allerdings zu unerträglichen Geräuschen und schnellem Bruch führen. An schnellaufende Getriebe werden höhere Anforderungen gestellt:

1. hohe Verschleißfestigkeit (lange Lebensdauer),
2. geräuscharmer und gleichmäßiger Lauf,
3. hohe Dauerbiegefestigkeit der Zähne.

Für sie kommen nur Räder mit bearbeiteten ggf. gepreßten Zähnen in Betracht. Der Verschleißfestigkeit nach läßt sich etwa folgende Werkstoffolge angeben:

1. Grauguß (Gußeisen mit Lamellengraphit),　5. Baustahl,
2. Sphäroguß (Gußeisen mit Kugelgraphit),　6. Vergütungsstahl,
3. Temperguß,　7. Einsatzstahl.
4. Stahlguß,

Die **Ritzel** werden meistens aus einem festeren Werkstoff vorgesehen als ihre Gegenräder, da sie wegen der höheren Drehzahl (des öfteren Zahneingriffs) mehr beansprucht werden, und zwar ist eine um ≈ 50 N/mm^2 höhere Schwellfestigkeit üblich.

Eine besonders hohe Verschleißfestigkeit erhalten die Zahnflanken von Stahlrädern durch eine Oberflächenvergütung oder -härtung. Zur elastischen Stoßaufnahme muß der Zahnkern zäh bleiben. Besonders geräuscharm und gleichmäßig laufen derartige Räder, wenn ihre Zahnflanken nach der Wärmebehandlung fein- oder feinstbearbeitet werden (geschliffen, geläppt, poliert). Ungehärtete Räder werden zuweilen maschinell nachgeschabt. Schnellaufende Getriebe erfordern eine gute Schmierung, da ohne diese auch vergütete oder gehärtete Flanken schnell verschleißen.

Wenn ein Ritzel im Verhältnis zur Welle einen kleinen Teilkreisdurchmesser besitzt, so werden beide aus einem Stück hergestellt (Bilder 23.8 a und b), oder es wird vor dem Verzahnen ein Kranz auf die Welle geschweißt (Bild 23.8 c), ggf. gepreßt, um die Zerspanungsarbeit gering zu halten. Größere Ritzel werden mit einer Paßfeder auf der Welle befestigt (Bild 23.8 d), bei hohen Drehmomenten mit Keilwellen- oder Polygonprofil (siehe Abschn. 12.3 und 12.5). Wegen der Kerbwirkungen durch die Nut soll der Abstand vom Kopfkreis bis zum Nutgrund mindestens $4 \cdot m$ betragen ($m =$ Modul). Es ist üblich, die Zahnstirnen wie nach Bild 23.8 leicht anzufasen, um beim Eingriff eine Gratbildung zu vermeiden, oder eines der beiden Räder etwas breiter zu machen.

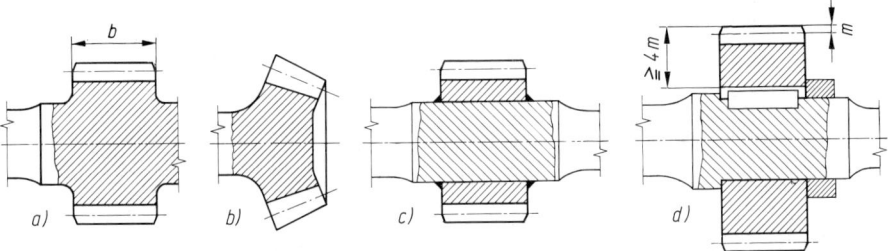

Bild 23.8 Ausführung von Ritzeln
　　a) und b) Ritzel und Welle aus einem Stück,　c) auf die Welle geschweißter Zahnkranz,　d) auf die Welle gesetztes und mit Paßfeder befestigtes Ritzel

Zur Verringerung der umlaufenden Massen werden aus dem Vollen gefertigte **größere Stahlräder** mitunter ausgedreht (Bilder 23.9 a und b) oder mehrmals durchbohrt (Bild 23.9 c), Gußräder mit einem Scheibensteg versehen (Bild 23.9 d). Schieberäder erhalten zur drehfesten Mitnahme am besten ein Keilnabenprofil (siehe Abschnitt 12.3 Seite 223).

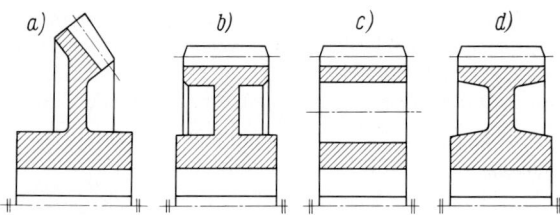

Bild 23.9 Ausführung von Stirn- und Kegelrädern
a) und b) aus dem Vollen gedreht
mit Scheibensteg, c) aus dem
Vollen gedreht mit Durchbohrun-
gen, d) Gußrad mit Scheibensteg

Große Räder werden fast stets gegossen, Zahnkranz und Nabe mit Armen verbunden (Bild 23.10). Der I-Armquerschnitt wird bei besonders großen Rädern bevorzugt. Erfahrungsgemäß werden $Z = 4\ldots8$ Arme vorgesehen, und zwar

$$\text{Armzahl} \quad Z \approx \sqrt{f \cdot d} \qquad\qquad\qquad (23.22)$$

f = 0,021 mm^{-1} bei ungeteilten Rädern,
      = 0,0156 mm^{-1} bei geteilten Rädern,
d in mm Teilkreisdurchmesser des Rades.

Übliche Abmessungen gemäß Bild 23.10 sind dann:

Höhe der Hauptrippen	$H \approx 8\ldots10m,$	*Kranzdicke*	$K \approx 4m.$
Höhe der Nebenrippen	$h \approx 6\ldots8m,$	*Teilnabenlänge*	$l \approx 0,5d_B,$
Dicke der Hauptrippen	$S \approx 1,5\ldots2m,$	*Nabenlänge*	$L \approx b + 0,025d \geqq 1,2d_B,$
Dicke der Nebenrippen	$s \approx 0,7S,$	*Nabenwanddicke*	$w \approx 0,4d_B + 10$ mm bei Grauguß,
			$\approx 0,3d_B + 10$ mm bei Stahlguß,

Hierin sind m der Modul und d_B der Bohrungsdurchmesser.

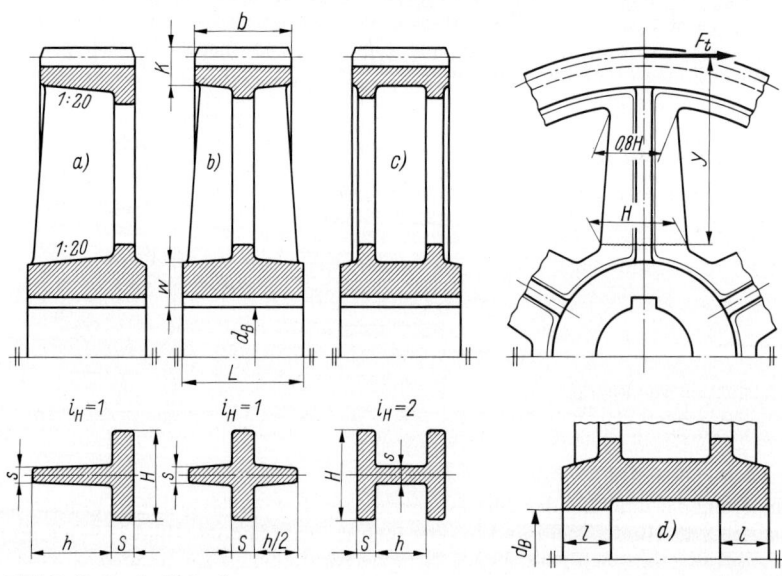

Bild 23.10 Große Gußräder

Die Höhen der **Hauptrippen** liegen in Umfangsrichtung und setzen der biegenden Umfangskraft F_t ein hohes Widerstandsmoment entgegen. Die **Nebenrippen** dienen nur zur Versteifung der Hauptrippen und tragen kaum zur Aufnahme der Umfangskraft bei.

Die **Bohrung langer Naben** wird in der Mitte erweitert (Bild 23.10 d), so daß sie nur mit den Enden der Länge *l* auf der Welle sitzen. Das erleichtert und verbilligt die Fertigung.

Durch die am Teilkreis wirkende Tangentialkraft F_t (Gl. 23.2) werden die Arme auf Biegung beansprucht. Da sich diese Umfangskraft F_t nicht gleichmäßig auf alle Arme verteilt, werden erfahrungsgemäß nur ¼ der Arme als tragend gerechnet, von diesen dann wiederum nur die Hauptrippen, da die Nebenrippen mit ihrem kleinen Widerstandsmoment unbedeutend sind.

$$Biegespannung \quad \sigma_b = \frac{4F_t \cdot y}{Z \cdot W_b} \tag{23.23}$$

σ_b	in N/mm²	Biegespannung im Armquerschnitt,
F_t	in N	Umfangskraft am Teilkreis (entspr. Gl. 23.2),
y	in mm	Abstand der Umfangskraft vom gefährdeten Armquerschnitt,
Z		Anzahl der Arme (Gl. 23.22),
W_b	in mm³	Widerstandsmoment des Armquerschnitts $\approx i_H \cdot S \cdot H^2/6$, wenn i_H die Anzahl der Hauptrippen in einem Armquerschnitt ist.

Als zulässige Biegespannung kann $\sigma_{b\,zul} \approx 0,6 R_e$ angenommen werden (R_e = Streckgrenze bzw. 0,2%-Dehngrenze des Radwerkstoffs, siehe Tab. A 9.2).

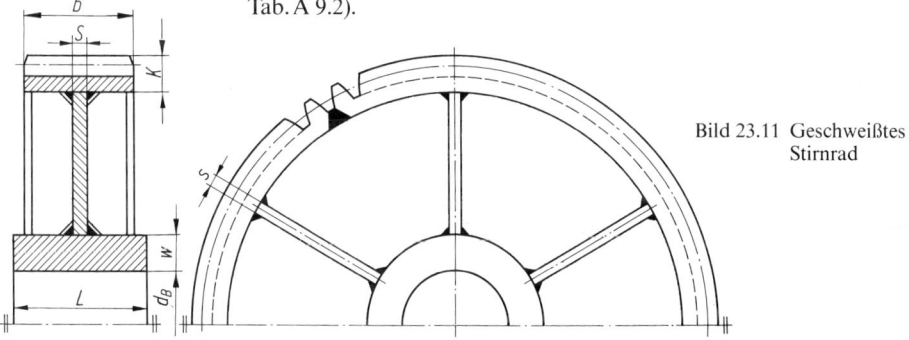

Bild 23.11 Geschweißtes Stirnrad

In der Einzelfertigung oder um leicht zu bauen, verwendet man auch **Schweißteile.** Auf die Nabe aus Rundstahl wird dann eine Scheibe geschweißt, die einen aus Flachstahl gebogenen Kranz aufnimmt. Eingeschweißte Rippen versteifen die Konstruktion (Bild 23.11). Gerade Rippen ersparen Verschnitt. Da Baustahl fester als Grauguß ist, werden die Räder wesentlich leichter. Folgende Richtlinien können gegeben werden:

Scheibendicke $S \approx 0,8 \ldots 1m,$

Rippendicke $s \approx 0,7S,$

Nabenlänge $L \approx d_B,$

Nabenwanddicke $w \approx 0,2 d_B + 8$ **mm,**

Kranzdicke $K \approx 3 \ldots 3,5m.$

Aus Montage- und Transportgründen werden **sehr große Räder** (etwa ab $d = 2000$ mm) meistens geteilt. Die Teilfuge wird mitten durch zwei Arme und durch zwei Zahnlücken gelegt. Die beiden Radhälften werden dann jeweils mit ihren Halbarmen verschraubt (siehe hierzu Bild 26.9, Seite 590).

Da die **großen Räder in Hochleistungsgetrieben** einen Zahnkranz aus hochwertigem Werkstoff erhalten müssen, werden geschmiedete Stahlringe auf gußeiserne Felgen geschrumpft (Bild 23.12). Die Felge muß etwa zwischen jedem zweiten Arm radiale Einschnitte erhalten, damit sich Gußspannungen ausgleichen können. Erfahrungsgemäß werden ausgeführt:

Zahnkranzdicke $K \approx 0,8 \ldots 1,4 \, (d/80 + 10 \text{ mm}) + 2,5m,$

Felgenkranzdicke $k \approx 0,8 \ldots 1,4 \, (d/80 + 18 \text{ mm})$

mit d als Teilkreisdurchmesser. Kleine Werte bei schmalen ($b \leq 15 \, m$), große bei breiten Rädern. Bei **Kegelrädern** werden die hochwertigen Kränze auch angeschraubt (Bild 23.13).

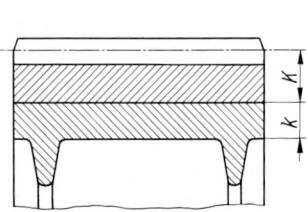

Bild 23.12 Aufgepreßter Zahnkranz
eines Stirnrades

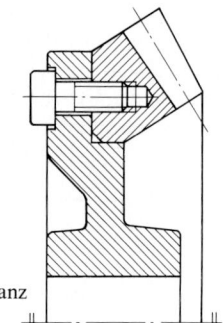

Bild 23.13 Aufgeschraubter Zahnkranz
eines Kegelrades

Es hat keinen Sinn, die Zähne unnötig breit zu machen, um große Kräfte übertragen zu können, weil sie dann infolge von Verzahnungs- und Achslagenabweichungen nicht auf ihrer ganzen Breite tragen würden. Wenn z. B. die Radachsen etwas unparallel stehen, trägt sogar nur eine Zahnkante. Richtwerte für die **Zahnbreiten** sind in Tab. 23.2 angegeben.

Tab. 23.2 Richtwerte für Zahnbreiten b und Mindestzähnezahlen z von Stirnrädern

Zähne geschnitten	Zahnräder auf steifen Wellen, die in Wälzlagern oder vorzüglichen Gleitlagern laufen, starrer Unterbau	$b \leq 30 \ldots 40 \, m$
	Zahnräder in normalen Getriebekästen, Wälz- oder Gleitlagerung	$b \leq 25 \, m$
	Zahnräder auf Stahlkonstruktionen, Trägern u. dgl.	$b \leq 15 \, m$
	Zahnräder mit bester Lagerung in Hochleistungsgetrieben	$b \leq 2 d_1$
Zähne roh gegossen	fliegend gelagerte Zahnräder	$b \leq 10 \, m$
Zahnräder mit großen Umfangsgeschwindigkeiten ($v > 4 \text{m/s}$) und erheblicher Kraftleistung, wenn $\varepsilon_\alpha > 1,5$		$z_1 \geq 16$
Zahnräder mit mittleren Umfangsgeschwindigkeiten ($v = 0,8 \ldots 4 \text{m/s}$)		$z_1 \geq 12$
Zahnräder mit kleinen Umfangsgeschwindigkeiten ($v < 0,8 \text{m/s}$) oder bei geringer Kraftleistung für untergeordnete Zwecke		$z_1 \geq 10$
Außenradpaare grundsätzlich		$z_1 + z_2 \geq 24$
Innenradpaare grundsätzlich		$z_2 \geq z_1 + 10$

Die Räder von Hochleistungsgetrieben werden gegenüber den allgemeinen Getrieben zweckmäßig mit größeren Zähnezahlen und verhältnismäßig kleinen Moduln ausgeführt. Sie laufen dann ruhig und gleichmäßig und haben einen hohen Überdeckungsgrad. Aus diesem Grunde wird auch die Zähnezahl der Ritzel mit zunehmender Präzision größer gewählt (siehe Tab. 23.2). **Schrägverzahnung wendet man etwa ab $v_w = 12$ m/s an.**

Über die Darstellung von Zahnrädern und Zahnradpaaren siehe DIN ISO 2203, Angaben für Verzahnungen in Zeichnungen DIN 3966.

In die Zeichnungen sind folgende **Maße** einzutragen:
Kopfkreisdurchmesser d_a, Teilkreisdurchmesser d, Fußkreisdurchmesser d_f (nur, wenn das Bezugsprofil von DIN 867 abweicht), Zahnbreite b, Oberflächenzeichen bei Bedarf (für die Flan-

ken an der Teilzylinder- bzw. Teilkegel-Mantellinie), zulässige Rundlauf- und Planlaufabweichungen des Radkörpers (nicht der Verzahnung) sowie Parallelität der Stirnflächen des Radkörpers.

In eine **Tabelle** neben der Zeichnung sind einzutragen:
Zähnezahl z, Normalmodul m_n, Bezugsprofil, Profilverschiebungsfaktor x, Kopfhöhenänderung $k \cdot m_n$ (siehe Abschnitt 22.6 Seite 480), Zahnhöhe $h = h_a + h_f$, Schrägungswinkel β, Flankenrichtung (rechts- oder linkssteigend), Verzahnungsqualität, Toleranzfeld (siehe hierzu Abschnitt 23.6), größte Drehzahl n des Rades, Fabrikationsnummer des Gegenrades, Zähnezahl z des Gegenrades, Achsabstand a im Gehäuse mit Abmaßen. Ggf. sind noch weitere Angaben für die Abnahmeprüfung der Verzahnung zu machen, wie z. B. zulässige Flankenrichtungsabweichungen, zulässige Wälzabweichung u. dgl. (siehe hierzu Abschnitt 23.6).

Beispiel 23.5

Ein Stirnrad von $d = 1200$ mm, $b = 180$ mm, $m = 12$ mm hat eine Tangentialkraft $F_t = 36$ kN am Teilkreis zu übertragen. Bohrungsdurchmesser $d_B = 200$ mm, Werkstoff: GS-38. Es sind die einzelnen Abmessungen für das ungeteilte Rad festzulegen, wenn die Arme mit I-Querschnitten (Anzahl der Hauptrippen $i_H = 2$) nach Bild 23.10c ausgeführt werden sollen.

Lösung:
Armzahl nach Gl. 23.22:

$$Z \approx \sqrt{f \cdot d} = \sqrt{0{,}021 \cdot 1200} = 5.$$

Nach den Angaben auf Seite 504 werden mit den Mittelwerten:

$$H \approx 9m = 9 \cdot 12 \text{ mm} = 108 \text{ mm} \approx 110 \text{ mm}, \quad h \approx 7m = 7 \cdot 12 \text{ mm} = 84 \text{ mm},$$

$$S \approx 1{,}8m = 1{,}8 \cdot 12 \text{ mm} \approx 22 \text{ mm}, \quad s \approx 0{,}7S = 0{,}7 \cdot 22 \text{ mm} \approx 15 \text{ mm},$$

$$l \approx 0{,}5d_B = 0{,}5 \cdot 200 \text{ mm} = 100 \text{ mm},$$

$$L \approx b + 0{,}025d = 180 \text{ mm} + 0{,}025 \cdot 1200 \text{ mm} = 210 \text{ mm} < 1{,}2d_B = 1{,}2 \cdot 200 \text{ mm} = 240 \text{ mm}. \quad \text{Somit}$$
wird $L = 240$ mm gewählt.

$$w \approx 0{,}3d_B + 10 \text{ mm} = 0{,}3 \cdot 200 \text{ mm} + 10 \text{ mm} = 70 \text{ mm}, \quad K \approx 4m = 4 \cdot 12 \text{ mm} = 48 \text{ mm} \approx 50 \text{ mm}.$$

Der Abstand der Kraft F_t vom gefährdeten Armquerschnitt beträgt somit

$$y = 0{,}5 \, (d - d_B - 2w) = 0{,}5 \, (1200 - 200 - 2 \cdot 70) \text{ mm} = 430 \text{ mm}.$$

Widerstandsmoment des Armquerschnitts

$$W_b \approx i_H \cdot S \cdot H^2/6 = 2 \cdot 2{,}2 \text{ cm} \cdot 11^2 \text{ cm}^2/6 = 88{,}7 \text{ cm}^3.$$

Nach Gl. 23.23 beträgt die Biegespannung

$$\sigma_b = \frac{4F_t \cdot y}{Z \cdot W_b} = \frac{4 \cdot 36\,000 \text{ N} \cdot 43 \text{ cm}}{5 \cdot 88{,}7 \text{ cm}^3} \approx 13\,960 \text{ N/cm}^2 \approx 140 \text{ N/mm}^2.$$

Da $\sigma_{b\,zul} \approx 0{,}6R_e = 0{,}6 \cdot 200 = 120$ N/mm^2 ist (siehe Tab. A 9.2), muß der Armquerschnitt vergrößert werden, zweckmäßig die Rippenhöhe H. Hierzu dient die Proportion:

$$\frac{\sigma_b}{\sigma_{b\,zul}} = \frac{W_{b\,erf}}{W_b} = \frac{H_{erf}^2}{H^2}, \quad \text{so daß} \quad H_{erf} = H \sqrt{\frac{\sigma_b}{\sigma_{b\,zul}}} = 110 \text{ mm} \sqrt{\frac{140}{120}} \approx 119 \text{ mm wird}.$$

23.5 Gestaltung der Räder aus Kunststoffen

Zahnräder aus Kunststoffen werden besonders dort eingesetzt, wo es auf geräuscharmen Lauf ankommt, da Kunststoffe schwingungsdämpfend wirken. Außerdem sind die Kunststoffe gegen Wasser, Laugen, Säuren, viele Chemikalien und schroffe Temperaturschwankungen unempfindlich. Da sie eine wesentlich geringere Festigkeit als Stahl besitzen, erfordern sie erheblich größere Abmessungen als Stahlräder. Sie kommen vorwiegend in Haushalts- und Büromaschinen in Betracht, aber auch überall dort, wo sie wirtschaftliche Vorteile bieten, d. h. in der Großserienfertigung. Kunststoffräder sollen möglichst mit Metallrädern hoher Flankenglätte gepaart werden, falls nicht das Korrosionsverhalten ausschlaggebend ist. Auf die Schrägverzahnung kann in der Regel verzichtet werden, weil die Laufruhe durch den Kunststoff bewirkt wird. Vorwiegend werden verwendet:

1. **thermoplastische Kunststoffe** wie Polyamide und Polyurethane, die sich durch eine hohe Elastizität und geringes Gewicht auszeichnen. Ihre Kurzzeichen siehe DIN 7728 und DIN ISO 1043. Mit ihnen wird eine besonders hohe Geräuschdämpfung erzielt. Nachteilig ist ihre mitunter hohe Feuchtigkeitsaufnahme, durch die sie quellen. Es können auch zwei Kunststoffräder gepaart werden.

2. **duroplastische Schichtstoffe,** und zwar

   Hartgewebe (DIN 7735 und DIN VDE 0318), die aus Baumwollgewebelagen bestehen und mit Phenolharz unter hohem Druck und hoher Temperatur gebunden sind. Sie haben eine höhere Festigkeit als die Thermoplaste. Handelsnamen beispielsweise: Novotext (AEG), Resitex (Bosch).

   Schichtpreßstoffe, die aus dünnen Vulkanfiber- oder Buchenholzlagen bestehen und mit Phenolharz gebunden sind. Sie haben die höchste Festigkeit, neigen aber wegen ihrer Feuchtigkeitsaufnahme zum Quellen.

Zahnräder aus Thermoplasten werden bei kleineren Stückzahlen (bis etwa 1000) aus Halbzeugen (Rundstäben bis 250 mm Durchmesser, Platten bis 60 mm Dicke und 300 mm Breite) spanend gefertigt, darüber hinaus vorgegossen und bearbeitet. Alle Übergänge sind gut zu runden. Zweckmäßig werden nach Bild 23.14 ausgeführt:

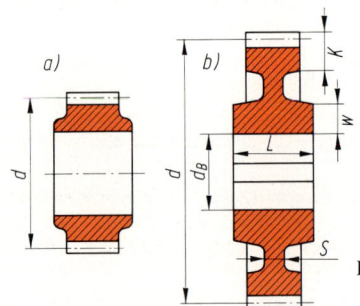

Vollräder	bei	$d < 3d_B$
Scheibenräder	bei	$d \geqq 3d_B$
Zahnkranzdicke		$K \approx 4{,}2 \ldots 4{,}7\,m$
Nabenwanddicke		$w \approx 0{,}3 \ldots 0{,}4d_B$
Stegdicke		$S \approx 3m \leqq w$
Nabenlänge		$L \geqq d_B$

Bild 23.14 Zahnräder aus Thermoplasten (BASF)
a) Vollrad, b) Scheibenrad

Bei größeren Stückzahlen (etwa über 1000) ist das Spritzgießen ein wirtschaftliches Verfahren. Eine Nachbearbeitung der Flanken ist dann nicht erforderlich. Kleinere Räder können auf Wellen geklebt oder unmittelbar aufgespritzt werden (Bild 23.15). Bild 23.16 zeigt hierzu ein dreistufiges Zahnrad, das durch eine Rändelung gehalten wird. Ein glockenförmig gestalteter Zahnkranz (Bild 23.17a) ist zu vermeiden, da in diesem Verzugsgefahr besteht. Besser ist die symmetrische Ausführung nach Bild 23.17b. Spritzgußteile können mit Wanddicken von etwa 0,5...15 mm hergestellt werden.

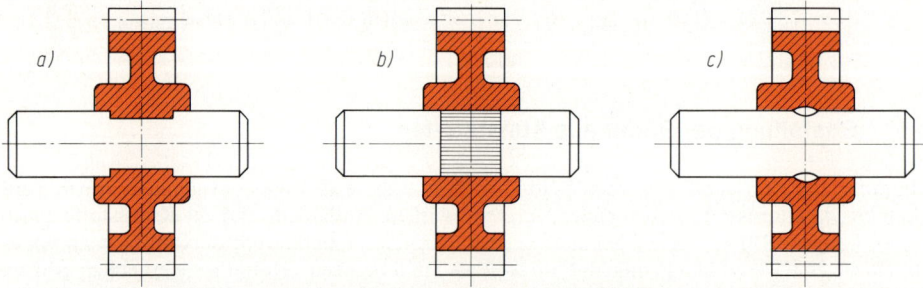

Bild 23.15 Auf Wellen aufgespritzte Polyamid-Zahnräder (aus VDI 2545)
a) mit angefrästen Flächen, b) mit Rändel, c) mit angestauchten Lappen

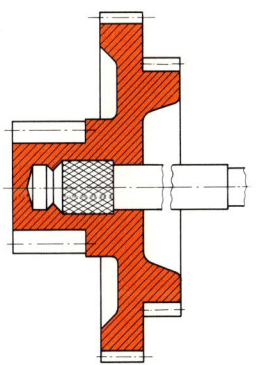

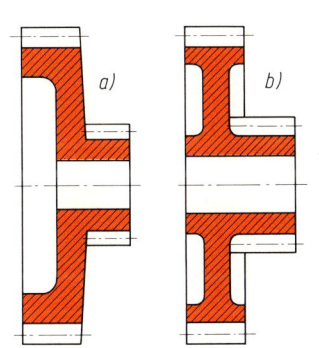

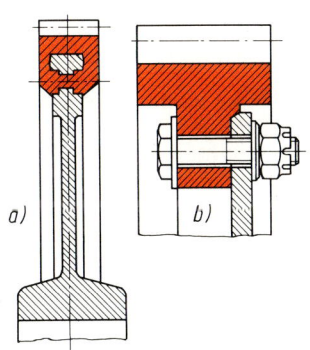

Bild 23.16
Auf eine Welle gespritz-
tes dreistufiges Zahnrad
aus Polyamid
(Robert Bosch GmbH,
Waiblingen)

Bild 23.17 Spritzgegossener Radsatz
mit zwei verschiedenen
Verzahnungen
(aus VDI 2545)
a) ungünstig, b) günstig

Bild 23.18 Kunststoffzahnräder mit
metallischen Radkörpern
(aus VDI 2545)
a) Zahnkreuz angespritzt,
b) Zahnkranz ange-
schraubt

Bei großen Zahnrädern ist es zweckmäßig, nur den Zahnkranz aus Kunststoff herzustellen, Steg
und Nabe aus Metall (Bild 23.18a). Werden Kunststoffkranz und Metallsteg miteinander verschraubt (Bild 23.18b), so dürfen die Stahlschrauben nur bis zu 30% ihres zulässigen Anziehmo-
mentes angezogen werden, damit sie bei Temperaturerhöhung infolge Wärmedehnung nicht ab-
gerissen werden. Außerdem müssen sie gegen Lösen gesichert sein.
Durch Verwendung einer Nabe aus Metall (Bild 23.19) läßt sich die Kraftübertragung verbessern.
Rippen können die Steifigkeit des Radkörpers erhöhen, bilden aber wegen der örtlichen Werk-
stoffanhäufung eine Verzugsgefahr.
Bei **Kegelrädern** wie nach Bild 23.20a muß die geringe Steifigkeit des Kunststoffs berücksichtigt
werden, damit unzulässig hohe Verformungen bei Beginn des ungleichförmig verlaufenden Eingriffs vermieden werden. Bei Tellerrädern wie nach Bild 23.20b können die Zähne am Außenrand abgestützt werden.

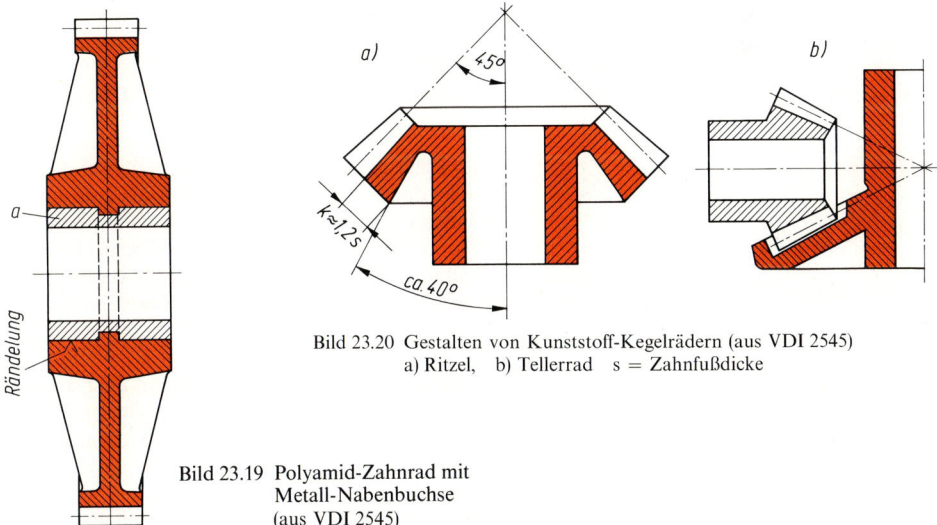

Bild 23.20 Gestalten von Kunststoff-Kegelrädern (aus VDI 2545)
a) Ritzel,   b) Tellerrad   s = Zahnfußdicke

Bild 23.19 Polyamid-Zahnrad mit
Metall-Nabenbuchse
(aus VDI 2545)

Die Flankenpressung an **Paßfederverbindungen** mit Naben aus Polyamid soll $p = 20$ N/mm^2, aus glasfaserverstärkten Kunststoffen $p = 30\ldots40$ N/mm^2 nicht überschreiten.

Die **Räder aus duroplastischen Schichtstoffen** werden aus Halbzeugen herausgearbeitet. Auf eine möglichst geringe Zerspanarbeit ist zu achten. Räder aus diesen Werkstoffen erfordern metallische Gegenräder.

Für die Eintragung von Maßen und Verzahnungsangaben in die Zeichnungen gelten ebenfalls die Ausführungen im Abschnitt 23.4.

23.6 Verzahnpaßsysteme, Verzahnungsqualität

Nach DIN 3960 (für Stirnräder) und 3971 (für Kegelräder) unterscheidet man fertigungsbedingte **Einzelabweichungen** *f,* die sich auf einzelne Bestimmungsgrößen wie Teilung, Profilform, Grundkreisdurchmesser, Eingriffswinkel, Flankenlinie und Schrägungswinkel beziehen, und **Gesamtabweichungen** *F,* die die gemeinsamen Auswirkungen mehrerer Einzelabweichungen erfassen. Nach DIN 3960 werden z. B. unterschieden:

1. Kreisteilungs-Abweichungen f_p für eine Teilung, F_p über mehrere Teilungen hinweg.
2. Eingriffsteilungs-Abweichungen f_{pe}.
3. Flankenabweichungen f bzw. F mit verschiedenen Indices als Abweichungen des Stirnprofils, der Flankenlinie von der Erzeugenden der Evolvente.
4. Rundlaufabweichungen f_r bzw. F_r infolge Außermittigkeit der Verzahnung.
5. Lageabweichungen f_e der Verzahnungsachse zur Radachse.
6. Schwankungen R als Unterschied zwischen dem größten und kleinsten Meßwert gleichartiger Meßgrößen.
7. Tragbild. Eine Zahnflanke wird beim Abwälzen nicht in allen Punkten ihres aktiven Bereiches von den Gegenflanken berührt. Das Tragbild bezeichnet den Bereich, in welchem die Berührung stattfindet (siehe hierzu Bild 23.35 Seite 541).
8. Wälzabweichungen f_i bzw. F_i (siehe folgende Ausführungen).

Bei **Wälzprüfungen** werden Verzahnungen mit Gegenverzahnungen gepaart und die gemeinsamen Auswirkungen ihrer einzelnen geometrischen Abweichungen f_i bzw. F_i auf den Wälzvorgang als Wälzabweichung ermittelt. Gehört die Gegenverzahnung zu einem Lehrrad, so werden die Abweichungen dem Prüfling zugeordnet, gehört das Gegenrad zum Radpaar, so werden sie dem Radpaar zugeordnet. Wälzprüfungen erfolgen mit den Rechts- oder mit den Linksflanken eines Rades (Einflanken-Wälzprüfung) oder gleichzeitig an beiden (Zweiflanken-Wälzprüfung). Hierzu heißt es in DIN 3960:

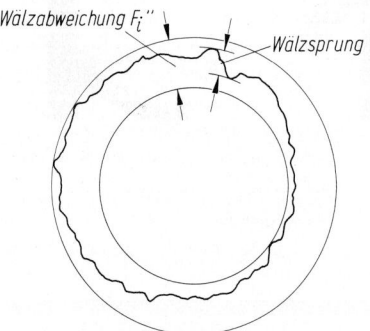

Bild 23.21 Kreisförmiges Zweiflanken-Wälzdiagramm

Bei der **Einflanken-Wälzprüfung** werden zwei Zahnräder unter dem vorgeschriebenen Achsabstand miteinander abgewälzt. Von einer Anfangsstellung aus werden die auftretenden Drehwinkelabweichungen, d. h. Abweichungen der Drehstellungen des Rades gegenüber den durch die Stellungen des Gegenrades gegebenen Sollstellungen gemessen. Die Abweichungen werden in der Regel als Strecke längs des Umfangs eines Meßkreises angegeben. Sie können aber auch im Winkelmaß angegeben werden. F_i' ist die größte Abweichung innerhalb einer Umdrehung, f_i' der Wälzsprung als größter Unterschied während der Dauer eines Zahneingriffs.

Bei der **Zweiflanken-Wälzprüfung** werden zwei Zahnräder spielfrei miteinander abgewälzt, wobei unter dem Einfluß einer in Richtung des Achsabstandes wirkenden Kraft stets eine linke und rechte Flanke der Zahnräder gleichzeitig im Eingriff bleiben (Zweiflanken-Eingriff). Dabei werden die Änderungen des Achsabstandes gemessen. Dieser Achsabstand a'' ändert sich bei der Drehung von Rad und Gegenrad. Zweiflanken-Wälzabweichungen = Achsabstandsänderungen.

Bild 23.21 zeigt ein kreisförmiges Zweiflanken-Wälzdiagramm. F_i'' ist die Schwankung des Wälzachsabstandes a'', d.h. ist die Differenz zwischen dem größten und dem kleinsten Wälzachsabstand innerhalb einer Prüflingsumdrehung. Der Wälzsprung f_i'' ist der größte Unterschied des Wälzachsabstandes, der innerhalb der Dauer eines Zahneingriffs auftritt.

Die Achsen eines Radpaares können Abweichungen f_Σ von der Parallelität (bei Stirnrädern), vom Achswinkel und vom Achsenschnittpunkt (bei Kegelrädern) aufweisen. Außerdem können die Achsen eines Stirnradpaares zueinander geneigt und/oder geschränkt sein.

In DIN 3961 (Toleranzen für Stirnradverzahnungen nach DIN 867) wird ausgeführt: Um außer der durch die Anschlußmaße bedingten Austauschbarkeit der Räder von Zahnradgetrieben einen ruhigen Lauf, winkeltreue Übertragung sowie ordnungsgemäße Schmiermöglichkeit zu gewährleisten und die geforderte Belastbarkeit dauernd zu sichern, müssen die Abweichungen gewisser Bestimmungsgrößen der Verzahnungen sowie der Einbaumaße im Getriebegehäuse innerhalb bestimmter Grenzen gehalten werden. Bei jedem der beiden Zahnräder eines Radpaares müssen alle Formabweichungen, Teilungsabweichungen usw. innerhalb der Abmessungen zweier gedachter, fehlerfreier, konzentrischer Zahnräder liegen, bei denen die Zahndicken des einen um das obere, die des anderen um das untere Abmaß abweichen.

Ähnlich den Paßsystemen Einheitsbohrung und Einheitswelle gibt es bei den Verzahnpassungen die Systeme **Einheits-Achsabstand** und **Einheits-Zahndicke.** Bei dem ersten wird nur **ein** Toleranzfeld des Achsabstandes benutzt und der Betrag des Flankenspiels durch verschiedene Toleranzfelder der Zahndicke bewirkt. Beim zweiten ist es umgekehrt.

Es sind **12 Verzahnungsqualitäten** (Genauigkeitsklassen) mit entspr. Toleranzen der Abweichungen festgelegt, und zwar Qualität 1 als feinste, Qualität 12 als gröbste. Es gelten: DIN 3961 Toleranzen für Stirnradverzahnungen, DIN 3962 Toleranzen für Abweichungen einzelner Bestimmungsgrößen, DIN 3963 Toleranzen für Wälzabweichungen, DIN 3964 Achsabstandsabmaße und Achslagetoleranzen von Gehäusen für Stirnradgetriebe, DIN 3967 Flankenspiel, Zahndickenabmaße, Zahndickentoleranzen.

Die Verzahnungsqualitäten 1 bis 4 werden vorwiegend für Lehrzahnräder, 5 bis 12 für Getrieberäder verwendet. Die Wahl der Verzahnungsqualität und der mit dieser zusammenhängenden Oberflächengüte der Zahnflanken richtet sich bei Metallrädern nach der Umfangsgeschwindigkeit, mit der die Räder im Betrieb laufen (oberer Teil der Tab. 23.3). Bei Rädern aus thermoplastischen Kunststoffen wird die Verzahnungsqualität nach dem Verwendungszweck und den Abmessungen bestimmt (unterer Teil der Tab. 23.3).

In Tab. A 23.4 sind die Achsabstandsabmaße angegeben, in Tab. A 23.5 die Toleranzen für Achsschränkung $f_{\Sigma\beta}$ und Achsneigung $f_{\Sigma\delta}$, in Tab. A 23.6 die zulässigen Teilungsabweichungen f_p und Eingriffsteilungsabweichungen f_{pe}.

Hierzu führt DIN 3967 aus:
Je nach Verwendungszweck können die für verschiedene Qualitäten festgelegten Toleranzen der einzelnen Bestimmungsgrößen frei miteinander gekoppelt werden. Eine Koppelung aus verschiedenen Toleranzen heißt **Toleranzfamilie.** Z.B. kommt es bei hochbelasteten Rädern auf hohe Genauigkeit der Flankenrichtung an, bei großer Laufruhe auf hohe Genauigkeit der Flankenform und Teilung, bei großen Anforderungen an die Winkelübertragung auf geringe Ungenauigkeit der Gesamtabweichung F.

In Tab. A 23.7 sind die oberen Zahndickenabmaße in Stufen von a bis h (a größtes negatives Abmaß, h Abmaß Null) und die zugehörigen Toleranzen in einer Reihe 21 bis 30 (21 feinste Toleranz, 30 gröbste Toleranz) nach DIN 3967 wiedergegeben. Zu bevorzugen sind die Toleranzen 24 bis 27.

Tab. 23.3 Anhaltswerte für die Wahl von Verzahnungsqualität, Toleranzklasse und Rauheitswert von Verzahnungen aus Metallen und Kunststoffen (zusammengestellt nach Niemann und VDI 2545)

Verzahnungen aus Metall					
v bis m/s	Bearbeitung der Zahnflanken	Qualität (Genauigkeitsklasse)	Toleranzfeld DIN 3967	Flankenrauheit	
				R_a	R_z
0,8	gegossen, roh	12	2×30	–	–
0,8	geschruppt	11 oder 10	29 oder 28	6,3 µm	40 µm
2	schlichtgefräst	9	27	1,6 µm	14 µm
4	schlichtgefräst	8	26	0,8 µm	6,3 µm
8	feingeschlichtet	7	25	0,4 µm	3 µm
12	geschabt oder geschliffen	6	24	0,3 µm	2 µm
20	feingeschliffen	5	23	0,1 µm	1 µm
40	feinstbearbeitet	4 oder 3	22	0,05 µm	0,5 µm
60	feinstbearbeitet	3	22 oder 21	0,025 µm	0,3 µm

Verzahnungen aus spritzgegossenen Kunststoffen				
Anwendung		d mm	Genauigkeitsklasse (Qualität)	Toleranzfeld DIN 3967
Getriebe mit hohen Anforderungen		bis 10	9	27
Getriebe mit hohen Anforderungen		10...50	10	28
Getriebe mit normalen Anforderungen		10...50	11	29
Getriebe mit geringen Anforderungen		bis 280	12	2×30

Spanend hergestellte Verzahnungen aus Kunststoffen				
Getriebe mit hohen Anforderungen		bis 10	8	25...27
Getriebe mit hohen Anforderungen		10...50	9	26...28
Getriebe mit normalen Anforderungen		bis 50	10	27, 28
Getriebe mit normalen Anforderungen		50...125	11	27, 28
Getriebe mit geringen Anforderungen		bis 280	12	28

Ist z. B. auf der Zahnradzeichnung in der Zeile „Verzahnungsqualität, Toleranzfeld" **8 e 26** angegeben, so ist die Verzahnung in der Qualität 8 und dem Toleranzfeld e26 herzustellen. Hat das betr. Zahnrad einen Teilkreisdurchmesser $d = 100$ mm und einen Modul $m = 5$ mm, so ist nach Tab. A 23.6 die zulässige Eingriffsteilungsabweichung $f_{pe} = 16$ µm, nach Tab. A 23.7 das obere Abmaß der Zahndicke $- 40$ µm (Stufe e) und die Toleranz 60 µm (Feld 26), so daß das untere Abmaß der Zahndicke $- 100$ µm beträgt.

Die Zahndickenabmaße sind der Verzahnungsqualität nicht zugeordnet! Es sollte aber beachtet werden, daß kleine Zahndickentoleranzen die Einhaltung der Verzahnungsqualität ungünstig beeinflussen, da sie die Korrekturmöglichkeiten in der Fertigung unnötig begrenzen.

In DIN 3967 heißt es: Normalerweise können die Zahndickenabmaße aufgrund von Erfahrung der Tabelle entnommen werden (Tab. A 23.7), wobei in der Regel die oberen Abmaße für jedes Rad so groß (Zahlenwert) sein sollten wie das untere Abmaß des Gehäuse-Achsabstandes. Soweit keine Erfahrungswerte für Flankenspiele und Zahndickenabmaße vorliegen, müssen diese berechnet werden (nach DIN 3967).

Bezüglich der Zahndickenabmaße sind folgende Paarungen üblich:

Kleinrad **e**/Großrad **f** für sehr ruhig laufende Getriebe, ungleichförmiger Antrieb, geschliffene oder geschabte Zahnflanken, kleines Flankenspiel (Räder für Werkzeugmaschinen bei Drehrichtungswechsel, Turbinenbau, Kraftfahrzeuge obere Gänge).

Kleinrad **c**/Großrad **d** für Normalgetriebe, gleichförmiger Antrieb, geschabte oder gefräste Zahnflanken, mittleres Flankenspiel (Räder für Krangetriebe, Pressen, Stanzen, untere Gänge und Rückwärtsgang für Kraftfahrzeuge).

Kleinrad **b**/Großrad **c** für Getriebe mit $v < 3$ m/s, großes Flankenspiel (Wanderrostantriebe, Anlasser).

Kleinrad **a**/Großrad **a** für rohe, gegossene Zähne mit $v < 1$ m/s.

Wird für Zahndickenabmaße die Stufe h mit dem oberen Abmaß Null gewählt, so müssen hierfür entspr. Achsabstands-Abmaße vorgeschrieben werden, um ein genügend großes Flankenspiel zu gewährleisten (Verzahnpaßsystem Einheits-Zahndicke).

Bei **mehrstufigen Getrieben** ist das System Einheits-Zahndicke nicht anwendbar, weil der Achsabstand für mehrere Räder auf einer Welle nicht verschiedene Werte haben kann. Die zulässigen Achsabstandsabmaße haben dann das Vorzeichen $\pm$.

Unter dem **Betriebs-Flankenspiel** versteht man das sich während des Betriebes einstellende. Es kann wesentlich vom Abnahme-Flankenspiel abweichen, besonders durch die Erwärmung der Räder und des Getriebegehäuses sowie infolge der Durchbiegung der Wellen.

23.7 Schmierung, Schmierstoffe

Die Schmierung soll die Zahnflankenreibung vermindern und außer einer Verschleißsenkung bewirken, daß im Dauerbetrieb unter Höchstlast 60 °C (höchstens 80 °C) an den Zahnflanken nicht überschritten werden, da höhere Temperaturen nicht nur die Schmiereigenschaften, sondern auch die Lebensdauer der Schmiermittel verringern. Außerdem dürfen die Schmierstoffe nicht an anderen Stellen nachteilig wirken, wie an Lagern, Dichtungen oder Kupplungen.

Nach DIN 51509 (Auswahl von Schmierstoffen für Zahnradgetriebe) genügt bei Umfangsgeschwindigkeiten **bis $v = 1$ m/s** das **Auftragen oder Aufsprühen von Haftschmierstoffen**. Auftragbare Haftschmierstoffe sind Pasten von der Konsistenz von Zahnpasta (zur Gebißpflege), die den Schmierstoff (beispielsweise MoS_2) enthalten. Sprühstoffe enthalten zum Schmierstoff einen leichtflüchtigen Verdünner, so daß sie mit Spritzpistolen aufgesprüht werden können.

Bis $v = 4$ m/s ist eine **Fett-Tauchschmierung** mit weichem Getriebefett üblich, in das ein Zahnrad eintaucht, oder das Aufsprühen von Haftschmierstoff.

Bis $v = 15$ m/s ist die **Öl-Tauchschmierung** vorherrschend. Die Zahnräder oder ein mit ihnen kämmendes Tauchrad oder auch Spritzscheiben, Schöpfräder u. dgl. tauchen in das Öl, nehmen es mit und benetzen die Zähne. Das Öl kann den Zähnen auch durch Abtropfen von den Gehäusewänden über Fangbleche oder Kanäle zugeleitet werden, wenn es an die Gehäusewände gespritzt wird. Die Eintauchtiefe der Zahnräder soll nicht größer als $6m$ und nicht kleiner als $1m$ sein (m = Modul).

Über $v = 15$ m/s ist eine **Öl-Spritzschmierung** erforderlich. Das Öl wird mit Hilfe einer Pumpe mit breitem Strahl meist radial kurz vor dem Zahneingriff eingespritzt, bei sehr hohen Umfangsgeschwindigkeiten wegen der höheren Erwärmung zur Kühlung auch noch hinter dem Zahneingriff.

Da die Flanken gekrümmt sind und aufeinander gleiten, bildet sich ein Keilspalt, in den das Schmieröl hineingedrückt wird, so daß eine hydrodynamische Schmierung mit Flüssigkeitsreibung möglich ist. Wegen der elastischen Abplattung der Flanken an der Berührstelle mit der Gegenflanke spricht man von einer **elastohydrodynamischen Schmierung**. Die dazu erforderliche Ölviskosität hängt von der Belastung und von der Gleitgeschwindigkeit, damit also auch von der Umfangsgeschwindigkeit der Teilkreise ab. Hierzu wird zunächst berechnet die

$$\text{Stribecksche Wälzpressung}\quad k_S \approx \frac{3F_t}{b \cdot d_1} \cdot \frac{u + 1}{u} \tag{23.24}$$

k_S	in MPa = N/mm^2	Striebecksche Wälzpressung,
F_t	in N	Umfangskraft am Teilkreis bei Stirnrädern bzw. mittleren Teilkreis bei Kegelrädern entspr. den Gln. 23.2 und 23.5,
b	in mm	Zahnbreite,
d_1	in mm	Durchmesser des Teilkreises, bei Kegelrädern des mittleren Teilkreises des Ritzels,
u		Zähnezahlverhältnis nach Gl. 21.2, bei Kegelrädern u_v nach Gl. 22.56.

Die Stribecksche Wälzpressung ist keine eigentliche Pressung, sondern nur ein Vergleichswert. Mit dieser wird der **Schmierkennwert** k_S/v in MPa · s/m gebildet, wobei v in m/s die Umfangsgeschwindigkeit der Teilkreise, bei Kegelrädern der mittleren Teilkreise ist. In Abhängigkeit von k_S/v kann aus Tab. 23.8 die erforderliche Viskosität v bzw. η bei 40 °C des Schmieröls abgelesen werden.

Die Tabellenwerte für v sind zu **erhöhen:**
1. für je 10 K, mit denen die Umgebungstemperatur ständig über 25 °C liegt, um etwa 10%.
2. wenn die Zahnpaarungen aus ähnlich zusammengesetzten Stählen oder aus CrNi-Stahl bestehen (ausgenommen oberflächengehärtete oder nitrierte Zahnflanken), um etwa 35%.
3. bei freßempfindlichen Zahnpaarungen, wenn keine Schmierstoffe mit verschleißverringernden Wirkstoffen eingesetzt werden können, um etwa 35%. Freßempfindlich sind gehärtete Zahnflanken.

Die Tabellenwerte für v sind zu **senken:**
1. für je 3 K, mit denen die Umgebungstemperatur ständig unter 10 °C liegt, um etwa 10%.
2. wenn die Zahnflanken phosphatiert, sulfuriert oder verkupfert sind, um etwa 25%.

In Betracht kommende Viskositätsklassen siehe Bild 16.3 Seite 333, von denen die nächstliegende zu wählen ist.

Tab. 23.8 Viskosität bei 40 °C für Schmieröle von Zahnradgetrieben in Abhängigkeit vom Schmierkennwert k_S/v nach DIN 51 509

k_S/v	MPa · s/m	0,01	0,02	0,03	0,04	0,05	0,06	0,07	0,08	0,09	0,10
v	mm²/s	47	52	56	60	63	66	69	71	74	77
η	mPa · s	42	47	50	54	57	59	62	64	67	69
k_S/v	MPa · s/m	0,1	0,2	0,3	0,4	0,5	0,6	0,7	0,8	0,9	1,0
v	mm²/s	77	95	120	140	150	160	168	175	185	195
η	mPa · s	69	86	108	126	135	144	151	158	167	176
k_S/v	MPa · s/m	2	3	4	5	6	7	8	9	10	20
v	mm²/s	270	330	380	420	470	495	520	550	570	740
η	mPa · s	243	297	342	378	423	446	468	495	513	666

Schmieröle mit verschleißverringernden Wirkstoffen sind bei gehärteten Zahnflanken zweckmäßig, wenn $k_S > 7{,}5$ **MPa** ist, besonders für Verzahnungen mit stark einseitiger Profilverschiebung, oder wenn $v_g/v > 0{,}3$ ist (v_g = größte Gleitgeschwindigkeit der Flanken nach Gl. 23.27).

Zur Ermittlung der größten Gleitgeschwindigkeit sind zu errechnen bei Außenradpaaren für das Rad 1 die

Kopfeingriffsstrecke $\quad g_a = 0{,}5 \left(\sqrt{d_{a1}^2 - d_{b1}^2} - d_{b1} \cdot \tan\alpha_{wt} \right)$ (23.25)

Fußeingriffsstrecke $\quad g_f = 0{,}5 \left(\sqrt{d_{a2}^2 - d_{b2}^2} - d_{b2} \cdot \tan\alpha_{wt} \right)$ (23.26)

d_{a1}, d_{a2} in mm   Kopfkreisdurchmesser der Räder,
d_{b1}, d_{b2} in mm   Grundkreisdurchmesser der Räder,
α_{wt} in °   Betriebs-Stirneingriffswinkel.

Bei Kegelrädern sind die Durchmesser d_{vma} und d_{vmb} der mittleren virtuellen Stirnräder einzusetzen. Bei Innenradpaaren und Zahnstangenradpaaren ist entspr. zu verfahren (siehe Abschnitt 22.7).

Mit den Eingriffsstrecken ergibt sich die

größte Gleitgeschwindigkeit $\quad v_g = \omega_1 \cdot g_i \,(1 + 1/u)$ (23.27)

ω_1 in rad/s   Winkelgeschwindigkeit des Rades 1,
g_i in m   maßgebende Eingriffsstrecke als größere von g_f und g_a,
u Zähnezahlverhältnis nach Gl. 21.2, bei Kegelrädern u_v nach Gl. 22.56.

Übliche Getriebeöle sind: Schmieröle C und CL DIN 51517, L-AN DIN 51501, L-TD DIN 51515, Schmieröle Z DIN 51510 (Normalöle ohne verschleißverringernde Wirkstoffe), Getriebeöle mit verschleißverringernden Wirkstoffen wie die Schmieröle CLP, mit Hochdruckzusätzen wie die Kraftfahrzeug-Getriebeöle HYP, ATF und HD-Motorenöle.

Bei zweistufigen Getrieben sind die Betriebsverhältnisse der Endstufe zugrunde zu legen. Bei dreistufigen Getrieben ist ein Mittelwert der für die zweite und dritte Stufe erforderlichen Nennviskosität zu bilden. Bei mehrstufigen Getrieben ist entsprechend zu verfahren. Ein flüssiger Schmierstoff ist zu bevorzugen. Nur bei bestimmten konstruktiven Gegebenheiten wie etwa offenen Getrieben oder geschlossenen, aber nicht öldichten Getrieben sind unter Beachtung der Richtwerte für die Umfangsgeschwindigkeit Getriebefette oder Haftschmierstoffe einzusetzen.

Bei **Öltauchschmierung** ist je kW Reibleistung eine Ölmenge von $3\ldots6$ l im Getriebekasten erforderlich, bei **Ölspritzschmierung** je kW Reibleistung eine Ölmenge von $3\ldots5$ l/min. Die Reibleistung beträgt $P_f = P_{Na} - P_{Nb} = P_{Na}\,(1-\eta)$ mit P_{Na} als Antriebs-, P_{Nb} als Abtriebsnennleistung und η als Wirkungsgrad (siehe Abschnitt 23.3).

Beispiel 23.6

Welches Schmieröl und welche Schmierungsart sind für ein geradverzahntes V_{plus}-Stirnradpaar mit folgenden Daten geeignet?

$z_1 = 17$, $x_1 = 0{,}5$, $z_2 = 65$, $x_2 = 0$, $d_1 = 68$ mm, $d_{a1} = 80$ mm, $d_{b1} = 63{,}9$ mm, $d_{a2} = 268$ mm, $d_{b2} = 244{,}3$ mm, $\alpha_w = 21{,}8°$, $m = 4$ mm, $b = 60$ mm, $F_t = 6000$ N, $n_1 = 2500$ min^{-1} $= 41{,}7$ s^{-1}, Werkstoff beider Räder Einsatzstahl (gehärtete Zahnflanken), Umgebungstemperatur ständig $40\,°C$.

Lösung:
Mit $u = z_2/z_1 = 65/17 = 3{,}824$ wird nach Gl. 23.24:

$$k_S = \frac{3F_t}{b\cdot d_1}\cdot\frac{u+1}{u} = \frac{3\cdot6000\text{ N}}{60\text{ mm}\cdot68\text{ mm}}\cdot\frac{4{,}824}{3{,}824} = 5{,}57\text{ MPa}.$$

Mit $v = d_1\cdot\pi\cdot n_1 = 0{,}068$ m $\cdot\,\pi\cdot41{,}7$ s^{-1} $= 8{,}9$ m/s ist der Schmierkennwert

$$k_S/v = 5{,}57/8{,}9\text{ MPa}\cdot\text{s/m} \approx 0{,}63\text{ MPa}\cdot\text{s/m}.$$

Aus Tab. 23.8 wird hierfür $v \approx 162$ mm^2/s (interpoliert) entnommen. Da die Umgebungstemperatur um 15 K über 25 °C liegt, wird mit 15% Zuschlag, also mit ≈ 186 mm^2/s ≈ 167 mPa $\cdot$ s gerechnet. Nach Bild 16.3 kommt als nächstgrößere die Viskositätsklasse ISO VG 220 in Betracht.

Obwohl $k_S < 7{,}5$ MPa ist, muß noch das Geschwindigkeitsverhältnis v_g/v ermittelt werden. Nach den Gln. 23.25 und 23.26 sind

$$g_a = 0{,}5\left(\sqrt{d_{a1}^2 - d_{b1}^2} - d_{b1}\cdot\tan\alpha_w\right) = 0{,}5\left(\sqrt{80^2 - 63{,}9^2}\text{ mm} - 63{,}9\text{ mm}\cdot\tan21{,}8°\right) = 11{,}3\text{ mm},$$

$$g_f = 0{,}5\left(\sqrt{d_{a2}^2 - d_{b2}^2} - d_{b2}\cdot\tan\alpha_w\right) = 0{,}5\left(\sqrt{268^2 - 244{,}3^2}\text{ mm} - 244{,}3\text{ mm}\cdot\tan21{,}8°\right) \approx 6{,}2\text{ mm}.$$

Mit $\omega_1 = 2\,\pi\cdot n_1 = 2\,\pi\cdot41{,}7$ s^{-1} $= 262$ rad/s wird mit $g_i = g_a = 0{,}0113$ m nach Gl. 23.27:

$$v_g = \omega_1\cdot g_i\,(1+1/u) = 262\text{ s}^{-1}\cdot0{,}0113\text{ m}\,(1+1/3{,}824) = 3{,}73\text{ m/s}.$$

Damit ist das Verhältnis $v_g/v = 3{,}73/8{,}9 \approx 0{,}42 > 0{,}3$, so daß ein Schmieröl mit verschleißverringernden Wirkstoffen erforderlich ist, z.B. Schmieröl CLP der Klasse ISO VG 220. Falls ein Normalöl verwendet werden muß, ist die Viskosität um $\approx 35\%$ höher zu wählen.

Da $v = 8{,}9$ m/s > 4 m/s, aber < 15 m/s ist, kommt Öl-Tauchschmierung in Frage.

23.8 Begriffe der Tragfähigkeit

Mit DIN 3990 ist die Berechnung der Tragfähigkeit von Stirnrädern genormt. Auf die Herleitung der Berechnungsgleichungen muß wegen des großen Umfangs verzichtet werden. Es werden unterschieden:

1. Zahnfußtragfähigkeit. Sie ist die durch die zulässige Zahnfußbeanspruchung bestimmte Tragfähigkeit. Bild 23.22 zeigt die Zahnfußbeanspruchung bei Eingriffsbeginn, wenn nur dieses eine Zahnpaar trägt. Bei Überlastung würden die Zähne an der Stelle der Biegezugspannung σ_F einreißen und brechen.

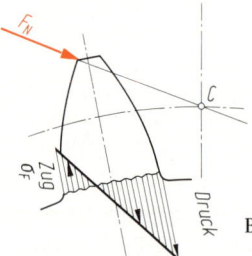
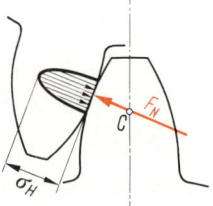

Bild 23.22 Biegebeanspruchung
          des Zahnfußes

Bild 23.23 Pressung der Zahnflanken

2. Grübchentragfähigkeit. Sie ist die durch die zulässige Flankenpressung bestimmte Tragfähigkeit. Da die Werkstoffe elastisch sind, platten sie sich unter der Wirkung der Normalkraft F_N an der Berührstelle der Flanken ab (Bild 23.23), so daß über die Zahnbreite keine Linien-, sondern eine Flächenberührung stattfindet. Die Pressungen verteilen sich etwa proportional zu den Verformungen in der dargestellten Weise. Gegen Ende des 19. Jahrhunderts entwickelte der berühmte deutsche Physiker Heinrich Hertz für die Pressung von Walzenpaaren eine Theorie, nach der die größte Pressung, die **Hertzsche Pressung σ_H**, errechnet werden kann. Beim Überschreiten der ertragbaren Hertzschen Pressung lösen sich Teile der Zahnflanken heraus, so daß grübchenartige Vertiefungen entstehen, die englisch **Pittings** heißen (Bild 23.24). Auch die Art der Gleitbewegungen, die Güte der Flanken, der Schmierdruck u. dgl. beeinflussen die Grübchenbildung. Eine Pittingbildung wird erst dann als nicht mehr zulässig angesehen, wenn die Anzahl der Grübchen ständig zunimmt oder die Grübchen wachsen.

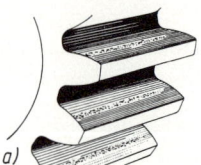
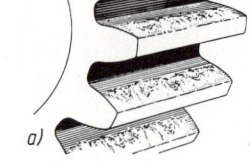
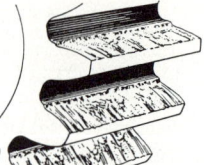

Bild 23.24 Pittingbildung an den Zahnflanken
          a) Anfangsstadium,
          b) fortgeschrittenes Stadium

Bild 23.25 Freßerscheinungen (Gallings) an den Zahnflanken
          a) Anfangsstadium,
          b) fortgeschrittenes Stadium

3. Freßtragfähigkeit. Sie ist die durch die zulässige Freß-Verschleißbeanspruchung bestimmte Tragfähigkeit. Ein Fressen tritt ein, wenn die Schmierung versagt und die Flanken infolge zu hoher Erwärmung und zu hohen Druckes verschweißen und auseinander gerissen werden. Hierbei werden beide Flanken verletzt und vernarbt. Die ersten Anzeichen sind an den Zahnköpfen zu finden, weil dort die Gleitgeschwindigkeit am größten ist. Die Freßerscheinungen werden auch **Gallings** genannt (Bild 23.25). Mit Radwerkstoffen hoher Warmfestigkeit und Schmierung mit Hochdrucködlen, die verschleißverringernde Wirkstoffe wie Schwefel, Phosphor oder Chlor enthalten, kann Abhilfe geschaffen werden. Zum Anfressen neigen die Zahnköpfe der getriebenen Räder und die Zahnfüße der treibenden Räder.

4. Verschleißtragfähigkeit. Sie ist die durch die Gleit-Verschleißbeanspruchung bestimmte Tragfähigkeit. Bei einer ungünstigen Kombination von Beanspruchung, Gleitgeschwindigkeit, Viskosität des Schmierstoffs, Oberflächenbeschaffenheit, Zahnform usw. tritt infolge Mischreibung oder sogar Trockenreibung Verschleiß auf, bei dem der Werkstoff von den Zahnflanken abgetragen wird.

Über die Bezeichnung, Merkmale und Ursachen von Zahnschäden wird auf DIN 3979 hingewiesen. Die Freßtragfähigkeit und die Verschleißtragfähigkeit werden hier nicht behandelt, so daß sich die Berechnungen auf die Zahnfuß- und Grübchentragfähigkeit beschränken. Zur Freßtragfähigkeit siehe DIN 3990 T4, zur Verschleißtragfähigkeit Niemann/Winter, Maschinenelemente Bd. II, Springer-Verlag Berlin Heidelberg New York Tokyo 1985.

23.9 Allgemeine Einflußfaktoren

Für die Ermittlung der Einflußfaktoren bzgl. der Tragfähigkeit sind in DIN 3990 verschiedene Methoden angegeben:

1. Methode A. Die Faktoren werden durch sorgfältige Messungen und/oder sorgfältige Systemanalyse bestimmt.

2. Methode B. Es wird die vereinfachende Annahme getroffen, daß jedes Zahnpaar ein elementares Massen- und Federsystem bildet, das die kombinierten Massen des Ritzels und des Rades umfaßt. Der Einfluß anderer Stufen des Getriebes wird nicht in Betracht gezogen.

3. Methode C. Sie ist von der Methode B abgeleitet, jedoch mit folgenden vereinfachenden Annahmen: Das Radpaar arbeitet im unterkritischen Drehzahlbereich, die Räder sind Vollräder aus Eisenwerkstoffen, der Eingriffswinkel ist 20°, die Eingriffsteilungsabweichung f_{pe} ist gleich der Teilungsabweichung f_p u. a.

4. Methode D. Es gelten die vereinfachenden Annahmen wie für die Methode C, jedoch mit einer konstanten Linienbelastung von 350 N/mm.

Als **Detail-Methode** wird die Tragfähigkeitsberechnung nach DIN 3990 Teil 11 (Anwendungsnorm für Industriegetriebe) bezeichnet. Dieses Verfahren beruht auf der Methode C, ist jedoch etwas vereinfacht und auf die Grübchen- und die Freßtragfähigkeitsberechnung für Getriebe mit $n \leq 3600$ min^{-1} und Verzahnungsqualität 6 oder gröber begrenzt. Im Entwurf DIN 3990 Teil 12 ist für die Vorauslegung (Entwurfsberechnung) eine „Einfach-Methode" für Industriegetriebe vorgesehen.

Auf die Darlegung aller möglichen Methoden muß hier wegen des großen Umfangs und der außerordentlichen Vielfalt von Einflüssen verzichtet werden. Allein die ausführliche Erläuterung der Einflußfaktoren und deren Ermittlung würde ein Fachbuch ergeben (siehe Niemann/Winter, Maschinenelemente Bd. II, Springer Verlag Berlin Heidelberg New York Tokyo 1985, das Grundlage von DIN 3990 ist). Der praktische Wert einer Berechnung mit diesen vielen Einflußfaktoren hängt wesentlich von der Annahme des Anwendungsfaktors K_A ab. Muß dieser Faktor aufgrund von Anhaltswerten geschätzt werden, weil keine genauen Werte zur Verfügung stehen, so kann man diesen Mangel an Genauigkeit auch nicht durch eine anschließende umfangreiche Berechnung beseitigen. Außerdem streuen die Werkstoffkennwerte in weiten Grenzen.

Der Verfasser hat sich bemüht, die Berechnungen für die Methode C durch Vereinfachungen und Verallgemeinerungen übersichtlich darzustellen. Er ist sich bewußt, daß diese Methode die durch wissenschaftliche Forschung erkannten Zusammenhänge nur angenähert wiedergeben kann. Er ist sich bewußt, daß diese Methode die durch wissenschaftliche Forschung erkannten Zusammenhänge nur angenähert wiedergeben kann. Er ist aber auch der Meinung, damit den Erfordernissen der technischen Fach- und Hochschulen, wo für dieses Thema nur eine begrenzte Lehr- und Studienzeit zur Verfügung steht, und der Praxis, wo nicht immer eine ausführliche Berechnung möglich oder notwendig ist, weitgehend zu genügen. Wo es darauf ankommt und ausreichend genaue Daten zur Verfügung stehen, ist konsequent nach DIN 3990 zu rechnen.

Anwendungsfaktor K_A (Tab. 23.1). Er erfaßt alle Kräfte, die über die Nennumfangskraft F_{Nt} hinaus in das Getriebe eingeleitet werden, und die bereits im Abschnitt 23.1 besprochen wurden. Diese Zusatzkräfte hängen von der treibenden und von der getriebenen Maschine sowie von den Massen und Steifigkeiten des An- und Abtriebsstranges ab (z. B. Wellen und Kupplungen, Räder u. dgl.).

Dynamikfaktor K_V. Infolge von Flankenrichtungsabweichungen, Breitenballigkeit der Zahnflanken, Verformung der Zähne, des Gehäuses, der Wellen und der Radkörper sowie Schwingungen der Radmassen kommt es zu inneren dynamischen Zusatzkräften. Sie steigen mit der Umfangsgeschwindigkeit der Zahnkränze, nehmen aber mit steigender Belastung der Zähne ab. Die Kräfte werden berücksichtigt durch den

Dynamikfaktor $K_v \approx 1 + f_F \cdot K \cdot z_1 \cdot v \sqrt{\dfrac{u^2}{1 + u^2}} \cdot 10^{-5}$ (23.29)

f_F Lastkorrekturfaktor nach Tab. A 23.9, v in m/s   Umfangsgeschwindigkeit der Teilkreise
K in s/m   Verzahnungsfaktor nach Tab. A 23.9, $= d_1 \cdot \pi \cdot n_1 = d_2 \cdot \pi \cdot n_2$,
z_1 Zähnezahl des Ritzels, u Zähnezahlverhältnis $= z_2/z_1$.

Bei Schrägverzahnung mit $\varepsilon_\beta < 1$ sind die Tabellenwerte (Tab. A 23.9) zwischen $\varepsilon_\beta = 0$ der Geradverzahnung und $\varepsilon_\beta \geqq 1$ linear zu interpolieren.

Zur Beurteilung der Belastung eines Zahnpaares wird eingeführt die

Linienbelastung $w_t = \dfrac{F_{Nt}}{b} K_A \cdot K_v = w \cdot K_v$ (23.30)

F_{Nt} in N   Nennumfangskraft am Teilkreis des betr. Zahnrades,
b in mm   im Eingriff befindliche Zahnbreite,
K_A Anwendungsfaktor nach Tab. 23.1 Seite 494,
K_v Dynamikfaktor nach Gl. 23.29,
w in N/mm   Linienbelastung ohne K_v, u.z. $w = K_A \cdot F_{Nt} / b$ (s. auch Gl. 23.49 Seite 532).

Erfahrungsgemäß liegt w_t meistens zwischen 50 und 500 N/mm.

Breitenfaktoren $K_{F\beta}$ und $K_{H\beta}$. Infolge der fertigungsbedingten zulässigen Verzahnungsfehler bzw. Toleranzen und Achsneigungen verteilt sich die Last nicht gleichmäßig über die Zahnbreite, gleicht sich aber durch Einlaufen mehr und mehr aus. Die Lastverteilung wird mit diesen Faktoren erfaßt.

Breitenfaktor für die Zahnfußtragfähigkeit $K_{F\beta} \approx 1 + (K_\beta - 1) f_w \cdot f_p$ (23.31)

K_β Breitengrundfaktor nach Tab. A 23.10,

f_w Korrekturfaktor für die Linienbelastung	= 1	$\approx 1,15$	$\approx 1,3$	$\approx 1,45$	$\approx 1,6$
bei w_t in N/mm	$\geqq 350$	≈ 300	≈ 250	≈ 200	$\leqq 100$

Interpolieren nicht erforderlich, nächst liegenden Wert wählen,

f_p Werkstoffpaarungsfaktor	= 1	$\approx 0,7$	$\approx 0,5$
bei Paarung	St/St	GGG/GGG	GG/GG

Bei anderen Paarungen ist ein Mittelwert zu bilden, z. B. $f_p \approx 0,75$ bei St/GG.

Breitenfaktor für die Grübchentragfähigkeit $K_{H\beta} \approx K_{F\beta}^{1,39}$ (23.32)

Stirnfaktoren $K_{F\alpha}$ und $K_{H\alpha}$. Die Last verteilt sich meistens nicht gleichmäßig auf die jeweils im Eingriff befindlichen Zahnpaare. Inwieweit eine Aufteilung stattfindet, hängt von der Elastizität der gepaarten Werkstoffe und von der Verzahnungsqualität ab. Je elastischer die Werkstoffe sind und je genauer verzahnt ist, um so eher ist mit einer Lastaufteilung auf alle im Eingriff befindlichen Zahnpaare zu rechnen. Die Lastaufteilung wird mit einem Stirnfaktor $K_{F\alpha}$ bei der Zahnfußtragfähigkeit bzw. $K_{H\alpha}$ bei der Grübchentragfähigkeit erfaßt.

Stirnfaktor bei $\varepsilon_\gamma \leqq 2$: $K_{F\alpha} = K_{H\alpha} \approx \dfrac{\varepsilon_\gamma}{2}\left(0,9 + 0,4 \dfrac{c_\gamma (f_{pe} - y_p)}{w_t \cdot K_{F\beta}}\right)$ (23.33)

Stirnfaktor bei $\varepsilon_\gamma > 2$: $K_{F\alpha} = K_{H\alpha} \approx 0,9 + 0,4 \sqrt{\dfrac{2(\varepsilon_\gamma - 1)}{\varepsilon_\gamma}} \cdot \dfrac{c_\gamma (f_{pe} - y_p)}{w_t \cdot K_{F\beta}}$ (23.34)

ε_γ Gesamtüberdeckung nach Gl. 22.28 Seite 489, bei $\beta = 0$ ist $\varepsilon_\gamma = \varepsilon_\alpha$,
c_γ in N/(mm · µm)   Eingriffssteifigkeit (Zahnsteifigkeit) ≈ 20 bei St, ≈ 18 bei GGG, ≈ 14 N/(mm · µm) bei GG. Bei einer Paarung verschiedener Werkstoffe ist ein Mittelwert anzunehmen, z. B. ≈ 17 N/(mm · µm) für St/GG.
f_{pe} in µm   zulässige Eingriffsteilungsabweichung im Getriebe nach Tab. A 23.6 (unterer Teil),
y_p in µm   Einlaufbetrag, um den sich die Eingriffsteilungsabweichung beim Einlaufen verringert, nach Tab. A 23.6 (unterer Teil),
w_t in N/mm   Linienbelastung nach Gl. 23.30,
$K_{F\beta}$ Breitenfaktor nach Gl. 23.31.

Ergeben sich $K_{F\alpha} = K_{H\alpha} < 1$, so ist $K_{F\alpha} = K_{H\alpha} = 1$ einzusetzen. In diesem Falle erfolgt während des Eingriffs im Doppeleingriffsgebiet die Lastübertragung durch mehr als ein Zahnpaar. Wenn aber die Gl. 23.33 bzw. 23.34 einen Wert ergibt, der gleich oder größer ist als nach der Gl. 23.35 bzw. 23.36, dann überträgt nur ein Zahnpaar die Last während des Eingriffs und es ist der Wert für die Grenzbedingung einzusetzen, weil dann das Produkt $K_{F\alpha} \cdot Y_\varepsilon = 1$ bzw. $K_{H\alpha} \cdot Z_\varepsilon^2 = 1$ wird, während es < 1 ist, wenn mehr als ein Zahnpaar trägt.

Grenzbedingung für die Zahnfußtragfähigkeit $\quad K_{F\alpha} = 1/Y_\varepsilon$ (23.35)

Grenzbedingung für die Grübchentragfähigkeit $\quad K_{H\alpha} = 1/Z_\varepsilon^2$ (23.36)

Überdeckungsfaktor für die $\quad Y_\varepsilon = 0{,}25 + 0{,}75/\varepsilon_\alpha$ (23.37)
Zahnfußtragfähigkeit

Überdeckungsfaktor für die $\quad Z_\varepsilon = \sqrt{\dfrac{4 - \varepsilon_\alpha}{3}(1 - \varepsilon_\beta) + \dfrac{\varepsilon_\beta}{\varepsilon_\alpha}}$ (23.38)
Grübchentragfähigkeit

In die Gl. 23.38 ist $\varepsilon_\beta = 1$ zu setzen, falls $\varepsilon_\beta > 1$ ist! Bei Geradverzahnung ist $\varepsilon_\beta = 0$, womit sich für $Z_\varepsilon = \sqrt{(4 - \varepsilon_\alpha)/3}$ ergibt.

Beispiel 23.7

Für das schrägverzahnte V_{plus}-Radpaar nach den Beispielen 22.3, 22.4, 22.9 und 23.1 sind gegeben: $z_1 = 17$, $z_2 = 81$, $m_n = 4$ mm, $\alpha_n = 20°$, $\beta \approx 23{,}6°$, $d_1 = 74{,}2$ mm, $d_2 = 353{,}5$ mm, $u = 4{,}765$, $b = 30$ mm, $\varepsilon_\beta = 0{,}95$, $\varepsilon_\gamma = 2{,}27$, $\varepsilon_\alpha = 1{,}32$, $P_{Nb} = 25$ kW, $K_A = 1{,}3$, $n_2 = 300$ min^{-1} = 5 s^{-1}, Rad 1 aus St 60, Rad 2 aus St 50. Welche Verzahnungsqualität ist zu wählen? Wie groß sind die Einflußfaktoren K_v, $K_{F\beta}$, $K_{H\beta}$, $K_{F\alpha}$ und $K_{H\alpha}$?

Lösung:
1. Verzahnungsqualität (Genauigkeitsklasse)
Umfangsgeschwindigkeit $v = d_2 \cdot \pi \cdot n_2 = 0{,}3535$ m $\cdot \pi \cdot 5$ s^{-1} = 5,55 m/s. Nach Tab. 23.3 wird die Qualität 7 gewählt.

2. Dynamikfaktor K_v
Nennumfangskraft $F_{Nt} = P_{Nb}/v = 25$ kW/5,55 m/s ≈ 4500 N. Damit folgt nach Gl. 23.30 die Linienbelastung $w = F_{Nt} \cdot K_A/b = 4500$ N $\cdot 1{,}3/30$ mm = 195 N/mm.

Aus Tab. A 23.9 werden entnommen: $f_F \approx 1{,}67$ (interpoliert) und $K = 46$ s/m. Damit wird nach Gl. 23.29:

$$K_v \approx 1 + f_F \cdot K \cdot z_1 \cdot v \sqrt{\frac{u^2}{1 + u^2}} \, 10^{-5} = 1 + 1{,}67 \cdot 46 \cdot 17 \cdot 5{,}55 \sqrt{\frac{4{,}765^2}{1 + 4{,}765^2}} \, 10^{-5} \approx 1{,}071.$$

3. Linienbelastung w_t
Nach Gl. 23.30:

$$w_t = \frac{F_{Nt}}{b} \, K_A \cdot K_v = w \cdot K_v = 195 \, \frac{N}{mm} \, 1{,}071 \approx 209 \text{ N/mm}.$$

4. Breitenfaktor $K_{F\beta}$ für die Zahnfußtragfähigkeit
Aus Tab. A 23.10 wird $K_\beta = 1{,}11$ entnommen. Da $w_t \approx 200$ N/mm beträgt, wird $f_w \approx 1{,}45$ angenommen. Mit $f_p = 1$ wird nach Gl. 23.31:

$$K_{F\beta} \approx 1 + (K_\beta - 1) f_w \cdot f_p = 1 + (1{,}11 - 1) \, 1{,}45 \cdot 1 = 1{,}16.$$

5. Breitenfaktor $K_{H\beta}$ für die Grübchentragfähigkeit
Nach Gl. 23.22:

$$K_{H\beta} \approx K_{F\beta}^{1{,}39} = 1{,}16^{1{,}39} = 1{,}23.$$

6. Stirnfaktoren $K_{F\alpha}$ und $K_{H\alpha}$
Da $\varepsilon_\gamma > 2$ ist, gilt Gl. 23.34. Mit $c_\gamma = 20$ N/(mm · μm), $f_{pe} = 25$ μm und $y_p = 4$ μm (nach dem unteren Teil der Tab. A 23.6) wird

$$K_{F\alpha} = K_{H\alpha} \approx 0{,}9 + 0{,}4 \sqrt{\frac{2(\varepsilon_\gamma - 1)}{\varepsilon_\gamma} \, \frac{c_\gamma(f_{pe} - y_p)}{w_t \cdot K_{F\beta}}} = 0{,}9 + 0{,}4 \sqrt{\frac{2(2{,}27 - 1)}{2{,}27} \cdot \frac{20(25 - 4)}{209 \cdot 1{,}16}} = 1{,}633.$$

Nach Gl. 23.37 ist $Y_\varepsilon = 0,25 + 0,75/\varepsilon_\alpha = 0,25 + 0,75/1,32 = 0,818$, und mit $\varepsilon_\beta = 0,95$ ist nach Gl. 23.38

$$Z_\varepsilon^2 = \frac{4 - \varepsilon_\alpha}{3}\,(1 - \varepsilon_\beta) + \frac{\varepsilon_\beta}{\varepsilon_\alpha} = \frac{4 - 1,32}{3}\,(1 - 0,95) + \frac{0,95}{1,32} = 0,764.$$

Es gilt: $K_{F\alpha} = 1/Y_\varepsilon = 1/0,818 = 1,222 < 1,633$

$\qquad\quad K_{H\alpha} = 1/Z_\varepsilon^2 = 1/0,764 = 1,3 < 1,633.$

Somit sind zu setzen: $K_{F\alpha} = 1,222$ und $K_{H\alpha} = 1,3$. Es wird also während eines Eingriffs nur ein Zahnpaar als tragend angenommen.

23.10 Zahnfußtragfähigkeit der Stirnräder

Dafür ist zunächst zu errechnen die

Zahnfußnennspannung $\quad \sigma_{F0} = \dfrac{F_{Nt}}{b \cdot m_n}\, Y_{Fa} \cdot Y_{Sa} \cdot Y_\varepsilon \cdot Y_\beta = \dfrac{F_{Nt}}{b \cdot m_n}\, Y_{FS} \cdot Y_\varepsilon \cdot Y_\beta$ (23.40)

F_{Nt} in N   Nennumfangskraft am Teilkreis entspr. Gl. 23.2, d. h. $F_{Nt} = P_{Nb}/v$ mit P_{Nb} als zu übertragende Nennleistung und v als Umfangsgeschwindigkeit der Teilkreise,
b in mm   Zahnbreite,
m_n in mm   Normalmodul,
Y_{Fa} Formfaktor nach DIN 3990 (Tab. 23.19, Seite 537); er berücksichtigt die Zahnform,
Y_{Sa} Spannungskorrekturfaktor, der den Kraftangriff am Zahnkopf auf die entspr. örtliche Zahnfußspannung umrechnet, d. h. er erfaßt die spannungserhöhende Wirkung der Kerbe (der Fußrundung), nach DIN 3990 T3,
$Y_{FS} = Y_{Fa} \cdot Y_{Sa}$ Kopffaktor, für den Normalfall nach Tab. A 23.11. Bei Hohlrädern kann die Berechnung der Zahnfußtragfähigkeit entfallen, da die Zähne starke Füße besitzen und nicht brechen.
Y_ε Überdeckungsfaktor nach Gl. 23.37,
Y_β Schrägenfaktor nach Gl. 23.41:

Schrägenfaktor $\quad Y_\beta = 1 - \varepsilon_\beta\,\dfrac{\beta}{120°}$ (23.41)

ε_β Sprungüberdeckung nach Gl. 22.37 (Seite 489), bei $\varepsilon_\beta > 1$ ist $\varepsilon_\beta = 1$ einzusetzen,
β in °   Schrägungswinkel, bei $\beta > 30°$ ist $\beta = 30°$ einzusetzen.

Da die äußeren und inneren Zusatzkräfte berücksichtigt werden müssen, beträgt die

Zahnfußspannung $\quad \sigma_F = \sigma_{F0} \cdot K_A \cdot K_v \cdot K_{F\beta} \cdot K_{F\alpha}$ (23.42)

σ_{F0} in N/mm²   Zahnfußnennspannung nach Gl. 23.40,
K_A Anwendungsfaktor nach Tab. 23.1,
K_v Dynamikfaktor nach Gl. 23.29,
$K_{F\beta}$ Breitenfaktor nach Gl. 23.31,
$K_{F\alpha}$ Stirnfaktor nach Gl. 23.33 bzw. 23.34.

Mit der Zahnfußspannung läßt sich errechnen der

Sicherheitsfaktor $\quad S_F = \dfrac{\sigma_{FE} \cdot Y_{NT} \cdot Y_\delta \cdot Y_R \cdot Y_X}{\sigma_F}$ (23.43)

σ_{FE} in N/mm²   Schwell-Dauerfestigkeit des Zahnradwerkstoffs nach Tab. A 23.12. Bei Wechselbeanspruchung etwa 0,7-fache Werte.
Y_{NT} Lebensdauerfaktor für Zahnfußbeanspruchung, der die höhere Tragfähigkeit für eine begrenzte Anzahl von Lastspielen berücksichtigt. Siehe hierzu die auf Seite 527 unter der Legende stehenden Angaben.
Y_δ relative Stützziffer, die den Einfluß der Kerbempfindlichkeit des Werkstoffs berücksichtigt (in DIN 3990 mit $Y_{\delta\,relT}$ bezeichnet). Bei normaler Fußrundung kann $Y_\delta = 1$ gesetzt werden.

Y_R	relativer Oberflächenfaktor, der die Oberflächenrauheit in der Fußrundung berücksichtigt (in DIN 3990 mit $Y_{R\,rel\,T}$ bezeichnet). Siehe hierzu die untenstehenden Angaben.
Y_X	Größenfaktor für die Zahnfußfestigkeit nach Tab. A 23.13,
σ_F in N/mm²	Zahnfußspannung nach Gl. 23.42.

Wenn die Zähne auf Dauer halten sollen (Dauergetriebe), dann ist $Y_{NT} = 1$ zu setzen. Braucht die Verzahnung weniger als $3 \cdot 10^6$ Lastspiele auszuhalten, so ist Y_{NT} Bild 23.26 Seite 529 zu entnehmen.

Im Bereich bis zu einer Rauhtiefe $R_z = 40$ μm können folgende Zahlenwertgleichungen dienen:

für Baustahl und Stahlguß: $Y_R = 5{,}306 - 4{,}203\,(R_z + 1)^{0,01}$

für Grauguß, Gußeisen mit Kugelgraphit GGG-40 und 60, Vergütungs- und Nitrierstahl (nitriert oder nitrocarburiert): $Y_R = 4{,}299 - 3{,}259\,(R_z + 1)^{0,005}$

für Vergütungsstahl und Gußeisen mit Kugelgraphit GGG-80, Einsatzstahl und randschichtgehärteter Stahl mit gehärtetem Zahngrund: $Y_R = 1{,}674 - 0{,}529\,(R_z + 1)^{0,1}$

In DIN 3990 heißt es:
Der Bruch eines Zahnes bedeutet im allgemeinen das Ende der Lebensdauer des Getriebes. Vielfach wird als Folge eines Zahnbruches die gesamte Verzahnung des Getriebes zerstört. Unter Umständen wird dadurch die Verbindung zwischen An- und Abtriebswelle unterbrochen. Deshalb ist der Sicherheitsfaktor S_F gegen Zahnbruch größer zu wählen als S_H gegen Schäden durch Grübchenbildung. Nach einem Zahnbruch ist ein Betrieb mit verringerter Belastung möglich, wenn nur ein kleiner Teil eines oder mehrerer Zähne ausgebrochen ist und die übrigen Teile der Verzahnung unbeschädigt sind.
Achtung! Die Zahnfußspannung σ_F und der Sicherheitsfaktor S_F als Sicherheit gegen Zahndauerbruch müssen für beide Räder errechnet werden, da sowohl die Kopffaktoren Y_{FS} als auch die Werkstoffkennwerte σ_{FE} verschieden groß sind!
Übliche **Sicherheitsfaktoren** sind $S_F = 1{,}1 \ldots 1{,}3$, wenn mit dem Maximalmoment gerechnet wird, d.h. mit den Faktoren K_A, K_v, $K_{F\beta}$ und $K_{F\alpha}$. Wenn nur mit K_A gerechnet wird, d.h. ohne K_v, $K_{F\beta}$, $K_{F\alpha}$ und Y_ε, so sollte $S_F = 1{,}6 \ldots 2$ betragen. Eine höhere Sicherheit kann selbstverständlich nie schaden, ist aber im Hinblick auf optimale Konstruktionen nicht sinnvoll. Wenn in kritischen Fällen eine hohe Zuverlässigkeit gefordert wird (hohes Schadensrisiko), so ist bei einer Berechnung nur mit K_A ein Sicherheitsfaktor $S_F = 2 \ldots 3$ anzustreben.

Beispiel 23.8

Das schrägverzahnte V_{plus}-Radpaar nach den Beispielen 22.3, 22.4, 22.9, 23.1 und 23.7 ist auf Zahnfußtragfähigkeit für ein Zeitgetriebe mit $N_L = 10^5$ Lastspielen zu berechnen. Gegeben sind: $z_1 = 17$, $z_{n1} = 21{,}6 \approx 22$, $z_2 = 81$, $z_{n2} \approx 103$, $m_n = 4$ mm, $b = 30$ mm, $\beta = 23{,}6°$, $P_{Nb} = 25$ kW, $v = 5{,}55$ m/s, $K_A = 1{,}3$, $K_v = 1{,}071$, $K_{F\beta} = 1{,}16$, $K_{F\alpha} = 1{,}222$, $\varepsilon_\beta \approx 1$, $Y_\varepsilon = 0{,}818$, $x_1 = +0{,}6$, $x_2 = +0{,}3$. Gemittelte Rauhtiefe in der Fußrundung $R_z = 20$ μm.

Lösung:
1. Nennumfangskraft F_{Nt}
Nach der Legende zur Gl. 23.40 ist

$$F_{Nt} = \frac{P_{Nb}}{v} = \frac{25\ \text{kW}}{5{,}55\ \text{m/s}} \approx 4{,}5\ \text{kN} = 4500\ \text{N}.$$

2. Zahnfußnennspannungen σ_{F01} und σ_{F02}
Aus Tab. A 23.11 werden entnommen $Y_{FS1} = 4{,}28$ und $Y_{FS2} \approx 4{,}38$. Ferner ist nach Gl. 23.41 der Schrägenfaktor

$$Y_\beta = 1 - \varepsilon_\beta \frac{\beta}{120°} = 1 - 1\,\frac{23{,}6}{120} = 0{,}8.$$

Somit wird nach Gl. 23.40:

$$\sigma_{F01} = \frac{F_{Nt}}{b \cdot m_n} \, Y_{FS1} \cdot Y_\varepsilon \cdot Y_\beta = \frac{4500 \text{ N}}{30 \text{ mm} \cdot 4 \text{ mm}} \, 4{,}28 \cdot 0{,}818 \cdot 0{,}8 \approx 105 \text{ N/mm}^2,$$

$$\sigma_{F02} = \frac{Y_{FS2}}{Y_{FS1}} \, \sigma_{F01} = \frac{4{,}38}{4{,}28} \, 105 \text{ N/mm}^2 \approx 107 \text{ N/mm}^2.$$

3. Zahnfußspannungen σ_{F1} und σ_{F2}
Nach Gl. 23.42:

$$\sigma_{F1} = \sigma_{F01} \cdot K_A \cdot K_v \cdot K_{F\beta} \cdot K_{F\alpha} = 105 \text{ N/mm}^2 \cdot 1{,}3 \cdot 1{,}071 \cdot 1{,}16 \cdot 1{,}222 \approx 207 \text{ N/mm}^2$$

$$\sigma_{F2} = \frac{\sigma_{F02}}{\sigma_{F01}} \, \sigma_{F1} = \frac{107}{105} \, 207 \text{ N/mm}^2 = 211 \text{ N/mm}^2.$$

4. Sicherheitsfaktoren S_{F1} und S_{F2}
In Bild 23.26 wird für St und $N_L = 10^5$ der Lebensdauerfaktor $Y_{NT} = 1{,}75$ abgelesen. Ferner wird $Y_\delta = 1$ angenommen. Nach den Gln. auf Seite 527 ist

$$Y_R = 5{,}306 - 4{,}203 \, (R_z + 1)^{0{,}01} = 5{,}306 - 4{,}203 \, (20 + 1)^{0{,}01} \approx 0{,}97$$

und $Y_X = 1$ nach Tab. A 23.13. Für Rad 1 aus St 60 beträgt $\sigma_{FE} = 350 \text{ N/mm}^2$, für Rad 2 aus St 50 ist $\sigma_{FE} = 320 \text{ N/mm}^2$ (Tab. A 23.12). Somit nach Gl. 23.43:

$$S_{F1} = \frac{\sigma_{FE1} \cdot Y_{NT} \cdot Y_\delta \cdot Y_R \cdot Y_X}{\sigma_{F1}} = \frac{350 \cdot 1{,}75 \cdot 1 \cdot 0{,}97 \cdot 1}{207} = 2{,}87$$

$$S_{F2} = \frac{\sigma_{FE2} \cdot Y_{NT} \cdot Y_\delta \cdot Y_R \cdot Y_X}{\sigma_{F2}} = \frac{320 \cdot 1{,}75 \cdot 1 \cdot 0{,}97 \cdot 1}{211} = 2{,}57.$$

In beiden Fällen ist die Sicherheit gegen Zahndauerbruch recht groß. Für ein Dauergetriebe mit $Y_{NT} = 1$ ergeben sich die Sicherheitsfaktoren $S_{F1} = 1{,}64$ und $S_{F2} = 1{,}47$, die auch noch gut ausreichen.

23.11 Grübchentragfähigkeit der Stirnräder

Zunächst ist die bei einer fehlerfreien Verzahnung auftretende Pressung durch die Nennumfangskraft zu errechnen:

$$\text{Nominelle Flankenpressung} \quad \sigma_{H0} = Z_H \cdot Z_E \cdot Z_\varepsilon \cdot Z_\beta \sqrt{\frac{F_{Nt}}{d_1 \cdot b} \cdot \frac{u+1}{u}} \qquad (23.44)$$

Z_H Zonenfaktor nach Gl. 23.45, der die Krümmung der Flanken erfaßt,
Z_E in N/mm^2 Elastizitätsfaktor nach Tab. A 23.14 oder Gl. 23.46,
Z_ε Überdeckungsfaktor nach Gl. 23.38,
Z_β Schrägenfaktor $= \sqrt{\cos \beta}$ mit β als Schrägungswinkel, bei $\beta = 0$ ist $Z_\varepsilon = 1$,
F_{Nt} in N   Nennumfangskraft am Teilkreis, siehe Legende zur Gl. 23.40,
d_1 in mm   Teilkreisdurchmesser des Ritzels (niemals d_2 einsetzen!),
b in mm   Zahnbreite,
u Zähnezahlverhältnis $= z_2/z_1$.

$$\text{Zonenfaktor} \quad Z_H = \sqrt{\frac{2 \cos \beta_b}{\cos^2 \alpha_t \cdot \tan \alpha_{wt}}} \qquad (23.45)$$

β_b in $^\circ$ Grundschrägungswinkel nach Gl. 22.19 oder 22.20 (Seite 479),
α_{wt} in $^\circ$ Betriebs-Eingriffswinkel nach Gl. 22.25 bzw. 22.28 (Seite 482),
α_t in $^\circ$ Stirneingriffswinkel nach Gl. 22.8 (Seite 479).

Bei Null-Geradzahn-Stirnrädern wird $Z_H = \sqrt{2/\tan \alpha} \cdot (\cos \alpha)^{-1}$ und bei $\alpha = 20^\circ$ ist $Z_H = 2{,}49$.

Elastizitätsfaktor $\quad Z_E = \sqrt{0,\!35\,\dfrac{E_1 \cdot E_2}{E_2 + E_2}}$ (23.46)

E_1 in N/mm² Elastizitätsmodul des Ritzels (des Rades 1),
E_2 in N/mm² Elastizitätsmodul des Gegenrades (des Rades 2) nach Tab. A 23.14.

Nunmehr kann errechnet werden die

maßgebende Flankenpressung $\quad \sigma_H = \sigma_{H0}\,\sqrt{K_A \cdot K_v \cdot K_{H\beta} \cdot K_{H\alpha}}$ (23.47)

σ_{H0} in N/mm²	nominelle Flankenpressung nach Gl. 23.44,
K_A	Anwendungsfaktor nach Tab. 23.1 (Seite 500),
K_v	Dynamikfaktor nach Gl. 23.29 (Seite 524),
$K_{K\beta}$	Breitenfaktor nach Gl. 23.32 (Seite 524),
$K_{H\alpha}$	Stirnfaktor nach Gl. 23.33 bzw. 23.34 (Seite 524) bzw. Gl. 23.36.

Die maßgebende Flankenpressung während des Eingriffs zwischen den Ritzel- und Radzahnflanken ist allgemein größer als die nominelle. In jedem Eingriffspunkt sind die Pressungen an den sich berührenden Flanken gleich groß (siehe Bild 23.23).
Nun kann errechnet werden der

Sicherheitsfaktor $\quad S_H = \dfrac{\sigma_{H\,lim} \cdot Z_{NT}}{\sigma_H}\,Z_L \cdot Z_v \cdot Z_R \cdot Z_W \cdot Z_X$ (23.48)

$\sigma_{H\,lim}$ in N/mm² Dauerfestigkeit für Flankenpressung des betr. Radwerkstoffs nach Tab. A 23.12,
Z_{NT} Lebensdauerfaktor, der eine höhere Tragfähigkeit bei einer begrenzten Lebensdauer (Zeitgetriebe) berücksichtigt, nach Bild 23.27. Bei Dauergetrieben ist $Z_{NT} = 1$.
Z_L Schmierstofffaktor, der den Einfluß des Schmieröls berücksichtigt, nach Bild 23.28,
Z_v Geschwindigkeitsfaktor, der den Einfluß der Gleitgeschwindigkeit an den Flanken berücksichtigt, nach Bild 23.29,
Z_R Rauheitsfaktor, der die Oberflächenrauheit der Zahnflanken berücksichtigt, nach Bild 23.30,
Z_W Werkstoffpaarungsfaktor, der die Wirkung von oberflächengehärteten Gegenflanken berücksichtigt: Brinellhärte des weicheren Radwerkstoffs

	130	200	300	400	470
$Z_W =$	1,2	1,12	1,1	1,04	1,0

Sind beide Flanken ungehärtet oder gehärtet oder nitriert, so ist $Z_W = 1$ zu setzen.
Z_X Größenfaktor, der den Einfluß der Zahngröße berücksichtigt, nach Tab. A 23.13.

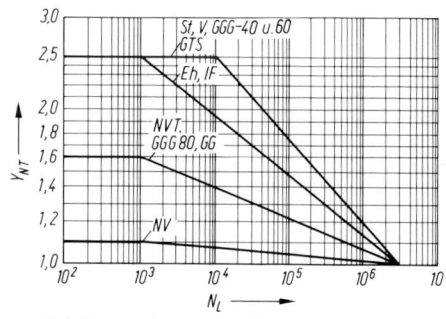

Bild 23.26 Lebensdauerfaktor Y_{NT}

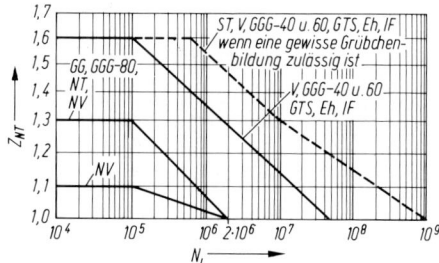

Bild 23.27 Lebensdauerfaktor Z_{NT}

Bedeutung in den Bildern 23.26 und 23.27 gemäß DIN 3990:
St = Baustahl und Stahlguß, V = Vergütungsstahl vergütet, GG = Grauguß, GGG = Gußeisen mit Kugelgraphit, GTS = Schwarzer Temperguß, Eh = Einsatzstahl einsatzgehärtet, IF = Stahl oder GGG induktiv- oder flammgehärtet, NTV = Nitrier- oder Vergütungsstahl nitriert, NV = Vergütungs- oder Einsatzstahl nitrocarburiert.

Achtung! Der **Sicherheitsfaktor** als Sicherheit gegen Grübchenschäden ist bei unterschiedlichen Werkstoffen von Rad und Gegenrad für beide Räder zu errechnen! Üblich sind $S_H = 1 \ldots 1,3$, bei hohem Schadensrisiko $S_H \approx 1,6$. Bei der Nachrechnung ausgeführter, bewährter Getriebe ergaben sich besonders von solchen mit niedrigen Umfangsgeschwindigkeiten, Aussetzbetrieb und seltener Höchstbelastung Sicherheiten bis herunter zu 0,7, insbesondere wenn mit allen Faktoren K_A, K_v, $K_{H\alpha}$ und $K_{H\beta}$ gerechnet wurde und bei Zeitgetrieben eine gewisse Grübchenbildung zugelassen werden kann.

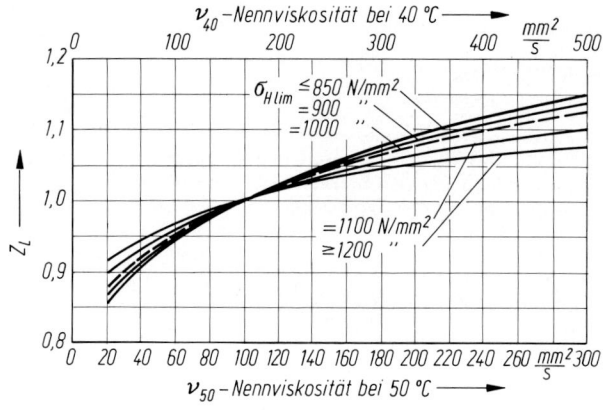

Bild 23.28 Schmierstoffaktor Z_L nach DIN 3990 T2

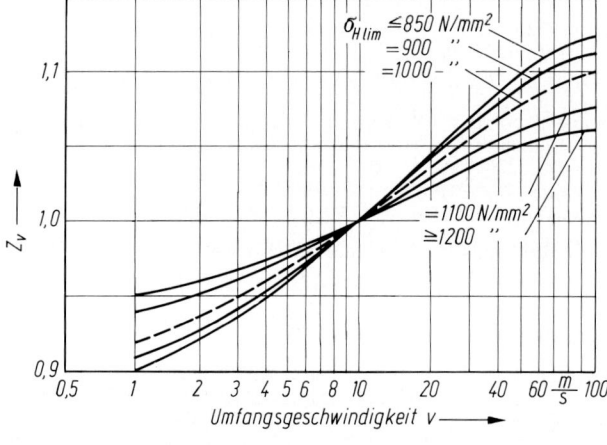

Bild 23.29 Geschwindigkeitsfaktor Z_v nach DIN 3990 T2

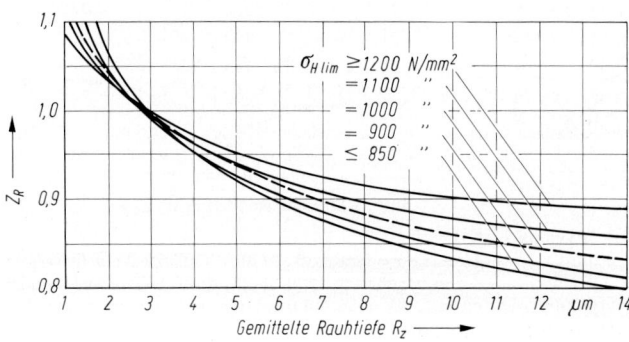

Bild 23.30 Rauheitsfaktor Z_R nach DIN 3990 T2

Beispiel 23.9

Das schrägverzahnte V_{plus}-Radpaar nach den Beispielen 22.3, 22.4, 22.9, 23.1, 23,7 und 23.8 ist auf Grübchentragfähigkeit für ein Zeitgetriebe mit $N_L = 10^5$ Lastspielen (Lastwechseln) zu berechnen. Gegeben sind:
$z_1 = 17$, $z_2 = 81$, $u = 4{,}765$, $x_1 = +0{,}6$, $x_2 = +0{,}3$, $\beta = 23{,}6°$, $m_n = 4$ mm, $d_1 = 74{,}2$ mm, $b = 30$ mm,
$F_{Nt} = 4500$ N, $Z_\varepsilon = \sqrt{0{,}764} = 0{,}87$, $K_A = 1{,}3$, $K_v = 1{,}071$, $K_{H\beta} = 1{,}23$, $K_{H\alpha} = 1{,}3$. Rauhtiefe der Zahnflanken $R_z = 3$ μm, $\beta_b = 22{,}08°$, $\alpha_t = 21{,}66°$, $\alpha_{wt} = 23{,}935°$, $v = 5{,}55$ m/s, Werkstoffe: Rad 1 aus St 60, Rad 2
aus St 50. Das Radpaar soll in einem mehrstufigen Getriebe laufen und wird mit einem Öl ISO VG 320 ge-
schmiert.

Lösung:
1. Nominelle Flankenpressung σ_{H0}
Zonenfaktor nach Gl. 23.45:

$$Z_H = \sqrt{\frac{2\cos\beta_b}{\cos^2\alpha_t \cdot \tan\alpha_{wt}}} = \sqrt{\frac{2\cos 22{,}08°}{\cos^2 21{,}66° \cdot \tan 23{,}935°}} = 2{,}2$$

Nach Tab. A 23.14 ist für St/St der Elastizitätsfaktor $Z_E = 189{,}8 \sqrt{N/mm^2}$.
Schrägenfaktor $Z_\beta = \sqrt{\cos\beta} = \sqrt{\cos 23{,}6°} = 0{,}957$. Damit wird nach Gl. 23.44:

$$\sigma_{H0} = Z_H \cdot Z_E \cdot Z_\varepsilon \cdot Z_\beta \sqrt{\frac{F_{Nt}}{d_1 \cdot b} \cdot \frac{u+1}{u}}$$

$$= 2{,}2 \cdot 189{,}8 \sqrt{N/mm^2}\, 0{,}87 \cdot 0{,}957 \sqrt{\frac{4500\ N}{74{,}2\ mm \cdot 30\ mm} \cdot \frac{4{,}765+1}{4{,}765}} = 544\ N/mm^2$$

2. Maßgebende Flankenpressung σ_H
Nach Gl. 23.47:

$$\sigma_H = \sigma_{H0} \sqrt{K_A \cdot K_v \cdot K_{H\beta} \cdot K_{H\alpha}} = 544\ N/mm^2 \sqrt{1{,}3 \cdot 1{,}071 \cdot 1{,}23 \cdot 1{,}3} = 812\ N/mm^2$$

3. Sicherheitsfaktoren S_{H1} und S_{H2}
Aus Bild 23.27 wird für St abgelesen der Lebensdauerfaktor $Z_{NT} = 1{,}6$, aus Bild 23.28 der Schmierstofffaktor
$Z_L = 1{,}08$ für $\sigma_{H\,lim} < 850$ N/mm^2 und $v_{40} = 320$ mm^2/s, aus Bild 23.29 der Geschwindigkeitsfaktor
$Z_v = 0{,}97$ für $v \approx 6$ m/s und $\sigma_{H\,lim} < 850$ N/mm^2, aus Bild 23.30 der Rauheitsfaktor $Z_R = 1$ für $R_z = 3$ μm
und $\sigma_{H\,lim} < 850$ N/mm^2, Werkstoffpaarungsfaktor $Z_W = 1$, da keine Flankenhärtung erfolgt, Größenfaktor
$Z_X = 1$ aus Tab. A 23.13 für $m_n < 5$ mm.
Mit $\sigma_{H\,lim1} = 430$ N/mm^2 für St 60 und $\sigma_{H\,lim2} = 370$ N/mm^2 für St 50 nach Tab. A 23.12 wird nach
Gl. 23.48:

$$S_{H1} = \frac{\sigma_{H\,lim1} \cdot Z_{NT}}{\sigma_H} Z_L \cdot Z_v \cdot Z_R \cdot Z_W \cdot Z_X = \frac{430 \cdot 1{,}6}{812} 1{,}08 \cdot 0{,}97 \cdot 1 \cdot 1 \cdot 1 = 0{,}89$$

$$S_{H2} = S_{H1} \frac{\sigma_{H\,lim2}}{\sigma_{H\,lim1}} = 0{,}89 \frac{370}{430} = 0{,}77.$$

Diese Sicherheiten sind < 1 und somit nicht ausreichend. Es empfiehlt sich daher, die Werkstoffpaarung
auf St 70/St 60 zu ändern und die Zahnbreite auf 35 mm zu vergrößern.

23.12 Zahnfußtragfähigkeit der Kegelräder

Die Berechnung ist prinzipiell die gleiche wie bei Stirnrädern, weil man sich die Kegelräder
durch Stirnräder mit dem mittleren Normalmodul m_{nm} und den virtuellen Zähnezahlen Z_v ersetzt
denken kann (siehe Bild 22.22 Seite 494). Die Tragfähigkeitsberechnung von Kegelrädern ist mit
DIN 3991 genormt. Für das folgende Berechnungsverfahren gilt ebenfalls das für DIN 3990 auf
Seite 523 Gesagte.
Zur Berechnung des Dynamikfaktors wird benötigt die

Linienbelastung $w = \dfrac{F_{Nt}}{b}\, K_A = \dfrac{F_t}{b}$ (23.49)

w	in N/mm	Linienbelastung des Zahnpaares ohne Dynamikfaktor,
F_{Nt}	in N	Nennumfangskraft am mittleren Teilkreis $= P_{Nb}/v_m$ mit P_{Nb} als zu übertragende Nennleistung in W und v_m in m/s als Umfangsgeschwindigkeit der mittleren Teilkreise $= d_{m1} \cdot \pi \cdot n_1 = d_{m2} \cdot \pi \cdot n_2$,
b	in mm	Zahnbreite,
K_A		Anwendungsfaktor nach Tab. 23.1 Seite 500,
F_t	in N	Umfangskraft am mittleren Teilkreis unter Berücksichtigung der Betriebsbedingungen $= F_{Nt} \cdot K_A$.

Sinngemäß zu den Stirnrädern (siehe Seite 524) beträgt der

Dynamikfaktor $K_v \approx 1 + f_F \cdot K \cdot z_1 \cdot v_m \sqrt{\dfrac{u^2}{1+u^2}}\; 10^{-5}$ (23.50)

f_F		Lastkorrekturfaktor nach Tab. A 23.9,
K	in s/m	Verzahnungsfaktor nach Tab. A 23.9,
z_1		Zähnezahl des Ritzels,
v_m	in m/s	Umfangsgeschwindigkeit der mittleren Teilkreise, siehe Legende zur Gl. 23.49,
u		Zähnezahlverhältnis $= z_2/z_1$

Zur Berechnung der Zahnfußspannung wird benötigt der **Stirn-Breitenfaktor** $K_{\alpha\beta}$ als Produkt von Stirnfaktor $K_{F\alpha}$ und Breitenfaktor $K_{F\beta}$. Wegen der größeren Unsicherheiten bei Kegelrädern und des begrenzten Tragbildes (Kegelräder tragen nicht auf der gesamten Zahnbreite) ist es üblich zu setzen:

$K_{\alpha\beta} = 2$ bei beidseitiger Lagerung beider Räder,
$\quad\;\; = 2{,}2$ bei fliegendem Ritzel und beidseitig gelagertem Tellerrad (Rad 2),
$\quad\;\; = 2{,}5$ bei fliegender Lagerung beider Räder.

Das Tragbild darf bei keinem Betriebszustand an einem Zahnende liegen!
Es beträgt die

Zahnfußnennspannung $\sigma_{F0} = \dfrac{F_{Nt}}{b \cdot m_{nm}}\, Y_{FS} \cdot Y_\varepsilon \cdot Y_\beta$ (23.51)

F_{Nt} in N		siehe Legende zur Gl. 23.49,
b	in mm	Zahnbreite,
m_{nm} in mm		mittlerer Normalmodul nach Gl. 22.47 Seite 493, ggf. nach Tab. 22.1 Seite 473,
Y_{FS}		Kopffaktor, für den Normalfall nach Tab. A 23.11. Anstelle der Ersatzzähnezahl z_n gilt die virtuelle Ersatzzähnezahl z_{vn} nach Gl. 22.57 Seite 496, siehe auch Legende zur Gl. 23.40,
Y_ε		Überdeckungsfaktor $= 1/\varepsilon_\alpha$,
Y_β		Schrägenfaktor $= 1 - \varepsilon_\beta \cdot \beta_m/120°$ mit $\varepsilon_\beta \leq 1$ entspr. Gl. 23.41 Seite 526.

Damit ist zu errechnen die

Zahnfußspannung $\sigma_F = \sigma_{F0} \cdot K_A \cdot K_v \cdot K_{\alpha\beta}$ (23.52)

σ_{F0} in N/mm²	Zahnfußnennspannung nach Gl. 23.51,
K_A	Anwendungsfaktor nach Tab. 23.1 Seite 500,
K_v	Dynamikfaktor nach Gl. 23.50,
$K_{\alpha\beta}$	Stirn-Breitenfaktor nach den obigen Angaben.

Mit der Zahnfußspannung läßt sich für jedes Rad errechnen der

Sicherheitsfaktor $\quad S_F = \dfrac{\sigma_{FE} \cdot Y_{NT}}{\sigma_F} Y_X$ (23.53)

σ_{FE} in N/mm^2 Schwell-Dauerfestigkeit des Zahnradwerkstoffs (der ungekerbten Probe) nach Tab. A 23.12. Bei Wechselbeanspruchung etwa 0,7-fache Werte.

Y_{NT} Lebensdauerfaktor für eine höhere Tragfähigkeit bei Zeitgetrieben nach Bild 23.26 Seite 529. Bei Dauergetrieben ist $Y_{NT} = 1$.

Y_X Größenfaktor nach Tab. A 23.13.

Die Faktoren Y_δ und Y_R (siehe Gl. 23.43) werden vernachlässigt.

Über die **üblichen Sicherheiten** S_F gegen Zahndurchbruch siehe Abschnitt 23.10 Seite 527.

Beispiel 23.10

Das Schrägzahn-Kegelradpaar nach Beispiel 22.13 ist auf Zahnfußtragfähigkeit für ein Dauergetriebe zu berechnen. Es sind gegeben: $z_1 = 17$, $z_{v1} = 17,3$, $z_{vn1} = 21,7 \approx 22$, $z_2 = 86$, $z_{v2} = -261,5$ (Hohlrad mit Innenverzahnung), $x_1 = x_2 = 0$, $u \approx 5$, $\Sigma = 120°$, $\beta_m = 22°$, $m_{nm} = 3$ mm, $b = 30$ mm, $d_{m1} = 55$ mm, $d_{m2} = 278,3$ mm, $\varepsilon_\alpha = 1,6$, $\varepsilon_\beta = 1,19$, $P_{Nb} = 12$ kW, $K_A = 1,6$, $v_m = 3$ m/s, Rad 1 aus Einsatzstahl 15CrNi6 einsatzgehärtet, Rad 2 aus Vergütungsstahl 31CrMoV9 gasnitriert. Das Ritzel 1 ist fliegend gelagert.

Lösung:
1. Linienbelastung w
Nach der Legende zur Gl. 23.49 wird entspr. Gl. 23.11:

$$F_{Nt} = \frac{P_{Nb}}{v_m} = \frac{12\ kW}{3\ m/s} = 4\ kN = 4000\ N.$$

Somit nach Gl. 23.49:

$$w = \frac{F_{Nt}}{b}\ K_A = \frac{4000\ N}{30\ mm}\ 1,6 = 213\ N/mm.$$

2. Dynamikfaktor K_v
Aus Tab. 23.3 (Seite 518) wird für $v_m = 3$ m/s die Verzahnungsqualität 8 gewählt. Aus Tab. A 23.9 werden für $w \approx 200$ N/mm und $\varepsilon_\beta > 1$ entnommen: $f_F = 1,65$ und $K = 68$ s/m. Nach Gl. 23.50:

$$K_v \approx 1 + f_F \cdot K \cdot z_1 \cdot v_m \sqrt{\frac{u^2}{1+u^2}}\ 10^{-5} = 1 + 1,65 \cdot 68 \cdot 17 \cdot 3 \sqrt{\frac{5^2}{1+5^2}}\ 10^{-5} = 1,056.$$

3. Zahnfußnennspannung σ_{F01}
Nach Tab. A 23.11 ist bei $x = 0$ und $z_{vn1} = 22$ der Kopffaktor $Y_{FS1} = 4,58$. Da das Ersatzstirnrad für Rad 2 ein Hohlrad ist, entfällt für dieses die Berechnung auf Zahnfuß-Tragfähigkeit (siehe Legende zur Gl. 23.40). Mit $Y_\varepsilon = 1/\varepsilon_\alpha = 1/1,6 = 0,625$ und $Y_\beta = 1 - \varepsilon_\beta \cdot \beta_m/120° = 1 - 1 \cdot 22/120 = 0,82$ (Gl. 23.41) wird nach Gl. 23.51:

$$\sigma_{F01} = \frac{F_{Nt}}{b \cdot m_{nm}}\ Y_{FS1} \cdot Y_\varepsilon \cdot Y_\beta = \frac{4000\ N}{30\ mm \cdot 3\ mm}\ 4,58 \cdot 0,625 \cdot 0,82 = 104,3\ N/mm^2.$$

4. Zahnfußspannung σ_{F1}
Mit $K_{\alpha\beta} = 2,2$ (Ritzel fliegend gelagert) wird mit Gl. 23.52:

$$\sigma_{F1} = \sigma_{F01} \cdot K_A \cdot K_v \cdot K_{\alpha\beta} = 104,3\ N/mm^2 \cdot 1,6 \cdot 1,056 \cdot 2,2 = 387,7\ N/mm^2.$$

5. Sicherheitsfaktor S_{F1}
Mit $Y_{NT} = 1$ (Dauergetriebe) und $Y_X = 1$ nach Tab. A 23.13 wird mit $\sigma_{FE1} = 920$ N/mm² aus Tab. A 23.12 nach Gl. 23.53:

$$S_{F1} = \frac{\sigma_{FE1} \cdot Y_{NT}}{\sigma_{F1}}\ Y_X = 920/387,7 \approx 2,37 > 1,$$

d. h. die Sicherheit ist groß genug.

23.13 Grübchentragfähigkeit der Kegelräder

Wie bei den Stirnrädern ist zunächst zu errechnen die

$$\text{nominelle Flankenpressung} \quad \sigma_{H0} = Z_H \cdot Z_E \cdot Z_\varepsilon \cdot Z_\beta \sqrt{\frac{F_{Nt}}{d_{vm1} \cdot b_H} \cdot \frac{u_v + 1}{u_v}} \qquad (23.54)$$

Z_H	Zonenfaktor nach Gl. 23.55, der für Null-Kegelradpaare die Krümmung der Flanken erfaßt,
$Z_E \quad \sqrt{\text{in N/mm}^2}$	Elastizitätsfaktor nach Tab. A 23.14 oder Gl. 23.46,
Z_ε	Überdeckungsfaktor nach Gl. 23.38 Seite 525,
Z_β	Schrägenfaktor $= \sqrt{\cos \beta_m}$ mit β_m als mittlerem Schrägungswinkel,
$F_{Nt} \quad$ in N	Nennumfangskraft am mittleren Teilkreis, siehe Legende zur Gl. 23.49 Seite 532,
d_{vm1} in mm	mittlerer Teilkreisdurchmesser des virtuellen Ersatzstirnrades $= z_{v1} \cdot m_{nm}/\cos \beta_m$ (niemals d_{vm2} einsetzen!),
$b_H \quad$ in mm	tragende Zahnbreite $\approx 0,85 b$, d.h. 85% der Zahnbreite b werden als tragend angenommen,
u_v	virtuelles Zähnezahlverhältnis $= z_{v2}/z_{v1}$.

$$\text{Zonenfaktor für Null-Kegelradpaare} \quad Z_H = 2 \sqrt{\frac{\cos \beta_b}{\sin(2\,\alpha_t)}} \qquad (23.55)$$

β_b in °	Grundschrägungswinkel aus $\sin \beta_b = \sin \beta_m \cdot \cos \alpha_n$ nach Gl. 22.20, wobei in der Regel $\alpha_n = 20°$ ist,
α_t in °	Stirneingriffswinkel aus $\tan \alpha_t = \tan \alpha_n / \cos \beta_m$ nach Gl. 22.8.

Danach können errechnet werden:

$$\text{maßgebende Flankenpressung} \quad \sigma_H = \sigma_{H0} \sqrt{K_A \cdot K_v \cdot K_{\alpha\beta}} \qquad (23.56)$$

σ_{H0} in N/mm²	nominelle Flankenpressung nach Gl. 23.54,
K_A	Anwendungsfaktor nach Tab. 23.1 Seite 500,
K_v	Dynamikfaktor nach Gl. 23.50,
$K_{\alpha\beta}$	Stirn-Breitenfaktor nach den Angaben auf Seite 532.

$$\text{Sicherheitsfaktor } S_H = \frac{\sigma_{H\,lim} \cdot Z_{NT}}{\sigma_H} Z_X \qquad (23.57)$$

$\sigma_{H\,lim}$ in N/mm²	Dauerfestigkeit für Flankenpressung des betr. Radwerkstoffs nach Tab. A 23.12,
Z_{NT}	Lebensdauerfaktor, der eine höhere Tragfähigkeit bei einer begrenzten Lebensdauer (Zeitgetriebe) berücksichtigt, nach Bild 23.27. Bei Dauergetrieben ist $Z_{NT} = 1$.
Z_X	Größenfaktor, der den Einfluß der Zahngröße berücksichtigt, nach Tab. A 23.13.

Vernachlässigt werden der Schmierstoffaktor Z_L, der Geschwindigkeitsfaktor Z_v, der Rauheitsfaktor Z_R und der Werkstoffpaarungsfaktor Z_W, d.h. deren Produkt wird zu 1 angenommen.

Übliche Sicherheiten S_H gegen Grübchenschäden siehe Abschnitt 23.11 Seite 530.

Beispiel 23.11

Das Schrägzahn-Null-Kegelradpaar nach den Beispielen 22.13 und 23.10 ist auf Grübchentragfähigkeit für ein Dauergetriebe zu berechnen. Es sind gegeben: $z_1 = 17$, $z_2 = 86$, $\Sigma = 120°$, $\alpha_t = 21,43°$, $\beta_m = 22°$, $m_{nm} = 3$ mm, $b = 30$ mm, $z_{v1} = 17,3$, $z_{v2} = -261,5$, $u_v = z_{v2}/z_{v1} = -15,1$ (Innengetriebe), $\varepsilon_\alpha = 1,6$, $\varepsilon_\beta = 1,19$, $K_A = 1,6$, $K_v = 1,056$, $K_{\alpha\beta} = 2,2$, $F_{Nt} = 4000$ N, Rad 1 besteht aus Einsatzstahl 15CrNi6 einsatzgehärtet, Rad 2 aus Vergütungsstahl 31CrMoV9 gasnitriert.

Lösung:
1. Nominelle Flankenpressung σ_{H0}
Aus $\sin \beta_b = \sin \beta_m \cdot \cos \alpha_n = \sin 22° \cdot \cos 20°$ folgt $\beta_b = 20,6°$. Zonenfaktor nach Gl. 23.55:

$$Z_H = 2 \sqrt{\frac{\cos \beta_b}{\sin(2\,\alpha_t)}} = 2 \sqrt{\frac{\cos 20,6°}{\sin(2 \cdot 21,43°)}} \approx 2,35.$$

Nach Tab. A 23.14 ist $Z_E = 189,8 \sqrt{N/mm^2}$. Ferner betragen $Z_\beta = \sqrt{\cos \beta_m} = \sqrt{\cos 22°} = 0,963$, $d_{vm1} = z_{v1} \cdot m_{nm}/\cos\beta_m = 17,3 \cdot 3\ mm/\cos 22° = 56\ mm$ und $b_H = 0,85 b = 0,85 \cdot 30\ mm = 25,5\ mm$. Da $\varepsilon_\beta > 1$ ist, wird nach Gl. 23.38 der Faktor $Z_\varepsilon = \sqrt{1/\varepsilon_\alpha} = \sqrt{1/1,6} = 0,79$. Somit nach Gl. 23.54:

$$\sigma_{H0} = Z_H \cdot Z_E \cdot Z_\varepsilon \cdot Z_\beta \sqrt{\frac{F_{Nt}}{d_{vm1} \cdot b_H} \cdot \frac{u_v + 1}{u_v}}$$

$$= 2,35 \cdot 189,8 \sqrt{N/mm^2} \cdot 0,79 \cdot 0,963 \sqrt{\frac{4000\ N}{56\ mm \cdot 25,5\ mm} \cdot \frac{-15,1+1}{-15,1}} = 548,8\ N/mm^2.$$

2. Maßgebende Flankenpressung σ_H

Nach Gl. 23.56:

$$\sigma_H = \sigma_{H0} \sqrt{K_A \cdot K_v \cdot K_{\alpha\beta}} = 548,8\ N/mm^2 \sqrt{1,6 \cdot 1,056 \cdot 2,2} = 1058\ N/mm^2.$$

3. Sicherheiten S_H gegen Grübchenschäden

Mit $Z_{NT} = 1$ (Dauergetriebe), $Z_X = 1$ aus Tab. A 23.13, $\sigma_{H\,lim1} = 1490\ N/mm^2$ und $\sigma_{H\,lim2} = 1230\ N/mm^2$ aus Tab. A 23.12 werden nach Gl. 23.57:

$$S_{H1} = \frac{\sigma_{H\,lim1} \cdot Z_{NT}}{\sigma_H} = 1490/1058 = 1,4,$$

$$S_{H2} = \frac{\sigma_{H\,lim2} \cdot Z_{NT}}{\sigma_H} = 1230/1058 = 1,16.$$

Beide Sicherheiten sind ausreichend.

23.14 Berechnung der Räder aus thermoplastischen Kunststoffen auf Tragfähigkeit und Verformung

Thermoplastische Kunststoffe haben keine Dauerfestigkeit wie Metalle, sondern nur eine Zeitfestigkeit, die degressiv mit der Lastspielzahl abnimmt. Es empfiehlt sich, zunächst eine Überschlagsberechnung vorzunehmen, die darüber Aufschluß gibt, ob das vorgesehene Kunststoffrad tragfähig genug sein kann. Dazu dient der

$$Belastungskennwert \quad c = \frac{F_{Nt}}{b \cdot p_t} \tag{23.58}$$

F_{Nt} in N   Nennumfang am Teilkreis entspr. Gl. 23.2 Seite 501,
b in mm   Zahnbreite,
p_1 in mm   Stirnteilung = $m_n \cdot \pi/\cos\beta$.

In Tab. A 23.15 sind für verschiedene Kunststoffe die Erfahrungswerte für c in Abhängigkeit von der erreichbaren Lastspielzahl N aufgeführt. Die Lebensdauer in Stunden ist dann $L_h = N/n$ mit n als Drehzahl bzw. Anzahl der Eingriffe eines Zahnes je Stunde. Für Dauergetriebe ist c_{zul} bei $N = 10^8$ maßgebend.

Beispiel 23.12

Ein geradverzahntes V-Stirnrad soll als Rad 2 bei $n_2 = 500\ min^{-1} = 8,33\ s^{-1}$ eine Nennleistung $P_N = 20\ kW$ übertragen, Gegenrad 1 aus Stahl. Es sind vorgesehen: $z_1 = 20$, $z_2 = 73$, $m = 5\ mm$, $b = 65\ mm$, $d_2 = 365\ mm$. Ist ein thermoplastischer Kunststoff geeignet, wenn das Rad bei Fettschmierung in einem Dauergetriebe laufen soll?

Lösung:

Mit $v = d_2 \cdot \pi \cdot n_2 = 0,365\ m \cdot \pi \cdot 8,33\ s^{-1} = 9,55\ m/s$ wird

$$F_{Nt} = \frac{P_N}{v} = \frac{20\,000\ W}{9,55\ m/s} = 2094\ N.$$

Bei $\beta = 0°$ ist $p_t = p = m \cdot \pi = 5$ mm $\cdot \pi = 15{,}7$ mm.
Somit nach Gl. 23.58:

$$c = \frac{F_{Nt}}{b \cdot p_t} = \frac{2094 \text{ N}}{65 \text{ mm} \cdot 15{,}7 \text{ mm}} \approx 2 \text{ N/mm}^2$$

Nach Tab. A 23.15 hat PA 12 bei $N = 10^8$ und Fettschmierung einen zulässigen Belastungskennwert $c_{zul} = 2{,}4$ N/mm², so daß zunächst PA 12 G (gegossen) gewählt wird.

Nun muß die Erwärmung der Zähne und die der Flanken ermittelt werden, da die Haltbarkeit der thermoplastischen Kunststoffe stark von der Gebrauchstemperatur abhängt. Die Temperatur der Zähne ist für die Zahnfuß-Tragfähigkeit, die Temperatur der Flanken für die Flanken-Tragfähigkeit maßgebend. Bei $v \geqq$ **5 m/s** lauten erfahrungsgemäß die **Zahlenwertgleichungen** für die

Zahntemperatur

$$t_F \approx t_0 + 136 \cdot P_N \cdot \mu \, \frac{u+1}{z_2+5} \left[\frac{17\,100}{b \cdot z} \cdot \frac{K_{F1}}{(v \cdot m_n)^\kappa} + 6{,}3 \, \frac{K_{F2}}{A} \right] \text{ in °C} \qquad (23.59)$$

Flankentemperatur

$$t_H \approx t_0 + 136 \cdot P_N \cdot \mu \, \frac{u+1}{z_2+5} \left[\frac{17\,100}{b \cdot z} \cdot \frac{K_{H1}}{(v \cdot m_n)^\kappa} + 6{,}3 \, \frac{K_{H2}}{A} \right] \text{ in °C} \qquad (23.60)$$

t_0	in °C	Umgebungstemperatur, im Normalfall 20 °C,
P_N	in kW	zu übertragende Nennleistung,
μ		Reibzahl nach Tab. A 23.16,
u		Zähnezahlverhältnis nach Gl. 21.2,
z_2		Zähnezahl des Großrades,
z		Zähnezahl des Kunststoffrades (das kann z_1 oder z_2 sein),
b	in mm	Zahnbreite,
K_{F1}, K_{F2}		Beiwerte für die Zahntemperatur nach Tab. A 23.16,
K_{H1}, K_{H2}		Beiwerte für die Flankentemperatur nach Tab. A 23.16,
v	in m/s	Umfangsgeschwindigkeit der Teilkreise, bei Kegelrädern der mittleren Teilkreise,
m_n	in mm	Normalmodul,
κ		Exponent nach Tab. A 23.16,
A	in m²	wärmeabführende Oberfläche des Getriebegehäuses, die aus der Konstruktionszeichnung zu entnehmen ist. Sie entfällt bei offenen Getrieben.

P_N, b, v, m_n und A sind nur mit ihren **Zahlenwerten** unter Fortlassung ihrer vorstehend aufgeführten Einheiten einzusetzen!

Bei $v <$ **5 m/s entfällt die Berechnung der Temperaturen.** In diesen Fällen ist mit der Umgebungstemperatur zu rechnen, d. h. mit $t_F = t_H = t_0$.

Ähnlich wie die Metallräder werden auch Kunststoffräder auf Zahnfuß- und Flanken-Tragfähigkeit berechnet. Die maßgebenden Festigkeitswerte sind vom Hersteller einzuholen, falls nicht die hier aufgeführten Kunststoffe in Betracht kommen. Da Kunststoff sehr elastisch ist, wird davon ausgegangen, daß sich die Zahnkraft gleichmäßig auf die im Eingriff befindlichen Zahnpaare aufteilt und daß wegen der Dämpfungseigenschaften die inneren dynamischen Kräfte rechnerisch nicht erfaßt zu werden brauchen. Dadurch vereinfacht sich die Berechnung.

1. Berechnung auf Zahnfuß-Tragfähigkeit
Es beträgt die

Zahnfußspannung $\sigma_F = \dfrac{w}{m_n} \, Y_{Fa} \cdot Y_\varepsilon \cdot Y_\beta$ $\qquad\qquad\qquad\qquad$ (23.61)

w	in N/mm	$= F_{Nt} \cdot K_A/b$ nach Gl. 23.30 ist die Linienbelastung mit $F_{Nt} = P_N/v$ als Nennumfangskraft am Teilkreis und b als Zahnbreite. P_N ist die zu übertragende Nennleistung und v die Umfangsgeschwindigkeit der Teilkreise, K_A der Anwendungsfaktor nach Tab. 23.1 Seite 500.

m_n in mm   Normalmodul, bei Kegelrädern m_{nm},

Y_{Fa} Zahnformfaktor nach Tab. 23.19. Kerbwirkungen brauchen nicht in Betracht gezogen zu werden.

Y_ε Lastanteilfaktor $= 1/\varepsilon_\alpha$ mit ε_α als Überdeckungsgrad (Gln. 22.34 bis 22.36), bei Kegelrädern ist $Y_\varepsilon = 1$.

Y_β Schrägenfaktor $= \sqrt{\cos\beta} \geqq 0,75$.

Sicherheit gegen Zahn-Dauerbruch $S_F = \sigma_{FN}/\sigma_F$ (23.62)

σ_{FN} in N/mm²   Zeit-Schwellfestigkeit des Betr. Kunststoffs bei der erforderlichen Lastspielzahl N nach Tab. A 23.17,

σ_F in N/mm²   Zahnfußspannung nach Gl. 23.61.

Üblich sind: $S_F \geqq 1,25$ bei Zeitgetrieben mit N Lastspielen,
          $\geqq 2$ bei Dauergetrieben, wenn σ_{FN} bei $N = 10^8$ Lastspielen eingesetzt wird.

Tab. 23.19   Zahnformfaktoren Y_{Fa} in Abhängigkeit von den Profilverschiebungsfaktoren x und den Ersatzzähnezahlen z_n bzw. z_{vn} (zusammengestellt nach DIN 3990)

z_n / z_{vn}	Zahnformfaktor Y_{Fa} bei Profilverschiebungsfaktor $x =$																				
	$-0{,}6$	$-0{,}5$	$-0{,}4$	$-0{,}3$	$-0{,}2$	$-0{,}1$	0	$+0{,}1$	$+0{,}2$	$+0{,}3$	$+0{,}4$	$+0{,}5$	$+0{,}6$	$+0{,}7$	$+0{,}8$	$+0{,}9$	$+1{,}0$	$+1{,}1$	$+1{,}2$	$+1{,}3$	$+1{,}4$
7												2,84									
8											2,98	2,69	2,47								
9											2,84	2,60	2,40	2,22							
10										2,99	2,73	2,52	2,34	2,18							
11									3,15	2,87	2,65	2,46	2,30	2,16	2,05						
12									3,03	2,79	2,58	2,41	2,27	2,14	2,04						
13									2,93	2,72	2,53	2,38	2,24	2,12	2,03	1,96					
14							3,36	3,10	2,86	2,66	2,48	2,34	2,22	2,11	2,03	1,95					
15							3,25	3,01	2,79	2,60	2,44	2,31	2,20	2,10	2,02	1,95	1,89				
16						3,45	3,16	2,95	2,74	2,56	2,42	2,29	2,18	2,09	2,02	1,95	1,89				
17						3,35	3,09	2,88	2,69	2,53	2,39	2,27	2,17	2,08	2,01	1,95	1,89	1,85			
18					3,53	3,26	3,02	2,82	2,65	2,50	2,37	2,26	2,16	2,08	2,01	1,95	1,90	1,86			
19				3,72	3,44	3,20	2,96	2,78	2,61	2,47	2,35	2,24	2,15	2,07	2,01	1,95	1,90	1,87	1,83		
20				3,62	3,35	3,12	2,91	2,74	2,58	2,45	2,33	2,23	2,14	2,07	2,01	1,95	1,90	1,87	1,84		
21				3,53	3,28	3,07	2,87	2,70	2,55	2,43	2,32	2,22	2,14	2,06	2,01	1,95	1,91	1,87	1,84	1,82	
22				3,45	3,20	3,01	2,83	2,67	2,52	2,41	2,30	2,21	2,13	2,06	2,00	1,95	1,91	1,88	1,85	1,83	
23			3,64	3,38	3,15	2,96	2,80	2,64	2,50	2,39	2,29	2,20	2,12	2,06	2,00	1,95	1,91	1,88	1,85	1,83	1,82
24			3,55	3,30	3,10	2,92	2,75	2,61	2,48	2,37	2,28	2,19	2,12	2,06	2,00	1,95	1,91	1,88	1,86	1,84	1,83
25		3,73	3,45	3,25	3,05	2,88	2,72	2,58	2,46	2,36	2,27	2,19	2,12	2,05	2,00	1,95	1,92	1,88	1,86	1,84	1,83
30	3,61	3,35	3,18	3,01	2,85	2,72	2,60	2,48	2,38	2,30	2,22	2,16	2,10	2,04	2,00	1,96	1,93	1,90	1,88	1,86	1,85
40	3,15	3,00	2,86	2,75	2,63	2,54	2,45	2,37	2,30	2,24	2,18	2,13	2,08	2,04	2,01	1,97	1,95	1,93	1,91	1,90	1,89
50	2,90	2,78	2,68	2,59	2,50	2,43	2,36	2,31	2,25	2,20	2,15	2,11	2,07	2,03	2,02	1,98	1,97	1,94	1,93	1,92	1,91
60	2,75	2,65	2,57	2,50	2,42	2,37	2,32	2,25	2,22	2,17	2,13	2,10	2,08	2,04	2,02	2,00	1,99	1,96	1,94	1,94	1,93
100	2,46	2,40	2,35	2,32	2,26	2,24	2,21	2,17	2,15	2,12	2,10	2,08	2,06	2,04	2,03	2,01	2,00	1,99	1,98	1,98	1,97
200	2,27	2,24	2,21	2,19	2,17	2,15	2,14	2,12	2,10	2,10	2,08	2,07	2,06	2,05	2,04	2,04	2,02	2,02	2,01	1,98	2,00
400	2,17	2,15	2,14	2,13	2,12	2,11	2,10	2,09	2,08	2,08	2,08	2,07	2,06	2,06	2,05	2,04	2,04	2,04	2,03	2,03	2,03
∞	2,07	2,07	2,07	2,07	2,07	2,07	2,07	2,07	2,07	2,07	2,07	2,07	2,07	2,07	2,07	2,07	2,07	2,07	2,07	2,07	2,07

Beispiel 23.13

Das geradverzahnte V-Stirnrad aus PA 12 G nach Beispiel 23.12 soll als Rad 2 in einem Dauergetriebe (geschlossenes Gehäuse) laufen. Es ist auf Zahnfuß-Tragfähigkeit zu berechnen.

Gegeben sind: $z_1 = 20$, $z_2 = z = 73$, $u = 3,65$, $x_1 = 0,18$, $x_2 = 0,5$, $v = 9,55$ m/s, $F_{Nt} = 2094$ N, $m = 5$ mm, $b = 65$ mm, $P_N = 20$ kW, $K_A = 1,2$, $\varepsilon_\alpha = 1,4$, Fettschmierung, $t_0 = 20$ °C, $A = 0,75$ m².

Lösung:

1. Zahntemperatur t_F

Aus Tab. A 23.16 werden entnommen: $K_{F1} = 1$ (Paarung PA/St), $K_{F2} = 0,17$ (geschlossenes Gehäuse), $\mu = 0,09$ (einmalige Fettschmierung), $\kappa = 0,75$ (für PA). Damit wird die Zahntemperatur nach Gl. 23.59:

$$t_F \approx t_0 + 136 \cdot P_N \cdot \mu \, \frac{u+1}{z_2+5} \left[\frac{17100}{b \cdot z} \cdot \frac{K_{F1}}{(v \cdot m)^\kappa} + 6,3 \, \frac{K_{F2}}{A} \right] \text{ in } °C$$

$$= 20 + 136 \cdot 20 \cdot 0,09 \, \frac{3,65+1}{73+5} \left[\frac{17100}{65 \cdot 73} \cdot \frac{1}{(9,55 \cdot 5)^{0,75}} + 6,3 \, \frac{0,17}{0,75} \right] = 43,7 \text{ in } °C.$$

2. Linienbelastung w
Entspr. der Legende zur Gl. 23.61 wird

$$w = \frac{F_{Nt}}{b} \, K_A = \frac{2094 \text{ N}}{65 \text{ mm}} \, 1,2 = 38,7 \text{ N/mm}.$$

3. Sicherheit S_F gegen Zahn-Dauerbruch
Nach Tab. 23.19 beträgt der Zahnformfaktor $Y_{Fa} = 2,09$ (für $z = 73$ und $x = 0,5$). Mit $Y_\varepsilon = 1/\varepsilon_\alpha = 1/1,4 = 0,714$ und $Y_\beta = 1$ (Geradverzahnung) wird nach Gl. 23.61:

$$\sigma_F = \frac{w}{m} \cdot Y_{Fa} \cdot Y_\varepsilon \cdot Y_\beta = \frac{38,7 \text{ N/mm}}{5 \text{ mm}} \cdot 2,09 \cdot 0,714 \cdot 1 \approx 11,6 \text{ N/mm}^2.$$

Aus Tab. A 23.17 wird für $v = 10$ m/s, $t_F = 60\,°C$ und $N = 10^8$ entnommen:
$\sigma_{FN} = 28$ N/mm². Damit beträgt die Sicherheit gegen Zahn-Dauerbruch nach Gl. 23.62:

$$S_F = \sigma_{FN}/\sigma_F = 28/11,6 \approx 2,4,$$

die gut ausreicht. Eine Entscheidung über Abmessungsänderungen kann aber erst nach der Berechnung auf Flanken-Tragfähigkeit erfolgen.

2. Berechnung auf Flanken-Tragfähigkeit

Hertzsche Pressung im Wälzpunkt $\quad \sigma_H = \sqrt{\dfrac{w}{d_1} \cdot \dfrac{u+1}{u}} \, Z_H \cdot Z_E \cdot Z_\varepsilon \qquad$ (23.63)

w	in N/mm	siehe Legende zur Gl. 23.61,
d_1	in mm	Teilkreisdurchmesser des Ritzels, bei Kegelrädern $d_{vm1} = z_{v1} \cdot m_{tm}$ (niemals d_2 bzw. d_{vm2} einsetzen!),
u		Zähnezahlverhältnis nach Gl. 21.2, bei Kegelrädern u_v nach Gl. 22.56,
Z_H		Zonenfaktor nach Gl. 23.45 (Seite 528) bzw. 23.55 (Seite 534),
Z_E	in N/mm²	Elastizitätsfaktor nach Tab. A 23.18,
Z_ε		Überdeckungsfaktor nach Gl. 23.38 (Seite 525).

Damit errechnet sich die

Sicherheit gegen Flankenschäden $\quad S_H = \dfrac{\sigma_{HN}}{\sigma_H} \qquad$ (23.64)

σ_{HN}	in N/mm²	Zeitwälzfestigkeit des Kunststoffs bei der Lastspielzahl N. Siehe untenstehende Angaben,
σ_H	in N/mm²	Hertzsche Pressung nach Gl. 23.63.

Die Zeitwälzfestigkeit σ_{HN} kann für PA 66 dem Bild 23.31 entnommen werden. Für PA 6 sind die abgelesenen Werte mit 0,8 zu multiplizieren, für PA 6 G (Guß) mit 0,9. Werte für POM siehe Bild 23.32.
Werden gleiche Kunststofftypen miteinander gepaart, so ist bei Trockenlauf mit einem früheren Verschleißbeginn zu rechnen, und die Zeitwälzfestigkeit σ_{HN} ist niedriger. Paarungen mit verschiedenartigen Kunststoffen verhalten sich in dieser Beziehung günstiger.
Üblich ist $S_H = 1,1 \ldots 1,5$, wobei $S_H < 1,5$ nur bei sehr genauen Zahnrädern gewählt werden sollte. $S_H \geqq 1,5$ ist für Dauergetriebe zweckmäßig, wenn mit σ_{HN} bei $N = 10^8$ gerechnet wird.

Beispiel 23.14

Das geradverzahnte V-Stirnrad aus PA 12 G als Rad 2 in einem Dauergetriebe (geschlossenes Gehäuse) nach den Beispielen 23.12 und 23.13 ist auf Flanken-Tragfähigkeit zu berechnen.
Gegeben sind: Gegenrad 1 aus Stahl, $t_0 = 20\,°C$, $P_N = 20$ kW, $\mu = 0,09$, $z = z_2 = 73$, $b = 65$ mm, $v = 9,55$ m/s, $m = 5$ mm, $A = 0,75$ m², $w = 38,7$ N/mm, $u = 3,65$, $\varepsilon_\alpha = 1,4$, $\kappa = 0,75$, $\alpha_{wt} = 22,8°$.
Lösung:
1. Flankentemperatur t_H
Aus Tab. A 23.16 werden entnommen: $K_{H1} = 10$ (Paarung PA/St), $K_{H2} = 0,17$ (geschlossenes Gehäuse). Damit ergibt sich die Flankentemperatur nach Gl. 23.60 zu

$$t_H \approx t_0 + 136 \cdot P_N \cdot \mu \, \frac{u+1}{z_2+5} \left[\frac{17100}{b \cdot z} \cdot \frac{K_{H1}}{(v \cdot m)^\kappa} + 6,3 \, \frac{K_{H2}}{A} \right] \text{ in } {}^\circ C$$

$$= 20 + 136 \cdot 20 \cdot 0,09 \, \frac{3,65+1}{73+5} \left[\frac{17100}{65 \cdot 73} \cdot \frac{10}{(9,55 \cdot 5)^{0,75}} + 6,3 \, \frac{0,17}{0,75} \right] \approx 70 \text{ in } {}^\circ C.$$

2. Sicherheit S_H gegen Flankenschäden

Nach Gl. 23.45 beträgt bei Geradverzahnung mit $\beta_b = 0^\circ$ und $\alpha_t = \alpha = 20^\circ$ der Zonenfaktor

$$Z_H = \sqrt{\frac{2}{\cos^2 \alpha_t \cdot \tan \alpha_{wt}}} = \sqrt{\frac{2}{\cos^2 20^\circ \cdot \tan 22,8^\circ}} = 2,32$$

und bei $\varepsilon_\beta = 0$ der Überdeckungsfaktor nach Gl. 23.38:

$$Z_\varepsilon = \sqrt{\frac{4 - \varepsilon_\alpha}{3}} = \sqrt{\frac{4 - 1,4}{3}} = 0,93.$$

Der Elastizitätsfaktor wird für $t_H = 70\,{}^\circ C$ der Tab. A 23.18 zu $Z_E = 13 \text{ N/mm}^2$ für PA 12 und Gegenrad aus St entnommen. Damit wird nach Gl. 23.63:

$$\sigma_H = \sqrt{\frac{w}{d_1} \cdot \frac{u+1}{u}} \, Z_H \cdot Z_E \cdot Z_\varepsilon = \sqrt{\frac{38,7 \text{ N/mm}}{100 \text{ mm}} \cdot \frac{3,65+1}{3,65}} \, 2,32 \cdot 13 \sqrt{\text{N/mm}^2} \cdot 0,93 = 19,7 \text{ N/mm}^2.$$

Da in Bild 23.31 für PA 12 keine Werte angegeben sind, werden ersatzweise die für PA 66 bei Fettschmierung herangezogen. Bei $t_H = 70\,{}^\circ C$ und $N = 10^8$ ist $\sigma_{HN} \approx 33 \text{ N/mm}^2$. Nach Gl. 23.64:

$$S_H = \sigma_{HN}/\sigma_H = 33/19,7 \approx 1,7.$$

Diese ist für Dauergetriebe ausreichend ($S_H > S_{H\,erf} = 1,5$). Zweckmäßig werden für PA 12 G (Guß) genauere Werte für σ_{HN} vom Hersteller angefordert.

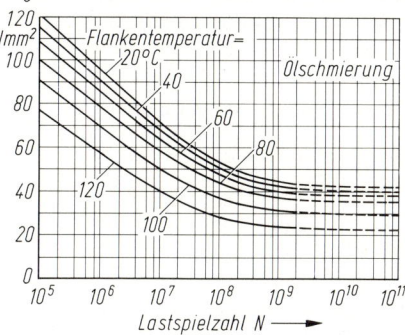

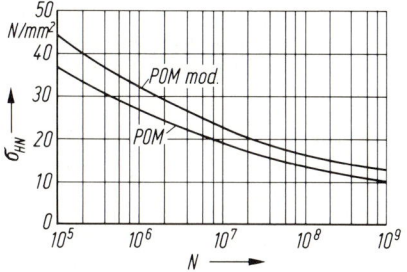

Bild 23.31 Zeitwälzfestigkeit σ_{HN} für Zahnräder aus PA 66 (aus VDI 2545)

Bild 23.32 Zeitwälzfestigkeit σ_{HN} von Zahnrädern aus POM bei $v = 12 \text{ m/s}$ und $t_H = 60\,{}^\circ C$ bei Trockenlauf (aus VDI 2545)

3. Berechnung auf Zahnverformung

Die Richtlinie VDI 2545 führt aus: Zahnräder aus Kunststoff verformen sich bei Beanspruchung wegen des kleineren E-Moduls stärker als Zahnräder aus metallischen Werkstoffen. Diese Verformung verfälscht die Geometrie des Zahnes und wirkt beim Übergang vom unbelasteten zum belasteten Zahn wie ein Teilungsfehler. Infolge dieses scheinbaren Teilungsfehlers wird jedem Zahn bei Beginn des Eingriffs schlagartig eine Verformung aufgezwungen. Diese verstärkt die Laufgeräusche und vergrößert die dynamische Zahnlast. Der Effekt tritt verstärkt auf, wenn Zähne bereits länger im Stillstand belastet waren. Dann kann durch Kriechen des Kunststoffs die Verformung so groß werden, daß im Betrieb die zulässige Zahnfußspannung überschritten wird.

Die Verschiebung des Zahnkopfes in Umfangsrichtung ist die

$$\text{Verformung} \quad \lambda = \frac{0{,}67\, w_{\mathrm{N}}}{\cos \alpha_{\mathrm{t}}}\, \varphi \left(\frac{\psi_1}{E_1} + \frac{\psi_2}{E_2} \right) \tag{23.65}$$

λ in mm   Verschiebung des Zahnkopfes in Umfangsrichtung,
w_{N} in N/mm spezifische Nennumfangskraft $= F_{\mathrm{Nt}}/b$ ($F_{\mathrm{Nt}} = P_{\mathrm{N}}/v$ mit P_{N} als Nennleistung),
α_{i} in °   Stirneingriffswinkel nach Gl. 22.8 Seite 479,
φ Beiwert nach Bild 23.33,
ψ_1, ψ_2 Beiwerte für die betr. Kunststoffräder nach Bild 23.34. Für ein Metallrad ist
                       $\psi = 0$ zu setzen,
E_1, E_2 in N/mm² Elastizitätsmoduln der Kunststoffe der Räder $\approx 1{,}36\, Z_{\mathrm{E}}^2$ mit Z_{E} aus Tab. A 23.18.

Messungen zeigten, daß bei Verformungen $\lambda > 0{,}1 m_{\mathrm{n}}$ das Laufgeräusch zunimmt und die Zahnfußfestigkeit überschritten werden kann. Deshalb gilt: $\boldsymbol{\lambda \leqq 0{,}1 m_{\mathrm{n}}}$.

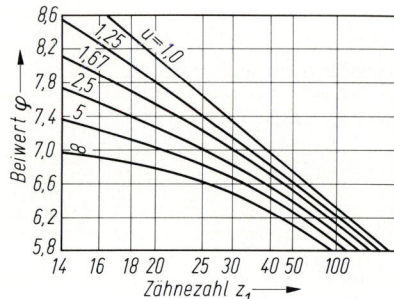

Bild 23.33   Beiwert φ zur Berechnung der
                  Zahnverformung
                  (aus VDI 2545)

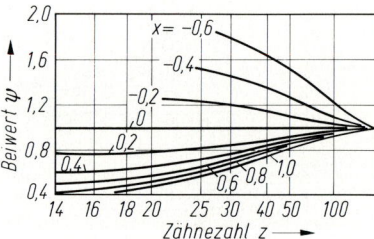

Bild 23.34   Beiwert ψ zur Berechnung der
                  Zahnverformung
                  (aus VDI 2545)

Beispiel 23.15

Das geradverzahnte V-Stirnrad aus PA 12 G (Rad 2) nach den Beispielen 23.12 bis 23.14 ist auf Zahnverformung zu berechnen.

Gegeben sind: Gegenrad 1 aus Stahl, $m = 5$ mm, $F_{\mathrm{Nt}} = 2094$ N, $b = 65$ mm, $\alpha_{\mathrm{t}} = \alpha = 20°$, $z_1 = 20$, $z_2 = 73$, $u = 3{,}65$, $x_1 = 0{,}18$, $x_2 = 0{,}5$, $Z_{\mathrm{E}} = 13 \sqrt{\mathrm{N/mm^2}}$.

Lösung:
Aus den Bildern 23.33 und 23.34 werden entnommen: $\varphi = 7{,}1$ (für $z_1 = 20$ und $u = 3{,}65$), $\psi_2 = 0{,}9$ (für $z_2 = 73$ und $x_2 = 0{,}5$). Da das Rad 1 aus St besteht, ist $\psi_1 = 0$. Mit $E_2 \approx 1{,}36\, Z_{\mathrm{E}}^2 = 1{,}36 \cdot 13^2$ N/mm² $= 230$ N/mm² wird für Geradverzahnung und Paarung mit einem Stahlritzel nach Gl. 23.65 und mit $w_{\mathrm{N}} = F_{\mathrm{Nt}}/b = 2094$ N/65 mm $= 32{,}2$ N/mm

$$\lambda = \frac{0{,}67\, w_{\mathrm{N}}}{\cos \alpha}\, \varphi \, \frac{\psi_2}{E_2} = \frac{0{,}67 \cdot 32{,}2 \text{ N/mm}}{\cos 20°}\, 7{,}1 \, \frac{0{,}9}{230 \text{ N/mm}^2} = 0{,}64 \text{ mm}.$$

Damit ist $\lambda = 0{,}64$ mm $> 0{,}1 m = 0{,}1 \cdot 5$ mm $= 0{,}5$ mm, so daß Bedenken bestehen. Es müßte daher ein Kunststoff mit höherem Elastizitätsmodul gewählt werden, z. B. PA 6 G mit $Z_{\mathrm{E}} \approx 25 \sqrt{\mathrm{N/mm^2}}$ und damit $E \approx 850$ N/mm² bei $t_{\mathrm{H}} = 70\,°\mathrm{C}$. Dann wird $\lambda = 0{,}17$ mm $< 0{,}1 m = 0{,}5$ mm.

23.15 Laufgeräusche, Ausführung von Getrieben

Das Bestreben, geräuscharm laufende Zahnradgetriebe zu bauen, führte zu zahlreichen Untersuchungen über die Geräuschursachen, die noch nicht als abgeschlossen betrachtet werden können. Trotz peinlich genauer Einhaltung der vorgeschriebenen Fertigungstoleranzen und Oberflächengüten kann es vorkommen, daß Getriebe aus demselben Fertigungslos verschieden geräuschvoll laufen. Je nach Qualität weichen die Verzahnungen in der Flankenform, in der Eingriffsteilung, in der Flankenrichtung u. dgl. von den theoretischen Werten ab, so daß Laufungenauigkeiten infolge der Wälzabweichungen in Kauf genommen werden müssen. Hinzu kommen die Verformungen der Zähne und der Wellen durch die zu übertragende Kraft, die die Laufungenauigkeiten vergrößern. Die Folge sind periodische Rotationsbeschleunigungen und -verzögerungen und Drehmomentschwankungen, die zu anhaltenden Schwingungen der Getriebeteile führen und die sich als Geräusche äußern, wenn sie in Hörfrequenz liegen.

Sobald ein Zahn in oder aus dem Eingriff tritt, gibt es einen Stoß, den Eingriffsstoß. Wenn der Berührpunkt der Flanken den Wälzpunkt passiert, ändert die Reibkraft ihren Richtungssinn und verursacht damit ebenfalls einen Kraftimpuls. Auch diese Eingriffsverhältnisse tragen zur Schwingungserregung bei. Maßnahmen zur Bekämpfung der Zahnradgeräusche sind:

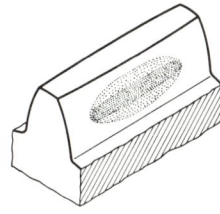

Bild 23.35 Tragbild
eines balligen Zahnes

1. Balligmachen der Zähne (Bild 23.35), um den Eingriffsstoß sanfter zu machen,
2. Wahl der Zähnezahlen der kämmenden Räder als Primzahlen, um das periodische Zusammentreffen bestimmter Verzahnungsfehler zu vermeiden.
3. Anwendung großer Zähnezahlen bei entsprechend kleinen Moduln, weil damit die Profilüberdeckung größer wird.
4. Anwendung der Schräg- oder Bogenverzahnung, um die Be- und Entlastung der Zähne nicht plötzlich erfolgen zu lassen.
5. Einsatz dämpfender Radwerkstoffe, wie duro- oder thermoplastischer Kunstoffe, oder Füllen der Radfelgen mit schalldämpfenden Massen.
6. Versteifen der Getriebegehäuse durch Stege, Rippen u. dgl.
7. Verformungssteife Wellen.
8. Starres Lagern der Wellen mit kleinstmöglichem Lagerspiel.

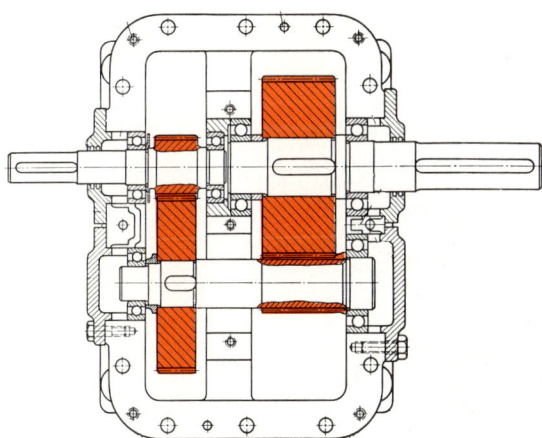

Bild 23.36 Zweistufiges Stirnradgetriebe

Die vorstehenden Gesichtspunkte erfordern eine sorgfältige Konstruktion der Getriebe. Die Bilder 23.36 bis 23.39 zeigen einige Ausführungen im Maschinenbau. Bei kleinen bis mittleren Getrieben werden die Gehäuse einwandig ausgeführt, meistens in Grauguß, bei Einzelfertigung auch in Schweißkonstruktion. Ein Gehäuse besteht im allgemeinen aus einem Unterkasten und einem Oberkasten, deren Trennfuge durch die Achsmitten der Zahnräder geht (Bilder 23.36 und 23.38). Meistens werden Wälzlager vorgesehen, lediglich bei sehr großen Getrieben Gleitlager mit Umlaufschmierung. Für die Wellenlager sind durchgehende Bohrungen im

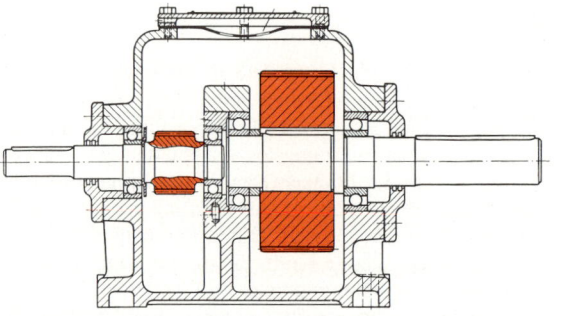

Bild 23.37 Zweistufiges Stirnradgetriebe entspr. Bild 23.36

Gehäuse anzustreben, um ein genaues Fluchten der Lager zu erreichen. Die axiale Festlegung der Wellen erfolgt durch vorgesetzte oder eingesetzte Deckel.

Die axiale Lage eines der gepaarten Kegelräder muß bei der Montage so eingestellt werden, daß sich die Kegelspitzen im Achsenschnittpunkt treffen. Dies geschieht meistens durch Paßscheiben oder Paßrohre.

Für die Abmessungen eines Gehäuses aus Grauguß können folgende Richtwerte gegeben werden (siehe Bild 23.38):

Wanddicke des Unterkastens

$s \approx 0{,}01\ L + 6$ mm,

Wanddicke des Oberkastens

$s \approx 0{,}009\ L + 5$ mm,

Dicke der Flansche an der Trennfuge von Ober- und Unterkasten

$s \approx 0{,}015\ L + 9$ mm,

Dicke des Fußflansches am Unterkasten

$s \approx 0{,}02\ L + 12$ mm.

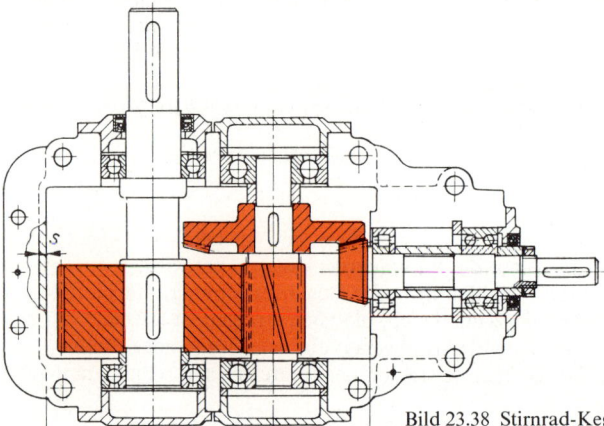

Bild 23.38 Stirnrad-Kegelradgetriebe
(aus Köhler/Rögnitz, Maschinenteile)

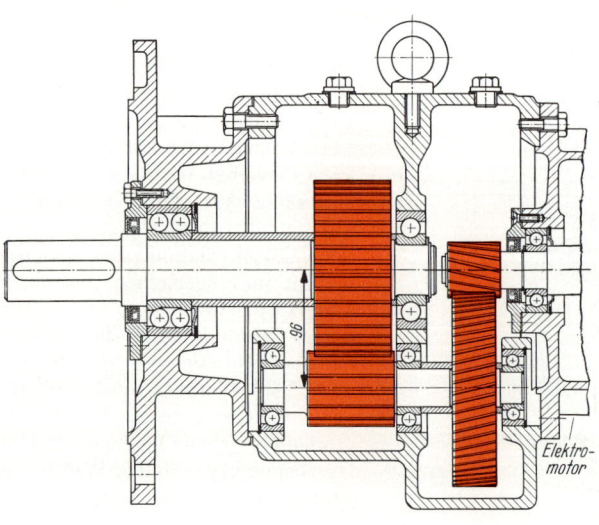

Bild 23.39 An einen Elektromotor
anflanschbares Getriebe

Literaturhinweise

Albert, M.: Berechnung der Zahnfußtragfähigkeit - ein schwieriges Normungsproblem. Z. Konstruktion 39/1987.

Becker, W. und *D. Braun:* Kunststoff-Handbuch (10 Bände), Hanser Verlag München 1986/89.

Bollinger, J. G. und *M. Bosch:* Ursachen und Auswirkungen dynamischer Zahnkräfte in Stirnradgetrieben. Industrie-Anzeiger 3/1964.

Goebbelet, J.: Einfluß von Verzahnungsfehlern auf die Flankentragfähigkeit einsatzgehärteter, gerad- und schrägverzahnter Zylinderräder. FVA-Forschungsheft 51/1977.

Groß, H.: Bedeutung und Ermittlung von Betriebsfaktoren für die Auslegung von Leistungsgetrieben. Z. Konstruktion 28/1976.

Godehus, A. und *W. Ungerer:* Rechenprogramm zur Simulation von Schwingungsvorgängen in Antriebssystemen. Z. Antriebstechnik 15/1976.

Hermann, J.: Über den Einfluß auf die Schallabstrahlung von Zahnradgetrieben und konstruktive Maßnahmen zur Geräuschminderung. Industrie-Anzeiger 11/1963.

Karas, F.: Elastische Formänderung und Lastverteilung beim Doppeleingriff gerader Stirnradzähne. VDI-Forschungsheft 406B/1941.

Kubo, A., S. Sati und *T. Aida:* Einfluß des Schmierverfahrens auf die dynamische Zahnfußbeanspruchung in Hochgeschwindigkeitsgetrieben. VDI-Z. 115/1973.

Leistner, F. und *E. Freitag:* Einfluß der Taumelabweichung auf das Tragbild bei Stirnradgetrieben. Z. Maschinenbautechnik 28/1979.

Menges, G.: Einführung in die Kunststoffverarbeitung, Hanser Verlag München 1979.

Mente, H. P.: Zahnflanken-Längsballigkeit zum Ausgleich von Zahnflanken- und Einbaufehlern von Stirnrädern. VDI-Z. 104/1962.

Niemann, G. und *J. Baethge:* Drehwegfehler, Zahnfederstärke und Geräusch bei Stirnrädern. VDI-Z. 112/1970.

Niemann, G. und *H. Winter:* Maschinenelemente Bd. II Springer-Verlag 1985 und Bd. III 1983.

Neugebauer, G.: Experimentelle Untersuchung der Lastverteilung über der Zahnbreite bei schrägverzahnten Stirnrädern im Lauf. Z. Maschinenbautechnik 11/1962.

Neupert, B.: Berechnung von Lastverteilung und Zahnfußspannung an schrägverzahnten Zylinderrädern. Z. Industrie-Anzeiger 98/1976.

Rademacher, J.: Einfluß der Verzahnungssteifigkeit auf das Laufverhalten von Stirnradgetrieben. Industrie-Anzeiger 90/1968.

Reichherzer, R.: Zahnräder aus Kunststoffen. Das Industrieblatt 9/1961.

Rettig, H. und *X. Wirth:* Stoßartige Belastung an oberflächengehärteten Zahnrädern. Z. Antriebstechnik 15/1976.

Rettig, H.: Kräfte und Schwingungen in Stirnradgetrieben. Z. Konstruktion 17/1965.

Rettig, H.: Innere dynamische Zusatzkräfte bei Zahnradgetrieben. Z. Antriebstechnik 16/1977.

Schlaf, G.: Verbesserung der Tragfähigkeit und Laufruhe geradverzahnter Stirnräder durch Profilrücknahme. Z. Maschinenbautechnik 11/1962.

Seifried, A.: Graphische Ermittlung von Zahnbreiten-Lastverteilungsfaktoren bei Stirnradgetrieben. Z. Konstruktion 23/1971.

Stölzle, K. und *H. Winter:* Tragfähigkeitsberechnung von Zahnradgetrieben. Z. Antriebstechnik, 10/1971.

Thomas, A. K. und *W. Charchut:* Die Tragfähigkeit der Zahnräder, Carl Hanser-Verlag München 1971.

Weber, C., K. Banaschek und *G. Niemann:* Formänderung und Profilrücknahme bei gerad- und schrägverzahnten Rädern. Schriftenreihe Antriebstechnik Heft 11, Vieweg-Verlag Braunschweig 1953.

Winter, H. und *H. Podlesnik:* Zahnfedersteifigkeit von Stirnradpaaren – Einfluß von Verzahnungsdaten, Radkörperform, Limienlast, Wellen-Nabenverbindung. Z. Antriebstechnik 22/1983.

Winter, H.: Entwurf und Berechnung von Zahnrädern. Zahnradfabrik Friedrichshafen AG, 1963.

24 Zahnradpaare mit sich kreuzenden Achsen

Wenn Zahnräder so gepaart werden, daß sich ihre Achsen kreuzen, so entsteht ein Schraubradpaar, das in seiner Arbeitsweise mit einer Bewegungsschraube verglichen werden kann. Zu dem
Wälzgleiten der Zahnflanken kommt ein Längsgleiten hinzu, so daß Schraubradpaare mit größeren Reibverlusten arbeiten. Deshalb setzt man sie nur ein, wenn sie wesentliche Vorteile zur Lösung von Antriebsproblemen bieten. Sie erfordern eine sorgfältige Schmierung und sind zur
Übertragung großer Leistungen nur bedingt geeignet.

24.1 Eingriffsverhältnisse von Schraub-Stirnradpaaren

Werden zwei Schrägstirnräder verschiedener Schrägungswinkel gepaart, so entsteht ein Schraub-
Stirnradpaar (Bild 24.1), dessen Achsen sich unter dem

$$\textit{Achsenwinkel } \Sigma = \beta_1 + \beta_2 \tag{24.1}$$

kreuzen. Die Zähne der beiden Räder haben meistens den gleichen Steigungssinn, sind also beide rechts- oder linkssteigend. Der Schrägungswinkel des treibenden Rades a ist wegen der Erzielung eines optimalen Wirkungsgrades größer als der des getriebenen Rades b. In den folgenden
Ausführungen ist das Rad 1 als treibendes a angenommen, das Rad 2 als getriebenes b
(Bild 24.1).

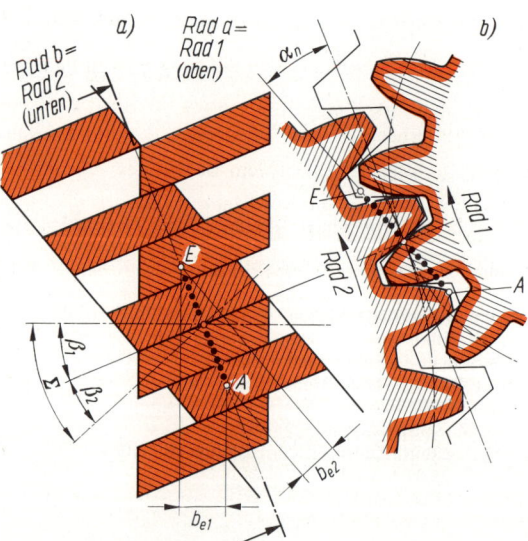

Die Wälzzylinder berühren sich punktförmig (Bild 24.2), so daß auch die
Flanken nur zu einer Punktberührung
kommen, nicht aber wie bei gewöhnli-
chen Stirnradpaaren zu einer Linien-
berührung. Bild 24.1b zeigt das Normalprofil der gepaarten Räder mit dem
Zahnstangen-Bezugsprofil. Der Eingriff spielt sich ausschließlich im Normalschnitt auf der Eingriffsstrecke AE
ab, und es kommt keine Sprungüberdeckung hinzu. Die Profilüberdeckung
ε_α ist so zu errechnen, als ob es sich
um ein Geradstirnradpaar mit den
Zähnezahlen z_{n1} und z_{n2} handelt,
wenn z_n die Ersatzzähnezahlen nach
Gl. 22.17 Seite 479 bedeuten. Für die
Räder und Achsabstände gilt grundsätzlich das im 22. Kapitel Gesagte.

Bild 24.1 Schraub-Stirnradpaar
 a) Teilzylinder der beiden Räder abgewickelt,
 b) Normalprofil

Zur Abwälzbewegung der Flanken kommt ein Längsgleiten hinzu, wie aus Bild 24.3 hervorgeht,
das als Schnittfläche die Profilbezugsebene zeigt. Die Teilkreise drehen sich mit den Umfangsgeschwindigkeiten $v_1 = d_1 \cdot \pi \cdot n_1$ und $v_2 = d_2 \cdot \pi \cdot n_2$, wenn d die Teilkreisdurchmesser und n die
Drehzahlen der Räder bedeuten. In Richtung der Flankenlinien wirken ihre Komponenten

$v_{t1} = v_1 \cdot \sin\beta_1$ und $v_{t2} = v_2 \cdot \sin\beta_2$. Senkrecht dazu müssen beide Berührpunkte die gleiche Normalgeschwindigkeit $v_n = v_1 \cdot \cos\beta_1 = v_2 \cdot \cos\beta_2$ haben. Wegen der entgegengesetzten Richtung von v_{t1} und v_{t2} gleiten die Flanken in Längsrichtung mit der Geschwindigkeit $v_g = v_{t1} + v_{t2}$ aufeinander. Mit den vorstehenden Ausdrücken für v_{t1} und v_{t2} folgt die

$$\text{Gleitgeschwindigkeit} \quad v_g = v_1 \frac{\sin\Sigma}{\cos\beta_2} = v_2 \frac{\sin\Sigma}{\cos\beta_1} \tag{24.2}$$

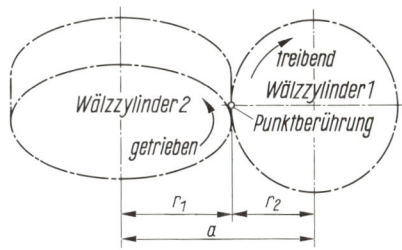

Bild 24.2 Punktberührung der Wälzzylinder

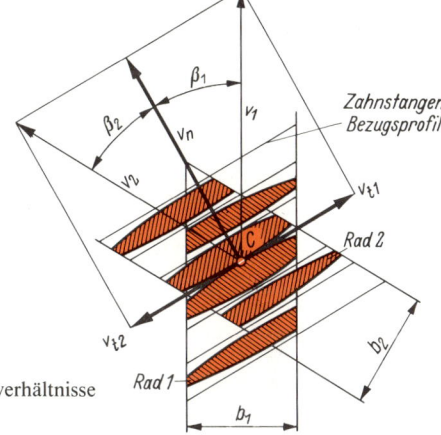

Bild 24.3 Geschwindigkeits- und Gleitverhältnisse am Schraub-Stirnradpaar

Hierin ist $\sin\Sigma$ entstanden aus $\sin\beta_1 \cdot \cos\beta_1 + \sin\beta_2 \cdot \cos\beta_2 = \sin(\beta_1 + \beta_2)$.

Die absolute Gleitgeschwindigkeit setzt sich aus der des Längsgleitens (Gl. 24.2) und der des Wälzgleitens (siehe Abschnitt 21.4) zusammen. Wenn sich die Flanken gerade im Wälzpunkt berühren, ist die absolute Gleitgeschwindigkeit gleich der des Längsgleitens.

Bei treibendem Rad 1 ist die Übersetzung $i = n_a/n_b = n_1/n_2$ gleich dem Betrag des Zähnezahlverhältnisses $u = z_2/z_1$, bei treibendem Rad 2 ist $|i| = 1/u$.

In Bild 24.1 sind die Projektionen b_{e1} und b_{e2} der Eingriffsstrecke AE eingezeichnet. Außerhalb dieser findet keine Flankenberührung statt. Der Wärmeabführung wegen müssen die Räder aber breiter sein, etwa $b \approx 10 m_n \geqq b_e$. Es ist jeweils die

$$\text{Eingriffsbreite} \quad b_e = \varepsilon_\alpha \cdot m_n \cdot \pi \cdot \sin\beta \tag{24.3}$$

mit ε_α als Überdeckungsgrad (Gl. 22.34) des geradverzahnten Ersatz-Stirnradpaares und m_n als Normalmodul.

Da die Lebensdauer von Schraubradpaaren vorwiegend vom Längsgleiten der Zahnflanken bestimmt wird, ist eine Profilverschiebung der Zähne nicht üblich, es sei denn, daß der Achsabstand auf ein bestimmtes Maß gebracht werden muß. In diesem Falle sind die Bewegungsverhältnisse auf die Wälzkreise mit den Durchmessern d_{w1} und d_{w2} zu beziehen.

24.2 Zahnkräfte und Wirkungsgrad an Schraub-Stirnradpaaren

Mit dem Index 2 sind die Kraftwirkungen des Rades 1 auf das Rad 2, mit dem Index 1 die Gegenwirkungen des Rades 2 auf das Rad 1 gekennzeichnet.

Im Normalschnitt steht die Zahnkraft F_N (Bild 24.4) im Berührpunkt senkrecht auf den Zahnflanken und läuft durch den Wälzpunkt C. F_N zerlegt sich in eine Normalumfangskraft F_n und eine Radialkraft F_r des jeweiligen Rades.

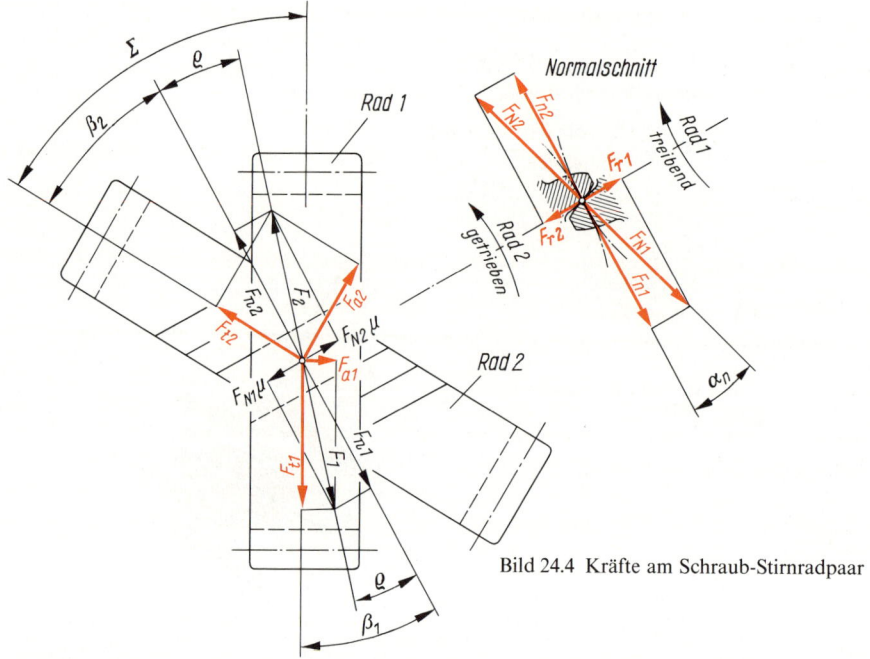

Bild 24.4 Kräfte am Schraub-Stirnradpaar

In Richtung der Flankenlinien wirkt die Reibkraft $F_N \cdot \mu$, die sich in der Draufsicht mit F_n zur Resultierenden F zusammensetzt. F zerlegt sich dann in die Tangentialkraft F_t als Umfangskraft und in die Axialkraft F_a des jeweiligen Rades.

Bei Schraub-Stirnradpaaren liegen ähnliche Verhältnisse wie bei Bewegungsschrauben vor. Die Abtriebsleistung als Nutzleistung beträgt $P_2 = F_{t2} \cdot v_2$, die durch den Reibwiderstand in Richtung der Flankenlinien bedingte höhere Antriebsleistung $P_1 = F_{t1} \cdot v_1$. Der Wirkungsgrad der Schraubung ist dann $\eta_S = P_2 / P_1$. Setzt man $v_2 = v_n / \cos\beta_2$ und $v_1 = v_n / \cos\beta_1$ sowie $F_{t2} = F \cdot \cos(\beta_2 + \varrho)$ und $F_{t1} = F_1 \cdot \cos(\beta_1 - \varrho)$ gemäß Bild 24.4, so wird, da sich v_n und F herauskürzen (wegen $F_1 = F_2$), der

Wirkungsgrad der Schraubung $\eta_S = \dfrac{\cos(\beta_2 + \varrho) \cdot \cos\beta_1}{\cos(\beta_1 - \varrho) \cdot \cos\beta_2}$ (24.4)

ϱ ist der wirksame Reibwinkel, für den $\tan\varrho = \mu / \cos\alpha_n$ gilt. Erfahrungsgemäß kann bei guter Schmierung $\varrho \approx 5 \ldots 6°$ gesetzt werden. Der größtmögliche Wirkungsgrad wird erzielt, wenn $\beta_1 - \beta_2 = \varrho$ ist, also $\boldsymbol{\beta_1 = 0{,}5\,(\Sigma + \varrho)}$.

Da außerdem noch der Wirkungsgrad η_W durch das Wälzgleiten der Zahnflanken zu berücksichtigen ist, wird für ein Schraub-Stirnradpaar der **Gesamtwirkungsgrad** $\boldsymbol{\eta_{ges} = \eta_W \cdot \eta_S \approx 0{,}97\,\eta_S}$ (ohne Lagerreibung). Bei vorgegebener Abtriebs-Nennleistung P_{N2} beträgt die

Antriebsnennleistung $P_{N1} = \dfrac{P_{N2}}{\eta_{ges}}$ (24.5)

Die **Reibleistung** (der Reibverlust), die sich in Wärme umsetzt und abgeführt werden muß, beträgt somit $P_f = P_{N1} - P_{N2}$.

Aus den geometrischen Beziehungen (siehe Bild 24.4) folgen die

Kräfte am Abtriebsrad 2

Tangentialkraft $F_{t2} = \dfrac{P_{N2}}{v_2}\,K_A$ (24.6)

| Axialkraft | $F_{a2} = F_{t2} \cdot \tan(\beta_2 + \varrho)$ | (24.7) |

$$Axialkraft \quad F_{a2} = F_{t2} \cdot \tan(\beta_2 + \varrho) \tag{24.7}$$

$$Radialkraft \quad F_{r2} = F_{t2} \frac{\tan\alpha_n \cdot \cos\varrho}{\cos(\beta_2 + \varrho)} \tag{24.8}$$

Kräfte am Antriebsrad 1

$$Tangentialkraft \quad F_{t1} = F_{t2} \frac{\cos(\beta_1 - \varrho)}{\cos(\beta_2 + \varrho)} \tag{24.9}$$

$$Axialkraft \quad F_{a1} = F_{t1} \cdot \tan(\beta_1 - \varrho) \tag{24.10}$$

$$Radialkraft \quad F_{r1} = F_{r2} \tag{24.11}$$

P_{N2} in W Abtriebsnennleistung,
v_2 in m/s Umfangsgeschwindigkeit des Rades 2, d.h. $v_2 = d_2 \cdot \pi \cdot n_2$,
K_A Anwendungsfaktor zur Berücksichtigung ungleichförmiger Belastung. Richtwerte siehe Tab. 23.1 Seite 494,
α_n in ° Normaleingriffswinkel = 20° im Regelfall.

Diese vorstehend aufgeführten Zahnkräfte belasten die Wellen der betr. Räder.

Beispiel 24.1

Für den Hilfsantrieb eines Verpackungsautomaten ist ein Zahnradgetriebe erforderlich, dessen Wellen sich unter einem Achsenwinkel $\Sigma = 30°$ kreuzen müssen. Hierfür soll ein Schraub-Stirnradpaar mit der Übersetzung $|i| = u = 2$ eingesetzt werden. Da nur geringe Kräfte zu übertragen sind, ist ein Normalmodul $m_n = 1,5$ mm vorgesehen. Gewählt wurden die Zähnezahlen $z_1 = 20$ und $z_2 = 40$, Normaleingriffswinkel $\alpha_n = 20°$. Bei $n_2 = 600$ min^{-1} = 10 s^{-1} ist eine Leistung $P_{N2} = 200$ W zu übertragen. Anwendungsfaktor $K_A = 1,1$.

Welche Schrägungswinkel β_1 und β_2 sind zu wählen? Wie groß wird die Antriebsnennleistung P_{N1}? Wie groß werden die Zahnkräfte an beiden Rädern und welche Zahnbreiten sind zu wählen, wenn $\varepsilon_\alpha = 1,66$ beträgt?

Lösung:
1. Schrägungswinkel β_1 und β_2
Nimmt man den wirksamen Reibwinkel zu $\varrho = 6°$ an, so folgt:

$$\beta_1 = 0,5\,(\Sigma + \varrho) = 0,5\,(30° + 6°) = 18° \text{ und damit } \beta_2 = \Sigma - \beta_1 = 30° - 18° = 12°.$$

2. Antriebsnennleistung P_{N1}
Nach Gl. 24.4 beträgt der Wirkungsgrad der Schraubung

$$\eta_S = \frac{\cos(\beta_2 + \varrho) \cdot \cos\beta_1}{\cos(\beta_1 - \varrho) \cdot \cos\beta_2} = \frac{\cos(12° + 6°) \cdot \cos 18°}{\cos(18° - 6°) \cdot \cos 12°} = 0,945.$$

Gesamtwirkungsgrad somit

$$\eta_{ges} \approx 0,97\,\eta_S = 0,97 \cdot 0,945 = 0,917$$

und nach Gl. 24.5:

$$P_{N1} = P_{N2}/\eta_{ges} = 200 \text{ W}/0,917 = 218 \text{ W}.$$

3. Zahnkräfte
Nach Gl. 22.9 (Seite 479) ist

$$d_2 = \frac{z_2 \cdot m_n}{\cos\beta_2} = \frac{40 \cdot 1,5 \text{ mm}}{\cos 12°} = 61,3 \text{ mm}.$$

Somit $v_2 = d_2 \cdot \pi \cdot n_2 = 0,0613 \text{ m} \cdot \pi \cdot 10 \text{ s}^{-1} \approx 1,93 \text{ m/s}.$

Nach den Gln. 24.6 bis 24.11 werden:

$$F_{t2} = \frac{P_{N2}}{v_2}\,K_A = \frac{200 \text{ W}}{1,93 \text{ m/s}}\,1,1 = 114 \text{ N},$$

$$F_{a2} = F_{t2} \cdot \tan(\beta_2 + \varrho) = 114 \text{ N} \cdot \tan(12° + 6°) = 37 \text{ N},$$

$$F_{r2} = F_{t2} \frac{\tan \alpha_n \cdot \cos \varrho}{\cos (\beta_2 + \varrho)} = 114 \text{ N} \frac{\tan 20° \cdot \cos 6°}{\cos (12° + 6°)} = 43,4 \text{ N},$$

$$F_{t1} = F_{t2} \frac{\cos (\beta_1 - \varrho)}{\cos (\beta_2 + \varrho)} = 114 \text{ N} \frac{\cos (18° - 6°)}{\cos (12° + 6°)} \approx 117 \text{ N},$$

$$F_{a1} = F_{t1} \cdot \tan (\beta_1 - \varrho) = 117 \text{ N} \cdot \tan (18° - 6°) \approx 24,9 \text{ N},$$

$$F_{r1} = F_{r2} = 43,4 \text{ N}.$$

4. Zahnbreiten b_1 und b_2

Nach Gl. 24.3 werden die Eingriffsbreiten

$$b_{e1} = \varepsilon_\alpha \cdot m_n \cdot \pi \cdot \sin \beta_1 = 1,66 \cdot 1,5 \text{ mm} \cdot \pi \cdot \sin 18° = 2,4 \text{ mm},$$

$$b_{e2} = \varepsilon_\alpha \cdot m_n \cdot \pi \cdot \sin \beta_2 = 1,66 \cdot 1,5 \text{ mm} \cdot \pi \cdot \sin 12° = 1,63 \text{ mm}.$$

Nach der Richtlinie (Seite 545) wären auszuführen:

$$b_1 \approx 10 \, m_n = 10 \cdot 1,5 \text{ mm} = 15 \text{ mm} > b_{e1} = 2,4 \text{ mm},$$

$$b_2 = b_1 = 15 \text{ mm} > b_{e2} = 1,63 \text{ mm}.$$

24.3   Tragfähigkeit von Schraub-Stirnradpaaren, Schmierung

Wegen der Punktberührung der Flanken können Schraub-Stirnradpaare nur verhältnismäßig kleine Leistungen übertragen. Das Längsgleiten der Zahnflanken erfordert verschleißfeste Werkstoffe oder gehärtete Stahlräder sowie Schmierung mit Hochdrucköl. Meistens begnügt man sich mit einer überschläglichen Tragfähigkeitsberechnung und setzt:

Belastungskennwert $\qquad C = \dfrac{F_{t1}}{b_1 \cdot p_n}$ $\qquad\qquad\qquad\qquad\qquad$ (24.12)

Sicherheit gegen Flankenschäden $\quad S = \dfrac{d_1 \cdot b_1}{q \cdot P_f}$ $\qquad\qquad\qquad\qquad$ (24.13)

F_{t1}	in N	Tangentialkraft am Rad 1 nach Gl. 24.9,
b_1	in mm	ausgeführte Breite des Antriebsrades,
p_n	in mm	Normalteilung $= m_n \cdot \pi$,
d_1	in mm	Teilkreisdurchmesser des Rades 1,
q	in mm²/W	Temperaturfaktor nach Tab. A 24.1,
P_f	in W	Reibleistung $= P_{N1} - P_{N2}$.

Der Belastungskennwert C ist mit dem zulässigen nach Tab. A 24.1 zu vergleichen. Bei gehärtetem und geschliffenem Gegenrad zu Grauguß oder Bronze sind 1,25fache Werte zulässig, für zeitweise laufende Getriebe $\approx 1,5$fache Werte. Besonders bei Stahl auf Stahl ist eine reichliche Schmierung wichtig. Die Sicherheit gegen Flankenschäden (Fressen) soll $S \geqq \mathbf{1,2}$ sein.

Bei Gleitgeschwindigkeiten

bis $v_g = \mathbf{0,5}$ **m/s** oder bis $v_1 = 1$ m/s ist eine Tauchschmierung in Getriebefett,

bis $v_g = \mathbf{2}$ **m/s** oder bis $v_1 = 4$ m/s eine Öl-Tauchschmierung,

bei $v_g > \mathbf{2}$ **m/s** oder $v_1 > 4$ m/s eine Spritzölschmierung in Eingriffsrichtung

üblich. Die Viskosität des Schmieröls kann etwa gewählt werden bei

$v_g =$	0,5	0,8	1,2	2...5	8	12 m/s
ISO VG	320	220	150	100	68	23

Die vorstehenden Berechnungen sind nur als Anhalt zu werten, die für untergeordnete Verhältnisse genügen. Eine genauere Berechnung siehe Niemann/Winter, Maschinenelemente Bd. III.

Beispiel 24.2

Das Schraub-Stirnradpaar nach Beispiel 24.1 hat eine Nennleistung $P_{N2} = 200$ W zu übertragen. Genügt das Radpaar den Anforderungen? Welche Schmierungsart ist zu wählen und welche Ölviskosität kommt ggf. in Betracht?

Gegeben sind: $P_{N1} = 218$ W, $\beta_2 = 12°$, $\Sigma = 30°$, $m_n = 1{,}5$ mm, $v_2 = 1{,}93$ m/s, $n_1 = 1200$ min$^{-1} = 20$ s^{-1}, $d_1 = 31{,}5$ mm, $d_2 = 61{,}3$ mm, $b_1 = 15$ mm, $F_{t1} = 114$ N, Werkstoffe: Rad 1: St 60 (ungehärtet), Rad 2: Zinnbronze GZ-CuSn 12.

Lösung:

1. Belastungskennwert C
Mit $p_n = m_n \cdot \pi = 1{,}5$ mm $\cdot \pi = 4{,}7$ mm beträgt nach Gl. 24.12:

$$C = \frac{F_{t1}}{b_1 \cdot p_n} = \frac{114 \text{ N}}{15 \text{ mm} \cdot 4{,}7 \text{ mm}} = 1{,}6 \text{ N/mm}^2.$$

Es ist $v_1 = d_1 \cdot \pi \cdot n_1 = 0{,}0315$ m $\cdot \pi \cdot 20$ s$^{-1} = 1{,}98$ m/s. Mit dieser wird nach Gl. 24.2 die Gleitgeschwindigkeit

$$v_g = v_1 \frac{\sin \Sigma}{\cos \beta_2} = 1{,}98 \text{ m/s} \frac{\sin 30°}{\cos 12°} = 1 \text{ m/s}.$$

In Tab. A 24.1 ist bei $v_g = 1$ m/s für St/Zinnbronze $C_{zul} = 2$ N/mm^2 angegeben, so daß die Belastung zulässig ist.

2. Sicherheit S gegen Flankenschäden
Mit $P_f = P_{N1} - P_{N2} = 218$ W $- 200$ W $= 18$ W und $q = 5{,}4$ mm^2/W (aus Tab. A 24.1) wird nach Gl. 24.13:

$$S = \frac{d_1 \cdot b_1}{q \cdot P_f} = \frac{31{,}5 \text{ mm} \cdot 12 \text{ mm}}{5{,}4 \text{ mm}^2/\text{W} \cdot 18 \text{ W}} \approx 3{,}9,$$

die wesentlich größer als $S_{erf} \approx 1{,}2$ ist. Es besteht daher die Möglichkeit, die Zahnradbreite zu verringern, z. B. $b_1 = b_2 = 12$ mm zu wählen.

3. Schmierungsart und Ölviskosität
Nach den oben stehenden Angaben kommt für $v_g = 1$ m/s bzw. $v_1 = 2$ m/s Tauchschmierung mit einem Öl der Viskositätsklasse ISO VG 150 in Betracht.

24.4 Hyperboloid- und Hypoid-Schraubradpaare

Um die ungünstige Punktberührung der Zahnflanken von Schraub-Stirnradpaaren zu vermeiden, können die Räder auch so gestaltet werden, daß sie Zähne mit geraden Flankenlinien erhalten (Bild 24.5), die sich nicht über einen Wälzzylinder krümmen. Die Wälzflächen werden dann Hy-

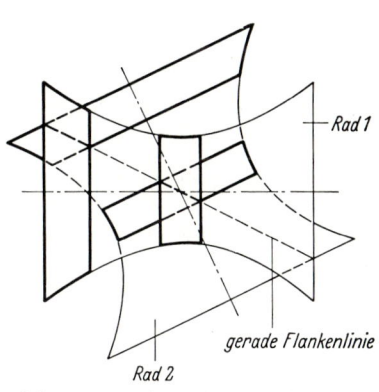

Bild 24.5 Entstehung der Hyperboloidräder

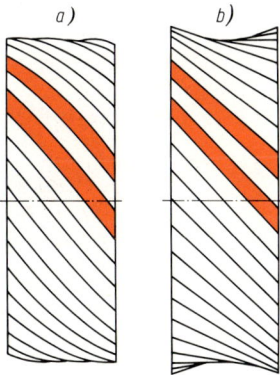

Bild 24.6 Schraubenräder
a) Schrägstirnrad, b) Hyperboloidrad

perboloide, die Erzeugenden der Rad-Umdrehungskörper Hyperbeln. Die Radgrundkörper lassen sich dann allerdings schwieriger herstellen. Verzahnt werden kann im Abwälzverfahren mit einem geradflankigen Werkzeug bei Vorschubbewegung in Richtung der geraden Flankenlinien. In Bild 24.6 ist ein Schrägstirnrad einem **Hyperboloidrad** gegenübergestellt.

Auch schräg- oder bogenverzahnte Kegelräder können zu einem Schraubradpaar vereinigt werden, so daß sich deren Kegelspitzen nicht treffen, sondern sich die Achsen der Kegel kreuzen. Man spricht dann von **Hypoidradpaaren.**

24.5   Geometrie der Schneckenradsätze

Schneckenradsätze (Bild 24.7) sind Schraubradpaare für sich meistens unter einem Achsenwinkel $\Sigma = 90°$ kreuzende Wellen, deren treibende ein- oder mehrzahnige (ein- oder mehrgängige) Schnecken zylindrisch oder globoidförmig ausgebildet werden und deren getriebene Räder meistens Globoide sind (Umdrehungskörper mit einem Kreisbogen als Erzeugende). Obwohl die Globoidschnecken mit einer größeren Profilüberdeckung arbeiten, werden die **Zylinderschnecken** ihrer einfachen Herstellung wegen bevorzugt, so daß hier nur diese behandelt werden.

Die Schneckenzähne berühren die Flanken der Radzähne linienförmig. Deshalb laufen sie ruhiger als Schraub-Stirnradpaare. Schneckenradsätze dienen für große Übersetzungen ins Langsame (bis $i \approx 120$) und ersparen mehrstufige Stirnradgetriebe. Grundübersetzungen sind $i \approx 10, 20, 40,$ 80 (siehe Tab. A 24.2), von denen jeweils eine größere und eine kleinere abgeleitet sind.

An einer Schnecke sind die Zahnprofile im **Axialschnitt,** im **Normalschnitt** und im **Stirnschnitt** von Bedeutung. Diese drei Schnitte sind in Bild 24.8 an einer Zylinderschnecke veranschaulicht.

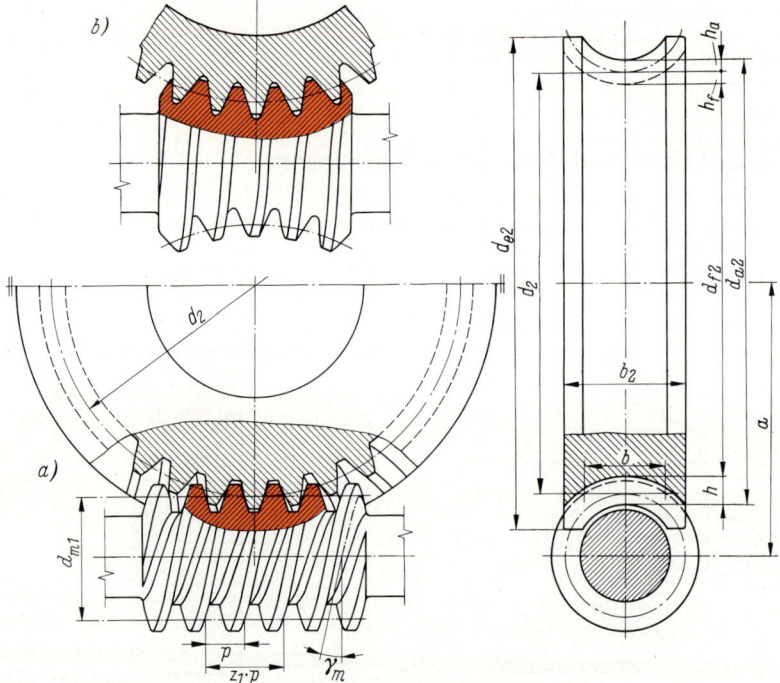

Bild 24.7 Schneckenradsatz (linkssteigend gezeichnet)
a) mit Zylinderschnecke,   b) mit Globoidschnecke

Bei Drehung der Schnecke bewegen sich deren Zähne im Axialschnitt, der gleich dem Mittenstirnschnitt des Schneckenrades ist, axial wie eine Zahnstange.

Aus DIN 3975 (Begriffe und Bestimmungsgrößen für Zylinderschneckenradpaare mit Achsenwinkel $\Sigma = 90°$) geht hervor:
Schnecken haben einen oder mehrere Zähne, die wie die Gänge von Schrauben um die Schnekkenachse gewunden sind. Die Zähnezahl z_1 der Schnecke ist die Anzahl der in einem Stirnschnitt geschnittenen Zähne. Die Zähnezahl kann $z_1 = 1, 2, 3$ usw. sein (ein- und mehrgängige Schnecken). Eine Schnecke ist rechtssteigend, wenn die schraubige Flankenlinie einer Rechtsschraube entspricht. Bevorzugt wird die Rechtssteigung. Der Steigungssinn bestimmt die Drehrichtung des Schneckenrades.
Das **Zähnezahlverhältnis** *u* ist das Verhältnis der Zähnezahl z_2 des Schneckenrades zur Zähnezahl z_1 der Schnecke:

$$\textit{Zähnezahlverhältnis} \quad u = z_2/z_1 \tag{24.14}$$

Das Zähnezahlverhältnis ist gleich dem Betrag der Übersetzung $i = n_1/n_2$ als Verhältnis der Drehzahlen. Es ist folgende Zähnezahl z_1 der Schnecke üblich:

$i =$	5…10	10…15	15…30	> 30
$z_1 =$	4	3	2	1

Die **Axialteilung** *p* ist der parallel zur Schneckenachse vorhandene Abstand zwischen den gleichnamigen Flanken zweier benachbarter Schneckenzähne:

$$\textit{Axialteilung} \quad p = m \cdot \pi \tag{24.15}$$

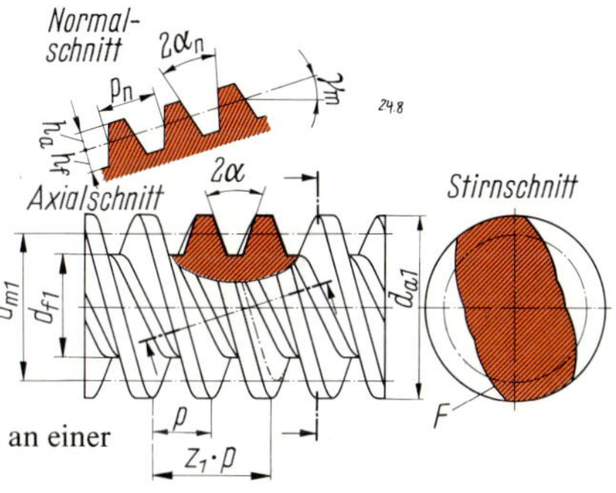

Bild 24.8 Axial-, Normal- und Stirnschnitt an einer Zylinderschnecke

mit *m* als Axialmodul. In Schneckenradsätzen hat die Schnecke den Axialmodul m_x, das Schneckenrad den Stirnmodul m_t. Bei $\Sigma = 90°$ ist $m_x = m_t = m$, d.h. in diesem Fall werden die Indizes fortgelassen. Im folgenden werden nur Radsätze mit $\Sigma = 90°$ behandelt, da andere Achsenwinkel selten sind.
Bei einer Schneckenumdrehung legt ein Schneckenzahnprofil axial den Weg $z_1 \cdot p$ zurück, der gleich dem Weg eines Radzahnes am Teilkreis des Rades ist.

Als **Mittenzylinder** mit dem Durchmesser d_{m1} versteht man einen Zylinder um die Schneckenachse, auf den Steigungswinkel, Zahnkopf- und Zahnfußhöhe, Zahndicke, Zahnlücke und Teilung bezogen werden. d_{m1} ist gleich dem Nenndurchmesser der Schnecke und kann frei gewählt werden. Normwerte und Vorzugsreihen siehe DIN 3976 (auszugsweise Übersicht der Vorzugsreihen in Tab. A 24.2).

Die **Formzahl** *q* ist das Verhältnis des Mittenkreisdurchmessers d_{m1} zum Modul *m*:

$$\textit{Formzahl der Schnecke} \quad q = d_{m1}/m \tag{24.16}$$

Sie kennzeichnet die Gestalt der Schnecke, insbesondere ihr Widerstandsmoment gegen Biegung.

Bei einem Schneckenrad fallen Teilkreis und Wälzkreis immer zusammen!

$$\textit{Teilkreisdurchmesser des Rades} \quad d_2 = m \cdot z_2 \tag{24.17}$$

Als **Profilverschiebung** $x \cdot m$ am Schneckenrad ist der radiale Abstand zwischen dem Mantel des Mittenzylinders der Schnecke und dem Teilkreis des Schneckenrades zu verstehen. Sie ergibt sich aus dem nach konstruktiven Gesichtspunkten festgelegten Achsabstand. Vorzugsweise ist der Profilverschiebungsfaktor $x \geqq 0$ zu wählen, d.h. negative Profilverschiebungen sind möglichst zu vermeiden.

$$Achsabstand \quad a = \frac{d_{m1} + d_2}{2} + x \cdot m = \frac{m}{2}(q + z_2 + 2x) \tag{24.18}$$

Weiterhin betragen (siehe hierzu die Bilder 24.7 und 24.8):

$$Kopfkreisdurchmesser \quad d_{a1} = d_{m1} + 2h_{a1} \tag{24.19}$$

$$Fußkreisdurchmesser \quad d_{f1} = d_{m1} - 2h_{f1} \tag{24.20}$$

$$Kopfkreisdurchmesser \quad d_{a2} = d_2 + 2h_{a2} \tag{24.21}$$

$$Fußkreisdurchmesser \quad d_{f2} = d_2 - 2h_{f2} \tag{24.22}$$

$$Mittensteigungswinkel \quad \tan \gamma_m = \frac{m \cdot z_1}{d_{m1}} = \frac{z_1}{q} \tag{24.23}$$

$$Normalteilung \quad p_n = p \cdot \cos \gamma_m \tag{24.24}$$

$$Normaleingriffswinkel \quad \tan \alpha_n = \tan \alpha \cdot \cos \gamma_m \tag{24.25}$$

d_{m1} in mm Mittenkreisdurchmesser der Schnecke,
d_2 in mm Teilkreisdurchmesser des Schneckenrades nach Gl. 24.17,
m in mm Axialmodul,
q Formzahl nach Gl. 24.16,
z_2 Zähnezahl des Schneckenrades,
x Profilverschiebungsfaktor am Schneckenrad,
h_{a1} in mm Kopfhöhe $= m$ im Normalfall,
h_{f1} in mm Fußhöhe $= 1,2m$ im Normalfall,
h_{a2} in mm Kopfhöhe $= m(1 + x)$ im Normalfall,
h_{f2} in mm Fußhöhe $= m(1 - x) + c_2$ mit $c_2 = 0,167...0,3m,$ wobei das Kopfspiel $c_2 = 0,2m$ bevorzugt wird,
p in mm Axialteilung nach Gl. 24.15,
α in ° Eingriffswinkel im Axialschnitt,
α_n in ° Eingriffswinkel im Normalschnitt.

Das die Flanken der Schneckenzähne erzeugende Werkzeug besitzt eine gerade Schneidkante, d.h. die Flanken-Erzeugende ist eine Gerade, die um die Schneckenachse geschraubt wird. Der Erzeugungswinkel α_0 ist der spitze Winkel zwischen einer Normalen auf der Schneckenachse und der geraden Schneidkante des Werkzeugs. Meistens ist $\alpha_0 = 20°$, es kommen aber auch 22,5°, 25° und 30° in Betracht. Je nach der Anstellung des Werkzeugs zum Werkstück entstehen verschiedene Flankenformen, und zwar nach DIN 3975:

1. Flankenform A bei der ZA-Schnecke. Der Erzeugungswinkel liegt im Axialschnitt nach Bild 24.9, so daß $\alpha = \alpha_0$ ist. Formgebende Gerade des Werkzeugs und Schneckenzahnflanke fallen zusammen, sie schneiden die Schneckenachse. Das Stirnschnittprofil F einer Flanke (Bild 24.8) ist eine Archimedische Spirale. Deshalb wird diese Schnecke auch **Spiralschnecke** genannt.
Die Flankenform A entsteht, wenn ein trapezförmiger Drehmeißel so angestellt wird, daß seine Schneiden im Axialschnitt liegen. Sie wird auch erzeugt durch Fräsen oder Schleifen mit einem entspr. profilierten Werkzeug oder durch Wälzschälen mit einem Schneidrad (Bild 24.9).

2. Flankenform N bei der ZN-Schnecke. Der Erzeugungswinkel liegt im Normalschnitt nach Bild 24.10, so daß $\alpha_n = \alpha_0$ ist. Formgebende Gerade des Werkzeugs und Schneckenzahnflanke fallen im Normalschnitt zusammen, schneiden die Schneckenachse also nicht. Auch die ZN-Schnecke ist eine **Spiralschnecke.**
Die Flankenform N entsteht, wenn ein in Achshöhe eingestellter trapezförmiger Drehmeißel so angestellt wird, daß seine Schneiden in der um den Mittensteigungswinkel γ_m geneigten Ebene liegen und somit das Normalprofil bestimmen. Sie wird auch angenähert erzeugt durch Fräsen mit einem kegeligen Schaftfräser oder mit einem verhältnismäßig kleinen Scheibenfräser mit gerader Mantellinie (Bild 24.10).

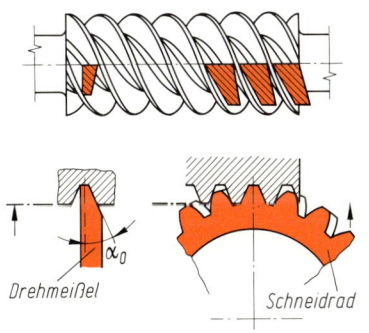

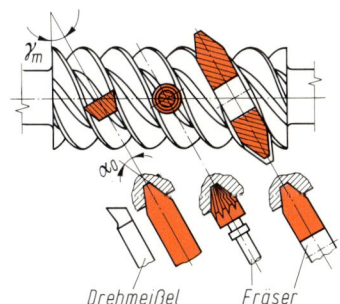

Bild 24.9 Erzeugung der ZA-Schnecke (aus DIN 3975)

Bild 24.10 Erzeugung der ZN-Schnecke
(aus DIN 3975)

3. Flankenform I bei der ZI-Schnecke. Die Schneckenzahnflanken sind wie bei Schrägstirnrädern Evolventenflächen, so daß $\alpha_n = \alpha_0$ ist. Diese Schnecke heißt deshalb auch Evolventenschnecke, Kennzeichnung **I** nach **I**nvolute.

Die Flankenform I entsteht z.B. durch Schleifen mit einer ebenen Schleifscheibe, deren Achse zur Schneckenachse um den Mittensteigungswinkel γ_m geschwenkt und zur Schneckenachse um den Erzeugungswinkel α_0 geneigt ist (Bild 24.11). Die Flankenform I entsteht auch durch spanendes Drehen, wenn ein trapezförmiger Drehmeißel unter dem Einstellwinkel der Schneide $\beta_b = 90° - \gamma_b$ so angestellt wird, daß seine Schneidebene parallel zur Axialschnittebene um den Abstand $0,5 d_b$ über oder unter der Schneckenachse steht. Hierbei ist β_b der Schrägungswinkel am Grundzylinder und d_b der Durchmesser des Grundzylinders im Stirnschnitt. Der Mittenkreisdurchmesser d_{m1} ist gleich dem Teilkreisdurchmesser d_1 des entsprechenden Schrägzahnrades. Es ist $\cos \gamma_b = \cos \gamma_m \cdot \cos \alpha_0$ und $d_{b1} = d_{m1} \cdot \tan \gamma_m / \tan \gamma_b$.

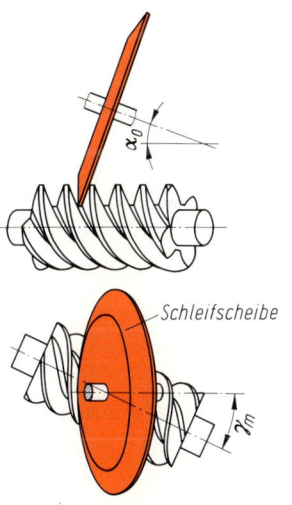

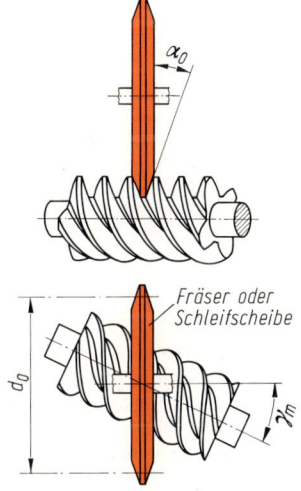

Bild 24.11 Erzeugung der ZI-Schnecke
(aus DIN 3975)

Bild 24.12 Erzeugung der ZK-Schnecke
(aus DIN 3975)

4. Flankenform K bei der ZK-Schnecke. Die Schneckenzahnflanken berühren einen Doppelkegel, dessen Achse sich mit der Schneckenachse unter dem Mittensteigungswinkel γ_m kreuzt, und dessen **K**egelmantellinien die formgebenden Geraden sind, die mit der Normalen zur Schneckenachse den Erzeugungswinkel α_0 einschließen, so daß $\alpha_n = \alpha_0$ ist.

Die Flankenform K entsteht z. B. durch den Eingriff eines sich drehenden doppelkegelförmigen Werkzeugs mit dem Durchmesser d_0 (Bild 24.12), dessen Achse zur Schneckenachse um den Mittensteigungswinkel γ_m geschwenkt ist, wobei die Kreuzungslinie der Achsen durch die Lückenmitte der Schneckenverzahnung läuft.

Mit wachsendem Werkzeugdurchmesser d_0 nähert sich die Flankenform K der Flankenform I, mit abnehmendem Werkzeugdurchmesser d_0 geht sie in die Flankenform N über. Zur eindeutigen Bestimmung der Flankenform muß deshalb stets der Durchmesser des Schneidwerkzeugs angegeben werden.

Aus den vorstehenden Darlegungen geht hervor, daß die Flanken der ZA-Schnecke im Axialschnitt gerade sind und daher in diesem Schnitt mit dem Schneckenrad wie ein Zahnstangenradpaar arbeiten. Im Normalschnitt sind die Flanken der ZA-Schnecke leicht gekrümmt. Die Flanken der ZN-Schnecke sind im Normalschnitt gerade, im Axialschnitt leicht gekrümmt. ZI- und ZK-Schnecken haben im Axial- und im Normalschnitt gekrümmte Flanken, die ZI-Schnecke Evolventenflanken.

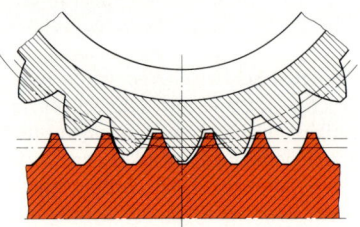

Die Firma A. Friedr. Flender baut Schneckengetriebe mit **Hohlflanken-Zylinderschnecken** (Handelsname **Cavex-Schneckengetriebe**), die anstelle eines geraden oder konkaven Flankenprofils ein konvexes aufweisen (Bild 24.13), das die Schmierdruckbildung begünstigt.

Bild 24.13 Hohlflankenschnecke
(A. Friedr. Flender GmbH, Bocholt)

Die Eingriffsverhältnisse werden auf den Mittenstirnschnitt des Rades und Axialschnitt der Schnecke bezogen und als Zahnstangenradpaar aufgefaßt. Damit beträgt in diesem Schnitt die

$$\textit{Profilüberdeckung} \quad \varepsilon_\alpha = \frac{\sqrt{d_{a2}^2 - d_{b2}^2} + \dfrac{2m\,(1 - x)}{\sin\alpha} - d_2 \cdot \sin\alpha}{2p_e} \tag{24.26}$$

d_{a2} in mm   Kopfkreisdurchmesser des Rades nach Gl. 24.21,
d_{b2} in mm   Grundkreisdurchmesser des Rades $= d_2 \cdot \cos\alpha$,
m in mm   Axialmodul,
x Profilverschiebungsfaktor am Schneckenrad,
d_2 in mm   Teilkreisdurchmesser des Rades nach Gl. 24.17,
p_e in mm   Eingriffsteilung $= p \cdot \cos\alpha = m \cdot \pi \cdot \cos\alpha$,
α in °   Eingriffswinkel im Axialschnitt.

Das schraubige Gleiten der Flanken erfolgt bei Berührung im Wälzpunkt eines Mittenstirnschnitts mit der

$$\textit{Gleitgeschwindigkeit} \quad v_g = \frac{v_1}{\cos\gamma_m} = \frac{d_{m1} \cdot \pi \cdot n_1}{\cos\gamma_m} \tag{24.27}$$

v_g in m/s   Geschwindigkeit, mit der die Flanken in Richtung der Schraubenlinie aufeinander gleiten,
v_1 in m/s   Umfangsgeschwindigkeit des Mittenkreises der Schnecke,
d_{m1} in m   Mittenkreisdurchmesser der Schnecke,
n_1 in s^{-1} Drehzahl der Schnecke,
γ_m in °   Mittensteigungswinkel nach Gl. 24.23.

Bei einer Profilverschiebung weicht v_g unwesentlich von dem Betrag nach Gl. 24.27 ab.

Beispiel 24.3

Für einen Schneckenradsatz mit ZN-Zylinderschnecke und einem Erzeugungswinkel $\alpha_0 = 20°$, $m = 4$ mm, $d_{m1} = 40$ mm, $i = u = 26$ und $a = 125$ mm sind die Abmessungen zu errechnen.

Lösung:

Bei einer ZN-Schnecke ist $\alpha_n = \alpha_0$. Nach den Angaben über der Gl. 24.15 wird für $i = 26$ eine Schnecke mit $z_1 = 2$ gewählt. Damit wird $z_2 = z_1 \cdot u = 2 \cdot 26 = 52$. Nach den Gln. 24.15 bis 24.17 werden:

$$p = m \cdot \pi = 4 \text{ mm} \cdot \pi = 12,57 \text{ mm}, \quad q = d_{m1}/m = 40/4 = 10,$$

$$d_2 = m \cdot z_2 = 4 \text{ mm} \cdot 52 = 208 \text{ mm}.$$

Aus Gl. 24.18 folgt der erforderliche Profilverschiebungsfaktor

$$x = \frac{a - 0,5\,(d_{m1} + d_2)}{m} - \frac{125 - 0,5\,(40 + 208)}{4} = 0,25.$$

Nach den Gln. 24.19 bis 24.25 werden mit $h_{a1} = m = 4$ mm, $h_{f1} = 1,2\ m = 4,8$ mm, $h_{a2} = m\,(1 + x)$ $= 4$ mm $(1 + 0,25) = 5$ mm, $h_{f2} = m\,(1 - x) + c_2 = 4$ mm $(1 - 0,25) + 0,2 \cdot 4$ mm $= 3,8$ mm:

$$d_{a1} = d_{m1} + 2h_{a1} = 40 \text{ mm} + 2 \cdot 4 \text{ mm} = 48 \text{ mm}, \quad d_{f1} = d_{m1} - 2h_{f1} = 40 \text{ mm} - 2 \cdot 4,8 \text{ mm} = 30,4 \text{ mm},$$

$$d_{a2} = d_2 + 2h_{a2} = 208 \text{ mm} + 2 \cdot 5 \text{ mm} = 218 \text{ mm}, \quad d_{f2} = d_2 - 2h_{f2} = 208 \text{ mm} - 2 \cdot 3,8 \text{ mm} = 200,4 \text{ mm},$$

$$\tan\gamma_m = \frac{m \cdot z_1}{d_{m1}} = \frac{4 \cdot 2}{40}; \quad \gamma_m = 11,31°, \quad p_n = p \cdot \cos\gamma_m = 12,57 \text{ mm} \cdot \cos 11,31° = 12,326 \text{ mm},$$

$$\tan\alpha = \frac{\tan\alpha_n}{\cos\gamma_m} = \frac{\tan 20°}{\cos 11,31°}; \quad \alpha = 20,364°.$$

24.6 Zahnkräfte und Wirkungsgrad an Schneckenradsätzen

Mit dem Index 2 sind die Kraftwirkungen der treibenden Schnecke 1 auf das getriebene Rad 2, mit dem Index 1 die Gegenwirkungen des Rades 2 auf die Schnecke 1 gekennzeichnet.

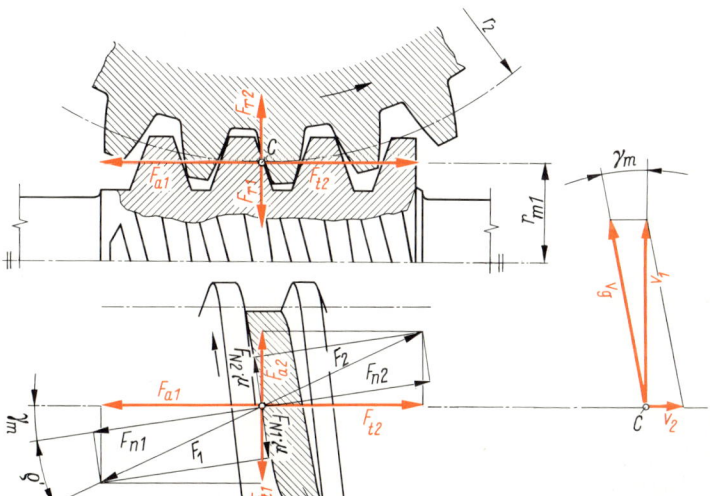

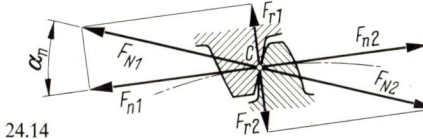

Bild 24.14
Zahnkräfte und Geschwindigkeiten
am Schneckenradsatz

Im Normalschnitt steht die Zahnkraft F_N (Bild 24.14) im Berührpunkt senkrecht auf den Zahnflanken und läuft durch den Wälzpunkt C. F_N zerlegt sich in eine Normalumfangskraft F_n und in eine Radialkraft F_r jeweils an Schnecke und Rad.

In Richtung der Flankenlinien wirkt die Reibkraft $F_N \cdot \mu$, die sich in der Draufsicht mit F_n zur Resultierenden F zusammensetzt. F zerlegt sich dann aber in eine Axialkraft F_a und eine Tangentialkraft F_t jeweils an Schnecke und Rad.

In Schneckenradsätzen liegen ähnliche Verhältnisse wie bei Bewegungsschrauben vor. Die Abtriebsleistung als Nutzleistung beträgt $P_2 = F_{t2} \cdot v_2$, die durch Reibung in Richtung der Flankenlinien bedingte höhere Antriebsleistung $P_1 = F_{t1} \cdot v_1$, wobei v_2 die Umfangsgeschwindigkeit des Teilkreises des Rades und v_1 die Umfangsgeschwindigkeit des Mittenkreises der Schnecke ist. Der Wirkungsgrad der Schraubung ist dann $\eta_S = P_2/P_1$. Aus Bild 24.14 geht hervor, daß $F_{t2} = F_2 \cdot \cos(\gamma_m + \varrho)$ und $F_{t1} = F_1 \cdot \sin(\gamma_m + \varrho)$ sind. Die Absolutgeschwindigkeit v_1 als Umfangsgeschwindigkeit des Berührpunktes an der Schnecke zerlegt sich in die Gleitgeschwindigkeit v_g und die Umfangsgeschwindigkeit v_2 des Rades nach Bild 24.14. Somit ist $v_2 = v_1 \cdot \tan \gamma_m$.

Setzt man die Ausdrücke für F_{t1}, F_{t2} und v_2 in die Gleichung für η_S ein, so erhält man, da sich v_1 und F herauskürzen (wegen $F_1 = F_2$) und $\sin x / \cos x = \tan x$ ist, den

$$\textit{Wirkungsgrad der Schraubung} \quad \eta_S = \frac{\tan \gamma_m}{\tan(\gamma_m + \varrho)} \tag{24.28}$$

ϱ ist der wirksame Reibwinkel, für den $\tan \varrho = \mu / \cos \alpha_n$ gilt. Der größtmöglichste Wirkungsgrad wird bei $\gamma_m \approx 45°$ erzielt. Erfahrungswerte für ϱ enthält Tab. A 24.3.

Da außerdem noch der Wirkungsgrad η_W durch das Wälzgleiten der Zahnflanken zu berücksichtigen ist, wird für einen Schneckenradsatz der **Gesamtwirkungsgrad** $\eta_{ges} = \eta_W \cdot \eta_S \approx 0{,}98\,\eta_S$ (ohne Lagerreibung). Bei vorgegebener Abtriebsnennleistung $P_{N2} = P_{Nb}$ beträgt somit die erforderliche

$$\textit{Antriebsnennleistung} \quad P_{N1} = \frac{P_{N2}}{\eta_{ges}} \tag{24.29}$$

Aus den geometrischen Beziehungen (siehe Bild 24.14) folgen die

Kräfte am Schneckenrad

$$\textit{Tangentialkraft} \quad F_{t2} = \frac{P_{N2}}{v_2}\,K_A \tag{24.30}$$

$$\textit{Axialkraft} \quad F_{a2} = F_{t2} \cdot \tan(\gamma_m + \varrho) \tag{24.31}$$

$$\textit{Radialkraft} \quad F_{r2} = F_{t2}\,\frac{\cos \varrho \cdot \tan \alpha_n}{\cos(\gamma_m + \varrho)} \tag{24.32}$$

Kräfte an der Schnecke

$$F_{t1} = F_{a2} \quad (24.33), \qquad F_{a1} = F_{t2} \quad (24.34), \qquad F_{r1} = F_{r2} \quad (24.35)$$

P_{N2}	in W	Abtriebsnennleistung,
v_2	in m/s	Umfangsgeschwindigkeit des Rad-Teilkreises $= d_2 \cdot \pi \cdot n_2 = v_1 \cdot \tan \gamma_m$,
K_A		Anwendungsfaktor zur Berücksichtigung ungleichförmiger Belastung. Anhaltswerte siehe Tab. 23.1 (Seite 500),
γ_m	in °	Mittensteigungswinkel nach Gl. 24.23,
α_n	in °	Normaleingriffswinkel nach Gl. 24.25,
ϱ	in °	wirksamer Reibwinkel nach Tab. A 24.3.

In den vorstehenden Gleichungen ist eine Profilverschiebung nicht berücksichtigt, was für praktische Berechnungen unwesentlich ist.

Die **Drehmomente** betragen $M_1 = F_{t1} \cdot r_{m1}$ an der Schnecke und $M_2 = F_{t2} \cdot r_2$ am Rad, wobei $r_{m1} = d_{m1}/2$ und $r_2 = d_2/2$ sind.

Für den Fall, daß nicht die Schnecke 1 treibt, sondern das Rad 2, kehren sich die Reibkräfte um und der Wirkungsgrad der Schraubung ist dann $\eta_S = P_1/P_2$ und damit

$$\eta_S = \frac{\tan(\gamma_m - \varrho)}{\tan \gamma_m}$$

Sobald $\gamma_m \leqq \varrho$ wird, ergibt sich $\eta_S \leqq 0$. In diesem Fall tritt **Selbsthemmung** ein, und kein noch so großes Drehmoment am Rad vermag die Schnecke in eine Drehbewegung zu versetzen! Mitunter ist Selbsthemmung erwünscht, um selbsttätige Rücklaufbewegungen nach Abschalten des Antriebs bei unter Belastung stehendem Rad zu vermeiden.

Beispiel 24.4

Der Schneckenradsatz nach Beispiel 24.3 soll $P_{N2} = 1,5$ kW übertragen. Wie groß sind die Antriebsnennleistung P_{N1}, die Zahnkräfte und die Drehmomente an Rad und Schnecke? Ist der Schneckenradsatz selbsthemmend?
Gegeben sind: $K_A = 1,3$, $n_1 = 1440$ min$^{-1} = 24$ s^{-1}, $i = 26$, $d_2 = 208$ mm, $\alpha_n = 20°$, $\gamma_m = 11,31°$, $d_{m1} = 40$ mm, $v_g \approx 3,1$ m/s nach Gl. 24.27 errechnet.

Lösung:
1. Antriebsnennleistung P_{N1}
Bei $\varrho = 4°$ (angenommen bei Ausführung A nach Tab. A 24.3) wird nach Gl. 24.28:

$$\eta_S = \frac{\tan \gamma_m}{\tan(\gamma_m + \varrho)} = \frac{\tan 11,31°}{\tan(11,31° + 4°)} = 0,73.$$

Somit wird mit $\eta_{ges} \approx 0,98$ $\eta_S = 0,98 \cdot 0,73 \approx 0,72$ nach Gl. 24.29:

$$P_{N1} \approx \frac{P_{N2}}{\eta_{ges}} = \frac{1,5 \text{ kW}}{0,72} \approx 2,1 \text{ kW}.$$

2. Kräfte am Schneckenrad
Bei $i = 26$ ist $n_2 = n_1/i = 24$ s$^{-1}/26 = 0,923$ s^{-1} und damit $v_2 = d_2 \cdot \pi \cdot n_2 = 0,208$ m $\cdot \pi \cdot 0,923$ s$^{-1} \approx 0,6$ m/s.
Nach den Gln. 24.30 bis 24.32 werden dann:

$$F_{t2} = \frac{P_{N2}}{v_2} K_A = \frac{1500 \text{ W}}{0,6 \text{ m/s}} 1,3 = 3250 \text{ N},$$

$$F_{a2} = F_{t2} \cdot \tan(\gamma_m + \varrho) = 3250 \text{ N} \cdot \tan(11,31° + 4°) = 890 \text{ N},$$

$$F_{r2} = F_{t2} \frac{\cos \varrho \cdot \tan \alpha_n}{\cos(\gamma_m + \varrho)} = 3250 \text{ N} \frac{\cos 4° \cdot \tan 20°}{\cos(11,31° + 4°)} = 1223 \text{ N}.$$

3. Kräfte an der Schnecke
Nach den Gln. 24.33 bis 24.35 sind

$$F_{t1} = F_{a2} = 890 \text{ N}, \quad F_{a1} = F_{t2} = 3250 \text{ N}, \quad F_{r1} = F_{r2} = 1223 \text{ N}.$$

4. Drehmomente M_1 und M_2
Mit $r_{m1} = d_{m1}/2 = 0,02$ m und $r_2 = d_2/2 = 0,104$ m werden

$$M_1 = F_{t1} \cdot r_{m1} = 890 \text{ N} \cdot 0,02 \text{ m} = 17,8 \text{ Nm}, \quad M_2 = F_{t2} \cdot r_2 = 3250 \text{ N} \cdot 0,104 \text{ m} \approx 338 \text{ Nm}.$$

5. Kontrolle auf Selbsthemmung
Da $\varrho = 4° < \gamma_m = 11,31°$ ist, kann Selbsthemmung nicht eintreten.

24.7 Gestaltung der Schnecken und Schneckenräder

Die Schneckenwelle wird auf Biegung und Verdrehung beansprucht. Deshalb bemißt man den Schaft mit dem Durchmesser d_S nach Bild 24.15a im allgemeinen zunächst nach der Verdrehung mit $\tau_{t\,zul} \approx 12$ N/mm^2 und rechnet auf Gestaltfestigkeit nach (siehe Abschnitt 15.5. Seite 308). Wahl des Mittenkreisdurchmessers in erster Annäherung $d_{m1} \approx 1,5 d_S$, bei aufgesetzten Schnecken (Bild 24.15b) $d_{m1} \approx 2 d_S$. Bei der endgültigen Festlegung von d_{m1} ist möglichst die Formzahl q nach DIN 3976 (Tab. A 24.2) zu wählen. Im allgemeinen werden ausgeführt:

$$\text{Schneckenbreite} \quad b_1 \approx \sqrt{d_{a2}^2 - d_2^2} \tag{24.36}$$

$$\text{Radbreite} \quad b_2 \approx \sqrt{d_{a1}^2 - d_{m1}^2} + 2m = b + 2m \tag{24.37}$$

mit b gemäß Bild 24.16a und m als Axialmodul. Als Richtwert gilt auch $b_2 \approx 0,8 d_{m1}$.

Räder aus Leichtmetallen oder Zinklegierungen sind breiter auszuführen (siehe Bild 24.16b). Wenn die Radzähne aus hochwertiger **Bronze** bestehen müssen, werden aus dieser Kränze gefertigt und auf Radfelgen aus Grau- oder Stahlguß gepreßt oder geschraubt (Bilder 24.16c und d). **Graugußräder** (Bild 24.17) werden nach denselben Gesichtspunkten gestaltet wie Stirnräder (siehe Abschnitt 23.4 Seite 510).

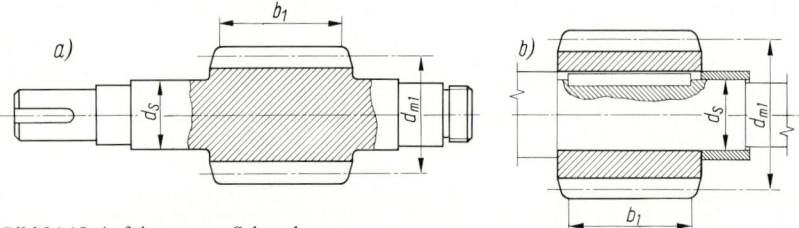

Bild 24.15 Auführung von Schnecken
       a) Schneckenwelle (Schnecke und Welle aus einem Stück),   b) aufgesetzte Schnecke

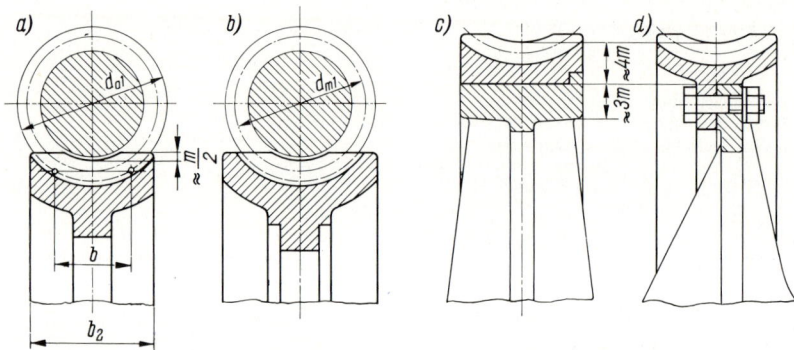

Bild 24.16 Ausbildung der Schneckenradkränze
       a) Grauguß,   b) Leichtmetallguß,   c) aufgepreßt,   d) angeschraubt

Die Anwendung von **thermoplastischen Kunststoffen** ist wegen der hohen Reibleistung begrenzt.
Bei spanender Herstellung läßt sich dieselbe Eingriffsgeometrie erreichen wie bei Schneckenradsätzen aus Metall. Bei größeren Abmessungen werden Kunststoffkränze auf metallische Grund-
körper gesetzt. Derartige Ausführungen lohnen nur, wenn es unbedingt auf Geräuscharmut ankommt.

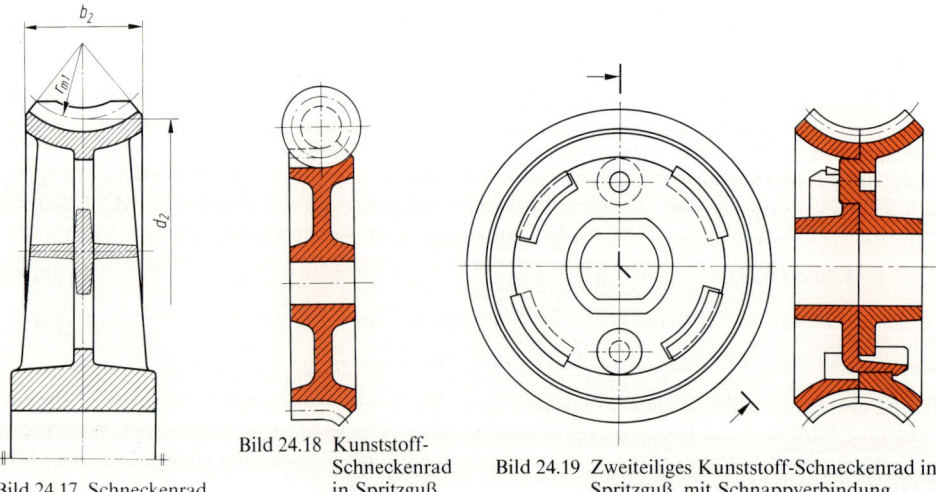

Bild 24.17 Schneckenrad

Bild 24.18 Kunststoff-
       Schneckenrad
       in Spritzguß
       (aus VDI 2545)

Bild 24.19 Zweiteiliges Kunststoff-Schneckenrad in
       Spritzguß, mit Schnappverbindung
       (aus VDI 2545)

Durch Spritzgießen von ungeteilten Kunststoffrädern kann die Zahnform nicht ohne einen erheblichen Aufwand für die Ausformtechnik erreicht werden. Häufig werden deshalb anstelle der Schneckenräder nur schrägverzahnte Stirnräder verwendet. Nachteilig ist dann die kleine Berührfläche der Flanken, die zu hoher örtlicher Erwärmung und damit zu hohem Verschleiß führt, so daß nur kleine Drehmomente übertragen werden können.
Spritzgegossene Kunststoff-Schneckenräder, die eine höhere Übertragungsfähigkeit besitzen als entspr. Schrägstirnräder, zeigen die Bilder 24.18 und 24.19. Die Hälften der Ausführung nach Bild 24.19 sind durch Schnappsitz gefügt, können aber auch verschraubt oder vernietet werden.

Beispiel 24.5

Welche Schneckenbreite b_1 und welche Radbreite b_2 ist für den Schneckenradsatz nach den Beispielen 24.3 und 24.4 auszuführen?
Gegeben sind: $d_{a2} = 218$ mm, $d_2 = 208$ mm, $d_{a1} = 48$ mm, $d_{m1} = 40$ mm, $m = 4$ mm.

Lösung:
Nach den Gln. 24.36 und 24.37 werden:

$$b_1 \approx \sqrt{d_{a2}^2 - d_2^2} = \sqrt{218^2 - 208^2}\ \text{mm} \approx 65\ \text{mm}$$

$$b_2 \approx \sqrt{d_{a1}^2 - d_{m1}^2} + 2m = \sqrt{48^2 - 40^2}\ \text{mm} + 2 \cdot 4\ \text{mm} = 26,5\ \text{mm} + 8\ \text{mm} = b + 2m = 34,5\ \text{mm} \approx 35\ \text{mm}.$$

24.8 Schmierung und Verzahnungsqualität von Schneckenradsätzen

Nach DIN 51509 (Auswahl von Schmierstoffen für Zahnradgetriebe) kommen für Schneckengetriebe folgende Schmierungsarten zur Anwendung:

1. Schnecke eintauchend, und zwar
bis $v_1 = 4$ m/s Tauchschmierung in Getriebefett,
bis $v_1 = 10$ m/s Tauchschmierung in Schmieröl,
über $v_1 = 10$ m/s Spritzölschmierung in Eingriffsrichtung.
2. nur Schneckenrad eintauchend, und zwar
bis $v_1 = 1$ m/s Tauchschmierung in Getriebefett,
bis $v_1 = 4$ m/s Tauchschmierung in Schmieröl,
über $v_1 = 4$ m/s Spritzölschmierung in Eingriffsrichtung.

Für die Ermittlung der erforderlichen Ölviskosität dient der

$$\textit{Schmierkennwert}\quad K_S = \frac{M_2}{a^3 \cdot n_1} \tag{24.38}$$

K_S in N $\cdot$ s/m^2 = Pa $\cdot$ s Schmierkennwert,
M_2 in Nm   Drehmoment des Schneckenrades,
a in m   Achsabstand nach Gl. 24.18,
n_1 in s^{-1} Drehzahl der Schnecke.

Mit diesem geht aus Tab. A 24.4 die erforderliche Viskosität des Schmieröls hervor. Über die Erhöhung oder Senkung der Tabellenwerte, die Wahl der Viskositätsklasse, die Wahl des Getriebeöls und die erforderliche Ölmenge siehe Abschnitt 23.7 Seite 519.
Ein Nachteil aller Schraubradpaare ist deren schlechter Wirkungsgrad, d.h. die verlorengehende Reibleistung, die sich in starker Wärmeentwicklung und damit erhöhtem Verschleiß der Zahnflanken äußert. Langsamlaufende Radpaare verhalten sich ungünstiger als schnellaufende, weil sich kein tragfähiger Schmierfilm aufbauen kann und sie deshalb nur mit Mischreibung an den Flanken arbeiten.
Für Schneckenradsätze gibt es keine Toleranznorm. Es ist deshalb üblich, die Genauigkeitsklasse (Verzahnungsqualität) nach Tab. 23.3 (Seite 518) in Abhängigkeit von der Umfangsgeschwindigkeit v_1 zu wählen, dazu die entspr. Toleranzen wie für Stirnräder.

Die Biegebeanspruchung der Schnecken- und Radzähne bedarf keiner Nachrechnung, da die Biegefestigkeit höher ist, als der Verschleißgrenze entspricht.

Beispiel 24.6

Welche Schmierungsart und welche Ölviskosität sind für den Schneckenradsatz nach den Beispielen 24.3 bis 24.5 erforderlich, wenn das Schneckenrad in Schmierstoff eintaucht und normale Umweltbedingungen ($t_0 = 20\,°C$) vorliegen? Welche Verzahnungsqualität kommt in Betracht?
Gegeben sind: $d_{m1} = 40$ mm, $n_1 = 1440$ min^{-1} = 24 s^{-1}, $M_2 = 338$ Nm, $a = 125$ mm.

Lösung:
1. Schmierungsart und Ölviskosität
Die Umfangsgeschwindigkeit der Schnecke ist

$$v_1 = d_{m1} \cdot \pi \cdot n_1 = 0,04 \text{ m} \cdot \pi \cdot 24 \text{ s}^{-1} \approx 3 \text{ m/s.}$$

Bis $v_1 = 4$ m/s kommt bei eintauchendem Schneckenrad Öltauchschmierung in Betracht. Nach Gl. 24.38 beträgt der Schmierkennwert

$$K_S = \frac{M_2}{a^3 \cdot n_1} = \frac{338 \text{ Nm}}{0,125^3 \text{m}^3 \cdot 24 \text{ s}^{-1}} \approx 7,21 \cdot 10^3 \text{ Pa} \cdot \text{s}$$

Gemäß Tab. A 24.4 ist eine Ölviskosität $\nu \approx 290$ mm^2/s bei 40 °C geeignet. Da normale Umweltverhältnisse vorliegen, ist weder eine Erhöhung noch eine Senkung des Tabellenwerts vorzunehmen (siehe Abschnitt 23.7 Seite 520). Nach Bild 16.3 (Seite 333) kommt als nächstliegende die Viskositätsklasse ISO VG 320 in Frage.

2. Verzahnungsqualität
Für $v_1 = 3$ m/s wird nach Tab. 23.3 die Verzahnungsqualität 8 gewählt.

24.9 Tragfähigkeit von Schneckenradsätzen

Die Berechnung der Grübchentragfähigkeit von metallischen Schneckenradsätzen basiert auf dem Mittelwert der

$$\text{Hertzschen Pressung} \quad \sigma_H = \sqrt{\frac{F_{t2} \cdot r_2}{a^3}}\; Z_E \cdot Z_\varrho \tag{24.39}$$

F_{t2}	in N	Tangentialkraft am Schneckenrad nach Gl. 24.30,
r_2	in mm	Teilkreisdurchmesser des Schneckenrades,
a	in mm	Achsabstand des Schneckenradsatzes nach Gl. 24.18,
Z_E	in $\sqrt{\text{N/mm}^2}$	Elastizitätsfaktor nach Tab. A 24.6,
Z_ϱ		Kontaktfaktor, der die Flankenkrümmung und die Berührungslänge berücksichtigt, nach Tab. A 24.5.

Damit ergibt sich die

$$\text{Sicherheit gegen Grübchen} \quad S_H = \frac{\sigma_{H\,lim}}{\sigma_H} \tag{24.40}$$

$\sigma_{H\,lim}$	in N/mm^2	Wälzfestigkeit (Grübchenfestigkeit) des Schneckenradwerkstoffes nach Tab. A 24.6,
σ_H	in N/mm^2	Hertzsche Pressung der Zahnflanken nach Gl. 24.39.

Bei einer Sicherheit $S_H = 1$ ist eine Lebensdauer $L_h = 25\,000$ h zu erwarten, bei einer längeren Lebensdauer muß $S_H > 1$ sein, bei einer kürzeren < 1, und zwar

erforderliche Sicherheit gegen
Grübchen bei $L_h \neq 25\,000$ h $\qquad S_H = \left(\dfrac{L_h}{25\,000 \text{ h}}\right)^{1/6}$ $\qquad$ (24.41)

L_h in h gewünschte Lebensdauer. Bei $S_H \geq 1,6$ handelt es sich um ein Dauergetriebe.

Nach Niemann ist auch eine Berechnung auf Temperatursicherheit bezüglich des Wärmegleichgewichts und auf Verschleißsicherheit möglich, auf die hier verzichtet wird.

Beispiel 24.7

Der Schneckenradsatz nach den Beispielen 24.3 bis 24.6 mit einer ZN-Schnecke ist auf Sicherheit gegen Grübchen zu berechnen und die zu erwartende Lebensdauer zu ermitteln. Gegeben sind: $F_{t2} = 3250$ N, $r_2 = 104$ mm, $d_{m1} = 40$ mm, $a = 125$ mm, Werkstoff der Schnecke C45 (Flanken gehärtet und geschliffen), Werkstoff des Rades: GZ-CuSn12.

Lösung:
1. Hertzsche Pressung σ_H
   Mit dem Verhältnis $d_{m1}/a = 40/125 = 0{,}32$ wird aus Tab. A 24.5 der Kontaktfaktor $Z_\varrho \approx 3$ geschätzt. Nach Tab. A 24.6 ist $Z_E = 147 \sqrt{\text{N/mm}^2}$. Somit nach Gl. 24.39:

$$\sigma_H = \sqrt{\frac{F_{t2} \cdot r_2}{a^3}} \; Z_E \cdot Z_\varrho = \sqrt{\frac{3250 \text{ N} \cdot 104 \text{ mm}}{125^3 \cdot \text{mm}^3}} \; 147 \sqrt{\text{N/mm}^2} \cdot 3 = 183{,}5 \text{ N/mm}^2$$

2. Sicherheit S_H gegen Grübchen
   Nach Tab. A 24.6 ist $\sigma_{H\,\text{lim}} = 425$ N/mm². Somit nach Gl. 24.40:

$$S_H = \frac{\sigma_{H\,\text{lim}}}{\sigma_H} = \frac{425}{183{,}5} \approx 2{,}3 > 1{,}6, \quad \text{so daß es sich zweifellos um ein Dauergetriebe handelt.}$$

3. Zu erwartende Lebensdauer L_h
   Aus Gl. 24.41 wird

$$L_h \approx 25\,000 \text{ h} \cdot S_H^6 = 25\,000 \text{ h} \cdot 2{,}3^6 \approx 1{,}6 \cdot 10^6 \text{ h}.$$

Für **Schneckenradsätze mit Rädern aus thermoplastischen Kunststoffen** liegen kaum gesicherte Erkenntnisse für die Tragfähigkeit vor, so daß man bei diesen vorläufig noch auf Schätzungen angewiesen ist. Es empfiehlt sich deshalb, die Tragfähigkeit gegenüber einem metallischen Schneckenradsatz im Verhältnis der Tragfähigkeit eines Kunststoff-Stirnrades mit der eines gleichen Stahl-Stirnrades anzunehmen.

24.10 Ausführung von Schneckengetrieben

Hochleistungs-Schneckengetriebe mit $v_1 > 8$ m/s werden im allgemeinen mit Drucköschmierung (Spritzschmierung), bester Lagerung, gehärteten, geschliffenen und geläppten Zahnflanken der Stahlschnecken und mit hochbelastbaren Radwerkstoffen ausgeführt. Werkstoffe siehe Tab. A 24.6. Bei $v_1 < 8$ m/s genügen vergütete oder gehärtete Stähle mit geschliffenen Flanken, Schneckenradkränze aus Bronze, bis $v_1 = 4$ m/s sogar Grauguß.

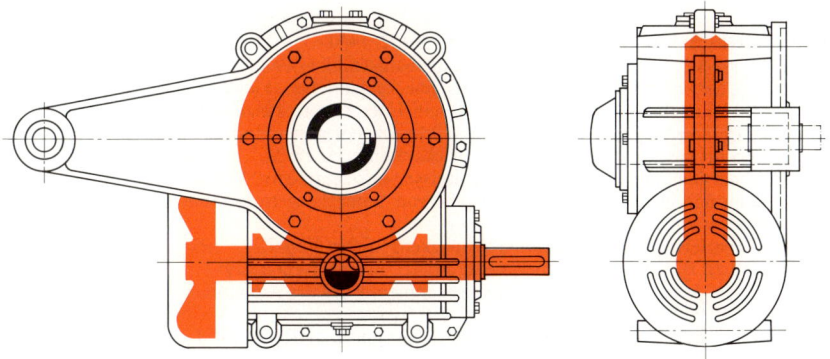

Bild 24.20 Cavex-Aufsteck-Schneckengetriebe (A. Friedr. Flender GmbH, Bocholt)

Bild 24.20 zeigt das sog. *Cavex-Aufsteckgetriebe* der Fa. A. Friedr. Flender, das an der Radseite auf die Arbeitsmaschinenwelle gesteckt und mit einem Arm zum Auffangen des Drehmoments abgestützt wird. Zur Kühlung ist ein Gebläse eingebaut, die Schnecke taucht in ein Ölbad. Die Verbindung der Schneckenwelle mit dem Motor kann über eine Kupplung erfolgen.

Die Lagerung einer Schneckenwelle und die Gestaltung des Gehäuses veranschaulicht Bild 24.21.

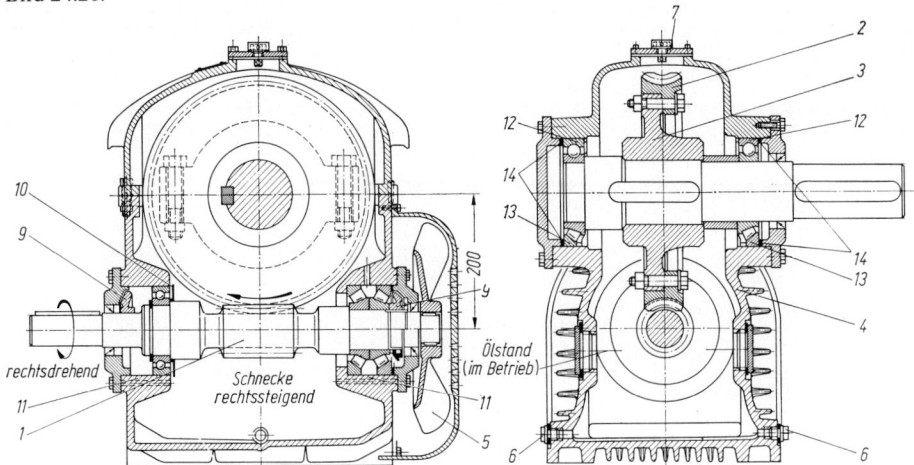

Bild 24.21 Schneckengetriebe (Flender, Bocholt) (aus *Niemann/Winter,* Maschinenelemente) Nennleistung 24,5 kW, $n_1 = 1500$ min^{-1}, $u = 20,5$. *1* ZH-Schnecke: 16 MnCr 5 einsatzgehärtet, geschliffen; *2* Radkranz GZ-CuSn 12; *3* Nabe St 37; *4* Gehäuse GG-20 mit waagerechten Rippen; *5* Lüfter; *6* Ölablaß; *7* Schaulochdeckel mit Entlüftung; *8* Radialdichtringe (nach innen dichtend); unterschiedliche Abdichtung der Schneckenwelle möglich; *9* zusätzliche Dichtringe; *10* Schleuderscheibe; *11* Ölrücklauf (versetzt gezeichnet); *12* Rillenkugellager (für leichten Betrieb); *13* Kegelrollenlager (für schweren Betrieb); *14* Paßscheiben für axiales Einstellen des Rades.

Literaturhinweise

Bock, G.: Flankenformkorrekturen an Getriebeschnecken. Z. Fertigung 60/1970.

Bock, G., R. Noch und *O. Steiner:* Zahndickenmessung an Getriebeschnecken nach der Dreidrahtmethode. Z. Meßtechnik 10/1973.

Boecker, E. und *G. Rachel:* Meßprobleme und Werkzeugfragen bei der Fertigung von Schneckengetrieben. Z. Werkstatt und Betrieb 97/1964 und 98/1965.

Bosch, M. und *E. Boecker:* Herstellung von Schneckengetrieben. Z. Antriebstechnik 11/1972.

Ernst, D.: Schneckengetriebe-Jahresübersicht. VDI-Z. 122/1980.

Hartmann: Duplex-Schneckengetriebe. Z. Maschinenbautechnik 6/1957.

Heyer, E. und *G. Niemann:* Versuche an Zylinderschneckengetrieben: Vieweg-Verlag Braunschweig 1953.

Heyer, E.: Anforderung bei der Auslegung von Hochleistungsschneckengetrieben. Industrieblatt 53/1953.

Heyer, E.: Spielfreie Verzahnungen besonders bei Schneckengetrieben. Industrieblatt 54/1954.

Hofmann, E.: Schneckengetriebemotoren. Z. Antriebstechnik 11/1972.

Holler, R.: Rechnersimulation der Eingriffsverhältnisse von Zahnrädern. VDI-Z. 118/1976.

Klein, R.: Aufbau und charakteristische Merkmale von Schneckengetrieben mit Hohlflankenverzahnung. Z. Betriebstechnik 6/1965.

Niemann, G.: Grenzleistung für luftgekühlte Schneckengetriebe. VDI-Z. 97/1955.

Niemann, G. und *H. Winter:* Maschinenelemente Bd. III, Springer Verlag 1983.

Rinder, L.: Tragfähigkeitsuntersuchung an Schneckenrädern aus der Aluminium-Zinklegierung Alzen 501. Z. Konstruktion 28/1976.

Stade, G.: Gut tragende Schneckengetriebe. Z. Werkstatt und Betrieb 104/1971.

Thomas, W.: Bauformen und Anwendungsmöglichkeiten von Hochleistungsschneckengetrieben. Z. Industriekurier 9/1956.

Thomas, A. K. und *W. Charchut:* Die Tragfähigkeit der Zahnräder. Hanser Verlag München 1971.

Weber, C. und *W. Maushake:* Zylinderschneckengetriebe mit rechtwinklig sich kreuzenden Achsen. Vieweg-Verlag Braunschweig 1956.

Winter, H., Th. Hösel und *G. Huber:* Weiter entwickelte Tragfähigkeitsberechnung für Zylinder-Schneckengetriebe. VDI-Bericht 332/1979.

Wittig, H.: Zur Geometrie der Zylinderschnecken. Z. Der Maschinenmarkt 72/1966.

Zosel, F. und *F. Jarchow:* Zylinderschneckengetriebe mit Epizykloidenprofil im Schneckenstirnschnitt – Auslegung, Verlustleistung, Tragfähigkeit. Z. Konstruktion 29/1977.

Hülltriebe

25 Kettentriebe

Kettentriebe sind **formschlüssige Hülltriebe,** bei denen eine endlose Kette zwei oder mehr Kettenräder umschlingt (umhüllt). Sie dienen wie Stirnradpaare zur Kraft- und Bewegungsübertragung zwischen parallelen Wellen und werden vornehmlich dort eingesetzt, wo Achsabstände zu überbrücken sind, für die Zahnräder nicht möglich oder nicht sinnvoll sind, und wo Riementriebe wegen ungünstiger Raum-, Übersetzungs- oder Achsabstandsverhältnisse nicht realisiert werden können. Kettentriebe können mit kleineren Umschlingungswinkeln am kleinen Kettenrad und kleineren Achsabständen als entspr. Riementriebe wesentlich größere Kräfte übertragen. Da sie keine nennenswerte Vorspannung erfordern, belasten sie die Wellen und Lager weniger stark. Allerdings arbeiten Kettentriebe nicht so elastisch wie Riementriebe, erfordern mehr Wartung, müssen geschmiert und oftmals auch gegen Staubeinwirkungen geschützt werden und laufen geräuschvoller. Außerdem sind die Ketten und die verzahnten Räder wesentlich teurer als Riemen und Riemenscheiben.

Kettentriebe verbinden jedoch in idealer Weise die Vorteile eines kraftschlüssigen Hülltriebes (Riementriebes) mit denen eines formschlüssigen Zahnradgetriebes, weil bei entsprechender Gestaltung erhebliche Stoßenergien ohne Gefährdung der Betriebssicherheit aufgenommen werden können, zu denen die nahezu starre Verbindung der Wellen durch Zahnräder meistens den Einbau elastischer Glieder (Kupplungen) benötigt. Der Anwendungsbereich von Kettentrieben ist sehr groß. Sie werden eingesetzt in Kraft- und Arbeitsmaschinen, Werkzeugmaschinen, Textilmaschinen, Land- und Baumaschinen und besonders in Transportanlagen (Hebezeugen und Förderanlagen). Für Transportanlagen gibt es viele Sonderausführungen von Ketten.

Ihr Einsatz ist auch bei hoher Umgebungstemperatur möglich, z. B. in Durchlauföfen, oder in Schmierölatmosphäre. Sie sind einfach mit Verschlußgliedern zu verbinden.

25.1 Anordnung von Kettentrieben

Verschiedene Ausbildungsmöglichkeiten von Kettentrieben zeigt Bild 25.1. Das **Lasttrum** als der ziehende Kettenstrang ist möglichst nach oben zu legen. Eine gewisse Schräglage des Triebes ist günstig, eine senkrechte wegen schlechter Eingriffsverhältnisse am unteren Rad besonders ungünstig (Durchhang der Kette). Bei einer Trieblage über 60° zur Waagerechten sind **Spannräder** erforderlich. Spannräder müssen auch eingebaut werden, wenn eine Kette mehrere Räder treibt (Bild 25.2). Senkrecht stehende Wellen sind möglichst zu vermeiden, da die Kettenlaschen an der Radstirn reiben und dann schnell verschleißen, wenn nicht für eine entspr. Führung gesorgt wird.

Da Ketten bleibend gelängt werden, sind **Nachspannmöglichkeiten** zweckmäßig, z. B. Spannräder, Spannbänder, Spannschienen oder verstellbare Achsabstände. Als zulässiger Durchhang einer Kette werden etwa 2% des Achsabstandes angesehen.

Ketten geraten besonders bei stoßhaftem Betrieb wie in Antrieben mit Kolbenmaschinen leicht in Schwingungen (Bild 25.3a), die zu einem unruhigen Lauf führen. Oftmals sind deshalb **Schwingungsdämpfer** (Bild 25.3b) unentbehrlich.

Kleine **Achsabstände** *a* sind für die Laufruhe günstig, größere für den Kettenverschleiß, da ein Glied dann nicht so oft eingreift. Bei großen Übersetzungen muß auf eine genügende Umschlingung des kleinen Rades geachtet werden. Je mehr Zähne auf dem Rad im Eingriff sind, um so

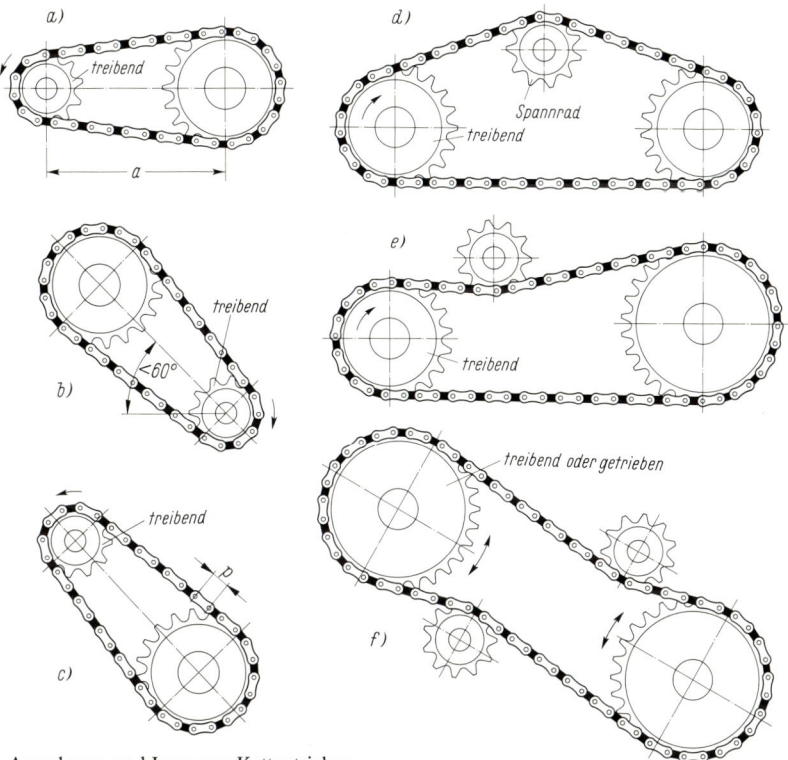

Bild 25.1 Anordnung und Lage von Kettentrieben
a) waagerecht, b) unter max. 60° geneigt, treibendes Rad unten, c) unter max. 60° geneigt, treibendes Rad oben, d) mit innerem Spannrad, e) mit äußerem Spannrad, f) mit zwei Spannrädern für
Drehrichtungswechsel

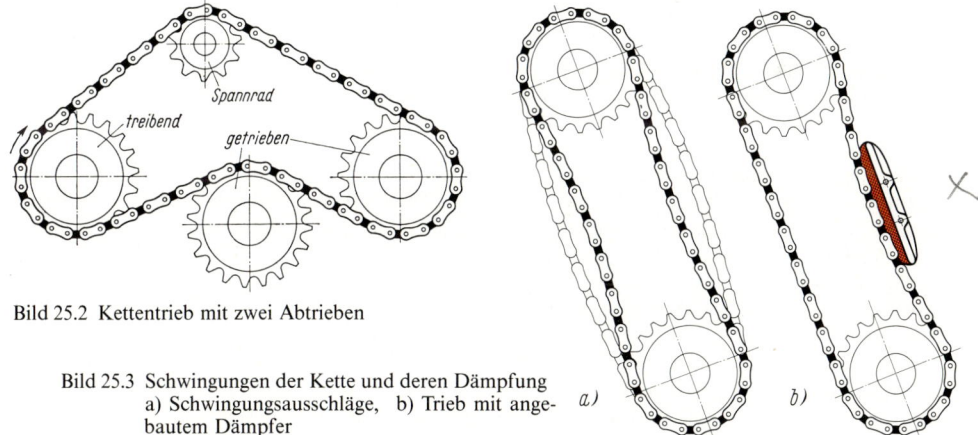

Bild 25.2 Kettentrieb mit zwei Abtrieben

Bild 25.3 Schwingungen der Kette und deren Dämpfung
a) Schwingungsausschläge, b) Trieb mit ange-
bautem Dämpfer

geringer ist die Belastung eines Zahnes und um so geringer der Verschleiß. Deshalb dürfen die
großen Räder aus einem weniger festen Werkstoff bestehen als die kleinen. Achsabstände unter
20 und über $80p$ (p = Kettenteilung, siehe Bild 25.1 c) sind besonders bei stoßartiger Belastung zu

vermeiden. Der günstigste Achsabstand liegt zwischen 30 und 50p. Bei sehr großen Achsabständen und kleinen Kettengeschwindigkeiten ist die Anbringung von Stützschienen oder Stützrädern, bei sehr hohen Kettengeschwindigkeiten die Aufteilung in mehrere Einzeltriebe sinnvoll.

25.2   Kettenarten, Endverbindung

Als Treibketten werden **Gelenkketten** verschiedenster Art eingesetzt, **Gliederketten** nur zum Heben von Lasten. Bei den Gelenkketten sind flache Gliedlaschen durch Gleitgelenke (Gleitlager) beugbar miteinander verbunden, bei Gliederketten (z. B. Rundgliederketten) sind ovalförmig gebogene Glieder unlösbar, aber frei beweglich ineinander geschlungen, so daß jeweils ein Glied zum anderen um 90° versetzt steht.

Von den **Gelenkketten** kommen vorwiegend in Betracht:

1. **Stahlbolzenketten** nach Bild 25.4a (ehemals mit DIN 654 genormt) aus Temperguß in Teilungen (Gelenkabständen) von 32...150 mm für Zugkräfte von 1500...12 000 N. Sie sind in Landmaschinen und Förderanlagen zu finden.

2. **Zerlegbare Gelenkketten** nach Bild 25.4b (ehemals mit DIN 686 genormt) aus Temperguß in Teilungen von 22...148 mm für Zugkräfte von 300...3200 N. Auch sie kommen im Landmaschinen- und Förderanlagenbau vor.

3. **Gallketten** DIN 8150 nach Bild 25.4c. Ihre vier Laschen sind auf Bolzen drehbar gelagert. Die schmale Gelenkfläche läßt nur kleinere Kettengeschwindigkeiten zu (bis etwa 0,5 m/s). Man findet sie in Aufzügen und Hebezeugen. Eine Weiterentwicklung ist die **Ziehbankkette** DIN 8156 mit verstärkten Laschen sowie DIN 8157 mit verstärkten Laschen und mit Buchsen in den Laschen. Kettengeschwindigkeit bis 1 m/s.

4. **Buchsenketten** DIN 8154 und 8164 nach Bild 25.4d. Wegen ihres geringen Gewichts sind sie Fliehkraftwirkungen weniger unterworfen und können mit Kettengeschwindigkeiten bis 30 m/s laufen. Bei niedrigeren Kettengeschwindigkeiten (bis 5 m/s) dienen sie als Last- und Förderketten für rauhen Betrieb in staubiger und feuchter Umgebung.

5. **Rollenketten** nach Bild 25.4e, und zwar Europäische Bauart DIN 8187, Amerikanische Bauart DIN 8188, langgliedrige DIN 8181, deren Laschen an dem einen Ende mit einem Bolzen, am anderen mit einer Gelenkbuchse (Hülse) vernietet sind. Auf diesen Gelenkbuchsen sitzen drehbar Rollen, die die Reibung und damit den Verschleiß an den Zahnflanken der Kettenräder beim Eingriff vermeiden. Die Rollen sind gehärtet. Ein Schmierstoffpolster zwischen Rollen und Hülsen dämpft die Laufgeräusche. Da sich diese Rollenketten für fast alle Betriebsverhältnisse vorzüglich eignen, werden sie am meisten verwendet. Gegen äußere Einflüsse sind sie zudem recht unempfindlich. Einreihige heißen auch Simplex-, zweireihige Duplex-, dreireihige Triplex-Rollenketten. Sie lassen sich noch weiter zu Vierfach-, Fünffach- usw. Rollenketten zusammenfügen. Maximale Kettengeschwindigkeit etwa 30 m/s.
Langgliedrige Rollenketten werden in niedrig belasteten Trieben, bei kleinen Drehzahlen, großen Rädern und großen Achsabständen eingesetzt.
Wenn eine regelmäßige Nachschmierung nicht möglich oder unerwünscht ist, um Verschmutzungen anderer Güter durch das Schmiermittel zu vermeiden, werden Rollenketten mit **Kunststoffgleitlagern** (Bild 25.5) verwendet. Zwischen Bolzen und Stahlhülse befindet sich eine schwimmende Buchse aus Polyamid, die mit Spiel in der Stahlhülse sitzt.

6. **Rotary-Ketten** DIN 8182 nach Bild 25.4f als Rollenketten mit gekröpften Laschen, die in beliebiger Gliederzahl verwendet werden können. Die Laschenkröpfung macht sie sehr elastisch, so daß sie Stöße besser auffangen als Ketten mit geraden Laschen. Kettengeschwindigkeit bis 17 m/s, Einsatz in Baggern und Erdölbohrmaschinen.

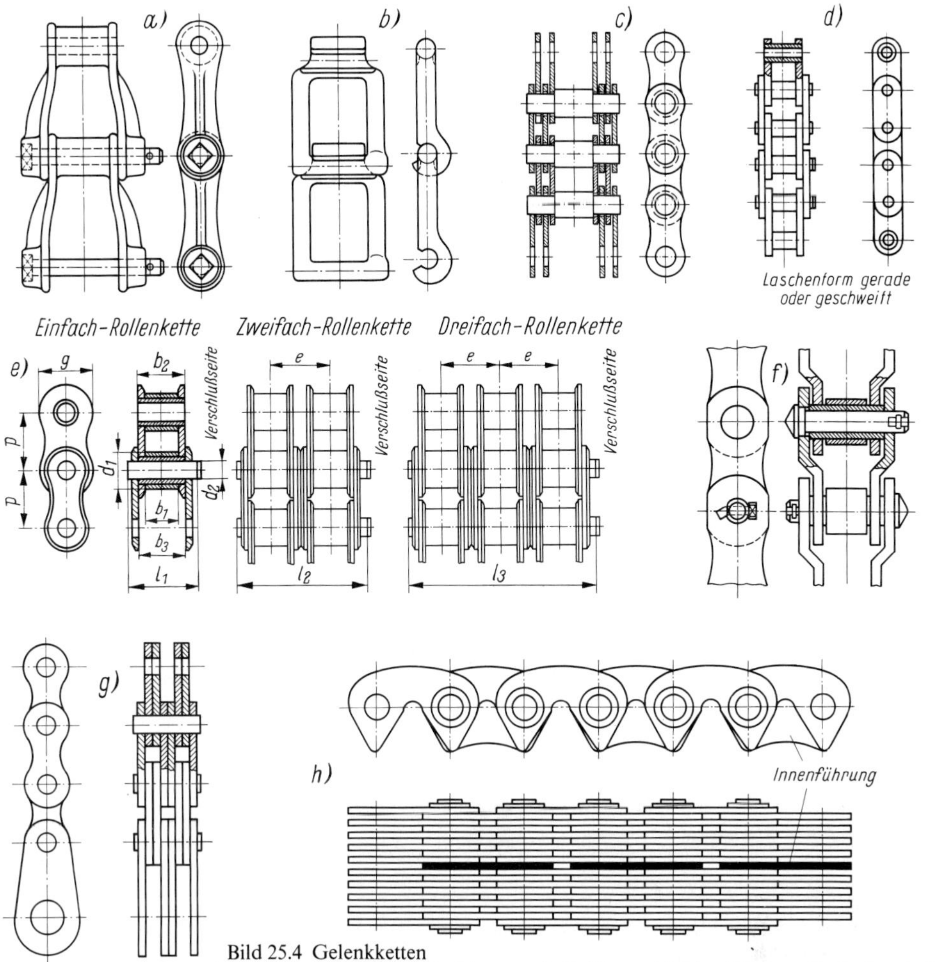

a)   b)   c)   d)

Laschenform gerade
oder geschweißt

Einfach-Rollenkette   Zweifach-Rollenkette   Dreifach-Rollenkette

e)   f)

g)   h)

Innenführung

Bild 25.4 Gelenkketten
a) Stahlbolzenkette, b) zerlegbare Gelenkkette, c) Gallkette, Ziehbankkette, d) Buchsenkette
(auch Hülsenkette genannt), e) Rollenkette, f) Rotarykette, g) Fleyerkette, h) Zahnkette

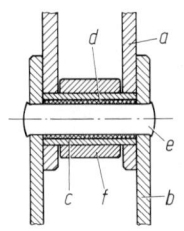

Bild 25.5
Kettengelenk mit Kunststoffbuchse
an einer Rollenkette
a Innenlasche, b Außenlasche,
c Hülse, d Kunststoffbuchse,
e vernieteter Bolzen, f Rolle

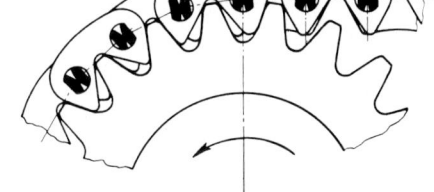

Bild 25.6 Zahnkette mit Wälzgelenken

7. Fleyer-Ketten DIN 8152 nach Bild 25.4g, die nur aus Bolzen und Laschen bestehen. Die Bolzen sind in die äußeren Laschen gepreßt und vernietet, die inneren Laschen mit Laufsitz auf den Bolzen gelagert. Die Anzahl der nebeneinander sitzenden Laschen kann den Bedürfnissen beliebig angepaßt werden. Die Fleyer-Ketten dienen als Lastketten in Kranen, Hebezeugen,

Hubstaplern u. dgl. Als Treibketten sind sie nicht zu verwenden, können aber über Rollen einwandfrei umgelenkt werden. Kettengeschwindigkeit bis 0,5 m/s.

8. Zahnketten DIN 8190 nach Bild 25.4h mit Doppelzahnlaschen. Die äußeren, tragenden Flanken schließen einen Winkel von 60° ein. Zur Erhöhung der Verschleißfestigkeit befinden sich gehärtete Gelenkbuchsen in den Laschen. Damit die Ketten seitlich nicht von den Rädern laufen, sind sie zusätzlich mit ungezahnten Führungslaschen (eine mittlere oder zwei äußere) zur Seitenführung ausgestattet, die in Ringnuten der Räder greifen. Zahnketten sind für sehr hohe Geschwindigkeiten geeignet und laufen geräuscharm, z. B. als Steuerketten in Verbrennungskraftmaschinen. Allerdings sind sie teurer als die zuvor beschriebenen Ketten.
Für höchste Ansprüche wurden Zahnketten mit **Wälzgelenken** (Bild 25.6) entwickelt (keine Gleitbewegung im Gelenk!). Im Ölbad sind Kettengeschwindigkeiten bis 30 m/s möglich.

9. Sonstige Ketten: Scharnierbandketten DIN 8153 mit scharnierartigen Gliedern für Transport- und Fließbänder, Kettengeschwindigkeit bis 2,5 m/s. Förderketten mit Vollbolzen DIN 8165 und DIN 8167 in ISO-Bauart M in Art der Rollenketten mit verschiedenartigen Rollen nach DIN 8169. Förderketten mit Hohlbolzen in ISO-Bauart MC DIN 8168. Förderketten DIN 8175 in Art der Buchsenketten und DIN 8176 für Kettenbahnen, Rollenketten für Stützkettenaufzüge DIN 8185, Rollenketten für Landmaschinen DIN 8189.

Eine Übersicht über die Bauformen und Benennungen von Ketten und Kettenteilen vermittelt DIN 8194. Die Abmessungen von Buchsenketten DIN 8154 sind in Tab. A 25.1 wiedergegeben, die von Rollenketten DIN 8187 und 8188 in Tab. A 25.2.
Für Zuführung und Transport von Werkstücken eignen sich Rollenketten mit aufvulkanisierten Gummiprofilen (Bild 25.7) oder Zahnketten mit besonderen Laschenformen (Bild 25.8), mit denen auch kleinste Teile einen sicheren Stand erhalten und zwangsweise mitgenommen werden. Da die Gelenkbelastung kleiner als bei Treibketten ist, werden die Zahnketten mit einteiligen Gelenkzapfen ausgestattet, d. h. nicht mit Wälzgelenken.

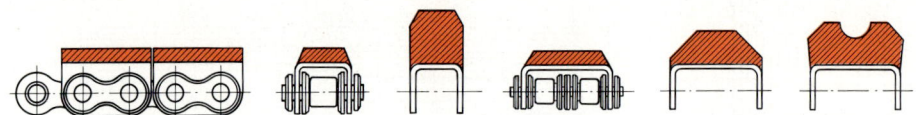

Bild 25.7 Rollenketten mit aufvulkanisierten Gummiprofilen (Arnold & Stolzenberg GmbH, Einbeck)

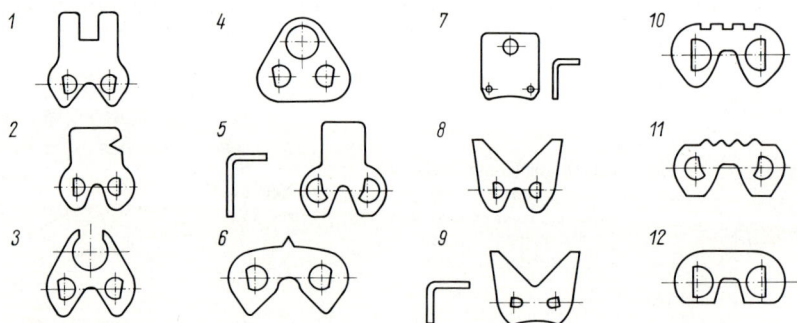

Bild 25.8 Laschenformen von Transport-Zahnketten (Wabco Westinghouse GmbH, Gronau)

Treibketten werden aus Einsatz- oder Vergütungsstählen hergestellt, mit Ausnahme der Tempergußketten. Der Verschleiß in den Kettengelenken bewirkt eine zunehmende bleibende Kettenlängung, die bis etwa 3% betragen darf.

Die **Endlaschen** lassen sich erst nach dem Auflegen der Kette auf die Räder verbinden, wenn keine Wellenverschiebung möglich ist oder keine abnehmbaren Spannrollen vorhanden sind. Ketten mit gekröpften Laschen können in beliebiger Gliederzahl ausgeführt werden, während die mit geraden Laschen eine gerade Gliederzahl erhalten sollten, um nicht gekröpfte Endglieder einbauen zu müssen. Die Endlaschen werden durch seitliches Einfügen einer mit Bolzen versehenen Lasche und Gegenlegen einer nichtvernieteten Lasche verschlossen. Gesichert wird das Endglied durch Endlosvernieten, mit Federscheiben, Splinten, Drähten oder Schrauben (Bild 25.9). Sind ungerade Gliederzahlen nicht zu vermeiden, dann muß eine gekröpfte Endlasche eingefügt werden, die die Bruchlast der Kette wegen der zusätzlichen Biegebeanspruchung in der Kröpfung um etwa 20% senkt. Das gekröpfte Doppelglied H in Bild 25.9 wird in Ketten mit ungerader Gliederzahl verwendet. Es besteht aus einem Innenglied und einem angenieteten Kröpfglied. Es kann mit Außengliedern in die Kette eingenietet oder durch andere Verschlußglieder mit der Kette verbunden werden. Ein altes Sprichwort sagt: **Eine Kette ist so stark wie ihr schwächstes Glied!**

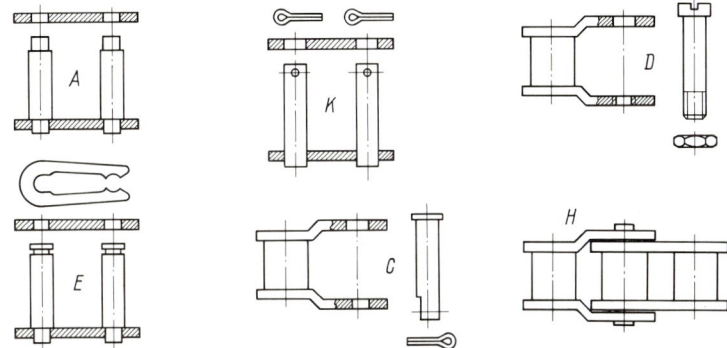

Bild 25.9 Endverschluß von Kettengliedern (iwis ketten, Joh. Winklhofer & Söhne, München)
A Außenglied aufgesteckt und vernietet, E Federverschluß, K Splintverschluß, C Splintverschluß, D Schraubenverschluß, H mit zwei Verbindungsgliedern

25.3 Kettenräder

Eine Rollen- oder Buchsenkette kann man als auf eine Schnur gereihte Bolzen auffassen (Bild 25.10a), die sich in die Zahnlücken des Rades legen. Die Zahnlücken müssen so geformt sein, daß beim gestreckten Abheben der Kette die Bolzen wie beim Ablaufen ungehindert aus den Zahnlücken treten können. Zum Ausgleich von Toleranzen und bleibenden Kettenlängungen

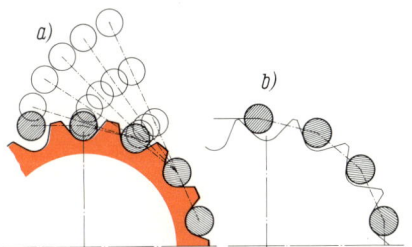

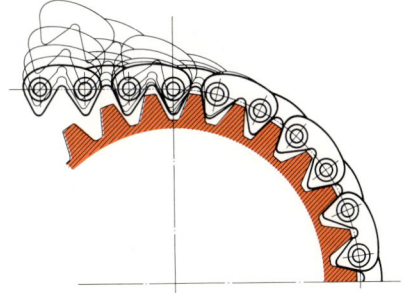

Bild 25.10 Eingriffsverhältnisse von Rollenketten
   a) Herausheben der Kette aus den
      Zahnlücken,
   b) Hochsteigen der Kettenrollen an
      den Flanken falsch geformter Zähne

Bild 25.11 Herausheben einer Zahnkette aus den
           Radzähnen

sind große Zahngrundrundungen r_1 und große Rollenbettwinkel χ erforderlich, die aber andererseits nicht so groß sein dürfen, daß die Kettenbolzen bzw. -rollen auf den Flanken hochsteigen (Bild 25.10b). Auch die Laschen der Zahnketten müssen sich ungehindert heraushebe lassen (Bild 25.11).

Die Zahnform nach DIN 8196 für Räder von Rollenketten ist in Bild 25.12 wiedergegeben.

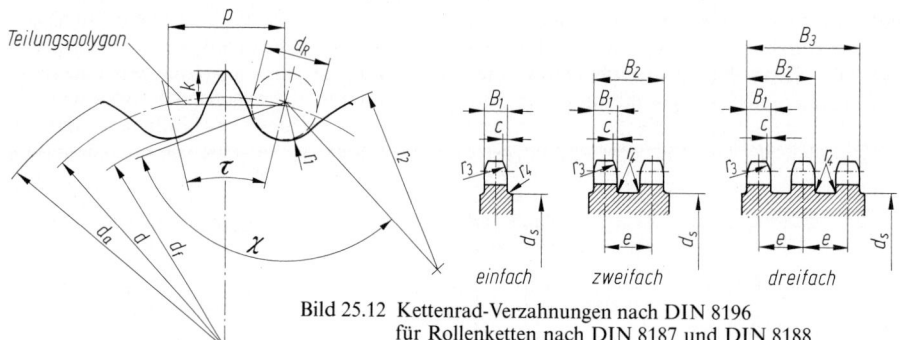

Bild 25.12 Kettenrad-Verzahnungen nach DIN 8196
für Rollenketten nach DIN 8187 und DIN 8188

Für die **Räder von Rollenketten** sind entspr. Bild 25.12 zu errechnen:

$$\text{Teilkreisdurchmesser} \quad d = \frac{p}{\sin(\tau/2)} \tag{25.1}$$

$$\text{Fußkreisdurchmesser} \quad d_f = d - d_R \tag{25.2}$$

$$\text{Kopfkreisdurchmesser} \quad d_{a\,max} = d + 1{,}25p - d_R \tag{25.3}$$

$$d_{a\,min} = d + (1 + 1{,}6/z)\,p - d_R \tag{25.4}$$

$$\text{Durchmesser der Freidrehung} \quad d_s = p/\tan(\tau/2) - 1{,}05g_1 - 2r_4 - 1 \text{ mm} \tag{25.5}$$

p in mm Teilung der Kette (Tab. A 25.2),
τ in °   Teilungswinkel = $360°/z$ mit z als Zähnezahl,
d_R in mm Rollendurchmesser (Tab. A 25.2),
g_1 in mm max. Laschenhöhe = g in Tab. A 25.2,
r_4 in mm Radfasenradius nach Tab. 25.3

Tab. 25.3 Detailabmessungen von Zahnrädern nach DIN 8196 für Rollenketten nach DIN 8187 und 8188

Zahnhöhe über Teilungspolygon $k_{max} = 0{,}625p - 0{,}5d_R + 0{,}8p/z$, $k_{min} = 0{,}5(p - d_R)$		
Zahnbreite B_1		
bei Kettenteilung $p \leq 12{,}7$ mm		bei Kettenteilung $p > 12{,}7$ mm
Einfach-Kettenräder	$0{,}93b_1$	$0{,}95b_1$
Zweifach- und Dreifach-Kettenräder	$0{,}91b_1$	$0{,}93b_1$
Vierfach-Kettenräder und darüber	$0{,}88b_1$	$0{,}93b_1$
Zahnbreiten B_2, B_3 usw. $= (Y-1)e + B_1$ mit Y als Anzahl der nebeneinander angeordneten Ketten bei Mehrfachkettenrädern.		

p in mm über	bis	r_4 in mm min.	max.	p in mm über	bis	r_4 in mm min.	max.
9,525	9,525 19,05	0,2 0,3	1 1,6	19,05 38,1	38,1	0,4 0,5	2,6 6

Rollenbettradius	$r_{1\,min} = 0{,}505d_R$	(25.6)	$r_{1\,max} = 0{,}505d_R + 0{,}069\sqrt[3]{d_1}$	(25.7)
Zahnflankenradius	$r_{2\,min} = 0{,}12d_R\,(z+2)$	(25.8)	$r_{2\,max} = 0{,}008d_R\,(z^2+180)$	(25.9)
Abfasung	$c = 0{,}1\ldots0{,}15p$	(25.10)	*Zahnfasenradius* $r_3 \geqq p$	
Rollenbettwinkel	$\chi_{max} = 140° - 90°/z$	(25.11)	$\chi_{min} = 120° - 90°/z$	(25.12)

Die **Zahnbreiten** B_1 bis B_i siehe Tab. 25,3

Für Kettengeschwindigkeiten bis etwa 7 m/s werden die Kleinräder aus St 60 oder C 45 gefertigt, für höhere Geschwindigkeiten aus Vergütungs- oder Einsatzstahl, je nach Größe und Stückzahl im Gesenk geschlagen oder aus dem Vollen herausgearbeitet.

Kettenräder mit mehr als 30 Zähnen werden bei größeren Stückzahlen aus Stahlguß, bei geringen Beanspruchungen auch aus Grauguß hergestellt. Schweißteile aus Baustählen mittlerer Festigkeit sind bei kleinen Stückzahlen vorteilhaft. Räder mit großen Durchmessern erhalten zur Gewichtsverminderung Öffnungen in den Radscheiben oder werden als Speichenräder ausgebildet. Auch auf die Naben geschraubte Radkränze sind üblich. Radausführungen für Rollen- und für Zahnketten zeigen die Bilder 25.13 und 25.14.

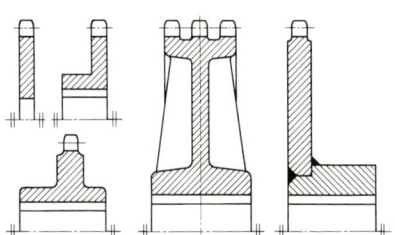 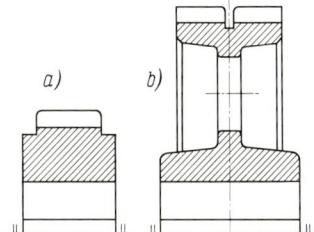

Bild 25.13 Räder für Rollenketten
(WMH Herion GmbH,
Pfaffenhofen-Ilm)

Bild 25.14 Räder für Zahnketten
a) Außenführung, b) Innenführung

Übersetzung, Drehzahl und Leistung sowie der verfügbare Einbauraum sind für die Wahl der Zähnezahlen bestimmend. Die Firma Ruberg & Renner, Hagen, empfiehlt folgende Zähnezahlen:

z_1 = 6 oder 7 für handbetätigte Verstellgetriebe und Hebezeuge,
  = 8...10 für Kettengeschwindigkeiten unter 1 m/s bei gleichförmiger Belastung,
  = 11...13 für Kettengeschwindigkeiten unter 4 m/s bei gleichförmiger bis schwellender Belastung,
  = 14...16 für Kettengeschwindigkeiten unter 7 m/s bei gleichförmiger bis schwellender Belastung,
  = 17...25 günstigste Zähnezahlen.

z_2 ≦ 80 günstige Zähnezahlen,
  ≦ 120 für größere Übersetzungen,
  > 120 für große Übersetzungen.

Daraus ergibt sich, daß Übersetzungen bis 5 günstig, bis 7 normal und über 10 noch möglich sind.

Beispiel 25.1

Für einen Kettentrieb wurde eine Dreifach-Rollenkette DIN 8188 28A-3 mit $p = 44{,}45$ mm, $d_R = 25{,}4$ mm, $g_1 = g = 42{,}2$ mm, $b_1 = 25{,}22$ mm und $e = 48{,}87$ mm (Tab. A 25.2) sowie $r_4 = 0{,}5\ldots6$ mm (Tab. 25.3) gewählt. Die Zähnezahl des Kleinrades beträgt $z = 18$. Es sind die Radabmessungen nach den Gln. 25.1 bis 25.12 und Tab. 25.3 zu errechnen.

Lösung:

$$\tau = 360°\,/z = 360°\,/18 = 20°, \quad d = \frac{p}{\sin(\tau/2)} = \frac{44{,}45\ \text{mm}}{\sin 10°} = 256\ \text{mm}$$

$$d_\text{f} = d - d_\text{R} = (256 - 25{,}4)\ \text{mm} = 230{,}6\ \text{mm}$$

$$d_{\text{a max}} = d + 1{,}25p - d_\text{R} = (256 + 1{,}25 \cdot 44{,}45 - 25{,}4)\ \text{mm} = 286{,}2\ \text{mm}$$

$$d_{\text{a min}} = d + (1 + 1{,}6/z)\,p - d_\text{R} = 256\ \text{mm} + (1 + 1{,}6/18)\ 44{,}45\ \text{mm} - 25{,}4\ \text{mm} = 279\ \text{mm}$$

$$\begin{aligned} d_{\text{s max}} &= p/\tan(\tau/2) - 1{,}05g_1 - 2r_4 - 1\ \text{mm} \\ &= 44{,}45\ \text{mm}/\tan 10° - 1{,}05 \cdot 42{,}2\ \text{mm} - 2 \cdot 0{,}5\ \text{mm} - 1\ \text{mm} = 205{,}8\ \text{mm} \end{aligned}$$

$$d_{\text{s min}} = 44{,}45\ \text{mm}/\tan 10° - 1{,}05 \cdot 42{,}2\ \text{mm} - 2 \cdot 6\ \text{mm} - 1\ \text{mm} = 194{,}8\ \text{mm}$$

$$r_{1\,\text{min}} = 0{,}505d_\text{R} = 0{,}505 \cdot 25{,}4\ \text{mm} = 12{,}83\ \text{mm}$$

$$r_{1\,\text{max}} = 0{,}505d_\text{R} + 0{,}069\sqrt[3]{d_\text{R}} = 12{,}83\ \text{mm} + 0{,}069\sqrt[3]{25{,}4}\ \text{mm} = 13{,}03\ \text{mm}$$

$$r_{2\,\text{min}} = 0{,}12d_\text{R}\,(z + 2) = 0{,}12 \cdot 25{,}4\ \text{mm}\,(18 + 2) = 61\ \text{mm}$$

$$r_{2\,\text{max}} = 0{,}008d_\text{R}\,(z^2 + 180) = 0{,}008 \cdot 25{,}4\ \text{mm}\,(18^2 + 180) = 102{,}4\ \text{mm}, \quad r_3 \geqq p = 44{,}45\ \text{mm},$$

$$c = 0{,}1\ldots0{,}15p = 0{,}1\ldots0{,}15 \cdot 44{,}45\ \text{mm} = 4{,}45\ldots6{,}67\ \text{mm}$$

$$\chi_{\text{max}} = 140° - 90°/z = 140° - 90°/18) = 135°, \quad \chi_{\text{min}} = 120° - 90°/z = 120° - 90°/18 = 115°$$

$$k_{\text{max}} = 0{,}625p - 0{,}5d_\text{R} + 0{,}8p/z = 0{,}625 \cdot 44{,}45\ \text{mm} - 0{,}5 \cdot 25{,}4\ \text{mm} + 0{,}8 \cdot 44{,}45\ \text{mm}/18 = 17\ \text{mm}$$

$$k_{\text{min}} = 0{,}5\,(p - d_\text{R}) = 0{,}5\,(44{,}45 - 25{,}4)\ \text{mm} = 9{,}52\ \text{mm}$$

$$B_3 = (Y - 1)\,e + B_1 = (Y - 1)\,e + 0{,}93b_1 = (3 - 1)\,48{,}87\ \text{mm} + 0{,}93 \cdot 25{,}22\ \text{mm} = 121{,}2\ \text{mm}$$

25.4 Spann- und Führungseinrichtungen

Bei festem, nicht verstellbarem Achsabstand, vertikaler oder stark geneigter Lage des Lasttrums sind **Spannräder** zweckmäßig. Sie haben die Aufgabe, Verlängerungen der Kette infolge Gelenkverschleißes, ungleichförmiger Belastung und Temperaturschwankungen auszugleichen und Eingriffsstörungen auf den Rädern zu verhindern.

Die Spannräder werden mit Exzenter, hydraulisch, pneumatisch, durch Feder- oder Gewichtskraft **gegen das Leertrum** als dem gezogenen Kettenstrang gedrückt und spannen die Kette vor. Diese Vorspannung wird bei der Montage so einreguliert, daß sie nicht größer ist, als die Funktion des Triebes erfordert.

Bild 25.15 zeigt einen Exzenterspanner, der nach einer entspr. Drehung und Feststellung das Leertrum nach innen oder außen drückt, Bild 25.16 einen Federspanner mit einem Gummielement als Feder (siehe hierzu Bild 14.45 Seite 295), Bild 25.17 einen hydraulischen Kettenspanner. Besonders für Kettengeschwindigkeiten über 7 m/s sollten die Spannräder 17...25 Zähne erhalten. Bis $v = 1$ m/s genügen profilierte Räder, die keine ausgesprochene Verzahnung besitzen.

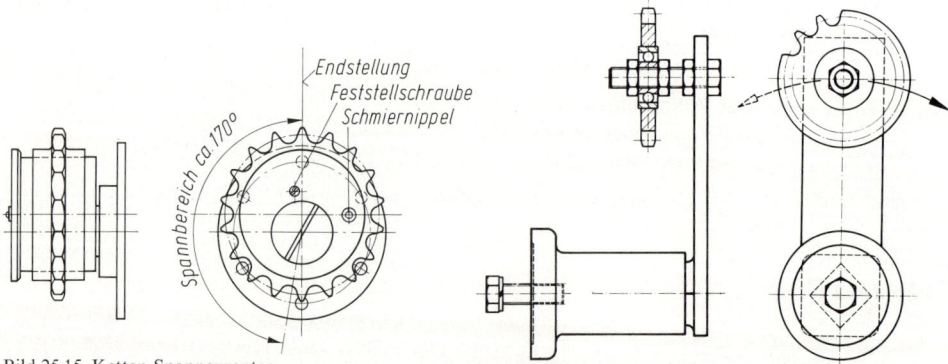

Bild 25.15 Ketten-Spannexzenter
(Wippermann jr. GmbH, Hagen)

Bild 25.16 Kettenspanner mit Gummifederelement

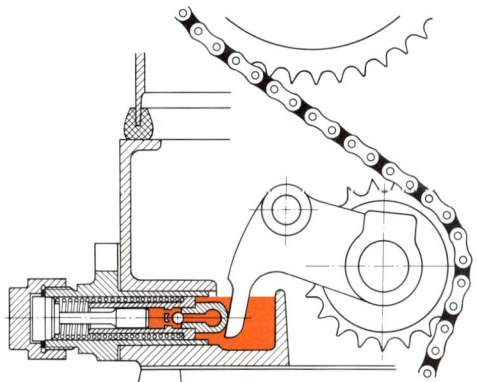

Bild 25.17 Hydraulischer Kettenspanner
(aus Niemann, Maschinenelemente)

Durch das ungleichförmige Auflaufen der Kette auf das Antriebsrad infolge der Differenz zwischen der Bogenteilung des Rades und der geraden Kettenteilung ergibt sich eine fortgesetzte Änderung der Kettenspannkraft zwischen den Rädern (**Polygoneffekt,** siehe hierzu Bild 25.24). Dieser Effekt führt zu Längsschwingungen der Kette. Weiterhin resultieren aus einem hohen Ungleichförmigkeitsgrad der Kraft- und Arbeitsmaschinen Drehschwingungen der Räder, die die Längsschwingungen der Kette verstärken. Querschwingungen (siehe Bild 25.3) entstehen besonders bei langen Leertrums. Durch richtiges Spannen werden Schwingungen gemildert.

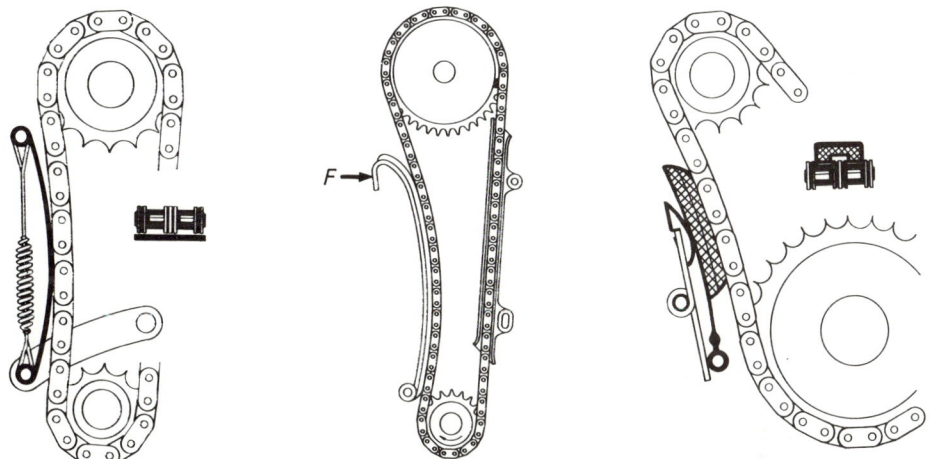

Bild 25.18 Ketten-Bandspanner (iwis ketten, Joh. Winklhofer & Söhne, München)

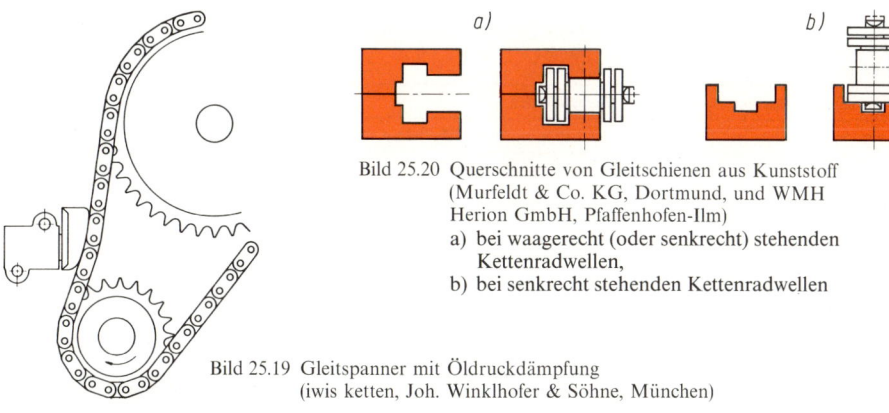

Bild 25.20 Querschnitte von Gleitschienen aus Kunststoff
(Murfeldt & Co. KG, Dortmund, und WMH Herion GmbH, Pfaffenhofen-Ilm)
a) bei waagerecht (oder senkrecht) stehenden Kettenradwellen,
b) bei senkrecht stehenden Kettenradwellen

Bild 25.19 Gleitspanner mit Öldruckdämpfung
(iwis ketten, Joh. Winklhofer & Söhne, München)

Bei Ketten mit kleiner Teilung können anstelle der Spannräder auch **Spannbänder** aus Federstahl verwendet werden (Bild 25.18). Gegenüber den Spannrädern benötigen sie weniger Raum und sind billiger. Für geschweifte Kettenlaschen werden die Bänder mit Kunststoff wie Polyamid oder Polyester belegt. Bild 25.19 zeigt die Anordnung eines hydraulischen Gleitspanners, der mittels Öldruck dämpft.

In Kettentriebe mit großen Achsabständen werden mehrere **Stützräder, Stützrollen** oder **Stützschienen** (Bild 25.20a) zur Aufnahme des Kettengewichts eingebaut. Bei senkrecht stehenden Wellen muß die Kette ausreichend geführt werden (Bild 25.20b).

25.5 Auswahl von Rollenketten und deren Berechnung

Das Verhältnis der Drehzahlen der Räder ist die

$$\textit{Übersetzung} \quad i = n_a/n_b = z_b/z_a \tag{25.13}$$

n_a in min^{-1} Drehzahl des treibenden Rades,
n_b in min^{-1} Drehzahl des getriebenen Rades,
z_a Zähnezahl des treibenden Rades,
z_b Zähnezahl des getriebenen Rades.

Die kleinen Räder werden mit dem Index 1 gekennzeichnet, die großen mit dem Index 2. Demzufolge ist bei Übersetzungen ins Langsame $i = n_1/n_2 = z_2/z_1 > 1$, bei Übersetzungen ins Schnelle $i = n_2/n_1 = z_1/z_2 < 1$.

Die Auswahl von Rollenketten ist mit DIN 8195 genormt. Nach Wahl der Zähnezahl z_1 erfolgt die Kettenwahl nach der

$$\textit{Diagrammleistung} \quad P_D = P \cdot f_1 \cdot f_2 \tag{25.14}$$

P in kW   zu übertragende Nennleistung,
f_1 Betriebsfaktor (Belastungsfaktor) zur Berücksichtigung ungleichförmigen Betriebes nach Tab. 25.4,
f_2 Zähnezahlfaktor, der die Auswirkungen der Zähnezahl z_1 des Kleinrades berücksichtigt, nach Tab. 25.5. Siehe hierzu die folgenden Erläuterungen.

Tab. 25.4 Betriebsfaktoren für Kettentriebe (aus DIN 8195)

gleichförmig[1] $f_1 = 1,0$	ungleichförmig[1] $f_1 = 1,5$	stoßweise $f_1 = 2,0$
Abfüllmaschinen mit gleichmäßiger Beschickung	Betonmischer	Bagger u.a. Baumaschinen
Druckereimaschinen	Förderer mit ungleichmäßiger Beschickung	Gummiverarbeitungsmaschinen
Förderer mit gleichmäßiger Beschickung	Holländer	Holzschleifer
Holzbearbeitungsmaschinen	Kugelmühlen	Hammermühlen
Kreiselpumpen	Kolbenpumpen mit 3 Zylindern	Kolbenpumpen mit 1 bis 2 Zylindern
Kreiselverdichter	Kolbenverdichter mit 3 Zylindern	Kolbenverdichter mit 1 bis 2 Zylindern
Papierkalander	Pressen und Scheren	Ölbohranlagen
Rolltreppen	Rollgänge, Krane und Aufzüge	Schweißgeneratoren
Rührwerke für Flüssigkeiten	Rührwerke für feste Stoffe	Walzenbrecher
Trockentrommeln	Winden, Rüttelsiebe, Verseilmaschinen	Ziegeleimaschinen
Werkzeugmaschinen-Hauptantriebe	Ziehbänke für Draht	

[1] Erfolgt der Antrieb durch Verbrennungsmotoren mit weniger als 4 Zylindern, ist der nächstgrößere Wert zu wählen.

Tab. 25.5 Zähnezahlfaktoren für Kettentriebe (nach DIN 8195)

z_1	10	11	12	13	14	15	16	17	18	19	20	25	30	35	40	45
f_2	1,95	1,75	1,6	1,45	1,35	1,27	1,17	1,1	1,04	1	0,94	0,74	0,6	0,51	0,45	0,4

Mit P_D ist aus den Bildern 25.21 bis 25.23 eine geeignete Rollenkette zu wählen. Die Diagramme gelten für Kettentriebe mit $i = 3$ oder $1/i = 3$ und eine Kette mit $X = 100$ Gliedern. Unter diesen Verhältnissen ist eine Lebensdauer von rund 15000 h zu erwarten. Bei i oder $1/i < 3$ und $X > 100$ ist die Lebensdauer höher, bei i oder $1/i > 3$ und $X < 100$ niedriger.

Die Verschleißfestigkeit der mit Kunststoff-Gleitlagern ausgerüsteten Ketten sinkt mit steigender Erwärmung. Das Diagramm Bild 25.23 gilt deshalb nur als Anhalt. Bei serienmäßigem Einsatz sind Vorversuche unerläßlich.

Der **Zähnezahlfaktor** f_2 berücksichtigt bei $z_1 < 19$ die Ungleichförmigkeiten durch den Polygoneffekt, bei $z_1 > 19$ die günstige Belastungsaufteilung auf die im Eingriff befindlichen Gelenke. Beim Auflaufen der Kette auf das treibende Rad wachsen die Ungleichförmigkeiten mit kleiner werdender Zähnezahl. Die Bilder 25.24 und 25.25 veranschaulichen den Effekt. Am getriebenen Rad können sich die Ungleichförmigkeiten noch verstärken, je nachdem, in welchem Rhythmus die Kette abläuft.

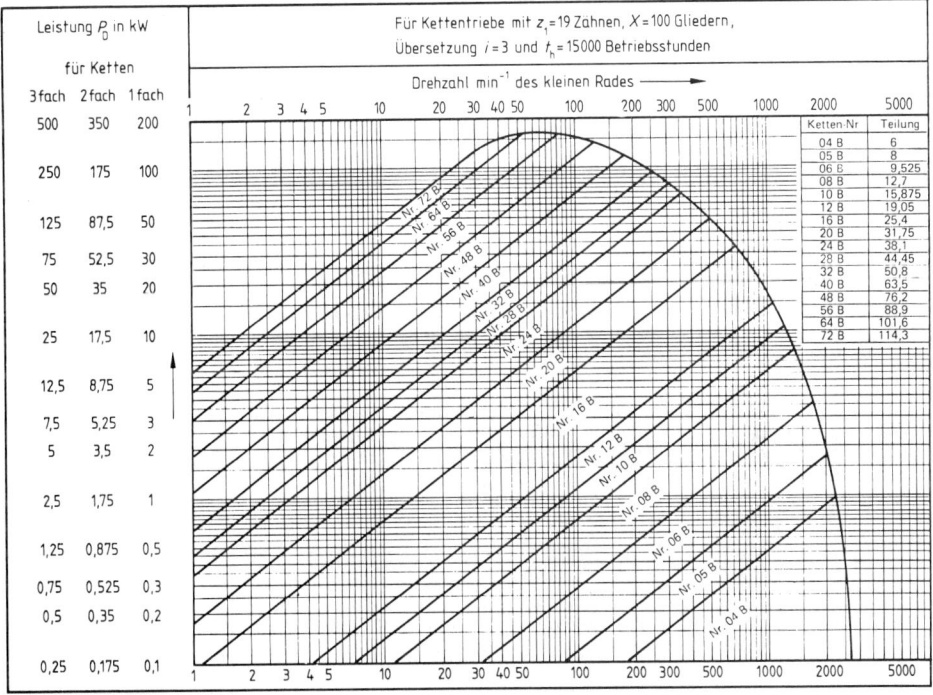

Bild 25.21 Leistungsdiagramm für Rollenketten nach DIN 8187 (aus DIN 8195)

Nach Wahl der Kettengröße läßt sich errechnen die durchschnittliche

    Kettengeschwindigkeit $v = z \cdot p \cdot n$ (25.15)

    v in m/s   durchschnittliche Kettengeschwindigkeit,
    z Zähnezahl des betr. Rades,
    p in m   Teilung der Kette (Tab. A 25.2),
    n in s^{-1} Drehzahl des betr. Rades.

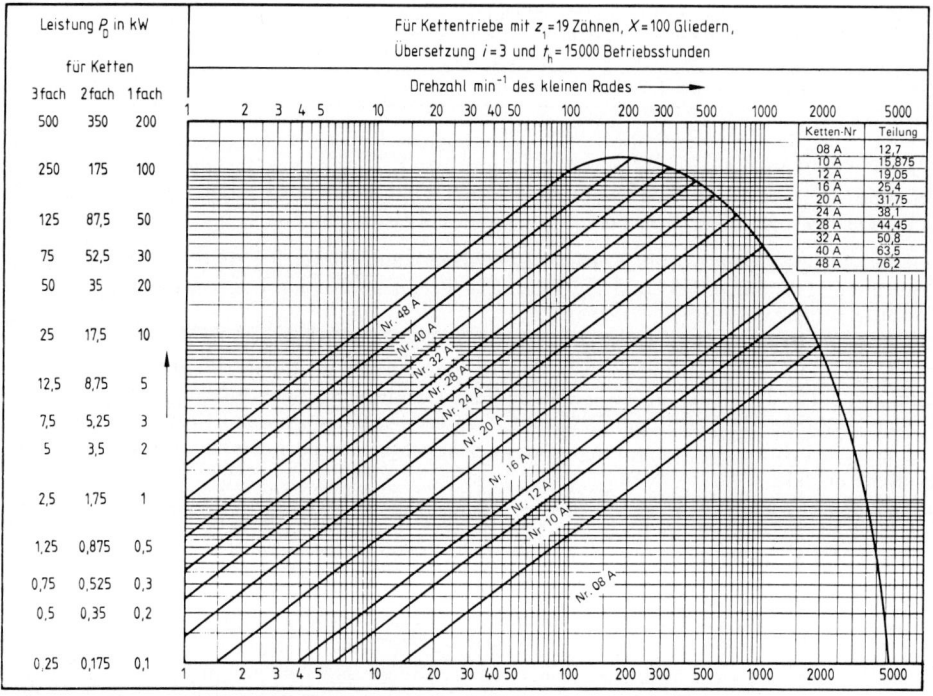

Bild 25.22 Leistungsdiagramm für Rollenketten nach DIN 8188 (aus DIN 8195)

Um die erforderliche Anzahl der Glieder für einen einfachen Kettentrieb mit zwei Rädern ohne Spannrad ermitteln zu können, ist zunächst zu errechnen der

$$\text{Gliederzahlfaktor} \quad f_3 = \left(\frac{z_2 - z_1}{2\pi}\right)^2 \tag{25.16}$$

Mit diesem und dem vorläufig gewählten Achsabstand a_0 ergibt sich die erforderliche

$$\text{Gliederzahl} \quad X_0 = 2\,\frac{a_0}{p} + \frac{z_1 + z_2}{2} + \frac{f_3 \cdot p}{a_0} \tag{25.17}$$

a_0 in mm vorläufiger Achsabstand,
z_1 Zähnezahl des Kleinrades,
z_2 Zähnezahl des Großrades,
p in mm Kettenteilung.

X_0 ist auf eine volle, gerade Zahl X zu runden. Ungerade Gliederzahlen erfordern den Einbau eines gekröpften Gliedes, das möglichst zu vermeiden ist. Mit X ist dann zu errechnen der

$$\text{Abstandsfaktor} \quad f_4 = X - \frac{z_1 + z_2}{2} \tag{25.18}$$

und mit diesem der endgültige, auszuführende

$$\text{Achsabstand} \quad a = \frac{p}{4}\left(f_4 + \sqrt{f_4^2 - 8f_3}\right) \tag{25.19}$$

Bei Trieben mit mehr als zwei Rädern ist die Kettenlänge aus einer maßstäblichen Zeichnung zu entnehmen, da sonst die Berechnung zu kompliziert wird.

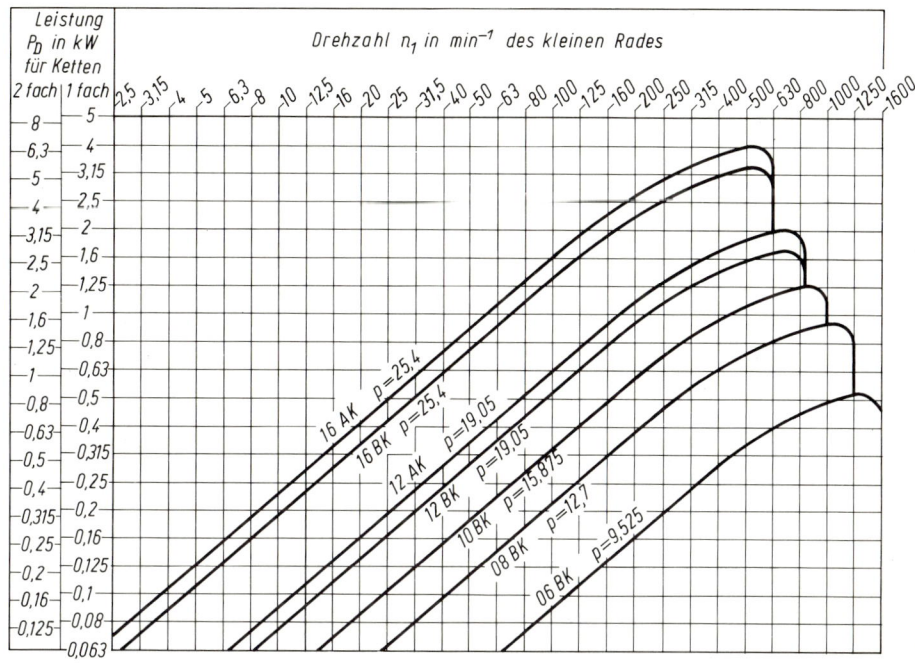

Bild 25.23 Leistungsdiagramm für Rollenketten DIN 8187 und 8188 mit Kunststoffgleitlagern in den Gelenken (nach Ruberg & Renner, Hagen)

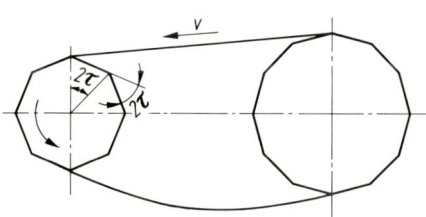

Bild 25.24 Polygonumschlingung der Kettenräder

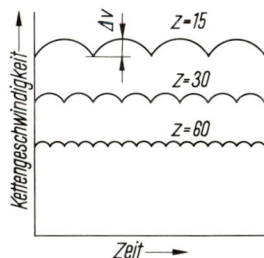

Bild 25.25 Verlauf der Kettengeschwindigkeit bei verschiedenen Zähnezahlen des Kleinrades

Zur **Tragfähigkeitsberechnung** der Kette werden benötigt die

statische Zugkraft der Kette $\qquad F = \dfrac{P}{v}$ $\qquad\qquad$ (25.20)

dynamische Zugkraft der Kette $\quad F_d = F \cdot f_1$ $\qquad\qquad$ (25.21)

P in kW $\quad$ zu übertragende Nennleistung,
v in m/s $\quad$ Kettengeschwindigkeit nach Gl. 25.15,
f_1 $\qquad\quad$ Betriebsfaktor nach Tab. 25.4, Seite 574.

Die statische Zugkraft ist die Kettenkraft im Lasttrum, die sich bei vollkommen gleichmäßigem Betrieb mit der Leistung P ergeben würde, die dynamische Zugkraft die größte Kettenkraft im Lasttrum unter Berücksichtigung eines ungleichförmigen Betriebes.

Während des Laufs über die Räder sind die Ketten Fliehkraftwirkungen unterworfen, die die Kettenglieder von den Rädern heben wollen und die Zugkräfte in den Kettentrums erhöhen. Im Abschnitt 26.7 (Seite 595) ist die Gleichung für die entspr. Wirkung an einem Flachriementrieb hergeleitet (oberhalb von Gl. 26.19). Sie lautet:

$$\text{\textit{Fliehzugkraft}} \quad F_f = q \cdot v^2 \tag{25.22}$$

F_f in N   Wirkung der Fliehkraft auf jedes der beiden Kettentrums,
q in kg/m Längengewicht der Kette (Tab. A 25.2). Das Längengewicht q wird als längenbezogene Masse auch mit m' bezeichnet (siehe DIN 1304).
v in m/s   Kettengeschwindigkeit nach Gl. 25.15.

Durch die Fliehzugkraft beträgt im Lasttrum der Kette die

$$\text{\textit{Gesamtzugkraft}} \quad F_g = F_d + F_f \tag{25.23}$$

F_d in kN dynamische Zugkraft nach Gl. 25.21,
F_f in kN Fliehzugkraft nach Gl. 25.22.

Gegenüber der Bruchkraft der Kette muß eine ausreichende Sicherheit vorhanden sein, und zwar

$$\text{\textit{statische Bruchsicherheit}} \quad S_B = \frac{F_B}{F} \geqq 7 \tag{25.24}$$

$$\text{\textit{dynamische Bruchsicherheit}} \quad S_D = \frac{F_B}{F_g} \geqq 5 \tag{25.25}$$

F_B in kN Bruchkraft der Kette (Tab. A 23.2).

Bei Ketten, die mit höheren Geschwindigkeiten laufen und durch Gelenkverschleiß ausfallen, ergeben sich viel höhere Sicherheiten S_B, die sogar 70 erreichen können! Da sie keine Aussage über die Lebensdauer gestatten, ist die Flächenpressung im Kettengelenk nachzurechnen (in DIN 8195 nicht enthalten). Größte

$$\text{\textit{Gelenkpressung}} \quad p_g = \frac{F_g}{A} \tag{25.26}$$

F_g in N   Gesamtzugkraft der Kette nach Gl. 25.23,
A in cm^2 gepreßte Gelenkfläche (Tab. A 25.2).

Zulässige Gelenkpressungen nach Tab. A 25.6. Weicht p_g von p_{zul} ab, so ändert sich die zu erwartende Lebensdauer L_h:

$p_{zul}/p_g =$	0,8	0,9	0,95	1	1,2
$L_h \approx$	2000	5000	10 000	15 000	50 000 h

Die vorstehenden Lebensdauerwerte gelten nur bei einwandfreier Schmierung (siehe Abschnitt 25.6). Bei mangelhafter Schmierung ist die Lebensdauer entspr. kürzer. In den Bildern 25.21 und 25.22 ist die Lebensdauer L_h wie in DIN 8195 mit t_h bezeichnet.

Für andere Kettenarten als Rollenketten sind die Unterlagen der Hersteller zu benutzen. Überschläglich können mit den vorstehenden Gleichungen auch Buchsenketten berechnet werden.

Die Kettenzugkraft wirkt radial auf die Wellen der Räder und damit auch auf die Lager, d. h. auf jede Welle wirkt radial eine **Achskraft,** die allgemein mit $F_W \approx F_g$ angenommen werden kann.

Beispiel 25.2

Eine Rollenkette soll zwischen einem Vierzylinder-Dieselmotor und einer Zweizylinder-Kolbenpumpe eine Nennleistung $P = 60$ kW übertragen. Antriebsdrehzahl $n_a = n_1 = 600$ min$^{-1} = 10$ s^{-1}, Übersetzung ins Langsame $i = 4$, Achsabstand $a_0 \approx 2000$ mm.
Welche Kettengröße kommt in Betracht? Sind die Bruchsicherheiten ausreichend? Ist eine Lebensdauer von 15 000 h gewährleistet? Wie groß ist die Achskraft?

Lösung:

1. Kettenwahl
Nach Tab. 25.4 ist der Betriebsfaktor $f_1 = 2$. Wählt man als günstige Zähnezahl $z_1 = 17$, so ist nach Tab. 25.5 der Zähnezahlfaktor $f_2 = 1,1$. Damit nach Gl. 25.14 die Diagrammleistung:

$$P_D = P \cdot f_1 \cdot f_2 = 60 \text{ kW} \cdot 2 \cdot 1,1 = 132 \text{ kW}.$$

Eine Rollenkette DIN 8187 ist nach Bild 25.21 nicht möglich. Nach Bild 25.22 kommt eine Dreifach-Rollenkette DIN 8188 - 28 A mit $p = 44,45$ mm in Betacht.
Mit dieser ergibt sich nach Gl. 25.15 eine Kettengeschwindigkeit

$$v = z_1 \cdot p \cdot n_1 = 17 \cdot 0,04445 \text{ m} \cdot 10 \text{ s}^{-1} \approx 7,6 \text{ m/s}.$$

Würde man eine kleinere Zähnezahl wählen, so findet man keine geeignete Kette mehr.

2. Gliederzahl X und Achsabstand a
Bei $i = 4$ ist $z_2 = z_1 \cdot i = 17 \cdot 4 = 68$ (entspr. Gl. 25.13). Nach den Gln. 25.16 und 25.17 werden:

$$f_3 = \left(\frac{z_2 - z_1}{2\pi}\right)^2 = \left(\frac{68 - 17}{2\pi}\right)^2 = 65,8841,$$

$$X_0 = 2\frac{a_0}{p} + \frac{z_1 + z_2}{2} + \frac{f_3 \cdot p}{a_0} = 2\frac{2000}{44,45} + \frac{17 + 68}{2} + \frac{65,8841 \cdot 44,45}{2000} = 133,95,$$

so daß $X = 134$ gewählt wird. Somit nach den Gln. 25.18 und 25.19:

$$f_4 = X - \frac{z_1 + z_2}{2} = 134 - \frac{17 + 68}{2} = 91,5,$$

$$a = \frac{p}{4}\left(f_4 + \sqrt{f_4^2 - 8f_3}\right) = \frac{44,45 \text{ mm}}{4}\left(91,5 + \sqrt{91,5^2 - 8 \cdot 65,8841}\right) = 2001 \text{ mm}.$$

3. Bruchsicherheiten S_B und S_D
Nach den Gln. 25.20 bis 25.25 werden mit $q = 21,7$ kg/m und $F_B = 517,2$ kN aus Tab. A 25.2:

$$F = \frac{P}{v} = \frac{60 \text{ kW}}{7,6 \text{ m/s}} \approx 7,9 \text{ kN}, \quad F_d = F \cdot f_1 = 7,9 \text{ kN} \cdot 2 = 15,8 \text{ kN},$$

$$F_f = q \cdot v^2 = 21,7 \text{ kg/m} \cdot (7,6 \text{ m/s})^2 = 1253 \text{ N} \approx 1,25 \text{ kN},$$

$$F_g = F_d + F_f = 15,8 \text{ kN} + 1,25 \text{ kN} = 17,05 \text{ kN},$$

$$S_B = \frac{F_B}{F} = \frac{517,2}{7,9} = 65,5 > 7, \quad S_D = \frac{F_B}{F_g} = \frac{517,2}{17,05} = 30,3 > 5.$$

4. Kontrolle der Lebensdauer L_h
Nach Tab. A 25.2 ist die Gelenkfläche $A = 14,1$ cm^2 (Dreifachkette). Somit Gelenkpressung nach Gl. 25.26:

$$p_g = \frac{F_g}{A} = \frac{17050 \text{ N}}{14,1 \text{ cm}^2} = 1209 \text{ N/cm}^2.$$

Nach Tab. A 25.6 ist $p_0 = 1420$ N/cm^2 (bei $z_1 = 17$ und $v = 8$ m/s), $\lambda \approx 1,08$ (interpoliert für $i = 4$ und $X = 134$) und $c = 0,85$ (Dreifach-Kette). Damit ist

$$p_{zul} = c \cdot \lambda \cdot p_0 = 0,85 \cdot 1,08 \cdot 1420 \text{ N/cm}^2 = 1304 \text{ N/cm}^2.$$

Mit dem Verhältnis $p_{zul}/p_g = 1304/1209 \approx 1,08 > 1$ ist bei einwandfreier Schmierung eine Lebensdauer von mehr als 15 000 h zu erwarten. Nach Tab. A 25.6 sollen Werte unter der Stufenlinie möglichst vermieden werden. Es empfiehlt sich daher, auf $z_1 = 18$ zu gehen.

5. Achskraft F_W
Nach der Angabe auf Seite 572 kann angenommen werden $F_W \approx F_g \approx \mathbf{17 \text{ kN}}$.

25.6   Schmierung der Kettentriebe

Alle gleitenden Kettenteile sollten jederzeit mit einer ausreichenden Menge Schmierstoff versehen sein. Als Schmiermittel kommen kalkverseifte Fette mit etwa 70 °C Tropfpunkt, Fließfette mit Zusätzen von MoS_2 oder Schmieröle in Betracht. Je nach Umgebungstemperatur t_0 sind nach DIN 8195 Öle folgender Viskositätsklassen geeignet:

$t_0 =$	$-5\ldots+25$	$25\ldots45$	$45\ldots65\,°C$
nach DIN 51519 ISO VG	100	150...220	220...320
nach DIN 51511 SAE	30	40	50

Ungeschützt laufende Ketten mit starker Verschmutzung müssen von Zeit zu Zeit abgenommen, gereinigt und in verflüssigtes Fett getaucht werden.
Die von der Kettengeschwindigkeit v und von der Kettenteilung p abhängende Schmierungsart geht aus Bild 25.26 hervor, und zwar:

1. **Handschmierung.** Das Schmiermittel (Fett oder Öl) wird mit Pinsel (Bild 25.27 a), Ölkanne oder Sprühdose auf die Kette aufgetragen. Das Auftragen mit Pinsel sollte bei laufendem Kettentrieb wegen Unfallgefahr unterlassen werden.
2. **Tropfschmierung,** bei der ein Tropfrohr das Öl an die Kette abgibt (Bild 25.27 b). Damit das Öl nicht wirkungslos abgeschleudert wird, muß es auf die Berührungsstellen zwischen Innen- und Außenlaschen im unteren Kettentrum tropfen. Die erforderliche Ölmenge ergibt sich aus $v \cdot p$ in Tropfen/min, wenn v der Zahlenwert der Kettengeschwindigkeit in m/s und p der Zahlenwert der Kettenteilung in cm ist.

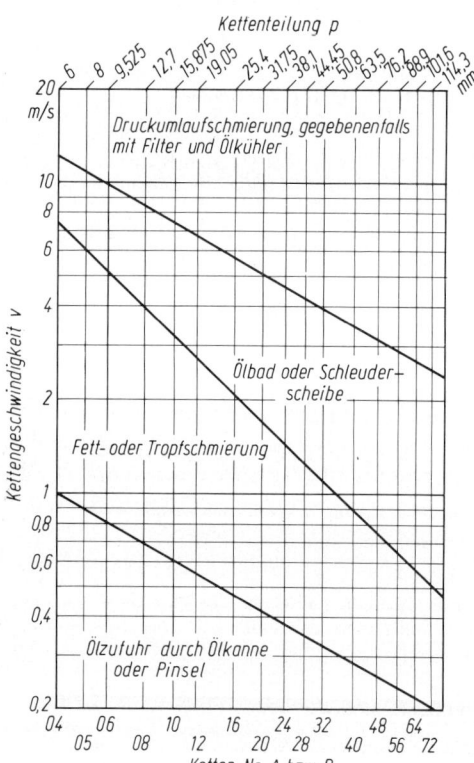

Der Ölverbrauch ist relativ hoch, so daß zweckmäßig ein Fangblech (Spritzschutz) vorgesehen wird, das eine Rückgewinnung des abgeschleuderten Öles ermöglicht.

3. **Tauchschmierung,** bei der die Kette ein Ölbad durchläuft (Bild 25.27 c). Um Planschverluste und Erwärmung zu vermeiden, soll die Kette nur bis zur Mitte der Gelenke eintauchen. Bei höheren Kettengeschwindigkeiten haben sich Spritzscheiben neben den Kettenrädern bewährt, die in das Öl tauchen und es an die Gehäusedeckwand schleudern. An dieser befinden sich Leisten, von denen das Öl auf die Kette tropft.
4. **Druckumlaufschmierung,** bei der ein gleichmäßiger Ölstrom über die gesamte Kettenbreite auf die Innenseite gespritzt wird (Bild 25.27 d). Dadurch wird die Kette zugleich gekühlt. Das rückfließende Öl wird gefiltert und ggf. zwischengekühlt. Die Ölzufuhr erfolgt durch eine Drucköl-Zentralschmierung oder durch eine separate Pumpe. Komplette Zentralschmieranlagen liefert z.B. die Firma Willy Vogel, Berlin.

Bild 25.26 Wahl der Schmierungsart für Rollenketten (nach DIN 8195)

Ketten mit Kunststoff-Gleitlager-Gelenken sind weitgehend wartungsfrei, d. h. für sie gelten die vorstehenden Schmierrichtlinien nicht. Eine Nachschmierung in größeren Zeitabständen reicht aus.

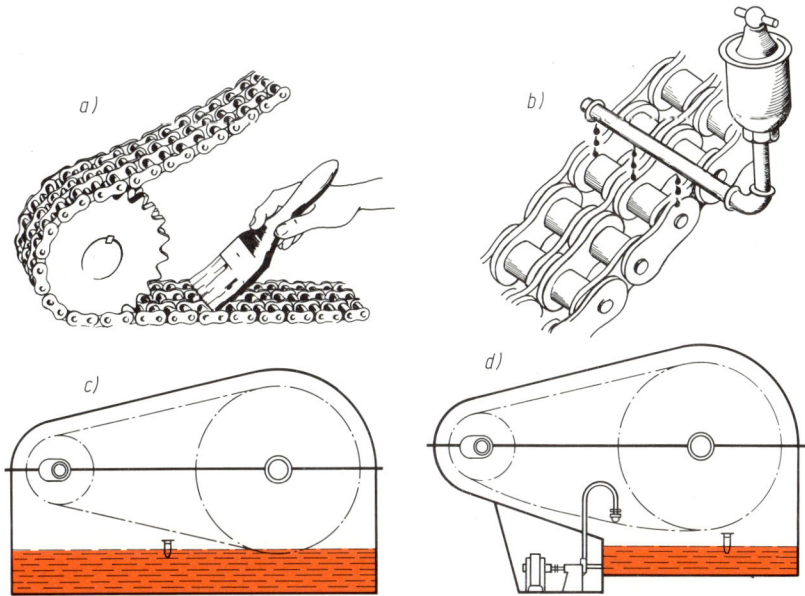

Bild 25.27 Schmierungsart für Kettentriebe (Ruberg & Renner, Hagen)
a) Handschmierung, b) Tropfschmierung, c) Tauchschmierung, d) Druckumlaufschmierung

Beispiel 25.3

Für den Kettentrieb mit einer Dreifach-Rollenkette DIN 8188 - 28 A - 3 × 134 nach Beispiel 25.2 ist die Schmierungsart zu ermitteln. Kettengeschwindigkeit $v = 7,6$ m/s, Kettenteilung $p = 44,45$ mm.

Lösung:
Nach Bild 25.26 kommt Druckumlaufschmierung in Betracht.

Literaturhinweise

Basedow, G.: Ketten in der Antriebstechnik. Z. Antriebstechnik 14/1975.
Bensinger, W. B.: Kettenspanner und Schwingungsdämpfer bei raschlaufenden Kettentrieben. Schriftenreihe Antriebstechnik Heft 12, Vieweg-Verlag Braunschweig 1954.
Dressler, K.: Ausführungsformen und Vorteile von Ketten für Antriebsaufgaben. Z. Maschinenmarkt 80/1974.
Finck, M. und *M. Janßen:* Laufverbesserungen großgliedriger Kettentriebe durch Verminderung der Polygon- und Umlenkeffekte. Forschungsbericht Nordrhein-Westfalen 1848/1967.
Gleitsmann, K.: Konstruktionselement Stahlgelenkkette. Z. Antriebstechnik 8/1969.
Heil, M. und *M. Savci:* Transversale Schwingungen in Kettentrieben. Z. Antriebstechnik 14/1975.
Meitzner, H.: Zahnketten und Zahnkettentriebe. Schriftenreihe Antriebstechnik Heft 12 Vieweg-Verlag Braunschweig 1954.
Müller, J.: Schadensanalyse von Rollenkettengetrieben. Z. Maschinenbautechnik 26/1977.
Müller, J.: Kettengetriebe. Maschinenbautechnik 27/1978.
Niemann, G. und *H. Winter:* Maschinenelemente Bd. III, Springer-Verlag 1983.
Peeken, H.: Zugmittelgetriebe. VDI-Bericht 167/1971.
Veen, van der, S. C.: Stufenloser Drehmoment-/Drehzahlwandler Transmatic. Z. Antriebstechnik 16/1977.
Warnecke, H.: Zahnkettentrieb – ein geräuscharmer Antrieb. VDI-Bericht 239/1975.
Woerlee, C. L.: Steigern der Leistungsfähigkeit von Zahnkettenantrieben. Z. Maschinenmarkt 82/1976.
Zech, J.: Verschleiß dynamisch beanspruchter Rollenkettengetriebe. Z. Maschinenbautechnik 23/1974.

26 Flachriementriebe

Flachriementriebe sind **reibschlüssige Hülltriebe,** die zur Kraft- und Bewegungsübertragung zwischen zwei oder mehr Wellen dienen, vorzugsweise unter größerem Achsabstand. Sie sind einfacher und billiger als Kettentriebe, erfordern diesen gegenüber aber größere Abmessungen. Sie zeichnen sich durch ihre Elastizität aus, die sie zur Aufnahme von Stößen geeignet macht, und durch geräuscharmen Lauf. Nachteilig sind die durch die erforderliche Vorspannung bedingten größeren Achskräfte, die auf die Wellen und Lager wirken. Vorteilhaft ist der bei Überlastung auftretende Gleitschlupf, weil er die nachfolgende Maschine vor Schaden bewahrt und auch den Antriebsmotor vor Überlastung schützt.

Man findet Flachriementriebe an Werkzeugmaschinen, Textilmaschinen, Misch- und Mahlwerken, Papiermaschinen, Sägegattern, Drahtziehmaschinen, Pressen, Stanzen, Kompressoren usw.

Flachriemen werden auch als Transportbänder benutzt und je nach Bedarf profiliert.

26.1 Theoretische Grundlage für Riementriebe

Zur Veranschaulichung der Kraft- und Reibungsverhältnisse sei nach Bild 26.1a über eine drehbar gelagerte, jedoch von dem Anschlag c festgehaltene Scheibe a ein Riemen b gelegt und durch die Kräfte F_1 und F_2 gespannt ($F_1 > F_2$). Die Reibung zwischen Riemen und Scheibe soll so groß sein, daß der Riemen gerade noch nicht auf der Scheibe rutscht (Grenzfall). Der Anschlag c setzt der Scheibe die Kraft $F = F_1 - F_2$ entgegen, so daß die Summe der Drehmomente gleich Null ist (die geringe Differenz durch die Riemendicke sei vernachlässigt). Würde man F_1 vergrößern oder F_2 verkleinern, so würde die Reibkraft nicht mehr ausreichen, und der Riemen würde auf der Scheibe gleiten (rutschen).

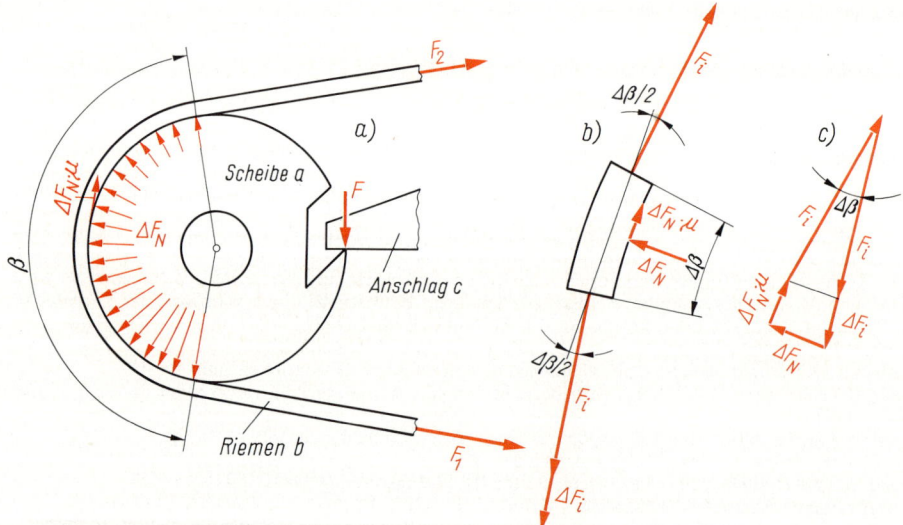

Bild 26.1 Kräfte an einem über eine Scheibe verschieden stark gespannten Riemen
a) Scheibe a und Riemen b,   b) herausgeschnitten gedachtes Riementeilchen ($\Delta\beta$ sehr klein),
c) Kräftepolygon

Auf dem Umschlingungsbogen drückt die Scheibe mit normalgerichteten Reaktionskräften ΔF_N auf jedes Riementeilchen und erzeugt an jedem die Reibkraft $\Delta F_N \cdot \mu$, wenn μ die Reibzahl darstellt. Die Summe dieser Reibkräfte ist gleich der Kraft F, also $\Sigma(\Delta F_N \cdot \mu) = F = F_1 - F_2$. Bild 26.1 b zeigt ein an einer beliebigen Stelle freigeschnitten gedachtes Riementeilchen. Da die Riemenspannkraft auf dem Umschlingungsbogen von F_2 auf F_1 zunimmt, wirkt an der oberen Schnittfläche des Riementeilchens eine Kraft $F_i > F_2$, an der unteren Schnittfläche eine etwas größere $F_i + \Delta F_i < F_1$. Wegen des sehr klein gedachten Winkels $\Delta \beta$ ist auch der Kraftzuwachs ΔF_i sehr klein.

Da Gleichgewicht herrscht, muß sich ein Polygon mit allen diesen Kräften schließen (Bild 26.1 c). Weil $\Delta \beta$ sehr klein ist, dürfen gesetzt werden:

$$\Delta F_i = \Delta F_N \cdot \mu \qquad \text{und} \qquad \Delta F_N = F_i \cdot \Delta \beta$$

Daraus folgt:

$$\Delta F_i = F_i \cdot \Delta \beta \cdot \mu \qquad \text{oder} \qquad \frac{\Delta F_i}{F_i} = \mu \cdot \Delta \beta$$

Die Summe aller $\Delta F_i / F_i$ zwischen F_1 und F_2, nämlich $\Sigma \dfrac{\Delta F_i}{F_i} = \Sigma(\mu \cdot \Delta \beta)$, ist aus dem organischen Wachstum

von ΔF_N entstanden und ergibt nach der Integralrechnung $\qquad \ln F_1 - \ln F_2 = \ln \dfrac{F_1}{F_2} = \mu \cdot \beta$

oder als Umkehrfunktion die

> *Eytelweinsche Gleichung oder Seilreibungsgleichung* $\quad \dfrac{F_1}{F_2} = e^{\mu\beta}$ (26.1)

Der Einfachheit halber wird eingeführt das

> *Trumkraftverhältnis* $\quad m = e^{\mu\beta}$ (26.2)

mit $e = 2,718 \ldots$ als Eulerzahl und Basis der natürlichen Logarithmen. Somit gilt:

> *Größte Riemenspannkraft* $\quad F_1 = F_2 \cdot m$ (26.3)

Die Gl. 26.1 zeigt, daß die Kraft F_1 bei gleichbleibender Kraft F_2 um so größer sein darf, je größer Umschlingungswinkel β und Reibzahl μ sind.

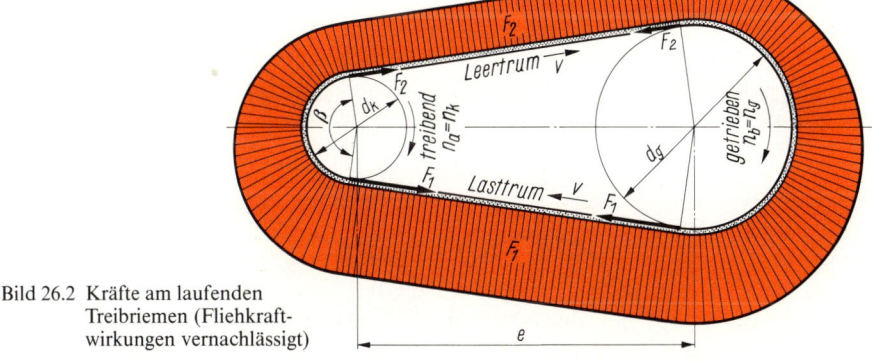

Bild 26.2 Kräfte am laufenden
Treibriemen (Fliehkraft-
wirkungen vernachlässigt)

Die Kraftdifferenz $F_1 - F_2$ wird zur Kraftübertragung in Riementrieben ausgenutzt. Eine Scheibe treibt über einen geschlossenen Riemen eine zweite und muß deren Betriebsdrehmoment als das der getriebenen Maschine überwinden (Bild 26.2). Die Umfangskraft $F = F_1 - F_2$ der Scheiben entspricht der Tangentialkraft F nach Bild 26.1a und wird als **Zugkraft** bezeichnet.

Das Verhältnis $\dfrac{F}{F_1} = \dfrac{F_1 - F_2}{F_1} = 1 - \dfrac{F_2}{F_1} = 1 - \dfrac{1}{m} = \dfrac{m-1}{m}$ ist die

$$Ausbeute \quad k = \frac{F}{F_1} = \frac{m-1}{m} \tag{26.4}$$

Der ziehende Riemenstrang zwischen den beiden Scheiben eines Riementriebes heißt **Lasttrum,**
der gezogene **Leertrum.**

Während der Riemen über die treibende Scheibe läuft, verringert sich seine Spannkraft von F_1
auf F_2. Er wird also entlastet und zieht sich zusammen. Erhöht sich aber beim Lauf über die getriebene Scheibe die Riemenspannkraft von F_2 auf F_1, dann streckt sich der Riemen. Diese fort-
währenden Riemenkürzungen und -längungen auf den Scheiben führen zu einem geringen
Schlupf, dem **Dehnschlupf,** der sich als Differenz der Umfangsgeschwindigkeiten beider Scheiben äußert. Da er nur in der Größenordnung von $1\ldots2\%$ liegt, wird er in den Berechnungen vernachlässigt. Wegen dieses Dehnschlupfes müssen die Scheibenoberflächen aber glatt sein, damit
sich der Riemenverschleiß in erträglichen Grenzen hält.

Überschreitet die zu übertragende Zugkraft F den Reibwiderstand, so gleitet der Riemen auf der
kleinen Scheibe ohne von dieser mitgenommen zu werden. Man spricht dann vom **Gleitschlupf.**

Wegen des Dehnschlupfes muß bei den Berechnungen die Gleitreibungszahl μ eingesetzt werden. Da die Eytelweinsche Gleichung für den Grenzfall gilt, darf auch die Ausbeute k nicht voll
ausgenutzt werden, damit es nicht zu einem Gleitschlupf kommt. Man berücksichtigt das praktisch durch eine entspr. hohe Vorspannung des Riemens.

26.2 Vorspannmöglichkeiten, Triebarten

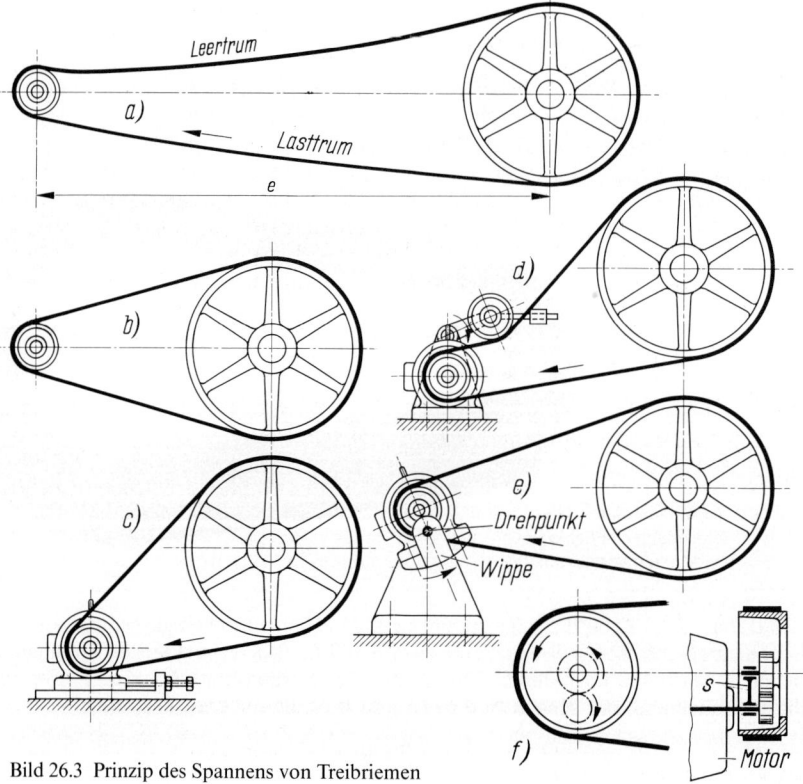

Bild 26.3 Prinzip des Spannens von Treibriemen

Die erforderliche Vorspannung des Riemens kann auf verschiedene Weise erzeugt werden. Man kennt:

1. den **Eigengewichtsbetrieb** bei waagerechter Trieblage (Bild 26.3 a). Infolge des Durchhangs durch das Eigengewicht des Riemens erzeugen die lotrechten Gewichtskräfte der einzelnen Riementeilchen Kraftkomponenten in Längsrichtung des Riemens, die die Vorspannung hervorrufen. Dazu muß der Riemen lang genug sein, und zwar der Achsabstand $e \geq 5$ m. Das Lasttrum wird zweckmäßig nach unten gelegt, damit sich die Umschlingungswinkel vergrößern.

2. den **Dehnungsbetrieb** (Bild 26.3 b). Die ungespannte Länge des Riemens ist kleiner als seine Betriebslänge. Er wird beim Auflegen gedehnt und damit gespannt. Da sich die konventionellen Riemen mit der Zeit bleibend längen, müssen sie in bestimmten Zeitabständen durch Kürzen nachgespannt werden. Die bleibenden Längungen sind kleiner, wenn die Riemen vorgestreckt werden.

3. den **Spannwellenbetrieb** (Bild 26.3 c). Der Antriebsmotor befindet sich auf Spannschienen und wird durch Schrauben verschoben.

4. den **Spannrollenbetrieb** (Bild 26.3 d) bei kleinen Achsabständen und großen Übersetzungen, wenn ein offener Riementrieb wegen zu geringer Umschlingung der kleinen Scheibe nicht ausreicht. In das Leertrum wird eine Rolle gesetzt, die mit Eigengewicht, Spanngewichten oder Federkraft den Riemen spannt und den Umschlingungswinkel an beiden Scheiben vergrößert. Gegenüber anderen Methoden kann die Riemenspannung recht genau bemessen werden. Sie läßt auch nach bleibenden Riemenlängungen nicht nach, da die Rolle den Längungen folgt. Durch die zusätzliche gegenläufige Biegebeanspruchung des Riemens auf der Rolle wird die Lebensdauer des Riemens aber verkürzt. Die Spannrolle soll deshalb möglichst nicht kleiner als die kleine Scheibe sein. Zu beachten ist, daß Spannrollentriebe teurer als offene Triebe sind.

5. den **Selbstspannbetrieb** (Sespabetrieb). Bei der Ausführung nach Bild 26.3 e befindet sich der Motor auf einer drehbar gelagerten Wippe. Das Rückstelldrehmoment, das der Motoranker auf das Gehäuse ausübt, und das Gewicht des Motors schwenken die Wippe in Pfeilrichtung und erzeugen die Vorspannung. Belastungsschwankungen wirken sich jedoch ungünstig aus und können zu unliebsamen Schwingungen führen. Bei der Ausführung nach Bild 26.3 f ist der Motor mit einem schwenkbaren Zahnradvorgelege ausgestattet. Die Riemenscheibe bildet mit dem zweiten Zahnrad eine Einheit und kann um die Motorachse schwenken. Der Riemen wird durch die rückstoßende Zahnkraft gespannt, weil sie den Schwenkarm s entgegen der Drehrichtung der Scheibe bewegt.

Wegen einer gewissen Ungleichheit seiner beiden Kantenlängen infolge von Herstellungstoleranzen oder bleibenden Dehnungen ist der Riemen bestrebt, seitlich von den Scheiben zu laufen (Bild 26.4 a). Deshalb wird meistens die große **Scheibe gewölbt** (ballig) ausgeführt (Bild 26.4 b), weil dann die Spannung in Riemenmitte größer ist und ihn stets in die Scheibenmitte treibt. Bei einer Übersetzung bis $i = 3$ werden gewöhnlich beide Scheiben gewölbt ausgeführt.

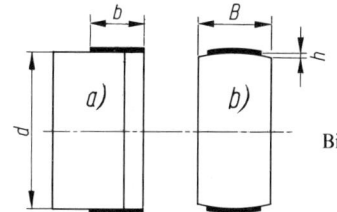

Bild 26.4 Wirkungen am laufenden Riemen
        a) Herunterlaufen des Riemens von einer zylindrischen Scheibe,
        b) Wirkung einer gewölbten Scheibe

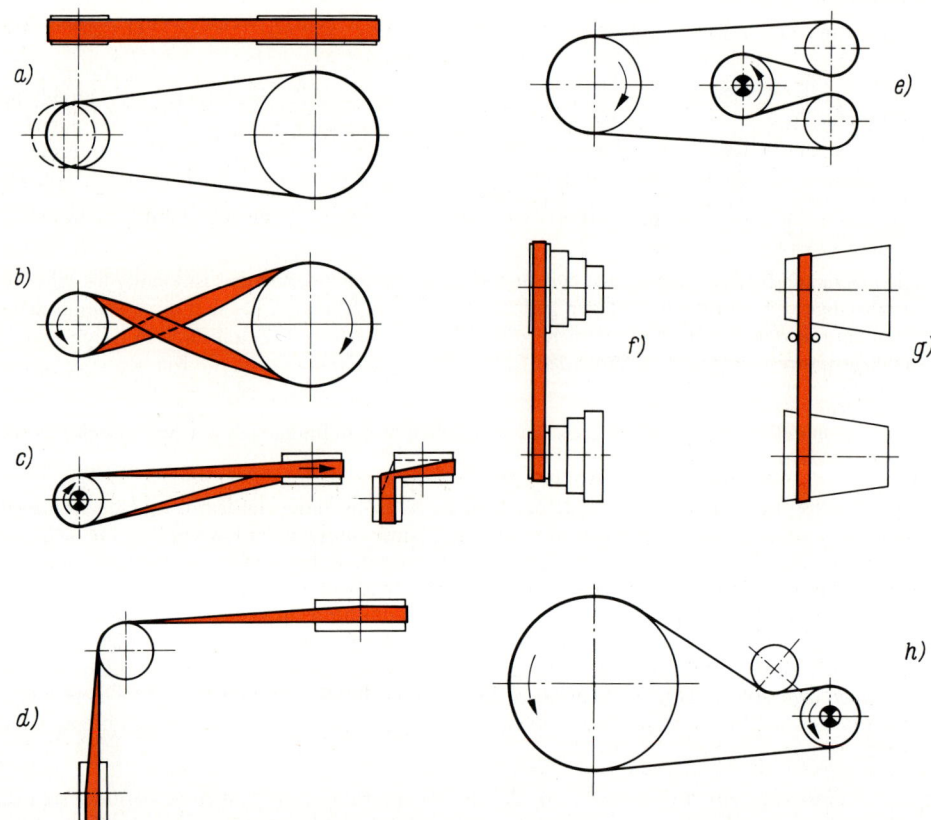

Bild 26.5 Arten von Flachriementrieben
    a) offener Trieb,   b) gekreuzter Trieb,   c) halbgekreuzter Trieb,   d) Umlenkrollentrieb,
    e) Mehrscheibentrieb,   f) Stufenscheibentrieb,   g) Kegelrollentrieb,   h) Spannrollentrieb

Für die verschiedenen Antriebsfälle gibt es folgende Triebarten:

1. den **offenen Riementrieb** (Bild 26.5 a). Seine günstigste Lage ist die waagerechte mit untenliegendem Lasttrum, so daß das obere Leertrum infolge Eigengewichts etwas durchhängt und die Umschlingungswinkel vergrößert. Beim senkrechten Trieb wirkt das Riemengewicht als Vorspannung auf die obere Scheibe, geht aber der unteren verloren.
2. den **gekreuzten Riementrieb** (Bild 26.5 b) zur Kraftübertragung auf gegensinnige Drehrichtung. Günstig sind die durch die Kreuzung vergrößerten Umschlingungswinkel, so daß gekreuzte Riemen weniger zu einem Gleitschlupf neigen. Nachteilig ist das unvermeidliche Scheuern der Laufflächen an der Kreuzungsstelle (Verschleiß!).
3. den **halbgekreuzten** oder **geschränkten Riementrieb** (Bild 26.5 c) zur Kraftübertragung zwischen sich kreuzenden Wellen. Der Umschlingungswinkel an der kleinen Scheibe ist meistens größer als 180°. Der Trieb läßt sich nur mit zylindrischen Scheiben ausführen, die kleine Scheibe etwa doppelt so breit wie die große, ferner nur Übersetzungen bis etwa 2,5. Schmale Riemen passen sich den Erfordernissen besser an, weil die Ungleichheit der Kantenlängen mit seiner Breite wächst.
4. den **Umlenkrollentrieb** (Bild 26.5 d). Umlenk- oder Leitrollen sind für Triebe notwendig, deren Wellenachsen sich unter einem beliebigen Winkel schneiden (dargestellt 90°), damit der Riemen winkelrecht auf die Scheiben läuft und nicht abspringt.

5. den **Mehrscheibentrieb** (Bild 26.5 e) zur Leistungsverzweigung auf mehrere Wellen. Der Riemen kann je nach Anordnung wechselweise mit Unter- und Oberseite auf den Scheiben laufen. Der Trieb ist so zu gestalten, daß alle Scheiben ausreichend umschlungen werden. Es sollen nur die Scheiben gewölbt sein, über die dieselbe Riemenseite läuft, damit der Riemen nicht noch wechselseitig quergebogen wird. Meistens genügt eine gewölbte Scheibe.

6. den **Stufenscheibentrieb** (Bild 26.5 f) offen oder gekreuzt zur Kraftübertragung mit Übersetzungs-, also Drehzahländerungsmöglichkeit der getriebenen Welle durch Umlegen des Riemens auf andere Scheiben. Günstig sind gewölbte Scheiben, damit der Riemen nicht an den Stufenstirnwänden scheuert.

7. den **Kegelrollentrieb** (Bild 26.5 g) zur Drehzahlregelung. Der Riemen kann während des Laufens durch eine Gabel verschoben werden. Beide Scheiben müssen die gleiche Kegligkeit besitzen, damit die Betriebslänge des Riemens in jeder Stellung dieselbe bleibt. Der Riemen muß schmal sein, damit er nur gering geschränkt wird.

8. den **Spannrollentrieb** (Bild 26.5 h), wie er bereits bei Bild 26.3 d beschrieben wurde.

26.3 Riemenwerkstoffe, Endverbindung

Die wichtigsten Anforderungen, die an Riemenwerkstoffe gestellt werden, sind:

1. **gute Adhäsion** zwischen Riemen und Scheiben (hohe Reibzahl),
2. **hohe Zerreißfestigkeit,** um hohe Vorspannungen erzeugen zu können,
3. **hohe Elastizität** bei geringer bleibender Dehnung, um die Biegespannungen klein zu halten und um nur selten oder nicht nachspannen zu müssen,
4. **Unempfindlichkeit** gegen atmosphärische Einflüsse, Öle und möglichst noch Chemikalien.

Alle diese Forderungen lassen sich von einem Werkstoff allein nicht erfüllen. Als Werkstoffe für Flachriemen werden vorwiegend verwendet:

1. **Leder** bringt Reibzahlen, die von anderen Werkstoffen kaum erreicht werden. Es wird Kern- und Chromleder verwendet. Kernleder ist ein mit pflanzlichen Stoffen, Chromleder ein mit mineralischen Stoffen (Chromalaun) gegerbtes Leder. Kernleder wird auch als lohgares (L) und Chromleder als chromgares (C) Leder bezeichnet.
   Für nicht besonders hoch beanspruchte Triebe wird Kernleder verwendet. Chromleder besitzt eine höhere Festigkeit und kann in 60% feuchter Luft laufen.
   Je nach dem Fettgehalt des Leders unterscheidet man Standardleder (S), geschmeidiges Leder (G) und hochgeschmeidiges Leder (HG). Das S-Leder kommt bei kleineren Riemengeschwindigkeiten und bei rauhem Betrieb in Betracht, das G-Leder für normale Triebe, gekreuzte und Kegelrollentriebe. HG-Leder ist für alle Antriebsfälle geeignet, d.h. auch bei großen Geschwindigkeiten, großer Biegehäufigkeit, kleinem Achsabstand, kleinem Umschlingungswinkel an der kleinen Scheibe und für Spannrollen- und halbgekreuzte Triebe.
   Weiterhin unterscheidet man trockengestrecktes Leder (T) und naßgestrecktes (N). Das naßgestreckte zeigt im Betrieb geringere plastische (bleibende) Dehnungen.

2. **Gewebe** aus organischen oder synthetischen Stoffen. Die ersten sind vorwiegend Baum- und Zellwolle, Tierhaare (Kamel- und Ziegenhaare), Hanf, Flachs und Naturseide, die zweiten Reyon (Kunstseide auf Zellulosebasis), Nylon und Perlon.
   Die gewebten Riemen haben gegenüber den Lederriemen eine gleichmäßigere Struktur und können endlos hergestellt werden, so daß sie ruhiger laufen. Die Geweberiemen sind jedoch kantenempfindlicher. Kleine Anrisse führen meistens zum Durchreißen.
   Die verschiedenen Riemendicken entstehen durch Aufeinanderschichten mehrerer Gewebelagen, die durch Kleben mit Kunststoff oder Vulkanisieren mit einem Elastomer verbunden werden.

Dient Kautschuk als Bindemittel, so spricht man von **Gummiriemen** (Gummi-Geweberiemen). Durch Aufvulkanisieren einer dünnen Deckschicht aus Neoprene, Buna oder Perbunan (Kunstgummi) lasen sie sich auch öl- und benzinfest machen und können unter 70...80 °C Temperatur laufen, sind gegen Nässe und Staub unempfindlich. Da sie spezifisch schwerer als Lederriemen sind, erzeugen sie größere Fliehkräfte beim Lauf über die Scheiben.

3. **Kunststoffe** wie Polyamid (Nylon, Perlon) oder Polyester. Als Einschichtriemen werden sie wegen der niedrigen Reibzahl jedoch nur selten angewendet.

4. **Mehrschicht-** oder **Verbundriemen.** Durch neuartige Verfahren werden Kunststoffbänder als Zugschicht mit Chromleder-, Gummi- oder Elastomere-Laufschichten versehen. Die Kunststoff-Zugschicht besteht aus Polyamid oder Polyester. Sie gibt dem Riemen eine hohe Zugfestigkeit. Bild 26.6 zeigt verschiedene Schichtungsweisen von **Extremultus**-Flachriemen der Firma Siegling. Die Riemen mit zwei Laufschichten sind für Mehrscheibenantriebe geeignet. Die Riemen der Bauart 80 besitzen eine Polyamid-Zugschicht und werden auf beliebige Längen geklebt. Die Riemen der Bauart 81 besitzen eine Zugschicht aus Polyester-Kordfäden, die endlos gewickelt sind, so daß auch die Riemen nur in Standardlängen endlos geliefert werden können. Die Firma Habasit liefert außer verschiedenen Mehrschichtriemen, deren Enden durch Kleben verbunden werden, auch sog. **Tangentialriemen** als Dreischichtriemen (Gummi-Kunststoff-Leder), die mit der Gummilaufschicht (hohe Reibzahl!) tangential eine Reihe von Spindeln treiben, vorzugsweise in der Textilindustrie.

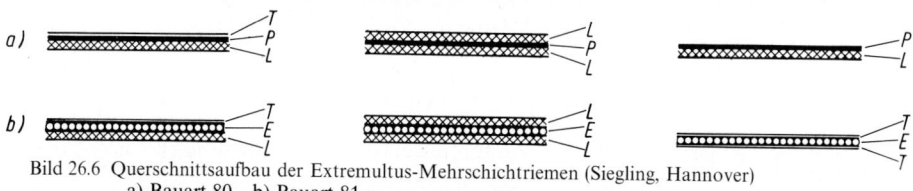

Bild 26.6 Querschnittsaufbau der Extremultus-Mehrschichtriemen (Siegling, Hannover)
  a) Bauart 80, b) Bauart 81
  T Textilgewebe mit Kunststoff als Deckschicht,   L Leder-Laufschicht,
  P Polyamid-Zugschicht,   E Polyester-Kordfäden-Zugschicht

Mehrschichtriemen sind sehr fest und laufen praktisch schlupflos. Sie sind sehr biegsam. Gegen Schmiermittel und atmosphärische Einflüsse sind sie recht unempfindlich. Sie verdrängen mehr und mehr die vorgenannten konventionellen Riemen, zumal sie nicht nachgespannt zu werden brauchen.

Mehrschichtriemen werden in weitem Maße auch für Transportzwecke eingesetzt, z. B. in Fließband-Systeme.

Die Enden der endlichen Riemen werden überlappt verkittet (geklebt), Kunststoffriemen verschweißt, Lederriemen auch vernäht oder mit mechanischen Verbindern gefügt, damit sich notwendige Riemenkürzungen nach bleibender Längung oder Demontagen schneller bewerkstelligen lassen.

Von den **mechanischen Verbindern** für Lederriemen sind die Drahtverbinder (Bild 26.7 a) die einfachsten. Die Riemenenden erhalten Drahtwendeln, die ineinandergeschoben und mit einem

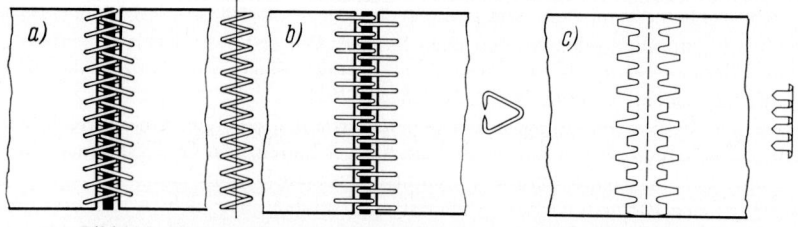

Bild 26.7 Riemenschlösser für Lederriemen
  a) Drahtverbinder, b) Hakenverbinder, c) Krallenverbinder

Rohhautstift gelenkig verbunden werden. Weiterhin haben sich Hakenverbinder (Bild 26.7 b) und Krallenverbinder (Bild 26.7 c) bewährt. Im Prinzip entsprechen die Hakenverbinder den Drahtverbindern. Anstelle der Wendeln sind Hakenreihen eingepreßt. Die Krallenverbinder stellen eine starre Verbindung her. Es gibt noch eine Reihe weiterer Riemenverbinder.

26.4 Riemenscheiben

Die Riemenscheiben werden üblicherweise aus Grauguß, Stahlguß, Leichtmetallguß oder aus Stahlhalbzeugen in Schweißkonstruktion hergestellt. Bei Schweißkonstruktionen ist in Betracht zu ziehen, daß Querrippen den Luftwiderstand vergrößern, der bei den hohen Umfangsgeschwindigkeiten der Riemenscheiben beachtlich werden kann. Es kann deshalb zu unangenehmen Laufgeräuschen kommen.

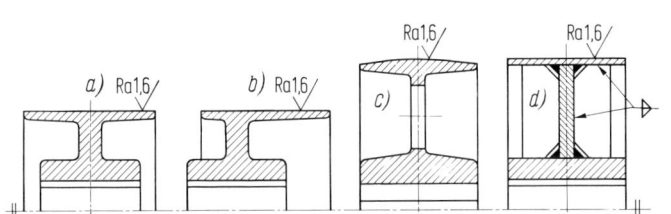

Bild 26.8 Riemenscheiben mit Scheibenstegen (Bodenscheiben) a) symmetrische Nabenlage, b) unsymmetrische Nabenlage für fliegende Lagerung, c) mit runden Stegausnehmungen, d) Schweißausführung

Die **Hauptabmessungen** der Riemenscheiben sind mit DIN 111 genormt (Tab. A 26.1). Die Kränze werden je nach Bedarf zylindrisch oder gewölbt ausgeführt (Bild 26.8). Auf gewölbten Scheiben muß sich der Riemen der Wölbung anpassen (anschmiegen) und wird dadurch zusätzlich gebogen. Die Wölbung darf nicht höher als nach Tab. A 26.1 ausgeführt werden und muß gleichmäßig über die Scheibenbreite laufen. In der Regel sieht man eine zylindrische treibende Scheibe und eine gewölbte getriebene Scheibe vor, bei Riemengeschwindigkeiten über 30 m/s auch zwei gewölbte Scheiben. Für Gewebe- und Kunststoffriemen kommt man auch mit zylindrischen Scheiben aus, weil die Kantenlängen dieser Riemen recht genau übereinstimmen. Die Scheiben müssen schlagfrei laufen. Bis 25 m/s Umfangsgeschwindigkeit genügt ein **statisches Auswuchten** (Auswuchten in einer Ebene, Schwerpunkt wird in die Drehachse gelegt), über 25 m/s muß **dynamisch ausgewuchtet** werden (Auswuchten in zwei Ebenen, Fliehmomente werden beseitigt). Bodenscheiben aus GG-20 können bis 35 m/s Umfangsgeschwindigkeit laufen, aus GGG-70 bis 50 m/s, aus GS-52 bis 80 m/s, ungeteilte Armscheiben aus GG-20 bis 26 m/s, aus GGG-70 bis 35 m/s, aus GS-52 bis 55 m/s, geteilte Armscheiben aus GG-20 bis 15 m/s.

Wird Schwungmasse gewünscht, so werden Riemenscheiben mit dicken Kränzen, also großem Kranzgewicht verwendet. Verschiedene Riemenscheiben zeigen die Bilder 26.8 bis 26.10. Kleinere erhalten nach Bild 26.8 Scheibenstege (diese Riemenscheiben nennt man auch **Bodenscheiben**), größere 4...8 Arme nach Bild 26.9 **(Armscheiben)**. Erfahrungsmäßige, nach oben aufzurundende

$$Armzahl \quad z \approx \sqrt{0{,}023 \text{ mm}^{-1} \cdot d} \qquad (26.5)$$

d in mm Scheibenaußendurchmesser.

Querschnitt der Arme meistens elliptisch mit dem Verhältnis $a_1/a_2 = 2...2{,}5$ (Bild 26.9), um der Luft wenig Widerstand zu bieten.

Der gefährdete Armquerschnitt wird zweckmäßig auf Biegebeanspruchung nachgerechnet. Man setzt erfahrungsgemäß voraus, daß $z/3$ Arme tragen und die Zugkraft F das Biegemoment erzeugt. Damit ergibt sich die

$$Biegespannung \quad \sigma_b = \frac{3F \cdot y}{W_b \cdot z} \tag{26.6}$$

σ_b in N/mm² Biegespannung im gefährdeten Armquerschnitt,
F in N Zugkraft = Umfangskraft an der Scheibe (siehe Seite 583),
y in mm Abstand von F zum gefährdeten Armquerschnitt $\approx 0,5\,(d - d_N)$ mit $d_N = d_B + 2\,w$,
W_b in mm³ Widerstandsmoment des Armquerschnitts, für elliptische Querschnitte $\approx 0,1\,a_1^2 \cdot a_2$,
z Armzahl.

Als **zulässige Biegespannung** kann etwa $\sigma_{b\,zul} \approx 0{,}25\,R_m$ gesetzt werden, wenn R_m die Zugfestigkeit des Scheibenwerkstoffs bedeutet, z. B. $R_m = 200$ N/mm² für GG-20. Mit $\sigma_{b\,zul}$ können durch Umformen der Gl. 26.6 auch $W_{b\,erf}$ und damit a_1 und a_2 ausgerechnet werden oder F_{zul} bei gegebenen Abmessungen.

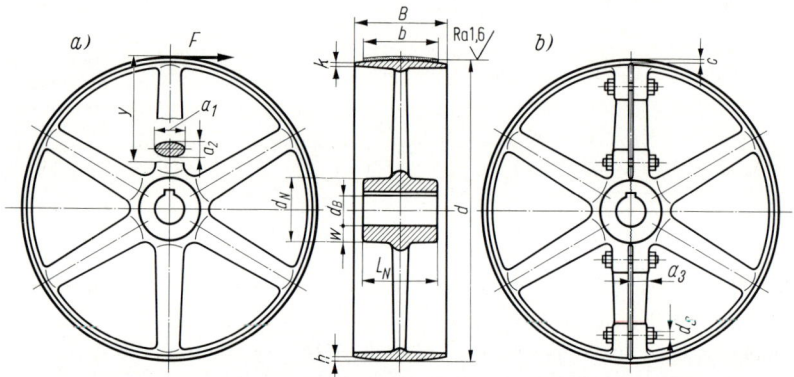

Bild 26.9 Größere Grauguß-Riemenscheibe, a) ungeteilt, b) geteilt

Übliche Abmessungen nach Bild 26.9 sind:

Nabenlänge   **$L_N \approx 1{,}2 \ldots 1{,}5d_B$**

Kranzdicke   *zylindrischer Scheiben*   **$k \approx 0{,}005d + 2$ mm**   *Nabendicke*   **$w \approx 0{,}4d_B + 10$ mm**

             gewölbter Scheiben   **$k \approx 0{,}0033d + 3$ mm**   *Wölbhöhe*   **h**   nach Tab. A 26.1

Anordnung der Arme üblicherweise in Scheibenbreitenmitte. Aus Transport- und Montagegründen werden Scheiben über $d = 2$ m geteilt. Die Teilfuge, nach dem Gießen der ganzen Scheibe durch Schlagtrennen gewonnen, wird durch ein Armpaar gelegt (Bild 26.9b), um die Scheibenhälften zusammenschrauben zu können. Dicke der Halbarme etwa $a_3 = 0{,}6a_1$, Breite der Sprengleisten $c \approx 5$ mm.
Ist die Scheibenbreite $B > 0{,}1d + 200$ mm, so werden **zwei Armsterne** im Abstand $l_A = 0{,}5 \ldots 0{,}6\,B$ vorgesehen (Bild 26.10).
Für geteilte Scheiben gilt als Anhalt für den

$$Durchmesser \; der \; Verbindungsschrauben \quad d_S \approx 0{,}2\ \sqrt{L_N \cdot w} + 7 \ \text{mm} \tag{26.7}$$

L_N in mm Nabenlänge, w in mm Nabendicke.

Beispiel 26.1

Es ist eine gewölbte Riemenscheibe aus GG-25 mit $d = 2500$ mm, $d_B = 180$ mm und $B = 400$ mm zu entwerfen. Da $d > 2$ m ist, wird sie geteilt ausgeführt. Es sind die entspr. Berechnungen vorzunehmen. Welche Zugkraft F kann die Scheibe übertragen?

Lösung:
Armzahl nach Gl. 26.5:

$$z \approx \sqrt{0,023 \ \mathrm{mm}^{-1} \cdot d} = \sqrt{0,023 \cdot 2500} \approx 7,6 \approx 8.$$

Nach den Angaben auf Seite 590 werden:

$$L_{\mathrm{N}} \approx 1,2 \ldots 1,5 d_{\mathrm{B}} = 1,2 \ldots 1,5 \cdot 180 \ \mathrm{mm} = 216 \ldots 270 \ \mathrm{mm}, \ \text{gewählt} \ L_{\mathrm{N}} = 240 \ \mathrm{mm},$$

$$k \approx 0,0033 d + 3 \ \mathrm{mm} = 0,0033 \cdot 2500 \ \mathrm{mm} + 3 \ \mathrm{mm} \approx 12 \ \mathrm{mm},$$

$$w \approx 0,4 \, d_{\mathrm{B}} + 10 \ \mathrm{mm} = 0,4 \cdot 180 \ \mathrm{mm} + 10 \ \mathrm{mm} = 82 \ \mathrm{mm} \ \text{und} \ h = 6 \ \mathrm{mm} \ \text{aus Tab. A 26.1.}$$

Damit wird der Nabendurchmesser

$$d_{\mathrm{N}} = d_{\mathrm{B}} + 2w = 180 \ \mathrm{mm} + 2 \cdot 82 \ \mathrm{mm} = 344 \ \mathrm{mm}$$

und der Nabenumfang $d_{\mathrm{N}} \cdot \pi = 344 \ \mathrm{mm} \cdot \pi = 1080 \ \mathrm{mm}$.
Auf diesem müssen die 8 Arme untergebracht werden. Nimmt man einen Abstand von je 20 mm zwischen zwei Armquerschnitten an, also insgesamt $8 \cdot 20 \ \mathrm{mm} = 160 \ \mathrm{mm}$, verbleibt als Querschnittshöhe eines Armes

$$a_1 \approx (1080 - 160) \ \mathrm{mm} / 8 = 115 \ \mathrm{mm}. \ \text{Gewählt} \ a_1 = 110 \ \mathrm{mm}.$$

Bei einem Verhältnis $a_1 / a_2 = 2,5$ ist $a_2 = 110 \ \mathrm{mm} / 2,5 \approx 45 \ \mathrm{mm}$ auszuführen. Das Widerstandsmoment gegen Biegung ist dann

$$W_{\mathrm{b}} \approx 0,1 a_1^2 \cdot a_2 = 0,1 \cdot 110^2 \ \mathrm{mm}^2 \cdot 45 \ \mathrm{mm} = 54450 \ \mathrm{mm}^3.$$

Da GG-25 eine Zugfestigkeit $R_{\mathrm{m}} = 250 \ \mathrm{N/mm}^2$ besitzt, ist mit $\sigma_{\mathrm{b \, zul}} \approx 0,25 \cdot 250 \ \mathrm{N/mm}^2 \approx 63 \ \mathrm{N/mm}^2$ zu rechnen. Aus Gl. 26.6 folgt mit $y = 0,5 \, (d - d_{\mathrm{N}}) = 0,5 \, (2500 - 344) \ \mathrm{mm} = 1078 \ \mathrm{mm}$:

$$F_{\mathrm{zul}} = \frac{\sigma_{\mathrm{b \, zul}} \cdot W_{\mathrm{b}} \cdot z}{3 y} = \frac{63 \ \mathrm{N/mm}^2 \cdot 54450 \ \mathrm{mm}^3 \cdot 8}{3 \cdot 1078 \ \mathrm{mm}} = 8486 \ \mathrm{N}.$$

Da $0,1 d + 200 \ \mathrm{mm} = 0,1 \cdot 2500 \ \mathrm{mm} + 200 \ \mathrm{mm} = 450 \ \mathrm{mm} > B = 400 \ \mathrm{mm}$ ist, genügt ein Armstern.

Durchmesser der Verbindungsschrauben nach Gl. 26.7

$$d_{\mathrm{S}} \approx 0,2 \sqrt{L_{\mathrm{N}} \cdot w} + 7 \ \mathrm{mm} = 0,2 \sqrt{240 \ \mathrm{mm} \cdot 82 \ \mathrm{mm}} + 7 \ \mathrm{mm} = 35 \ \mathrm{mm}.$$

Gewählt $d_{\mathrm{S}} = 36 \ \mathrm{mm}$. Die Verbindungsschrauben müssen auf Anziehmoment und Haltbarkeit nachgerechnet werden (siehe Abschnitt 10.14).

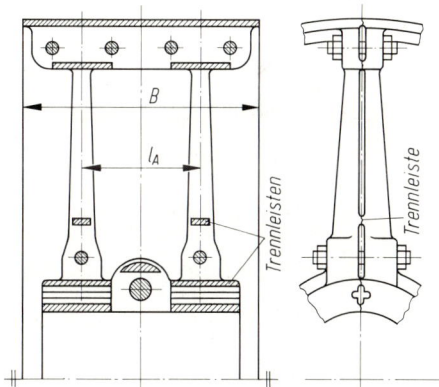

Bild 26.10 Geteilte Riemenscheibe mit zwei Armsternen

26.5 Geometrie der Flachriementriebe

Bild 26.11 zeigt schematisch einen offenen und einen gekreuzten Flachriementrieb. Aus den geometrischen Verhältnissen folgen:

1. für den offenen Flachriementrieb

Trumneigungswinkel $\sin \alpha = \dfrac{d_g - d_k}{2e}$ (26.8)

Umschlingungswinkel an der kleinen Scheibe $\beta = 180° - 2\alpha$ (26.9)

Innenlänge des Riemens $L_i = 2e \cdot \cos \alpha + \dfrac{\pi}{2}(d_k + d_g) + \alpha(d_g - d_k)$ (26.10)

d_k in mm Durchmesser der kleinen Scheibe,
d_g in mm Durchmesser der großen Scheibe,
e in mm Achsabstand,
α in °   Trumneigungswinkel (in Gl. 26.10 vor der Klammer in rad einsetzen!).

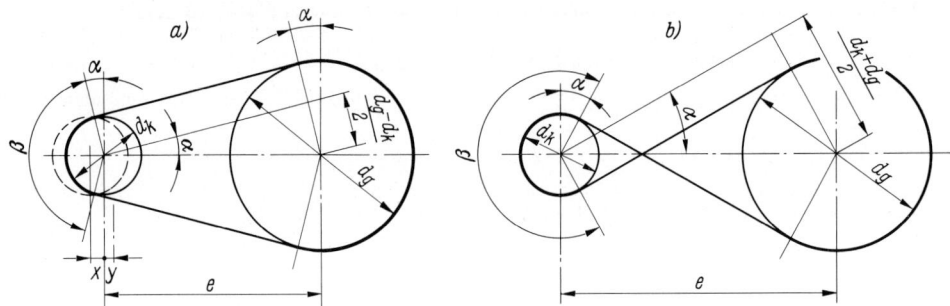

Bild 26.11 Schemata von Riementrieben
           a) offener Riementrieb, b) gekreuzter Riementrieb

Bei endlosen Riemen mit gegebener Innenlänge L_i und gegebenen Scheibendurchmessern muß der Achsabstand e bestimmt werden. Das ist mit der Gl. 26.10 nicht möglich, weil α unbekannt ist. Deshalb setzt man mit guter Näherung in die Gl. 26.10 für $\cos \alpha \approx 1 - \alpha^2/2$ und weiterhin für $\alpha \approx \sin \alpha = (d_g - d_k)/2e$ gemäß Gl. 26.8. Damit läßt sich e aus Gl. 26.10 freistellen (es ergibt sich eine gemischt quadratische Gleichung). Der einfachen und übersichtlichen Schreibweise wegen wird gesetzt:

Achsabstand $e \approx f_1 + \sqrt{f_1^2 - f_2}$ (26.11)

mit $f_1 = \dfrac{L_i}{4} - \dfrac{\pi}{8}(d_k + d_g)$ und $f_2 = \dfrac{(d_g - d_k)^2}{8}$

2. für den gekreuzten Riementrieb

Trumneigungswinkel $\sin \alpha = \dfrac{d_k + d_g}{2e}$ (26.12)

Umschlingungswinkel an der kleinen Scheibe $\beta = 180° + 2\alpha$ (26.13)

Innenlänge des Riemens $L_i = 2e \cdot \cos \alpha + \dfrac{\beta}{2}(d_k + d_g)$ (26.14)

wobei in Gl. 26.14 der Umschlingungswinkel β in rad einzusetzen ist!

Bei gegebener Innenlänge L_i gilt auch für den gekreuzten Riementrieb die Näherungsgleichung 26.11, jedoch ist für $f_2 = \dfrac{(d_k + d_g)^2}{8}$ einzusetzen.

Die Näherung ist nicht so genau wie für offene Riementriebe.

Bei Mehrscheibentrieben würden Berechnungsgleichungen zu kompliziert. Zweckmäßig wird dann die Innenlänge oder der Achsabstand aus einer maßstäblichen Zeichnung entnommen.

In Tab. A 26.2 sind die **üblichen Innenlängen** der endlosen Riemen angegeben, gemessen unter der anfänglichen Montagespannung. Der Achsabstand ist so einzurichten, daß diese Innenlängen bei endlosen Riemen eingehalten werden.

Bei nicht ausreichend elastischen Riemen, insbesondere bei Kurztrieben und bei endlosen Riemen ist eine **Verstellbarkeit des Achsabstandes** unbedingt vorzusehen, z. B. durch Spannschienen. Der Achsabstand soll mindestens zwischen $x = 0,03 L_i$ und $y = 0,015 L_i$ verstellbar sein (siehe Beispiel 26.3). Bei Riemen, die sich kürzen lassen, wie Leder- oder Geweberiemen, kann auf die Verstellbarkeit verzichtet werden, wenn der Zeitausfall für das Kürzen in Kauf genommen wird. Mehrschichtriemen brauchen nicht nachgespannt zu werden.

Beispiel 26.2

Ein offener Flachriementrieb soll mit $d_k = 200$ mm, $d_g = 800$ mm und $e = 1200$ mm ausgelegt werden. Welche Innenlänge muß der Riemen nach dem Vorspannen haben?

Lösung:
Nach den Gln. 26.8 bis 26.10 werden:

$$\sin\alpha = \frac{d_g - d_k}{2e} = \frac{800 - 200}{2 \cdot 1200}; \quad \alpha = 14,48° = 0,2527 \text{ rad},$$

$$\beta = 180° - 2\alpha = 180° - 2 \cdot 14,48° = 151,04°,$$

$$L_i = 2e \cdot \cos\alpha + \frac{\pi}{2}(d_k + d_g) + \alpha(d_g - d_k)$$

$$= 2 \cdot 1200 \text{ mm} \cdot \cos 14,48° + \frac{\pi}{2} \ 1000 \text{ mm} + 0,2527 \cdot 600 \text{ mm} = 4046 \text{ mm}$$

Beispiel 26.3

Der offene Riementrieb nach Beispiel 26.2 soll mit einem endlosen Riemen von $L_i = 4000$ mm betrieben werden. Welcher Achsabstand ist vorzusehen und in welchen Grenzen muß er verstellbar sein? Gegeben sind: $d_g = 200$ mm, $d_k = 800$ mm.

Lösung:

$$\text{Mit } f_1 = \frac{L_i}{4} - \frac{\pi}{8}(d_k + d_g) = \frac{4000 \text{ mm}}{4} - \frac{\pi}{8} \ 1000 \text{ mm} = 607 \text{ mm}$$

$$\text{und } f_2 = \frac{(d_g - d_k)^2}{8} = \frac{600^2 \text{ mm}^2}{8} = 45\,000 \text{ mm}^2 \text{ wird nach Gl. 26.11:}$$

$$e \approx f_1 + \sqrt{f_1^2 - f_2} = 607 \text{ mm} + \sqrt{607^2 - 45\,000} \text{ mm} = 1176 \text{ mm}.$$

Die Nachrechnung als Probe liefert mit den Gln. 26.8 bis 26.10:

$$\alpha = 14,78° = 0,258 \text{ rad}, \quad \beta = 150,44°, \ L_i = 4000 \text{ mm}.$$

Verstellbarkeit des Achsabstandes:

$$x = 0,03 L_i = 0,03 \cdot 4000 \text{ mm} = 120 \text{ mm}, \quad y = 0,015 L_i = 0,015 \cdot 4000 \text{ mm} = 60 \text{ mm}.$$

26.6 Übersetzung, Riemengeschwindigkeit, Biegefrequenz

Unter der **Übersetzung** versteht man das Verhältnis der Drehzahlen der Scheiben:

$$\textit{Übersetzung} \quad i = n_a / n_b \approx d_b / d_a \tag{26.15}$$

n_a Drehzahl der treibenden Scheibe, d_a Durchmesser der treibenden Scheibe,
n_b Drehzahl der getriebenen Scheibe, d_b Durchmesser der getriebenen Scheibe.

Bei Übersetzungen ins Langsame ist $i = n_k/n_g \approx d_g/d_k > 1$, bei Übersetzungen ins Schnelle $i = n_g/n_k \approx d_k/d_g < 1$ (Index k für die kleine Scheibe, g für die große Scheibe).

$$\textit{Riemengeschwindigkeit} \quad v \approx d_k \cdot \pi \cdot n_k \approx d_g \cdot \pi \cdot n_g \tag{26.16}$$

n_k, n_g in s^{-1} Drehzahlen der Scheiben,
d_k, d_g in m   Durchmesser der Scheiben.

Unter der **Biegefrequenz** versteht man die Anzahl der Übergänge über die Scheiben, die jedes Riementeilchen in einer Zeiteinheit durchläuft, d.h. aus der es von der Geraden in die durch die jeweilige Scheibe erzwungene Krümmung hineinläuft und aus dieser wieder in die Gerade zurückgebogen wird:

$$\textit{Biegefrequenz} \quad f_B = \frac{v \cdot Z}{L_i} \tag{26.17}$$

f_B in s^{-1} Biegehäufigkeit des Riemens in 1 s,
v in m/s   Riemengeschwindigkeit nach Gl. 26.16,
Z Anzahl der Scheiben im Trieb, einschl. von Spannrollen,
L_i in m   Innenlänge des Riemens.

Die Biegefrequenz bestimmt vorwiegend die Lebensdauer des Riemens und soll deshalb die je nach Riemenwerkstoff zulässigen Werte nicht überschreiten.

26.7   Berechnung der Antriebe mit Leder- und Geweberiemen

Die Riemenspannkraft F_1 erzeugt im Lasttrum die Zugspannung $\sigma_1 = F_1/A$ mit $A = s \cdot b$ als Riemenquerschnitt (s = Riemendicke, b = Riemenbreite).
Beim Lauf über die Scheiben wird jedes Riementeilchen gebogen, so daß im Riemenquerschnitt eine Biegespannung σ_b hervorgerufen wird, an der kleinen Scheibe eine größere als an der großen Scheibe.

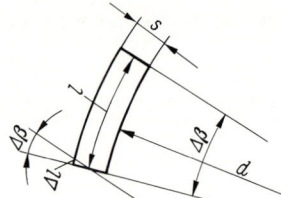

Bild 26.12   Riementeilchen zur
                 Berechnung der Biegespannung σ_b

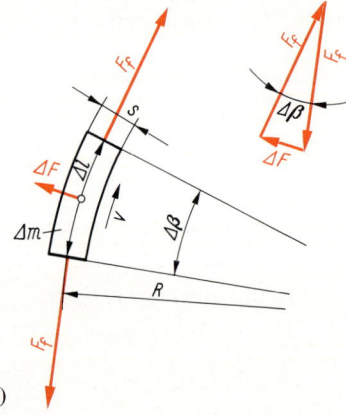

Bild 26.13   Riementeilchen zur Berechnung der
                 Fliehzugkraft F_f ($\Delta\beta$ sehr klein gedacht)

Gemäß Bild 26.12 wird ein Riementeilchen an der äußeren Faser gegenüber der mittleren, neutralen Faser um Δl länger. Nach der Elastizitätslehre ist die Dehnung $\varepsilon = \Delta l/l = \sigma_b/E_b$, wenn E_b den Biegeelastizitätsmodul darstellt. Also ist $\sigma_b = E_b \cdot \Delta l/l$. Nun sind

$$\Delta l = \frac{s}{2}\Delta\beta \quad \text{und} \quad l = \left(\frac{d}{2} + \frac{s}{2}\right)\Delta\beta, \quad \text{so daß} \quad \frac{\Delta l}{l} = \frac{s}{d+s}$$

wird. Da s gegenüber d klein ist, setzt man mit ausreichender Näherung beim Biegen über die kleine Scheibe die

Biegespannung $\quad \sigma_b \approx E_b \dfrac{s}{d_k}$ (26.18)

E_b in N/cm^2 Biegeelastizitätsmodul des Riemenwerkstoffs nach Tab. A 26.3,
s in cm   Riemendicke,
d_k in cm   Durchmesser der kleinen Scheibe.

Damit die Biegespannung nicht zu groß wird, soll das in Tab. A 26.3 angegebene Verhältnis s/d_k nicht überschritten werden.

Weiterhin führt jedes Riementeilchen beim Lauf über die Scheiben eine Kreisbewegung aus, so daß Fliehkräfte wirksam werden, die den Riemen zwar weiter spannen, ihn aber von der Scheibe abheben wollen und damit die Achskraft verringern.

Auf ein Riementeilchen wirkt nach Bild 26.13 die Fliehkraft $\Delta F = \Delta m \cdot v^2/R$ mit Δm als Masse des Teilchens und v als Riemengeschwindigkeit. Diese Fliehkraft wird von Zugkräften F_f in den Riemenquerschnitten im Gleichgewicht gehalten. Daraus folgt das in Bild 26.13 dargestellte Kräftepolygon. Da die Länge Δl des Riementeilchens sehr klein gedacht ist, wird sinngemäß zum Bild 26.1c die Fliehzugkraft

$$F_f = \frac{\Delta F}{\Delta \beta} = \frac{\Delta m \cdot v^2}{R \cdot \Delta \beta}$$

Nun ist $\Delta m = \Delta l \cdot s \cdot b \cdot \varrho$ mit b als Riemenbreite und ϱ als Werkstoffdichte. Da $R \cdot \Delta \beta = \Delta l$ ist, folgt $F_f = s \cdot b \cdot \varrho \cdot v^2$. Das Produkt $s \cdot b \cdot \varrho$ ist das Längengewicht q des Riemens, d.h. dessen Gewicht je Längeneinheit (in kg/m), so daß $F_f = q \cdot v^2$ wird. Das Längengewicht q wird als längenbezogene Masse auch mit m' bezeichnet (siehe DIN 1304).

Die Zugspannung, die von der Kraft F_f hervorgerufen wird, beträgt $\sigma_f = F_f/A$, also $\sigma_f = s \cdot b \cdot \varrho \cdot v^2/(s \cdot b)$. Da sich s und b herauskürzen, ergibt sich für die

Fliehzugspannung $\quad \sigma_f = \varrho \cdot v^2$ (26.19)

σ_f in N/m^2 Zugspannung im Riemen durch die Fliehkraft (1 N/cm^2 = 10^4 N/m^2),
ϱ in kg/m^3 Dichte des Riemenwerkstoffs (Tab. A 26.3),
v in m/s   Riemengeschwindigkeit nach Gl. 26.16.

Im Lasttrum erhöht sich die Riemenspannkraft auf $F_1 + F_f$, im Leertrum auf $F_2 + F_f$. Zur Leistungsübertragung bleibt jedoch als Nutzkraft $F = (F_1 + F_f) - (F_2 + F_f) = F_1 - F_2$ wie bisher erhalten.

An der Stelle, an der der Riemen auf die kleine Scheibe läuft, tritt die größte Zugbeanspruchung $\sigma_{max} = \sigma_1 + \sigma_b + \sigma_f$ auf, die die zulässige σ_{zul} für den betr. Riemenwerkstoff nicht überschreiten darf. Mit $\sigma_{max} = \sigma_{zul}$ läßt sich errechnen die

zulässige Lasttrumspannung $\quad \sigma_{1\,zul} = \sigma_{zul} - \sigma_b - \sigma_f$ (26.20)

σ_{zul} in N/cm^2 zulässige Zugspannung des Riemenwerkstoffs nach Tab. A 26.3,
σ_b in N/cm^2 Biegespannung im Riemen nach Gl. 26.18,
σ_f in N/cm^2 Fliehzugspannung im Riemen nach Gl. 26.19.

Damit ergibt sich eine zulässige Lasttrumkraft $F_1 = \sigma_{1\,zul} \cdot s \cdot b$, mit der sich die zulässige Zugkraft des Riemens zu $F = F_1 \cdot k$ errechnet, wenn k die Ausbeute nach Gl. 26.4 darstellt. Die übertragbare Leistung wäre somit $P = F \cdot v = F_1 \cdot k \cdot v$. Es ist üblich, die übertragbare Leistung für einen 1 cm breiten Riemen anzugeben und mit dieser die erforderliche Riemenbreite auszurechnen. Nach den vorstehenden Darlegungen beträgt diese

spezifische Nennleistung $\quad P_n = \sigma_{1\,zul} \cdot k \cdot s \cdot v$ (26.21)

P_n in W/cm   je cm Riemenbreite übertragbare Nennleistung,
$\sigma_{1\,zul}$ in N/cm^2 zulässige Lasttrumspannung nach Gl. 26.20,
k Ausbeute nach Gl. 26.4,
s in cm   Riemendicke,
v in m/s   Riemengeschwindigkeit nach Gl. 26.16.

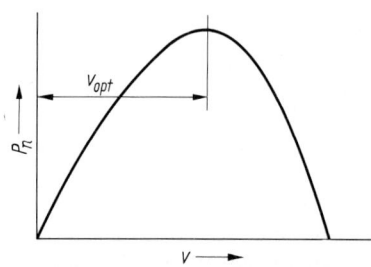

Bild 26.14 Spezifische Nennleistung P_n in
Abhängigkeit von der Riemenge-
schwindigkeit v

In Bild 26.14 ist die spezifische Nennleistung P_n in Abhängigkeit von der Riemengeschwindigkeit v dargestellt. P_n steigt mit zunehmender Geschwindigkeit v bis auf ein Maximum an und fällt dann bis auf Null ab, weil σ_f mit dem Quadrat der Geschwindigkeit zunimmt und damit die zulässige Lasttrumspannung $\sigma_{1\,\mathrm{zul}}$ bis auf Null vermindert. Selbstverständlich strebt man optimale Verhältnisse an. Mit Hilfe der Maxima- und Minima-Methode findet man mathematisch die

optimale Riemengeschwindigkeit $\quad v_\mathrm{opt} = \sqrt{\dfrac{\sigma_\mathrm{zul} - \sigma_\mathrm{b}}{3\varrho}}$ (26.22)

v_opt in m/s   leistungsgünstigste Riemengeschwindigkeit,
σ_zul in N/m²   zulässige Zugspannung im Riemen nach Tab. A 26.3 (1 N/cm² = 10^4 N/m²),
σ_b in N/m²   Biegespannung im Riemen auf der kleinen Scheibe nach Gl. 26.18,
ϱ in kg/m³ Dichte des Riemenwerkstoffs nach Tab. A 26.3.

Die Gl. 26.22 gilt strenggenommen nur bei konstant bleibender Reibzahl μ, die bei Leder mit zunehmender Riemengeschwindigkeit wächst.

Mit der spezifischen Nennleistung P_n wird die erforderliche Riemenbreite unter Berücksichtigung möglicher Überlastungen (ungleichförmigen Betriebes) und der Umweltbedingungen bestimmt. Es ist die erforderliche

Riemenbreite $\quad b = \dfrac{P \cdot C_\mathrm{B} \cdot C_\mu}{P_\mathrm{n}}$ (26.23)

b in cm   auszuführende Riemenbreite, aufgerundet auf ein genormtes Maß nach
               Tab. A 26.1,
P in kW   zu übertragende Nennleistung,
P_n in kW/cm spezifische Nennleistung des Riemens nach Gl. 26.21,
C_B Betriebsfaktor zur Berücksichtigung der auftretenden Spitzendrehmomente (Stöße)
               nach Tab. A 26.4,
C_μ Reibfaktor, der den Einfluß der durch Umweltbedingungen veränderten Reibzahl
               erfaßt, nach Tab. A 26.5.

Im Stillstand ist die Riemenspannkraft in beiden Trums gleich groß. Ein Trieb ohne Spannrollen muß so gespannt sein, daß die Summe der Trumkräfte $F_1 + F_2$ mit Sicherheit erreicht wird.

Der Riemen muß vor dem Auflegen um mindestens $\Delta L = \varepsilon \cdot L_\mathrm{i} = \sigma_\mathrm{V} \cdot L_\mathrm{i}/E_\mathrm{z}$ kürzer sein als seine Betriebslänge, wenn $\varepsilon = \sigma_\mathrm{V}/E_\mathrm{z}$ die Dehnung, σ_V als Vorspannung die mittlere, sich aus $0{,}5\,(F_1 + F_2)$ ergebende Spannung und E_z der Zugelastizitätsmodul ist. Da bleibende Längungen während des Betriebes nicht bereits nach kurzer Zeit zum Gleitschlupf führen dürfen, macht man die Anfangsvorspannung entspr. größer. Hieraus folgt die erforderliche

Auflegestreckung $\quad \Delta L = \varepsilon_0 \cdot L_\mathrm{i}$ (26.24)

ε_0 Dehnung des Riemens beim Vorspannen nach Tab. A 26.6,
L_i in mm Innenlänge des Riemens.

Die Trumkräfte F_1 und F_2 wirken auf jede Welle mit einer resultierenden **Achskraft** F_W (Bild 26.15). Da sie sich wegen der nur ungenau bekannten Vorspannung des Riemens nicht exakt berechnen läßt, wird erfahrungsgemäß angenommen:

Achskraft $F_W \approx 4F$ beim Dehnungsbetrieb,
   $\approx 3F$ beim Spannwellenbetrieb,
   $\approx 2F$ beim Spannrollenbetrieb,

wenn $F = P/v$ die Zugkraft bedeutet
($P =$ zu übertragende Nennleistung,
v Riemengeschwindigkeit).

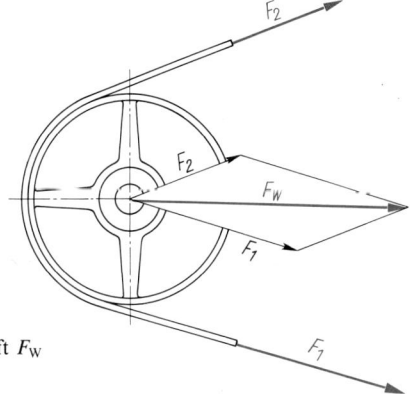

Bild 26.15 Entstehung der Achskraft F_W

Beispiel 26.4

Der offene Flachriementrieb nach Beispiel 26.3 soll im Spannwellenbetrieb mit einem Lederriemen der Sorte G eine Kreissäge mit der Nennleistung $P = 10$ kW antreiben (mittelschwerer Antrieb mit großer Schalthäufigkeit). Gegeben sind: $n_a = n_k = 2800$ min^{-1} = 46,67 s^{-1}, $d_k = 200$ mm, $d_g = 800$ mm, $\beta \approx 150,5°$ = 2,6255 rad, $L_i = 4000$ mm, Direkteinschaltung des Elektromotors, normale Umweltbedingungen. Tägl. Betrieb bis 10 h. Wegen der hohen Schalthäufigkeit ist C_B um 0,2 zu erhöhen.
Ist die Biegefrequenz zulässig? Welche Riemendicke und welche Riemenbreite sind zu wählen? Wie groß sind die optimale Riemengeschwindigkeit, die Auflegestreckung und die Achskraft?

Lösung:
1. Übersetzung i, Riemengeschwindigkeit v
Nach den Gln. 26.15 und 26.16 sind

$$i \approx d_b/d_a = d_g/d_k = 800/200 = 4, \quad v \approx d_k \cdot \pi \cdot n_k = 0,2 \text{ m} \cdot \pi \cdot 46,67 \text{ s}^{-1} = 29,3 \text{ m/s}$$

Die Tab. A 26.3 gibt $v_{zul} = 40$ m/s an.

2. Biegefrequenz f_B
Nach Gl. 26.17 ist

$$f_B = \frac{v \cdot Z}{L_i} = \frac{29,3 \text{ m/s} \cdot 2}{4 \text{ m}} = 14,6 \text{ s}^{-1} > f_{B\,zul} = 10 \text{ s}^{-1}$$

gemäß Tab. A 26.3. Somit muß die Riemensorte HGL mit $f_{B\,zul} = 25$ s^{-1} vorgesehen werden.

3. Riemendicke s und spezifische Nennleistung P_n
Nach der Tab. A 26.3 ist für die Riemensorte HGL das Verhältnis $s/d_k = 0,05$ zulässig. Daraus folgt $s_{max} = 0,05 \cdot 200$ mm $= 10$ mm. Gewählt wird $s = 6$ mm, damit die Biegespannung klein wird. Für diesen Riemen kann gemäß Tab. A 26.3 gesetzt werden: $\sigma_{zul} = 500$ N/cm^2, $E_b \approx 5000$ N/cm^2, $\varrho = 900$ kg/m^3.

Nach Tab. A 26.3 ist für Leder zu rechnen mit der Reibzahl

$$\mu \approx 0,22 + 0,012 \frac{s}{m} v = 0,22 + 0,012 \cdot 29,3 = 0,57.$$

Somit wird das Trumkraftverhältnis nach Gl. 26.2:

$$m = e^{\mu\beta} = e^{0,57 \cdot 2,6255} = 4,47$$

und nach Gl. 26.4 die Ausbeute

$$k = \frac{m-1}{m} = \frac{4,47-1}{4,47} = 0,776.$$

Mit den Gln. 26.18 bis 26.21 werden errechnet:

$$\sigma_b \approx E_b \frac{s}{d_k} = 5000 \text{ N/cm}^2 \frac{0,6}{20} = 150 \text{ N/cm}^2,$$

$$\sigma_f = \varrho \cdot v^2 = 900 \text{ kg/m}^3 \ (29{,}3 \text{ m/s})^2 = 77{,}3 \cdot 10^4 \text{ N/m}^2 \approx 77 \text{ N/cm}^2,$$

$$\sigma_{1\,\text{zul}} = \sigma_{\text{zul}} - \sigma_b - \sigma_f = 500 \text{ N/cm}^2 - 150 \text{ N/cm}^2 - 77 \text{ N/cm}^2 = 273 \text{ N/cm}^2,$$

$$P_n = \sigma_{1\,\text{zul}} \cdot k \cdot s \cdot v = 273 \text{ N/cm}^2 \cdot 0{,}776 \cdot 0{,}6 \text{ cm} \cdot 29{,}3 \text{ m/s} = 3724 \text{ W/cm}.$$

4. Optimale Riemengeschwindigkeit v_{opt}
Nach Gl. 26.22:

$$v_{\text{opt}} = \sqrt{\frac{\sigma_{\text{zul}} - \sigma_b}{3\varrho}} = \sqrt{\frac{(500 - 150) \ 10^4 \text{ N/m}^2}{3 \cdot 900 \text{ kg/m}^3}} = 36 \text{ m/s},$$

so daß mit $v = 29{,}3$ m/s recht gute Verhältnisse erreicht werden.

5. Riemenbreite b
Nach Tab. A 26.4 ist mit $C_B = 1{,}1 + 0{,}2 = 1{,}3$ zu rechnen, nach Tab. A 26.5 ist $C_\mu = 1$. Somit ergibt sich nach Gl. 26.23:

$$b = \frac{P \cdot C_B \cdot C_\mu}{P_n} = \frac{10 \text{ kW} \cdot 1{,}3 \cdot 1}{3{,}72 \text{ kW/cm}} = 3{,}5 \text{ cm}.$$

Es wird $b = 40$ mm gewählt (aus Tab. A 26.1).

6. Auflegestreckung ΔL
Nach Gl. 26.24 mit $\varepsilon_0 = 0{,}013$ aus Tab. A 26.6:

$$\Delta L = \varepsilon_0 \cdot L_i = 0{,}013 \cdot 400 \text{ cm} = 5{,}2 \text{ cm} = 52 \text{ mm}.$$

7. Achskraft F_W
Die Zugkraft des Riemens beträgt $F = \dfrac{P}{v} = \dfrac{10\,000 \text{ W}}{29{,}3 \text{ m/s}} \approx 340$ N. Für Spannwellenbetrieb ist

$$F_W \approx 3F = 3 \cdot 340 \text{ N} = 1020 \text{ N}.$$

26.8 Berechnung von Antrieben mit Mehrschichtriemen

Für die Mehrschicht- oder Verbundriemen haben die Hersteller voneinander abweichende Berechnungsmethoden aufgestellt, von denen zwei hier wiedergegeben werden.

1. mit Extremultus-Mehrschichtriemen Bauart 80
Diese Bauart wird gemäß Bild 26.6 Seite 582 in drei Ausführungen geliefert:
Ausführung LT: Textilgewebe als Deckschicht, Polyamid-Zugschicht, Leder-Laufschicht. Sie ist
   die Standard-Ausführung für alle Zweischeiben-Antriebe mit überwiegend einseitiger Reibbeanspruchung bis zu größten Leistungen. Geeignet für Lauf unter Einfluß von Öl und anderen Flüssigkeiten.
Ausführung LL: Leder-Laufschicht, Polyamid-Zugschicht, Leder-Laufschicht. Sie wird vorzugsweise für Mehrscheiben-Antriebe mit beidseitiger Leistungsabnahme eingesetzt.
Ausführung L: Polyamid-Zugschicht, Leder-Laufschicht. Sie dient für Zweischeiben-Antriebe mit einseitiger Reibbeanspruchung und kleinen Riemenabmessungen sowie für hohe Geschwindigkeiten bei kleineren Leistungen.

Zunächst müssen die Scheibendurchmesser d_k und d_g und der Achsabstand e gewählt werden. Mit diesen können Riemengeschwindigkeit v, Riemenlänge L_i und Biegefrequenz f_B errechnet werden. Bei hohen, leistungsgünstigen Riemengeschwindigkeiten ergeben sich meistens sehr große Scheibendurchmesser, die die Anlage verteuern. Im Mittel werden d_k und d_g so gewählt, daß $v \approx 20 \ldots 30$ m/s beträgt. Die Riemengröße (Dicke des Riemens) ergibt sich aus dem Produkt $d_k \cdot C_1$ nach Tab. A 26.7. Danach wird nach Tab. A 26.8 kontrolliert, ob $f_B \leqq f_{B\,\text{zul}}$ ist. Sollte $f_B > f_{B\,\text{zul}}$ sein, so ist die nächstkleinere Riemengröße zu wählen. Danach ist zu errechnen die erforderliche

$$\text{Riemenbreite} \quad b = \frac{P \cdot C_B \cdot C_\beta}{P_N} \tag{26.25}$$

b	in cm	erforderliche Riemenbreite, zu der die nächstliegende nach Tab. A 26.7 zu wählen ist,
P	in kW	zu übertragende Nennleistung,
P_N	in kW/cm	übertragbare Nennleistung eines 1 cm breiten Riemens bei $\beta = 180°$ nach Tab. A 26.9,
C_B		Betriebsfaktor (Belastungsfaktor) zur Berücksichtigung ungleichförmigen Betriebes nach Tab. A 26.10,
C_β		Umschlingungsfaktor (Winkelfaktor) zur Berücksichtigung des Umschlingungswinkels β nach Tab. A 26.11.

In der Gl. 26.25 stellt $P_N / C_\beta = P_n$ die spezifische Nennleistung dar, wie sie der Gl. 26.21 entspricht.

Beim Auflegen muß der Riemen vorgespannt werden. Dazu ist erforderlich die

$$\textit{Auflegestreckung} \quad \Delta L = \varepsilon_0 \cdot L_i = \frac{C_2 + C_3 + C_4}{100} L_i \tag{26.26}$$

mit den Beiwerten C_2 bis C_4 nach Tab. A 26.12, der Riemenlänge L_i und der Auflegedehnung ε_0. Auf jede der beiden Wellen wirkt während des Betriebes die

$$\textit{Achskraft} \quad F_W = C_2 \cdot F_N \cdot b / C_\beta \tag{26.27}$$

C_2		Dehnfaktor nach Tab. A 26.12,
F_N	in N/cm	Nennzugkraft = Dehnkraft an der Welle für einen 1 cm breiten Riemen bei 1% Riemendehnung nach Tab. A 26.9,
b	in cm	ausgeführte Riemenbreite,
C_β		Umschlingungsfaktor nach Tab. A 26.11.

Für Riemengeschwindigkeiten $v > 60$ m/s und Biegefrequenzen $f_B > 55\ \text{s}^{-1}$ kommt die **Bauart 81** in Betracht (Bild 26.6), zu der die Rückfrage beim Hersteller (Siegling, Hannover) zu halten ist.

Beispiel 26.5

Ein Kompressor mit einem Ungleichförmigkeitsgrad $< 0,0125$ soll über einen Extremultus-Mehrschichtriemen LT von einem Elektromotor angetrieben werden. Es sind $P = 90$ kW zu übertragen. Drehzahlen: $n_a = n_k = 1470\ \text{min}^{-1} = 24,5\ \text{s}^{-1}$, $n_b = n_g = 600\ \text{min}^{-1} = 10\ \text{s}^{-1}$, Achsabstand $e = 870$ mm, Anzahl der Scheiben $Z = 2$.
Welche Scheibendurchmesser und welche Riemengröße sind zu wählen? Wie groß muß die Auflegestreckung sein? Wie groß wird die Achskraft?

Lösung:
1. Scheibendurchmesser d_k und d_g
Nimmt man $v \approx 25$ m/s an, so ergeben sich aus Gl. 26.16:

$$d_k = \frac{v}{n_k \cdot \pi} = \frac{25\ \text{m/s}}{24,5\ \text{s}^{-1} \cdot \pi} = 0,325\ \text{m} = 325\ \text{mm}, \quad d_g = d_k \cdot n_k / n_g = 325\ \text{mm} \cdot 1470/600 \approx 800\ \text{mm}.$$

Nach DIN 111 (Tab. A 26.1) werden $d_k = 315$ mm und $d_g = 800$ mm gewählt.

2. Riemenlänge L_i
Nach den Gln. 26.8 bis 26.10 werden:

$$\sin\alpha = \frac{d_g - d_k}{2e} = \frac{800 - 315}{2 \cdot 870}; \quad \alpha = 16,18° = 0,2825\ \text{rad},$$

$$\beta = 180° - 2\alpha = 180° - 2 \cdot 16,18° = 147,64°,$$

$$L_i = 2e \cdot \cos\alpha + \frac{\pi}{2}(d_k + d_g) + \alpha(d_g - d_k)$$

$$= 2 \cdot 870\ \text{mm} \cdot \cos 16,18° + \frac{\pi}{2} 1115\ \text{mm} + 0,2825 \cdot 485\ \text{mm} = 3560\ \text{mm}.$$

3. Biegefrequenz f_B und Riemengröße
Endgültige Riemengeschwindigkeit:

$$v = d_k \cdot \pi \cdot n_k = 0,315\ \text{m} \cdot \pi \cdot 24,5\ \text{s}^{-1} = 24,2\ \text{m/s}.$$

Nach Gl. 26.17:

$$f_B = \frac{v \cdot Z}{L_i} = \frac{24{,}2 \text{ m/s} \cdot 2}{3{,}56 \text{ m}} \approx 14 \text{ s}^{-1}$$

Gemäß Tab. A 26.7 ist $C_1 = 0{,}83$ (bei $v = 25$ m/s) und somit $d_k \cdot C_1 = 315$ mm $\cdot$ 0,83 $\approx$ 260 mm.

Damit kommt nach Tab. A 26.7 die Riemengröße 28 in Frage.

Aus Tab. A 26.8 ergibt sich für $d_k = 315$ mm die zulässige Biegefrequenz $f_{B\,zul} = 15 \text{ s}^{-1} > f_B = 14 \text{ s}^{-1}$, so daß die vorgewählte Riemengröße 28 geeignet ist.

4. Riemenbreite b

Nach Tab. A 26.9 ist $F_N = 280$ N/cm, so daß $P_N = F_N \cdot v = 280$ N/cm $\cdot$ 24,2 m/s $= 6776$ W/cm $\approx 6{,}8$ kW/cm ist. Weiterhin ist nach Tab. A 26.10 der Betriebsfaktor $C_B = 1{,}3$ und nach Tab. A 26.11 für $\beta = 150°$ der Umschlingungsfaktor $C_\beta = 1{,}09$. Damit wird nach Gl. 26.25:

$$b = \frac{P \cdot C_B \cdot C_\beta}{P_N} = \frac{90 \text{ kW} \cdot 1{,}3 \cdot 1{,}09}{6{,}8 \text{ kW/cm}} = 18{,}7 \text{ cm}. \qquad \text{Nach Tab. A 26.7 wird } b = 180 \text{ mm gewählt.}$$

5. Auflegestreckung ΔL

Aus der Tab. A 26.12 werden für $C_B = 1{,}3$ und $v = 25$ m/s entnommen: $C_2 = 1{,}9$, $C_3 = 0{,}2$, $C_4 = 0{,}15$.

Auflegestreckung nach Gl. 26.26:

$$\Delta L = \frac{C_2 + C_3 + C_4}{100} \, L_i = \frac{1{,}9 + 0{,}2 + 0{,}15}{100} \, 356 \text{ cm} = 0{,}0225 \cdot 356 \text{ cm} \approx 8 \text{ cm}.$$

6. Achskraft F_W

Nach Gl. 26.27 ist mit $F_N = 280$ N/cm (aus Tab. A 26.9):

$$F_W = C_2 \cdot F_N \cdot b/C_\beta = 1{,}9 \cdot 280 \text{ N/cm} \cdot 18 \text{ cm}/1{,}09 \approx 8785 \text{ N} \approx 8800 \text{ N}$$

2. mit Habasit-Mehrschichtriemen

Die Habasit-Mehrschichtriemen werden in vier Ausführungen jeweils in mehreren Riemendicken und beliebigen Riemenbreiten bis 1200 mm hergestellt:

Ausführung F: stabilisierte Polyamid-Zugschicht mit adhäsivem Laufbelag. Für normale Betriebsbedingungen, ausgesprochen günstiges Leistungsgewicht, permanent antistatisch.

Ausführung S: stabilisierte Polyamid-Zugschicht mit beidseitig adhäsivem Laufbelag. Für Aluminiumscheiben geeignet, für große Übersetzungen, Tangential- und Mehrscheiben-Antrieben, für doppelseitige Leistungsabgabe, gleitschlupffrei, permanent antistatisch (außer S-5).

Ausführung C: stabilisierte Polyamid-Zugschicht mit beidseitig adhäsivem Laufbelag. Für gekreuzte und halbgekreuzte Antriebe, auch unter Öl- und Staubeinwirkungen, Schlupf- und Bremsriemen. Eine Laufseite für normale, offene Triebe verwendbar. Sehr hohe Verschleißfestigkeit, besonders kantenfest, permanent antistatisch.

Ausführung A: stabilisierte Polyamid-Zugschicht mit neuartigem, hochadhäsivem antiaeroplaning Längsprofil-Laufbelag. Für erschwerte Betriebsbedingungen (Öl, Nässe, Staub, Stoßbetrieb, Explosionsgefahr). Sehr hohe Verschleißfestigkeit, gleitschlupffreie Antriebe bis 5000 kW und über 100 m/s Riemengeschwindigkeit, optimaler Wirkungsgrad, permanent antistatisch.

Alle Riemen sind beständig gegen Nässe, Dampf, Trockenheit, Verschmutzung, Fäulnis, Öle, Fette, Benzin, viele Chemikalien und Lösungsmittel, tropisches Klima, Insektenfraß. Sie sind nicht beständig gegen organische und anorganische Säuren, Phenole und Kresole.
Die wichtigsten technischen Daten sind in Tab. A 26.13 zusammengestellt.

Aus Tab. A 26.14 ist zunächst mit dem Verhältnis P/n_k der wirtschaftlichste Scheibendurchmesser d_k zu ermitteln und mit diesem die geeignete Riemenausführung und -größe (Riemendicke) aus derselben Tabelle. Danach kann die Riemengeschwindigkeit v errechnet werden.

Als Mindestachsabstand kann angenommen werden bei

i oder $1/i =$	1,25	1,5	2	2,5	3	4	7	10
$e_{min} =$	$1{,}33 d_g$	$1{,}2 d_g$	$1 d_g$	$0{,}95 d_g$	$0{,}93 d_g$	$0{,}9 d_g$	$0{,}83 d_g$	$0{,}75 d_g$

Nach Festlegung des Achsabstandes *e* können der Umschlingungswinkel *β* und die Riemenlänge L_i errechnet werden, danach die erforderliche

$$\text{Riemenbreite} \quad b = \frac{P \cdot C_B \cdot C_\beta}{P_N} \tag{26.28}$$

P in kW   zu übertragende Nennleistung,
P_N in kW/cm   übertragbare Nennleistung eines 1 cm breiten Riemens bei $β = 180°$ nach Bild 26.16,
C_B Betriebsfaktor (Belastungsfaktor) zur Berücksichtigung ungleichförmigen Betriebes nach Tab. A 26.15,
C_β Umschlingungsfaktor (Winkelfaktor) zur Berücksichtigung des Umschlingungswinkels *β* nach Tab. A 26.11.

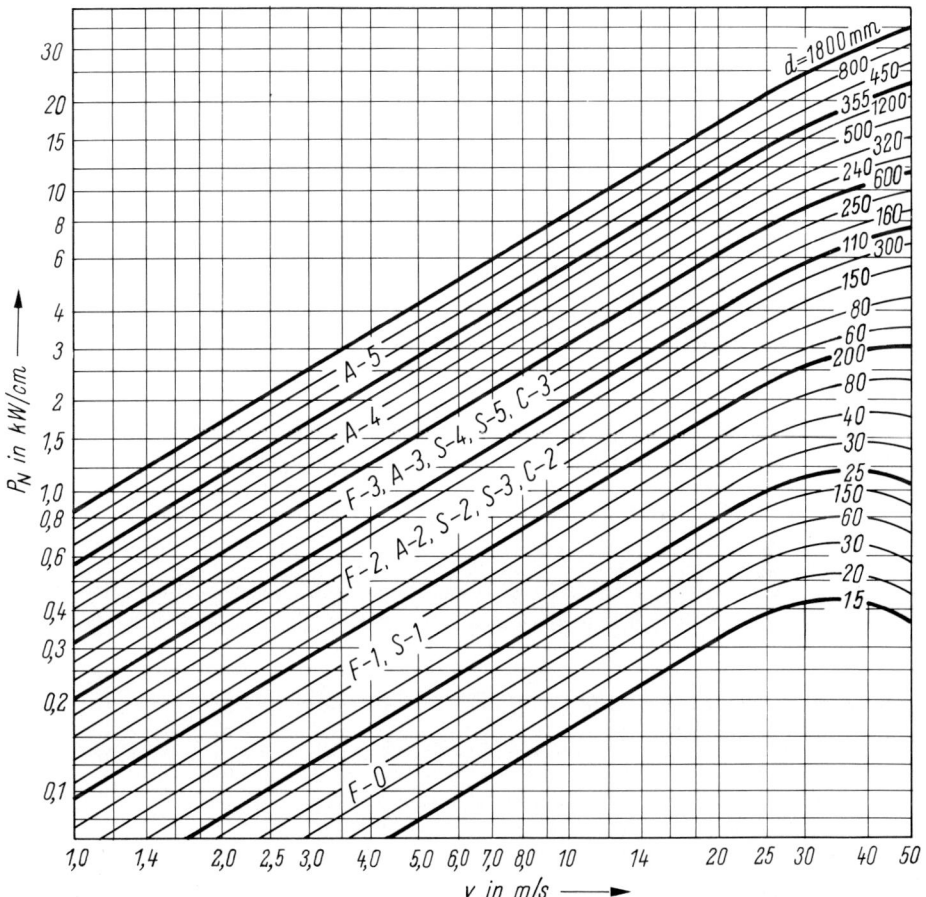

Bild 26.16 Spezifische Nennleistungen P_N von Habasit-Mehrschichtriemen bei $β = 180°$ (es ist $d = d_k$)
(nach Habasit GmbH, Urberach)

In der Gl. 26.28 ist $P_N / C_\beta = P_n$ die spezifische Nennleistung, wie sie der Gl. 26.21 entspricht. Beim Auflegen muß der Riemen vorgespannt werden. Dazu ist erforderlich die

Auflegestreckung $\Delta L = \varepsilon_0 \cdot L_i \approx \dfrac{C_1 + C_2}{100} L_i$ $\qquad\qquad\qquad\qquad\qquad$ (26.29)

ε_0 $\qquad$ Auflegedehnung des Riemens,
C_1 $\qquad$ Dehnungsfaktor nach Tab. A 26.16. Bei großer Feuchtigkeit sind die Tabellenwerte um
$\qquad\quad$ 0,4 zu erhöhen.
C_2 $\qquad$ Korrekturbeiwert nach Tab. A 26.16. Für die nicht aufgeführten Riemenausführungen ist
$\qquad\quad$ $C_2 = 0$.
L_i in cm $\quad$ Riemenlänge (Betriebslänge).

Auf jede Welle wirkt während des Betriebes die

Achskraft $F_W = C_3 \cdot C_1 \cdot F_e \cdot b$ $\qquad\qquad\qquad\qquad\qquad\qquad\qquad$ (26.30)

C_1 $\qquad\quad$ Dehnungsfaktor wie in Gl. 26.29,
C_3 $\qquad\quad$ Korrekturfaktor nach Tab. A 26.17,
F_e in N/cm $\quad$ Dehnkraft an der Welle für einen 1 cm breiten Riemen bei 1% Riemendehnung nach
$\qquad\qquad\quad$ Tab. A 26.17,
b in cm $\qquad$ ausgeführte Riemenbreite.

Bei den Berechnungen der Habasit-Mehrschichtriemen braucht die Biegefrequenz nicht kontrolliert zu werden.

Beispiel 26.6

Eine Presse soll über einen Habasit-Mehrschichtriemen von einem Drehstrommotor angetrieben werden. Es sind $P = 55\ kW$ zu übertragen. Drehzahlen: $n_a = n_k = 1450\ \text{min}^{-1} = 24,17\ \text{s}^{-1}$, $n_b = n_g = 580\ \text{min}^{-1}$ $= 9,67\ \text{s}^{-1}$, Anzahl der Scheiben $Z = 2$.
Welche Scheibendurchmesser, Riemenausführung und -größe, Achsabstand $e \approx e_{min}$ und Riemenlänge sind vorzusehen? Wie breit muß der Riemen sein? Wie groß werden Auflegestreckung und Achskraft?

Lösung:
1. Scheibendurchmesser d_k und d_g, Riemenausführung
Mit dem Verhältnis $P/n_k = 55\ kW/1450\ \text{min}^{-1} = 0,038\ kW \cdot \text{min}$ kommt nach Tab. A 26.14 der Scheibendurchmesser $d_k = 250\ mm$ in Betracht und mit diesem die Riemenausführungen F-3, A-3, S-4, S-5 oder C-3. Da es sich um einen normalen Antrieb handelt, wird die Ausführung F-3 gewählt.

Gemäß Gl. 26.15 wird der große Scheibendurchmesser

$\qquad d_g = d_k \cdot n_k / n_g = 250\ mm \cdot 1450/580 = 625\ mm$.

Nach Tab. A 26.1 werden gewählt: $d_k = 250\ mm$ und $d_g = 630\ mm$.

2. Achsabstand e
Entspr. den Angaben auf Seite 594 kann bei $i = d_g/d_k = 630/250 = 2,52$ auf $e_{min} = 0,95\ d_g = 0,95 \cdot 630\ mm$ $= 598,5\ mm$ gegangen werden. Gewählt: $e = 600\ mm$.

3. Innenlänge L_i des Riemens
Nach den Gln. 26.8 bis 26.10 werden:

$\qquad \sin\alpha = \dfrac{d_g - d_k}{2e} = \dfrac{630 - 250}{2 \cdot 600}; \quad \alpha = 18,46° = 0,3222\ \text{rad}$,

$\qquad \beta = 180° - 2\alpha = 180° - 2 \cdot 18,46° = 143,08°$,

$\qquad L_i = 2e \cdot \cos\alpha + \dfrac{\pi}{2}(d_k + d_g) + \alpha(d_g - d_k)$

$\qquad\quad = 2 \cdot 600\ mm \cdot \cos 18,46° + \dfrac{\pi}{2}\ 880\ mm + 0,3222 \cdot 380\ mm = 2643\ mm$.

4. Riemenbreite b
Nach Gl. 26.16 ist

$\qquad v = d_k \cdot \pi \cdot n_k = 0,25\ m \cdot \pi \cdot 24,17\ \text{s}^{-1} = 19\ m/s$.

Hiernach wird aus Bild 26.16 bei $d = 250\ mm$ und Riemenausführung F-3 abgelesen: $P_N \approx 5\ kW/cm$. Nach Tab. A 26.15 ist $C_B = 1,4$, und nach Tab. A 26.11 ist $C_\beta \approx 1,11$ (für $\beta \approx 143°$). Damit wird nach Gl. 26.28:

$$b = \frac{P \cdot C_\mathrm{B} \cdot C_\beta}{P_\mathrm{N}} = \frac{55 \text{ kW} \cdot 1{,}4 \cdot 1{,}11}{5 \text{ kW/cm}} \approx 17 \text{ cm}.$$

5. Auflegestreckung ΔL

Aus der Tab. A 26.16 werden entnommen: $C_1 = 2{,}2$ (für F-3 und $d_\mathrm{k} = 250$ mm), $C_2 = 0$. Damit wird nach Gl. 26.29:

$$\Delta L = \frac{C_1 + C_2}{100} L_\mathrm{i} = \frac{2{,}2 + 0}{100} \ 264{,}3 \text{ cm} = 0{,}022 \cdot 264{,}3 \text{ cm} = 5{,}8 \text{ cm}.$$

6. Achskraft F_W

Nach Tab. A 26.17 ist $F_\mathrm{e} = 212$ N/cm (für Riemen F-3) und $C_3 = 1$ (für $v < 20$ m/s). Somit nach Gl. 26.30:

$$F_\mathrm{W} = C_1 \cdot C_3 \cdot F_\mathrm{e} \cdot b = 2{,}2 \cdot 1 \cdot 212 \text{ N/cm} \cdot 17 \text{ cm} \approx 7930 \text{ N}.$$

26.9   Spannrollentrieb

Gegenüber einem offenen Riementrieb bietet der Spannrollentrieb folgende Vorteile: kleinere Vorspannung, selbsttätiger Ausgleich von Riemenlängungen, größerer Umschlingungswinkel an der kleinen Scheibe, geringere Riemenbeanspruchung im Betrieb und im Stillstand, insbesondere, wenn die Spannrolle im Stillstand abgehoben wird. Nachteile sind: schnellere Ermüdung des Werkstoffs infolge des Hin- und Herbiegens des Riemens, höhere Biegefrequenz durch die dritte Scheibe und wegen des meistens kürzeren Achsabstandes.

Während offene Riementriebe eine Übersetzung i oder $1/i$ bis 6 zulassen, kann mit Spannrollentrieben bis auf 15 gegangen werden.

Bild 26.17 zeigt schematisch einen Riementrieb mit Spannrolle. Für seine Berechnung gelten die Abschnitte 26.6 bis 26.8. Der Durchmesser der Spannrolle ist möglichst groß zu wählen, damit der Riemen nicht so stark gebogen wird, möglichst nicht kleiner als für die kleine Scheibe. Die Spannrolle ist zylindrisch auszuführen, um zusätzliche Riemenwöl-

Bild 26.17
Schema eines Spannrollentriebes

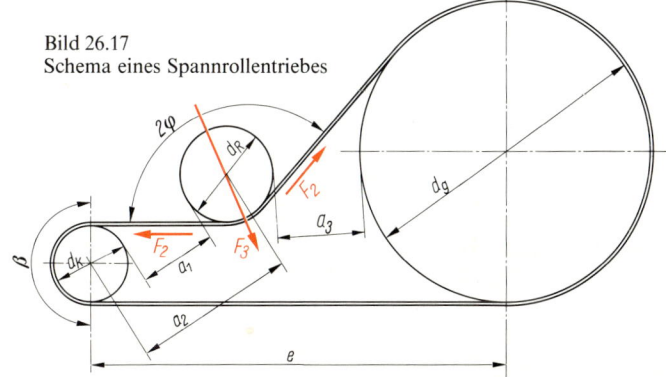

bungen zu vermeiden. Nur wenn beide Riemenscheiben zylindrisch sind, kann zur Führung des Riemens eine Ausnahme gemacht werden.

Die Spannrolle ist in das Leertrum zu legen, weil dieses nicht so hoch wie das Lasttrum beansprucht wird. Außerdem soll die Spannrolle nicht zu nahe an den Scheiben sitzen, damit sich der Riemen von einer Biegung zur Gegenbiegung erholen kann. Üblich ist:

Spannrollenabstand $\boldsymbol{a_1 \geqq 0{,}5\ (d_\mathrm{k} + d_\mathrm{R})}$ **oder** $\boldsymbol{a_2 \geqq (d_\mathrm{k} + d_\mathrm{R})}$

Bei Scheiben bis etwa $d_\mathrm{k} = 500$ mm geht man auf $\boldsymbol{a_1 = 250 \ldots 300}$ **mm**. Es soll stets $a_3 > a_1$ sein.

Die Riemenlänge ist so zu wählen, daß der Umschlingungswinkel β genügend groß wird (üblich $\beta \approx 180°$) und die Spannrolle genügend einschwingt (üblich $2\ \varphi \leqq 120°$). Bei größerem Winkel φ macht bereits eine kleine Riemendehnung eine Erhöhung der Rollendruckkraft erforderlich.

Da der Riemen unvorgespannt aufgelegt wird, muß die Druckkraft F_3 der Rolle so bemessen sein, daß sie mit Sicherheit die im Betrieb erforderliche Leertrumkraft F_2 erzeugt, und zwar

$$\text{Leertrumkraft} \quad F_2 = \frac{P_n \cdot b}{(m-1)\,v} \tag{26.31}$$

P_n in W/cm	spezifische Nennleistung nach Gl. 26.21, bei Mehrschichtriemen $= P_N / C_\beta$,
b in cm	ausgeführte Riemenbreite,
m	Trumkraftverhältnis nach Gl. 26.2,
v in m/s	Riemengeschwindigkeit nach Gl. 26.16.

$$\text{Rollendruckkraft} \quad F_3 = 2F_2 \cdot \cos\varphi \tag{26.32}$$

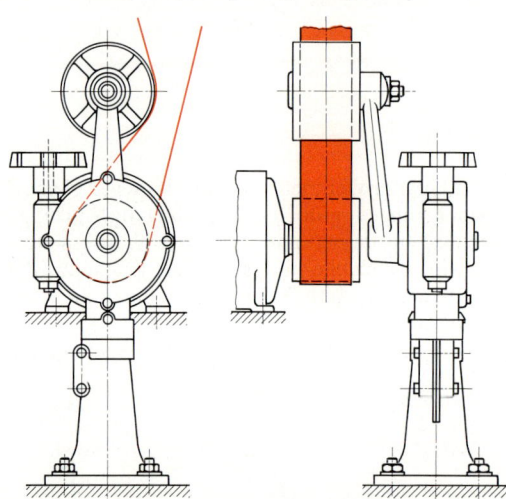

Die Schwenkarme der Spannrollen müssen so liegen, daß bei Lagenänderung der Rollen infolge Riemenlängung die Trumkraft F_2 möglichst konstant bleibt. Bild 26.18 zeigt die Ausführung und Anordnung einer federbelasteten Spannrolle.

Bild 26.18 Federbelastete Spannrolle
(Heinrich Desch KG, Arnsberg)

Beispiel 26.7

Der $b = 7{,}1$ cm breite Flachriemen eines Spannrollentriebes besitzt eine spezifische Nennleistung $P_n = 3{,}2$ kW/cm, einen Umschlingungswinkel $\beta = 180°$, ein Trumkraftverhältnis $m = 6{,}6$ und einen Leertrumbeugungswinkel $\varphi = 55°$. Wie groß muß die Rollendruckkraft F_3 sein, wenn der Riemen mit $v = 35$ m/s läuft?

Lösung:
Nach den Gln. 26.31 und 26.32 werden:

$$F_2 = \frac{P_n \cdot b}{(m-1)\,v} = \frac{3200 \text{ W/cm} \cdot 7{,}1 \text{ cm}}{(6{,}6-1) \cdot 35 \text{ m/s}} = 116 \text{ N}, \quad F_3 = 2F_2 \cdot \cos\varphi = 2 \cdot 116 \text{ N} \cdot \cos 55° = 133 \text{ N}.$$

Literaturhinweise

Hagedorn, H.: Berechnungsprobleme bei Flachriemen. Z. Maschinenbautechnik 17/1968.

Hagemeister, K. und *A. Zacherl:* Hochtourige Flachriemengetriebe mit Laufgeschwindigkeiten bis 200 m/s. Z. Antriebstechnik 18/1979.

Horowitz, B. und *N. Gheorghiu:* Messung der Vorspannung bei Riementrieben. Z. Maschinenmarkt 75/1969.

Linneken, H.: Berechnung schnellaufender Flachriementriebe, insbesondere solcher mit Kunststoffriemen. Z. Konstruktion 14/1962.

Lössl, G.: Den Riementrieb zur Kühlung nutzen. Z. Industrieanzeiger 102/1980.

Marzorati, G.: Verstellbare Riementriebe und ihr optimaler Einsatz. Fachtagung Antriebstechnik. Hannover-Messe 1974.

Neu, K.: Die zweite Spannrolle – Betrachtungen über einen selbstspannenden Bandantrieb. Z. Antriebstechnik 212/1973.

Neu, K.: Die Wellenbelastung. Z. Antriebstechnik 14/1975.

Niemann, G. und *H. Winter:* Maschinenelemente Bd. III, Springer-Verlag 1983.

Roth, W.: Schwingungen von Treibriemen und Ketten. Z. Antriebstechnik 3/1964.

Schrimmer, P. und *H. Lösche:* Formschlüssig trotz großer Abstände. Z. Maschinenmarkt 78/1972.

Schumann, R.: Wann welcher Antriebsriemen? Z. Antriebstechnik 20/1981.

Tope, H. G.: Die Übertragungsgenauigkeit der Drehbewegung von Keil- und Flachriemen und deren Prüfung mit seismischen Drehschwingungsaufnehmern. Z. Konstruktion 20/1968.

Tope, H. G.: Laufgeräusche von Flachriemen. Z. Maschine 24/1970.

Richtlinie VDI 2758: Riemengetriebe.

27   Keilriementriebe

Keilriementriebe sind wie Flachriementriebe **kraftschlüssige Hülltriebe** zur Kraft- und Bewegungsübertragung zwischen zwei oder mehr Wellen. Gegenüber Flachriementrieben besitzen sie bei gleicher Anpreßkraft eine etwa dreifache Übertragungsfähigkeit. Sie laufen weich an, ziehen praktisch schlupflos durch und kommen mit einem kleineren Umschlingungswinkel an der kleinen Scheibe aus, so daß sie große Übersetzungen ermöglichen. Ihr Platzbedarf ist demzufolge geringer, und auch die Wellen- und Lagerbelastungen sind kleiner. Ein weiterer Vorteil besteht in der Möglichkeit, bis etwa 16 Keilriemen nebeneinander auf einer Scheibe laufen zu lassen. Sie haben die Flachriemen-Spannrollentriebe stark verdrängt. Bei sehr großen Achsabständen sind Keilriemen jedoch nicht geeignet.

27.1   Wirkungsweise, Ausführung genormter Keilriemen

Bild 27.1 zeigt vereinfacht die Kraftwirkungen an einem Keilriemen in der Scheibenrille. Die radiale Andrückkraft F_r zerlegt sich in die Normalkräfte F_N, die die zur Kraftübertragung dienenden Reibkräfte $F_N \cdot \mu$ erzeugen. Ein Keilwinkel unter etwa $\alpha_K = 20°$ würde Selbsthemmung bewirken, und ein solcher Riemen könnte nur unter starkem Rupfen und schlechtem Wirkungsgrad arbeiten. Der Keilwinkel liegt deshalb in der Größenordnung $\alpha_K \approx 36°$. Die Eytelweinsche Gleichung (Gl. 26.1) ist für Keilriemen nicht ohne weiteres anwendbar, da ein Keilriemen durch die Trumkräfte unter Reibverlusten radial in die Keilrille gezogen wird (in Bild 27.1 ist die betr. Reibkraft vernachlässigt).

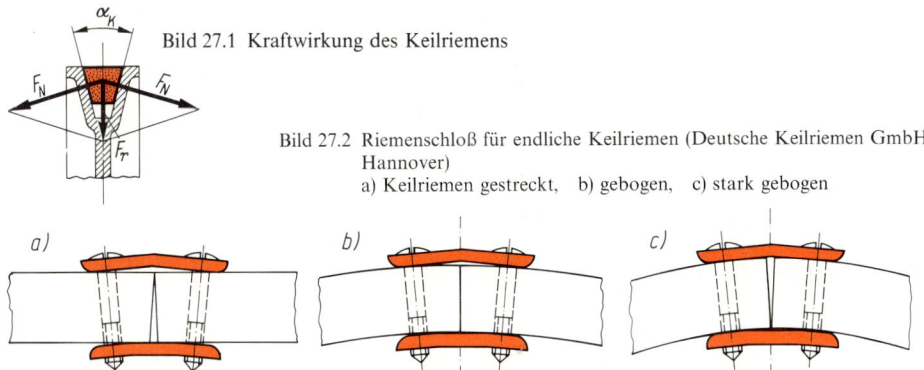

Bild 27.1 Kraftwirkung des Keilriemens

Bild 27.2 Riemenschloß für endliche Keilriemen (Deutsche Keilriemen GmbH, Hannover)
a) Keilriemen gestreckt,   b) gebogen,   c) stark gebogen

a)   b)   c)

Durch die Krümmung des Keilriemens beim Lauf über die Scheiben wird er außen gedehnt und innen gestaucht, so daß sich sein Keilwinkel gegenüber dem gestreckten Zustand verkleinert, um so mehr, je kleiner die Scheiben sind. Da die Flanken satt anliegen müssen, wird der Rillenwinkel entspr. angeglichen. Eine falsche Bemessung führt zur Verringerung der Übertragungsleistung und zum schnellen Riemenverschleiß.

Man unterscheidet zwei Gruppen von Keilriemen:

1. Endliche Keilriemen

Endliche Normalkeilriemen sind mit DIN 2216 genormt (Abmessungen Tab. A 27.1). Die unter dem Handelsnamen **Optimat** bekannten endlichen Keilriemen der Deutschen Keilriemen Gesellschaft sind in regelmäßigen Abständen gelocht, so daß sie feingestuft auf die erforderlichen Längen geschnitten und die Enden mit einem Riemenschloß verbunden werden können (Bild 27.2). Das Schloß besteht aus einer dachförmigen Oberplatte und einer Unterplatte mit jeweils stirnseitig abgerundeten Kanten. Die Platten werden durch zwei Schrauben miteinander verbunden. Vorteilhaft ist, daß die endlichen Keilriemen ohne Abrücken der Scheiben schnell aufgelegt oder abgenommen werden können.

Die endlichen Keilriemen bestehen nach Bild 27.3a aus zusammengerollten und gummierten Tüchern, die in Langformen vulkanisiert werden. Damit ist ihr gesamter Querschnitt mit tragendem Gewebe ausgefüllt. Sie sind nicht so schmiegsam wie endlose Keilriemen.

Mit ähnlichem Querschnittsaufbau liefert die genannte Firma auch **endliche Schmalkeilriemen** mit 9,5 und 12,5 mm Breite, die mit höheren Geschwindigkeiten als die Normalkeilriemen laufen können und dadurch höhere Leistungen zu übertragen vermögen.

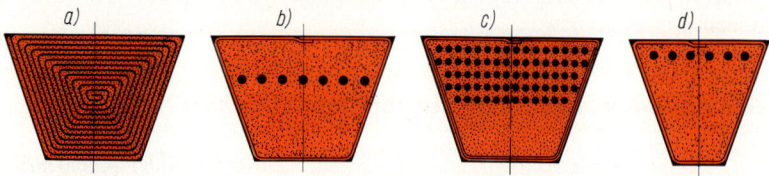

Bild 27.3 Aufbau der Keilriemen
a) endlicher Normalkeilriemen,   b) endloser Normalkeilriemen (Kabelcordriemen),   c) endloser Normalkeilriemen (Paketcordriemen),   d) endloser Schmalkeilriemen (Kabelcordriemen)

2. Endlose Keilriemen

Endlose Normalkeilriemen sind mit DIN 2215 genormt (Abmessungen Tab. A 27.1). Sie werden in genormten Längen geliefert und können nicht gekürzt werden. Nach Bild 27.3b bestehen sie aus einer hochfesten Cordfäden-Einlage aus Textil oder Polyester als Zugelemente. Man nennt sie Kabelcordriemen. Die Cordfäden sind in Kautschuk oder elastomerem Kunststoff eingebettet, der die Kraft von den Flanken auf die Cordfäden überträgt. Die Riemen mit größeren Querschnitten besitzen nach Bild 27.3c ein Cordfädenbündel in mehreren Lagen übereinander. Es sind dies sog. Paketcordriemen. Der Keilriemenkörper ist mit imprägniertem Textilgewebe ummantelt. Die zur Übertragung der Reibkräfte zwischen dem Riemen und den Rillenflanken dienenden Seitenflächen dieses Mantels sind besonders verschleißfest.

Endlose Schmalkeilriemen nach DIN 7753 (T1 für Maschinenbau, T3 für Kraftfahrzeugbau, Abmessungen Tab. A 27.1) sind Kabelcordriemen nach Bild 27.3d mit besonders günstigem Profil. Eine Cordfädenreihe liegt als Zugstrang dicht unter der oberen Kopffläche im Riemenkörper. Der elastische Riemenkörper wird unterhalb der Zugstränge in die Keilrille der Scheibe gestaucht und gespreizt, so daß er stärker gegen die Flanken gepreßt wird als der eines Normalkeilriemens. Dadurch kann er sogar größere Kräfte als ein breiterer Normalkeilriemen übetragen. Für Neukonstruktionen wird der Schmalkeilriemen bevorzugt.

Bild 27.4 zeigt den Aufbau des **Conti F-O-Keilriemens**, der sich durch außergewöhnlich dehnungsarme Zugträger auszeichnet. Ein Faserkurzschnitt, der sich in der Füllgummimischung befindet und quer zur Laufrichtung ausgerichtet ist, führt zu einer hohen Quersteifigkeit bei guter Biegewilligkeit in Laufrichtung. Derartige Riemen werden als endlose Normalkeilriemen der kleinen Profilgrößen und als endlose Schmalkeilriemen hergestellt.

Außer den Schmalkeilriemen mit Ummantelung (Bild 27.3d) werden auch flankenoffene Ausführungen geliefert, letztere mit Vollprofil oder gezahnt. **Gezahnte Schmalkeilriemen** (siehe auch Bild 27.17b) sind sehr biegeelastisch und dadurch für besonders kleine Scheiben geeignet. Sie haben im Zahn gleichen Querschnitt wie Vollprofilriemen und werden nach DIN 7753 durch den Buchstaben X gekennzeichnet, z. B. XPZ oder XPA (Maschinenbau), AVX (Kraftfahrzeugbau).

Bild 27.5 zeigt eine Gegenüberstellung der Keilriemenprofile für den Maschinenbau.

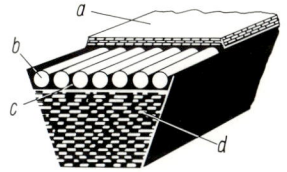

Bild 27.4 Querschnitt des
Conti F-O-Keilriemens
(Continental Gummi-Werke AG,
Hannover)
a Abdeckgewebe, b Zugstrang,
c Einbettungsmischung,
d Faserkurzschnitt-Mischung

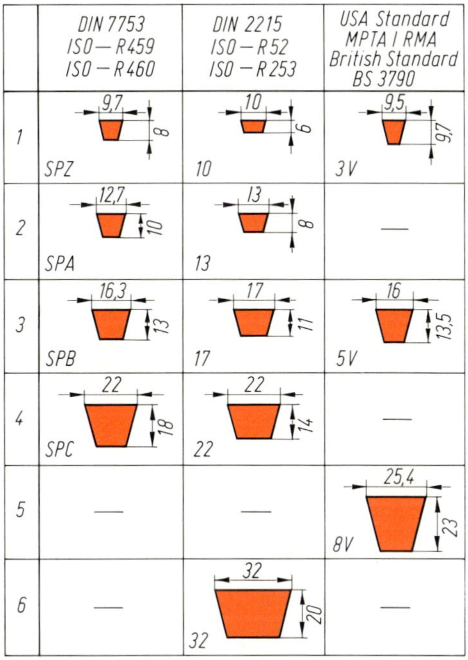

Bild 27.5 Gegenüberstellung von Keilriemenprofilen
(nach Heinrich Desch KG, Arnsberg)

	DIN 7753 ISO−R459 ISO−R460	DIN 2215 ISO−R52 ISO−R253	USA Standard MPTA / RMA British Standard BS 3790
1	9,7 / 8 — SPZ	10 / 6 — 10	9,5 / 9,7 — 3V
2	12,7 / 10 — SPA	13 / 8 — 13	—
3	16,3 / 13 — SPB	17 / 11 — 17	16 / 13,5 — 5V
4	22 / 18 — SPC	22 / 14 — 22	—
5	—	—	25,4 / 23 — 8V
6	—	32 / 20 — 32	—

27.2 Keilriemenscheiben

Die **Rillen** für Normalkeilriemen sind mit DIN 2217 genormt, für Schmalkeilriemen mit DIN 2211 (Tab. A 27.2), die sich auch für die kleineren Normalkeilriemen eignen. Die Scheiben werden gegossen, als Schweißteile ausgebildet oder wie im Kraftfahrzeugbau in Massenfertigung aus Blech gedrückt. Verschiedene Ausführungen zeigt Bild 27.6. Für die Bemessung der Naben und Arme größerer Scheiben gilt das im Abschnitt 26.4 Gesagte. Die für den Regelfall kleinstzulässigen Scheibendurchmesser sollen möglichst nicht unterschritten werden. Muß dies ausnahmsweise geschehen, so verringert sich die übertragbare Leistung entsprechend. Außerdem sind dann gezahnte Riemen zweckmäßig. Zur Gewährleistung einer ausreichenden Lebensdauer der Riemen müssen die Rillenflanken glatt und sauber sein.

Bis 35 m/s Umfangsgeschwindigkeit genügt Grauguß, darüber hinaus sind festere Werkstoffe wie Stahlguß oder Stahl erforderlich oder Leichtmetallguß wegen der geringen Beanspruchung durch Fliehkräfte. Weiterhin genügt bis 25 m/s ein statisches Auswuchten, bei höheren Geschwindigkeiten muß dynamisch ausgewuchtet werden.

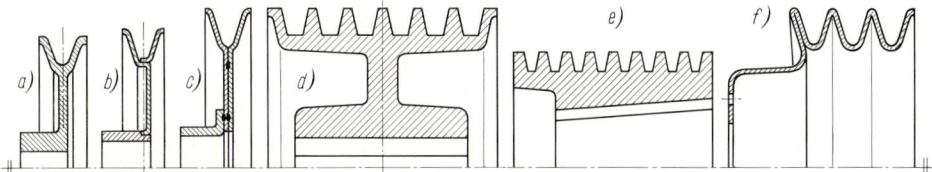

Bild 27.6 Keilriemenscheiben
a) einrillig, gegossen, b) einrillig, aus Blech zusammengelötet, c) einrillig, aus Blech durch Punktschweißen verbunden, d) mehrrillig, gegossen, e) mehrrillig, gegossen, für kegeliges Wellenende, f) mehrrillig, aus Blech gedrückt

Bild 27.7 zeigt eine **Zweistoffscheibe,** die eine in Kokille gegossene Leichtmetallscheibe mit Grau-gußnabe ist. Derartige Scheiben können mit sehr hohen Umfangsgeschwindigkeiten laufen, da sie mit ihrer Nabe fest auf der Welle sitzen. Die Leichtmetallegierungen sind äußerst verschleiß-fest. Zweistoffscheiben eignen sich für Serienfertigungen, da die Rillen nicht nachbearbeitet zu werden brauchen.

Die **große Scheibe** eines Antriebs kann **rillenlos zylindrisch** sein (Bild 27.8), wenn die Übersetzung mindestens 3, der Achsabstand mindestens so groß wie der Durchmesser der großen Scheibe ist und wenn der Riemen nach DIN 2215 oder 2216 an der Unterseite mindestens 13 mm breit ist. Endliche Normalkeilriemen sind dann an der Verbindungsstelle abgeflacht, so daß das Schloß nach unten nicht übersteht.

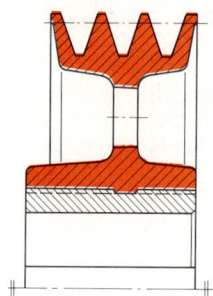

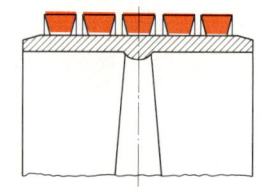

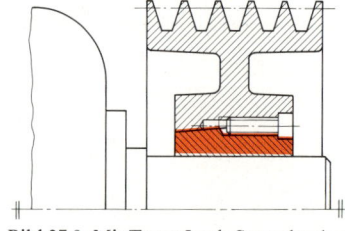

Bild 27.8 Keilriemen auf einer großen
              rillenlosen Scheibe

Bild 27.9 Mit Taper-Lock-Spannbuchse
              befestigte Keilriemenscheibe
              (Heinrich Desch KG,
              Arnsberg)

Bild 27.7 Zweistoff-Keilriemenscheibe

Bild 27.9 zeigt eine Keilriemenscheibe mit **Taper-Lock-Spannbuchse.** Die kegelige Spannbuchse ist längsgeschlitzt. Sie besitzt mehrere achsparallele glatte Sacklöcher, die nur zur Hälfte in der Buchse liegen. Die zweiten Lochhälften in der Scheibennabe besitzen ein längeres Gewinde. In diese werden Zylinderschrauben eingezogen, die die Scheibennabe axial auf den Kegel der Buchse schieben, diese einschnüren und damit die Scheibe über die Buchse auf die Welle span-nen. Die Kraftübertragung erfolgt nur durch Kraftschluß. Vorteilhaft ist außer der schnellen Montage, daß die Verbindung keiner axialen Sicherung bedarf.
Keilriemen müssen von Zeit zu Zeit nachgespannt werden. Dazu zeigt Bild 27.10 **verstellbare zweiteilige Keilriemenscheiben.** Durch Mutterndrehung oder Fortnahme von Beilegscheiben wird der Wirkdurchmesser vergrößert. Allerdings ändert sich dadurch die Übersetzung etwas. Mehr-riemige Triebe werden durch Vergrößern des Achsabstandes nachgespannt, sofern nicht Spann-rollen angeordnet sind. Als **Spannrollen** dienen glatte, zylindrische Scheiben, die von außen oder innen gegen das Leertrum gesetzt werden. Mit einer inneren Spannrolle verringert sich zwar der Umschlingungswinkel, aber der Riemen wird nicht gegensinnig gebogen.

In Bild 27.11 sind verstellbare Scheibenhälften für Normal- oder Schmalkeilriemen in ihrer Wir-kungsweise dargestellt. Durch axiales Verschieben der Scheibenhälften läßt sich die Übersetzung verändern und somit die Abtriebsdrehzahl stufenlos regeln.

27.3 Berechnung der Keilriementriebe

Die Berechnung der Antriebe mit endlosen Normalkeilriemen ist mit DIN 2218, der mit end-losen Schmalkeilriemen mit DIN 7753 T2 genormt. Für die endlichen Normalkeilriemen wurden die Angaben der Deutschen Keilriemen GmbH, Hannover, verwendet.

Bild 27.12 zeigt im Prinzip einen offenen Keilriementrieb.

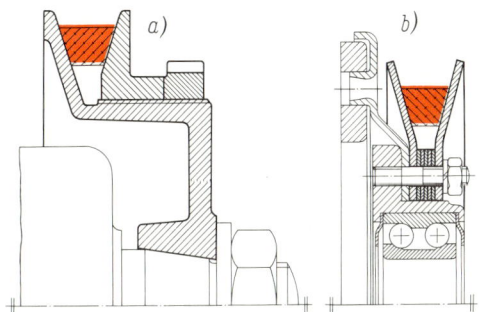

Bild 27.10 Verstellbare Keilriemenscheiben
    a) durch Gewinde, b) durch Fortnahme von
    Beilegscheiben

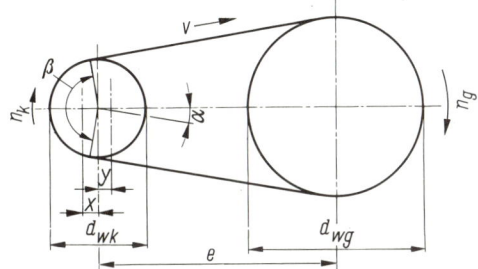

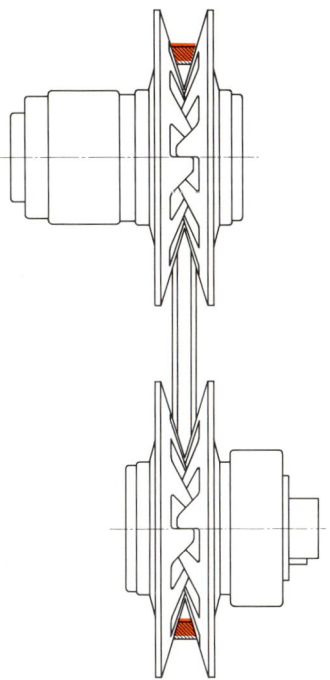

Bild 27.12 Prinzipschema eines offenen Keilriementriebes

Bild 27.11 Regelscheiben (C & W. Berger,
Marienheide/Rhld.)

Sinngemäß zu den Berechnungsgleichungen für Flachriementriebe (siehe Abschnitt 26.6 Seite 593) sind zu errechnen:

$$\textit{Übersetzung} \quad i = n_a/n_b \approx d_{wb}/d_{wa} \tag{27.1}$$

n_a Drehzahl der treibenden Scheibe,
n_b Drehzahl der getriebenen Scheibe,
d_{wa} Wirkdurchmesser der treibenden Scheibe,
d_{wb} Wirkdurchmesser der getriebenen Scheibe.

Bei Übersetzungen ins Langsame ist $i = d_{wg}/d_{wk} > 1$, bei Übersetzungen ins Schnelle $i = d_{wk}/d_{wg} < 1$ (Index k für die kleine Scheibe, Index g für die große Scheibe). Übersetzungen bis i oder $1/i = 10$ sind durchaus möglich. Darüber hinaus sind Spannrollen erforderlich. Genormte Scheibendurchmesser siehe Tab. A 27.2 a.

$$\textit{Riemengeschwindigkeit} \quad v \approx d_{wk} \cdot \pi \cdot n_k \approx d_{wg} \cdot \pi \cdot n_g \tag{27.2}$$

n_k, n_g in s^{-1} Drehzahlen der Scheiben,
d_{wk}, d_{wg} in m   Wirkdurchmesser der Scheiben.

Die optimale, leistungsgünstigste Riemengeschwindigkeit von Normalkeilriemen liegt etwa bei $v = 20$ m/s, die von Schmalkeilriemen etwa bei $v = 30$ m/s. Geschwindigkeiten unter $v = 2$ m/s und über $v = 30$ m/s beim Normalkeilriemen und über $v = 40$ m/s beim Schmalkeilriemen sind nicht zu empfehlen. Der Schmalkeilriemen ist in Sonderfällen bis $v = 75$ m/s einsetzbar. Es ist nicht sinnvoll, die leistungsgünstigste Riemengeschwindigkeit vorzusehen, wenn diese zu übermäßig großen Scheibendurchmessern führt, die den Trieb unwirtschaftlich verteuern.

Für **offene Riementriebe** ohne Spannrolle (Bild 27.12) gelten sinngemäß zum Abschnitt 26.5 (Flachriementriebe):

Trumneigungswinkel $\qquad \sin \alpha = \dfrac{d_{wg} - d_{wk}}{2e}$ $\qquad\qquad$ (27.3)

Umschlingungswinkel $\qquad \beta = 180° - 2\alpha$ $\qquad\qquad$ (27.4)

Wirklänge des Keilriemens $\;L_w = 2e \cdot \cos \alpha + \dfrac{\pi}{2}\,(d_{wk} + d_{wg}) + \alpha\,(d_{wg} - d_{wk})$ $\qquad$ (27.5)

d_{wk}, d_{wg} in mm $\quad$ Wirkdurchmesser der Scheiben,
$e \qquad\;\;$ in mm $\quad$ Achsabstand,
$\alpha \qquad\;\;$ in ° $\qquad$ Trumneigungswinkel (in Gl. 27.5 vor der Klammer in rad einsetzen!).

Bei **endlosen** Keilriemen ist nach dem Ergebnis der Gl. 27.5 eine **Wirklänge** L_w nach Tab. A 27.6 zu wählen. Schmalkeilriemen für den Maschinenbau werden in genormten Wirklängen L_w, für den Kraftfahrzeugbau in genormten Außenlängen L_a und endlose Normalkeilriemen in genormten Innenlängen L_i geliefert (siehe Tab. A 27.6). Bezeichnungsbeispiele für Riemen mit jeweils 710 mm genormter Länge:

Keilriemen DIN 2215 – 13 Li 710,
Schmalkeilriemen DIN 7753 – SPZ Lw 710,
Schmalkeilriemen DIN 7753 – 9,5 La 710.

Danach kann errechnet werden der erforderliche

Achsabstand $\quad e \approx f_1 + \sqrt{f_1^2 - f_2}$ $\qquad\qquad$ (27.6)

mit $f_1 = \dfrac{L_w}{4} - \dfrac{\pi}{8}\,(d_{wk} + d_{wg})$ $\quad$ und $\quad f_2 = \dfrac{(d_{wg} - d_{wk})^2}{8}$.

DIN 7753 empfiehlt als Achsabstand $\quad e = 0{,}7 \ldots 2\,(d_{wk} + d_{wg})$.

Bei der Berechnung der Antriebe müssen betriebsbedingte Stöße und Überlastungen berücksichtigt werden, ferner die tägliche Betriebsdauer, von der die Gebrauchsdauer der Riemen abhängt. Deshalb ist die zu übertragende Nennleistung P mit einem Belastungsfaktor C_B zu multiplizieren, der Tab. A 26.4 zu entnehmen ist. Er hängt wesentlich von der Art der Antriebs- und Arbeitsmaschinen ab und berücksichtigt nicht besondere Betriebsbedingungen wie Spann- oder Stellrollen

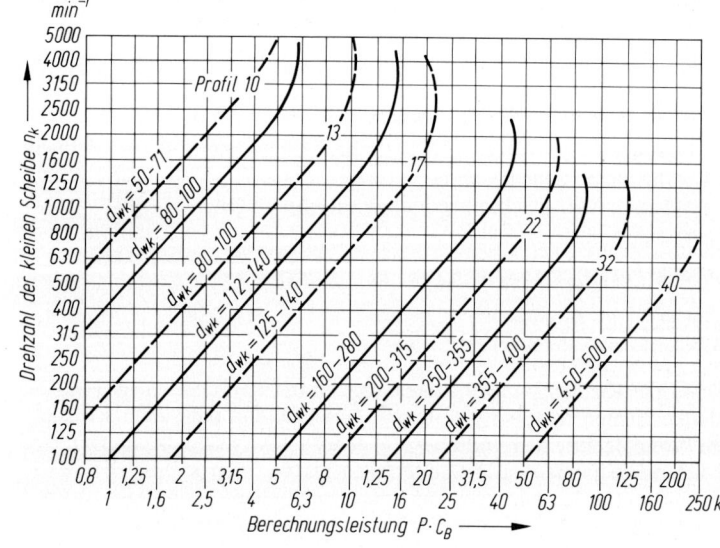

Bild 27.13
Richtlinien für die Profilwahl von Normalkeilriemen gemäß DIN 2218

sowie ungünstige Umweltbedingungen. In derartigen Sonderfällen und auch bei noch höheren Anlaufmomenten oder großer Schalthäufigkeit sind die C_B-Werte entspr. zu erhöhen. Ist mit P bereits die maximal mögliche Leistungsspitze erfaßt, dann ist C_B nach der Spalte „Leichte Antriebe" zu bestimmen.

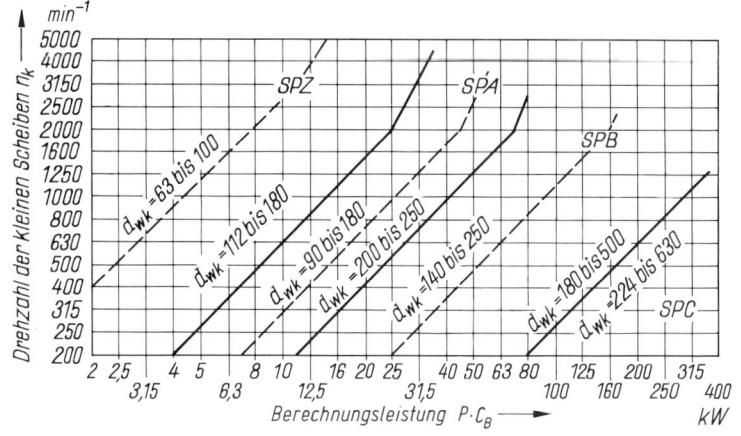

Bild 27.14
Richtlinien für die Profilwahl von Schmalkeilriemen gemäß
DIN 7753

In den Bildern 27.13 und 27.14 sind in Abhängigkeit von der Berechnungsleistung $P \cdot C_B$ und der Drehzahl n_k der kleinen Scheibe Richtlinien für die Wahl des Keilriemenprofils angegeben. Danach ist zu errechnen die erforderliche

$$\text{Anzahl der Keilriemen} \quad z = \frac{P \cdot C_B \cdot C_\beta}{P_N \cdot C_L} \tag{27.7}$$

P in kW zu übertragende Nennleistung,
C_B Belastungsfaktor (Betriebsfaktor) nach Tab. A 26.4,
P_N in kW Nennleistung, die von einem Keilriemen bei $\beta = 180°$ und einer bestimmten Wirklänge übertragen werden kann, nach Tabn. A 27.3 bis A 27.5,
C_β Winkelfaktor (Umschlingungsfaktor), der den Umschlingungswinkel β berücksichtigt, nach Tab. A 26.11,
C_L Längenfaktor, der den Einfluß der Riemenlänge berücksichtigt, nach Tab. A 27.6. Für endliche Keilriemen können die Werte für endlose angenommen werden.

Bei Auslegung nach der Gl. 27.7 erreichen die Keilriemen eine Lebensdauer von etwa 24 000 Betriebsstunden.
Wie bei Flachriemen (siehe Abschnitt 26.6, Gl. 26.17 Seite 594) beträgt die

$$\text{Biegefrequenz} \quad f_B = \frac{v \cdot Z}{L_w} \tag{27.8}$$

v in m/s Riemengeschwindigkeit nach Gl. 27.2,
Z Anzahl der Scheiben im Trieb (einschl. Spannrollen),
L_w in m gewählte Wirklänge des Riemens.

Üblich: $f_B \leqq 15\ \text{s}^{-1}$ für endliche Normalkeilriemen,
$\leqq 30\ \text{s}^{-1}$ für endlose Normalkeilriemen,
$\leqq 60\ \text{s}^{-1}$ für endlose Schmalkeilriemen.

Die Riemen müssen so vorgespannt werden, daß nicht mehr als 1% Schlupf auftritt. Zu hoch oder zu niedrig vorgespannte Riemen haben eine wesentlich kürzere Lebensdauer als 24 000 h. Die notwendige Vorspannung führt zu einer entspr. Wellen- und damit Lagerbelastung. Näherungsweise beträgt die durchschnittliche

$$\text{Achskraft} \quad F_W \approx 1,5...2 P \cdot C_B / v \tag{27.9}$$

mit P als zu übertragende Leistung, C_B als Belastungsfaktor und v als Riemengeschwindigkeit. Genauere Methoden sind den Druckschriften der Hersteller zu entnehmen, in denen angegeben ist, wie man mittels Kraft- und Durchbiegungsmessung in der Mitte des Riementrums die richtige Vorspannung einreguliert.

Bei mehrriemigen Trieben dürfen die Wirklängen der einzelnen Riemen untereinander nicht mehr als $\approx 0,15\%$ voneinander abweichen, da sonst der kürzeste überlastet wird. Falls keine Verstellscheiben oder Spannrollen angeordnet sind, dann muß der Achsabstand mindestens zwischen $x = 0,03L_w$ und $y = 0,015L_w$ verstellbar sein (siehe hierzu Bild 27.12).

Beispiel 27.1

Eine Drehmaschine soll von einem Drehstrommotor (Stern-Dreieck-Schaltung) über Keilriemen angetrieben werden (offener Trieb ohne Spannrolle). Bei $n_a = n_k = 1450 \text{ min}^{-1} = 24,17 \text{ s}^{-1}$ und $n_b = n_g = 365 \text{ min}^{-1} = 6,08 \text{ s}^{-1}$ sind $P = 20 \text{ kW}$ zu übertragen. Tägliche Betriebszeit 12 h. Der Antrieb ist mit endlichen Normalkeilriemen DIN 2216 auszulegen. Die erforderlichen Daten sind zu berechnen.

Lösung:
1. Riemenprofil, Scheibendurchmesser d_{wk} und d_{wg}, Achsabstand e
   Nach Tab. A 26.4 kommt die Gruppe A (Stern-Dreieck-Schaltung) bei 10...16 Betriebsstunden täglich, mittelschwere Antriebe (Drehmaschinen) in Betracht. Hierfür ist $C_B = 1,2$. Berechnungsleistung somit $P \cdot C_B = 20 \text{ kW} \cdot 1,2 = 24 \text{ kW}$. Aus Bild 27.13 ergibt sich das Profil 17 mit $d_{wk} = 160...280 \text{ mm}$. Gewählt wird $d_{wk} = 160 \text{ mm}$. Dann ist nach Gl. 27.1:

   $$d_{wg} = d_{wk} \cdot n_k / n_g = 160 \text{ mm} \cdot 1450/365 = 636 \text{ mm}.$$

   Nach Tab. A 27.2a wird $d_{wg} = 630 \text{ mm}$ gewählt.

   Gemäß der Richtlinie auf Seite 610 soll betragen

   $$e = 0,7...2 \, (d_{wk} + d_{wg}) = 0,7...2 \cdot 790 \text{ mm} = 553...1580 \text{ mm}.$$

   Gewählt wird $e = 800 \text{ mm}$.

2. Riemengeschwindigkeit v, Riemenlänge L_w
   Nach den Gln. 27.2 bis 27.5 betragen:

   $$v \approx d_{wk} \cdot \pi \cdot n_k = 0,16 \text{ m} \cdot \pi \cdot 24,17 \text{ s}^{-1} = 12,15 \text{ m/s},$$

   $$\sin\alpha = \frac{d_{wg} - d_{wk}}{2e} = \frac{630 - 160}{2 \cdot 800}; \quad \alpha = 17,1° = 0,298 \text{ rad},$$

   $$\beta = 180° - 2\alpha = 180° - 2 \cdot 17,1° = 145,8°,$$

   $$L_w = 2e \cdot \cos\alpha + \frac{\pi}{2}(d_{wk} + d_{wg}) + \alpha(d_{wg} - d_{wk})$$

   $$= 2 \cdot 800 \text{ mm} \cdot \cos 17,1° + \frac{\pi}{2} \, 790 \text{ mm} + 0,298 \cdot 470 \text{ mm} = 2910 \text{ mm}.$$

3. Anzahl z der Keilriemen
   Aus der Tab. A 27.3 wird $P_N = 2,49 \text{ kW}$ entnommen (bei Profil 17, $v = 12 \text{ m/s}$ und $d_{wk} = 160 \text{ mm}$). Nach Tab. A 26.11 ist $C_\beta = 1,1$ (für $\beta \approx 146°$), nach Tab. A 27.6 ist $C_L = 1,05$ (für $L_w = 2843 \text{ mm}$ und Profil 17). Somit nach Gl. 27.7 mit $P \cdot C_B = 24 \text{ kW}$:

   $$z = \frac{P \cdot C_B \cdot C_\beta}{P_N \cdot C_L} = \frac{24 \text{ kW} \cdot 1,1}{2,49 \text{ kW} \cdot 1,05} \approx 10$$

4. Biegefrequenz f_B
   Nach Gl. 27.8:

   $$f_B = \frac{v \cdot Z}{L_w} = \frac{12,15 \text{ m/s} \cdot 2}{2,91 \text{ m}} = 8,35 \text{ s}^{-1} < f_{B\,zul} = 15 \text{ s}^{-1}$$

5. Achskraft F_W
   Gemäß Gl. 27.9:

   $$F_W \approx 1,5...2 \, \frac{P \cdot C_B}{v} = 1,5...2 \, \frac{24 \text{ kW}}{12,15 \text{ m/s}} \approx 3...4 \text{ kN}.$$

Beispiel 27.2

Der Keilriementrieb nach Beispiel 27.1 soll mit Schmalkeilriemen DIN 7753 ausgerüstet werden. Gegeben sind: $P = 20$ kW, $C_B = 1,2$, $P \cdot C_B = 24$ kW, $n_k = 1450$ min^{-1} = 24,17 s^{-1}, $n_g = 365$ min^{-1} = 6,08 s^{-1}, $i \approx 4$. Die erforderlichen Daten sind zu berechnen.

Lösung:

1. Riemenprofil, Scheibendurchmesser d_{wk} und d_{wg}, vorläufiger Achsabstand e
   Aus Bild 27.14 ergibt sich bei $P \cdot C_B = 24$ kW und $n_k = 1450$ min^{-1} das Profil SPA mit $d_{wk} = 90 \ldots 180$ mm. Gewählt wird $d_{wk} = 125$ mm. Damit wird nach Gl. 27.1:

   $$d_{wg} = d_{wk} \cdot n_k / n_g = 125 \text{ mm} \cdot 1450/365 = 497 \text{ mm}.$$

   Gewählt wird $d_{wg} = 500$ mm nach Tab. A 27.2a.

   Nach den Angaben auf Seite 610 soll sein

   $$e = 0,7 \ldots 2 \, (d_{wk} + d_{wg}) = 0,7 \ldots 2 \cdot 625 \text{ mm} = 438 \ldots 1250 \text{ mm}. \quad \text{Gewählt wird } e \approx 700 \text{ mm}.$$

2. Wirklänge L_w, endgültiger Achsabstand e
   Nach den Gln. 27.2 bis 27.5:

   $$v \approx d_{wk} \cdot \pi \cdot n_k = 0,125 \text{ m} \cdot \pi \cdot 24,17 \text{ s}^{-1} = 9,5 \text{ m/s},$$

   $$\sin \alpha = \frac{d_{wg} - d_{wk}}{2e} = \frac{500 - 125}{2 \cdot 700}; \quad \alpha = 15,54° = 0,271 \text{ rad},$$

   $$\beta = 180° - 2\alpha = 180° - 2 \cdot 15,54° = 148,92°,$$

   $$L_w = 2e \cdot \cos \alpha + \frac{\pi}{2} (d_{wk} + d_{wg}) + \alpha (d_{wg} - d_{wk})$$

   $$= 2 \cdot 700 \text{ mm} \cdot \cos 15,54° + \frac{\pi}{2} \, 625 \text{ mm} + 0,271 \cdot 375 \text{ mm} = 2432 \text{ mm}.$$

   Nach Tab. A 27.6 wird gewählt $L_w = 2500$ mm. Damit wird

   $$f_1 = \frac{L_w}{4} - \frac{\pi}{8} (d_{wk} + d_{wg}) = \frac{2500 \text{ mm}}{4} - \frac{\pi}{8} \, 625 \text{ mm} = 379,6 \text{ mm},$$

   $$f_2 = \frac{(d_{wg} - d_{wk})^2}{8} = \frac{375^2 \text{ mm}^2}{8} = 17\,578 \text{ mm}^2$$

   und somit der Achsabstand nach Gl. 27.6:

   $$e \approx f_1 + \sqrt{f_1^2 - f_2} = 379,6 \text{ mm} + \sqrt{379,6^2 - 17\,578} \text{ mm} = 735,3 \text{ mm}.$$

3. Anzahl z der Keilriemen
   Aus Tab. A 27.5 wird bei $i > 3$, $d_{wk} = 160$ mm, $n_k = 1450$ min^{-1} beim Profil SPA abgelesen: $P_N = 6,68$ kW. Bei $d_{wk} = 90$ mm ist $P_N = 2,69$ kW. Für $d_{wk} = 125$ mm ist dann interpoliert $P_N \approx 4,7$ kW. Nach Tab. A 26.11 ist bei $\beta \approx 150°$ der Winkelfaktor $C_\beta = 1,09$, und nach Tab. A 27.6 beträgt für das Profil SPA bei $L_w = 2500$ mm der Längenfaktor $C_L = 1$. Damit wird nach Gl. 27.7 mit $P \cdot C_B = 24$ kW

   $$z = \frac{P \cdot C_B \cdot C_\beta}{P_N \cdot C_L} = \frac{24 \text{ kW} \cdot 1,09}{4,7 \text{ kW} \cdot 1} = 5,6 \approx 6$$

4. Achskraft F_W
   Gemäß Gl. 27.9:

   $$F_W \approx 1,5 \ldots 2 \, \frac{P \cdot C_B}{v} = 1,5 \ldots 2 \, \frac{24 \text{ kW}}{9,5 \text{ m/s}} = 3,8 \ldots 5 \text{ kN}.$$

5. Verstellbarkeit x und y des Achsabstandes
   Nach den Angaben auf Seite 606:

   $$x = 0,03 L_w = 0,03 \cdot 2500 \text{ mm} = 75 \text{ mm}, \quad y = 0,015 L_w = 0,015 \cdot 2500 \text{ mm} \approx 38 \text{ mm}.$$

6. Schlußbemerkung

   Aus den beiden Beispielen wird die Überlegenheit des Schmalkeilriemens bezüglich der Leistungsübertragung gegenüber einem endlichen Normalkeilriemen deutlich. Außerdem werden wesentlich weniger Keilriemen benötigt.

27.4   Weitere Ausführungen von Keilriemen und Keilriementrieben

Für gekreuzte Triebe mit gegenläufiger Drehrichtung der beiden Scheiben wurden **Doppelkeilriemen** DIN 7722 nach Bild 27.15 entwickelt, die abwechselnd mit der unteren und oberen Profilhälfte arbeiten. Damit die Riemen an der Kreuzungsstelle nicht scheuern, wird eine etwas seitlich versetzte Spannrolle zwischengeschaltet. Verwendung z. B. in Mähdreschern, Gartengeräten, Kehrmaschinen.

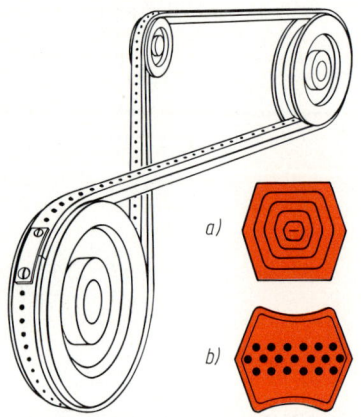

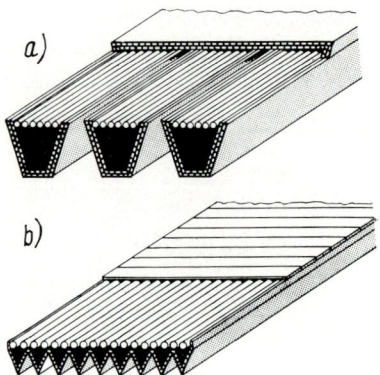

a)

b)

Bild 27.16 Querschnitte von Verbund-Keilriemen
a) Kraftband bis zu 5 Keilriemen
nebeneinander (Heinrich
Desch KG, Arnsberg),
b) Keilrippen- oder Poly-V-Riemen
(Hilger & Kern GmbH,
Mannheim)

Bild 27.15 Doppelkeilriemen (Hexogonalkeilriemen) für
gekreuzte Riementriebe (Deutsche Keilriemen
GmbH, Hannover)
a) endlicher Riemen,   b) endloser Riemen

Bild 27.16a zeigt einen **Verbundriemen,** bei dem mehrere Einzelriemen durch eine Deckplatte aus Neoprene (synthetischer Kautschuk) verbunden sind. Derartige Riemen sind besonders vorteilhaft, wenn der Achsabstand relativ groß ist, das Drehmoment stark pulsiert, die Wellen vertikal stehen oder die große Scheibe ungerillt (glatt zylindrisch) ist.

Mit den **Keilrippenriemen** DIN 7867 nach Bild 27.16b können Leistungen bis 600 kW übertragen werden. Sie bestehen aus einer Deckplatte, in die ein endloser Zugstrang aus Kunststoff eingebettet ist. Die keilförmigen Rippen füllen die Scheibenrillen vollständig aus und übertragen die Umfangskraft auf die Deckplatte. Sie arbeiten daher ähnlich wie Flachriemen, d. h. sie sind teils Flach- und teils Keilriemen. Die erzwungene Führung verhindert ein Abspringen von den Scheiben. Derartige Riemen laufen auch bei sehr hohen Geschwindigkeiten vibrationsfrei und dadurch sehr leise. Spannrollen können außen oder innen gesetzt werden (innen gerillte). Übersetzungen bis $i = 40$ sind möglich!

Weiterhin werden für Verstellgetriebe gezahnte und ungezahnte **Breitkeilriemen** (DIN 7719 mit $b/h \approx 3{,}1$) mit einem Keilwinkel $\alpha_K = 30 \ldots 33°$ verwendet (Bild 27.17). Ihr Aufbau entspricht den Paketcordriemen. Die große Breite wird zur radialen Verschiebung auf verstellbaren Scheiben benötigt, deren Hälften sich axial verschieben lassen. Die Riemen werden als Hochleistungs-Breitkeilriemen von der Heinrich Desch KG in den folgenden Abmessungen geliefert:

$b \times h =$ $26{,}3 \times 8$ $33{,}1 \times 10$ $41{,}7 \times 12{,}6$ $50 \times 15{,}5$ $52{,}5 \times 15{,}9$ $73 \times 17{,}5$ mm.

Bild 27.18a zeigt eine feste Keilriemenscheibe, Bild 27.18b eine **Verstellscheibe** (Spreizscheibe) für **Breitkeilriemen.** Die Hälften der Spreizscheibe sind axial verschiebbar und stehen unter Federkraft. Ein stufenloses Regelgetriebe besteht aus den beiden Scheiben nach Bild 27.18. Die Drehzahlregelung erfolgt durch Verändern des Achsabstandes mit Hilfe eines Motorschlittens während des Betriebes (Spreizscheibe auf Motorzapfen). Die Flankenpressung des Riemens durch die Verstellscheiben paßt sich drehmomentabhängig selbsttätig an. Es ist ein Verstellbereich 1 : 3 üblich.

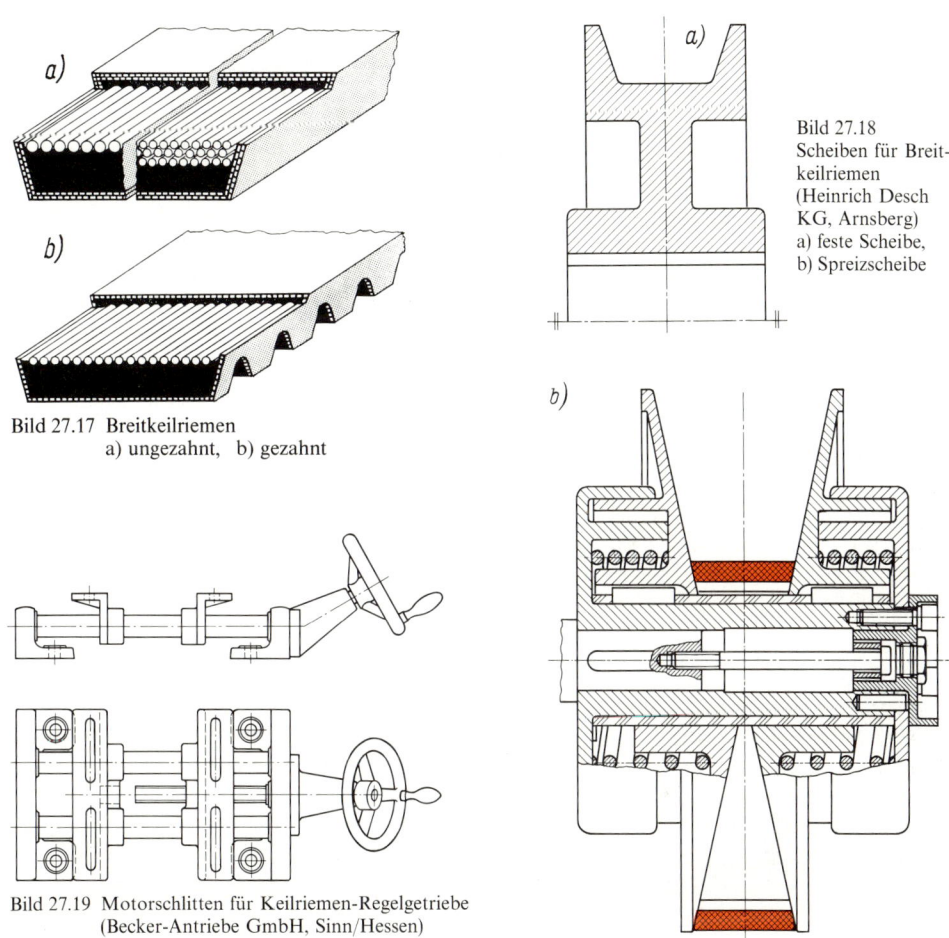

Bild 27.18
Scheiben für Breit-
keilriemen
(Heinrich Desch
KG, Arnsberg)
a) feste Scheibe,
b) Spreizscheibe

Bild 27.17 Breitkeilriemen
a) ungezahnt, b) gezahnt

Bild 27.19 Motorschlitten für Keilriemen-Regelgetriebe
(Becker-Antriebe GmbH, Sinn/Hessen)

Bild 27.19 zeigt einen **Motorschlitten,** auf dem der Motor befestigt wird und durch Drehung am Handrad verschoben werden kann, so daß sich die Übersetzung des Keilriementriebes ändert. Eine Kombination von Motor, Keilriementrieb und Zahnradgetriebe als sog. **Getriebemotor** zeigt Bild 27.20. Durch Drehung am Handrad wird die obere rechte Scheibenhälfte verschoben. Die untere ist eine Spreizscheibe, die sich selbsttätig anpaßt.

Rundriemen mit Zugstrang nach Bild 27.21, die in Keilrillen laufen (Keilwinkel $\alpha_K = 60°$) werden vorwiegend für Antriebe mit räumlichen Umlenkungen eingesetzt. Der Zugstrang besteht aus Kordfäden, die mit verschleißfestem Gewebe umhüllt und mit Kautschuk vulkanisiert sind (wie Keilriemen). Rundriemen ohne Zugstrang aus Polychloropren-Kautschuk sind hochelastisch, abriebfest und alterungsbeständig. Anwendung in Präzisionsgeräten mit hoher Gleichlaufgenauigkeit wie Plattenspieler, Tonbandgeräte, Video-Rekorder. Keilwinkel der Scheibenrille $\alpha_K = 90°$. Leder-Rundriemen, wie früher für Nähmaschinen üblich, sind heute kaum noch gebräuchlich.

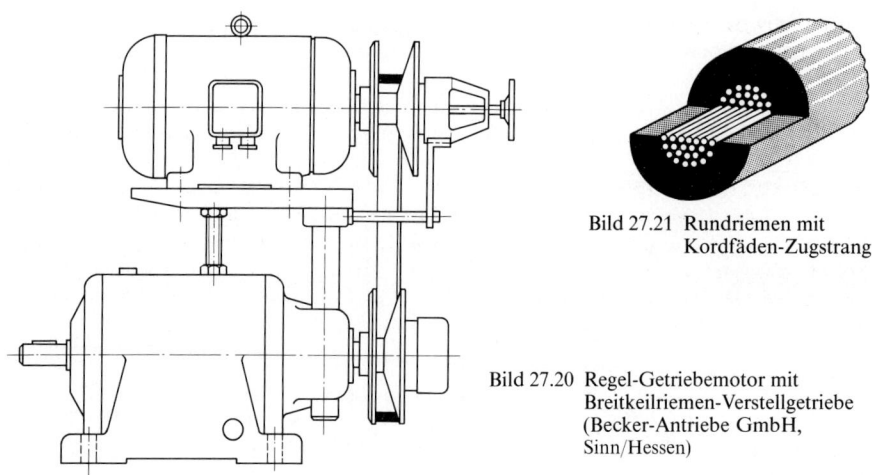

Bild 27.21 Rundriemen mit
            Kordfäden-Zugstrang

Bild 27.20 Regel-Getriebemotor mit
            Breitkeilriemen-Verstellgetriebe
            (Becker-Antriebe GmbH,
            Sinn/Hessen)

Literaturhinweise

Buntehardt, K.: Kompaktes Hochleistungs-Keilriemensystem eröffnet neue Konstruktionsmöglichkeiten für Industrie und Haushaltsmaschinen. Z. Antriebstechnik 8/1969.

Gerbert, B. G.: Zugkraftverteilung in Mehrstrang-Keilriemengetrieben. Z. Konstruktion 26/1974.

Horowitz, B. und *N. Gheorghiu:* Der Einfluß der Fertigungstoleranzen auf den Betrieb der Mehrstrang-Keilriemen. Z. Konstruktion 18/1966.

Kohse, R.: Verstellgetriebemotore für stufenloses Einstellen von Betriebsdrehzahlen. Z. Antricbstechnik 15/1976.

Köster, L.: Form- und kraftschlüssige Riemenantriebe. Rechnererstelltes Diagramm zur Bestimmung der geometrischen Auslegungsgrößen bei vorgegebenem Übersetzungsverhältnis. Z. Antriebstechnik 18/1979.

Keilriemen. Z. Antriebstechnik 13/1974.

Langbein, R.: Keilriemenentwicklung – neue Rohstoffe, verbesserte Fertigungsverfahren. Z. Industrieanzeiger 99/1977.

Morhard, A. J.: Breitkeilriemen-Verstellgetriebe. Z. Industrieanzeiger 97/1975.

Niemann, G. und *H. Winter:* Maschinenelemente Bd. III, Springer-Verlag 1983.

Raths, W.: Vorspann- und Wellenkräfte an Keilriemengetrieben. Z. Maschinenbautechnik 26/1977.

Simon, L.: Dynamisches Verhalten eines stufenlos verstellbaren Riemengetriebes mit hyperboloidischen Riemenscheiben. Z. Maschinenbautechnik 23/1974.

Richtlinie VDI 2758: Riemengetriebe.

28   Synchron- oder Zahnriementriebe

Synchron- oder Zahnriemen sind mit Zähnen versehene Flachriemen, die in entspr. Synchron- oder Zahnscheiben eingreifen und dadurch die Kraft- und Bewegungsübertragung zwischen zwei oder mehr Wellen durch Formschluß bewerkstelligen. Im Verhältnis zu ihren Abmessungen und ihrem Gewicht können sie hohe Leistungen übertragen, laufen ohne Schlupf sehr ruhig, erzeugen relativ kleine Wellen- und Lagerbelastungen, arbeiten wartungsfrei und brauchen nicht nachgespannt zu werden. Man findet sie außer in der Feinwerktechnik auch in vielen Sparten des Maschinenbaus, z. B. Werkzeugmaschinen, Spritzgußmaschinen, Gummi-Kalandern, Langhobelmaschinen, Schlag-mühlen, Rüttelwalzen, Verbrennungsmotoren usw. Ungezahnt können die Riemen auch als Kunststoff-Flachriemen dienen.

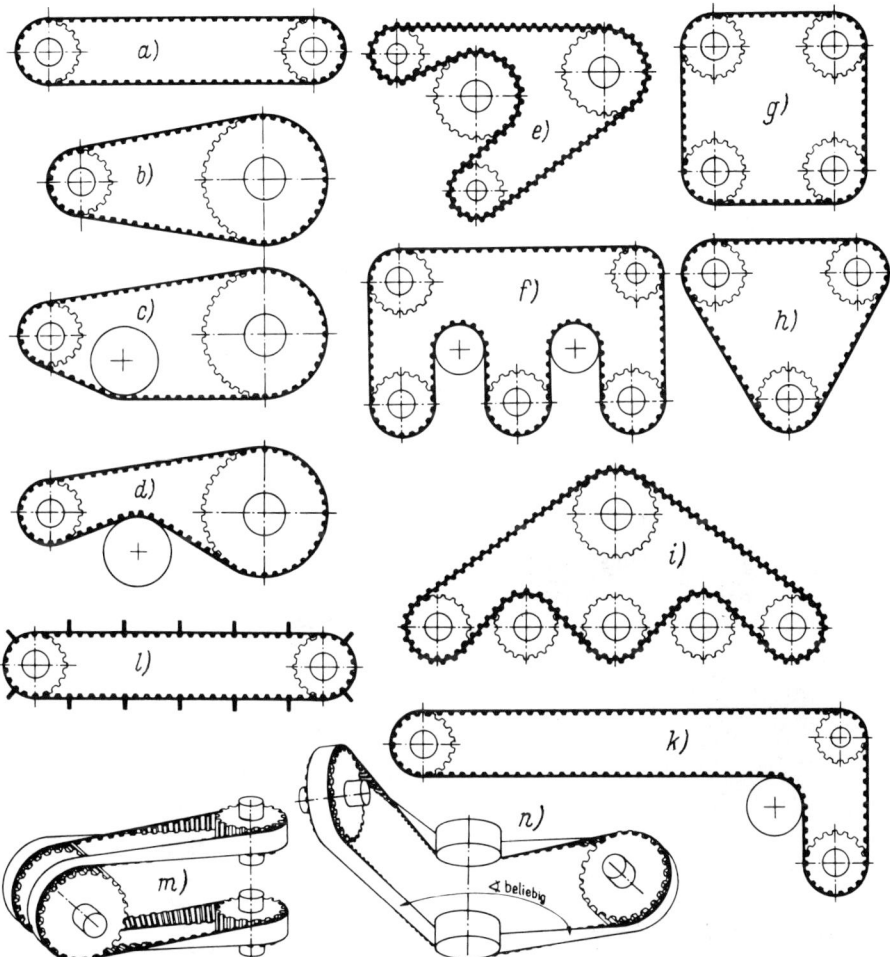

Bild 28.1 Beispiele von Synchronriementrieben (Zahnriementriebe nach Mulco, Hannover)
   a) offener Trieb mit $i = 1$,   b) offener Trieb mit $i > 1$,   c) Spannrolle innen,   d) Spannrolle außen,
   e) Wendetrieb,   f) Mehrwellentrieb,   g) Viereckstrieb,   h) Dreieckstrieb,   i) Mehrwellentrieb,
   k) Umlenktrieb,   l) Transportriemen mit Nocken,   m) Winkeltrieb,   n) Winkeltrieb

28.1   Ausführung der Synchron- oder Zahnriemen und -scheiben

Synchron- oder Zahnriemen besitzen an ihrer Unterseite oder an ihrer Unter- und Oberseite Zähne. Sie sind unter den Handelsnamen **Synchroflex-Zahnriemen** (vertrieben von der Maschinentechnischen Arbeitsgemeinschaft Mulco) und **PowerGrip-Zahnriemen** (vertrieben von der Walther Flender GmbH) bekannt.

Mit DIN 7721 sind die Abmessungen von **Synchronriemen** mit Einfach- und Doppelverzahnung in metrischer Teilung genormt (siehe Tab. A 28.1). Diese Norm enthält auch die Maße der zugehörigen Zahnlückenprofile für Synchronscheiben (Zahnscheiben).

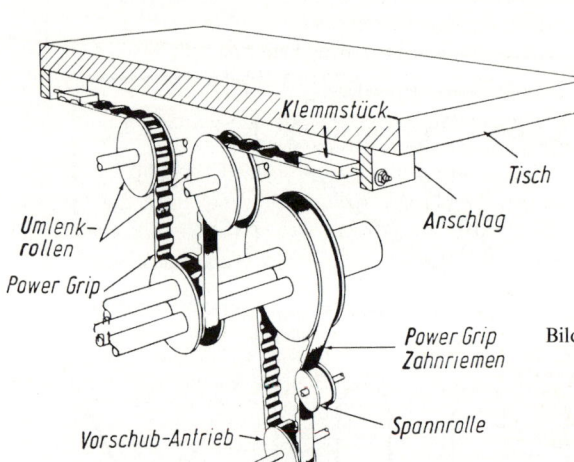

Bild 28.1 zeigt eine Reihe von Möglichkeiten für die Ausbildung von Zahnriementrieben, Bild 28.2 den Vorschubantrieb einer Flächenschleifmaschine mittels Zahnriemen.

Bild 28.2 Vorschubantrieb einer Flächenschleifmaschine mit Zahnriemen
(Walther Flender GmbH, Düsseldorf)

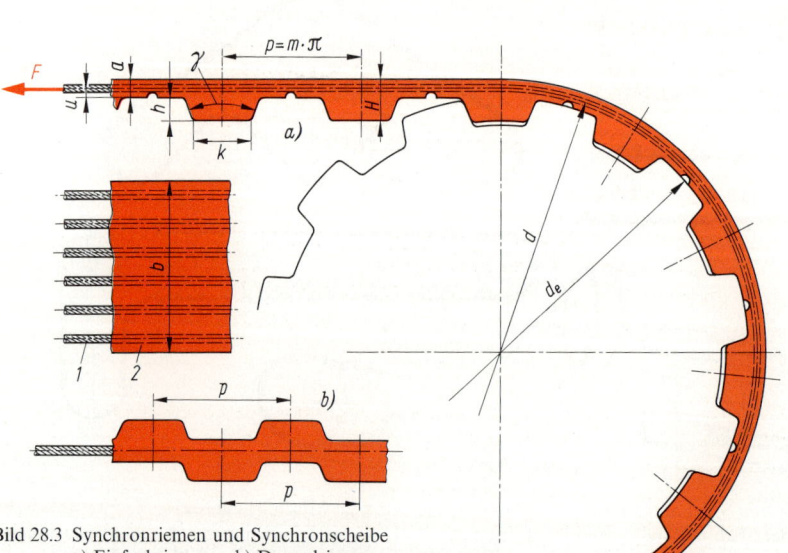

Bild 28.3 Synchronriemen und Synchronscheibe
a) Einfachriemen,   b) Doppelriemen
1 Zuglitzen,   2 Kunststoffkörper

Die Zugkraft wird von Stahl- oder Glasfaserlitzen aufgenommen, die in dem endlosen Kunststoffriemen aus Contilan oder Neoprene (Polyurethane) eingebettet sind (Bild 28.3). Diese Litzen
als Seelen verleihen dem Riemen eine außergewöhnliche, elastische Biegsamkeit und einen hohen Widerstand gegen Längsdehnungen. Ein zähes und verschleißfestes Nylongewebe bedeckt
die gezahnten Seiten des Riemens.

Die Zahnriemen sind unempfindlich gegen Öl, Benzin und Alkohol, sind alterungs-, ozon- und
lichtbeständig und können unter Betriebstemperaturen von $-30\ldots+80\,°C$ laufen (kurzzeitig bis
$+120\,°C$). Riemengeschwindigkeiten bis 80 m/s sind möglich.

In der Tab. A 28.1 sind die Abmessungen der Synchroflex-Zahnriemen in vier verschiedenen
Standardteilungen wiedergegeben. Sie entsprechen den Abmessungen der Synchronriemen nach
DIN 7721. Für besondere Fälle besteht auch die Möglichkeit, endliche Riemen beliebiger Länge
zu beziehen (siehe DIN 7721) und die Enden zu verschweißen. Dadurch ist die Seele an der
Nahtstelle unterbrochen, so daß die Übertragungsfähigkeit auf etwa 50% sinkt.

Für die Übertragung hoher Drehmomente im niedrigen Drehzahlbereich wurde ein besonderer
PowerGrip HTD-Zahnriemen entwickelt. In den üblichen trapezförmigen Zähnen tritt einseitig
am Zahnfuß eine hohe Spannungskonzentration auf (Bild 28.4a). Durch Ausbauchung der Zähne wurde eine wesentlich bessere Spannungsverteilung erreicht (Bild 28.4b) und die Übertragungsfähigkeit um rund 30% gesteigert. Die Ausbildung der Zahnscheibe und des Riemens zeigt
Bild 28.5, Abmessungen nach Tab. A 28.2.

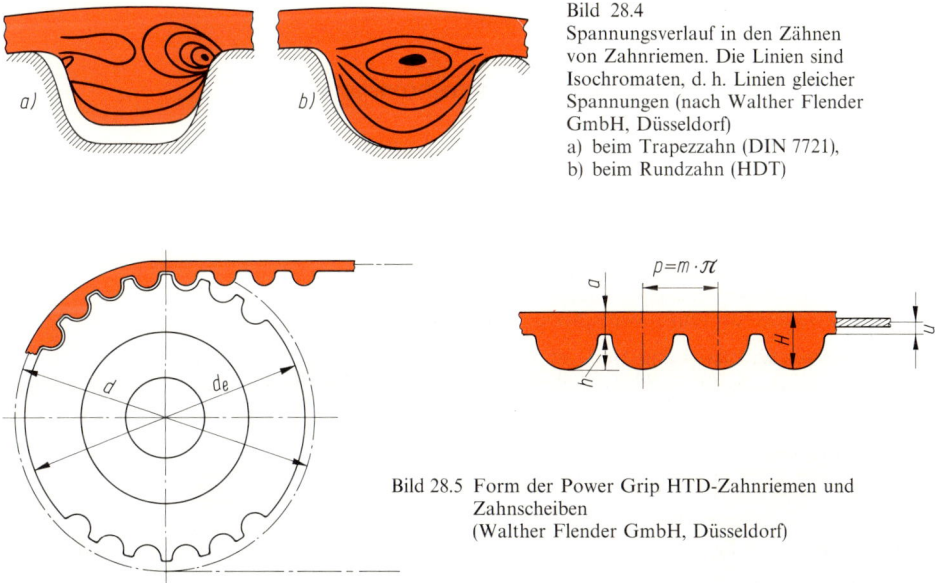

Bild 28.4
Spannungsverlauf in den Zähnen
von Zahnriemen. Die Linien sind
Isochromaten, d. h. Linien gleicher
Spannungen (nach Walther Flender
GmbH, Düsseldorf)
a) beim Trapezzahn (DIN 7721),
b) beim Rundzahn (HDT)

Bild 28.5 Form der Power Grip HTD-Zahnriemen und
Zahnscheiben
(Walther Flender GmbH, Düsseldorf)

Die Zahnscheiben bestehen vorwiegend aus AlMgPbCu, aber auch aus St oder GG, jeweils mit
gefrästen Zähnen. Auch thermoplastischer Kunststoff (z. B. Polyamid) ist üblich. In der Serienfertigung verwendet man Zahnscheiben aus Präzisions-Druckguß oder Kunststoff-Spritzguß, deren
Zähne unbearbeitet bleiben. Damit der Riemen nicht von den Scheiben läuft, werden Borde angeordnet, entweder zwei an einer Scheibe oder je einer an beiden Scheiben. Einige Ausführungen
zeigt Bild 28.6. Die WMH Herion GmbH, Pfaffenhofen-Ilm, liefert die Zahnscheiben auch mit
Spannbuchsen gemäß Bild 27.9 Seite 608.

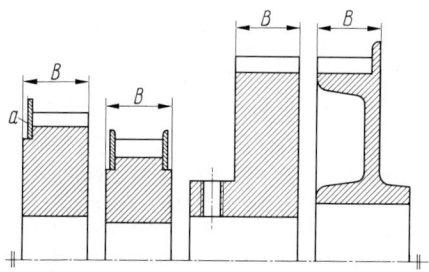

Bild 28.6 Zahnscheiben für Zahnriemen
a Bordscheibe

Bild 28.7a zeigt einen Spannrollentrieb. Der kleinstzulässige Spannrollendurchmesser d_R ist in Tab. A 28.1 angegeben. Wegen des großen Umschlingungswinkels auf der großen Scheibe bei Übersetzungen größer als 3,5 braucht diese Scheibe nicht verzahnt zu sein, d. h. es genügt eine zylindrische Scheibe. Für diese sind aber nur Zahnriemen mit Trapezzähnen geeignet.

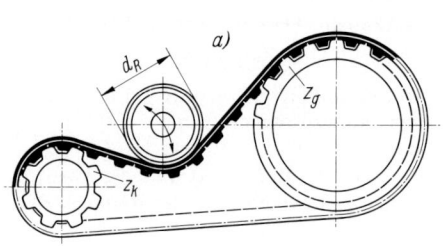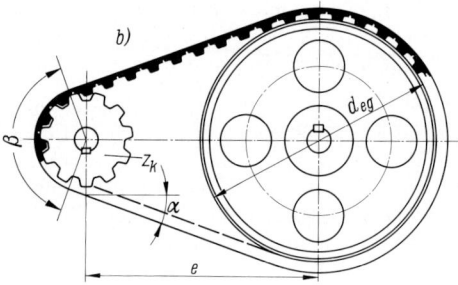

Bild 28.7 Synchron- oder Zahnriementriebe
a) mit Spannrolle,   b) mit großer Flachscheibe

28.2   Übersetzung und Geometrie der Synchronriementriebe

Wie bei allen Riementrieben ist die Übersetzung das Verhältnis der Drehzahlen der Scheiben. Da diese den Zähnezahlen der Scheiben umgekehrt proportional sind, gilt:

$$\text{Übersetzung}\quad i = n_a/n_b = z_b/z_a \tag{28.1}$$

n_a Drehzahl der treibenden Scheibe,
n_b Drehzahl der getriebenen Scheibe,
z_a Zähnezahl der treibenden Scheibe,
z_b Zähnezahl der getriebenen Scheibe.

Bei Übersetzungen ins Langsame ist $i = z_g/z_k > 1$, bei Übersetzungen ins Schnelle ist $i = z_k/z_g < 1$ (Index k für die kleine Scheibe, Index g für die große Scheibe). Es wird etwa **bis i bzw. $1/i = 10$** gegangen.

$$\text{Riemengeschwindigkeit}\quad v = d_k \cdot \pi \cdot n_k = d_g \cdot \pi \cdot n_g \tag{28.2}$$

d_k, d_g in m   Teilkreisdurchmesser der Scheiben (Gl. 28.3),
n_k, n_g in s^{-1} Drehzahlen der Scheiben.

Die **Teilung** $p = m \cdot \pi$ ist der Abstand von Zahn zu Zahn, m wie bei Zahnrädern der **Modul**. Mit diesem ergibt sich für eine Zahnscheibe:

$$\text{Teilkreisdurchmesser}\qquad d = \frac{p}{\pi} \cdot z = m \cdot z \tag{28.3}$$

$$\text{Kopfkreisdurchmesser}\qquad d_e = d - 2u \tag{28.4}$$

p in mm   Teilung (Tabn. A 28.1 und A 28.2),
m in mm   Modul der Verzahnung (in DIN 7721 nicht angegeben),
z Zähnezahl der betr. Scheibe,
u in mm   Abstand vom Zahnkopfkreis der Scheibe bis zur Achse der Zuglitze (Tabn. A 28.1 und A 28.2).

Ungezahnte große Scheiben müssen einen Außendurchmesser $d_{eg} = d_g - 2\,(u + h)$ erhalten (siehe Bild 28.7b).

Für einen **offenen Trieb** ohne Spannrolle gilt (siehe die Bilder 28.1b und 28.7b):

Trumneigungswinkel $\quad \sin \alpha = \dfrac{d_g - d_k}{2e}$ $\qquad\qquad\qquad$ (28.5)

Umschlingungswinkel $\quad \beta = 180° - 2\alpha$ $\qquad\qquad\qquad$ (28.6)

Riemenlänge $\qquad L = 2e \cdot \cos\alpha + \dfrac{\pi}{2}\,(d_k + d_g) + \alpha\,(d_g - d_k)$ $\qquad$ (28.7)

d_k in mm Teilkreisdurchmesser der kleinen Scheibe (Gl. 28.3),
d_g in mm Teilkreisdurchmesser der großen Scheibe (Gl. 28.3),
$e\quad$ in mm vorgesehener Achsabstand,
$\alpha\quad$ in ° Trumneigungswinkel (in Gl. 28.7 vor der Klammer in rad einsetzen!).

Die Anzahl der Riemenzähne ergibt sich zu $X = L/p$ mit p als Teilung. Es ist möglichst eine Standardanzahl nach den Tabn. A 28.1 oder A 28.2 zu wählen. Zwischengrößen sind möglich. Danach ist festzulegen der endgültige

Achsabstand $\quad e \approx f_1 + \sqrt{f_1^2 - f_2}$ $\qquad\qquad\qquad\qquad\qquad$ (28.8)

mit $\quad f_1 = \dfrac{X \cdot p}{4} - \dfrac{\pi}{8}\,(d_k + d_g)\quad$ und $\quad f_2 = \dfrac{(d_g - d_k)^2}{8}$.

Wichtig ist noch die Anzahl der auf der kleinen Scheibe im Eingriff befindlichen Zähne, die

Eingriffszähnezahl $\quad z_e = z_k\,\dfrac{\beta}{2\pi}$ $\qquad\qquad\qquad\qquad\qquad$ (28.9)

mit β in rad als Umschlingungswinkel nach Gl. 28.6. Die Eingriffszähnezahl z_e ist stets nach unten auf eine ganze Zahl zu runden und bei Berechnungen der Antriebe nicht größer als 15 zu setzen!

Die Gln. 28.5 bis 28.7 liefern genaue Werte mit den endgültig festgelegten Abmessungen eines offenen Triebes.

Für alle anderen Triebe empfiehlt sich eine maßstäbliche Zeichnung, aus der Umschlingungswinkel und Riemenlänge zu entnehmen sind, oder die Aufstellung entspr. Gleichungen.

28.3 Berechnung von Antrieben mit Synchron- oder Zahnriemen

Die Berechnung ist nicht genormt. Wie bei den Trieben mit Mehrschichtriemen weichen die Berechnungsmethoden der Hersteller von Zahnriemen voneinander ab. Hier werden zwei in gekürzter Form wiedergegeben.

1. mit Synchroflex-Zahnriemen

Nach der zu übertragenden Leistung P wird aus Tab. A 28.1 die geeignete Zahnriemengröße (Teilung) gewählt, und zwar nach $P \leqq P_{max}$. Danach ist die Zähnezahl der kleinen Scheibe $z_k \geqq z_{min}$ (Tab. A 28.1) festzulegen. Mit der gegebenen Übersetzung i ergibt sich die Zähnezahl der großen Scheibe z_g, und mit den Zähnezahlen die Teilkreisdurchmesser d_k und d_g (Gl. 28.3). Falls der Achsabstand nicht vorgegeben ist, kann von $e \approx 1 \ldots 2\,(d_k + d_g)$ ausgegangen werden.

Für einen offenen Riementrieb lassen sich nun α, β, L, X, e und z_e (Gln. 28.5 bis 28.9) und die Riemengeschwindigkeit v (Gl. 28.2) bestimmen. Danach ist zu errechnen die erforderliche

$$\textit{Riemenbreite} \quad b = \frac{P \cdot C_B}{z_e \cdot P_N} \qquad (28.10)$$

P in W	zu übertragende Nennleistung,
C_B	Belastungsfaktor (Anhaltswerte nach Tab. A 28.4),
z_e	Eingriffszähnezahl ≤ 15 nach Gl. 28.9,
P_N in W/cm	spezifische Nennleistung, die von einem Zahn eines 1 cm breiten Riemens übertragen werden kann, nach Tab. A 28.5.

Die errechnete Riemenbreite ist auf eine Standardbreite nach Tab. A 28.1 aufzurunden. Weiterhin darf die Zugkraft F die zulässige nicht überschreiten, d. h. es muß sein

$$\textit{Zugkraft} \quad F = \frac{P}{v} \leq F_{zul} = \frac{F_N \cdot b}{C_B} \qquad (28.11)$$

P in W	zu übertragende Nennleistung,
v in m/s	Riemengeschwindigkeit nach Gl. 28.2,
F_N in N/cm	zulässige Zugkraft des Riemens je cm Riemenbreite nach Tab. A 28.1,
b in cm	ausgeführte Riemenbreite,
C_B	Belastungsfaktor nach Tab. A 28.4.

Die **Achskraft F_W** (siehe hierzu Bild 26.15 Seite 597), die radial auf jede Welle und damit auf die Lager wirkt, kann angenommen werden zu $F_W = C_B \cdot F \geq 1{,}5F$ mit F als Zugkraft nach Gl. 28.11.

Beispiel 28.1

Eine Werkzeugmaschine (Schleifmaschine) soll über einen offenen Synchronriementrieb von einem Elektromotor der Gruppe B angetrieben werden. Tägliche Betriebsdauer 8 h. Gegeben sind: $P = 5\,\text{kW}$, $n_a = n_k = 2800\,\text{min}^{-1} = 46{,}67\,\text{s}^{-1}$, $n_b = n_g = 1400\,\text{min}^{-1}$, $i = 2$, $e \approx 560\,\text{mm}$. Es sind die erforderlichen Berechnungen für einen Synchroflex-Zahnriemen vorzunehmen.

Lösung:

1. Riemengröße, Zähnezahlen, Scheibendurchmesser
Für 5 kW kommt nach Tab. A 28.1 die Riemengröße T 10 mit $p = 10\,\text{mm}$, $m = 3{,}183\,\text{mm}$ und $u = 0{,}92\,\text{mm}$ in Betracht. Die Mindestzähnezahl ist $z_{min} = 12$. Der besseren Leistungsübertragung wegen wird $z_k = 24$ gewählt. Dann ist gemäß Gl. 28.1

$$z_g = z_k \cdot i = 24 \cdot 2 = 48$$

Nach den Gln. 28.3 und 28.4 werden:

$$d_k = m \cdot z_k = 3{,}183\,\text{mm} \cdot 24 = 76{,}4\,\text{mm},$$

$$d_g = m \cdot z_g = 3{,}183\,\text{mm} \cdot 48 = 152{,}8\,\text{mm},$$

$$d_{ek} = d_k - 2u = 76{,}4\,\text{mm} - 2 \cdot 0{,}92\,\text{mm} \approx 74{,}6\,\text{mm},$$

$$d_{eg} = d_g - 2u = 152{,}8\,\text{mm} - 2 \cdot 0{,}92\,\text{mm} \approx 151{,}0\,\text{mm}.$$

2. Anzahl X der Riemenzähne
Nach den Gln. 28.5 bis 28.7 werden:

$$\sin\alpha = \frac{d_g - d_k}{2e} = \frac{152{,}8 - 76{,}4}{2 \cdot 560}; \quad \alpha \approx 3{,}9° = 0{,}06807\,\text{rad},$$

$$\beta = 180° - 2\alpha = 180° - 2 \cdot 3{,}9° = 172{,}2° = 3\,\text{rad},$$

$$L = 2e \cdot \cos\alpha + \frac{\pi}{2}(d_k + d_g) + \alpha(d_g - d_k)$$

$$= 2 \cdot 560\,\text{mm} \cdot \cos 3{,}9° + \frac{\pi}{2}\,229{,}2\,\text{mm} + 0{,}06807 \cdot 76{,}4\,\text{mm} = 1483\,\text{mm}.$$

Daraus folgt $X = L/p = 1483/10 \approx 148$ Zähne. Nach Tab. A 28.1 wird gewählt $X = 142$, somit Riemenlänge $L = X \cdot p = 142 \cdot 10\,\text{mm} = 1420\,\text{mm}$.

3. Endgültiger Achsabstand e

$$\text{Mit } f_1 = \frac{X \cdot p}{4} - \frac{\pi}{8}(d_k + d_g) = \frac{142 \cdot 10\,\text{mm}}{4} - \frac{\pi}{8}\,229{,}2\,\text{mm} = 264{,}99\,\text{mm}$$

und $f_2 = \dfrac{(d_g - d_k)^2}{8} = \dfrac{76,4^2 \text{ mm}^2}{8} = 729,62 \text{ mm}^2$

wird mit Gl. 28.8:

$$e \approx f_1 + \sqrt{f_1^2 - f_2} = 264,99 \text{ mm} + \sqrt{264,99^2 - 729,62} \text{ mm} = 528,6 \text{ mm}.$$

4. Eingriffszähnezahl z_e
Da der Achsabstand etwas kleiner geworden ist als vorgesehen, wird auch β etwas kleiner. Für die Berechnung der Eingriffszähnezahl ist das aber unbedeutend. Somit wird nach Gl. 28.9:

$$z_e = z_k \frac{\beta}{2\pi} = 24 \frac{3}{2\pi} = 11,46 \approx 11 < 15.$$

5. Erforderliche Riemenbreite b
Aus Tab. A 28.4 wird entnommen: $C_B = 1,5$. Nach Tab. A 28.5 ist bei $z_k = 20$ und $n_k = 3000 \text{ min}^{-1}$ die spezifische Nennleistung 226 W/cm. Da $z_k = 24$ und $n_k = 2800 \text{ min}^{-1}$ betragen, wird umgerechnet:

$$P_N = \frac{2800}{3000} \cdot \frac{24}{20} \, 226 \text{ W/cm} = 253 \text{ W/cm}.$$

Somit ergibt sich mit Gl. 28.10:

$$b = \frac{P \cdot C_B}{z_e \cdot P_N} = \frac{5000 \text{ W} \cdot 1,5}{11 \cdot 253 \text{ W/cm}} = 2,7 \text{ cm}.$$

Nach Tab. A 28.1 wird $b = 32$ mm gewählt.

6. Kontrolle auf Zulässigkeit der Zugkraft F
Nach Gl. 28.2 beträgt die Riemengeschwindigkeit

$$v = d_k \cdot \pi \cdot n_k = 0,0764 \text{ m} \cdot \pi \cdot 46,67 \text{ s}^{-1} = 11,2 \text{ m/s}.$$

Dann ist nach Gl. 28.11 mit $F_N = 720$ N/cm aus Tab. A 28.1:

$$F = \frac{P}{v} = \frac{5000 \text{ W}}{11,2 \text{ m/s}} = 446 \text{ N},$$

$$F_{zul} = \frac{F_N \cdot b}{C_B} = \frac{720 \text{ N/cm} \cdot 5 \text{ cm}}{1,5} = 2400 \text{ N} > F = 446 \text{ N}.$$

Der gewählte Synchronriemen ist geeignet. Er hat die Normbezeichnung: Riemen DIN 7721 − 32 T10 × 1420.

7. Achskraft F_W
Nach der Angabe auf Seite 622:

$$F_W = C_B \cdot F = 1,5 \cdot 446 \text{ N} \approx 670 \text{ N}.$$

2. mit Power Grip HTD-Zahnriemen

Zunächst ist nach dem Verhältnis P/n_a die Riemengröße (Type) vorzuwählen. Hierfür kann etwa angenommen werden:

P/n_a	< 0,02	$\geq$ 0,02 kW · min
Type	8 M	14 M

Hierbei ist n_a die Drehzahl der treibenden Scheibe in min^{-1}.

Danach werden die Zähnezahlen der Scheiben festgelegt. Bei großen Zähnezahlen wird die Leistungsfähigkeit der Riemen am besten ausgenutzt, und vorzugsweise wird $z_k \geq 30$ gewählt. Mit z_k und i ergibt sich z_g gemäß Gl. 28.1. Nun können für einen offenen Trieb ohne Spannrolle mit dem vorgegebenen oder gewählten Achsabstand e alle Größen nach den Gln. 28.3 bis 28.8 errechnet werden.

Anschließend ist zu ermitteln der

$$\text{Breitenkennwert} \quad b \cdot k = \frac{P \cdot C_L \, (C_B + C_i)}{P_N} \qquad (28.12)$$

P in W	zu übertragende Nennleistung,
C_L	Riemenlängenfaktor nach Tab. A 28.3,
C_B	Belastungsfaktor nach Tab. A 28.4, der bei Spannrollentrieben um 0,2 zu erhöhen ist,
C_i	Übersetzungszuschlag bei Übersetzungen ins Schnelle nach Tab. A 28.3. Bei Übersetzungen ins Langsame ist $C_i = 0$.
P_N in W/cm	spezifische Nennleistung, die von einem 1 cm breiten Riemen übertragen werden kann, nach Tab. A 28.6.

Aus dem Breitenkennwert ergibt sich die erforderliche

$$\text{Riemenbreite} \quad b = \frac{(b \cdot k)}{k} \qquad (28.13)$$

mit k als Breitenfaktor nach Tab. A 28.7. Hiernach ist eine Standardbreite aus Tab. A 28.2 zu wählen.

Wenn wie in Vorschubantrieben (siehe Bild 28.2) wiederkehrend dieselben Riemen- und Scheibenzähne in Eingriff kommen, soll die Eingriffszähnezahl (Gl. 28.9) mindestens $z_e = \mathbf{12}$ sein!

Die **Achskraft** kann zu $F_W = C_B \cdot F \geqq \mathbf{1{,}5} F$ angenommen werden, wobei $F = P/v$ die Zugkraft darstellt.

Beispiel 28.2

Ein Webstuhl soll mit $n_b = n_k = 1500 \text{ min}^{-1} = 25 \text{ s}^{-1}$ von einem Drehstrommotor (normales Anlaufmoment) mit $n_a = n_g = 500 \text{ min}^{-1}$ angetrieben werden (Übersetzung ins Schnelle). Zu übertragende Nennleistung $P = 18$ kW, Achsabstand $e \approx 800$ mm, tägliche Betriebsdauer 16 h. Es sind die erforderlichen Berechnungen für einen offenen Trieb mit PowerGrip HTD-Zahnriemen vorzunehmen.

Lösung:
1. Riemengröße (Type)
Nach dem Verhältnis $P/n_a = 18 \text{ kW}/500 \text{ min}^{-1} = 0{,}036 \text{ kW} \cdot \text{min} > 0{,}02 \text{ kW} \cdot \text{min}$ kommt die Type 14 M mit $m = 4{,}4563$ mm, $p = 14$ mm und $u = 1{,}4$ mm in Betracht (Tab. A 28.2).

2. Scheibendurchmesser
Bei Wahl von $z_k = 30$ wird bei $i = n_a/n_b = 500/1500 = 1/3$ die Zähnezahl $z_g = 90$. Damit werden nach den Gln. 28.3 und 28.4:

$$d_k = 133{,}7 \text{ mm}, \quad d_g = 401{,}1 \text{ mm}, \quad d_{ek} = 130{,}9 \text{ mm}, \quad d_{eg} = 398{,}3 \text{ mm}.$$

3. Riemenlänge L, endgültiger Achsabstand e
Nach den Gln. 28.5 bis 28.7 werden: $\alpha = 9{,}62° = 0{,}168$ rad, $\beta = 160{,}76°$, $L = 2462{,}5$ mm.

Dann ist $X = L/p = 2462{,}5/14 \approx 176$. Nach Tab. A 28.2 ist die Standardanzahl $X = 175$ die nächste. Damit wird $L = X \cdot p = 2450$ mm.
Mit $f_1 = 402{,}48$ mm und $f_2 = 8937{,}8 \text{ mm}^2$ wird nach Gl. 28.8 der Achsabstand $e = 793{,}7$ mm.

4. Riemenbreite b
Aus Tab. A 28.3 werden entnommen: $C_L = 1{,}0$ (für $L = 2450$ mm) und $C_i = 0{,}3$ (für $1/i = 3$). Nach Tab. A 28.4 ist $C_B = 1{,}7$ (Webstuhl, 16 h Tagesbetrieb, Motor mit normalem Anlaufmoment). Nach der Tab. A 28.6 ist die spezifische Nennleistung 4648 W/cm bei $n_k = 1600 \text{ min}^{-1}$ und $z_k = 30$. Da $n_k = 1500 \text{ min}^{-1}$ beträgt, wird umgerechnet:

$$P_N = \frac{1550}{1600} \, 4648 \text{ W/cm} = 4357 \text{ W/cm}.$$

Damit ergibt sich mit Gl. 28.12:

$$b \cdot k = \frac{P \cdot C_L \, (C_B + C_i)}{P_N} = \frac{18\,000 \text{ W} \cdot 1{,}0 \, (1{,}7 + 0{,}3)}{4357 \text{ W/cm}} \approx 8{,}3 \text{ cm} = 83 \text{ mm}.$$

Hierfür ist nach Tab. A 28.7 der Breitenfaktor $k = 1,1$ und somit nach Gl. 28.13

$$b = \frac{(b \cdot k)}{k} = \frac{83 \text{ mm}}{1,1} \approx 75,5 \text{ mm,}$$

nach welcher die Standard-Riemenbreite $b = 85$ mm nach Tab. A 28.2 gewählt wird.

5. Achskraft F_W

Nach Gl. 28.2 ist $v = 10,5$ m/s, mit dieser die Zugkraft $F = 1714$ N und die Achskraft $F_W = C_B \cdot F = 1,7 \cdot 1714$ N ≈ 2915 N.

Literaturhinweise

Lehnen, H.: Zahnriementriebe, Erfahrungen aus der Praxis. Z. Antriebstechnik 11/1972.
Niemann, G. und *H. Winter:* Maschinenelemente Bd. III, Springer-Verlag 1983.
Schrimmer, P. und *H. Lösche:* Formschlüssig trotz großer Abstände. Z. Maschinenmarkt 78/1972.
Schumann, R.: Wann welcher Antriebsriemen? Z. Antriebstechnik 20/1981.
Szonn, R.: Zahnriemen und Profilbänder auch für große Längen. Z. Maschinenmarkt 81/1975.
Richtlinie VDI 2758: Riemengetriebe.

Führungselemente für Flüssigkeiten und Gase

29 Rohrleitungen

In Rohrleitungen werden überwiegend Flüssigkeiten und Gase geführt. Sie dienen aber auch zur Förderung von breiartigen Stoffen und Schüttgütern sowie zur Übertragung von Drücken, wobei die Fortleitung des Mediums im Rohr nahezu unwichtig ist.
Rohrleitungsanlagen bestehen aus Rohren, Formstücken (Krümmer und Verzweigungen), Rohrverbindungen, Dichtungen, Rohrhalterungen, Dehnungsausgleichern und Armaturen. Für die Berechnung, Darstellung, Ausführung und Überwachung dieser Anlagen gibt es zahlreiche Normen und Vorschriften. Praktisch besteht ein Rohrleitungssystem fast nur noch aus Normteilen.

29.1 Grundlagen

Die Nennweite und der Nenndruck, Kurzzeichen **DN** (= Diameter Nominal) und **PN** (= Pressure Nominal), sind die grundlegenden **Kenngrößen** für Rohrleitungen und Armaturen, worauf deren Normung aufgebaut ist. Beide werden ohne Einheit angegeben.
Nach DIN 2402 kennzeichnet die **Nennweite** (früher NW) die zueinander passenden Teile eines Rohrleitungssystems, wie Rohre, Rohrverbindungen, Formstücke, Armaturen und dgl. Sie ist nach Normzahlreihen gestuft (siehe Tab. 29.1) und wird wie folgt bezeichnet, z. B. die Nennweite 250: DN 250. Der Zahlenwert stimmt nur annähernd mit dem lichten Durchmesser (Innendurchmesser) in mm überein. Durch unterschiedliche Wanddicken bei gleichem Außendurchmesser ergeben sich Abweichungen zwischen der Nennweite und dem lichten Durchmesser. Die Nennweite darf nicht als Maßeintragung benutzt werden.
Der **Nenndruck** ist nach DIN 2401 entsprechend ISO 7268 eine gebräuchliche, gerundete, auf den Druck bezogene Kennzahl. In Tab. 29.2 sind die nach Normzahlen gestuften, genormten Nenndrücke wiedergegeben. Sie werden zur Normung von Rohrleitungsbauteilen herangezogen und folgendermaßen angegeben, z. B. die Nenndruckstufe 160: PN 160. Bauteile desselben Nenndruckes haben bei gleicher Nennweite gleiche Anschlußmaße. Der zulässige Betriebsüberdruck für ein Bauteil ist Tabellen zu entnehmen, aus denen der Zusammenhang zwischen Nenndruck, Temperatur und Werkstoff hervorgeht. Bild 29.1 dient zur Klärung der Druck-Temperatur-Zusammenhänge ohne Festlegung einer Druck-Temperatur-Zuordnung. Das schraffierte Feld muß innerhalb der Grenzen zulässiger Betriebsüberdruck, tiefster und höchster anwendbarer Temperatur liegen.

Tab. 29.1 Nennweiten nach DIN 2402 (Auszug)

					3	4	5	6	8
10	12	16	20	25	32	40	50	65	80
100	125	150	200	250	300	400	500	600	800
1000	1200	1600	2000	2600	3000	4000			

Tab. 29.2 Nenndruckstufen nach DIN 2401 T1 (Auszug)

1		**1,6**	2	**2,5**	3,2	**4**	5	**6**	8
10	12,5	**16**	20	**25**	32	**40**	50	**63**	80
100	125	**160**	200	**250**	315	**400**	500	**630**	800
1000	1250	**1600**	2000	**2500**		**4000**		**6300**	

Fettgedruckte Werte bevorzugen

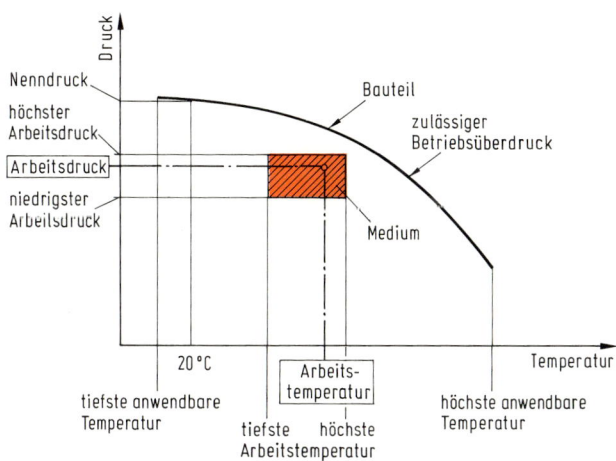

Bild 29.1 Druck-Temperatur-Zusammenhänge nach DIN 2401 T1

Die Definition der im Rohrleitungsbau üblichen Druck- und Temperaturbegriffe ist ebenfalls in DIN 2401 zu finden. Den Begriffen sind Kurzzeichen zugeordnet, die nicht als Formelzeichen benutzt werden dürfen. Nachfolgend werden einige wichtige Begriffe kurz erläutert:

Der **zulässige Betriebsüberdruck PB** (Formelzeichen $p_{e,zul}$) ist der aus Sicherheitsgründen festgelegte Höchstwert des Betriebsüberdruckes. Er wird für Bauteile festgelegt, die der Überwachung unterliegen, und bildet mit der zulässigen Betriebstemperatur ein singuläres Wertepaar.

Der **Prüfdruck PP** ($p_{e,P}$) ist der Überdruck, dem Bauteile während der Prüfung ausgesetzt sind. Er ist in den für Rohrleitungen und Armaturen zutreffenden Normen und Regelwerken festgelegt, z. B. DIN 3230, DIN 4279, DIN 28600, AD-Merkblatt A4 u. a.

Der **Arbeitsdruck PA** ($p_{e,A}$) eines Mediums ist der für den Ablauf einer oder mehrerer Grundoperationen in einem Anlageteil vorgesehene Druck. Er kann zwischen dem höchsten (PAMAX, $p_{e,Amax}$) und dem niedrigsten Arbeitsdruck (PAMIN, $p_{e,Amin}$) schwanken.

Der **Berechnungsdruck PC** ($p_{e,calc}$) ist der in eine Berechnung eingehende Druck. Den Berechnungsgrundlagen entsprechend kann er einer der vorgenannten Drücke sein, was anzugeben ist.

Die **zulässige Betriebstemperatur TB** (t_{zul}) ist der aus Sicherheitsgründen festgelegte Höchst- oder Tiefstwert der Wandtemperatur des Anlagenteils. Sie wird für Anlagenteile festgelegt, die der Überwachung unterliegen (siehe auch Zusammenhang mit dem zulässigen Betriebsüberdruck).

Die **tiefste TMIN** (t_{min}) und die **höchste anwendbare Temperatur TMAX** (t_{max}) sind die Temperaturen, die für ein Bauteil aufgrund des Werkstoffs und der Berechnungsgrundlagen für eine Innen- oder Außendruckbeanspruchung noch anwendbar sind. Sie ergeben sich aus den Anwendungsgrenzen des Werkstoffs und aus den Berechnungsgrundlagen.

Die **Arbeitstemperatur TA** (t_A) eines Mediums ist die für den Ablauf von Grundoperationen in einem Anlageteil vorgesehene Temperatur, die zwischen TAMAX und TAMIN schwanken kann.

Die **Berechnungstemperatur TC** (t_{calc}) ist die in eine Berechnung eingehende Temperatur, die einer der vorgenannten Temperaturen entsprechen kann.

Die in der Fluidtechnik vorkommenden Begriffe und die für dieses Gebiet genormten Druckwerte sind in DIN 24312 zu finden. Zur Fluidtechnik gehören im engeren Sinne die Hydraulik und die Pneumatik.

Im Interesse der Sicherheit, einer sachgerechten Instandsetzung und einer wirksamen Brandbekämpfung werden Rohrleitungen nach dem Durchflußstoff gekennzeichnet. Für nichterdverlegte Leitungen gilt DIN 2403, wonach die **Kennzeichnung durch Farben** erfolgt (siehe Tab. 29.3). Die Rohre werden auf der ganzen Länge mit der zutreffenden Farbe angestrichen, oder es werden

Tab. 29.3 Kennfarben für Rohrleitungen nach dem Durchflußstoff (Auszug aus DIN 2403)

Durchflußstoff	Farbe	Farbmuster	Durchflußstoff	Farbe	Farbmuster
Wasser	Grün	RAL 6018	Brennbare Gase	Gelb	RAL 1021
Wasserdampf	Rot	RAL 3000	Brennbare		
			Flüssigkeiten	Braun	RAL 8001
Luft	Grau	RAL 7001	Säuren	Orange	RAL 2003
Sauerstoff	Blau	RAL 5015	Laugen	Violett	RAL 4001

Farbringe durch selbstklebende Bänder, farbige Aufkleber oder Schilder mit Beschriftung und Spitze in Durchflußrichtung angewendet.

29.2   Rohrarten

Im Rohrleitungsbau verwendet man hauptsächlich nahtlose und geschweißte Stahlrohre. Daneben werden je nach Verwendungszweck Rohre aus Gußeisen, Nichteisenmetallen und Kunststoffen eingesetzt. Für bestimmte Anwendungsgebiete kommen außerdem Rohre aus Stahlbeton, Spannbeton, Asbestzement, Glas und Porzellan oder aus Werkstoffkombinationen in Betracht. Eine Übersicht enthält DIN 2410. *Schläuche* werden anstelle von starren Rohren zur Verbindung von transportablen und sich im Betrieb gegeneinander bewegenden Apparaten sowie für leicht lösbare Verbindungen eingesetzt, z. B. nach DIN 20018, 20021 und 20022.
Die Betriebssicherheit und die Wirtschaftlichkeit einer Rohrleitungsanlage hängt wesentlich ab von der Wahl der richtigen Rohrart aus einem geeigneten Werkstoff, der unter Beachtung der Vorschriften in den Normen und Regelwerken und nach der Rohrberechnung festzulegen ist. Über häufig vorkommende Rohrarten und deren Verwendung wird nachfolgend ein allgemeiner Überblick gegeben. Zu beachten ist, daß nicht alle genormten Abmessung von den Rohrherstellern gefertigt bzw. von den Handelsfirmen gelagert werden. Zwecks Einsparung von Werkzeugen und Lagerhaltungskosten nehmen die Anwender ggf. weitere Einschränkungen vor.

1. Rohre aus Stahl
   Wegen der hohen Festigkeit und Zähigkeit der Rohrstähle sind Stahlrohre für sehr viele Verwendungszwecke geeignet. Durch ihr geringes Gewicht kann bei großer Bruchsicherheit relativ leicht gebaut werden. Sie lassen sich in großen Längen herstellen und im Betrieb oder auf Baustellen mittels Schweißen sehr einfach verbinden. Flanschverbindungen sind meistens nur an Meßstellen und Armaturen erforderlich. Tab. 29.4 gibt einen Überblick der genormten Stahlrohre, Werkstoffe siehe auch Tab. 4.22 Seite 81.
   Nahtlose Stahlrohre sind die am meisten verwendeten Rohre und bei Wahl des richtigen Werkstoffs für alle Drücke und Temperaturen einsetzbar sowohl im Rohrleitungsbau als auch im Maschinen- und Apparatebau. Wegen der Herstellungsverfahren (Warmwalzen, Warmziehen oder Warmpressen) sind die Maßabweichungen des Außendurchmessers und der Wanddicke recht groß. Wo es auf genaue Maße ankommt, sind Präzisionsstahlrohre zu verwenden. Abmessungen und Bezeichnungsbeispiel für nahtlose Stahlrohre nach DIN 2448 siehe Tab. A 4.19.
   Geschweißte Stahlrohre nach DIN 2458 können ähnlich wie nahtlose Rohre verwendet werden und haben gleiche Außendurchmesser, jedoch geringere Wanddicken (siehe Tab. A 4.20). Außerdem sind sie bis zu einem Durchmesser von 2220 mm genormt. Die Rohre haben eine Längsnaht oder eine Schraubenliniennaht (unrichtig auch Spiralnaht genannt).
   Präzisionsstahlrohre werden aus nahtlosen oder geschweißten Rohren nach der Herstellung durch Kaltwalzen oder vorwiegend Kaltziehen auf ihre Maßgenauigkeit gebracht. Für eine Weiterverarbeitung (Schweißen, Biegen) ist Weichglühen notwendig. Sie werden bei hohen Anforderungen an Genauigkeit, Oberflächengüte und geringe Wanddicke eingesetzt.

Tab. 29.4 Normen für Stahlrohre, Übersicht nach DIN 2410 T1 (Auszug)

Rohrart	Maßnorm	techn. Lieferbedingungen	Werkstoff	Nenndruckbereich in bar Gas | Wasser	Außendurchmesserbereich in mm
nahtlose Stahlrohre	DIN 2448		Stahl DIN 1629	alle Drücke	10,2 bis 558,8
	DIN 2449	DIN 1629 T1 bis 4	St00	≦ 25	10,2 bis 508
	DIN 2450		St35		
	DIN 2451		St45	≦ 100	
	DIN 2456		St55		
	DIN 2457		St52		
geschweißte Stahlrohre	DIN 2458	DIN 1626 T1 bis 4	Stahl DIN 1626	alle Drücke	10,2 bis 1016
nahtlose Präzisionsstahlrohre	DIN 2391 T1 | T2		Stahl DIN 2391	alle Drücke	4 bis 120
geschweißte Präzisionsstahlrohre mit bes. Maßgenauigkeit	DIN 2393 T1 | T2		Stahl DIN 2393		
geschweißte Präzisionsstahlrohre, einmal kaltgezogen	DIN 2394		Stahl DIN 2394	≦ 100	6 bis 120
Gewinderohre — mittelschwer	DIN 2440		St00 St33	≦ 25	10,2 bis 165,1
Gewinderohre — schwer	DIN 2441				
Gewinderohre — mit Gütevorschrift	DIN 2442	DIN 1629 DIN 1626	St35 St37-2	≦ 100	
Stahlrohre für Gas- und Wasserleitungen	DIN 2460	DIN 1629 T1 bis 3	St00	≦ 1 | ≦25	60,3 bis 508 (DN 50 bis 500)
			St35	≦100 | ≦64	
	DIN 2461	DIN 1626 T2 bis 3	St33	≦ 1 | ≦20	60,3 bis 2020 (DN 50 bis 2000)
			St37-2	≦ 80 | ≦64	

Gewinderohre haben wegen der konischen Gewindeenden größere Wanddicken und sind nahtlos oder geschweißt in mittelschwerer oder schwerer Ausführung sowie mit Gütevorschrift genormt. Sie werden schwarz, verzinkt oder mit nichtmetallischem Überzug geliefert und überwiegend für Installationszwecke (Wasser, Gas, Heizung) verwendet.

2. Rohre aus Gußeisen

Die früher üblichen Rohre aus Gußeisen mit Lamellengraphit werden nicht mehr verwendet, sondern nur noch Druckrohre aus duktilem Gußeisen (Übersicht siehe Tab. 29.5) hauptsächlich als erdverlegte Gas-, Wasser- und Kanalisationsleitungen, da sie wesentlich korrosionsbeständiger als Stahlrohre sind. Nachteilig ist die höhere Bruchgefahr besonders in verkehrsreichen Straßen, weshalb sie gut unterfüttert werden müssen. Die Herstellung erfolgt im Standguß- oder im Schleudergußverfahren. Letzteres ergibt ein feinkörniges Gefüge, bessere Korrosionseigenschaften und höhere Werkstoffgüte, wodurch geringere Wanddicken möglich sind. Gußeiserne Rohre werden als Flanschrohre oder als Muffenrohre mit Schraub-, Stopfbuchsen oder Steckmuffen ausgeführt. Muffenrohre sind billiger als Flanschrohre.

Tab. 29.5 Normen für Gußeisenrohre, Übersicht nach DIN 2410 T2

Druckrohre aus duktilem Gußeisen mit	Maßnorm	techn. Lieferbedingungen und Werkstoff	Norm der Verbindung	Nenndruckbereich in bar			Nennweitenbereich
				Wasser bis	Gas bis		
Schraubmuffen (Schr)	DIN 28610	DIN 28600	DIN 28601 T1 bis T3	25			80 bis 400
				32	1	16[1)]	80 bis 300
				40			80 bis 150
Stopfbuchsenmuffen (Stb)			DIN 28602 T1 bis T3	16	1		500 bis 1200
				25		16[1)]	500 und 600
Steckmuffen (Typ)	DIN 28610		DIN 28603	16		–	80 bis 1200
				25	1		80 bis 600
				32		16[1)]	80 bis 300
				40			80 bis 150
angegossenen Flanschen (FFG-Rohre)	DIN 28614	DIN 28600	DIN 28604 DIN 28605 DIN 28606 DIN 28607	16		–	80 bis 1200
				25		16[1)]	80 bis 600
				40			80 bis 300
nicht angegossenen Flanschen (FFS-Rohre)	DIN 28615			25	1	16[1)]	80 bis 600
				40			80 bis 300

[1)] Für Nenndrücke >1 bar gilt DVGW-Arbeitsblatt G 461
(DVGW = Deutscher Verein von Gas- und Wasserfachmännern)

3. Rohre aus Nichteisenmetallen

Kupferrohre sind wegen ihrer hohen Korrosionsbeständigkeit und glatten Oberfläche für Wasser-, Gas- und Ölleitungen in Hauswasser- und Heizungsanlagen, in der Lebensmittelindustrie sowie im Maschinen- und Gerätebau vorteilhaft geeignet. Sie lassen sich leicht kalt verarbeiten, gut schweißen und löten. Genormt sind Rohre aus Kupfer DIN 1754, nahtlosgezogen, Außendurchmesser von 3 mm bis 450 mm mit zugeordneten Wanddicken von 0,3 mm bis 10 mm, Rohre aus Kupferknetlegierungen DIN 1755, nahtlosgezogen (Maße wie DIN 1754), Installationsrohre aus Kupfer DIN 2786, nahtlosgezogen, Eigenschaften und Technische Lieferbedingungen DIN 17671.

Aluminiumrohre werden anstelle von Kupferrohren bei Medien verwendet, die Kupfer angreifen, und wegen der guten Festigkeit bei tiefen Temperaturen vorzugsweise in der Kältetechnik. Vorteilhaft sind auch das geringe Gewicht, die Schweißbarkeit und gute Verformbarkeit. Nahtlosgezogene Rohre aus Aluminium (Reinstaluminium, Reinaluminium und Aluminium-Knetlegierungen) werden nach DIN 1795 mit Außendurchmessern von 3 mm bis 315 mm und zugeordneten Wanddicken von 0,5 mm bis 10 mm hergestellt, Eigenschaften und Technische Lieferbedingungen DIN 1746.

4. Rohre aus Kunststoffen

Ihr geringes Gewicht, die glatte Oberfläche, leichte Verarbeitung und beachtliche Korrosionsbeständigkeit führten auf vielen Gebieten des Rohrleitungsbaus zu einer sich ständig ausweitenden Anwendung von Kunststoffrohren vor allem in Wasserver- und -entsorgungsanlagen sowie in der Chemieindustrie. Hauptsächlich werden Rohre aus weichmacherfreiem Poly-

Tab. 29.6 Normübersicht für Rohre aus Kunststoffen

Kunststoff	Maßnorm	techn. Liefer-bedingungen	Anwendungsbereiche Durchflußstoff	Temperatur
PVC hart	DIN 8062	DIN 8061	Chemieprodukte	$\leq 60\,°C$
	DIN 19531	DIN 19531	Wasser	$\leq 70\,°C$
	DIN 19531	DIN 19532 DIN 8061	Trinkwasser	$\leq 20\,°C^{1)}$
PE weich	DIN 8072	DIN 8073	Wasser Chemieprodukte	$\leq 80\,°C$
	DIN 19533	DIN 19533 DIN 8073	Trinkwasser	$\leq 20\,°C^{2)}$
PE hart	DIN 8074	DIN 8075	Wasser Chemieprodukte	$\leq 70\,°C^{2)}$
	DIN 19533	DIN 19533 DIN 8075	Trinkwasser	$\leq 20\,°C^{2)}$
PP	DIN 8077	DIN 8078	Wasser Chemieprodukte	$\leq 100\,°C$

[1] Druck bis 16 bar, [2] Druck bis 10 bar

vinylchlorid (Kurzzeichen: PVC-U oder PVC hart bzw. Hart-PVC), aus Polyäthylen niederer Dichte (PE-LD oder PE weich) und hoher Dichte (PE-HD oder PE hart) und aus Polypropylen (PP) eingesetzt. Tab. 29.6 enthält eine Auswahl der wichtigsten Normen über Kunststoffrohre. Mit DIN 16991 sind Rohre aus PVC-U, PE-HD und PP genormt, die eine profilierte Wandung bei glatter Innenrohrfläche aufweisen.

Nachteile der Kunststoffrohe sind u. a.: geringe Festigkeit, Temperaturabhängigkeit, große Dehnung, Schlagempfindlichkeit und Umweltbedenklichkeit bei PVC. In Bild 29.2 sind für einige Kunststoffe in Abhängigkeit von der Temperatur der zulässigen Betriebsüberdruck und die Längenänderung dargestellt.

Rohre aus **PVC-U** sind in DIN 8062 mit Außendurchmessern von 5 mm bis 1000 mm und Wanddicken von 1 mm bis 29,2 mm genormt, Richtlinien für chemische Beständigkeit DIN 16929, für Wasserleitungen DIN 19531 und 19532.

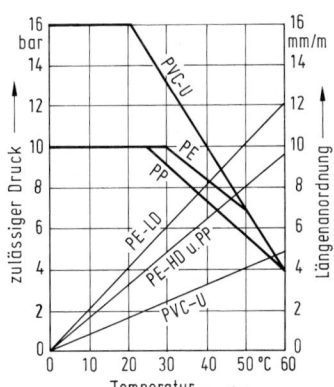

Bild 29.2 Zulässiger Betriebsüberdruck und Längenänderung einiger Kunststoffe in Abhängigkeit von der Temperatur

Rohre aus **PE-HD** nach DIN 8074, DIN 19533 (für Trinkwasserversorgung), DIN 19535 und DIN 19537 (für Abwasserleitungen) werden wegen ihrer höheren Schlagfestigkeit und Kältebeständigkeit gegenüber Rohren aus PVC bevorzugt angewendet.

Rohre aus **PP** nach DIN 8077 sind bis 100 °C zulässig und werden deshalb vor allem in der Chemie- und Abwassertechnik eingesetzt.

Beim Festlegen der Rohrart für einen bestimmten Anwendungsfall sind vor allem die Vorschriften und Sicherheitsbestimmungen in den einschlägigen DIN-Normen und anderen Regelwerken zu beachten, u. a. die Technischen Regeln für Dampfkessel (TRD), für Druckgase (TRG), für Druckbehälter (TRB), die AD-Merkblätter (siehe auch Abschn. 4.9 Seite 81), die DVGW-Regelwerke des Deutschen Vereins der Gas- und Wasserfachmänner, die VdTÜV-Merkblätter der Vereinigung der Technischen Überwachungs-Vereine.

29.3 Rohrformstücke

Bauelemente einer Rohrleitung, die kein gerades Rohr sind, z. B. Bogen oder Krümmer, T-Stücke, Kreuzstücke, Stutzen, Reduzierstücke, Muffen, Kappen, Stopfen und dgl., werden als Formstücke bezeichnet. Sie heißen auch **Fittings** und dienen zur Änderung der Strömungsrichtung, zum Verteilen und Vereinigen von Stoffströmen. Die einschlägigen Herstellerfirmen bieten genormte und andere, handelsübliche Ausführungen an als Stahlschweiß- oder Stahlschraubfittings, als Temperguß- und als Lötfittings, außerdem Formstücke aus verschiedenen Kunststoffen. Einige häufig vorkommende sind folgende:

1. Formstücke aus Stahl

Sie werden aus gleichen Werkstoffen wie Stahlrohre hergestellt, vorzugsweise zum Einschweißen, seltener als Schraubfittings, über die DIN 2980 eine Übersicht enthält. Ausführungen mit angegossenen Flanschen gibt es auch aus Stahlguß. Eine Übersicht über genormte Stahlfittings zum Einschweißen zeigt Bild 29.3. Bei Bogen, T-Stücken und Reduzierstücken wird unterschieden zwischen Bauformen mit vermindertem und mit vollem Ausnutzungsgrad. Erstere haben gleiche Wanddicke wie die anzuschweißenden Rohre, lassen jedoch nur einen geringeren Innendruck zu.

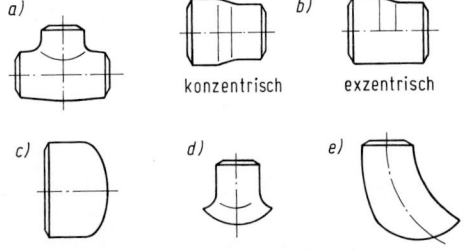

Bild 29.3 Stahlfittings zum Einschweißen
a) T-Stück DIN 2615,
b) Reduzierstücke DIN 2616,
c) Kappe DIN 2617,
d) Sattelstutzen DIN 2618,
e) Einschweißbogen DIN 2619

Wichtige Stahlfittings zum Einschweißen sind:

Rohrbogen nach DIN 2605 (Bild 29.4). Diese Norm enthält mehrere Bauarten, die sich im Verhältnis r/d_a (1,0, 1,5, 2,5, 5,0 und 10) unterscheiden.

T-Stücke nach DIN 2615 (Bild 29.5), bei denen die Ausführung A oder B nach Wahl des Herstellers erfolgt.

Reduzierstücke nach DIN 2616 in exzentrischer und in konzentrischer Ausführung (Bild 29.6). Rohreinziehungen (Reduzierungen) werden an Stahlrohren auch unmittelbar ausgeführt, z. B. durch Freiformpressen.

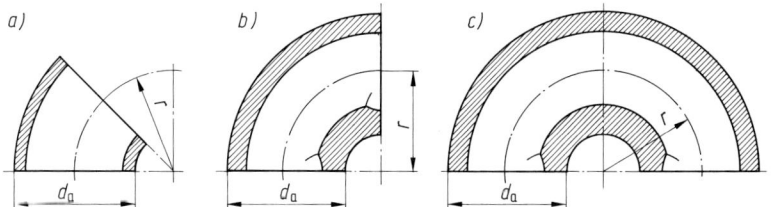

Bild 29.4 Rohrbogen (Krümmer) zum Einschweißen nach DIN 2605
a) Bogen 45°, verminderter Ausnutzungsgrad, b) Bogen 90°, voller Ausnutzungsgrad, c) Bogen 180°, voller Ausnutzungsgrad

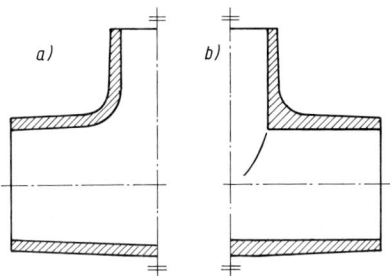

Bild 29.5 T-Stücke nach DIN 2615 T1,
verminderter Ausnutzungsgrad
a) Form A, b) Form B

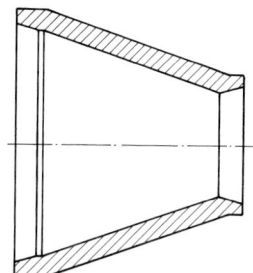

Bild 29.6 Reduzierstück nach DIN 2616 T2,
voller Ausnutzungsgrad, konzentrisch

2. Tempergußfittings

Bild 29.7 zeigt eine Auswahl der häufig vorkommenden Bauformen. Sie werden nach DIN 2950 ausschließlich als Gewindefittings aus GTW-40-05 (siehe Tab. A 9.2) hergestellt und für Gas- und Wasserinstallationen sowie im Heizungsanlagenbau angewendet. Geeignet sind sie für Flüssigkeiten bei Temperaturen bis 120 °C für Drücke bis 25 bar, über 120 bis 300 °C für Drücke bis 20 bar, für Luft, Gase und Brenngase bis PN 16. An den Enden ist Whitwort-Rohrgewinde 1/8″ bis 4″ nach DIN 2999 vorgesehen mit zylindrischem Innengewinde und kegligem Außengewinde, womit beim Verschrauben eine druckdichte Gewindeverbindung entsteht, deren Dichtwirkung erforderlichenfalls durch Hanf, Dichtpaste oder andere Dichtungsmittel verbessert werden kann.

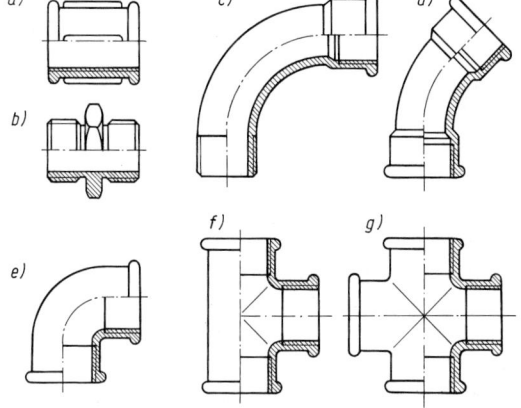

Bild 29.7 Temperguß-Rohrfittings nach DIN 2950
a) Muffe,
b) Nippel,
c) Bogen 90°,
d) Bogen 45°,
e) Winkel 90°,
f) T-Stück,
g) Kreuz

3. Kunststoffittings

Für Druckrohrleitungen aus PVC-U sind Rohrleitungsteile aus Spritzguß zum Kleben mit DIN 8063 genormt, und zwar im T1 Bogen, T6 Winkel, T7 T-Stücke und Abzweige, T9 Reduzierstücke. Einige Beispiele sind im Bild 29.8 dargestellt. Zum Einschweißen nach verschiedenen Kunststoff-Schweißverfahren gilt DIN 1692 für entsprechende Teile der Druckrohrleitungen aus PP und DIN 1693 für Rohrteile aus PE-HD.

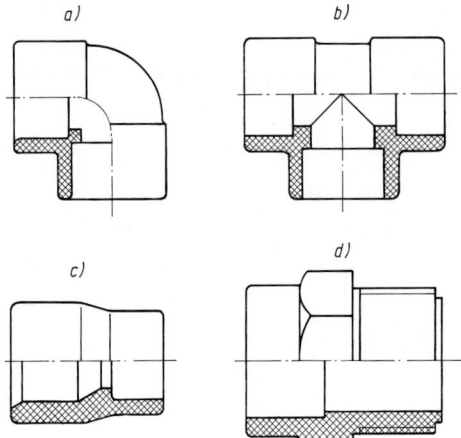

Bild 29.8 Klebfittings aus PVC-U nach DIN 8063
a) Winkel 90°, b) T-Stück, c) Reduzierstück,
d) Muffe mit einseitigem Außengewinde

Zu erwähnen sind noch **Lötfittings**, die besonders für Rohrleitungen aus Kupfer infrage kommen, siehe DIN 2856 und DIN 1786. Abmessungen für Rohrbogen 90° und 180° zum Einschweißen aus Kupfer enthält DIN 2607, aus Kupferknetlegierungen DIN 2608.

29.4   Rohrverbindungen

Man unterscheidet lösbare und unlösbare Rohrverbindungen. Unlösbar können Rohrleitungsteile durch Schweißen, Löten, Kleben, Walzen und Sicken verbunden werden. Lösbare Verbindungen sind u. a. Flanschverbindungen, Muffenverbindungen und Rohrverschraubungen. Rohrverbindungen müssen dicht sein und kostengünstig ausgeführt werden können.
Aus der Vielzahl der Verbindungsarten sollen hier nur die gebräuchlichsten erläutert werden:

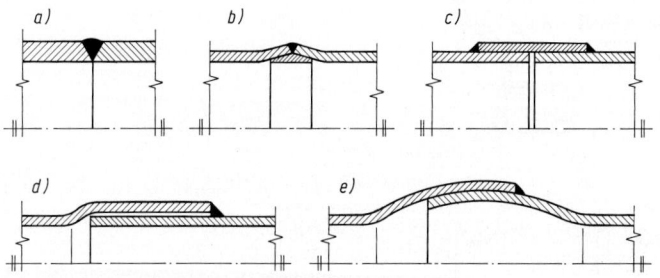

Bild 29.9 Rohrschweißverbindungen
a) Stumpfnaht, b) Stumpfnaht mit geweiteten Rohrenden und Einlegring, c) Kehlnähte und Überschieb-Schweißmuffe, d) Einsteck-Schweißmuffe, e) Kugel-Schweißmuffe

Tab. 29.7 Fugenformen nach DIN 2559 T1 für das Schmelzschweißen von Stumpfstößen an Stahlrohren

Werkstückdicke s in mm	Benennung	Symbol	Fugenformen im Schnitt	Winkel α Grad ≈	β	Stegabstand b	Steghöhe c	Flankenhöhe h	Wurzellage	weitere Lagen
≤ 3	I-Naht	‖		—	—	0 bis 3	—	—	SG, G	—
≤ 16	V-Naht	V		40 bis 60 für SG 60 für E und G	—	0 bis 3	—	—	E, SG, G	E, SG, G bis s = 10
				40 bis 60 für SG 60 für E und G	—	0 bis 4	≦ 2	—		
> 12	U-Naht	Y		—	8	0 bis 3	≦ 2	—		
	U-Naht auf V-Wurzel	Y		60	8	0 bis 3	—	≈ 4		E, Sg

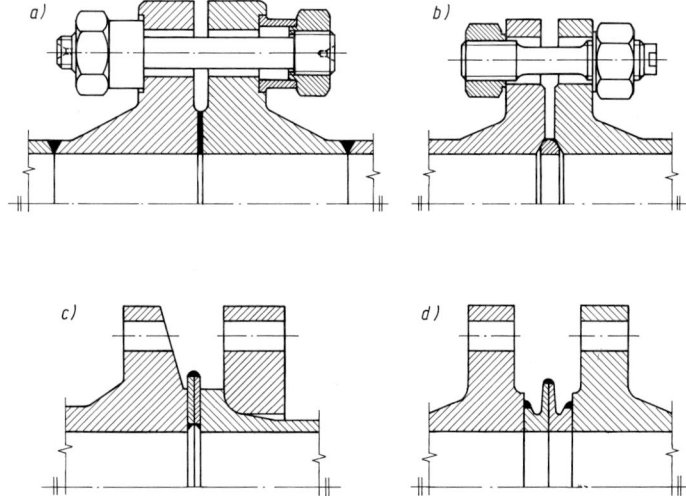

Bild 29.10 Flanschverbindungen
a) Vorschweißflansche mit Dehnschraube, Dehnhülse und Flachdichtung, b) angegossene Flansche mit Dehnschraube und Linsendichtung,   c) mit Membran-Schweißdichtung,   d) mit Schweißringdichtung

1. Schweißverbindungen

Vor allem bei Stahlrohren ist Schweißen die günstigste Verbindungsart. Schweißverbindungen gewährleisten bei fehlerfreier Nahtausführung absolute Dichtheit, erreichen die Festigkeit der verbundenen Rohre, sind platzsparend und lassen sich wirtschaftlich herstellen. Als Schweißverfahren kommen infrage: Lichtbogenschweißen mit Stabelelektrode (E), Gasschweißen (G) und Schutzgasschweißen, von den Schutzgasschweißverfahren das WIG-, das MIG- und das MAG-Schweißen (Beschreibung der Verfahren siehe Abschn. 4.1 Seite 37).

Wegen des optimalen Kraftflusses werden Stupfnähte bevorzugt. Abgestimmt mit DIN 8551 T1 enthält DIN 2559 T1 (siehe Tab. 29.7) Richtlinien für Fugenformen für das Schmelzschweißen von Stumpfstößen an Stahlrohren. Beispiele geschweißter Rohrverbindungen zeigt Bild 29.9. Für das Anpassen unterschiedlicher Innendurchmesser sind Richtlinien in DIN 2559 T2 bis 4 angegeben. Weitere Ausführungen über Schmelzschweißverbindungen (z. B. über Schweißzusätze, Schweißpositionen, Gütesicherung und Nahtdarstellung) sind im 4. Kapitel (Seite 40 und folgende) zu finden.

2. Flanschverbindungen

Sie sind die älteste Verbindungsart im Rohrleitungsbau. Wegen ihres hohen Gewichts und des großen Raumbedarfs wurden sie auf vielen Einsatzgebieten von den Schweißverbindungen

Tab. 29.8 Flanschnormenübersicht nach DIN 2500 (Auszug)

Flanschart	Bild	DIN-Nummern der Maßnormen für PN											
		1 2,5	6	10	16	25	40	64	100	160	250	320	400
Gußeisenflansch		2530	2531	2532	2533	2534	2535						
Stahlgußflansch					2543	2544	2545	2546	2547	2548	2549	2550	2551
Runder Gewindeflansch mit Ansatz			2565		2566		2567	2568	2569				
Glatter Flansch, gelötet oder geschweißt			2573	2576									
Vorschweißflansch		2630	2631	2632	2633	2634	2635	2636	2637	2638	2628	2629	2627
Loser Flansch mit Bund			2652	2653		2655	2656						
Loser Flansch mit Anschweiß- oder Vorschweißbund				2673						2667	2668	2669	

verdrängt und werden heute nur noch dort verwendet, wo nicht geschweißt werden kann (Platzmangel) oder darf (Explosionsgefahr) und wo ein leichter Ein- und Ausbau von Anlagenteilen (z. B. Armaturen, Pumpen, Behälter und dgl.) erforderlich ist. Hier sind sie jedoch nach wie vor von großer Bedeutung.

Eine Flanschverbindung besteht aus zwei Flanschen, Dichtung, Schrauben, Muttern und ggf. Unterlegescheiben, Dehnhülsen sowie anderen Zubehörteilen. Einige typische Flanschverbindungen sind in Bild 29.10 dargestellt. Die Bauarten und Ausführungsformen von Flanschen mit den dazugehörigen Teilen sind weitgehend genormt. Tab. 29.8 gibt eine Übersicht über einige Flanschnormen entspr. DIN 2500, Flanschverbindungen für Druckrohre aus duktilem Gußeisen siehe DIN 28 604 bis 28 607.

Bei Stahlrohren werden **Vorschweißflansche** am häufigsten verwendet. Abmessungen dieser Flansche nach DIN 2634 für den Nenndruck 25 sind in Tab. 29.9 wiedergegeben. Die Anschlußmaße (D, d_4, d_2, k) entsprechen DIN 2501. Durch die Maßnormen ist sichergestellt, daß Flansche gleicher Nennweite und gleichen Nenndruckes unabhängig von ihrer Bauart miteinander verbunden und gegeneinander ausgetauscht werden können. Das Verbinden von Rohren aller Werkstoffe (St, GG, NE-Metalle) ist dadurch möglich.

Die Anzahl der Schraubenlöcher ist bei runden Flanschen stets eine durch 4 teilbare Zahl. Die Schraubenlöcher sind zu den beiden Hauptachsen symmetrisch so anzuordnen, daß sie nicht auf diesen Achsen liegen. Schrauben, Muttern und Dehnhülsen für Verbindungen im Rohrleitungsbau werden in Abhängigkeit vom Nenndruck und der zulässigen Betriebstemperatur nach

Tab. 29.9 Abmessungen der Vorschweißflansche für PN 25 nach DIN 2634 (Auszug, Maße in mm)

DN	d_1	D	b	k	h_1	s	d_4	d_2	Schrauben Anzahl	Schrauben Gewinde
			Für Nennweiten 10 bis 150 sind Vorschweißflansche nach DIN 2635 Nenndruck 40 zu verwenden							
200	219,1	360	30	310	80	6,3	278	26	12	M 24
250	273	425	32	370	88	7,1	335	30	12	M 27
300	323,9	485	34	430	92	8	395	30	16	M 27
350	355,6	555	38	490	100	8	450	33	16	M 30
400	406,4	620	40	550	110	8,8	505	36	16	M 33
500	508	730	44	660	125	10	615	36	20	M 33
600	610	845	46	770	125	11	720	39	20	M 36
700	711	960	46	875	125	12,5	820	42	24	M 39
800	813	1085	50	990	135	14,2	930	48	24	M 45
900	914	1185	54	1090	145	16	1030	48	28	M 45
1000	1016	1320	58	1210	155	17,5	1140	56	28	M 52

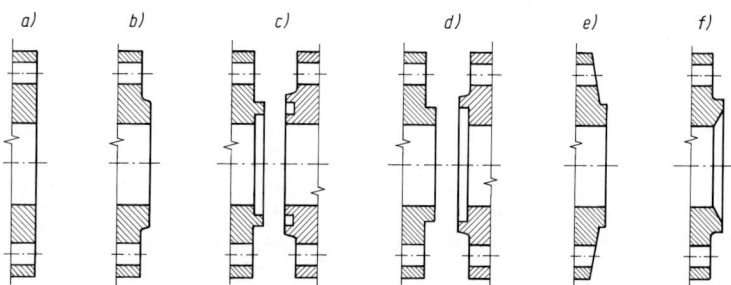

Bild 29.11 Ausführungsformen der Dichtflächen für Flanschverbindungen (Auszug aus DIN 2526)
         a) durchgehende Dichtfläche,   b) Dichtleiste,   c) Federflansch und Nutflansch nach DIN 2512,   d) Vor-
         sprungflansch und Rücksprungflansch nach DIN 2513,   e) Abschrägung für Membran-Schweißdichtung
         nach DIN 2695,   f) Eindrehung für Linsendichtung nach DIN 2096

DIN 2507 ausgewählten. Für hohe Drücke und Temperaturen sind Schraubenverbindungen
mit Dehnschaft nach DIN 2510 vorgeschrieben (siehe Bild 10.24 Seite 182, Schraubenberech-
nung nach den Abschn. 10.9 bis 10.14).
Zum Ausgleich der Unebenheiten an den Flanschberührungsflächen sind **Dichtungen** erforderlich. Sie müssen elastisch sein, ausreichende Festigkeit gegen den Anpreß- und den Innendruck
haben sowie Beständigkeit gegenüber der Temperatur und dem Medium in der Leitung
aufweisen. In DIN 2526 wurden verschiedene Formen von Dichtflächen für Flansche festgelegt
(Bild 29.11). Nach dem Dichtungsquerschnitt unterscheidet man Flach- und Profildichtungen
(Bilder 29.12 u. 29.13). Meistens werden Flachdichtungen (DIN 2690 bis 2699) verwendet als
   Weichstoffdichtungen, überwiegend aus It-Werkstoff nach DIN 3754 (Gummi-Asbest, aus
   Gründen des Gesundheits- und Umweltschutzes soll Asbest durch andere Stoffe ersetzt
   werden, z. B. durch Graphit),
   Metallweichstoffdichtungen, das sind Verbundkonstruktionen aus Stahlringen oder -bändern
   mit Füllstoff, z. B. gewellte Stahlblechdichtungen mit Schnurauflage (Bild 29.13c) und Spiral-
   dichtungen (Bild 29.13d), je nach Werkstoffkombination für hohe Drücke (PN 400) und hohe
   Temperaturen (bis 600 °C) geeignet (siehe Entw. DIN 2699),
   Metalldichtungen mit glatter oder kammprofilierter Oberfläche (Bild 29.13e) aus weichem
   Stahl, Edelstahl oder Kupfer (Stahlschweißringe siehe Bild 29.10c u. d).
Den Flanschverbindungen ähnlich sind Klammerverbindungen (Bild 29.14), die früher nur für
untergeordnete Zwecke eingesetzt wurden. Neuere Konstruktionen genügen auch höheren
Ansprüchen (z. B. in Pipelines). Die flanschförmigen Rohrenden werden durch zwei Klemmring-
hälften mittels tangential angeordneter Schrauben oder auf andere Weise gegeneinander-
gepreßt.

Eine **Festigkeitsberechnung** von Flanschverbindungen nach der Vornorm DIN 2505 (bzw. Entw. Apr. 1990) unter
Berücksichtigung der Verformung von Flanschen, Schrauben und Dichtungen ist für genormte Ausführungen

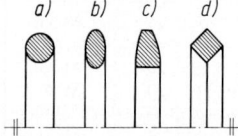

Bild 29.12 Profildichtungen
         a) Rund-, b) Oval-, c) Linsen-,
         d) Spitzkantdichtung

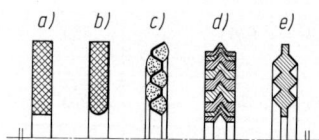

Bild 29.13 Dichtungen für ebene Flächen
         a) Flach-,   b) blechummantelte,
         c) Wellring-, d) Spiral-,
         e) kammprofilierte Dichtung

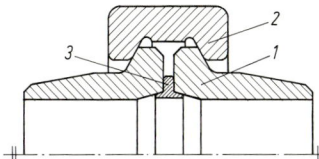

Bild 29.14 Prinzip einer Klammerverbindung
1 Schweißnippel, 2 Klemmring, 3 Dichtung

meistens nicht erforderlich, da bei diesen die Abmessungen an bestimmte Nenndrücke gebunden sind. Nachrechnungen im Bereich größerer Nennweiten haben jedoch ergeben, daß einige genormte Flansche nicht so hoch beansprucht werden können, wie in der Maßnorm angegeben. Es ist geplant, die Maßnormen auf internationaler Ebene der Berechnung nach DIN 2505 anzupassen. Im Entw. DIN 2401 T12 sind für Flanschverbindungen aus Stahl zulässige Betriebsüberdrücke in Verbindung mit der Betriebstemperatur, der Nennweite und dem Werkstoff für Flansche, Schrauben und Dichtungen angegeben.

3. Muffen- und Schraubverbindungen

Außer den unlösbaren Muffenverbindungen als Kleb-, Löt- und Schweißverbindungen (siehe Bild 29.9c, d u. e) gibt es eine Vielzahl von lösbaren Ausführungen. Für Druckrohre aus duktilem Gußeisen sind **Schraub-, Stopfbuchsen- und Steckmuffenverbindungen** genormt (Bild 29.15). Bei allen drei Bauarten wird das Abdichten durch Pressen eines Gummidichtringes bewirkt mittels eines Schraubringes (Bild 29.15a), eines durch Schraubenanzug bewegten Stopfbuchsenringes (Bild 29.15b) oder beim Einschieben des Rohrendes in die Muffenkammer (Bild 29.15c). Diese elastischen Muffenverbindungen sind unempfindlich gegen Längsverschiebungen und geringe Winkelabweichungen.

Mit **Gewindemuffen** und den im Abschnitt 29.3 beschriebenen Fittings (siehe Bild 29.7) werden Rohre mit Gewindeenden (Gewinderohre) starr verbunden. **Rohrverschraubungen** aus Stahl mit Flach- und mit Kegeldichtung sind in DIN 2993 genormt. Bauformen von Rohrverschraubungen zeigt Bild 29.16, eine Übersicht der Bauelemente-Normen für Drücke bis PN 630 und Rohr-außendurchmesser von 4 mm bis 42 mm gibt DIN 3850.

Die Abdichtung erfolgt bei der **Lötverschraubung** mit Kegel-Kugel-Dichtung (Bild 29.16d) unmittelbar zwischen der kegelförmigen Dichtfläche eines Lötnippels und der kugelförmigen der Buchse, bei der **lötlosen Rohrverschraubung** nach (Bild 29.16f) mittels eines Klemmringes (Demontage ohne axiale Verschiebung der Rohrenden möglich). Die Wirkung der **Schneidringverschraubung** (Bild 29.16e) beruht darauf, daß beim Anziehen der Überwurfmutter der mit einer Schneidkante versehene Schneidring in den Innenkonus des Stutzens gedrückt und vorn verjüngt wird, wobei er sich in das Rohrende einschneidet. Eine Demontage ohne Axialverschiebung der Rohrenden mit den Verbindungsteilen gestattet die Bauart mit Druckring für Stoßausführungen nach DIN 3867 (ähnlich Bild 29.16f). Die Anwendung lötloser Rohrverschraubungen erfordert Präzisionsrohre, vorzugsweise aus Stahl oder Kupfer.

Rohrverschraubungen aus nichtrostendem Stahl für Rohrleitungssysteme in der Lebensmittel-industrie siehe DIN 11851. Für Druckrohrleitungen aus Kunststoff sind Rohrverschraubungen in folgenden Normen festgelegt: für Rohre aus PVC-U in DIN 8062 T3, aus PP in DIN 1692 T13 und aus PE-HD in DIN 1393 T15.

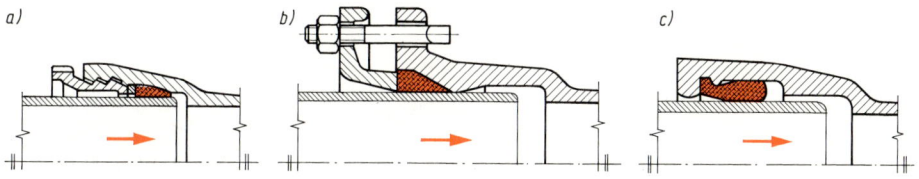

Bild 29.15 Muffenverbindungen
a) Schraubmuffe nach DIN 28601, b) Stopfbuchsenmuffe nach DIN 28602, c) Steckmuffe nach DIN 28603

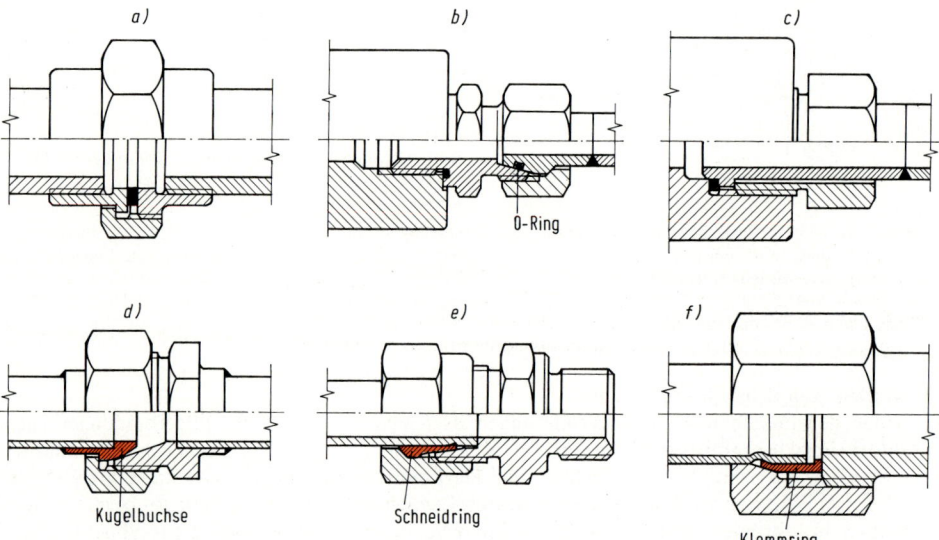

Bild 29.16 Rohrverschraubungen
a) nach DIN 2993 mit Flachdichtung,   b) mit Einschraubstutzen DIN 3901, Dichtkegel DIN 3865 und
0-Ring,   c) mit Überwurfschraube DIN 3871,   d) Lötverschraubung nach DIN 7601 mit Kugelbuchse
DIN 3863,   e) lötlose Schneidringsverschraubung nach DIN 2353,   f) lötlose Klemmringverschraubung

29.5 Dehnungsausgleicher

Durch Änderungen der Temperaturen des Rohrinhalts oder der Umgebung entstehen in Rohrleitungen Längenänderungen, die ausgeglichen werden müssen. Zweckmäßig ist eine elastische Ausführung der Rohrleitung möglichst so, daß der Dehnungsausgleich innerhalb des Leitungssystems durch Richtungsänderung von Rohrstrecken ohne besondere Bauteile erfolgen kann (Bild 29.17). Wenn eine derartige Kompensation der Längenänderung unwirtschaftlich oder z. B. aus Platzgründen nicht möglich ist, werden Dehnungsausgleicher (Kompensatoren) als zusätzliche Bauelemente in der Rohrleitung vorgesehen (Bild 29.18). Der Dehnungsausgleich muß zwischen zwei Festpunkten erfolgen, die möglichst an Armaturen liegen sollen.

U-Bogen-Dehnungsausgleicher (Bild 29.17c) sind wie *Lyra-Bogen-Ausgleicher* (Bild 29.18a) wartungsfrei und sehr betriebssicher, benötigen aber viel Platz. Sie werden mit glatten, gefalteten oder gewellten Rohren ausgeführt. Eine vor der Montage eingebrachte Vorspannung entgegen der Wärmedehnung verringert die Belastung der Festpunkte. Üblich sind 50% der zu erwartenden Kraft.

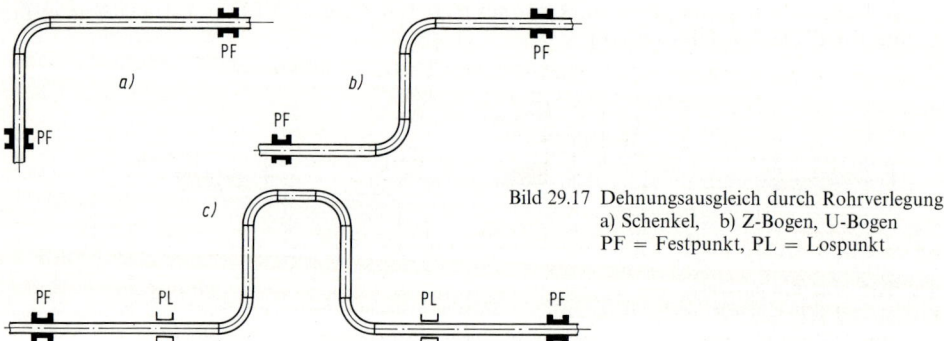

Bild 29.17 Dehnungsausgleich durch Rohrverlegung
a) Schenkel,   b) Z-Bogen, U-Bogen
PF = Festpunkt, PL = Lospunkt

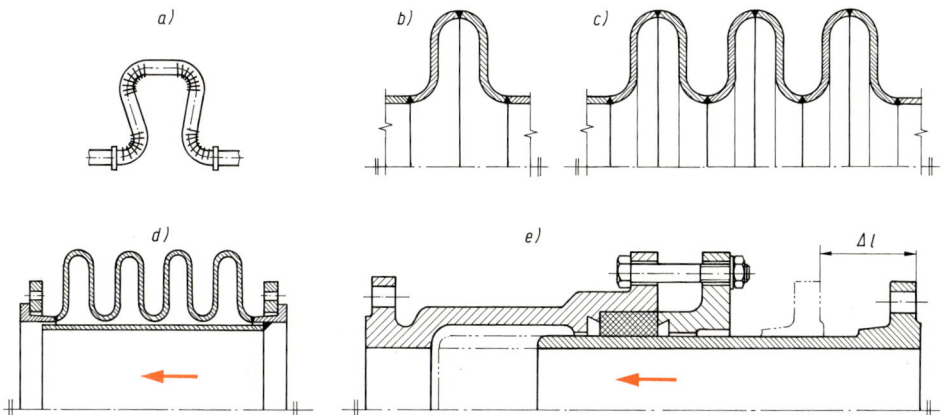

Bild 29.18 Dehnungsausgleich durch besondere Bauteile
a) Lyra-Bogen, b) Linsenausgleicher, c) Linsenbalg, d) Wellrohrausgleicher mit Leitrohr, e) Stopfbuchsen-Dehnungsausgleicher

Linsen- und Wellrohr-Dehnungsausgleicher sind ebenfalls wartungsfrei, ihr Platzbedarf ist gering.
Mehrere verschweißte Linsen, die aus zwei gepreßten und am Scheitel geschweißten Halbschalen
hergestellt werden (Bild 29.18 b), ergeben einen Linsenbalg (Bild 29.18 c). Er ist elastischer als
ein Wellrohrausgleicher, der aus Rohr gedrückt und gewalzt wird (ein- oder mehrlagig) und
ein kleineres Durchmesserverhältnis aufweist. Leitrohre verringern den Strömungswiderstand
(Bild 29.18 d). Über die von den Festpunkten aufzunehmenden Kräfte geben die Informationsunter-
lagen der Herstellerfirmen Auskunft, ebenso über Bauarten, die nicht nur in axialer, sondern auch
in anderer Richtung beweglich sind.

Stopfbuchsen-Dehnungsausgleicher (Bild 29.18 e), auch als Gleitrohr-Kompensator bekannt, sind
für große Axialdehnungen Δl geeignet, müssen aber überwacht und gewartet werden. Der
verschiebbare Teil, das Degenrohr mit glatter Oberfläche zur Verringerung des Reibungs-
widerstandes, gleitet im feststehenden Hülsrohr. Beide Rohre sind durch eine Stopfbuchse
gegeneinander abgedichtet. Die Dichtungspackung kann mit der Stopfbuchsenbrille nachgespannt
werden. Ein genaues Fluchten der angeschlossenen Rohrleitung und beidseitige Führungen sind
unbedingt erforderlich.

Die Berechnung von Dehnungsausgleichern ist recht aufwendig und der speziellen Fachliteratur
sowie den technischen Regelwerken zu entnehmen. Einige Grundlagen zur Längenänderung von
Rohrleitungen werden nachfolgend erläutert:
Bei einer Rohrstrecke von der Länge l beträgt die durch Temperaturänderung hervorgerufene

$$\textit{Verlängerung} \quad \Delta l = l \cdot \alpha \cdot \Delta \vartheta \tag{29.1}$$

l in mm   Rohrlänge,
α in 1/K   Wärmedehnungsbeiwert (Längenausdehnungskoeffizient) $= \alpha_A$ nach Tab. 9.4,
$\Delta \vartheta$ in K   Temperaturdifferenz nach Tab. 29.10, abhängig von der Betriebstemperatur ϑ_B, der höchsten
          Umgebungstemperatur $\hat{\vartheta}_U$ und der tiefsten $\check{\vartheta}_U$.

Tab. 29.10 Beziehungen für Temperaturdifferenzen
(nach *Wossog/Manns/Nötzold*, Handbuch für den Rohrleitungsbau)

Temperatur- differenz	Temperaturbereich		
	$\vartheta_B \geqq \hat{\vartheta}_U$	$\check{\vartheta}_U \geqq \vartheta_B \leqq \hat{\vartheta}_U$	$\vartheta_B \leqq \check{\vartheta}_U$
$\Delta \vartheta =$	$\vartheta_B - \check{\vartheta}_U$	$\hat{\vartheta}_U - \check{\vartheta}_U$	$\vartheta_B - \hat{\vartheta}_U$
$\Delta \vartheta_V =$	$\vartheta_M - \check{\vartheta}_U$	$\hat{\vartheta}_U - \vartheta_M$	$\vartheta_M - \hat{\vartheta}_U$

Die bei der Montage aufzubringende Vorspannung entsteht durch die Vorspannlänge $l_V = f_V \cdot \Delta l - l \cdot \alpha \cdot \Delta \vartheta_V$. Der Vorspannfaktor f_V gibt den Prozentsatz der Vorspannung an. Mit Δl nach Gleichung 29.1 erhält man daraus die erforderliche

$$\text{Vorspannlänge } \quad l_V = l \cdot \alpha(f_V \cdot \Delta\vartheta - \Delta\vartheta_V) \tag{29.2}$$

f_V	Vorspannfaktor $= 1$ bei 100%, $= 0{,}5$ bei 50%, $= 0$ bei 0% Vorspannung,
$\Delta\vartheta_V$ in K	Temperaturdifferenz zwischen Umgebungs- und Montagetemperatur ϑ_M nach Tab. 29.10,
$l, \alpha, \Delta\vartheta$	siehe Legende zur Gl. 29.1.

Die Rohrleitung muß bei positiven l_V-Werten gezogen, bei negativen gedrückt werden. Unter bestimmten Temperaturverhältnissen kann eine Rohrleitung vorgespannt sein, ohne daß sie gezogen oder gedrückt wurde (siehe Beispiel 29.2).

In einer fest eingespannten geraden Rohrleitung kommt es infolge der Erwärmung zur axialen Wärmespannung $\sigma = E \cdot \alpha \cdot \Delta\vartheta$, aus der sich mit $\sigma = F/A$ die von den Festpunkten aufzunehmende und von der Rohrlänge unabhängige Rohrkraft näherungsweise errechnen läßt:

$$\text{axiale Rohrkraft} \quad F_a \approx E \cdot A \cdot \alpha \cdot \Delta\vartheta \tag{29.3}$$

F_a in N	auf die Festpunkte wirkende Rohrkraft,
E in N/mm^2	Elastizitätsmodul des Rohrwerkstoffs (Tab. 9.4),
A in mm^2	Rohrwandquerschnittsfläche $= (d_a - s) \cdot \pi \cdot s$ mit Außendurchmesser d_a und Wanddicke s,
$\alpha, \Delta\vartheta$	siehe Legende zur Gl. 29.1.

Beispiel 29.1

Eine $l = 50$ m lange Rohrleitung aus Rohr DIN 2448 $-$ St 35 $-$ 168,3 $\times$ 4,5 (siehe Tab. A 4.19) soll in einem Fabrikgebäude mit 50% Vorspannung bei einer Montagetemperatur $\vartheta_M = 25\,°C$ eingebaut werden. Es betragen die Betriebstemperatur $\vartheta_B = 60\,°C$, die tiefste Umgebungstemperatur $\vartheta_U = 20\,°C$ und die höchste $\vartheta_U = 30\,°C$. Zu errechnen sind die Verlängerung Δl, die Vorspannlänge l_V und axiale Rohrkraft F_a.

Lösung:

1. Verlängerung Δl

Aus Tab. 9.4 folgt $\alpha = 11 \cdot 10^{-6}\,K^{-1}$. Nach Tab. 29.10 ist mit der Temperaturdifferenz $\Delta\vartheta = \vartheta_B - \vartheta_U = (60 - 20)\,°C = 40$ K zu rechnen (Bereich $\vartheta_B \geqq \vartheta_U$). Damit beträgt nach Gl. 29.1:

$$\Delta l = l \cdot \alpha \cdot \Delta\vartheta = 50 \cdot 10^3 \text{ mm} \cdot 11 \cdot 10^{-6}\,K^{-1} \cdot 40 \text{ K} = 22 \text{ mm}.$$

2. Vorspannlänge l_V

Mit dem Vorspannfaktor $f_V = 0{,}5$ und der Temperaturdifferenz $\Delta\vartheta_V = \vartheta_M - \vartheta_U = (25 - 20)\,°C = 5$ K nach Gl. 29.2:

$$l_V = l \cdot \alpha(f_V \cdot \Delta\vartheta - \Delta\vartheta_V) = 50 \cdot 10^3 \text{ mm} \cdot 11 \cdot 10^{-6}\,K^{-1} (0{,}5 \cdot 40 - 5)\,K = 8{,}25 \text{ mm}.$$

Um diesen Betrag muß die Rohrleitung gezogen werden.

3. Axiale Rohrkraft F_a

Nach Gl. 29.3, in die der Elastizitätsmodul $E = 210000$ N/mm^2 (Tab. 9.4) und die Rohrwandquerschnittsfläche $A = (d_a - s)\,\pi \cdot s = (168{,}3 - 4{,}5)$ mm $\cdot \pi \cdot 4{,}5$ mm $= 2315{,}7$ mm^2 einzusetzen sind:

$$F_a \approx E \cdot A \cdot \alpha \cdot \Delta\vartheta = 210000 \text{ N/mm}^2 \cdot 2315{,}7 \text{ mm}^2 \cdot 11 \cdot 10^{-6}\,K^{-1} \cdot 40 \text{ K} \approx 214 \text{ kN}.$$

Beispiel 29.2

Eine 100 m lange Außenrohrleitung aus Stahl ohne Dämmung mit einer Betriebstemperatur von 30 °C soll bei 16 °C Außentemperatur mit einer Vorspannung von 55% montiert werden. Die tiefste Umgebungstemperatur beträgt -20 °C, die höchste 60 °C. Welche Vorspannlänge ist erforderlich?

Lösung:
In Gleichung 29.2 sind einzusetzen: $l = 100 \cdot 10^3$ mm, $\alpha = 11 \cdot 10^{-6}$ K^{-1} nach Tab. 9.4, $f_V = 0{,}55$,
$\Delta\vartheta = \vartheta_U - \vartheta_U = 60\,°C - (-20)\,°C = 80$ K und $\Delta\vartheta_V = \vartheta_U - \vartheta_M = (60 - 16)\,°C = 44$ K nach Tab. 29.10 für
den Bereich $\vartheta_U < \vartheta_B < \vartheta_U$. Damit ergibt sich die erforderliche Vorspannlänge

$$l_V = l \cdot \alpha(f_V \cdot \Delta\vartheta - \Delta\vartheta_V) = 100 \cdot 10^3 \text{ mm} \cdot 11 \cdot 10^{-6} \text{ K}^{-1} (0{,}55 \cdot 80 - 44)\text{ K} = 0 \text{ mm},$$

d. h. diese Rohrleitung gilt als 55% vorgespannt, ohne daß eine Vorspannung bei der Montage aufgebracht
werden muß.

29.6   Rohrhalterungen

Sie haben die Aufgabe, die Gewichtskraft der Rohrleitung mit Inhalt, Kräfte aus temperatur-
bedingten Längenänderungen sowie betriebsbedingte Momente und Kräfte (z. B. Reaktionskräfte
durch Umlenkung und Geschwindigkeitsänderung des strömenden Mediums, an Austrittsöffnun-
gen und Sicherheitsventilen) aufzunehmen und über Stützen, Konsole oder Aufhängungen in die
Bauwerksteile einzuleiten. In den Bildern 29.19 bis 29.21 sind einige Ausführungsbeispiele
dargestellt.
Festpunkte verhindern eine Verschiebung der Rohrleitung (Bild 29.19). Das Rohr wird (wie beim
Festlager einer Welle, jedoch ohne drehbar zu sein) fest eingespannt, so daß Kräfte und Momente
von der Halterung übertragen werden können. Sie müssen deshalb entsprechend starr sein, werden
aber auch zur Verringerung der Rohrbeanspruchung beweglich oder nur in einer Richtung wirkend
ausgeführt.

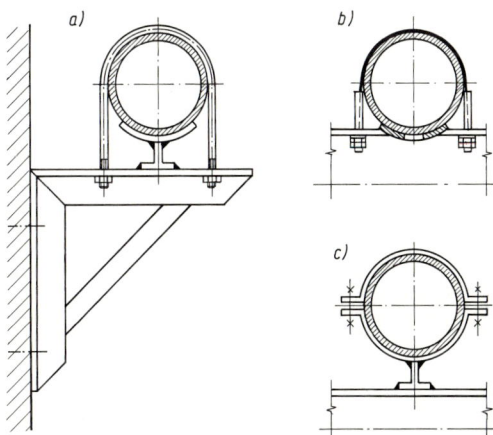

Bild 29.19 Festpunkte für Rohrleitungen
a) Verschraubung mit U-förmigem
   Rundstahlbügel auf Konsole,
b) Bänder mit Gewindeenden,
c) Befestigung mit Rohrschelle

Führungen (Lospunkte) für Rohrleitungen nehmen (wie Loslager bei Achsen und Wellen) die
Gewichtskraft und andere Kräfte senkrecht zur Führungsebene auf und lassen Verschiebungen
in Richtung der Rohrachse zu (Bild 29.20), wobei der Reibungswiderstand möglichst gering sein
soll. Dies wird durch geeignete Gleitflächen (z. B. aus Kunststoff) oder durch Wälzlagerung erreicht.
Bei lotrecht verlegten Rohrsträngen dienen Lospunkte auch zur Verringerung der freien Knicklänge
zwecks Einhaltung einer vorgeschriebenen Knicksicherheit.
Stützen und **Konsole** werden meistens als Schweißkonstruktionen sowohl für die Aufnahme von
Festpunkt- als auch von Lospunkthalterungen ausgeführt.
DIN 11481 enthält Richtlinien für die Verlegung von Rohrleitungen in Molkereibetrieben und
Beispiele für Rohrbefestigungen und -aufhängungen.

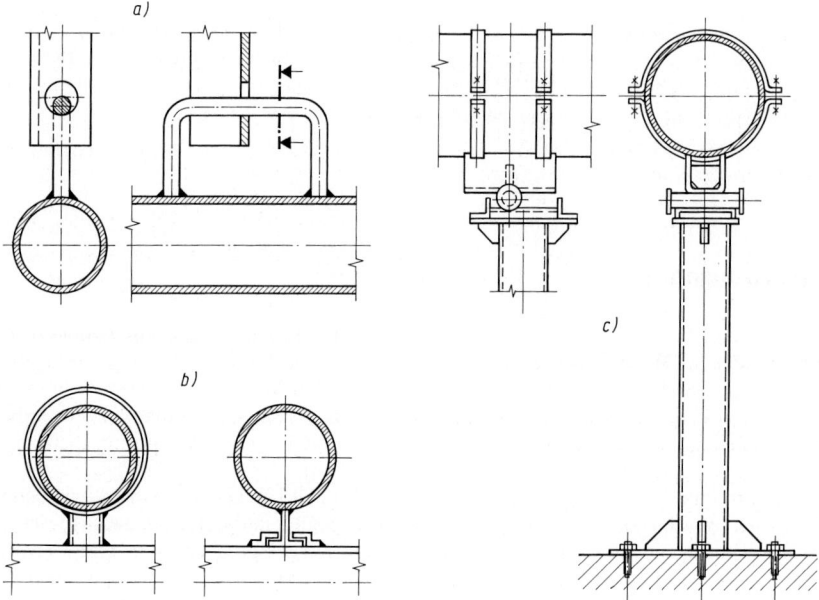

Bild 29.20 Rohrführungen (Lospunkte)
    a) Aufhängung mit angeschweißtem Rundstahlbügel,   b) Gleitführungen,   c) Rollenlagerung auf einer
    Stütze

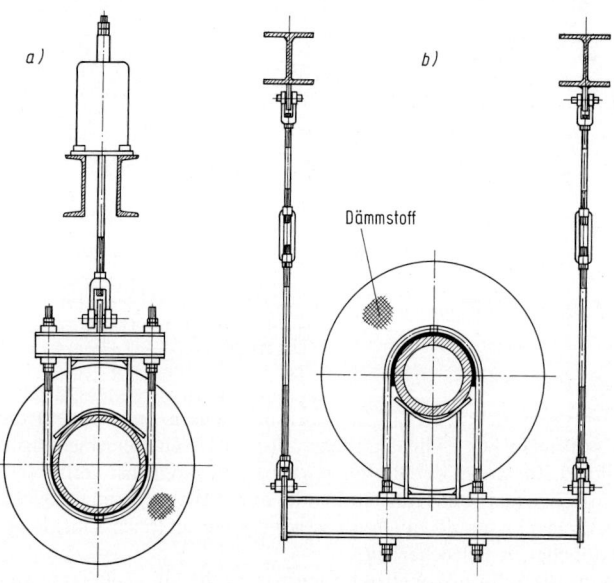

Bild 29.21 Rohraufhängungen
    (nach LENTJES Anlagen- und Rohrleitungsbau, Ratingen)
    a) Einzelaufhängung mit Federung,   b) Doppelaufhängung mit Fußtraverse

Aufhängungen werden in verschiedenen Bauarten für waagerechte, geneigte oder lotrechte Rohrstränge hergestellt (Bild 29.21). Sie können das Rohrgewicht tragen, sind in gewissen Grenzen beweglich und ermöglichen die Einstellung eines Gefälles. Genormte Bauelemente sind u. a. Rohrschellen nach DIN 3567, Klemmplatten nach DIN 3568, Rundstahlbügel nach DIN 3570, Hängeanker nach DIN 3575, Trägerklauen nach DIN 3576.

Durch den Einbau von Federn können Aufhängungen erforderlichenfalls nachgiebig gemacht werden. Mit sogenannten *Konstanthängern* wird über ein Kniehebelsystem mittels Druckfeder die Aufhängekraft in Abhängigkeit von der Rohrdehnung konstant gehalten.

Der Abstand von Rohrhalterungen, die **Stützweite,** hängt im wesentlichen ab vom Rohrwerkstoff, den Rohrabmessungen, dem Durchflußstoff, der Isolierung und den Betriebsbedingungen (Druck, Temperatur). Die Rohrhersteller geben in ihren Unterlagen Richtwerte an.

29.7 Darstellung von Rohrleitungen

Im allgemeinen werden nur schwierige Rohrleitungssysteme und -bauteile in technischen Zeichnungen ausführlich dargestellt. Meistens wendet man eine axonometrische, vereinfachte Darstellung an, wobei die isometrische Projektion (siehe DIN 5) bevorzugt wird, ggf. auf Zeichnungsvordrucken nach DIN 2428.

Für Rohrleitungen, Armateuren und Stellenantriebe sind in DIN 2429 **graphische Symbole** festgelegt (Tab. 29.11), die Teile oder Funktionen darstellen, wie sie allgemein in Rohrleitungssystemen vorkommen. Ihre Lage in der Zeichnung entspricht dem Verlauf der Leitung. Mit diesen Symbolen ist es möglich, Rohrleitungen einheitlich, klar und einfach darzustellen. In Bild 29.22 wird ein Ausschnitt aus einer Rohrleitungszeichnung in isometrischer Projektion wiedergegeben.

Zur eindeutigen und schnellen Verständigung zwischen Planungs- und Montagefirmen und den Rohrleitungsbetreibern wurden in DIN 2406 für Rohrleitungen Kurzzeichen und Rohrklassen festgelegt. Für die Zeichnungserstellung einschließlich Rohrleitungsberechnung auf EDV-Anlagen können von den einschlägigen Software-Anbietern umfangreiche Computerprogramme bezogen werden.

Tab. 29.11 Graphische Symbole für Rohrleitungen nach DIN 2429 T2 (Auszug)

Symbol	Benennung	Symbol	Benennung	Symbol	Benennung
	Grundleitung mit Angabe der Fließrichtung		Schiebemuffe		Stellantrieb mit Elektromagnet
	Grundleitung mit Begleitheizung oder -kühlung		Absperrarmatur, allgemein		Stellantrieb, handbetätigt
	Flanschverbindung		Absperrventil		Stellantrieb mit Federkraft
	Klammerverbindung		Absperrhahn		
	Schraubverbindung		Absperrklappe		Stellantrieb mit Membrane
	Einsteckmuffe		Rückschlagklappe		
	Schweiß- oder Lötverbindung		Stellantrieb mit rotierendem System allgemein		Stellantrieb mit Gewicht
	Reduzierung				Stellantrieb mit Schwimmer
	Wellrohr-Kompensator		Stellantrieb mit Elektromotor		
	Lyra-Kompensator		Stellantrieb mit Kolben		Kondensatableiter, allgemein

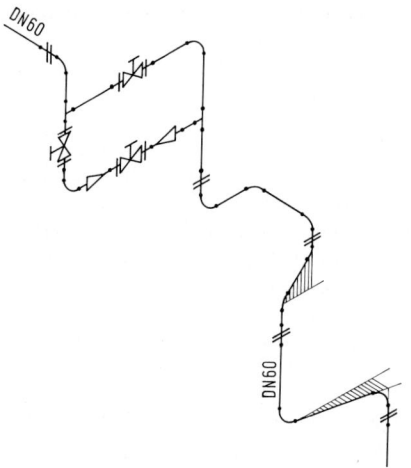

Bild 29.22 Rohrleitungszeichnung in isometrischer Projektion (vereinfachter Ausschnitt)

29.8 Berechnung von Rohrleitungen

Von den zahlreichen Berechnungen, die für ein Rohrleitungssystem insgesamt erforderlich sind und zum Teil bereits angedeutet wurden (Flanschverbindungen, Dehnungsausgleicher, Rohrhalter, Stützweiten), können im Rahmen dieses Lehrbuches nur die wichtigsten erläutert werden. Das sind

1. die Berechnung des erforderlichen **Rohrinnendurchmessers,** von dem auf Grund des zu fördernden Volumenstromes und einer wirtschaftlichen Fördergeschwindigkeit üblicherweise bei der Planung einer Rohrleitungsanlage ausgegangen wird,
2. die Ermittlung der **Rohrleitungsverluste** als Reibungs-, Strömungs- und Druckverluste, die den Energiebedarf wesentlich bedingen,
3. die Bestimmung oder Überprüfung (Festigkeitskontrolle) der **Rohrwanddicke,** für die vor allem der innere Überdruck und das Werkstoffverhalten ausschlaggebend sind.

Für Rohrleitungen zur Beförderung von Dampf, Heißwasser oder heißen Gasen ist außerdem die Berechnung der **Wärmeverluste** von Bedeutung. Diese Verluste, auf die hier nicht näher eingegangen wird, kann man bei gut isolierten Leitungen im ersten Berechnungsansatz vernachlässigen.

1. Rohrinnendurchmesser

Bei Rohrleitungsberechnungen in der Praxis ist die Durchflußmenge meistens bekannt. Sie wird als Volumenstrom $\dot{V}$ oder als Massenstrom $\dot{m} = \dot{V} \cdot \varrho$ angegeben. Für kreisförmige Rohre mit

Tab. 29.12 Richtwerte für die mittlere Strömungsgeschwindigkeit w

Durchflußstoff Art der Leitung	w in m/s	Durchflußstoff Art der Leitung	w in m/s
Wasser		**Luft**	
Saugleitung zu Pumpen	0,5 … 1,5	Warmluftleitung	0,8 … 1,0
Druckleitung von Pumpen	1,5 … 3,0	Druckluftleitung	3,0 … 20
Brauchwasserverteilung	0,4 … 2,0		
Trinkwasser in Gebäuden	0,5 … 1,5	**Gas**	
Kraftwerksleitung	1,5 … 6,0	Haushaltleitung	0,5 … 1,0
Wasserturbinenleitung	2,0 … 7,0	Hochdruckleitung	5 … 15
Preßwasserleitung	10 … 30	Fernleitung	20 … 60
Dampf		**Öl**	
Sattdampfleitung	20 … 40	Schmierölleitung	0,5 … 1,0
Frischdampfleitung	40 … 60	Fernleitung	1,5 … 2,0

dem Durchflußquerschnitt $A_i = d_i^2 \cdot \pi/4$ und inkompressible Durchflußstoffe mit konstanter Dichte ϱ und der mittleren Strömungsgeschwindigkeit w beträgt nach der *Kontinuitätsgleichung* der konstante

$$\text{Volumenstrom} \quad \dot{V} = \frac{\dot{m}}{\varrho} = \frac{d_i^2 \cdot \pi}{4} w \tag{29.4}$$

In Wirklichkeit ist die Strömungsgeschwindigkeit (üblich sind auch die Formelzeichen c und u) über dem Rohrinnenquerschnitt A_i nicht konstant. Für praktische Berechnungen wird ein Mittelwert als konstant angenommen und auf Grund von Erfahrungen in Abhängigkeit vom Einsatzgebiet und dem Durchflußmedium so gewählt, daß die Herstellungs- und die Betriebskosten der Rohrleitung möglichst niedrig sind (Richtwerte siehe Tab. 29.12).
Mit der so gewählten Geschwindigkeit und dem vorgegebenen Volumenstrom oder Massenstrom folgt aus Gl. 29.4 für kreisförmige Rohre der

$$\text{Rohrinnendurchmesser} \quad d_i = \sqrt{\frac{4 \cdot \dot{V}}{\pi \cdot w}} = \sqrt{\frac{4 \cdot \dot{m}}{\pi \cdot \varrho \cdot w}} \tag{29.5}$$

d_i in m   Innendurchmesser des Rohres,
$\dot{V}$ in m³/s   Volumenstrom,
$\dot{m}$ in kg/s   Massenstrom,
w in m/s   mittlere Strömungsgeschwindigkeit des Durchflußstoffes (Richtwerte nach Tab. 29.12),
ϱ in kg/m³ Dichte des Durchflußstoffes (Druck- und Temperaturabhängigkeit beachten, Anhaltswerte siehe Tab. 29.13).

Danach wird der vorläufige Rohrinnendurchmesser nach den Normen für Rohre bestimmt. Die endgültige Festlegung erfolgt unter Berücksichtigung der Rohrleitungsverluste.

Kleine Rohrdurchmesser bedeuten kleine Armaturen, geringen Aufwand für Halterungen, Anstrich, Isolierung usw., aber eine hohe Strömungsgeschwindigkeit, somit hohe Druckverluste und einen größeren Aufwand für Energie, Pumpen und dgl. In Rohrleitungsanlagen mit unterschiedlichen Durchmessern ist die Strömungsgeschwindigkeit möglichst konstant zu halten zwecks Vermeidung von Impulskräften, die durch Beschleunigung und Verzögerung des Durchflußmediums auftreten.

Tab. 29.13 Dichte ϱ und kinematische Viskosität v einiger Flüssigkeiten und Gase bei der Temperatur ϑ

Stoff	ϑ °C	ϱ kg/m³	v 10^{-6} m²/s	Stoff	ϑ °C	ϱ kg/m³	v 10^{-6} m²/s
Wasser bei 1 bar	0	999,8	1,792	Wasserdampf bei 0,981 bar	100	0,578	22,1
	10	999,6	1,297		200	0,452	36,8
	20	998,2	1,004		300	0,372	54,1
	30	995,6	0,801		400	0,316	74,4
	40	992,2	0,658				
	60	983,2	0,474	Luft bei 0,981 bar	−50	1,533	9,5
	80	971,8	0,365		0	1,251	13,6
					50	1,057	18,6
Schmieröl bei 1,013 bar	20	871	15,0		100	0,916	23,8
	40	858	7,93		200	0,722	35,9
	60	845	4,95		400	0,508	64,8
	80	832	3,4				
				bei 5 bar	20	6,99	2,61
Erdöl (Iran)	10	895	700				
	30	880	25	Erdgas bei 1,013 bar	10	0,84	14,2
	50	868	12				

Beispiel 29.3

Der Rohrinnendurchmesser einer Wasserleitung aus nahtlosem Stahlrohr nach DIN 2448 soll für einen Volumenstrom von 60 m³/h bestimmt werden.

Lösung:
Mit dem gegebenen Volumenstrom $\dot{V} = 60\ \text{m}^3/\text{h} = 60\ \text{m}^3/3600\ \text{s} = 0{,}0167\ \text{m}^3/\text{s}$ und einer üblichen Strömungsgeschwindigkeit $w = 2{,}5\ \text{m/s}$ (Tab. 29.12) erhält man nach Gl. 29.5 den vorläufigen Rohrinnendurchmesser

$$d_\text{i} = \sqrt{\frac{4 \cdot \dot{V}}{\pi \cdot w}} = \sqrt{\frac{4 \cdot 0{,}0167\ \text{m}^3/\text{s}}{\pi \cdot 2{,}5\ \text{m/s}}} = 0{,}092\ \text{m} = 92\ \text{mm}.$$

Dafür wäre nach DIN 2448 (siehe Tab. A 4.19) z. B. folgendes Rohr geeignet: $101{,}6 \times 3{,}6$ mit $d_\text{i} = 94{,}4$ mm. Die endgültige Festlegung erfolgt erst nach Ermittlung der Rohrleitungsverluste (Beispiel 29.4) und Überprüfung der Wanddicke (29.5).

2. Rohrleitungsverluste

Beim Transport einer Flüssigkeit oder eines Gases durch eine Rohrleitung treten infolge der Reibung an der Rohrinnenwand, der Strömungswiderstände in Rohrleitungsbauteilen (Krümmer, Abzweigungen, Armaturen und dgl.) und wegen der inneren Reibung Energieverluste auf, die von Pumpen oder Verdichtern aufgebracht werden müssen. In Fernleitungen können diese Verluste sehr erheblich und für den gesamten Energieaufwand ausschlaggebend sein.

Neben anderen Einflußgrößen sind die Rohrleitungsverluste überwiegend abhängig von der Länge der Rohrleitung, ihrem Innendurchmesser, der Oberflächenbeschaffenheit der Rohrinnenwand, der Strömungsgeschwindigkeit sowie von der Dichte und der Viskosität oder Zähigkeit des durchfließenden Mediums. Außerdem spielen die Änderung der Dichte und der Viskosität von Flüssigkeiten in Abhängigkeit von der Temperatur eine Rolle. Bei Gasen kommt noch die starke Abhängigkeit vom Druck hinzu. Es würde im Rahmen dieses Buches zu weit führen, auf die umfangreichen theoretischen Grundlagen dieser Zusammenhänge einzugehen, weshalb auf die spezielle Fachliteratur hingewiesen wird.

In der Praxis der Rohrleitungsberechnung werden die Verluste vorzugsweise als **Druckverluste** Δp erfaßt. In einer **geraden Rohrleitung** mit konstantem Innendurchmesser und inkompressiblem Durchflußstoff beträgt der

$$\text{Druckverlust} \quad \Delta p_\text{R} = \lambda\, \frac{l}{d_\text{i}} \cdot \frac{\varrho}{2}\, w^2 \tag{29.6}$$

Δp_R in Pa   Druckverlust in einer geraden kreisförmigen Rohrleitung ohne Einbauten
                $(1\ \text{Pa} = 1\ \text{N/m}^2 = 1\ \text{kg} \cdot \text{s}^{-2}/\text{m})$,
λ Rohrreibungszahl, siehe nachfolgende Erläuterung,
l in m   Länge der Rohrleitung,
d_i in m   Rohrinnendurchmesser,
ϱ in kg/m³   Dichte des Durchflußstoffes (Tab. 29.13),
w in m/s   Strömungsgeschwindigkeit.

Für die **Rohrreibungszahl** λ ist die Strömungsform maßgebend, die nach einer dimensionslosen Strömungskennzahl, der **Reynolds-Zahl**, bestimmt wird. Diese Kennzahl hängt vom Rohrinnendurchmesser, von der Strömungsgeschwindigkeit, der Dichte und der dynamischen Viskosität η bzw. der kinematischen Viskosität $v = \eta/\varrho$ ab (siehe hierzu auch die Abschnitte 16.3 Seite 331 und 17.7 Seite 361). Damit ergibt sich die

$$\text{Reynolds-Zahl} \quad Re = \frac{d_\text{i} \cdot w \cdot \varrho}{\eta} = \frac{d_\text{i} \cdot w}{v} \tag{29.7}$$

d_i, w, ϱ siehe Legende zur Gl. 29.6,
η in Pa · s   dynamische Viskosität $(1\ \text{Pa} \cdot \text{s} = 1\ \text{kg} \cdot \text{m}^{-1} \cdot \text{s}^{-1})$,
v in m²/s   kinematische Viskosität nach Tab. 29.13.

Versuche ergaben, daß bis zur *kritischen Reynolds-Zahl* $Re_\text{k} \approx 2300$ eine **laminare Rohrströmung** (auch Schichtströmung genannt, da die Flüssigkeitsteilchen in geordneten Schichten aneinander gleiten) auftritt, wobei $\boldsymbol{\lambda = 64/Re}$ beträgt.

Bei den in Rohrleitungsanlagen üblichen Durchmessern und Geschwindigkeiten liegt fast immer **turbulente Rohrströmung** mit $Re > 2300$ vor (auch Wirbelströmung genannt, da sich die Flüssigkeitsteilchen sehr unregelmäßig fortbewegen). Die Rohrreibungszahl λ hängt bei dieser Strömungsform außer von Re wesentlich von der Rauhigkeit der Rohrinnenwandfläche ab. Anhaltswerte für die **absolute Rauhigkeit k** verschiedener Rohrarten enthält Tab. 29.14. Für die Berechnung von λ im turbulenten Bereich wurden verschiedene Gleichungen entwickelt, die sehr aufwendig sind. Deshalb werden Diagramme bevorzugt, vorwiegend das λ, *Re*-**Diagramm** (Bild 29.23), aus dem λ in Abhängigkeit von Re und von der **relativen Rauhigkeit k/d_i** mit ausreichender Genauigkeit entnommen werden kann.

Außer geraden Rohrstücken mit konstantem Durchmesser befinden sich in Rohrleitungsanlagen verschiedene Einbauteile wie Armaturen, Rohrkrümmer, -verengungen, -abzweigungen usw., die zusätzliche Strömungsverluste bewirken. Diese **Zusatzverluste durch Rohrleitungseinbauteile** werden erfaßt mit dem

$$\textit{Druckverlust} \quad \Delta p_E = \sum \zeta \cdot \frac{\varrho}{2} \, w^2 \tag{29.8}$$

Δp_E	in Pa	Druckverlust durch Rohrleitungseinbauteile,
ζ		Verlustzahl, siehe nachfolgende Erläuterung,
ϱ, w		siehe Legende zur Gl. 29.6.

Die **Widerstandszahl** oder **Verlustzahl** ζ zur Erfassung der Verluste durch Einbauteile ist eine dimensionslose Kennzahl, die meistens empirisch ermittelt wird und nur für das betreffende Einbauteil gilt. Anhaltswerte für einige Arten von Einbauteilen enthält Tab. 29.15. Weitere Werte sind den Herstellerunterlagen und der speziellen Fachliteratur zu entnehmen.

Mit Gl. 29.8 werden nur die zusätzlichen Verluste durch die Einbauteile erfaßt, nicht aber die Strömungsverluste nach Gl. 29.6. In diese Gleichung ist deshalb die gesamte Rohrleitungslänge einschl. der Längen von Armaturen, Krümmern usw. einzusetzen.

Bei Rohrleitungen mit Anstieg oder Gefälle ist auch die durch den **geodätischen Höhenunterschied** ΔH bedingte Druckänderung $\Delta p_H = \Delta H \cdot \varrho \cdot g$ zu berücksichtigen. Die Summe aller einzelnen Druckverluste $\Delta p_R + \Delta p_E + \Delta p_H$ ergibt den *gesamten*

$$\textit{Druckverlust} \quad \Delta p = \left(\lambda \, \frac{l}{d_i} + \sum \zeta \right) \frac{\varrho}{2} \, w^2 \pm \Delta H \cdot \varrho \cdot g \tag{29.9}$$

λ		Rohrreibungszahl nach Bild 29.25,
l	in m	Rohrleitungslänge einschl. Einbauten,
d_i	in m	Rohrinnendurchmesser,
ζ		Verlustzahl (Tab. 29.15),
ϱ	in kg/m³	Dichte des Durchflußstoffes (Tab. 29.13),
w	in m/s	Strömungsgeschwindigkeit (Tab. 29.12 oder aus Gl. 29.4),
ΔH	in m	Höhenunterschied zwischen Anfang und Ende der Rohrleitung (bei waagerechter Leitung ist $\Delta H = 0$),
g	in m/s²	Fallbeschleunigung $= 9,81 \ \text{m/s}^2$.

Das Plus-Zeichen vor ΔH gilt für ansteigende, das Minus-Zeichen für abfallende Rohrleitungen. Bei Anlagen mit unterschiedlichen Rohrdurchmessern sind die Verluste für jede Teilstrecke mit konstantem Durchmesser gesondert zu errechnen und zum Gesamtverlust zu addieren.

Mit dem Druckverlust Δp und dem Volumenstrom $\dot{V}$ erhält man die

$$\textit{Verlustleistung} \quad P_v = \dot{V} \cdot \Delta p \tag{29.10}$$

P_v	in W	von Pumpe oder Verdichter aufzubringende Verlustleistung (1 W = 1 Nm/s),
$\dot{V}$	in m³/s	Volumenstrom (Gl. 29.4),
Δp	in Pa	Gesamtdruckverlust nach Gl. 29.9.

Am Anfang einer Verlustberechnung ist erst die Raynolds-Zahl zu ermitteln, nach der sich die Strömungsform ergibt. Anschließend kann die Rohrreibungszahl λ dem Bild 29.25 entnommen werden, wozu bei $Re > 2300$ die relative Rauhigkeit k/d_i bestimmt werden muß. Bei zu hoher Verlustleistung ist in der Regel ein größerer Rohrinnendurchmesser zu wählen.

Tab. 29.14 Anhaltswerte für die absolute Rauhigkeit k der Rohrinnenwand bei verschiedenen Rohrarten

Rohrwerkstoff	Zustand	k in mm
Glas, Kunststoff, Kupfer, Messing, Aluminium, Blei	technisch glatt, gezogen gebraucht	0,001 … 0,0015 0,003 … 0,03
Stahl	neu: nahtlos kalt gezogen oder gewalzt geschweißt bituminiert verzinkt, leicht angerostet zementiert gebraucht: Erdgas-, Druckluft-, Heißdampf-, Heißwasserleitungen Kaltwasserleitungen verkrustet, Rostwarzen	 0,03　…　0,05 0,04　…　0,1 0,05　…　0,2 0,1　　…　0,2 0,16　…　0,2 0,2　　…　0,4 0,4　　…　1,2 1,5　　…　3,0
Gußeisen	neu: bituminiert Gußhaut gebraucht: angerostet, Ablagerungen	 0,1　…　0,15 0,2　…　0,6 1,0　…　2,0
Beton	glatt bis rauh	0,3　…　3,0
Zement	geglättet bis unbearbeitet	0,3　…　2,0
Asbestzement	neu, ungestrichen	0,025 … 0,1

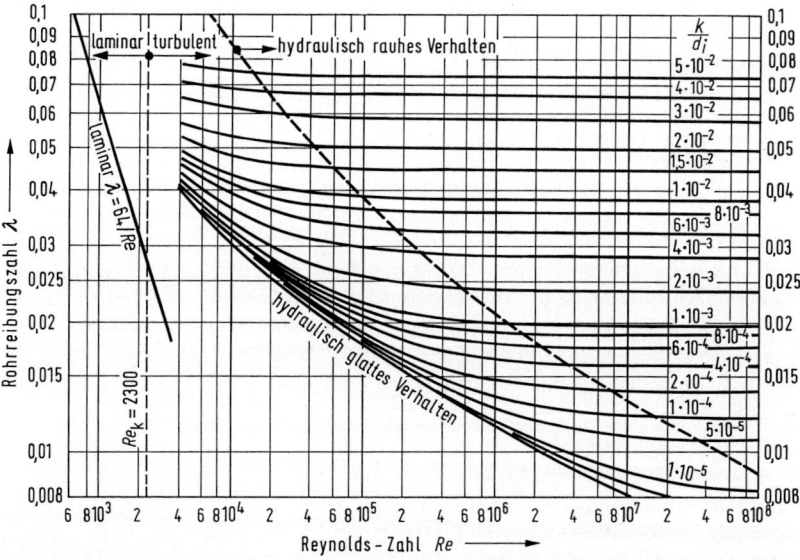

Bild 29.23 λ, *Re*-Diagramm

Tab. 29.15 Anhaltswerte für die Verlustzahl ζ verschiedener Rohrleitungseinbauteile

| gerundeter Eintritt $\zeta \approx 0{,}05 \ldots 0{,}08$ | scharfkantiger Eintritt $\zeta \approx 0{,}4 \ldots 0{,}5$ | unstetige Erweiterung $\zeta = \left(\dfrac{A_2}{A_1} - 1\right)^2$ | stetige Erweiterung |

stetige Erweiterung

$\dfrac{A_2}{A_1}$	β	4°	6°	8°	10°
1,5		0	0	0	0,15
2,0		0,1	0,2	0,3	0,5
2,5	ζ	0,3	0,6	0,8	1,0
3,0		0,6	1,0	1,4	1,8
4,0		1,3	2,0	2,8	3,5

unstetige Verengung

$\dfrac{A_2}{A_1}$	0,1	0,3	0,5	0,7
ζ	0,48	0,4	0,3	0,2

stetige Verengung $\zeta \approx 0{,}05$

Knie

Hydraul. Verhalten	δ	15°	30°	60°	90°
glatt	ζ	0,04	0,13	0,47	1,13
rauh		0,06	0,17	0,68	1,27

Krümmer

Krümmer mit $\delta = 90°$

Verhältnis R/d		2	4	6	8
Hydraul. Verhalten glatt	ζ	0,13	0,11	0,09	0,1
rauh		0,3	0,24	0,18	0,2

Für $\delta \neq 90°$ können die Werte näherungsweise direkt proportional umgerechnet werden, z. B. für $R/d = 4$, hydraulisch glatt und $\delta = 60°$ ist $\zeta = 0{,}11 \cdot 60°/90° \approx 0{,}073$.

Armaturen			
Geradsitzventil	4,0 … 5,0	Schieber	0,1 … 0,4
Schrägsitzventil	0,5 … 2,0	Hahn	0,1 … 0,2
Eckventil	1,8 … 4,0	Drosselklappe	0,3 … 1,1
Rückschlagventil	4,0 … 6,0	Rückschlagklappe	0,8 … 2,0

Für die Bemessung des Leitungsdurchmessers d_i ist die Strömungsgeschwindigkeit w entscheidend. Eine hohe Geschwindigkeit ergibt einen kleinen Durchmesser (Gl. 29.5), bedingt aber einen hohen Druckverlust, da dieser mit dem Quadrat von w ansteigt (Gl. 29.6). Sollen die Rohrleitungsverluste niedrig gehalten werden, so ist w möglichst klein zu wählen (Tab. 29.12). Aus Gl. 29.6 in Verbindung mit Gl. 29.4 geht hervor, daß der Druckverlust umgekehrt proportional der 5. Potenz von d_i zunimmt, d. h. eine geringe Durchmesservergrößerung bewirkt bereits eine beachtliche Verlustminderung.

Durch die Reibungsverluste kommt es zu Temperaturerhöhungen, die bei Flüssigkeitsleitungen meistens ohne Bedeutung sind. In Dampf- und Heißgasleitungen können durch Wärmeabstrahlung hohe Energieverluste auftreten, die sich mit einer guten Isolierung verringern lassen. Gase und Dämpfe sind kompressible Stoffe, bei denen sich mit dem Druck auch die Dichte ändert. Ist der Druckabfall gering (wie z. B. in Niederdruck-Gasleitungen), so kann Gl. 29.9 näherungsweise auch für Rohrleitungen mit kompressiblen Medien angewendet werden.

Beispiel 29.4

Für die Wasserleitung aus nahtlosem Stahlrohr DIN 2448 — 101,6 × 3,6 mit dem Innendurchmesser $d_i = 94{,}4$ mm nach Beispiel 24.3 soll die Verlustleistung ermittelt werden unter Berücksichtigung folgender Einbauteile: 1 gerundetes Eintrittsstück, 1 Schrägsitz-Absperrventil, 3 Krümmer mit $\delta = 90°$ und 2 mit $\delta = 45°$, $R/d = 4$, hydraulisch rauh. Es sind 60 m³/h = 0,0167 m³/s Frischwasser über eine Länge von 250 m auf eine Höhe von 25 m in einen offenen Behälter zu fördern. Falls die Verlustleistung 10 kW im gebrauchten Zustand der Leitung überschreitet, ist ein anderer Rohrdurchmesser zu wählen.

Lösung:

1. Strömungsgeschwindigkeit w

Mit dem Volumenstrom $\dot{V} = 0{,}0167\ \mathrm{m^3/s}$ folgt aus Gl. 29.4:

$$w = \frac{4 \cdot \dot{V}}{d_i^2 \cdot \pi} = \frac{4 \cdot 0{,}0167\ \mathrm{m^3/s}}{(0{,}0944\ \mathrm{m})^2 \cdot \pi} = 2{,}386\ \mathrm{m/s}.$$

2. Druckverlust Δp_R in der Rohrleitung

Nach Tab. 29.13 betragen für Wasser bei 10 °C die Dichte $\varrho = 999{,}6\ \mathrm{kg/m^3}$ und die kinematische Viskosität $v = 1{,}297 \cdot 10^{-6}\ \mathrm{m^2/s}$. Damit wird nach Gl. 29.7 die Reynolds-Zahl

$$Re = \frac{d_i \cdot w}{v} = \frac{0{,}0944\ \mathrm{m} \cdot 2{,}386\ \mathrm{m/s}}{1{,}297 \cdot 10^{-6}\ \mathrm{m^2/s}} \approx 1{,}74 \cdot 10^5 > 2300.$$

Es liegt also turbulente Rohrströmung vor.

Nach Tab. 29.14 wird eine absolute Rauhigkeit $k = 0{,}4$ mm geschätzt (gebrauchte Kaltwasserleitung), womit sich die relative Rauhigkeit $k/d_i = 0{,}4/94{,}4 \approx 4{,}24 \cdot 10^{-3}$ ergibt. Aus Bild 29.23 folgt dafür die Rohrreibungszahl $\lambda \approx 0{,}031$.

Mit der Leitungslänge $l = 250$ m folgt nun nach Gl. 29.6:

$$\Delta p_R = \lambda\, \frac{l}{d_i}\, \frac{\varrho}{2}\, w^2 = 0{,}031\, \frac{250\ \mathrm{m}}{0{,}0944\ \mathrm{m}} \cdot \frac{999{,}6\ \mathrm{kg}}{2\ \mathrm{m^3}} (2{,}386\ \mathrm{m/s})^2 \approx 233600\ \mathrm{Pa}.$$

3. Zusätzlicher Druckverlust Δp_E durch die Einbauteile

Nach Tab. 29.15 kann mit folgenden Verlustzahlen gerechnet werden: $\zeta_1 \approx 0{,}065$ für 1 gerundetes Eintrittsstück, $\zeta_2 \approx 1{,}2$ für 1 Absperrventil (Schrägsitzventil), $\zeta_3 \approx 3 \cdot 0{,}24 = 0{,}72$ für 3 Krümmer 90°, $\zeta_4 \approx 2 \cdot 0{,}12 = 0{,}24$ für 2 Krümmer 45°. Damit beträgt nach Gl. 29.8:

$$\Delta p_E = \sum \zeta \cdot \frac{\varrho}{2}\, w^2 = (0{,}065 + 1{,}2 + 0{,}72 + 0{,}24)\, \frac{999{,}6\ \mathrm{kg}}{2\ \mathrm{m^3}} (2{,}386\ \mathrm{m/s})^2 \approx 6330\ \mathrm{Pa}.$$

4. Gesamtdruckverlust Δp und Verlustleistung P_v

Mit der Förderhöhe $\Delta H = 25$ m beträgt entspr. Gl. 29.9:

$$\Delta p = \Delta p_R + \Delta p_E + \Delta H \cdot \varrho \cdot g = 233600\ \mathrm{Pa} + 6330\ \mathrm{Pa} + 25\ \mathrm{m} \cdot 999{,}6\, \frac{\mathrm{kg}}{\mathrm{m^3}} \cdot 9{,}81\, \frac{\mathrm{m}}{\mathrm{s^2}} \approx 485080\ \mathrm{Pa}.$$

Damit wird nach Gl. 29.10:

$$P_v = \dot{V} \cdot \Delta p = 0{,}0167\ \mathrm{m^3/s} \cdot 485080\ \mathrm{Pa} \approx 8100\ \mathrm{W} = 8{,}1\ \mathrm{kW},$$

so daß die vorgegebene Verlustleistung nicht überschritten wird und das gewählte Rohr verwendet werden kann.

3. Rohrwanddicke

Die Wand einer Rohrleitung wird überwiegend durch den inneren Überdruck des Durchflußstoffes beansprucht, selten durch äußeren Überdruck. Bei hohen Temperaturen infolge Beheizung der Rohrwand oder heißer Durchflußmedien kommen Wärmespannungen hinzu, die besonders durch plötzliches Anheizen oder Abkühlen beträchtlich sein können. Weitere Zusatzbeansoruchungen werden hervorgerufen durch verhinderte Längenänderungen zwischen den Festpunkten und Durchbiegung aufgrund des Eigengewichts der Rohrleitung mit Inhalt sowie durch Erd- und Verkehrslasten bei erdverlegten Leitungen.

Für die Berechnung der Wanddicke von Stahlrohren gegen Innendruck sind in DIN 2413 Richtlinien festgelegt. Bei Rohrleitungen in Anlagen, die besonderen Sicherheitsbestimmungen nach dem Gerätesicherungsgesetz unterliegen, sind die entsprechenden Technischen Regeln (TRD, TRG u. a.) zu beachten. Grundsätzlich gilt die Herleitung der Gleichung für die Wanddicke zylindrischer Mäntel von Druckbehältern und Dampfkesseln auch für Rohre mit Kreisquerschnitt (siehe Abschnitt 4.9 Seite 84).

Nach DIN 2413 T1 beträgt für **Stahlrohre unter Innendruck** die erforderliche

Wanddicke $s = s_v + c_1 + c_2 \leqq s_e$ (29.11)

s	in mm	erforderliche Mindestwanddicke,
s_v	in mm	rechnerische Wanddicke nach Gl. 29.13, 29.14, 29.15 oder 29.16,
c_1	in mm	Zuschlag zur Berücksichtigung der zulässigen Wanddicken-Unterschreitung nach den technischen Lieferbedingungen für Rohre, siehe Tab. 29.16,
c_2	in mm	Zuschlag zur Berücksichtigung von Korrosion bzw. Abnutzung, allgemein = 1 mm bei ferritischen Stählen, er kann bei austenitischen Stählen und bei Korrosionsschutz entfallen,
s_e	in mm	ausgeführte (effektive) Wanddicke.

Tab. 29.16 Zuschläge für Wanddickenunterschreitung

Techn. Liefer-bedingungen	Rohrart	Durchmesserbereich	Wanddickenbereich	Zuschlag c_1 mm	c_1' %
DIN 1626 DIN 1628	geschweißte Stahlrohre		$s \leq 3$ mm 3 mm $< s \leq 10$ mm $s > 10$ mm	0,25 0,35 0,5	
DIN 1629 DIN 1630	nahtlose Stahlrohre	$d_a \leq 130$ mm	$s \leq 4 s_n^{1)}$ $s > 4 s_n$		10 9
		130 mm $< d_a \leq 320$ mm	$s \leq 0,11 d_a$ $s > 0,11 d_a$		12,5 10
		320 mm $< d_a \leq 660$ mm	$s \leq 0,05 d_a$ $0,05 d_a < s \leq 0,09 d_a$ $s > 0,09 d_a$		15 12,5 10
DIN 17175	nahtlose Stahlrohre aus warmfesten Stählen	wie DIN 1629 bis auf			
		320 mm $< d_a \leq 660$ mm	$s \leq 0,05 d_a$		12,5

[1)] s_n = Normalwanddicke = kleinste Wanddicke bei einem Außendurchmesser d_a (siehe Tab. A 4.19)

Ist die zulässige Wanddicken-Unterschreitung mit c_1' in % angegeben wie bei nahtlosen Rohren (siehe Tab. 29.16), so beträgt die erforderliche

$$\text{Wanddicke} \quad s = (s_v + c_2) \frac{100}{100 - c_1'} \tag{29.12}$$

In diese Gleichung wird c_1' nur mit dem Zahlenwert des Prozentsatzes eingesetzt.

Die **rechnerische Wanddicke** s_v wird mit der zulässigen Spannung $\sigma_{zul} = K/S$ ermittelt. Als **Festigkeitskennwert K** gilt allgemein die Streckgrenze bzw. die 0,2%-Dehngrenze des Rohrwerkstoffs bei der Berechnungstemperatur (siehe Tab. A 4.25, Zwischenwerte interpolieren, 50 °C-Werte auch bei 20 °C), in bestimmten Fällen auch die Zeitstandfestigkeit oder die Zeit- bzw. Dauerschwellfestigkeit. Durch den **Sicherheitsbeiwert S** ist gewährleistet, daß ein Fließen des Werkstoffs bzw. Zeit- oder Dauerbrüche bei schwellender Beanspruchung nicht auftreten.

In DIN 2413 T1 sind Gleichungen angegeben, die für Rohre mit Kreisquerschnitt ohne Ausschnitte bis zu einem Durchmesserverhältnis $d_a/d_i = 2$ für folgende Bereiche gelten:

I vorwiegend ruhende Beanspruchung bis 120 °C Berechnungstemperatur,
II vorwiegend ruhende Beanspruchung über 120 °C,
III schwellende Beanspruchung bis 120 °C.

Für den *Geltungsbereich I* beträgt die
rechnerische Wanddicke

$$s_v = \frac{d_a \cdot p}{2\sigma_{zul} \cdot v_N} = \frac{d_i}{\dfrac{2\sigma_{zul}}{p} \cdot v_N - 2} \tag{29.13}$$

für den *Geltungsbereich II* bei $d_a/d_i \leq 1,67$:

$$s_v = \frac{d_a}{\dfrac{2\sigma_{zul}}{p} \cdot v_N + 1} = \frac{d_i}{\dfrac{2\sigma_{zul}}{p} \cdot v_N - 1} \tag{29.14}$$

und bei $1{,}67 < d_a/d_i \leq 2$:

$$s_v = \cfrac{d_a}{\cfrac{3\sigma_{zul}}{p} \cdot v_N - 1} = \cfrac{d_i}{\cfrac{3\sigma_{zul}}{p} \cdot v_N - 3} \qquad (29.15)$$

für den *Geltungsbereich III* bei konstantem Schwingbereich Δp_S der Druckschwankungen:

$$s_v = \cfrac{d_a}{\cfrac{2\sigma_{zul}}{\Delta p_S} - 1} \qquad (29.16)$$

d_a, d_i in mm	Außen- bzw. Innendurchmesser des Rohres,
p in N/mm²	Berechnungsdruck als maximal möglicher innerer Überdruck (1 N/mm² = 1 MPa = 10 bar),
σ_{zul} in N/mm²	zulässige Spannung = K/S, Festigkeitskennwert K und Sicherheitsbeiwert S nach Tab. 29.17,
v_N	Wertigkeit der Schweißnaht für Längs- und Schraubenliniennaht nach den technischen Lieferbedingungen oder nach Vereinbarung, = 1,0 für nahtlose Stahlrohre und für geschweißte Stahlrohre nach DIN 1628, = 0,9 für geschweißte Stahlrohre nach DIN 1626,
Δp_S in N/mm²	gleichbleibende Druck-Schwingbreite = $p_{max} - p_{min}$ (= $\hat{p} - \check{p}$ in DIN 2413), bei unterschiedlichen Schwingbreiten siehe Norm.

Für den Geltungsbereich III ist s_v außer nach Gl. 19.16 auch nach Gl. 29.13 für den Bereich I gegen unzulässige Verformung zu berechnen. Die größere ermittelte Wanddicke ist maßgebend. Die Berechnung der Wanddicke von Stahlrohrbögen ist nach DIN 2413 T2 durchzuführen.

Tab. 29.17 Festigkeitskennwert K und Sicherheitsbeiwert S nach DIN 2413 T1 (Auszug)

Geltungs-bereich	Festigkeitskennwert K in N/mm²	Sicherheitsbeiwert S für Rohre		
		Bruch-dehnung A_5	mit Abnahmeprüfzeugnis nach DIN 50049	ohne
I	Streckgrenze bzw. 0,2%-Dehngrenze bei 20 °C	$\geqq 25\%$ $=20\%$ $=15\%$	$1{,}5^{1)}$ 1,6 1,7	1,7 1,75 1,8
II²⁾	1. 0,2%-Dehngrenze bei Berechnungstemperatur	–	1,5	1,7
	2. Zeitstandfestigkeit $R_{m/200\,000/\vartheta}$	–	1,0	–
III	Dauerschwellfestigkeit $\sigma_{Sch/D}$ (siehe unten)	–	1,5	
	Anhaltswerte für $\sigma_{Sch/D}$ in N/mm² nahtloser und HF-geschweißter³⁾ Stahlrohre ($v_N = 1$)			
	Zugfestigkeit R_m in N/mm²	350	400	450	500	600
	Nahtlos und HF-geschweißt, $d_a > 114{,}3$ mm		140		155	185
	Nahtlos, $d_a \leqq 114{,}3$ mm	170	190	210	230	–

¹⁾ Für erdverlegte Rohre mit Abnahmeprüfzeugnis gelten in Gebieten ohne besondere zusätzliche Beanspruchung um 0,1 kleinere Werte
²⁾ Für σ_{zul} ist der niedrigere Wert aus 1. und 2. in die Rechnung einzusetzen
³⁾ HF = Hochfrequenz-Widerstandsschweißen

Beispiel 29.5

Die Rohrwanddicke der Frischwasserleitung nach den Beispielen 29.3 und 29.4 ist für einen Berechnungsdruck von 6 bar auf Zulässigkeit zu überprüfen. Vorgesehen ist ein nahtloses Stahlrohr ohne Abnahmeprüfzeugnis mit der Normbezeichnung: Rohr DIN 2448 − St 37.0 − 101,6 × 3,6, Kurzzeichen der Nennweite: DN 100.

Lösung:
1. Rechnerische Wanddicke s_v
Die Berechnung erfolgt nach Gl. 29.13 für den Geltungsbereich I ($d_a/d_i = 101,6/94,4 = 1,076 < 2$, vorwiegend ruhende Beanspruchung, Temperatur < 120 °C). Es sind einzusetzen: $d_a = 101,6$ mm, $p = 6$ bar $= 0,6$ MPa $= 0,6$ N/mm², $v_N = 1,0$ (nahtloses Rohr), $\sigma_{zul} = K/S = (235$ N/mm²$)/1,7 = 138,2$ N/mm² (K und S nach Tab. 29.17 u. Tab. A 4.25). Damit wird

$$s_v = \frac{d_a \cdot p}{2\sigma_{zul} \cdot v_N} = \frac{101,6 \text{ mm} \cdot 0,6 \text{ N/mm}^2}{2 \cdot 138,2 \text{ N/mm}^2 \cdot 1,0} \approx 0,22 \text{ mm}.$$

2. Erforderliche Wanddicke s
Nach Gl. 29.12 mit $c_1' = 10$ (Tab. 29.16) und $c_2 = 1$ mm beträgt

$$s = (s_v + c_2)\frac{100}{100 - c_1'} = (0,22 + 1) \text{ mm} \frac{100}{100 - 10} \approx 1,36 \text{ mm} < s_e = 3,6 \text{ mm}.$$

Das gewählte Rohr ist somit zulässig.

Beispiel 29.6

In einer Heißgasleitung aus Rohr DIN 2448 − St 45.8 − 273 × 10 (mit Abnahmeprüfzeugnis, Mindestzugfestigkeit $R_m = 410$ N/mm²) schwankt der Druck nahezu gleichmäßig zwischen 40 und 63 bar. Das Rohr hat einen Korrosionsschutz. Ist die Rohrwanddicke für eine Berechnungstemperatur von 280 °C ausreichend bemessen?

Lösung:
1. Rechnerische Wanddicke s_v gegen Verformung
In Gl. 29.13 sind einzusetzen: $d_a = 273$ mm, $p = p_{max} = 6,3$ N/mm², $v_N = 1,0$ (nahtloses Rohr), $\sigma_{zul} = K/S = (179$ N/mm²$)/1,58 = 107,6$ N/mm² (K und S nach den Tab. 29.17 und A 4.25 interpoliert). Damit wird

$$s_v = \frac{d_a \cdot p}{2\sigma_{zul} \cdot v_N} = \frac{273 \text{ mm} \cdot 6,3 \text{ N/mm}^2}{2 \cdot 107,6 \text{ N/mm}^2 \cdot 1,0} \approx 8,0 \text{ mm}.$$

2. Rechnerische Wanddicke s_v gegen Dauerbruch
Mit der Dauerschwellfestigkeit $\sigma_{Sch/D} = 140$ N/mm² (Tab. 29.17) und $S = 1,5$ beträgt $\sigma_{zul} = K/S = (140$ N/mm²$)/1,5 = 93,3$ N/mm². In Gl. 29.16 ist ferner die Druck-Schwingbreite $\Delta p_S = p_{max} - p_{min} = (63 - 40)$ bar $= 23$ bar $= 2,3$ N/mm² einzusetzen. Somit ergibt sich

$$s_v = \frac{d_a}{\dfrac{2\sigma_{zul}}{\Delta p_S} - 1} = \frac{273 \text{ nm}}{\dfrac{2 \cdot 93,3 \text{ N/mm}^2}{2,3 \text{ N/mm}^2} - 1} = 3,4 \text{ mm}.$$

3. Erforderliche Wanddicke s
Nach Gl. 29.12 mit $s_v = 8,0$ mm (nach 1. als größerer Wert), $c_1' = 12,5$ (Tab. 29.16 für $s_e \approx 0,037 d_a < 0,11 d_a$) und $c_2 = 0$ (Korrosionsschutz):

$$s = (s_v + c_2)\frac{100}{100 - c_1'} = (8,0 + 0) \text{ mm} \frac{100}{100 - 12,5} = 9,14 \text{ mm} < s_e = 10 \text{ mm}.$$

Das Rohr ist ausreichend bemessen, das Durchmesserverhältnis $d_a/d_i = 273/253 = 1,079 < 2$ für die Berechnung nach DIN 2413 zulässig, Kurzzeichen der Nennweite: DN 250.

Die Berechnung der Wanddicke von Stahlrohrbögen erfolgt nach DIN 2413 T2. Für die Wanddickenbemessung von Druckrohren aus duktilem Gußeisen sind DIN 28600 und DIN 28610 maßgebend.

Literaturhinweise

Beitz, W. und *K.-H. Küttner: Dubbel*, Taschenbuch für den Maschinenbau. Springer-Verlag 1990.

Carlowitz, B.: Kunststoffrohr-Tabellen. Hanser-Verlag München 1982.

Eck, B.: Technische Strömungslehre. Springer-Verlag 1978.

Herning, F.: Stoffströme in Rohrleitungen. VDI-Verlag Düsseldorf 1966.

Kabus, K.: Mechanik und Festigkeitslehre. Hanser-Verlag München 1992.

Kalide, W.: Einführung in die Strömungslehre. Hanser-Verlag München 1990.

Lentjes Anlagen und Rohrleitungsbau GmbH: Tabellenbuch für den Rohrleitungsbau. Vulkan-Verlag Essen 1993.

Schwaigerer, S.: Rohrleitungen. Theorie und Praxis. Springer-Verlag 1967.

Schwaigerer, S.: Festigkeitsberechnung von Bauelementen des Dampfkessel-, Behälter- und Rohrleitungsbaus. Springer-Verlag 1970.

Wossog, W., W. Manns und *G. Nötzold:* Handbuch für den Rohrleitungsbau. Verlag Technik Berlin 1990.

Rohrleitungssysteme. Hrsg.: Georg Fischer GmbH Albershausen 1993.

30   Armaturen

Unter Armaturen versteht man Bauteile, die in Systemen aus Rohrleitungen, Behältern, Apparaten und Maschinen als Absperrorgane, als Regelorgane oder als Sicherheitsorgane eingesetzt werden. Nach ihrer Bauart sind es Ventile, Schieber, Hähne oder Klappen. Sie üben nach DIN 3211 die Funktion des Schaltens und Stellens aus. Armaturen in Rohrleitungen werden auch als Rohrleitungsschalter bezeichnet.

Aus den wegen der Vielfalt der Einsatzgebiete sehr umfangreichen Herstellungsprogrammen der Armaturenindustrie können im Rahmen dieses Lehrbuches nur einige typische Bauarten behandelt werden. Für die Lösung von Problemen in der Praxis sind die einschlägigen Normen, Technischen Regeln und Herstellerunterlagen heranzuziehen.

30.1   Allgemeines

Absperrorgane sollen einen Strömungsweg dicht absperren, jedoch nicht schlagartig, um Belastungen durch Druckstöße zu vermeiden. Die wichtigsten Grundformen sind in Bild 30.1 schematisch dargestellt. Sie unterscheiden sich vor allem durch die Art des Abschlußkörpers (Platte, Kolben, Kegel, Kugel), der im geöffneten Zustand im Förderstrom verbleibt (Ventil, Klappe) oder herausgeführt bzw. gedreht wird (Schieber, Hahn) und den gesamten Durchflußquerschnitt ohne Strömungsumlenkung freigibt.

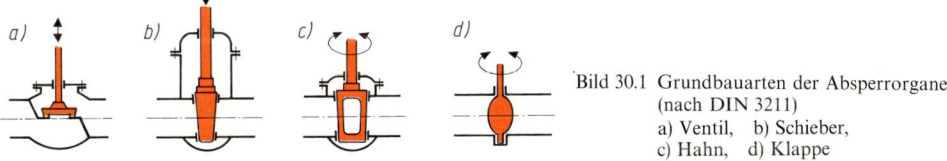

Bild 30.1 Grundbauarten der Absperrorgane
(nach DIN 3211)
a) Ventil,   b) Schieber,
c) Hahn,   d) Klappe

Regelorgane dienen der Einstellung oder Veränderung des Volumenstroms in Abhängigkeit vom Druck, von der Temperatur oder von einer anderen Größe. Prinzipiell können die vorgenannten Bauarten mit mehr oder weniger guter Eignung als Regelorgane (auch Stellglieder genannt) eingesetzt werden. Besonders Ventile und Klappen (Drosselklappen) sind dafür geeignet.

Sicherheitsorgane verhindern das Überschreiten eines Sollwertes (meistens Höchstwert von Druck oder Temperatur) und bewahren das Rohrleitungssystem vor Schäden. Sie werden vor allem als Sicherheitsventile (Bild 30.6) ausgeführt und können direkt belastet oder gesteuert sein (DIN 3320). Rückschlagventile (Bild 30.5) und Rückschlagklappen (Bild 30.10b) sichern Rohrleitungen und andere Bauteile von Anlagen gegen Zurückfließen des Mediums bei Ausfall und Abschalten des Förderstromes.

Vor- und Nachteile der Armaturenbauarten sind in Tab. 30.1 zusammengestellt. Sie gilt für normale Bauarten und vergleichbare Verhältnisse und kann bei der Auswahl hilfreich sein.

Wie im Abschnitt 29.8 unter 2. erläutert, werden durch Armaturen in Rohrleitungsanlagen Druckverluste hervorgerufen. Die Verlustzahl ζ_E ist umso niedriger, je weniger der Durchflußstrom umgelenkt wird. Sehr geringe Verlustzahlen weisen Schieber und Hähne auf, da in ihnen bei voller Öffnung das Medium ohne Umlenkung und Querschnittsänderung hindurchströmen kann. Außerdem haben diese Bauarten bei vollständig öffenbarem Kreisquerschnitt den Vorteil, daß sie zwecks Reinigung *molchbar* sind, d. h. sie lassen sich mit einem durchziehbaren zylindrischen Körper (Molch) sehr einfach reinigen.

Tab. 30.1 Vor- und Nachteile der Armaturenbauarten

Merkmal		Ventile	Schieber	Hähne	Klappen
Strömungswiderstand		mittel bis hoch	niedrig	niedrig	mäßig
Eignung für Richtungs-wechsel der Strömung		gering	gut	gut	gut
Öffnungs- und Schließzeit		mittel	lang	kurz	kurz
Eignung für Stellvorgänge (Drosselung)		sehr gut	schlecht	mäßig	gut
Verstellkraft		mittel	klein	schwankend	mäßig
Dichtheit		sehr gut	mittel	sehr gut	gering
Verschleiß des Sitzes		gering	mäßig	hoch	gering
Bauhöhe		mittel	groß	klein	klein
Baulänge		groß	klein	mittel	klein
Verwendungsbereich	DN	bis mittlere	bis größte	bis mittlere	bis größte
	PN	bis höchste	bis mittlere	bis mittlere	nur kleine

Die **Werkstoffe** für Armaturengehäuse werden nach dem Durchflußstoff (Korrosionsgefahr), dem Betriebsdruck (Werkstoffestigkeit) und der Betriebstemperatur (Warmfestigkeit) unter Beachtung einschlägiger Richtlinien und Vorschriften gewählt. Die meisten Gehäuse werden gegossen, vorwiegend aus Gußeisen (GG nach DIN 1691, GGG nach DIN 1693 und GGL nach DIN 1694), für hohe Anforderungen (gut schweißbar, warmfest, korrosionsbeständig) aus Stahlguß (GS nach DIN 17182 und DIN 17245, G-X nach DIN 17445). Stähle kommen für gesenkgeschmiedete Gehäuse und für Armaturenteile infrage (Flansche, Aufsätze, Spindeln, Schrauben, Muttern, Abschlußkörper), vorzugsweise Einsatzstähle (DIN 17200), warmfeste Stähle (DIN 17240) und nichtrostende Stähle (DIN 17440).
Nichteisenmetalle finden Verwendung bei Armaturen für Trinkwasseranlagen, für die chemische Industrie und den Schiffbau (seewasserfeste Aluminiumlegierungen). Verschiedene Kunststoffe wurden wegen ihrer Beständigkeit gegen viele Chemikalien im Armaturenbau eingeführt. Sie werden für Gehäuse, für Bauelemente (z. B. Membranen) und für die Auskleidung metallischer Gehäuse verwendet. Ihr Nachteil ist die geringe Temperaturbeständigkeit. Armaturen aus PVC-U sind mit DIN 3441, aus PP mit DIN 3442 genormt.
Zur Verbindung der Armaturen mit den anschließenden Rohren werden die Gehäuse mit Flanschen, mit Einschweißenden oder für Gewindeanschluß ausgeführt. Schweißenden sind mit DIN 3239, die Baulängen von Armaturen mit DIN 3202 genormt. Für die Festigkeitsberechnung der Armaturengehäuse gegen Innendruck ist DIN 3840 maßgebend, DIN 3230 für technische Lieferbedingungen.

30.2   Ventile

Ventile werden bis zur Nennweite DN 400 für alle Drücke und Temperaturen hergestellt. Im Gegensatz zu Schiebern, Hähnen und Klappen sind sie normalerweise nur für eine Strömungsrichtung geeignet, die am Gehäuse durch einen Pfeil gekennzeichnet ist. Der Abschlußkörper, eine tellerförmige Platte (Ventilteller), ein Kegel (Ventilkegel), ein Zylinder (Kolben), eine Kugel, ein parabolischer Körper (bei Drosselventilen) oder eine Membrane, wird durch eine Spindel, durch Federkraft oder durch die Druckkraft des Durchflußstoffes bewegt. Beim Öffnen wird der Abschlußkörper längs zur Strömungsrichtung vom Ventilsitz abgehoben.
Absperrventile dienen zum Schließen und Öffnen einer Leitung. Sie werden als *Geradsitz-*, *Schrägsitz-* oder *Eckventil* ausgeführt und in der Bauartnorm DIN 3356 nach der Gehäuseform bezeichnet mit Oberteil gerade, Oberteil schräg und Eckform. Eine typische Bauform der Geradsitzausführung zeigt Bild 30.2a. Es besteht aus dem Gehäuse 1 (gegossen mit Flanschenden), dem Abschlußkörper 2 (elastomer-ummantelter Kegel), der Spindel 3, dem Gehäusedeckel 4 (geschlossenen Form mit innenliegendem Spindelgewinde), der Spindelabdichtung 5 (durch

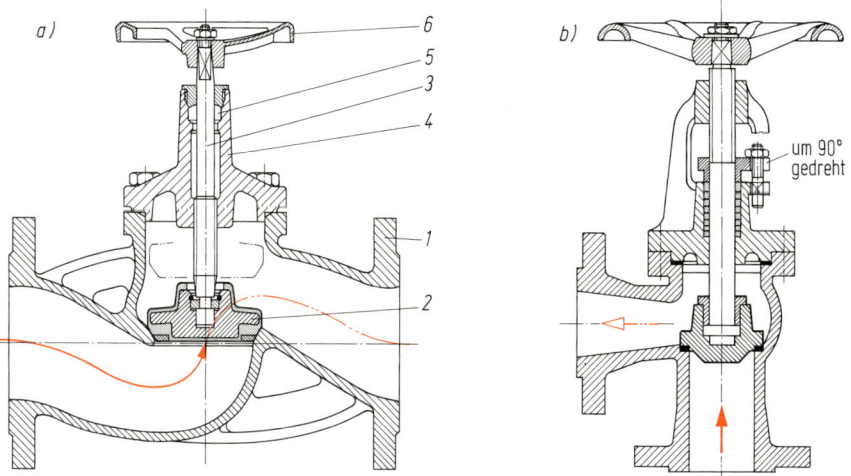

Bild 30.2 Absperrventile
          a) Geradsitz-Durchgangsventil (KSB AG, Frankenthal),   b) Eckventil

Gewindebuchse zusammengedrückter Profilring) und dem Handrad 6. Ein *Schrägsitzventil* ist
zwar etwas teurer, hat aber eine strömungsgünstige Form und dadurch eine geringere Verlustzahl.
Die Ausführung nach Bild 11.2 (Seite 209) besitzt im Abschlußbereich Dichtringe mit ebenen
Dichtflächen. Die Spindel wird durch eine Stopfbuchse abgedichtet, die Spindelmutter befindet
sich oben im offenen Gehäuseoberteil (Bügeldeckel).
Im *Eckventil* (Bild 30.2b) treten relativ hohe Druckverluste auf. Es wird dort eingesetzt, wo dies
zwecks Drosselung erwünscht ist und das Ventil auch als Krümmer wirken soll.
Besonders geringen Durchflußwiderstand haben *Membranventile* (Bild 30.3), Bauartnorm DIN 3359.
Der Werkstoff der Absperrmembrane kann nach dem Durchflußstoff gewählt werden. Eine gegen
Korrosion schützende Gehäuseauskleidung ist technisch einfach möglich.
Eine besondere Bauart der Absperrventile ist das *Kolbenschieber-Ventil* (Bild 30.4). Als Ab-
schlußkörper dient ein Kolben 1, der durch elastische Dichtringe 2 geführt und abgedichtet wird.

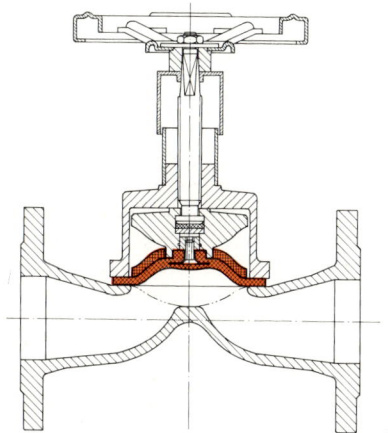

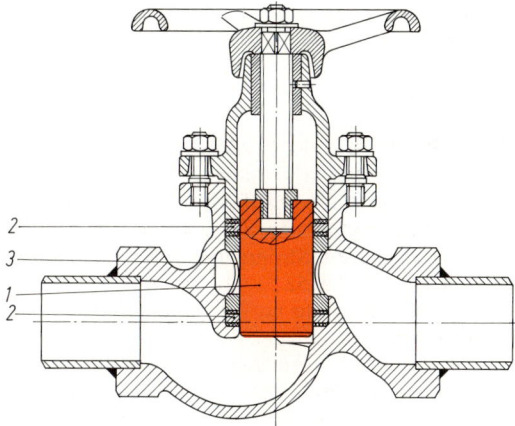

Bild 30.3 Membranventil (SISTO-Absperrventil   Bild 30.4 Kolbenschieberventil mit Schweißenden
          der KSB AG, Frankenthal)   (Rich. Klinger GmbH, Gumpoldskirchen/Österreich)

Das Medium strömt bei hochgezogenem Kolben durch die Laterne 3 zwischen beiden Dichtringen. Vorteilhaft sind eine sichere Abdichtung auch bei faser- und schmutzhaltigen Medien, die gute Regelfähigkeit sowie das leichte Auswechseln der Verschleißteile.

Als *Durchgangsventile* werden Absperrventile bezeichnet, wenn sie in eine gerade Rohrleitung eingebaut sind, als *Auslaufventile* bei Anordnung am Ende einer Leitung.

Rückschlagventile gleichen im Gehäuse und im Abschlußbereich den Absperrventilen (Bild 30.5). Beim Durchströmen in der vorgegebenen Richtung befindet sich der Abschlußkörper in Offenstellung. Zum Verhindern von Rückfluß in der Gegenrichtung schließt er selbsttätig. Diese Ventile können mit einem entsprechenden Spindelaufsatz zusätzlich die Funktion Absperren ausüben.

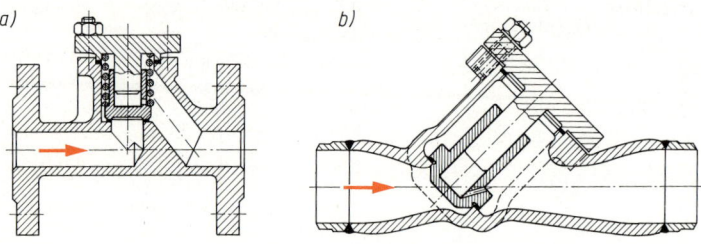

Bild 30.5 Rückschlagventile (KSB AG, Frankenthal)
          a) Geradsitzausführung (federbelastet), b) Schrägsitzausführung mit Schweißenden

Sicherheitsventile sind während des normalen Betriebes geschlossen. Sie öffnen automatisch bei Überschreiten des zulässigen Druckes, lassen einen Teil des Durchflußstoffes ausströmen und schließen sich danach wieder. Es gibt gewichtsbelastete, federbelastete und Ausführungen mit Hilfssteuerung, die heute besonders bei Großkesselanlagen üblich sind. Für die verschiedenen Einsatzgebiete (Dampf, Wasser, Öl) werden sehr unterschiedliche Bauarten hergestellt (Begriffe siehe DIN 3320). Als Beispiel ist in Bild 30.6 ein federbelastetes Sicherheits-Kugelventil im Gehäuse einer Schmierölpumpe gezeigt.

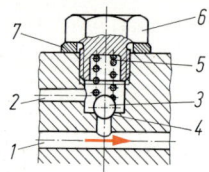

Bild 30.6 Sicherheits-Kugelventil im Gehäuse einer Schmierölpumpe
          (aus *Köhler/Rögnitz*, Maschinenteile)
          1 Drucköl leitung, 2 Rücklaufleitung, 3 Stahlkugel, 4 kegliger Ventilsitz,
          5 Ventilfeder, 6 Einstellschraube, 7 kalibrierte Scheibe

30.3 Schieber

Schieber werden für fast alle Medien bis zu größten Nennweiten (DN 2000) als Absperrorgane eingesetzt. Sie sind für hohe Strömungsgeschwindigkeiten und beide Strömungsrichtungen geeignet, haben einen geringen Strömungswiderstand und eine kurze Baulänge. Einen Überblick über die Bauarten gibt DIN 3352.

Nach der Gehäuseform im Abschlußbereich unterscheidet man *Rundschieber* (große Baulänge, fertigungstechnisch günstig), *Ovalschieber* (kürzere Baulänge) und *Flachschieber* (kurze Baulänge, fertigungstechnisch ungünstig, vorzugsweise für große Nennweiten). Betreffs der Spindelanordnung gibt es Ausführungen mit innenliegendem und mit außenliegendem Spindelgewinde. Bei innenliegendem Gewinde (geringe Bauhöhe) befindet sich die Spindelmutter im Schieber, die Spindel führt nur eine Drehbewegung aus. Bei außenliegendem Gewinde (große Höhe im geöffneten Zustand) kann die Mutter im Gehäuseaufsatz angeordnet sein (Dreh- und Hubbewegung der

Spindel wie bei Absperrventilen) oder im Handrad (nur Hubbewegung der aus dem Handrad herausfahrenden Spindel). Außenliegendes Gewinde kommt nicht mit dem Durchflußstoff in Berührung und ermöglicht, die Stellung des Abschlußkörpers zu erkennen.

Die Abdichtung im Abschlußbereich ist von größter Bedeutung. Sie wird wesentlich von der Form des Abschlußkörpers (Bild 30.7) beeinflußt. Sehr häufig sind **Keilschieber,** bei denen ein starrer Keil in den Durchflußquerschnitt des Gehäuses geschoben und durch die Spindelkraft gegen die Dichtflächen gedrückt wird (Bild 30.7a). Diese Ausführung ist bei schwankenden Temperaturen ungeeignet, da es zur Klemmung zwischen den Sitzflächen und zu großen Spindelkräften kommen kann. Besser, jedoch aufwendiger ist ein **Doppelplattenkeilschieber** mit zweiteiligem Keil (Bild 30.7b), dessen Hälften über ein kugelförmiges Druckstück gegen die Sitzflächen gepreßt werden (gute Dichtwirkung, geringer Verschleiß, für höchste Anforderungen geeignet).

Eine recht einfache Konstruktion, aber mit geringer Dichtwirkung ist der **Plattenschieber** (Bild 30.7c), bei dem eine beweglich geführte Platte durch den Überdruck einseitig gegen die Sitzfläche gepreßt wird. Beim Öffnen treten große Reibungskräfte und damit Verschleiß am Sitz auf. **Der Doppelparallelplattenschieber** (Bild 30.7d) hat diese Nachteile nicht. Die beiden Plattenhälften werden durch Kniehebel- oder Keilwirkung gegen die parallelen Sitzflächen gedrückt.

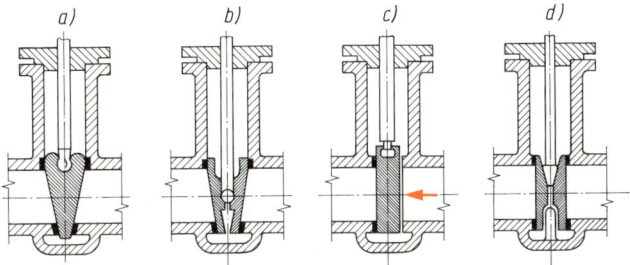

Bild 30.7 Arten der Schieberabdichtung
a) einteiliger Keilschieber,,) zweiteiliger Keilschieber (Doppelplattenkeilschieber), c) einteiliger Plattenschieber, d) zweiteiliger Plattenschieber (Doppelparallelplattenschieber)

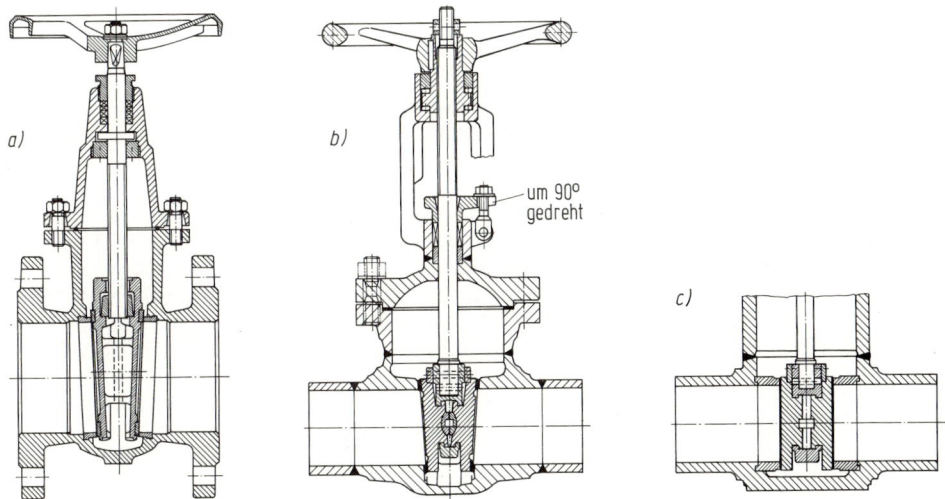

Bild 30.8 Absperrschieber (KSB AG, Frankenthal)
a) Keilschieber mit Flachgehäuse (Spindelmutter im Absperrkeil), b) Doppelplattenkeilschieber mit Rundgehäuse (Spindelmutter im Handrad), c) Ausführung mit Doppelparallelplatten

Typische Ausführungen von Absperrschiebern sind in Bild 30.8 dargestellt. Als Dichtungswerk-
stoff kommen sowohl Metalle als auch Kunststoffe infrage. Ein Nachteil aller Schieber ist, daß
die Dichtflächen schwer zugänglich sind, wodurch ihre Wartung erschwert wird.

30.4   Hähne

Hähne (auch Drehschieber genannt) sind einfache und robuste Armaturen mit geringem Raumbedarf, kurzen Schließ- bzw. Umschaltzeiten, geringen Strömungsverlusten und der Möglichkeit, als
Auslaufhahn, Durchgangshahn, Eckhahn oder als *Mehrwegehahn* mit mehreren Anschlüssen
ausgeführt zu werden. Von Nachteil sind die aufeinander gleitenden großen Dichtflächen, die bei
häufiger Bewegung des Abschlußkörpers schnell verschleißen. Je nach Oberflächengüte der
Dichtflächen, Schmierung, Vorspannung sowie Art und Temperatur des Durchflußstoffes können
die beim Schalten zu überwindenden Reibungskräfte sehr hoch sein. Nach längerem Stillstand ist
sogar Blockieren möglich.

Beim **Kegelhahn** ist der Abschlußkörper ein schlanker Kegelstumpf (das Küken) mit einer Öffnung
in Form eines Langloches (Bild 30.9), durch das im geöffneten Zustand das Medium strömt. Der
einfache Kegelhahn (Bild 30.9a), wie er in Haushalts-Gasleitungen zu finden ist (fälschlicherweise
werden auch die Ventile in Wasserleitungen als Hähne bezeichnet), besteht aus dem Gehäuse 1,
dem Dichtkegel 2 (Küken), der Federscheibe 3, der Mutter 4 und dem Stellhebel 5. Das Küken
wird im Gehäuse eingeschliffen und mit Hahnfett geschmiert.

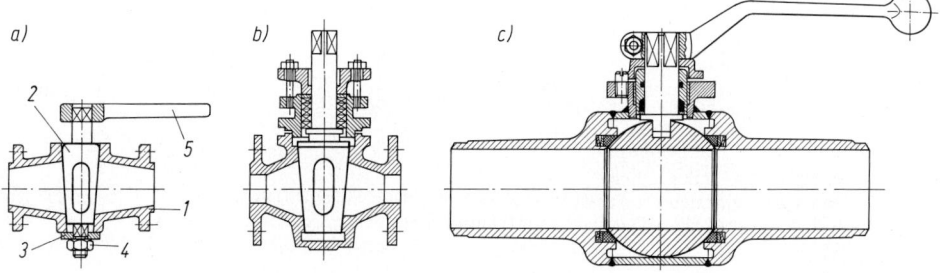

Bild 30.9 Hähne
        a) einfacher Kegelhahn (Durchgangshahn),   b) Packhahn (Stopfbuchenhahn),   c) Kugelhahn (Werner
        Böhmer GmbH, Sprockhövel)

Zu den Kegelhähnen gehören auch der *Packhahn* (Bild 30.9b, vorwiegend für chemische Industrie),
der *Schmierhahn*, bei dem das Küken über Nuten und Schmierstoffkammer geschmiert wird (für
aggressive und dickflüssige Medien sowie hohe Drücke und Temperaturen) und der *Leichtschalt-
hahn*, dessen Küken vor dem Drehen etwas angehoben und nach dem Drehen wieder gegen die
Sitzfläche gedrückt wird (für zähflüssige Stoffe). Hähne mit zylindrischem Küken sind selten.

Der **Kugelhahn** (Bild 30.9c), eine wesentliche technische Weiterentwicklung des Kegelhahns, hat
im geöffneten Zustand keinen größeren Strömungswiderstand als ein gleich langes Rohr mit
gleichem Innendurchmesser. Der Abschlußkörper ist eine Kugel mit zylindrischer Bohrung, die
sich gut abdichten läßt und deren Drehung nur ein geringes Drehmoment erfordert. Kugelhähne
werden für fast alle Medien, Temperaturen und Drücke hergestellt und haben vor allem in der
Chemieindustrie breite Anwendung gefunden. Sie sind mit DIN 3357 genormt und mit Flanschen,
Schweißenden oder Gewindeanschluß lieferbar auch als Drei- und Vierwegehähne.

30.5   Klappen

Klappen sind sehr einfache Armaturen mit geringstem Raumbedarf. Als Abschlußkörper dient
eine kreisförmige Platte, die um eine Achse senkrecht zur Strömungsrichtung gedreht und in

Offenstellung vom Durchflußstoff umströmt wird. Sie schließen bei metallischen Dichtungen meistens nur tropfdicht, können aber mit weichen Gehäuseauskleidungen aus Kunststoffen dichtschließend ausgeführt werden. Ihre Einsatzgebiete sind u. a. Wasserversorgungsanlagen, Abwassertechnik, Kraftwerksbau, chemische Industrie und Gasfernleitungen. Klappen werden bis zu sehr großen Nennweiten hergestellt und sind mit DIN 3354 genormt.

Bei **Absperr- und Drosselklappen** ist die Drehachse der Welle zentrisch oder etwas exzentrisch angeordnet. Die Gehäuse sind meistens ringförmig als Einklemmgehäuse ausgeführt (Bild 30.10) ohne oder mit Durchgangslöcher für die Klemmschrauben (Baulängen für Einklemmarmaturen nach DIN 3202 T3). Für sehr große Nennweiten werden Schweißenden angebracht.

Rückschlagklappen sichern Rohrleitungsanlagen gegen Zurückfließen des Mediums. Der Abschlußkörper wird von der Strömung angehoben und gibt den Durchfluß in einer Strömungsrichtung frei. Die Drehachse liegt außerhalb der Klappenscheibe (Bild 30.11). Beim Auftreten von Gegendruck und nach Abschalten des Förderstroms schließt die Klappe selbsttätig, unterstützt durch die Gewichtskraft bei waagerechter Lage der Drehachse.

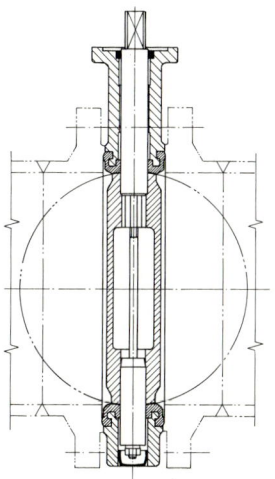

Bild 30.10 Absperrklappe mit Einklemmgehäuse
(KSB AG, Frankenthal)

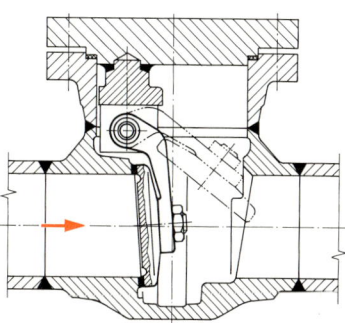

Bild 30.11 Rückschlagklappe

30.6   Armaturantriebe

Die Betätigung der Armaturen ist auf verschiedene Weise möglich. Sie kann von Hand (direkt an der Armatur oder fernbedient), durch Gewichts- oder Federkraft, mittels Eigen- oder Fremdmedium, hydraulisch, pneumatisch, elektromotorisch oder elektromagnetisch erfolgen.

Direkte *Handbedienung* über Handrad oder -hebel wird bei kleinen bis mittelgroßen Armaturen dort angewendet, wo leichter unmittelbarer Zugang gegeben ist. Bei größeren Armaturen werden zur Verringerung der erforderlichen Handkraft Stirnrad-, Kegelrad- oder Schneckengetriebe zwischengeschaltet (Bild 30.12). Handfernbedienung durch Spindelverlängerung, Hebelsysteme, Gelenkwellen oder Kettentriebe kommt infrage, wenn Armaturen nicht zugänglich sind.

Das Schließen durch *Gewichtskraft* oder durch *Federkraft* ist vorwiegend bei Schnellschluß- und Sicherheitsarmaturen üblich.

Die Steuerung mittels *Eigenmedium* ist dann möglich, wenn durch das strömende Medium auf beiden Seiten des Abschlußkörpers verschieden große Drücke auftreten (z. B. bei Rückschlagklappen und -ventilen). Die Differenzkraft betätigt die Armatur. Als *Fremdmedium* werden meistens Dampf oder Luft eingesetzt, die eine unmittelbare oder federunterstützte Betätigung bewirken.

a)   b)

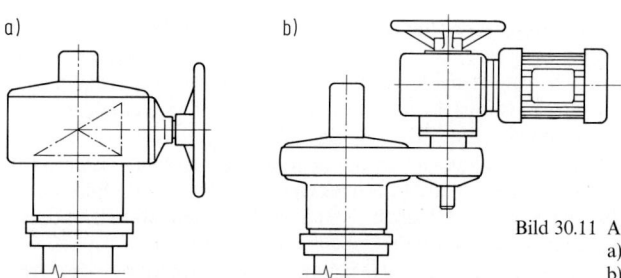

Bild 30.11 Armaturenantriebe
a) Handbedienung mit Kegelradgetriebe,
b) elektromotorischer Stellantrieb mit
Stirnradgetriebe

Elektrische, pneumatische und *hydraulische Armaturenantriebe* eignen sich besonders für die automatische Steuerung von Rohrleitungsanlagen. Für elektromotorische Antriebe werden Getriebemotoren und Endschalter bevorzugt, womit gute Regelmöglichkeiten gegeben sind (Bild 30.11 b). Bei kleinen Armaturen sind elektromagnetische Antriebe üblich. Pneumatische Antriebe werden dort eingesetzt, wo Explosionsgefahr besteht und wenn kurze Schalt- oder Stellzeiten erforderlich sind. Für große Kräfte werden vorzugsweise hydraulische Antriebe angewendet.

Literaturhinweise

Armaturen-Handbuch. Hrsg.: KSB Aktiengesellschaft, Frankenthal 1965.
Beitz, W. und *K.-H. Küttner: Dubbel*, Taschenbuch für den Maschinenbau. Springer-Verlag 1990.
Häfele, C. H.: Absperrarmaturen und Sicherheitsarmaturen für Dämpfe und heiße Gase. TÜV Rheinland, Köln 1978.
Volk, W.: Absperrorgane in Rohrleitungen. Springer-Verlag 1959.
Zollinger, R. M.: Armaturen: Normen zur Entscheidungshilfe bei Fertigung und Verwendung. Beuth-Verlag Berlin 1984.

Sachwortverzeichnis

Abbrennstumpfschweißen 94, 103
Abgeleitete Reihen 18
Abhitze-Dampfkessel 83
Ablaufplan 155, 158, 365
Abmaße 20
Abscherkraft der Schweißverbindung 99
Absolutes Lagerspiel 360
Absperrklappe 663
Absperrorgane 657
Absperrventile 658
Abstände von Nieten und Schrauben 138
Abweichungen an Verzahnungen 516
Abweichungen von der Lagergeometrie 345
Abweisende Zähne 439
Achsabstand von Zahnrädern 474
Achsen 299
Achsen gleicher Biegebeanspruchung 307
Achskraft 597, 599, 602, 611, 622, 624
Äußerer Modul 492
Äußere Reibung 329
Äußerer Sprungwinkel 497
Aktive Flanken 470
Aktivgasschweißen 38
Allgemeine Einflußfaktoren für die Zahn-Tragfähig-
keit 523
Allgemeiner Spannungsnachweis im Stahlbau 69, 139
Allgemeintoleranzen 24
Alterungsbeständigkeit der Öle 332
Anfahrvorgang mit Kupplungen 448
Anlaufhilfe für Gleitlager 356
Anlaufkupplungen 451
Anlaufreibung 329
Anordnung von Kettentrieben 564
Anschlagbegrenzung von Federn 252
Anschlußebene 50
Anschweißenden 173
Anstrengungsverhältnis 310
Anwendungsfaktor 61, 500, 523
Anziehfaktor bei Schrauben 187
Anziehverfahren für Schrauben 182
Arbeitsflanken 468
Arbeitshub von Bewegungsschrauben 210
Arbeitstemperatur beim Löten 106
Arcusaflex-Kupplung 431
Arithmetischer Mittenrauhwert 32
Armaturen 657
Armaturenantriebe 663
Armscheiben 589
Aufbau der Keilriemen 606
Auflegestreckung 596, 599, 602
Aufschweißbare Bolzen 93
Aufschweißflansche 88
Aufspannbuchsen 352
Aufspanngetriebe 561
Augenlager 353
Augenschraube 174
Ausbeute 584
Ausdehnzahl 373

Ausführung von Schneckengetrieben 561, 562
— — Schrauben und Muttern 172, 175
— — Zahnradgetrieben 541
Ausgleichskupplungen 423
Ausknöpfen einer Punktschweißverbindung 98
Ausklinken 339
Auslaufreibung 329
Auslaufventile 660
Auslegersystem eines Drehkranes 76
Ausnahmereihen 18
Ausschlagsfestigkeit von Schrauben 197
— — Wellen 314
Auswahl von Passungen 26, 28
Auswuchten 589
Außen-Backenbremse 457
Außenrad 460
Axial-Gleitlager 497
-kraft 501, 502, 505, 547, 556
-lager 337
-Pendelrollenlager 390
-Rillenkugellager 390
-teilung 551
-Tragringe 381
-Wälzlager 388

Backenbremse 456
Backen-Fliehkraftkupplung 451
Balliger Zahn 541
Baltzer-Rollenlager 401
Bandspanner 573
Basiszeichen für Wälzlager 389
Bauformen von Wälzlagern 390
Bauregeln für Schweißverbindungen im Stahlbau 66
Beanspruchung von Längsnähten in Biegeträgern 59
Befestigungsschrauben 167
Begriffe der Tragfähigkeit von Zahnrädern 521
Beharrungszustand bei Gleitlagern 364
Beiwinkel 137
Belastungsfaktor (Betriebsfaktor) für Keilriemen 611
Belastungsgrenze von Gleitlagern 347
Belastungskennwert von Kunststoffzahnrädern 535
Belastungsmöglichkeiten von Wälzlagern 391
Belastung von Kegelrollen- und Schrägkugellagern
406
Benetzbarkeit durch Öle 347
Berechnung auf Knickung im Stahlbau 71
Berechnungsbeiwerte für Behälterböden 87
Berechnung von Achsen und Wellen 308
— — Axial-Gleitlagern 382
— — hydrodynamischen Radiallagern 361
— — Blattfedern 288
— — Drehstabfedern 281
— — Gummifedern 296
— — Kegelverbindungen 229
— — Keilriementrieben 608
— — Keilverbindungen 220
— — Klebverbindungen 122
— — Klemmverbindungen 235

– – Kupplungen 426, 433, 435, 447, 449
– – Lötverbindungen 113
– – Mehrschichtriemen 598
– – Nietverbindungen 130
– – Paßfederverbindungen 222
– – Preßverbänden 149, 153, 162, 165
– – Polygonwellenverbindungen 226
– – Radial-Gleitlagern 357
– – Riementrieben 594
– – Rohrleitungen 646
– – Rollenketten 574
– – Schenkelfedern 276
– – Schraubenfedern 260
– – Schraubenverbindungen 198
– – Spannelementverbindungen 231, 233
– – Spiralfedern 283
– – Stiftverbindungen 244 ... 247
– – Stirnzahnverbindungen 237
– – Synchronriementrieben 620
– – Tellerfedern 269, 272
– – Zahnriementrieben 621
– – Zahnwellenverbindungen 225
Besondere Belastungsfälle von Wälzlagern 409
Besondere Wälzlager 400
Betriebs-Eingriffswinkel 480
Betriebsfaktor für Schweißverbindungen 61
– – Kettentriebe 574
Betriebsfestigkeitsnachweis 74, 78, 139
Betriebsspiel 391
Betriebswälzkreise 480
Bewegungsschrauben 209
Bewertungsgruppen für Schweißnähte 46
Bezogenes Spannungsgefälle 310
Bezugs-Planrad 492
Bezugsprofil für Verzahnungen 475
Bezugsradius (Trägheitsradius) 71
Bezugszeichen für Schweißnähte 47
Bibby-Kupplung 429
Biegebeanspruchung von Schweißnähten 53
Biegefrequenz 594, 611
Biegekritische Drehzahl 326
Biegelinie 318
Biegemomente in Wellen 302
Biegesteife Rahmenecken 78
Biegesteifer Kehlnahtanschluß 57, 73
Biegsame Welle 301
Bindefestigkeit von Klebverbindungen 117
Blattbündel-Halterung 287
Blattfedern 285
Blechmuttern 175
Blindniete 129
Blockfette 335
Blocklänge von Druckfedern 255
Bodenscheiben 589, 560
Bördelnaht 44
Bogenverzahnte Kegelräder 495
Bogenzahnkupplung 424
Bolzen 242
Bolzenschweißen 93
Bordscheiben 620
Breitenfaktor 524
Breitkeilriemen 614, 615

Bremsen 456
Bremsmoment 458
Bruchsicherheit von Ketten 578
Buchsenkette 566
Buckelschweißen 92, 100
Bügelhalterung 286
Bürstenhalter 447
Bundbuchsen 352

Calciumseifenfette 335
CanaLus-Kupplung 442
Cardeflex-Kupplung 430
Cavex-Aufsteck-Schneckengetriebe 561
Centaflex-Kupplung 431
Chemisch abbindende Klebstoffe 116
Conax-Kupplung 442
Conti-F-O-Keilriemen 606

Dachbinder 140
Dämpfungsarbeit 535
Dampfkessel 83
Darstellung von Rohrleitungen 645
Datenverarbeitung 17
Dauerbruch von Schrauben 197
Dauerfestigkeitsschaubild für Federdraht 263
Dauerhaltbarkeit von Wellen 308
Deckel-Stehlager 353
Dehnkörperlager 345
Dehnverband 148
Dehnschlupf 584
Dehnschrauben 167
Dehnungsausgleicher 640
Dehnungsbetrieb 585
Destillate 332
Detail-Methode 523
Deutsche Öse 257
Deva-Metall 376
Devaplast 371
Diagrammleistung 574
Dichtungen für Lager 415
– – Rohrleitungen 638
Dickenbeiwert 314
Differenzkraft in der Schraube 194
Dochtöler 343
Doppelbürstenhalter 447
Doppelgelenk 428
Doppelkehlnaht 42
Doppelkeilriemen 614
Doppelkerbstift 241
Dornniet 129
Drahtelektroden 40
Drahtkugellager 400
Drahtverbinder 588
Drehbewegungselemente 299
Drehfeder 274, 280
Drehflankenspiel 473
Drehmomentschlüssel 184
Drehnachgiebige Kupplungen 438
Drehschrauber 184
Drehschub-Hülsenfeder 296
Drehschub-Scheibenfeder 296
Drehstabfederung von Fahrzeugrädern 281

Drehzahlkonstante bei Wälzlagern 410
Dreieckstrieb 617
Dreipunktanlage 219
Dreischichtlager 355
Drewel-Gelenkwelle 428
Drosselklappe 663
Druckbehälter 80
Druckfedern 253
Druckhülse 234
Druckkammerlager 337
Druckluftanlage 443
Druckluftbehälter 89
Druckmutter 181
Druckölverband 148
Druckschmierung 360
Druckspindeln 209
Druckstäbe im Stahlbau 132, 139
Druckumlaufschmierung 580
Duktile Metalle 336
Dunkerley-Formel 326
Duplex-Ketten 566
Durchbiegung von Achsen und Wellen 318
Durchflutete Lamellenkupplung 445
Durchgangsventile 660
Durchlaufschmierung 345
Durchsteckschraube 176, 203
Durchziehniet 130
Durlok-Schrauben 179
Dynamikfaktor 523, 531
Dynamisch äquivalente Belastung 402
Dynamische Federsteife 295
Dynamisches Auswuchten 589
Dynamische Stützziffer 311, 314
– Tragzahl 402
– Viskosität 331

Ebene Böden 88
Eckventil 659
Eigendruckentwicklung 384
Eigenfrequenz 251
Eigengewichtstrieb 585
Einbaurichtlinien für Wälzlager 391
Einbettfähigkeit der Gleitwerkstoffe 347
Einfache Blattfedern 285
Einfache Spaltdichtung 420
Einflanken-Wälzprüfung 516
Einflußfaktoren für die Zahntragfähigkeit 523
– – Klebverbindungen 125
Einführungsspiel 147, 165
Eingriffslinie 466
Eingriffsteilung 474
Eingriffswinkel 468
Einkomponentenkleber 117
Einlaufverhalten von Gleitlagern 347
Einlegekeil 217
Einpreßkraft 165
Einscheibenkupplung 441
Einschlag-Klappdeckelöler 343
Einschraub-Kugelöler 343
Einspannbuchsen 352
Einsatzbuchsen 175
Einstellbares Gleitlager 354

Einstofflager 356
Einteilung der Kupplungen 422
Einzelabweichungen in Verzahnungen 516
Einzelschmierung 345
Elastic-Stopmuttern 178
Elastische Beanspruchung 150, 153
Elastische Formelemente 248
Elastische Kupplungen 429
Elastische Linie 318
Elastisch-plastische Beanspruchung 150, 162
Elastizitätsbeiwert 268
Elastizitätsfaktor 528, 534
Elastizitätsmodul von Gummi 295
– – Metallen 153
Elastohydrodynamische Schmierung 519
Elastomere 294
– für Radialdichtringe 417
Elektroden zum Schweißen 40
Elektromagnetische Kupplungen 444, 445
– Zahnkupplung 440
Elektronenstrahllöten 110
Elektronenstrahlschweißen 38
Elektronische Thermofühler 351
Elektroschlackeschweißen 39
Endknoten eines Rohrbinders 79
Endliche Keilriemen 605, 606
Endverschlüsse von Ketten 569
Energiespeichernde Kupplungen 429
Energieumsetzende Kupplungen 429
Englische Öse 257
Ensat-Einsatzbuchse 170
Epizykloide 466
Ergänzungskegel 491
Ergänzungssymbole für Schweißnähte 44
Erreichbare Rauhtiefen 34
Ersatzzähnezahl 478
Erzeugung der Schnecken 553
Eulerzahl 583
Evolvente 469
Evolventenverzahnung 468
Evolventenzahnprofil 225
Extremultus-Mehrschichtriemen 598
Exzentrisch beanspruchte Schraubenverbindung 195
Eytelweinsche Gleichung 583

Fachwerkträger 66
Fallposition 41
Fangrillen-Dichtung 420
Farbkennzeichnung von Rohren 627
Federarbeit 249
Federblattenden 287
Federdruckbremse 457
Federdruckbuchse 342
Federklammern 286
Federkopfschraube 179, 180
Federn 248
Federrate 248
Federringe 178
Federsäulen 270
Federverschluß 569
Fehler an Schweißnähten 47
Feingewinde 167

Fertigungsgerechte Gestaltung 16
Fertigungsspiel an Gleitlagern 373
Festigkeitskennwert von Werkstoffen für Druck-
  behälter und Kessel 84
− − Rohrleitungen 654
Festigkeit von Klebverbindungen 121
Festlager 392
Festschmierstoffe 491
Festsegment-Spurlager 380
Fettdruckbuchsen 342
Fettrillendichtung 421
Fettschmierung von Gleitlagern 342
− − Wälzlagern 411
Fett-Tauschschmierung 519, 548, 559
Feuerverzinkung 172
Filzringdichtung 415
Fittings 632
Flachführung 340
Flachgewinde 210
Flachkehlnaht 42
Flachkeil 218
Flachkopfschraube 173
Flachriementrieb 582
Flachrundniet 128
Flachstahl-Druckfedern 291
Flächendichtung 118
Flächenmoment 57
Flächenmomente 2. Grades von Wellenquerschnitten
  306
Flächenpressung 227, 244, 245, 246, 247
Flammlöten 107, 108
Flammpunkt 332
Flankenform an Schnecken 552
Flankenkehlnähte 56
Flankenlinie 460
Flankenpressung 220, 222, 224, 225, 237, 528, 529, 534
Flankenspiel 473
Flanken-Tragfähigkeit der Kunststoff-Zahnräder 538
Flankentemperatur 536
Flankenzentrierung 223
Flanschlager 353
Flanschverbindungen 636
Fleyer-Ketten 567
Fliehkraftkupplungen 452
Fliehzugkraft 578
Fliehzugspannung 595
Flügelmutter 176
Flüssige Schmierstoffe 330
Fluorierte Kohlenwasserstoffe 349
Flüssigkeitsreibung 329
Folienlager 371
Foliennahtschweißen 94
for-life-Schmierung 412
Formfaktor von Gummifedern 295
Formschlüssige Welle-Nabe-Verbindungen 217, 220,
  223, 225, 226
Formschlüssige Schaltkupplungen 439
Formschlüssige Schraubensicherungen 179
Formtoleranzen 31
Form- und Lagertoleranzen für Wellen, Bunde, Spur-
  scheiben 379
Formzahl der Schnecken 551

Formzahlen von Kerben 311 ... 313
Freilaufkupplungen 453
Freßtragfähigkeit 522
Fügen von Preßverbänden 147
Fügetemperaturen 165
Führungslager 337
Fülldrahtelektroden 40
Füllstäbe von Fachwerkträgern 65
Führungseinrichtungen für Ketten 572
Führungslager 337
Fuge am Schweißteil 44
Fugenlöten 108
Fugenpressung 150, 151, 229, 235

Gabelschlüssel 182
Gallings 522
Gallketten 566
Gasschweißen 36
Gelenke 243
Gelenkketten 566
Gelenklager 354
Gelenkspindeln 428
Gelenkpressung 578
Geklebte Träger 120
Geknickte Kennlinien von Tellerfedersäulen 271
Gekreuzter Riementrieb 586
Gemittelte Rauhtiefe 32
Genieteter Dachbinder 140
Geometrische Grenzen von Zahnrädern 485
Geometrie der Riementriebe 591
Geometrie der Zahnriementriebe 620
Geometrische Reihe 18
Gehäuse für Spannlager 399
Geradverzahnte Kegelräder 490
Geradverzahnung 461
Gerollte Buchsen 351, 376, 377
Gesamtabweichungen in Verzahnungen 516
Gesamtüberdeckung 489
Gesamtwirkungsgrad 506
Geschichtete Blattfedern 285
Geschlitzte Tellerfedern 292
Geschränkter Riementrieb 586
Geschweißte Nocken und Flanschverbindungen 82
Geschwindigkeitsfaktor 530, 532
Gestaltabweichungen der Oberflächen 30
Gestalt-Ausschlagfestigkeit 314
Gestaltfestigkeit von Achsen und Wellen 308
Gestaltung von Axial-Gleitlagern 378
− − Buckelschweißverbindungen 101
− − Klebverbindungen 119
− − Leichtmetallnietverbindungen 143
− − Lötverbindungen 111
− − Nietverbindungen 134, 137
− − Preßverbänden 149
− − Punktschweißverbindungen 96
− − Radial-Gleitlagern 352
− − Ritzeln 509
− − Schnecken und Schneckenrädern 557
− − Schraubenverbindungen 175
− − Schweißverbindungen 47
− − Wälzlagerungen 393 ... 398
− − Wellen 300, 305

– – Zahnrädern 508, 510, 513
Geteilte Lager 353
Geteilte Riemenscheiben 591
Getriebearten 460
Getriebe-Schmieröle 334
Getriebewellen 302
Getriebezug 460, 462, 507
Geweberiemen 587
Gewinde 167
Gewindeanziehmoment 184
Gewindebolzen 167
Gewindefeinheit 181
Gewindemuffen 639
Gewindestifte 174
Gewölbte Behälterböden 86
Gewundene Schenkelfedern 274
Gleitmodul von Gummi 297
Gleitschienen für Ketten 573
Gleitschlupf 584
Gleitlager 337
Gleitlagerscheiben 379
Gleitspanner 573
Gleitung 472
Gleitverschleiß 370
Gleitwerkstoffe 346
Graphische Symbole für Rohrleitungen 645
Graphit 336
Grenzdrehzahl von Wälzlagern 410
Grenzmaße 20
Grenzreibung 329
Grenzschichtschmierung 340
Größenfaktor 527, 534
Großrad 460
Größtkraft in der Schraube 193
Grübchentragfähigkeit 522, 528, 534
Grundkreis 469
Grundlagerspiel bei Kunststofflagern 376
Grundreihen 18
Grundschrägungswinkel 479
Grundsymbole für Schweißnähte 42
Grundtoleranz 22
Grundtoleranzgrade 22
Grundwerkstoff 36
Gruppenschmierung 345
Gummifedern 293
Gurte an Tragwerken 65
Gußeisenrohre 629
Gütesicherung von Schweißverbindungen 41, 46

Habasit-Mehrschichtriemen 600
Hähne 662
Härte von Gummi 295
Haftbeiwert 151, 229
Haftkraft 149, 151
Haftreibzahl 198
Haftsicherheit von Preßverbindungen 151
– – Schraubenverbindungen 203
Hakenöse 257
Hakenverbinder 288
Halbhohlniet 129
Halbkugelboden 85
Halbrundkerbnagel 245

Halbrundniete 128
Haltbarkeit von Bewegungsschrauben 214
– – Schraubenverbindungen 197
Handschmierung 342, 580
Hartgummi 294
Hartlote 111
Hartlötverfahren 108
Heizelementschweißen 103
Heizkeilschweißen 104
Herstellung von Buckeln 101
– – Schrauben 171
Hertzsche Pressung 522, 538, 560
Hexa-Flex-Kupplung 431
Hexogonal-Keilriemen 614
Hilfsgröße 153
Hintereinanderschaltung von Federn 251
Hochelastische Kupplungen 431
Hochfeste Schraubenverbindungen 205
Hochfrequenzschweißen 105
Hochtemperaturlötverfahren 110
Höchstmaß 20
Höchstspiel 24
Höchstübermaß 24
Hohlflankenschnecke 554
Hohlkehlnaht 42
Hohlkeil 218
Hohlniet 134
Hohlprofile im Stahlbau 75, 78
Hohlrad 460
Horizontalposition 41
Hubfestigkeit von Schraubenfedern 263
– – Stabfedern 282
– – Tellerfedern 273
Hubzündung 93
Hülltriebe 564
Hutmutter 175
HV-Verbindungen 206
Hydraulischer Kettenspanner 573
Hydraulische Spannbuchse 234
Hydraulisch schaltbare Kupplung 443
Hydrodynamische Axiallager 379
– Gleitlager 338
– Ölförderung 344
– Schmierung 331
Hydrostatische Gleitlager 337
Hyperboloid-Schraubradpaare 549
Hypothese der größten Gestaltänderungsenergie 309
Hypoid-Schraubradpaare 549
Hypozykloide 467

Induktionskupplung 438
Induktionslöten 107, 109, 110
Inertgasschweißen 37
Inkonstanter Drahtdurchmesser 292
I-Naht 44
Innenradpaare 460, 487
Innenverzahnung 476
Innenzentrierung 223
Innere Fehler an Schweißnähten 47
Innere Reibung 329
Innere Vorspannkraft 257
Innerer Modul 492

Involute 470
ISO-Toleranzsystem 21

Kabelcordriemen 606
Käfige von Wälzlagern 389
Kalotte am Behälterboden 86
Kältemaschinenöle 334
Kaltgeformte Druckfedern 253
Kalthärter 117
Kaltniete 129
Kammerschweißen 38
Kardangelenk 224
Kardan-Kupplung 426
Kastenträger 66
Kautschuk 293
Kegelbremse 456
Kegelfedern 291
Kegelflex-Kupplung 433
Kegel-Gleitlager 354
Kegelgriff 176
Kegelhahn 662
Kegelkerbstift 241
Kegelräder 490
Kegelrad-Schraubräderpaar 460
Kegelrollenlager 390, 397
Kegelrollentrieb 587
Kegelschmierköpfe 343
Kegelstifte 240
Kegelverbindungen 227
Kehlnähte 41
Keilriemenscheiben 607
Keilriementriebe 605
Keilrippenriemen 614
Keilschieber 661
Keilspalt an Gleitlagern 338
Keilwellen 223
Kennfarben für Rohrleitungen 628
Kennlinien von Federn 248
– – elastischen Kupplungen 435
– – Tellerfedern 268
Kennzeichen von Schraubenwerkstoffen 169
Kerbnägel 241
Kerbwirkungen 301
Kerbzahnprofil 225
Kernquerschnitt 167
Kettenspanner 572
Kerbstifte 241
Kerbwirkungszahl 311
Kettenarten 566
Kettenräder 569, 571
Kettentriebe 564
Kinematische Viskosität 331, 333
Kippsegmente 380
Klappen 662
Klauenkupplungen 424, 439
Klebfilme 122
Klebstoffe 116
Klebverbindungen 116
Kleinrad 460
Klemmlängenfaktor 193
Klemmlänge von Nietverbindungen 139
– – Schraubenverbindungen 180

Klemmrollen 454
Klemmverbindungen 235
Klöpperboden 85
Knebelkerbstift 241
Knickfälle für Spindeln 214
Knickgrenze von Druckfedern 264
Knicksicherheit 213
Knickzahlen 71, 79, 144
Knoten eines Leichtmetalltragwerks 142
– – Stahltragwerks 138
– im Stahlbau 71
Köcherbürstenhalter 447
Kohlelichtbogenschweißen 37
Kolbenlöten 107
Kolbenschieberventil 659
Komplexverseifte Schmierfette 335
Kombinierte Klebverbindungen 121
Kompensatoren 640
Konsistenz 334
Konstruieren 15
Kontaktklebstoffe 116
Konvektion 358
Kopfanziehmoment 185
Kopfflanke 466
Kopfhöhe 473
Kopfkürzung 487
Kopfschrauben 173
Kopfspiel 473
Korbbogenboden 85
Körper gleicher Biegebeanspruchung 285, 307
Korrosionsschutz von Schrauben 171
Kräfte an Wellen 302
Kraftamplitude in Schraubenverbindungen 194
Kraftband 614
Krafteinleitung in Tellerfedern 268
Kraftfahrzeug-Scheibenbremse 459
Kraftfluß in Schraubenverbindungen 180
Kraftschlüssige Schaltkupplungen 440
– Schraubensicherungen 178
– – Welle-Nabenverbindungen 227, 230, 232, 234
Krallenverbinder 588
Krempe am Behälterboden 86
Kreisbogenzähne 461
Kreuzgelenk-Kupplung 426
Kreuzlochmutter 175
Kreuzlochschraube 173
Kritische Drehzahlen 325
Kronenmutter 175
Krümmer 633
Krupp-Profil 286
Kubische Parabel 307
Kühlung von Gleitlagern 350
Kugelbüchse 401, 402
Kugelhahn 662
Kugelevolventen 490
Kugelgelenk-Kupplung 427
Kugellager 388
Kugelschmierkopf 343
Kugel-Sicherheitskupplung 450
Kugelumlaufspindel 214
Kunstkohle 349
Kunststoffe für Zahnräder 514

Kunststoff-Gleitlager 369
Kunststoff-Schneckenräder 558
Kupplungen 422
Kurzgleitlager 357
Kurzzeichen für Wälzlager 389
Kurzzeit-Bindefestigkeit von Überlappklebungen 122

Labyrinthdichtungen 421
Längenfaktor 611
Längskeile 217
Längskräfte in Wellen 302
Längspreßverbände 147
Längsverformungen von Schraubenverbindungen 192
Lageabweichung der Verzahnungsachse 516
Lagerbuchsen 352
Lagerdichtungen 415
Langbuckel 101
Lamellenbremsen 456
Lamellenkupplungen 446
Lamellen-Rutschkupplung 453
Lamex-Kupplung 425
Laserstrahllöten 109, 110
Laserstrahlschweißen 38
Lastannahmen im Stahlbau 70
Lastfälle im Stahlbau 70
Lastheben mit einer Schraube 211
Lasttrum 564, 583
Lasttrumspannung 595
Laufgeräusche von Zahnradgetrieben 541
Laufzapfen 300
Lebensdauerfaktor 526, 529, 534
Lebensdauer von Wälzlagern 402
Ledermanschetten-Dichtung 419
Lederriemen 587
Leertrum 583
Leertrumkraft 604
Legierte Öle 332
Leibung am Niet 131
– am Schweißpunkt 98
– an der Paßschraube 203
Leichtmetallbau 142
Leichtmetallniete 128
Leistungsspitze 500
Leitspindeln 209
Lenkerfeder 292
Lichtbogenlöten 109
Lichtbogenschweißen 36
Lichtstrahllöten 107, 109
Lichtstrahlschweißen 38, 105
Linear-Kugellager 401
Linienbelastung 524, 530
Linksgewinde 169
Linsenniet 128
Linsensenkschraube 173
Liquidustemperatur 106
Lithiumseifenfette 335
Lockern von Schrauben 177
Lochleibung 131
Lösbare Verbindungen 167
Lötverbindungen 106
Losdrehverhalten von Schrauben 179
Loslager 392

Lotbadlöten 107, 108
Lüfterkupplung 445
Luftreifen-Schaltkupplung 444
Lyra-Bogen-Ausgleicher 640

Massivbuchsen 346
Massivdrähte zum Schweißen 40
Maßpläne für Wälzlager 383
Maßtoleranz 21
Maximale Rauhtiefe 32
Mehrflächenlager 339
Mehrgängiges Gewinde 210
Mehrscheibentrieb 587
Mehrschichtriemen 588
Mehrwellentrieb 617
Membranventil 659
Merkblätter für Druckbehälter 81
Metalastic-Federn 294
Metallfedern, weitere 290
Metallgummi 293
Metallichtbogenschweißen 37
Metrisches ISO-Gewinde 167
Minderungsfaktor 436
Mindestmaß 20
Mindestspiel 24
Mindestübermaß 24
Mindestzähnezahlen 486
Mineralöle 330, 332
Minusrad 482
Mischschaltung von Federn 251
Mischreibung 329
Mittelbolzenhalterung 286
Mittellastbereich von Gleitlagern 362
Mittenrauhwert 32
Mittenzylinder 551
Mittlerer Modul 492
Modifizierte Lebensdauer 403
Modul 473
Molybdändisulfid 336
Momentenanschluß im Leichtmetallbau 144
– mit Nieten 132, 133
Montagevorspannung von Schrauben 185
Motoren-Schmieröle 334
Motorschlitten 615
Muffenschweißen 104
Muffenverbindungen 639
Multi-Cross-Forte-Kupplung 432
Muttern 170
Mutternbezeichnung 176

Nachgiebigkeit der Bauteile 189
– – Schraube 188
Nachsetzzeichen für Wälzlager 390
Nachstellbares Gleitlager 354
Nadellager 397
Nahtarten 41
Nahtdicke 42
Nahtformen 41
Nasenkeil 218
Naßlaufkupplungen 447
Natriumseifenfette 335
Naturgummi 294

Nebenrippen 510
Negative Profilverschiebung 481
Neigungswinkel bei der Durchbiegung 320
Nenndruck 626
Nennkraft 61
Nennleistung 500
Nennmaß 20
Nennmoment 61
Nennweite 626
Netzlinien 65
Nichtmetallische Lagerwerkstoffe 349
Nichtschaltbare Kupplungen 422
Nietstifte 134
Nietverbindungen 128
Nietverbindungen im Leichtmetallbau 142
— — Maschinenbau 134
— — Stahlbau 137
Nilosringe 415
Nominelle Lebensdauer von Wälzlagern 402
Normalflankenspiel 473
Normalkeilriemen 605
Normalprofil an Zahnrädern 477
Normalspannung in Schweißnähten 54
Normzahlen 18
Notlaufverhalten 347
Null-Außenverzahnung 473
-Innenverzahnung 476
-Radpaar 482
-Schrägverzahnung 477
Nutmutter 175
Nyliners 372

O-Anordnung von Wälzlagern 408
Oberes Abmaß 20
Oberfeder 290
Oberflächenbehandlung von Klebflächen 118
Oberflächenbeiwert 315
Oberflächenfaktor 527
Oberflächensymbole 33
Ölaggregate 351
Öle 330
Ölschmierung von Wälzlagern 413
Öl-Tauchschmierung 519, 548, 559
Öl-Umlaufschmierung von Wälzlagern 413
Ösenformen von Zugfedern 257
Oktoidenverzahnung 491
Omega-Verfahren 71, 144
Optimale Riemengeschwindigkeit 596
Optimat-Keilriemen 605
Ordnungssystem für Gestaltabweichungen 30
Ordnungszahl 435
Orthozykloide 467
Ortlinghaus-Kupplung 432

Paketcordriemen 606
Palloid-Verzahnung 497
Parallelschaltung von Federn 251
Passung 24
Paßfedern 220
Paßflächen 25
Paßkerbstift 241
Paßmaß 21

Paßschrauben 202
Passungssysteme 24
Paßtoleranz 24
Pendellast 393
Pendelkugellager 390
Penetration 334
Periflex-Kupplung 432
Phosphorbronze 248
Physikalisch abbindende Klebstoffe 116
Pittings 522
Planetengetriebe 462
Planetenrad 462
Planverzahnung 475
Plasmaschweißen 38
Plastische Beanspruchung 162
Plastisole 116
Plastizitätsdurchmesser 162
Plattenschieber 661
Pneumatische schaltbare Kupplung 443
Polflächen-Kupplung 445
Polyacetale 349
Polyamide 349
Polyamid-Zahnräder 514
Polygonumschlingung der Ketten 577
Polygonwellen 226
Polymerisationsklebstoffe 116
Polyurethane 349
Poly-V-Riemen 614
Polyvinylchlorid 105
Positive Profilverschiebung 481
Pourpoint 332
Power-Grip-Zahnriemen 618
Pressungsverhältnis 159
Preßschweißverbindungen 92
Preßstumpfschweißen 94
Preßverbände 147
Produktklassen für Schrauben 172
Profilseitenverschiebung 494
Profilüberdeckung 488
Profilverschiebung 480
Profilwahl von Keilriemen 610
Punktberührung von Wälzzylindern 545
Punktlast 393
Punktschweißen 92, 96
Punktverzahnung 468

Qualitäten bei Toleranzen 22
Qualitätssicherung bei Gleitlagern 357
Quasistatische Beanspruchung 262
Querbeanspruchte Schraubenverbindungen 202
Querposition 41
Querpreßverbände 147
Querschotte 65
Querstifte 246

Radaflex-Kupplung 431
Radial-Gleitlager 352
— mit Festschmierstoffen 375
-Kippsegmentlager 355
Radialkraft 501, 502, 503, 505, 547, 556
Radiallager 337
Radialspiel 391

Radial-Wälzlager 388
Radial-Wellendichtringe 416
Raffinate 332
Rauheit der Oberflächen 32
Rauheitsfaktor 529
Rauheitsmeßgrößen 32
Rauhigkeit von Rohren 649
Rauhtiefe 32
− von Gleitlagerlaufflächen 384
Reaktionsklebstoffe 116
Reaktionsschicht 347
Rechnerische Wanddicke 653
Rechteckfeder 286
Reduzierstücke 632
Regel-Getriebemotor 616
Regelgewinde 167
Regelorgane 657
Regelscheiben 609
Regleröle 334
Reibarbeit von Kupplungen 449
Reibbeläge 442
Reibbeiwert bei Axial-Gleitlagern 383
Reibleistung von Gleitlagern 358
Reibschweißen 105
Reibung 329
Reibung an Zahnflanken 506
Reibzahlen beim Anziehen von Schrauben 186
Relative Dämpfung 435
− Exzentrizität 362
− Kopfbahn 485
− Lagerbreite 357
− Schmierfilmdicke 383
Relatives Lagerspiel 360
Relaxation 262, 267
Resonanz 325
Restklemmkraft von Schraubenverbindungen 193
Reynolds-Zahl 361, 648
Ribe-Torx-Schraubsystem 172
Riefenbildungswiderstand 347
Riemenscheiben 589
Riemenschloß 587, 605
Riemenwerkstoffe 587
Rigomat-Anlaufkupplung 452
Rillendichtung 421
Ringbuckel 101
Ringfedern 290
Ringkegel-Spannelemente 230
Ringschlüssel 182
Ringspann-Sternscheiben 233
Ring-Wälzlager 388
Rillenkugellager 390
Rimostat-Rutschkupplung 453
Ringschmierung 343
Ringspurlager 378
Ritzel 460
Rohniet 128
Rohrarten 628
Rohrbogen 632
Rohre aus Kunststoffen 630
Rohrformstücke 632
Rohrgewinde 169
Rohrhalterungen 643

Rohrknoten im Stahlbau 77
Rohrleitungsanlagen 626
Rohrleitungsverluste 648
Rohrniete 129
Rohrreibungszahl 648
Rohrstabanschlüsse 75
Rohrströmung 648, 649
Rohrverbindungen 634
Rohrverschraubungen 639
Rohrwanddicke 652
Rollenbettwinkel 570
Rollenlager 388
Rollenketten 566
Rollennahtschweißen 94
Rollfedern 285
Rollkreise 466
Rollreibung 329
Rosta-Gummifederelement 295
Rotary-Kette 566
Rückenkegel 491
Rückflanken 470
Rückhub von Bewegungsschrauben 210
Rücklaufsperren 453
Rückschlagklappe 663
Rückschlagventile 660
Rückstellkräfte von Kupplungen 437
Rückzugsfeder 275
Ruhegrad 310
Ruhezapfen 300
Ruhpenetration 334
Ruhreibung 329
Rundbuckel 101
Runddichtringe 420
Runde Geradführung 340
Rundgewinde 168
Rundlaufabweichungen 516
Rundriemen 615
Rundwertreihen 18
Rutschkupplungen 453

Sägengewinde 210
Sägezähne 439
Schaftschrauben 167
Schalenkupplung 423
Schaltbares Drehmoment 441
Schaltkupplungen 438, 440
Schaltvorrichtung für Kupplungen 441
Schaltwerke 454
Scheibenbremsen 458
Scheibenfeder 220
Scheibenkupplung 423
Scheiben-Wälzlager 388
Schenkelfedern 274
Scherbuchsen 202
Scherspannung im Niet 131
− in der Paßschraube 203
− − − Schweißlinse 98
Schieber 660
Schlagschrauber 183
Schlangenfeder 282
Schlangenfeder-Kupplung 430
Schlankheitsgrad 71

Schlauchlager 345
Schleifende Dichtungen 415
Schleifringlose Elektromagnet-Kupplungen 445, 446
Schleuderdruckschmierung 344
Schleuderring 420
Schließkopf 129
Schlupfkupplungen 438
Schmalkeilriemen 606
Schmelzbereich der Lote 106
Schmelzschweißverbindungen 36, 635, 636
Schmiegsamkeit von Gleitwerkstoffen 347
Schmierfette 334, 335
Schmierfilmdicke 363
Schmierfilmtemperatur 359
Schmierkennwert 520, 539
Schmierlöcher 341
Schmiernuten 341
Schmieröldurchsatz 360, 384
Schmieröle 330
Schmierstoffe 330
Schmierstoffaktor 529, 534
Schmierstoffzufuhr bei Gleitlagern 341
Schmiertaschen 341
Schmierung von Gleitlagern 341 ... 345
– – Ketten 560
– – Schneckenradsätzen 559
– – Schraubradpaaren 548
– – Wälzlagern 411
– – Zahnrädern 519
Schneckenräder 558
Schneckenradsatz 460, 550
Schneidringverschraubung 639
Schnittmoment 54
Schnittzahl 130
Schnellaufbereich von Gleitlagern 362
Schnorr-Sicherungen für Schrauben 178
Schrägenfaktor 526
Schrägkugellager 390
Schrägsitzventil 209, 659, 660
Schrägungswinkel 477
Schrägverzahnte Kegelräder 495
Schrägverzahnte Stirnräder 477
Schrägverzahnung 461
Schraubenanziehmoment 185
Schraubenbezeichnung 176
Schraubenbolzen 167
Schraubenenden 174
Schraubenfedern 253
– aus Flachstählen 291
Schraubenräder 460
Schraubenverbindungen im Stahlbau 205
Schraubensicherungen 178
Schraubenverschluß von Ketten 569
Schraub-Stirnradpaare 544
Schrittschaltwerk 454
Schrumpfverband 147
Schubbeanspruchung von Schweißnähten 52, 56
Schub-Hülsenfeder 296
Schulterkugellager 390, 396
Schüsse 80
Schutzgasschweißen 37

Schutzlippe 416
Schutzschichten an Schrauben 172
Schweißbare Metalle 39
Schweißbuckel 101
Schweißen von Kunststoffen 103
Schweißmuttern 175
Schweißnahtfaktor an Behältern 85
Schweißnahtfläche 50
Schweißpositionen 41
Schweißstäbe 40
Schweißsymbole 42
Schweißteil 36
Schweißverbindungen im Druckbehälter- und Kesselbau 80
– – Maschinenbau 61
– – Stahlbau 65
– – Rohrleitungsbau 634, 636
Schweißzusätze 40
Schwenkbiegeschweißen 104
Schwerachsenabstand von Querschnittsflächen 57
Schwerlastbereich von Gleitlagern 362
Schwingmetall 293
Schwingungsdämpfer 564
Schwingverhalten von Federn 249
Sechskantschrauben 173
Segment-Radiallager 340
-Spurlager 379
Seilreibungsgleichung 583
Selbstspannbetrieb 585
Setzbeträge von Schrauben 191
Setzen von Schraubenverbindungen 190
Setzkopf von Nieten 128
Sicherheit gegen Dauerbruch 315
– – Flankenschäden 532
– – Fließen 316
– – Grübchen 529
– – Zahnbruch 526
Sicherheitskupplungen 452
Sicherheitsorgane 657
Sicherheitsventil 660
Sicherungen von Schrauben 177
Sicherungsmuttern 178
Sintermetallbuchsen 353
Sinus-Lamellenkupplung 442
Solidustemperatur 106
Sommerfeldzahl 362
Sonderlasten 70
Sonstige Schweißnähte 41
Spaltdichtung 421
Spaltlöten 108
Spannbänder für Ketten 573
Spanneinrichtungen für Ketten 572
Spannelemente 230
Spannhülsen 202
Spannlager 398
Spannräder 572
Spannrollen 607
Spannrollenbetrieb 585, 587, 603
Spannsätze 234
Spannstifte 240
Spannungen in Schweißnähten 50, 60
Spannungsgefälle 310

Spannungsverteilung in Schweißnähten 48
Spannwellenbetrieb 585
Spezifische Lagerbelastung 357
Spezifische Nennleistung 595
Spezifisches Gleiten 472
Sphärische Evolventen 490
Spielpassung 24
Spindeln 209, 215
Spiralfedern 283
Spiralschnecken 552
Spiralstifte 240
Spiralwinkel 495
Spiralschnecke 552
Spiralzähne 462
Spitzenzündung 93
Splintverschluß von Ketten 569
Spreizscheibe 615
Spritzölschmierung 548, 559
Spritzrillen 421
Sprühnebelschmierung 345
Sprung an der Schrägverzahnung 478
Stabelektroden 41
Stabfedern 280
Stabilitätsberechnungen im Stahlbau 71
Stabilität von Bewegungsschrauben 213
Stabilität von Schraubendruckfedern 264
Stahlbolzenkette 566
Stahlleichtbau 75
Stahlniete 128
Stahlpanzerrohrgewinde 169
Stahlrohrbau 75
Stahlwerkstoffe für Druckbehälter und Kessel 81
Standgetriebe 462
Starre Kupplungen 422
Statische Tragfähigkeit von Wälzlagern 404
Staufferbuchsen 342
Stauscheiben 420
Steckkerbstift 241
Stegblechträger 66
Stehlager 398
Steigposition 41
Steigung der Gewinde 167
Steigungswinkel 477
Steilzähne 461
Sternscheiben 233
Stieber-Freilaufkupplung 454
Stifte 240
Stiftschrauben 174
Stiftverbindungen 240
Stirn-Breitenfaktor 532
Stirnfaktor 524
Stirnmodul 478
Stirnnietungen 134
Stirnprofil 477
Stirnräder 460
Stirnradgetriebe 541
Stirnverzahnung 237
Stoßarten an Schweißteilen 42
Stoßfaktor 61
Strahlschweißen 38
Strangpreßprofile 143
Stribecksche Wälzpressung 519

Strömungsgeschwindigkeit 646
Stufenscheibentrieb 587
Stufensprung 18
Stufenzähne 461
Stulpmuttern 181
Stumpfnähte 41
Symbole für Preßschweißpunkte und -nähte 95
Synchroflex-Zahnriemen 618
Synchronriemen 618
Syntex-Kupplung 424
Synthetische Öle 330, 332
Systematische Berechnung von Schraubenverbindungen 198

Taillenschrauben 167
Tandem-Anordnung von Wälzlagern 408
Tangentialkraft 500, 502, 503, 505, 546, 556
Tangentkeil 219
Taper-Lock-Spannbuchse 608
Tarsoflex-Kupplung 433
Tauchlöten 107
Tauchschmierung 343
– von Ketten 580
– – Wälzlagern 413
Technische Regeln 81
Teilkegelwinkel 496
Teleskopwelle 427
Tellerfedern 266
Theorie für Riementriebe 582
Thermofühler 351
Thermoplaste für Zahnräder 514
Toleranzeinheit 22
Toleranzen für Wälzlager 394
Toleranzfamilie 517
Toleranzgrad 21
Toleranzklasse 21
Toleranzring 235
Toleranzsystem 21
Toleriertes Maß 21
Tonnenkupplung 425
Topfzeit 118
Torque-Tender-Überlastkupplung 452
Torsionsmomente in Wellen 302
Tragbild 516
Tragfähigkeit von Ketten 577
– – Kunststoffrädern 535
– – Schneckenradsätzen 560
– – Schraubradpaaren 548
– – Wälzlagern 402
Tragfaktor 222, 224, 225
Tragwerke 65
Tragzahl von Axial-Gleitlagern 382
Tragzapfen 300
Trapezfeder 286
Trapezgewinde 210
Trapezzähne 439
Treibkeil 217
Triebstockverzahnung 468
Triplex-Ketten 566
Trockenlaufkupplungen 447
Tropföler 343
Tropfschmierung 580

Trumkraftverhältnis 583
Turboflex-Kupplung 425

Überdeckungsfaktor 525
Überdeckungsgrad 488
Übergangsdrehzahl 339
Übergangspassung 24
Überholkupplungen 453
Überkopfposition 41
Übermaßpassung 24
Übermaßverlust 152
Überschlagsberechnung von Achsen und Wellen 305
 − − Schraubenverbindungen 201
Übersetzung 462, 463
Übertragbares Drehmoment 441
Ultraschallschweißen 105
Umfangslast 393
Umhüllte Elektroden 41
Umlaufgetriebe 462
Umlaufrad 462
Umlauf-Spülschmierung 344
Umlenkrollentrieb 586
Universalausführung von Schrägkugellagern 408
Unteres Abmaß 20
Unterfeder 290
Unterlegscheiben 177
Unterpulverschweißen 37
Unterschnitt 485

Ventile 658
Ventilspindeln 209, 659
Verbindungsschweißen 36
Verbundlager 355
 − mit Kunststoff-Laufschicht 375
Verbundriemen 588
Verbus-Ripp-Schrauben 179
Verbus-Tensilock-Schrauben 179
Verdrehkritische Drehzahl 328
Verdrehwinkel von Wellen 324
Vergleichsspannung in Bauwerken 69
 − − Preßverbänden 150
 − − Wellen 309
 − − Schweißnähten 55
Vergleichswert im Stahlbau 69
Vergrößerungsfaktor 436
Verlagerungen von Wellen 437
Verlängerung 641
Verlustzahl 649
Verlustleistung 649
Verschiebeanker-Motor 456
Verschleißtragfähigkeit 522
Verschleißwiderstand 347
Verspannungsbild einer Schraubenverbindung 190, 192, 194
Verstellbare Keilriemenscheiben 609
Verstellgetriebe 616
Verstellscheibe 614
Verzahnpaßsysteme 516
Verzahnungsgesetz 463
Verzahnungsqualität 517
 − von Schneckenradsätzen 559
Viereckstrieb 617

Vierflächenlager 340
Vierkantmutter 175
Vierkantschraube 173
Vierpunktlager 390
Virtuelle Zähnezahl 491
Viskosität 331
Viskositätsklassen 331
V-Minus-Radpaar 482
V-Naht 45
Voith-Sinclair-Turbokupplung 438
Vollböden 85
Vollniete 129
Vollwandträger 65, 139
Vollwelle 299
Vorschweißflansche 637
Vorspannen von Flachriemen 584
Vorspannkraft von Schrauben 191
Vorspannlänge 642
V-Plus-Radpaar 482
Vulkan-Kupplung 433

Wälzkörperformen 389
Wälzlager 388
Wälzprüfungen 516
Wälzpunkt 463
Wärmeabführung durch Konvektion 358, 384
 − − Schmieröl 359
Wärmedehnungsbeiwert 156
Wärmeimpulsschweißen 104
Wärmestrom 358, 384
Wärmeübergangszahl 358
Wärmewirkungen in Gleitlagern 350
Wahl der Bewertungsgruppe 47
Walkpenetration 334
Wandverstärkungen an Kesseln 82
Wannenposition 41
Warmgaslöten 107
Warmgeformte Druckfedern 254
Warmhärter 117
Warmniete 129
Wasserdruckprüfung 88
Wasserstoffschweißen 38
Weichlötverfahren 107
Weichlote 110
Weißmetall 348
Wellen 299
Welle-Nabe-Verbindungen 217
Wellen gleicher Biegebeanspruchung 307
Werkstoffe für Armaturengehäuse 658
 − − Federn 252
 − − Schrauben 169
 − − Schweißverbindungen 39
 − − Zahnräder 509, 514
Wertigkeit der Schweißnaht 85, 654
Whitworth-Rohrgewinde 168
Wickelverhältnis 275
Widerstandsbolzenschweißen 93
Widerstandslöten 107, 109
Widerstandsmomente von Wellen 306, 307
Widerstandspreßschweißen 92
Widerstandsschmelzschweißen 39
Winkelfaktor 611

Winkelstäbe 138
Wirklänge 610
Wirkungsgrad von Bewegungsschrauben 212
— — Getrieben 506
— — Schneckenradsätzen 559
— — Schraubradpaaren 545
Wölbkehlnaht 42
Wolfram-Schutzgasschweißen 38
Wülfel-Elco-Kupplung 430
Wülfel-Fliehkraft-Kupplung 451

X-Anordnung von Wälzlagern 408

Y-Naht 44

Zähnezahlfaktor 575
Zähnezahlverhältnis 462
Zahnfußspannung 526, 532, 536
Zahnfußtragfähigkeit 522, 526, 531, 536
Zahnketten 568
Zahnkräfte 303
Zahnkräfte an Kegelrädern 502
— — Schneckenradsätzen 555
— — Schraubstirnradpaaren 545
— — Stirnrädern 500
Zahnkupplung 440
Zahnräder 460
— aus Kunststoffen 514
Zahnriementriebe 617
Zahnscheiben 178, 620
Zahnstangen 460
Zahntemperatur 536
Zahnverformung an Kunststofffrädern 540
Zahnwellen 225
Zapfen 300
Zapfenwerkstoff 347
Zeitkonstante 448

Zeitwälzfestigkeit 539
Zentralverankerung 88
Zerlegbare Gelenkketten 566
— Wälzlager 391
Zitronenspiel 339
Zonenfaktor 528, 534
Zugbeanspruchte Niete 132
Zug-Druckbeanspruchung von Schweißnähten 51
Zugkraft am Zahnriementrieb 622
— an Ketten 577
Zugfedern 256
Zugmuttern 181
Zugscherfestigkeit der Klebstelle 124
— — Lötstelle 114
Zusammengesetzte Symbole für Schweißnähte 43
Zusammenwirken von Federn 251
— — — Stumpf- und Kehlnähten 60
Zusatzlasten 70
Zweiflächenkupplung 441
Zweiflanken-Wälzprüfung 516
Zweikomponentenkleber 117
Zweilochmutter 175
Zweimassensystem 434
Zweipunktanlage 218
Zweireihiges Schrägkugellager 400
Zweischichtlager 355
Zweiseitiges Kippsegment-Axiallager 382
Zweistoff-Keilriemenscheibe 608
-Gleitlager 355
Zwischenwelle 427
Zykloidenverzahnung 466
Zylinderkerbstift 241
Zylinderrollenlager 390
Zylinderschnecken 550
Zylinderschraube 173
Zylinderstifte 241
Zylindrische Schraubenfedern 253, 256
Zylindrischer Bord 85

Berichtigungen und Normenänderungen

S. = Seite,   Z.=Zeile,   B.=Bild,   Gl.=Gleichung

S. 21:   Am Anfang der 1. Z. Istmaß in **Istabmaß** ändern.

S. 32:   In der Überschrift zu 3.2 Rauhheit in **Rauheit** ändern.

S. 41:   In der 1. Z. nach DIN 1913 einfügen **bzw. DIN EN 499**.

S. 47:   In der 20. Z. nach DIN 1912 T5 einfügen **bzw. DIN EN 22553**.

S. 65:   In der 8. Z. ändern „nach den Gln. 4.3, 4.2 und 4.5" in „**entsprechend Gl. 4.3**".

S. 89:   Im B. 4.68 ändern DIN 1543 in **DIN EN 10029**.

S. 149: In der 6. Z. ändern $d \approx 1,1\ D_F$ in $\boldsymbol{D_F \approx 1,1\ d}$.

S. 154: In Gl. 9.16 ändern R_{el} in $\boldsymbol{2\ R_{el}}$.

S. 155: Im B. 9.9b) die mittlere Gl. für Z_{wIzul} ändern wie Gl. 9.16 (S. 154)

S. 156: In der letzten Z. im Beispiel 9.1 ändern 28,8 in **12,8**.

S. 157: Unter 3. im Beispiel 9.1 in der Gl. für U_{max} ändern 28,8 in **12,8** und 96,4 in **80,4** (2mal) sowie die letzte Z. in **und dem Höchstmaß** $U_g = 96$ µm, **das jedoch größer ist als** U_{max} = 80,4 µm. **Somit muß für das Außenteil ein festerer Werkstoff gewählt werden, z. B. 37 Cr 4, mit dem sich** $U_{max} = 96,9$ µm > U_g **ergibt.**

S. 158: Im B. 9.12a) unten die Gl. für F_{zul} ändern in $\boldsymbol{F_{zul} = F_{Fk}/S_H}$.

S. 160: In der 10. Z. ändern 60 mm² in **60 mm**.

S. 169: In der Unterschrift zu B. 10.2 unter h) ändern DIN 49689 in **DIN EN 60399**.

S. 173: In der Unterschrift zu B. 10.6 ändern unter k) DIN 84 in **DIN EN ISO 1207**, l) DIN 85 in **DIN EN ISO 1580**, n) DIN 963 in **DIN EN ISO 2009**, o) DIN 964 in **DIN EN ISO 2010**, q) DIN 7985 in **DIN EN ISO 7045**.

S. 175: In der Unterschrift zu B. 10.12 unter b) streichen „DIN 936 und".

S. 178: In der Unterschrift zu B. 10.19 unter a) streichen „DIN 127" sowie „DIN 6913 mit Schutzmantel, DIN 7980 für Zylinderschrauben", unter f) und g) ändern DIN 6768 in **DIN 6798**.

S. 179: In der 3. Z. von unten streichen: 127, 6913 und 7980.

S. 185: In der 5. Z. bei der Gl. für τ_t im Zähler nach der Klammer den Faktor $\boldsymbol{d_2/2}$ hinzufügen.

S. 197: In der Legende zu Gl. 10.21 bei F_{SA} ändern kN in **N**.

S. 202: In der Überschrift zur Tab. 10.13 ändern uner in **unter**.

S. 202: Im Kapitel 10.16, Abschnitt 2. Spannstifte ändern DIN 1481 in **DIN EN 28752**.

S. 203: In der 1. Z. ändern DIN 601 in **DIN EN 24016**.

S. 229: In der 2. Z. nach der Legende zur Gl. 12.7 ändern (S. 197) in **(S. 202)**.

S. 240: In der Unterschrift zu B. 13.1 ändern unter e) DIN 1481 in **DIN EN 28752**, f) DIN ISO 8750 in **DIN EN 28750** und DIN ISO 8748 in **DIN EN 28748**.

S. 255: In der 12. Z. ändern L_0 in $\boldsymbol{L_c}$.

S. 261: In der vorletzten Z. ändern $0,1\ \tau_{kh}$ in $\boldsymbol{0,1\ \tau_{kH}}$.

S. 332: In der 26. Z. ändern ISO-Kommitee in **ISO-Komitee**.

S. 631: In der 4. Z. ändern DIN 16991 in **DIN 16961**.

S. 633: Am Ende der 1. Z. und in der Unterschrift zu B. 29.7 ändern DIN 2950 in **DIN EN 10242**.

S. 638: In der 9. Z. ändern 2699 in **2698** und in der 16. Z. streichen: **(siehe Entw. DIN 2699)**.

S. 645: In der 5. Z. des Abschnitts 29.7 ändern Armateuren in **Armaturen**.

S. 663: Überschrift zu 30.6 ändern in **Armaturenantriebe**.

Berechnungssoftware zu
Decker, **Maschinenelemente** Gestaltung und Berechnung

Allgemeines:

Die auf der beiliegenden CD-ROM vorhandenen Excel-Tabellen sind nur bei schon installiertem Tabellenkalkulationsprogramm Microsoft Excel 5.0 oder höher unter einer Windows-Oberfläche lauffähig. Abweichungen bei höheren Excel-Versionen sind zu beachten. Der Anwender sollte über Grundkenntnisse zur Tabellenkalkulation mit Excel verfügen.

Systemvoraussetzungen:

PC mit mindestens 486 DX-Prozessor, 4 MB RAM, mind. 3 MB freier Festplatten-speicherplatz, CD-ROM-Laufwerk
Betriebssystem: MS-DOS mit Windows 3.x, besser Windows 95
Software: MS Excel 5.0 oder höher

Installation:

- Starten Sie Windows.
- Legen Sie die CD-ROM in das CD-ROM-Laufwerk.
- Rufen Sie in Windows den Datei-Manager (Windows 3.x) bzw. den Windows-Explorer (Windows 95) auf.
- Starten Sie im Unterverzeichnis „decker" die Installationsroutine „install.exe" und folgen Sie den Anweisungen auf dem Bildschirm.
- Das Berechnungsprogramm wird durch einen Doppelklick auf das Icon „Maschinenelemente Berechnungssoftware" im neu eingerichteten Gruppenfenster „Decker" gestartet.
- Sie können aus dem Programm Excel die Arbeitsblätter auch direkt von der CD-ROM aufrufen. Dies führt jedoch zu einer geringfügigen Verringerung der Arbeitsgeschwindigkeit.

Demo-Software:

Auf der CD-ROM ist im Unterverzeichnis „hexagon" **Demo-Software** der Fa. HEXAGON Industriesoftware, Kirchheim/Teck zur **Berechnung von Maschinenelementen** enthalten. Zur Installation rufen Sie wieder im Windows-Dateimanager bzw. Windows-Explorer das Unterverzeichnis „hexagon" auf und starten Sie „setup.exe" durch Doppelklick bzw. durch Eingabe von „setup.exe" im Menü „Datei – Ausführen . . .". Folgen Sie anschließend den Anweisungen im Fenster „HEXAGON Setup" und geben Sie dabei das Zielverzeichnis an, in welchem Sie die Software installieren wollen (z. B. C:\HEXAGON). Sie können die Demo-Versionen wahlweise von der CD-ROM starten bzw. komplett auf Ihrer Festplatte installieren. Weitere Einzelheiten erfahren Sie im Internet unter http://www.hexagon.de.